Der `Groß-Familie´ gewidmet.

Holger Mohrmann

WAS IST EIN QUANTENOBJEKT?

Ein fiktiver Dialog zu Aspekten
der Atom- und Quantenphysik

Mit 93 Abbildungen des Autors

SzNph II

Bibliographische Information der Deutschen Nationalbibliothek
Die Deutsche Nationalbibliothek verzeichnet diese Publikation in der Deutschen Nationalbibliographie; detaillierte bibliographische Daten sind im Internet unter http://dnb.ddb.de abrufbar.

Satz und Umschlaggestaltung: Holger Mohrmann
Herstellung und Verlag: BoD - Books on Demand, Norderstedt

3. Auflage 2018

ISBN 978-3-7431-6428-4

PROLOG

In diesem zweiten Dialog geht es mit der Fragestellung `Was ist ein Quantenobjekt?´ in einem *weiteren* Wortsinne um die Natur und Wirklichkeit der `Dinge´ - darunter allgemein verstanden: Materie, Felder, Kräfte... Es heißt, die Fundamente der Physik, mithin unserer Weltanschauung, seien nicht allein durch die *Relativitäts*theorie erschüttert worden, sondern mehr noch durch die Erkenntnisse der *Atom*- und *Quanten*physik. Am *Erfolg* und *Nutzen* des mathematischen Formalismus, der hinter diesen steht, besteht kein Zweifel - hinsichtlich der *Deutungen*, welche dieser erfährt, kann man das allerdings *nicht* sagen; vielleicht muss man gar konstatieren, dass es neben Darstellungen, die das wirklich herausfordernd *Neue* herausarbeiten, manche gibt, die bewusst das (scheinbar) *Bizarre* und *Paradoxe* hervorheben, als würde nur ein offener Widerspruch zur klassischen Physik, ja, eine besondere Art des *esoterischen Kitzels* die Quantenphysik interessant und wertvoll machen...
Man ist wiederum anzuführen geneigt: *„Der vernünftige Mensch hat gewisse Zweifel nicht“*[1] - so einfach darf man es sich aber auch hier nicht machen, wo man etwa in die Fußstapfen Einsteins tritt, dessen fortdauernde *Skepsis* (`Gott würfelt nicht´) man als verschroben, beschämend, ja, sogar als *`Hochverrat´* empfand[2] und die ihn mehr und mehr *isolierte*. Im Gegenteil ist ein genauer Blick auf die quantenphysikalischen Phänomene und den Grenzbereich von klassischer Physik und Quantenphysik vonnöten, den es - ohne hier vorzugreifen - zumindest in Anbetracht der empirischen *Phänomene* ja gibt, auf dass die *fundamentalen* Theorien hernach das Theoriegebäude *darüber* auch zu *tragen* vermögen. Dabei wird es - ohne den Kern der Quantentheorie, den mathematischen Formalismus, im geringsten in Frage zu stellen - auch darum gehen, die Quantenphysik von nämlichem esoterischen Beiwerk zu befreien, das sich mittlerweile angesammelt hat, was wiederum im besten Sinne *desillusionierend* ist...
In diesem fiktiven Dialog sind in schlichterer Manier der Physiker *H.* und der Philosoph *M.* miteinander im Gespräch - die dialogische `Komplementarität´ möchte hier weniger den komplementären Dualismus der Quantentheorie abbilden, als vielmehr den *inneren Dialog* widerspiegeln, der im Autoren im Bemühen um Integration der verschiedenen Deutungsansätze statthat(te). Aus der Literatur zur Atom- und Quantenphysik sind punktuell wiederum *wörtliche Zitate* in den Text eingewoben, um die Herkunft der erwähnten Standpunkte nachvollziehbar zu machen - die *Quellen* sind in Endnoten und im Literaturverzeichnis im Anhang aufgeführt; sie sollen wieder markante Stellen anzeigen, welche gleichsam die Kristallisationskeime darstellten, um die herum sich die Gedanken des Autors gesammelt haben. Eine elementare Kenntnis der Quantentheorie wird grundsätzlich vorausgesetzt - allemalen ist dies wieder ein Buch für Kenner und ambitionierte Liebhaber.

Im Text wurden wiederum einige `sperrige´ Begriffe abgekürzt - *wie* ist bei der ersten Verwendung in Klammern angegeben; im Anhang sind diese aufgelistet.

Konnte der erste Dialog immerhin mit einem eindeutigen *negativen* Befund schließen, kann man hier den Untersuchungsgegenstand nur immer gleichsam trotzig *umkreisen*, in der Hoffnung, dass sich schließlich, wie sich - mit Leibniz gesprochen[3] - die verschiedenen Perspektiven auf ein-und-dieselbe Stadt, die man umschreitet, zu einem Gesamtbild zusammenfügen, auch hier eine erhellende *Gesamtschau* ergebe. Augenzwinkernd könnte man sagen, dies sei im Grunde auch der Fall: Am Ende ist das Bild *insofern* hinreichend klar, als dass sich das ganze Ausmaß unseres *Unwissens* offenbart und sich des Xenophanes´ Wort `bewahrheitet´ hat:

„Sichere Wahrheit erkannte kein Mensch und wird keiner erkennen [...]: Es ist alles durchwebt von Vermutung“[4]...

H: Mit der unverblümt einem Entitätenrealismus verpflichteten Frage `Was ist ein Quantenobjekt?´ geht es um die allgemeine Frage, wie die Welt auf ihrer fundamentalen Ebene beschaffen ist, was für eine Vorstellung man sich eigentlich heute von den `Dingen´ machen kann - von Materie, Feldern und Kräften... I a

M: In der Tat kann sich die Frage nicht auf die Materie *allein* richten, da man jene drei als innigst miteinander *verflochten* betrachten muss, ja, es werden noch andere Aspekte involviert: Leere, Äther, Raum und Zeit, Bewegung... - von den erkenntnistheoretischen Überlegungen zu Kausalität, Reduktion und Emergenz, Theorienbildung usw. ganz zu schweigen... Insbesondere ist dazu auch die *Quantentheorie* (QT) zu hören, womit sich allerdings Schwierigkeiten ergeben werden, eine *anschauliche* Vorstellung zu entwickeln, insbesondere ob der *raum-zeitlichen Einbettung* von Quantenobjekten (QO); dennoch aber gilt es, um auch umgekehrt dem *mathematischen Formalismus* der QT - über ihr instrumentalistisches Ansinnen hinaus - das Gepräge einer auch naturphilosophisch befriedigenden *physikalischen Theorie* zu verleihen, diese ontologische Frage ins Visier zu nehmen. Die physikalischen Phänomene, die *1925/26* in dieser eine konsistente *Beschreibung* gefunden haben (wenn man auch seither an dieser `weitergefeilt´ hat), sind bis heute nicht einer konsistenten, begreifbaren *Deutung* zugeführt und in das übrige naturwissenschaftliche Weltbild *eingefügt* worden. So man sich nicht von einem *Entitäten*- auf einen *Strukturen*realismus zurückzuziehen gedenkt, ist die immer noch ungeklärte Frage, *welcherlei Objekte* die QT eigentlich *behandelt*... Wie abgründig unser *Unverständnis* dabei allerdings ist, zeigt schon das einfache Doppelspalt-Experiment (DSExp)...

H: Gemach! Man muss sich zwar von dem auch unsere alltägliche Weltsicht prägenden klassisch-mechani(zi)stischen Weltbild ein gehöriges Stück lösen und sich mit den Implikationen der modernen Physik, namentlich eben der QT auseinandersetzen; in der Tat auch birgt dieses Experiment das ganze, „das *einzige* Geheimnis“[5] der QT in sich, wäre also geeignet, einen Paradigmenwechsel (in dieser Hinsicht) zu begleiten, starrt man aber wie gebannt nur auf das Bild der Materie, das die *QT* darbietet, auf die überraschenden *neuen* Erkenntnisse, verliert man rasch aus dem Blick, welchen selbst *ältesten* Vorstellungen von der Materie man auch *heute* noch *beipflichten* muss...

M: ...und das ist das Einfallstor für allerlei *esoterisches Beiwerk* in der QT - etwa das menschliche Bewusstsein als *realitätskonstitutiv* zu betrachten; an der Realität der Welt überhaupt zu zweifeln, ob diese objektiv, auch *ohne uns* existiert; zu fragen, ob QO überhaupt sinnvoll mit den Katgeorien `Raum´, `Zeit´, `Körper´, `Kraft´, `Kausalität´... beschreibbar sind usw. usf.... Um davor bestmöglich gefeit zu sein, mag es sich lohnen, einen Schritt *zurück*zugehen

- ansetzen kann man etwa beim Ringen der vorsokratischen bzw. antiken Naturphilosophen um ein *Prinzip* oder einen *Urstoff* der Dinge; dabei gab es allerlei *Schattierungen* - beinahe *systematisch* wurden alle möglichen Erklärungsmodelle durchprobiert: Man kann den Urgrund der Dinge *materiell* oder *immateriell* denken, *ein* Prinzip oder *mehrere* Prinzipien, diese wieder *veränderlich* oder *unveränderlich* usw. usf. ... Schon Aristoteles hat die Systematik, die dabei zugrundeliegt, aufgedeckt[6] und dabei wohl gehofft, dass diese nicht nur unserem *Denken* entspringen, sondern etwas von der Natur der Dinge *selbst* offenbaren möge *(M. deutet auf Abbildung 1)...*

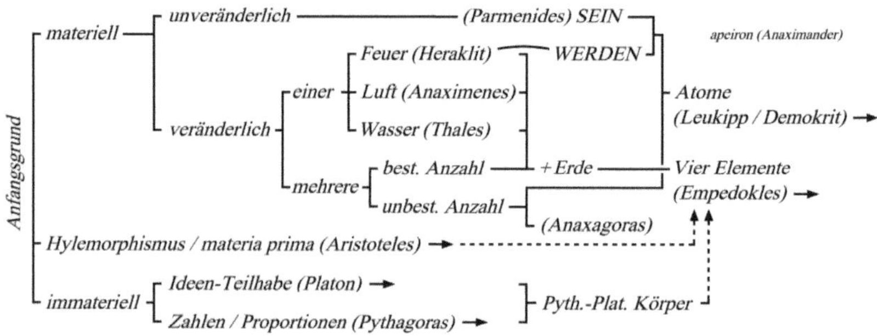

Abbildung 1

Die Prinzipien bzw. Urstoffe sollten auch *weiterreichende* Erklärungen geben, so, wenn Thales´ `Wasser´ oder Anaximenes´ `Luft´ dessen Bedeutung für das Leben reflektieren; ähnlich, aber abstrakter Heraklits `Feuer´, das nahe an den heutigen Begriff ` Energie´ heranreicht, Anaximanders `apeiron´, das `Unbestimmt-Grenzenlose´, das in gewisser Hinsicht Aristoteles´ `materia prima´ und damit die vollkommen abstrakte heutige Materievorstellung vorwegnimmt oder bei Pythagoras´ Proportionen, Harmonien, Symmetrien, die gleichsam den Grundstein für den Sinn der heutigen Mathematisierung der Naturwissenschaft legen; man findet in Heraklits `logos´, in Anaxagoras´ `nous´ Vorstufen zu Naturgesetzen, selbst das Erhaltungs- und Kausalgesetz findet sich in rudimentärer Form... Das vorsokratische Suchen (selbst schon fokussiert auf die `mittelmeerische´ Zivilisation) im *Ergebnis* kann insgesamt natürlich nur von *historischem* Interesse sein, daher mag diese Übersicht vorerst genügen...

H: Allemalen wird hier ein weiter *`Horizont des Fragens´* eröffnet, bei dem man konstatieren muss, dass die hinter diesen Modellen stehenden *Grundfragen* auch *heute* noch weiterverfolgt werden, weil sie - mit wenigen, wenn auch entscheidenden Ausnahmen - *nichts weniger* denn *endgültig beantwortet* sind (so sie das jemals *sein* werden); fragt man, welche der überkommenen Fragen und Antworten nun *übernommen*, welche *verworfen*, welche *hinzugefügt* seien, so gewahrt man: die Frage, ob man alle Dinge auf ein Prinzip

zurückführen kann, ist heute jene nach universellen Feldgleichungen, nach der Universalität der Schrödinger'schen Gleichung, nach Kollaps und Dekohärenz; die Frage nach einer bestimmten Anzahl an Elementen, ist heute jene nach den reelen und virtuellen Teilchen des Standardmodells, ja, die Frage, ob das Zugrundeliegende materiell oder immateriell zu denken ist, wie man im Mikrokosmos die immer abstraktere `materia prima' charakterisieren kann, ob und wie dabei Stoff und Form, Idee, Zahl und Proportion zu denken sind, ist *überall* gegenwärtig, von den multiplen Proportionen und Spektraltermen bis zur Frage, ob und wie man im Gefolge Heisenbergs am Grunde der Dinge ein Wechselspiel elementarer *Teilchen* oder etwa mit Schrödinger einen *Wellen*grund mit `Schaumkämmen' denken kann - die Parallelen sind mannigfaltig, *geändert* haben sich natürlich die *technischen Methoden*, um herauszufinden, wohin die `Wurzeln des Seins' reichen, verbunden mit der naturwissenschaftlichen Methode und seinem wichtigsten Werkzeug, dem *Experiment*, das schon daVinci `die Mutter der Gewissheit' nannte...
M: Und doch kann man auch fragen: Wissen wir eigentlich - gleichsam *absolut* genommen - wirklich *mehr* als diese Denker?
H: Vielleicht ist man auch nur gleichsam der immerzu *verhüllten* Natur der Natur *näher*getreten und sieht ihre *Kontur* und ihren verhüllenden *Faltenwurf* etwas genauer als ehedem...
M: Das steht beinahe zu befürchten... Jedenfalls gibt es Punkte, in denen wir ihnen heute noch *zustimmen* - am offensichtlichsten ist das bei Leukipp und Demokrit, die mit ihrer *Atomistik* aus der Vielfalt dieser Konzepte etwas Wesentliches *herauskristallisiert* haben, eine Erkenntnis, die auch *heute* noch besticht: Der Grundgedanke der Atomistik erklärt treffend Wandel und Bestand, derer man an den Naturdingen gewahr wird, indem er allen *Wandel* in der Welt auf die einfache Annahme zurückführt, „das Seiende unterscheide sich nur in Gestalt, Anordnung und Lage“[7] von etwas allem zugrundeliegenden kleinstem *Unwandelbaren*, nämlich den *Atomen* - „durch <ihre> Trennung und Vereinigung [erfolge und erkläre sich] das Entstehen und Vergehen, durch <ihre> Anordnung und Lage die Veränderung,“[8] weil „sich das A vom N durch die Gestalt, das AN vom NA durch die Anordnung, das ⌶ vom H durch die Lage [unterscheide]“[9]; alle Vielfalt der Dinge würde also nur dergestalt hervorgebracht, wie analog „aus denselben Buchstaben die *Tragödie* so gut wie die *Komödie* [entstehe]“[10]...
H: So ist es. Geschichtlich erfuhr dieser Grundgedanke und der Atom*begriff* lange Zeit ja auch keine *wesentliche* Änderung - so man das *heute*, in Anbetracht der verschiedenen Atommodelle, überhaupt sagen möchte...
M: Näher als der eher regellosen Bewegung der Atome kommt dem heutigen Denken hinwiederum, dass in der Lehre des Empedokles, die sich gleichsam als eine Zusammenschau der vorausgegangenen Modelle herauskristallisiert hatte, neben den vier Elementen `Feuer', `Erde', `Luft' und `Wasser' als

passiven Prinzipien (die mithin systematisch die gegensätzlichen Eigenschaften \`warm-kalt´, \`trocken-feucht´ reflektieren), als *aktive* Prinzipien *\`Liebe´* und *\`Zwietracht´* fungierten - wie man heute neben der gleichsam *passiven* Materie als *aktive* Prinzipien noch Felder und Kräfte, mithin Naturgesetze annahm bzw. noch annimmt (wenn auch manche Modelle diese Trennung in \`aktiv´ und \`passiv´ zu *überwinden* trachten)...
H: Allerdings liegt auch *diesem* Konzept das Grundprinzip der *Kombinatorik* zugrunde; wie bei den Atomisten findet man hier (so schon bei Anaxagoras) die Vorstellung der Mischung und Entmischung der Stoffe; dieses Konzept hatte sich denn auch zunächst im Mittelalter durchgesetzt, da es von Platon und Aristoteles bevorzugt wurde - wenn es auch von beiden auf ihre je eigene Weise modifiziert und vertieft wurde, dazu später genauer... Es ginge hier zu weit, im Einzelnen zu verfolgen, wie durch Epikur und Lukrez´ Lehrgedicht \`de rerum natura´[11] die Atomistik dennoch immer *lebendig* blieb, wie der *rationale Ansatz* der Atomistik gleichsam vom \`Joch des *Aberglaubens´* befreite, wie man versucht hat, beinahe *alles* über die Atomistik zu erklären: von der minimalen Abnutzung der Dinge im Gebrauch bis zur Sinneswahrnehmung durch kleinste Partikeln, die unsere Sinne erregen - man ist dabei spekulativ-rationalistisch zu vielen Erklärungen gekommen, die auch heute noch als *richtig* gelten können...
M: ...bis hin zu Lukrez´ Erklärung der in einem Sonnenstrahl tanzenden Staubteilchen dadurch, dass sie von Atomen *umhergestoßen* werden, wodurch die sonst verborgenen Bewegungen der Atome *sinnlich erfahrbar* werden - an eben diesem Punkt haben ja später Brown (*1827*) und Einstein (*1905*) wieder *angesetzt...*
H: Richtig... Andere Fragen haben ihre Gestalt hingegen stark *verändert:* Die Atomisten hatten ja als letzte Prinzipien neben dem *\`Vollen´* die *\`Leere´* vorausgesetzt, damit überhaupt *Bewegung* statthaben kann; auch *diese* Frage - die beim Äther, Quantenvakuum oder Casimireffekt wieder anklingt - wurde also schon aufgeworfen; so erklärte man etwa, dass Fische das Wasser *durchteilen* können, damit, diesem eigne eine *nicht*-kontinuierliche Natur...
M: Man sollte zögern zuzufügen: \`*scheinbar* erklärte man es so´... Bemerkenswert ist auch, dass schon *Demokrit* diesen *universellen Erklärungsanspruch* hatte, hat er doch sogar versucht, auch *Geist* und *Seele* des Menschen durch besonders kleine, flinke Atome zu erklären...
H: ...worin man ihm - so man darin nicht den Grundgedanken des monistischen Identismus vorgebildet sieht - ja *nicht* gefolgt ist...
M: Ja; obgleich dies in einem anderen Licht erscheint, wenn man berücksichtigt, dass ehedem *alle* Dinge als *beseelt* galten... Und jedenfalls ist dieser *Anspruch* etwas grundsätzlicher zu beleuchten: Neben Beobachtung und Experiment, Begriffs-, Hypothesen- und Theorienbildung und anderem mehr ist ja eine Methode des Naturerkennens, den *\`Weg hinauf - hinab´* zu gehen,

bis man sagen kann: `*derselbe*´[12]...
H: Heraklit... Soll *heißen?*
M: ...dass man gleichsam *absteigend* die Welt zergliedert und versucht, zu den elementarsten Phänomenen, Bausteinen, Mechanismen, Naturgesetzen... vorzudringen, um dann *aufsteigend* zur komplexen Vielfalt der Welt zu kommen. Dabei steht im Grunde ontologisch der `Emergenz´ die `*Disposition*´, erkenntnistheoretisch die `*Reduktion*´ gegenüber - der *ontologische Reduktionismus* nimmt an, dass im `Sosein´ der *Teile* eines Systems und ihren Relationen schon das `Sosein´ des *Ganzen* beschlossen liegt, ontologisch im Sinne der Supervenienz, wie auch erkenntnistheoretisch bezüglich des Wissens. Reduktionistisch nimmt man die Welt mit nämlichem `*Weg hinauf - hinab*´ gleichsam in einen analytisch-synthetischen Doppelgriff; das umfasst zwar mutmaßlich das Phänomen `Leben´ im rein physiologischen Sinne, was sich dem aber im Spannungsfeld von Emergenz und Disposition bzw. Reduktion *nicht* fügt, ist die subjektive `*Innenseite*´ der Dinge, das Leib-Seele-Problem; das hat - nach Descartes Zwiespaltung des Seins in `res extensa´ und `res cogitans´ - schon Leibniz in seinem `*Mühlenargument*´ (das unter Einbeziehung von Feldern usw. heute auf gewisse hirnphysiologische *bildgebende Verfahren* zu beziehen wäre) klassisch auf den Punkt gebracht[13] und hernach duBois-Reymond mit seinem `ignoramus et ignorabimus´ aufgegriffen[14]...
H: So betrachtet ist die bewundernswerte `Klarheit´ etwa der *Physik* nur mit dem `*divide et impera*´-Konzept der Naturwissenschaft, nur die `*Außenseite*´ der Dinge in Betracht zu nehmen, zu haben...
M: So scheint es zunächst jedenfalls - „Natur [...] als der Inbegriff aller Dinge, sofern sie Gegenstände unserer Sinne, mithin auch der Erfahrung sein können, [...][hat] zwei Hauptteile, deren der eine die Gegenstände *äußerer*, der andere den Gegenstand des *inneren* Sinnes enthält, [...] `Körperlehre´ und `Seelenlehre´"[15] - so fasst es *Kant* (ähnlich Descartes). Das sollte daran gemahnen, dass man mit diesem Konzept nicht zu einem *vollständigen* Bild kommen kann und hernach gezwungen ist, den `Weg hinauf - hinab´ *mehrmals* zu gehen, damit auch emergieren *kann* oder dispositional schon `*da*´ ist, was man später am reichsten (uns bekannten) ontologischen Befund `Mensch´ *findet* - denn: *Subjektivität* kann man wohl nur als ein *objekives* Datum dieser Welt begreifen.[16] Natürlich kann man schwerlich behaupten, bei QO schon `Wollen´, `Empfindung´ oder dergleichen zu finden; man kann aber hier für das über den elementaren Bausteinen sich erhebende Seinsgebäude - neben einem expliziten *Dualismus* - ja nur *entweder* die *Emergenz* weiterer Seins-Kategorien annehmen - was ein *obskures* Konzept ist, das immer rätselhaft bleibt und keines ist, das schon etwas *erklärt* - *oder* das Zugrundeliegende mit einer *Disposition* zu `*mehr*´ begaben; wobei beides letztlich allerdings nur die zwei Seiten *einer* Medaille sind - dazu später genauer...

H: So betrachtet muss man in der Tat den Weg *mehrmals* gehen... Da die Überlegungen zum Leib-Seele-Problem hier aber den Rahmen sprengen würden, erst einmal zurück zur *Atomistik:* Die Frage, ob die Herangehensweise des zergliedernden Atomismus vielleicht an sich nur eine *begrenzte* Sicht darstellt - schon *klassisch* problematisch[17] -, wird sich mit der QT ganz von selbst und noch nachdrücklicher aufdrängen; die Grundintuition des Reduktionismus hinsichtlich der Teile eines Systems und des Ganzen wird auf eine harte Probe gestellt: *ob* und wie man überhaupt in Teile *zergliedern* kann, inwieweit man sich auf *lokale* Zusammenhänge beschränken kann, welche *Eigenschaften* man dann den Teilen (noch) zuschreiben kann usw. usf. „Die klassische Physik ist ja aufgebaut auf der Voraussetzung, dass die physikalische Gesetzmäßigkeit sich am vollständigsten offenbart im unendlich Kleinen [im Rahmen von Lokalität, Separabilität und Nahewirkung].[...] Damit kommt man aber offenbar in der Atomphysik nicht aus." „[Die moderne Physik] hat uns gelehrt, dass man dem Wesen eines Gebildes nicht auf die Spur kommt, wenn man es immer weiter in seine Bestandteile zerlegt und dann jedes Bestandteil einzeln studiert [...]. Man muss vielmehr stets auch das Ganze betrachten und auf den Zusammenhang der einzelnen Teile achten"[18]... Und *dennoch* scheint die Atomistik generell unhintergehbar...

M: Ja; am beeindruckensten ist an diesem frühen Geniestreich der antiken Atomisten vielleicht, dass mit den antagonistischen Prinzipien \`Wandel´ und \`Bestand´ auch die Positionen ihrer vornehmlichen Verfechter *Parmenides* und *Heraklit* versöhnt wurden; die Entwicklung der Atomistik lief ja mit Fragestellungen zusammen, die diese beiden Denker aufgeworfen hatten: Hatte ersterer recht mit seinem \`panta rhei´ (gr.=*alles fließt*), dass das Prinzip alles Seienden im *Wandel* liegt oder zweiterer, dass dies nur *Schein* ist und wir unseren Sinnen nicht trauen sollten, da es nur das dem *Denken* sich erschließende unveränderliche *\`Sein´* gibt? Auch die Frage nach der *\`Veränderung´* ist heute noch aktuell, sie zieht nämlich jene nach sich, ob es eine *Identität* im Wandel des Seienden gibt - die alte Frage nach der *Substanz*, dem *Substrat* der körperhaften Weltdinge, die eine erkenntnistheoretische *und* ontologische ist: Gibt es im phänomenalen (\`phänomenal´ ist dabei hier, wie im Folgenden *nicht* im Sinne Husserls als \`epoché thetischer Existenzialsetzungen´ gemeint, sondern als \`empirische Phänomene betreffend´ im Sinne dessen, was mit *Bohr* ein \`Phänomen´ ist) Wandel der Dinge neben den wechselnden Akzidentien ein *\`etwas´*, das *beharrt?*

H: Nun, diese Frage zielt ja klassisch vornehmlich auf *komplexere* Dinge und auf die Logik, darauf, welche Dinge man bei allem Wechsel der Eigenschaften als im Laufe der Zeit *selbstidentisch* betrachten *will* - etwa bei einem im Laufe der Zeit sich verändernden Lebewesen; hier soll es ja fundamentaler um die *materielle* Substanz der Dinge gehen, wie man sie im Allerkleinsten findet...

M: Richtig; der Grundgedanke der Atomistik ist nun, dass überhaupt kein *`entweder-oder´* dieser beiden Prinzipien vorliegt, sondern ein *`sowohl-als-auch´:* Einheit, Einfachheit und Dauer liegen in den atomaren *Elementen* - Vielheit, Komplexität und Wandel hingegen liegen in deren mannigfaltiger *Kombinatorik; Wandel* hat an *Unwandelbarem* statt, dem wandelbaren zeitlichen `Werden´ liegt das zeitlose unwandelbare `Seiende´ zugrunde - die Vielgestaltigkeit der Welt ist gleichsam nurmehr der *Gestaltwandel eines Zugrundeliegenden.* Und in einem modernen kausal-deterministischen Sinn hieß es bereits: „Die Dinge [werden] nicht aus Nichts *geschaffen* [...] und auch [...] nicht wieder zu Nichts zurückgerufen“[19] und „Nichts geschieht von selbst, sondern alles infolge eines <begreiflichen> Grundes und unter dem Druck der Notwendigkeit“[20]...
H: ...was die QT in ein etwas *anderes Licht* rückt...
M: Nun, das kann man nicht für *alle* Deutungen behaupten... Hier wurde auch *erkentnistheoretisch* ein wesentlicher Schritt getan: Parmenides hatte die unverändert aktuelle Frage nach `Schein´ und `Sein´ aufgeworfen und die Atomisten hatten geantwortet: „Es gibt zwei *Arten* der Erkenntnis, eine *echte* und eine *unechte.* Zur unechten gehört die gesamte sinnliche Wahrnehmung: Gesicht, Gehör, Geruch, Geschmack, Gefühl; die echte ist davon zu unterscheiden. Nur in der Meinung [...] besteht das Süße, Bittere, Warme, Kalte, Farbige; in Wahrheit besteht nichts als die Atome und der leere Raum“[21]...
H: Das ist im Kern eben *das,* was später zunächst etwa Galilei und dann Locke annahmen; schon Galilei weist darauf hin, dass man sich einen Körper nicht anders als mit bestimmter Größe, Gestalt, Bewegung (oder Ruhe), bestimmtem Ort zu bestimmten Zeitpunkt zu *denken* vermag und dass diese Eigenschaften ihren Sitz in dem *Körper* haben, während die Eigenschaften Farbe, Geschmack, Geruch usw., die uns unsere Sinne vermitteln, ihren Sitz in *uns* haben...
M: Ja, Locke sagt: „[Es] ergeben sich als Qualitäten der Körper: *Erstens* solche, die vom Körper [...] völlig *untrennbar* sind, die er bei allen Veränderungen [...], die er erfährt [...], *dauernd beibehält,* die die Sinne stets in jedem Partikel der Materie entdecken [...] und die auch der *Geist* mit jedem Partikel *untrennbar verbunden* findet [...]. Diese nenne ich ürsprüngliche oder *primäre* Qualitäten der Körper, die [...] einfache Ideen in uns erzeugen, nämlich Festigkeit, Ausdehnung, Gestalt, Bewegung oder Ruhe und Zahl. *Zweitens* solche Qualitäten, die in Wahrheit in den Objekten selbst nichts sind als die Kräfte, *vermittels* ihrer primären Qualitäten, das heißt der Größe, Gestalt, Beschaffenheit und Bewegung ihrer sinnlich nicht wahrnehmbaren *Teilchen,* verschiedenartige *Sensationen* in uns zu erzeugen, wie zum Beispiel Farben, Töne, Geschmacksarten usw. Diese nenne ich *sekundäre* Qualitäten“[22]...
H: Die *sekundären* Qualitäten der Dinge sind mithin die *Formen unserer Wahrnehmung* der Dinge, wenn sie auch auf das Verhalten der kleinsten

Materiebausteine *zurückgehen;* die *primären* Qualitäten hingegen kommen den Dingen scheinbar in fundamentaler, konstanter Weise zu - man findet empirisch alle mesokosmischen Körper mit diesen primären Eigenschaften ausgestattet...
M: Aber wenn man dies auch nicht anders zu *denken* vermag, ist es doch so, dass man heute selbst hinsichtlich der *primären* Eigenschaften - \`Anzahl´, \`Ausdehnung´, \`Festigkeit´, \`Gestalt´, \`Bewegung´ oder \`Ruhe´, \`Innehaben eines bestimmten Ortes zu bestimmtem Zeitpunkt´ - diese Gewissheit *in Zweifel* ziehen muss, weil sich beim \`Abtauchen´ ins immer-Kleinere gezeigt hat, dass QO *nicht* durchgängig mit diesen Eigenschaften ausgestattet sind...
H: Man muss wohl sagen: \`in Zweifel ziehen *kann´* - unser abstraktes Denken *vermag* hier weiter vorzudringen als unsere unmittelbare Anschauung...
M: ...wenn man das so *sagen* will, da doch ein \`Verstehen´ der mutmaßlichen Vorgänge im Mikrokosmos damit *gelinde* gesagt *erschwert* ist... Andererseits liegt hier aber die *Berechtigung* des (physikalischen) Reduktionismus klassisch begründet: Man kann eben die *sekundären* Qualitäten mithilfe der *primären* (so man diese voraussetzt) zu *erklären* versuchen, obgleich mithin das Entstehen unserer Sinnesempfindungen insofern *unbegreiflich* wurde, als etwa ein Apfel dann nicht mehr (selbst) rot oder süß bzw. aus Rotem und Süßen zusammengesetzt *ist...*
H: Ja, so hart schon die Nuss dieser *\`qualia´* ist, der *bewussten Empfindung* von Sinnesqualitäten, sind mit der QT nun sogar die *primären* Qualitäten zum Rätsel geworden - *alle,* bis hin zu \`Bewegung´ und \`Anzahl´; sie kommen QO nicht mehr im *augenscheinlichen* Sinne zu...
M: ...und mithin gerät natürlich unsere Materie- bzw. Körpervorstellung ins Wanken, eben *weil* man dies gar nicht anders denken kann - dies sind ja unsere elementarsten, mit Kant *transzendentalen,* Erkenntnis erst *ermöglichenden* Kategorien der Dinge. So muss man denn auch weit mehr als dieser mit den empirischen *Befunden* auf Tuchfühlung gehen, um das transzendentale Geschäft der Auslotung der *Erkenntnisbedingungen* von Naturwissenschaft erfolgreich betreiben zu können, denn „der einzige Begriff, der *apriori* [...] [die empirischen Dinge phänomenal] vorstellt, ist der Begriff des *Dinges überhaupt*", der „die bloße Regel der Synthesis [- Verknüpfung -] desjenigen [liefert], was die Wahrnehmung aposteriori [gibt]"[23]...
H: Der Begriff des \`Dinges´, der \`Materie´ ist wesentlich ein *empirischer...*
M: Richtig; Kant unternimmt ja, um Naturwissenschaft überhaupt wohl zu gründen, eine Analyse, „eine vollständige Zergliederung des Begriffes von einer Materie überhaupt" - in betreff der Materie als „das *Bewegliche* im Raum" generell, „sofern [...][sie] einen Raum *erfüllt*", „sofern [...][sie] bewegende *Kraft* hat" - besonders dies sehr eng an der Newtonschen Mechanik orientiert - und als „Gegenstand der Erfahrung."[24] Bei alledem säuberlich das *empirisch-Phänomenale* vom *rationalistisch-Transzendentalen* zu trennen, ist schwierig -

und mit der QT scheint nun soviel `ins Schwimmen´ zu geraten, dass man Kants Ansatz allemalen nurmehr als *vorläufig* betrachten kann; insbesondere `Materie als das Bewegliche im Raum und sofern sie den Raum erfüllt´ - die raum-zeitliche Einbettung - ist ein Kernproblem der QT...
H: Die von Aristoteles überkommene Unterscheidung von *Materie* und *Form* (seines Hylemorphismus), die hier durchscheint, ist mit Kant ja auch generell im *logisch-begrifflichen* Sinne zu verstehen: jene als „das Bestimmbare überhaupt", diese als „dessen Bestimmung"[25], gleichsam als `was´ und `wie´...
M: Richtig; daher wird sich auch schlussendlich alle unsere Erkenntnis über Materie im fundamentalen physikalischen Sinne zwischen diesen beiden Begriffen ausspannen und diese werden ein passender `Rahmen´ sein - man könnte fast sagen: je *tiefer* man ins Allerkleinste vordringt, desto *passender* wird dieser, eben *weil* alle konkreten Begriffskategorien immer abstrakter zu nehmen sind...
H: Hm...
M: Die Begriffe werden dort *unbrauchbar*, weil sie sich auf *Körper* beziehen und man sich Atome und noch weniger subatomare Teilchen, generell *QO nicht* als *kleine Körperchen* vorstellen darf; so erkennt man *heute* - lange Zeit konnte man die Beziehungen zwischen `Teil´ und `Ganzem´ darauf basieren, dass (scheinbar) den Atomen zumindest dieselben *mechanischen* Eigenschaften eignen wie makroskopischen Körpern - das reicht hinauf bis in die kinetische Gastheorie. Überhaupt gehorchen die dynamischen Eigenschaften, wie etwa `Masse´, `Ladung´ und `Impuls´ ja *Summenregeln*, die das nahelegen bzw. bestätigen, bei der Ladung streng, bei der Masse näherungsweise... Aber über die - allgemein gesprochen - *`Dinghaftigkeit´* geraten dann in einem relationalen (relativen) Raum-Zeit-Konzept mit der QT sogar die Begriffe `Raum´ und `Zeit´ ins Wanken...
H: ...und da *alle* Dinge QO sind (oder aus solchen zusammengesetzt), fragt sich, wo die Demarkationslinie zu ziehen ist, jenseits derer die vertraute klassische, alltägliche Realität *beginnt*... Nur *ein* Problem dabei ist, dass die QT nur *Wahrscheinlichkeiten* für Messungen liefert, *definite* Messwerte liefern erst *klassische* Messapparate im Rahmen der *klassischen* Physik - die QT setzt also die klassische Physik *voraus*, muss diese aber gleichzeitig als strenggenommen *falsch* (wenn auch - sonst ginge dies nicht - glücklicherweise *näherungsweise richtig*) betrachten - ein hübscher Zirkel... Mit der QT im Sinne Bohrs wären schon *klassische Messapparate* und *Beobachter* zu den transzendentalen, apriori notwendigen *Dingen* zu rechnen, ohne die man nicht einmal über Quantenphänomene *sprechen* kann...
M: Muss man daher nicht sagen, dass diese Fragen *sehr wohl* an der Frage des *Kleinsten* hängen - auch wenn man bemerkt hat, dass sich charakteristische Quanteneffekte auch im *Großen* zeigen können, so man weiß, wo man sie zu *suchen* hat? Grundsätzlich *verlieren* sich diese dort ja zunehmend: mit Wellen-

kollaps, Dekohärenz oder `sich-Neigen´, ja, schon mit der deBroglie-Wellenlänge, die manche Phänomene irgendwann zumindest der *Nachweisbarkeit* entzieht - das ist ja noch einigermaßen *unausgegoren...*
H: Wohl wahr... So wichtig der Begriff `Messung´ in der QT ist, wurde lange vernachlässigt, was sich hinter diesem eigentlich *physikalisch* verbirgt, ja, Messung als (angeblich) *realitätskonstitutiv* wurde geradezu als *„außerhalb der Naturgesetze* stehende *Schöpfung*“[26] betrachtet...
M: Die Demarkationslinie scheint grob - selbst wenn dies vielleicht nur auf Kollaps-, Dekohärenz- oder `sich-Neigens´-Effekte zurückgeht - beim *System `Atom´* zu liegen, in diesem *Größenordnungsbereich;* zunächst sollte man also *dieses* genauer in Betracht nehmen; gerade auch weil es *als* System *un*klassische Eigenschaften offenbart, die ansonsten *verborgen* bleiben...
H: Ja, zumal sich gerade beim Atom selbst altehrwürdige Grundsätze wie jener Leibniz´sche der Kontinuität (`natura non facit saltus´[27]), dass physikalische Größen nicht nur *bestimmte* Werte, sondern auch alle möglichen *Zwischen*werte annehmen können, als *unzutreffend* erwiesen haben...
M: Ein *vorschnelles* Urteil! Man hat sich vom `Urgrund´ der Dinge nur eine *falsche Vorstellung* gemacht und dann eine diskontinuierliche Quantelung physikalischer Größen *dort* vorgefunden, wo man sie nicht *erwartet* hatte... Aber selbst davon abgesehen hätte das nicht *unerwartet* kommen sollen: Nicht nur, dass unser *Denken* so funktioniert, dass wir einem Ding (klassisch) ein Eigenschaftsprädikat logisch entweder zuschreiben oder nicht (`tertium non datur´) und man, so man derer eine *endliche* Anzahl annimmt, zu einem diskret-abgestuften Bild kommt; mehr noch ist eine `Quantelung´ der Dinge - *als* `Dinge´ - doch in *der* Hinsicht alltäglich vertraut und *nicht* rätselhaft, als dass man es *zumeist* mit diskret-gequantelten Dingen zu tun hat, mit *individuellen Ganzheiten* wie Bäumen, Tischen oder Kaffeetassen, mit *Abzählbarem...*
H: Schon, aber das `tertium non datur´ wird von der QT noch *in Frage* gestellt und `in-dividuus´, also (lat.=) *unteilbar* sind diese Dinge *nicht:* Man kann abstrahierend fragen, ob das Holz, aus dem der Tisch oder ob der Ton, aus dem die Kaffeetasse gemacht ist, immer weiter *zerteilbar* ist - ob man dabei zu einem *„Ende des Teilens“* oder zu einem *„Teilen ohne Ende“* kommt[28], womit man wieder auf die antike Atomistik mit ihrem `a-tomos´, (gr.=) *unteilbar* zurückkommt, die darin einen *Ursprung* haben dürfte, dass sie hier einen *willkürlichen Schnitt* zu machen gedenkt...
M: ...willkürlich, aber *begründbar...*
H: Auch hier sprengt es den Rahmen, die Entwicklung im Einzelnen zu verfolgen, wie seit der Antike mühsam *Indizien* zusammengetragen wurden, wie sich die Atomhypothese zunächst nur durch ihren *Erklärungswert* für eine Reihe von Phänomenen untermauern ließ - nur einige Punkte seien kurz umrissen, da späterhin, etwa beim DSExp mit den *Wellen*eigenschaften der Materie konfrontiert, diese Phänomene scheinbar wieder *erklärungsbedürftig*

werden und man so davor bewahrt bleibt, zu einer *Feld-* und *Kontinuums*-vorstellung der Dinge *vorschnell* umzuschwenken...

M: Ist dieser Denkschritt letztendlich nicht *unvermeidlich?* Hier wird ja der uralte Streit um eine Kontinuums- oder Diskontinuumsphysik, der bis heute anhält, in konkretere *Bahnen* gelenkt... Geht man von diskontinuierlichen elementaren Entitäten aus, dürfen diese nicht im leeren Raum beheimatet, nicht *isoliert* sein - sie müssen aufeinander *wirken* können: und schon ist man genötigt, für diese Entitäten ein verbindendes *kontinuierliches Feld* hinzuzunehmen[29]... Nun, vielleicht ist dies durch den Welle-Teilchen-Dualismus für Materie *und* Licht nahe daran, obsolet zu sein; aber vielleicht muss man auch von Entitäten ausgehen, die *kontinuierlich*, aber dennoch *Individuen* und nur bei gewissen *Parametern* diskontinuierlich sind...

H: Das muss sich zeigen; aber ersteinmal zurück zu den Eigenschaften der `Dinge´ und zur Atomistik... Die Auseinandersetzung des Menschen mit den sinnlichen Charakteristika, mit der Verschiedenartigkeit der Stoffe kann man wohl gar nicht *früh genug* ansetzen, sie verliert sich natürlich im Dunkel der Geschichte; schon in der Antike galt es aber gewisse *empirisch-experimentelle* Erfahrungen ins Weltbild zu integrieren - man denke etwa an Empedokles´ Ausführungen zur `Klepshydra´[30] -, nur hat man die Natur nicht *systematisch* `auf die Folterbank des Experiments gespannt´. Die eigentliche *Renaissance* der Atomistik kam aber dann durch eine Reihe von tatsächlich *systematisch provozierten* experimentellen Befunden zustande, deren Erklärungen in der *modernen* Atomistik, zunächst *(1808)* in *Daltons* Atommodell konvergierten *(H. deutet auf Abbildung 2)...*

Atome sind die unveränderlichen (unteilbaren, unzerstörbaren) kleinsten Bausteine der Dinge; sie sind für verschiedene Elemente verschieden an Größe, Gewicht und Gestalt, für dasselbe Element aber stets gleich; sie sind im leeren Raum in steter dynamischer Bewegung und erzeugen durch Anordnung und Lage, durch ihre Trennung und Vereinigung, ergo: Kombinatorik die Vielgestalt der Dinge, Entstehen und Vergehen ist (nur) Veränderung; Moleküle bestehen stets aus derselben Anzahl und Anordnung von Atomen, ihr Gewicht ist die Summe ihrer Teile (konstante und multiple Proportionen)...

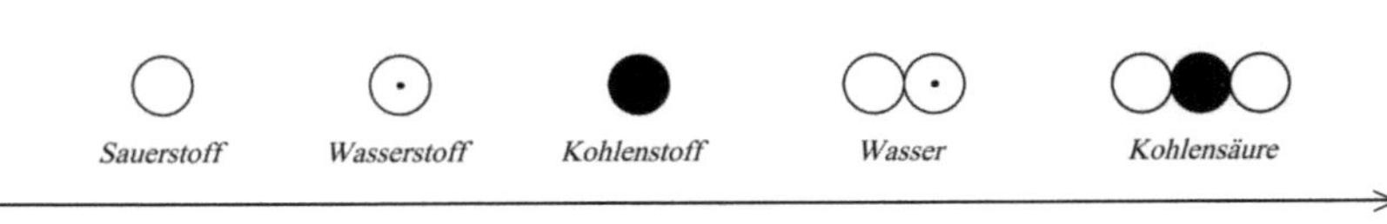

Abbildung 2

M: Was dieser der antiken Atomistik hinzufügen musste, waren eigentlich nur (weitere) *quantitative* Charakteristika, wodurch sich die Atomistik bei der Deutung *chemischer* Vorgänge bewähren konnte, nämlich hinsichtlich der *Masse* der Atome (hernach tat man das auch hinsichtlich ihres *Volumens* und ihrer *Ladung*)...

H: Ja; alle *Elemente* - chemisch nicht weiter zerlegbare Stoffe - bestehen

nun aus kleinen, unteilbaren Körperchen, eben den *Atomen*, die eine jeweils charakteristische Größe und Masse besitzen und sich zu komplizierteren *Molekülen* verbinden können; „die letzten Teilchen aller homogenen Körper [sind] vollkommen gleich in Gewicht, Figur usw.“[31]; vernachlässigt blieb - u.a. nebst der Wechselwirkung mit *Licht* - noch, was die antiken Atomisten mit ihrer Vorstellung der Haken, Mulden und Wölbungen der Atome schon zu erfassen suchten, *wie* sich *Verbindungen* ergeben[32]; das mochte nur `Bild´, nicht ontologische Realität sein, aber selbst heute spielen räumliche Strukturen von Ladungsverteilungen bei Bindungen ja eine wichtige Rolle; bei Dalton ist dies nur als `Kräfte der Kohäsion und Aggregation (Verwandtschaft)´ aufgelöst. Das Modell vermochte nun nicht nur etwa die Erhaltung der Masse und die Gesetze der konstanten und multiplen Proportionen (bei Dalton hinsichtlich der Gewichte, bei Gay-Lussac und Prout auch bezüglich der Volumina) mit ihrer eigentümlichen *Ganzzahligkeit* zu begründen - die chemische Zeichensprache brachte die atomistische Grundidee schon *bildlich* zum Ausdruck (wenn auch noch nicht im Einzelnen korrekt)*(H. deutet auf die Abbildung oben)...*
M: Hm...
H: Konvergenzlinien lagen auch darin, dass - auf Avogadros und Loschmidts Arbeiten zu Gasvolumina und Teilchenzahl fußend (dass ein Gasvolumen irgendeines Stoffes *ceteris paribus* stets dieselbe Teilchenanzahl enthält und welche) - Maxwell, Boltzmann *(1856/1898)* und Clausius die Gesetze der *kinetischen Gastheorie* und *Thermodynamik* herzuleiten vermochten, was viele Phänomene in beeindruckender Weise *erhellte* - etwa, was `Wärme´ ist oder die Diffusion von Stoffen. Die Zusammenhänge von Volumen, Dichte, Druck, Temperatur wurden qualitativ und quantitativ erklärt, indem man die Gesetze der klassischen *deterministischen* Mechanik im *statistischen* Sinne auf die Wechselwirkung einer sehr großen Zahl von Teilchen anwandte, indem man Makrozustände durch Mikrozustände erklärte - etwa indem man die *Wahrscheinlichkeit* analysierte, mit der Gasteilchen mit den Gefäßwänden kollidieren und so auf diese eine *Kraft* ausüben; Clausius´ Entropiesatz (*1860*) ist dem auch entsprungen: Ist Wärme nur das Gesamtphänomen der ungeordneten Bewegung von Teilchen, ist deren Übertragung der Übergang von einem *un*wahrscheinlicheren zu einen *wahrscheinlicheren* Zustand, was der Entropie ihren *Richtungssinn* verleiht, die Entropie wird ein Maß für die Wahrscheinlichkeit, ob sich ein Makrozustand *durch* Mikrozustände ergibt...
M: ...wobei der Erfolg des ganzen Unterfangens den Atomismus *indirekt* untermauerte... Hier könnte es ja scheinen, man bekäme mit ebendiesen statistischen Gesetzen einen *Vorgeschmack* auf die QT...
H: Nun, ganz im Gegenteil: *Hier* geht es nur darum, dass es (auch wenn die schiere *Kleinheit* der Teilchen dem *nicht* entgegenstünde) völlig *aussichtslos* wäre, der *Komplexität* des Gesamtgeschehens bei den aberwitzigen Teilchen-

anzahlen (>$6 \cdot 10^{23}$ Teilchen in einem Grammolekül (mol)) Herr werden zu wollen; man nimmt aber an, dass jedes *einzelne* Teilchen rein *deterministischen* (kausalen) Gesetzen gehorcht - in der QT soll es aber um *irreduzible* statistische Gesetze gehen, die auch theoretisch oder späterhin nicht durch deterministische Gesetze *ersetzt* werden können, da sie nicht aus der *Ignoranz* des Menschen herrühren, sondern einen Wesenszug der Natur *selbst* darstellen...

M: ...so *einige* Interpretationen der QT - aber eins nach dem anderen... Bei alledem scheint es vorrangig (von der Thermodynamik abgesehen) um *Chemie* zu gehen; die Entwicklungen in der *Physik* bilden sich aber *ebenso* deutlich ab: Diese kommt hier mit den klassischen Attributen der Körperhaftigkeit ins Spiel, nämlich mit `Ausgedehntheit´ und `Undurchdringlichkeit´, mit Materiemenge, Volumen, Gewicht bzw. Masse und Dichte - diese Aspekte greift das Dalton´sche Atommodell auf...

H: Die elementarsten Erfahrungen sind eben, dass die Dinge *Raum* einnehmen und *Masse* bzw. vielmehr Schwere und Trägheit besitzen...

M: ...so lag in ersterem, als `res extensa´, für *Descartes* das Wesen der Materie (alle anderen Attribute waren *akzidentiell*), in einer erfüllten Welt wird alles in rein mechanische Wechselwirkung aufgelöst, auch die Gravitation.[33] Zweiteres wurde als schwere und träge Masse bei *Newton* essentiell und vor allem *messbar*[34] (obgleich ihm auch die anderen genannten primären Eigenschaften *wesenhaft* für Materie waren)...

H: Ja; hier gründet die klassische Mechanik: Die *träge* Masse war in den Fokus getreten mit der Philoponos´schen Impetustheorie[35], dass einem in Bewegung versetzen Körper eine sukzessive abklingende Bewegungskraft *übertragen* würde; die Aufnahmefähigkeit für diesen `Impetus´ wurde dann von Buridan auf die `quantitas materiae´ bezogen (womit sich eine *Vorstufe* zum `Impuls´ ergab, da proportional zu Materiemenge und Geschwindigkeit) - von Galilei wurde dies dahingehend *umgedeutet*, dass die *`Trägheit´* zu einer zur Masse proportionalen Eigenschaft von Körpern wird, welche der Bewegungsänderung widersteht (hernach aber die eingedrückte Kraft *umfasst*); daneben wurde die *schwere* Masse zum Maß der wechselseitigen Anziehung zweier Körper, die als Kraft dessen `Gewicht´ ist...

M: Ja; entscheidend ist vielleicht noch, dass (auch) dabei *Erhaltungssätze* ins Spiel kamen, nicht nur der *Materie*, sondern auch der *Energie*, wie schon Leibniz anhand der potentiellen Energie zeigte. Jedenfalls wurden materielle Körper dergestalt als *`Massen´* charakterisiert, zwischen denen Kräfte wirken und Energien ausgetauscht werden und deren Bewegungen man (in Inertialsystemen) mit Differentialgleichungen erfassen kann... Dass man dergestalt so erfolgreich auch die größten Körper, die *Planeten*, *idealisiert* als abstrakte `Massen*punkte*´ behandeln konnte, legte nahe, auch die *Atome* als *tatsächliche* (nahezu) `Massen*punkte*´ zu behandeln - das Modell geht nicht wesentlich

darüber hinaus, alles als aus kleinsten massebehafteten *Körperchen* zusammengesetzt zu nehmen (was bis in die Thermodynamik hinein sogar funktioniert), welche durch gewisse Kohäsions- und Aggregationskräfte *aneinanderhaften* können. Schon Boyle führte die Chemie in Richtung dieser mechanistischen Sichtweise der *zähl-* und *wäg*baren *Körperchen...*
H: Nun, eine ganz beachtliche Abstraktionsleistung liegt ja schon *insofern* in der Atomistik, als dass man Atome nie *zu Gesicht* bekam: Man schloss schon in der Antike etwa aus minimalen, sich im Zeitlauf aufsummierenden Veränderungen, wenn „wir sehen [...], wie [...] Dinge [- der lebenslang getragene Ring, der durch steten Tropfen gehöhlte Stein oder der Straßenbelag -] *abnehmen*, weil sie *abgenutzt* sind“[36] und umgekehrt aus dem langsamen *Wachstum* in der Natur auf unsichtbar kleine Körper, eben die *Atome*. Die antiken Atomisten wussten ihre Theorie auch schon *argumentativ* zu nutzen, insofern alle Wahrnehmung hier prinzipiell unmöglich sei, weil diese *selbst* auf Atome angewiesen sei - im antiken Verständnis[37] natürlich -, aber dies ist ja ein Gedanke, der heute bei den Quanten und der (epistemischen Fassung der) Heisenberg´schen Unschärferelation (HU)(*1927*) wieder *auftaucht*, die ja besagt, dass zwei komplementäre physikalische Größen, etwa Ort und Impuls eines QO, *gleichzeitig nicht beliebig genau*, sondern nur mit einer bestimmten *Unschärfe* bestimmt werden können, deren Produkt mindestens die Größe $\hbar$ hat - das setzt schon den Mess*möglichkeiten* prinzipielle Grenzen, was Bohr in der Debatte mit Einstein immer wieder als (ebenso zirkuläres) Argument verwandte...
M: An dem factum, dass man Atome nicht *direkt wahrnehmen* kann, hat sich wenig geändert - ein Punkt auf den *Mach* stets hingewiesen hat...
H: ...und der modernen Atomistik setzten in der Tat *dessen*, wie Ostwalds empirio-kritizistische Angriffe lange zu; man insistierte darauf, Naturwissenschaft habe nur *denkökonomisch* unsere *Empfindungskomplexe* sinnvoll zu ordnen (Körper erzeugen nicht Empfindungskomplexe - Empfindungskomplexe `bilden´ Körper), mithin für immer größere Erfahrungsbereiche eine einheitliche mathematische *Beschreibung* zu finden, unter Fortlassung aller überflüssigen Annahmen, sich also positivistisch nicht um eine *meta*physische Wirklichkeit *`hinter´* den Dingen, um die `Dinge-an-sich´ zu kümmern...
M: ...eine durchaus sinnvolle Gegenreaktion auf allerlei *Schein*erklärungen...
H: In diesem Sinne der Kant´schen Unterscheidung von `phaenomenon´ und `noumenon´ konnte Mach allerdings noch die Existenz der Atome schlichtweg *leugnen...*
M: Das kann man gleichsam unter *erkenntnistheoretischem* Blickwinkel *immer noch*, wenn man darunter *nur* einen *Begriff* versteht, der erlaubt, Beobachtungskomplexe sinnvoll zu *ordnen:* Atome müssen dann nur *so* existieren, wie etwa die *Entropie*, der natürlich etwas *entspricht*, nur eben nichts dinglich-Fassbares. Die Kopenhagener Deutung der QT leugnet zwar nicht die Existenz der Atome,

bemächtigt sich aber dieses positivistischen Arguments generell und kommt insofern im Allerkleinsten nicht in *Schwierigkeiten:* Sie will nur die eindeutigen Messapparate des *Meso*- oder *Makro*kosmos kennen und lässt den *Mikro*-kosmos auch unter *diesem* Aspekt in der Schwebe - aber nicht nur war die Demakrationslinie zwischen beiden Bereichen nie eindeutig festgelegt, heute ist sie definitiv in Richtung *Mikro*kosmos *verschoben* - und so ist es beim *Atom* nun so, dass der *ontologische* Blickwinkel *einnehmbar* wird und dass sich die `Existenz'-Frage bezüglich der Atome *neu* stellt...
H: In der Tat... Trotz Maxwells, Boltzmanns und Clausius' erfolgreicher kinetischer Gastheorie kam erst mit Einsteins Arbeiten von *1905* - in welcher er Plancks *Quantenhypothese* heranzog -, wie auch mit Perrins Experimenten von *1909* zu in Flüssigkeiten suspendierten mikroskopischen Teilchen der *Umschwung*, bis schließlich die experimentellen Messergebnisse aus verschiedensten Bereichen (von der Thermodynamik bis zur Biochemie) *generell* im Sinne der Atomistik *konvergierten*[38]...
M: Schon; nur, als Perrin endlich konstatieren konnte, es würde „von nun an *schwierig* sein [...], mit vernünftigen Argumenten eine Haltung zu verteidigen, welche der molekularen Hypothese [d.h. der Atomistik] *ablehnend* gegenübersteht“[39], hatte das Weltbild der klassischen Physik, mithin die mechani(zi)stisch gedeutete Atomistik schon diverse *Risse* bekommen, in betreff der Hohlraumstrahlung oder des Äthers etwa... *Mach* mag die Atomistik `nur' *positivistisch* abgelehnt haben - *Ostwald* hat als `Energetiker', im Nachhinein betrachtet, gleichsam intuitiv eine *Schwachstelle* im System der Atomistik gefunden: Im Überschwang seiner aus der *tatsächlichen* Begrenztheit einer (im engeren Sinne) mechani(zi)stischen Naturdeutung gespeisten Kritik an derselben (wie auch im Versuch, das duBois-Reymond'sche `ignorabimus'[40] zu *umschiffen*) sind seine Ideen[41] insgesamt zwar unhaltbar und wurden auch etwa von Boltzmann *zu recht* kritisiert[42]; sagt er jedoch, dass seiner Ansicht nach „die Energie das *eigentlich* Seiende sei,“[43] bekommt dies mit der Einstein'schen Äquivalenz von Materie und Energie einen *eigentümlichen Beiklang* (ähnliches gilt für seine an sich ebenso unhaltbare Kritik an der klassischen *Reversibilität)* - überhaupt knüpft er ja an schon *Leibniz'* kritische Sicht auf die Atomistik an: Diesem erschien die Atom-Hypothese im ursprünglichen Sinne verstanden als scheinbar sicherer Port *trügerisch;* er sagte: „In der Tat kann diese Hypothese den bloßen *Physiker* zufriedenstellen; denn nimmt man einmal an, es *gäbe* solche Atome, und gibt man ihnen passende Bewegungen und Gestalten, so gibt es kaum irgendwelche materiellen Qualitäten, denen wir nicht, wenn wir genügend in das Detail der Dinge eingeweiht wären [- und *heute* sind wir das mehr den je -], vollauf zu *genügen* vermöchten;“[44] aber dennoch sei die Atom-Hypothese am Ende nur „ein verlockendes Phantasiegebilde: Man *beschränkt* in ihm seine Nachforschungen, man nagelt gewissermaßen die Untersuchung *fest*, man glaubt,

die ersten Elemente, ein *non plus ultra,* gefunden zu haben. Wir möchten der Natur *Stillstand* gebieten, von ihr verlangen, dass sie *begrenzt* sei wie unser Geist"[45] - bei Mach und Ostwald floß die Kritik hernach in den Begriff Atome seien *`starre Wirklichkeitsklötzchen´*...
H: Zumindest Leibniz war visionär, aber führt uns das heute *weiter?* Bis zu einem gewissen Grade leuchtet ja *ein*, was es bedeuten soll, Atome seien *Konstrukte* - sind diese aber nicht mittlerweile auch zu handfesten *Realitäten* avanciert, die man *anzuerkennen* hat?
M: ... *`schon´* oder *`noch´* anzuerkennen hat?
H: Bei aller gesunden Skepsis bringt die QT doch nicht *alles* gleichsam `ins Schwimmen´: Schon Elektronenmikroskope machen ja atomare Strukturen *sichtbar;* was ein *Licht*mikroskop nicht vermag - Strukturen *unterhalb 200nm* (der halben Wellenlänge des noch sichtbaren Lichts) aufzulösen -, vermögen sehr schnelle *Elektronen,* deren deBrogliewellenlänge von ihrem Impuls, mithin ihrer Geschwindigkeit abhängt, bei *0,2nm* Wellenlänge *sehr wohl.* Was soll man zu den Bildern sagen, die heute ein *Rastertunnel*mikroskop erzeugt *(H. deutet auf Abbildung 3a)?*[46]

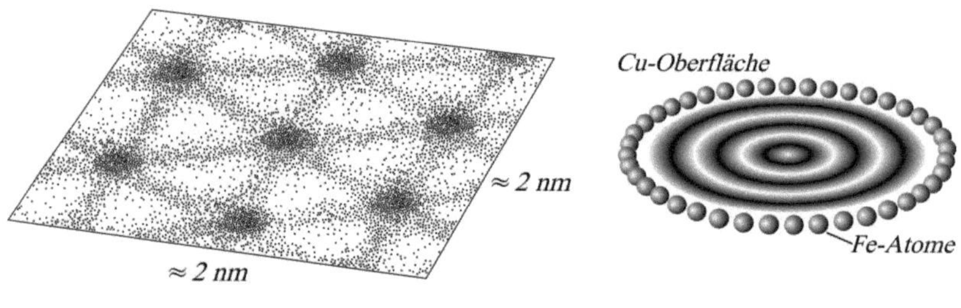

Abbildung 3a

Abbildung 3b

M: So, wie diese Bilder *erzeugt* werden - die Anzahl an Elektronen, die von einer systematisch überstrichenen Oberfläche in eine Mess-Sonde `tunneln´, wird hier als Punktedichte visualisiert -, misst man ja strenggenommen nur die *Antreffwahrscheinlichkeit* von Elektronen an verschiedenen Orten, wie viele dort erscheinen *können* - nur in diesem nicht nur *abstrakten,* sondern wohl gar *kontrafaktischen* Sinne kann man sagen, dass man das *Abbild* der untersuchten atomaren Oberfläche sieht; bei den regelmäßig hexagonal angeordneten Atomen *selbst* allerdings mag sich wohl *`schon-Seiendes´* abbilden...
H: Eben...
M: ...allerdings auch *nur strukturell!* Bei den dazwischen sich abzeichnenden *Bindungen* oder wenn man etwa - ein bekanntes Bild - Eisenatome auf einer Kupferoberfläche zu einem *Kreis* anordnet und sich in diesem dann Elektronen*wellen* zeigen[47], deutet sich aber vielleicht nur *`Mögliches´* an. Sollte

hier nicht ein gesunder *Zweifel* wach werden? Da die Oberfläche *sukzessive* abgetastet wird, bilden sich - *zumindest* im Fall der Elektronenwellen - nicht unbedingt Dinge ab, die schon *\`da´* sind, sondern die an dem jeweiligen Ort \`da´ sein *können*, wenn man (apparativ) *hinsieht* - das ist doch genau die Problematik, auf die man mit der QT *zusteuert*... Vergleichsweise ein Kinderspiel ist dagegen, dass man einwenden könnte, dass *\`sehen´* eigentlich anders definiert ist und eine recht lange *Deutungs*kette zwischen dem beobachteten *\`etwas´* an sich und dem *Abbild* liegt...

H: Immerhin kann man schwerlich für die Atome selbst, für die Atom*rümpfe* diesem Abbild absprechen, atomare *Strukturen \`richtig´* widerzuspiegeln...

M: Das vielleicht weniger; aber bei allem, was darüber *hinausgeht*, muss man *skeptisch* sein - man kann \`zuunterst´ immer *weniger* spezifizieren, *was* man da vor sich hat... Obgleich es noch eine Fülle von Indizien zusammenzutragen gilt, ist ja schon mit der Bildgebung der in einem Kreis aus Eisenatomen gefangengehaltenen *Elektronenwellen (M. deutet auf Abbildung 3b)* nicht nur diese *Frage* aufgeworfen, sondern auch ein Teil der *Antwort:* Nachdem man bei Rastertunnelmikroskop-Aufnahmen festgestellt hatte, dass die Leitungselektronen einer Kupfer-Oberfläche an zufällig darauf befindlichen Eisenatomen eine Streuung erfahren, hatte man mit dessen Spitze bewusst etwa 50 aufgestäubte Eisenatome im Kreis angeordnet (*ø≈14nm*), woraufhin sich in diesem die tunnelnden Leitungselektronen des Kupfers als *interferierende stehende Wellen* zeigten[48] (eines offenbar stationären, als im Laufe der Zeit unveränderlichen Zustands) - hier nur als Symbolzeichnung...

H: ...wenn es doch so einfach wäre, dass man die \`Erkenntnisfrüchte´ nurmehr *auflesen* müsste...

M: Das ist in der Tat *nicht* der Fall... Allemalen scheint es nun aber unerlässlich, I b
zumindest grob einige erkenntnistheoretische *\`Grenzpfähle´* einzuschlagen - mit der Frage, ob und inweit man überhaupt Theorien und Modelle *ontologisch* für *\`wahr´* halten darf, ob man sich stets des Modell*charakters* bewusst ist, man theoretische Gegenstände als \`real´ nehmen darf usw. usf. ... Spätestens seit Kants Transzendentalismus ist eigentlich nicht mehr daran zu rütteln, dass man sich (grundsätzlich gesprochen) *überhaupt kein* Bild davon machen kann, wie die *\`Dinge an sich´* beschaffen sind - der Begriff mag hier angemessen sein, insofern bei den Atomen oder noch Kleinerem ja immerhin von etwas die Rede ist, das aller *direkten sinnlichen* Wahrnehmung *entzogen* ist...

H: Beschreibt alle Naturwissenschaft, speziell die QT nicht *nur* Phänomene?

M: Im Sinne der Kopenhagener Deutung vielleicht - aber *generell: nur Phänomene*, also Erscheinungen - von *was* dann? Diese sollen *nicht* - wie schemenhaft auch immer - abbilden, *wessen* sie Erscheinung sind? Man mag mit vonWeizsäcker sagen, dass mit der Kopenhagener Deutung ähnlich wie bei Kant Erkenntnis*kategorien* nunmehr von der *QT* vorgegeben seien,

doch selbst *Kant* lehnt ja den dogmatischen (Berkeley´schen) Idealismus strikt *ab* - sagt, „das bloße, aber empirisch bestimmte Bewusstsein meines eigenen Daseins *beweiset* das Dasein der Gegenstände im Raum außer mir“[49]; aber auch dessen ohnerachtet: *Mit* dem Begriff `Phänomen´ wird ja ein `dahinter´ und eine Verbindung zwischen beidem *gesetzt;* selbst wenn man im Sinne Bohrs darunter nur `die eindeutig mitteilbaren Beobachtungen einschließlich der Beobachtungsapparaturen´ versteht...
H: Dogmatische *Positivisten* oder *Empiristen* könnten sogar bestreiten, *dass* Modelle die Wirklichkeit abbilden und behaupten, „es gibt keine `wirkliche Welt´ in dem Sinne, dass etwas `da draußen´ existiert, *an das* unsere Modelle sich annähern“[50]; eine Position, die *chic* ist, bei der sich aber wohl *Galilei* `im Grabe umdreht´, hätte er doch leicht auf die weniger lebensgefährliche Position umschwenken können, das Kopernikanische System zu einem *`als-ob´* herabzustufen, zu einer `bloßen Hypothese´ - so der *Instrumentalismus*, der Gegenpart zum Realismus, dem Modelle und Theorien reine Erkenntnis-*Hilfsmittel* sind...
M: Nun, man kann *beides* annehmen - dass es gewisse Entitäten, Relationen, Prozesse... ontologisch-realiter *gibt*, mithin eine objektive, kausal-gesetzliche `Außenwelt´ oder dass man es nur mit *theoretischen* Entitäten, *Konstrukten, Konzepten...* zu tun hat, die ein nützliches instrumentalistisch `funktionierendes´ Bild (und *nicht* direkt *Ab*bild), ein Ordnungsmuster liefern (Duhem und Hempel) - diese Kluft tat sich auch bei Mach und den Atomen auf, der sagte „Atome können wir nirgends wahrnehmen, sie sind [...] Gedankendinge“[51], man betreibe mit ihnen nur *hypothetisch-fiktive* Physik... Die Frage nach dem Realismus greift in der QT weit aus, bis hin zum Wahrscheinlichkeitsbegriff, ob die Ψ-Funktion nur subjektives Unwissen oder eine objektive Disposition ausdrückt, auf einzelne QO oder ein Ensemble bezogen ist usw. usf. ... Bei all dem geht es nicht nur um Entitäten *an sich*, sondern auch um Theorien, Modelle, Naturgesetze, Kräfte, Kausalität usw., die Entitäten und ihr Verhalten *beschreiben...*
H: Nun, als die QT entstand, sahen „nicht wenige [positivistische] Physiker [...] die Aufgabe der physikalischen Theorie lediglich in einer *möglichst sparsamen* mathematischen Beschreibung der empirischen Zusammenhänge zwischen beobachtbaren Größen [...], d.h. einer Beschreibung, welche den Zusammenhang möglichst *ohne* Vermittlung *prinzipiell unbeobachtbarer* Elemente wiedergibt“[52] - eben da setzte *Heisenberg* an (was selbst *Einstein* kritisierte), eben da sah Schrödinger die Gefahr, „sich [nur] aus erkenntnistheoretischen Gründen verpflichtet [...][zu fühlen],[...] die Anschauung zu *unterdrücken* und nur mit *abstrakten* Begriffen [...] zu operieren“[53] - aber das lässt sich eigentlich nur am *konkreten Fall* erörtern...
H: Ja; die Erkenntnistheorie *generell* kann in diesem Rahmen nur sporadisch und oberflächlich behandelt werden - aber *etwas* weiter mag das Theoretisieren

noch gehen, bei dem - positiv formuliert - die sich hernach konkret auftuenden Fragen ihren Platz innerhalb des ganzen erkenntnistheoretischen Fragen*komplexes* erhalten ...

M: Bei alledem geht es ja auch um *Erklärung* und *Verstehen*, nicht nur um *Deskription* und *Voraussage*, die nur deren *Voraussetzungen* sind...

H: Sollen Theorien und Modelle auch das `wie´ und `warum´ aufgreifen, sind an sie zugegebenermaßen *weitergehende* Anforderungen gestellt...

M: Erklärung und *Verstehen* werden nur in der QT fast systematisch dadurch unterminiert, dass unklar ist, mit welcher Art *Entitäten* man es bei QO zu tun hat: Das Modell der deduktiv-nomologischen (DN-)Erklärung[54] (Hempel-Oppenheim) will etwa Erklärung daran binden, dass sich *logisch `zwingend zu erwarten´* (deduktiv) aus einem *universellen* deterministischen Naturgesetz und einer Antecedensbedingung (dem *explanans* (dem Erklärenden)) das *explanandum* (das zu-Erklärende) *ableitet;* selbst bei induktiv-statistischen (IS-)Erklärungen kann das `nur´ statistische Ergebnis darin begründet werden, dass es `nur´ aus der *Unkenntnis* des Beobachters über die genauen Randbedingungen herrührt, was man auch für die QT geltend machen kann (auch über die HU *hinaus*); überdies kann man in der Schrödinger´schen Wellengleichung nur eine *unvollständige* Abbildung des Naturgeschehens sehen bzw. umgekehrt auf deren *Determinismus* verweisen - und doch kann dies in der QT nur *theoretisch* befriedigen: Selbst wenn man davon *absieht*, dass etwa bei der `Erklärung´ des DSExp mit einzelnen QO eine Dynamik *II* fehlt, leidet die Erklärung massiv darunter, dass das `zwingend zu erwarten´ *unterminiert* wird durch die Unklarheit, mit welcher Art `zwittrigen´ Entität man es überhaupt bei QO zu tun hat. Auch die Korrelationen bei Verschränkungen von QO kann man diesen Erklärungs-Schemata unterwerfen, sie liefern aber *als* nur gesetzhafte Korrelationen *ebenso* keine Erklärung, weil die *Ontologie* im *Unklaren* bleibt. Ähnlich ist es, wenn man mit Salomon über die Hume´schen Regularitäten hinausgeht und mit seinem kausal-mechanischem (CM-) Modell der Erklärung annimmt, dass Erklärung und Verstehen eines Phänomens voraussetzt, den *kausalen Zusammenhang* zu kennen, der ontologisch-realiter gegeben ist, gar in Hertz´ Sinne an ein im weitesten Sinn konkretes mechanisches, visualisierbares, intuitiv begreifbares Modell gekoppelt - paradoxerweise wird dies dadurch unterminiert, sich als grundlegende Entitäten *Teilchen* vorzustellen, die dann - anders als Wellen-entitäten - *seltsamerweise* nicht-individuell, nicht-lokal, nicht-separabel, akausal, nicht-stetig agierend bzw. wechselwirkend usw. sind... Schrödinger wusste: „Die [...][QT] begeht den Fehler, dass sie die Begriffe der klassischen *Punktmechanik*, wie Energie, Impuls, Ort... *aufrechterhält*“[55] - gleichsam ein selbstverschuldetes Unverständnis aufgrund `inadäquater Erwartungen´ an QO, wie sich zeigen wird...

H: Man greift hier erkenntnistheoretisch *schon zu hoch* und ontologisch noch

nicht tief genug - die Frage `Was ist ein QO?´ muss dem *vorausgehen*, allemalen, wenn Erklären und Verstehen umgreift, Unbekanntes mit Bekanntem in Relation zu setzen, es partiell gleichzusetzen, einzuordnen, und das, obwohl das *Bekanntere* der im Seinsgebäude darüberliegende *Meso*kosmos ist, der sich umgekehrt aus dem zugrundeliegenden *Mikro*kosmos erklären soll...
M: Ja; und die Atomistik ist dabei schon eine Art `Erkenntnisanker´, wo dies leidlich *funktioniert*... Darauf zu beharren, die moderne Physik sei notwendig unanschaulich-abstrakt, nützt nichts; Kant sagte: „Anschauung und Begriffe machen [...] die Elemente aller unsrer Erkenntnis aus, so dass weder Begriffe, ohne ihnen auf einige Art korrespondierende Anschauung, noch Anschauung ohne Begriffe, eine Erkenntnis abgeben können. [...][Es ist] eben so notwendig, seine Begriffe sinnlich zu machen (d.i. ihnen den Gegenstand in der Anschauung beizufügen), als seine Anschauungen sich verständlich zu machen (d.i. sie unter Begriffe zu bringen).“[56] So klar das *Problem* ist - ein Kernproblem der QT -, so unklar ist seine *Lösung*... Wissenschaftstheoretisch unterscheidet man *Beobachtungs*begriffe und *theoretische* Begriffe, welche erklärende Verbindungen in der Theorie ermöglichen; erstere beziehen sich auf direkt *beobachtbare*, zweitere auf *unbeobachtbare*, man hofft: *erschlossene*, letztlich aber *gesetzte* Gegenstände; mithin gelten nur erstere als *real-existent*, zweitere als *fiktiv*...
H: Heikel ist schon die Unterscheidung `beobachtbar´-`unbeobachtbar´, die keine scharfe Trennung zulässt, wenn man alles *Vermittelnde* auf dem Weg in unser Bewusstsein nicht in `natürlich´ und `künstlich´ unterscheidet...
M: Diese Frage ist *überall* in der QT von Belang, wie hier *(M. deutet auf die Abbildung oben)* bei den Elektronenwellen... Ohnerachtet der spezielleren sprachphilosophischen Frage, inwiefern sprachliche Ausdrücke sich *überhaupt* auf nur fiktive Dinge beziehen könnten - erkenntnistheoretisch kann man hier immer weiter `abtauchen´ -, arbeiten Theorien immer mit *beiden* Begriffsklassen, setzen ergo *beide* Gegenstandsarten *mit*, und ihr Erfolg *erklärt* sich eben daraus, dass sie dies *zu recht* tun - wobei gerade ein *ontologischer* Realismus eine *kritische* Sicht ja einfordert. Der *konstruktive* Instrumentalismus vanFraassens[57] etwa nähert sich diesem denn auch weit an - dieser nimmt aber moderat Theorien und Modelle nur als *empirisch adäquat*, nicht als *wahr;* gerade *`realistisch´* betrachtet (in beiderlei Sinn) soll ein Wahrheitsanspruch einem Agnostizismus weichen; der *Bezug* (an sich) auch auf *unbeobachtbare*, theoretische Gegenstände soll zwar vorliegen, diese seien aber eben prinzipiell *jenseits* unserer direkten (natürlichen) Wahrnehmungsfähigkeit gelegen - so *weiß* man nichts über sie, wenngleich sie anzunehmen *legitim* ist...
H: Nur ist der Übergang vom `legitimen´ zum `unvernünftigen´ *fließend*...
M: Allerdings - wenn man am Skalenende beim *Quantenvakuum* als einem `Äthersurrogat´ oder bei den rein *virtuellen* Teilchen angekommen ist; ja, ein

Kernproblem der QT ist gerade, dass man etwa mit der Heisenberg´schen Matrizenmechanik und der Quantenfeldtheorie (QFT) eher (wenn auch unklassische) *Teilchen* als elementare Entitäten anzunehmen geneigt ist, mit der Schrödinger´schen Wellenmechanik hingegen (wenn auch unklassische) *Wellenentitäten;* das würde zum *internen* Realismus führen, der zwar Begriffe als konventionell und Erfahrungen von diesen geformt nimmt, den Wahrheitswert einer Theorie aber als von der *Welt* abhängig. Wichtig wäre zu den theoretischen Begriffen bzw. Gegenständen *Hertz´* Position zu hören, insofern sich eine Verbindung zwischen der Feldphysik, um die es ihm geht, und der QT herstellt, eben in Anbetracht von Hypothesen über unbeobachtbare, theoretische Gegenstände - von diesen sagt übrigens selbst ein Positivist wie Schlick, dass man nicht nur erkenntnis*notwendig* objektiv-reale Erkenntnis-*Gegenstände* annehmen müsse, über das empirisch-Phänomenale hinaus (so schon Kant, wenn die Dinge-an-sich auch un*erkennbar* bleiben), sondern dass es unfruchtbar sei, „beim schlechthin Tatsächlichen stehenzubleiben, Denkzutaten ängstlich zu vermeiden und es bei der Beschreibung des Vorhandenen [...] bewenden zu lassen, ohne Hypothesen hinzuzufügen“[58] - aber dazu genauer bei den Wahrscheinlichkeitswellen... Apropos des *Positivismus* ließe sich vielleicht sagen: *Positiv* mag man - prinzipiell - nichts über die `hinter´ den Phänomenen verborgenen Entitäten *erfahren*, aber *negativ* kann man schließen, wie man sich diese *nicht* vorstellen darf - etwa: *nicht* als Körper des mesokosmischen Alltags...

H: Nun dem Instrumentalismus steht ja der Konstruktivismus nahe, dem *auch* die theoretischen Begriffe reine *Hilfsmittel* sind, die sich in ihrem `Funktionieren´ legitimieren und dem die `Welt´ im Wesentlichen ein menschliches *Konstrukt* ist - `Welt´ im Wittgenstein´schen Sinne als „alles, was der Fall ist“, als „Gesamtheit der *Tatsachen*, nicht der *Dinge*“[59] - eben um letzteres geht es: ob und inwiefern den theoretischen und sogar den Beobachtungsbegriffen *ontologisch-realiter* Gegenstände korrespondieren: Konstruktivisten würden Kants Erkenntnisschranke bezüglich des `Dinges-an-sich´ aufgreifen und behaupten, man käme nur zu einer Art *Negativbild* sich-bewährender *Viabilität* - so, wie metaphorisch gesprochen ein blinder Wanderer, der oft querfeldein durch einen Wald gestreift ist, zwar alle gangbaren Pfade zwischen den Bäumen kennen mag, sich dennoch aber kein Bild des Waldes *selbst* machen kann[60]...

M: ...was nahe an dem ist, wie es beim Rastertunnelmikroskop zugeht... In der letzten Konsequenz kann man das nicht bestreiten - aber bei alledem bleibt es eine *natürliche* Erklärung, dass der Realismus erfolgreich durch den Wald führt, *weil* es eine Übereinstimmung mit der Realität *gibt;* darüber hinaus erweist sich die Welt doch sogar als *`widerständig´* in dem Sinne, dass Theorien immer wieder *`nachjustiert´*, ja, ganz *erneuert* werden müssen, das beste Beispiel ist ja die QT *selbst...*

H: ...mit der sich gerade der Abgrund auftut, dass *'ihre'* Realität recht *verschieden* sein muss von jener, die man sich *alltäglich* zusammenreimt. Mag das alles prinzipiell *richtig* sein - man kann solche Feststellungen natürlich auch undogmatisch und um sich einen *hypothetischen* Realismus nicht zu verbauen, nur als *Mahnung* nehmen, dass ein *Modell* nicht die Wirklichkeit *selbst* ist und nicht mehr als ein *hypothetisches, partiell isomorphes Abbild* der Wirklichkeit sein kann. Schon in der klassischen Physik werden Körper etwa zu 'Massenpunkten' idealisiert, die Masse und Trajektorie aufweisen, alles andere fällt fort in der Zustandsbeschreibung - nur sind *diese* Idealisierungen noch *begreifbar* im Gegensatz zu jenen der *QT* (was *nicht* oder nicht *vorrangig* daran liegt, dass sie zu abstrakten Objekten in abstrakten Zustandsräumen gemacht werden; es sollte immer möglich sein (bei einer *sinnvollen* Theorie) die mathematischen Objekte und Strukturen auf die objektive Realität zu beziehen; der *Zustandsbegriff* ist nur ein ganz anderer, als in der klassischen Physik)... Jedenfalls erfasst *jedes* Modell nur ganz bestimmte *Aspekte* der Wirklichkeit und nicht deren ganze *Komplexität...*
M: Ein Modell, das die *ganze* Wirklichkeit erfasst, müsste ja auch wieder die Wirklichkeit *selbst* sein. Positivisten könnten aber schon die *Existenz* einer realen Außenwelt bestreiten...
H: Nicht einmal *das* würden sie, da sie diese Annahme nicht für eine *falsche*, sondern für eine *sinnlose* Aussage erachten...
M: ...die sie sich sprachkritisch *verböten* - und daran mag sogar etwas sein, aber an solcherlei *Fundamentalismus* kann man wohl nur herangehen wie an *Berkeleys* Kritik: Dessen solipsistischer Idealismus ist *prinzipiell unwiderlegbar* - aber auch eine *unfruchtbare* Annahme (immerhin ist ihm aber alles 'wirklich' *in Gott*); sie ist leicht dahingesagt, obgleich eine überwältigende Fülle an Argumenten *für* die Annahme der Existenz der realen Außenwelt spricht (mag uns diese auch nur in ihrer 'Kontur' erahnbar sein) - Berkeley hat immer ein interessantes Gegenargument parat, er kommt letztlich jedoch zu einer unnötig komplizierten, unglaubwürdigen *Konstruktion*, warum etwa verschiedene Menschen (die auch alle nur in unserem *Kopf* existieren) ein Geschehen nahezu *gleich* erleben, warum sich die Dinge in der Zeitspanne, die man *weg*sieht ebenso gesetzmäßig weiterentwickeln, wie wenn man *hin*sieht usw. usf.; darin liegen einige *Berührungspunkte* mit der QT: Bei den genannten Elektronenwellen, in der Frage, warum Messungen überhaupt *reproduzierbar* sind oder etwa bei 'Schrödingers Katze' - dort wird die Frage sein: Was hat - wenn man *nicht* hinsieht, also: *ohne Beobachter* - hinsichtlich der Wellenfunktion statt? Kritisch: Warum entwickelt sich der Zustand von 'Schrödingers Katze' *in* der geschlossenen Kammer (wie man hernach feststellt) *genauso*, wie wenn man ihn *fortwährend* beobachtet? In der QT geht es natürlich nicht um die Berkeley'sche Problematik im *engeren* Sinne, dass *alles* ideel in den menschlichen bzw. göttlichen Geist verlegt wird; dort ist

(kurz gesagt) das Problem, dass alles nur `im Kopf´ *gegeben* ist und nur dort *existieren* könnte, das Problem der *QT* ist aber ja (kurz gesagt) etwa beim `Messproblem´ die Diskrepanz zwischen der Wirklichkeit der QO im *Mikro*kosmos und jener der alltäglichen Dinge im *Meso-* oder *Makro*kosmos, ja, zwischen quantentheoretischer *Vorhersage* auch für letztere und alltäglicher Erfahrung, zwischen einer Welt in der nur Möglichkeiten und potentielle Zustände als `Katalog´ erfasst werden und der Alltagswelt, in der alle Dinge stets ein bestimmtes `Sosein´ haben...

H: ...wobei für den Beobachter auch *umgekehrt* argumentiert wird, dass das klassische Ideal des `*losgelösten*´ Beobachters, dass klar zwischen beobachtendem Subjekt und beobachtetem Objekt geschieden werden kann, nicht aufrechterhalten werden kann...

M: Richtig; dieser soll sogar *realitätskonstitutiv* sein, was man allerdings nur insofern zugestehen kann, als er als (auch) *physikalisches* Wesen gleichsam `präparierend´ wirkt - *unsinnig* etwa beim DSExp zu sagen: „[QO] *wissen* nicht nur, ob beide Löcher offen sind oder nicht, sie *wissen* auch, ob wir sie beobachten oder nicht, und stellen sich in ihrem Verhalten darauf *ein*" - oder auch: „ *nichts* ist real, ehe *wir* es nicht betrachten, und es *hört auf*, real zu sein, sobald wir nicht mehr *hinschauen*"[61] - etwas zu *extrem*, um es nur als *metaphorisch* zu nehmen (was noch *hingehen* würde)...

H: Nun, in den *meisten* Deutungsansätzen der QT vermag der Beobachter ja höchstens die Wirklichkeit zu *beeinflussen*, nicht jedoch *hervorzubringen*... Andererseits fragt sich *schon*, ob mithin nicht in Zweifel geraten muss, ob Fragen zur Ontologie von *QO*, die sich im Mikrokosmos ja unserer direkten Beobachtung zu *entziehen* wissen, überhaupt als (experimentell oder überhaupt theoretisch fundiert) *beantwortbar* gelten können, widrigenfalls schon diese Fragen als *unwissenschaftlich* zu gelten hätten...

M: Wenn man sich schon diese *Fragen* verbietet, greift man zu kurz, denn dann übernimmt man unreflektiert einfach die *klassische* Vorstellung von physikalischen Objekten und eine Ontologie der *klassischen* Körper, Felder und Kräfte, womit im Gefolge bestimmte Fragen *vorentschieden* werden, etwa in Betreff Kausalität und Determinismus, der Rolle des Beobachters, des Messproblems, der Lokalisiertheit, Separierbarkeit und Individualität von QO und dergleichen mehr...

H: So reicht es bei alledem auch nicht aus, von einem Modell zu sagen, *dass* es die Wirklichkeit abbildet; auch Empedokles Modell der vier Elemente etwa - gerade, wenn man es mit Aristoteles auf die beiden Gegensätze `kalt-warm´ und `trocken-feucht´ oder auf die Aggregatzustände zurückführt - *kann* man natürlich als doppelt-dichothomes Erkenntnisnetz über die Welt ausbreiten; am Ende erhellen sich nur nicht die Zusammenhänge, die *wirklich* hinter diesen Eigenschaften stehen - man richtet gleichsam eine irgendwie `*falsche*´ *Frage* an die Natur (was im Nachhinein leicht gesagt ist)...

M: Hertz hat einmal gesagt, dass unsere inneren Bilder der äußeren Naturphänomene dieselben *denknotwendigen Folgen* bilden sollten, wie sie sich bei den abgebildeten Dingen *selbst* zeigen[62], Modelle müssen *dergestalt* Konsistenz anstreben, sich möglichst nahe an die Wirklichkeit *anschmiegen*, auch wenn sie *als* Modelle *Analogien* bilden und eine Eigenschafts*reduktion* vornehmen, wenn sie *abstrahieren* und *simplifizieren...*
H: Es ist nur - sozusagen im rein quantitativen Sinne genommen - in der QT alles andere als klar, ob man ein beobachtetes System gleichsam aus seiner Umgebung *`herausschneiden´* darf, wenn man umgekehrt etwa um die Rolle der Dekohärenz weiß - `Schrödingers Katze´ muss als stoffwechselndes Lebewesen immer der Umgebung *verbunden* sein (und *orthodox* ist einem *offenen* System gar kein Zustandsvektor zugeordnet)...
M: ...ein Punkt, den es genauer und konkreter ins Auge zu fassen gilt. Modelle bilden jedenfalls auch *etwas* ab: Berge und Flüsse sind zwar auf einer Landkarte nicht erhaben und nass, sie bilden aber doch die *Struktur* der *Landschaft* ab: *`dort* ist es bergauf anstrengend zu wandern und *dort* bekommt man nasse Füße´ - schlicht gesagt; diese räumlich-strukturellen Merkmale *sind* real oder sie können real *werden* als Sinneserlebnisse (abstrakter phänomenologisch genommen)...
H: Insofern könnte man dann doch sagen, dass `Viabilität´ gradweise *auch* `Isomorphie´ umgreift, dass `Passen´ *auch* `Erkennen´ meint... Aber in diesem konstruktivistischen Sinne wird es wieder schwierig bei der Frage, ob man die Welt als aus voneinander unabhängigen substantiellen Dingen mit intrinsischen Eigenschaften bestehend denken sollte, denn bei den fundamentalen quantenphysikalischen Eigenschaften stößt man ja an eine Grenze, jenseits derer es sinnvoll sein könnte, eine `Ontologie der *Relationen*´ anzudenken oder bei einem *Strukturenrealismus* Zuflucht zu suchen - immerhin erfasst man schon klassisch etwa Kräfte rein *relational*, wie Dinge miteinander *wechselwirken*, in welchen *Relationen* sie miteinander stehen, und in der QT findet man noch *ausgeprägter* Eigenschaften als relativ zu Messapparaten bzw. zum Messprozess...
M: Nun, die Eigenschaften der Dinge *könnten* auch wesenhaft *intrinsisch* sein, aber Naturwissenschaft *kann* sie nur als relationale *erfassen...* Auch im Sinne einer `experimentellen Philosophie´ rückt mit der QT aber *Kant* wieder nahe: Über die *`Dinge an sich´* kann man nichts wissen - und doch kann naturwissenschaftliche Erkenntnis nicht auf den Substanz- oder Substratbegriff verzichten: „Es ist [...] das Substrat alles Realen, d[as] i[st] zur Existenz der Dinge Gehörigen, die *Substanz*, an welcher alles, was zum Dasein gehört, nur als Bestimmung kann gedacht werden“[63] - mag auch die intrinsische Natur der Natur verborgen bleiben... Ganz abgesehen von dem Problem, dass quantenphysikalische Messungen *präparierend* wirken, „dass das, was wir beobachten, nicht die Natur *selbst* ist, sondern Natur, die unserer *Art der*

Fragestellung ausgesetzt ist"[64]...
H: Auch die Leitfrage `Was ist ein QO?´ muss in diesen Strudel geraten...
M: In der Tat; aber man setzt eben doch sinnvoll: `Keine Relationen ohne Relata´, `keine Strukturten ohne Entitäten´...
H: Wenn man *jegliche* Relation zwischen Modell und Wirklichkeit leugnet, wozu *überhaupt* Modelle ersinnen, wozu *Naturwissenschaft* betreiben? Es sei denn, man würde etwa abheben auf das Diktum `Wissen ist *Macht*´, den zeitlichen Charakter unserer Erkenntis hervorheben, dass es um theoretische *Voraus*sage und experimentelle *Nach*prüfung von Ereignissen geht - was hinwiederum das *Induktionsproblem* involviert... Mit allen Einschränkungen geht es ja letztlich - neben den fundamentalen Gegenständen - um hypothetisch *zeitlose Naturgesetze*. Mancher mag auch darob behaupten, nur die *Nützlichkeit* eines Modells sei entscheidend, eben im Sinne eines *Instrumentalismus*, der - *Bohrs* Position noch radikaler fortführend - nur die makroskopischen Präparierverfahren als `real´ nimmt, *mit* denen nur die *Statistik* mikroskopischer Phänomene (eines ganzen Ensembles) gegeben ist.[65] Der Instrumentalismus als *pragmatische* Sicht, die der Kopenhagener Deutung der QT eignet, ist damit allerdings wohl etwas *sehr* eng gefasst: Letztere etwa bemüht sich ja gleichsam, vom Realismus *`zu retten, was zu retten ist´*, nämlich, was mit klassischen Begriffen *noch* erfassbar ist - sie bestreitet nur die Abbildung *der* Realität...
M: ...mit fließender Grenze zu: *einer* Realität - was dann eine zu *puristische* Position ist; gerade, weil es ja in keinster Weise um Sinnestäuschungen oder dergleichen Erkenntnisprobleme geht; überhaupt muss man ja nicht annehmen, dass man eine *getreue*, *vollkommen* wahre Abbildung der `Dinge an-sich´ findet...
H: Nun, es lässt sich ja nicht einmal definieren, was das *bedeuten könnte*...
M: Man kann mit *Planck* sagen, dass „die beiden Sätze: `Es gibt eine reale, von uns unabhängige Außenwelt´ und `Die reale Außenwelt ist nicht unmittelbar erkennbar´ [...] zusammen den Angelpunkt der ganzen [...][Natur-]Wissenschaft [bilden]"[66]... Es geht ja etwa darum, anzunehmen, dass QO bestimmte Eigenschaften auch *an sich*, *ohne uns* haben, die sich *irgendwie* in unserer Realitätskonstruktion widerspiegeln - wohlgemerkt müssen das *nicht* jene der *klassischen* Physik im Sinne der dortigen Wertdefinitheit sein; Einstein anerkennt etwa die *HU* als zutreffend, beharrt aber auf dem, was ihm „als das programmatische Ziel aller Physik erscheint: die vollständige Beschreibung der naturgesetzlich möglichen realen Sachverhalte" (um die spöttische Kritik, die das bei Positivisten auslösen mag, wohlwissend).[67] Müssen nicht manche positivistischen Modelle schlicht unverständlich bleiben, ja, *gerade* irrational erscheinen, auf permanente `Wunder´ hinauslaufen?
H: Ja, aber ist nicht umgekehrt manches *verständliche* Modell mit zu hohen ontologischen `Unkosten´ verbunden - etwa das Everett-Wheeler´sche? Im

historischen Rückblick war der *Verzicht* auf Erklärung und der Fokus auf die *Phänomene* bei der Kopenhagener Deutung der *Preis*, den man für die Konsistenz und den Erfolg der QT in der Praxis zu entrichten hatte...
M: Sinnvoller scheint - da sich hier nicht alles erkenntnistheoretische `für-und-wider´ abwägen lässt - der *Verzicht* auf die Annahme, unser Erkenntnisvermögen sei in *radikal-dogmatischen* Sinne empiristisch, positivistisch, instrumentalistisch, konstruktivistisch oder wie immer *fehlgeleitet*, liefe ins *Leere* und sei insofern als *eingeschränkt* zu erachten - am Ende kann nur die *Korrespondenz*theorie der Wahrheit maßgeblich sein, die *prinzipiell unerreichbare* `adaequatio intellectus et rei´, die `Übereinstimmung des Denkens und der Sache´ - die Konsens- und Kohärenztheorie sind nur *methodisches Beiwerk;* eine Diskussion der Wahrheitstheorien würde hier aber *auch* den Rahmen sprengen - man kann Erkenntnis nicht *absolut* `wasserdicht´ machen; Credo kann nur sein, dass es im Sinne des Realismus *`etwas´* in der Außenwelt gibt, das eine Theorie *wahr macht;* auch die Kriterien der Einfachheit und Universalität, vieles *einem* Erklärungsmuster zu unterwerfen - laufen ohne den Bezug auf das `adaequatio´ ins Leere (obgleich diese *Indizien* sein können, etwa wenn sich in der QT Phänomene erhellen, sobald sie konsequent als *Wellenphänomene* gedeutet werden)...
H: Strenggenommen ist für den *Praktiker*, den *Experimentator* dies alles ja uninteressant, da *konsequenzenlos:* Der mathematische Formalismus der QT *`funktioniert´*, was soll diese das Messproblem oder andere Interpretationsprobleme der QT *interessieren* - sie halten sich einfach an eine *Minimalinterpretation...* Dann ist man auch eher gefeit, der von Eddington angeführten Parallele zu entgehen, dass man sich vielleicht im Erkenntnisprozess speziell in der Atom- und Quantenphysik vieles nur so *`zurechtmacht´*, wie ein Künstler, der sagt `Sieh, in diesem Marmorblock ist das-und-das *Bildnis* verborgen´, und der dies mit Hammer und Meißel dann *`verifiziert´*...
M: ...und *schon* steht man *wieder* am Abgrund der Esoterik: *„nothing is real“*[68] - das einzige, was an diesem Argument zutrifft, ist, dass man die `Dinge-an-sich´ *nie* zu Gesicht bekommt und ansonsten ein Begriffs*netzwerk* über die *Phänomene* spannt, dessen Elemente miteinander verwoben und voneinander in Definition, Wahrheit u.a. *abhängig* sind; ein Netz aus möglichst präzisen Begriffen, mathematischen Symbolen und Naturgesetzen, welches die Vielfalt der phänomenalen empirischen Realität im Wortsinne *`einfängt´* - wobei man natürlich gleichsam subjekt- und objektbedingte Erkenntnis *unterscheiden* muss...
H: Und vielleicht ist die `adaequatio´ ja auch nicht *gänzlich* unerreichbar; es gibt ja einen kleinen Steg, über den man als Realist balancieren kann, der vom transzendental-konstruktivistischen Ufer zum phänomenal-empirischen führt, wenn man nämlich diese Überlegungen vor dem Hintergrund der Evolutionären Erkenntnistheorie *zurechtrückt*, die - angefangen schon bei

Leibniz' tastendem *`nisi ipse intellectus'* - plausibel macht, woher die offenbar *sinnreiche Entsprechung* zwischen Kants *`noumenon'* und *`phainomenon'*, der gedachten `Welt an sich' und den Erscheinungen herrührt, *warum* die mutmaßlichen *Real*kategorien und unsere *Denk*kategorien so gut übereinstimmen - und zwar nicht gleichsam nur im *Denken* oder insofern Theorien, Begriffe usw. von uns eine kategoriale, transzendentale *Vorprägung* erhalten (von Kant bis Hartmann herausgearbeitet): Apriorisches und Aposteriorisches fordern *beide* ihr Recht ein, unsere Theorien und Naturgesetze *entspringen* der Erfahrung, aber deren Gesetzmäßigkeit und Struktur entstammen *auch* unserem Erkennen, ermöglichen transzendental erst Erkenntnis. Wir können die Dinge nach unserem Willen *manipulieren* - zwar nicht beliebig, gerade heute aber: *erschreckend erfolgreich.* Auch diese `Passung' gilt es ja zu *erklären* und dabei kann man sich gleichsam einer *phylogenetische Erkenntnisbasierung anvertrauen.*[69] Insofern sollte man erkenntnistheoretisch undogmatisch einen *Realismus* wagen, der umgreift, dass unser Abbild der Wirklichkeit *mehr* oder *weniger* treffend sein kann, dass es mutmaßlich desto *nützlicher* ist, je genauer es *ontologisch `trifft'*. Zwar bleiben die `Dinge an sich' auf ewig verborgen, man kann sie nicht gleichsam `von Angesicht zu Angesicht' betrachten; insgesamt aber kann man gleichsam einen *`Kreis des Naturerkennens'* beschreiten *(H. deutet auf Abbildung 4):* Man kommt von *empirischen Phänomenen* zu *physikalischen Theorien*, aufgrund derer man gewisse *ontologische `Dinge an sich'* annimmt, die wiederum die empirischen Phänomene hervorzurufen vermögen sollen - damit *schließt* sich der Kreis. Ein Kreis liegt auch darin, dass empirisch-induktiv Theorien abgeleitet werden und aus diesen wieder deduktiv Thesen, die im Experiment überprüft werden (womit man sich vom rationalistisch-deduzierenden Leerlauf apriorischer `Erkenntnisse' *gelöst* hat)...

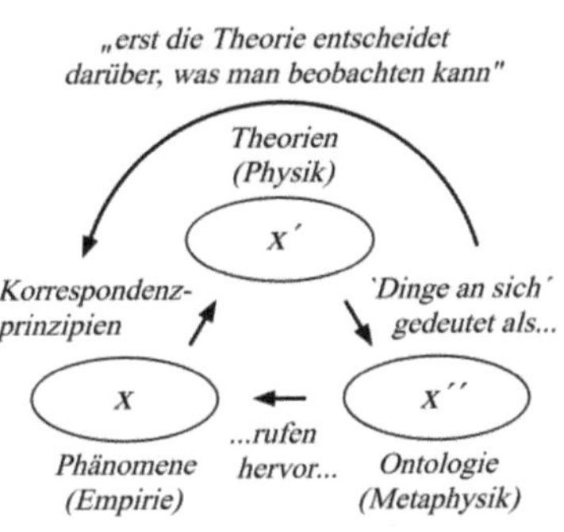

Abbildung 4

M: Das bedeutet jedoch, dass es auch in die *andere* Richtung geht - man kann auch sagen: „Erst die Theorie entscheidet darüber, was man beobachten kann" - zum einen in dem Sinne, dass man überhaupt auf die Idee verfällt, etwa die Experimente zu den EPR-Korrelationen, zur Dekohärenz usw. zu *ersinnen*, zum anderen aber muss man „[den] ganzen langen Weg vom Vorgang bis zur Fixierung in unserem Bewusstsein"[70] *kennen* und *begreifen*, um zu wissen, wie Messergebnisse zu *deuten* sind; um so wichtiger ist es also - wie gesagt -, eine Vorstellung zu entwickeln, welcherlei ontologische Objekte die QT überhaupt *behandelt;* das entscheidet, welche Messgrößen und Messungen man

überhaupt *erwägt*. Die QT und ihre Deutungs-*`Abwege´* sind geradezu ein *Paradebeispiel* dafür, welche Folgen es hat, ontologische Überlegungen - scheinbar positivistisch legitimiert - zu *vernachlässigen*...
H: Nun, abgesehen - wenn man so sagen kann - von speziellen Problemen wie der Kausalität (und mittelbar des Induktionsproblems) oder dem Einfluss des Beobachters auf das Beobachtete, der Ausklammerung des Subjektiven, was ebenso konkreter besprochen sein will, geht es ja vornehmlich nicht generell um die Theorie der Theorienbildung, die deduktive oder induktive Methodik, die Rolle des von Galilei an entwickelten Experiments usw. usf. - denn man könnte sagen, die QT `funktioniere´ hervorragend, nur sei sie *unverständlich*, in Sonderheit bei der Frage, von welcher Art Entitäten sie eigentlich handelt... Innerhalb des so gesteckten Rahmens kann man - um nun wieder konkret zu werden - auch hier *(H. deutet auf die Abbildung oben)* davon sprechen, dass atomare *Strukturen* auch in einem *ontologischen* Sinne *mutmaßlich `richtig´* widergespiegelt werden...
M: ...in Richtung eines *Entitäten*realismus interpretiert, so *unklassisch* auch die ontologischen Entitäten dabei *konzipiert* sein müssen; der Ansatz der Bündel- und Tropen-Ontologie und des *eliminativen* Strukturenrealismus ist keine Alternative - diese gehen ja nicht nur davon *aus*, sondern wollen es dabei *bewenden* lassen, dass *phänomenal* nur *Eigenschaftsbündel* und in unseren Theorien nur *Strukturen* gegeben sind - das können *erkenntnistheoretische*, aber doch keine *ontologischen* Modelle sein...
H: Dem Strukturenrealismus *generell*, der mit dem Konstruktivismus hier starke Verwandtschaftsbande hat, wird man damit - auch als *Realist* - nicht gerecht: Die eliminative Variante mag daran kranken, dass eine Struktur, die abstrakte *relationale Ordnung* der Elemente eines Systems, in Absehung dieser im einzelnen selbst, diese Elemente *voraussetzt;* sonst sagt er doch nur - auch vor dem Hintergrund der erkenntnistheoretischen Überlegung, dass in der `Evolution´ verschiedener *Theorien* nur die aufgefundenen *Strukturen* zu `überleben´ scheinen -, es sei sinnvoll oder sogar einzig möglich, die *Struktur* von Systemen zu erfassen, nicht aber die Elemente im einzelnen und was sie wesentlich als *Gegenstände*, gar als `Dinge an sich´ *sind*...
M: ...was an das Negativbild des Waldes und den viablen Weg durch diesen erinnert...
H: Ja. Denn gerade mit der QT werden die System*elemente*, wenn man zu QO vordringt, ja - metaphorisch gesprochen - immer *`farbloser´*, entbehren zusehends aller *vertrauten Charakteristika* - beinahe, als würde sich alles in reine *mathematische Struktur* auflösen; etwas in der Art meinte wohl Heisenberg, als er beim Durchbruch zur QT „das Gefühl [hatte], durch die Oberfläche der atomaren Erscheinungen hindurch auf einen tief darunter liegenden Grund von merkwürdiger innnerer Schönheit zu schauen [...], [auf die] Fülle von mathematischen Strukturen [...], die die Natur dort unten [...] ausgebreitet

[hat].“[71] Das führte ihn dahin, anzunehmen, dass „die kleinsten Einheiten der Materie [...] nicht physikalische Objekte im gewöhnlichen Sinne des Wortes [sind],[...][sondern] *Formen, Strukturen*, oder im Sinne Platons, *Ideen*, über die man unzweideutig nur in der Sprache der Mathematik reden kann“[72]...
M: So betrachtet - und gleichsam als Erkenntnis*vorstufe*...
H: Der ontologische Strukturenrealismus nimmt die theoretischen Gegenstände als *unterbestimmt* - was sie in der QT ja zweifellos *sind*, da es die zwei Deutungs*varianten*, Heisenbergs Matrizen- bzw. Teilchen- und Schrödingers Wellenvariante gibt; sie repräsenteren aber in verschiedener Weise dieselbe zugrundeliegende *Struktur* - der *Strukturen*realismus ist aber eben *auch* ein *Realismus*...
M: ...nur ein *überkritischer* und dadurch *inkonsistenter* - muss man nicht immer anfügen: Strukturen *gibt* es nicht *ohne* zugrundeliegende Entitäten? Nur kann man nichts über diese *direkt `wissen´*, *deshalb* rekuriert man bei ihrer Beschreibung auf Strukturen, ja, zuunterst mögen sie sogar rein strukturell *definiert* sein. Aber man sollte den *Strukturen*realismus gar nicht *so weit* treiben, dass er in vollständigen *Gegensatz* zu einem *Entitäten*realismus kommt, in diesem *Grenzfall* wird er *sinnlos*... Zumal der Unterschied zwischen beiden mit der QT am Ende vollkommen *marginalisiert* wird...
H: Mag sein... Ersterer bemüht allerdings noch einen *anderen* Argumentationsstrang: Es gilt wohl noch im Einzelnen zu entfalten, dass die QT zwischen elementaren Objekten *nicht-lokale Zustandsverschränkungen* annimmt - etwas, das `hier´ geschieht, kann sich scheinbar unvermittelt und instantan `dort´ auswirken, als würden die Dinge ein holistisches `Ganzes´ bilden. Der Strukturenrealismus sagt nun: „was wir [...] von unbeobachtbaren [theoretischen][...] Gegenständen und [deren] Eigenschaften *wissen*, betrifft [...] nicht deren *intrinsischen* Merkmale, sondern lediglich ihre *`strukturalen´* und *formalen* Merkmale. [....][Man muss] das *inhaltliche* vom *strukturalen* Wissen [unterscheiden], wobei [...][ersteres] für den Bereich des unmittelbar Beobachtbaren *reserviert* bleibt.“[73] Insofern kann man darauf verfallen, die elementaren Objekte hinsichtlich ihrer Eigenschaften dergestalt gleichsam zu *`verarmen´*, dass man ihnen *gar keine* intrinsischen Eigenschaften zuschreibt, die sie an sich selbst als *Individuen* haben, sondern nur solche, die aus ihren *Relationen* generieren - also ähnlich wie bei Leibniz´ relationalem Raum -, dabei nimmt man also dennoch *Objekte* an, die ein holistisches relationales *`Netzwerk´* bilden, dessen Struktur sich kausal auswirkt und das vor allem den Objekten ihre Eigenschaften erst *verleiht*[74]...
M: ...ob man es so weit treiben kann, die *intrinsischen* Eigenschaften eines Objekts gleichsam auf *`nichts´* schrumpfen zu lassen - ist ein *an sich eigenschaftsloses* Objekt überhaupt ein *Objekt?*
H: `Existenz´ wäre als *`vorrelationales´* Eigenschaftsprädikat zu nehmen...
M: Ein philosophisches `Wespennest´... Dass man sich dem schon mit dem

Konzept des Atomismus gleichsam *asymptotisch* nähert, sei unbestritten, aber vor diesem Abgrund des `nichts´ noch einen Schritt *weitergehen?* Nun, *jenen* Prozess der Eigenschafts-`Verarmung´ gilt es noch im Einzelnen zu verfolgen, bis zur an sich eigenschaftslosen `materia prima´ - und vielleicht sagt man mit dieser, innerhalb des Aristotelischen Hylemorphismus, *nicht viel anderes*... Dennoch: selbst die reine Struktur mag noch ein bestimmtes Bild nahelegen; im Zweifel ist aber zu sagen, dass es - *zumindest* in *erkenntnis-theoretischer* Hinsicht (wohl auch in ontologischer) - ohnehin nicht *sinnvoll* ist, eine Prioritäts- oder gar eliminative Entscheidung zwischen Strukturen und Objekten zu *erzwingen*...
H: ...dass *nur* Strukturen oder *nur* Objekte grundlegend sind...
M: Ja; eben darum geht es ja schon Aristoteles beim Abhängigkeitsverhältnis von `Materie´ und `Form´; Strukturen und Objekte sind essentiell miteinander *verwoben*, insofern Strukturen Relationen zwischen Objekten sind, Objekte sich aber nur *aus* Relationen konstituieren lassen - so ist das eine ohne das andere gar nicht *denkbar*[75] - das wäre auf die *ontologischen* Annahmen zu *übertragen*...
H: Vertreter einer *eliminativen* Strukturen- oder Tropenontologie würden sagen, diese verlöre ihren Reiz, eine *Alternative* zur klassischen (Substanz-) Ontologie zu bieten - mit einer *nicht*-eliminativen Variante sagt man nicht viel *anderes* als Aristoteles... Überdies wäre die Frage zu klären, wie Gegenstände, als außenweltlich unserer Erkenntnis *Entgegenstehendes* klassisch und quantenphysikalisch *konstituiert* werden; den Dingen werden bestimmte Prädikate gleichsam `angeheftet´; schon *sprachlich* wird nahegelegt, dass ein Gegenstand bestimmte Prädikate *haben* oder *nicht haben* kann und dass es mithin diesen Gegenstand *an sich*, unabhängig von diesen Prädikaten zu *geben* scheint...
M: Eben...
H: Nur, dass fatalerweise unsere Erfahrungen unsere Begriffe prägen und umgekehrt unsere Begriffe unsere Erfahrungen; versucht man `zuunterst´ partout *`hinter´* den Phänomenen ein *`wahres Wirkliches´* zu finden, kann man nur *scheitern*...
M: Ja, nur ergibt sich damit keine speziell *quantenphysikalische* Problematik: Ob man nun Atome in einer bestimmten Anordnung nimmt oder bestimmte Anregungen von Materiewellen - es geht um bestimmte Strukturen, Formen der `materia prima´, die bestimmte Eigenschaften darstellen, wobei es keine neutralen, eigenschaftslosen Muster *gibt*... Zunächst einmal mag es aber darum gehen, dass QO *manche* klassischen Eigenschaften *nicht* durchgängig innezuhaben scheinen, etwa `lokalisiert zu sein´...
H: Richtig, „es gibt Zeitpunkte, an denen der Ort als objektive Eigenschaft [eines QO] nicht existiert“[76]...
M: ...obgleich diese Formulierung später als reichlich *unpräzise* erscheinen

mag... Man kann aber diese ganzen erkenntnistheoretischen Fragen im Detail nur anhand der konkreten, zu deutenden *Befunde* diskutieren: Die Befunde *vorherzusagen*, vermag ja die QT in hervorragender Weise - daran besteht kein Zweifel; nur: wie muss die Welt `dahinter´, die Welt im Mikrokosmos *beschaffen* sein, damit sich diese Befunde *ergeben?*
H: Diese Frage kann nur in einem *`ignorabimus´* enden. Sofern das sprachliche Begriffsnetz *konventionell* sein kann, kann man nicht ausschließen, dass es *mehr* als genau *eine* wahre vollständige Theorie gibt, mit Duhem-Quine sind Theorien immer *unterbestimmt*, es gibt immer *Alternativen...*
M: Aber: wie *hoch* ist das gegriffen - *eine konsistente* Deutung der QT wäre ja schon ein Fortschritt: Insbesondere der *Realismus* hat zwar die kritische Komponente, dass sich schon diverse bewährte Theorien historisch als *falsch* erwiesen haben; umgekehrt unterstützt dieser aber den *Schluss auf die beste Erklärung* - diesen nicht als *petitio prinzipii* genommen, sondern aristotelisch als *Abduktion:* Je komplexer eine Theorie, auch im *Umfang* des Erklärten, je genauer, einfacher, konvergenter bezüglich verschiedener Bereiche usw., desto unwahrscheinlicher, dass sie nur *zufällig* ontologisch etwas `trifft´, vollkommen *Unzutreffendes* über die zugrundeliegenden Entitäten oder gar nur etwa über *rein fiktive* Entitäten aussagt...
H: ...wenn man eingedenkt, dass man insgesamt nur zu einer *hypothetischen* Wirklichkeitsdeutung kommt, die sich immerfort über die Wahrscheinlichkeit ihres `Zutreffens´ *Rechenschaft* ablegen muss...
M: Mit Duhem ist diese um so *größer*, je mehr sie `Reflex der realen Ordnung´ ist... Man kann - wie die Kopenhagener Deutung - den *sicheren* Weg gehen - nur: alle in irgendeiner Weise *agnostischen, anti-objektivistischen* Konzepte „[verschaffen] sich den *Vorteil* [...], den *jede* Oberflächenbeschreibung über eine Analyse der Tiefenstruktur hat: Man *beschränkt* die Reichweite der [...] Aussagen und kann dann auch *weniger falsch* machen."[77] In eben diesem Sinne nimmt die Kopenhagener Deutung nur einen *epistemischen*, keinen *real-physikalischen* Kollaps an, nach dem *`si tacuisses...´*-Motto; dergestalt kann sie (scheinbar) etwa an der klassischen *Lokalität*, dass es keine (instantanen) Fernwirkungen gibt, *festhalten* und nur die klassische *Separabilität*, dass die Dinge eine voneinander unabhängige Existenz ohne (instantane) Zustandsabhängigkeiten über raumartige Distanzen haben, *verloren* geben; manchmal wird dies als Absage an einen *lokalen Realismus* bezeichnet - `lokal´ meint dann *separabel* (die $\Psi$-Funktion legt gleichzeitig *allerorts* die Zustände fest), `Realismus´ insofern Messwerte nicht bestimmt, sondern erst *präpariert* werden... Erklärung und Verstehen gibt sie diesbezüglich allerdings *mit* verloren, sie sagt eben *gar nichts* über das *`wie´* aus...
H: Man war eben bemüht, an der `Wiege´ der neuen Theorie nur vom `sicher-Greifbaren´ zu singen...
M: Verständlich. Man kann die Abduktion, als elementaren Bestandteil aller

Naturwissenschaft, aber auch auf *alle* Stufen beziehen: Auf den *Realismus*, dann auf die *Strukturen* (Bilden diese *adäquat* ab?), dann auf die zugrundeliegenden *Entitäten* (*Was* könnten sie sein?) und Wirkzusammenhänge - und sehen, ob und in welchem Sinne sich *konvergierende* Erkenntnislinien ergeben...

H: So sei es, hübsch der Reihe nach anhand konkreter zu deutender Befunde, um also auf den konkreten Fall der mit dem Rastertunnelmikroskops `sichtbar´ gemachten Atome zurückzukommen: Dabei *ist* es ja gerade so, dass lang gehegte theoretische Überlegungen, wie atomare Strukturen aussehen *müssten*, mit dem, was man tatsächlich empirisch *findet*, zusammenstimmen - man kann etwa auch die hexagonale Struktur von Benzolringen dergestalt sichtbar machen und findet genau die von Kekulé (*1865*) angenommene Ringstruktur des Benzols...

M: Schon, aber bei dessen Doppelbindungen ergibt sich wieder das erwähnte Problem einer möglichen *reinen Kontrafaktizität:* Man findet empirisch eine *homogen verteilte* Elektronendichte im Ring, weshalb man ja die ursprüngliche Darstellung nach Kekulé mit drei Einfach- und drei Doppelbindungen heute als geschlossenen *Ring* darstellt, als *delokalisiertes* π-Elektronensystem - ansonsten würde man empirisch ja auch verschiedene Atomabstände und -winkel, mithin *kein* regelmäßiges Sechseck finden (bzw. *größere* Abweichungen)...

H: Gut, daran mag man noch erkenntnistheoretische *Zweifel* knüpfen - aber man kann Atome mit der Spitze eines Rastertunnelmikroskops eben auch *manipulieren* - im Nanometerbereich *(H. deutet auf die Abbildung oben)!* Sollte *das* nicht ein hinreichendes *Realitätskriterium* sein, welches die (letztlich sinnlose) Frage, ob Atome *wirklich `wirklich´* sind, befriedet? An dieser Stelle setzt Hacking an, bei der `Manipulierbarkeit´ der elementaren Entitäten, die jener im mesokosmischen Alltag gleicht. Mag *Kritik* daran *berechtigt* sein[78] - bei `Phononen´ etwa kommt man in Schwierigkeiten; aber schon, wenn man *`Lücken´* in Kristallgittern manipuliert, hat man immerhin ein ebenso realistisches *`Negativbild´* (im direkten Sinne), deren Realität das `drumherum´ verbürgt... Man kann überhaupt auch aus den untersuchten Strukturen Atome *entfernen*, oder durch andere (Arten) ersetzen, Fehlstellen erzeugen - man *kann* Atome zu einem *Kreis* anordnen. Man kann heute ein einzelnes Atom (bzw. Ion) in einem elektrischen Feld `gefangenhalten´ und mit Laserlicht anregen, Licht einer bestimmten Frequenz zu absorbieren und dann wieder zu *emittieren* - soll man es bei dem *Blinken*, dass man innerhalb einer solchen `Atomfalle´ dann *sehen* kann[79], *nicht* mit dem zu tun haben, was man seit der Antike als Atom *postuliert* hat, da man es doch *wie* einen elementaren Baustein *manipulieren* kann und *`sieht´* - welche Eigenschaften man diesem `etwas´ auch immer *anonsten* noch zuschreiben muss?!

M: ...was allerdings eine *entscheidende* Frage ist - ein *klassisches Teilchen*

ist es mit Sicherheit *nicht!* Ist es nicht beinahe so, dass bei dem, was hier als Atom zu gewahren ist, ja bei allen QO, wie bei einem Eisberg der größte Teil des Ganzen *nicht sichtbar unterhalb* der Oberfläche liegt, ja, dass bei manchen Zuständen *keine* eindeutige Spitze hervorguckt?
H: Ja, aber liegt nicht das *Dilemma* gerade darin, dass die Dinge offensichtlich *dennoch* atomistisch aus manipulierbaren, individuellen elementaren Entitäten *zusammengesetzt* sind? Kann man daran am Ende *zweifeln?*
M: Hat man nicht immer nur mit einem impliziten *`als-ob´* zu kämpfen, das nur *hypothetisch* zu überschreiten ist? Die *spezielle* Problematik, die mit der *QT* zutage tritt, ist dabei ja noch gar nicht *berücksichtigt*, bisher geht es ja beinahe noch um *klassische* Physik. Es werden aber eben die primären Qualitäten den Dingen (im Mikrokosmos betrachtet) *auch* verlustig gehen, so dass man gleichsam *ante*primäre Qualitäten denken muss. Man muss an dieser Stelle den *Modellcharakter* des Dalton´schen Atommodells noch einmal explizit hervorkehren - gleichsam unter *negativem*, wie *positivem* Vorzeichen: Mit den Fragen der Atomistik ist bis heute die *Thermodynamik* verwoben, insofern man eine prinzipielle *Reversibilität* aller stattfindenden *Einzelprozesse* annimmt, aus der sich dann *statistisch* mit dem Entropiesatz (also dem *II. HS*, der erfasst, dass ein geschlossenes System - kurz gesagt - den wahrscheinlichsten Zustand anstrebt, womit die *`Unordnung´* stetig zunimmt) eine *Irreversibilität* des Naturgeschehens als ein *systemisches, sekundäres* Gesetz ergibt...
H: ...ein `Zeitpfeil´, ja...
M: Diese Überlegungen sind doch insofern schier *unlösbar* mit dem *Dalton´-schen* Modell verknüpft, als - anders als bei Boyle und Newton, die *Kräfte* zwischen *ruhenden* Teilchen annahmen - noch mit Bernoulli vorausgesetzt wird, dass die unablässig *bewegten* Teilchen, von den elastischen Zusammenstößen abgesehen, *keine* Kräfte aufeinander ausüben, von quantenphysikalischen Effekten ganz abgesehen...
H: ...weil für die Erklärung der mit der kinetischen Gastheorie behandelten Phänomene die *mechanischen* Aspekte der Teilchen und eine *regellose* Bewegung *hinreichend* scheint...
M: Natürlich, *modell-immanent* schweigt man von Kräften - aber ist dann nicht das Dalton´sche Atommodell der statistischen Mechanik gleichsam mit *`eingeschrieben´?* Da schon dies allemalen eine *grobe Abstraktion* ist, dürfte mit der QT die Frage nach der Reversibilität oder Irreversibilität von Naturprozessen wieder *offenfallen* - sie gerät, ob man nun auf einen Beobachter-induzierten oder indeterministischen Wellenkollaps, auf reale Dekohärenzprozesse, auf ein `sich-Neigen´ kommt, in ein je *neues* Licht, je nachdem, *was* man für die elementaren Entitäten *annimmt...*
H: Wohl wahr, das steht unter *negativem* Vorzeichen...
M: Unter *positivem* Vorzeichen ist zu sehen, dass man - bei allem, was man über die *Wellen*eigenschaften von Materie weiß, die bisher ja noch außen

vor geblieben sind - sagen kann, dass sich QO *insofern* auch gemäß der klassischen Mechanik verhalten, als man sie überhaupt wie Maxwell und Boltzmann als kleine Körperchen behandeln *kann.* Die antike Atomistik, wie das Dalton´sche Atommodell erscheinen recht *elementar*, um nicht zu sagen *undifferenziert* - im Grunde liegt auch letzterem ja (noch) die Vorstellung zugrunde, dass Atome *kleine* Körperchen sind, die sich nicht wesentlich anders verhalten als *große* Körper. Muss man aber nicht sagen, dass *nur dieses* Modell - das so vieles andere *unerklärt* lässt, ja, *`falsch´* sein muss - mit seinen `echt´-körperlich undurchdringlichen Kügelchen, die im elastischen Stoß miteinander wechselwirken, begreifbar-anschaulich für die kinetische Gastheorie *`funktioniert´*, während alle *nachfolgenden* Modelle (derer es zur Erklärung der chemischen Affinitäten, der Linienspektren usw. usf. natürlich bedarf) über die gleichsam klassisch-mechanischen Phänomene wieder den Schleier der *Unbegreiflichkeit* legen?
H: Inwiefern *das?*
M: Die kinetische Gastheorie ist doch etwa mit dem *Planeten*modell *gar nicht* und mit dem *Orbital*modell nicht nur *schwerer*, sondern nur mit *Hilfs*vorstellungen nachvollziehbar, indem man sich etwa Elektronenwolken (denen in unserer Erfahrung nichts entspricht) *analog* zu Wolkenformationen vorstellt, die *füreinander körperlich* undurchdringlich sind - da sie dies aber für andere (ungeladene) Entitäten *nicht* sind, werden mithin die bekannten primären Qualitäten unserer Erfahrungswelt über- bzw. unterschritten. Und mit dem *Wellen*modell ist es so, dass sich über Kollaps-, Dekohärenz- oder `sich-Neigens´Effekte Wellenentitäten *wie* klassische Teilchen verhalten oder so *erscheinen* müssen...
H: Man rekurriert an *diversen* Stellen - auch etwa beim Photo- und Comptoneffekt - auf die vertraute mesokosmisch-klassische Körpervorstellung...
M: ...was durchaus *kritisch* zu sehen ist. Die `Körperhaftigkeit´ bei diesem Modell aber, dass Dinge primäre Eigenschaften wie `Ausdehnung´, `Gestalt´ und `Festigkeit´ haben, ja mithin es *selbst*, scheint insofern gar nicht *überschreitbar* - das Dalton´sche Modell ist das *letzte* Modell, das die primären Eigenschaften - fundamentalste, gerade noch begreifbare Eigenschaften - *unangetastet* lässt und *darum* nicht nur anschaulich, sondern noch *begreifbar* ist, speziell etwa hier in der kinetischen Gastheorie. Hier müsste man also sagen, dass die *neuen* Modelle das *alte* Modell *nicht* mehr - etwa als Grenzfall - *umgreifen*, wie es ja idealiter *sein* soll; die Modelle stehen *nebeneinander* - kann man sagen *`noch´?* Diese konkrete `Körperhaftigkeit´ müsste auch die *QT* für einige Phänomene reproduzieren...
H: Nun, heute bezeichnet man mit dem Begriff `Atom´ aber ja ein *komplexes System*, das man nur verstehen kann, *wenn* man diese Vorstellungen *überschreitet* - wohin man von selbst gelangt, wenn man die Zerlegung immer *weiter* treibt...

M: Natürlich. Bei der Suche nach den letzten, kleinsten Bausteinen der Dinge fand man, dass es nicht einfach eine Unzahl verschiedener Stoffe gibt - diese *lassen* sich systematisch ordnen; man fand schon im Mikrokosmos einen *hierarchischen Schichtenbau*, der ein geheimnisvolles `Streben´ der Dinge zu *bestimmten Organisationsformen* ausweist: so fand man chemische Verbindungen, deren charakteristische Eigenschaften sich auf bestimmte - eben: *atomare - funktionale Gruppen* zurückführen ließen; und diese ließen sich wiederum als zusammengesetzt aus den Elementen des *Periodischen Systems* begreifen...
H: ...das wirklich *bemerkenswert* ist: Untereinander verzeichnet es chemisch verwandte Stoffe mit ansteigendem Atomgewicht, bei denen es sich um Atom*arten* handelt, deren *Eigenschaften* - ganz gemäß der Deutung der antiken Atomisten - aus *quantitativen* und *strukturellen* Gegebenheiten ihres *Aufbaus* herrühren, die hernach mit den bekannten *Quantenzahlen* erfasst wurden. Atome erwiesen sich aber - ohnerachtet ihres Namens - doch als *teilbar* und weiter aus *subatomaren* Bausteinen zusammengesetzt; das ließ schon die großen Elementezahl und ihre systematische Ordnung erahnen, und zeigte sich später empirisch bei der Elektrolyse bei Faraday und Helmholtz, bei den Kathoden- und Kanalstrahlen und der Radioaktivität...
M: ...wobei trotz aller Irrwege und Zufälle ja *eine* Entdeckung zur *nächsten* geführt hat: Aus Gasentladungsröhren traten aus der durchbohrten Anode die *Kathodenstrahlen* aus - von Plücker (*1859*) entdeckt zeigte Thomson (*1897*), dass es sich um identische negative Teilchen handelt, um `Elektronen´. Aus der durchbohrten Kathode hingegen traten die *Kanalstrahlen* aus - von Goldstein (*1886*) entdeckt zeigte Wien (*1900*), dass es dem verwendeten Gas entsprechend verschiedene positive Atome, `Ionen´ sind, das leichteste das Proton. Millikan bestimmte (*1909ff*) die Elementarladung und da sich ergab, dass artgleiche Ionen bei gleicher Ladung offenbar mit verschiedenen Massen vorkamen, war man den `Isotopen´ auf die Spur. Im Gefolge von Röntgens Entdeckung der *X*-Strahlen (*1895*) entdeckte man mit der `Radioaktivität´ (*1896ff*; Becquerel, die Curies, Rutherford, Meitner, Hahn), dass aus Atomen verschiedene, nämlich α-, β- und γ-Strahlung austritt ($^{4}_{2}He^{2+}$ -Kerne, Elektronen und elektromagnetische Strahlung), was wiederum zu Modifikationen des Dalton´schen bzw. Thomson´schen Atommodells führen musste - schließlich konnten Atome *zerfallen* und sie *verwandelten* sich dabei...
H: Mit alledem hatte man denn auch diverse `Geschosse´, um das Innere des Atoms regelrecht zu *erkunden*, was denn auch Lenard und Rutherford *taten*... Jedenfalls ging es immer weiter *hinab:* Wenn auch nicht die Elektronen, so erwiesen sich doch die Nukleonen, die Protonen und Neutronen, als Konstituenten des Atoms als *nicht* elementar - als man diese Erkenntnislinie der experimentellen Philosophie, mit Kollisionsexperimenten immer *tiefer* gleichsam ins `Innerste der Dinge´ vorzudringen, immer *weiterverfolgte*, fand man

einen wahrhaften *`Teilchenzoo´* von mehreren Hundert Teilchen bzw. Anti-Teilchen; dieser ließ sich allerdings *wiederum* systematisieren, das Konzept `Vielfalt aus Kombinatorik´ ließ sich *wiederum* anwenden - auf *allen Ebenen* offenbarte sich ein streng gesetzhafter Aufbau: Teilchen konnten *ineinander zerfallen*, aber auch *auseinander entstehen* - alle Dinge ließen sich aus wenigen *Ur*teilchen zusammengesetzt begreifen und die Bausteine waren offensichtlich miteinander *verwandt...*
M: ...womit das Grundprinzip des Atomismus `Wandel an Unwandelbarem´ in einem *abstrakteren* Sinne zu nehmen ist, etwa auf Energie (oder ein äthergleiches quantenphysikalisches Vacuum) bezogen. Es zeichneten sich bei all´ den Teilchenverwandlungen gewisse Eigenschaften bzw. Gesetzmäßigkeiten ab, für die man immer neue, abstrakte, dabei diskrete *(⅓|½|1)* Quantenzahlen einführte, mit denen sich wieder Symmetrien und Erhaltungssätze formulieren ließen. Die meisten Kombinationen erwiesen sich als *instabil;* mit ihrer überaus *flüchtigen* Existenz stellen sie für die ganze uns umgebende Welt gleichsam nur ein *`Grundrauschen´* dar, das man vielleicht besser als *`Fluktuation´* eines Zugrundeliegenden deuten könnte, die es neben dem, was als *stabile* Teilchen erscheint, auch gibt (bzw. in der kosmischen Evolution, dem gleichsam energetischen Abkühlungsprozess, *gab*), eine Art `Gischtgekräusel´ - in einem ontologischen Sinne gründen natürlich die *stabilen* Teilchen in eben demselben spezifischen Zugrundeliegenden, wie die *instabilen*, so dass das eine ohne das andere wohl nicht zu haben ist, wenn man eine Welt schaffen will...

I c *H:* Jedenfalls lassen sich mit dem sogenannten *Standardmodell* der Teilchenphysik alle Dinge aus drei Generationen von vier elementaren Teilchen und ihren Anti-Teilchen zusammengesetzt begreifen - so gleichsam die kosmische `Inventarliste´[80]: Die erste Generation bilden *up*-Quark (*u*), *down*-Quark (*d*), Elektron (e^-) und Elektron-Neutrino (ν_e); man fand aber noch eine *zweite* und *dritte* Generation Teilchen mit derselben Ladung, aber größerer Masse - mithin ergab sich wieder eine Art *Periodensystem*, nur eben: *der Elementarteilchen.* Heute ist nur noch die *erste* Generation (erkennbar) relevant: Die Quarks bilden die Nukleonen, zu deren Wesen es gehört, Atom*kerne* zu bilden, die *99,9%* der Masse auf dessen *10.000*stel Raumteil komprimieren, wohingegen die Elektronen den Raum als Atom*hülle* auf geheimnisvolle Weise `ausfüllen´ und undurchdringlich machen für *ihresgleichen Ladung (H. deutet auf Abbildung 5)...* Natürlich ist dies alles für das *Teilchen*modell gesprochen, die QO sind als *Teilchen* visualisiert - auch als wesentliches, modell-immanent unabdingbares Nebenresultat der QFT... Man nennt heute QO weiter `Teilchen´, insofern die *Messtheorien* klassisch fundiert sind und wohl auch bleiben: Man setzt einzelne QO etwa klassischen Feldern aus und beobachtet ihr Verhalten, *als ob* sie klassische Körperchen wären, um so auf deren dynamische Parameter, etwa Masse und Ladung, zu schließen, ja,

selbst abstrakte quantentheoretische Parameter wie der Spin sind nur *so erschließbar* - als Spin \`auf', Spin \`ab'...
M: Gruppentheoretische Symmetrien müssen nicht zwangsläufig auf dem *Teilchen*konzept fußen, aber *operationell* liegt es nahe, QO etwa bei Detektorklicks, Bahnspuren in Wilson'schen Kammern oder bei Streuprozessen als *Teilchen* zu identifizieren, um ein Bezugs*objekt* zu haben. Mit dem Operationalismus muss man insbesondere in der *QT* ein Auge darauf haben, welche Rolle es spielt, gewisse Messarrangements *herzurichten* - etwa im Sinne der Komplementarität von Messungen; Detektorklicks kann man aber eben auch als Kollaps-, Dekohärenz- oder \`sich-Neigens'-Effekte einer Dynamik *II* erklären und diese hinzugenommen kann man mit dem Wellenmodell die Bahnspuren auch als *Beugung* gleichsam in einem Potential-\`Medium' deuten...
H: Ja; aber auch mathematisch fließt alles gleichsam in eine *\`diskrete'* Form - es liegt nahe, Eigenschaftsbündel einem *diskreten* Objekt zuzuschreiben, Felder in *Quanten* aufzulösen, die Beziehungen zwischen \`Teil' und \`Ganzen' *diskret* handzuhaben usw. usf.; *ontologisch* muss man diese \`Kügelchen' natürlich als *vollkommen unzutreffend* betrachten...
M: Es bleiben aber - a propos *\`Inventarliste'* - die hypothetische \`dunkle Materie' und die \`dunkle Energie' außer Betracht, die nur ob der Konsistenz noch ungesicherter Theorien *postuliert* werden. Entbehrte es hier nicht zusehends begreifbar-anschaulicher Eigenschaften, könnte man sagen, man bewege sich *nur* eine Ebene *tiefer* als bei den Atomen...
H: Ja, der Grundgedanke der Atomistik wird dadurch natürlich nicht *tangiert*; man hat den Begriff *\`Atom'* gleichsam nur *zu früh* vergeben und hätte ihn im Grunde mehrere Ebenen nach unten auf *wirklich* unteilbare (elemenare) Teilchen - so es derlei *gibt* - *verschieben* müssen...
M: ...wie bei den Protonen, den scheinbar *\`Ersten'* - insofern könnte man auch *umgekehrt* sagen, dass sich das *Grundkonzept* der Atomistik \`Wandel an Unwandelbarem' und \`Vielfalt aus Kombinatorik' schon auf *mehreren* Ebenen bewährt hat und vielleicht noch auf weiteren bewähren *wird...*

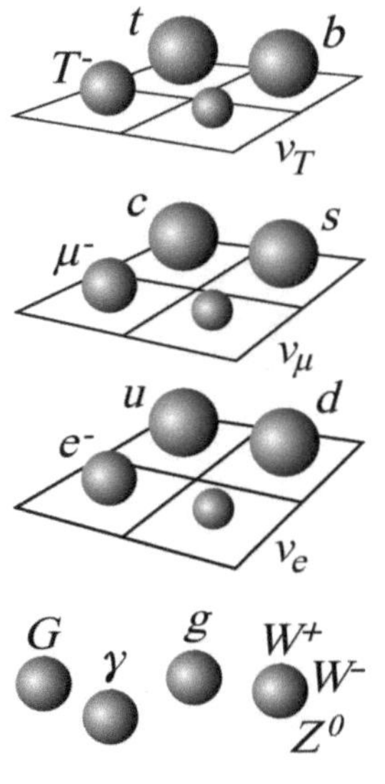

Abbildung 5

H: Eine reine Mutmaßung, aber möglich...
M: Allemalen ist das \`Zerlegungsspiel' beim Standardmodell möglicherweise noch nicht *zu Ende:* Immerhin findet man ja gleich *drei Generationen* von elementaren Teilchen, *24* an der Zahl (d.h. *mit* den Antiteilchen, *ohne*

die Farbladungen), die irgendwie miteinander *verwandt* zu sein scheinen; und es stellt sich (ebenso wie bei den `Resonanzen´) für die zweite und dritte Teilchen-Generationen die Frage, ob man sie nicht als *angeregte Zustände* der *ersten* Generation deuten muss - jedenfalls liegt es nahe, auch über dieses Modell *hinauszugehen;* das versuchen die sogenannten *Prä*quark-Modelle als `dernier cri´...

H: ...und die Grundintention bei alledem, mit möglichst *wenigen* elementaren Bausteinen auszukommen bzw. diese auf wenige unabhängige physikalische Parameter zurückzuführen, hat sich ja immer wieder *bewährt* - es ist beinahe so wie bei russischen *Holz-Babuschkas*, die sich ineinanderstapeln lassen: Moleküle, Atome, Nukleonen, Quarks, Präquarks - immer weiter geht es hinab, immer ist eines im anderen aufgehoben...

M: ...und *bisher* ist es *nicht* nur unser *Denken*, das sich in diese Richtung gezogen fühlt; allerdings war man *schon einmal* an just diesem Punkt: Man begriff ja das *Neutron* zunächst noch als Zusammenschluss von Elektron und Proton - mit diesem *status quo* hätte man sich gerne *beschieden;* man hätte die ganze Welt aus *nur zwei* polaren Teilchen aufgebaut denken können. Planck sagte *(1929):* „Es gibt nach der heutigen Auffassung [...] nur *zwei Urstoffe:* die positive und die negative Elektrizität. [...] Das größte Atom, das Uran, [besteht] aus *238* Protonen und ebensoviel Elektronen, von denen aber nur *92* sich um den Kern bewegen, während die übrigen im Kern festsitzen“[81]...

H: Einfacheres lässt sich beinahe nicht *erträumen...*

M: ...und vielleicht *bewahrheitet* sich diese Vorstellung sogar noch, denn zwei Ebenen tiefer sind eben mit den - zur Zeit allerdings rein spekulativen - *Prä*quark-Modellen Leptonen und Quarks ineinander *verwandelbar:* Das `Rischonen´-Modell etwa führt weitere Quantenzahlen ein und postuliert, dass sich Quarks *und* Leptonen allesamt aus den noch `elementareren´ beiden Präquarks *T* und *V* (von `tohu-va-bohu´, hebr.=*wüst und leer*) zusammensetzen - also wieder aus nur *zwei* Bausteinen, zu denen aber die Anti-Teilchen noch hinzukommen. Bezüglich der Neutronen könnte man dann etwa Protonen als $|uud|$-Quark-Kombinationen als $|TTV/TTV/\overline{VVT}|$-*Prä*quark-Kombination deuten, Elektronen als $|\overline{TTT}|$ und Verwandlungen gemäß $p+e^{-}\rightarrow n+\nu_e$ deuten (empirisch beobachtet); den Protonenzerfall gemäß $p\rightarrow e^{+}+\pi^{0}\ (=\bar{d}d)$ könnte man als $|TTV/TTV/\overline{VVT}|\rightarrow|TTT|+|VTV/\overline{VVT}|$ deuten.[82] Man könnte also das `Periodensystem der Elementarteilchen´ *wiederum* systematisieren, so dass sich vielleicht manche Symmetrien, Auswahl- und Erhaltungssätze, die sich auf allen Ebenen zeigen, besser *erklären* ließen...

H: In betreff der reelen Teilchen ergeben sich dann etwa folgende summarischen Gleichungen, von der räumlichen Struktur, den Kräften usw. usf. also abgesehen. *`Zuunterst´* scheint es nicht wesentlich anders zuzugehen, als auf den *darüber*liegenden Ebenen; es geht *generell* ebenso *`gesetzhaft´* zu -

zumindest für Atome könnte man generalisierend sagen, dass sie einander angenähert zunächst anziehen (und daher größere, vielgestaltige Komplexe bilden), einander aber bei weiterer Annäherung stark abstoßen...

Präquarks (spekulativ)	$\lvert TTV \rvert$	$\lvert \overline{VVT} \rvert$	$\lvert \overline{TTT} \rvert$
+Elektron	$=\lvert u \rvert$ *up-Quark*	$=\lvert d \rvert$ *down-Quark*	$=\lvert e^- \rvert$ *Elektron*
Quarks	$=\lvert uud \rvert$	$=\lvert udd \rvert$	↓
	$=\lvert p \rvert$ *Proton*	$=\lvert n \rvert$ *Neutron*	
Nukleonen/Lepton	$\lvert p \rvert + \lvert e^- \rvert$	$6\lvert p \rvert 6 \lvert n \rvert + 6 \lvert e^- \rvert$	$8\lvert p \rvert 8 \lvert n \rvert + 8 \lvert e^- \rvert$
	$=\lvert H \rvert$ *Wasserstoff*	$=\lvert C \rvert$ *Kohlenstoff*	$=\lvert O \rvert$ *Sauerstoff*
Atome	$12\lvert H \rvert + 6 \lvert C \rvert + 6 \lvert O \rvert$		
	$=\lvert C_6H_{12}O_6 \rvert$ *Glucose*		
Moleküle	*usw.*		(I.1a-d)

M: So ist es grob gesagt - anonsten kann man die verschiedenen Phänomenbereiche geradezu danach *einteilen*, welche Gesetze und Kräfte sie vornehmlich *prägen:* Von den beiden Kräften abgesehen, die man für das *Innere* des Atoms annimmt - die `starke´ und die `schwache´ Kraft -, waren und sind es ja zwei Kräfte, die alle Vielgestaltigkeit der Welt hervorbringen und modulieren, in denen das `Streben´ der Dinge beschlossen liegt - auch *die* scheinen ihren je eigenen `Herrschaftsbereich´ zu haben: Zum einen die vergleichsweise schwache *Gravitationskraft*, die sich zwar - bei unendlicher Reichweite - mit dem Quadrat des Abstands abschwächt, die sich aber als rein anziehende Kraft im Großen aufsummiert und so die vornehmlich in der *Himmelsmechanik* wirkende (bekannte) Kraft ist, zum anderen die *elektromagnetische* Kraft, die sich als (positiv-negativ-)polare, also anziehende *und* abstoßende Kraft im Großen zumeist *aufhebt* und vornehmlich *im Kleinen* wirkt und in welcher u.a. alle chemischen Affinitäten beschlossen liegen...
H: Vorrangig interessiert also die *letztere* Kraft, da erstere im Mikrokosmos zu *vernachlässigen* ist und die beiden im Inneren der Atome wirkenden Kräfte insofern hier nur am Rande interessieren sollten, als für die Fragestellung `Was ist ein QO?´ genug erreicht wäre, im Größenordnungsbereich der *Atome* die Quantenphänomene zu verstehen, die Atom*hüllen*physik...
M: Ja; und nun gibt es ein gewichtiges Argument, den Begriff `Atom´ *nicht* nach unten zu verschieben - was immer man noch in Zukunft *finden* mag, ein `Ende des Teilens´ oder ein `Teilen ohne Ende´, und unabhängig davon, ob es sich als notwendig erweisen wird, das Attribut `elementar´ zu *verschieben:* Man kann argumentieren, dass Atome ihren Namen ohnehin *(immer noch)* zu recht tragen, insofern sie nämlich ihre *elementaren (chemischen) Eigenschaften* bei einer Teilung *verlieren:* Ein *geteiltes* Eisenatom etwa ist ja kein *Eisen*atom mehr - `Atom´ ist das kleinste Bruchstück eines Elements, bei dem sich noch dessen spezifischen elementaren Eigenschaften zeigen...
H: Die lateinische Übersetzung von `atomos´, *`individuum´*, drückt das ganz

gut aus... Wenn man so will, bestätigen sich - an genau dieser ontologischen Schnittstelle - damit Überlegungen des Mittelalters, dass es gewisse kleinste Teile der Stoffe geben müsse, die `minima naturalia´, in welchen deren charakteristische Eigenschaften ihre letzte Ursache haben; diese standen *so* betrachtet nur *scheinbar* im Gegensatz zum Atomismus mit seinen sinnlich-eigenschaftslosen Atomen in verschiedener Gestalt, Anordnung und Lage; in der *heutigen* Begriffsdefinition von `Atom´ jedenfalls (ansonsten - `darunter´ - behalten die Atomisten *recht*)...

M: Eingedenk, dass chemische Verbindungen völlig *andere* Eigenschaften haben als die Elemente, aus denen sie sich zusammensetzen - die *Gase* Sauerstoff und Wasserstoff vereinigen sich zu *flüssigem* Wasser, das *giftige* Gas Chlor und das *entflammbare* Metall Natrium zu *harmlosem* Kochsalz, was noch *keine* `echte´ Emergenz ist - kommt man bei den Atomen, unterhalb der magischen Grenze von $10^{-10}m$, in die Nähe einer (geradezu wörtlich zu nehmenden) `echten´ *`elementaren Emergenz´:* Man steht an der Grenze zu einer anderen ontologischen *Ebene*, unterhalb welcher nach den bekannten *qualitativen, sekundären* alsbald auch die *quantitativen, primären* Eigenschaften tendenziell *bedeutungslos* werden. Die sekundären Eigenschaften werden schon für *einzelne* Atome sinnlos, spätestens aber *unterhalb* der Ebene der Atome; wollte man gutwillig die Eigenschaft *`Farbe´* noch in der Wellenlänge des von einem Atom emittierten Lichts sehen, wird *subatomar* eben kein Licht emittiert - es *gibt* dort keine `Farbe´; wollte man die Eigenschaft `Temperatur´ noch in der kinetischen Energie eines einzelnen Atoms sehen, *gibt* es *subatomar* eine Bewegung von Teilchen im gewöhnlichen Sinne wohl gar nicht; auch die Eigenschaften `Geschmack´ und `Geruch´ werden für einzelne Atome weitgehend sinnlos, aromatische Verbindungen etwa sind zumeist *komplexe Moleküle bestimmter Struktur* - die Sinnesqualitäten (nicht die Sinnes*empfindungen*) erklären sich eben umgekehrt aus atomarer *Kombinatorik: ein* Atom reicht aus, dass der Geruch bzw. Geschmack ein vollkommen anderer ist, bei Stereo-Isomeren etwa ist es nur ihr spiegelbildlicher Aufbau: *(+)*-Limonen $C_{10}H_{16}$ riecht bzw. schmeckt nach *Zitrone*, Carvon, mit der geringfügig anderen Strukturformel $C_{10}H_{14}O$ als *(+)*-Carvon hingegen nach *Kümmel* und als spiegelbildlich gebautes *(-)*-Carvon nach *Minze*...

H: Man sagt kaum zuviel damit, dass es *alle* uns bekannten sinnlichen Eigenschaften `dort unten´ im Mikrokosmos nicht mehr *gibt*, dass die Begriffe für diese Eigenschaften `dort unten´ *bezugslos*, mithin *sinnlos* werden...

M: ...und insofern hatte auch Demokrit recht, als er sagte, „die Atome seien qualitätslos, nämlich das Volle und das Leere. Dagegen seien die *Gebilde* aus diesen [für uns] infolge der Anordnung, Gestalt und Lage [...][etwa] gefärbt“[83] - wenn man davon absieht, dass er die Eigenschaften der Atome auf das Volle und Leere *reduzierte*, und den Begriff `Leere´ überhaupt cum grano salis nimmt; die Frage danach, welche *Raumgröße* QO *an sich* zukommt - was auch die Frage nach der `Leere´, der `Undurchdringlichkeit´ und nach der `Bewegung´ involviert - ist wohlweislich noch *ausgespart*; überhaupt würde sich der *Tast*sinn `hier unten´ nicht mehr auf Tast*qualitäten* beziehen, sondern sich hypothetisch auf reine *Existenz*fragen reduzieren: Ist Materie, Ladung oder anderes schlicht *`da´* oder *kann* es `da´ sein? Auch die Frage, wie die einhergehenden *subjektiven Empfindungen* eines Geruchs, Geschmacks oder Farbeindrucks *zustandekommen*, bleibt ausgespart - es geht nur um die Fruchtbarkeit der Atomhypothese auf sozusagen rein physikalischem Gebiet (wie die Physik *jetzt* verfasst ist, um nicht das Problem des *Reduktionismus* zu involvieren[84]), um die `*Außen*sicht´ auf die Dinge. So betrachtet handelt es sich bei den *sekundären* Eigenschaften noch nicht um `echte´ Emergenz - um die geht es erst einerseits bei den *primären* Eigenschaften, die aus *ante*primären erwachsen, andererseits bei den *subjektiven Empfindungen;* in der `*Außen*sicht´ sind die sekundären Eigenschaften nicht rätselhaft, wir gewahren schlicht eine Wechselwirkung der strukturellen Gegebenheiten der betreffenden Dinge mit jenen unserer Sinnesapparate, von Molekülen mit Rezeptoren, Schallwellen mit Sinneshärchen usw. - erst mit der `*Innen*sicht´ geht es auch *dabei* um `echte´ Emergenz; die `echte´ Emergenz in betreff der quantitativen, primären Eigenschaften von *QO* lässt sich aber im *Rückblick* auf die mit der QT zu diskutierenden Phänomene *besser* oder erst eigentlich verstehen...

H: ...bei den Atomen endet unsere sinnliche Welt, mithin generell `die Welt´ für uns. Vieles ist noch ungeklärt; die *Farbladungen* der Quarks etwa hat man ursprünglich nur eingeführt, um das `Pauliprinzip´ zu `retten; aber da man sie so wählen *kann*, dass sich diese immer zu neutralem `weiß´ mischen müssen, bildet sich darin auch ein ontologisches Strukturgesetz ab. Auch gibt es gewisse *Redundanzen*, etwa in betreff der elektromagnetischen *Drittel*ladungen, die man für Quarks annimmt, obgleich diese nur als Kombinationen mit *ganzzahliger* elektromagnetischer Ladung existieren - hätte man um diese vorher gewusst, hätte man die Elektronen vielleicht *nicht* mit der (negativen) Einheitsladung *1* belegt...

M: Nein - eher umgekehrt: Man kann nicht einfach sagen, diese Zuordnung sei nun *nicht* mehr angemessen, da man Elektronen dann umgekehrt ja eine Drei*fach*-Ladung beilegen müsste, wenngleich *sie* als *`wirklich´ elementar* gelten, die *Quarks* aber gar nicht *einzeln beobachtbar* sind, mithin nicht die Drittelladungen...

H: Nun, das sind Details - entscheidend ist, dass man - etwa bei der Elektrolyse - *überhaupt* eine Quantelung der Ladung fand, also gleichsam *`Atome´* der Elektrizität...

M: Das ist etwas zu *simpel* - das `Zerlegungsspiel´ ist ja mit zwei Problemen konfrontiert, zum einen der Materialisation von Energie, welche dem Fort-

schreiten auf diesem Wege irgendwann *praktisch* eine Grenze setzt; zum anderen aber wird *theoretisch* fraglich, *was* da eigentlich kombiniert wird - man denkt immer Bausteine, Teilchen, eben *Körper*, die kombiniert werden...
H: ...was naheliegt, weil diese sich bei den Experimenten, die man *zunächst* angestellt hat, wie kleine Körperchen *`benahmen´* - sie haben Trajektorien, unterliegen der Massenträgheit, lassen sich durch Felder *manipulieren*, sind undurchdringlich usw. usf.
M: ...was wichtige Kriterien sind; wenn man sich in einem kleinen gedanklichen Schwenker die *Charakteristika* klassischer Teilchen vergegenwärtigt, mag im Folgenden deutlicher werden, welche davon wo und warum *verlustig* gehen bzw. umgekehrt etwa Licht, dann `Photonen´, *zugesprochen* werden *(M. deutet auf Abbildung 6)...*

Klassische Teilchen (phänomenale Charakteristika)...	*Geltung für QO?*
...sind diskrete, undurchdringliche Entitäten (Kardinalität) mit scharfem Raumort (Lokalisiertheit) und eindeutigen raum-zeitlichen Trajektorien, gegeben in der Funktion $x(t)$ (diachrone Identität) *(a);* sie sind unterscheidbare Individuen, die als Träger zeitabhängiger und zeitunabhängiger Eigenschaften persistieren (Ordinalität/synchrone Identität) *(b);* ihr Zustand wird gekennzeichnet durch je *6n* Orts- und Impulskoordinaten *(c);* sie tragen als dynamische Eigenschaften träge und schwere Masse bei (nahezu) punktförmiger Wechselwirkung (`Massenpunkte´) und elektromagnetische Ladung *(d);* sie gehorchen bezüglich dieser und weiterer, systemisch-relationaler Eigenschaften (E, p, L) Erhaltungssätzen *(e)* und kausal-deterministischen Gesetzen *(f);* sie existieren unabhängig voneinander (Separabilität) *(g)* und sind atomistisch kombinierbar zu komplexen Systemen *(h)*	*(a)* teilw. *(b)* ? *(c)* entsp. *(d)* Ja + *(e)* Ja + *(f)* ? *(g)* ? *(h)* Ja

Abbildung 6

Rein phänomenal unterscheidet man neben Materieteilchen, also Körpern noch Felder bzw. Kräfte (die man aufeinander reduzieren kann); dies sind die beiden *klassischen* Entitätenklassen, in die sich bis hierher alle Dinge einteilen ließen: Körper als *diskrete* Entitäten, Felder als *kontinuierliche.* Das idealisierende Konzept `Massenpunkt´ ließ sich universell auf Körper anwenden und deren Trajektorien und Bewegungsgesetze erfassen; unerfasst blieb dabei zunächst die indirekte Kräftewechselwirkung über scheinbare *Fern*kräfte, die hernach über das zweite Konzept, das Feld, als gravitative oder elektromagnetische *Nahe*wirkungen erfasst wurden; *Verbindungsglied* war dabei das Wellenfeld mit *materiellem* Medium, insofern es nur eine *Kollektiv*beschreibung seiner körperlichen *Elemente* darstellt; bei elektromagnetischen Wellen führte das mit dem widersprüchlichen Medium `Äther´ allerdings zu Problemen; die phänomenalen Charakterisika von Feldern sind generell jedenfalls *diametral* andere - dazu später genauer - und schon nicht mehr mit den aufgeführten primären Eigenschaften vereinbar - alleine, da sie nicht-materielle, wirkungsdynamisch ausgedehnte Substanzen sind; im Grunde nähert man sich QO damit von der *anderen* Seite her...
H: Jedenfalls sofern man diese nicht wiederum mit der QFT *quantisiert* und

ihnen so *Teilchen*charkteristika verleiht...
M: Richtig; ob nun aber Teilchen oder Feld - QO *sprengen* diesen Rahmen: Sie sind etwa nicht durchgängig an einem beliebig scharf definierten Raumort *lokalisiert* (nicht: lokalisierbar durch eine Messung), nicht nur durch klassische Nahewirkungen verbunden, nicht durchgängig als Individuen unterscheidbar´, nicht je für sich - wohlgemerkt im *klassischen* Sinne - durch intrinsische zeitabhängige *Eigenschaften* gekennzeichnet (dass sich klassisch das `Ganze´ aus elementareren `Teilen´ ergibt)[85] und es lauern noch weitere `Schrecknisse´...
H: Da man heute diese Gegenstände alle als *QO* zu betrachten geneigt ist, ist es nicht zu viel behauptet, *vieles*, wenn nicht gar *alles* hinge an der Frage der *raum-zeitlichen Einbettung* dieser Dinge, die klassisch einer getrennten *Teilchen*- und *Feld*ontologie und *Teilchen*- und *Feld*physik zugehörten, heute aber in der QT und der QFT - aufgrund empirischer Befunde (eben des Welle-Teilchen-Dualismus) - *einheitlich* behandelt werden, die Komplementarität ist hier zu einer *Symmetrie* geworden; nur in der QFT wird auch erfasst, dass QO nicht klassisch *persistieren*, sondern *erzeugt* und *vernichtet* werden können...
M: ...unter Erhaltungssätzen, ergo: *verwandelt* werden können... Aber hier wird *alles* zur Frage: *Kann* man Quantenprozesse überhaupt noch raum-zeitlich einbetten? *Kann* man noch, da man um die (auch) Wellennatur der Dinge weiß, sagen: Etwas verhält sich *wie* ein körperhaftes Teilchen (in Reinkultur) - also *ist* es ein solches? Auch *Wellen* bzw. Wellen*komponenten* lassen sich etwa *kombinieren...*
H: Dann müsste man alle `Teilchen-Befunde´ systematisch *umdeuten...*
M: In ähnliche Gefilde ist ja Aristoteles mit seiner aller Sinnlichkeit bis ins *Immaterielle* entkleideten *`materia prima´* (gedanklich) vorgedrungen. Die Zergliederung ist heute schon so weit getrieben, dass man auch *sprachlich-begrifflich* nicht weiterkommt. Unser Erkenntniswitz scheint hier definitiv zu *enden*, da wir in *ontologische* Bereiche vordringen, für die wir gar keine Begriffe und Denkmodelle haben; es ist so, als würde man *Sprache* immer *weiter* analysieren: Man kann *Texte*, *Sätze* und *Wörter* analysieren *als Sprache* - dem entspricht beim `Zergliederung-Spiel´, in *Stoffe, Moleküle* und *Atome* zu zergliedern, als die materiellen Bausteine der Welt. Wenn man aber zu *Silben* übergeht - denen entsprächen in der Analogie *subatomare* Teilchen - werden die Begriffe, die sich auf Sprache beziehen, zusehends sinnlos, außer vielleicht, wenn in *Gedichten* aus abgewandelten Silben neue Wörter geschöpft werden o.ä.. Spätestens bei *Buchstaben* und *Lauten* aber (je nachdem, ob von schriftlicher oder mündlicher Sprache die Rede ist) ist es so, dass die auf Sprache bezogenen Begriffe sinnlos werden - zu schweigen davon, dass man *Tinte* und *Schall* unter dem Aspekt *Sprache* untersuchen wollte...
H: ...wenn man in diesem Bild nicht zu *`Gedanken´* fortschreiten müsste

(analog zu Materie und Form), aber es ist klar, worauf das Bild hinauswill: Man erreicht hier wie dort, wenn man in den subatomaren Bereich eindringt, eine andere *kategoriale* bzw. *ontologische* Ebene...
M: Genau so ist es; daher sollte man in Betracht des `Zerlegungsspiels´ einen Schritt *zurücktreten:* Man hat es hier nämlich mit derart komplexen *Symbolsystemen* zu tun, dass sie ontologisch nur schwer zu deuten sind; man nähert sich einer *in Symbole gefassten Tautologie* - etwa, wenn man bei den Quarks den sogenannten *`Farbeinschluss´* dafür verantwortlich macht, dass sie nicht einzeln *beobachtbar* sind. Ein Modell darf nicht *so* abstrakt sein, dass es am Ende jeglicher *erkennbaren* Relation zwischen Modell und hypothetischer Wirklichkeit *entbehrt*, dass es beliebig und austauschbar wird - man könnte ja die Frage aufwerfen, wieviel näher man *heute* eigentlich an die Dinge herankommen, als etwa Platon mit *seinem* Modell - nicht hinsichtlich der Fülle der erfassten *Details*, sondern hinsichtlich der *Art* des Modells und seiner ontologischen Implikationen...
H: Wie jetzt?
M: Platon hat recht abstrakt gedacht: Nimmt man etwa sein Höhlengleichnis[86], dass wir nur schemenhafte Abbilder der Dinge gewahren - oder seine Ideenlehre, nach der Dinge dadurch auch *ontologisch* konstituiert sind, dass sie an den *Urbildern* der Dinge, den *Ideen* teilhaben, seine *μέθεξις*[87] - inwiefern ihm die *Ideen* etwas *`Wirkliches´* waren, da sie ja mit der `Teilhabe´ die Dinge *`wirklich´ machen* sollen, kann man lange diskutieren. Interessanter noch sind allerdings seine Ausführungen im Timaios[88], in dem er die vier Elemente des Empedokles - die ja noch mythologische Anklänge an göttliche Naturgewalten hatten und in *deren* Unermesslichkeit auch etwas nicht-diskretes, beinahe *kontinuierlich*-alles-Umspannendes an sich hatten - mit den regelmäßigen Urkörpern identifiziert *(M. deutet auf die Abbildungen 7a-e)...*

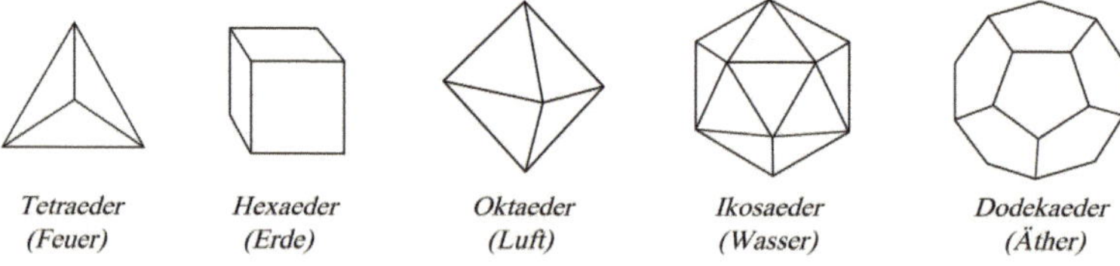

Abbildungen 7a-e

Dabei ist dem *Tetraeder* das Feuer zugeordnet, dem *Hexaeder* die Erde, dem *Oktaeder* die Luft und dem *Ikosaeder* das Wasser - dem *Dodekaeder* wird als `quinta essentia´ der Äther bzw. das Weltganze zugeordnet; zunächst einmal sind diese Zuordnungen nicht *vollkommen* willkürlich, wie es scheinen will, insofern etwa der lückenlos packbare Hexaeder die Standfestigkeit der Erde abbildet oder der Tetraeder die flüchtige Kleinheit der Feuerteilchen... Platon ging es jedoch um *mehr:* Über seine Sympathie für die pythagoreischen

Symmetrien und Harmonien hinaus sind die Urkörper gleichsam `chemisch´ mit festen Proportionen ineinander *verwandelbar* - führt man die sie bildendenden Flächen auf gleichseitige und gleichschenklige Dreiecke zurück, kann man analog zu modernen chemischen Reaktionsgleichungen mit diesen gewisse *Verwandlungs*- und *Erhaltungs*gleichungen formulieren...
H: Ja, offensichtlich ist das für Ikosaeder (Wasser) *I*, Oktaeder (Luft) *O* und Tetraeder (Feuer) *T:*

$$\begin{array}{ccccc} 1I & \leftrightarrow & 2O \quad +1T & \leftrightarrow & 5T \\ 1Wasser & \leftrightarrow & 2Luft + 1Feuer & \leftrightarrow & 5Feuer \end{array} \qquad (I.2)$$

Die Körperflächen lassen sich aber nicht nur wie hier in *gleichseitige*, sondern auch in *gleichschenklige* und *rechtwinklige* Dreicke zerlegen, womit sich weitere `Verwandlungen´ und `Erhaltungen´ ergeben...
M: Ja. Man kann diesen Ansatz zunächst einmal in einem *direkten* Sinne interpretieren: Entscheidend ist dann, dass die Dreiecke als *dreidimensionale*, mithin *wirkliche Körper* aus *zweidimensionalen Flächen* zusammengesetzt sind und dergestalt der infinite Regress zu immer kleineren Bausteinen der Dinge, der ja in eine Aporie führt, *abgebrochen* wird. Das Grundproblem der Atomistik - dass wider unsere Vernunft postuliert wird, dass man irgendwann zu einem *unteilbaren* `etwas´ kommen müsse, obgleich sich jedes vorstellbare Ding zumindest in Gedanken noch *teilen* lässt, das von Aristoteles potentieller bis zu Leibniz´ actualer Teilung die Gemüter immer wieder beschäftigt hat und das Kant transzendental `kopernikanisch gewendet´ angegangen ist[89]...
H: ...und das später in der QT in einem ganz neuen Licht erscheinen wird...
M: ...- `löst´ er, indem er Körper gleichsam aus *`anderem´* zusammengesetzt begreift, dessen ontologischen Status man schwer, ja, eigentlich *überhaupt nicht* bestimmen kann - kann `Zweidimensionales´ überhaupt im Wortsinne *`Wirkliches´* sein? Ähnliches ergibt sich bei den klassischen Feldern und dem den quantenphysikalischen Phänomenen *Zugrundeliegenden*, grob umrissen: Man spricht von Entitäten, die `weniger als etwas´, als `dinglich-Konkretes´, aber `mehr als nichts´, als `reine Mathematik´ sind. Platon nimmt als den Urgrund *realer* Körper *ideele* mathematische Gebilde an; eigentlich ist das ein *Wechsel* der kategorialen und ontologischen Ebene...
H: ...er kommt zu mathematischen Symmetrien und dringt damit *tiefer,* zur *Idee* des Ganzen vor...
M: Das scheint zumindest das neue *Zauberwort `Symmetrien´* nahezulegen: Man mag wie Noether interessante Zusammenhänge zwischen Symmetrien und Erhaltungsgrößen finden, aber man greift ontologisch zuunterst gleichsam *ins Leere*, da es für die unerreichbare *`Washeit´* der Dinge, ihre `quidditas´, für das transzendente Welträtsel des `*Wesens* von Materie und Kraft´, wie es duBois-Reymond genannt hat, gleichsam keinen zufriedenstellenden *Ersatz*

gibt... Platons Modell erscheint zumindest heute recht *willkürlich*, es muss heute als ontologisch geradezu *falsch* gelten - schon *Aristoteles* hat es ja kritisiert und insofern diese Herangehensweise, am Grunde des Ganzen absurderweise (scheinbar) alles nur in *reine Mathematik* aufzulösen, auch der QT eignet, ist es kritisch zu betrachten...

H: Hm...

M: Man kann und muss diesen Ansatz allerdings auch in einem *indirekteren* Sinne interpretieren, dass hier *`Stoff'* und *`Raum'* als *Identität* von Materie und Raum zusammengebracht werden, dazu später... *Hier* wäre zu fragen: Lässt sich bei diesem Abstraktionsgrad nicht alles von *einem* Modell auf ein *anderes* übertragen (was mit dem Strukturenrealismus ein Element der *Beliebigkeit* einführt)? Angenommen, man würde schon zusammengesetzte Teilchen wie Protonen und Neutronen im Prinzip mit solchen platonischen Körpern identifizieren, vielleicht diese nicht einfach gleichflächig, sondern *komplizierter*, wie etwa die Fullerene konzipieren; Quarks oder Präquarks könnte man dann mit bestimmten *Flächen* identifizieren; man könnte auch den Elektronenschalen von Atomen bestimmte Ausstülpungen, etwa wie bei platonischen *Stern*körpern entsprechen lassen; Licht, Energie, virtuellen Teilchen könnten bestimmte Dreiecksflächen oder sogar nur unkörperliche Linien und Punkte entsprechen, die sich - wie bei Platon - von den Körpern ablösen, andernorts anlagern und mithin beiderorts *Strukturveränderungen* bewirken können; in einem Meer, gleichsam einem `Seins-Äther' platonischer Dreiecke breitet sich eine Erregungswelle aus, wie ein Angebot für ein absorbierendes Atom, das bei Nachfrage sich als Muster verändert, während aus der Erregungswelle die Potenz gleichzeitig herausgenommen wird. Vielleicht denkt man sich chirale Körper als Materie und Antimaterie; oder man denkt zunächst ein Netzwerk unkörperlicher Flächen, Linien oder Punkte, als Äther oder Substrat dessen, was *aus* diesem als konkret-körperliches, *actuales* `Ding' mesokosmisch dann (erst) *emportaucht...*

H: Auch wenn mich das an Visualisierungen moderner `Spin-Netzwerke' erinnert - das ist doch alles *vollkommen phantastisch...*

M: Aber wenn man dies *geschickt* genug anstellen und *hinreichend komplex* ausgestalten würde, könnte man zu einem im Grunde gar *nicht unähnlichen* System wie etwa jenem der *QFT* kommen - wie man dort alles Geschehen in ein komplexes Gewirr von erzeugten, verwandelten und vernichteten virtuellen und reelen Teilchen auflöst, hätte man hier ein ganz ähnlich abstraktes Substrat, welches das dynamische Geschehen auf *seine* Weise abbilden würde - auch hier würde eine partielle Isomorphie zwischen Beobachtetem und Modell hergestellt, eben eine Strukturgleichheit - eben *weil* man nur die Struktur von *einem* Modell zum *anderen* überträgt...

H: Umgekehrt ist das ja der *Grund,* warum der Strukturenrealismus hier *Halt* machen würde; im Sinne eines *Entitäten*realismus wäre man zu sagen geneigt,

dass wir *`wissen´*, dass es `in Wirklichkeit´ so wie bei Platon und in dieser Fortspinnung *nicht ist* - der *Ausgangspunkt* ist doch schon rein willkürlich...
M: Ja; andererseits kann man aber etwa für die QFT nicht das *Gegenteil* behaupten, *dass* es so-und-so ist, da *`weiß´* man *ebensowenig...*
H: ...weil diese beinahe-`Dinge an sich´ unerreichbar sind...
M: Richtig, aber je weiter man seiner Phantasie hier freien Lauf lässt, desto deutlicher wird, dass auch dieses Bild schon `funktionieren´ *könnte* und dass die modernen Bilder und Theorien eben auch *nur Modelle* liefern... Ähnlich *phantastisch* (wenn auch mathematisch in der Abbildung mehr aufgegriffen wird) kommt die *Stringtheorie* daher, die ja Elementarteilchen als kleinste eindimensionale Saiten oder Röhren, die in *10* oder mehr Dimensionen (die man bis auf die vier klassischen *`unsichtbar´* macht) schwingen - und das, um zu vermeiden, dass sich mit der punktartigen Teilchenartigkeit bzw. den Quantenfluktuationen auf allerkleinstem Raum mit der kontinuierlich-glatten allgemein-relativistischen Raumzeit ein *Konflikt* ergibt - obwohl man sonst in Richtung einer ganz *anderen* ontologischen Vorstellung gelenkt wird, zu ausgedehnten *Wellenentitäten...* Doch mag zunächst Platon *weiter* skeptisch inspirieren mit seiner *`Teilhabe´:* Man zerlegt doch eigentlich Elementarteilchen hier nur noch *logisch* in ihre *Eigenschafts-Kombinationen:* So wie die Dinge an den *Ideen* `teilhaben´ sollen und etwa ein Fußball sich dadurch auszeichnet, besser: ein Fußball *ist*, dass er an *`der Rundheit´*, *`der Lederheit´* und anderen universalia *`teilhat´*, bauen sich in der QFT Elementarteilchen aus gewissen *Eigenschafts*-Kombinationen auf - man könnte beinahe `Tropen´ sagen, wären die nicht mit konzeptionellen Widersprüchen behaftet; diese Kombinationen kann man natürlich in Gruppen, Symmetrien, Systemen zusammenfassen, wie etwa dem Baryonen-Oktett und -Dekuplett...
H: Man kann *alles irgendwie* ordnen...
M: In der Tat... Das Ganze gemahnt auch an eine Überlegung Newtons, die er zu den verschiedenen Konzepten, das Verhältnis von Raum, Zeit und Materie zu bestimmen, einmal angestellt hat[90]: Was wäre, wenn Gott einem bestimmten Raumgebiet die Eigenschaft verleihen würde, für Körper undurchdringlich zu sein, Licht zu reflektieren usw., Eigenschaften, die man sonst *Körpern* zuschreibt - dann „scheint es unmöglich, mit Hilfe unserer Sinne [...] diesen Raum *nicht* als etwas zu identifizieren, das wirklich Körper ist.“ Stellt man sich noch vor, dass „jene Undurchdringlichkeit nicht immer in demselben Raumgebiet *bliebe*, sondern nach gewissen Gesetzen von hier nach dort *übertragen* würde [bei Beibehaltung von Größe und Gestalt][...], *wären* diese Entitäten entweder Körper oder doch Körpern sehr ähnlich“[91]... Eigenschaften wie `Ausgedehntheit´, `Undurchdringlichkeit´ und `Beweglichkeit´ würden dabei in gewisser Weise die *Funktion* von Materie oder Substanz *übernehmen* - dergestalt ausgestattete Raumbereiche *wären* für uns Materie oder Substanz oder ihr doch sehr ähnlich; Materie wäre so betrachtet

nurmehr ein Eigenschafts-`*Bündel*´... Andererseits würde man die Dinge `*entwirklichen*´ - ein Problem das sich mit der QT noch *verschärfen* wird...
H: ...und so gerät man denn vollends in den `Dunstkreis´ der Bündel- und Tropen-Ontologie...
M: Jein; man kann in Newtons Gedankenspiel geradezu „Körper definieren als `bestimmte Quantitäten der Ausdehnung, die der allmächtige Gott mit bestimmten Eigenschaften versehen hat´."[92] Er führt hier nur `bewegliche, undurchdringliche Ausdehnung´ an, obwohl er wie Leibniz bemängelt, nur auf *diese* Eigenschaft zu reduzieren - Leibniz sagt: „*agere* [Tätigkeit] est character substantiarum" und fasst den Materiebegriff reicher; Newton ist hier aber nicht nur von der `Transsubstantiation´, sondern auch vom `*Occasionalismus*´ inspiriert, denn diese `quasi-Körper´ sollen in uns verschiedene Empfindungen und Wahrnehmungen hervorrufen können[93] - fügt man damit weitere Eigenschaften *hinzu*, vollzieht man einen dem Prozess der Abstraktion, der Aristoteles zur `materia prima´ führte, *gegenläufigen* Prozess. Die Trägerfunktion der `Substanz´ wird hier vollkommen in Gott verlegt; will man das *vermeiden* und alle Eigenschaften ontologisch der Natur *selbst* zuschreiben, ergibt sich als Grenzwert der ontisch-realen `Anreicherung´ mit Eigenschaften - etwa in betreff des gequantelten Energieaustausches mit Licht, der Gravitation u.a. - dann im Prinzip wieder die bekannte Materie; man streift dabei Leibniz´ `beste aller Welten´, da man mutmaßen kann, dass *genau dieselben* Eigenschaften der Materie nur *genau so* geschaffen sein können...
H: Nicht ganz unwahr - und damit erhält auch die Tropen-Ontologie einen leicht mystisch-occasionalistischen *Beiklang*...
M: So ist es... Überdies geht es aber noch um etwas *anderes:* nicht um die `*Wirklichkeit*´ der Dinge, sondern darum, ob sie aus `*Bausteinen*´ im eigentlichen Sinne des Wortes zusammengesetzt sind. Hat man es *ontologisch* noch mit *Bausteinen* in einem irgendwie abstrakten Sinne zu tun oder sind dies nurmehr *logische* Bausteine, mit denen man *Erfahrungen* beschreiben kann? Nicht *prinzipiell-erkenntnistheoretisch*, das kann man *ohnehin* behaupten, sondern *konkret:* Man redet gar nicht von wirklichen *Bausteinen*...
H: ...als ob man einen Fußball platonisch wirklich als *zusammengesetzt* aus einem *Baustein* `Rundheit´, einem *Baustein* `Lederheit´ usw. denkt...
M: Ja; das ist bei den *reelen* Teilchen nicht weniger problematisch als bei den *virtuellen*, wenn sie in einer Wilson´schen Kammer keine *Bahnspuren* hinterlassen, wenn man manche Bausteine gar nicht *tatsächlich separieren* kann, sich gewisse ontologische *Redundanzen* wie bei den Quarks zeigen, oder es gar nur um *Gedankenkonstrukte* wie `Löcher´ oder `Phononen´ geht... Das ganze `Zergliederung-Spiel´ funktioniert so lange, als man *wie* in einer Wilson´-schen Kammer die Bahnen von Objekten konkret oder im Prinzip - etwa bei neutralen Teilchen, bei denen man weiß, warum sie *keine* sichtbaren Spuren hinterlassen - *verfolgen* kann; wenn man noch irgendwie sagen kann `*das-*

und-das Ding ist da und hat *die-und-die* Eigenschaft' - eben gemäß Aristoteles' `Materie und Form', Kants `Bestimmbarem überhaupt und dessen Bestimmung', `was und wie'... Bei den Quarks aber etwa, die sich überhaupt nicht separieren und einzeln beobachten *lassen* (*warum* ist dabei nebensächlich), und bei den Präquarks redet man vielleicht nur von *logischen* Bausteinen in einem *Teilhabe*-Sinne, ähnlich wie ihn Platon ausgeführt hat; auch etwa die Eigenschaften `träge' und `undurchdringlich' für Materie, die man gedanklich zwar trennt, die man aber zumeist nur zusammen wahrnimmt, könnte man sich rein logisch als einen `Trägheits-' und einen `Undurchdringlichkeits'-*Baustein* kombiniert denken. Man *reifiziert* jedoch damit möglicherweise Eigenschaften *von* Teilchen *zu* Teilchen - auch das hat schon Mach kritisch gesehen[94]...

H: Hm, und mit dem Higgs-Boson macht man vielleicht genau *dasselbe*, dieses unterläge auch dieser bedenkenswerten Kritik...

M: Ja. Auch die erwähnte *Tropen*-Ontologie stößt in eine ähnliche Richtung vor, wenn sie Eigenschafts*individuen* annimmt, also Entitäten, bei denen Eigenschaften nicht *mehrfach* instantiiert sind, wie bei der platonischen `Teilhabe' an Ideen oder beim aristotelischen Hylemorphismus, sondern die per definitionem *als Individuen* begriffen werden, welche als dergleichen `Bündel' wiederum `Dinge' konstituieren sollen; dabei sind - umgekehrt als sonst - *Tropen fundamental*, aber *Substanzen zusammengesetzt* und *nicht* fundamental (im ontologischen Sinne), mögen erstere auch nicht isoliert, sondern nur abhängig *voneinander `existieren'*. Man kann höchstens *phänomenal-erkenntnistheoretisch* sagen, dass *Eigenschaften* die fundamentale Kategorie der Ontologie darstellen - diese als eigenständige Entitäten zu nehmen ist eher ein *Trick*, der die Dinge auf den Kopf stellt, insofern uns nur Eigenschaften *an* Dingen *bekannt* sind; unklar bleibt, wie es Eigenschaften ohne Träger *geben* soll... Schon *sprachlich* referiert man *immer* auf Dinge als Träger; ähnlich gibt es keine Prozesse (bei einer *Prozess*ontologie) und Strukturen *ohne substantielle Entitäten*, keine Symmetrien und Relationen *ohne Relata...*

H: Im Zusammenhang mit den *sekundären* Eigenschaften mag das plausibel sein, da diese *strukturell-atomistisch* auf ein Zugrundeliegendes zurückgeführt und erklärt werden *können* - ist es aber bei den *primären* Eigenschaften nicht *anders?*

M: ...die sind schlicht unbegreiflich und *irreduzibel:* Die *`echte' Emergenz* aus *`anderem' generiert* die primären Eigenschaften, aber dazu später... Tropen als Eigenschaftsindividuen sind die `Atome der Eigenschaftskategorien', sie erfüllen dieselbe Funktion (wie die eigentlichen Atome) eines willkürlichen *Halts* im infiniten Regress der Reduktions- bzw. Emergenzanalyse...

H: Ist es dabei nicht so ähnlich wie beim *caloricum*, das man ja ehedem angenommen hat, weil man *Wärme* nicht ohne einen Wärme*stoff* denken

konnte. Ähnlich sieht man hier nicht, dass Eigenschaften, die man beobachtet, aus dem Darunterliegenden, zuunterst Unbegreiflichen erst *emergieren...*
M: Das stimmt; aber hinter diesem Halt *verbirgt* sich gerade das Geheimnis - und erst das *Wellenbild* kann vielleicht zu einer *neuen* Sichtweise verhelfen: Tropen sollen ja *nicht*-mehrfach-instantiierbare, *nicht*-wiederholbare Eigenschaften sein, *keine* Universalien - wie kann man dergleichen einschränkende Annahme legitimieren? Man verwickelt sich ja nicht nur sogleich in Widersprüche, wenn man dies auf mesokosmische Gegenstände wie Bäume, Tische oder Kaffeetassen anwendet: die gleiche (nicht dieselbe[?]) Eigenschaftstrope erklärt sich ja plausibel aus der *strukturellen Zusammensetzung* der Gegenstände, etwa Härte, Farbe usw.; selbst *`zuunterst´* ist das für Masse, Ladung und Spin mit dem Wellenbild *ebenso*, ja, warum sollte ein bestimmtes Erregungsmuster des Zugrundeliegenden *nicht mehrfach* instantiiert sein, wie man es bei *allen klassischen* Wellenerregungen annimmt? Eben *das* erklärt ja die *qualitative Ähnlichkeit* von bestimmten, angeblich partikularen Eigenschaftstropen - warum sollte man auf diese Universalien-Erklärung (der Ähnlichkeit) verzichten? Ganz zu schweigen davon, wie Tropen zusammengehalten oder gebündelt werden; ja, warum treten Tropen in betreff Masse, Ladung und Spin für QO immer an *demselben* Raumzeitpunkt (oder -gebiet) auf - weist es nicht eindeutig in Richtung eines *Entitäten*realismus, wenn immer alle drei *zusammenkommen* müssten, um eine fundamentale Entität zu konstituieren? Wohlwollend könnte man höchstens sagen, Tropen seien ein monistischer Ansatz, der alles auf ein fundamentales `Sein´ zurückführt, und dabei gehe es um *so* fundamentale, *so* elementare Eigenschaften - nur *`zuunterst´* werden ja *Tropen* gebündelt, darüber werden schon `Bündel´ gebündelt, alle *weiteren* Eigenschaften (*alle* sekundären und *manche* primären) emergieren ja erst auf den ontologischen Ebenen *darüber* -, dass man gar nicht viel anderes *sagt*, als wenn man hernach mit dem Wellenbild eine *fundamentale* `Wellenerregung´ annimmt, eine Trope sei von einem elementaren `erregt´-`nicht erregt´ nicht weit *entfernt*. Ja, man könnte sogar sagen: Tropen seien eigentlich nur das, was man von diesen `Wellenerregungen´ zu *fassen* bekommt - damit wären Tropen aber eben *nicht* die fundamentalen Entitäten, Zugrundeliegendes wäre etwas *anderes* (und ihre gegebenenfalls *qualitative Ähnlichkeit* erklärte sich wieder als mehrfach-instantiierte Form-Universalia)...
H: Gut, die Tropen-Ontologie müsste man nicht nur erkenntnistheoretisch also in Richtung eines Strukturenrealismus verschieben: wie Raum und Zeit ja per definitionem klassisch die Anschauungs- und Realkategorien sind, die von allem konkreten `Sosein´ der Dinge *absehen*, sind *Strukturen* die abstrakteste *Form* eines Systems (wie im aristotelischen Hylemorphismus). Der Strukturenrealismus geht ja davon aus, dass in unserer Erkenntnis bzw. in unseren Theorien die zugrundeliegenden Entitäten, die `Dinge an sich´ selbst überhaupt nicht *abgebildet* werden, sondern umgekehrt sogar vor-

wiegend etwa durch strukturelle Relationen *charakterisiert* sind - man versucht gar nicht `Dinge´ und `Relationen´ gegeneinander `in Stellung´ zu bringen - `Materie´ und `Form´ stehen bei Aristoteles in einem ähnlichen dialektischen *Abhängigkeits*verhältnis, wo es das eine ohne das andere *nicht gibt*. Historisch hat man ja oft *zunächst* um eine *Struktur*, etwa eine Symmetrie gewusst - dass es etwa ein bestimmtes *Anti*teilchen geben *müsste* - und *dann* erst das `Objekt´ selbst *gefunden*...
M: Natürlich, als heuristisch-methodisches Prinzip ist das nützlich... Überhaupt hat ein solch´ transzendental-konstruktivistischer Standpunkt durchaus etwas für sich - die *eliminative* Variante desselben ist jedoch abzulehnen: Prozesse, Strukturen, Symmetrien, Relationen... gibt es - bei aller Dialektik - nur *`in rebus´;* ansonsten würde man seine brechtigten Zweifel gleichsam negativ ontologisieren, wenn man gewisse substanzielle Entitäten umgekehrt anzunehmen *zurückschreckt*...
H: Die *gemäßigte* Variante löst jedoch immer noch das Problem, dass die `Dinge an sich´ nicht *zugänglich* sind, historisch hat man ja sogar Entitäten angenommen, die schlicht *nicht existieren* - wie das erwähnte *caloricum*...
M: ...wie umgekehrt eine (zumindest hypothetische) Entität wie der Äther *insofern sinnlos* eliminert wurde, als dass dieser nur durch die relativistische Raumzeit oder das quantenphysikalische Vakuum *ersetzt* wurde und man mit der Speziellen Relativitätstheorie (SRT) diesen sogar annehmen *könnte* (das ist ihr verborgener *Sinn*[95]), als dass man immer noch ein Medium braucht - Maxwell betrachtete den Äther noch als „die am *besten bestätigte* Entität in der *gesamten* Physik“[96]...
H: ...der nur mit widersprechenden Eigenschaften hätte ausgezeichnet sein müssen: extrem hart, damit sich die extrem hohe Geschwindigkeit *c* ergibt, zumal es transversale Wellen nur in *Festkörpern* (und Flüssigkeiten) gibt, andererseits aber von durchlässigster Natur, um nicht die Bewegungen der Himmelskörper zu stören; er hätte auch *nachweisbar* sein müssen... Aber davon abgesehen: Es zeigt sich doch, dass nur die *Strukturen* in unseren Theorien erhalten bleiben, dass nur *sie* `Wahres´ konservieren - ein *`gefundenes Fressen´* für den Strukturenrealismus: Die Oszillationen des feinstofflichen Äthers bleiben erhalten als *umgedeutet* in die Oszillationen des elektromagnetischen Feldes, die mathematische *Struktur* blieb erhalten...
M: Nein, das *Oszillieren selbst* blieb erhalten, nur dass man das `etwas´, *das* oszilliert, nun leugnet bzw. anders *benennt* - dass es dabei nicht um *`ponderable* Materie´ geht, hat man auch *ehedem* angenommen... Und ansonsten zeigt das nur, dass man *erkenntnistheoretisch* so auf der sicheren *Seite* bleibt. Außerdem ist ja gar nicht gesagt, dass die Theorien empirisch *gleichwertig* sind und nur in der ontologischen *Grundlage* voneinander *abweichen* - das müsste sich im im Folgenden erst noch bewahrheiten... Man kann sich dem Zugrundeliegenden *weiter* nähern, *von* den Strukturen auf das Zugrunde-

liegende *schließen...*
H: ...das dann über die Maßen *abstrakt* wird...
M: ...weshalb es seltsam *hoch*gegriffen ist, *`zuunterst´* überhaupt von *Bündeln* zu sprechen, ob nun von multipel-instantiierten *Universalien* oder primitiv-individualiserten *Tropen* - nicht, dass es etwa wie bei Descartes nur um eine Eigenschaft wie Ausgedehntheit (res extensa) geht, aber `zuunterst´ gibt es - schlicht gesagt - mit einer ähnlichen ontologischen `Kargheit´ *nicht viel* zu bündeln...
H: Aber was *wird* dann eigentlich kombiniert? Das Kombinationsprinzip *gilt*, es werden aber - wie es scheint - keine *körperhaften Bausteine* kombiniert; soll man alternativ annehmen, dass *Wellenentitäten* kombiniert werden? Und sagt das Phänomen *`Licht´* nicht etwas *anderes*, dass es *doch* um Körperchen geht?
M: Das gilt es direkt anhand empirischer Befunde zu analysieren; man kann die bisherigen Überlegungen aber noch anders *beflanken:* Mag auch der Raum an sich selbst keinerlei Maßverhältnisse liefern, keine absolute Größe (so man dergleichen *überhaupt* statt eines relationalen Raum-Zeit-Konzepts annehmen will), muss man doch annehmen, dass *mit* den *Dingen* absolute Maßverhältnisse gegeben sind und etwa Atome *insofern* eine *spezifische Größe* haben, als es keine Atome in *verschiedenen `Konfektionsgrößen´* gibt...
H: Jedenfalls: im *selben* energetischen Zustand und von hochangeregten *Rydberg*-Atomen, den instabilen beiden *anderen* Materie-Generationen und derlei abgesehen...
M: Ganz recht - die *gewöhnlichen* Atome als Bausteine der Dinge: Sie sind *Spezifisches* der Größe und Form nach. Das Bauprinzip von Atom*kernen* - etwa im Tröpfchenmodell - ist dem der *Atome* insgesamt, einschließlich der Atomhülle, eher *grob* verwandt, wenn es auch auf allen Ebenen gewisse *Analogien* geben mag, etwa, dass mit dem Wellenbild das Potentialtopfmodell anwendbar ist usw. usf.; es ist aber - wenn es auch ähnlich sein mag - nicht exakt *dasselbe:* Der Zusammenschluss eines Elektrons und eines Protons ergibt immer das System *`Atom´* und ein Neutron - gesetzt, dass es in gewisser Weise aus diesen Bausteinen besteht - ist ein *völlig anderes* System... Die Dinge sind auf dem Weg ins immer-Kleinere *selbstähnlich*, aber nicht auf allen Stufen *dieselben* bzw. von *derselben Gestalt.* Selbst, wenn man den Urgrund aller Dinge, wenn man in Gedanken immer weiter ins immer-Kleinere hinabtaucht, über jede experimentelle Grenze hinaus, als irgendwie *kontinuierlich* denkt oder wellen- bzw. feldartig und nicht-lokal oder mit Aristoteles als potentiell unendlich teil*bar* oder mit Leibniz als unendlich actual *ge*teilt, bleibt am Ende das Faktum, dass Atome offensichtlich empirisch überall im uns zugänglichen Universum eine spezifische Größe *haben* - diese Schwierigkeit ergibt sich für jedes relationale Raum-Zeit-Konzept, auch gleichsam den *Definitionsrahmen* räumlicher und zeitlicher Größe ontologisch liefern

zu müssen - und dass man empirisch vorfindet, *dass* die Welt oberhalb des subatomaren Mikrokosmos diskret gestaltet *ist.* Was immer der *Grund* dafür sein mag, ginge mithin das *Konzept* \`Atom´ gleichsam nur auf diesen Grund, auf dieses \`Formumgsmerkmal´ *über* und man müsste das *gedacht kontinuierliche* Zugrundeliegende von einem *diskreten Prinzip* überlagert denken, welches die spezifische Größe hervorbringt, definiert...
H: Hm...
M: Da Atome Gebilde ganz bestimmten Größenordnung sind, kann man die Frage nach der Diskretheit oder Kontinuität nicht nur beantworten, wenn man ein Ding *actual unendlich oft* (\`tatsächlich´) *teilt* und das \`Zerlegungsspiel´ unentwegt *weitertreibt* - die Antwort wird uns von *anderer* Seite nahegelegt: Die Protophysik sagt uns zunächst, dass man mit atomistisch aufgebauten Messinstrumenten niemals eine *Entscheidung* über die Frage nach dem Kontinuum herbeiführen kann. Angenommen man würde Ton als bis ins Allerkleinste hinab als *kontinuierlich* denken, was wohlgemerkt beinhalten soll: mit *denselben* Eigenschaften auf *allen* Größenordnungsstufen, so sollte man aus ihm dieselben Dinge *in jeder Größenordnung* gestalten können - tatsächlich ist das bei Ton (der realiter atomar gegliedert ist), wie bei den Atomen aber *nicht* möglich: Selbst, wenn man von drei Generationen von Elementarteilchen ausgeht, sind die *2.* und *3.* Materie-Generation eben *instabil* und offensichtlich *gibt* es keine *0.* und ist keine *4.* und *5.* Materie-Generation *bekannt*. Bei dem *was* es gibt, verändert sich die *Beschaffenheit*, am stärksten vielleicht im *sub*atomaren Bereich. Das bedeutet, dass man selbst dem kontinuierlich *Gedachten* - was ontologisch an sich *\`ist´*, bleibt ja verborgen - offenbar ein *Prinzip* der Diskretheit *überlagert* denken müsste; man kommt also *auch dann* zu einem atomistischen Konzept, das dann nicht in einem zugrundeliegen *Urstoff* liegt, sondern in einem darüberliegenden diesen *gestaltenden Prinzip...*
H: Damit driftet man natürlich ins *Rationalistische* bzw. *Transzendentale* ab - mit der Kontinuums-Antinomie hat sich ja schon *Kant* geplagt *(H. deutet auf Abbildung 8)...*

Kants Zweite Antinomie der reinen Vernunft

„Thesis: Eine jede zusammengesetzte Substanz [...] besteht aus einfachen Teilen, und es existiert [...][nur] das Einfache [...]; die Vernunft [muss dergleichen Elementarsubstanzen] als die ersten Subjekte aller Komposition und mithin [...] als einfache Wesen denken.

Antithesis: [...] Jeder *Teil* des Zusammengesetzten [muss wieder] einen Raum einnehmen [...][und da dies] ein außerhalb einander befindliches Mannigfaltiges in sich fasst, [...][ist es] ein reales [substantielles] Zusammengesetzes [und *nichts* Einfaches].[97]

Abbildung 8

...wenn nicht schon *Aristoteles* die Lösung vorweggenommen hat: Dass ein Ding zwar \`potentiell´ unendlich oft geteilt werden *können* mag, aber nicht \`actual´ geteilt *ist...*

M: Mit der *QT* ist entscheidend, dass sich die *Beschaffenheit ändert:* Gesetzt, dass im Sinne von Leibniz' actualer Kontinuumsvorstellung die Gliederung der Welt bis ins *Unendliche* geht (wenngleich es ihm vornehmlich um die *belebte* und *beseelte* Welt ging[98]); nimmt man ein räumliches Kontinuum an, ist in der klassischen Problemstellung vorausgesetzt, dass die Materie, wenn man sie unendlich weiter zu teilen versucht, nicht ihre Beschaffenheit ändert[99], der *Begriff* 'Kontinuum' setzt dies schon implizit voraus; dies *muss* aber nicht so sein, im Gegenteil: *dass* die Materie beim Hinabtauchen ins immer Kleinere ihre Beschaffenheit ändert, *ist* offenbar ja empirisch *der Fall*, was sich alleine darin zeigt, dass die sekundären und - wie sich wohl noch zeigen wird - auch die *primären* Eigenschaften *sinnlos* werden; 'Teil' und 'Ganzes' sind *nicht gleichartig...*
H: Gut, aber das wirft natürlich für die *Wellen*vorstellung *dasselbe* Problem auf, wohl in noch *unversöhnlicherer* Weise: Auch einem kontinuierlichen Wellengrund muss ein diskontinuierliches Prinzip *überlagert* sein, damit Materiewellen bestimmte *Wellenlängen* haben und etwa Elektronen sich *zu* Atomen bestimmter Größe krümmen oder erstrecken... Seltsam auch, dass dessen unbenommen die Frage 'Gibt es kleinste Bausteine der Dinge?' dann gleichsam im Sinne der Atomistik mit *'Ja'* zu beantworten wäre - im Sinne der Kontinuumstheorie aber gleichzeitig mit *'Nein':* Es geht unterhalb des Atoms *doch weiter*, nur eben *'anders';* die alte Kontinuums-Antinomie würde sich mithin dergestalt 'lösen', dass es nicht immer *gleich* weitergeht ins unendlich-Kleine...
M: Richtig. Ein irgendwie *reales* Kontinuum lässt sich beinahe nicht *denken* - die atomistisch-diskrete Vorstellung mischt sich gedanklich immer unter, man *konstruiert* das Kontinuum *über* diskrete Elemente; ebenso kann man alles, was man zerteilt hat, gedanklich gleichsam wieder vergrößern und abermals zu zerteilen ad infinitum; ob und inwiefern solche *Gedankenkonstrukte* eine Entsprechung im realen 'Sein' haben, ist unbekannt; entscheidender ist aber noch: *Was*, wenn an irgendeiner Stelle das Betrachtete seinen *Charakter* vollkommen verändert, dass es gar nicht mehr aus *eigentlichen Kommensurablem* mehr besteht - ähnlich, wie unterhalb der Ebene des Atoms die Dinge keine eigentlichen *'Dinge'* mehr sind, sich ihr Charakter so sehr verändert, dass sie völlig *inkomensurabel* werden: Was *bedeutet* dann noch *'Kontinuum'?*
H: So betrachtet gehen dann *alle* rationalistischen Analysen ins Leere, auch etwa Kants Lehrsatz, die Materie müsse ins Unendliche teilbar sein, weil jeder mögliche Teil dieselben *repulsive Kräfte* enthalte usw. usf.[100]...
M: Ja, ohnerachtet der Frage, ob man den grundlegenden Entitäten nicht in *anderer* Weise eine verborgene, zeitweise, kontinuierliche räumliche Erstreckung zuschreiben muss...
H: So betrachtet wären umgekehrt elementare Bausteine nur eben solche, die man im Denken kategorisierend als solche betrachten *will* - etwa das Eisen-

atom, weil es gerade noch die bekannten Eigenschaften von *Eisen* aufweist...
M: ...womit ein wichtiger Punkt angerührt ist: QO sind zwar als elementare Entitäten individuelle kombinierbare *Ganzheiten*, allerdings sind in diesem Sinne nur *Atome* Spezifisches der Form und Größe nach, deren Bausteine, die Elektronen etwa, können auch gleichsam *anderen Formen einfließen*: Nicht nur bei angeregten Zuständen, etwa Rydberg-Atomen - als freie Teilchen verhalten sie sich in Metallen auch wie ein kollektives Elektronen*gas*, wenngleich man sie dann auch mit Fermi ähnlich wie beim DSExp als ausgedehnte Elektronen*wellen* betrachten usw. usf.; nicht ohne Grund hat die Familie Thomsons *einen* Nobelpreis (*1906*) für den Nachweis erhalten, Elektronen seien *Teilchen*, einen (*1937*) dafür, sie seien *Wellen*...
H: ...am Ende sind sie *beides*...
M: Nein, das ist *widersinnig;* sie sind *weder* das eine, *noch* das andere. QO sind individuelle Ganzheiten ganz *besonderer* Art, wie die Wechselwirkung von Materie und *Licht* noch zeigen wird...
H: Gut, aber um diese Betrachtungen über das 'Zerlegungsspiel' *abzurunden*, gilt es, sich zuvor noch der Gefahr eines gleichsam 'Sophismus des Holismus' gegenüber zu wappnen: Mit der QT werden ja erneut Zweifel an der Existenz *atomarer Bausteine* laut, es heißt, Atome würden nunmehr *fälschlich* in dem Sinne verstanden, „dass es sich um unterscheidbare und abzählbare Massenpunkte handelt, die wie kleine *Legobausteine* benutzt und zusammengefügt werden können und dabei die konkrete sichtbare Materie und ihre Strukturen aufbauen. So anschaulich dachte man noch [...] als es bereits die QT gab, die genau das *nicht mehr* zulässt. In ihrer Sicht [...][könne] die Welt nicht aus irgendwelchen Elementarsystemen [...] aufgebaut werden, [...] weil sie verschränkt ist und daher nicht in Teilsysteme aufgespalten werden kann“[101] - das zeigten etwa auch die *EPR-Korrelationen*...
M: In der Tat, diese Aussage ist in ihrer wohlgemeinten Prägnanz *übertrieben*, *mißverständlich*, wenn nicht gar *unsinnig* - das Dilemma *besteht* eben gerade darin, dass - bei aller (auch) wellenartigen Raumerstreckung der Dinge, ihrer geheimnisvollen *nicht-Lokalität*, *nicht-Separabilität* und *Verschränkung*, dass sie schlicht gesagt mit anderen Dingen *zusammenhängen* - *doch* die antike Atomistik mit ihrem Grundkonzept 'Wandel an (relativ) Unwandelbarem' und 'Vielfalt aus Kombinatorik' - *richtig* bleibt: Nicht nur, dass die Dinge nicht in einer irgendwie 'hoodooartigen' Weise zusammenhängen - es braucht sehr *spezielle Präparationen*, damit sich etwa die Verschränkungen der EPR-Korrelationen *ergeben* und wenn man dies *bestreitet*, so wie Anhänger des dekohärenz-basierten 'Viele-Welten'-Ansatzes, braucht es sehr *spezielle Annahmen*, welche die Verschränkung *unerkennbar* machen. Die Welt *lässt* sich systematisch zergliedern, wenn das auch auf ganz eigene *Grenzen* stößt; das Baukastenprinzip *gilt:* So zeigt es sich bei den erwähnten Geschmacks- und Geruchsstoffen; bei den Farbstoffen (wenn auch in etwas 'zwittriger'

Weise); bei den kreisförmig angeordneten Atomen unter dem Rastertunnelmikroskop (wenn man auch nicht wirklich Atome `*sieht*´); bei allen Teilchen-Verwandlungen, die man in Wilson´schen Kammern sieht; bei der Halbleiterdotierung, wo schon *ein* Gitterfehler auf Milliarden Siliziumatome eine Abweichung von der spezi-fischen Eigenleitung hervorruft; bei den Enzymen, die ganz bestimmte Funktion zu erfüllen haben und daher in ihrer *Primär*struktur nicht *verändert*, ja in ihrer *Sekundär-* oder *Tertiär*struktur durch Fremdatome nicht einmal *verformt* sein dürfen; bei der DNS, bei der *kleinste* Strukturabweichungen im *Genotypus größte* Auswirkungen auf den *Phänotypus* haben usw. usf. ...

H: Die Fakten *bleiben* - und sie bleiben in jeder Theorie *erklärungbedürftig...*

M: Es geht nicht nur um das Baukastenprinzip *an sich;* es bleibt *quantenphysikalisch* - mit der Möglichkeit der Zustandssuperpositionen, der nichtlokalen Verschränkung usw. usf. - zu erklären, wie sich im Mikrokosmos etwa ein genetischer Code als Grundlage der Evolution überhaupt *etablieren* konnte, wenn dieses und andere Prinzipien - etwa ein jeweils spezifisches `Sosein´ der Dinge anzunehmen - *in Frage* gestellt würden...

H: ...was - wie man annehmen sollte - *klassische* Eigenschaften voraussetzt...

M: ...jedenfalls *eindeutige*, *objektive* Eigenschaften schon bei nicht allzu großen Molekülen und wohl auch einen kausal-deterministischen Rahmen - wenngleich auch Quanteneffekte bis in die *Biologie* hineinwirken, etwa der Tunneleffekt von Wasserstoffionen (Protonen) bei Enzymen oder bei der Photosynthese usw. usf., zu schweigen von Supraleitern und -flüssigkeiten, die allerdings nicht-umgebungsisoliert und bei den gewöhnlichen irdischen Temperaturen nicht vorkommen)... Man kann die Dinge nicht einfach zu einem holistischen Einerlei *umdeuten* und *wenn* zu Wellenentitäten, dann nicht zu *klassischen* Wellen, die stets kontinuierlich im Raum ausgebreitet sind und sich etwa auch *zerstreuen...* Das, was man beim `Zerlegungsspiel´ im Sinne der Atomistik gefunden hat, kann man nachträglich nicht als *unzutreffend* umklassifizieren, wenn *andere* Aspekte in den Vordergrund treten; es wäre absurd, wollte man das Faktum *bestreiten*, dass die Dinge stets *im Sinne* des Atomismus aus elementaren Entitäten zusammengesetzt *erscheinen*, zumindest in ihrem phänomenalen `Sosein´, und dass QO (auch) *elementare Entitäten* sind, die weitestgehend *einzeln manipulierbar* sind *wie individuelle Ganzheiten*, die miteinander kombiniert die Vielfalt der Welt hervorbringen...

H: Das gilt es `im Hinterkopf´ zu behalten...

M: Es fragt sich nur, wie man sich diese elementaren Entitäten *vorzustellen* hat - bei dieser Frage mag man schon ob des DSExp verzweifeln... Wie die Wechselwirkung von Materie und Licht *genau* aussieht, war im Grunde die Leitfrage, welche die Entwicklung der Atommodelle vorantrieb und von der *alten* QT Plancks, Einsteins und Bohrs - die dem klassischen Bild die Quantisierung nur künstlich aufzupfropfen vermochte - zur *neuen* QT Heisenbergs und Schrödingers führte; nämliche Wechselwirkung war es, anhand der Planck (um *1900*) eine Entdeckung machte, die zeigte, dass es neben der schon bekannten Quantelung von *Materiemenge* bzw. *Masse* und *Ladung* eine solche des *Lichtes* bzw. der *Energie* zu geben schien und die zur Entdeckung des *Teilchencharakters des Lichtes*, wie auch des *Wellencharakters von Teilchen* führte...
H: ...mithin erhob sich zum ersten Mal die immer noch unbeantwortete Frage, was für Entitäten - beides zusammengenommen - *`QO´* eigentlich *sind...*
M: So ist es... Materie und Licht gelten heute nicht mehr als grundsätzlich verschiedene Wesenheiten - *ehedem* begriff man erstere ja als aus lokalisierbaren, substantiellen Teilchen aufgebaut, während zweiteres sich auf geheimnisvoll unlokalisierbare Weise *instantan* im Raum auszubreiten schien. Was Licht aber *`ist´*, ist heute immer noch unklar; Newton verstand darunter „die kleinsten *Teilchen* des Lichts“[102] und zunächst hatte sich auch die *Korpuskel*theorie des Lichts, die schon bei den antiken Atomisten im Schwange war, durchgesetzt. Im Anschluss an Descartes hatte Huygens (*1678*) dieser dann seine *Wellen*theorie entgegengesetzt, der zufolge Licht eine sich wellenartig ausbreitende Erregung des Mediums *`Äther´* ist. Mit dieser hatte sich Newton nicht nur auseinandergesetzt, seinen Ansatz muss man geradezu als *`zwittrig´* bezeichnen, weil er für die *Teil*reflexion von Licht annahm, dass die Licht*teilchen* im umgebenden und die Körper (mit geringerer Dichte) durchdringenden *Äther Störungen* hervorrufen, `Anwandlungen´, die von der *Farbe* des Lichts abhängig sind, mithin von der *Wellenlänge*, und dass die `Anwandlungen´ eine „periodisch wiederkehrende Disposition eines [Licht]strahls, reflektiert [oder gebrochen] zu werden“ bedeuten, die im Sinne einer - so kann man sagen - *Interferenz* mit den von ihnen im Mediumskörper hervorgerufenen Schwingungen wechselwirken[103] - die im Strahlverlauf in gleichen Intervallen wiederkehrende Disposition ist im Grunde eine versteckte Wellen-Eigenschaft (ähnlich versteckt Feynman *eben diese* Eigenschaft in seiner Viele-Pfade-Theorie und - wenn auch subtiler - deBroglie-Bohm... Wie dem auch sei - heute wie ehedem ist das ein ernsthafter Riss im Korpuskelbild...
H: So betrachtet könnte man den Ursprung des Welle-Teilchen-Dualismus auch ins 17.Jahrhundert zurückverlegen...
M: Hier tritt mit dem Äther die Feldphysik und mit dieser die mit der Atomistik: *alte* Frage nach dem Gegensatz `Kontinuum´-`Diskontinuum´ abermals auf und wird im Welle-Teilchen-Dualismus schier unentwirrbar, nachdem man

ersteres nicht mehr allein dem *Lichtäther*, zweiteres nicht mehr allein der *Materie* zuordnen konnte...
H: ...aber beiden Theorien gelang es indes, die Phänomene der Reflexion und (Doppel-)Brechung zu *erklären* - Young und Fresnel führten fast *alle* Phänomene einer Wellenerklärung zu; dass aber etwa nur die Wellentheorie *richtig* annahm, dass Licht sich in dichteren Medien *langsamer* ausbreitet, war einem *`experimentum crucis´* nicht zugänglich, da man die Geschwindigkeit des Lichtes zunächst nicht *messen* konnte - das gelang erst Fizeau und Foucault, auch für die Ausbreitung in *verschiedenen* Medien (*1849-1862*)...
H: ...womit das *`Ätherproblem´* mehr und mehr in den Vordergrund trat...
M: Als ein solches `experimentum crucis´ durfte aber schon das Young´sche *DSExp* gelten (*1802*) - insbesondere mit diesem setzte sich (beflankt von den Phänomenen der Beugung und Polarisierbarkeit von Licht (Arago *1821*) und später natürlich durch Maxwells und Hertz´ Gleichsetzung von Licht mit elektromagnetischen Wellen) die *Wellen*theorie des Lichtes durch, weil nur *diese* das Phänomen der konstruktiven und entscheidender noch: der *destruktiven Interferenz* von Licht erklären konnte... Wie das mit der Entwicklung der *Feld*physik zusammenlief, gilt es noch genauer zu beleuchten, weil man sich mit dieser QO nämlich gleichsam von der anderen Seite her nähert, von ihrer (auch) feldartigen Ausgebreitetheit im Raum. Zunächst geht es darum, sich zu vergegenwärtigen, wie man über das Phänomen `Licht´ dahin kam, auch für *Materie* eine Welle-Teilchen-*`Doppelnatur´* anzunehmen; für Licht muss man sagen, dass sich die Wellentheorie *vorläufig* durchsetzte - *heute*, da man das DSExp mit *einzelnen Photonen* durchführen kann, ist das wieder *weniger* eindeutig. *Heute*, da man es mit *anderen* einzelnen *QO* durchführen kann, ruft es im Sinne des komplementären Dualismus der QT beide Modelle *zugleich* auf den Plan - und zwar für Materie *und* Licht! Man sendet beim DSExp ja einfach etwa monochromatisches Licht durch einen Schirm mit zwei kleinen Spalten und es entsteht auf einem dahinterliegenden Schirm ein Interferenzmuster aus hellen und dunklen Streifen, aus dessen Abständen man auch die *Wellenlänge* (hier) des Lichts errechnen kann *(M. deutet auf Abbildung 9)*...
H: Relativ einfach - der Abstand und die Größe der beiden Spalte und die Wellenlänge des Lichtes müssen in einem bestimmten *Verhältnis* zueinander stehen, so dass man vom Bereich der *Strahlen-* in jenen der *Beugungs*optik kommt...
M: Natürlich. Das dabei entstehende Muster lässt sich jedenfalls noch scheinbar zwanglos mit dem klassischen Wellenmodell des Lichtes erklären: Bei der in zwei Wellenzüge aufgespaltenen Welle überlagern sich deren positive und negative Amplituden in Abhängigkeit von der Phasendifferenz mit konstruktiver oder destruktiver Interferenz, genau wie bei Wasserwellen *(M. deutet auf Abbildung 10a)*...

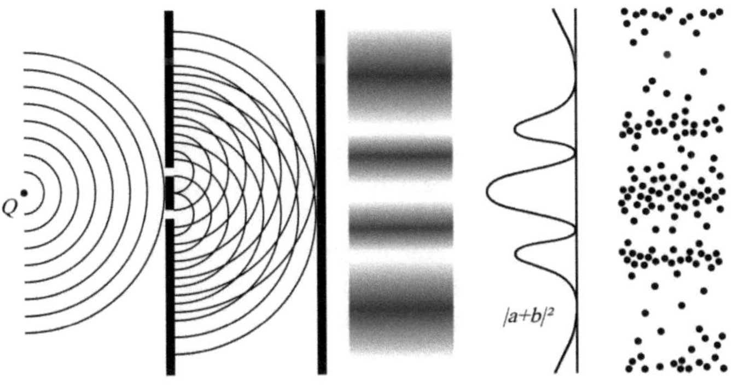

Abbildung 9

H: Richtig. Bei Überlagerung der Amplituden reicht das Intensitätsspektrum von *0* bis zur vierfachen Intensität; Phasendifferenz $\Delta\varphi=2\pi$ ergibt maximale Verstärkung, wo je zwei Wellenberge oder -täler aufeinandertreffen, Phasendifferenz $\Delta\varphi=\pi$ ergibt hingegen vollständige Auslöschung der Wellenberge und -täler; im mathematischen Formalismus addieren sich die Wahrscheinlichkeitsamplituden der Wellen mit $\Psi_1=\Psi_2$ konstruktiv, mit $\Psi_1=-\Psi_2$ destruktiv im Betragsquadrat der Intensität $|\Psi|^2=|\Psi_1+\Psi_2|^2$ und nicht als $|\Psi_1|^2+|\Psi_2|^2$ wie bei Teilchen. Entscheidend ist dabei, dass ein *Interferenzterm* (*2ab*) auftritt, und dass bei *zwei* geöffneten Spalten an manchen Stellen *weniger* QO auftreffen, als wenn nur jeweils *ein* Spalt geöffnet ist...
M: Ja, Licht verhält sich hier aber nur auf den ersten Blick analog zu Wasserwellen: Es wird offenbar nicht nur in einem Raumpunkt, dem der Lichtquelle, *erzeugt* - wenn man die Lichtintensität soweit verringert, dass nur *ein* Photon zur Zeit die beiden Spalte passiert - was `Photon´ meint, gilt es gleich genauer zu fassen -, zeigt sich auf dem hinteren Schirm jeweils nämlich nur *ein* diskreter Punkt; eine Fotoplatte wird *diskontinuierlich-punktuell* geschwärzt...
H: Hier sieht man *(H. deutet auf die Abbildung oben)* links direkt *helle* Streifen, wo viel Licht ankommt, rechts aber die *Schwärzungen* auf einer Photoplatte, wo viel Licht ankommt - gleichsam wie bei einem Photopositiv und -negativ...
M: Der hintere Schirm lässt sich gleichsam wie beim *Photoeffekt*, von Hallwachs (*1886*) entdeckt, konzipieren, bei dem ja Licht aus einer Metallplatte *Elektronen* herauslöst: Man beobachtet in beiden Fällen nicht eine Welle, die sich soweit im Raum *zerstreut*, dass sie *keine Wirkung* mehr zu zeitigen vermöchte, was gemäß dem klassischen $1/r^2$-Gesetz ja zu *erwarten* wäre, weil sich der Größenbetrag einer physikalischen Kraft bzw. weil sich Licht selbst (im Wellenbild) proportional zum *Abstandsquadrat* über eine immer größere Kugeloberfläche *verteilen*, sich also gleichsam verlaufen würde *(M. deutet auf Abbildung 10b)*...
Um es nur einmal kurz zu *resümieren:* Lenard fand, dass die von Licht beim

Photoeffekt auf die Elektronen übertragene kinetische Energie nur von der *Frequenz* des Lichtes abhängt, nicht von dessen *Intensität* (im Sinne der Amplitude bzw. elektrischen *Feldstärke*); Licht muss eine bestimmte *Grenz*frequenz *überschreiten*, damit *überhaupt* Elektronen ausgelöst werden; ist das der Fall, lösen auch geringste Intensitäten noch den Photoeffekt aus. Der Wellentheorie des Lichtes gemäß sollte man annehmen, dass ein Energieübertrag bei *jeder* Frequenz um *jeden beliebigen* Betrag erfolgen kann. Für Einstein schienen (*1905*) zwei Annahmen zu einer *konsistenten Deutung* des Effektes zu führen, dass es nämlich frequenzabhängige quantisierte Energiebeträge gemäß $E=h\nu$ gibt und dass stets eine Wechselwirkung zwischen *einem* Elektron und *einem* Lichtquant statthat - er `verschärfte´ daher die Quantenhypothese Plancks (der annahm, es gehe nur um den *Prozess* der Emission bzw. Absorption von Licht) dahingehend, dass er (sicherheitshalber noch: `heuristisch´) annahm, Licht habe *Teilchen*charakter, es *bestehe* aus Licht*teilchen* - „die Energie [eines Lichtstrahls sei] nicht kontinuierlich auf größer und größer werdende Räume verteilt, sondern es [...][*bestehe*] dieselbe aus einer endlichen Zahl von in Raumpunkten lokalisierten Energiequanten, welche sich bewegen, ohne sich zu teilen und nur als ganze absorbiert oder erzeugt werden können;“[104] dann kann auch bei geringster Intensität *ein* Photon entsprechender Frequenz den Photoeffekt noch in größter Entfernung auslösen, weil es als Teilchen eben eine unveränderliche Einheit bildet, die sich durch den Raum bewegt; eine höhere Intensität des Lichtes meint dann eine größere *Anzahl* an Photonen...

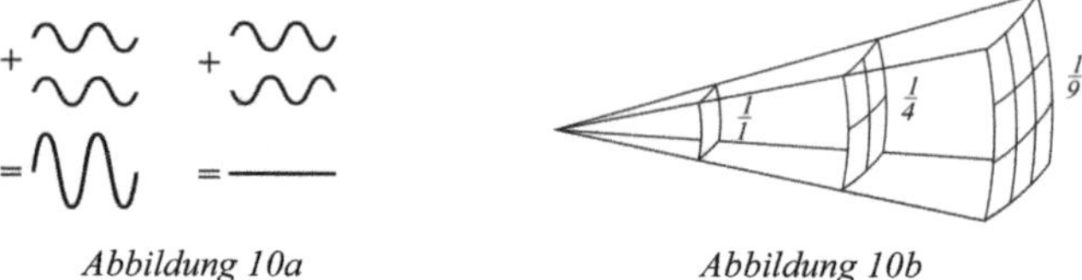

Abbildung 10a *Abbildung 10b*

H: Millikan, der diese Deutung eigentlich *widerlegen* wollte, musste nach zehn Jahren *widerwillig* zugestehen, stattdessen den „experimentellen *Beweis* für die exakte Gültigkeit der Einstein´schen Gleichung“ erbracht zu haben - „trotz ihrer Unglaubwürdigkeit“.[105] Experimentell liegt das alles klar *zutage:* Man ermittelt - eingedenk einer zu leistenden Austrittsarbeit A - die Energie E_e der ausgelösten Elektronen, indem man sie gegen eine Potentialdifferenz eU anlaufen lässt: $E_e=eU=h\nu-A$. Ein *Energie-Frequenz*-Diagramm zeigt dann für verschiedene Frequenzen in seiner *Steigung* das Planck´sche Wirkungsquantum ($h=E/\nu=6{,}63 \cdot 10^{-34}$ *Js*) - Licht höherer Frequenz überträgt *mehr Energie* (der y-Achsenabschnitt, dem die Austrittsarbeit korreliert, variiert mit dem Kathodenmaterial) *(H. deutet auf Abbildung 11a)*. Ein *Spannungs-Zeit*-Diagramm zeigt hingegen bei *fester Frequenz*, aber *variabler Intensität*, dass eine *Erhöhung* der Intensität des Lichtes (nur) dazu führt, *mehr Elektronen* pro

Zeiteinheit auszulösen; eine Verringerung durch Distanzieren der Lichtquelle führt *nicht* dazu, dass sich der Effekt *einstellt (H. deutet auf Abbildung 11b)...*

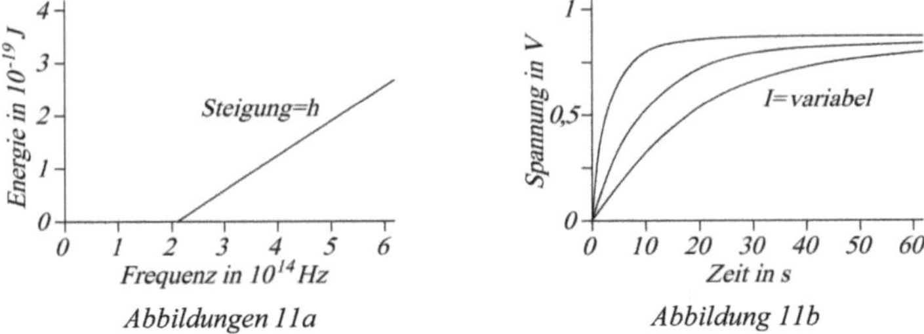

Abbildungen 11a *Abbildung 11b*

M: Ja, immerhin verteilt sich in *1m* Abstand die Energie auf $>10m^2$ Kugeloberfläche, ein Atom hat aber eine Oberfläche $<10^{-20}m^2$ - im *Teilchen*bild...
H: Auch *hier* zeigen sich die elementaren Energie-`Quanten´, die Planck zur Erklärung der spektralen Strahlungsenergiedichte des `schwarzen Körpers´ angenommen hatte, womit die QT ihren *Ausgang* genommen hatte: Planck hatte sich - auch um eine Klärung des Entropiebegriffes bemüht - mit der `Schwarzkörperstrahlung´ beschäftigt, dem idealisierten Fall davon, dass ein strahlender Körper temperaturabhängig eine bestimmte spektrale Strahlungsenergiedichte aufweist. Dem Gleichverteilungssatz der *statistischen Mechanik* gemäß hätte sich die Strahlungsenergie gleichmäßig über *alle* Freiheitsgrade des schwingenden Systems - Planck setzte dafür als erste Annäherung Hertz´-sche Dipole (von *1889*) - *verteilen* müssen; da es - mit einer Kontinuumstheorie (der Felder) - unbegrenzt viele *immer kleinere* Freiheitsgrade gibt, hätte sich diese im *UV*-Bereich und darüber sogar gleichsam *`ansammeln´* müssen, wie es das Rayleigh-Jeans-Gesetz für $\nu\rightarrow\infty$ nahelegt (II.1a)...

$$u_\nu(\nu,T)=\frac{8\pi\nu^2}{c^3}k_BT \qquad u_\nu(\nu,T)=\frac{8\pi\nu^2}{c^3}\frac{h\nu}{e^{\frac{h\nu}{k_BT}}-1} \qquad \text{(II.1a/b)}$$

Zustandsdichte, klassische Wellentheorie | *`Schwellen´-Energie, (klassische) Partikeltheorie*

In *Medien* wird dem nur durch den *Atomismus* Einhalt geboten (dies hätte theoretisch also auch ein diskreter Äther vermocht); empirisch *kommt* es aber gar nicht zu dieser *`Ultraviolett-Katastrophe´*. Umgekehrt beschrieb das Wien´-sche Gesetz die Befunde bei ebendiesen hohen Frequenzen richtig, aber bei den niedrigen nicht; beide Gesetze *vereinte* Plancks Gesetz (II.1b) gleichsam (für große bzw. kleine Werte νT geht es in die beiden anderen Gesetze über), indem es in der Formel das klassische Wellenbild der kontinuierlichen Emission und Absorption elektromagnetsicher Wellen mit dem Teilchenbild diskreter diskontinuierlichen Photonen *zusammenbringt*. Der erste `Wellen-

term´ gibt mit der Zustandsdichte die Anzahl der möglichen bzw. erlaubten Schwingungszustände an (je kleiner die Wellenlänge, desto mehr `passen´ in den Hohlraum; nach `oben´ hin also theoretisch unendlich viele, daher die Ultraviolett-Katastrophe der unendlich großen Energiedichte); der zweite `Teilchenterm´ gibt die mittlere Energie der Anregungsschwelle an - beider Produkt liefert das Planck´sche Gesetz. Bei der Formel geht es vornehmlich um ihre *Deutung:* Sie ließ sich nur mit der revolutionären *Zusatz*annahme erklären, dass elektromagnetische Strahlung nicht in beliebiger, kontinuierlicher Menge emittiert und absorbiert wird, sondern in *diskreten Portionen, elementaren Energie-`Quanten´*. Ehrenfest zeigte *(1911)*, dass nur *diese* Zusatzannahme die `Ultraviolett-Katastrophe´ verhindert...
M: Ja; die *eigentliche* Erklärung liegt darin, dass die Energie *überhaupt* gemäß $E=h\nu$ über das Planck´sche Wirkungsquantum h proportional zur *Frequenz* ν ist und nicht zur *Intensität* - so ergeben sich zwei gegenläufige Tendenzen, die sich wechselseitig `in Schach´ halten: Zwar gibt es unendlich viele *immer kürzere* stehende Wellen, für diese muss jedoch *immer mehr* Energie aufgewandt werden und zwar im zugrundeliegenden *Elementarprozess `auf einen Schlag´;* die angebotene thermische Energie vermag die Oszillatoren nur anzuregen, wenn eine bestimmte *Mindestenergie* überschritten wird, d.h. höhere Schwingungsmodi, die es theoretisch im Hohlraum gibt, werden nicht oder weniger wahrscheinlich angeregt, *statistisch* werden also Energie-`Pakete´ *höherer* Frequenzen *seltener* angeregt.[106] Einstein zeigte, dass die Entropie der Strahlung wie die eines aus diskreten Atomen (und freien Elektronen) bestehenden Gases behandelt werden kann, wie die eines `*Photonengases*´ (Bose brachte das später mit der Ununterscheidbarkeit von QO in Verbindung) - jedenfalls zeigte sich eine *mathematische* Wesensgleichheit.[107] Die Planck´sche Formel enthält eben die Summe zweier Terme, deren einer für die *Wellen-*, der andere für die *Lichtquanten*theorie charakteristisch ist - ob man den `Lichtquanten-Term´ $E=h\nu$ als Term der *„klassischen Partikeltheorie“* bezeichnen sollte (wie Einstein und Heisenberg)[108], ist aber fraglich...
H: ...beide finden sich jedenfalls später auch in Einsteins Berechnungen der Schwankungen des Strahlungsdrucks auf einen in einem strahlungserfüllten Hohlraum aufgehängten Spiegel[109] - Einstein hatte ja eine Vorreiterrolle bei der Offenlegung des Welle-Teilchen-Dualismus, der hier (*1909*) deutlich zutage tritt; es folgte die Betrachtung des *Impulses* von Licht (*1917*) bis hin zur expliziten Parallelität von `Quantengas´ und `Molekülgas´, also von `Strahlung´ und `Materie´, deren beider Behandlung dualistisch *beider* Terme bedarf; hier hat *deBroglie* dann angeknüpft...
M: Damit hatte sich der Welle-Teilchen-Dualismus schon einmal für Licht *endgültig* etabliert: *Ein* Term erfasst die Anzahl der *Eigenschwingungen* von Lichtwellen, *einer* die Anzahl an *Lichtquanten* - diesen Riss kittet auch die Komplementarität der Kopenhagener Deutung nicht, denn hier geht es *nicht* um

sich gegenseitig *ausschließende* experimentelle Szenarien. Mit den genannten Befunden zeigt sich, dass die Begriffe `Energie´ und `Intensität´ von Licht hier eine völlig neue *Deutung* erzwingen, ihr *Bedeutungsgehalt* verändert sich; es tritt der fundamentale Gegensatz zutage, dass „die Energie eines [...] *Körpers* [...][mit der Atomistik] nicht in beliebig viele, beliebig kleine *Teile* zerfallen [kann], während sich die Energie eines [...] *Lichtstrahles* [...][mit der Wellentheorie und der kontinuierlichen Feldvorstellung aber] auf ein stets wachsendes [Raum-]Volumen kontinuierlich [...][*verteilen* müsste]“[110] - dem *ist* jedoch empirisch nicht so...
H: Nachgetragen sein an dieser Stelle, dass Einstein auch gewisse Anomalien bei der Berechnung der spezifischen Wärme fester Körper mit der Quanten-These erklären konnte; *vorausgeschickt*, dass in dem hier sich offenbarenden Welle-Teilchen-Dualismus hernach die Motivation für die *QFT* (*1927ff*) zu finden ist, für die *`Zweite Quantisierung´*, nämlich der Felder (bzw. Kräfte), die Heisenberg, Jordan und Pauli anstießen...
M: Ja. Aber zurück zum *DSExp:* Mit diesen experimentellen Befunden hatte sich das schon verworfene *Teilchen*bild wieder ins Spiel gebracht; das Licht aus einzelnen Licht*teilchen*, eben `Photonen´ besteht; mit diesem aber sollte man erwarten, dass viele nacheinander durch die beiden Spalte gegangene *einzelne* Photonen sich entweder durch den *einen* oder den *anderen* Spalt bewegt haben und sich auf dem hinteren Schirm zwei Maxima ergeben bzw. zwei *überlagerte* Gauss´sche Verteilungkurven mit einem Gesamt-Maximum in der Mitte - das ist aber empirisch *nicht* der Fall; es ergibt sich, auch wenn man sehr viele *einzelne* Photonen durch die beiden Spalte schickt (was man experimentell realisieren kann), *in summa* aus den diskreten Punkten wieder das erwähnte *Interferenzmuster* - dabei *zerspalten* sich Photonen (und auch andere QO) aber auch nicht...
H: Nein, Photonen müssten dann auch etwa bei der Teilreflexion von Licht hernach zwei *verschiedenfarbige* Teilstrahlen liefern, da ihre Energie ja an ihre *Frequenz* gekoppelt ist...
M: ...was empirisch *nicht* der Fall ist. Man kann sogar die Orte des Auftreffens einzelner Photonen in räumlich und zeitlich *verschiedenen* DSExp miteinander überlagern und findet *dasselbe* Muster; *wo* eine Schwärzung auftritt, kann man jedoch nicht *voraussagen*, was die Frage nach Kausalität und Determinismus aufwirft. Und wenn man nachzuweisen versucht, durch *welchen* Spalt ein Photon oder ein anderes QO als `Teilchen´ jeweils gegangen ist oder ob es gar durch *beide* Spalte geht - was schon begrifflich eine sinnlose Aussage ist, wenn man von *klassischen* Teilchen spricht - entsteht das Interferenzmuster auf dem hinteren Schirm *nicht* (sondern die erwähnten beiden Maxima); man kann es dabei aber stets nur an *einem* Spalt nachweisen, es `benimmt´ sich dann wie ein klassisches Teilchen. *Ohne* diesen Nachweis, wenn sich Interferenz *zeigt*, dürfte man umgekehrt also nicht sagen,

es *sei* wie ein klassisches Teilchen durch *nur einen* Spalt gegangen - denn dann könnte sich ja gar keine Interferenz *ergeben;* mit dem *Teilchen*modell ist die - vor allem: *destruktive - Interferenz* also nicht erklärbar...
H: ...wenn man das klassische Teilchenbild nicht gänzlich *modifiziert!*
M: Modifiziert? Man müsste Teilchen, damit sie auch *destruktive Interferenz* zeigen können, ja eine irgendwie auch *negative Existenz* zuschreiben bzw. für sie eine *negative Anzahl* annehmen - und bei *einzelnen* Photonen reicht das auch nicht mehr hin; man müsste ihnen absurderweise eine deBroglie-Welle zuordnen oder annehmen, dass diese gleichsam *`wissen´*, dass sie bei *zwei* geöffneten Spalten an manchen Orten *nicht* auftreffen dürfen, wo sie dies bei nur *einem* geöffneten Spalt dürften...
H: ...und andererseits müsste ein Wissens*mangel* vorliegen, durch *welchen* Spalt die Teilchen gegangen sind, damit das *Interferenzmuster* entsteht...
M: So *heißt* es manchmal - soll `wissen´ dabei keinen animistisch-anthropomorphen *`Beigeschmack´* haben, landet man schließlich *wieder* bei Wellenaspekten räumlich ausgedehnter Entitäten. Alternativ müsste man ihnen etwa eine Born´sche Wahrscheinlichkeitswelle beigesellen oder ein deBroglie-Bohm´sches Quantenpotential bemühen, o.ä., die dafür Sorge tragen, dass sie nur an die `erlaubten´ Stellen gelangen - und selbst dann käme man zu einer gleichsam *`unklassischen´* Art der Wahrscheinlichkeit, eben der Möglichkeit der destruktiven Interferenz, die in der klassischen `Körperwelt´ unbekannt ist... Mit alledem geht schon die Rede nicht mehr nur von *Licht*, sondern davon, dass man das DSExp auch mit *anderen* QO, theoretisch mit *allen* durchführen kann - wie es für *Licht* anscheinend eine Welle-Teilchen-*Doppelnatur* gibt, gibt es diese auch für materielle *Teilchen; beide* benehmen sich als *QO* (in dieser Hinsicht) *gleich*. Das DSExp lässt sich nämlich bei etwas subtilerem Versuchsaufbau auch etwa mit einzelnen Elektronen oder Neutronen ausführen, wobei man bei letzteren aufwendig aus einem Einkristall ein Interferometer herausschneiden muss und mit phasenverschiebenden Materialien, Magnetfeldern oder über das Gravitationsfeld die Interferenz zweier Teilstrahlen erzeugen muss. Aber `nach oben hin´ reicht das Phänomen empirisch nachweislich sogar bis zu *Atomen*, ja, sogar bis zu recht komplexen und massiven *Molekülen*, wie etwa dem C_{60}-Fulleren (bzw. $C_{60}F_{48}$), mit dem sich (im Prinzip) dasselbe Ergebnis ergibt, nämlich an einem *100nm-Gitter:* $\lambda \approx 2{,}6 \cdot 10^{-12} m$...
H: Eben, das sind doch Objekte, bei denen man an sich sonst *keine Zweifel* hegt, dass es sich um *`Teilchen´* in klassischer Reinkultur *handelt* - sie sind schon ≈*1nm* (bzw. ≈*10nm*) groß (wenn auch ihre deBroglie-Wellenlänge im *pm*-Bereich liegt und die Interferenzstreifen entsprechend eng liegen); die Fullerene kommen *unversehrt*

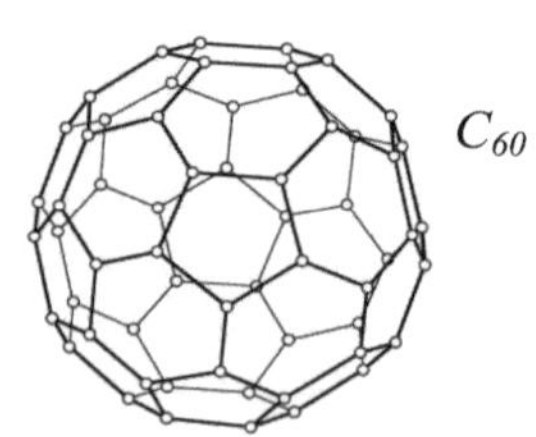

Abbildung 12

auf dem hinteren Schirm an, man kann sie sogar nach dem Durchgang durchs Beugungsgitter (nach der Interferenz) einzeln *zählen*, sie interferieren also als *ganze* Objekte *(H. deutet auf Abbildung 12)...*
M: Seltsam, ja... Fulleren C_{60} ist ja reiner Kohlenstoff - man könnte im Prinzip also wie bei einer *Kohlezeichnung* sukzessive auf dem hinteren Schirm das Interferenzmuster aus einzelnen Farbpunkten entstehen lassen; nur: wie *groß* dürften diese Farbbälle werden, bis sich *kein* Interferenzmuster mehr zeigt? Ist für normalen Kohlestaub die deBrogliewelle nur bis zur *Unbeobachtbarkeit `geschrumpft´*? Irgendwann liegt die dem Impuls der Teilchen korrespondierende deBroglie-Wellenlänge ja unterhalb unserer Nachweisgrenze (ein geworfener Kieselstein etwa kommt bezüglich seiner deBroglie-Wellenlänge schon recht nahe an die nur theoretisch gesetzte, irrwitzig kleine *Planck*länge von $10^{-35}m$ heran)... Oder findet irgendwie - Wellenkollaps, Dekohärenz, `sich-Neigen´ können dafür Konzepte sein - ein *Übergang* zur *klassischen* Physik statt? In der muss man ja - wie Bohr immer betont hat - *ankommen*, alleine um den Versuch *beschreiben* zu können...
H: ...und die magische Grenze, bis zu der sich dieses Interferenzverhalten *empirisch nachweisen* lässt, ist mit dem *Fulleren* wohl noch *nicht* erreicht - es ist von diesem aus möglicherweise kein *unüberwindlicher* Schritt mehr zu einem Staubkörnchen oder *Bakterium*, was schon sehr... *verwirrend* wäre, Interferenz an einem lebenden System zu beobachten (wenn auch noch nicht an einer *Katze*)... Was für Bohr noch rein spekulativ war - das Messinstrument gehörte ihm eindeutig dem klassischen Mesokosmos an - wird zusehends experimentell relevant: Wo wären etwa - schon oder noch - *Josephson-Kontakte* zu verorten? Das Demarkationsproblem betrifft sogar die *Proto*physik allgemein, ob diese überhaupt ein sinnvolles, konsequent durchführbares *Konzept* darstellt...
M: Ja. Der Begriff *`QO´* ist also *insofern* irreführend, als dass diese Überlegungen prinzipiell offenbar für Dinge *jeglicher* Größenordnung gelten; der Begriff impliziert wenn, dann: *fälschlich* eine Eingrenzung auf den *Mikrokosmos*, er soll ja nur *pragmatisch* die unzutreffenden Begriffe `Welle´ und `Teilchen´ vermeiden; da man den Materiewellen-Charakter (bis jetzt) schon hoch bis zu den *Fullerenen* nachgewiesen hat, sind wohl *alle* Dinge letztlich als `QO´ zu begreifen: Die Beugungs- und Interferenzphänomene - *dass* sie auftreten - hängen offenbar nicht von der Masse und Größe der Geschossobjekte ab - *nachweislich zumindest* bis zu *dieser* experimentellen Größenordnung nicht; es existiert - jedenfalls in *dieser* Hinsicht - keine spezielle *`Quantenwelt´* bzw. diese ist nicht nur eine Welt des *`Kleinen´*, sondern auch des *`Reinen´* (etwa vor Dekohärenzeffekten Abgeschirmten)...
H: ...so dass der mathematische Formalismus der QT für *alle* Phänomene gelten müsste - und in der Tat erstrecken sich auch ansonsten ja Quanteneffekte, etwa die EPR-Korrelationen, über eindeutig *meso-*, wenn nicht *makro-*

skopische Distanzen...
M: Richtig. Wie es für *Licht* nun also die Beugungsoptik und die Strahlenoptik gibt, einschließlich des Phänomens, dass sich *Wellen* wie *Teilchen* zu `benehmen´ scheinen, gibt es analog offenbar für *alle materiellen* Objekte neben dem klassischen Phänomenbereich einen *Beugungs*bereich, wo sich *Teilchen* wie *Wellen* zu `benehmen´ scheinen, wo Materiewellen bzw. (in einer anderen Deutung) die Antreffwahrscheinlichkeit von Materie analog zur Lichtoptik konstruktive und destruktive *Interferenz* zeigt...
H: Man kann übrigens nicht nur *Licht*wellen sich an *Materie*gittern beugen lassen, sondern auch umgekehrt *Materie*wellen an einem `Gitter´ stehender *Licht*wellen: Erzeugt man mit Laserlicht und einem reflektierenden Spiegel eine stehende Lichtwelle, kann ein in den Atomen eines Atomstrahls induzierter elektrischer Dipol mit dem elektrischen Feld der stehenden Lichtwelle wechselwirken - man beobachtet dabei Beugung der Atome *am* Licht gemäß dem Bragggesetz[111]...

II b *M:* Dass die rätselhafte scheinbare Welle-Teilchen-`Doppelnatur´ *allen* QO, also *allen* Dingen eignet, ist die Verallgemeinerung von *deBroglies* Ansatz (von *1927*), gebundene QO - zunächst vornehmlich Elektronen - als mit *stehenden Wellen `assoziiert´* zu betrachten bzw. mit diesen sogar zu *identifizieren*. Teilchen ordnet man abhängig von ihrem *Impuls* eine Wellenlänge $\lambda=h/p$ zu, womit nicht nur Licht*wellen* auch *Teilchen*aspekte zukommen, sondern reinen *Teilchen* auch *Wellen*aspekte; diese Annahme hat sich auch empirisch stets bewährt, wenngleich die Wellenlänge selbst kleinster *meso*kosmischer Objekte weit unterhalb der *Nachweisgrenze* liegt - deBroglies Formel scheint *universell* zu gelten...
H: Die mathematische Herleitung ist denkbar einfach (so man einmal darauf *gekommen* ist): Da bei Wellen Geschwindigkeit, Frequenz und Wellenlänge über $c=\nu\lambda$ zusammenhängen, führt (mit $p=mv$) Substitution in der Masse-Energie-Äquivalenzformel zu $E=mc^2=pc=p\cdot\nu\lambda$ und gleichgesetzt mit Plancks $E=h\nu$ ergibt sich aus $h\nu=p\cdot\nu\lambda$ die deBroglie-Wellenlänge[112]; mithin Energie als eine Art `Schwingungsdichte´ pro Raumeinheit...

$$\lambda=h/p \qquad \text{(II.2)}$$

Die mittlere deBroglie-Wellenlänge bei einer bestimmten Temperatur nennt man die *thermische* Wellenlänge - diese hängt ja von der *Geschwindigkeit* des QO und damit bei Atomen etwa eben auch von der *Temperatur* ab...
M: Es mag aber inspirierend sein, deBroglies *Gedankenweg* (*1923f*) nachzuskizzieren[113] - wenn man auch über ihn *hinausgehen* muss: Bei Licht scheint die Energie nicht wellenartig *ausgebreitet* zu sein - bei Materie ist umgekehrt zwar der Stoff auf nahezu einen Punkt konzentriert, *ausgedehnt* ist jedoch gleichsam die *Wirkungsdynamik*, das *Trajektorieverhalten*. Licht und Materie müssen aber wesensverwandt sein, da sie miteinander *wechselwirken* und

sich ineinander *verwandeln* können. Mit dem Photoeffekt muss man nun annehmen, dass „die Energie einer Welle der Frequenz ν in einer Korpuskel von dem energetischen Fassungsvermögen gleich $h\nu$ konzentriert ist."[114] DeBroglie setzt bei Einsteins Masse-Energie-Äquivalenz $E=mc^2$ an, wobei er schon die Lichtgeschwindigkeit c als *„Grenzgeschwindigkeit der Energie"*[115] verstanden wissen will. Die *Diskontinuität* von Materie impliziert dabei, dass Energie in irgendeiner Form in kleinsten Raumbereichen *verdichtet* ist; geht man nun weiter davon aus, dass sich Energie stets auf *`Bewegung´* zurückführen lässt - so die These -, und dass dies mit der SRT auch die *Ruhemasse* eines Körpers einbegreift, könnte diese Materieenergie *ebenso* mit irgendeiner Form der Bewegung, etwa einer Rotation oder Schwingung auf kleinstem Raum zusammenhängen[116]...

H: DeBroglie setzt also bei einem ruhenden Körper an, welchem die Energie m_0c^2 entspricht und mit der Planck´schen Beziehung $E=h\nu$ kommt er zu der These, dass „zufolge einem allgemeinen Naturgesetz mit jedem Energiestück von der Eigenmasse m_0 ein periodische Phänomen von der Frequenz ν_0 nach der Beziehung verbunden ist: $h\nu_0= m_0c^2$"[117] - was zu der gerade genannten Formel $\lambda=h/p$ führt...

M: Ja. Ordnet man einem Teilchen in seinem *Ruhesystem* diese Wellenlänge zu, so ergibt sich für einen Beobachter in einem relativ dazu bewegten Bezugssystem eine bestimmte geschwindigkeitsabhängige Wellenlänge *(M. deutet auf Abbildung 13)...*

H: Relativistisch betrachtet schien es etwa komplizierter: In die mit einer Eigenuhr bestimmte Frequenz und die von einem festen Beobachter wahrgenommene Frequenz fließt der relativistische Faktor $\sqrt{(1-c^2/v^2)}$ verschieden ein, nämlich bei der Zeitdilatation als $\nu_0\sqrt{(1-c^2/v^2)}$, bei der relativistischen Masse aber als $\nu_0/\sqrt{(1-c^2/v^2)}$, so dass sich zwei *verschiedene* Frequenzen der Wellen ergaben, derer eine sich zudem *überlichtschnell* fortpflanzen kann und daher als `energielos´, mithin insofern `irreal´ zu sein schien, nur eine Phasenwelle... Wie dem auch sei - die zweite Sichtweise einer dem ruhenden Teilchen zugeordneten Frequenz, die als Schwingungsvorgang *erscheint*, führte deBroglie richtigerweise[118] *weiter...*

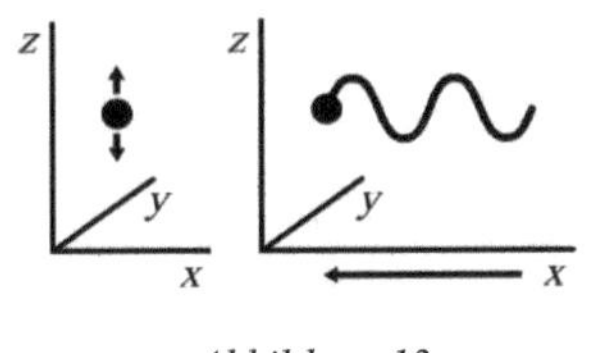

Abbildung 13

M: Diese Herleitung mag zwar deBroglies *Ansatzpunkt* gewesen sein, dieser führt aber genaugenommen gar nicht zum gewünschten *Ergebnis:* Es reicht nämlich nicht aus, dass ein schwingendes Teilchen relativistisch als Welle *erscheint*, um etwa die Effekte beim DSExp hervorzurufen - so erhält man nur ein Wellenphänomen mit *einem* Wellenstrahl in *longitudinaler* Richtung, nicht jedoch mit Wellen*flächen*, welche mehrere Wellenstrahlen, mithin verschiedene Wege in *transversaler* Richtung repräsentieren; es nützt auch keine Wechselwirkung mit dem Äther oder irgendeinem Feld, denn um das Teilchen zu *lenken*, darf diese nicht nur gleichsam im *`Kielwasser´* des Teilchens statthaben... Diese Kluft überwindet deBroglie, indem er im Folgenden - ähnlich wie später Feynman mit seinen `Vielen-Pfaden´ - die beiden klassischen `Prinzipien der kleinsten Wirkung´ ins Spiel bringt. Nachdem er gezeigt hat, dass das periodische Phänomen „die Verteilung der Phasen eines Ereignisses im Raum darstellt, [...] daher eine `Phasenwelle´ [ist]“[119], und dass die *Gruppengeschwindigkeit* mit der des bewegten Teilchens *übereinstimmt*[120], verallgemeinert er dies nämlich für nicht gleichförmig-geradlinig-bewegte Teilchen, insofern „die Anwendung des Fermat´schen Prinzips [der kürzesten Lichtzeit] auf die Phasenwelle [...] identisch mit der Anwendung des Maupertuis´schen Prinzips [der kleinsten Wirkung] auf das bewegliche Teilchen [ist]; die mechanisch möglichen Bahnen des beweglichen Teilchens stimmen überein mit den möglichen Strahlen der Welle.“[121] Im Endergebnis zeigt sich: Ein „Elektron muss mit einer *Welle assoziiert* werden und diese Welle ist kein Mythos; ihre Wellenlänge kann gemessen und ihre Interferenz vorausgesagt werden“[122]...

H: Hm...

M: Dieses Ergebnis wendet deBroglie sogleich als Erklärung der Quantenbedingung im Bohr´schen Atommodell als Resonanz- bzw. Interferenzeffekt an; interessanterweise in einer Analogie zu einer Flüssigkeitswelle, was im Keim schon den Wahrscheinlichkeitsfluss der deBroglie-*Bohm´*schen Theorie ankündigt; zu beidem später... Empirisch erwiesen sich die hoch-spekulativen Annahmen denn auch zunächst für Elektronen am Nickel-Kristall (Davisson/ Germer *1927*), später dann auch am Doppelspalt (Jönsson *1961*), schließlich für alle QO als *richtig* - hinter geeigneten Gittern zeigten sich *Interferenzmuster;* bei ersteren zeigte sich genaugenommen bei Reflexion der Elektronen *ohne* Energieverlust Interferenz wie bei der Bragg-Beugung, gleichzeitig aber bei Elektronen, die elastische Stöße, also einen Energieverlust *erlitten* hatten, keine Interferenz - schon das weist auf eine Wechselwirkung-Dynamik *II* hin, aber auch dazu später...

H: Damit sind gleichsam Teilchen- und Wellenverhalten in *einem* Experiment *vereint* und nicht in diesem Sinne von der `Komplementarität´ getrennt...

M: Ja. `Geeignete´ Gitter waren etwa vonLaues Kristallgitter zur Analyse von Röntgenstrahlen (bzw. umgekehrt der Kristallstruktur); für Elektronen kommt man bei einer Beschleunigungsspannung von $<100V$ schon (über $eU= ½mv^2$ und $\lambda=h/mv$) in den entsprechenden Größenbereich von $10^{-10}m$, Atomabständen in Gittern. In der Tat: Elektronen-*Materiewellen* zeigten (ähnlich wie Röntgenstrahlen) *Interferenzmuster*, beim `Debye-Scherrer´-Verfahren etwa zeigten sich solcherlei *Beugungsringe (M. deutet auf Abbildung 14)*, da in der von den Geschossen durchdrungenen Silberfolie die einzelnen Kristalle beliebig ausgerichtet sind und sich konstruktive Interferenz also unter allen möglichen Azimuthwinkeln ergibt, so dass sich insgesamt *Kegelmäntel*-Projektionen ergeben... Genau *so*, wie man es für *`reale´* Wellen gemäß der berechneten deBroglie-Wellenlänge hinter Gittern mit entsprechendem Atomabstand *erwarten* würde. Die Wellennatur von Elektronen kann grundsätzlich auch anhand des *DSExp* aufgezeigt werden, rührt also nicht irgendwie vom *Kristallgitter* her. Und der Einwand, dass hier vielleicht Elektronen in großer Zahl *insgesamt* eine Welle bilden, lässt sich nicht nur *rechnerisch entkräften*[123]...

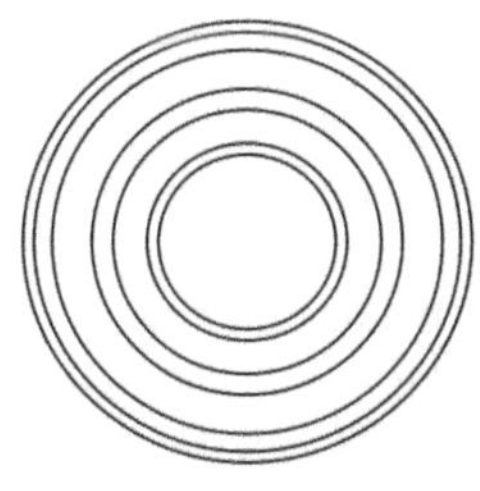

Abbildung 14

H: In einem Elektronenstrahl können die Abstände zwischen den Elektronen *1.000.000-mal* größer als ihre deBroglie-Wellenlänge sein: In einem Strahl von *1mm²* Querschnitt mit $\approx 10^{15}$ Elektronen bei einer Geschwindigkeit von $4 \cdot 10^{7} m/s$ ergäbe sich - *gleichmäßig verteilt* - ein Abstand von $\approx 1{,}6 \cdot 10^{-5} m$ im Vergleich zur deBroglie-Wellenlänge von $\lambda \approx 2 \cdot 10^{-11} m$...

M: Wohlgemerkt: wenn man Elektronen (noch) als klassische *Teilchen* interpretiert! In der Tat aber kann man derartige Rechnungen auch für andere Experimente, etwa für Neutronen aufmachen.[124] Man kann auch argumentieren, dass letztlich *exakt dasselbe* Interferenzmuster entsteht, ob dieselbe Anzahl etwa Photonen nun *zugleich* oder *sukzessive* durch die Spalte gesandt wird...

H: Eben, *entscheidender* ist, dass man die Versuche heute mit *nachweislich einzelnen* QO machen kann; und man muss nun sagen: Materielle Partikel, generell: *alle* QO, bei denen dies *auszuprobieren* gelang, riefen Interferenzphänomene hervor...

M: Bei all´ unserem Unverständnis wird also die *Wesenverwandtschaft* von Materie und Licht beleuchtet - ehedem schien ein Elektron als eine geladene Korpuskel im Atom zu *Schwingungen* fähig, die elektromagnetische Wellen im umgebenden *Äther* verursacht. Heute aber erscheinen beide ineinander *verwandelbar*, was spätestens die Materialisation und Annihilation zeigt, ja, schon Emission und Absorption zeigen, dass Licht gleichsam `Teil´ von Elektronen sein kann bzw. dass umgekehrt Elektronen gleichsam `geronnenes´ Licht sind... Materie und Licht benehmen sich jedenfalls *ähnlicher*, als man zunächst *annimmt;* man kann auch bestimmte Elemente nahe beim absoluten Nullpunkt anführen (Bose-Einstein-Kondensate), die eine Gesamt-*Ψ*-Welle bilden, ähnlich Photonen im Laser, usw. usf. bis hin zum Tunneleffekt ...

H: Licht reicht in seiner *Verhaltenscharakteristik* nie ganz an *Materie* heran und *umgekehrt*. Materie *und* Licht weisen aber in ihrem Verhalten jeweils *Aspekte* des Korpuskel- *und* des Wellenbildes auf, es gibt eine `Familienähnlichkeit´, beide Bilder können insofern natürlich nur *Teilanalogien* sein.

Und die Unterschiede bleiben *markant:* Photonen haben keine *Ruhemasse*, sie *existieren* nur bewegt mit *c* (wenn sie auch \`Impuls´ transportieren), sie hinterlassen keine *Bahnspuren*, sind bosonenhaft *durchdringlich*, *nicht lokalisiert* usw. usf. ...
M: ...wenn sie überhaupt *selbst* lokalisier*bar* sind... Partout als *\`Photonen´*, als *Teilchen* betrachtet, sind sie recht *\`immateriell´* - *\`materiellen´* QO muss man allerdings *auch* diverse der genannten Charakteristika zuschreiben: Sie hinterlassen nicht in *allen* Zuständen *Bahnspuren*, beim DSExp etwa nicht, wenn sie *Interferenz* erzeugen; sie sind dann auch (*vor* dem hinteren Schirm) *nicht lokalisiert*. Sie sind - wie Photonen hinsichtlich Energie (und Impuls) - in ihrer \`Existenz´ mit Ruhemasse, Ruheenergie und Ladung *unzerstreulich* - aber zumindest zeit- oder teilweise auch *ausgedehnt im Raum;* mit Masse und Ladung sind sie das schon in gewisser Weise *klassisch*, nämlich über ihr *Feld*. Überdies scheint zwar einerseits etwa das Ketterle-Experiment - dazu später genauer - zu zeigen, dass \`materielle´ QO nicht *(schon* oder *noch)* als irgendwie ausgedehnte *\`Materie in Wellengestalt´* vorliegen, sondern dass sie etwa nur von Leit- oder Wahrscheinlichkeitswellen *begleitet* werden, andererseits gehen sie in ihrer *wirkungsdynamischen \`Existenz´* (hinsichtlich ihres Trajektorieverhaltens), wie auch ihrer *Masse* offenbar beim DSExp *nicht* durch nur *einen* Spalt, und bezüglich der *Ladung* wurde etwa von Schrödinger (zeitweise) versucht, diese als gemäß der *Ψ*-Funktion *ausgedehnt* zu betrachten, in Gestalt *realer Ladungs*-Orbitale (nicht nur als *Wahrscheinlichkeits*wellen)...
H: Das gilt es noch ausführlich zu besprechen... Ein Unterscheid liegt aber auch darin, dass die Licht *zugrundeliegenden* elektrischen und magnetischen *Felder* mit Dipolen als klassische Wellen *detektierbar* sind, während das bei QO als Materiewellen genommen *nicht* der Fall ist...
M: Nein. Gerade beim *DSExp* mit *einzelnen* QO wird deutlich, dass man so mit *zweierlei Maß* misst und noch *unbedarft klassisch* argumentiert, einerseits mit der kontinuierlichen Maxwell´schen Feldtheorie, andererseits mit diskreten Körperchen: Will man elektromagnetische Felder oder Materiewellen detektieren, muss man in *beiden* Fällen eine sehr große *Anzahl* an QO bemühen; *macht* man das, kann man in *beiden* Fällen die zugrundeliegenden wellenartigen Erregungen im Raum (nur) gedanklich konstruieren. Man ermittelt im *einen* Fall an *diversen verschiedenen Stellen* im Raum das elektrische und magnetische Feld, wobei *jeweils* eine *quantenhafte* Wechselwirkung mit den Detektoren statthat; nur *so* kann man aus der unterschiedlichen Reaktionsstärke die Erregungen der beiden Felder *als* wellenartig gedanklich konstruieren und von Licht als \`elektromagnetischen *Wellen´* sprechen - ob simultan oder sukzessive an verschiedenen Orten ermittelt: es bedarf einer größeren *Anzahl* an Messpunkten bzw. Wechselwirkungen im Raum...
H: ...mit einer Lichtwelle aus nur *einem* Photon ist das *unmöglich*...
M: Eben. Analog kann man im *anderen* Falle etwa anhand einer größeren

Anzahl von gleichpräparierten *`materiellen´* QO hinter dem Doppelspalt einen Schirm an *diverse verschiedene Stellen* im Raum *verschieben* und anhand der jeweiligen diskreten Auftreffensorte die im Raum stehende wellenförmige Erregung *indirekt* gedanklich konstruieren, insofern sie jedenfalls an den Raumstellen, an denen sie *nicht* zeitabhängig ist, in Gestalt der superponierten Amplituden und als Betragsquadrat von Ψ anhand der Linien konstruktiver und destruktiver Interferenz *erkennbar* wird...
H: ...was *ebenso* nicht für ein einzelnes `materielles´ QO gelingt - beides ist nicht unmittelbar zugänglich...
M: Richtig. Anders zu argumentieren hieße, die `Ganzheit´ auch von *Photonen* zu *unterschlagen*... Mit dem phänomenalen *Indeterminismus* dabei verhält es sich *ebenso:* Um eine vollständige *Analogie* herzustellen, müsste man für *ein diskretes* Photon seine *deBrogliewelle* konstruieren, die bestimmt, *welcher* Detektor beim Sichtbarmachen des elektromagnetischen Feldes anspricht... Überdies macht das *Ketterle*-Experiment ja *stehende* Materiewellen sehr gut `sichtbar´...
H: Ja. Photonen und `materielle´ QO verhalten sich also allemalen in *der* Hinsicht gleich, dass man für *beide* ihre *teilchen*artige `individuelle Ganzheit´ und ihre *wellen*- oder *feld*artige `räumliche Ausgedehntheit´ und Beugung und Interferenz gemäß $\lambda=h/p$ unter ein Bild bekommen muss...
M: Dahinter muss allerdings keine *`Doppelnatur´* im *ontologischen* Sinne stehen; es ist ja vollkommen unklar, wie man das Verhältnis der Teilchen- und der Wellencharakteristika bei QO *denken* muss - schon bei deBroglie ist dies *`im Fluss´:* Man kann die Bewegung von Teilchen etwa als *verbunden* mit einer *Leitwelle* begreifen - deBroglie nahm ja zunächst nur an, dass ein Teilchen von dieser *begleitet* wird und dass diese stets phasengleich einem internen Prozess des Teilchens ist; dabei ist das bewegte Teilchen stets *lokalisert*, aber von der *Führungs*welle, welche das Teilchen mitführt, gleichsam *eingehüllt*[125] - diese `lenkt´ die Bewegung des Teilchens und wird ihrerseits von klassischen Kraftfeldern beeinflusst.[126] Die Leitwellen beschreiben dann im Grunde ein *Strömungsfeld* im Raum (bzw. - in manchen kritischen Interpretationen - bei mehreren Teilchen im *3n*-dimensionalen Konfigurationsraum (der aber in den Realraum projiziert)) gemäß einer Dichte $|\psi|^2$, also gemäß der Schrödinger´schen ψ-Funktion. DeBroglie hat diesen Gedanken allerdings nicht mehr weiterverfolgt; erst *Bohm* hat ihn später wieder aufgegriffen... DeBroglie kam auch schon nahe daran, Teilchen und Welle miteinander zu *identifizieren*, historisch hat dann aber eigentlich erst *Schrödinger* diesen Schritt getan und die *Leit*wellen zu *realen* Wellen umgedeutet: Was als *Teilchen erscheint*, sei die *eigentliche* Ausbreitung einer *Welle* - dies zeichnet sich etwa schon in der Annahme ab, einen überlagerten *Verstärkungsbereich* der Wellen anzunehmen, deren Gruppen-Geschwindigkeit mit jener des Teilchens *identifiziert* werden kann...

H: ...damit wären die Wellen erst wirkliche `*Materiewellen*´, ontologisch würden Teilchen und Welle *zusammenfallen...*
M: Ja. Schrödinger knüpfte an „die deBroglie-Einstein´sche Undulationstheorie der bewegten Korpuskel [an], nach welcher dieselbe nichts weiter als eine Art `Schaumkamm´ auf einer den Weltgrund bildenden Wellenstrahlung ist“[127] und ließ *nurmehr* gleichsam - wenn man es so nennen darf - `*Äther*-wellen´ übrig, die *zeitweise* als Teilchen *erscheinen...*
H: In seiner Hauptarbeit hatte er zurückhaltend die `*neutral-mathematische* Form´[128] der Wellen vorgezogen...
M: Ja, *wohlweislich* - hat man ihm doch einen `Hang zur Anschaulichkeit´ immer geradezu *vorgeworfen.*[129] Man *scheute* sich zunächst, an entscheidender Stelle tatsächlich *keine Teilchen*, sondern *Wellen* zu denken - mit Born hat man dann ja auch Schrödingers `*reale*´ Wellen in virtuelle *Wahrscheinlichkeits*wellen *umgedeutet. Kühner*, und dabei dennoch *einfacher* als deBroglies ist Schrödingers Ansatz in jedem Falle...
H: Einfacher? Er ist ja mit diversen anderen Problemen behaftet, etwa dass Wellen eigentlich *zerstreulich* sind... Zunächst (stellenweise bis heute) hat man daher nicht nur bei Borns Wahrscheinlichkeitswellen-Deutung, sondern generell bei einem Welle-Teilchen-*Dualismus* und der Kopenhagener Deutung Zuflucht genommen... Denn *ebensogut* könnte man argumentieren, man müsse umgekehrt die *Teilchenartigkeit* als grundlegend ansehen, die sich etwa beim Photo- und Comptoneffekt zeigt oder darin, dass die QFT alles Geschehen in *Teilchen*interaktionen auflöst. Bis hierher fügt man ja nur Kants Vernunftkritik ein weiteres Kapitel hinzu - der Antinomie *fünfter, empirischer* Widerstreit[130] könnte lauten: These: QO sind *Teilchen* - Antithese: QO sind *Wellen...*
M: ...bis hierher scheinen - so formuliert - nur These *oder* Antithese richtig zu sein; *aller* Deutungsstreit in der QT hängt an dieser Frage des Verhältnisses von Teilchen und Welle... Scheinbar muss man (mit Einstein) für Licht eine Diskontinuität der Photonenstrahlung *selbst* annehmen,[131] man kann sie nicht nur (mit Planck) in den *Prozess* der Emission und Absorption von Licht verlegen. Licht ist ja *an sich* überhaupt nicht gegeben: was es in der *Zwischenzeit* von Emission und Absorption - diese beiden Prozesse nimmt man begründet als (idealisiert) jeweils in einem Raum*punkt* an - macht, ist prinzipiell *ohne* Wechselwirkung mit Materie phänomenal-empirisch *nicht zugänglich* - so könnte man positivistisch-empiristisch zu argumentieren geneigt sein. Den *Photo-* und *Compton*effekt mag man scheinbar damit erklären, es läge eine teilchenartige *Diskontinuität* auch in der Zeit zwischen Emission und Absorption vor - dann wird aber die *Interferenz* zum Rätsel...
H: Dirac sagte, jedes Photon interferiere *mit sich selbst...*
M: Nur: Ein `Ding´, welches das vermag, ist jedenfalls - was immer es sein mag - *kein Teilchen...*

H: Vielleicht muss man zulassen, dass die Eigenschaftsaspekte *eines* Dinges *verschiedenen* Bildern angehören: \`Quantität´ und \`Räumlichkeit´ sind für Teilchen beide *diskontinuierlich*, für Felder beide *kontinuierlich*, für QO hingegen ist die \`Quantität´ *diskontinuierlich*, die \`Räumlichkeit´ *kontinuierlich*[132]...
M: ...wobei es auch um die Wirkungsvermittlung geht, die bei Teilchen an einen diskreten Ort gebundenen ist, bei Wellen aber feldartig ausgebreitet und klassisch zerstreulich... Aber darauf mag es hinauslaufen, wenn dies auch - so *plakativ* dargestellt - zunächst kein nachvollziehbarer Gedanke ist, weder ontologisch, noch rein deskriptiv. Man muss - das ist die Aufgabe, der man sich hier *eigentlich* stellen muss - zwischen beiden Begriffen *vermitteln*, denn die *dis*kontinuierlichen \`Quantitäten´ bezüglich Masse, Ladung, Energie setzen eine auch *dis*kontinuierliche \`Räumlichkeit´ *insofern* voraus, als diese ja *an etwas zählbar* sein müssen; aus demselben Grund ist auch die korrespondierende Sichtweise, man könne - nicht etwa in *einem System* wie dem Atom, sondern *generell* - QO nicht mehr als *Individuen* unterscheiden, insofern *überzogen*, ja, *inkonsistent*, als man doch immer von einem *bestimmten* Ding sprechen muss, das sein auch *dis*kontinuierliches *\`wo´* hat, mag die Lokalisiertheit mit der HU auch \`verschwimmen´ - worauf *bezöge* sich die Aussage sonst überhaupt? Kontinuierliche \`Räumlichkeit´ ist überdies auch nicht das, was man *beobachtet*, sondern was man *erschließt*, etwa aus dem aus einzelnen Punkten entstehenden Interferenzmuster - man müsste also etwa immer noch zwischen QO im *Mikro*- und im *Meso*kosmos, zwischen *\`Schein´* und *\`Sein´* o.a. *unterscheiden;* insofern wäre \`Räumlichkeit´ vielleicht zunächst als wirkungsdynamisches *\`Trajektorieverhalten´* zu spezifizieren, wobei natürlich der Begriff *\`Welle´* im Hintergrund *wirksam* bliebe...
H: Nun gut... Vielleicht muss man auch dort ansetzen, dass „experimentell *nur* nachgewiesen [ist], dass sich [...][etwa] Elektronen in gewissen Experimenten *wie* Teilchen verhalten, aber durchaus nicht gezeigt [ist], dass [...] [sie] *alle* Attribute des Korpuskularbildes besitzen. Das gleiche gilt mutatis mutandis für das *Wellen*bild. Beide [...] Analogien [können] nur in gewissen *Grenzfällen* Gültigkeit beanspruchen; als Ganzes sind aber [...][QO] nicht unmittelbar in unserer Sprache *bescheibbar*. Licht und Materie sind *einheitliche* physikalische Phänomene, ihre scheinbare *Doppelnatur* liegt [insofern vielleicht] an der wesentlichen Unzulänglichkeit unserer *Sprache*“[133]...
M: Das ganze Dilemma unserer *Sprache* ankreiden? Die Doppelnatur liegt doch nicht *unmittelbar* in der Sprache beschlossen, sondern im *Wesen* der QO; die Sprache, mithin unser Denken vermag die Phänomene nur gleichsam nicht \`aufzulösen´ - man kann nicht einfach sagen, „sowohl der Physiker als auch der Mystiker wollen ihr Wissen *mitteilen*, und tun sie dies mit Worten, so sind ihre Aussagen *paradox* und voll von logischen *Widersprüchen*“[134] - das impliziert, die Sprache reiche nicht hin, das auszudrücken, was beide

jeweils erfahren haben und nun unausdrückbar *`wissen´;* mag das für den Mystiker gelten - der Physiker *versteht* erst gar nicht, was hinter dem Welle-Teilchen-Dualismus steht, er *hat* dabei kein Wissen, das er nur nicht *auszudrücken* vermöchte (auch *wenn*, so er dieses *hätte*, die unverzichtbare `gewöhnlichen Sprache´[135] dies vielleicht nicht auszudrücken *vermöchte*) - dabei wohlgemerkt: unbenommen der Frage, ob die Grenzen der Sprache den Grenzen des Denken *gleichzusetzen* sind und ob sich an unserer Ausdrucksfähigkeit nicht auch die Tiefe unserer Erkenntnis *bemisst...*

H: Nun, wie Wittgenstein vom Tractatus-Gedanken abkommt, zunächst zu versuchen, Begriffe vollständig *auszudefinieren* und den funktionalen Wert der *Alltags*sprache hervorhebt, kommt auch Heisenberg dazu, nicht mit einer Revision der Begriffe zu *beginnen*, sondern diese zunächst zu *verwenden* und erst hernach die *Grenzen* ihrer Anwendbarkeit auszuloten und sie in ein widerspruchsfreies System einzubinden[136]...

M: Allemalen lösen sich natürlich die Deutungsprobleme der QT nicht `in Luft´ auf, wenn man QO etwa in `Wellikel´ oder `Quantonen´ umtauft; wenngleich sich darin schon eine gewisse *Distanz* zur orthodoxen Welle-Teilchen-Komplementarität andeutet...

H: Oder muss man die zweiwertige *Logik selbst* in Frage stellen und an derer statt eine *drei*wertige `Quantenlogik´ (vonNeumann)(*1936ff*) annehmen, die neben den Urteilen `wahr´ und `falsch´ das Urteil *`unbestimmt´* erlaubt?[137] - „weil die QT auch unser Verständnis der kleinen logischen Wörter `und´ und `oder´ *verändert* hat [...][-] ein Elektron [etwa] kann nicht nur zugleich `hier´ und auch `nicht-hier´ sein, sondern sich auch in jedem beliebigen *mittleren* Zustand befinden, der [...][dessen] *Überlagerung* [...] entspricht“[138]...

M: Und das nur, um QO *partout* als *Teilchen* zu nehmen?

H: Die Aussagen-Gegenstände des Hilbertraums bilden immerhin keinen distributiven Boole´schen Verband, das `tertium non datur´ *gilt* nicht (mehr)...

M: Daher befürworten manche die Abänderung der *klassischen* Logik zu einer *`Quanten*logik´[139] - damit muss man vorgreifen, aber diesen scheinbaren `Ausweg´ im voraus als *ungangbar* zu erweisen, mag das wohl *aufwiegen...* Im Grunde geht es dabei auch um *Sprache*, um Syntax, Semantik, Wahrheit, also um die apriorische und universelle Struktur, die einer Sprache zugrundeliegt und die erst *ermöglicht*, etwas sinnvoll auszudrücken. Bei den genannten beiden Logikvarianten stehen die `Apriorität´ und `Universalität´ wechselseitig in Frage: Die Quantenlogik scheint schon von empirischen Befunden *abgenommen* und speziell auf diese *zugeschnitten* zu sein; diesen Vorwurf versucht sie zu entkräften und ihn umgekehrt der klassischen Logik zuzuspielen, während sie sich selbst eine `schwächere´, wenn man so sagen darf: `apriorischere´ und `universellere´ Struktur zu geben versucht. Leitfrage ist dabei, inwiefern man den Wahrheitsgehalt von Aussagen *tatsächlich überprüfen* kann. Klassisch hat man Eigenschaften, bei denen *objektiv entschieden*

ist, ob sie vorliegen oder nicht - *tertium non datur:* $a \vee \neg a$ -, und *gewisse* Eigenschaften kann man einem Objekt in zusammengesetzten Aussagen (im Prinzip) *gleichzeitig* zuschreiben, da man sie *unabhängig* voneinander überprüfen kann, wobei die jeweils *nicht*-überprüfte Eigenschaft zutreffend *bleiben* soll - in der Aussage: $a \wedge b$ kann man dann *a* und *b* auf *einen* Zeitpunkt beziehen, etwa bezüglich der Eigenschaften \`Ort´ und \`Impuls´...
H: Richtig. In der QT ist es nun so, dass bei gewissen Eigenschaften zumeist *nicht* die objektive Entschiedenheit $a \vee \neg a$ gegeben ist, und dass bei *komplementären* Eigenschaften - wieder etwa \`Ort´ und \`Impuls´ eines QO - in $a \wedge b$, wenn *a zunächst* zutrifft, *a* nach der Überprüfung von *b nicht* mehr zwangsläufig zutrifft, die \`sich-erhaltende Wertdefinitheit´ und damit die \`Kommensurabilität´ steht in Frage - eben *dem* versucht eine \`Quantenlogik´ Rechnung zu tragen, indem sie die entsprechenden *ontologischen* Voraussetzungen mit einer \`schwächeren´ Struktur ausklammert; namentlich wird etwa das \`tertium non datur´ durch ein *\`unbestimmt´* ersetzt...
M: ...womit natürlich wieder die \`Apriorität´ der \`Quantenlogik´ untergraben wird... Entscheidender ist aber noch, dass *ohne* das \`tertium non datur´ die Frage, ob diese Logik *zutreffend* ist oder *nicht*, *auch* \`unbestimmt´ werden kann - wie kann man dann solch´ eine Logik überhaupt *in Erwägung* ziehen, da sich doch eine argumentative *Selbst*bezüglichkeit ergibt...
H: ...indem man eine *Meta*sprache und *Meta*logik zur Begründung heranzieht...
M: ...im Klartext: doch die *klassische* Logik - das ist recht willkürlich und damit untergräbt man auch noch die *\`Universalität´* der \`Quantenlogik´; und im Grunde *verschiebt* man mit diesen \`Metaebenen´ das Problem nur - eine *alternative* Logik mit dem Urteil \`unbestimmt´ kann man nicht *erwägen*, man kann höchsten an sie *\`glauben´* - aber man möchte ja mit der QT desöfteren *\`credo quia absurdum´* ausrufen...
H: QO können empirisch in Zustands*überlagerungen* vorliegen - wie gesagt kann ein Elektron nicht nur zugleich \`hier´ und auch \`nicht-hier´ sein, sondern diese Zustände können *überlagert* sein - dann ist *nicht objektiv entschieden*, welche Eigenschaft vorliegt...
M: Jede *Wellenentität* kann sich in einem *Überlagerungszustand* befinden und es ist für sie sinnlos, ein Urteil zu erzwingen, ob sie \`hier´ oder \`nicht-hier´ ist - deswegen stellt man nicht die klassische Logik *in Frage...*
H: Mit den HU sind aber die \`komplementären´ Größen \`Ort´ und \`Impuls´ gleichzeitig nur *\`unscharf´* - dabei gilt ontologisch für Orts- und Impulsmessungen bzw. mathematisch für die Anwendung der entsprechenden Operatoren das *\`Kommutativgesetz´* nicht...
M: Auch das ist für Wellenentitäten unproblematisch - auch *dabei* ist die Frage: Welche Art Objekte liegen dem *zugrunde*, also: Was *ist* eigentlich ein QO? Und auch dabei kommt man nur mit der klassischen *zwei*wertigen Logik zu dem Schluss, dass QO *weder* Teilchen *noch* Wellen in klassischer Reinkultur

sind - dieser Schluss soll doch als *zutreffend* gelten; ihn zu ziehen wäre gar nicht *möglich*, wenn man eine *drei*wertige Logik mit dem Urteil *`unbestimmt´* zulassen würde... Man stellt auch für *sinnlose* Aussagen nicht die klassische Logik mit ihrem *`principium exclusi tertii´* in Frage...
H: Wie ist es beim `Distributivgesetz´ der klassischen Logik? Wenn man...

$$A\wedge(B\vee C)=(A\wedge B)\vee(A\wedge C) \qquad \text{(II.3)}$$

...etwa auf den `Spin´ eines QO bezieht, *gelten* die Verknüpfungen ∧ (`und´) und ∨ (`oder´) der klassischen Logik nicht mehr im gewöhnlichen Sinne; man kann nicht die Aussage machen, der `Spin´ eines Teilchens sei:

`rechts´∧(`auf´∨ `ab´)*, also: *`rechts´∧ `auf´∨ `rechts´∧ `ab´ (II.4)

M: Ja, aber was *besagt* das schon? Man kann auch *klassisch* nicht *beliebige* Aussagen in diesen Schluss einsetzen, man kann etwa nicht sagen, jemand sei *`hungrig´∧(`lebendig´∨ `tod´);* es wird sich noch zeigen, *dass* und *warum* Spin-Messungen einander *zerstören*, warum sie `maximal´ sind und sich also *nicht* distributiv ergänzen. Die klassische *Logik* wird hier in keinster Weise in Frage gestellt - das trifft vielmehr auf den klassischen *Objektbegriff* zu... Nur, wenn man anerkennt, dass die `sich-erhaltende Wertdefinitheit´ *nicht* (mehr) gegeben ist, kann man feststellen, *dass* `Messungen´ QO in einen bestimmten Zustand *präparieren*, dass sie einen Zustand nicht nur klassisch *bestimmen*, sondern dabei *verändern* - hier: den zunächst gemessenen Spinzustand *zerstören;* wie sollte man das *ohne* das klassische Distributivgesetz feststellen, wenn man nicht mehr auf einen *Widerspruch* stieße, weil mit einer anderen Logik die Verknüpfungen `und´ und `oder´ gleichsam anders `funktionieren´ würden?
H: Hm...
M: Im Gegenteil ist es *wiederum* so, dass man nur mit der *klassischen* Logik überhaupt den abhängigen Zusammenhang *erkennt* - man bräuchte mit einer `Quantenlogik´ überhaupt keinen Zusammenhang *anzunehmen*, könnte die Eigenschaften als `unbestimmt´ einfach *unverknüpft* nebeneinander stehen lassen... Insofern ist es auch etwas unbedacht, zu behaupten, „die Verwendung [...][der `schwächsten´ Sprache und Logik, der (intuitionistischen) `Quantenlogik´] bedeutet [...] keinerlei *Erkenntnisverlust* [...],[weil] nur *diejenigen* Sätze nicht beweisbar [sind], über deren Wahrheit [...][man] nichts wissen *kann*“[140]...
H: ...was in Richtung der `Kopenhagener Deutung´ ginge...
M: Ja - nur: das ist nicht einmal im *engeren* Sinne richtig, weil kategorialbegrifflich an QO `inadäquate Erwartungen´ gestellt werden; aber das will behutsam entfaltet werden... Man kann bezüglich der Logik noch diverse Phänomene diskutieren - man verkennt dabei aber, dass man sich nicht auf Sprache und Logik zurückziehen kann, weil es um *Ontologisches* geht - man muss sich der Lektion *stellen*, die schon das *DSExp* für uns bereit hält, dass

QO offenbar recht *spezielle* Entitäten *sind...*
H: ...wenn man sich nicht - was auch noch möglich wäre - darauf zurückzieht, QO zeigten bei der Ausbreitung *Wellen-*, bei der Wechselwirkung mit Materie aber *Teilchen*aspekte...
M: Und wenn QO sich - ob nun Licht oder Elektronen - durch einen *Kristall* bewegen - welcher Fall soll *dann* gegeben sein? Die ganze *Begriffsbildung* ist diskussionswürdig - gerade *weil* es sich bei Licht und Materie trotz ihrer Doppelnatur um *einheitliche* Phänomene handelt, ist der *komplementäre Dualismus*, welcher die ganze QT durchzieht, ein allzu bequemes *`asylum ignorantiae´* der Kopenhagener Deutung der QT, aus welcher Not dieser auch immer *entsprungen* sein mag...
H: ...etwa: auf klassische Begriffe zurückgreifen zu *müssen!*
M: Und mit diesen beiden Bildern rettet man gleichsam die *Anschaulichkeit* der klassischen Modelle in die neue Theorie herüber und macht diese `leichter verdaulich´?! Nein, nein - hier *scheitert* das `divide-et-impera´-Konzept...
H: Man tut allerdings der Kopenhagener Deutung *unrecht*, es so einfach darzustellen; Heisenberg etwa war sich bewusst, dass „die Paradoxa des Dualismus zwischen Wellen- und Partikelbild [...][zunächst] nicht *gelöst*, [...][sondern] nur irgendwie in dem mathematischen Schema *verschwunden* [waren].“[141] Die Kopenhagener Deutung zielt allerdings - um dies zu vollbringen - in eine *andere* Richtung, als die hier verfolgte *ontologischen* Fragestellung; sie will im Grunde die QT *widerspruchsfrei anwendbar* machen, ihr *Objektivität* verleihen, wie sie auch die *klassischen* Theorien beanspruchen.... Es ist doch so: Die klassische Physik bleibt gleichsam immer auf ihrem eigenen Terrain - für die QT hingegen ergibt sich ein *Dreischritt*. Im *ersten* Schritt bestimmt man - alternativlos - mit einer *klassischen* Messung etwa Ort und Geschwindigkeit eines QO; das Ergebnis enthält - neben Messungenauigkeiten - die unvermeidliche Ungenauigkeit der *HU*. Was damit im *zweiten* Schritt in die ψ-Funktion *`hineinlegt´* wird, ist nun schon gleichsam eine *Mischung* aus „Faktum“ und „Kenntis.“[142] Überdies *verlässt* man jedoch gleichsam die Ebene der *`raum-zeitlichen Wirklichkeit´*, wenn man mit der ψ-Funktion etwa die Wahrscheinlichkeit berechnet, an welchem Ort man bei einer *zweiten* Messung das QO wiederfindet, man bewegt sich auf einer Ebene der *Möglichkeiten* - „[dies] kann nicht in den Begriffen der klassischen Physik beschrieben werden. [...] Nur im *dritten* Schritt kann wieder der Wechsel vom Möglichen zum Faktischen vollzogen werden“ - „die [...][ψ-Funktion] kann mit der Wirklichkeit nur [wieder] *verbunden* werden, wenn [...] eine *neue* Messung [...][tatsächlich] gemacht wird [...],[dessen] Ergebnis [...] wieder in den Begriffen der *klassischen* Physik angegeben [wird]“[143]...
M: Gut, man erfasst auch etwa beim DSExp den Versuchsaufbau *klassisch*, wechselt dann zur *ψ-Funktion* und für den Befund am Ende *zurück...* Aber dass man die `raum-zeitlichen Wirklichkeit verlässt´ stimmt vielleicht in einem

vordergründigen erkenntnistheoretischen Sinne, im *ontologischen* nicht - da ist es reine Behauptung, die sich etwa vom Befund des DSExp nicht belehren lässt. Das Problem stellt sich *vollkommen anders* dar, wenn man *wohlbegründet* annimmt, dass man es bei dem, was man hier zu erfassen trachtet, mit einer *realen Wellenentität* zu tun hat, die sich im ersten und dritten Schritt *eher wie* ein *Teilchen* gebärdet, im zweiten Schritt aber *eher wie* eine *Welle*, die jedenfalls aber *auch* zur `raum-zeitlichen *Wirklichkeit´* gehört. Ansonsten wäre die Definition, was *zu* dieser gehört und was *nicht*, recht *restriktiv* und schon klassische *`Felder´* würden strenggenommen dabei *herausfallen...*
H: ...womit man *andere* Probleme aufwirft, *dieses* aber *nicht auflöst* - daher die Kopenhagener Deutung - sie *liefert* eine Lösung...
M: Zugegeben - allerdings nur für die praktisch-pragmatische *Anwendung* der Theorie...
H: Zugegeben - bei einer *ontologischen* Fragestellung hilft das *nicht* weiter...
M: Nun gut, die `Kopenhagener Deutung´ ist *der* Standardansatz und allemalen in dem, *was* sie sagt, noch eine konsensfähige *Minimal*interpretation - nur: Beharrt sie *zu recht* darauf, dass man nichts *weiteres* sagen *sollte?* Immer wieder erwähnt, ist sie eigentlich gar nicht genau *umrissen* - sie sei daher wenigstens mit einigen *groben* Pinselstrichen skizziert *(M. deutet auf Abbildung 15)*[144]...

`Kopenhagener Deutung´

Die `Kopenhagener Deutung´ der QT entfernt sich *nicht weit* vom instrumentalistischen Fahrwasser, ihr geht es positivistisch (nur) um das *Beobachtbare*, aber - in einem Kant gleichsam konkretisierenden Sinne - nicht um die `Dinge an sich´, sondern wie diese sich *in Wechselwirkung mit Messapparaten* gebärden; Eigenschaften sind *relativ* zu Messapparaten; die Unterscheidung zwischen Objekt und Messapparat ist grundlegend, wiewohl *beide* zu beschreiben sind, da sie nur in ihrer diskontinuierlichen und prinzipiell unkontrollierbaren *Wechselwirkung* `(Quanten-)*Phänomene´* definieren; nur diese und den Beobachter nimmt sie als *objektiv Gegebenes* (nur mit der SRT kommt es nie auf den *individuellen* Beobachter an).

Da die Phänomene bzw. Befunde von klassischen, mesokosmischen Messapparaten herrühren, müssen sie auch mit klassischen Begriffen und Größen (etwa `Ort´ und `Impuls´) *beschrieben* werden; die HU und der komplementäre Dualismus machen diese Begriffe anwendbar, weil sie die Grenzen (`Schärfe´) ihrer gleichzeitigen Anwendbarkeit bei komplementären Größen definieren; `Phänomene´ sind die eindeutig mitteilbaren Beobachtungsergebnisse - mithin *erübrigt* es sich, von der Umgangssprache und klassischen Logik *abzuweichen*; die QT wird nicht zirkulär auf die Messapparate und den Meso-/Makrokosmos angewandt; die Verhältnisse im *Mikro*kosmos bleiben bewusst *außer Betracht* und werden nicht *erklärt.*

Die komplementären Größen beleuchten QO gleichsam perspektivisch von verschiedenen (klassischen) Seiten und führen erst *zusammen* zur *maximalen* Kenntnis eines QO; diese ist (etwa ob der Grenzen der HU) zwar klassisch unvollständig, quantenphysikalisch jedoch *nicht* (im Sinne einer Ignoranzinterpretation): man *kann* nicht mehr wissen, weshalb die Beschreibung auch *objektiv* zu nennen ist. Der Begriff `komplementär´ zieht weite Kreise: Komplementäre Messapparate führen zu komplementären Messgrößen (etwa `Ort´ und `Impuls´) und komplementären Phänomenen (`Welle´ und `Teilchen´) und zu einer Komplementarität der raumzeitlichen und kausalen Beschreibung.

Obgleich Messergebnisse *irreduzibel probabilistisch* sind, haben QO gewisse 'Dispositionen' zu bestimmten Messwerten bzw. Eigenschaften; erst mit dem *'Kollaps'* der Wellenfunktion bei einer Messung werden diese aber *definit*, *entsteht* 'Realität'; hernach kann man den QO diese zu den Messapparaten *relativen* Eigenschaften *zuschreiben* (ungestört, Messungen 'zerstören' auch Eigenschaften); in diesem Sinne ist die Kopenhagener Deutung *realistisch* und *intersubjektiv*, auch wenn *nicht* alle Eigenschaften gleichzeitig gleichermaßen 'scharf' sind. Die *Dynamik II* des Wellenkollapses - mithin wie Superpositions- und Verschränkungszustände in *Eigen*zustände, Möglichkeiten in Fakten übergehen - gilt als nicht weiter *analysierbar*.

Abbildung 15

H: Damit tun sich Fragen über Fragen auf... Beobachtet man eine 'autonome' Quantenwelt? Ist der 'Kollaps' ontologisch als *realer* Wellenkollaps zu verstehen oder nur erkenntnistheoretisch als in betreff des *Wissens*, ja, bildet die *Ψ*-Funktion nur die *Kenntnisse* eines Beobachters ab? Und muss man nicht für die *Ψ*-Funktion annehmen, dass „wenn [...][sie] eine Größe *klassischen* Typs wäre, [...] sie einen örtlichen und zeitlichen Zustand des physikalischen Universums darstellen und folglich für alle Beobachter den gleichen Wert haben [müsste]?"[145]
M: Dass *muss* man - wenngleich eine andere *Perspektive* ein anderes *Bild* liefert - der *gerade* Fall eines Körpers kann in einem anderen Bezugssystem als *parabelförmig* erscheinen; aber *haben* alle Beobachter bezüglich einer Situation dasselbe *Wissen*, etwa beim DSExp welche Art QO mit welcher Geschwindigkeit durch die Apparatur geht, *ist* diese ja auch für alle *gleich*...
H: Aber „ihr Wert ist für verschiedene Beobachter verschieden entsprechend den *Messungen*, die jeder von ihnen vorgenommen hat. [...] Eine Messung kann die Form der *Ψ*-Funktion vollkommen *verändern*, was unbegreiflich wäre, wenn [...][sie] eine äußere, vom Beobachter *unabhängige* Wirklichkeit beschriebe"[146]...
M: Nein, nein; man *weiß* ja, dass quantenphysikalische Messungen Zustände *präparieren*, das Beobachtete *verändern* - dann ändert sich *natürlich* auch die *Ψ*-Funktion; nach einer Messung von Beobachter *1* beobachtet (auch) Beobachter *2* ein *anderes*, *verändertes* Objekt, bei der *klassischen Temperaturmessung* ist das schon so - wäre *deshalb* die Wirklichkeit *vom Beobachter abhängig?* Und nimmt man die *ψ*-Funktion nicht als etwas objektiv-Reales, sondern als das subjektive Wissen eines Beobachters abbildend, muss man ja beinahe zwangsläufig die *Ψ*-Funktion und mit ihr die QT als praktisch *immer* 'unvollständig' ansehen... Man sieht bei alledem nur die *Oberfläche* eines *'eigentlichen'* Geschehens; Schrödingers 'Schaumkämme', ja, selbst Heisenbergs 'potentia' und mithin schon Aristoteles 'materia prima' weisen jedenfalls in diese Richtung, so man diese nicht nur als *'diffuse Möglichkeiten'* begreift, sondern als *'mehr'*, als 'objektive Tendenzen'...
H: Mag das sein - nur gibt es den 'Wellenkollaps' analog doch auch *klassisch: Bevor* man einen idealen Würfel wirft, ist die Wahrscheinlichkeit, irgendeine

Zahl zwischen *1* und *6* zu erhalten, *1/6 - hernach*, gleichsam nach der *Messung*, ist sie auf *0* oder *1* `reduziert´...

M: So ist es eben *nicht* in der QT - da geht es um *mehr* als nur unsere *Ignoranz*, darum, dass sich QO ontologisch-realiter offenbar mehr von der Teilchen- zur Wellennatur und umgekehrt *`sich-neigen´* können, aber das ist weit vorgegriffen...

H: Ja. Jedenfalls sind `Messung´ und `Wellenkollaps´ zwar *Kernpunkte* der Kopenhagener Deutung, aber ihrer Natur nach immer noch *ungeklärt...*

M: Nun, *programmatisch soll* der Wellenkollaps nicht nur unerklärt, sondern unerklär*bar* bleiben; bleibt er nämlich im Dunkeln, schafft das - im positiven Sinne - *Freiraum:* Dieser wird aber nicht mit *Spekulationen* ausgefüllt, was `hinter´ den Phänomenen und Befunden steckt, wie eine Messung aus den Möglichkeiten `auswählt´ - diesen entsagt man agnostisch; nur *gemessene* und *beobachtete* Phänomene sind *reale* Phänomene. Über das, was beim DSExp zwischen Emission und Absorption geschieht - also in betreff der beiden Spalte - macht man einfach *keine Aussage*. Mithin muss man vielleicht sagen, dass in dieser Hinsicht *überhaupt* nichts über *QO* ausgesagt wird, sondern instrumentalistisch nur über *Messresultate* im *Makrokosmos* - bei alledem geht es natürlich um die *zeitabhängigen*, *akzidentiellen* Eigenschaften von QO wie Ort, Impuls, Energie, Spinrichtung u.a. und nicht um die *zeitunabhängigen*, *essentiellen* Eigenschaften wie Ladung, Ruhemasse, mögliche Spinwerte usw., die aber in der Q*F*T auch bei *fundamentalen* Teilchen *veränderlich* werden. Und *doch* wird behauptet, dass die QT bzw. QFT eine *vollständige* Beschreibung liefere...

H: Schon mit dem Spin sind das *mehr* Eigenschaften als in der klassischen Physik; und es ist eben der *Ausgangspunkt*, dass es *a)* unverzichtbar ist, Experimente mit den Begriffen der *klassischen* Physik zu beschreiben, dass man ergo *b)* notgedrungen auf die nämlichen komplementären Bilder zurückgreifen muss und dass diese wiederum *c)* voneinander gleichsam *`abgeschirmt´* werden müssen - dann aber ergibt sich ein *minimiertes*, aber *konsistentes*, jedenfalls *schwer angreifbares* Bild...

M: ...was kaum ahnen lässt, welch´ fatale Entwicklungen sich hier ergeben haben; die Überlegungen zur `Komplementarität´ führen nur wortreich aus, wie man mit gewissen Beobachtungen *umgehen* kann, nicht worum es sich *handelt* - es ist auch kein gangbarer Weg anzunehmen, Materie und Licht bestünden „weder nur aus Wellen, noch nur aus Teilchen, sondern *zugleich aus beidem*, [...][zu behaupten, das sei] die berühmte und berüchtigte `Dualität´, [...][von der Einstein] nie zugeben [wollte], dass dieses, sein eigenes Resultat, endgültig sei“[147] - darin kann jedenfalls *ontologisch* nicht die Lösung liegen, einfach zwei *widerstreitende Bilder* zu kombinieren und sie dann mit der Komplementarität voneinander *`abzuschirmen´...*

H: Nun, der Begriff `Komplementarität´ ist bezüglich der Begriffe `ergänzen´-

`ausschließen´ *selbst* ein komplementärer, meint er doch in einem *ersten* Sinne, dass zwei einander sich klassisch *ausschließende* Bilder - Teilchen und Welle - sich in der QT *ergänzen* sollen (was es nötig macht, sie in ihrem Widerstreit mit der nötigen Schärfe voneinander abzugrenzen), in einem *zweiten* Sinne bei komplementären Größen - wie Ort und Impuls - aber, dass diese klassisch einander *ergänzen*, quantenmechanisch einander jedoch *ausschließen...*
M: Am Ende sollen dann sogar die `*raum-zeitliche* Beschreibung´ und die `*kausale* Beschreibung´ in ein komplementäres Verhältnis geraten *(M. deutet auf Abbildung 16)...*

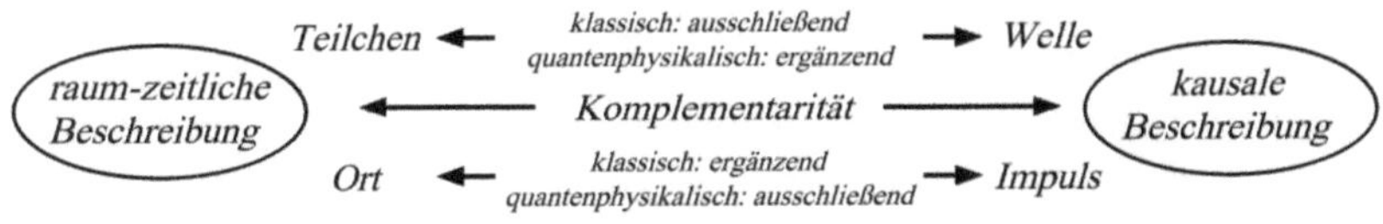

Abbildung 16

H: Ja, klassisch erfasst man den *idealisiert unbeeinflussten* Zustand eines Systems, in der QT ist diese Idealisierung *hinfällig:* Will man den Zustand eines Systems raum-zeitlich beschreiben, muss man es *beobachten; indem* man es beobachtet, kommt es zu einer nicht zu vernachlässigenden und nicht zu kontrollierenden *Wechselwirkung* mit der Messapparatur (eine Messung *ohne* Wechselwirkung *gibt* es nicht), der Zustand wird *unkontrollierbar beeinflusst; wird* der Zustand unkontrollierbar beeinflusst, ist er nicht mehr eindeutig *definierbar*, einer bestimmten *Wirkung* kann man nicht mehr eine bestimmte *Ursache* zuordnen, der Messvorgang `mischt´ sich gleichsam *unter* und das Kausalgesetz ist nicht mehr eindeutig *anwendbar;* man müsste - was unmöglich ist - um Ursache und Wirkung *wissen, ohne* sie zu beeinflussen[148]... Diesem `Beeinflussungs´-Problem ist noch beigemischt die *HU* (was nicht dasselbe ist) und das Problem, dass der mathematische Formalismus nicht in *erkennbar eindeutiger* Weise mit den in Raum und Zeit beobachtbaren `Dingen´ *verknüpft* ist. Prinzipieller bezieht sich dies auf die HU: Will man etwa die Energie- und Impulserhaltung *unendlich exakt* überprüfen, mithin das Kausalgesetz, geht man der Lokalisierung in Raum und Zeit *vollständig verlustig* ($\Delta E=0 \rightarrow \Delta t=\infty$ und $\Delta p=0 \rightarrow \Delta x=\infty$) und umgekehrt...
M: Im Prinzip ist das richtig - über das Naturgeschehen und das Kausalgesetz *selbst* sagt das allerdings *nichts* - nämlich etwa, wenn die Begriffe kategorial zu *unrecht* verwendet werden, und ob die am `*unkontrollierbar* beeinflusst´ hängende spezielle *Selbstbezüglichkeit* unsere Erkenntnis *vollkommen* unterminiert, wäre noch zu diskutieren, die Wechselwirkung von QO und Messapparatur *lässt* sich wohl weiter analysieren, wie etwa die *Dekohärenz*effekte zeigen... Allemalen bleibt das Kausalgesetz für abgeschlossene Systeme - etwa die Welt als ganze genommen - *unangetastet...*

H: ...die nur nicht für uns *Beobachtungsgegenstand* sein kann...
M: Richtig; womit sich eine *Beliebigkeit* ergibt, was man zum Beobachtungs*gegenstand* und was man zum Beobachtungs*mittel* rechnen will[149]...
H: Die Komplementarität zieht - wie erwähnt - jedenfalls *weite* Kreise: Mit den komplementären Welle-Teilchen-Eigenschaften sind auch die Mess*apparate* komplementar und mit diesen die Mess*resultate* - das erklärt die „scheinbaren Widersprüche, die [...] auftreten, wenn man versucht, mit Hilfe verschiedener [komplementärer] Versuchsanordnungen [...] gewonnene Ergebnisse zu einem einzigen anschaulichen Bilde zusammenzufassen“[150]...
M: Nun, man kann die ganze Komplementarität dahin `verschieben´, dass diese von den Messapparaten *herrührt*, dass die *Phänomenklassen* `Welle´ und `Teilchen´ (mithin `Impuls´ und `Ort´) von den beiden *Klassen* von Messapparaturen *generiert* werden - dann kommt man zu Focks *`Relativität der Beobachtungsmittel´*.[151] Das ist aber für eine *ontologische* Analyse wohl nicht *tiefgreifend* genug...
H: Wohl wahr...
M: An alledem ist viel Wahres und es werden sich wohl noch *diverse* Facetten der Komplementarität, des Kernpunktes der Kopenhagener Deutung, offenbaren. Der Ansatz ist aber alles andere als *unproblematisch*, es ergeben sich jede Menge *Deutungsprobleme:* Der *Makro*kosmos bestimmt in Gestalt der Messapparate über den *Mikro*kosmos und doch soll sich der *Makro*kosmos aus Elementen des *Mikro*kosmos *zusammensetzen*... Akzeptiert man letzteres (wie sollte man nicht?), stößt man auf die Frage, wo der *`Heisenberg´sche Schnitt´* anzusetzen ist, *bis wo* - einfach gesagt - Dynamik *I*, die Entwicklung gemäß der $\Psi$-Funktion, gilt und *ab wo* Dynamik *II* in Gestalt eines Wellenkollapses, von Dekohärenzeffekten oder eines `sich-Neigens´ zum Tragen kommt und in die klassische Physik überführt; *ab wo* statt der quantenphysikalischen Gesetze des *Mikro*kosmos die klassischen Gesetze des *Makro*kosmos Geltung gewinnen - Superpositionen und Verschränkungen müssten sonst ja in den Makrokosmos *hineinreichen;* vielleicht: wo und wie Wellen *zu* Teilchen kollabieren, dekohärieren, `sich-neigen´, ergo *`werden´*...
H: Schon ist man beim `Messproblem´ angelangt - dass sie *nicht* in den Mesokosmos hineinreichen, dass aber eine Wellenfunktion nur superponierte *Wahrscheinlichkeiten* für Messergebnisse voraussagt - beim DSExp generell das Interferenzmuster -, eine Messung aber *ein definites* Messergebnis liefert (der Begriff *`definit´* wird in der QT meist ja nicht im *engen* mathematischen Sinne genommen und soll auch hier den ontologischen Anklang an `von der Natur definiert´ haben). Eine Messung liefert *einen* konkreten Wert, beim DSExp etwa je einen spezifischen *Auftreffensort* - beim Messparameter `Ort´ scheint die Welle *zu* einem Teilchen zu *kollabieren*, der berühmte *Wellenkollaps*, zu *dekohärieren*, `sich-zu-neigen´ o.ä. - mathematisch geht dann der Zustandsvektor von einer *Superposition möglicher* Messwerte beim Mess-

prozess in einen bestimmten *Eigenzustand* mit einem *definiten* Messwert über; das will noch von verschiedenen Seiten *beleuchtet* sein...

M: Ja, mit der *`Erzeugungsthese´* kommt man nicht nur bei der `Individualität´ oder `Identität´ von QO in Schwierigkeiten, weil nur die akzidentiellen Eigenschaften, die ja eben erst mit der Messung *erzeugt* werden sollen, QO *individualisieren*, elementar etwa der Parameter *`Ort´*...

H: Es fragt sich auch, ob man einem QO, also *irgendeinem* Objekt *Existenz* zuschreiben kann, wenn diesem in ungemessenem Zustand Ort, Impuls und Energie überhaupt nicht *zukommen* - aber: was könnte man damit wiederum *meinen?*

M: Man *muss* zum Glück nicht annehmen, dass QO ohne Messung *keine* akzidentiellen Eigenschaften zukommen; in diese Richtung geht man schon mit Heisenberg und vonNeumann und der Annahme, dass QO *nach* einer Messung in einem bestimmten Zustand sind, der durch den entsprechenden Eigenvektor repräsentiert wird, dass es *zwei Dynamiken* gibt, aber dazu später... *Zunächst* scheint der Gedanke, jeweils nur *die* Attribute des Teilchen- oder Wellenmodells zu bemühen, die wirklich *unerlässlich* sind, recht fruchtbar - man kann nämlich die Deutung der Phänomene - das wäre These - monistisch recht weit in Richtung auf die *Wellen*aspekte verschieben, in die andere Richtung *nicht*...

H: ...was andere *anders* sehen - und die Anhänger der Kopenhagener Deutung wohl *nicht* gerne hören... Beim *Photo*effekt kommt man *überhaupt* darauf, dass die Energie an der Frequenz hängt, beim *Compton*effekt aber sind beide Aspekte munter *untereinander* gemischt, jedenfalls die *Teilchen*aspekte nicht zu *übersehen;* dabei geht es ja um Folgendes: Trifft Licht auf einen kleinen, ruhenden Körper, kann dieser zum Streuzentrum einer Kugelwelle werden, wobei man neben der Strahlung der *ursprünglichen* Wellenlänge man in Abhängigkeit vom Streuwinkel eine solche *größerer* Wellenlänge beobachten kann - Compton etwa ließ (*1923*) *Röntgen*licht auf ein Stück Graphit fallen, der Effekt hat jedoch prinzipiell für *alle* elektromagnetischen Wellen statt *(H. deutet auf Abbildung 17)*...

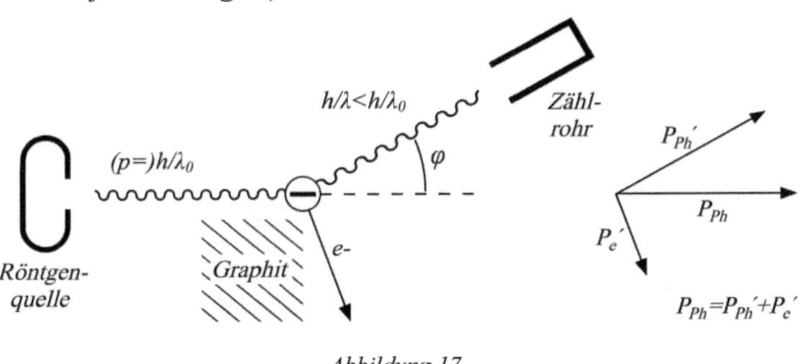

Abbildung 17

M: ...er bleibt nur bei sichtbarem Licht als *Farb*änderung *unbemerkbar*, da dieses zwischen *360nm* und *780nm* liegend sich um den Faktor *100.000* etwa von der `Compton-Wellenlänge´ von *≈2,43pm* unterscheidet, die sich für den Winkel $\varphi=90°$ ergibt...
H: Nun, bezeichnend ist doch schon, dass sich die *maximale* Wellenlängenänderung für den Winkel $\varphi=180$ ergibt, weil dem dann klassisch die totale Impuls*umkehr* entspricht - hier kann man ja mit dem Masse- bzw. Impulsäquivalent der Photonen ($m_{Ph}=hv/c^2$ bzw. $p_{Ph}=hv/c$) gemäß Kräfteparallelogramm die Impulsbeträge vor und nach dem Stoß errechnen; der Impulsvektor P vor dem Stoß ist gleich der Summe der Impulsvektoren P' und P_e' nach dem Stoß $P_{Ph}=P_{Ph}'+P_e'$ ($p_e'^2=p_{Ph}^2+p_{Ph}'^2+2p_{Ph}p_{Ph}'\cos\varphi$) (relativistisch ergibt sich eine Wellenlängenvergrößerung $\Delta\lambda=h/m_{e0}c(1\text{-}\cos\varphi)$[152]... Offensichtlich hat auch *hier* eine Wechselwirkung zwischen *einzelnen* Elektronen und Photonen statt. Gemäß dem *Wellen*modell des Lichts sollte sich die Wellenlänge bei Wechselwirkung mit einem ruhenden Körper *nicht ändern*, das wäre nur bei einem *bewegten* Körper durch den *Dopplereffekt* möglich; mit dem *Teilchen*modell hingegen *ergibt* sich eine Erklärung...
M: ...und dann erwartet man mit dem *Teilchen*modell eine *Wellenlängen*änderung?! Der Begriff *`Wellen*länge´ ist für *Teilchen* doch völlig *sinnlos...*
H: Nicht für *deBroglies Materie*wellen... Nimmt man wie beim Photoeffekt eine Wechselwirkung zwischen *einem* Elektron und *einem* Photon an und bestimmt über deBroglies Formel die *Impulse* der Stoßpartner, entspricht der empirisch beobachteten *größeren* Wellenlänge ein *kleinerer* Impuls - ein *Teil* des Impulses wurde also von dem Photon auf das Elektron *übertragen...*
M: ... von dem (scheinbar) relativistischen Effekt abgesehen, dass die Masse der beide Stoßpartner *geschwindigkeitsabhängig* zu sein scheint - allerdings ist *dieser* Effekt nur als *absoluter*, *Bezugssystem-unabhängiger* Effekt konsistent[153]...
H: Man kann die Wechselwirkung - analog etwa der Kollision zweier Billardkugeln und dabei in hervorragender Übereinstimmung mit den empirischen Befunden - wie den klassischen elastischen Stoß zweier makroskopischer Körper behandeln; es gelten die Erhaltungssätze für Energie und Impuls sogar *in Strenge;* am Comptoneffekt konnten Bothe und Geiger ja für *Einzelprozesse* deren Gültigkeit nachweisen...
M: ...was es bei der Frage nach der Kausalität im Mikrokosmos *einzugedenken* gilt... Aber soll man nun annehmen, hier würde „die *korpuskulare* Natur der elektromagnetischen Strahlung direkt in *Evidenz* [gesetzt]“[154]?
H: Ja; zumal, wenn man sich auf das Compton-*Simon'sche* Experiment (*1925*) bezieht, das in einer *Wilson'schen Kammer* durchgeführt wird: Dabei lassen sich immerhin den Impulsaustausch betreffend *Bahnen* und *Streuungswinkel* beobachten...
M: ...die Richtung des Rückstoßelektrons ist zu *beobachten*, die Richtung des

gestreuten Photons zu *erschließen* - der `Preis´ dafür ist allerdings, dass das Elektron *ob* der Wilson´schen Kammer *zum Teilchen präpariert* ist; dann kann man natürlich *eher* auf den Teilchenaspekt abzielen...

H: Nun, man muss sich natürlich ob der `Amphibolie´ der Begriffe einigermaßen differenziert ansehen, *warum* oder *ob* man dieses oder jenes Modell bemüht - welche *Aspekte* dies *erforderlich* machen...

M: ...hier: welche Attribute des *Teilchen*bildes für Licht eigentlich *vorliegen* und welche *nicht!* Man kann doch schwerlich sagen, es läge ein *`Erklärung´* des Photo- und Comptoneffekts vor, wenn man stets den Begriff *`Wellenlänge´* für *Teilchen* bemühen muss; überhaupt: beim Comptoneffekt geht man von einer *Welle* aus, errechnet für diese den Impuls, *als ob* sie ein klassisches *Teilchen* wäre, denkt sich dann eine Kollision, bei welcher der Energie- und Impulssatz gilt, muss dann aber zum *Wellen*modell *zurück*wechseln, da man empirisch nicht den *Impuls* eines *Teilchens* beobachtet, sondern die *Wellenlänge* einer *Welle* - spricht man so vom *Teilchen*charakter des Lichts?

H: Der *Wellen*charakter von Korpuskeln, extrapoliert vielleicht bis hoch zu Bäumen, Tischen oder Kaffeetassen, ist *nicht weniger* sonderbar... Es mag auch historisch *nahegelegen* haben, auf das Teilchenmodell des Lichtes zurückzukommen - aber: ist etwas *anderes* bekannt, für das diese beobachtete *individuelle Ganzheit* charakteristisch wäre, als körperhafte *Teilchen*, als *Körperchen?*

M: Nein; das läuft hier aber doch darauf hinaus, die Dinge *auf den Kopf* zu stellen: Zunächst ist es nämlich so, dass man historisch bei der *Entdeckung* des Comptoneffekts (für den Photoeffekt gilt dasselbe) noch nicht um die Wellennatur von Elektronen wusste, ergo das Wellenmodell nicht *bemühen* konnte - möglich ist das nämlich *schon* (mit einigen Zusatzannahmen[155]). So könnte etwa beim Comptoneffekt auch der *Dopplereffekt* herangezogen werden - immerhin soll dem klassischen elastischen Stoß analog ein Teil des Impulses auf das Elektron *übertragen* werden, so dass es *nach* dem Stoß also *bewegt* ist und Licht mit *doppler-verschobener* Frequenz reemittieren müsste - ein bewegter Wellensender `staucht´ oder `streckt´ eben emittierte und absorbierte Wellen, klassisch gemäß $\lambda_{Empf} = \lambda \pm ut = \lambda(1 \pm u/v)$; relativistisch gemäß $t_{Empf}=t_{Send}\sqrt{(1+u/c)/(1-u/c)}$[156] - zudem winkelabhängig... Man muss aber noch *grundsätzlicher* an die Sache herangehen: Es ist nicht nur *bedenklich*, den Impulsübertrag massiver makroskopischer Körper (wie Billardkugeln) ontologisch nach *`unten´* zu *übertragen*, wenn man *weiß*, dass QO keine solchen Körper in Reinkultur *sind* - man *`erklärt´* den Effekt so auch *rein zirkulär*, im Grunde *gar nicht*, ja, setzt falsche ontologische Vorstellungen: An makroskopischen, `echten´ Körpern beobachtet man gewisse Gesetzmäßigkeiten der Energie- bzw. Impulserhaltung beim elastischen Stoß - etwa bei Billardkugeln; dann taucht man ins immer Kleinere hinab, in den Bereich der QO, und stößt auf den Comptoneffekt; von diesem sagt man nun:

es sei `unten wie oben´, man fände gleichsam elektronen- und photonen*artige* Billardkugeln - aber man betrachtet umgekehrt ja die makroskopischen, `echten´ Körper als *aus* diesen *zusammengesetzt...*
H: Nun gut, die Erklärungs*richtung* wird *verkehrt* - man müsste das *`Obere´* durch das *`Untere´* erklären - das Verhalten der *Makro*objekte sollte sich (ohnerachtet etwaiger `holistischer´ Züge, wie auch der Frage der Reduktion) aus der - sozusagen: systemischen - *Summe* des Verhaltens der *Mikro*objekte ergeben...
M: Ja. Wie korrespondieren `oben´ und `unten´? Die Gravitationskraft etwa hat man an *makro*skopischen Körpern entdeckt, der Erde und den Himmelskörpern unseres Sonnensystems; hernach hat man mit Torsionswaagen dieselbe Kraft auch zwischen *mesoskopischen* Körpern nachweisen können und im *Mikrokosmos* nimmt man sie als *gegeben*, aber nicht mehr *nachweisbar* an; auch wenn man diese Kraft zunächst *`oben´* entdeckt hat, kann man nun sagen, sie wirke *eigentlich `unten´* zwischen allen Elementarteilchen, sei aber erst *`oben´*, etwa bei Himmelskörpern, deutlicher *bemerkbar* - es ist `oben´ wie `unten´. Beim Comptoneffekt ist das *anders:* Bisher ging es im Zusammenhang mit den sekundären Eigenschaften der Dinge vorrangig um das Abbilden und Erkennen von *Strukturen;* nun kommt man aber in den Umkreis der Frage nach den primären Eigenschaften bzw. nach der *`Washeit´* der Dinge - und hier entfaltet sich nun die ganze *Naivität* der Frage danach, *was* die Dinge `zuunterst´ sind; sie ist letztlich *unbeantwortbar...*
H: ...weil sie *zu tief* reicht...
M: Das *Grundprinzip* allen Erkennens liegt ja in der dreistelligen Relation `*S* (ein Subjekt) erkennt *o* (ein Objekt) als *O* (dessen geistiges Abbild)´. Die Subjekt-Objekt-Relation wird - wie erwähnt - in der QT zwar *auch* problematisiert, hier geht es jedoch wieder um die Relation zwischen Objekt und *Abbild*, konkret: Kann man sagen, man erkenne `Licht´ *als* `körperhaftes Teilchen´? Erkennen umgreift ja ein *Urteil* über die Dinge, und das setzt wiederum *Erfahrungen* und *Begriffe* voraus; die *`Washeit´* des *`zuunterst´* Zugrundeliegenden ist aber nicht mehr direkt zugänglich...
H: ...nur darf das kein Freibrief sein, *`zuunterst´* etwas *Beliebiges* zu setzen! Und *muss* man sich nicht in den Bereich der Mikrophysik, beim `Weg hinab´, mittels *vertrauter klassischer* Begriffe (in betreff Substanz und Akzidens, Materie und Form; einbegriffen die transzendentalen apriori `Raum´, `Zeit´, `Kausalität usw.) gleichsam *`abseilen´?*
M: Ja, so vorzugehen ist *alternativlos;* der `Weg hinauf-hinab´ ist mit dem Problem konfrontiert, dass man sich auf dem Weg nach `unten´ nur der vertrauten *klassischen* Begriffe bedienen kann, weil andere überhaupt nicht zur *Verfügung* stehen. Aber man `erkennt´ eben nicht, *`was´* dem Ganzen zugrundeliegt, man sieht nur das *Emporragende*, was gleichsam die Oberfläche durchstößt - mesokosmische Körper -, nicht das *Zugrundeliegende*,

das *jenseits* der Emergenz des körperlich-Dinghaften liegt. Man muss hier mit seinem Urteil *zurückhaltend* sein: Vielleicht kann man nicht nur von Licht als *Teilchen* annehmen, dass Energie dergestalt in `Paketen´ transportiert wird, sondern auch von Licht als *Wellenphänomen*, dass die bei der *Erzeugung* der Welle als einem Elementarprozess in diese *`hineingelegte´* Energie nur als *`Ganzheit´* beim gegenläufigen Elementarprozess wieder *`entnommen´* werden kann; `oben´ und `unten´ müssen ja nur *überhaupt* korrespondieren...
H: Öffnet das nicht der *Willkür* Tor und Tür, der willkürlichen *Setzung*?
M: Nun, auch die statistischen Erwägungen *Einsteins* - der diese ohnehin nur als *heuristische Hilfsannahmen* begriff - sind für das *Teilchen*modell nicht *zwingend*, insofern sie sich nur auf das Endresultat *nach* Wechselwirkung mit Materie beziehen können, nicht auf Licht *an sich selbst...*
H: ...eine Wechselwirkung zwischen genau *einem Photon-Wellenfeld* und *einem Elektron-Wellenfeld* - aber was wäre damit eigentlich *gewonnen?*
M: Man kommt vielleicht zu einem *ontologisch einheitlicheren* Bild - der Begriff *`Wellenlänge´* (oder `Frequenz´) wäre etwa unproblematisch, Interferenzphänomene wie beim DSExp wären *erklärlich* usw. usf. ... Schrödinger sagte daher auch: „In [...] Teilchenbahnen [...] tritt [im *Wellen*bild gesprochen ja] zweifellos ein *longitudinaler* Wirkungszusammenhang, entlang der Wellennormalen, zutage. [...] Ihn aus der *Wellen*vorstellung zu verstehen, besteht [...] *mehr* Aussicht, als umgekehrt den *transversalen* Wirkungszusammenhang der Interferenz und Beugung aus dem Zusammenwirken diskreter *Einzelteilchen*, wenn man den Wellen die *Realität* abspricht und bloß eine Art *informativer* Rolle zuerkennt. [`]Reale Existenz[´] ist nun freilich ein von vielen philosophischen Hunden fast zu Tode gehetztes Wort"[157]...
H: Eine `individuelle Ganzheit´ ist Wellen aber ja sonst *nicht* zu eigen...
M: Das *schon*, aber lässt sich *dieses* Charakteristikum Wellen nicht *leichter* zugesellen, als umgekehrt Teilchen eine *Wellenlänge?* Wird nicht der Begriff `Teilchen´ *eher* gesprengt, wenn man sie räumlich zumindest wirkungsdynamisch, zeit- oder teil-weise sehr weit *ausgedehnt* und mit auch *negativer Anzahl* denkt, als wenn man für Wellen ein wirkungsdynamisches *Zentrum* annimmt - vielleicht ebenso nur *zeit- oder teilweise?* Mit den Wellenaspekten von QO könnte man am Ende für *Licht* gar fragen, ob sich überhaupt bei *A* ein `etwas´ loslöst, das sich nach *B fortbewegt* oder ob nicht *A* und *B*, da sie ohnehin räumlich *ausgedehnte* Entitäten sein müssen, *direkt* miteinander interagieren...
H: Das sind reine *Phantastereyen...*
M: Mit der räumlichen Ausgedehntheit, die sich beim DSExp zeigt, mit der nicht-Lokalität und nicht-Separabilität ist das nicht unmittelbar *abwegig...*
H: Das würde auch das Messproblem nur für *Licht* entschärfen...
M: Nun, von Einstein rührt schon vor *1929* folgendes Gedankenexperiment

her: Ein einzelnes Photon trifft auf einen halbdurchlässigen Spiegel, wodurch das korrespondierende Wellenpaket in zwei Teile zerlegt wird, die sich beliebig weit voneinander entfernen können; durch Detektion des Photons auf der *einen* Seite, ergibt sich die Detektionswahrscheinlichkeit *0* auf der *anderen;* es wird somit „eine Art von *Wirkung* (Reduktion der Wellenpakete!)“[158] auf die *andere* Seite ausgeübt, die *über*lichtschnell sein muss, ja, beliebig nahe an *Instantanität* heranreichen könnte; mit den EPR-Versuchen scheint dies ja *empirische Gewissheit* geworden zu sein - ist *dieses* Paradoxon *leichter* zu lösen? Den genannten Phänomenen ist doch eines *gemeinsam:* Es `passt´ nur *ein Aspekt* des Bildes `klassisches Teilchen´, nämlich seine `individuelle Ganzheit´, das Bild *insgesamt* passt eher *nicht*, man erkennt deutlich, dass es nicht um Teilchen in *klassischer Reinkultur* geht; das zeigt auch, was man für das System *`Atom´* findet...

H: Bei größeren QO kann man das irgendwann *nicht* mehr sagen, für den Mesokosmos; und es passt *noch* ein Aspekt, nämlich die *Raumrichtungscharakteristik* des Comptoneffekts: Einstein hatte ja (*1917*) die Planck´sche Strahlungsformel über klassische thermodynamische Gleichgewichtsüberlegungen zur statistischen *Geschwindigkeitsverteilung* von Molekülen in Wechselwirkung mit Strahlung hergeleitet; für die *Impulsüberträge*, die dabei statthaben, ergab sich folgendes Problem: „Wenn ein Körper die Energie *E* ausstrahlt, so erhält er den Rückstoß (Impuls) *E/c*, wenn [...][diese insgesamt] nach der gleichen Richtung ausgestrahlt wird. Erfolgt aber [...][die Emission] durch einen *räumlich symmetrischen* Vorgang, z.B. *Kugel*wellen [wie man mit der *Wellen*theorie des Lichtes annehmen sollte], so kommt überhaupt kein Rückstoß *zustande*.“ Einstein kam zu dem Schluss, „dass wir nur *dann* zu einer widerspruchslosen Theorie gelangen, wenn wir jene Elementarprozesse als *vollständig gerichtete* Vorgänge auffassen,“[159] wenn „bei jeder einzelnen Wechselwirkung zwischen Strahlung und Materie die gesamte Energie in *eine einzige* Raumrichtung emittiert oder absorbiert wird“[160] - nicht in *Kugel*wellen...

M: Ja, zugegebenermaßen ist das nicht eben *charakteristisch* für klassische Wellen - auch Schrödinger hat über diese `Nadelstrahlung´ der gerichteten Elementarprozesse gearbeitet...

H: Zu diesem Schluß kommt auch Compton: „jedes an der Streuung beteiligte Elektron [streut] ein vollständiges [Strahlungs-]Quant [...]; [dieses läuft] aus einer wohlbestimmten Richtung [*ein*][...] und [wird] in eine bestimmte Richtung *gestreut* [...][und es zeigt sich, dass es] sowohl Impuls als auch Energie überträgt.“[161] Es gelten dabei die klassischen Erhaltungssätze für Energie und Impuls *in Strenge*; die Wellenlängenänderung $\Delta\lambda = h/m_e c(1-\cos\varphi)$ hängt interessanterweise nur vom *Streuwinkel* φ ab, (da alles andere *Konstanten* sind). Ist diese strenge Proportionalität bezüglich des Raumwinkels nicht ein *ebenso* überzeugendes Indiz, dass die Lichtquanten in einer spezi-

fischen Raumrichtung sowohl *ein*laufen, wie auch wieder *aus*laufen?
M: Derlei wäre natürlich durch eine Wellentheorie zu *reproduzieren* - was aber nicht *unmöglich* ist; es sind eben vornehmlich die *Wellennormalen*, welche die Wechselwirkung bestimmen; ebenso plausibel wäre dies für ein *ausgedehntes Wellenfeld* zu denken, wenn der Impulsübertrag im Raum in Komponenten ausgebreitet ist (wenn man auch zusätzlich einen Wellenkollaps, Dekohärenz, ein \`sich-Neigen´ annehmen muss) - dann weisen die *Wellennormalen* der QO diese Winkel auf; damit könnten überhaupt nur erst post factum der Absorption diese Winkel gegeben sein; das emittierte Wellenfeld ist gleichsam *unsymmetrisch*, was im Teilchenbild bedeutet, dass das gestreute Photon eine Superposition dieser Winkel aufweist, was hinwiederum im Wellenbild verschiedenen überlagerten Wellen*komponenten* entspricht; irgendetwas scheint daran ja merkwürdig, dass die Wellenlängenänderung *rein winkelabhängig* ist, als würde der Impuls in einer Art \`*absoluten* Wellenlängenmünze´ bezahlt... Aber schon hier zeigt sich eben, dass es sich nicht um *klassische* Wellen *handelt* - wie sich etwa auch in Einsteins Herleitung der Planck´schen Strahlungsformel *zwei* Terme ergeben haben, die für Teilchen- *und* Wellenaspekte stehen...
H: Hm - muss es nicht am Ende so sein, dass, so viele Bilder man auch dem Makrokosmos *entlehnt*, das Verhalten der \`Bausteine´ des *Mikro*kosmos - in Anführungszeichen und ohnerachtet der Frage nach dem \`Teil´ und dem \`Ganzen´ - das Verhalten der *makro*skopischen Körper als emergierendes bzw. dispositionelles *Resultat* erst *hervorbringt?* Und man *dann* sagt: \`Weg hinauf - hinab: derselbe´...
M: Ist es nicht so, dass hier (wieder) der Begriff *\`elementare Emergenz´* zu bemühen wäre, insofern man \`unten´ gleichsam die *\`keimhafte Vorbildung´* dessen gewahrt, was man *\`oben´* an makroskopischen Körpern als körperhafte \`Teilchenartigkeit´ beobachtet?
H: ...was dann eine Art *\`Summe´* wäre...
M: Ja; den nämlichen Erklärungszirkel kann man dann ontologisch anders *wenden:* Man kann das, was als \`Teilchen´ bezeichnet wird, als emergentes Erscheinen eines \`anderen´ begreifen; man kann Teilchen mit Schrödinger als *\`Schaumkämme´* begreifen und den zugrundeliegenden *Wellenentitäten* zuschreiben, dass sich ihr Impuls bei einer räumlichen Begegnung (\`Kollision´ genannt) vektoriell winkelabhängig bezüglich der Wellennormalen *erhält* und sich daraus die Energie- bzw. Impulserhaltung makroskopischer Körper *ergibt*, die eben aus diesen Entitäten *zusammengesetzt* sind...
H: Gut, QO *bleiben* damit aber irgendwie *zwittrige* Entitäten...
M: Der Teilchencharakter von QO würde emergent aus ihrer \`individuellen Ganzheit´ *resultieren*... Die Erklärung des Photo- und Comptoneffekts liegt *ansonsten* ja wesentlich darin, dass es um eine Wechselwirkung von nur *zwei* (wirkungsdynamisch) individuellen Objekten, von jeweils *einem* Photon und

einem Elektron geht - bei diesem Erklärungsaspekt geht es nicht um eine *klassische `Teilchenartigkeit´* von QO, sondern um deren *`individuelle Ganzheit´* (hier in Gestalt der nicht-Zerstreulichkeit); Teilchen ist nur *umgekehrt* natürlich *auch* diese `individuelle Ganzheit´ zu eigen...
H: Die *Wechselwirkung* scheint räumlich diskret, nahezu *punktuell...*
M: ...*nur*, wenn man die Wechselwirkungs*partner* schon so denkt - *räumliche* Diskretheit und `Ganzheit´ sind vielleicht *zweierlei...* Es könnte auch um die Wechselwirkung *feld-* und *wellen*artige *`individueller Ganzheiten´* gehen, mit *diskontinuierlichem* Energieübertrag *im Endeffekt...* Was soll denn der Begriff `Teilchenartigkeit´ *implizieren?* Im Sinne der Raumgröße, der *räumlichen Diskretheit* verstanden kann man eine solche nicht annehmen, im *Gegenteil* muss man mit allem, was sich schon beim *DSExp* in der wirkungsdynamischen räumlichen *Ausgedehntheit* zeigt, auf Konzepte wie einen Wellenkollaps, Dekohärenz, `sich-Neigen´ zurückgreifen, um QO gleichsam räumlich `im Zaum zu halten´. Wenn der *Energie-* und *Impulserhaltungssatz* in Strenge gilt (was ja etwa der Compton-Effekt bestätigt) und `Diskretheit´ Energie und Impuls an sich *selbst* zukäme, müsste es auch über die *kinetische* Energie von Körpern für diese nur bestimmte *Impulse* bzw. *Geschwindigkeiten* geben, und mithin wiederum - es trägt sich ja weiter - für die *potentielle* Energie von Körpern in einem Gravitationsfeld eine Art *räumliche Quantelung*, als ob Raum und Zeit keine *Kontinua* wären - in einem relationalen Raum-Zeit-Konzept fällt ja beides zusammen: Mit den *Relationen der Dinge* wären *Raum* und *Zeit* gequantelt...
H: Deshalb diskutiert man in der QT ja auch - ähnlich, wie schon Gassendi sich dies atomistisch-diskret dachte - eine kleinste *Planck*länge und *Planck*zeit, die bei $\approx 10^{-35} m$ bzw. $\approx 10^{-43} s$ liegen sollen...
M: ...was *reine Spekulation* ist, es gibt dafür *keinerlei empirische Evidenz...*
H: Es gibt den Hinweis, dass gemäß der Allgemeinen RT (ART) - vereinfacht - die Gravitations*kraft* als eine `Krümmung´ von Raum und Zeit gedeutet werden kann und mithin eine Quantisierung dieser Kraft auf Raum und Zeit `ausgreifen´ könnte... Selbst *davon* abgesehen, kann man aus den universellen Naturkonstanten wie Lichtgeschwindigkeit *c*, Wirkungsquantum *h*, Gravitationskonstante *G* usw. - wie eben *Planck* schon bemerkte - rein dimensional dergleichen *natürliche Maßeinheiten* bilden (womit umgekehrt die Naturkonstanten alle den Wert *1* erhielten und letztlich entfielen) - diese könnten dann auch in *ontologischem* Sinne natürliche Einheiten, mithin letzte *Grenzen* sein; „eine traditionelle (kanonische) Quantisierung der Zeit wäre aber auch [...][im Rahmen eines *relationalen* Raum-Zeit-Konzepts (vermittelt über die `Dinge´)] verlangt. Denn falls die QT *universell* ist, müssen im Prinzip *alle* dynamischen Vorgänge [...] einer Quantisierung unterworfen werden“[162]...
M: Nein, das wäre - auch *nur möglicherweise* - *nur* so, wenn QO nicht nur hinsichtlich ihrer Masse, Ladung usw., sondern auch hinsichtlich ihrer *räum-*

lichen Eigenschaften, also ihrer (eigentlichen) Raumgröße und dynamischen Wechselwirkung (*vor* einem Wellenkollaps, Dekohärenzprozess oder `sich-Neigen´) *gequantelt* wären - sind sie aber nicht, wie sich noch zeigen wird... So sagte auch Bohr, dass „die typischen Quantenzüge elektromagnetischer *Felder* [...] nicht von der *Maßskala* ab[hängen], da die beiden Grundkonstanten - die Lichtgeschwindigkeit *c* und das Wirkungsquantum *h* - keine Festlegung von Größen mit den Dimensionen `Länge´ oder `Zeit´ *zulassen*"[163]... Die Quantelungen sind heute dem mathematischen Formalismus *immanent*, sie wurden aber zuvor in diesen *hineingelegt*[164], etwa über die *Energie* (und den Energieoperator), die aber nur bei räumlich *gebundenen* QO aufgrund der stehenden Wellen auftreten, also aufgrund einer *sekundären* Quantelung - eben *darum geht* es...
H: Interessant ist immerhin, dass eine Wirkung - die ja dieselbe Dimension wie der klassische Drehimpuls hat - generell relativistisch eine Bezugssystem-unabhängige, *absolute* Größe ist...
M: ...was immer man da `hineingeheimnissen´ mag... Jedenfalls: Dass „nach heutigem Wissen *alle* physikalischen Systeme zwecks korrekter Beschreibung zu *`quantisieren´* [sind]"[165], stößt bei Strahlung und Feldern - ehedem *kontinuierlich* begriffen - auf die eigentümliche Problematik, dass uns dies für diese stets nur *vermittelt* über Atome und deren Verhalten *zugänglich* ist - von der QT inspiriert müsste man von *rein relationalen* Eigenschaften (*zu Atomen* nämlich) sprechen, die über diese *`an sich´* noch nichts sagen...
H: Im Zusammenhang mit der Atomistik fiel das Argument, dass phänomenal-empirisch eine spezifische Größe der Atome *gegeben* sei - und die muss in *irgendetwas* gründen, etwa mit der Elementarladung *e*, der Elektronenmasse m_e oder was immer...
M: Eher schon in einem absoluten *Zugrundeliegenden* oder einem absoluten (logischen) *Raum*, als in einer sozusagen *`naiven* Teilchenartigkeit´; es nützt nichts, einem Teilchen eine Art `primitive spezifische Größe´ zuzuschreiben, weil man dann immernoch für die *Relationen* zu *anderen* Teilchen einen Definitionsrahmen braucht, welcher dergleichen `mitübernehmen´ könnte... Überhaupt würde man mit einer solchen auch etwa für den Energieübertrag von Photonen auf Elektronen beim Photoeffekt in der sonst kritisierten naiv-mechani(zi)stischen Weise argumentieren, dieser erfolge mit dem Wellenmodell *kontinuierlich*, mit dem Teilchenmodell aber *diskontinuierlich*[166]...
H: Diskontinuierlich wie Teilchen eben *sind*...
M: ...nur entbehren auch Wellen *als solche* nicht des Charakteristikums der Diskontinuität - positive und negative Auslenkungen trennt Nulldurchgänge und bei alledem: Beim Photoeffekt geht es *weder* darum, dass sich Lichtenergie kontinuierlich *ansammelt* - empirisch scheint das *nicht* möglich zu sein - noch kann es um ein einfaches korpuskelhaft-materielles *`Herausschlagen´* von Teilchen durch den Impuls anderer Teilchen gehen, wie etwa

tatsächlich bei Billardkugeln - mit welchem *Atommodell* sollte man das *annehmen?* Da stößt man eher auf Phänomene, die den Begriff *`Resonanz´* auf den Plan rufen... Auch die *QFT* legt *mathematisch* nahe, dass es lediglich um die Energie- und Impulserhaltung geht - nicht etwa darum, es mit einem *teilchenartig lokalisierten `etwas´* zu tun zu haben[167] - *apropos:* gerade als Teilchen begriffen, werden auch die Probleme in Hinsicht auf die *Individualität* und *Identität* von QO schier unbegreiflich...

H: Immerhin findet man für QO eine *kardinale* Individualität, wenn auch nicht immer eine *ordinale* - und hier geht es ja eben um Wechselwirkung *eines* QO mit *einem* anderen, mithin um den *kardinalen* Aspekt...

M: Nur, dass ebendiese zeitweise *nur kardinale* Individualität und Identität in keinster Weise *für* nämliche `Teilchenartigkeit´ spricht - eher *dagegen*, aber dazu später... Die Aspekte der *`Wellenartigkeit´* von QO sind ja bis hierher eher *marginal* entfaltet; bis hierher mag die Frage sein, welche Aspekte *genau* es erforderlich machen, das *Teilchenmodell* zu bemühen. Es ist fraglich, ob es um *die* Art von `individueller Ganzheit´ geht, die mesokosmischen *Körpern* zu eigen ist, die in einer durchgängigen *räumlichen* Diskretheit liegt...

H: Bei aller Kritik an der Kopenhagener Deutung ist es in ihrer schlichten Pragmatik einer ihrer *Vorzüge*, etwa auch die Frage *offenzulassen*, ob in elektromagnetischer Strahlung, soll heißen in (Wahrscheinlichkeits-)Wellen, immer schon *actual* Photonen *gegeben* sind - wie dieses Verhältnis von Wellenausgedehntheit und Teilchendiskretheit zu denken ist, lässt sie ja schlicht bis zur erfolgten Messung, mithin bis zum Wellenkollaps (programmatisch) *außer Betracht...*

II c *M:* Das scheint nicht *lobenswert...* Man muss auch konstatieren, dass, wenn von diskreten Energie-*`Paketen´* die Rede ist, zusätzlich zur Unbegreiflichkeit der Frequenzproportionalität der Lichtenergie, an dieser Stelle mehrere Dinge *durcheinandergeworfen* werden: Neben der *`Teilchenartigkeit´* nämlich die *`primäre individuelle Ganzheit´*, also die *spezielle* `Diskontinuität´, die QO auszeichnet (welche der für sie sonst angenommenen `nicht-Individualität´ zu widersprechen scheint), und die *`sekundäre Quantelung spezifischer Größe´*, die etwa bei der Emission und Absorption von Licht gegeben ist; während letztere aus dem Wesen der Atome heraus *erklärlich* ist, ist erstere *unerklärlich...*

H: ...und wohl das *eigentliche* Rätsel der QT...

M: Die `individuelle Ganzheit´ zeigt sich auch bei der Materialisation und Annihilation, bei der Stabilität der Materie aufgrund der Erhaltungssätze - die `materia prima´ ist bestimmten stabilen Formen eingeflossen, solchen, mit denen sie gleichsam - anthropomorph formuliert - `zufrieden´ ist... Die rätselhafte `individuelle Ganzheit´, die *Licht* eignet, eignet *allen* Dingen, sie ist von mesokosmischen Körpern natürlich vollkommen vertraut, Körper *sind* dergleichen gleichsam `schon-zur-Ganzheit-geneigte´ Entitäten; diesen muss man offenbar aber auch eine rätselhafte wellenartige *Ausgedehntheit* im Raum zuschreiben - zumindest wirkungsdynamisch, zeit- oder teilweise...

H: Versucht man, monistisch vom *Wellen*bild her dem *Teilchen*bild Boden abzugewinnen, geraten mesokosmische Körper allerdings in ein recht merkwürdiges *Licht...*

M: ...nur bis sich zeigt, dass QO *beides* nicht sind, sondern *`anderes´*... Und dabei hat deBroglie allemalen „einen Zipfel des großen Schleiers gelüftet"[168] - das Ganze will nur recht *verstanden* sein: Gemäß der Formel $E=h\nu$ ist die Energie von Quanten *kontinuierlich* veränderlich - so gerät man schon bei der Deutung der Planck´schen Formel für die spektrale Strahlungsenergiedichte $I(\nu,T)$, die neben Konstanten (π, e, c und k_B) nur *kontinuierlich* veränderliche Funktionsargumente enthält (für Frequenz ν und Temperatur T), ontologisch auf die *falsche Fährte*, wenn man behauptet, es gäbe ein kleinstmögliches Quantum der *Energieveränderung*, nämlich eben h, das mit:

$$E = h \cdot \nu$$

dimensional:

$$\approx 0{,}000\,000\,000\,000\,000\,000\,000\,000\,000\,000\,000\,662 Js \qquad kg\frac{m^2}{s^2} = kg\frac{m^2}{s}\frac{1}{s} \qquad \text{(II.5)}$$

...im Alltag *unbemerkbar diskret* sei - nicht nur bezeichnet h eine *Wirkung*, keine *Energie*, was die Dimensionalität betrifft, so dass der Begriff falsch gewählt ist. Die Erhaltungsgröße *`Energie´* tritt empirisch zwar gequantelt *auf* - kann man *damit* nun aber das `natura non facit saltus´ als *falsifiziert* verorten und behaupten, die Natur sei *nicht* stetig? Solch´ Schluss wird nur nahegelegt, weil die scheinbare *`Teilchen*artigkeit´ von Photonen (die schon im *Begriff* festgeschrieben ist) zu implizieren scheint, dass nur *absolute* Energie-Pakete existieren...

H: Nun, empirisch findet man *diskrete Quanten* - mathematisch hingegen greift man auf *kontinuierliche Funktionen* wie etwa $E=h\nu$ zurück; wenn man bei der Frequenz die Schwingungszahl jedoch schon n/s mit $n \in \mathrm{N}$ als *ganzzahlig* annimmt, *hat* man diskrete `Portionen´ - dies ergibt sich ja auch beim System *`Atom´* und wäre nur zu *generalisieren...*

M: Aus welchem *Grund?* Es fragt sich ja - wie generell in der modernen Physik -, ob vom mathematischen Formalismus oder von der ontologischen Realität *selbst* die Rede ist; merkwürdig ist, dass heute *jener* den *Ausgangspunkt* für ontologische Spekulationen bildet (so man sich diese als Realist *gestattet*) und nicht *diese...* Auch wenn der mathematische Formalismus anderes *zulässt*, kann *grundsätzlich* - wenn auch nicht bei den Elektronenwellen *im* Atom - die Anzahl n von Schwingungen pro *rein willkürlich* festgelegter Zeiteinheit ontologisch-realiter doch jede *gebrochene* Anzahl annehmen, so dass das Produkt $h \cdot \nu$ jeden *beliebigen* Wert annehmen kann. „Da die Frequenz [...][ν] *kontinuierlich* veränderlich ist, ist auch die Photonenenergie eine *kontinuierlich* veränderliche Größe. Es gibt also *kein Elementarquantum* der Lichtenergie.

[...][Es zeigt sich beim Photoeffekt nur], dass der *Quotient* aus Photonenenergie und Frequenz stets den gleichen Wert hat, also eine fundamentale Naturkonstante ist."[169] Auch beim Comptoneffekt ist ja der Streuwinkel *kontinuierlich* wählbar! Strahlende Körper können empirisch offenbar nur Energie der Portionen $n \cdot hv$, also *hv*, *2hv*, *3hv*... emittieren und absorbieren (in *mehreren* Elementarprozessen); man könnte sogar bei entsprechender Wahl der *Basis*einheiten auch die Naturkonstante $h=1$ setzen, da es auf ihre *absolute* Größe nicht ankommt (wenn man (noch) keine natürliche Längen- oder Zeiteinheit annimmt, etwa mit stehenden Elektronenwellen im Atom, mit dem Äther oder wie immer). Die einzelne Portion *hv* kann dabei allerdings *theoretisch* kontinuierlich *jede* Größe annehmen...
H: Theoretisch?! Bei den *Linienspektren* der Elemente findet man doch für jedes Element charakteristische diskrete Emissions- und Absorptionslinien bei ganz bestimmten Wellenlängen, ganze Spektral*serien* und jedes Element absorbiert genau nur *die* Frequenzen, die es umgekehrt auch emittiert, was man sich bei der Spektralanalyse *zunutze* macht - besagt das nicht das *Gegenteil?*
M: Nein. In Atomen, Molekülen, Metallen, überhaupt *gebundenen* Zuständen gibt es eine Quantelung der Energiezustände, weil sich QO offenbar - kurzer Vorgriff - wie *stehende Wellen* verhalten und *das* zieht nach sich, dass nur spezifische Photonen bzw. Lichtfrequenzen emittiert und absorbiert werden - wenn man das System `Atom´ *genau* betrachtet, zeigt sich die *vornehmliche Wellenartigkeit* von QO...
H: ...bei *diesem* speziellen Argumentationsstrang...
M: ...jedenfalls, dass die Quantelung in dem Phänomen *`stehender Wellen´* begründet ist, weil Elektronen im Atom - wenngleich sie als ganzheitliche Entitäten an sich nur hinsichtlich ihrer `Existenz´ mit *Masse* und *Ladung* gequantelt sind - auch bezüglich ihrer *Energie* und *Raumgröße* eine Quantelung *aufgeprägt* bekommen; eben dabei zeigt sich wiederum die `keimhafte Vorbildung´ der körperhaften `Teilchenartigkeit´, die emergent ist...
H: Gequantelt wären QO dann nur hinsichtlich ihrer *zeitunabhängigen*, *essentiellen* Eigenschaften, nicht ihrer *zeitabhängigen*, *akzidentiellen*, die für die Emission und Absorption von Licht verantwortlich zeichnen...
M: Ja; die Quantelung der Energieniveaus bzw. Frequenzen betrifft mithin nicht die Natur des Lichtes *an sich*, denn es gibt über *Hundert* Arten von Atomen, also Elemente (neben den natürlichen Elementen sogar noch exotische `Atome´ aus Myonen und ähnliches), die *Zehntausende* von verschiedenen Spektrallinien erzeugen: Fraunhofer hatte schon (*1814*) im aufgefächerten Spektrum des Sonnenlichts *574* dunkle diskreten Linien entdeckt, heute zählt man über *25000* Linien, da man immer feinere *Unterteilungen* fand (mit der Fein- und Hyperfeinstruktur und Lamb-Verschiebung) und am Ende des Spektrums ergibt sich das *Grenzkontinuum*. Für jedes Element findet sich ein ganzes *Termschema* von Energieniveaus, mithin diverse Übergänge und ent-

sprechende Emissions- und Absorptionslinien; im Termschema des Elements *Natrium* findet man etwa den *3s-3p*-Übergang, dem eine *gelbe Emissions*linie bzw. eine *dunkle Absorptions*linie bei *589nm* entspricht - das muss man sich natürlich *schwarz* mit einer *gelben* Linie bzw. *farbig* mit einer *schwarzen* Linie vorstellen *(M. deutet auf Abbildung 18a/b)*(genaugenommen spaltet sich die gelbe Spektrallinie des Natriums noch weiter in zwei Dublett-Linien auf):

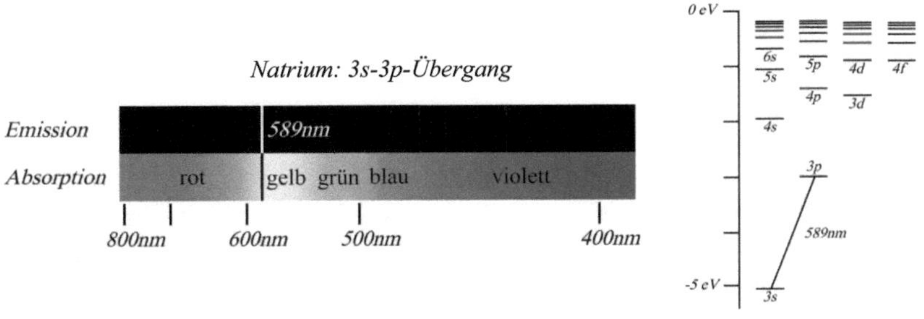

Abbildung 18a/b

H: Dennoch: eine *begrenzte* Anzahl...
M: ...weil es nur eine begrenzte Anzahl sowohl stehender Wellen im Atom, als auch der *Atomarten* gibt! Die Zehntausenden verschiedenen Spektrallinien sind ja *so individuell*, dass man sie geradezu als *`Fingerabdrücke´* der Elemente betrachten kann - Bunsens und Kirchhoffs Beitrag, die Spektralanalyse... Wieso sollte man nun also annehmen, dass der elektromagnetischen Strahlung an sich *selbst* eine *absolute* Größe zu eigen wäre, zumal es doch bei allen Erklärungen überhaupt nicht um eine `Ganzheit´ im Sinne einer *absoluten* Größe geht, sondern im Sinne einer *spezifischen* Größe?
H: `Absolute Größe´, `spezifische Größe´ - was soll das *bedeuten?* Und worin ist dann motiviert, dass die QFT das elektromagnetische Feld nicht mehr als *kontinuierlich*, sondern als *gequantelt* nimmt - daher ja die *Austauschteilchen*, daher kennzeichnen nunmehr *Besetzungszahlen* die Zustände eines Feldes; überdies kann man auf empirische Befunde wie den Photoeffekt gestützt behaupten, dass nicht jede *beliebige* Feldstärke möglich ist, dass eine *ganzzahlige* Photonenanzahl zugrunde liegen muss...
M: Das ist richtig; die Photonen selbst können aber offenbar jede *beliebige* Energie-Größe annehmen. Man stößt empirisch nicht auf die *n*-fache Menge *eines absoluten* Quantums *hν* in der Welt, wie man etwa auf die *eine* Einheitsladung *e* mit genau *einem absoluten* Wert, eben genau $1,60217... \cdot 10^{-19} C$ stößt, dessen alle Ladungen strenge *Vielfache* sind. Es sind nur Photonenenergie und Frequenz stets mit $E=h\nu$ streng *proportional* zueinander; aber so viele verschiedene Frequenzen des *Lichtes* man in den Spektren findet, soviele Photonen verschiedener *Energie*, mithin verschiedener *spezifischer* Größe gibt es - der mathematische Formalismus weist diese *kontinuierliche* Ver-

änderlichkeit ja auch im $E=hv$ aus. *Überdies* eignet allen QO - Photonen, wie Elektronen - eine `primäre individuelle Ganzheit´, daher die `Ganzzahligkeit´ in der QT; diese wird jedoch in das System `Atom´ *hineingetragen*, weil in gebundenen Zuständen, im Atom aufgrund seines wesenhaften systemischen Aufbaus, nur *gequantelte* Energiezustände existieren können und mithin nur Energieportionen spezifischer Größe *emittiert* (oder *absorbiert*) werden - daher rührt die andersartige eigentümliche Ganzzahligkeit, die man in den *Termschemen* der *Atomspektren* findet. Elektronen jenseits der Quantelung, im *Grenzkontinuum*, wenn sie frei sind, haben aber einen *kontinuierlichen* Energiegehalt und Energieaustausch, ebenso wie die Photonen, die sie dann bei Wechselwirkungen austauschen - *obwohl* beide Ganzheiten sind...

H: Das würde bedeuten, dass die Erklärung des Photo- und Comptoneffekts nicht auf ihrer *absoluten* Größe basiert, sondern auf ihrer *`individuellen Ganzheit´*, die sie bei je *spezifischer* Größe innehaben, gleichgültig, *welche* Größe das ist - sofern etwa beim Photoeffekt die Energie, mithin Frequenz *hoch* genug ist...

M: ...und sofern diese als Resonanz *`passt´*... Wenn ein Teilchenpaar sich materialisiert, haben beide Teilchen eine *absolute* Ladung mit dem absoluten Größenwert *e;* Licht hingegen löst sich vom Atom mit je *verschiedener*, nur *spezifischer* Größe, abhängig vom Termschema des jeweiligen Atoms, *in zehntausenderlei Variation;* dabei zerstreut es sich aber nicht im Raum oder Äther, sondern bleibt eine `Ganzheit´, anders als etwa ein Wassertropfen, der sich im Meer `auflöst´...

H: Soll heißen, dass `individuelle Ganzheit´ und `Quantums-Größe´ *zweierlei* sind...

M: Ja; ein `Lichttropfen´ scheint eine *unvermischliche individuelle Identität* zu haben *wie* ein räumlich diskretes Teilchen - das sei auch im *Gegensatz* zu den Überlegungen der QT zur `nicht-Individualität´ von QO gesagt, dass man ihnen nur *Kardinalität*, nicht aber *Ordinalität* zuschreiben kann, aber dazu - wie gesagt - später... Die Unterscheidung `primär´-`sekundär´ meint, dass allen QO *primär* eine rätselhafte *`Ganzheit´* bei *jeder beliebigen* Raum- und Energiegröße eignet, *sekundär* ergibt sich jedoch in gebundenen Systemen eine *spezifische* Größe, nämlich durch die Quantelung von Masse, Ladung usw. der *Konstituenten* des Atoms, die das ganze *Gebilde* `Atom´ zu einem gequantelten *System* machen. Genaugenommen sind QO, auch Photonen dann ganz `zuunterst´ immer noch absolut gequantelt *als* Wellenentitäten (oder Erregungen von Wellenentitäten), für die eben eine spezifische Wellenlänge definiert sein muss, nur nicht als *teilchenartige `Klötzchen´*...

H: Interessant wäre hier auch folgender Gedanke: Mit Einstein nimmt man Photonen als `Energiequanten, die sich bewegen und wechselwirken, ohne sich zu teilen´ - mit scheinbar guten Gründen... Aber *sind* diese tatsächlich *unteilbare* Energiequanten - nicht frei im Raum, sondern *an sich?* Sind nicht

gewisse Prozesse in der QFT, ist nicht das *Atom* gleichsam die *`Wechselstube´*, viel Energie in *einem hoch*frequenten Photon in *mehrere nieder*frequente Photonen geringerer Energie zu *verwandeln?*
M: So betrachtet - gleichsam die `Umwege´ eingerechnet... Jedenfalls *kann* man etwa beim Photo- und Comptoneffekt Wellen mit den Eigenschaften, die sich zeigen, gleichsam *`begaben´* - man kann einem Wellenfeld einen übertragbaren Impuls zuschreiben und eine quantenartige `Ganzheit´ (und dann einen Wellenkollaps, Dekohärenz, ein `sich-Neigen´ annehmen, bei dem sich das QO *mitsamt* seiner Energie, Masse, Ladung... gleichsam in nahezu einem Punkt *zusammenzieht*). Der umgekehrte Weg scheint *nicht* gangbar...
H: ...mit der *HU...*
M: ...ist das *nicht anders*, wie sich noch zeigen wird; allemalen müsste der Teilchenbegriff auf seine *essentiellsten* Prädikate *verzichten:* Zunächst die *`Undurchdringlichkeit´* - bei `materiellen´ QO ist das uneindeutig (dazu später), mit der *bosonenhaften* Natur des Lichtes zeigt sich aber, dass Lichtstrahlen einander *unbeeinflusst durchdringen* können, klassische Teilchen können das *nicht...*
H: ...klassische, man müsste Teilchen annehmen, die sich *nicht* beeinflussen...
M: ...dann, was man hier als *Prädikat* nehmen muss: die rein *`positive Existenz´* bzw. *`positive Anzahl´* - wegen der destruktiven Interferenz beim DSExp, zwei klassische Teilchen löschen einander *nicht* zur Anzahl *0* aus. Schließlich als die notwendige Kehrseite der `Ausgedehntheit´ von Teilchen die *`räumliche Diskretheit´* - wegen der Relevanz des zweiten Spalts beim DSExp, der nicht-lokalen bzw. nicht-separablen Aspekte. *Angedichet* würde dem Teilchenbegriff hinwiederum das ihm wesensfremde Prädikat, eine *`Wellenlänge´* (bzw. *`Frequenz´*) zu besitzen - schon *insofern* hätte man eine `Welle im Teilchenpelz´... Dergestalt kommen die Phänomene *monistisch* recht weit auf einer *Seite* zu stehen, nämlich jener des *Wellen*modells...
H: Nun gut, es ist aber nicht so, dass sich damit alle Unklarheiten *auflösen* würden - ein essentielles Charakteristikum einer *klassischen* Welle ist: `ohne Materietransport Energie zu transportieren, die sich dabei im Raum zerstreut´, ein `materielles´ QO vermag als Materiewelle aber *sehr wohl* Materie zu transportieren, während sich diese (oder bei Licht: die Energie) *nicht* im Raum zerstreut; überdies fällt das `Baukastenprinzip´ auch heute noch schwer in die Waagschale - es ist ja nicht gerade *typisch* für *Wellen...*
M: Aber ganz im *Gegenteil*, dabei geht es nur etwas *subtiler* zu: Man kann auch Wellen und Wellenkomponenten *kombinieren*; kann man in Fourier-Komponenten nicht *auch* eine Art `Baukastenprinzip´ sehen? Man kann jede beliebige Schwingungsform durch Überlagerung harmonischer Schwingungen bestimmter Wellenlänge und Amplitude - ob nun in analytischem oder synthetischem Sinne - *zusammensetzen.* Und auch die Wellenentitäten als Ganzes betrachtet kombinieren dem *Superpositionsprinzip* gemäß...

H: Mit alledem ist aber das Teilchenmodell nicht *entbehrlich;* zweifelsohne ist es so, dass - daher die Kopenhagener Deutung -, „die kritiklose *gleichzeitige* Anwendung von Wellen- und Korpuskelbild zu unmittelbaren *Widersprüchen* [führt]. Aus dem [empirisch erzwungenen] gleichzeitigen Bestehen *beider* Bilder kann [und muss] sofort geschlossen werden, dass für die Anwendbarkeit eines jeden dieser Bilder von der Natur *Grenzen* gesetzt sind“[170]...
M: Nach Bohr und Heisenberg müssen „*alle* anschaulichen (d.h. in Raum und Zeit beschreibbaren) Facta der Atomphysik *auch* im *Wellen*bild beschreibbar sein“[171] - was lässt sich nicht alles im *Wellen*bild besser verstehen: das System `Atom´, die HU, das DSExp, die `spezielle (nicht-)Individualität´ von QO, das Superpositionsprinzip, die nicht-Lokalität bzw. nicht-Separabilität... Man kann sich nur schwer einen *Reim* auf die ganze Sache machen: Man kann wohl schon nicht sagen, dass für $c \to \infty$ die SRT in die klassische Physik übergeht, weil es für eine absolute Gleichzeitigkeit nicht auf die *Instantanität* der Signalübertragung ankommt, sondern darauf, ob man diese *einberechnen* kann (auch läuft der Begriff `Wirkung´ dem Begriff `instantan´ zuwider); sagt Planck aber: „Wenn man das Wirkungsquantum [mit $h \to 0$] als unendlich klein voraussetzt, so geht die Quantenphysik über in die klassische Physik,“[172] ist das - gelinde gesagt - mit Vorsicht zu genießen...
H: Nun, in den Heisenberg´schen Vertauschungsrelationen $pq\text{-}qp=\hbar i\, I$ würde sich *nicht* die *nicht*-Kommutativität von Impuls und Ort ergeben, die QT ginge in die klassische Hamilton´sche Mechanik über...
M: ...und das scheint auch noch hübsch mit dem `Korrespondenzprinzip´ zusammenzupassen, demzufolge - im Atom für immer höhere Quantenzahlen, genereller, wenn das Planck´sche Wirkungsquantnum dem Kontext nach vernachlässigbar wird - die quantenmechanische Beschreibung in die klassische *übergehen* soll (die unverzichtbar ist, obgleich sich manche quantenphysikalischen Parameter wie der Spin dem nicht fügen), oder mit dem Ehrenfest´schen Theorem, demzufolge die quantenmechanischen Erwartungswerte für Ort und Impuls von Teilchen *näherungsweise* mit den *klassischen* Bewegungsgleichungen beschreibbar sind[173]... Aber was soll das dann mit der Gesetzmäßigkeit $E=h\nu$ *bedeuten?* Mit $h \to 0$ gäbe es dann bei Licht doch *gar keine* Energie mehr, *gar keine* Strahlung...
H: Hm...
M: Ähnlich führt deBroglie aus: „Wenn die Konstante *h* einen unendlich kleinen Wert hätte, würden die Lichtquanten des Wertes *hν unendlich klein* werden, und ihre Anzahl in einer Strahlung mit gegebener Energie würde *unendlich groß* werden. Alles würde sich dann so abspielen, als wenn die Strahlen eine *kontinuierliche* Struktur und [...][eine] rein *wellenförmige* Natur hätten [...]. Und andererseits würden die Materiekorpuskeln dann [...] exakt den klassischen Gesetzen der Dynamik des materiellen Punktes [...] gehorchen, und es wäre gar nicht nötig, Wellen in die Theorie der Materie

einzuführen."[174] Das ist eine etwas `verdrehte´ Sichtweise, die QO *partout* als *Teilchen* behandeln will und dafür die *Wellen*charakteristika *ausblendet*, ihre wirkungsdynamische Ausgedehntheit im Raum oder ihre Interferenzfähigkeit etwa... Sieht man von dem Paradox ab, dass unendlich kleine Lichtquanten mit $h\nu=0$ gar nicht existieren, sind *unendlich kleine* Lichtquanten in *unendlich großer* Anzahl eben ein *Kontinuum*, sie *sind* eine Welle... Das Geheimnis *liegt* eben darin, dass *Energie* und *Frequenz* proportional zueinander sind, weil es um *Wellen*entitäten geht; Intensität meint bei Licht etwas *anderes* als klassisch, wie auch Materiewellen keine *rein klassischen* Wellen sind...

H: Wohl wahr... Würde man h größer machen, wären Quantenphänomene schon alltäglich bemerkbar, wäre h kleiner, müsste man statt *UV*-Licht beim Photoeffekt vielleicht *Röntgen*strahlung nehmen - aber an der unbegreiflichen Gesetzmäßigkeit $E=h\nu$ ändert beides nichts: mit $h\to 0$ lösen sich die Probleme nicht `in Luft´ auf...

M: Aber auch *das* drängt zum *Wellen*bild; mit $h\to 0$ wird $E=h\nu=0$, d.h. *so, wie* Energie den fundamentalen Entitäten ontologisch *`eingeschrieben´* ist, muss es zwischen der Operatoren-Anwendung $\hat{q}\hat{p}$ und $\hat{p}\hat{q}$ einen *Unterschied* geben...

H: Licht kann nicht bei *einer* Frequenz eine *beliebige* Amplitude, mithin Energie innehaben, die Energie ist eben an die Frequenz *gekoppelt*. Mit dem Wirkungsquantum h gibt es eine letztlich *alle* QO betreffende „*grundsätzliche Äquivalenz* einer Energie und einer [...][Frequenz]: $E=h\nu$. Diese Äquivalenz ist es, welcher die klassische Theorie vollkommen *verständnislos* gegenübersteht. [...][Allerdings:] Wenn durch das Quantenpostulat die Dynamik mit der Kinematik unmittelbar *verknüpft* erscheint, indem die Einheit der Energie und mit ihr die der Masse auf die der *Länge* und die der *Zeit* [bei Wellenlänge und Frequenz] zurückgeführt ist, so bildet das an sich keinen Widerspruch, sondern eher eine Ergänzung und *Bereicherung* [...][der] klassischen Theorie." Schwerwiegender ist, was daraus *folgt;* nämlich, dass „nach der klassischen Mechanik die einfachste Bewegung diejenige eines *einzelnen materiellen Punktes* [ist], nach der Quantenmechanik [aber] diejenige einer *einfach periodischen Welle*." Wie sich noch genauer zeigen wird, geht es „um nichts weniger als um den Begriff des materiellen Punktes [...],[dessen] bisherige zentrale Bedeutung [...] grundsätzlich *geopfert* werden [muss]"[175]... Licht ist beinahe so etwas wie eine `Elementar*botschaft*´ von einem Atom zum anderen, in die mit *niedriger* Frequenz *wenig*, mit *höher* aber *viel* `Veränderungspotential´ gelegt wird, was dann `Energie´ *genannt* wird...

M: Um die *`Washeit´* von QO irgendwie doch noch zu fassen zu bekommen, muss man sagen, dass es *noch* komplizierter ist - es geht dabei auch um die *passende* Größe, die gleichsam eine *`Resonanz´* im anderen Atom erzeugen kann. Es fragt sich mithin, ob die Begriffe *`Energie´* und *`Intensität´* bei Licht überhaupt (noch) richtig *verwendet* werden...

H: Nun, `Intensität´ (im herkömmlichen Sinne) meint hier die *Anzahl* an Photonen - darauf läuft ja die Erklärung etwa des Photoeffektes *hinaus*...
M: Richtig, das ist der *eine* Aspekt von `Intensität´, den man von *Teilchen* oder vielmehr einem Teilchen*strom* her kennt; Intensität *I* meint dabei die Energiemenge $\Delta E$ pro Durchtrittsfläche $\Delta A$ und Zeit $\Delta t$, für die sich $I=\Delta E / (\Delta A \cdot \Delta t)$ ergibt. Aber *`Teilchen´* könnte auch für die *`Ganzheit´* von *Wellen* stehen, denn es ist *`in´* dem Teilchen- bzw. Wellenindividuen*strom* noch ein *anderer* Aspekt von Intensität verborgen, der mit dem Begriff *`Frequenz´* zusammenhängt: Wenn man Atome mit Licht anregt, ist für die Erzeugung von Spektrallinien nicht nur die *Größe* der Lichtenergie gemäß $E=h\nu$ maßgeblich - die *Höhe* der Lichtfrequenz *allein* reicht nicht hin: Atome emittieren nur Photonen ganz *bestimmter* Energie und Frequenz und absorbieren nur *genau solche* - andere nicht; anders als beim Photoeffekt muss nicht einfach nur eine spezifische Grenzfrequenz *überschreiten* werden: Man kann etwa Natriumatome *nicht* einfach dazu bringen, ihre eigene gelbe, aber *länger*-wellige, mithin energie*ärmere* Spektrallinie bei *589nm* zu (re-)emittieren, indem man sie mit Licht der ebenso gelben, allerdings *kürzer*welligen, also energie*reicheren* Spektrallinie bei *578nm*, das etwa *Quecksilber*atome emittieren, bestrahlt[176]...
H: Insofern geht es nicht nur um den *Größenwert* der Wellenlänge...
M: Nein, man muss genau die *richtige* Wellenlänge treffen, bei welcher die Natriumatome so etwas wie *`Resonanz´* zeigen, wo sie *`ansprechen´* - beide Begriffe weisen mithin generell auf ein *Wellen*phänomen hin und auf das *Wellenmechanische* Atommodell hinaus; so auch, dass angeregte Atome, die elektromagnetische Strahlung bestimmter Wellenlänge abstrahlen `wollen´, dies, in einen `passenden´ Hohlraum gebracht, schneller tun, wenn dieser *nicht* `passt´, aber *nicht* tun und angeregt *bleiben*. Atome sind *eigenschwingungsfähige* Systeme, wie harmonische Oszillatoren, die insbesondere bei ihren Eigenfrequenzen *Resonanz* zeigen und auf Energiezufuhr *ansprechen*. Die Wellenlängen müssen Resonanz *erzeugen* können und daher ganzzahlig *`passen´* - man könnte auch von den Tönen einer Geigensaite sagen, dass sie ungegriffen nur in bestimmten *diskreten Quanten* existieren, den Naturtönen der Obertonreihe - das verkennt nur vollkommen ihre *Natur*, da man bei verschiedenen Saitenspannungen oder Griffen beliebige Töne, ja sogar *Glissandi* erzeugen kann; so ist es auch bei Atomen - was sich auch darin zeigt, dass mit dem Korrespondenzprinzip nach oben hin die Spektrallinien und Energien zunehmend und dann ganz *kontinuierlich* werden - das vom ionisierten Atom gelöste Elektron kann sich in *jedem* Energiezustand befinden und *jede* kinetische Energie, *jeden* Impuls besitzen...
H: Gut, mit dem Begriff *`Resonanz´* nimmt man diese empirisch beobachtete Frequenzabhängigkeit wohl überhaupt auf ihrem eigenen Gebiete *ernst*...
M: Man macht sich anscheinend eine *falsche* Vorstellung von dem Natur-

geschehen, wenn man den Begriff `Energie´ hier klassisch als `die Fähigkeit, Arbeit zu verrichten´ nur dem *quantitativen* Maß, der Höhe nach begreift (zumal mit der klassischen Wellenamplitude verbunden), weil `Resonanz´ gleichsam eine *qualitative* Kategorie ist bzw. als *quantitative* Kategorie etwa *anderes* betrifft. Es erfordert ein völliges *Umdenken*, dass die Energie elektromagnetischer Wellen proportional zu ihrer *Frequenz* ist, nicht nur zu ihrer *Amplitude*, wie bei klassischen Wellen - darin zeigt sich ein *anderer* Aspekt von `Intensität´; auf fundamentaler Ebene meint `Energie´ in einem *weiteren* Sinne die `Fähigkeit spezifische *Veränderungen* in der Atomstruktur zu bewirken´...
H: So könnte man sagen...
M: Modellvorstellung ist zunächst der *klassische Oszillator:* ein schwingungsfähiger Körper, etwa ein Federpendel, auf welches bei immer weiterer Auslenkung eine immer stärkere Rücktreibekraft wirkt; so *schwingt* es, kinetische und potentielle Energie verwandeln sich unablässig ineinander, Auslenkung und Impuls als gegenläufige *sin-* und *cos*-Schwingungen *(M. deutet auf Abbildung 19)...*

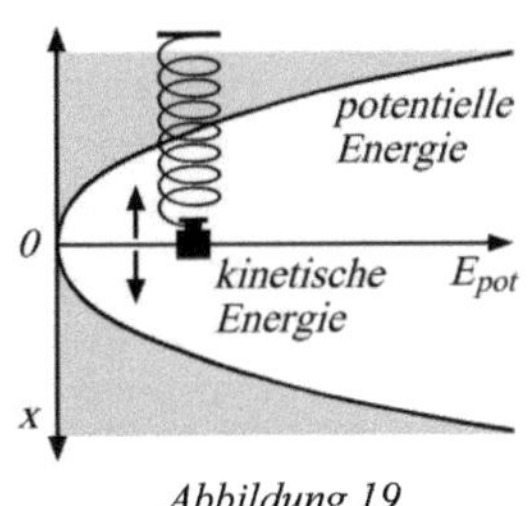

Abbildung 19

H: Ein Atom ist wohl etwas *anders* `gestrickt´...
M: Ja; mithin ist es auch mit *Vorsicht* zu genießen, sich Atome *als* klassische Oszillatoren vorzustellen: Wenn diese nur diskrete Energiezustände innehaben können, legt das den Gedanken nahe, diese seien irgendwie in ihrer *Amplitudenfreiheit* eingeschränkt, als könne man ein Federpendel, das bei bestimmter Frequenz schwingt, nicht beliebig auslenken; das ist ebenso falsch gedacht, wie die klassische Vorstellung, dass intensiveres Licht mit einer größeren Amplitude des elektromagnetischen Feldes die gleichsam in diesem `badenden´ Elektronen stärker *anstößt*, ihnen mehr *Bewegungsenergie* erteilen würde. Was man dabei Intensität bzw. Amplitude nennt, *ist* zwar die Summe kleiner Energiepakete, aber nach Art eines *Stroms* von Ganzheiten (mit je nach Wellenlänge bzw. Frequenz *spezifischer* Größe) - wichtiger noch ist jedoch, dass, wie Teilchen- und Wellen*charakteristika* ineinanderzugreifen scheinen, dies hier zwei Begriffe von `Intensität´ tun - darum dreht man sich in gewisser Hinsicht auch hier im Kreise: Mit der klassischen Physik nimmt man zunächst an, dass die Intensität auch einer *Licht*welle, *nur* von deren *Amplitude* abhängt; mit dem Versuchsergebnis beim Photoeffekt ist dann aber zu konstatieren, dass man die Intensität zwar erhöhen kann, dass das aber nichts *bewirkt* und die Elektronen *nicht* mehr kinetische Energie erhalten - so kommt man verwundert zu dem Fazit...
H: ...dass die klassische Physik hier *versagt!*[177]
M: ...und eben *das* ist etwas *schief:* Sie *versagt* nicht, es liegt nur eine völlig falsche *Vorstellung* zugrunde: Es ist so, als spräche man von zu geringer

Intensität, wenn man den musikalischen Ton *g* auf einem Klavier anschlägt und sich wundert, dass dieser - wie *stark* man ihn auch anschlägt - nicht die benachbarte *a*-Saite durch Resonanz zum Schwingen bringt... Nachdrücklicher stellt sich die Frage, womit man es bei alledem zu *tun* hat: Wenn man ein Atom in einen bestimmten *Zustand* bringen will, muss man ihm eine bestimmte *Energiemenge* zuführen; das heißt „in Wahrheit [es] entweder \`mit Elektronen bestimmter Geschwindigkeit [zu] bombardieren´ oder \`mit Licht bestimmter Frequenz [zu] bestrahlen´. [...] [Ein klassischer Physiker wäre verwundert, zu hören:] mit Licht bestimmter Frequenz bestrahlen [...] *\`bedeute´* eine bestimmte Energiemenge zuführen. Er würde eine sehr viel naheliegendere Erklärung in der *Resonanz* gesucht haben. [Der Grund, dies anzunehmen, liegt empirisch ja darin,] dass *Licht* von bestimmter *Frequenz* regelmäßig dieselben physikalischen Wirkungen hervorzubringen vermag, wie *Elektronen* von bestimmter *Geschwindigkeit.* Aus dieser Äquivalenztatsache kann man aber [...][auch] den *umgekehrten* Schluss ziehen: das mit bestimmter Geschwindigkeit bewegte Elektron müsse ein *Wellenphänomen* von der Frequenz *desjenigen* Lichtes sein, dem es hinsichtlich der Erregung von Resonanz erfahrungsgemäß *äquivalent* sei"[178]...
H: ...womit nun das *Wellenmechanische* Atommodell ins Spiel kommt...
M: Ja. Die Atommodelle weisen hinsichtlich der elementaren Entitäten in *dieselbe* Richtung - mag es vorrangig um die *Elektronenhülle* gehen und die *Kernphysik* (zunächst) ausgeklammert bleiben... Von den Atomen *aufwärts* scheint begreifbar, wie die Dinge *zusammengesetzt* sind, Atome zu Molekülen, Kristallgittern usw. usf.; bei den Atomen selbst aber und weiter *abwärts* kann man sich keine klare Vorstellung, insbesondere der räumlichen Zusammensetzung mehr *machen*, weil es offenbar nicht mehr um körperhafte Dinge *geht*...
H: Auch die Entwicklung der Atommodelle lässt sich hier nicht im Einzelnen entfalten, man muss sich aber klarmachen, dass jedes Modell im Grunde auf bestimmte zu erklärende Aspekte *\`zugeschnitten´* ist, ja, manche Aspekte werden herausgearbeitet, die hernach wieder *vernachlässigt* werden, das neue Modell umgreift *nicht* vollständig das alte; alle Modelle haben so betrachtet ihre *eigenen*, unverzichtbaren Wahrheiten, die man Puzzleteilen gleich für die *ganze* Wahrheit zusammensetzen muss. Es hat sich etwa schon gezeigt, dass das *Dalton´sche Kugel*modell mit seiner naiven \`Körperhaftigkeit´ die kinetischen Gasgesetze am besten begreifbar macht; bei den *folgenden* Modellen wird nun die *\`zwittrige´* Welle-Teilchen-Natur zusehends *relevant*... Die frühen Folgemodelle hatten ja dann zunächst erfasst, dass Atome *teilbar* und aus *subatomaren* geladenen Bausteinen zusammengesetzt sind; wollte man die Elemente in Meyers und Mendelejeffs Periodensystem nicht nur *sammeln*, sondern ihre Wertigkeiten, Affinitäten usw. *erklären* - ebenso wie die *Linienspektren*, die man im Licht entdeckte -, galt es die *elektrische Ladung* in die Überlegungen einzubeziehen. Das *Rutherford´sche Planeten*modell (*1911*)

- das schon die Gleichgewichtsrelation enthielt, die Bohr dann *quantisiert* hat (*1913*) - ist dabei nicht nur *sehr plastisch*. Es gibt offensichtlich zwei *Klassen* von Dingen, die willkürlich \`positiv´- und \`negativ´-geladen genannt werden und das System \`Atom´ *konstituiert* sich erfahrungsgemäß aus Bausteinen dieser beiden Klassen; neben der Quantelung des Ordnungsparameters *\`Masse´* gibt es eine weitere für die *\`Ladung´*, eine nicht weiter reduzierbare symmetrische Polarität, die auch in Gestalt von Teilchen und Antiteilchen zutage tritt...
M: Kann man dahinter nicht am einleuchtensten die in gewissem Sinne auch *\`komplementäre´* Modulation eines Wellengrundes sehen?
H: Das mag schon sein... Man ist ja - während Masse sich in Trägheit und Schwere der Dinge offenbart - hier auf die zwei *Verhaltens*klassen verwiesen, die sich nur etwa dergestalt offenbaren, dass Teilchen in elektrischen und magnetischen Feldern in zwei unterschiedliche *Raum*richtungen abgelenkt werden - zunächst hatte man ja nur gefunden, dass sich gewisse Phänomene *erklären* lassen, wenn man diese beiden Klassen von Dingen *unterscheidet*; als sich als ein Grundgesetz der Elektrolyse erwies, dass äquivalente Materiemengen *dieselbe Ladung* transportieren, schloss Helmholtz, dass elektrische Ladungen offenbar durch identische Elementar*quanten* transportiert werden; diese sind - mit den Elementarteilchen - *abzählbar*, quantifizierbar als $n \cdot \pm e$, mit einer bestimmter Anzahl *n* gemäß der Teilchen- bzw. Antiteilchenzahl und bestimmter (absoluter) Größe *e*, der Elementarladung. \`Ladung´ ist dabei ein von der Masse bzw. Teilchenart offenbar *unabhängiger* Parameter und *insofern* eine *eigene*, *weitere* Mitgift, als sich - während sich nur *gegengleiche* Teilchen-Antiteilchen-Paare materialisieren oder annihilieren - immer zwei gegengleiche Ladungen in der globalen Feldwirkung neutralisieren, *gleichgültig*, welcher Teilchenart bzw. Masse. Die Bausteine verhalten sich, wenn sie auch bei manchen Experimenten wie dem DSExp *keine* diskrete Raumgröße zu haben scheinen, etwa in einer Wilson´schen Kammer wie kleinste lokalisierbare Teilchen, *Massenpunkte*, die auf ein kleines diskretes Raumvolumen konzentriert sind...
M: Was man in einer Wilson´schen Kammer sieht, muss völlig *offenbleiben*, direkt \`sieht´ man *nur* eine *Spur* und es ist unklar *von was*...
H: Nun, sie lassen sich *wie* manipulierbare teilchenartige Bausteine behandeln, die einander anziehen *wie* es (gravitativ) analog Körper im Planetensystem oder elektrisch geladene, felderzeugende makroskopische Körper tun...
M: Sie lassen sich allerdings auch als *gebeugte Wellen* behandeln...
H: Was nun die Lenard´schen und Rutherford´schen Streuversuche gezeigt haben, *bleibt* als Befund richtig, dass nämlich die Konstituenten des Atoms, die positiven Protonen und die neutralen Neutronen im Vergleich zu diesem selbst mit $10^{-10}\,m$ Durchmesser einen um den Faktor 10^5 *kleineren*, kompakten *Kern* bilden, der nahezu die gesamte Masse beherbergt und um den herum die negativen Elektronen angeordnet sind, die als gleichsam \`Außenhaut´

für das chemische, elektrische, magnetische und optische Verhalten der Atome verantwortlich zeichnen, wobei sich Atomkern und Atomhülle in ihrer Ladung global neutralisieren...
M: Dass mit diesem Modell, *weil* es von einer *Teilchen*mechanik ausgeht, ein Atom nur aus `leerem Raum´ besteht, ist allerdings ein ontologischer *Unsinn:* Lenard hatte ja - nachdem durch etwa *10.000* Atom-Schichten Aluminium stark beschleunigte Elektronen nahezu *unbehelligt hindurchgetreten* waren - festgestellt: „Das Innerste des Atoms ist [von Feldern abgesehen] so leer wie das Weltall“[179] - diese Formulierung gilt es noch kritisch zu beäugen...
H: Schon bei der quantitativen Auswertung des Rutherford´schen Versuchs, der mit α-Teilchen (da positiv geladen unbeeinflusst und massiver bzw. mit kleinerer deBrogliewellenlänge) eine noch bessere `Auflösung´ erreichte, war man mit dem Coulomb´schen Gesetz ja gleichsam in den `Dunstkreis´ der Feldgesetze, auch des Gravitationsgesetzes, mithin des *`Planeten*modells´ gekommen - man befand sich auf dem vertrauten Terrain der klassischen Physik: Die kinetische Energie $\frac{1}{2}mv^2$ der α-Teilchen vor dem Stoß muss im Moment maximaler Annäherung an den Kern in die potentielle Energie $1/(4\pi\varepsilon_0)\cdot(Ze2e)/r$ aus dem Coulomb-Feld der beiden positiven Ladungen umgewandelt sein, so dass sich beides in Relation setzen und der Kernradius auf $\approx 10^{-14}\,m$ eingrenzen ließ[180]...
M: ...ein *kurzfristiges Intermezzo!* Überraschend war, dass Atomkerne (mit den klassischen Gesetzen des elastischen Stoßes) sehr *massiv* sein mussten: Die im Vergleich mit den Elektronen mehrtausendmal massiveren Heliumkerne konnte nicht an der Hülle *insgesamt* gestreut werden; die Ablenkungscharakteristik wies vielmehr auf eine Konzentration von Masse und positiver Ladung in einem *winzigen Kern* hin. Wie es auch ohne *absolutes* Zentrum zumindest *dynamisch nicht relativ* ist, dass die Erde die wesentlich massivere Sonne umkreist und nicht umgekehrt, `umkreisen´ hier die Elektronen die wesentlich *massiveren* und *trägeren Nukleonen*; es geht (wie Antimaterie zeigt) dabei nicht um die *Ladung* (sollte es bei den Elektronen gar nicht um *`Bewegung´* gehen, müsste man dies aus der *Natur* der beteiligten *Entitäten* heraus erklären; wie dem aber auch sei: Das Planetenmodell kann ontologisch in dieser Konkretheit *nicht zutreffend* sein...
H: Nein, es *kann* nicht zutreffend sein - aber damit ist nicht alles *gesagt:* Erstaunlicherweise reicht die Gleichgewichtsbedingung:

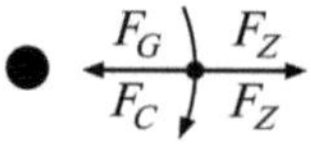

$$\bullet \quad \overset{F_G \;\; F_Z}{\longleftrightarrow}_{F_C \;\; F_Z} \qquad F_C = F_Z \rightarrow \frac{1}{4\pi\varepsilon_0}\frac{Q_1 Q_2}{r^2} = \frac{mv^2}{r} \qquad \text{(II.6)}$$

...als *Analogie* zum Gleichgewicht zwischen Gravitations- und Fliehkraft $F_G = F_Z$ beim Planetensystem, wenn die negativen Elektronen den positiven Kern umkreisen und dabei die Coulombkraft der Fliehkraft die Waage hält und den Sturz zum Kern verhindert, *so weit*, dass, *wenn* man das System

`Atom´ wie ein kleines Planetensystem behandelt und ihm eine bestimmte *Quantelung* aufzwingt, sich mit den bekannten Naturkonstanten tatsächlich über die Energieniveaus der Elektronen die empirisch beobachteten Werte für Lichtemission und -absorption, Ionisierungsenergie u.a. *ergeben...*
M: Was lag näher - etwa aufgrund der praktisch identischen Gesetzes*form* und da wunderbar `das Kleine im Großen wiederkehrt´ -, als eine *Analogie* zu den Kräften im *Planetensystem* anzunehmen; diese umfasst sogar, dass in beiden Fällen späterhin die reinen Kreis- zu exzentrischen *Ellipsen*bahnen verallgemeinert wurden; im Allerkleinsten erwies sich der alte Gedanke der Korrepondenz aller Größenordnungen, der Selbstähnlichkeit allerdings - Leibniz zum Trost gleichsam erst an der *letzten* Grenze - als *unzutreffend...* Die Gravitationskraft *selbst*, die auch zwischen Atomkern und Elektron wirkt, ist um den Faktor 10^{-39} kleiner als die Coulombkraft und mithin völlig zu *vernachlässigen*. Wenn hier die Gravitation so schwach ist, dass sie auf dieser Seins-Ebene überhaupt nicht *bemerkbar* ist, ist *manche* Erkenntnis offenbar *nur* im Großen zu gewinnen - wo mag das *noch* so sein?
H: Ein interessanter Gedanke, der allerdings vollkommen vom *Thema* abführt... Die quantenhafte Absorption von Energie durch das System `Atom´ hat ja auch beim Zusammenstoß mit anderen Teilchen statt; kaum anschaulicher kann das zutage treten, als bei den Franck-Hertz´schen Versuchen (*1912*): Setzt man von einer Kathode emitterte Elektronen einem beschleunigenden elektrischen Potential aus und lässt diese sich durch ein geeignetes Gas, etwa Quecksilber (oder Neon), bewegen, zeigen sich, wenn man das Potential sukzessive *erhöht*, immer mehr leuchtende *Schichten*, weil die kinetische Energie der Elektronen von den Gasatomen nur *quantenhaft* (und charakteristisch für die Atomart) absorbiert wird und die Elektronen nach Anregung der Gasatome im Potential erst *erneut* beschleunigt werden müssen, bis sie wieder die Anregungsenergie erreichen; sonst bleiben sie `wirkungslos´, daher bilden sich leuchtenden *Schichten* „*1*. Elektronen werden [...] ohne Energieverlust reflektiert, solange ihre kinetische Energie kleiner als $h\nu$ ist, wobei ν die der Resonanzlinie entsprechende Frequenz ist. *2*. Sobald die kinetische Energie eines Elektrons [aber] den Wert $h\nu$ erreicht hat, wird das Energiequant bei einem der folgenden Stöße [...] übertragen. 3. Die übertragene Energie wird teilweise zur Ionisierung verwendet und teilweise als Lichtstrahlung der Frequenz ν emittiert“[181] Zurück aber zur Wechselwirkung von Atomen mit *Licht:* Für die Frequenzen ν der Atomspektren war man ja in Gestalt von Balmers Formel (*1885*) schon viel früher auf eine noch *eigenartigere* `Ganzzahligkeit´ als schon mit dem Atomismus an sich gestoßen, eine umgekehrt quadratische Proportion...

$$\nu = R\left(\frac{1}{4} - \frac{1}{n^2}\right) \qquad \text{(II.7)}$$

Insofern man hier gleichsam einen Einblick ins *`Innerste´* der Atome bekam, das sonst *verborgen* blieb, klaffte eine nicht unerhebliche *Erklärungslücke...*
M: Wenn das *Bohr-Sommerfeld´sche Bahnen-* und *Schalen*modell mit rein *mechani(zi)stischen* Vorstellungen operiert und dies *`funktioniert´* - wenn auch vornehmlich für *Wasserstoff*, so doch *im Prinzip* -, hat man (wie ein positivistischer Konstruktivist einwenden könnte) nicht nur ein *viables Rechen*konzept gefunden...
H: Faszinierend, dass es *überhaupt* möglich war, „*einige* Schritte weiter[zu-] kommen, indem man - ausgehend von Plancks ursprünglichen Annahmen über die Energiezustände des harmonischen Oszillators - zur Klassifizierung der stationären Zustände [von Atomen] *klassische physikalische Bilder* heranzog. Als Ausgangspunkt diente [...][der] Vergleich zwischen einem Oszillator mit gegebener Frequenz und der Keplerbewegung eines Elektrons um den Kern mit einer von der *Bindungsenergie* abhängigen Umlaufsfrequenz“[182] - im Sinne des Korrespondenzprinzips angefangen bei *großen* Quantenzahlen, wenn das Elektron bei großem Radius beinahe ein freies Teilchen ist, bis hinab - mit zunehmender Bindungsenergie - zum Grundzustand $n=1$, bei dem sogar die entsprechende Keplerbahn in der Größenordnung mit bekannten empirischen Werten für Atomradien *zusammenpasste*. Es legte sich nahe, dass das Elektron bei Emission und Absorption Einstein´scher Lichtquanten der Energie $E=h\nu$ zwischen verschiedenen Bahnen, mithin stationären Zuständen verschiedener *Bindungsenergie* zu *wechseln* vermag - man fand ja, dass die Frequenzen der Spektrallinien immer genau als Differenzen charakteristischer Spektralterme ($\nu=T_1-T_2$) gegeben waren (was schon durch die Balmer-Formel bekannt war).[183] So galt es `nur´ noch, dies entsprechend in mathematische Axiome zu fassen, eben die *Bohr´schen Quantenregeln:* Elektronen können sich nur auf *bestimmten Bahnen* bewegen, denen ein bestimmtes Energieniveau bzw. ein Bahndrehimpuls $L=rmv$ entspricht, der nur Vielfache des Planck´schen Wirkungsquantums $\hbar$ annehmen kann: $L=n\hbar$ ($n=1,2,3, ...$); dort bewegen sie sich *strahlungsfrei;* sie können von einer Bahn höherer zu einer Bahn niedrigerer Energie *übergehen*, wenn sie die Energiedifferenz über ein Photon *emittieren bzw.* im umgekehrten Falle ein Photon *absorbieren*. Das Planck´sche Wirkungsquantum hat ja - diesen Hinweis Nicholsons hatte Bohr aufgegriffen - dieselbe Dimension wie der klassische Drehimpuls und kann hergeleitet werden als Produkt von Energie und *Zeit* ($kg\ m^2/s^2 \cdot s$) oder als Produkt von Impuls und *Raumlänge* ($kg\ m/s \cdot m$)...
M: Natürlich... Dass und wie sich das zugrundeliegende Kräftegleichgewicht, das bei Bohr die Zustände des Atoms moduliert, zwischen Coulomb- und Fliehkraft bzw. potentieller und kinetischer Energie, auch auf die *HU* - so man um diese *schon weiß* - beziehen lässt, die dann wiederum die kinetische *Energie* moduliert, gilt es noch zu diskutieren...
H: Am Ende ergibt sich eine Formel, bei der von den Naturkonstanten ε_0, h, m_e

und e abgesehen die Quantenzahl n *allein* den Energiezustand des Atoms, mithin die Emission und Absorption von Licht bestimmt. Über $E=h\nu$ kommt man zur Formel für die emittierten *Lichtfrequenzen;* in beiden Fällen kann man in die Formeln die Naturkonstanten *einsetzen* - die Energie errechnet sich dann aus jener des *Grundzustands* ($E_1 = -2{,}18 \cdot 10^{-18} J = -13{,}6 eV$); bezug der Frequenzen ist hernach die *Rydberg*-Frequenz $R=3{,}29 \cdot 10^{15} Hz$. Die Balmer'sche Formel (II.7), die eigenartige `Ganzzahligkeit', *ergibt* sich als Spezialfall (mit $n=2$) dieser fundamentaleren Gleichung:[184]

$$E_n = -\frac{1}{8}\frac{m_e e^4}{\varepsilon_0^2 h^2}\frac{1}{n^2} = -13{,}6 eV \frac{1}{n^2} \qquad \nu = R\left(\frac{1}{n^2} - \frac{1}{m^2}\right) \qquad \text{(II.8a/b)}$$

M: Man braucht nur die Summe aus der kinetischen und potentiellen Energie des Elektrons zu bilden und über die erwähnte Gleichgewichtsrelation aus Rutherfords Atommodell Bahn*geschwindigkeit* und Bahn*radius* des Elektrons zu errechnen und einzusetzen, nachdem man den Drehimpuls *mvr* durch die Quantenbedingung $n\hbar$ ersetzt hat[185]...
H: Für $n=1$ und $m=\infty$ ergibt sich die höchste Frequenz und die größte Energiedifferenz, nämlich ungefähr $3{,}3 \cdot 10^{15} Hz$ und $13{,}6\ eV$ - der Grundzustand des Wasserstoffatoms von $-13{,}6\ eV$ ist dann gleichsam auf *0* gehoben: führt man einem Wasserstoffatom im Grundzustand diese Energie zu, wird es *ionisiert*, das Elektron wird vollständig vom Kern *getrennt* und *frei*. Mit diesem Atommodell konnten für das Wasserstoffatom nicht nur die empirisch bereits bekannten Lyman-, Balmer- und Paschen-Spektrallinien berechnet werden, es wurden auch weitere Spektrallinien vorausgesagt und nachgewiesen. Jedenfalls war das `quantum' mithin in der Atomtheorie gelandet *(H. deutet auf die Abbildungen 20a und b)...*
M: Ja; für Atome mit mehr Elektronen sind die Linienspektren allerdings komplizierter, feiner strukturiert - auch weil der hohe Entartungsgrad beim Wasserstoff ob das kugel-, also hoch*symmetrischen* Feldes des Kerns dann gestört wird, wodurch sich die Vielfalt der möglichen Energieniveuas *erhöht*. Überhaupt fand Zeeman feinere Aufspaltungen der Spektrallinien ja schon *1896* unter dem Einfluss von *magnetischen* Feldern, Stark (*1913*) unter dem Einfluss von *elektrischen* Feldern (die Atome werden zu Dipolen verformt); so mussten weitere Quantenzahlen eingeführt werden - neben der Hauptquantenzahl n führten Sommerfeld und Pauli die Nebenquantenzahl l für Elliptizität und Exzentrizität der Bahnen, die magnetische Orientierungszahl m und die Spinquantenzahl s ein *(M. deutet auf die Abbildungen 20c-e)*. Die Darstellung der Nebenquantenzahlen l des Wasserstoffatoms sollte sogar das richtige *Form-* und *Größen*verhältnis wiedergeben...
H: Ja, es ist beinahe ein *Wunder*, dass dieses mechani(zi)stische Modell *überhaupt `funktioniert'...*
M: Könnte man sagen... Es ist in beiden Fällen - beim wirklichen Planeten-

system, wie beim Atom (mit dem Teilchenmodell) - so, dass eine anziehende Kraft gemäß dem *1/r²*-Gesetz die gerade Bahn - so könnte man von Planet *und* Elektron sagen - zu einer in sich selbst zurücklaufenden Bahn krümmt, nur dass es beim Elektron - wie sich gleich zeigen wird - zu einer *`Selbstinterferenz´* der Elektronen*welle* kommt, beim Planeten hingegen ist das *irrelevant* (bzw. nicht *erkennbar*[?])...

H: ...was bedeutet, dass es in *beiden* Fällen auch um *Bewegung* des QO geht, mithin um kinetische Energie...

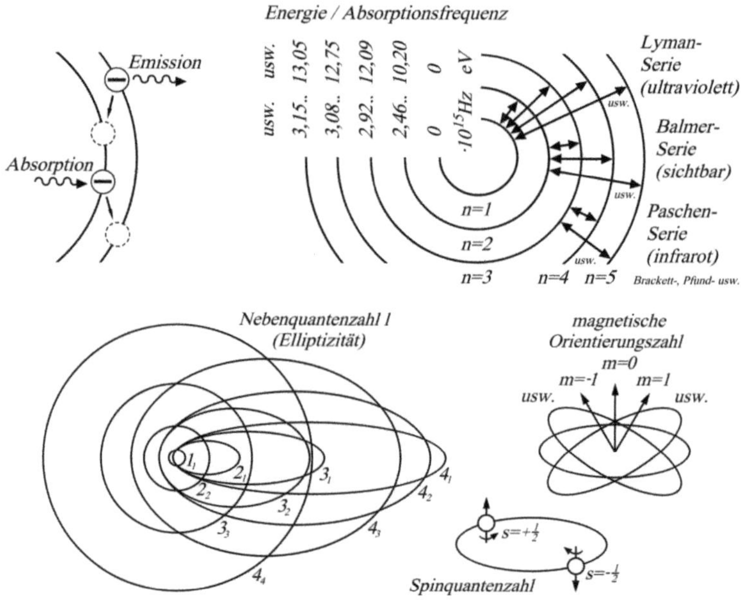

Abbildungen 20a-e

M: Jein; beim Planeten koppelt diese an die Fliehkraft, welche genau der Gravitationskraft die Waage hält, was die *Entstehung* des Planetensystems so `eingerichtet´ hat; beim Elektron ist dieses Kräftegleichgewicht *veränderlich*, nämlich durch Photonen - das System ist aber *stabiler*, weil das Elektron kein (*noch* kein) körperhaftes `Ding´ ist und sich mit konstruktiver Interferenz selbst stabilisiert, wenn nicht gar `ins reale Sein hebt´. Nimmt man es schon als solches Ding, sieht man sofort - wie beim Platon´schen Modell - dass es so nicht sein *kann;* man stelle sich einmal etwa das `heillose Durcheinander´ dieser Bahnen in einem *Radiumatom* vor... Und doch kann man hier zu wirklicher *Erkenntnis* kommen und zwar, weil man an dieser Schnittstelle in *beide* Richtungen denken kann und muss: `Weg hinab´ sieht man, dass die Gesetze der klassischen Physik, der Körperwelt, noch `funktionieren´ - man

kann aber nicht eigentlich sagen, dem sei so, weil QO *kleine Körperchen* seien. QO scheinen sich von hier `Weg hinauf' gleichsam erst *`zu'* Körpern zu *`emanzipieren';* daher kann man eigentlich nur umgekehrt sagen, QO seien eigentlich `anderes', eben etwa Wellenentitäten, und hier kündige sich die `Teilchenartigkeit' oder `Körperhaftigkeit' im Makrokosmos an...
H: Wäre dem *nicht* so, müsste man *opponieren:* Bei den *Rydbergatomen,* Atomen mit höchstangeregten Elektronen mit immer größeren Bahnradien bis zu *1/100mm,* wird die Vorstellung `kleiner Körperchen' mit dem Korrespondenzprinzip (wenn man so sagen darf) *immer richtiger,* Bohr und Heisenberg haben sich dem Atom ja auch - zwischen dem Kleinen und Großen *extrapolierend* - mit dem Korrespondenzprinzip so *genähert,* was als auch *heuristisches* Prinzip die Anbindung an die bewährte klassische Physik gewährleisten half... Rydbergatome verhalten sich nämlich wie *Dipole,* als würden *tatsächlich* zwei entgegengesetzt geladene Teilchen einander umkreisen - und das muss man ja schon zugestehen, weil man sich damit dem Zustand des *freien* Elektrons immer weiter *nähert* - das sich ja *zweifelsohne* im Raum bewegt... Nähert man sich damit nicht auch dem *Planeten*modell in seiner absonderlichen Konkretheit?
M: Eindeutig: *Jein;* hier gründet nur das *Korrespondenzprinzip:* Man *nähert* sich dem Planetenmodell, insofern hier gleichsam das *Übergangsfeld* von klassischer zu quantenphysikalischer Physik anzusiedeln ist: Extrapolierend muss das Elektron hochangeregt, spätestens aber, wenn es *frei* wird, sich der klassischen Physik *annähern* - in der anderen Richtung wurde aber ja für den *Grundzustand* des Elektrons im Atom die QT gerade *erfunden.* Mit alledem ist ja *nicht* gesagt, dass es ein *`Kreisen'* des Elektrons auf einer *`Bahn'* gibt. Damit wird die Erklärungs*richtung* wieder *verkehrt* - man stößt immer wieder auf dieselbe argumentative Problematik, auf *fehlerhafte Umkehrschlüsse:* Brown und Perrin etwa nehmen zu recht an, dass aus der Existenz der Atome die Bewegungen von in Flüssigkeiten suspendierten Teilchen *folgen* - der Umkehrschluss ist jedoch *fehlerhaft,* dass aus den nämlichen Bewegungen die Existenz *teilchenartiger Atome* gefolgert werden könnte[186] - das wäre *nur* so, wenn die beobachteten Phänome *nur* so zustandekommen könnten... *Hier* kann man ebenso annehmen, wiederum auf die `keimhafte Vorbildung' des Verhaltens im Makroskopischen zu stoßen, mithin dass eine Elektronen*welle* vom Kern eingefangen und auf einen bestimmten Raum zentriert wird, und dass daraus alles weitere folgt, alle komplexeren Gebilde des Meso- und Makrokosmos - an dieser Stelle wird ja offenbar das quantenphysikalisch (noch) `Unbestimmte' zu gleichsam `ins-Sein-gehobenem'; nirgendwo kommt man dem geheimnisvollen `Wesen' der Dinge näher als hier, beim Atom, wo gleichsam das Zugrundeliegende *zu* Körperhaftem *`gerinnt'...* Wie sich auch bei der Ladungs- bzw. Wahrscheinlichkeitsdichte von Orbitalen Wellen- und Teilchen*modell* annähern, nähern sich hier im

hochangeregten Zustand gleichsam das Wellen- und Teilchen*artige* an; QO scheinen sich gleichsam von dem einen Zustand zum anderen *`neigen´* zu können, weil sie *`anderes´* sind, als Teilchen oder Wellen *in Reinkultur...*
H: Dann muss man auch zustimmen, dass das Modell im Sinne eines *Realismus* interpretiert irgendetwas in der ontologischen Realität offensichtlich außerordentlich genau *`trifft´...*
M: Ja, es vermag mit seiner - allerdings bis hierher vollkommen *rätselhaften* - Quantisierungsbedingung die Energieniveaus der Elektronen, mithin die Linienspektren der Elemente zu *errechnen* - nur eben nicht zu *erklären.* Insofern man mit diesen - wie gesagt - geichsam einen Einblick ins *`Innerste´* der Atome bekommt, das ansonsten (von Kollisionsexperimenten abgesehen) *verborgen* bleibt, wird hier zwar eine Erklärungslücke *verkleinert*, aber eben nicht *geschlossen...* Beinahe *interessanter* sind daher - hier und mehr noch später in ein neues Licht gestellt - die Formeln für die möglichen Bahngeschwindigkeiten v_n und die möglichen Bahnradien r_n, die ebenfalls allein aus den Naturkonstanten berechenbar sind; erstere sind umgekehrt proportional zu n und verhalten sich wie folgende Brüche:

$$v_n = \frac{1}{n}\frac{e^2}{2\varepsilon_0 h} \qquad v_n \sim \frac{1}{n} \qquad 1:\frac{1}{2}:\frac{1}{3}:\frac{1}{4}:\frac{1}{5}:usw. \qquad \text{(II.9a/b)}$$

...während zweitere proportional zu den Quadraten von n sind und sich wie folgende Quadratzahlen verhalten:

$$r_n = n^2 \frac{\varepsilon_0 h^2}{m_e e^2 \pi} \qquad r_n \sim n^2 \qquad 1:4:9:16:25:usw. \qquad \text{(II.10a/b)}$$

Diese harmonischen Proportionen machen zunächst einmal alles nur noch *rätselhafter...* Und doch zeigt sich, dass der Mensch offenbar nicht mehr von dem *verführerischen* Bild des *Planeten*modells *lassen* kann - es ist zu einer Art naturwissenschaftlichen *Ikone* geworden...
H: Nun, vielleicht insofern *zu recht*, als tragischerweise das menschliche Vorstellungsvermögen, das an der mesokosmischen körperlich-dinghaften Welt geschult wurde (onto- und phylogenetisch), schlicht nicht weiter *reicht;* wenn sich die antiken Atomisten sagten, die Atome „bilden die Grenze unserer Erkenntnis, über die hinauszudringen der wissenschaftlichen Analyse verwehrt ist, denn *αναγχη στηναι*, man wird gezwungen stehenzu-bleiben,“[187] haben sie auch in einem *allgemeineren* Sinne recht behalten. Das Planetenmodell ist *das* Bild des Atoms, weil es das *letzte* Bild ist, das noch anschaulich und *verstehbar* ist...
M: Ja, *`verstehbar´* allerdings auch in dem Sinne, dass man sieht, dass es letztlich *unzutreffend* sein muss - die *Stabilität* der Atome mag ja *im Ansatz* dadurch verständlich werden, dass ob der Quantisierung zu *geringe* Energien dem System nichts `anhaben´ können, es aus dem Grundzustand nicht

anzuregen oder gar zu ionisieren vermögen; aber woher *rührt* die Quantisierung? *Mit* dieser *bleibt* die Stabilität der Atome vollkommen *unerklärlich:* Das den Kern umkreisende, also beschleunigte Elektron - an sich schon kein *empirischer Befund* (das Wasserstoffatom müsste etwa *scheibenförmig* sein, was es nicht ist) - müsste elektromagnetisch *strahlen*, Energie verlieren und (doch) in den Kern stürzen - der strahlungs*freie* Umlauf wird nur *postuliert*, nicht *erklärt*...

H: Aber muss man nicht sagen, dass auf unterster ontologischer Ebene *alle* Erklärung schwindet, *alles* zum Postulat wird - die empirische Beobachtung muss man schlicht *hinnehmen*...

M: Das stimmt - es *ist* nur nicht die unterste Ebene, es geht um das komplexe *System* \`Atom´; hier muss man (Hume) entgegnen: *Über* der elementarsten Ebene kann \`Zergliederung´ auch \`Erklärung´ und \`Begründung´ *umfassen*... Problematisch bleibt allerdings: Nicht nur jede *Begegnung* zweier solcher Systeme würde diese auseinanderreißen - auch „die [...] verdammte Quantenspringerei“[188], wenn Elektronen *tatsächlich* zwischen Bahnen oder Schalen hin- und herspringen würden, könnte nur *destruktive* Auswirkungen haben...

H: Natürlich... Aber auch hier ist es - wie beim Grenzfall der Rydberg-Atome - *komplizierter:* Eng verwoben sind hier die Vorstellungen von anregbaren Elektronen*bahnen* und verschiedenen Elektronen*schalen*, die auf bestimmte Weise mit Elektronen \`gefüllt´ sein können *(H. deutet auf Abbildung 21)* - beides ist *nicht dasselbe*, es widerspricht sich im Grunde sogar. Die vier Quantenzahlen *n,l,m,s* vermochten ja verbunden mit dem Schalenmodell die Ordnung des Periodensystems der Elemente zu erklären, da man *dessen* Ordnung auf jene in der Atom*hülle*, auf die Elektronenkonfiguration zurückführen konnte, vom Wasserstoff aufwärts wird jeweils ein weiteres Elektron gemäß dem niedrigsten Gesamtenergiezustand \`eingebaut´; so enträtselten sich weitgehend die *chemischen* Phänomene: Wertigkeiten, Affinitäten, Bindungen u.a. - die Eigenschaften der Elemente rühren aus *quantitativen* und *strukturellen* Gegebenheiten her, nämlich nicht unmittelbar aus der *Atommasse*, sondern aus der *Kernladungszahl*, die wiederum mittelbar die *Elektronenkonfiguration* mitbestimmt; aber wie das Periodensystem weiter ähnliche Elemente nach einem Abstand von *2,8,8,18,18,32,32*... untereinander in Gruppen ordnet, wie jedem Elektron mit Pauli eine *individuelle* Kombination von vier Quantenzahlen angehört und anderes (auch darin finden sich harmonische Zahlenproportionen $(Z=2 \cdot n^2)$), würde hier vom Thema abführen...

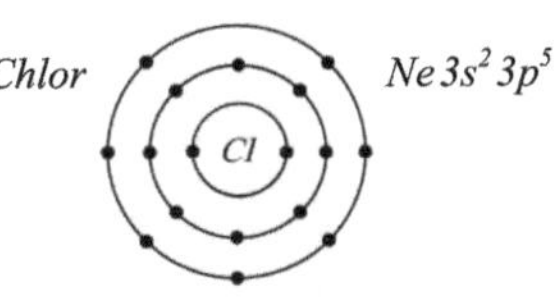

Abbildung 21

M: Bei *diesen* Aspekten hat das *Schalen*modell nicht nur *Vorzüge*; man muss sagen, dass das Modell offenbar die *realen räumlichen \`Brüche´* im Aufbau der Atome ontologisch *richtig abbildet:* An den Periodengrenzen zeigt sich ja nicht nur bei den *Ionisierungsenergien* jeweils ein Bruch, sondern auch bei den empirischen Atom*radien*. Ohnerachtet der Frage, inwiefern Atome *überhaupt* klar umrissenen Körper sind, muss man natürlich *definieren*, was der Begriff `Radius´ für Atome bedeuten soll: In Kristallgittern stellt sich etwa aufgrund des Gleichgewichts zwischen abstoßenden und bindenden Kräften ein bestimmtes Gleichgewicht, also ein *empirisch bestimmbarerAbstand* ein, den man als solchen *`Wechselwirkungsradius´* nehmen kann - dazu später... Innerhalb der *Perioden* des Periodensystems nehmen die Atomradien stetig ab, da die effektive Kernladung stetig zunimmt; innerhalb der Gruppen aber nehmen diese stetig zu - damit hängt zusammen, dass streng parallel zu diesen die Werte der *Ionisierungsenergien* verlaufen *(M. deutet auf Abbildung 22)...*

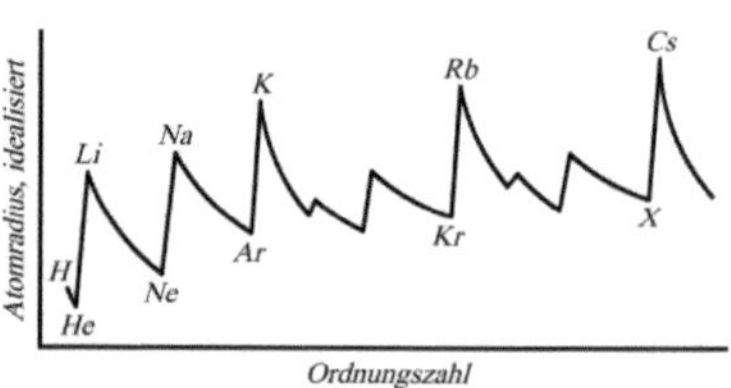

Abbildung 22

H: Man sieht, dass jedenfalls (auch) in *räumlicher* Hinsicht reale periodische `Brüche´ vorliegen...

M: Richtig, dort gibt es jeweils einen *Größensprung* - als würden sich tatsächlich verschiedene *`Schalen´* wie die Schichten bei einer *Zwiebel* übereinanderlegen... Das Modell zeigt überdies besonders anschaulich, dass auch hier einzelne manipulierbare Elemente nach dem `Baukastenprinzip´ *kombiniert* werden. Es zeigt aber auch, dass es nicht um Elektronen geht, die sich wie *Teilchen* auf *Bahnen* bewegen: Diese müssten sich ja vollkommen *unklassisch*, geradezu *seltsam* benehmen: Man müsste für sie diskrete, also umgekehrt auch *verbotene* Bahnen annehmen, damit sich die empirisch beobachtete *`Ganzzahligkeit´* gewisser Parameter ergibt...

H: ...womit diese, wenngleich sie in allen Formeln auftaucht - vollkommen *rätselhaft* bleibt; die Frage `Warum bestimmen, von den Naturkonstanten abgesehen, *nur ganzzahlige* Quantenzahlen die Zustände eines Atoms?´ ist es, die *weiterführt...*

M: Ja. Die Quantenzahlen legen in *diesem* Modell die möglichen Bewegungszustände von Elektronen in Atomen mit Radius, Elliptizität, Exzentrizität, Orientierung der Bahnen und Spin mit gleichsam bis ins Äußerste verlängerten *klassischen mechanischen* Begriffskonzepten fest - in diesen Parametern liegt der Energiezustand des Atoms gleichsam *`verschlüsselt´* vor; die dabei zugrundegelegte *Struktur*, ein dynamisches Gleichgewicht zwischen den separierbaren negativen und positiven Entitäten betreffend, ist anscheinend richtig, die konkreten *Vorstellungen*, die daran geknüpft sind, allerdings *nicht* - die klassischen Begriffskonzepte reichen nur bei gewisser Aspekten noch in den klassisch-quantenphysikalischen Grenzbreich *hinein...*

H: ...wie ein schwacher Schimmer, der in eine dunkle Kammer fällt...

M: Ja. Auf dieser Ebene sieht man (noch), dass *Strukturen* durchaus *richtig*

erfasst sein können, während die dahinterstehende Ontologie der *Entitäten* ganz offensichtlich eine *falsche* Beschreibung liefert...
H: Auf *dieser* Ebene würde man ja auch einen Strukturenrealismus nicht *ansiedeln*, weil es noch tiefer *`hinabgeht´*...
M: Und dennoch kann man *aus* den Strukturen schließen, dass das Bild der Entitäten *falsch* ist - immerhin ein *negativer* Befund, was dem Falsifikationismus ein, ja, der *eigentliche* Erkenntnis*fortschritt* ist... Die Vorstellung der *Bahnen* und *Schalen* ist *zu konkret*, als dass sie ontologisch *zutreffend* sein könnte, auch ob der *HU* - `Bewegungszustand der Elektronen´ muss für etwas *anderes* stehen; Schrödinger hat Lorentz´ Zweifel, ob sich *kleinquantige* Bahnen jemals durch *Wellenpakete* beschreiben lassen würden, ja zurückgewiesen: „diese Zustände [...][seien] etwas von Elektronenbahnen toto genere *verschiedenes*, erst für *hohe* Quantenzahl[en] [...][trete] die *klassische Mechanik* wieder allmählich in ihre Rechte“[189] - so man dann von der *generellen* Wellenartigkeit, nicht-Lokalität und nicht-Separabilität von QO schweigt...
H: ...die aber empirischer Befund sind - und *doch:* Man kann sich QO nicht als tatsächlich *materiell* im Raum ausgebreitet vorstellen - nicht nur ob der erwähnten *`individuellen Ganzheit´*, denn am Ende redet man - beim `Weg hinauf´ - auch von *mesokosmischen Körpern*, die offenbar *nicht* phänomenal-empirisch im Raum ausgebreitet sind!
M: Ja, aber schon deBroglie hatte daher eben eine *Überlagerung* verschiedener harmonischer Wellen zu einem kompakteren Wellen*paket* angenommen - dieses kann sogar durch Gewichts- und winkelabhängige Funktionen noch weiter *`ausmoduliert´* werden; die Gruppengeschwindigkeit kann man dann als der eines Teilchens analog deuten und dem Wellenpaket Energie und Impuls *wie* einem Teilchen zuschreiben...
H: Der Haken *dabei* ist nur wieder, dass Wellenpakete eigentlich *`zerfließlich´* sein sollten - das hatte Lorentz schon *1926* bei Schrödinger kritisiert: Es läge „eine der Hauptschwierigkeiten der Umdeutung der klassischen Mechanik in `Wellenmechanik´ darin, dass das `Wellenpaket´ [...] nicht *beisammenbleiben* wird, sondern nach allgemeinen wellentheoretischen Sätzen sich durch `Diffraktion´ allmählich auf größere Räume ausbreiten wird“...
M: Darum *wusste* Schrödinger - er konnte aber „durch Superposition einer größeren Zahl benachbarter Eigenschwingungen hoher Ordnungs- (d.h. Quanten-)zahl eine Wellen*gruppe* erzeugen, die praktisch auf einen kleinen räumlichen Bereich beschränkt, [für den harmonischen Oszillator] genau auf der von der klassischen Mechanik beschriebenen harmonischen Ellipse [...] [umlief], und zwar beliebig lange *ohne* sich zu zerstreuen!“[190] Und man muss - wie gesagt - argumentieren, dass es letztlich nicht um wirkliche `Elektronenbahnen´ *geht*, wenn man auch heute ganz *selbstverständlich* mit Wellen*paketen* rechnet...

H: ...aber „in einem Experiment, wie dem der Beugung eines Elektrons durch ein Kristall, würde [...][ein] Wellenpaket vollständig zersplittert und zerstört werden. Man würde [...] in den zerstreuten Bündeln keine Korpuskeln wiederfinden; [...] die Korpuskeln würden [...] keine stabile Existenz haben“[191]...
M: ...wenn man das Wellenpaket als Führungswelle denkt *vielleicht* - sonst sagt uns das Bragg'sche Gesetz, dass sich eine Elektronenwelle bzw. einzelne Wellenkomponenten in einem vollkommen fehlerlosen, regelmäßigen Kristallgitter (am besten noch nahe dem absoluten Nullpunkt) *ungehindert bewegen* können (bei entsprechender Gitterkonstante) - ohnerachtet des Falles, dass man in Kristallinterferometern bewusst eine *Strahlteilung* vornimmt, bei der Kristallstrukturanalyse usw. Und bei alledem muss man noch ihre *`individuelle Ganzheit'* eingedenken; mit dieser sind es keine *klassischen* Wellen mehr...
H: Eben...
M: ...was niemand *behauptet* ... Aber wie soll man das *erklären?* Es kommt *in* fehlerlosen Kristallen *nicht* zu nennenswerten Kollisionen mit den Gitteratomen, wie man ja für Elektronen als *Teilchen annehmen* sollte, ja, gerade die *Vielzahl* der Gitterebenen sollte für *Teilchen* die freie Weglänge stark *mindern;* es ist aber genau *umgekehrt* - wieder legt sich mit dem *Wellen*modell nahe, dass jeder Gitterbaustein Bragg'sches Streuzentrum einer Elementarwelle wird und an einer Vielzahl von Gitterebenen praktisch *keine* Reflektion erfolgt; nur wenn der Kristall Fremdatome, Gitterfehler oder Fehlstellen aufweist, werden Streuwellen nicht mehr destruktiv ausgelöscht und es kommt zur *(Zer)Streuung* der Welle; verunreinigte Metalle haben daher ja einen höheren Widerstand; ebenso ist es bei stärkerer Wärmebewegung der Gitteratome[192] - das *Teilchen*modell kann das nicht erklären... Übrigens verhalten sich etwa Photonen und Neutronen bei gleicher Wellenlänge interessanterweise - weil es nur um die *geometrische Struktur* des Kristalls geht - *gleich;* was in dieselbe Richtung weist...
H: Und dennoch spricht man von einem Elektronen*gas*, weil die Leitungselektronen in Metallgittern ja offenbar nicht an bestimmte Atome gebunden sind, sondern an den Kristall *insgesamt* und daher durch kleinste Feldpotentiale beweglich sind...
M: Aber dieses gehorcht nicht der klassischen Zustandsgleichung des *idealen Gases*, es ist ein *entartetes* Gas, das nicht nur mit der *Temperatur* korreliert, sondern eine spezielle *Fermienergie* ob der Nullpunktsenergie besitzt, die einen speziellen *Druck* erzeugt - das führt hier zwar an sich zu weit, hängt aber damit zusammen, dass mit dem `Pauliprinzip' alle Elektronen in diesem gebundenen System in *verschiedenen Energiezuständen* sein müssen - für *Teilchen* ist das *unverständlich:* Warum können nicht ein Elektron `hier' und eines `dort' im gleichen *Energiezustand* sein, warum bilden sie ein (nahezu) kontinuierliches Energie*band?* Ein Elektron in Berlin und eines in Tokio

können das ja *schon...*
H: Hm...
M: ...weil der Kristall eben einen *`Potentialtopf'* für Elektronen*wellen* bildet und nicht jedes Elektron als *Teilchen* einen verschiedenen Energiezustand *hat*, sondern als *Welle* jeder Energiezustand eine bestimmte Modulation einer Elektronenwelle *ist*, die keine andere neben sich am selben Raumort *`duldet'* - auch dazu später... Überdies muss man - um auf die `individuelle Ganzheit' der Korpuskeln zurückzukommen - mit Wellenkollaps-, Dekohärenz- oder `sich-Neigens'-Mechanismen generell einen der Wellenzerstreuung *gegenläufigen* Wirkzusammenhang annehmen, wie es scheint...
H: Hat nicht schon Heisenberg, als Schrödinger seine Wellenmechanik *(1926)* in Sommerfelds Seminar vorstellte, *zu recht* geradezu *mutig* darauf insistiert, dass diese die diskutierten *korpuskulären* Aspekte nicht *reproduzieren* könne, dass das kontinuierliche Wellenmodell etwa den *Photoeffekt* nicht erklären könne?
M: Nicht *ohne weiteres...* Wenn Lorentz zweifelnd fragt, wie man zu *Bahnen* kommt[193], sind diese im Atom wohl gar nicht gegeben - so Heisenberg; in Wilson'schen Kammern etwa werden diese offenbar erst *präpariert* usw. usf. Und heute muss man auch immer *zurück*fragen, ob und wie mit dem diskontinuierlichen *Teilchen*modell das *DSExp* mit *einzelnen* QO erklärbar ist oder die nicht-Lokalität und nicht-Separabilität von QO... Dabei ist die verborgene räumliche Ausgedehntheit offensichtlich ohnehin als *dynamisch-veränderlich* zu betrachten...
H: ...der erwähnte gegenläufige Mechanismus, eine Dynamik *II...*
M: ...was auch der mathematische Formalismus der QT beim Ortsoperator mit der δ-Funktion nahelegt, die gemäß der HU gleichsam wieder *`zerfließen'* muss - als gleichsam *Gegen*prozess des *Gegen*prozesses... Ein weiteres Problem ist, dass die `Ganzzahligkeit' ja auch nur für den *Energiezustand* ($E_n=E_1/n^2$) und die *Frequenz* des emittierten und absorbierten Lichts ($\nu=R/n^2-R/m^2$) *empirischer Befund* ist - für den *Bahnradius* ($r_n \sim n^2$) - wenn der auch empirisch gut `passt' - und die *Bahngeschwindigkeit* ($v_n \sim 1/n$) hingegen nur mit dem Teilchenmodell *postuliert* wird, der *Abbildung(sweise)* geschuldet ist...
H: Natürlich - weil man sich dergestalt von oben in den Mikrokosmos `abseilen' muss (`Weg hinab')...
M: Man darf aber schon deshalb nicht einfach sagen (`Weg hinauf'), das Teilchenmodell *bewähre* sich hier, da es mit den Bohr'schen Postulaten in ein der `klassisch-mechanischen Verschlüsselung' widersprechendes *nicht*-klassisches `Korsett' quantisierter Diskretheit *gezwängt* wird: Elektronen sollten als Teilchen ja *jede beliebige* Bahn einnehmen können, und in der zugrundeliegenden komplexen Gleichgewichtsrelation sollte der Gesamtenergiezustand des Systems aus kinetischer und potentieller Energie insofern *kontinuierlich* veränderlich sein... *Womit* hat man es also zu tun? Schluss-

endlich dürfen ja auch die elementarsten Bausteine des Periodensystems der *Elementarteilchen* nicht *vollkommen* amorphe Entitäten bleiben - etwa wieder wie Daltons `Kugelatome´ -, da ansonsten unklar bliebe, worin *ihre* Affinitäten gründen, *bestimmte* Elementarteilchen und Atome mit *bestimmten* Eigenschaften zu bilden...

H: ...wenn man hier nicht wieder bei einer `elementaren Emergenz´ Zuflucht nimmt- allerdings ein etwas wohlfeiler Ausweg... In der Tat erscheint die `Ganzzahligkeit´ (hier) wie reine *Zahlenmystik* - man kann dem Modell *mathematisch* die Quantisierung zwar einfach *`aufzwängen´*, indem man den *klassischen* Drehimpuls $L=m_e v_n r_n$ , `in welchen hinein´ die Energie `verschlüsselt´ ist, mit der *Quanten*bedingung $L=n\hbar$ ($n \in N$) gleichsetzt - das *erklärt* nur nichts!

M: Man kommt auf die *richtige* Spur, wenn man mit Schrödinger argumentiert, ein Elektron müsse als *Teilchen* eine definite Bahn haben und bei Übergängen *kontinuierlich* ausstrahlen, statt scharfe Frequenzen auszusenden.[194] Bohr hatte anfangs noch *nicht* den komplementären Dualismus zugrundegelegt, sondern noch klassisch Materie*teilchen* und Strahlungs*wellen* angenommen - selbst bei der Aufstellung und Anwendung seines Korrespondenzprinzips (*1918*) hat er noch - mit überwältigendem Erfolg - die *klassische* Elektrodynamik des kontinuierlichen Feldes in den Mikrokosmos *extrapoliert;* und die *`Komplementarität´* musste er erst - beeinflusst etwa von Kierkegaards `qualitativer Dialektik´[195] - geradezu für sich *entdecken*, um hernach (mit Heisenberg zusammen) zwischen *1925* und seinem Vortrag in Como *1927* die Kopenhagener Deutung zu *`erbrüten´* (bösere Zungen sehen darin eher einen `Nebel aus dem Norden´)... Hier offenbart sich am *`Grunde des Seins´* eine Harmonie der Welt, wie Leibniz sie gedacht hat, wie Kepler sie in seiner `Sphärenharmonie´ gefunden zu haben glaubte - wenn man sich auch hier an *musikalische Proportionen* erinnert fühlt, dann *nicht zu unrecht*. Bei allem was man fürderhin pyrrhonisch *unerklärt* wird *stehenlassen* müssen, lässt sich deBroglies Idee der *Materiewellen* für die Atommodelle *fruchtbar* machen - eben das tat Schrödinger. (Manche sagen übrigens, dass „in vielen historischen Darstellungen [...] der Einfluss Louis deBroglies auf die Entwicklung der Wellenmechanik überbetont [würde]")[196]...

H: Zunächst einmal muss man dann zwischen *freien* und *gebundenen* Teilchen unterscheiden; *freien* Teilchen entsprechen fortschreitende Materie- bzw. Wahrscheinlichkeitswellen, deren Wellenlänge, mithin deren Impuls kontinuierlich *jeden* Wert annehmen kann; für durch Kräfte an einen bestimmten Raumbereich *gebundene* Teilchen, etwa die Elektronen im Potentialfeld des Atomkerns, gilt das *nicht*...

M: Richtig, wenn man sie als *stehende Wellen* interpretiert; dann versteht man auch woher die *Nullpunktsenergie* - manche sprechen auch von einer *`Lokalisierungsenergie´* -, die sie immer besitzen, rührt, wie sie mit dieser

gleichsam ihre *`Existenz' als Wellen* `verteidigen' und warum es *einen* stabilen *Grund*zustand gibt, das Elektron nicht in den Kern stürzen kann usw. ... Schrödinger zeigte ja, „dass die übliche Quantisierungsvorschrift sich durch eine andere Forderung ersetzen lässt, in der kein Wort von `ganzen Zahlen' mehr vorkommt. Vielmehr ergibt sich die Ganzzahligkeit auf dieselbe *natürliche* Art, wie etwa die Ganzzahligkeit der *Knotenzahl* einer schwingenden *Saite*."[197] Es eröffnete sich die Möglichkeit, die rätselhafte *Diskontinuität* und *Ganzzahligkeit* bei der Emission und Absorption von Licht zu *erklären*, indem man die ein Atom bis dahin umlaufenden *korpuskularen Elektronen* umdeutete zu *stehenden Wellen*. Schrödinger ging nur insofern über deBroglie *hinaus*, als er auf die *Teilchen*, die mit einer Welle *assoziiert* sein sollten, monistisch ganz *verzichtet*, Licht *und* Materie als Wellenentitäten deutet...
H: ...womit er auch etwa an einen Deutungsversuch Einsteins (und anderer) anknüpft, Materie als *`Feld-Singularitäten'* zu interpretieren...
M: Durchaus. Schrödinger jedenfalls nahm konkrete, anschauliche `Ätherwellen' an, dessen `Schaumkämme' phänomenal (nur) als Teilchen *interpretiert* werden. Mit seiner Wellenmechanik rief er bei Planck und Einstein *Begeisterung* hervor[198], bei Bohr, Heisenberg und Pauli hingegen geradezu *Abscheu*[199]...
H: Damit musste die Frage nach dem `Äther', als dem Medium, *in* dem die Wellen gegeben sind, wieder *offenfallen;* wenn nur die `Ganzheit' von QO dem nicht *konträrliefe;* es ist nicht möglich, die Ψ-Funktion einfach als Dichte einer Masse- oder Ladungswolke anzusehen...
M: Nun, mit Einsteins sich-überlappenden Feldern wird sich das *noch* anders darstellen... Überdies fühlte sich ja Born dann berufen, diese *realistische*, zu einer kausalen Interpretation der Phänomene möglicherweise *zurückführende* Deutung mit seiner Wahrscheinlichkeitswellendeutung wiederum ins - etwas hart ausgedrückt - *imaginär-Virtuelle* zu kehren...
H: So schwankt man auch hier, zwischen *realistischen* und *idealistischen* bzw. wie im Universalienstreit (bei Bedeutungsverkehrung von `realistisch') *mentalistisch-nominalistischen* Deutungen hin und her...
M: Könnte man sagen... Zweifel daran, dass die quantenphysikalischen Eigenarten den Dingen irgendwie *realiter* `eingeschrieben' sind, kann man realistisch nicht hegen; aber wenn das Zugrundeliegende *jenseits* des `dinglich-Realen' liegt, sind andere Sichtweisen (teilweise) auch *Geschmackssache*, schon wenn man aristotelisch die *`Form'* - die Mathematik - für wesentlicher als die *`Materie'* hält, bringt man *idealistische* Elemente ins Spiel, Kant und die Evolutionäre Erkenntnistheorie, ja, schon die Statistik bringen mentalistisch-nominalistische Elemente ins Spiel usw. usf. Mit dem Wellenmodell wurden jedenfalls - wie gesagt - die ein Atom bisher umlaufenden *korpuskularen Elektronen* zu *stehenden Wellen* umgedeutet, zu Elektronen*wellen* negativer Ladung, welche vom Kern durch dessen positive Ladung gleichsam in einem

`Potentialtopf´ `*gefangengehalten*´ werden bzw. *vom* Kern *um* den Kern *gebeugt* werden...
H: Statt eines *klassischen* Oszillators hat man einen *quantenphysikalischen* Oszillator, mit ganz speziellen ganzzahligen Schwingungszuständen *(H. deutet auf Abbildung 23)...*
M: Ein Atom als System von QO ist nicht ein Körper, der schwingt, sondern der Körper `Atom´ *ist selbst* ein Schwingungsphänomen, eine zwischen den weichen `Wänden´ des elektromagnetischen Feldes des Atomkerns festgehaltene Elektronen*welle*, die dann natürlich nicht scharf *begrenzt* ist, sondern sich - anders als in dieser Abbildung (aber nicht prinzipiell anders) - mit zunehmendem Abstand *abschwächt*. Während ein klassischer Oszillator im umgebenden Raum oder Äther durch seine Schwingungen eine Wellenerregung hervorrufen mag, die sich räumlich ausbreitet, ist es hier anders: die *Differenz* des einen Schwingungsmodus und des darüber- oder darunterliegenden Modus, also etwa zwischen *2.* und *3.* Oberschwingung, wird in auch wellenartiger Wechselwirkung und Fortpflanzung an ein anderes Atom bzw. QO als Licht durch den Raum oder Äther `weitergereicht´...

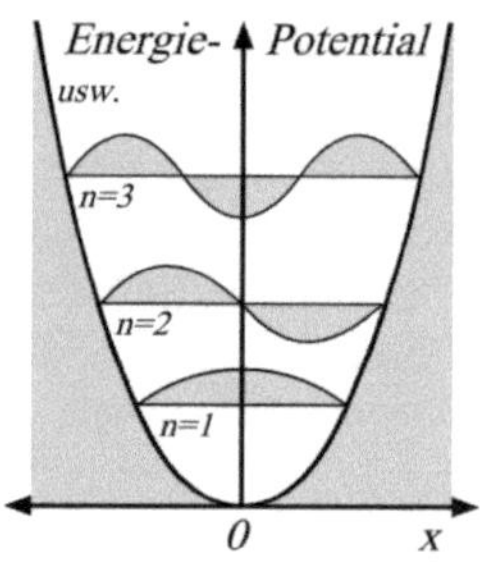

Abbildung 23

H: Als stehende Wellen unterliegen sie den jeweiligen Randbedingungen entsprechend bei praktisch allen Frequenzen einer *destruktiven* Interferenz, einer *konstruktiven* hingegen nur, wenn räumliche Erstreckung und Wellenlänge in ganzzahligem Verhältnis stehen. So hängen sogar `Raumerstreckung´ und `Energie´ *zusammen*. Die Wellen könnten dabei äußerlich oder innerlich zentriert sein *(H. deutet auf Abbildung 24a und b...);* solche Eigenschwingungsmodi kann man sich ja auf vielerlei Art denken: Zu sehr der alten *Bahn*vorstellung verhaftet bleibt man vielleicht im *ein*dimensional-gekrümmten Fall des `In-sich-selbst-Zurücklaufens´; stehende *zwei*dimensionale Wellen sind die `Chladni´schen Klangfiguren´ *(...und Abbildung 24c und d)...*

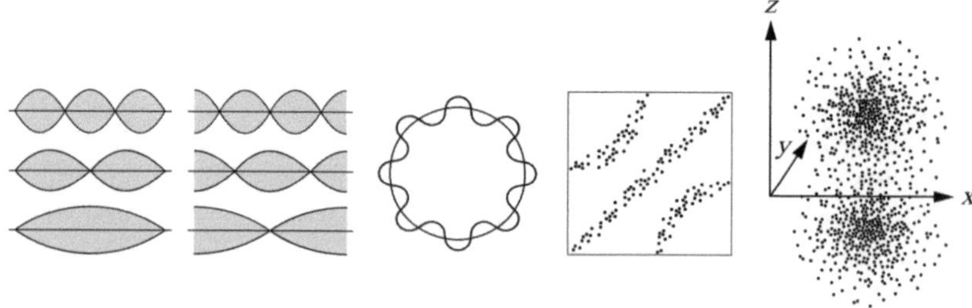

Abbildungen 24a-e

...bei denen man sehr anschaulich etwa eine Metallplatte in Schwingung versetzt, auf die man zuvor feine Sandkörnchen gestreut hat, die sich dann an den *nicht-schwingenden* Stellen, den Wellen*knoten ansammeln;* regt man die Metallplatte mit verschiedenen Frequenzen an, bilden sich bei den *spezifischen* Eigenfrequenzen stehende Wellen und sichtbare Muster aus. Dabei nun ergeben sich statt Knoten*punkten* im *ein*dimensionalen Fall Knoten*linien*, bei denen man neben der *Anzahl* der Knotenlinien deren *Form* zu unterscheiden hat (diese könnten etwa auch in sich selbst *zurücklaufen*); dann braucht man zur Beschreibung *zwei* (Quanten-)Zahlen...
M: Und Elektronen müsste man als *drei*dimensionale stehende Wellen denken - dann natürlich nicht als *mechanische* Wellen, als räumliche Auslenkungen eines oszillierenden *Mediums*, weil dabei die Schwingung ja wieder in der *weiteren* Dimension erfolgen würde (so könnte man nur *zwei*dimensional-*gekrümmte* Wellen etwa auf einer Kugel*oberfläche* denken) - das wäre auch ohnehin zu mechni(zi)stisch gedacht; hier muss man sich dreidimensionale Gebilde mit an ihren Raumpunkten periodisch-veränderlichen *Eigenschaften* denken - Eigenschaften, *so elementarer Art*, dass sie nicht wieder atomistisch in *`Bewegung´* aufgelöst werden können, denn diese Erklärungsstufe *unter*schreitet man hier und schon damit kommt man in die konzeptionelle Nähe einer außerordentlich abstrakten (aristotelischen) *`materia prima´*. Die `Randbedingungen´ legt im Atom das gemäß dem $1/r^2$-Gesetz sich abschwächende elektrische Potential des Atomkerns fest. Auch dabei sind natürlich nur ganz *spezifische* Wellenlängen möglich; überdies aber werden aus den Knoten*linien* Knoten*flächen*, so dass man *drei* (Quanten-)Zahlen benötigt, um neben deren *Anzahl* und *Form* deren *Art* zu beschreiben; nimmt man dann noch eine weitere, *vierte* Spin-Quantenzahl hinzu, die einer gewissen zweiwertigen (relativistischen[?]) *Polarität* Ausdruck verleiht (und die mit jener bei den Teilchen und Antiteilchen auftretenden zusammenhängen könnte), *ergeben* sich die zuvor nur *postulierten* Quantenzahlen für die diversen Schalen und Unterschalen, die *mechanisch* für `verschlüsselte´ Energiezustände standen, ganz *natürlich* als die möglichen dreidimensionalen Eigenschwingungs*modi* des Systems - hier *(M. deutet auf Abbildung 24e)* etwa mit *einer* Knotenfläche und *Hantel*form...
H: ...die `Orbitale´ - das sind aber doch Raumbereiche, für die man die *Wahrscheinlichkeit* angibt, dass sich dort Elektronen aufhalten, was hier ja als Punktedichte visualisiert ist: Je *dichter* die Punkte, desto *wahrscheinlicher* trifft man dort (*wenn* man `nachsieht´) ein Elektron an - aber als *Teilchen...*
M: ...mit Borns Wahrscheinlichkeitswellen-Deutung, die schon *Interpretation* ist! Die Teilchen können auch nur *Erscheinung* sein, eben jene `Schaumkämme´, hier aber *als* Wellen vorliegen. Umgekehrt ist die Frage: Wenn dies nur die Antreffwahrscheinlichkeit von *Teilchen* darstellt, was sind dann die *Wellen?*

H: Ja, welchen ontologischen Status kann man diesen zuschreiben, das ist die Frage, auf die alles *hinausläuft... Nimmt* man Elektronen als Wellenentitäten, ist das zweifelsohne die *elegantere* Theorie - schon, wenn man betrachtet, wie *natürlich* sich so die Bohr´sche Quantisierungsbedingung ergibt: Setzt man in die allgemeine Formel für stehende Wellen $2\pi r=n\lambda$ den deBroglie´-schen Zusammenhang $\lambda=h/p=h/mv$ ein, ergibt sich (mit $\hbar=h/2\pi$) diese von selbst: $L=rmv=n\hbar$ ...
M: Eben; muss man nicht ins *Schwärmen* geraten, wie sich bei stehenden Wellen die zuvor *rätselhafte* `Ganzzahligkeit´ ganz natürlich *ergibt?*
H: Zugegeben, man kommt zu *mehr* als nur einem unerklärlichen und nichterklärenden *Postulat* - alles *ergibt* sich infolge von Interferenzphänomenen an Materiewellen, es ergibt sich eine wirkliche *`Erklärung´* der Quantelung der von Atomen emittierten und absorbierten Lichtenergie, auch wenn die Frequenzproportionalität $E=h\nu$ an sich rätselhaft *bleibt...*
M: Ja; den emittierten Lichtfrequenzen bzw. den ihnen korrespondierenden Energien entsprechen die *Energien* der *Schwebungsfrequenzen* zwischen stehenden Elektronenwellen vor und nach der Emission von Licht. Stellt man sich ein Elektron konkret als eine vom Kern `eingefangene´ Wellen-Entität vor, die sich (vereinfacht) über einen *`linearen Potentialtopf´* der Länge *a* erstreckt, kommt man bequem auf einen gequantelten Energiegehalt: Das, was man sonst als *Teilchen* begreift, wird (hier vereinfacht: *ohne* komplizierteren Potential-Einfluss, beschränkt auf *eine* räumliche Dimension) folgendermaßen als *Materie*welle *beschrieben:* Im Hintergrund steht die Überlegung, dass ein Elektron gleichsam in einem *`Topf´* potentieller Energie *gefangen* ist; das ist einfach ein *Denkmodell*, mit dem man sich dieses als eine vom Kern `eingefangene´ Wellen-Entität vorstellt. Innerhalb des `linearen Potentialtopfes´, der von $x_1=0$ bis $x_2=a$ reichen soll, kann sich das Elektron kräftefrei bewegen, wohlgemerkt: als *Teilchen* begriffen - von einer stehenden *Welle* müsste man sagen, dass sie in den Potentialtopf *`hineinpassen´* muss. Das Elektron soll diesen Bereich nicht *verlassen*, weil die potentielle Energie sonst *unendlich* werden soll; *innerhalb* dieses Bereichs sei die potentielle Energie $V(x)=0$. Man muss nun als Lösungsfunktion $\Psi(x)$ eine Funktion suchen, die zwischen $x_1=0$ und $x_2=a$ beliebige Werte annimmt, bei $x_1 \leq 0$ und $x_2 \geq a$ aber den Wert *0* - dies nennt man im eigentlichen Wortsinne die *`Randbedingungen´* und in Frage kommt dafür etwa die Sinusfunktion $\Psi(x)=A\sin(kx)$...
H: Hier *(H. deutet auf die Abbildung oben)* sind ja drei Lösungsfunktionen ($n=1$-3) aufgezeigt...
M: Ja; die Amplitude *A* kann auf die Wahrscheinlichkeit *1 normiert* werden als Antreffwahrscheinlichkeit, wenn man denn *doch* das Elektron als *Teilchen* denken will... Für $x_1=0$ gilt ohnhin $\Psi(x)=A\sin 0=0$; für $x_2=a$ soll dasselbe gelten und so man annimmt, dass $A\neq 0$ ist, weil sonst überhaupt keine Wellen-

funktion *existiert*, muss sin$(ka)=0$ gelten; das müsste für alle Vielfachen von π der Fall sein, wenn stehende Wellen mit $a=n\cdot\lambda/2$ vorliegen, für die gilt $k=(n\pi)/a$ (mit $n=1,2,3...$)(bei den *in-sich-zurücklaufenden* Wellen oben liegt der Bezug $a=n\lambda$ zugrunde, da die Wellen sich sonst *auslöschen* würden, hier ist es anders); es ergibt sich:

$$\Psi_n(x) = A\sin(\frac{n\pi}{a}x) \quad \text{mit } n=1,2,3... \qquad \text{(II.11)}$$

Die Elektronenwelle kann mithin hinsichtlich Impuls und Energie nur ganz bestimmte *Eigenwerte* einnehmen - diese liegen nun im Parameter `*Wellenlänge*′ `verschlüsselt′ vor; welche Werte durch diese deBroglie-Welle im einzelnen beschrieben werden, ergibt sich über die Gleichungen $\lambda=h/p$ und $E_{kin}=p^2/(2m)$, sowie die Wellenzahl $k=(2\pi)/\lambda$ (wenn $k=(n\pi)/a$ gelten soll) - es ergibt sich ein *gequantelter* Energiegehalt; ohne das Potential $V(x)$ steht die kinetische Energie einfach für die Gesamtenergie E_n, nämlich:

$$E_n = \frac{h^2}{8ma^2}n^2 \quad \text{mit } n=1,2,3,... \qquad \text{(II.12)}$$

Bei Bohr hatte es - abgesehen von *hochangeregten* Atomen, bei denen das *Korrespondenzprinzip* griff und das emittierte Licht der Fourier-Darstellung der Elektronen korrespondierte - nicht nur keine Übereinstimmung zwischen den klassisch berechneten *Bahn*frequenzen der Elektronen und den Frequenzen des emittierten *Lichts* ergeben; es hatte sich für die *Bahngeschwindigkeit,* in welcher die *kinetische Energie* (in Abhängigkeit von der potentiellen Energie) festgeschrieben war, rätselhafterweise die Brüche-Reihe $v_n \sim 1/n$ ergeben - *erzwungen* durch die Quantisierung. Hier ist es so, dass der Energiegehalt gequantelt ist, weil die Gesamtschwingungslänge a einfach nur ganzzahlige Oberschwingungen beherbergen *kann*, solche die `*passen*′; es ergibt sich stattdessen:

$$\lambda = \frac{a}{n} \rightarrow a : \frac{a}{2} : \frac{a}{3} : \frac{a}{4} : \frac{a}{5} ... \qquad \text{(II.13)}$$

Und die Quadratzahlen-Reihe $r_n \sim n^2$ vom *Bahnradius* (der über den Bahndrehimpuls $L=rmv$ das gequantelte Energieniveau bestimmte) tritt *direkt* beim Energiegehalt (als Vielfache des Energie-Grundzustands E_G) als $E_n \sim n^2$ auf; es ergibt sich stattdessen:

$$E_n=E_G n^2 \rightarrow 1:4:9:16:25... \qquad \text{(II.14)}$$

Das alles sind natürlich nur *vereinfachende* Modelle und als solche schon wieder fast zu konkret...

*H: ... `fast zu konkret′?* Hier stößt man doch auf die Frage, ob man sich von diesen `Dingen′ *überhaupt* noch eine Vorstellung machen kann...

M: Das stimmt zwar, aber kann man sich Atome jetzt noch nur als *virtuelle* Oszillatoren vorstellen, ohne dass diesen *realiter* irgendetwas entspräche? Atome sind offensichtlich doch Gebilde, die *fähig* sind, verschiedene Eigenschwingungen auszuführen - man kann doch nicht alles in `reine Mathematik´ auflösen und diese ganzzahligen Proportionalitäten dogmatisch als *unwesentlich* betrachten. Im Gegenteil sollte man annehmen, dass sie *selbst* - die Atome - die Eigenschwingungsmodi eines Zugrundeliegenden *sind...* Warum sollte man hier *nicht* von den erkannten *Strukturen* auf die *Entitäten* schließen? Mag man sich möglichst *sichere* Erkenntnis *wünschen* - soll man hier nicht abduktiv auf die beste Erklärung zurückgreifen?
H: Nun gut, *rein zufällig* ergibt sich das alles wohl nicht - andererseits ist es nicht *unmöglich*, dass an dem zugrundeliegenden Seienden irgendwelche Gleichgewichte oder Prozesse dergestalt rückgekoppelt sind oder sich `in Schach´ halten (nur) *wie* stehende reale Wellen konstruktiv oder destruktiv miteinander interferieren können... Inwieweit kann man überhaupt annehmen, dass die Mathematik etwas über die Ontologie *aussagt?* Auch mit dem Bohr-Sommerfeld´schen Modell hat man ein Modell, dass die dynamischen Verhältnisse zu einem guten Teil *richtig abbildet...*
M: ...das aber ontologisch *unzutreffend* sein muss...
H: Dynamisch können Wechselwirkungen von Kräften in ganz verschiedenen Zusammenhängen durch *dieselben* Gesetzmäßigkeiten wiedergegeben werden: Es gelten etwa dieselben Wellenfunktionen für *QO*, für *Licht*, *ohne* dass man ein Medium findet, aber auch für Wellen im Medium *Wasser;* ähnlich wie das $1/r^2$-Gesetz bei der *Gravitationskraft*, aber auch für das *elektromagnetische Feld* gilt. Das sagt *nicht*, dass diese Kräfte *wesensgleich* sind, sondern es sagt etwas über den *Raum;* so mag es auch bei den beiden diskutierten *Atommodellen* sein - vielleicht erfasst man die eigentlichen Wirkzusammenhänge nur in *Analogien...*
M: ...das wohl *in jedem Falle;* man kann auch zugestehen, dass sich Teilchen- und Wellenbild hier *begegnen* und dass sich - ähnlich wie sich beim Comptoneffekt zeigt, dass `Teilchenartigkeit´ oder `Körperhaftigkeit´ etwas ist, das `oben´ aus den wellenartigen `Schaumkämmen´ *`emergiert´* - auch hier - wie gesagt - die `keimhafte Vorbildung´ dieser Eigenschaften elementar darin zeigt, *dass* schon das Bohr-Sommerfeld´sche Modell mit seinen *mechani(zi)stischen* Vorstellungen `funktioniert´ - darum *lassen* sich die Begrifflichkeiten von `oben´ nach `unten´ exportieren...
H: ... *`echte´* Emergenz, die *dennoch* das Zugrundeliegende *spiegelt?*
M: Zweifelsohne darf man hier einen gewissen Grad der *`Abstraktheit´* nicht *unterschreiten*, wenn man sich im Atom Elektronen*wellen* denkt, schon weil man gleichsam *unter* die Ebene des dinglich-Materiellen `hinabtaucht´, womit *unklar* bleibt, was Amplitude *meint*, *was* hier `schwingt´ - es meint *nicht*, dass die Materie wellenartig *verteilt* ist...

H: ...womit sich die Frage stellt, ob man überhaupt die Wellen der QT als *'real'* betrachten kann, wenn sie doch empirisch nicht direkt *greifbar* sind, man sie mit *komplexzahligen Funktionen* und eher *symbolischen Operatoren* erfasst, sie bei Systemen aus mehreren QO nur in einem *(3n-)mehrdimensionalen abstrakten Konfigurationsraum* 'schwingen' usw. usf. ...
M: Das wird *behauptet*, dass sie *nur* dort 'existieren' - aber gerade in diesem Zusammenhang liegt doch auf der Hand, dass es um *im realen Raum* sich erstreckende Entitäten geht, weil sich nur *dann* die Erklärungsvorteile des wellenmechanischen Atommodells ergeben: Die 'Ganzzahligkeit' ergibt sich, weil *in* die *räumliche Erstreckung* eines Potentials nur bestimmte Wellenlängen 'passen'. Und nur *mit* dem *realen Raum* erklärt sich die *Stabilität* der Atome, dass ein Elektron *nicht strahlt* - nicht nur, dass man ein Elektron *überhaupt* als eine stehende *Welle*, statt als bewegten, geladenen *Körper* begreift, es findet gar keine zeitliche *Veränderung* in der Ladungsverteilung im Atom statt, weil es um ein stehendes Wellenphänomen geht, mithin um einen stationären Zustand, so dass nach den Maxwell'schen Gleichungen gar keine Abstrahlung von elektromagnetischer Energie zu *erwarten* ist - bezüglich dieses Kritikpunkts gibt es eine Fülle *weiterer* Argumente...
H: Das muss sich noch zeigen... Aber dass Elektronen nicht strahlen, ist *zu generell* gefasst: In allen höheren Energiezuständen *wird* ja spontan Energie abgestrahlt und in den Grundzustand 'gestrebt', und das ebenso schnell wie bei *klassischen Bahnen*[200]...
M: ...womit letztere Vorstellung ja keinen *Vorteil* bietet, während das Wellenbild dies nicht nur immerhin für den *Grund*zustand erklärt, der ja mit der klassischen Bahnvorstellung *auch nicht* stabil sein dürfte, sondern die Ganzzahligkeit *aller* Niveaus wird erklärt, *warum* genau *diese* eingenommen werden... Auch für *Wahrscheinlichkeits*wellen folgende *Korpuskeln* bleibt letztlich unklar, warum zeitweise und bei Rydbergatomen recht lange auf dem höheren Niveau verweilt werden kann... Man muss sich aber wohl letztlich *sowohl* von der *Bahnvorstellung*, *als auch* von jener der konkret *umlaufenden Wellen* lösen (von Fällen, wo das *Korrespondenzprinzip* greift, abgesehen)...
H: Ja. Die 'Realität' des Wellenphänomens ist so 'ungeheuerlich', dass sie nicht ganz *'geheuer'* erscheint...
M: ...daher gilt es, sich diesem Punkt, der 'Realität' des Wellenphänomens, noch ausführlich zu *widmen;* mögen zunächst die anderen Punkte zu Ende gebracht werden... Wohlgemerkt ist dies allenthalben *vereinfacht:* Die Schwingungsmodi müsste man etwa *wie* in *inhomogenen* Medien denken, weil Elektronen ja gewissermaßen vom Kern aufgrund der entgegengesetzten Ladungen 'eingefangene' Entitäten sind, die Kernladung aber mit dem Radius und dem $1/r^2$-Gesetz *abnimmt.* Aber aller *Details* ohnerachtet ist es nun doch so: Die Aufnahme und Abgabe von Energie in gequantelten *Portionen*, mithin das damit verbundene *diskrete* Frequenzspektrum *ergeben* sich aus dem Phänomen

der stehenden Wellen hier so natürlich, nämlich als `Eigenwert-Problem´, dass man von einer *vornehmlichen `Wellenartigkeit´* der elementaren Entitäten sprechen kann - zumal diese sich in noch *weiteren* Phänomenen zeigt...

H: Womit diese These als weiter *fundamentiert* gelten soll...

M: Natürlich. Mit der Proportionalität der Quadratzahlen und Brüche stellt sich nun eine Verbindung zur *Naturtonreihe* her; und wenn das Wellenmodell die *beste* und *natürlichste* Erklärung zu liefern vermag, muss man auch sagen, dass das Prinzip `natura non facit saltus´ hier *ebensowenig* in Frage gestellt wird, wie etwa in der *Akustik* durch die musikalische *Naturtonreihe*. Bohr mag zu recht sagen: „Wem nicht *schwindlig* wird, wenn er zum erstenmal vom Wirkungsquantum hört, der hat überhaupt nicht *verstanden*, wovon die Rede ist"[201] - auf die *`primäre individuelle Ganzheit´* bezogen. Wenn man aber erst einmal Elektronenwellen im Atom *annimmt*, ist es beinahe *unlauter* zu argumentieren, in der QT zeige sich *im Gegensatz* zur klassischen Physik eine `Ganzzahligkeit´ bei den Spektrallinien, darin, dass nur Licht spezifischer Wellenlänge ausgesandt wird. Wenn man auch gewöhnlich - unbedacht - annimmt, dass physikalische Größen nicht nur bestimmte Werte, sondern auch alle möglichen *Zwischen*werte annehmen können, dass Wertebereiche *kontinuierlich* durchschritten werden, gibt es davon doch klassisch eine entscheidende *Ausnahme*, und eben um *die* geht es hier: *Stehende Wellen!* Eine Geigensaite etwa hat nicht *kontinuierlich* alle möglichen Obertonschwingungen, sondern *diskontinuierlich* nur jene der *Naturtonereihe* mit ganz bestimmten Schwingungsverhältnissen untereinander: Oktave *1:2*, Quinte *2:3*, Quarte *3:4*, große Terz *4:5*, kleine Terz *5:6* usw. usf. *(M. zeichnet Abbildung 25)* - alle Zwischentöne *existieren* hier nicht...

Abbildung 25

Wenn Kepler (*1619*) in seiner Sphärenharmonie aus den Geschwindigkeitsverhältnissen der Planeten an deren Aphel und Perihel Zahlenproportionen errechnet und diesen dann musikalische Intervalle entsprechen lässt[202], ist das zunächst recht gewagt - ehedem war die Idee einer `Harmonie der Welt´ lang gehegte, aber dunkle *Ahnung:* In den musikalischen Harmonien sahen ja schon Platon und Pythagoras die „Prinzipien alles Seienden"[203] gespiegelt... Bei den Planetenbahnen oder Saturnringen geht es aber tatsächlich auch um Resonanzphänomene, um harmonische Proportionen; und was man hier findet, hat rein *gar nichts* mit *Esoterik* zu tun! Sommerfeld sagte: „Was wir

heutzutage aus der Sprache der Spektren *heraushören[!]*, ist eine wirkliche Sphärenmusik des Atoms, ein Zusammenklingen ganzzahliger Verhältnisse, eine bei aller Mannigfaltigkeit zunehmende Ordnung und Harmonie. [...][Die QT] ist das geheimnisvolle Organon, auf dem die Natur die Spektralmusik spielt und nach dessen Rhythmus sie den Bau der Atome und der Kerne regelt."[204] Die im musikalischen und physikalischen Sinne harmonischen Verhältnisse sind hier nicht *hineingeheimnist*, sondern am Urgrund der Dinge *tatsächlich* gegeben...
H: ...wofür man sich in der Tat begeistern sollte...
M: Bei den Atomen ist das noch viel *eindeutiger* als in der Sphärenharmonie - das bedeutet nicht, dass man damit nun wüsste, was ontologisch *hinter* den Phänomenen im Atom steht, als hätte man *doch* den unmöglichen Blick auf die \`Dinge-an-sich´ getan - man kann hier aber schlicht für *denkbar* halten, was klassisch etwa bei den schwingenden Saiten jeder Geige statthat. *Mehr* noch: Das Kontinuitätsprinzip der klassischen Physik kann man - außer auf die \`primäre individuelle Ganzheit´, wie auf die elementaren Bausteine im Sinne der Atomistik bezogen - nicht einfach mit der QT als *außer Kraft* annehmen: Verteilt man in einer Kundt´schen Röhre, einem größeren, waagerechten, offenen Glasrohr feinstes Korkmehl und erzeugt in diesem dann über einen Lautsprecher Töne mit (langsam) *kontinuierlich* ansteigender Frequenz, kann man die immer wieder entstehenden *diskontinuierlichen* naturtonalen Eigenfrequenzen der Luftsäule im Glasrohr deutlich an den regelmäßig über das Rohr verteilten ganzzahligen Korkmehl*wirbeln* erkennen, die jeweils an den Schwingungsbäuchen entstehen; bei den jeweils *zwischen* den Eigenfrequenzen liegenden \`krummen´ Frequenzen werden hingegen *keine* solchen deutlich erkennbaren Wirbel erzeugt - hier sieht man die *3.* harmonische Oberschwingung *(M. deutet auf Abbildung 26a)*... Wenn man dies nur *betrachtet*, weiß man, dass etwas als Naturphänomen *unstetig sein* kann (nicht nur so *erscheinen* kann), ohne dass damit das *Zugrundeliegende* und die zugrundeliegenden *Naturgesetze* als dem Kontinuitätsprinzip *widersprechend* gelten müssten...

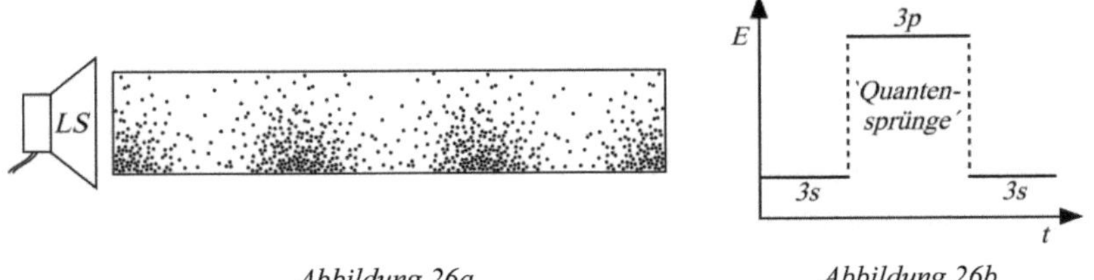

Abbildung 26a *Abbildung 26b*

H: Wohl wahr... Mithin wäre die \`Quantenartigkeit´, die sich zeigt, etwas *Emergentes* - die zugrundeliegenden QO sind ontologisch bzw. die Wellenfunktionen beschreiben erkenntnistheoretisch (wenngleich *als Ganzheiten*

diskontinuierlich) *Kontinuierliches*, insofern nur das *gebundene*, im Atom gleichsam auf sich selbst `zurückgebogene´ Elektron diskontinuierlich ist und `Ganzzahligkeit´ zeigt - das *freie* Elektron kann jeden Energiezustand einnehmen...
M: Mehr noch - man geht die Sache schon *begrifflich-kategorial* falsch an: Es gibt auch *sonst* klassische Veränderungen, die sprunghaft-diskontinuierlich *erscheinen* - den Wechsel vom Ton *g* auf den Ton *a* und zurück auf der Querflöte etwa, die Töne im rein *musikalisch-kompositorischen* Sinne genommen (wie sie notiert sind), könnte man ebenso als diskontinuierlich-sprunghaft betrachten, aber - *physikalisch tatsächlich erzeugt* - sind die Schwingungsmodi der beiden Töne in zeitlicher Hinsicht unterbrochen durch einen kurzen *Aus-* bzw. *Einschwing*vorgang. Ähnlich erscheinen auch die Schwingungsmodi der Atome, in die hinein ja die Energiezustände `eingeschrieben´ sind, *als* reine Energiezustände diskontinuierlich wie hier dargestellt *(M. deutet auf Abbildung 26b)*, können aber - was nicht *zugänglich*, aber anzunehmen mit alldem *naheliegt* - als Wellenphänomene ähnlich ineinander *übergehen;* die Frage muss man *zumindest* offenlassen und es ist *zumindest* irreführend zu behaupten, die Natur weise Lücken auf, mache Sprünge oder es sei hier gar der *Energiesatz* ungültig;[205] dahinter steht eine naive Vorstellung, der zufolge der Energiezustand eines Dinges wie bei einem Glas wäre, in das etwas eingefüllt oder ausgegossen wird; es wird sich noch zeigen, das QO Zustände nicht *innehaben*, sondern zugleich *sind*... Mithin geht es bei den Quantenzuständen immer auch um die Frage *`Instantanität´* oder *`zeitlicher Prozess´:* Bedenkt man, zu welch´ aberwitzig kleinen Zeitdauern man schon bei der Lebensdauer der Elementarteilchen oder `Resonanzen´ *vorgedrungen* ist, kann man statt Instantanität *immer* auch einen *zeitlichen Prozess* annehmen, sei es, dass bei Elektronenwellen Einschwingvorgänge oder Ummodulationsprozesse statthaben, sei es hinsichtlich Wellenkollaps, Dekohärenz oder `sich-Neigen´, bei quantenphysikalischen Spinmessungen usw. usf. ...
H: ...wobei mit diesen Begriffen nun schon wieder *neue* Probleme aufgeworfen sind...
M: Auch Schrödinger erschien „an der Entdeckung, dass die `Energieniveaus´ [im Atom] eigentlich nichts weiter als die Frequenzen von Eigenschwingungen sind, [...] besonders wichtig, dass man so auf die Annahme *sprunghafter Übergänge* verzichten kann, weil ja zwei oder mehr Eigenschwingungen sehr wohl gleichzeitig angeregt sein können [...][und] man den Austausch der Energie in abgezirkelten Paketen [...] ersetzt durch die Resonanz zwischen Schwingungsfrequenzen"[206] - auch so kann man es denken: Dass es bei den Quantensprüngen gar nicht um *Energien* mit diskreten Werten im herkömmlichen, engeren Sinne *geht*, sondern nur um Eigen*frequenzen* von Wellen, die phänomenal als erstere *erscheinen* - dergestalt bildet es sich in der Wellenmechanik ab...

H: So könnte man versuchen, den komplementären Dualismus zu *umschiffen* - was insofern konsequent wäre, als interferenzfähige Teilchen, die alle Wege gehen, ganz ebensowenig begreifbar sind, wie ganzheitlich-zentrierten Wellen. Licht und Materie sind *wesensverwandt;* für *beide* muss man eine \`primäre individuelle Ganzheit´ annehmen, die bei Materie (zunächst) offenkundig scheint, sich aber auch an der \`Elementarbotschaft´ Licht zeigt; diese und die \`sekundäre Quantelung´ sind *zweierlei;* letztere rührt daher, dass wellenartige Entitäten unter gebundene Zustände kommen. Dass QO eine \`primäre individuelle Ganzheit´, eine Unzerstreulichkeit eignet, ist eigentlich kein besonderes Postulat, es meint ihre generelle Diskontinuität, ihr spezifisches \`Sosein´, wie sie als Individuen aus dem Zugrundeliegenden \`herausmoduliert´ sind; dies betrifft ihre zeitunabhängigen, essentiellen Eigenschaften: \`Existenz´ mit \`Ruhemasse´ und \`Ladung´ - mithin das, was sie als \`Bausteine´ *individualisiert*, ob sie etwa ein Elektron, up-Quark oder Photon *sind* (die zeitabhängigen, akzidentiellen Parameter spezifizieren das *nicht*); diese Parameter sind in ihren Größenwerten *diskontinuierlich*, *\`fix´* (abgesehen davon, dass Elementarbausteine erzeugt und vernichtet werden können), so findet man es empirisch, so bildet es auch die QFT ab. Anders bei den zeitabhängigen, akzidentiellen Parametern, allen voran den räumlichen Eigenschaften: Diese sind zwar klassisch punktförmig *idealisierbar*, aber schon klassisch im Raum als *Feld* ausgedehnt und in der QT überdies hinsichtlich ihrer gesamten *Wirkungsdynamik* - und doch sind sie bezüglich *aller* Parameter seltsamerweise räumlich *unzerstreulich*, *obwohl* QO *nicht* durchgängig lokalisierte und lokale Entitäten sind...

M: Ja. Die \`primäre individuelle Quantelung´ muss man *hinnehmen*, sie ist zunächst[?] irreduzibel, jedenfalls ist nicht zu sehen, worauf man sie *zurückführen* könnte - *zusammenhängen* könnte sie damit, dass QO einander als ganzheitliche Individuen räumlich \`überlappen´, dazu später... Diese hat aber auch bezüglich der Entropie einen wichtigen Effekt: Wie erinnerlich von der Ultraviolett-Katastrophe ist dem Gesetz der Gleichverteilung der Energie auf alle Freiheitsgrade durch die *Ganzheit* von QO eine Grenze gesetzt; dies hat nicht direkt mit der *räumlichen Größe* (und der Frage nach einem räumlichen Kontinuum) zu tun, wie im antiken Atom-Konzept: Der Energiezustand in bezug auf Elektronen und (reale) Photonen *hat* unterhalb der Atomhülle keine weiteren Freiheitsgrade (und auf der Ebene darunter beim Kern mag es - auf andere Kräfte und Energiezustände bezogen - ebenso sein) - Atome sind daher auch (immer noch, obwohl *zusammengesetzt*) insofern *Urbausteine* der Welt, als das Entropiegesetz bei ihnen in gewisser Weise *Halt* macht: Trotz aller *Veränderungen*, die ständig an ihnen statthaben, sind sie *stabil* und wahren ihre *Struktur*, das destruktiv-zerstreuende Element der Entropie hat (von radioaktiven Prozessen abgesehen) keine Macht über sie, sie sind - wie auf der Ebene darüber \`Leben´ - stabile, sich-selbsterhaltende Seinsformen

der Natur, auch sie gleichsam `Inseln im Meer der Entropie´...
H: Daneben gibt es zeitabhängige, akzidentielle Eigenschaftsparameter, nämlich `Ort´ und `(wirkungsdynamische) Raumausdehnung´, `Impuls´ und `Energie´ - diese Parameter sind *an sich* auch *kontinuierlich* veränderlich - sie unterliegen allerdings einer `sekundären Quantelung´; nur sofern QO in *gebundenen* Zuständen sind, sind diese *dis*kontinuierlich - das betrifft zunächst *Materie*, etwa Elektronen, mittelbar über diese dann aber die Emission und Absorption von *Licht* - bei *freien* QO tritt diese nicht auf, dann sind diese Parameter *kontinuierlich* veränderlich, wie es sich etwa bei *freien* Elektronen oberhalb der Ionisierungsgrenze von Atomen zeigt...
M: Nur wenn QO gleichsam *im Raum* auf sich selbst *`zurückgebogen´* sind, sind diese Parameter *auch* gequantelt - hier hängen Energie, wenn nicht *alle* Parameter mit der `Raumgröße´ zusammen: mit bestimmtem `Sosein´ aus dem Zugrundeliegenden `herausmoduliert´, können sie gebunden nur die nämlichen stehenden Wellen bilden - die `Ganzzahligkeit´ der Parameter ergibt sich hieraus. Ob es eine Ebene tiefer, bei den Kernbausteinen, ebenso zugeht, kann man nur mutmaßen: *mutmaßlich* geht es *ähnlich* zu...
H: Ja; für die Parameter `Polarisation´ und `Spin´ ist dies auf die möglichen Raumrichtungen bezogen ähnlich, sie werden bei einer Messungen *in* diskrete Zustände *präpariert.* Auch bezüglich *einiger dieser* Parameter meint `primäre individuelle Ganzheit´, dass QO *unzerstreulich* sind - sie zerstreuen sich auch nicht bezüglich ihres Energiegehaltes oder Impulses, wie etwa der Photoeffekt zeigt - wiederum obwohl *andere dieser* Parameter sie zu *nicht* durchgängig lokalisierten und lokalen Entitäten machen, ihren `Ort´ und ihre `wirkungsdynamische Raumausdehnung´ betreffend. Beides hängt natürlich zusammen: Nur weil einem QO eine `primäre individuelle Ganzheit´ eignet, wird es *zu* einem *bestimmten Zustand* `sekundär gequantelt´ im Raum... Man muss darüberhinaus *`Teilchenartigkeit´* für Licht nicht als *zusätzliches* Charakteristikum annehmen; umgekehrt muss man aber offensichtlich für Materie annehmen, dass *`Wellenartigkeit´* ein *wesentliches* Merkmal bildet...
M: Mehr noch: ...ein *so* wesentliches Merkmal, dass man körperhafte Teilchen vielleicht *überhaupt* als Wellenphänomene, als `Schaumkämme´ begreifen muss... So kann man bis hierher *resümieren* - fraglich bleibt wie die `primäre individuelle Ganzheit´ bei *freien* QO mit ihrer `wirkungsdynamischen Raumausdehnung´ zusammenhängt - etwa beim DSExp und beim *Messproblem...* Hat sich zunächst gezeigt, dass QO als `Bausteine´ im Sinne des Atomismus zu charakterisieren sind, zeigt sich nunmehr, dass es sich um `Wellenentitäten´ handeln muss. Der Begriff *`quantum´* lässt sich sowohl auf die *`primäre individuelle Ganzheit´* (nicht-Zerstreulichkeit) von QO generell beziehen - diese bleibt mit dem komplementären Dualismus *rätselhaft* und weiter Thema -, als auch auf die *`sekundäre Quantelung (spezifischer Größe)´* von Licht bzw. Energie, die man empirisch findet - die kann man, da man sie nur

bei gebundenen Quantenobjekten findet, am einleuchtensten als *`Eigenwert-Problem'* erklären und enträtseln. *Nur* mit der Ganzheit der *diskontinuierlichen, zeitunabhängigen, essentiellen* Parameter würde man QO entitätenrealistisch als *Teilchen* einordnen; dieselbe Unzerstreulichkeit zeigt sich - bei freien QO - zwar auch bei einigen der *kontinuierlichen, zeitabhängigen, akzidentiellen* Parameter, nicht aber im Sinne einer diskreten raumzeitlichen Einbettung, nicht bei der wirkungsdynamischen Raumausgedehntheit, der nicht-Lokalisiertheit oder nicht-Lokalität - ihre Fähigkeit zu Superposition und Verschränkung hinzugenommen, würde man QO als *Wellen*entitäten einordnen...

III a *H:* Mag man auch das Charakteristikum der \`Ganzheit´ auf Wellenentitäten *übertragen* - was schwierig genug ist -, kann man wohl kaum in irgendeiner *\`naiven´* Weise die Dinge als *Wellen*phänomene nehmen - man redet am Ende ja auch von Bäumen, Tischen oder Kaffeetassen; wird man also nicht immer auf den komplementären Dualismus *zurückgeworfen?*

M: Ja, so scheint es: un der ist nicht mehr als ein \`asylum ignorantiae´ der QT und ontologisch vollkommen *unbefriedigend:* Natürlich kann ein Ding nicht zugleich Welle *und* Teilchen sein (obgleich manchmal unbedacht so formuliert wird), man findet beide Aspekte auch empirisch nicht *gleichzeitig*, das würde schlicht einen *logischen Widerspruch* bilden (etwa zugleich ausgedehnt und diskret zu sein); richtiger scheint schon zu sagen, es sei *weder* Welle *noch* Teilchen (in klassischer Reinkultur) - als reine Negation bleibt das aber *auch* unbefriedigend...

H: Man könnte immerhin die QT daraufhin befragen, wie diese beiden Aspekte in ihrem mathematischen Formalismus repräsentiert sind. Immerhin lassen sich dort charakteristische Elemente des Korpuskel- und des Wellenbildes *ausmachen* - kann man *so* nicht des Wesens von QO habhaft werden, um vielleicht hernach sogar die widerstreitenden Bilder in einem *neuen* Bild zu versöhnen?

M: Bei aller Skepsis - in der Tat ist Mathematik das Erkenntnisnetz, das über die Dinge geworfen wurde, und man kann fragen, was sich gleichsam darin *\`verfängt´*, was sich *abbildet...* Die *alte* QT Plancks, Einsteins und als Atomtheorie dann Bohrs und Sommerfelds wurde ja in zwei Linien weitergeführt: Bohrs Linie wurde von Heisenberg weitergeführt in die *\`Matrizen*mechanik´ *(1925)*[207], die neue Linie, die deBroglie begründet hatte[208], wurde hingegen von Schrödinger weitergeführt in die *\`Wellen*mechanik´ *(1926)*[209]...

H: Richtig. Ein physikalisch-mathematischer Formalismus - hier scheinen es zunächst *zwei* zu sein - wird ja über gewisse Korrespondenzregeln auf die empirische Realität *bezogen;* den mathematischen Symbolen beider Ansätze bzw. dem *Symbolzusammenhang* und der gesamten quantenmechanischen *Axiomatik* korrespondieren gewisse empirisch-phänomenale *Erfahrungskomplexe;* fundamental ist, dies zu *interpretieren;* zunächst: Welche Größen des Formalismus korrespondieren welchen Messgrößen, wie lässt sich dies operationalisieren? usw. usf. - schließlich: Was könnte dies in *ontologischer* Hinsicht bedeuten? Wie in der klassischen Physik geht es um Aussagen und Voraussagen, nun für Quantensysteme - da diese Theorieelemente allerdings im Grunde schon zur *\`Deutung´* gehören, sind sie schon *umstritten...*

M: Ja. Die Heisenberg´sche Matrizenmechanik steht dem Korpuskelbild näher und wählt zur Zustandsdarstellung eine abstrakte *Matrizendarstellung*, die Wellenmechanik steht hingegen dem Wellenbild näher und wählt zur Zustandsdarstellung eine *Wellenfunktion* - beide kann man als Darstellungs*konventionen desselben* Hilbertraumformalismus begreifen, der beides als

Darstellung mittels eines abstrakten *Zustandsvektors* vereint; beide sind ja daher auch ineinander *übersetzbar* und einander nachweislich *äquivalent*, wie Schrödinger, Heisenberg und Dirac gezeigt haben[210] (Matrizenmechanik, Wellenmechanik und Hilbertraumformalismus lassen sich isomorph aufeinander abbilden)*(M. deutet auf Abbildung 27)*. Beide Theorien bleiben mithin zunächst auch scheinbar *untereinander* ontologisch *`neutral´*...

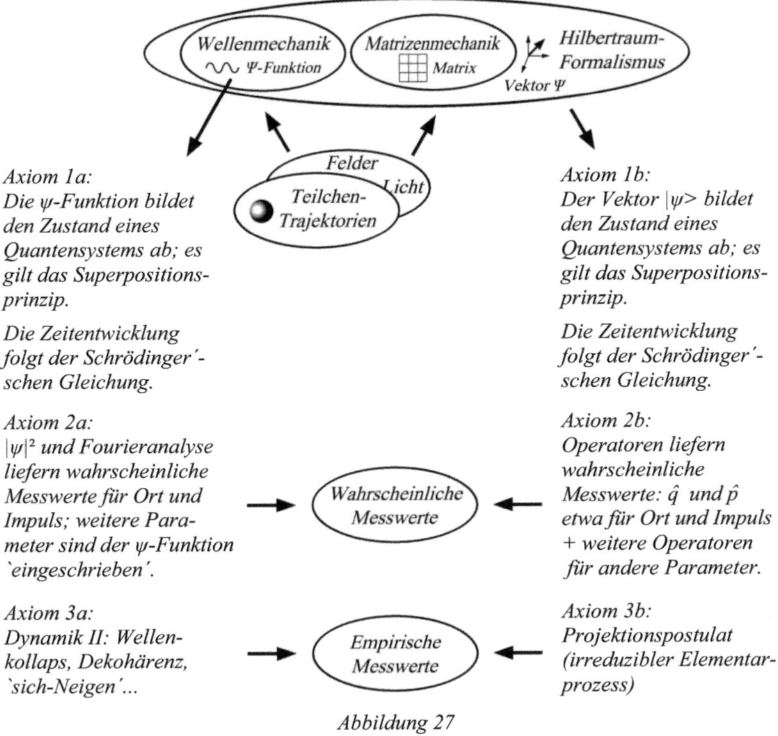

Abbildung 27

H: Genaugenommen wird dieselbe Sache nur gleichsam von verschiedenen *Seiten* aus betrachtet...

M: Nun, *formal mathematisch* muss man den inneren Zusammenhang beider Theorien als *Identität* bezeichnen;[211] andererseits aber - auch hinsichtlich der *ontologischen* Implikationen - erscheint „das Abgehen von der klassischen Mechanik in den beiden Theorien geradezu in *diametral entgegengesetzter* Richtung zu erfolgen. Bei *Heisenberg* werden [- von der Modulation der Zeitentwicklung abgesehen -] die klassischen kontinuierlichen Variablen durch Systeme *diskreter* Zahlengrößen [...] ersetzt [...]; die Autoren selbst bezeichnen die Theorie als `wahre *Diskontinuums*theorie´. [...][Bei *Schrödinger*] hingegen [...][macht man] gerade *umgekehrt* [...] einen Schritt auf die *Kontinuums*theorie zu. Tritt doch an Stelle des durch endlich viele dependente Variable mittels endlich vieler totaler Differentialgleichungen beschreibbaren Geschehens ein *kontinuierliches feldmäßiges* Geschehen im Konfigurationsraum, das von einer einzigen, aus einem Wirkungsprinzip ableitbaren partiellen Differentialgleichung beherrscht wird [...][- das Eigenwertproblem dieser Gleichung] ersetzt die Bewegungsgleichungen *und* die Quantenbedingungen der älteren `klassischen QT´." Mithin ist es so, dass den „[abstrakten] Matrizenelementen oder Größen, die mit ihnen eng verwandt sind, in der [...][*Wellen*]*mechanik* eine vollkommen *anschauliche* Bedeutung zu[kommt, etwa] als Amplituden der Partialschwingungen des elektrischen Momentes des Atoms."[212] Daher auch scheint die *Wellen*mechanik einer *direkteren ontologischen* Deutung zugänglich, während die *Matrizen*mechanik mit eigentlich dann: *ihrem* Überbau, dem Hilbertraum-Formalismus, *abstrakt bleibt...*

H: ...man fragt ontologisch *direkter* (allerdings auch *unbekümmerter*) - nicht: Repräsentiert der Hilbertraum-Formalismus das unbekannte `etwas´, genannt QO, und was könnte es wohl sein?, sondern: Inwiefern sind QO mit Wellenentitäten *identifizierbar?*

M: Ja. Im ersten Falle wird auch die Korrespondenz zwischen dem mathematischen Formalismus und dem ontologischen (wohlgemerkt:) Konstrukt der `Dinge-an-sich´ *noch problematischer*, wie auch zwischen den quantenmechanischen und klassischen Parametern - weniger zwischen Formalismus und Empirie... Für gewöhnlich liegen einem (mit einem hypothetischen Realismus interpretiert) die grobsinnlichen ontologisch-realen Vorgänge klar ersichtlich vor Augen - jedenfalls bevor man mit der QT auch in diesem Punkt eine *generelle Skepsis* entwickelt - und man sucht für diese den `passenden´ mathematischen Formalismus, der diese abbildet; so etwa hat man die Bahnen der Planeten beobachtet, das Kopernikanische Weltbild entwickelt und Kepler und Newton fanden dann den passenden mathematischen Formalismus, um das Ganze *abzubilden* (die Problematik der beteiligten Felder und Kräfte einmal ausgenommen, um das Ganze nicht zu verkomplizieren)...

H: Richtig; in der QT ist das nun anders: Bei dem, was man als empirischen Befund erhält, etwa beim *DSExp*, liegen die ontologisch-realen Vorgänge *nicht* klar ersichtlich vor Augen, man *versteht* nicht, was vor sich geht, ja, welcher Art Entitäten dergleichen seltsame Befunde überhaupt *hervorzubringen* vermögen - man hat aber einen bzw. sogar zwei mathematische Formalismen, welche die Befunde insgesamt (statistisch) richtig *abbilden* bzw. *vorhersagen...*

M: ...daher kann man *umgekehrt* versuchen, aus diesen *rückzuschließen*, was dem Ganzen ontologisch-realiter *zugrundeliegen* könnte - besonders *erschwert* ist dies aber bei den *abstrakten b*-Axiomen des Heisenberg-Bildes und des Hilbertraum-Formalismus... Überhaupt kann dies nur *bedingt* als Erkenntnis*um*weg sinnvoll sein, insofern die mathematischen Formalismen ja von den Befunden, der Empirie, dem was `ist´, *abgenommen* wurden...

H: Man muss umgekehrt immer überprüfen, ob *diese* auch *adäquat* abbilden, was sich bei *jenen* empirisch zeigt... Da aber *alle* Wege zur Beantwortung der Frage 'Was ist ein QO?' *Um*wege sind, da es keinen direkten Weg *gibt*, sollte man auch *diesen* Umweg beschreiten...

M: Ja. Die Axiome sind hier *(M. deutet auf die Abbildung oben)* natürlich *so* nicht vollständig, einige weitere sind zu ergänzen; zunächst zu den *abstrakten b*-Axiomen: Ein Quantensystem *Q* und sein Zustand wird abgebildet mittels des abstrakten, gedachten *n*-dimensionalen Hilbertraums $\mathcal{H}$, aufgespannt durch die Gesamtheit der orthogonalen Vektoren $|\Psi>$, der Eigenvektoren möglicher Zustände; seine Dimensionalität hängt mithin an der Anzahl der möglichen *Eigen(schafts)werte* und der Anzahl der betrachteten *Objekte*. Die Zustände etwa eines Wasserstoffatoms (die - wie erinnerlich - der Wellenfunktion schon '*eingeschrieben*' waren) werden - im Heisenbergbild Matrizen - als abstrakte Vektoren des Hilbertraums aufgefasst, welcher die Gesamtheit aller Eigenvektoren des Hamiltonoperators $\hat{H}$ 'aufspannt'; die Hamilton-Matrix *H* enthält (in Diagonalform) als Diagonalelemente die möglichen Energiewerte des atomaren Systems - diese werden nun als Eigenvektoren aufgefasst; muss man in der *Quanten*mechanik die Matrix *H(p,q)* in Diagonalform bringen, so in der *Wellen*mechanik die Eigenwerte der Hamiltonfunktion *H* finden, so im *Hilbertraum-Formalismus* die *Eigen*vektoren[213]... Ein Zustandsvektor (mit verschiedenen Faktoren) repräsentiert den jeweiligen Zustand Ψ von *Q; mehrere* superponierte bzw. verschränkte Quantensysteme werden zu einem Gesamtsystem zusammengefasst, indem man für die Zustandsvektoren von *n* Hilberträumen deren *Tensorprodukt* bildet (III.1a); Superpositionen reiner Zustände sind wieder mögliche reine Zustände; die Einheitsvektoren von $\mathcal{H}$ repräsentieren die möglichen Zustände als *superponierte Linearkombinationen*, mithin als superponierte *Vektoren* (III.1b):

$$\mathcal{H}_n = \bigotimes_{i=1}^{n} \mathcal{H}_i \qquad |\Psi> = \Sigma_n c_n |\Psi_n> \qquad \text{(III.1a/b)}$$

Diverse Operatoren $\hat{O}$ repräsentieren die Observablen *O*, die empirisch zugänglichen Eigenschaften von *Q;* die observablen physikalischen Größenwerte werden (ebenso wie in der *QFT*) durch die Operatoren mit reelen Eigenwerten - lineare selbstadjungierte (hermitesche) Operatoren - erst in Verbindung mit dem Projektionspostulat '*erzeugt*', wodurch man konkrete, spezifische Zahlenwerte für Mess- bzw. Erwartungswerte etwa für Ort, Impuls, Energie, Spin erhält (die in klassischen Theorien direkt(er) vorliegen); aus dem abstrakten Zustand muss der Bezug zur Realität *hergestellt* werden. Die Operatoren, die auf den Zustandsvektor einwirken, stehen ontologisch-realiter *für* einen Messprozess: Ein Operator $\hat{O}$ hat diverse Eigenvektoren *o* mit den Eigenwerten ω - korrespondieren soll dem ontologisch-realiter eine physikalische Eigenschaft *O* (Ort, Impuls, Energie, Spin...) mit den möglichen Zuständen *o* und den (erwarteten) Messwerten ω (als dem Mittelwert diverser Messungen);

das Spektrum der Eigenzustände kann kontinuierlich oder diskontinuierlich sein. Eine normierte Wahrscheinlichkeitsfunktion $W=f(\Psi,\hat{O})$ bzw. das Skalarprodukt $<f\hat{O}>=<\Psi|\hat{O}|\Psi>$ liefert den Erwartungswert einer Observablen *O* des Quantensystems im Zustand $|\Psi>$; dabei sind (statt mit Schrödinger die Zustände Ψ) hier die *Operatoren* $\hat{O}$ zeitabhängig; die *Zeitentwicklung* folgt aber der Schrödinger'schen Gleichung...
H: In der Tat eine sehr *abstrakte* Abbildung...
M: Mit dem vonNeumann'schen *Projektionspostulat* wird bei einer Messung - hier durch die Operatoren abgebildet - eine Zustandsreduktion auf einen Eigenvektor bzw. -wert *`induziert';* man stellt etwa die beiden möglichen Spinwerte eines QO als zwei orthogonale Eigenvektoren dieser Observable dar; in dem damit aufgespannten zweidimensionalen Zustandsraum bildet die Projektion des Zustandsvektors $|\Psi>$ des QO die Wahrscheinlichkeit für diesen Eigenwert ab; bei einer Messung *springt* der Zustandsvektor dann in einen der beiden Zustände, womit sich der Zustand und die Wahrscheinlichkeiten ändern (die eine ist dann *0*, die andere *1*, d.h. Wiederholung der Messung liefert dasselbe Ergebnis). Komplementäre Observable, etwa `Ort' und `Impuls', haben zumeist *verschiedene* Eigenzustände, was mit der HU zusammenhängt (ob dieser ist die klassische Darstellung im *6*-dimensionalen Zustandsraum auch nicht mehr adäquat): Ist die *eine* Observable `scharf' und in einem *Eigen*zustand, kann die *andere* Observable *nicht* in einem Eigenzustand sein; dann sind nur die *Wahrscheinlichkeiten* der überlagerten Eigenzustände gegeben. Der Wellenfunktion Ψ des *Schrödingerbildes* entspricht die Darstellung in *Orts*koordinaten; sie ist (hier) keine klassisch direkt messbare Größe, sondern eine reine *Wahrscheinlichkeits*funktion...
H: Was *sagt* das nun?
M: Nun, physikalisch-ontologisch bedeutet der *`Weltvektor'* mutmaßlich... *gar nichts:* Man mag sich die `Welt' mit Schrödinger als `Schaumkammphänomen eines Wellengrundes' vorstellen, aber wohl nur schwerlich als `Welt*vektor*', er *taugt* nicht als ontologische Vorstellung...
H: Beides `funktioniert' natürlich instrumentalistisch...
M: Ja, weil das verbindende Element das *Superpositionsprinzip* ist: Wie *Wellen* superponiert und kombiniert werden, werden im Hilbertraum *Vektoren* und *Zustandsräume* superponiert und kombiniert; wie zwei superponierte Wellen eine *neue* Wellenentität bilden, ergibt die Linearkombination von Vektoren - *ihre* Superposition - einen *neuen* Vektor des Hilbertraums; und wie man mit Fourier jede Wellenentität aus elementaren Wellen `zusammenfügen' kann, kann man jeden Vektor aus $\mathcal{H}$ aus anderen `zusammenfügen'; was den Wellen *natürlich* zu eigen ist, bildet der Hilbertraum-Formalismus allerdings ja nur *nach* - *ontologisch-realiter* kann es nicht um *Vektoren* gehen, schon aber um *Wellenphänomene...*
H: Dann müsste man - unter dem ontologischen Blickwinkel der *Deutung* -

dies auch von den Operatoren und dem Projektionspostulat sagen...
M: Natürlich, es wird nur *nachgebildet*, was die Wellenmechanik *direkt* mit ihrer Wellenüberlagerung, dem Messprozess, mit Wellenkollaps, Dekohärenz, \`sich-Neigen´ usw. usf. umfasst; daher überhaupt *ähneln* sich auch die *Axiome*. Die Axiome *1* und *2* korrespondieren Dynamik *I*, der unitären (deterministischen) Entwicklung gemäß der Schrödinger´schen Gleichung sofern *keine* Messung stattfindet - die *Zeitentwicklung* folgt ja in beiden Formalismen der Schrödinger´schen Gleichung; Axiom *3* bildet den Übergang zu einer Dynamik *II*, die von den *möglichen* zu den *empirisch-faktischen* Messwerten weiterführt - mit *3a* im ontologisch-realen Sinne eines *realen* Wellenkollapses, Dekohärenzprozesses, \`sich-Neigens´, während man mit dem Projektionspostulat, dem Springen des Zustandsvektors mit *3b* auf der Beschreibungs- und Theorieebene bleibt, weil dies natürlich nur ein *mathematisches Bild* ist, dass gleichzeitig das *Messproblem* induziert, nämlich mit der Frage, was eigentlich dieser angeblich irreduzible Elementarprozess ontologisch-realiter *darstellt* - das ist in der Wellenmechanik *als* Wellenkollaps, Dekohärenz, \`sich-Neigen´ schon *gegeben*. Ähnlich ist es schon mit den Heisenberg´schen *Matrizen...*
H: Ist das so? Von den klassischen Hamilton´schen Bewegungsgleichungen ausgehend gibt es im Heisenbergbild gewisse Vertauschungsregeln, um der *Wellen*natur von QO Rechnung zu tragen, wie es im Schrödingerbild gewisse Regeln gibt, um für klassische Feldgleichungen der *Teilchen*natur von QO Rechnung zu tragen. Auch ist der *Ansatz* ein ganz anderer, wie die zeitliche Entwicklung von Quantensystemen *\`moduliert´* wird - dort werden *zeitunabhängige* Zustandsvektoren von Teilchen von *zeitabhängigen* Operatoren moduliert, hier jedoch *zeitabhängige* Zustände von Wellenfeldern von *zeitunabhängigen* Operatoren...
M: In beiden Fällen aber folgt die Zeitentwicklung der *Schrödinger´schen Wellenfunktion...*
H: In beiden Fällen bezieht sich \`Zustand´ nicht nur auf *klassische* Parameter wie Ort, Impuls oder Energiegehalt, sondern auch auf speziell *quantenphysikalische* Parameter, etwa den Spin...
M: Zustand meint in der QT *überhaupt* anderes, daher kommt man mit den klassischen Parameter ja in Schwierigkeiten; man arbeitet - den Hilbertraum-Formalismus als *gemeinsamen* Überbau begriffen - mit abstrakten Zustandsfunktionen bzw. -operatoren, also abstrakten mathematischen Objekten, welche die Wahrscheinlichkeiten von möglichen Messergebnissen festlegen - aber diese sind in der *Wellenmechanik* einer direkteren ontologischen Deutung zugänglich; die ψ-Funktion...
H: ...liefert nicht die Materiedichte einer Materiewelle!
M: Jedenfalls *überhaupt* eine Art \`Intensität´, und sei es des Wahrscheinlichkeitsflusses, überhaupt ein *mathematisches* Gebilde, das - wie schemenhaft

auch immer - ein *ontologisch-reales* Gebilde abbilden *könnte;* eben *das* gilt es ja zu diskutieren... Die *Observablen*, als die *beobachtbaren* Eigenschaften, sind natürlich noch *dieselben* wie ehedem: man *kann* schlicht nur *klassische* Eigenschaften beobachten, was ein Ding mechanisch *`macht';* phänomenal-empirisch gegeben sind - wenn man nicht sagen will, man würde *direkt* im Bewusstsein Licht wahrnehmen - *nur* Ortsveränderungen von *`Körpern'*, ihre Trajektorien, und seien es Probekörper in Feldern oder Zeiger von Messinstrumenten...

H: Ja, aber eben auch keine *Wellen...*

M: ...und auch keine klassischen *Felder...* Weniger streng betrachtet wird in der klassischen Mechanik der Zustand eines Teilchens durch Ort und Impuls im sechs-dimensionalen Phasenraum vollständig bestimmt und diese sind auch Observable, messbare Eigenschaften: Zustand und Observable fallen *zusammen*; in der QT fallen sie *auseinander*, weil der Zustand nur die *Wahrscheinlichkeit* der Messwerte der Observablen bestimmt...

H: ...aufgrund der HU bzw. weil das System nicht in einem *Eigen*zustand der Observablen ist, wobei (nur) dessen erwarteter Messwert eindeutig festliegt, sondern in einem *Superpositions*zustand, bei dem nämliche Eigenzustände und Messwerte als Möglichkeiten mit einer gewissen Wahrscheinlichkeit *überlagert* sind (wenn beides auch *reine* Zustände sind)...

M: Nun, bei Verschränkungen, also Superpositionen von mehreren QO, ist es so, dass nur dem *Gesamtsystem* ein definiter reiner Zustand zukommt - von einem Untersystem ist nur eine *unvollständige* Zustandsbeschreibung, der *gemischte* Zustand zugänglich (im Unterschied zum Zustands*gemisch*, bei dem unterschiedliche Zustands-Präparationen vorliegen, die man nicht kennt, etwa bei einer Quelle die (noch) unpolarisierte QO aussendet). Mit dem *Wellenbild* hängen Superpositionen eines QO aber an der `Wellen*artigkeit'* von QO - wohlgemerkt: von Verschränkungen *abgesehen* würde man manche Zustande gar nicht *als* superponiert betrachten; so etwa, wenn argumentiert wird, dass bei den (idealisiert) punktförmigen *Teilchen* eines Teilchenstrahls Ort und Impuls, die klassisch eindeutig (ontologisch) bestimmt sind, in der QT aufgrund von Beugungs-, Interferenzeffekten usw. (etwa ob der (scheinbar) verschiedenen Bahnen und dann Auftreffensorte) als *mehrere verschiedene*, eben *superponierte* Zustände betrachtet werden müssen; bei einer *Wellenentität* sind alle diese Möglichkeiten bereits ontologisch-realiter *enthalten...*

H: ...nur, dass diese dann ganzheitlich *teilchenartig wechselwirkt...*

M: Richtig, was problematisch ist... Hier aber zieht das nach sich, dass man zu einem extremen Zustands-*Atomismus* kommt: Alle möglichen verschieden wahrscheinlichen Eigenzustände, für die man bei einer Messung die entsprechenden Eigenwerte finden könnte, sind hier nicht nur in den *Matrizen* zusammengefasst, sondern ihnen wird im Hilbertraum jeweils ein eigener orthogonaler *Zustandsvektor* (bzw. weil noch ein Faktor hinzutreten kann, ein eindimensionaler Unterraum) zugeordnet, wodurch ein hoch-dimensionaler abstrakter *Zustandsraum* erzeugt wird, mehrere QO sind in deren Tensorprodukt vereint usw. usf. Was der Hilbertraum damit zusammenhält, ist aber - so es um *Wellenentitäten* geht: *nur - unser Denken in atomaren Alternativen* (und das auch nur für die *klassischen* Zustände, die für QO *emergent* sind), die eine Wellenentität *an sich* schon umfasst...

H: ...was sich dann in der Deutung etwa zu den Vielen-Welten oder Vielen-Pfaden fortspinnt...

M: Ja, dazu später... Jedenfalls kann hier *jeder* Zustand, auch ein *Eigen*zustand, *wenn* er denn vorliegt, als Superposition *anderer* (nicht-Eigen-)Zustande aufgefasst werden - schon von daher bietet der mathematische Formalismus für ein jeweils *bestimmtes* \`Sosein´ (das bei einer Wellenmodulation gegeben wäre) keinen *Halt* mehr...

H: Ja; der mathematische Formalismus legt dies geradezu in die Dinge *hinein*...

M: Auch die *Matrizen*mechanik *selbst* gibt ontologisch direkt *wenig* her - sie versucht ja im Gegenteil *bewusst abstrakt* zu bleiben; wie Bohr sich gleichsam in eine mehr oder weniger mystische \`Komplementarität´ flüchtete, so Heisenberg in die \`Abstraktheit´ der reinen Mathematik - er sagte sich: „Gegen die formalen Regeln, die allgemein in der [alten] QT zur Berechnung *beobachtbarer* Größen (z.B. der Energie im Wasserstoffatom) benutzt werden, [lässt sich] der schwerwiegende Einwand erheben, dass [...][diese] als wesentlichen Bestandteil Beziehungen enthalten zwischen Größen, die scheinbar *prinzipiell nicht* beobachtet werden können (wie z.B. Ort, Umlaufzeit des Elektrons), dass also jenen Regeln offenbar jedes *anschauliche* physikalische Fundament *mangelt.*" Darin nur eine *Abweichung* von der klassischen Mechanik zu sehen, sei zu wenig, so „scheint es geratener, [...] zu versuchen, eine der klassischen Mechanik analoge *quantentheoretische* Mechanik auszubilden, in welcher nur Beziehungen zwischen [prinzipiell] *beobachtbaren* Größen vorkommen."[214] „Die Bahnen der Elektronen im Atom kann man nicht beobachten [...]. Da es aber doch vernünftig ist, in eine Theorie nur *die* Größen aufzunehmen, die *beobachtet* werden können, [...][ist es] naturgemäß, nur [...][Schwingungsfrequenzen und Amplituden von Oszillatoren, der Elektronen im Atom, die man aus dem emittierten bzw. absorbierten Licht erschließen kann, als] *Gesamtheiten*, sozusagen als *Repräsentanten* der Elektronenbahnen, einzuführen"[215]...

H: Man kann natürlich schon fragen, ob und inwiefern eine Theorie selbst *vorgibt*, was beobachtbar *ist*...

M: Diese Gesamtheiten werden nun in Form von *Matrizen* zugrundelegt, die über die Bohr´sche Quantisierung - hier in Gestalt der *Heisenberg´schen* Vertauschungsregel - mit einer Einheitsmatrix I mathematisch verknüpft werden (III.2a); über die Frequenzen geht in die Vertauschungsregel auch die Planck´sche Konstante $\hbar$ ein; die atomaren Spektralfrequenzen erscheinen als Matrix (III.2b); die Matrix-Elemente sollen für Fourierkoeffizienten des klassischen Modells stehen:[216]

$$pq - qp = \hbar i I \qquad \text{(III.2a)} \qquad\qquad \text{(III.2b)}$$

$$mit:\ p=\begin{vmatrix} p_{11} & p_{12} & p_{13} & \cdots \\ p_{21} & p_{22} & p_{23} & \cdots \\ p_{31} & p_{32} & p_{33} & \cdots \\ \vdots & \vdots & \vdots & \end{vmatrix} \quad q=\begin{vmatrix} q_{11} & q_{12} & q_{13} & \cdots \\ q_{21} & q_{22} & q_{23} & \cdots \\ q_{31} & q_{32} & q_{33} & \cdots \\ \vdots & \vdots & \vdots & \end{vmatrix} \quad I=\begin{vmatrix} 1 & 0 & 0 & \cdots \\ 0 & 1 & 0 & \cdots \\ 0 & 0 & 1 & \cdots \\ \vdots & \vdots & \vdots & \end{vmatrix} \qquad v=\begin{vmatrix} v_{11} & v_{12} & v_{13} & \cdots \\ v_{21} & v_{22} & v_{23} & \cdots \\ v_{31} & v_{32} & v_{33} & \cdots \\ \vdots & \vdots & \vdots & \end{vmatrix}$$

H: ...wobei dieser Ausdruck nicht eine gewöhnliche *Differenz* darstellt, die ja *0* ergeben müsste - ein Aspekt, deren \`Gehalt´ Born und Jordan herausarbeiten halfen (die \`Dreimännerarbeit´): *pq* und *qp* meint schlicht *nicht dasselbe;* mathematisch ist das alles andere als seltsam, denn es geht eben nicht um die Multiplikation von *Variablen*, sondern von *Matrizen* bzw. die Anwendung von *Operatoren*, die nicht generell dem *Kommutativ*-Gesetz gehorcht; bei Matrizen werden die Zahlen der Zeilen und Spalten in einer bestimmten *Reihenfolge* multipliziert - von dieser hängt das Ergebnis dann *ab:* Das ist nicht nur ein mathematisches Phänomen, sondern auch *ontologisch-realiter* ist die Welt so beschaffen, dass Kommutativität nicht für alle Operationen gegeben ist - bei *räumlichen Drehungen* etwa: wenn man einen Spielwürfel in einem Koordinatensystem *90°* um die *x*-Achse und sodann *90°* um die *y*-Achse dreht, ergibt sich bei der *umgekehrten* Reihenfolge *nicht* dieselbe Lage - \`nicht-abelsche-Transformationen´ *(H. deutet auf Abbildung 28)...*

Abbildung 28

Bei komplementären Observablen versetzt die Messung der ersten Observablen das Quantensystem in einen Eigenzustand, der aber nicht ein möglicher Eigenzustand der zweiten Observablen ist - so der mathematische Formalismus etwa bei den klassisch kanonisch-Konjugierten \`Ort´ und \`Impuls´...

M: Nun muss man sich für die QT nur noch vorstellen, dass die x-Achsen-Drehung für die Anwendung des Orts-Operators bzw. ontologisch-realiter für den *Wellenkollaps* bei einer Ortsmessung steht, die y-Achsen-Drehung aber für die Anwendung des Impuls-Operators bzw. ontologisch-realiter für einen *\`Spektralkollaps´* bei einer Impulsmessung - man sieht, dass im zweiten Fall ein ganz *\`anderes´* bzw. *anders \`vorpräpariertes´* QO analysiert wird bzw. kollabiert, dekohäriert, \`sich-neigt´ und dass das Ergebnis daher *verschieden* ist...

H: Richtig, und insofern lässt sich vielleicht *ohne* hier tiefer einzudringen *grob erahnen*, wie mit dieser Gleichung für die Matrizen *p* und *q* nicht nur eine *Quantisierung* erfasst wird, sondern wie sozusagen ein *`Grad´* der nicht-Kommutativität von Impuls und Ort über die Quantenbedingung definiert wird, der damit zusammenhängt, dass es bei Messungen *komplementärer* Observabler auf die *Reihenfolge* der Messungen ankommt, was klassisch *nicht* der Fall ist: die Messung des Zustands einer Observablen *zerstört* den Zustand der komplementären Observablen; eine *Orts*messung *alleine* kann daher beliebig genau erfolgen und sie liefert *unittelbar wiederholt* denselben Wert - macht man jedoch zwischendrein eine *Impuls*messung, ergibt danach eine Ortsmessung gewöhnlich einen *anderen* Wert. Hier wird die Differenz bei *Vertauschung* dieser Reihenfolge als etwas für die QT *Wesentliches* quantitativ erfasst. Kann man die Operatoren vertauschen, wie es bei klassischen Observablen ist, kann man diese gleichzeitig scharf messen; kann man diese *nicht* vertauschen, *nicht* - beide sind dann *komplementär. Vor* einer Messung sollen komplementäre Größen überdies gewöhnlich keine bestimmten, definiten Werte haben; *nach* einer Messung aber liegt nur *eine* Größe fest, und je *bestimmter diese* ist, desto *unbestimmter* ist die *andere*, so sagt die HU...

M: Das ist für diese Größen *klassisch* zwar *nicht* der Fall - damit nun aber in Richtung einer nicht-klassischen „nicht-Verträglichkeit von Messungen" oder einer „nicht-Objektivierbar[keit]"[217] zu argumentieren, kann leicht in die *falsche* Richtung führen: Ontologisch-realistisch betrachtet werden QO *durch* eine Messung in bestimmten Zuständen *präpariert*, was heißt: zu Wellen oder Teilchen *`gemacht´*, wie sich noch genauer zeigen wird - genaugenommen weist *das* schon darauf hin, dass es bei einer Messung, allgemein aber bei einer Wechselwirkung mit anderen QO, zwei `Modi´ gibt, in welche Richtung QO sich verändern, gleichsam `sich-neigen´ können; bei alledem noch davon abgesehen, dass jede Wechselwirkung eines QO mit seiner Umgebung etwa mit Dekohärenzprozessen einhergeht. Mit der Matrizenmechanik erhält man zwar eine vollkommen abstrakte *`Lösungs´*-Matrix, etwa mit den verschiedenen emittierten Lichtfrequenzen, die man empirisch beobachtet, man arbeitet nüchtern betrachtet aber eben *nur* mit einem System von Wertetabellen - und dieses sagt natürlich *fast nichts* darüber, was *`hinter´* alledem steckt. „[Die Matrizenmechanik] lässt der physikalischen Intuition [...] nur wenig Raum, da [...][etwa] die `Position´ eines Teilchens zu einer unendlich-dimensionalen Matrix mit komplexen Zahlen wird."[218] Die Abstraktion ist also extrem weit getrieben, so weit, dass man die *Anwendung* der Theorie sogar in manchen einfachen Fällen erst *herausfinden* musste... Natürlich kann man *alles Mögliche* mit Matrizen, Operatoren und Zustandsvektoren erfassen und analysieren - selbst musikalische Kompositionen, wenn man etwa an Mozarts `Musikalisches Würfelspiel´ denkt, das auch mit *Matrizen* möglicher musikalischer Verläufe arbeitet und eine Art *`Gesamtkatalog´* typischer Musikstücke der Wiener Klassik darstellt...

H: ...was bemerkenswert ist - *ebenso* bemerkenswert, wie dass man dahinter wiederum Parmenides' und Heraklits Grundpositionen ausmachen kann: Heisenberg stellt sich gleichsam statisch den *`Gesamtkatalog'* der möglichen quantenphysikalischen Zustände vor, aus dem im Laufe der Zeit der eine oder andere realisiert ist; aus diesem *`Sein'* wird gleichsam etwas ausgewählt - daher seine Matrizen und die zeitabhängigen Operatoren...
M: ...und wenn man unbedingt wollte, könnte man diese Gedankenlinie vorgezeichnet in Leibniz' `möglichen Welten' sehen und verlängert im Everett-Wheeler'schen `Viele-Welten-Ansatz' - wobei die `Kataloge' verschiedenen ontologischen Status haben. Und der ist auch *hier* fraglich, man muss nämlich eingedenken, dass man nur bei einer *Messung* einen konkreten Messwert erhält - *grundsätzlich* sind Heisenberg die physikalischen Parameter eines Quantensystems gleichsam *als* Matrizen gegeben; ihm ist es etwa „Tatsache, dass auch die Energie des Atoms *`in Wirklichkeit'* keine Zahl, sondern eine *Matrix* ist. Der Erhaltungssatz gilt [nur] für die Energie*matrix* und deswegen auch für den Wert der Energie so genau, als dieser [gemäß den HU] jeweils gemessen wird."[219] Auch `Geschwindigkeit' sei *`in Wirklichkeit'* keine Zahl, sondern eine Diagonalmatrix - „sobald man zugibt, dass alle quantentheoretischen Größen *`in Wirklichkeit'* Matrizen seien, folgen die quantitativen Gesetze ohne Schwierigkeiten." Das mag auch *sein*, aber...
H: ...man könnte Anstoss nehmen an der Formulierung `in Wirklichkeit' - aber „das Wort [...] wird hier ebenso *sehr* oder ebenso *wenig* berechtigt sein, wie bei *irgend*einer mathematischen Beschreibung natürlicher Vorgänge"[220]...
M: Nur wird damit die Abstraktheit zu einem unüberwindlichen Bollwerk - passender nimmt man dahinter wohl die möglichen Wellenmodulationen von QO an... Diese Überlegungen gehen ja einher mit solchen über die *`Anschaulichkeit'* der Matrizenmechanik: Schrödinger hat diese „als formale Theorie von abschreckender, ja abstoßender Unanschaulichkeit und Abstraktheit" bezeichnet[221]; Heisenberg hingegen sagte umgekehrt (bei aller beigemischten Wertschätzung), dass „in den prinzipiellen, physikalischen Fragen [...] die populäre Anschaulichkeit der *Wellen*mechanik vom geraden Weg *abgeführt* [habe]" - er legt mithin ein vollkommen anderes Verständnis von - man könnte beinahe sagen: *abstrakter* - `Verstehbarkeit' zugrunde, die ihm schon gegeben ist, wenn man sich - etwa in bezug auf die HU - „die experimentellen Konsequenzen der Theorie in allen einfachen Fällen qualitativ denken [kann]"[222]...
H: Ähnlich steht es um den `Überbau', den Hilbertraum-Formalismus - man *kann* in instrumentalistischer Manier die QT aufgrund der beobachtbaren „Effekte an Makrosystemen [...] als eine Wechelwirkungstheorie zwischen [klassisch zu beschreibenden] *makro*skopischen Systemen [betrachten], den Präparier- und Registrierapparaten [...][- speziell *der* Wechselwirkungen,] die durch *Mikro*systeme [übertragen werden, die einer objektivierenden

Beschreibung nicht mehr *zugänglich* sind]"; „man kann die merkwürdige Hilbertraumstruktur der [...][QT] gerade dadurch gewinnen [...], dass man Gesetze [...] über die Fülle der [dabei zutagetretenden] Möglichkeiten des Präparierens und Registrierens einführt"[223]...
M: Natürlich; nur, dass man damit vollkommen an der *`Oberfläche´* bleibt - *ontologisch...* Schrödinger stellt sich die möglichen quantenphysikalischen Zustände selbst als veränderlich, als `Werden´ vor, das im zeitlichen Fluss ist; daher auch seine *Wellenmodulationen* - QO *sind* ihm Wellenentitäten mit bestimmten Modulationen; mithin ist vielleicht seine Theorie anschaulicher, *weil* sie unter ontologischen Aspekten der `Wahrheit´ *näherkommt...*
H: Wie wollte man das behaupten, eingedenk der Kritik, dass dergleichen im Hintergrund aufgerufene Bilder darüber, *für* was ein mathematischer Formalismus ontologisch-realiter jeweils *eigentlich* steht, *nichts* oder *wenig sagt* - wie wäre hier *`Wahrheit´* erreichbar, zu wissen, dass *`in Wirklichkeit´* hinter allem *Wellenphänomene* stehen?
M: Zunächst einmal sollte auch *hier* das `in Wirklichkeit´ `ebenso *sehr* oder ebenso *wenig* berechtigt´ sein... Unbestreitbar sind natürlich die `Dinge an sich´ oder `in Wirklichkeit´ nicht *zugänglich;* aber man kann eben auch statt des mathematischen Formalismus die Phänomene und Befunde *direkt* in Betracht nehmen, alles andere kann - wie gesagt - nur bedingt als Erkenntnis*umweg* sinnvoll sein, da *jener* ja *von diesen* abgenommen wurde... Heisenberg *verbaut* sich diesen Weg - ihm scheint es mit seinem abstrakten Ansatz *auch* geraten, „einzuräumen, dass die teilweise Übereinstimmung der [...] Quantenregeln [der alten QT, die noch auf der *klassischen Mechanik* basieren] mit der Erfahrung mehr oder weniger *zufällig* sei"[224] - auch wenn er zu klug war, dies in einem *strengen* Sinne anzunehmen, bezeichnet das doch die *Tendenz*, wohin er seinen Erkenntnisblick *gerichtet* und *nicht* gerichtet hat; ähnlich Born und Jordan, wenn sie sagen: „Die klassisch berechneten Bahnen schließen sich kontinuierlich aneinander, wodurch auch in die nachträglich ausgesonderten Quantenbahnen von vornherein eine bestimmte *Reihenfolge* kommt. Die neue Mechanik stellt sich als *wahre* Diskontinuumstheorie dar, indem hier von solcher durch den physikalischen Vorgang definierten Reihenfolge der Quantenzustände *keine Rede* ist."[225] Beides war, *bevor* Schrödinger *seine* Deutung gab, bei der sich gerade letzteres ganz natürlich durch die Reihenfolge der Oberschwingungen ergibt; aber diese Erkenntnis*möglichkeit* hat man im vorhinein schon mit der Abstraktheit des Heisenberg´schen Ansatzes *verworfen.* Man kann aber eben *generell* fragen, was ein mathematischer Formalismus *als Abbildung* über die Wirklichkeit sagt - am Ende kommt man dann auf die Frage: Wie *kann* solch´ ein `Gesamtkatalog´ *ontologisch* überhaupt *realisiert* sein? Eine *nicht*-occasionalistisch-mystische Antwort wäre: Als Phänomen *stehender Wellen* - ist nicht eine eingespannte Saite das ontologisch realisierte *Korrelat* zu solch´ einem `Gesamtkatalog´ der möglichen

Oberschwingungen?

H: Gut, in die Matrizen allein, wenn man um das Wellenbild nicht *wüsste*, wäre dies schwer *hineinzulesen...*

M: Jedenfalls wird man dahinter nicht - ähnlich wie beim `Chinesischen Zimmer´ in der Philosophie des Geistes - *tatsächlich* einen matrizenartigen `Katalog´ sehen, an den sich die Messung `hält´... Heisenberg sagte, dass sich in ihm schon bei der Ausarbeitung der Matrizenmechanik „die Vorstellung [befestigte][...], dass die *Gesamtheit* der Schwingungsfrequenzen und der die Intensität der [Spektral-]Linien bestimmenden Größen (der [...] Amplituden) als ein vollwertiger *Ersatz* der [Elektronen-]Bahnen gelten könnte“[226]... Wofür steht nun *ontologisch-realiter* diese `Gesamtheit´? Es war ja nicht möglich gewesen, diese etwa auf bestimmte Umlauffrequenzen zurückzuführen und als ganzzahlige Linearkombinationen gewisser Grundfrequenzen zu rekonstruieren - die empirischen Spektralfrequenzen ergaben sich als *Differenzen* gewisser Spektralterme.[227] Nicht von ohngefähr hat aber auch Heisenberg das komplizierte System zunächst am Beispiel eines klassischen *Oszillators* durchgerechnet... Der Vergleich der Atome mit *`dunklen Kammern´* mag nützlich sein, wenn man es einmal *so* betrachtet: Angenommen, man würde zwei `black-boxes´ aufstellen, und in die eine würde - ohne dass man dies weiß natürlich - ein *Monochord* gelegt...

H: ...das schon in der Antike Pythagoras und Platon bekannte, einsaitige Musik- und Studien-Instrument mit verschiebbarem Steg, mit dem man etwa die Proportionen der musikalischen *Intervalle* studieren kann...

M: Richtig. ...in die andere würde aber einen Haufen Blechgeschirr gelegt; nun erhält man die Erlaubnis, kleine Steinchen in die Kisten zu werfen und anhand der dabei entstehenden *Töne* - am besten nicht *gehört*, sondern nur oszillographisch *visualisiert* - soll man mutmaßen, *was* in den Kisten *ist...*

H: Nun, im *einen* Falle - beim Monochord - würde man *Töne* mit ganz spezifischen *Proportionen*, mithin periodische, harmonische Schwingungen der *Naturtonreihe* finden, im *anderen* Falle hingegen *Geräusche*, mithin ein *Kontinuum* unperiodischer, unharmonischer Schwingungen...

M: Richtig; das würde beim Monochord recht eindeutig darauf schließen lassen, um *was* es sich handelt: um ein schwingendes System mit stehenden Wellen. Das Monochord *`repräsentiert´ an sich selbst* ontologisch schon die `Gesamtheit´ aller Obertöne mit ihren Frequenzen, Amplituden usw. ... Man könnte insofern dem `Strukturenrealismus´ auch *zunächst* offenherzig zugestehen, dass nur die-und-die *`Strukturen´* gegeben sind, dann aber *weiterfragen:* Was sagt das Ergebnis darüber, worum es sich *handeln könnte?* Ist es nicht beim Atom analog *ebenso* - kann man zweifeln, es einfach mit einem *ebensolchen* harmonisch-schwingendes `etwas´ zu tun zu haben?

H: Schwerlich; auch der mathematische Formalismus in Heisenbergs Variante führt schon auf diese Fährte, und das nicht allein mit dem *i*, das von realen

Wellen und Schwingungen her bekannt ist; wenn man darin nicht umgekehrt ein Indiz sehen will, dass die Schrödinger'sche Gleichung *nicht* mehr *ontologisch-real* zu interpretieren ist...
M: Dazu später... Muss man also nicht die Schrödinger'sche *Wellen*mechanik - wie Planck sagte - aufnehmen, „wie ein neugieriges Kind die Auflösung eines Rätsels, mit dem es sich lange geplagt hat, voller Spannung anhört?“[228]
H: Andere sehen in ihr *nur* ein *Werkzeug*, das zudem „als Konzeption [...] ein *Rückschritt*, ein Rückgriff auf Vorstellungen des *19.* Jahrhunderts [war][229]...
M: ...ein Urteil, dass unparteiisch betrachtet nur schwer nachvollziehbar ist - höchstens insofern man die *Abstraktheit* schätzt, da sie vor *zu* konkreten Vorstellungen bewahrt; warum aber sollte Abstraktheit um ihrer *selbst* willen einer Theorie zum Vorteil gereichen? Ist nicht umgekehrt das Anknüpfen an bekannte, anschauliche Vorstellungen *erstrebenswert*, wenn man diese auch *ontologisch* interpretieren kann; ermöglicht nicht nur dies Erklärung und Verstehen; zeigt sich hier nicht eine \`Einheit der Natur' - ist also nicht die *Matrizen*mechanik *nur* ein *Werkzeug?*
H: Oder die *Wellen*mechanik ist die nur bei der *einen* Hälfte der Phänomene *mögliche* Konkretisierung eines eigentlich zugrundeliegenden *\`Abstrakten'...*
M: Die Natur selbst *ist* nichts \`Abstraktes'...
*H: ...*zumindest *nicht \`Fassbares'...*
M: Letztlich wird der positivistische \`Purismus' der *Matrizen*mechanik auch gar nicht *durchgehalten* - schon mit den Impuls- und Orts(verschiebungs)-matrizen, die wieder nur mit dem *Modell* zugrundegelegte, *erschlossene* Eigenschaften *virtueller* Oszillatoren abbilden sollen, werden dann *doch* unbeobachtbare Größen aufgenommen - gleichsam Einsteins Einwand vorwegnehmend, „es [...][möchte] heuristisch von Wert sein [...], aber vom prinzipiellen Standpunkt aus [...][sei] es ganz falsch, eine Theorie nur auf *beobachtbare* Größen gründen zu wollen.“ In Wahrheit sei es *umgekehrt* - „erst die Theorie entscheidet darüber, was man beobachten kann [...][-] auf dem Weg vom zu beobachtenden Vorgang [selbst, über die Messapparatur] bis zu unserem Bewusstsein.“[230] Mit den *HU*, die aus diesem Ansatz hergeleitet werden, werden dann *doch* recht weitreichende *ontologische* Aussagen gemacht - wie *\`scharf'* sozusagen die Welt *gestaltet* ist, nicht *gemessen* wird (was an sich nicht bestritten sei), dass der Energiesatz kurzfristig *verletzt* werden könne usw., heute bis dahin, dass das ganze Universum einer \`erlaubten' Quanten-*fluktuation* seine *Existenz* verdanken könnte... Überdies *verführt* der Ansatz dazu, am *Teilchen*modell festzuhalten, auch in seiner direkten Fortführung in die *QFT...*
H: ...einerseits... Andererseits: Wenn das Atom als *System von Oszillatoren* betrachtet wird und von Bahnbewegungen abstrahiert wird, ist das wiederum und ebenso wie bei anderen Modellen *nur* ein Modell, ein *\`als-ob'*, weil man die mutmaßlich oszillierenden *Entitäten*, die Elektronen, eben aus dem Atom

- wie Teilchen - *herauslösen* kann; alle Modelle erfassen eben nur *Teil*aspekte, die man schwer `unter einen Hut´ bekommt...
M: Aber die bewusste Abstraktheit - *so* ihr entsprochen wird - hat ebenso eine Kehrseite: Die Matrizenmechanik liefert *nur*, was man beobachten kann der `Verzicht´ auf alles weitere ist *Programm* und *Sinn* des Ansatzes. Das mag positiv gewendet *späterhin* noch einen geistigen Rückzugsort aus dem *`allzu-Konkreten´* bieten, aber wenn man bewusst auf jede konkrete Vorstellung *verzichtet*, kann man sich *hernach* doch nur bei allen ontologischen Fragestellungen, was `hinter´ alledem steckt, *enthalten* - vom Urteil, ob QO ungemessen Eigenschaften zukommen bis zum Urteil über Kausalität und Determinismus, ob Phänomene *`Gründe´* haben - man sagt ja gleichsam: Dies ist ein *rein deskriptiver*, `nur´ *funktionierender* mathematischer Formalismus, und das ist *hinreichend...*
H: Das müsste man dann wohl, so man sich an die Maßgabe hält, „die Physik soll[e] nur den Zusammenhang der Wahrnehmungen formal beschreiben"[231] - der Anspruch scheint damit jedoch zugegebenermaßen zu *niederschwellig* angesetzt...
M: Die *Matrizen*mechanik hat die nicht-Kommutativität von komplementären Observablen bzw. Operatoren herausgearbeitet, wie auch die HU; was den Matrizen selbst aber ontologisch korrespondiert, bleibt zunächst oder dann
III b sogar *prinzipiell* unklar... Anders die *Wellen*mechanik - sie arbeitet mit der von Wasser, Schall oder Licht vertrauten, konkreteren Mathematik der klassischen Wellen*phänomene*, was schon *für sich* genommen Indiz ist, dass es sich bei QO um Wellen*entitäten* handelt. Wellenphänomene erfasst man ja über doppelt-periodische Funktionen, die sowohl die *räumliche*, als auch die *zeitliche* Periodizität einer Welle erfassen, die also für einen bestimmten *Zeit*punkt das *räumliche* periodische Erregungsmuster und für einen bestimmten *Raum*punkt das dortige *zeitliche* periodische Geschehen liefern; diese Abbildung *(M. deutet auf Abbildung 29a)* ist also in diesem *doppelten* Sinne zu interpretieren...

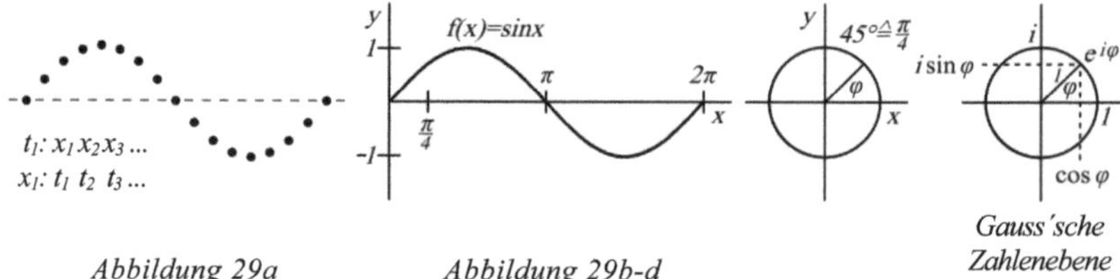

Abbildung 29a *Abbildung 29b-d* *Gauss´sche Zahlenebene*

Eine Welle ist mithin gleichsam die Kopplung von räumlicher und zeitlicher Struktur in dem Sinne, dass das Geschehen in der Zeit an einem Ort sich durch eine physikalische Kopplung der Oszillatoren sukzessive an andere Orte *überträgt* und dort jeweils *dasselbe* Geschehen *zeitversetzt* hervorruft; analog müsste man sich nun QO denken, nur - wie angedeutet - in einer *abstrakten*

im- oder prämateriellen, dynamischen *Variante*...
H: Solch´ Begeisterungsfähigkeit ist erfrischend - aber arbeitet die QT gerade dann nicht - statt mit klassischen *physikalischen Variablen* oder mit *symbolischen Operatoren* in *abstrakten Konfigurationsräumen*, nur mit *ebenso abstrakten* Wellen in *ebenso abstrakten* Konfigurationsräumen? Schon die Wellenfunktionen mit *imaginären* bzw. *komplexen Zahlen*, kann man nicht anschaulich bzw. real deuten...
M: Diesen Punkt hat *Fock* kritisiert; hier prallten zwei *Ideologien* aufeinander - der *`Materialismus´* und der gleichsam *inkonsequente `Idealismus´* Bohrs, welcher die *`Realität´* klassisch-erfassbarer Phänomene anerkennt, jene der Existenz und Eigenschaften von QO aber geradezu anzweifeln *will:* Abstrakte Abbildungsmittel werden auch in der klassischen Physik verwendet und „unverständlich bleibt, wieso der mathematische Apparat der [...][QT] *mehr* symbolisch sein soll, als der Apparat irgendeiner *anderen* physikalischen Theorie. Die Mathematik arbeitet stets mit Symbolen; da aber in einer physikalischen Theorie diese Symbole eine bestimmte physikalische Interpretation zulassen, hören sie auf, abstrakte Symbole zu sein und spiegeln die *Wirklichkeit* wider. Das gilt unabhängig von der *Kompliziertheit* des benutzten mathematischen Apparates."[232] Dabei noch zu schweigen davon, dass auch klassische *`Felder´* nur einen *indirekten* Bezug auf reale Messgrößen haben...
H: ...an sich berechtigte Kritik...
M: Zu den komplexen Zahlen ist zu sagen, dass diese schlicht der einfacheren mathematischen *Darstellungsweise* geschuldet sind - daher rührt die imaginäre Einheit $i=\surd{-1}$ und daher taucht - auch wenn es um *Wellen*phänomene geht - statt einer *Sinus*funktion die *Exponential*funktion e^x auf. Hier *(M. deutet auf Abbildung 29b/c)* ist ja die Funktion $f(x)=\sin x$ dargestellt, die - wie man ihr schon *ansieht* - wie dafür *geschaffen* ist, Wellenphänomene zu beschreiben. Der Sinus eines Winkels φ ist zunächst definiert als trigonometrisches Längenverhältnis von Gegenkathete zu Hypothenuse; dem im *Grad*maß gemessenen Winkel kann nun eindeutig eine bestimmte reele Zahl zugeordnet werden: Man denkt sich bei einem Kreis mit dem Radius *1* den Kreisbogen von einem rotierenden Zeiger berührt - dann ist dem dabei mit der positiven x-Achse entstehende Winkel φ eindeutig eine bestimmte Länge des Kreisbogens zugeordnet, der hier bei einem Radius von $r=1$ insgesamt einfach die Länge 2π hat. So kann jedem Winkel im *Grad*maß ein Winkel im *Bogen*maß als Bruchteil von 2π zugordnet werden; hier etwa dem Winkel $\varphi=45°$ das Bogenmaß $\frac{1}{4}\pi$. Die Sinusfunktion ordnet also mit einer Periode von 2π (dann wiederholt sie sich) jedem Wert auf der x-Achse im Bogenmaß einen y-Wert als Amplitude zu *(f(x))*, wobei diese hier den maximalen Wert *1* bzw. *-1* haben soll. Rotiert der Zeiger mit konstanter Geschwindigkeit, hängt der Winkel φ von der Kreisfrequenz ω ab: $\varphi=\omega t$ und die Sinusschwingung hat mithin eine bestimmte Frequenz $v=\omega/2\pi$. Die Schwingungsgleichung lautet allgemein $f(x)=\sin(\omega t)$

bzw. wenn der Radius bzw. die Amplitude A ist $f(x)=A\sin(\omega t)$...
H: Ja. *Konkret* gedacht steht dahinter die folgende Beobachtung: Befestigt man auf einem sich horizontal drehenden Rad mit dem *Radius r* am Rande eine Kugel, kann man die *Winkelgeschwindigkeit* ω des sich drehenden Rades so einrichten, dass der auf einen Schirm projizierte Schattenriss der Kugel *dieselbe* Bewegung ausführt, wie ein Kugelpendel mit der *Amplitude* $A=r$, d.h. die *Projektion* einer gleichförmigen Kreisbewegung entspricht einer harmonischen Schwingung; analog ist es etwa für die Projektion eines Federpendels...
M: Richtig. Die Exponentialfunktion e^x kommt nun *folgendermaßen* ins Spiel: Man kann das Rotieren des Zeigers so interpretieren, dass es in der Gauss´schen Zahlenebene stattfindet, womit auch die *komplexen Zahlen* ins Spiel kommen *(M. deutet auf Abbildung 29d); komplexe* Zahlen lassen sich als eine Erweiterung des Bereichs der *reelen* Zahlen darstellen: Die Zahl i entspringt als imaginäre Zahl*einheit* der mit reelen Zahlen unlösbaren Gleichung $i=\sqrt{-1}$, ihre *Vielfache* $(b \cdot i)$ sind die sogenannten *imaginären* Zahlen. Bildet man nun die Summe aus einer *reelen* Zahl a und solch einer *imaginären* Zahl $b \cdot i$, erhält man eine *komplexe* Zahl $a+bi$ mit dem *Real*teil a und dem *Imaginär*teil bi. Diese Zahlen lassen sich also als *geordnete Paare* reeler Zahlen darstellen. In der Gauss´schen Zahlenebene wird nun auf der x-Achse der Realteil a aufgetragen, auf der y-Achse der Imaginärteil bi; lässt man in dieser Zahlenebene einen Zeiger rotieren, kann diese als der *Wertebereich* einer komplexwertigen Funktion fungieren: Wie man im Bogenmaß gerade den Radius 1 gesetzt hat und sich der Kreisumfang 2π ergeben hat, welcher die Funktion moduliert, bildet nun ein zeitabhängiger Polarwinkel als Projektion auf der x-Achse den auf 1 normierten Realteil, auf der y-Achse den auf i normierten Imaginärteil einer komplexen Zahl ab. Mit Euler kann man nun die komplexe Funktion $e^{i\varphi}$ als eine Superposition der *sin*- und *cos*-Funktion betrachten:

$$e^{i\varphi}=\cos\varphi+i\sin\varphi \qquad \text{(III.3)}$$

Dann entspricht $\cos\varphi$ dem Realteil (als dem x-Achsenabschnitt), $\sin\varphi$ dem Imaginärteil (als dem y-Achsenabschnitt) der Funktion $e^{i\varphi}$ *(M. deutet auf die Abbildung oben).* Mit komplexen Zahlen wird die Exponentialfunktion also periodisch, so dass man die ψ-Funktion der Schrödinger´schen Gleichung in diese Funktion umwandeln kann:

$$\Psi(x,t)=A\cdot\cos(kx-\omega t)+A\cdot i\sin(kx-\omega t)=A\cdot e^{i(kx-\omega t)} \qquad \text{(III.4)}$$

Komplexe Zahlen bieten sich insofern also an, die Phasenverhältnisse von Wellen abzubilden; hermitesche Operatoren eliminieren diese hernach wieder, um für Messwerte auf *reele* Zahlen zu kommen... Die mit der Kreisbewegung in der Gauss´schen Ebene beschriebene Schwingung ist im Laufe der Zeit, also als x,y,t-Graph eine *Schraubenlinie - deren* Projektion in die Ebene der

reelen Zahlen ist natürlich wiederum eine Sinusschwingung...
H: Eine komplexe Zahl definiert also letztlich einen *Vektor*, weshalb man auch etwa die Summe zweier komplexer Zahlen durch Vektoraddition erhält... Nur: Welchen ontologischen Status man Zahlen zuschreiben soll, war ja immer strittig, insbesondere Zahlen wie $\sqrt{-1}$ *(=i)* - von Descartes bis Frege; sie waren immerhin so suspekt, dass man sie *`imaginär'* nannte... Hier hat man Zahlen als ansonsten *ein*dimensionalem Kontinuum eine weitere gedachte Dimension zugefügt und zu einer *zwei*dimensionalen Zahlen*ebene* gemacht...
M: ...womit sich schon hier zeigt, dass die Dimensionalität einer *Darstellungsweise* nichts über die ontologischen *Real*dimensionen sagt... Aber eben diese vektorielle Darstellungsweise - die *Zeigerdarstellung* - erleichtert die mathematische Handhabung: Überlagerte Schwingungen (etwa bei der Interferenz beim DSExp) werden als *Vektoraddition* behandelt, Differenzieren und Integrieren bedeutet Drehung des Zeigers in die eine oder andere Richtung, mithin Phasenverschiebung der Sinusfunktion usw. usf. Als didaktische Reduktion kommt man überdies zu einer sehr *anschaulichen* Darstellungsweise, wenn man etwa eine Schwebung durch zwei verschieden schnell rotierende Zeiger darstellt oder eine harmonische Welle beschreibt, indem man Oszillatoren mit gleicher Frequenz, aber zeitversetzt rotiernde Zeiger zuordnet; bei stehenden Wellen entfernt man sich allerdings schon vom vom phänomenal-empirischen *und* ontologischen, wenn man diese als aus zwei hin- und herlaufenden Wellen konstruieren muss und mit Feynman kommt man sogar dahin, dass man QO scheinbar gar nicht *als* (nicht einmal: *auch*) Wellenentitäten behandeln muss - man kann sich so der ontologischen Frage, was QO sind, nicht nur scheinbar *entziehen*, sondern sie zu (unklassischen) *Teilchen erklären*, dazu aber später... Jedenfalls verwendet man diese Sichtweise nicht nur in der *QT*, sondern auch etwa bei Wechselstrom-Phänomenen an Spule und Kondensator, wenn es um phasenverschobene Sinuskurven von Spannung und Stromstärke geht, um Kapazität, Induktivität, Widerstand usw. - dabei sind die imaginären Zahlen allerdings eben *nur* mathematisches Hilfsmittel: Wenngleich man in einem *Vektor*raum rechnet, behandelt man *skalare* Größen...
H: ...darum auch rechnen in der QT hermiteschen Operatoren gleichsam die `Komplexheit' der Zahlen wieder *heraus* und liefern *reele* Größenwerte...
M: Ja. Auch, dass die ψ-Funktion komplexzahlig ist, bedeutet nicht per se, dass sie als Projektion sich als Sinusfunktion und dann als Betragsquadrat nicht - wie bei allen Feldern - *mittelbar* `zeigt', fundamental im `Erscheinen' von Materie. Man hat es bei den komplexen Zahlen nicht mit ontologisch *besonders* geheimnisvollen Entitäten zu tun - diese rühren (nur) aus der *etablierten Konvention* der mathematischen Darstellungsweise her, wobei man überlegen kann, ob es nicht anders *ginge;* zum `Aufspannen' der komplexen Zahlenebene braucht man eine zweite gesonderte *Art* Zahlen - wenn man nicht sagen will, man bräuchte, da es nicht mehr um die Quantisierung von elementaren

*`Dingen´* geht, für *Wellen* mit ihren positiven und negativen komplementär-symmetrischen Auslenkungen einen zweiten Zahlentyp, mit dem es sich im Negativen *exakt genauso* verfahren lässt wie im Positiven, dass die `Erfindung´ der imaginären Zahlen dies nur *`nacharbeitet´*... Die deBroglie-Bohm´sche Theorie macht übrigens gerade davon *Gebrauch*, die komplexe Wellenfunktion aufzuspalten in zwei *reele* Funktionen, deren eine die Amplitude, die andere die Phase erfasst, dazu aber später...
H: Allemalen *kann* man ja etwa die Elektronenwellen des Bohr´schen Atoms im Potentialtopf (II.9), die Wechselwirkung des Atoms mit Elektronen bei Stößen (III.18) usw. usf. mit gewöhnlichen *Sinus*funktionen modulieren...
M: Eben. Was ergibt sich nun aber mit der *Schrödinger´schen* Variante der QT? Die kompakteste Gleichung zu Beschreibung der Dynamik eines Quantensystems ist dabei wohl (genaugenommen muss die ψ-Funktion auch den Spin enhalten $(\psi(\vec{x},t,s))$:

$$\hat{E}\Psi(\vec{x},t) = \hat{H}\Psi(\vec{x},t) \tag{III.5}$$

Lösungen dieser Gleichung sollen speziell *die* Ψ-Funktionen sein, die den *Zustand* eines quantenmechanischen Systems und deren zeitliche Entwicklung korrekt beschreiben - *zumindest* gemäß Dynamik *I*, ohne, dass eine Messung stattfindet...
H: *`Mutmaßlich´* muss man hier schon sagen, weil der Zustand *an sich selbst* (von den betreffenden Entitäten zu schweigen), ja nicht direkt zugänglich ist *ohne* Messung - man rekonstruiert dies *nach* Messungen *aus* diesen...
M: ...das aber extrem erfolgreich - und ja auch bei *beiden* Ansätzen, auch bei der Matrizenmechanik. Bei der Wellenmechanik modulieren nun der *Energie*operator $\hat{E}$ und der *Hamilton*operator $\hat{H}$ die Wellenfunktion Ψ eines Quantensystems analog zur klassischen Hamiltonfunktion, wobei die Ψ-Funktion beiden Operatoren `gehorchen´ muss...
H: Da mit `System´ nicht nur jedes *QO* gemeint ist, sondern *jedes* Objekt, tritt mithin das *bisher ungelöste* Problem auf den Plan, wie man in unser Alltagswelt der mesoskosmischen Körper *ankommt*...
M: Ja; das ist der Preis dafür, sich nicht mehr wie die Matrizenmechanik *vornehmlich* auf das *Atom* zu beziehen... *Generell* ist das aber die Kehrseite der Universalität der QT, die daher rührt, dass der mathematische Formalismus keinen Term enthält, der die Theorie auf den Mikrokosmos *einschränken* würde, so dass die ungewöhnlichen Phänomene (scheinbar) in den Meso- und Makrokosmos zu *übertragen* sind, etwa in betreff Superpositionen und Verschränkungen... *Gewöhnliche* Gleichungen definieren *Zahlen* als Lösungen, *Differential*gleichungen hingegen bestimmte *Funktionen* - für die Gleichung $f(x)=df(x)/dx$ etwa $f(x)=e^x$. Schreibt man die beiden auf die Ψ-Funktion angewendeten Operatoren aus, lautet die nicht-relativistische, allgemeine, zeitabhängige Schrödinger´sche Gleichung - *ohne* Einfluss eines *Kraftfeldes* $V(x,t)$:

$$i\hbar \frac{\partial \Psi(\vec{x},t)}{\partial t} = -\frac{\hbar^2}{2m} \frac{\partial^2 \Psi(\vec{x},t)}{\partial x^2} \qquad \text{(III.6)}$$

Es werden bestimmte Wellen-Funktionen als Lösungen definiert, deren erste partielle Ableitung nach der Zeitvariablen t und deren zweite partielle Ableitung nach der Ortsvariablen x vermittelt über die Ausdrücke $i\hbar$ und $-\hbar^2/2m$ den Bedingungen beider Operatoren gehorchen. Eine Lösungsfunktion ist etwa $\Psi(x,t)=\sin(kx-\omega t)$...

H: Ja; statt einer Sinusfunktion ist es in der QT allerdings - wie erwähnt - mathematisch üblich bzw. notwendig, dass komplexe Zahlen die Exponentialfunktion e modulierten: $\Psi(x,t)=e^{i(kx-\omega t)}$...

M: Ja. Lösungen sind allgemein deBrogliewellen der Wellenlänge $\lambda=h/p$. Wie das Ganze *motiviert* ist, offenbart das Korrespondenzprinzip, wie Heisenberg und Schrödinger auf ihre Gleichungen über die Verbindung zur *klassischen Hamilton'schen Mechanik* gekommen sind: Die Hamilton-Funktion erfasst ja klassisch die kinetische und potentielle *Gesamtenergie* eines Systems klassischer Punktteilchen über deren kanonisch konjugierte Orts- und Impulsvektoren; man erhält zwei Bewegungsgleichungen, welche die zeitliche Entwicklung der Ortskoordinaten und Impulse der Punktteilchen bestimmen:

$$\dot{q}_i = \frac{\partial H}{\partial p_i} \quad \text{und} \quad \dot{p}_i = \frac{\partial H}{\partial q_i} \qquad \text{(III.7)}$$

H: Bis hier ist das alles noch *klassische* Physik und auch in der QT, bei Planck und Heisenberg, selbst bei Schrödinger, steht im Hintergrund *zunächst* - mit dem Bohr'schen Korrespondenzprinzip von der Atomtheorie her motiviert - die Vorstellung des *klassischen harmonischen Oszillators*...

M: Ja; in der *QT* werden jetzt lediglich die kanonisch-konjugierten Orts- und Impulsvariablen q und p bzw. die Gesamtenergie, sonst in konkreten *Größenwerten* gegeben, durch *Differentialoperatoren* ersetzt, also durch mathematische Ausdrücke, die auf eine Funktion *'wirken'*:

$$H \rightarrow \hat{E} = i\hbar \frac{\partial}{\partial t} \quad \text{und} \quad p \rightarrow \hat{p} = -i\hbar\nabla \qquad \text{(III.8)}$$

So kommt man durch Einsetzen in die Hamiltonfunktion zur Schrödinger'schen *Wellen*gleichung $\Psi(x,t)$ in (III.6)...

H: Nun gut, das lässt sich hier nicht alles im Detail entfalten; entscheidender wäre die Frage, worauf dies nun *hinausläuft*...

M: Ja; verwirft man manche Lösungen als physikalisch sinnlos, führen die Differentiationen der Schrödingergleichung für *alle* korrekten Lösungsfunktionen über herauskürzbare Faktoren auf das Ergebnis:[233]

$$\hbar\omega = \frac{\hbar^2 k^2}{2m} \qquad \text{(III.9)}$$

Für die Lösungsfunktion $\Psi(x,t)=e^{i(kx-\omega t)}$ erhält man als deren erste partielle

Ableitung nach t: $-i\omega e^{i(kx-\omega t)}$ und als deren zweite partielle Ableitung nach x: $i^2k^2e^{i(kx-\omega t)}$; setzt man diese ein, erhält man kürzbare Terme, hier $-i^2e^{i(kx-\omega t)}$. Auf der *linken* Gleichungsseite kann man dann den Ausdruck $\hbar\omega$ als $h\nu=E_{Ph}$ verstehen (setzt man bei der Winkelgeschwindigkeit $\omega=2\pi/T$ zunächst $\nu=1/T$ ein, erhält man $\omega=2\pi\nu$; setzt man für $\hbar=h/2\pi$ erhält man $\hbar\omega=h\nu=E_{Ph}$); man erhält also den Ausdruck für die Proportionalität von Photonenenergie E_{Ph} und Lichtfrequenz ν über das Planck'sche Wirkungsquantum h der Planck-Einstein'schen Quantenhypothese. Auf der *rechten* Gleichungsseite kann man den Ausdruck $\hbar^2k^2/2m$ als $\frac{1}{2}mv^2=E_{kin}$ verstehen (über die Impulsdefinition $p=(\hbar 2\pi)/\lambda$ und die Wellenzahl $k=(2\pi)/\lambda$ kommt man zu $p=\hbar k$, so dass sich $\hbar^2k^2$ durch p^2 und dies wieder durch m^2v^2 ersetzen lässt; kürzt man m weg, erhält man $\frac{1}{2}mv^2=E_{kin}$); man erhält so den Ausdruck für die kinetische Energie eines freien Körpers (bzw. ohne Potential V die Hamiltonfunktion H)...
H: ...und mit dieser mathematischen 'Äquilibristik' ergibt sich...
M: ...insgesamt folgende gleichsam *'dekolorierte'* Gleichung:

$$E_{Ph} = h\nu = \frac{1}{2}mv^2 = E_{kin} \qquad \text{(III.10)}$$

QT — *Klassische Physik*

H: ...wobei man - so aufgeschrieben - griechisch ν ('Ny') für *Frequenzen* (lat. *numerus*) nicht mit lateinisch v ('Vau') für *Geschwindigkeiten* (engl. *velocity*) verwechseln sollte...
M: Die Gleichung ist für eine Lösungsfunktion also über diesen Zusammenhang, deren *linke* Seite gleichsam der *QT*, deren *rechte* Seite der *klassischen* Physik angehört, in ein *Gleichgewicht* gebracht - dabei werden im Grunde auch das *Wellen-* und das *Teilchen*modell in Relation gestellt: Links $h\nu$ für Wellen, rechts $\frac{1}{2}mv^2$ für Teilchen... Diese zunächst mysteriös anmutende Gleichsetzung bedeutet schlicht, dass danach gefragt wird, welche Lösungsfunktion die Energie $h\nu$ einer Materiewelle (von der relativistischen Ruheenergie mc^2 abgesehen) *so* moduliert, dass sie der kinetischen Energie $\frac{1}{2}mv^2$ eines freien Teilchens der Masse m und der Geschwindigkeit v entspricht; mithin danach, wie man einen klassischen Körper und seinen Gehalt an kinetischer Energie als Materiewelle *umdeuten* kann...
H: Man landet also bei deBroglie, welcher den Materiewellen die vordem klassischen Teilcheneigenschaften 'eingeschrieben' hat - so kann man denn natürlich auch mit diesem Ansatz die Energieniveaus und Lichtfrequenzen des Wasserstoffatoms berechnen - in hervorragender Übereinstimmung mit den empirischen Befunden: Man legt etwa die zeitunabhängige Schrödingergleichung zugrunde, fügt das elektrische Feldpotential des Kerns $V=-e^2/4\pi\varepsilon_0 r$ hinzu usw. usf. und kommt am Ende auf den *Grundzustand* der Bohr'schen Energiegleichung *(H. deutet auf die Gleichung oben)*; die angeregten Zustände lassen sich mit entsprechend modifizierten Lösungsfunktionen errechnen; für noch genauere Ergebnisse werden relativistische Effekte berücksichtigt oder

dass das Elektron nicht von einem *ruhenden* Proton festgehalten wird, da beide - wieder für Teilchen formuliert - um einen gemeinsamen Schwerpunkt kreisen usw. usf.. Die Schrödinger´sche Gleichung (ebenso wie die Heisenberg´sche oder Dirac´sche) kann allerdings nur für wenige Modellsysteme *analytisch* gelöst werden (schon bei Helium muss man sich mit *Näherungs*lösungen zufriedengeben); das Ganze `funktioniert´ beim Atom, wenn man nur die Wechselwirkung mit Licht bzw. die Energiezustände betrachtet, also gar nicht nach der raum-zeitlichen Einbettung der beteiligten QT *fragt* - sonst, etwa bei freien Teilchen, über deren Ort und Impuls man etwas wissen möchte, ist das nicht so...

M: Die Umdeutung von Teilchen in Wellen ist dann *diffiziler:* Wellen- und Teilchenbild hängen nicht nur *dergestalt* zusammen, sie vereint - was noch genauer zu diskutieren ist - die Born´sche Wahrscheinlichkeitsinterpretation (*1926*), welcher zufolge etwa das Betragsquadrat der Wellenfunktion $\Psi(x,t)$ in Ortsdarstellung nur die *Antreffwahrscheinlichkeit W* von QO an bestimmten Orten zu bestimmten Zeitpunkten (*als Teilchen* begriffen) angibt (III.11a) (im Hilbertraum-Formalismus erledigte dies das Skalarprodukt)...

H: Hier kommt Axiom *3* ins Spiel, das gleichsam die *`Erzeugung´* konkreter Mess*werte* regelt - ontologisch-realiter mit dem Axiom *3a* und dem realen physikalischen Mess*prozess* (im Hilbertraum-Formalismus mit Axiom *3b* und dem Projektionspostulat). Soll das Ganze Sinn ergeben, muss das QO *irgendwo* anzutreffen sein, ergo die *Gesamt*antreffwahrscheinlichkeit auf den Wert *1* (*sicherer* Ereigniseintritt) *normiert* werden - das erledigt (eindimensional formuliert) für ein zwischen den Orten $x_1=0$ und $x_2=a$ gebundenes QO das Integral dieses Bereichs der Wellenfunktion (III.11b)(in drei Dimensionen geht es natürlich um das Integral über ein Volumen *dV*):

$$W=|\Psi(x,t)|^2 \qquad \int_0^a |\Psi(x,t)|^2\,dx = 1 \qquad \text{(III.11a/b)}$$

M: Die *komplexwertige* Darstellung suggeriert für eine fortschreitende *ebene monochromatische* Welle, dass die Antreffwahrscheinlichkeit *konstant* ist, weil die Länge des in der Gauss´schen Zahlenebene rotierenden Zeigers konstant ist. Das stimmt zwar, damit erweist sich aber nicht etwa die Notwendigkeit, komplexe Zahlen zu bemühen: Die Welle erstreckt sich dann nämlich *räumlich unendlich;* selbst, wenn sie sich nur zwischen zwei Raumpunkten *A* und *B* (zwischen denen sich sonst ein *Teilchen* bewegt hat) erstrecken würde, würde das physikalisch-realistisch einen stationär-statischen Zustand abbilden und nicht, dass das QO zu einem bestimmten Zeitpunkt bei *A startet* und später bei *B ankommt*. Bei der HU wird sich noch genauer zeigen, dass es sich ontologisch-realiter *nicht* um eine *monochromatische* Welle handeln kann, wenn dies der Fall *sein* soll, so wie auch eine sinusförmige Erregung (die ebensowenig monochromatisch sein kann) sich von *A nach B* bewegt, als

zeitlich *nicht* konstante Antreffwahrscheinlichkeit. In Wahrheit geht es immer um *nicht vollkommen* monochromatische Wellen, sondern um verschieden modulierte *polychrome Wellenpakete*. Bei stehenden Wellen müssen übrigens komplexwertige Wellenfunktionen *hin-* und *her*laufen; bei Sinuswellen kann man dies als *virtuell* betrachten, ergo darauf verzichten und sie *als* stehend nehmen (wie bei einer Gitarrensaite)...
H: Hm...
M: Bisher ging es zumeist um *eine* Wellenfunktion, etwa $\Psi(x,t)=\sin(kx-\omega t)$ oder $\Psi(x,t)=e^{i(kx-\omega t)}$; die Schrödinger´sche Gleichung definiert als Differentialgleichung allerdings eine ganze *Schar* von Lösungsfunktionen - diese sollen ja *die* Ψ-Funktionen sein, die den *Zustand* eines Quantensystems und deren zeitliche Entwicklung korrekt beschreiben. In der Natur kommen *reine* Sinusschwingungen ohnedies generell selten oder gar nicht vor, das zeigt schon die Obertonereihe *(M. deutet auf die Abbildung oben)* und auch die Töne aller Musikinstrumente sind mit Fourier komplizierte *Überlagerungen* von Schwingungen...
H: Ja; hier ist es nicht anders: Betrachtet man nicht ein ans Atom oder an einen Potentialtopf gebundenes, sondern ein *freies* Teilchen *ohne* den Einfluss eines *Kraftfeldes* (in der Schrödinger´schen Gleichung mit $V(x,t)=0$), ergäbe sich, wenn man die Energie bzw. den Impuls des Teilchens als *exakt* definiert ansieht, dass die Wahrscheinlichkeit der Ortswerte im ganzen Raum *zerstreut* wäre, der Ort würde *vollkommen unbestimmt* - bei der HU wird sich das in der Tat aufklären: Bei exakt definiertem Impuls hat man im Wellenbild eine ebene monochromatische Welle, die räumlich *unendlich* ausgedehnt ist. Da nun bei der linearen Schrödinger´chen Gleichung auch die *Summe* zweier Lösungen eine Lösung ist, kann man aber auch eine ganze *Schar* von Wellenfunktionen überlagern zu einem *Wellenpaket* - dabei lassen sich diese so wählen, dass sie in einem bestimmten Ortsbereich konstruktiv, ansonsten aber destruktiv interferieren; dadurch *nähert* man - wenn man so sagen will - die unterschiedslos ausgedehnte Welle gleichsam in ihrem Wesen einem lokalisierten Teilchen *an;* man könnte auch sagen, das komplementäre Wellenbild würde für die Darstellung der Teilchenaspekte *`tauglicher´* gemacht, so diese bei gewissen Befunden mehr *hervortreten* (es muss aber *prinzipiell* so sein). Man addiert die Wellenfunktionen dazu bzw. fasst diese Summe unter einem Integral zusammen und versieht sie mit einer *Gewichtsfunktion f(k)*, die etwa eine Gauss´sche *Glockenkurve* modulieren kann, indem sie den Einfluss des Parameters *k* verschieden gewichtet[234] - physikalisch-realiter geht es immer um dergleichen Wellen*pakete*...

$$\Psi(x,t)=\int_{-\infty}^{\infty} f(k)e^{i(kx-\omega t)}dk \qquad \text{(III.12)}$$

M: Die möglichen Eigenzustände und Mess- bzw. Erwartungswerte verschiedener Observabler für Ort, Energie, Impuls, Spin im Hilbertraum-Formalismus, alle Informationen über ein Quantensystem, sind in die Wellenfunktion $\Psi(x,t)$ *`eingeschrieben'* - so ist etwa im (normierten) Betragsquadrat der Ortswellenfunktion die *Antreffwahrscheinlichkeit* eines QO enthalten (wenn man es als erscheinendes *Teilchen* betrachtet, sonst ist es *nur* eine *Welle*), so ist der Impuls als Betragsquadrat von dessen Fouriertransformierter enthalten (wobei Ort und Impuls ein *kontinuierliches* Eigenwert-Spektrum haben) und so sind - wie erinnerlich - etwa die diskreten Energiezustände als stehende Wellen in gebundenen Systemen wie dem Atom enthalten und mit ihnen das Eigenwert-Spektrum (wenn es auch einen Phasenfaktor $\omega=E/\hbar$ gibt, mit dem sich auch in stationären Zuständen zeitabhängige Wahrscheinlichkeiten ergeben) oder direkt in deBrogliewellen über den Impuls gemäß $\lambda=h/p$; andere observable Parameter sind *ebenso* der Wellenfunktion `eingeschrieben', wenn auch nur als *Erwartungswerte*...

H: Die Ψ-Funktion (bzw. der Hilbertraum-Vektor Ψ) enthält für ein QO im *Zustand* Ψ alle Wahrscheinlichkeiten, wobei Wahrscheinlichkeit eines Messwertes - mit Born - „Häufigkeit in einem [hinreichend großen] Haufen nichtgekoppelter Objekte“[235] bei einer Messreihe meint...

M: Ja, wobei unklar ist, was Zustand meint und inwiefern der Messwert eine `Eigenschaft' des QO *an sich* offenbart. Auch hier verwendet man (zunächst) abstrakte Operatoren, die auf die Wellenfunktion `wirken': Den Hamilton-Operator $\hat{H}$, die Multiplikationsoperatoren $\hat{x}$ (der Raumkoordinate x) und $\hat{T}$ (des Zeitpunktes t), sowie den Impuls-Operator $\hat{p}_x$ (der Impulskomponente p_x) und den Energie-Operator $\hat{E}$, partiellen Ableitungen nach dem Ort x und der Zeit t:

Orts-Operator: $\hat{x}\Psi = x\Psi$
Zeit-Operator: $\hat{T}\Psi = t\Psi$
Impuls-Operator: $\hat{p}_x\Psi = -i\hbar\, \partial\Psi/\partial x$ (III.13a-d)
Energie-Operator: $\hat{E}\Psi = i\hbar\, \partial\Psi/\partial t$

H: Auch hier geht es also, wenn auch etwas weniger, *abstrakt* zu...

M: Eigentlich nicht wirklich. Man kann die Wellenfunktion, die natürlich *auch* ein *abstraktes* mathematisches Gebilde ist, nämlich so interpretieren, dass sie (mutmaßlich) *für* eine *reale Wellenentität* steht - das erklärt, *warum* überhaupt in einer Wellenfunktion alle Informationen über ein Quantensystem bzw. QO bereits enthalten sind. Was die Operatoren dann *eigentlich `tun'*, ist, die abgebildete Wellenentität genauer in *Betracht* zu nehmen, sie *`entschlüsseln'* diese...

H: Natürlich, die Differentialoperatoren, die etwa partielle Zeit- und Orts-Ableitungenleitungen vornehmen *analysieren* sie unter gewissen Aspekten, etwa mit einer Spektralanalyse...

M: Eben *so* wird beim Impuls die Wellenfunktion in ebene monochromatische

Wellen *zerlegt*, ein Wellenpaket einer *Fourieranalyse* unterzogen, wie dieses *zusammengesetzt* ist und welche Erwartungswerte sich damit ergeben; man kann überhaupt statt mit der *Orts*-Wellenfunktion auch etwa mit der *Impuls*-Wellenfunktion arbeiten, die neben der Zeit als Argument den Impuls enthält)... Um *Erwartungswerte* geht es dabei, weil die *gemessenen klassischen* Parameter, wie etwa der Ort und Impuls eines QO, bei der Messung als *klassische Teilchen*eigenschaften gegeben sind, wenngleich man es ontologisch-realiter mit *Wellenentitäten* zu tun hat - was das *Messproblem* auf den Plan ruft...
H: ...mit der Frage: Wie kommt man von den *Möglichkeiten* in *Wellen*gestalt zum *Faktischen* in *Teilchen*gestalt...
M: Richtig, mit einer *Einschränkung:* Mit der Unterscheidung `Mögliches´-`Faktisches´ betont man die phänomenal-empirische *Teilchen*sicht - mit dieser sieht man in der Wellenentität *nur* die Möglichkeiten *für* die Faktizität der gemessenen *Teilchen*(eigenschaften) - in einem *ontologischen* Sinne *ist* die Wellenentität aber einfach eine (dynamisch veränderliche) Wellenentität...
H: ...so jedenfalls die *These*...
M: ...so jedenfalls ist es mit *Vorsicht* zu genießen, dass Erwartungswerte nur mit *Möglichkeiten* zusammenhängen - man muss hier wohl *unterscheiden:* Die stehenden Wellen in gebundenen Systemen sind in ihrer *Gesamtheit* zwar reine Möglichkeiten, so wie diese in den *Matritzen* erfasst wird, sonst spricht aber nichts dagegen, ein jeweils *bestimmtes `Sosein´*, *einen* Modulationszustand für sie anzunehmen - auch wenn sie etwa beim Atom dynamisch mit jeder Wechselwirkung mit Licht veränderlich sind und wenn es auch superponierte Modulationszustände, Übergänge, Interferenzen usw. usf. gibt; im Beispiel der Elektronenwellen im Ring aus Eisenatomen auf einer Kupferoberfläche sieht man - bei allem Vorbehalt der Kontrafaktizität - einen offenbar *stationären* Zustand; insgesamt liegt also die *Ignoranzinterpretation* nahe... Anders ist es bei den Parameter `Ort´ und `Impuls´ - dort liegt diese auch nahe, aber aus anderen *Gründen:* Energiezustände sind auch klassisch nie *direkt* gegeben, sondern *konstruiert*, Ort und Impuls aber, die klassisch direkt(er) gegeben sind, sind in der QT nur aus der klassischen Physik *übernommene* Parameter, die auf *QO* eigentlich gar nicht anwendbar sind, weil deren `Sosein´ ein *anderes* ist, als das von kleinsten Körperchen; was als Teilchen *erscheint* ist ein schon (mit der Messung oder von der Natur selbst) *so präpariertes* `Sosein´...
H: Der Zustands*begriff* ist ein ganz anderer...
M: Richtig. Ein klassischer Zustand legt den entsprechenden Messwert fest und dieser zeigt umgekehrt den Zustand; der quantenphysikalische Zustand jedoch legt den Messwert *nicht* exakt fest und dieser zeigt *nur* als (so *präparierter*) *Eigen*wert einer Observablen den *Eigen*zustand - vor der Messung, soll der Zustand *unbestimmt* sein, nämlich *superponiert*, und gleichsam auch dem Messwert gegenüber *unbestimmend (M. deutet auf Abbildung 30):*

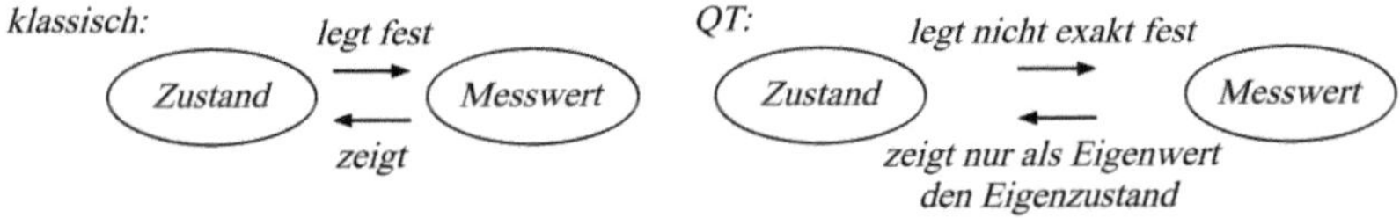

Abbildung 30

Die Frage ist nun, ob man nicht ontologisch - wenn man QO *als* Wellenentitäten betrachtet - gleichsam *`echte´* und *`unechte´* Superpositionen unterscheiden, diese in einem *klassischen* Sinne interpretieren muss...

H: Wie jetzt?!

M: Die Superpositionen der diskreten Energiezustände im Atom sind wohl nur überlagerte *Möglichkeiten*, die auch *klassisch* gleichsam im `Sosein´ der Dinge *virtuell superponiert* sind (dabei mag es auch superponierte Modulationszustände, Übergänge, Interferenzen *geben*). Die Superpositionen der verschiedenen Wege beim DSExp sind *klassisch* schlicht als *Eigenart* von Wellenentitäten zu begreifen und (ohnerachtet des Huygens´schen Prinzips der Elementarwellen) mit dem Teilchenbild nur *künstlich erzeugt*. Die Superpositionen von Eigenzuständen bzw. -werten kann man ebenso als Eigenart, nämlich als *einen* Modulationszustand der Wellenentität begreifen, der etwa bei Impuls-Eigenwerten nur mit der *Fourieranalyse* die diskreten Zustände enthält bzw. bei Messungen *in* diese Zustände kollabieren, dekohärieren, `sichneigen´ kann, wie auch etwa (Spin-)Polarisationen dergestalt nur *präpariert* werden...

H: ...und `echte´ Superpositionen?

M: ...wären nur *Verschränkungen* und *Wechselwirkungen* von *mehreren* QO, diese liegen nicht nur in der Darstellungs- bzw. Betrachtungsweise; Verschränkung ist die gleichsam statisch genommene Wechselwirkung... Damit stellt sich auch das *Messproblem* vollkommen anders dar, die QT wäre nur noch *halb* so seltsam, wenn auch seltsam *genug*...

H: Hm...

M: Man erkennt, dass die Bilder sich schon darin unterscheiden, was man mathematisch *`zeichnet´:* Man kann mit Matrizendarstellung und Hilbertraum gleichsam *`Seins-Kataloge´* für Eigenschaften erfassen oder aber diese *direkt* aus der Wellenfunktion erschließen und die *Ortsraum*-Darstellung bevorzugen, die konkreteste Darstellung, die für uns als gleichsam `raum-zeitlichen Wesen´ am wichtigsten ist (wenngleich hinsichtlich der Einbettung der QO in Raum und Zeit schwierig)... Allemalen sollte man sich für die ontologische Fragestellung `Was ist ein QO?´ auf die *a-Axiome* konzentrieren. Wesentlich sind als Überschneidungspunkte die *nicht-Kommutativität* von Operatoren und das *Superpositionsprinzip;* man verbaut sich jedes *ansatzweise* Verständnis, wenn man dieses zu einem nur *`historisch-eingeführten´*, heute *`abstrakt-zu-nehmenden´* Prinzip degradiert, dazu `verführt´, sich vom Hilbertraum-

Formalismus her einem Verständnis zu nähern, als wäre dieser nicht umgekehrt von der Empirie *abgenommen*, auf diese *\`maßgeschneidert´*. Liegen mit den *b*-Axiomen superponierte *Vektoren* vor (III.1b), hat man es mit den *a*-Axiomen *nur* mit superponierten *Wellenfunktionen* bzw. *Wellenentitäten* zu tun (III.14a); dann ist evident, dass ob der Linearität der Schrödinger´schen Gleichung auch die *Summe* zweier Lösungen ψ_1 und ψ_2 eine Lösung ist (III.14b) - bei *mehreren* Quanten*systemen* ist das superponierte bzw. verschränkte Gesamtsystem eben nur eine immer *umfassendere* Gesamt-Wellenfunktion bzw. -Wellenentität:

$$\Psi=\Sigma c_n\Psi_n \qquad \Psi=a\psi_1+b\psi_2 \ (a,b \in \mathbb{C}) \qquad \text{(III.14a/b)}$$

Mit den *b*-Axiomen wird das Parmenidisch-Heisenberg´sche Programm eines gleichsam \`Gesamtkatalogs´ des \`Seins´ im Hilbertraum-Formalismus nicht nur *weitergeführt*, sondern noch auf die *Spitze* getrieben: Es ergibt sich ein umfassender quantenphysikalischer *\`Weltvektor´* - ähnlich wie das Parmenidische Blockuniversum mit dem Einstein-Minkowski´schen *\`Weltpostulat´* die Gesamtheit der \`Weltlinien´ umfassen soll...

H: ...mit den *a*-Axiomen ergibt sich eine *\`Wellenfunktion der Welt´...*

M: Gut, denn es kann ontologisch-realiter nicht um *Vektoren* gehen, *schon* aber um *Wellenphänomene...*

H: Oder geht es doch um *Teilchen?!* Man hat das System ja weitergeführt zur *QFT* - immerhin gibt es neben Materieteilchen auch *Felder* bzw. *Kräfte...*

M: Ja; wobei das Superpositionsprinzip in der klassischen *Feld*ontologie und -physik schon natürlich *enthalten* ist, diese könnte der *Wellen*ontologie und -physik nicht näher *verwandt* sein... Während das, was man gemeinhin unproblematisch als Materieteilchen nimmt, gleichsam zu ausgedehnten feldartigen Entitäten zu *\`verschwimmen´* scheint, was man mit Wellenkollaps, Dekohärenz, \`sich-Neigen´ wieder *einzudämmen* sich bemüht, hat man auf der anderen Seite der Wechselwirkung von Materie und Feldern bzw. Kräften mit der QFT *Felder quantisiert* und mithin in gewisser Weise *zu* Teilchen *\`gemacht´...*

H: ...wenn man so will - man kann eben bei allen QO darauf beharren, es mit *Teilchen* zu tun zu haben, selbst für Licht kann man behaupten, „*in Wirklichkeit* [...][sei] das Verhalten des Lichts das von Teilchen“[236] - allerdings um den Preis, „dass das klassische Teilchenkonzept immer weiter *verallgemeinert* wird - so weit, bis in der QFT schließlich der klassische Unterschied zwischen Teilchen und Feldern [weitgehend] eingeebnet ist“[237]...

M: Ja, aber wenn man - was man dann *muss* - unter dem Begriff \`Teilchen´ eine *vollkommen abstrakte* Entität versteht, \`ebnet´ man gleichsam auch sein ontologisches *Verstehen* ein...

H: Vielleicht ist es angeraten, etwas genauer auf diese (allgemeine) *\`Zweite Quantisierung´* der Felder bzw. Kräfte zu sehen...

M: Das ist es wohl... Die QFT hat ja zunächst einmal gezeigt, dass man den

Teilchen- und den Wellencharakter von QO mathematisch *ähnlich* behandeln *kann* - es schien auch *geboten*, Teilchen und Felder einheitlich zu behandeln: Es ging nicht nur darum, dass die QT Systeme aus *sehr vielen* Teilchen nur *theoretisch* behandeln kann und es eine *praktikable* Methode zu *ergänzen* galt, oder (isoliert) darum, dass die QT nicht erfasst, dass Teilchen *erzeugt* und *vernichtet* werden können (das könnte man bei Materieteilchen, wie auch etwa bei Photonen ob des erweiterten Materie-Energieerhaltungssatzes auch als *Verwandlungen* erachten), sondern man war ja bei den Wechselwirkungen von Materie und Strahlung - namentlich zwischen Atomen und Licht, also: Elektronen und Photonen - auf die erwähnten Befunde etwa von Planck und Einstein gestoßen, auf die *feldartigen* \`quanta´ der \`Energie- und Lichtpakete´, die eine *Analogie* zu den *materiellen* \`quanta´, den Atomen, darstellten, was eine *konsistente einheitliche* Beschreibung herauszufordern schien - man hat hier den Perspektivenwechsel mit der QFT im Grunde nur *\`nachgearbeitet´*. Bisher hatte man - so im Bohr-Sommerfeld´schen Atommodell - mit an jedem Ort *beliebigen* Feldstärken gearbeitet, scheinbar im *Widerspruch* zu diesen Befunden, da in elektromagnetischen Wellen anscheinend nur Feldstärken möglich oder realisiert sind, die einer *ganzen Zahl* von Photonen entsprechen; wie sich jedoch zeigte, betrifft das die unzerstreuliche \`Existenz´, nicht die an sich kontinuierliche Energie, der sekundär \`Ganzzahligkeit´aufgeprägt ist... Angeschoben von Born, Heisenberg und Jordan (für das elektromagnetische Feld) ergab sich dabei allerdings ein Primat des *Teilchenmodells*, denn die *Einheitlichkeit* der Beschreibung erreichte man eben *dadurch*, dass man das phänomenal *kontinuierlich* erscheinende elektromagnetische Feld als *dis*-kontinuierlich, gleichsam aus unendlich vielen Teilchen bestehendes System, ergo als *gequantelt* behandelte; wie ganzzahlige *Quanten*zahlen die Zustände von *Atomen* kennzeichnen, kennzeichnen ganzzahlige *Besetzungs*zahlen die Zustände des *Feldes*. Die Quantenelektrodynamik (Feynman u.a.)(*1940ff*) gesellt einem \`Elektronen-Feld´ ein \`Photonen-*Eich*feld´ bei, quantisiert die Maxwell´schen Gleichungen und erfasst so neben der elektromagnetischen Strahlung die Wechselwirkung geladener Materieteilchen miteinander mittels des Austausches virtueller Photonen - für die anderen Felder bzw. Kräfte gibt es analoge Ansätze (QCD (Gell-Mann), Stringtheorie (*1964ff*) u.a.) ... Mit der *QFT* wird nun versucht, den Ansatz der Quantenelektrodynamik auf *alle* elementaren physikalischen Gegenstände - Materie, Felder, Kräfte - zu verallgemeinern und einem *abstrakten Teilchenmodell* zu unter-werfen. Die QFT wurde dabei *von vorneherein* \`lorentz-invariant´ konzipiert (obgleich sich auch eine *nicht*-relativistische QFT formulieren lässt), während ja die Schrödinger´sche Wellengeichung *nicht* \`lorentz-invariant´ ist - mag es auch \`haarsträubend´ sein, dass relativistisch in den verschiedenen Bezugssystemen mit der QFT das Vakuum \`verschieden leer´ ist...
H: Das Feld ist also - so könnte man im eigentlichen und metaphorischen

Sinne sagen - am *weitesten* abgesteckt...
M: Ja. QO werden zu Anregungen des den verschiedenen Arten von Entitäten zugrundeliegenden Quantenfeldes, zu Feldquanten an bestimmten Raum-Zeit-Punkten bzw. -Gebieten. Das hat den Vorteil, die `Verwandtschaft´ bzw. `Familienähnlichkeit´ aller QO zu verdeutlichen - mit der Kehrseite allerdings, dass der Teilchenbegriff beinahe bis zur *Sinnlosigkeit `verwässert´* wird...
H: Nun, natürlich stehen Fermionen den klassischen *Teilchen*, Bosonen den klassischen *Feldern* nahe - wenn man die Tabelle oben betrachtet *(H. deutet auf die Abbildung oben)*, werden die Eigenschaften von *QO* zugegebenermaßen recht abstrakt und elementar...
M: QO bleiben - damit sie überhaupt *`Objekte´* sind - `Washeiten´, `Bündel´ von Eigenschaften (was nicht zwangsläufig eine Interpretation im Sinne etwa einer `Bündel-Ontologie bzw. eines Strukturenrealismus nahelegt); man kann folgende Eigenschaften aufzählen *(M. deutet auf Abbildung 31)...*

Quantenobjekte (QFT)(phänomenale Charakteristika)

QO sind ausgedehnte, bewegliche Entitäten, die zeitabhängige und zeitunabhängige dynamische Eigenschaften tragen ($m/E,q,s$), die Erhaltungssätzen gehorchen *(a);*
sie sind zwar nicht durchgängig *lokalisiert*, aber - zumindest etwa in Detektoren - lokalisier*bar*, wenngleich sie nicht-lokale Relationen aufweisen können *(b);*
sie sind unzerstreuliche, zumindest kardinal `individuelle Ganzheiten´, die untereinander scheinbar lokal (direkt) wechselwirken bzw. deren `Vermittler´ *(c);*
obgleich sie einer überlagerungs- und interferenzfähigen Wellenfunktion ψ, mithin den HU gehorchen, was scheinbar einen irreduziblen Indeterminismus nach sich zieht *(d)...*

Abbildung 31

Da alle QO in *eine* `Schublade´ passen sollen, treffen die *Unter*kategorien nicht auf sie alle zu, obgleich sich diverse Symmetriegruppen bilden lassen (wie sich ja schon bei den drei Teilchen-Generationen gezeigt hat): Sie tragen nicht alle dynamischen Eigenschaften - Photonen etwa haben keine *Ruhe*masse (tragen jedoch Impuls) und sind *un*geladen; überdies gibt es *weitere* Eigenschaften, etwa `Flavor´ und `Farbe´; sie sind nicht alle *undurchdringlich* - so die Bosonen, Fermionen nicht im *absoluten* (klassischen) Sinne; sie können nicht alle *komplexe Systeme* bilden - Fermionen schon, mit dem `Pauli-Prinzip´, Bosonen nicht, höchstens `Kollektivzustände´; usw. usf. ...
H: Seltsame Entitäten mit seltsamen Eigenschaften...
M: ...die es *im Detail* zu diskutieren gilt: Zu *(a)*, ob QO noch der Charakter einer *`Substanz´* zukommt, etwa da sie erzeugt und vernichtet werden können, oder ob man diesen etwa dem quantenphysikalischen Vakuum zuschreiben muss; ob man allen *`wirkliche Existenz´* zuschreiben kann, speziell auch etwa den rein virtuellen *Wechselwirkungs*teilchen; ob und inwiefern ihnen Eigen-

schaften schon *vor* einer Messung zukommen; zu *(b)* und *(c)* ob die *Identität* von QO *mehr* als \`filigran´ wird, da sie (als Teilchen) etwa nicht durchgängig lokalisiert sind; ob sie *unterscheidbar* sind, bei Photonen auch etwa, ob sie *selbst* lokalisierbar sind; zu *(c)* und *(d)*, ob das Trajektorieverhalten von QO nicht auf \`verborgene Parameter´ bzw. eine \`verborgene´ kontinuierliche Ausgedehntheit verweist - wie die von *Wellen*entitäten -, womit sich die Frage nach der *Irreduzibilität* des Indeterminismus vollkommen *anders* darstellt; usw. usf. *Geliefert* wird hier natürlich - wie mit der QFT *bestellt* - die *Perspektive* des Teilchenbildes - alle diese Fragen hängen aber davon ab, wie man QO als Entitäten *\`konzipiert´* bzw. wie sie ontologisch \`konzipiert´ *sind...*
H: Wichtigster Punkt ist ja wohl ihre *raum-zeitliche Einbettung*, was alle anderen Fragen *umgreift...*
M: ...mithin die überaus schwierige Frage nach der *\`Washeit´* von QO, *diese* Frage umgreift alle anderen... Aber in der Tat: Man setzt auch hier überhaupt physikalische *Objekte* als in Raum und Zeit \`real´ gegeben - wie sollte man *nicht?* Immer muss man damit beginnen, zu konstatieren: An *dem-und-dem* Raumort hat man zu *dem-und-dem* Zeitpunkt *die-und-die* Eigenschaft an *dem-und-dem* Objekt gefunden. Man kann also *weder* die Realität generell, *noch* die \`Objektartigkeit´ und Existenz von QO generell, *noch* die raumzeitliche Einbettung generell in Frage stellen, so man *Physik* betreiben will - zumal *alle* observablen Eigenschaften, von der Masse bis zum Spin, sich nur im raum-zeitlichen Verhalten *offenbaren* - man misst *nur Orte* von Entitäten im Laufe der Zeit, *nie* (direkt) *anderes...* Man kann sogar fragen: Gibt es eine *\`Washeit´* (\`quiditas´), wenn man eine (primitive) *\`Diesheit´* (\`haecceitas´) verneint?
H: Hm...
M: Die nicht einzeln beobachtbaren *Quarks* wurden schon erwähnt, sie stellen noch kein Problem dar; anders ist es bei den virtuellen Wechselwirkungsteilchen, die man überhaupt nicht direkt *nachweisen* kann, und a fortiori bei den *\`quasi-Teilchen´*, die man in der Festkörperphysik annimmt; während erstere *\`anderes´* sind, muss man letzteren ihre \`wirkliche Existenz´ schlicht *absprechen - obwohl* sie scheinbar Objekte sind, die dynamische Eigenschaften - etwa Masse und Ladung - tragen, die Erhaltungsgesetzen gehorchen und sie diffus lokalisierbar sind; zu ihnen gehören nämlich auch etwa im Kristallgitter *fehlende* Elektronen, die sich als positiv geladene *\`Lücken´* fortbewegen - ontologisch bilden sie gleichsam nur das *Negativbild* des *eigentlichen* Geschehens ab; ähnlich ist es mit den \`Phononen´, die für *Gitterschwingungen* in Kristallen stehen, also für *Zustände...*
H: Langsam... Zunächst einmal gerät man hier konzeptuell und ontologisch *zwischen* das klassische Teilchen- und Feldkonzept...
M: Eben. Bei QO gibt es einerseits eine Art *\`Wittgenstein'sche Familienähnlichkeit´*, dass ihnen *wenige allen gemeinsame* Merkmale eignen, *obwohl*

sie *alle verwandt* sind, andererseits kann man ihnen eine Art Welle-Teilchen-`*Janusköpfigkeit*´ zuschreiben - was aber, wenn man nur ein zweites Gesicht zu sehen *meint*, wie man nachts im Gesträuch ein Gesicht zu sehen meint (gar aus einer ähnlichen gestaltgebenden Prägnanztendenz heraus)? Man starrt wie gebannt auf das Teilchenmodell, obgleich es geradezu ein *Leitmotiv* ist, dass auch die andere Sicht *möglich*, wenn nicht *geboten* ist, nämlich *Teilchen* als kontinuierliche (ganzheitliche) *Wellen*-Wesenheiten zu erachten...
H: Möglich... Man braucht dies aber nicht so *negativ* auszudrücken: Zunächst hat man aufgrund des Welle-Teilchen-Dualismus ja nur ontologische *Mutmaßungen* angestellt, mit welcher Art Entitäten man es zu tun haben *könnte;* nun jedoch zeigt sich, dass diese in *einem einheitlichen* mathematischen Formalismus behandelt werden *können*, dass die Diskrepanz der beiden Bilder zumindest *mathematisch vermieden* werden kann - sollte das nicht auch für die *ontologische* Frage `Was ist ein QO?´ *Hoffnung* geben?
M: Durchaus. Mathematisch wird in der QFT statt von der Lagrange-*Funktion* auszugehen, von der Lagrange-*Dichte* $\mathcal{L}$ ausgegangen und aus dem Feld Φ der konjugierte Feldimpuls $\pi=\partial\mathcal{L}/\partial\Phi$ als deren partielle Ableitung gewonnen. Feld und Feldimpuls sollen dann Gleichung (III.1) analogen Vertauschungsrelation für *Operatoren* gehorchen (bei bosonischen Feldern, wie hier dem elektromagnetischen Feld sind das andere als bei fermionischen Feldern für *Materieteilchen* (Diracfeld für Elektronen)). Wie in der QT die klassischen Größen Ort x und Impuls p durch die Operatoren $\hat{x}$ und $\hat{p}$ ersetzt wurden, wird hier das Feld Φ und der konjugierte Feldimpuls π durch die Operatoren $\hat{\Phi}$ und $\hat{\pi}$ ersetzt, die wiederum auf einen Zustandsvektor angewandt werden (zur QFT führten aber *mehrere* Wege). Auch hier meint Quantisierung, dass die Operatoren nicht beliebige, sondern nur spezifische, *diskrete Eigenwerte* haben - dahinter stehen ontologisch die *Entstehungs-* und *Vernichtungsprozesse*. Verändert sich etwa das elektromagnetische Feld durch eine Wechselwirkung mit einem Teilchen, sollen Photonen *erzeugt* und *vernichtet* werden (mathematisch im Fockraum) - das ist mit dem Modell *konstruiert;* fraglich ist, ob man es auch ontologisch `für bare Münze´ nehmen sollte; es gibt jedenfalls *mathematisch* spezielle Operatoren, die auf die zugehörige Zustandsfunktion angewendet werden, die eben dies `*bewirken*´...
H: ...die Erzeugungs- und Vernichtungsoperatoren $a^{\dagger}(p)$ und $a(p)$, die dem ganzen System erst seinen *Sinn* geben...
M: ...sollen, ja... Bei diskreten ganzzahligen Eigenwerten gibt es einen Null-Zustand $|0\rangle$, den `Vakuumzustand´ mit der Teilchenzahl *0* - dieser ist allerdings analog dem *quantenphysikalischen* energetischen Grundzustand, der ja *nicht nullwertig* ist, normiert auf $\langle 0|0\rangle=1$; diesem Zustand entspricht also ein *nicht* vollkommen leeres Vakuum... Gleichsam `darüber´ erhöht die wiederholte Anwendung des ersten Operators den Eigenwert-Zustand, mithin die korrespondierende Teilchenzahl, während diejenige des zweiten diese

erniedrigt *(M. deutet auf Abbildung 32):*

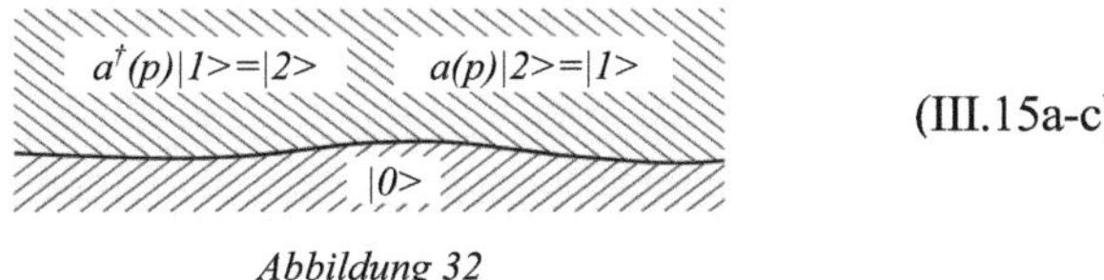

(III.15a-c)

Abbildung 32

Neben diesen bosonischen Zuständen, die ja im Ansatz zunächst Felder bzw. Kräfte `verschlüsseln´ sollten, kann das System für fermionische Zustände den empirischen Befunden der Materialisation und Annihiliation von Materieteilchen Rechnung tragen; und analog zur Born´schen Wahrscheinlichkeitsinterpretation kann man mit wechselwirkungsspezifischen Operatoren dann etwa die Wahrscheinlichkeiten bei Streuprozessen in Teilchenbeschleunigern errechnen. *`Eingebaut´* ist dabei in den mathematischen Formalismus bereits die *absolute Ununterscheidbarkeit* der Teilchen (insofern sie überhaupt nicht mit Indizes *versehen* werden) und das Pauli-Prinzip bzw. die Quantenstatistik (nur bosonische Zustände sind symmetrisch bei Vertauschung) - *ontologisch* ist dem also nichts zu *entnehmen.* Zustands*änderungen* sind realisiert als gleichzeitig stattfindende Vernichtung des `alten´ Teilchens und Erzeugung eines `neuen´ Teilchens: $a^{\dagger}(p')a(p)$. Auch *damit* wird die Frage nach der *Identität* eines Teilchens, das sonst nur seinen Zustand *geändert* hätte, *obsolet* - ebenso, wie der Vorgang der Zustandsänderung *selbst;* ob das ontologisch-realiter *zutreffend* ist, ist fraglich, denn der mathematische Formalismus lässt dergleichen Fragen gar nicht *zu* - selbst, wenn es um die Identität eines in Tokio und eines in Berlin erzeugten Teilchens geht...

H: Man ist ja versucht, auch dieses Bild als ontologisch-real zu nehmen, obgleich die Begriffe eher pragmatisch-metaphorisch zu nehmen sind und - wie Feynman-Diagramme - nur den Gebrauch des Systems als mathematisches Hilfsmittel ermöglichen sollen. Als *einendes* Element werden Teilchen und Wellen demselben mathematischen Formalismus unterworfen - was hier eine *realistische* Interpretation ja nahelegt; auf der anderen Seite ist es merkwürdig, dass innerhalb desselben der Anschauungsraum beinahe *zweitrangig* wird, weil es neben den *Orts-* und *Impuls*operatoren *diverse andere* gibt...

M: ...von denen nur *manche keine* reelen Eigenwerte liefern, so der Zeitentwicklungs-Operator, so dass die Zeitentwicklung scheinbar nur im Hilbertraum, einem mathematischem *Konstrukt* statthat, sich aber in Raum und Zeit dennoch *auswirkt*, was problematisch ist - das *Gegenteil* aber *ebenso*, dass etwa der statistische Dichte-Operator reele Eigenwerte *liefert*, als wären dies mögliche Mess*werte* eines entsprechenden Mess*apparats* und als entsprächen diesen *reale Eigenschaften* eines Quantensystems... Moderat könnte man - um auf die QT im engeren Sinne zurückzukommen - sich darauf zurückziehen, die Ortsdarstellung bzw. der Ortsoperator stünde dem *Teilchen*bild, die Impulsdarstellung bzw. der Impulsoperator aber dem *Wellen*bild näher - so kann der komplementäre Dualismus aber natürlich nicht *überwunden* werden...

H: Das alles ist eben abstrakter als der Phasenraum der klassischen Physik - neben dem Hauptaspekt, der *Superpositionsfähigkeit*, ist vieles aber auch sehr *passend:* Erwähnt wurde bereits die mit der HU zerfließliche *δ-Orts*-Funktion; vieles ist ja auch - im Sinne einer Minimalinterpretation - unstrittig, etwa, dass hermitesche Operatoren, die auf den Zustandsvektor einwirken, ontologisch-realiter *für* Messapparate stehen...

M: Gut, diese noch *instrumentalistische* Position ist unstrittig, weil sie rein deskriptiv bleibt und überhaupt noch nicht in den Mikrokosmos *vordringt...*

H: Eben!

M: Andere Vektoren liefern keine eindeutigen Erwartungswerte; jede Messung *präpariert* einen neuen Eigenvektor - dem entspricht ontologisch etwa der Wellenkollaps in einen neuen Zustand, die Zustandsreduktion; man kann natürlich auch Dekohärenzprozesse oder ein `sich-Neigen´ annehmen...

H: ...wenn man annimmt, dass der Zustandsreduktion, dem Projektionspostulat *ontologisch-realiter* ein realer Wellenkollaps, Dekohärenzprozess, `sich-Neigen´ *entspricht...*

M: ...was geboten ist, schon alleine, damit nach einer Messung das System in dem entsprechenden Zustand *ist* - die Operatoren bilden auch ab, dass überhaupt *potentielle* Größenwerte *actualisiert* werden...

H: Im mathematischen Formalismus ist es so: Einer Ortsmessung entspricht die Anwendung des Ortsoperators - Ergebnis kann nur ein *Eigenzustand* dieses Operators sein; analog ist es bei der Impulsmessung und dem Impulsoperator - den Eigenzuständen entspricht gleichsam jeweils ein Vektor auf einer der Achsen des n-dimensionalen Hilbertraums, nur *dann* haben die korrespondierenden physikalischen Größen einen *definiten* Wert. Ein Quantensystem kann aber auch in einem *superponierten* Zustand $c_1|\Psi_1 \pm c_2|\Psi_2>$ sein - der Vektor liegt dann gleichsam irgendwo *zwischen* den Achsen und die physikalischen Größen haben dann *keinen* definiten Wert. Dass es bei manchen Messungen auf deren *Reihenfolge* ankommt, dass diese nicht gleichzeitig definite Werte aufweisen können, was die *HU* erfassen, wird abgebildet durch die *nicht-Kommutativität* mancher Operatoren: Orts- und Impulsoperatoren etwa können nicht auf *denselben Zustand* führen - also kann etwa nach Anwendung des *Impuls*operators, wenn das Quantensystem in einem von *dessen* Eigenzuständen ist, das System nicht in einem Eigenzustand des *Orts*operators sein (die Impulseigenfunktion ist *Superposition* verschiedener Ortseigenfunktionen). Der komplementäre Dualismus gemäß den HU bildet sich also auch *unanschaulich* ab...

M: Ontologisch heißt das nur: eine ebene monochromatische Welle hat keinen diskreten, punktförmigen Ort...

H: ...aber in *welcher Weise* ist in diesem Zustand das QO *lokalisiert?* Nach einer Ortsmessung *ist* es lokalisiert...
M: ...aber der *Impuls* ist indefinit, weil die ebene Welle zu einer δ-Funktion geworden ist; die *monochromatische ebene* Welle und die *unendlich* steile δ-Funktion dürften nur die *Grenz*beschreibungen sein - erstere ist *nie ganz* monochromatisch eben, zweitere *nie unendlich* steil...
H: Aber was *geschieht*, wenn man eine \`Messung´ macht - ist ein definiter Messwert im Sinne von Aristoteles als die *\`Actualisierung einer Potenz´* zu verstehen?
M: Wenn man so will... Aber mag der *Messprozess* zunächst *mathematisch* beleuchtet werden - in der Vektordarstellung - wenn es auch hernach gilt, sich von den *b*-Axiomen zu lösen und die *a*-Axiome zu betrachten *(M. deutet auf die Abbildung oben)*, weil nur *diese* einer ontologischen Deutung zugänglich sind. Die Wahrscheinlichkeit mit einem Messapparat $|\Phi>$ ein System im Zustand $|\Psi>$ zu finden, wird durch das Skalarprodukt $|<\Psi|\Phi>|^2$ angegeben. Ein Messapparat im Ausgangszustand $|\Phi_0>$ geht bei einer *idealen*, näherungsweise bei einer *klassischen* Messung in $|\Phi_k>$ über und *zeigt* den Zustand $|\Psi_k>$ eines gemessenen Systems *an*, der selbst *unverändert* bleibt:

$$|\Psi_k>|\Phi_0> \rightarrow |\Psi_k>|\Phi_k> \qquad \text{(III.16)}$$

Zum Messproblem im engeren Sinne kommt man, wenn man superponierte Zustände einer Messung unterwirft, dann ergibt sich durch die Verschränkung beider Systeme eine Superposition gleichsam der verschiedenen *Zeigerstände* des Messapparats - formal (III.17a):

$$(\Sigma_n c_n|\Psi_n>)|\Phi_0> \rightarrow \Sigma_n c_n|\Psi_n>|\Phi_n>$$
$$(c_1|\Psi_1> \pm c_2|\Psi_2>)|\Phi_0> \rightarrow c_1|\Psi_1>|\Phi_1> \pm c_2|\Psi_2>|\Phi_2> \qquad \text{(III.17a/b)}$$

Genaugenommen rekuriert das auf das *Teilchen*bild, denn Wellenfunktionen *als* Wellen genommen umgreifen *sowieso*, dass man sie mit der Fourieranalyse als *Überlagerung verschiedener* Wellenkomponenten interpretieren kann - hier wird dies aber als *Summe* über verschiedene Zustandsfunktionen dargestellt; das gemahnt etwa an die verschiedenen Wege, die ein Teilchen beim DSExp nehmen kann. Die Zustandsgleichung sagt nun superponierte *Wahrscheinlichkeiten* (auch) für die *Messergebnisse* voraus, eine Messung liefert dann aber *ein definites* Ergebnis. *Theoretisch* - der Linearität des mathematischen *Standard*-Formalismus gemäß - müssten Superpositionen in den Makrokosmos *sichtbar hineinreichen*, da auch die *Messapparatur* mit der *QT* beschrieben werden kann, ergo: muss; man hat es mit Zustands-Superpositionen mehrerer Systeme, eben mit *Verschränkungen* zu tun; so etwa bei einer Spin-Messung, die zwei Werte annehmen kann und gleichsam zu zwei überlagerten Zeigerstellungen führt (III.17b)...
H: Theoretisch...

M: Praktisch findet man aber *keine* Superpositionen bei Zeigerstellungen von Messapparaten; der mathematische *Standard*-Formalismus sagt - unergänzt - also etwas *Falsches* voraus; da hilft keine Trickserei mit dem statistischen Operator und der Ignoranzinterpretation...
H: Jedenfalls muss man sagen: „*Potentialitäten* [in Gestalt unbestimmter, superponierter, möglicher Messwerte von Observablen] entsprechen zwar *mathematischen* Größen (Operatoren) des Quantenformalismus, sie sind aber selber kein Gegenstand der Wahrnehmung. Nur *aktualisierte* Formen in der Gestalt definiter Messwerte können wahrgenommen werden“[238]...
M: Insofern kann man schon hier sagen: Dynamik *I*, die deterministische Entwicklung gemäß der Schrödinger´schen Gleichung muss etwa mit Heisenberg und vonNeumann zu einer Dynamik *II überschritten* werden - was man empirisch *beobachtet* bei einer Messung ist die *Auflösung* der (zuvor angenommenen) Superpositionen bzw. Verschränkung - so mag denn der Index *k* statt für `klassisch´, für `kollabiert´ (`dekohäriert´, `geneigt´) stehen:

$$(\Sigma_n c_n|\Psi_n>)|\Phi_0> \rightarrow |\Psi_k>|\Phi_k> \qquad \text{(III.18)}$$

In manchen Deutungsansätzen ist dazu ein *bewusster Beobachter* nötig, der noch als Θ `zwischengeschaltet´ ist, welcher die Superpositionen bzw. Verschränkungen auflöst...
H: Man landet immer wieder beim komplementären Dualismus - wie geht das diskrete Messergbnis, das man mit *Teilchen(eigenschaften)* assoziiert, mit der Superposition von Messergebnissen, die man mit *Wellen(eigenschaften)* assoziiert, zusammen...
M: Darum drehen sich *alle* Deutungsversuche - auf der Theorieseite kann man die *Vollständigkeit* der QT anzweifeln und - ähnlich dieser zusätzlichen *Mess*-Dynamik - mit *G*hirardi, *R*imini und *W*eber (GRW) oder Penrose eine *nicht-lineare (reale)* Kollaps-Dynamik annehmen oder mit Einstein und deBroglie-Bohm *verborgenen Variablen;* auf der Befundseite kann man mit Everett-Wheeler oder dem Dekohärenzansatz das *eine definite* Messresultat als *Illusion* umdeuten usw. usf. ...
M: ...und alle diese Ansätze setzen bei diskussionswürdigen *Fragen* an...
H: Eben! Es ergibt sich Maudlins `Trilemma´[239] *(H. deutet auf Abbildung 33):*

1. Die ψ-Funktion bzw. der Vektor $|\psi>$ erfasst die Eigenschaften eines Quantensystems *vollständig*.
2. Diese entwickeln sich zeitlich ausschließlich *linear*, gemäß der Schrödinger´schen Gleichung.
3. Messungen liefern *definite* klassische Messwerte.

Abbildung 33

M: ...so nennt man es *heute*, obgleich das Messproblem seit Anbeginn der QT bekannt ist - nur: die *Antworten* wollen nicht vollends zufriedenstellen...

Offenbar ist *mindestens eine* der drei Annahmen zu verwerfen, damit eine konsistente Konjunktion möglich ist; in der Tat kann und muss man bei *allen drei* Annahmen ansetzen... Die Annahmen *1* und *2* betreffen den Zusammenhang von theoretischem Abbild und ontologischer Realität und können im Grunde nur *realistisch* und mit der *`adaequatio´* genommen werden (so man nicht der Gefahr erliegt, die *kategorialen Ebenen* beliebig zu wechseln): Wie sollte man bei Annahme *1 nicht* zweifelnd fragen: Hat man in betreff der Theorie - ob der nicht-Lokalität und nicht-Separabilität - mit der Ψ-Funktion nicht nur *dann* ein *vollständiges* Bild des tatsächlichen Geschehens, wenn man die *Gesamt*wellenfunktion *aller* QO zugrundelegt, was natürlich nicht möglich ist? Ist es nicht grundsätzlich *Hybris*, gerade *heute jegliche* noch verborgenen Parameter auszuschließen? Bei Annahme *3* braucht man gar nicht auf die `Vielen-Welten´ zurückzugreifen: Kann in betreff der Befunde nicht schon *Dekohärenz* manches vor unserer Wahrnehmung *verbergen?* Will man aber nicht alles auf dergleichen Effekte *`abwälzen´* und die Befunde *hinnehmen* - soviel Positivismus sollte man immer aufbringen, um nicht ins *Irrationale* abzugleiten -, muss man die Annahmen *1* und *2* verwerfen und etwa eine ergänzende Dynamik *II* erwägen. Dabei wird schon sichtbar, dass mit alledem schon Annahme *2 umgriffen* ist: Ist Annahme *1* unzutreffend, ist Annahme *2* für das Trilemma *irrelevant*, ja, mehr noch: Warum überhaupt den jeweiligen Zustand eines Quantensystems und seine zeitliche Entwicklung hier *trennen?* Ontologisch-realiter *unvollständig* erfasste QO entwickeln sich nicht gemäß der theoretischen Schrödingerschen Gleichung und umgekehrt: nicht gemäß dieser sich entwickelnde Zustände deuten auf *Unvollständigkeit* hin - eigentlich ist es also ein *Di*lemma...

H: Ja. Bei alledem bildet sich auch mathematisch die Frage ab, ob QO immer schon, auch *ohne* Messung, mit einem bestimmten *Eigenzustand* korreliert sind - mithin: Gibt es ontologisch mehr zu *wissen* als *abgebildet* wird? Überdies bildet die Ψ-Funktion im Potential $V(x,t)$ zwar klassische Feldwirkungen als kontinuierliche Zeitentwicklung ab - wie aber geht der *diskontinuierliche* Übergang von einem Eigenvektor zum anderen vonstatten? Und was soll dann differentiell eine *`Messung´* von einer *anderen* Wechselwirkung unterscheiden? `Messungen´ sind kein eigener Wechselwirkungs-*Typus*, `Messapparate´ kein eigener Objekt-*Typus*... Muss man nicht - ebenso wie vorhin beim Beweis der Existenz von Atomen - auch skeptisch sein bei dem Umkehrschluss aus der Aussage, dass sich QO *wie* Wellen behandeln lassen, ergo solche *seien?* Muss die verführerische *Konkretheit* der Abbildung dann in der QFT nicht daran gemahnen, dass es sich der ontologischen Interpretation des Ganzen *kritischer* zu nähern gilt?

M: In der Tat; darum auch ist Folgendes vielleicht noch *entscheidender:* Eine *quantenphysikalische* Messung, bei welcher die Messapparatur die Messbasis festlegt und ontologisch-realiter die Zustände *aktiv präpariert* werden, ist im Grunde einer *klassischen* Messung diametral *entgegengesetzt;* man kann es beinahe nicht klassisch *`Messung´* nennen, wenn *eine* Messung bzw. Messapparatur mehr den *Wellen-*, eine *andere* aber mehr den *Teilchen*aspekt hervorhebt und das QO vorher in einem prinzipiell unbekannten, `anderen´, um nicht zu sagen `schwebenden´ Zustand ist - einer solchen *`präparierenden´* Messung entsprechen *zwei verschiedene* Zustandsentwicklungen, deren eine etwa das QO mehr *Welle* sein lässt - beim DSExp, wenn sich Interferenz ergibt -, derer andere das QO zum diskreten klassischen *Teilchen* kollabieren, dekohärieren, `sich-neigen´ lässt - beim DSExp, wenn man ermittelt, durch welchen Spalt es gegangen ist:

$$|\Psi_?>|\Phi_{0W}> \rightarrow |\Psi_W>|\Phi_W> \text{ oder } |\Psi_?>|\Phi_{0T}> \rightarrow |\Psi_{kT}>|\Phi_{kT}> \qquad \text{(III.19)}$$

H: Das sind die nämlichen zwei *Modi*, in welche Richtung QO `sich-neigen´ können, die schon bei der nicht-Kommutativität aufgetreten waren...
M: Ja. Welche `Erkenntnisfrüchte´ lassen sich nun nach dieser mathematischen Betrachtung auflesen? Die Matrizenmechanik weist höchstens darauf, dass die empirischen `Gesamtkataloge´ irgendwie auch ontologisch *realisiert* sein müssen - etwa als Wellenphänomene; die Wellenmechanik und der Hilbertraumformalismus weisen etwa mit dem Superpositionsprinzip *direkt* in diese Richtung, die nicht-Kommutativität und die HU weisen darauf, ein *dynamisch veränderliches* `Sosein´ von QO anzunehmen, das man schon in den beiden Termen der Planck´schen Strahlungsformel abgebildet erahnen kann...
H: Andererseits: Wenn die Schrödinger´sche Differentialgleichung allgemein definiert, welche Wellenfunktion für eine Materiewelle jeweils als Lösung fungieren kann - was kann man ihr dann *entnehmen*, was man nicht zuvor in sie *hineingelegt* hätte? Außer vielleicht, dass das `Buch der Natur´ in der Sprache der Mathematik verfasst ist...
M: Nein, das `Buch der Natur´ *selbst* ist sozusagen in der unaussprechlichen Sprache des *`Seins´* geschrieben; nur das mit einem hypothetischen Realismus partiell isomorphe *Abbild* oder *Modell*, das man sich von der Welt macht, wird in der Sprache der Mathematik formuliert - *auch*, denn die Sprache der Mathematik ist (nur) *eine* abstrakte, abkürzende Sonderform der gewöhnlichen (Wort-)Begriffssprache des Menschen, „[sie ist (nur)] eine Verfeinerung der Umgangssprache, die diese mit passenden Mitteln zur Darstellung von Beziehungen versieht, für welche die übliche Ausdrucksweise in Worten zu ungenau oder zu beschwerlich ist“[240] - mit Kant ist Mathematik ein zwar apriorisches, aber *empirisch `leeres´* Erkenntnisschema[241] - die Evolutionäre Erkenntnistheorie vermag das erst in ein *etwas anderes* Licht zu rücken...
H: „Genaugenommen stellt der mathematische Formalismus [der QT][...] nur Rechenregeln zu unserer Verfügung, die zur Ableitung von Erwartungen über bei wohldefinierten Versuchbedingungen gewonnene Beobachtungen dienen und mit *klassischen* physikalischen Begriffen *vollständig* beschrie-

ben werden können"[242] - so Bohr...
M: Wenn man dem auch nicht direkt *widersprechen* muss - ist es doch der instrumentalistische Minimalkonsens -, wird damit ja nicht gesagt, inwiefern dergestalt das *ontologische Inventar* überhaupt, geschweige denn *vollständig widergespiegelt* wird... Mathematisch hat man die Probleme mit alledem nur formal *exponiert*, nicht *gelöst* und eine eigentümliche Gefahr liegt darin, dass die im Zuge der fortschreitenden Axiomatisierung angestrebte größere innere logische *Geschlossenheit* auch von der empirischen *Wirklichkeit* abschließt, die viel schwieriger `gedanklich handzuhaben´ ist, als die Gegenstände des logischen Begriffssystems[243]... Man wird die Deutungsprobleme der QT zwar *mit*, aber nicht *durch* Mathematik lösen, weil diese nur eine *Abbildungsweise* des Ganzen ist, etwas, das man auch in einer anderen Sprache sagen *können* muss...
H: ...allerdings *umständlicher...*
M: Jein. Für ein *Verständnis* der QT und die Frage `Was *ist* ein QO?´ wäre das *zu generell:* Die Naturwissenschaft, allem voran die Physik, ist nachhaltig mathematisiert, was ihr ersichtlich zum *Vorteil* gereicht, angefangen damit, dass etwa schon *alltägliche empirische* Erfahrungen wie die Geschwindigkeit und Beschleunigung eines Körpers als erste und zweite Ableitung der Ortsfunktion nach der Zeit gefasst ($\dot{x}$ und $\ddot{x}$) werden, ähnlich Impuls und Energie usw. usf. - dem Ganzen wollte schon *Kant* ja das Geheimnis ablauschen (und für die Metaphysik fruchtbar machen, was jedoch im Transzendentalismus *`endete´*) und dieser mag sogar noch zu recht feststellen, dass man in der Naturwissenschaft nur „so viel *eigentliche* Wissenschaft [...][antrifft], als darin *Mathematik* anzutreffen ist."[244] In der QT kommt man aber an eine *Grenze:* Angenommen man würde jemandem, der von alledem noch nie etwas gehört hat, dem aber der mathematische Formalismus ad hoc `einginge´, dies alles erklären, etwa *Leibniz* - würde dieser nicht schließlich erstaunt anmerken, dass die *Abbildungsweise* mittels Vektoren in abstrakten Hilberträumen, komplexer Zahlen usw. usf. für die Frage, wovon die QT nun *eigentlich `handelt´*, offenbar *insofern* nur *Beiwerk* ist, als das *eigentliche* Problem in der *unklaren Korrespondenz* der mathematisch-theoretischen und der gesetzten ontologisch-realen Gegenstände liegt?
H: Nun, so einfach wie in der *klassischen* Physik ist es nicht, wo diese relativ direkt auch bezüglich der *empirischen Erfahrungen* gegeben ist - etwa, wenn der Impuls $p=m\dot{x}$ abbildet, dass ein massiverer und schnellerer Körper eine größere `Wucht´ hat...
M: Richtig. Mit dem Integral (III.11b) der Born´schen Wahrscheinlichkeitswellen-Deutung etwa kommt man zum Kern der QT, wie auch der Deutungsprobleme hinsichtlich der raum-zeitlichen Einbettung von QO: Mathematisch ist das wenig anspruchsvoll und es lässt sich auch unproblematisch in Worte fassen, `zurückübersetzen´, die intendierte Korrespondenz aufzeigen: Ein über

ein bestimmtes Intervall sich erstreckendes Integral des Betragsquadrates einer Wellenfunktion $\Psi(x,t)$ gibt die Wahrscheinlichkeit an, zu einem Zeitpunkt *t* in diesem Intervall ein QO im Zustand Ψ als Teilchen anzutreffen. In die Wellenfunktion sind diese Informationen *`eingeschrieben´* (ähnlich kann man neben der hier gedeuteten *Orts*funktion die *Impuls*funktion mit der HU und einer Fourieranalyse deuten usw. usf.). Dabei geht es dann aber nur um *Deskription* und *Voraussage*, nicht um *Erklärung* und *Verstehen* - die Mathematik ist dabei nicht das *eigentliche* Problem; das liegt hier darin, dass das Messproblem und die Frage nach der Unvollständigkeit der QT auch umfasst, dass die Born´sche Wahrscheinlichkeitswellen-Deutung *nur* angibt, wo man ein QO als *Teilchen* antrifft...

H: ...man *kann* es nicht als *Welle* antreffen...

M: Jein, das kann man *nicht* oder nur *bedingt* sagen: Man trifft es etwa beim DSExp als Welle als *theoretischem* Gegenstand des mathematischen Formalismus an, den man auch als *ontologisch-realen* Gegenstand *setzen* muss... Der mathematische Formalismus der QT *sagt* nicht *direkt*, was ontologisch-realiter *`hinter´* alledem steckt: Erkenntnis und Verstehen *aus* diesem heraus kann man *insofern* nicht erwarten, als man beides wieder dahingehend zu befragen hätte, ob sie nicht nur *in* diesem, sondern auch *ontologisch-realiter* fundiert sind; dann kann man die empirischen Befunde und Phänomene aber auch *direkt* befragen (und mit Schrödingers Vorstellung von Wellenentitäten in Verbindung bringen). Allemalen haben Heisenberg und Schrödinger *zuerst* auf die Welt, auf Experimente und Befunde gesehen und *dann* erst um eine Theorie gerungen, die dazu *`passt´* - wer wollte vom Newton´schen oder Maxwell´schen Formalismus abnehmen, wie die *Welt* beschaffen ist? Mit ersterem käme man dann vielleicht darauf, auch makroskopische Körper als tatsächliche Massen*punkte* zu deuten, weil sie *mathematisch* (auch) dergestalt *abgebildet* werden können...

H: Was würde dann alles unserer Erkenntnis *entgehen* - andererseits: Betreibt man - wenn man sich darüber hinwegsetzt - nicht schon *Meta*physik, makroskopische Körper sind ja eben *nicht* nur als Massenpunkte gegeben, QO aber *nur* bei Messungen *nur* als Teilchen...

M: Ist das - so betrachtet - nicht schon so, wenn man von *Feldern* spricht? Man muss - wenn es auch ein wesentliches Kennzeichen der modernen Physik ist, dass sie zusehends auf alle Anschaulichkeit *verzichten* muss - für ein Verständnis des Ganzen von den *Entitäten selbst* sprechen...

H: Phänomenologisch müsste man also sagen *`Zurück zu den Befunden´*...

M: Ja; gegebenenfalls muss man die Mathematik *`zurückübersetzen´*, so die Befunde nicht gleichsam *direkt* zu einem `sprechen´ - man muss sich den `grundlegenden Realitäten´ *selbst* zuwenden, mögen die auch geheimnisvoll zwischen Teilchen- und Wellennatur `oszillieren´...

H: Obgleich schon *fraglich* ist, was überhaupt darunter zu *subsummieren*

wäre - manchem deucht dies *offen zutage* zu liegen, wenn es etwa heißt, in der *QFT* unterscheide man: „*α)* die einzelnen `elementaren´ Felder *β)* ihre Wechselwirkung *γ)* den Raum, mit *δ)* der Zeit [...][und] *ε)* den quantenmechanischen Zustandsraum."[245] Das ist zunächst ja recht *übersichtlich...*
M: Nur, wie schnell kommt man ins `Dickicht der Meinungen´ - das ist doch ein recht *willkürlicher* Ausgangspunkt: In der einen Richtung könnte man noch *weiter* zergliedern und etwa mit Aristoteles Hylemorphismus den Begriff *`Form´* ins Spiel bringen - *mathematische* Form wäre natürlich *abstrakter* zu fassen, nicht mit Pythagoras oder Platon als proportionelle Form oder geometrische Gestalt, sondern etwa als - gleichermaßen `ideell-ewige´ - Form der Differentialgleichungen oder als raum-zeitliche `Form´, die man `Naturgesetz´ nennt... In der anderen Richtung könnte man bei *γ)* und *δ)* mit Leibniz´ relationalem Raum-Zeit-Konzept *möglicherweise* den Begriff *`Raum´* (als Inbegriff der *Relationen*, wie auch der *Wechselwirkungen* der Objekte) und *sicherlich* den Begriff *`Zeit´* auf *α)* und *β)* zurückführen; *ε)* sollte in *α)* bis *δ)* *ontologisch* gleichsam bereits *`enthalten´* und nur in der Natur*beschreibung* ein eigener Punkt sein. Und sieht man einmal nur auf *α)* und *β)* - im Grunde geht es dabei eher um *Konvention*, denn um *Erfahrung*, da man ja im *Gefolge* der klassischen Feldphysik dahin gekommen ist, Materie und Felder nicht mehr als vollkommen *verschiedene* Wesenheiten zu betrachten, ja, beide aufeinander zu *reduzieren;* im Lichte der QFT soll nun jeder Art von Entität ein *eigenes* Feld zugrundeliegen soll, weshalb auch *α)* und *β)* überhaupt *unterschieden* wird; das Ganze involviert auch das Problem, dass *α) bis ε)* gar nicht phänomenal-empirisch *gegeben*, sondern *Konstrukte* sind usw. usf. ...
H: Dann ist es *nicht* mehr übersichtlich...
M: Die `grundlegenden Realitäten´ enthüllen sich wohl nur auf dem mühsamen Wege, den komplementären Dualismus weiter zu *umkreisen...* Es wurden ja *diverse* Gedankenstränge verfolgt, um das begriffliche Dilemma in den Griff zu bekommen, die Kluft zwischen dem Teilchen- und Wellenmodell zu überbrücken: Etwas weiter als die schon markierte *instrumentalistische* Position dringt die *Ensemble*-Interpretation vor, die ontologisch den Formalismus immerhin schon auf ein *statistisches Ensemble* von gleich-präparierten QO bezieht, wenn auch noch nicht auf einzelne QO... III c
H: Das `schon´ in dem Sinne verstanden, wie *`nahe´* man den rätselhaften QO mit seiner Erkenntnis kommt...
M: Ja. Die Kopenhagener Deutung nimmt hier eine uneindeutige, zwittrige Position ein - sie nähert sich den QO weiter, indem sie den Messprozess und den Beobachter ins Spiel bringt - und den *Kollaps der Wellenfunktion*, allerdings noch nicht klar im *ontologischen* Sinne; das ist erst etwa mit GRW oder Penrose der Fall, welche diesen `realistisch´ nehmen; zugleich gibt es diverse *`Gegenbewegungen´*, welche diesen *bestreiten*, etwa `deBroglie-Bohm´ und `Everett-Wheeler´. Der mathematische Formalismus wird dabei verschiedenen

Interpretationen unterzogen, die man danach zu gliedern versuchen kann, ob ihr Bezug `Individuen´ oder `statistische Ensemble´ sind, ob diese `ontisch-real´ oder `epistemisch´ zu deuten sind, wie die `Lokalität´ (`Separabilität´) gehandhabt wird, ob für sie `objektiv nicht-objektivierbare´ Eigenschaften angenommen werden[246] usw. usf. *(M. deutet auf Abbildung 34)...*

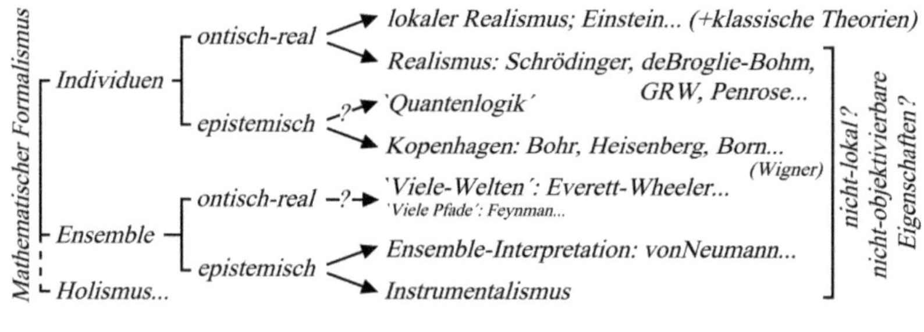

Abbildung 34

Diese Kategorien *führen* aber nicht weit, ja, sie sind bei manchen Ansätzen durchaus *uneindeutig:* Ist die `Quantenlogik´ ein *`epistemischer´* Ansatz, wenn die Individuen eben *so beschaffen* sein sollen, dass sie dieser speziellen Logik *gehorchen?* Kann man umgekehrt die `Vielen-Welten´ *`ontisch-real´* nennen, da diese doch empirisch *unzugänglich* sind? Kann ein `epistemischer´ Ansatz *`nicht-lokal´* sein, wenn dieser nur auf das *Wissen* eines Beobachters bezug nimmt?

H: Hm...

M: Diese `Untiefen´ gilt es zu vermeiden. Für das spezielle Dilemma, das beim DSExp zutage tritt, gibt es zwei Möglichkeiten des Umgangs (so man die Phänomene nicht direkt als `Schein´ nimmt): *Entweder* man geht von nahezu punktförmigen Teilchen aus - dann muss man im `Hintergrund´ räumlich ausgedehnte Wahrscheinlichkeits- oder Leitwellen denken, die HU und nicht-Lokalität bzw. nicht-Separabilität bemühen, *oder* man geht von räumlich ausgedehnten Wellenentitäten aus - dann muss man am Ende einen Wellen-kollaps, Dekohärenz, ein `sich-Neigen´ annehmen, womit dieses auf nahezu einen Raumpunkt `zusammenschnurrt´ - in der phänomenalen Erscheinung jedenfalls (und zuvor natürlich gegenläufig ein Ausbreitungsprozess); kurz gesagt lassen sich also zwei Hauptansatz-*Arten* unterscheiden: Für *Teilchen* das `wellenartig-im-Raum-Ausgebreitete´ einzubeziehen und ihren wirkungs-dynamischen Bereich räumlich zu *erweitern* oder *Wellen* (zeit- oder teilweise) räumlich *einzuschränken...*

H: ...in beiden Fällen geht es darum, dass das Teilchen- und Wellenartige nicht *gleichzeitig* zutage tritt (darin liegt ja der Widerspruch), sondern dass beides auf verschiedene Seins- und Wirkungsbereiche *verteilt* wird...

M: Ja. Insofern könnte man auch ein *dynamisch-veränderliches* `Sosein´, ein

Wechseln zwischen beidem `Sosein´ annehmen, eine dynamisch *veränderliche* Gestalt, gerade weil nicht beide Aspekte zugleich *beobachtet* werden, ergo: nicht zugleich vorliegen müssen (logisch-ontologisch)... Geht man vom *Wellen*modell aus, muss man das phänomenal-empirische Erscheinen von *Teilchen* plausibel machen: Die Wellenentität kann etwa im Sinne Schrödingers als `Schaumkamm eines Wellenphänomens´, mit Einstein als sich-überlagernde `Singularitäten´ oder aber durch Dekohärenzeffekte als Teilchen *erscheinen* (letzteres wird sich jedoch nur als *Hilfs*konzept erweisen) oder auch durch einen Wellenkollaps bzw. ein `sich-Neigen´ gleichsam räumlich eingeschränkt bzw. tatsächlich zum Teilchen *werden* - dabei kann man den Kollaps wie bei der Kopenhagener Deutung *virtuell* mathematisch nur auf die Wellen*funktion* beziehen oder *real* ontologisch auf die Wellen*entität* und dafür wiederum verschiedene Mechanismen einer Dynamik *II* annehmen *(M. dautet auf Abbildung 35)...*

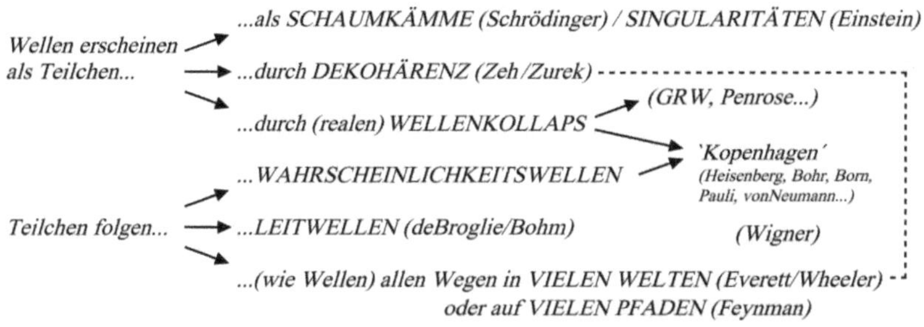

Abbildung 35

Geht man umgekehrt vom *Teilchen*modell aus, muss man das *Wellen*artige sozusagen `unsichtbar´ machen - hier wird alternativ gleichsam der *Raum* als *nicht leer* und *wirkungslos* gedeutet, sondern als *`gestaltet´:* Teilchen folgen etwa dem deBroglie-Bohm´schen Quantenpotential, welches (nur) dergestalt in Erscheinung tritt, dass es diese als Leitwelle *lenkt* oder sie verhalten sich gemäß der Born´schen Wahrscheinlichkeitswellen-Deutung, die den ontologischen Status des *Wellen*phänomens schon insofern `herunterspielt´, als dass dies im Gegensatz zur Leitwelle nicht durch eine kausale *Wirkung* geschehen soll - auch hier könnte man ersteres als substrukturelles Feld im Raum mit dem Prädikat *`real´* versehen, zweiteres mit *`virtuell´*...

H: Bei Born wird allerdings auch das *Teilchen*bild *selbst* in Mitleidenschaft gezogen, insofern der Begriff einer *klassischen Bahn* sinnlos wird...

M: Dem Teilchenmodell ganz verhaftet sind jene Ansätze, die QO *selbst* im Grunde weiter als individuelle diskrete *Teilchen*, dennoch aber über einen `Trick´ als räumlich *ausgedehnt* deuten: Das ist in Feynmans Pfad-Integral-Methode der Fall, bei der QO alle möglichen Wege im Raum `tatsächlich´ beschreiten sollen und sich aus deren Überlagerung gleichsam eine hypothetische *Resultante* ergeben soll und in der Everett-Wheeler´schen `Viele-Welten´-Theorie, in der auf etwas andere Art im Grunde dasselbe der Fall ist, wenn sich die Wellenfunktionen in `Vielen Welten´ überlagern und etwa beim DSExp Teilchen in zwei Welten einmal den *einen*, einmal den *anderen* Spalt passieren (*völlig getrennte* parallele Welten erklären allerdings nichts) - dazu gibt es die Varianten, dies idealistisch nur auf das Bewusstsein vieler verschiedener *Beobachter* zu beziehen, dekohärenz-basiert die Komponenten *einer* Welt überlagert zu nehmen; wie man die Prädikate `virtuell´-`real´ dabei verteilt ist wohl eher Ansichtssache... Zudem gibt es natürlich diverse Unter- und Misch-Varianten[247]; auch die Kopenhagener Deutung ist insofern ein uneinheitliches Gemenge, als Bohr, Heisenberg, Born, vonNeumann u.a. etwa ontologisch recht *verschiedene* Akzente setzen...

H: Allerdings - ganz davon abgesehen, dass viele ihrer Versatzstücke etwa aus *Göttingen* stammen...

M: In all´ diesen Ansätzen, die jeweils richtige und falsche Aspekte zu enthalten scheinen, spiegelt sich der im Hintergrund stehende *`Problemhorizont´* - für welche (Teil-)Probleme werden aber nun *Lösungen* geliefert, wo umgekehrt neue Probleme *aufgeworfen?* Kern ist der Widerspruch zwischen Wellen- und Teilchenbild in *räumlicher* Hinsicht - gibt es genau eine wirklich durchlaufene Bahnkurve oder derer gleichsam ein ganzes Bündel an Bahnen, die dazu senkrecht ein System von Wellenflächen bilden - man ist mit der „ganze[n] Wucht des logischen Gegensatzes zwischen einem Entweder-Oder (Punktmechanik) und einem Sowohl-Als auch (Wellenmechanik)“[248] konfrontiert...

H: Das ergibt sich sozusagen jeweils nur bei *monistischer*, eben gerade *nicht dualistischer* Sicht von QO als Welle *oder* Teilchen...

M: Ja, nur sind das nicht zwei *gleichwertige* Herangehensweisen...

H: Ich kann eine *monistische Grundintention* gut nachvollziehen, QO sind - ehedem dualistisch in Körper und Felder getrennt - *einheitliche* Gegenstände; bisher ging die Diskussion eher in Richtung des Wellenbildes, wenngleich auch das *Teilchen*-Konzept etwas an der Realität `richtig´ im *ontologischen* Sinne erfasst... Und war nicht die Annahme, dass sich das, was sich beim *`Zerlegungsspiel´* herauskristallisiert hat, nicht als vollkommen *unzutreffend* erweisen werde? Es wäre *absurd*, wollte man mit den diskutierten quantenphysikalischen Phänomenen, die eine `Wellenartigkeit´ von QO ausweisen, *bestreiten*, diese seien auch diskrete, phänomenal lokalisierte Ganzheiten...

M: ...zumindest *zeit- oder teilweise*, mit den diskutierten *Einschränkungen...*

H: ...die *separierbar* und *einzeln manipulierbar* sind *wie* kleine Körperchen - ganz abgesehen davon, dass QO meso- und makroskopische Systeme zusammensetzen, in Sonderheit `Messapparate´ und `Beobachter´...

M: Nun, es sei ausdrücklich *unbestritten*, dass die Vielgestaltigkeit der Welt sich auch heute noch aus dem atomistischen Grundprinzip des Wandels an (relativ) Unwandelbarem erklärt, aus Gestalt, Anordnung und Lage elemen-

tarer Entitäten! *Dennoch...* Am *Ende* muss man das Dilemma lösen, dass QO *sowohl* Teilchen *als auch* Wellen zu sein *scheinen*, aber *weder* das eine *noch* das andere in Reinkultur *sein* können - es ergibt sich nur dann *kein* Widerspruch, wenn sie entweder beides *nicht gleichzeitig* sind oder wenn sie beides nur zu sein *scheinen* - *beides* mag sich sogar als zutreffend herausstellen... Beim DSExp kann man eigentlich nur die ausgedehnte *Welle* als `Ganzheit´ nehmen, nicht ein *Teilchen* - sei es für sich oder auch in einer umhüllenden Welle -; wenn man nämlich etwa mit Neutronen beim DSExp bzw. in einem Kristallinterferometer Interferenz erzeugt,[249] ist das mit *einem einzelnen* Neutron möglich; dabei kann man das Neutron nicht im Sinne eines Teilchens als in zwei *Teilmassen* gespalten begreifen, die sich auf zwei Wegen bewegen - die Teilmassen, wenn man aus ihnen die deBroglie-Wellenlänge errechnet, stimmen dann nämlich nicht überein mit der Berechnung und dem empirischen gefundenen Ergebnis. Auf *beiden* Wegen ist für die Interferenzphase die *gesamte* Neutronenmasse in Gestalt der entsprechenden deBrogliewellen `gegenwärtig´, nicht *Teil*massen mit *größeren* deBrogliewellenlängen...
H: Man kann also weder nur *ein* Teilchen in den beiden Teilwellen annehmen, noch *zwei* Teilchen - denn wo *bliebe* das zweite? Nur mit den recht bizarren Annahmen des deBroglie-Bohm Ansatzes kann man dem scheinbar entgehen - das Teilchen geht durch nur *einen* Spalt, aber die Masse kann dann nur *virtuell* dem Teilchen zugehören bzw. wie andere Eigenschaften in diesem Ansatz: *kontextuell*, jedenfalls nicht im *klassischen* Teilchensinne. Bei realen Wellen ergibt sich dieses *Problem* überhaupt nicht: Man nimmt ganz natürlich *eine* Wellenlänge für *beide* Wege an...
M: Eben! Schrödingers Ansatz ist geradezu *bestechend:* Er ging davon aus, dass sich die *Wellen*mechanik zur *klassischen* Mechanik verhalte, wie in der klassischen Physik die *Wellen*optik sich zur *geometrischen* Optik verhält - er hat diesen Gedanken u.a. (*1933*) in seinem Nobelvortrag entfaltet[250]: Wechselwirkt Licht mit Objekten in der Größenordnung seiner Wellenlänge, treten Beugungs- und Interferenzerscheinungen sichtbar zutage, die geometrische Optik erweist sich mithin als *Näherung;* man arbeitet mit Licht*strahlen,* obgleich man es `eigentlich´ mit ausgedehnten *Wellen* zu tun hat. *Lichtstrahlen* sind in der Wellentheorie als Orthogonaltrajektorien der Wellenflächen im Grunde nur mathematische *Hilfs*konstruktionen und stellen nicht direkt die physischen Bahnen von Licht*teilchen* dar - dennoch treten sie in der konstruierten *Abbildung* des Naturgeschehens in Erscheinung, auf sie bezieht sich etwa das Fermat´sche Prinzip, das `Prinzip der kürzesten Lichtzeit´, dem gemäß sich Licht in unterschiedlich dichten Medien stets so fortpflanzt, dass es seinen Zielort schnellstmöglich erreicht *(M. deutet auf Abbildung 36)*. Eben das wird nur mit der *Wellen*theorie *verständlich:* Eine Wellenfläche *schwenkt*, wenn benachbarte Wellenzüge sich unterschiedlich III d

schnell fortpflanzen. Als Hamilton entdeckte, dass Massenpunkte in einem Kraftfeld einem *ähnlichen* Prinzip gehorchen, eben dem *Hamilton'-schen*, schien es beinahe, „als hätte die Natur ein und dieselbe Gesetzmäßigkeit zweimal auf ganz verschiedene Weise verwirklicht"[251] - dies erhält seine analoge Erklärung *nun* jedoch dadurch, dass man Massenpunkte als (ganzheitlich-individuelle) *Materiewellen* auffassen kann - sie ist „Ausfluss eines Wellenspiels"[252]...

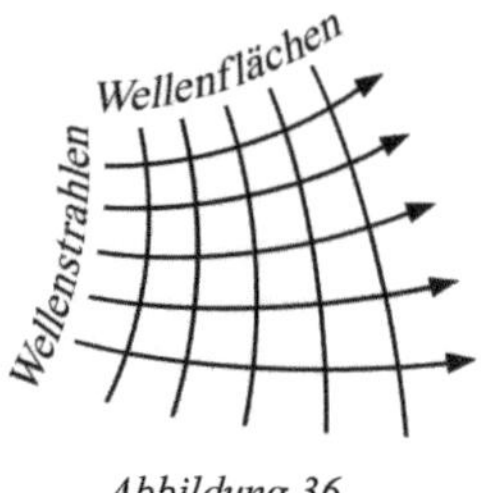

Abbildung 36

H: Das bedeutet, dass Schrödinger den Zusammenhang des *Maupertuis'schen* `Prinzips der kleinsten Wirkung' mit *diesem*, den deBroglie nur *verwendet* hatte, nun als *Erklärung* verwendet - die beiden Prinzipien beziehen sich dann nicht mehr auf zwei *verschiedene* Dinge, `Teilchen' und `Wellen', sondern auf *dasselbe* `Ding', auf *QO*...
M: Das eine Prinzip wird genaugenommen auf das andere *zurückgeführt*...
H: ...nur leider ohnerachtet der rätselhaften `individuellen *Ganzheit*' von QO...
M: Nun, die `individuelle Ganzheit' *umgreift* eben einfach nicht, dass das `Sosein', die Wellennatur *eines* QO nicht mit jener eines *anderen* QO *interferieren* könnte - mit dem Begriff *`Teilchen'* müsste man sagen, dass offenbar auch „ein Teilchen, das sich in einem Raumbereich fortpflanzt, in dem *mehrere* Wellenpakete [...] derselben Beschaffenheit und mit derselben Frequenz [von *anderen* Teilchen] vorhanden sind, [...] lokal mit deren algebraischer *Summe* [...] in Wechselwirkung [tritt], selbst wenn die Wellen verschiedenen Quellen entstammen"[253] - es mischen sich, wenn man mit dem Begriff `Teilchen' beginnt, augenblicklich *Wellen*aspekte unter, um zu formulieren wie `Teilchen' einander gleichsam wirkungsdynamisch *`spüren'*, um Aspekte ihrer nicht-Lokalität und nicht-Separabilität zuerfassen...
H: Hm...
M: Die Erklärungskraft ist bei Schrödinger überwältigend; bei alledem war für ihn auch relevant, dem Zweifel zu begegnen, „ob das Geschehen im Atom sich überhaupt der räumlich-zeitlichen Form des Denkens werde *eingliedern* lassen [...],[denn] eine endgültige Entscheidung in diesem Sinne [käme] einer vollständigen Waffenstreckung gleich [...], denn wir können die Denkformen nicht wirklich *ändern* und was wir innerhalb derselben nicht verstehen können, das können wir *überhaupt* nicht verstehen; [...] aber zu solchem Zweifel [besteht eben] gar kein *Grund*."[254] Erster Ansatzpunkt war, „dass [...][die] klassische Mechanik bei sehr kleinen Bahndimensionen und sehr starken Bahnkrümmungen *versagt*. [...] Vielleicht [...][war die] klassische Mechanik das *volle* Analogon der geometrischen Optik und als solches *falsch*." Die Wellen als Sinuswellen aufgefasst, dimensional angepasst und die Naturkonstanten eingesetzt, zeigte sich, dass man jedenfalls im richtigen Größen-

ordnungbereich landet. Dem Korrespondenzprinzip verpflichtet, ging es dann darum, „eine Wellengruppe aufzubauen, welche in allen Richtungen relativ kleine Abmessungen hat, [...][die dann] dieselben Bewegungsgesetze befolgen [müsste] wie ein einzelner Bildpunkt des mechanischen Systems. [...] Das wirkliche mechanische Geschehen wird [so] in zutreffender Weise erfasst [...] durch die *Wellenvorgänge* im [Orts-]q-Raum und nicht durch die Bewegung von *Bildpunkten* in diesem Raum. Das Studium der Bildpunktbewegung, welches den Gegenstand der klassischen Mechanik bildet, ist [dann] nur ein Näherungsverfahren und hat als solches genau dieselbe Berechtigung wie die [...] Strahlenoptik den wirklichen optischen Vorgängen gegenüber."[255] „[Auch] diese Behandlungsweise verliert [...][allerdings] jeden Sinn, wenn die Bahnstruktur *nicht* mehr sehr grob gegen die Wellenlänge [...] ist. Alsdann muss die *strenge wellentheoretische* Behandlung eintreten, d.h. man muss, um sich von der Mannigfaltigkeit der möglichen Vorgänge ein Bild zu machen, von der *Wellengleichung* ausgehen und nicht von den Grundgleichungen der Mechanik." Allemalen steuert man so „systematisch der Auflösung des Begriffes `Elektronenort´ und `Elektronenbahn´ zu"[256]...

H: ...was sich zugegebenermaßen - wie diskutiert - bei den Atommodellen als *fruchtbar* erwiesen hat; man kommt in gewissem Sinne auf ein elektro- und magneto*statisches* Atommodell zurück (was die Stabilität der Atome und die Strahlungslosigkeit im Grundzustand erklärt). Das Elektron befindet sich nicht jeweils auf einer bestimmten Bahn, vielmehr erfasst die Wellenmechanik die ganze Bahnen*mannigfaltigkeit* eines Systems; dies am eindimensionalen Oszillator konkret durchgeführt, treten eben jene bereits erwähnten *Eigen*werte und *Eigen*funktionen als hermitesche Orthogonalfunktionen auf...

M: ...wie sie im Hilbertraum-Formalismus (nur) *nachgebildet* werden[257]... Die Schrödinger´sche Gleichung scheint zwar zu einer ungeheuren *Mannigfaltigkeit* an Lösungen zu führen, wenngleich schon aus der kontinuierlichen *klassischen* Lösungsschar die empirische *diskrete* Schar durch Quantisierung *auszusieben* war (wie es Bohr, Sommerfeld u.a. getan haben) , hier aber kommt man über die jeweils ergänzten Anfangs- und Randbedingungen dahin, dass die Schrödinger´sche Gleichung die Quantenbedingungen schon *enthält* - „sie sondert [...] *selbsttätig* gewisse Frequenzen oder Energieniveaus als die für stationäre Vorgänge allein möglichen aus, ohne irgendeine weitere Zusatzannahme [...]; die Quantenniveaus [sind] auf *einmal* als die *Eigenwerte* der Gleichung [...] bestimmt, welche ihre natürlichen *Randbedingungen* in sich trägt."[258] Im Folgenden ergeben sich dann für die Wechselwirkung des Atoms mit elektromagnetische Strahlung wiederum *selbsttätig* die empirischen Termdifferenzen als Frequenzen usw. usf. ...

H: Vieles wurde so *plausibel*, nicht nur die Quantelung der Energiezustände...

M: Die Analogie reicht viel *weiter:* In der Optik kann man sich nicht auf *unabhängige* Licht*strahlen* mit bestimmten Bahnen beziehen - nicht nur ob der

Beugungs- und Interferenzphänomene, sondern weil die Strahlenoptik die *Ausgedehntheit* des mit-sich-selbst-interagierenden Wellenfeldes schlicht *vernachlässigt* - so wird etwa die Leistungsfähigkeit optischer Apparaturen gemindert, weil Wellenkomponenten aus diesem `herausgeschnitten´ werden. Diese *Ausgedehntheit* ist auch bei *Materiewellen* in der QT relevant, ja das *eigentliche Geheimnis:* „Was man beim Übergang von der *alten* zur [...] [*Wellen*-Mechanik] gewinnt, [...][ist], dass man [...] etwas, was den Beugungsphänomenen des Lichtes streng analog ist [...][miterfasst]. [Einige Phänomene sind erst bemerkbar], wenn das ganze mechanische System in seiner Ausdehnung vergleichbar ist mit der Wellenlänge der `Materiewellen´ [...]. Das ist der Grund, weshalb [...] in den Atomen die alte Auffassung *versagen* musste [...]. Es war verblüffend zu bemerken, wie hier alle jene seltsamen *Zusatzforderungen* [von der Quantelung bis zur Strahlungsfreiheit] sich aus der [...][wellenmechanischen] Auffassung heraus ganz von *selbst* einstellten, während sie der alten künstlich *aufgepfropft* werden musste [...] [- ein Atom ist] in Wirklichkeit gar nichts weiter als das Beugungsphänomen einer vom Atomkern gewissermaßen eingefangenen Elektronenwelle. [...] Die Teilchenbahn entspricht einem *longitudinalen* Zusammenhang des Ausbreitungsvorganges [...], die Wellenfläche dagegen einem *transversalen* Zusammenhang [...]. Beide Zusammenhänge sind ohne Zweifel *wirklich*, der eine wird durch die photographierten Teilchenbahnen, der andere durch die Interferenzexperimente bewiesen.“[259] Die klassische Mechanik ist eben nur die *Näherung* der Wellenmechanik - „so könnte [...] ein geometrischer Optiker, der [...] den Beugungserscheinungen mittels des [...] Strahlbegriffes beizukommen [versucht und] beständig scheitert, [...][schließlich glauben], dass *die Gesetze der Geometrie* [...] nicht anwendbar sind, da er beständig darauf geführt wird, dass die ihm als *gradlinig* und voneinander *unabhängig* bekannten Lichtstrahlen nun auf einmal [...] die merkwürdigsten *Krümmungen* aufweisen und sich sichtlich *gegenseitig beeinflussen.* [...][Schrödinger hielt] diese Analogie für *sehr* eng“[260] - und diese Analogie liegt ja auch etwa beim *DSExp* vor...

H: Nun, zunächst stand ja das *Atom* im Fokus, es galt jedoch die Verbindung zum `Rest´ des naturwissenschaftlichen Weltbildes herzustellen, namentlich zu den *Feld*phänomenen. In der Weiterentwicklung hat sich dann gezeigt, dass nicht nur *Schrödinger* einem *monistischen Grundbedürfnis* nachgehangen ist, den Welle-Teilchen-Dualismus *aufzulösen* - es haben sich *zwei Stränge* entwickelt: Das *Kontinuums*bild Schrödingers konnte in gleichsam natürlicher Weise bei Wechselwirkungen von QO mit Superpositionen arbeiten und fügte sich nahtlos an die *Feldphysik* an - ontologisch, wie mathematisch...

M: ...die Ψ-Funktion kann als Feldquelle in die Maxwell´schen Gleichungen eingehen, wie umgekehrt elektrodynamische Potentiale in die Ψ-Funktion eingehen...

H: Das scheint unproblematisch - aber eben nur im *klassischen* Sinne, denn es ignoriert oder beschwichtigt die Gegenargumente, die sich (auch) bei *freien* Teilchen bzw. bei elektromagnetischer Strahlung in deren *`Quantenartigkeit'* ergeben haben, etwa beim Photo- und Comptoneffekt... Eben daher wurde ja das abstrakte *Diskontinuums*bild Heisenbergs weiterentwickelt bis zur *QFT* und eine *`Zweite Quantisierung'* der Felder bzw. Kräfte vorgenommen, die alles in ein Wechselspiel elementarer virtuellen *Teilchen* auflöst...

M: ...womit man *ebenso* Gegenargumente ignoriert oder beschwichtigt, nämlich die ganz *offenbare `Wellenartigkeit'* von QO (wenn diese auch eine *`primäre individuelle Ganzheit'* neben ihrer *`sekundären Quantelung (spezifischer Größe)'* in *gebundenen* Zuständen eine aufweisen), womit sich etwa die dann: *seltsamen* Korrelationen von dann: *Teilchen* zwangsläufig ergeben mussten bzw. es hat sich mit dem beide Ansätze umfassenden Hilbertraum-Formalismus eine *ontologisch indifferente Mischform* entwickelt, sofern man das bei dessen Abstraktheitsgrad sagen kann... Man kann aber eben auch ungebundene QO, etwa *freie* Elektronen, als aus verschiedenen Phasenwellen zusammengefügte *Wellenpakete*, die auf einen kleinen Raum eingeschränkt sind, deuten...

H: Nicht ohne weiteres... Die Ansätze unterscheidet eben, wie die *korpuskulären* Aspekte *reproduziert* werden - deBroglie etwa verzichtet *nicht* auf die Teilchen, um der beobachteten `nicht-Zerstreulichkeit' Rechnung zu tragen, der *`individuellen Ganzheit'* - was allerdings zunächst nur ein *Begriff* ist...

M: Ja, aber kann man nicht Wellen dieses *eine* Charakteristikum *leichter* zugesellen, als umgekehrt Teilchen *alle* Wellencharakteristika?

H: Schrödinger selbst war ja hinsichtlich der ontologischen *Deutung* seiner `realen' Wellen *wankend* bzw. er *wurde* wankend: Bei der Behandlung des Starkeffekts, der Dispersion usw.[261] kommt er in seiner *IV.* Mitteilung zu der „*heuristischen Hypothese* über die elektrodynamische Bedeutung des Feldskalars Ψ [...],[dieser stelle (normiert)] die *Dichte* der *Elektrizität* als Funktion der Raumkoordinaten und der Zeit dar [beim *Ein*elektronenproblem]“[262], *genereller* definiere Ψ bzw. $|\Psi|^2$ eine Art Gewichtsfunktion im Konfigurationsraum eines Systems, mithin ontologisch-realiter der „höchst realen, elektrodynamisch wirksamen Fluktuationen der elektrischen Raumdichte.“[263] Ob diese dabei „mit einem der klassisch-mechanischen Massenpunkte *`verknüpft'* ist oder `von ihm *herrührt'* oder `ihm wellenmechanisch *entspricht'*“[264] lässt er (hier) *offen*, war er doch schon mit der Kritik konfrontiert worden, „dass die Ψ-Funktion selbst im allgemeinen nicht direkt dreidimensional räumlich interpretiert werden [könne und dürfe]“[265], weil man für *mehrere* QO die Gewichtsfunktionen *jedes einzelnen* QO unter eine Integralsumme bringen muss, so dass die Ψ-Funktion in einem *3n*-dimensionalen *Konfigurations*raum definiert ist, der nicht mit dem *drei*dimensionalen *Real*raum *gleichgesetzt* werden könne...

M: Das ist die Frage! Jedenfalls werden dergestalt die QO selbst als materielle

Massepunkte scheinbar aus dem *Fokus* genommen: Sie fungieren nur als Feld*quellen*, deren Potentiale sich überlagern - bei *klassischen* Felder nahm man es ja als unproblematisch, dass sich die Anteile *verschiedener* Feldquellen zu dem in jedem Raumpunkt *resultierenden* Feld *überlagern*; schon *klassisch* taucht aber (theoretisch) ein Problem auf, wenn man die Feldquellen als *Singularitäten* ebendieser Felder konzipiert, Materie auf Felder *reduziert*, nämlich wie die Feldquellen `*Ganzheiten*´ bleiben können...
H: ...so wie Schrödinger (hier) die `Persistenz der Normierung´, dass sich die Ladung eines Systems im Laufe der Zeit nicht *ändert*, nachweist; er gewinnt eine „Kontinuitätsgleichung der Elektrizität [...], eine solche [gilt] einzeln für die `von jedem einzelnen Massenpunkt herrührende´ Ladungsdichte“[266]...
M: Ja; und am Ende gewährleistet eben *das* der *3n*-dimensionale Konfigurationsraum, dass die QO `*Ganzheiten*´ bleiben... Dass Schrödinger (hier) von den `realen´ Wellen einen Schritt zurückgeht, macht unklar, wie man sich das Verhältnis des Massenpunkts zum Ladungsfeld *vorzustellen* hat, ob eben letzteres von ersterem `*herrührt*´ - womit man wieder Teilchen *und* Felder hat - oder ob letzteres ersterem `wellenmechanisch *entspricht*´ - womit Teilchen Materiewellen `*sind*´. Diese Frage gilt es noch ausführlich zu diskutieren... Überhaupt sind hier schon einige der *weiteren* Deutungen angelegt: Etwa die Deutung der Ψ-Funktion als Überlagerung diskreter *Teilchen*-Zustände, wenn es heißt: „Die wellenmechanische Konfiguration des Systems ist eine *Superposition* vieler, streng genommen *aller*, kinematisch möglichen *punktmechanischen* Konfigurationen“ - „wenn man Paradoxien liebt [- so Schrödinger -], kann man sagen, das System befindet sich gleichsam in *allen* kinematisch denkbaren Lagen gleichzeitig, aber nicht in allen `gleich stark´ [gemäß $\Psi$]“[267] - bei Feynman und Everett-Wheeler taucht das wieder auf, ja, überhaupt im *Teilchen*bild *generell;* dies liegt mit den beiden `Prinzipien der kleinsten Wirkung´ nahe, nimmt aber die Welle nicht *als* Welle. Oder die *Wellenkollaps*-Deutung, wenn es heißt: „Bei makroskopischen Bewegungen zieht sich die Gewichtsfunktion praktisch auf ein kleines Gebiet von praktisch nicht unterscheidbaren Lagen zusammen, dessen Schwerpunkt im Konfigurationsraum makroskopisch wahrnehmbare Strecken zurücklegt. Bei mikroskopischen Bewegungsproblemen interessiert jedenfalls *auch*, und für gewisse Fragen sogar *in erster Linie*, die wechselnde *Verteilung* über das Gebiet“ - man kann dies *nicht nur* auf den klassischen *Zustands*raum bzw. den quantenphysikalischen *Konfigurations*raum beziehen und *nicht auch* auf den *Real*raum, wenn die Formulierungen einen Sinn ergeben sollen...
H: ...Kernprobleme der QT. *Nicht* direkt angelegt ist die *Kompromiss*-Deutung, die *Born* der Ψ-Funktion dann gibt...
M: Lässt diese nicht den Zusammenhang des Maupertuis´schen und Fermat´schen Prinzips wieder *rätselhaft* werden, ja, diese zu `*mystischen* Gesetzen´ herabsinken?

H: Zunächst einmal fragt sich, ob es nicht sinnvoller ist, statt *`realer'* Wellenentitäten nur *`imaginäre' Wahrscheinlichkeits*wellen anzunehmen. So kann man ja versuchen - das bahnt sich schon (*1924*) bei Bohr-Kramers-Slater an (die allerdings fälschlich eine Verletzung des Energiesatzes annahmen) - „den scheinbaren Widerspruch zwischen Wellen- und Teilchenbild durch den Begriff der *Wahrscheinlichkeitswelle* zu *beseitigen.* Die elektromagnetischen Lichtwellen [etwa - dies lässt sich aber auf alle QO verallgemeinern -] wurden nicht als *wirkliche* Wellen, sondern als *Wahrscheinlichkeits*wellen gedeutet, deren Intensität an jedem Punkt bestimmt, mit welcher *Wahrscheinlichkeit* ein Lichtquant von einem Atom an dieser Stelle absorbiert oder evtl. emittiert werden kann"[268]... III e

M: Analog ist es bei *Borns* `Wahrscheinlichkeitswellen-Deutung'[269]...

H: Ja. Mit Born lieferten zwar die Quantenmechanik und die Wellenmechanik die richtigen Termwerte, Amplituden usw., über die *physikalisch-ontologische* Deutung der beiden Formalismen sei man allerdings *geteilter* Meinung, denn die Heisenberg'sche „Matrizenform der Quantenmechanik geht [da]von [...] aus, dass eine exakte Darstellung der Vorgänge in Raum und Zeit überhaupt *unmöglich* ist [...]. Schrödinger [...][hingegen] scheint den Wellen, die er nach deBroglies Vorgang als die Träger der atomaren Prozesse ansieht, eine *Realität* von derselben Art zuzuschreiben, wie sie Lichtwellen besitzen [...][und] versucht [...][Wellenpakete] aufzubauen, [...] die offenbar die bewegte Korpuskel *direkt* darstellen sollen."[270] Da beides unbefriedigend erscheint, schlägt Born eine *dritte* Deutung vor; dabei hat er sich von *Einstein* - der jedoch von diesem Ansatz nichts wissen wollte (`Gott würfelt nicht') - *inspirieren* lassen: Dieser hatte „über das Verhältnis von Wellenfeld und Lichtquanten [gesagt], [...] dass die Wellen nur dazu da seien, um den korpuskularen Lichtquanten den *Weg* zu weisen, und [...] in diesem Sinne von einem *`Gespensterfeld'* [gesprochen]. Dieses bestimmt die Wahrscheinlichkeit dafür, dass ein Lichtquant, der Träger von Energie und Impuls, einen bestimmten Weg *einschlägt;* dem Felde selbst aber gehört *keine* Energie und *kein* Impuls zu" - in ähnlicher Weise „[läge] es nahe, die deBroglie-Schrödinger'schen Wellen als das `Gespensterfeld' oder besser *`Führungsfeld'* anzusehen"[271]...

M: Und wie schwierig ist es, Gespenster, die man *rief*, wieder *loszuwerden...*

H: Hm. „Das Führungsfeld, dargestellt durch eine skalare Funktion Ψ der Koordinaten aller beteiligten Partikeln und der Zeit, breitet sich nach der Schrödinger'schen Differentialgleichung aus. Impuls und Energie aber werden so übertragen, als wenn Korpuskeln (Elektronen) tatsächlich herumfliegen. Die Bahnen dieser Korpuskeln sind [*a)*] nur soweit bestimmt, als Energie- und Impulssatz sie einschränken; im übrigen wird [*b)*] für das Einschlagen einer bestimmten Bahn nur eine Wahrscheinlichkeit durch die Werteverteilung der Funktion Ψ bestimmt"...

M: Der Ansatz ist zunächst recht klug gewählt, denn *a)* rekuriert auf eben das, was die *Hamilton*-Funktion erfasst: nicht Orte und Impulse im Laufe der Zeit im *Einzelnen*, sondern in ihrer *abhängigen Gesamtheit*; und *b)* rekuriert auf das Maupertuis'sche bzw. Fermat'sche Prinzip (der kleinsten Wirkung bzw. der kürzesten Lichtzeit)... Bezug ist damit allerdings was *empirisch-beobachtbar* geschieht, nicht was (mutmaßlich) *ontologisch-realiter* geschieht - so auch muss man „etwas paradox [...] zusammenfassen: Die Bewegung der Partikeln folgt Wahrscheinlichkeitsgesetzen, die Wahrscheinlichkeit selbst aber breitet sich im Einklang mit dem Kausalgesetz aus", d.h. „so, dass die Kenntnis des Zustandes in allen Punkten in einem Augenblick die Verteilung des Zustandes zu allen späteren Zeiten festlegt"[272]...

H: Ja...

M: Borns Grundansatz ist dem späteren *Bohm'*schen ähnlich und unähnlich zugleich: Ähnlich, insofern er klassische Teilchenbahnen zunächst (*1926*) noch nicht vollends *verwirft* (mithin einer *Ignoranz*-Interpretation zuneigt) - einer bestimmten Bahn kommt nur eben eine *Wahrscheinlichkeit* gemäß der ψ-Funktion zu; *Born* kommt hiervon etwa durch die HU (*1927*) *ab*, *Bohm* hingegen führt später diesen Gedanken konsequent *durch...*

H: ...und: zugleich *un*ähnlich...?

M: ...insofern Born die ψ-Funktion zu einem eher *abstrakten* Gegenstand, eben einer `*Wahrscheinlichkeits*welle' macht, während Bohm die $\psi$-Funktion gleichsam `umarbeitet' zu einem „objektiv realen" Führungsfeld, von dem er sagt, dieses „[übe] eine *Kraft* auf das Teilchen aus, in einer Art, die analog zu, aber nicht identisch mit, der Art ist, in der [etwa] ein elektromagnetisches Feld auf eine Ladung wirkt [...]. Die Analogie [sei][...] ziemlich weitreichend. Ebenso wie das elektromagnetische Feld den Maxwell-Gleichungen gehorcht, gehorcht das ψ-Feld der Schrödinger-Gleichung. In beiden Fällen folgt aus einer vollständigen Festlegung des Feldes im gesamten Raum [...] die vollständige Zeitentwicklung des Feldes [...],[wie mithin] die Kraft, [die] auf ein Teilchen [ausgeübt wird], und damit seine gesamt Trajektorie, falls die Anfangslage und der Impuls bekannt sind"[273]...

H: ...wobei letzteres für einen Beobachter *niemals* der Fall ist...

M: Richtig; aber wie man im *elektromagnetischen* Falle `Feld' und `Materie' *zusammenfallen* lassen kann, ist es wohl auch hier - von Bohm aber zurück zu Born: Interessanterweise wird in der Arbeit, welche die Wahrscheinlichkeitswellendeutung begründet[274], die Kollision eines Elektrons mit einem Atom in der mathematischen *`Erfassung' durchgängig* für *Wellenentitäten* vollzogen: Das Atom ist ein Schwingungsvorgang der Frequenz E_n/h mit $\psi_n(q_k)$ als Eigenfunktionen, während das aus der z-Richtung kommende Elektron eine ebene deBroglie-Welle mit $\sin(2\pi/\lambda)z$ als Eigenfunktion ist; die Lösungsfunktion lautet dann:

$$\psi_{n\tau}(q_k,z) = \underbrace{\psi_n(q_k)}_{Atom}\underbrace{\sin(2\pi/\lambda)z}_{Elektron} \qquad \text{(III.20)}$$

Um zu der Interpretation zu kommen, dass man hier die *Wahrscheinlichkeit* errechnet, wie das Elektron als *Teilchen* abgelenkt wird, muss man hernach „[das] Resultat *korpuskular umdeuten*"...
H: Was man ja *kann*...
M: Ja, aber vielleicht *sollte* man nicht - will sagen: wenn man fragt, was man praktisch *beobachten* wird: *schon* - man kommt dann zum *In*determinismus; wenn man aber fragt, was *ontologisch* \`hinter' alledem steckt: *nicht* - man kann es dabei *belassen*, zu sagen: „Kommen beide in Wechselwirkung, entsteht eine verwickelte *Schwingung*, [...] man hat [letztlich] nichts als ein *\`Beugungsproblem'*"[275] - alles mögliche wird so behandelt, auch im Teilchenbild der Matrizenmechanik werden desöfteren Anleihen an diese Vorstellung gemacht - man stellt sich nicht miteinander wechselwirkende Matrizen vor... Auch *Born* kommt (zwischenzeitlich) zu dem Schluss: „Die Schrödinger'sche Fassung [der QT] scheint [...][bei der Behandlung von stationären Zuständen und Übergangsvorgängen] der Sachlage bei weitem am leichtesten gerecht zu werden; überdies ermöglicht sie die Beibehaltung der gewöhnlichen Vorstellungen von Raum und Zeit, in denen sich die Ereignisse in ganz normaler Weise abspielen" - trotz des Dimensionalitätsproblems des Konfigurationsraums. Neu sei allerdings der damit einhergehende *Indeterminismus*, der mit den empirischen Erfahrungen genau *übereinstimme*, wobei es aber „jedem, der sich damit nicht beruhigen will, unverwehrt [sei], anzunehmen, dass es *weitere, noch nicht* in die Theorie eingeführte Parameter gibt, die das Einzelergebnis determinieren"[276] (so Born jedenfalls noch *1926;* anders klingt es später etwa in seinem Briefwechsel mit *Einstein*[277]). Aber dabei darf man gerade *nicht* erwarten, dass dies etwa *Teilchenkoordinaten* seien. Die Frage nach der Determiniertheit mikrokosmischer Prozesse stellt sich ganz *anders*, wenn man als Entitäten *tatsächlich Wellen* setzt (ohnerachtet der Frage, ob man am *praktischen* Indeterminismus (im Sinne der Ignoranzinterpretation) etwas ändern könnte)...
H: Aber: Ist es nicht die *elegantere* Lösung, *abstrakte* Wellenphänomene anzunehmen, und dass die Wellenfunktion $\Psi(x,t)$ - bei Überlagerung der Wellen*amplituden* - mit ihrem Betragsquadrat nur die *Antreffwahrscheinlichkeit* von QO an bestimmten Orten zu bestimmten Zeitpunkten *als Teilchen* begriffen angibt - alternativ dazu, *einem* Bild monistisch den Vorzug zu geben?
M: Mit der *Eleganz* ist es nicht weit her, wenn es sich gar nicht um wirkliche Teilchen *handelt*... Und wieso *\`alternativ'?* Damit wird ja nur dem *anderen* Bild der Vorzug gegeben, die Dinge werden nur *anders* monistisch als \`real' klassifiziert...
H: ...dabei scheint aber die *positivistisch-empiristische Klarheit* bestechend: Wenn etwa beim DSExp die QO *sowohl* eine individuelle Ganzheit in der nicht-Zerstreulichkeit, *als auch* eine räumliche Ausgedehntheit in der Rele-

vanz der beiden Spalte zeigen - für Teilchen oder Wellen ist jeweils das *eine* oder das *andere* unbegreiflich - werden hier die Aspekte des Wellenbildes soweit *reduziert*, dass es mit den Aspekten des Teilchenbildes *kompatibel* wird; zugrundegelegt wird nur, was *unverzichtbar* ist: dass auf dem hinteren Schirm für einzelne QO eine unterschiedliche *Wahrscheinlichkeit* des *Auftreffens* besteht, *als ob* sich eine abstrakte Wahrscheinlichkeitswelle ausgebreitet hätte, der gemäß sich diese verhalten - die QO findet man aber nur als *Teilchen* \`real´; weil es von *Einzel*ereignissen keine sinnvolle Wahrscheinlichkeitsangabe *geben* kann, sind die Wahrscheinlichkeitswellen auch nur *in summa nachträglich konstruierbar* und ihr ontologischer Status *ist* mithin gelinde gesagt *rätselhaft*... Da man empirisch für das nicht-klassische \`Reich der QT´ nur dies *findet*, ist dieser Ansatz nicht nur *historisch* gleichsam der *Fluchtpunkt*, auf den hin sich die Axiome der QT angeordnet *haben*, dies muss auch *heute* maßgeblich sein - als Minimalinterpretation...
M: So ist es auch ein wesentlicher Teil der *Kopenhagener Deutung* der QT über Wahrscheinlichkeitswellen zu versuchen, Teilchen- und Wellenmodell scheinbar miteinander zu *versöhnen;* dabei hat dann nur eine Art *virtueller* Wellenkollaps statt. Da ist nun einiges *seltsam:* Wenn man etwa fragt, wie groß die Wahrscheinlichkeit ist, ein QO in einem Raum*punkt* anzutreffen, kommt man über $dP=\Psi^2 dV$ für $dV=0$ zu $dP=0$ *(M. deutet auf Abbildung 37a)* - das Differential dem Grenzwert *0* genähert, trifft man es *gar nicht* mehr an; für ein *Teilchen* ist das *verwunderlich*, für ein *Welle nicht*...
H: Zunächst verwunderlich, in der *Differentialrechnung* ist es das für $dV=0$ *nicht*, bei Wellen *und* Teilchen...
M: Gut... Dann mutet aber seltsam an, dass sich die Antreffwahrscheinlichkeit von Teilchen etwa beim Potentialtopfmodell nicht mehr *gleichmäßig* über den Raum erstreckt, wie bei *klassischen* Teilchen...
H: Wieso *\`seltsam´?* Die bewährten *klassischen* Bewegungsgleichungen werden damit ja nicht *ungültig* - sie ergeben sich mit dem Bohr´schen *Korrespondenzprinzip*, das sich ja besonders bei hochangeregten Rydbergatomen in dieser Hinsicht als *zutreffend* erweist: Für immer größere Quantenzahlen ergeben sich immer kürzere Wellenlängen für die Wahrscheinlichkeitswelle, d.h., der Raum wird zusehends *kontinuierlicher* ausgefüllt, so dass sich der Verlauf der Aufenthaltswahrscheinlichkeit des QO (P_{QT}) hin zu freien Teilchen immer mehr der eines klassischen Teilchens (P_{KL}) *annähert (H. deutet auf Abbildung 37b/c).* Auch *Orbitale* wären dann ja recht seltsame Erscheinungen...

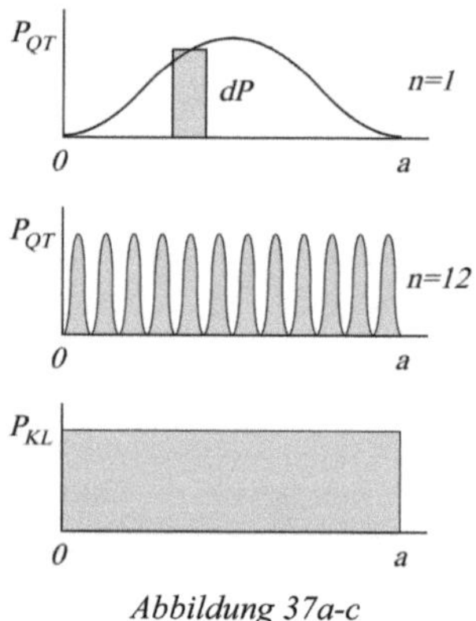

Abbildung 37a-c

M: Nein, man denkt eben nicht *in* den Orbitalen ein bewegtes *Teilchen* - wie käme es dann auch jenseits des Grundzustandes von *einem* Wellenbauch in den *anderen?* Insofern ist auch der deBroglie-Bohm'sche Ansatz interessant, dort *ruhen* die Atomelektronen... Aber es *scheint* auch nur so, als würden Wahrscheinlichkeitswellen dann den Raum kontinuierlicher ausfüllen, die Maxima und Minima sind dann nur *gleichmäßiger verteilt* - mathematisch gesprochen erreicht aber die Fläche unter dem Graphen niemals, auch für noch so große Quantenzahlen und gleichsam als *Fraktal* betrachtet nicht, den Grad an `Ausgefülltheit', welchen der Graph der klassischen, *wirklich kontinuierlichen* Antreffwahrscheinlichkeit erreicht. Warum greift man aber *überhaupt* auf das *Teilchen*bild zurück? Wenn man das Wellenphänomen in den *Hintergrund* drängt und es gleichsam zur Wahrscheinlichkeitwelle *`entwirklicht'*, *muss* sich ein unerklärter Rest ergeben...
H: ...der ergibt sich auch, wenn man umgekehrt mesokosmische Körper als *Wellen* deutet, die man irgendwie `verdichtet ' denken muss - wolkenartig ausgebreitet sind diese ja nicht... Überhaupt: Was *erkären* Wellen? - „Würde man [von dem, was sich durch das DSExp bewegt] sagen, es *sei* eine Welle, so wäre das eine *Erklärung*. Aber da die [...][QO auch, etwa auf dem hinteren Schirm,] als *Teilchen* in Erscheinung treten, handelt es sich [...] nur um eine metaphorische *Umschreibung*"[278]...
M: Wellenkollaps, Dekohärenz, `sich-Neigen' sind immerhin *Konzepte*, die diesen Rest *angehen*... Natürlich: das Wellenmodell kommt auch regelmäßig bei der `Körperhaftigkeit' von QO in Schwierigkeiten, das Teilchenmodell hingegen bei dessen Kehrseite, der `Leere' - so ist beim Atom seine `Fülle' wie seine `Leere' *gleichermaßen* unbegreiflich. Ähnlich ergibt sich für *`Bewegung'* nun ein Dilemma - aber wie weit *entfernt* man sich hier von der Teilchenvorstellung: Die Welle-Teilchen-Antinomie tritt bei *gebundenen* QO ja eher *marginal* zutage - die Elektronen im Atom etwa kann man wellenmechanisch ja gut beschreiben; es ergeben sich die `Orbitale' als stehende Maxima und Minima und es lässt sich über die *Diskrepanz* zwischen Wellen- und Teilchenbild *`hinwegsehen'*. Bei *freien* QO, mithin *generell*, ergeben sich aber *Deutungsprobleme:* Wenn die Welle-Teilchen-Doppelnatur *allen* Dingen angehört, ergibt sich für jedes Teilchen irgendwo im Kosmos der zunächst absurde Gedanke, dass seine Aufenthaltswahrscheinlichkeit *genaugenommen* den *gesamten* Kosmos umspannt, so dass noch in dessen entlegenstem Winkel eine von Null verschiedene Wahrscheinlichkeit besteht, es dort *anzutreffen* - Wellen*pakete* und *Gewichts*funktionen vermögen dies nur *abzumildern.* Es bleibt also immer so, dass man sich etwa ein DSExp *beliebig weit ausgedehnt* denken kann, aber nicht voraussagen kann, wo auf dem hinteren Schirm ein QO auftrifft - *überall*, wohin die Welle sich im Raum erstreckt, gibt es eine gewisse Wahrscheinlichkeit, das Teilchen ob seiner `primären individuellen Ganzheit' *nachzuweisen;* auch Manipulationen, etwa mit elektro-

magnetischen Feldern sind *überall* innerhalb des ausgedehnten Wellenfeldes *von Einfluss*. Warum dann überhaupt das Bild *`Teilchen´* aus dem Mesokosmos *entlehnen?* Warum überhaupt - darin liegt der *Sinn* des Ansatzes, dergestalt den Widerspruch der beiden Bilder zu *beseitigen* - das *Wellen*phänomen zu etwas gleichsam *Irrealem* oder *`weniger Realem´* als das *Teilchen*phänomen *degradieren?* Man spricht hier nur vom Kollaps der Wellen*funktion*, nicht dem einer irgendwie *realen* Wellen*entität* - wohlgemerkt nicht in einem nur instrumentalistischen, sondern *ontologischen* Sinne; dennoch aber *folgen* die realen Teilchen dem nicht-realen Wellenphänomen - geradezu *mysteriös* ist dabei, dass *weder* dieser *Vorgang* als kausale Kraftwirkung etwa im Sinne eines Feldes verstanden werden soll...

H: ...das nimmt erst der deBroglie-Bohm´sche Ansatz mit seinem Quantenpotential an, wenn es auch seltsamerweise keine eigene Energie enthält (wie gewöhnliche Felder)...

M: ...noch das *Resultat* - wo das einzelne Teilchen auftaucht, soll *akausaler Zufall* bleiben... Vielleicht liegt *hier* das Primat des Teilchenaspekts, wie es etwa in der QFT zu Tage tritt, *begründet* - denn der Born´sche Ansatz ist ja gleichsam nur das *Präludium*, auf welches die *Fuge* folgt, in welcher die entfliehende `Realität´ beinahe zu Tode gehetzt wird...

H: So dramatisch das klingt - alles in allem ist das keine schlüssige *Gegen*argumentation, damit sind nur ungewohnte Seltsamkeiten aufgezählt...

M: Gegenargument ist schon, dass sich die Erklärungsvorteile des Wellenmechanischen Atommodels wieder verflüchtigen; und Gegenargument ist auch - neben diversen anderen, die noch zu diskutieren sind - für alle *anderen* Ansätze die Frage: Woher *kommt* die Welle? Diese Frage wird immer wieder *auftauchen...*

H: Nun, dann gilt es *erst recht* die Vorbehalte der Wellenmechanik gegenüber *auszuräumen:* Die Wellen sind erstens nicht „Massen- oder elektrische Ladungsdichten, sondern Wahrscheinlichkeitsdichten. Zweitens existieren diese [...] überhaupt nicht im *wirklichen* Raum, sondern nur im [mehrdimensionalen abstrakten] *Konfigurations*raum [...].[Und drittens] beschreibt die Wellenfunktion nicht das Verhalten eines einzelnen Teilchens (geschweige denn das Teilchen *an sich*), sondern nur das Verhalten einer statistischen Gesamtheit von identischen Teilchen oder Systemen“[279] - man kann „die Wellen und Schwingungen im *q*-[Orts-]Raum nicht physikalisch deuten“[280], nicht als *`real´* nehmen...

III f_1 *M:* Nur, dass das alles allerhöchstens *halb*richtig ist... Zunächst zum *zweiten* Argument zum *Konfigurationsraum* - es besagt *überhaupt nichts;* es ist sogar insofern *`unlauter´*, als dass es in der Mathematik der Physik ja *üblich* ist, *mehr*dimensionale *gedachte* Räume zu konstruieren, innerhalb derer man *erfasst*, was *realiter* geschieht - die Frage, wie viele Dimensionen man benötigt, um ein Naturphänomen zu *erfassen*, hat nicht direkt etwas damit zu

tun, wie viele Dimensionen diesem *realiter zugrundeliegen* (offenbar immer drei). Der Zustandsraum eines klassischen Objekts ist der *6*-dimensionale Phasenraum ($\mathbb{R}^6$) der Orts- und Impulswerte - für mehrere Objekte kann man diese Angaben von undurchdringlichen Massenpunkten in einem Zustandsraum überlagern; in der QT hingegen ist die Dimensionszahl - im Tensorprodukt der Hilberträume - als *Produkt* der Dimensionszahlen $n \cdot m$ gegeben, weil es um *ausgedehnte* Entitäten geht, deren Zustände *korrelieren.* In *beiden* Fällen ist der *Konfigurations*raum *höher*-dimensional als der *Anschauungs-* und *Real*raum - das soll ja wohl der Kern des Arguments sein: Hat man aber vom klassischen Zustandsraum *ehedem* gesagt, die Objekte `in´ diesem seien *deshalb `irreal´?* Man kann in der Physik *beliebig*-dimensionale Mannigfaltigkeiten bilden zur *Erfassung* des Naturgeschehens - aber dieses hat dennoch *realiter* im *drei*dimensionalen *Real*raum statt - was wäre daran *rätselhaft* oder *irreal?* Überhaupt ist die Frage, ob nicht die *QFT* das Problem *obsolet* gemacht hat - denn „das viel-dimensionale Verfahren [der *3n*-Dimensionen (des Ortsraums)] wird [ja] durch sogenannte `zweite Quantelung´ abgelöst. Diese läuft mathematisch genau darauf hinaus, dass man alle die Fälle *n=1,2,3...* (in infinitum) des viel-dimensionalen Verfahrens in eine einzige Formulierung zusammenfasst, die in bloß *drei* Dimensionen spielt“[281]...
H: So betrachtet...
M: Und wenn man mit deBroglie-Bohm eine *reale Leitwelle* annehmen kann, die im dreidimensionalen Raum *wirkt*, die man aber aus der Wahrscheinlichkeitswelle im höherdimensionalen Konfigurationsraum *errechnet*, zeigt das doch, dass man *überhaupt* ein reales Wellenphänomen in Raum und Zeit annehmen *kann*, dort speziell ein *Ψ-Feld*, das Kräfte auf Teilchen wirken lässt, wie sie auch das elektromagnetische oder Gravitationsfeld zu zeitigen wissen...
H: Nun gut, dahin zu gelangen wäre sogar *erstrebenswert:* Wenn manche Ansätze die *Ortsraum*darstellung und die *Zeit*entwicklung bevorzugen, kann man das schon *an sich* als Vorteil betrachten, denn „keineswegs bloß naive Intuitionen sagen offenbar, dass Verhältnisse im Raum und Entwicklungen in der Zeit zu den grundlegenden Phänomenen der uns umgebenden Welt gehören, so dass eine wissenschaftliche Theorie, welche diese ins *Zentrum* stellt, den [...] Konflikt [zwischen unseren Altagsvorstellungen und jenen der QT] *verkleinert“;* ganz im Gegensatz zur orthodoxen QT „mit ihrem abstrakten Hilbertraum, in dem einerseits der Ortsoperator nur einer unter *vielen* ist, und zudem ein mathematisch [`]unschöner[´], und andererseits die Zeitentwicklung keine *Messgröße* [...]“[282]...
M: Ja. Auch wenn man den mathematischen Formalismus der QT anders *`hinstellen´* kann, wird doch in praktisch allen Ansätzen die *Orts*raumdarstellung und *Zeit*entwicklung als natürliche Basis *bevorzugt:* Angefangen gleichsam beim Theorie-*input*, bei den empirischen Befunden, die in Raum

und Zeit gegeben sind, bis zum Theorie-*output:* ob klassischer, GRW- oder Penrose-Kollaps, ob `Viele-Welten´, Quantenpotential oder Dekohärenz - alle diese `Mechanismen´ sind *in Raum und Zeit* eingebettet... Die Dimensionsfrage stellt sich auch noch einmal anders dar, wenn man eingedenkt, dass die zugrundeliegenden Objekte nicht klassische, (nahezu) *punktförmige* Entitäten sind, sondern *räumlich ausgedehnte Wellen*entitäten. An dieser Stelle müsste man noch wesentlich *grundsätzlicher* an die Sache herangehen - beim *`Raum´* angefangen; dazu, welche Probleme mit der Frage nach der raum-zeitlichen Einbettung von QO für das basale Raum-Zeitkonzept aufgeworfen werden, aber später, um hier nicht den Faden zu verlieren - mit der QT greift nämlich genaugenommen schon das relationale Raum-Zeit-Konzept, ansonsten ontologisch eher eine unproblematische *Minimalannahme*, zu hoch: Konnte man *klassisch* sagen, dass in einem relationalen Raum-Zeit-Konzept die Dinge *Raum* und *Zeit* hervorbringen, muss man *nun* sagen, dass Materiewellen gleichsam erst die *`Dinge´* hervorbringen und dass man sozusagen *`unter´* die Ebene der Dinge mit ihrer bekannten `Körperhaftigkeit´, ihrer Undurchdringlichkeit, Identität und anderen mesokosmischen Eigenschaften *`hinabtaucht´*, eben gleichsam zu Aristoteles `materia prima´, Heisenbergs `potentia´, Schrödingers `Wellengrund´...

H: Hm...

M: ...womit sich hier ein `Abgrund´ auftut, der - zu tief - auszuloten nicht mehr gestattet ist - `zuunterst´ entgleiten auch *diesbezüglich* die fundamentalen Begrifflichkeiten; eben *daher* kann das Argument zum mehr-dimensionalen Konfigurationsraum nicht als *stichhaltig* gelten: *Ist* es nämlich so, dass man gleichsam unter die Ebene des materiell-Dinghaften zu den `Schaumkämmen des Weltgrundes´ hinabtaucht, erfassen Wellenfunktionen das wellenartige `Ineinanderfließen´ der Entitäten *mathematisch* einfach mit *je* drei gedachten Raumdimensionen pro QO - das hängt wieder mit dem Welle-Teilchen-Dualismus zusammen: Die zuunterst *noch nicht* wie körperhafte Teilchen miteinander interagieren QO bewahren bei aller räumlich ausgebreiteten Wellenartigkeit bezüglich der Erhaltungsgrößen Masse, Energie und Ladung eine *`primäre individuelle Ganzheit´* (*als ob* sie Teilchen wären), und die wird mathematisch in einem Konfigurationsraum abgebildet, der *je* solcher *Ganzheit* drei Dimensionen (*3n*) verwendet; das ist *nur* so, als würde man etwa zwei ineinanderfließende Wasserwellen mit *je* einem (selbst zweidimensionalen) Medium erfassen, so dass man auf *2n* Dimensionen käme, weil man so deren gleichsam `filigrane´ Individualität und ganzheitliche Identität besser modulieren kann; ansonsten würden *zwei* überlagerte Wellenfunktionen ja nur *eine* neue (andere) ergeben, die für *ein* QO steht...

H: Soll heißen, für undurchdringliche *Körper reichen* kategorial die realen drei Raum-Dimensionen, es gibt relational den Begriff `Ort´ - für *durchdringliche Wellenentitäten* ist das aber *anders*, weil sie sich als interagierende

Ganzheiten in ihrer feldartigen Ausgedehntheit *überlappen*... Dann befände man sich \`dort unten´ gleichsam auf einer ganz anderen *Seinsebene*, die in der Tat jenseits der mesokosmischen *Begriffe* läge - dort wäre man bei *ante*primäre Eigenschaften der Dinge angelangt...

M: So ist es... Man kann es auch so denken: *Einem einzelnen* QO gesteht man zu, dass es eine physikalische Welle in Raum und Zeit darstellt, so wird zumeist formuliert[283] - etwa: „Die Schrödinger[´sche Differential]gleichung [ist] weniger eine bestimmte Gleichung als ein *Rahmen* für quantenmechanische Gleichungen im allgemeinen. Hat man [...] die passende quantentheoretische Hamilton-Funktion [$\hat{H}\Psi$] gewonnen, so schreitet die zeitliche Entwicklung des Zustands [...] fast so fort, als wäre [...][Ψ] ein *klassisches Feld* [...]. Falls [...][Ψ] den Zustand eines einzelnen *Photons* beschreibt, stellt sich [...] [sogar] heraus, dass die Schrödinger[´sche] Gleichung in die Maxwell´schen Gleichungen *übergeht*."[284] Was nun, wenn man jeweils ein QO aus Berlin und Tokio schlicht räumlich zusammenbringt, das eine zum anderen bringt - sollen dabei neue Dimensionen *entstehen*, die QO gleichsam in einen *\`irrealen´* Konfigurationsraum *\`abtauchen´ (M. deutet auf Abbildung 38)?*

H: Ist die Frage wirklich *ernst* gemeint?

M: Ziemlich; „für ein *einzelnes* Lichtquant hat der [...][Konfigurationsraum] nur drei Dimensionen, als Schrödingergleichung des einzelnen Lichtquants können also die Maxwell-Gleichungen betrachtet werden."[285] (Hier wäre nur noch die Quantisierung hinzuzufügen.) Ein halbes Jahrhundert lang hat man mit Maxwell Licht im *Real*raum beheimatet - nun sollen schon zwei Photonen aus diesem *vertrieben* werden? Behandelt man alle QO gleich, müsste man ja auch Photonen ob ihrer diskreten \`Ganzheit´ verbunden mit einer Wahrscheinlichkeitswelle annehmen... Man kann ja ontologisch sonst zwei (bzw. auch beliebig viele) im *drei*dimensionalen Raum erfasste Objekte schon im *vier*dimensionalen *unabhängig überlagern;* die *sechs* Diensionen erzwingt der mathematische Formalismus (etwa mit der Orthogonalitätsforderung von Zuständen). Schon hier legt sich nahe, QO mit schon dreidimensionaler Konfiguration ontologisch-realiter den dreidimensionalen Realraum im Sinne eines relationalen Raum-Zeit-Konzeptes *\`aufspannen´* zu lassen... Der Argumentation liegt ja ein fehlerhafter *Umkehrschluss* zugrunde, nämlich von der selbstverständlichen Irrealität der mathematischen *Beschreibung*, die darin liegt, es mit einem *3n*-dimensionalen Raum zu tun zu haben, auf die Irrealität des *Phänomens* zu schließen, welches ja dennoch auf ein reales (immaterielles) Wellenphänomen im dreidimensionalen Raum *zurückgehen*

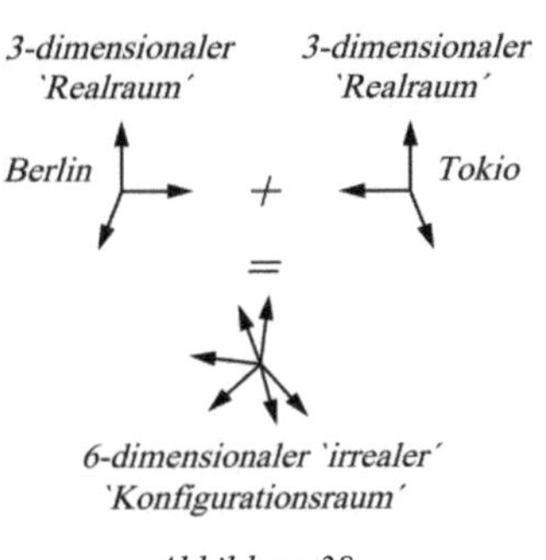

Abbildung 38

kann. Schon Schrödinger hat man in diese Zwickmühle gebracht - und dazu, *zugleich* zu konstatieren, es würde „die unmittelbare Deutung [der Ψ-Funktion] als Schwingungen im dreidimensionalen Raum in jeder nur irgend *wünschenswerten* Weise erschwert", ebenso aber, dass er sich „bei aller Reverenz vor der Erkenntnistheorie dagegen verwehren [müsse], dass [...][er] Unnötiges in die Theorie *hineinstecke.* Knotenlinien, Kugelfunktionen usw., das steck[e] doch alles unweigerlich in der Schwingungsgleichung *drin*"[286] - eigentlich fühlte er sich zumeist „voll bestärkt in der Überzeugung, dass wir [...] höchst realen Vorgängen in Raum und Zeit gegenüberstehen."[287] Er hat irgendwann - ob dieser beinahe *schizophrenen* Ansprüche an seinen Ansatz - *resigniert* zur Born´schen Deutung gesagt „wie Gott will, ich halte still"[288] - Bohr etwa hat in Kopenhagen ja massiv, bis ins Fieber hinein auf ihn eingeredet[289]...

H: Umgekehrt *könnte* man aber sagen: QO tauchten etwa aus verschränkten Zuständen *`in´* den Realraum auf - und sie seien zuvor im- oder prämateriell, also *`irreal´...*

M: Nun, es bleibt ja noch zu klären, wie Wellen und Teilchen (das, was man als letztere *deutet*) *zusammenhängen;* jedenfalls aber nimmt selbst die orthodoxe Born´sche Interpretation letzendlich die Wahrscheinlichkeitswellen als im *Real*raum und nicht nur im *Konfigurations*raum erstreckt an. Interessant ist in diesem Zusammenhang das erwähnte *Ketterle*-Experiment (*1997*)[290]: Dabei wurden zwei Bose-Einstein-Kondensate von Natriumatomen nahe dem absoluten Temperatur-Nullpunkt (bei $10^{-9}K$) erzeugt; die beiden dichten Atom-Wolken ließ man sich langsam aufeinander zubewegen und überlappen (sie bewegten sich gravitativ nach unten und dehnten sich dabei ineinander aus); eine Lichtquelle erzeugte davon das Schattenbild...

H: Ja; und während sich außerhalb des Überlappungbereichs ein einfacher Schattenwurf *mittlerer* Intensität zeigte, die Antreffwahrscheinlichkeit $|\psi|^2$ der Licht absorbierenden Natriumatome also im Raum kontinuierlich-konstant war, zeigte sich im Überlappungsbereich ein kontrastreiches *Interferenzmuster*, die Antreffwahrscheinlichkeit $|\psi|^2$ der Licht absorbierenden Natriumatome war an den durch Interferenz der beiden Objekte entstandenen Wellenbäuchen bzw. -knoten also erhöht bzw. *0*...

M: So ist es... Wie ist das zu *deuten?* Beide Wolken bilden fortschreitende deBrogliewellen mit einer Wellenlänge von $30\mu m$; an der Überlappungsstelle *interferieren* beide miteinander und bilden eine *stehende Materiewelle* mit zeitlich konstanter, aber räumlich periodischer Materiedichte. Die Ψ-Funktion der Bose-Einstein-Kondensate hat dabei eine räumliche Ausdehnung von *1mm* und übergreift 10^{15} Ionen; es bildet sich (vor der Überlappung: jeweils) eine *Gesamt-Ψ-Welle*. Natürlich liegen `materielle´ QO nicht *(schon* oder *noch)* als irgendwie ausgedehnte *`Materie in Wellengestalt´* vor - es überlappt sich nicht irgendwie *schon Materie* in Wellengestalt, aber es ist sinnlos zu sagen, hier würden sich nur die Wellen*funktionen* überlagern, als nur mathematische

Entitäten im mehrdimensionalen Konfigurationsraum - es überlagern sich Wellen*entitäten* im *Real*raum...
H: Und dies ist genau der Fall *(H. deutet auf die Abbildung oben)*, wo man zwei QO (hier in Gestalt zweier Bose-Einstein-Kondensate mit jeweils einer *Gesamt-*Ψ-Welle) mit ihren beiden Konfigurationsräumen - *zusammenbringt...*
M: Richtig - was ontologisch-realiter im *Real*raum statthat... Die Rede von der *`Irrealität'* des Wellenphänomens ist aber auch *ansonsten* - aller anderen Argumente ohnerachtet - eine *Don-Quichotterie:* Die Wellenphänomene - ob Wahrscheinlichkeits-, Leit- oder reale Materiewellen - *sind* ja offenbar *reale Entitäten im dreidimensionalen Raum:* Die Energie-Quantelung des Atoms, die Ganzzahligkeit bei den Linienspektren erklärt sich über das Modell der stehenden Wellen, die Quantenzahlen ergeben sich als Eigenschwingungsmodi, deren Modulationen von der *realen räumlichen Erstreckung* des *`Potentialtopfes'* abhängen. So auch bei Farbstoffmolekülen: *verkürzt* oder *verlängert* man mit speziellen Verfahren die Molekülketten, ergibt sich für die über die Atomrümpfe ausgebreiteten, frei beweglichen Valenz-Elektronenwellen eine andere Wellenfunktion und es ändert sich die Wellenlänge, also Farbe des absorbierten bzw. reemittierten Lichtes.[291] Die Elektronenwellen hängen nicht von irgendeiner rein *virtuellen* Gestalt in einem abstrakten *Konfigurations*raum ab, sondern von der *realen räumlichen Erstreckung* im *Real*raum; man kann dabei die einzelnen Elektronen nicht als *Teilchen* denken, die sich im `Potentialtopf' nur *hin-* und *herbewegen...*
H: ...obgleich gerade dabei wieder das *Dualismus-Dilemma* zutagetritt, denn man hat hier *beide* Phänomene *nebeneinander:* Die Elektronen mögen *wie Wellen* im Raum ausgebreitet sein, das Farbstoffmolekül *selbst* ist jedoch *wie* aus *Teilchen* zusammengesetzt - die einzelnen Atome sind manipulierbare *Ganzheiten*, die sich mit dem `Baukasten-Prinzip' zu verschieden langen Ketten zusammenfügen *lassen*, so dass sich die sekundäre Qualität `Farbe' ganz im Sinne des atomistischen Konzepts durch die `Anordnung' elementarer Einheiten erklären lässt...
M: ...was auch *Wellen*-Ganzheiten sein können. Auch bei den Orbitalen geht es um ihre *reale räumliche Erstreckung:* Chemische Bindungen und ihre Geometrie kann man dann mit konstruktiver Interferenz *real-räumlich überlagerter Wellen*, welche etwa die Aufenthaltswahrscheinlichkeit definieren, erklären[292]...
H: ...weil diese für die Bindungselektronen *zwischen* den Atomen *erhöht* ist...
M: Ja - wieder im Bild von *Teilchen*, die Wahrscheinlichkeitswellen folgen, gesprochen; dann geht es um eine *zeitliche* Auflösung der verschiedenen räumlichen Zustände; dass - nimmt man die H_2^+-Bindung - das (eine) Elektron sich einmal in Zustand *1* (schwarz) `bei Proton *1*', einmal in Zustand *2* (grau), `bei Proton *2*', befinden kann *(M. deutet auf Abbildung 39a)* - natürlich als *Teilchen* nicht *gleichzeitig*, es hält sich im Überlagerungsbereich *häufiger*

auf. Diese Beispiele für die reale räumliche Erstreckung sind zumeist auch solche für die Realität *als Wellen* - hier müsste man konstruktive Interferenz zwischen den beiden \`Seins-Zuständen´ *als Wellen* annehmen; da es sich aber um *ein* Elektron handelt, muss man dies als Zustands-Superpositionen denken, was für Wellen aber einfach nur eine andere *Modulation* bedeutet... Ähnlich ist es bei den *Hybrid*orbitalen: Manches mag hernach im Sinne klassischer Ladungswolken interpretierbar sein (die *109,5°*-Winkel bei Tetraederstrukturen etwa), aber so etwas wie die *Grundgestalt* sp^2 erklärt sich nur, wenn es um die *reale räumliche* Superposition der gewöhnlichen stationären Wellenzustände *2s/2p* geht und nicht nur um rein *abstrakte* Gestalten im *Konfigurationsraum* - ontologisch, die Dinge als reale Wellenentitäten genommen, muss man von *Neu-Modulationen* sprechen, die im ersten Falle zwischen beiden Kernen \`präsenter´ ist bzw. im zweiten Falle eine vollkommen andere Wellen*gestalt* geschaffen hat...

H: Nun gut, es ist evident, dass man, wenn die Ψ-Funktion nur *\`irreal´*, nur im Konfigurationsraum existiert, diesbezüglich *keine* \`Erklärungen´ mehr hätte...

M: Es lassen sich auch die bereits erwähnten Reflexionseigenschaften von Elektronenwellen in Kristallen anführen - für nahezu punktförmige Teilchen sind diese wieder mysteriös; zu schweigen vom DSExp, bei dem sich die *globale räumliche* Anordnung der Spalte, die *globale Geometrie* von Feldeinflüssen auf das Interferenzmuster *auswirkt* und bei dem offenbar gewisse *Laufzeit*unterschiede *im Raum* zu konstruktiver oder destruktiver Interferenz führen - die ganze Ψ-Funktion enthält eben als Funktionsargumente neben der Zeit die *Raumkoordinaten...* So ist es auch im Falle, dass Licht an der Grenzfläche von einem optisch dichteren zu einem optisch dünneren Medium eine *Totalreflexion* erfährt - positioniert man aber sehr nahe der Reflexionsstelle wiederum das dichtere Medium, so dass nur ein dünner Spalt vorliegt, kann das Licht, das sonst in das andere Medium nur stark *gedämpft* einzudringen vermag, als Teilreflexion durch den Spalt ins dahinterliegende Medium *\`tunneln´...*

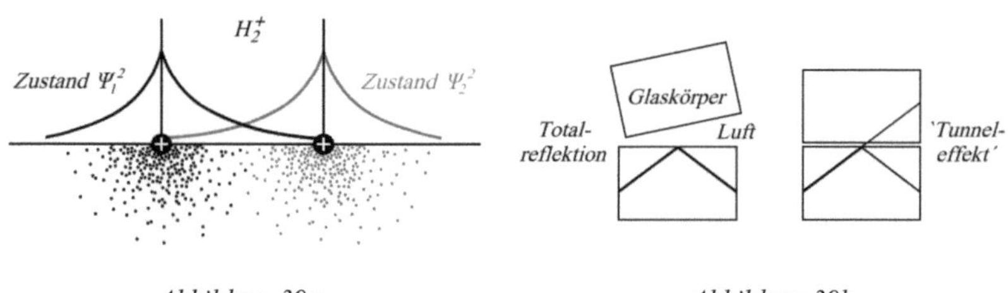

Abbildung 39a *Abbildung 39b*

H: Dabei geht es um *Licht*, nicht um *Materie*, man darf das nicht vermengen...

M: Eben das *muss* man - *eine* Erklärung für *diverse* Phänomene: Ein *Teilchen* kann in den \`verbotenen´ *räumlichen* Bereich nicht eindringen, eine *Welle*

bzw. ihre Komponenten hingegen *schon (M. deutet auf Abbildung 39b);* überhaupt hat ja die Teilreflexion von Licht schon *Newton* in Verlegenheit gebracht.[293] Eigentlich fügt sich nur mit *realen* Wellen alles zusammen: Auch bei *Halbleitern* etwa geht es um dieses *Hineinragen* von Elektronenwellen in bestimmte *Raum*bereiche; so auch beim schon erwähnten Rastertunnelmikroskop: Abhängig von der *räumlichen* Distanz können Elektronenwellen mehr oder weniger gut \`tunneln´ - *so* entsteht ja das Abbild der untersuchten Oberfläche. So ist es *generell* - im Strahlteiler variiert man bewusst diese Distanz, um die durchgelassene Intensität zu regeln, ja, selbst bei Wasserwellen ist eine tiefere Zone eine Barriere, an der *Totalreflexion* statthaben kann, die aber, wenn sie *schmal* genug ist, auch *übersprungen* werden kann; auch dabei \`tunnelt´ die Welle; warum für die analogen quantenphysikalischen Phänomene mit der HU ein *\`Ausleihen´* von Energie bemühen?
H: Moment, ein durchtunneltes \`Potentialgebirge´ beschreibt die potentielle *Energie-Barriere* eines Systems - kein reales Gebirge im *räumlichen* Sinne!
M: Nun, der Ausdruck *an sich* ist *metaphorischer* Natur - es geht dabei aber *immer* darum, dass eine Energiebarriere ein als *Teilchen* begriffenes QO daran *hindern müsste*, an einen bestimmten *Raum*ort zu gelangen oder dort irgendeine *Wirkung* hervorzurufen oder zu erfahren; so auch bei der Radioaktivität, die man über die *HU* erklären will (zu dieser selbst hernach noch genauer): Protonen müssten sich eigentlich ob der Coulombkraft *abstoßen*, je näher sie einander im Kern kommen; ab einer bestimmten Distanz beginnt jedoch die \`Kernkraft´ (eigens dazu \`erfunden´) *anziehend* zu wirken *(M. deutet auf Abbildung 40)* - Protonen sind mit diesen beiden Kräften hinter einem \`Potentialwall´ gefangen, den sie nicht *überschreiten* können...

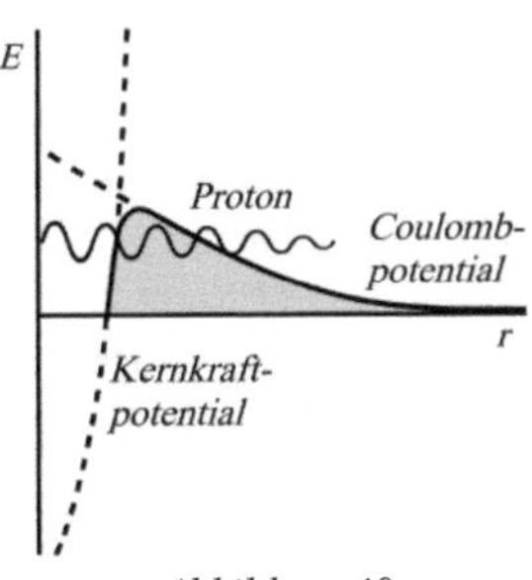

Abbildung 40

H: ...normalerweise: Mit seiner *durchschnittlichen* kinetischen Energie kann ein Proton (bzw. α-Teilchen) den Atomkern nicht verlassen, ein kleiner Prozentsatz kann es aber - so eben die empirische Beobachtung - *doch*, so der Zusammenhang bezüglich der komplementären Größen \`Energie´ und \`Zeit´ der HU $\Delta E \cdot \Delta t \geq \hbar$ nur *kurzfristig* verletzt wird - es *\`leiht´* sich gleichsam Energie, die es hernach zurückgibt; dabei wird es offenbar nicht *\`über´* den Potentialwall gehoben, da es dann hernach empirisch eine größere *Bewegungsenergie* haben müsste[294] - daher *\`Tunneleffekt´* (Gamov, 1928)...
M: ...der Ansatz bei den HU ist *richtig*, nur wählt man mit der *Teilchen*sicht die *phantastischere* Variante: Man kann sich auch auf die komplementären Größen \`Ort´ und \`Impuls´ der HU $\Delta x \cdot \Delta p_x \geq \hbar$ beziehen - und zwar in der *Wellen*sicht: Wenn sich das Proton als Wellenphänomen bis über den Um-

kehrpunkt - den `Kraterrand´ - hinaus *real räumlich erstreckt*, kann das Coulombpotential die *Oberhand* gewinnen und das QO wird *abgestoßen* - ist das nicht die *schlichtere* Erklärung? Man muss dann statt auf die *Ordinate* (der Energie) auf die *Abszisse* (der Raumerstreckung) sehen und QO als reale *Wellenentitäten* begreifen... So sagt auch Heisenberg für die Frage, ob etwa ein Elektron mit seiner Energie eine Potentialschwelle über- (bzw. durch-) schreiten kann: „[Es] kann [wenn die Elektronenenergie kleiner ist als der kritische Wert des Potentials] immer noch eine merkliche Menge Elektronen die Potentialschwelle *durchqueren[!]*, wenn die *Breite* der Schwelle nicht viel größer ist als die Wellenlänge der zum Elektron gehörigen deBroglie-Wellen. Die Anzahl der durchgehenden Elektronen nimmt exponentiell mit zunehmender *Breite* und *Höhe* der Schwelle ab“[295] - *`Höhe´* bezieht sich dabei auf das *Potential*, *`Breite´* aber auf die *real-räumliche Erstreckung* der Potentialschwelle bzw. des QO...

H: Beide Sichtweisen sind möglich - ohnerachtet der Frage, um welche *Art* von Wellen es sich handelt...

M: Natürlich, und gerade im *Wellenbild* hängt ja $\Delta E \cdot \Delta t \geq \hbar$ mit $\Delta x \cdot \Delta p_x \geq \hbar$ *zusammen*, insofern die Energie der Wellenentität eben `eingeschrieben´ ist - daher sollte man diesen Unterschied nicht *überbetonen*, wenn am Ende selbst die *`Energie´* den Dingen als *räumliches Wellenmuster* `eingeschrieben´ ist, das kleinen Fluktuationen unterliegen mag... Aber es fragt sich schon, ob man das Teilchenbild überhaupt *bemühen* sollte: Schließt man in einem Laser *Teilchen* zwischen zwei Spiegeln ein? Dann muss man sagen: nur die sich *quer* bewegenden Photonen bleiben *im* Laser; es sind aber der Spiegelabstand und die Wellenlänge aufeinander *abgestimmt;* man kann das zugrundeliegende Phänomen als eine Art *Resonanz*effekt deuten, es geht um *kohärente Überlagerung*, eine Gesamt-Wellenfunktion - dass sich zwischen den Spiegeln eine *stehende Lichtwelle* bildet, liegt auf der Hand - und die muss sich *real* im Raum erstrecken...

H: Mit dem Laser kommt man ja in den Bereich der Selbstorganisation der Materie; ein Laser wird ja etwa von Haken geradezu als Zwischenstufe von unbelebter und belebter Materie angesehen - fernab des thermodynamischen Gleichgewichts entsteht synergistisch makroskopische Ordnung, weil sich die Mikroelemente spontan organisieren. Bei allen diesen Phänomenen oberhalb des Mikrokosmos hat man es aber ja schon mit *klassischen, separierbaren, körperlichen* Elementen zu tun...

M: ...in diesem *Grenzfall* wohl noch *nicht*; aber es geht ja auch nicht darum, *jene* Phänomene, etwa Bénard´sche Konvektionszellen, mit der *QT* zu erklären, sondern darum, dass mit *realen* Wellenentitäten *alle quantenphysikalischen* Phänomene wesentlich weniger *mystisch* sind; man braucht überhaupt nur *eine* Erklärung zu bemühen...

H: Zugegeben, apropos: Selbstorganisation könnte man beinahe sagen, hier

würde sich alles von *selbst* so anordnen, dass sich Erklärung und Verstehen (nur) mit *realen Wellen* ergibt...
M: Man möchte beinahe *Bohm* bemühen, der zwar dem *Teilchen*bild Vorrag gibt, dessen *`Quantenpotential'* sich aber - ob einer möglichen *kontinuierlichen Tunnelbahn* im \`durchlassenden' Wellenpaket - *real räumlich erstreckt;* diese Annahme wäre nur auf reale (reine) Wellenentitäten zu *übertragen...* Nachdem die QT die Struktur der Atome und die Spektren in zuvor ungeahntem Maße \`aufgeklärt' hatte, hat sie sich angeschickt, neben den erwähnten Phänomenen der Bindung, Radioaktivität, des Tunneleffekts überhaupt die Eigenschaften von Festkörpern bis hin zum Standardmodell der Elementarteilchen, den Eigenschaften des elektromagnetischen Feldes und den Kollektivzuständen in Bose-Einstein-Kondensaten \`aufzuklären' - *immer* basieren die Erklärungen mittelbar oder unmittelbar auf der *realen räumlichen Erstreckung* von Wellenentitäten...
H: Diesen Punkt *zugestanden*, ist nur nicht zu sehen, dass damit auch der *ontologische Status* der Wellenentitäten geklärt wäre, ob es sich etwa *nur* um *Wahrscheinlichkeits*wellen handelt...
M: Daher nun zum *dritten* Argument, das die Position der *`Ensemble-Inter-* III f_2
pretation' referiert: Mit dieser verbinden sich ja eine ganze Reihe von Namen, von Einstein über Schrödinger bis Popper und Ludwig; Einstein schlug (*1927*) vor, dass die ψ-Funktion sich nicht auf ein *einzelnes* QO beziehe, sondern auf das *Ensemble* gleichartig präparierter QO; im Sinne vonNeumanns ist es der *Zustandsvektor*, dessen Bezug auch bei einem *einzelnen* QO das ganze nämliche *Ensemble* ist - bei \`Schrödingers Katze' sind dann nur im statistischen *Ensemble* die Zustände \`tot' und \`lebendig' gleichmäßig verteilt...
H: Die *Gesetze* der QT können ja auch gar nicht an einzelnen QO *verifiziert* werden, nur an einem *Ensemble* gleichartig präparierter QO... Allemalen geht man damit schon über den Instrumentalismus hinaus, der sich nur auf die makroskopischen *Mess-Präparationen* beziehen würde...
M: ...und allemalen kann man so in gewissem Sinne das *`Messproblem'* umgehen: Ist der *Bezug* des Zustandsvektors nicht ein einzelnes QO, hat auch keine Zustands*reduktion* statt (oder: keine ontische, sondern eine epistemische). Davon abgesehen, dass Superpositions- und gemischte Zustände dergestalt nicht hinreichend voneinander *abzugrenzen* sein mögen, ist auch fraglich, ob man *überhaupt* Zustands*superpositionen* annehmen muss, da man sich gar nicht mehr auf *einzelne* QO *bezieht*, die Superposition ist ja nur gleichsam im *Möglichkeitsraum* beheimatet...
H: Es *gäbe* überhaupt kein Messproblem, keinen realen Wellenkollaps (oder was immer), weil die Welle unabhängig davon, was jedes *einzelne* QO \`tut', nur die *Kollektiv*beschreibung des Ensembles wäre[296] - und in einem ganz *praktischen* Sinne muss man dem *ohnehin* zustimmen, weil nur das *Kollektiv* etwa beim DSExp das Wellenmuster *erzeugt...*

M: Aber gerade *damit* gerät man in Schwierigkeiten: Es gibt nämlich genaugenommen *zwei `Spielarten´* der Ensemble-Interpretation, was den Bezug der ψ-Funktion angeht - es hat eine gewisse *Bedeutungsverschiebung* schon von Einstein zu vonNeumann stattgefunden. Im Sinne *Einsteins* müsste man argumentieren, dass, wenn der Bezug der ψ-Funktion der nämliche ist, die QT nicht die *Klassische* Mechanik weiterführt, sondern die *Statistische* Mechanik, der quantenphysikalische *Indeterminismus* wäre auf unsere *Ignoranz* zurückzuführen, *ontologisch* würden Wahrscheinlichkeiten in der QT nur aufgrund der *Unvollständigkeit* unseres Wissens und unserer Beschreibung auftreten; QO hätten an sich *definite* Eigenschaften - denn wie soll man sonst Kollektiv und Individuum *verbinden?*
H: Damit widerspräche man auch der *Kopenhagener* Interpretation, dass die Ψ-Funktion eine *vollständige* Beschreibung der Eigenschaften eines *einzelnen* QO darstellt - Einstein hat ja immer wieder auf dieser `Unvollständigkeit´ insistiert... Insofern besteht bei alledem auch eine gewisse Affinität zu den `verborgene-Variablen´-Ansätzen, etwa zum deBroglie-Bohm´schen Ansatz...
M: Ja, aber es muss nicht zwangsläufig auf *diesen* Ansatz hinauslaufen...
H: Die Ensemble-Interpretation spricht insofern etwas Selbstverständliches aus, als dass für Ensemble gleich oder ähnlich präparierter QO *insgesamt* (nur) die *Wellen*beschreibung in Reinkultur zutrifft - eben für sehr viele QO; beim DSExp etwa ruft ein *großes Ensemble* von QO zwangsläufig, kausaldeterministisch das ganze Interferenzmuster hervor - dies muss man *ohnedies* zugestehen, es ist der reine empirische Befund...
M: Kann man das so sagen? Das ist gerade *eine* Schwierigkeit dieses Ansatzes, dass es *nur wahrscheinlich* wäre, dass das Muster entsteht, bei einem *statistischen Gesetz* kann auch das *Unwahrscheinliche* geschehen - es ist der Grenzwert für *unendlich viele* QO, für den man dergleichen behaupten könnte; ein statistisches Gesetz *`gilt´* auch *nur wahrscheinlich* - und so ad infinitum...
H: ...das Induktionsproblem...
M: Es ist in diesem Falle auch etwas `schief´, zu sagen, der empirische Befund des Wellenphänomens *betreffe* gar nicht das *einzelne* QO - es geht ja *nicht* darum, dass nur *synchron* ein Kollektiv von QO das Wellenmuster erzeugt; auch ein *sukzessive* - mit beliebigem zeitlichen Abstand - durch den Versuchsaufbau gegangenes Kollektiv von QO erzeugt das Wellenmuster oder - wie gesagt - die Überlagerung einer Anzahl räumlich verschiedener DSExp mit je *einem* QO. Die *eigentliche* Schwierigkeit liegt damit *tiefer* - damit geht es auch um die *Bedeutungsverschiebung*, die offenbar statthatte...
H: Nämlich?
M: Nun, wiederum ohnerachtet etwaiger `holistischer´ Überlegungen nahm Einstein und nehmen `Realisten´ doch an, dass die Naturgesetze für die *Einzeldinge* gelten und dass sich aus *deren* Verhalten dasjenige der *Kollektivs* ergibt...
H: Ja; so ist es in der statistischen Mechanik - das Verhalten des Kollektivs

emergiert aus den Eigenschaften der *Teile* des Ganzen...
M: Heute scheint man - soll der Bezug des Zustandsvektors *nur* das *Kollektiv* sein - anzunehmen, dass mithin auch die *Naturgesetze* nur für das Kollektiv gelten und dass sich das Verhalten der *Einzeldinge* daraus *ergibt...* Man findet dergleichen desöfteren, dass sich die Dinge magisch an irgendwelche Gesetze *`halten´* sollen, dass *sekundäre* mit *fundamentalen* Gesetzen vertauscht werden - ähnlich etwa bei Prigogines Überlegungen zur Entropie...
H: Hm...
M: Klassisch kann aber ein *statistisches* Gesetz kein *fundamentales* Gesetz sein, sondern nur eines `der großen Zahl´, wie die Gesetze der Thermodynamik. Insofern ist es unsinnig, die Ensemble-Interpretation als *fundamentalen* Ansatz betrachten zu wollen, der sich *nur* auf *Ensemble* gleichartig präparierter QO bezieht: Wie mag das etwa bei Polarisationsexperimenten, wenn bei senkrecht aufeinander stehenden Filtern (statistisch) *100%* der Photonen gesprerrt werden, hingehen - soll der Bezug dann nicht auch jedes *einzelne* QO sein? Das statistische Gesetz ergibt sich *klassisch* aus einem spezifischen `Sosein´ der einzelnen *Elemente...*
H: Der tiefere *Sinn* der Ensemble-Interpretation ist es, eben *diese* Aussage zu *vermeiden...*
M: Ja... An dieser Stelle *trennen* sich dann die `Spielarten´: wenn man sagt, die QT beschreibe *nur* das Ensemble, also das Gesamtverhalten vieler QO, ist für die einen dann die QT für einzelne QO eine *un*vollständige Beschreibung, für die anderen nicht... Hier muss man dann *weiterfragen:* Es scheint ja evident, dass der Ψ-Funktion *realiter* irgendetwas *entsprechen* muss - „Wahrscheinlichkeit hat [...] zum Inhalt eine Äußerung darüber, ob etwas *ist* oder *nicht ist,* allerdings eine zweifelnde Äußerung. Die hat aber [...] bloß Sinn, wenn man [...] überzeugt ist, dass das betreffende Etwas ganz sicher entweder *ist* oder *nicht ist.* Eine Wahrscheinlichkeitsaussage setzt volle Realität ihres *Gegenstandes* voraus. [...][Aber indem] sie uns verbieten, zu fragen, was *`ist´*, das heißt welcher Sachverhalt im *Einzelfall* wirklich vorliegt [- so Schrödinger -], gelingt es den *Positivisten,* uns mit einer Art *Kollektiv*beschreibung abzufinden. Sie beschuldigen uns einer metaphysischen Häresie, wenn wir an dieser `Wirklichkeit´ festhalten wollen.“[297] Beim Atom wollte man nur die *Matrizen*, die `Seinskataloge´ als ontologisch-real nehmen, hier ist es nun das *Ensemble;* nur: *sukzessive* gleichartig präpariert ist das Ensemble eine *fiktive* `Gesamtheit´ - wie soll sich *solch´* ein Ganzes auf seine *Teile* auswirken? Dass nur eine statistische Gesamtheit *erfasst* wird, stimmt zwar, die *eigentliche* Frage ist aber: Wie hängt diese mit den individuellen *Elementen* zusammen? Auch wenn die Kopenhagener Deutung eine Antwort verweigert, liegt diese doch *nahe:* Es geht *darum* in der Statistik generell um das Verhalten *identischer* Entitäten, weil sich *in* der Statistik die idealisierte *Eigenart* der Entität, sein `Sosein´ *abbildet* - daher beschreibt diese *sehr wohl* auch die

Entität *an sich;* man muss ja sehr *kühne Konstruktionen* aufbieten, warum das *individuelle* Verhalten einzelner QO - zumal als Teilchen begriffen - etwa beim DSExp im *Kollektiv* zu einem so hübschen *Muster* führt, von den Leitwellen bis zu den \`Vielen Welten´ - man muss daher diese Konstruktionen gleichsam ontologisch an jedem *einzelnen* QO *\`festmachen´...*
H: Gut; in der Tat geht es etwa beim DSExp um das *einzelne* QO: Wenn statt *eines* Spalts *beide* Spalte geöffnet sind, gibt es Orte, an denen dann weniger und sogar *keine* QO ankommen - insofern *muss* man einem *einzelnen* QO zuschreiben, gleichsam über die Information, dass beide Spalte geöffnet sind, zu *verfügen* - die *Ψ*-Funktion oder der Zustandsvektor |*Ψ*> bezieht sich schon *insofern* nicht nur auf das ganze *Ensemble* von QO[298]...
M: So ist es... Wie beim Atom und bei den Matrizen muss man fragen: *Wieso* ergibt sich das *Muster* - dort die \`Ganzzahligkeit´, beim DSExp das Interferenzmuster? Die \`Dinge´ haben sich ja nicht gleichsam *\`abgesprochen´*, schöne Muster zu erzeugen - dort bei den Energieniveaus mit ganzzahligen Proportionen sagt man nicht, es sei *zufällig \`wie´* bei stehenden Wellen, sondern es *sind* ebensolche; hier bei den einzelnen QO, die bestimmte Raumorte meiden bzw. bevorzugen, und so helle und dunkle Streifen erzeugen, sagt man nicht, es sei *zufällig \`wie´* bei Welleninterferenz, sondern es *ist* eine ebensolche. Die einzige Lösung scheint wiederum, dass auch einzelne QO Wellenentitäten *sind...*
H: Nicht ganz abwegig...
III f_3 *M:* Folgt das *erste* Argument, für das man wesentlich weiter ausholen muss... Nicht nur den Konfigurationsraum behandelt man ja recht *suggestiv*, um im Ergebnis die Vorstellungen von deBroglie und Schrödinger *\`kaltzustellen´* - so heißt es, dass sich „die *Wahrscheinlichkeit selbst* [...][aus]breitet“[299], auch wenn sich mit solchem \`Unbegriff´ keine *irgendwie* begreifbare Vorstellung verbinden lässt... Um hier dem Unwissen etwas Raum abzugewinnen, muss man gleichsam auf eine *\`negative Ontologie´* zurückgreifen: Man kann nicht erfassen und ausdrücken, also *positiv* fassen, womit man es *zu tun* hat - man kann sich dem allerdings *negativ* nähern und zu erfassen und auszudrücken versuchen, womit man es *nicht* zu tun hat: Der Born´sche Ansatz liefert ein nützliches mathematisches Instrument, das man prima facie als *zutreffend* bezeichnen muss: Materiewellen sind empirisch nicht direkt *greifbar*, man kann sie nur *erschließen* - würde man sich darauf beschränken, *rein deskriptiv* zu erfassen, was man beobachtet bzw. dies vorherzusagen, ergäbe sich gar kein *Problem*, die Theorie *\`funktioniert´*. Der Begriff \`Teilchen´ bezeichnet nun aber Dinge, denen man mesokosmisch zuschreibt, stets einen spezifischen *Ort* innezuhaben und von anderen Dingen *separabel* zu sein - das *typische* Charakteristikum von *Wellen*, im Raum (auch) wirkungsdynamisch *ausgebreitet* zu sein, wird also kurzerhand *verlagert* - die *„Wahrscheinlichkeit selbst“* soll sich im Raum ausbreiten. In ontologischer Hinsicht ist

es *merkwürdig*, dass überhaupt *ein* Phänomen, ansonsten unmotiviert, in ein teilchenartiges QO und eine Wahrscheinlichkeitswelle *zergliedert* wird; und in methodisch-erkenntnistheoretischer Hinsicht ist *bedenklich*, dass man dergestalt den Schluss, dass QO etwas *anderes* sind als Wellen und Teilchen, *unterlaufen* zu können scheint...

H: Rührt das alles nicht daher, dass man am Grunde der Dinge auf *reine Mathematik stößt?* Hat sich damit, dass „die letzte Wurzel der Erscheinungen [...] nicht die Materie [ist], sondern das mathematische Gesetz, die Symmetrie, die mathematische Form",[300] nicht Pythagoras' und Platons Hoffnung, alles Naturgeschehen auf Zahlengesetze und Proportionen zurückzuführen, heute *erfüllt* (mag man auch in einem *ontologischen `Niemandsland'* landen)?

M: In einem *übertragenen Sinne* mag das sein: Man stößt auf Strukturen, die man nurmehr rein mathematisch *zu erfassen* vermag; auch findet man mathematische *Symmetrien*, sogar *Harmonien* - *wörtlich* genommen ist das aber eine *sinnlose* Aussage: Wenn man gleichsam ins `immer-Kleinere' der Welt *hinabtaucht*, wie soll sich ein Baum, Tisch oder Kaffeebecher dann in `reine Mathematik' *auflösen?!* Schon Aristoteles hat an Platons Modell der Urkörper kritisiert, es sei „unsinnig: die Auflösung bis zu den *Flächen* zu treiben [...], denn wenn sie zusammengesetzt werden, entsteht nichts außer festen Gebilden, während sie keinerlei Anstalten machen, daraus irgendeine *Beschaffenheit* zu erzeugen [und zu erklären]."[301] Hier ist es nicht anders - wenn Wahrscheinlichkeitswellen reine Mathematik, mithin rein *Gedachtes* und (außer für Platoniker) *irreal* sind, müssten sich Teilchen ja sozusagen *`verschworen'* haben, beim DSExp in summa ein hübsches Interferenzmuster, *als ob* es sich um Wellen handeln würde, zu erzeugen. Sollen sich bestimmte *Zahlenwerte* zwischen *-1* und *1* im Raum ausbreiten und als nur *Gedachtes* miteinander *interferieren?* Hinter solchen Formulierungen steht doch keine *irgendwie* begreifbare Vorstellung (geschweige denn, dass sie anschaulich wäre). Man hätte es in der Tat mit einer Art *`Gespensterfeld'* zu tun, wie es Einstein nannte; die Wellenfunktion besäße *selbst* keine *physikalische Realität* mehr. Selbst die (noch zu diskutierende) Aussage der QT, dass die Wahrscheinlichkeit nicht mehr - wie in der klassischen Physik - nur auf der Ignoranz des Beobachters beruht, sondern den *objektiven* Zustand eines quantenphysikalischen Systems angibt, mithin *alles*, was man über diesen wissen kann, geht dann ontologisch ins Leere, weil die *`Irrealität'* der Welle dann gleichsam die *`Objektivität'* des Zustands wieder *zunichte* macht...

H: So gewendet... In diesem *fundamentalen* Sinne war die Formulierung zur Mathematik gar nicht gemeint - es ist die Frage, worauf man sein *Augenmerk* lenkt: Mit Aristoteles kann man nicht nur zwischen *Materie* und Form, sondern genereller zwischen dem *Zugrundeliegenden* (*`hypokeimenon')*, das in der QT *im-* oder *prämateriell* zu denken wäre, und seiner Form trennen;

einmal liegt das Augenmerk auf der *Form*, einmal darauf, dass man dabei - zugegebenermaßen - ein (geformtes) *Zugrundeliegendes* als `Seiendes´ schon *voraussetzen* muss, einmal ist das *eine* wesentlich, einmal das *andere*...
M: ...und dabei lässt sich das eine ohne das andere überhaupt nicht *denken:* `Zugrundeliegendes *ohne* Form´ (nicht in einem konkret-räumlichen, sondern *abstrakten* Sinne verstanden) oder `Form *ohne* Zugrundeliegendes´...
H: Aber wenn man es so abstrakt denkt, stellt man dann nicht nur eine gleichsam `unschuldige´ Verbindung zwischen dem Maupertuis´schen und dem Fermat´schen Wirkungsprinzip her? Deutet man dann nicht mit dem Huygens´-schen Prinzip nur die *tatsächlichen* `Bahnen´ von Wellenkomponenten in die *möglichen* Bahnen von Teilchen um?
M: Ein `Ding´, für das man derlei annimmt, ist jedenfalls *kein Teilchen* - ja, muss man nicht sagen, es *ist* dann schlicht eine Welle - wie Wellen *globale Kollektiv*beschreibungen sind (statt - nur theoretisch möglicher - Beschreibung des individuellen Verhaltens von einzelnen Oszillatoren)? Kommt einem bei diesen reinen `Rechenpfaden´, die man bei *Feynman*, wie auch bei mancher didaktisch-methodischen Reduktion des Ganzen auf eine *`Zeigerdarstellung´* findet, nicht - wenn man diese auch als *ontologische* Darstellung nimmt - Descartes´ täuschender Gott in den Sinn (den er verwirft)?
H: Zum Verhältnis von Mathematik und ontologischer Realität ist ja grundsätzlich zu sagen, dass nicht nur die Unzahl der verschiedenen, widersprüchlichen Deutungen desselben mathematischen Formalismus[302], sondern auch die nachgewiesene *mathematische Äquivalenz* der Matrizen- und der Wellenmechanik andersherum gewendet natürlich bedeutet, dass die Mathematik nichts darüber aussagt, was ontologisch *`tatsächlich´* hinter alledem steckt - das muss doch auch in *dieser* Richtung gelten, gleichsam wieder mit *strukturenrealistischem* Fokus...
M: Diese Erkenntnisschranke darf nur nicht zum *Freibrief* werden - alles in `reine Mathematik´ *auflösen* zu wollen, ist *auch* eine *ontologische* Aussage! Matrizen, Vektoren... nun die `Wahrscheinlichkeit an sich´, `reine Mathematik´ - das sind doch so abstrakte Dinge, dass man nicht annehmen kann, damit auch nur *grobe* Analogien zu den *ontologischen* Verhältnissen gefunden zu haben...
H: Natürlich - wenngleich mancher es als *Vorteil* sehen möchte, weniger in *Versuchung* zu kommen, sich eine *konkrete Vorstellung* der `eigentlichen´ ontologischen Realität zu machen; man sollte nicht *krampfhaft* etwas *Anschauliches* suchen - eine Art `Bilderverbot´ wäre gerade in der QT vielleicht gar nicht *schlecht*...
M: Nun, prinzipiell ist daran wohl etwas Wahres... Andererseits *ist* es ja gar nicht *`krampfhaft´;* das Wellenbild tritt eher *`bescheiden´* auf und bietet für vieles eine sehr *natürliche* Erklärung - und was wurde bisher alles noch gar nicht *erwähnt:* von der grundsätzlichen Teilchen-Antiteilchen-Polarität über

die *HU* und die `spezielle´ Art von *Identität* von QO bis zum Zenon´schen *Bewegungs*problem. DeBroglie sagt dazu: „Angesichts der Phänomene der Interferenz und Beugung muss ein theoretisch unvoreingenommener Physiker [doch] glauben, dass er mit der Ausbreitung *realer Wellen* zu tun hat und nicht nur mit der einfachen Darstellung einer Wahrscheinlichkeit, die nur in seinem *Geist* existiert“[303]...
H: Daran ist wohl *auch* etwas Wahres... Vielleicht kann folgender Gedanke hier *vermitteln:* „Die `Wahrscheinlichkeit´ in der *Mathematik* [...] bedeutet eine Aussage über unseren Grad der *Kenntnis* der tatsächlichen Situation. [...] Die Wahrscheinlichkeitswelle [...] aber [die in die *QT* eingeführt wurde] enthält *mehr* als dies. Sie bedeutet so etwas wie eine *Tendenz* zu einem bestimmten Geschehen. Sie bedeutet die quantitative Fassung des alten Begriffs der *`δυναμις´* oder *`potentia´* in der Philosophie des Aristoteles. Sie führt eine merkwürdige Art von physikalischer Realität ein, die etwa in der *Mitte* zwischen *Möglichkeit* und *Wirklichkeit* steht“[304] - so Heisenberg...
M: Nun, strenggenommen bezog er sich dabei noch auf die Bohr-Kramers-Slater´sche Wahrscheinlichkeitswelle (*1924*), die einer etwas merkwürdigen *`Zwischenphase´* angehört: In dieser Theorie wurde zwar der *Austausch* von Energie und Impuls zwischen Strahlung und Materie als *diskontinuierlich*, die Strahlungserscheinungen *selbst* aber - entgegen Einsteins und Comptons Ergebnissen - noch mit der *kontinuierlichen* Wellentheorie des Lichtes behandelt. Schon *vor* dem Austausch eines Photons zwischen zwei Atomen sollte ein `virtuelles´ Strahlungsfeld emittiert werden, über welches die beiden gleichsam miteinander *`kommunizieren´*; das führte in gewisser Hinsicht einen Gedanken *Einsteins* (von *1909*) weiter: dass Elementarteilchen - als Feldsingularitäten betrachtet, die einander in ihrem feldartigen Teil `überlappen´ - das elektromagnetische *Gesamtfeld* bilden; so sollten auch in dieser Theorie sich die Felder aller möglichen Atome überlagern und das Gesamtfeld *so* festlegen, dass dessen Intensität die *Übergangswahrscheinlichkeit* in den Atomen *stimuliert*[305]...
H: Damit wurde die Born´sche Wahrscheinlichkeitswelle - mit Slaters Ansatz gar die deBroglie-Bohm´sche Führungswelle - *vorweggenommen...*
M: Ja. Aber hier tut hier auch die Möglichkeit auf, gar nicht *anzunehmen*, dass sich Photonen bei dergleichen Vorgängen wirklich *durch den Raum* bewegen; Atome könnten auch - im feldartigen `überlappenden´ Teil verschränkt - *direkt* miteinander interagieren, gleichsam als *Nahe*wirkung im oder über den feldartigen Teil, die nur wie eine *Fern*wirkung der diskreten `materiellen´ Feldsinularitäten bzw. wie eine *Bewegung* (einer Erhaltungsgröße) zwischen diesen *erscheint;* aber auch dazu später...
H: Hm...
M: Jedenfalls taucht hier das erste Mal die Idee eines `virtuellen´ Wellenfeldes auf, das *weder Energie*, *noch Impuls* enthält - im Grunde hat sich (an

der Oberfläche) nur *dieses* Charakteristikum in die neue QT `*hinüberretten*´ können; die Theorie nahm nämlich für die mikrophysikalischen Prozesse *Akausalität* und eine Verletzung des *Energie- und Impulssatzes* an, der nurmehr im statistischen Mittel gelten sollte - beide Punkte wurden allerdings (*1925*) experimentell widerlegt: Bothe und Geiger wiesen über gewisse zeitliche Zähler-Koinzidenzen nach, dass die *Kausalität*, Compton und Simon über eine Analyse des Comptoneffekts in einer Nebelkammer, dass der *Energie-* und *Impulssatz* im atomaren Mikrokosmos *in Kraft* ist; die Theorie galt damit als *obsolet*...

H: ...woraufhin Bohr `Zuflucht´ zur `Komplementarität´ nahm, einschließlich des damit verbundenen Agnostizismus in bezug auf die mikrokosmischen Elementarprozesse...

M: Ja. Die Frage der Kausalität war genaugenommen etwas *verwickelter:* Der Photonenaustausch zwischen Atomen sollte nicht *direkt* kausal verknüpft sein - Übergänge in einem Atom sollten vom Zustand des Atoms *selbst*, wie auch jenem der *anderen, kommunizierenden* Atome *abhängen*, dabei aber dennoch rein *zufällig* erfolgen - Einstein ein Gräuel[306] -, obgleich gerade sein Wahrscheinlichkeitsgesetz für die stimulierten Emission (*1917*) auch hier für die Übergangswahrscheinlichkeit verantwortlich zeichnen sollte. Immerhin auch *sollten* die Übergänge *stimuliert* sein...

H: Interessant ist ja, dass neben der `Virtualität´ des Feldes die Möglichkeit des Zusammenhangs der Prozesse, der `Kommunikation´ der Atome angedacht wird, etwas, das beim Phänomen der nicht-Lokalität wieder auftaucht...

M: In der Tat - modern ausgedrückt sollte über das virtuelle Feld eine Art `*Zustandsverschränkung*´ statthaben; insofern ist es nicht unwahrscheinlich, dass man sich mit *diesem* und *anderen* Phänomenen später wieder in die konzeptionelle *Nähe* dieser Theorie begeben muss...

H: Mag sein...

M: Die Annahme einer `potentia´ geht in die richtige Richtung, aber nicht *weit* genug, man muss ihr gleichsam einen höheren *Realitätsgrad* zuschreiben, eben *reale Wellen* annehmen; auch - da die Schrödinger´sche Gleichung sich *deterministisch* entwickelt -, damit es in einem direkten Sinne gesetzhaft-kausal zugehen kann...

H: Aber „was *meint* man, wenn man [...][sie] `*wirklich*´ oder `*real*´ nennt? [...] Das Wort `real´ [...] geht zurück zu dem lateinischen Wort `res´ und bedeutet `Sache´ oder `Ding´. [...] Es mag berechtigt sein, [...][sie] *objektiv* zu nennen, wenn man damit sagen will, dass diese Wellen nicht vom *Beobachter* abhängen. Aber man kann sie doch kaum wirklich oder real nennen, es sei denn, man ist bereit, die *Bedeutung* von Worten willkürlich zu *ändern*."[307]

M: Das ist natürlich richtig, dabei wird aber der Begriff `*real*´ in einigen entscheidenden Nuancen *zu eng* ausgelegt; `die Bedeutung von Worten willkürlich ändern´ trifft ja *auch* zu, wenn man einfach gemeinhin `*Reales*´ in

`Gedachtes´* auflöst: Die Wahrscheinlichkeitswelle ist als gleichsam *`weniger als etwas´, aber *`mehr* als *nichts´* doch *wirkmächtig* (selbst wenn manche dabei - unverständlicherweise - das Beiwort *`kausal´* verweigern mögen); muss *das* nicht das *Realitätskriterium* sein? „Etwas, das auf das physische Verhalten von etwas anderem *Einfluss* nimmt, darf in gar keinem Betracht für *weniger real* gelten als das Etwas, *auf* welches es Einfluss nimmt - welche Bedeutung auch immer wir dem gefährlichen Epitheton *`real´* beimessen mögen."[308] Überlegt man, was `Wahrscheinlichkeit´ generell eigentlich *meint*, ist das *mehr* als die `potentia´ erfassst...

H: Nun, `Wahrscheinlichkeit´ meint die `Prognose der relativen Häufigkeit von Ereignissen´ - diese kann man *quantifizieren* etwa über die Analyse vergangener Ereignisreihen...

M: ...damit allerdings landet man zirkulär wieder bei der Ausgangsfrage, wie *wahrscheinlich* es ist, dass sich ein vergangenes Ereignis *wiederholt* - man landet bei der Hume´schen Kritik des Induktionsprinzips, man kann den *regressus ad infinitum* nur willkürlich irgendwo abbrechen; überdies nähert man sich keinerlei *Erklärung* für ein Ereignis, da auch das *Unwahrscheinliche* eintreten kann.[309] Man kommt hier um die Erkenntnisprämisse `unter denselben Umständen geschieht dasselbe´ (ohnerachtet der Frage, ob diese kategorial mit Kant, der Evolutionären Erkenntnistheorie oder wie immer in uns *angelegt* ist) und den alternativen Rückgriff auf *Naturgesetze* nicht herum - Naturgesetze als über reine *Regularitäten* und die *Hume´sche Metaphysik* hinausweisende gesetzartige Sätze, die auf eine ontologisch-reale *dispositionelle Notwendigkeitsrelation* bezug nehmen. Dabei soll erfasst werden, welche Strukturen beobachteten Phänomenen objektiv, sozusagen *`an sich´* zugrundeliegen...

H: ...dabei schwingt immer der Begriff *`Determinismus´* mit...

M: Richtig. Mit *vergleichenden Symmetrie-Überlegungen* kann man dann Wahrscheinlichkeiten zu *quantifizieren* versuchen: Die Wahrscheinlichkeit etwa, mit einem idealen Würfel die Zahlen *1* bis *6* zu erwürfeln, ist mit *1/6 gleichgroß...*

H: ...weil solch´ ein Würfel *strukturell* keine Eigenschaft aufweist, die das Erwürfeln *einer* Zahl *wahrscheinlicher* machen würde, als einer *anderen*, was - im Gegensatz etwa zu dem Fall eines Spielwürfels, der geometrisch *kein* Würfel wäre, dessen Seiten also *nicht* gleichlang wären, der *nicht* aus homogenem Material wäre oder dergleichen - *apriori einleuchtet...*

M: ...man würde sich sogar von vergangenen Ereignisreihen, die empirisch eine *Abweichung* von der *1/6*-Wahrscheinlichkeit aufweisen würden, nicht eines besseren belehren lassen, weil eine logische Analyse zu gar keiner anderen Annahme zu *führen* vermöchte - im Gegenteil wäre dies ein *Indiz* dafür, dass der Würfel hinsichtlich seiner Abmessungen, seiner materialen Homogenität oder dergleichen eben *nicht* gleichbeschaffen sein kann. Die

1/6-Wahrscheinlichkeit ist nämlich *nicht* eine irgendwie *nur gedachte*, *rein mathematische*, sondern sozusagen *`ontisch instantiiert´* im realen `Sosein´ des Würfels selbst, nämlich insofern (von anderen Einflüssen abgesehen) die *Beschaffenheit* des Würfels die Wahrscheinlichkeit *`enthält´*...
H: ...wie umgekehrt der *Zufall* beim Würfeln bekanntlich *klassisch* nicht in der Natur selbst, sondern im *Beobachter* liegt, der das komplexe Geschehen nicht überblicken kann - weshalb man bei gewissen Phänomenen auch etwa von *`deterministischem* Chaos´[310] spricht...
M: Eben; was sollte auch eine irgendwie von den Dingen selbst *`losgelöste´* Wahrscheinlichkeit *`an sich´* bedeuten? Platonisch-idealistisch *`ante rem´* - will sagen: im Sinne der Universaliendiskussion[311] - müsste sie hinsichtlich der Realität *wirkungslos* bleiben; ebenso als mathematisches Konzept *`post rem´* (*`in mente´*, unvermittelt über den Leib) - sie ist aristotelisch ontologisch *`in rebus´*, *im `Sosein´* des Würfels gegeben. Zu diesem Ergebnis kommt man auch, wenn man mit immer stärker *gezinkten* Würfeln eine Versuchsreihe macht, indem man etwa den *Würfel* sukzessive zu einem *Quader* abschleift - es ist nicht so, dass unser Geist hier etwas *hinzudichtet,* die Wahrscheinlichkeit liegt *im* `Sosein´ des Würfels. Wahrscheinlichkeit ist - nun wiederum *generell* gesprochen -, wenn sie *wirkmächtig* ist, etwas, das *`in rebus´* liegt, auf materiell-Seiendem *aufruht, in (mit)* diesem gegeben ist, das auf diesem *superveniert...*
H: Ja, aber kann man das auf *quantenphysikalische* Phänomene *übertragen*, wenn man damit gleichsam *unter* die Ebene der `Dinge´ hinabtaucht?!
M: Man sollte jedenfalls - *weil* hier `Wirkmächtiges´ vorliegt - den Begriff `real´ (nach `res`) nicht auf materiell-Seiendes *verengen;* man muss auch sagen, dass *klassische* Wahrscheinlichkeiten *nicht* interferieren, das tun sie nur bei Wellen - statt jene nun als *unklassisch* zu nehmen, kann man diese auch als *real* nehmen, dann interferieren sie auch *klassisch* wie Felder... Man sollte sich eher *etymologisch* inspirieren lassen, `Ding´ auf (germ.) *`thing´* und seinen *immateriellen* Bezug zurückzuführen...
H: Nun gut; damit landet man *wieder* bei der Frage nach dem ontologischen Status, nach der `Realität´ der Wellenentitäten - mögen sie sich real räumlich erstrecken und real wirkmächtig sein, *mehr* als Wahrscheinlichkeitswellen, *mehr* als die `potentia´ sein; man kann in der Tat sagen: „Es gibt [...][- da man mathematisch auch Materiewellen einer Quantifizierung unterziehen kann] keinen Grund, [...] Materiewellen als weniger real anzusehen als [...] Teilchen“[312] - da aber die Teilchen in der QT zweifelsohne *auch* als real angesehen werden können, ergibt sich eine *Patt*-Situation; so böte sich kompromißweise zu überlegen an, ob es nicht vielleicht um reale Teilchen *und* reale Wellen,
III g_1 nämlich die deBroglie-Bohm´schen *Leitwellen* geht. Dieser Ansatz (von *1952*) ist ja gleichsam die *`Speerspitze´* der alternativen QT-Deutungen mit `verborgenen Variablen´...

M: DeBroglie hatte schon auf einer Solvay-Konferenz (*1927*) im Grunde dieselbe Theorie angedacht, vorgestellt, dann aber nicht weiter verfolgt bzw. verworfen[313]...
H: Von `*verborgenen* Variablen´ zu sprechen, könnten übrigens Verfechter der Theorie schon *zurückweisen*, weil ja die *Teilchen*, die sie *hinzufügt*, gerade das Beobachtbare *sind*, im Gegensatz zur Ψ-Funktion; genaugenommen hat ja auch Schrödinger die Teilchen aus deBroglies Theorie *heraus*genommen...
M: ...und er hat recht daran getan, denn diesen Ansatz muss man ja mit einer ähnlichen Kritik konfrontieren wie den Wahrscheinlichkeitswellen-Ansatz - so *unähnlich* sind diese sich denn *doch* nicht...
H: Ist das so? Die deBroglie-Bohm´schen Leitwellen werden aus der (zumeist) *komplexen* Wellenfunktion der Schrödingergleichung (in der bevorzugten Ortsraum-Darstellung) hergeleitet, indem man die Ψ-Funktion in zwei *reele* Gleichungen für die *Amplitude R(x,t)* und die *Phase S(x,t)* zergliedert...
M: ...womit schon einmal - was auf die anderen Ansätze übertragbar ist - die Schranken fallen, die komplexe Wellenfunktion als Beschreibung eines realen Feldes zu begreifen...
H: ...und womit man wieder an die klassische deterministische Hamilton-Jacobi-Funktion anknüpft; diese kann für den Grenzfall $h \to 0$ den Teilchenstrom eines Ensembles beschreiben, was analog auch für $h \neq 0$ beibehalten werden kann; die Führungsgleichung ohne Potential *V(x,t)* lautet:

$$\frac{\partial S(\vec{x},t)}{\partial t} + \frac{(\nabla S(\vec{x},t))^2}{2m} = \underbrace{\frac{\hbar^2}{2m}\frac{\Delta R(\vec{x},t)}{R}}_{\textit{Quantenpotential } Q} \qquad \text{(III.21)}$$

Sie ist erweitert um den Energie-Zusatzterm *Q* - dieser erfasst das sogenannte *Quantenpotential*, welches die Trajektorie eines Teilchens bestimmt und zusätzlich zum klassischen Potential *V(x)* wirkt.[314] Als ontologische Entitäten werden gesetzt Teilchen und Wellen; Teilchen sind dann verbunden mit in dem Sinne *realen Leit*wellen, als diese eine Wirkung wie ein kontinuierliches, überall definites *Kraftfeld* ausüben sollen...
M: Zumindest in der Bell´schen Fassung der DeBroglie-Bohm´schen Theorie, in der das Vektorfeld der Kräfte *explizit* auftaucht...
H: Ebene Wellen mit konstantem Betrag *R* zeitigen keine Kraftwirkung, ein Teilchen folgt dem *Trägheitsgesetz*; ist die Amplitude der Leitwelle im Raum aber *veränderlich*, etwa weil sie an einem Spalt *gebeugt* wird, wird auf das Teilchen eine *Kraft* ausgeübt...
M: ...wenn, wie bei Schrödinger, ein Schwenk der Wellenfronten eintritt...
H: Ja, analog dazu... Man kann sich dabei zur Herleitung eine Verwandtschaft mit der *Hydrodynamik* zunutze machen (auf die war übrigens schon *1926* Madelung gestoßen, vor deBroglie[315]), welche das Verhalten von Flüssig-

keiten und Gasen behandelt: Wie *dort* die Teilchenstromdichte dem Gesetz der *Erhaltung der Masse* folgt, folgt *hier* die Teilchenstromdichte gleichsam einer *Erhaltung des Wahrscheinlichkeitsflusses* gemäß der Ψ-Funktion; und wie *dort* ein Stromdichtevektor die Anzahl der Flüssigkeits- oder Gasteilchen erfasst, die pro Zeit ein Flächenelement durchströmen, und dergestalt *Ortskoordinaten* gegeben sind, lässt sich *hier* analog eine Bewegungs- oder Führungsgleichung konstruieren, welche die tatsächlichen *Teilchenorte* erfasst; die *Verwandtschaft* der beiden Gleichungen `springt ins Auge´: Erstere bezieht sich mit der zeitlichen und räumlichen Änderung der Massendichte $\rho_m$ bzw. der Stromdichte $j_m$ auf die *Massenerhaltung*, zweitere mit jener der Wahrscheinlichkeitsdichte $|\Psi|^2$ bzw. der Wahrscheinlichkeits*strom*dichte $j_P$ auf eine `*Wahrscheinlichkeitserhaltung*´[316] - statt wie klassisch die *Masse*, ist hier `die *Wahrscheinlichkeit* (Materie anzutreffen)´ eine Erhaltungsgröße:

$$\frac{\partial \rho_m}{\partial t} = -\frac{\partial j_m}{\partial \vec{x}} \qquad \frac{\partial |\Psi|^2}{\partial t} = -\frac{\partial j_P}{\partial \vec{x}} \qquad \text{(III.22a/b)}$$

Mit der `*Quantengleichgewichtshypothese*´ wird dann noch angenommen, dass die Teilchenorte orthodox gemäß der Wahrscheinlichkeitsdichte $|\Psi|^2$ verteilt sind (so wird die HU nicht verletzt) - man `*zerspaltet*´ gleichsam die deterministische Schrödingergleichung in eine deterministische Führungsgleichung $dQ/dt = \nabla S/m$ und ein statistisches Gesetz $\rho = |\Psi|^2$...

M: Ja. Was erreicht man damit? Während in der orthodoxen QT die HU besagt, dass Teilchenorte- und -impulse stets in gewissem Maße *unbestimmt sind*, *haben* Teilchen hier einen spezifischen Ort und Impuls *inne;* diese sind einem Beobachter nur *nicht zugänglich* - wohlgemerkt nicht im *irreduziblen* Sinne der QT, sondern im *klassischen* Sinne der Ignoranzinterpretation, des Unwissens: „Die Verwendung der Statistik [bei der Wahrscheinlichkeitsverteilung] ist [...] nicht eine *inhärente* Eigenschaft der begrifflichen Struktur der Theorie, sondern lediglich eine Konsequenz unserer Unwissenheit über die exakte *Anfangslage* [...][eines] Teilchens."[317] In der Konsequenz ergibt sich also auch kein *Messproblem* - es hat eine *klassische* Messung statt...

H: ...jedenfalls beim *Orts*-Parameter...

M: Komplementarität, Wellenkollaps, HU, irreduzibler Indeterminismus - auch *diese* Problemfelder der QT *entfallen*, alles bleibt *klassisch*. Für die Teilchen sind die realen Trajektorien deterministisch und seltsamerweise *überschneidungsfrei;* das Interferenzmuster beim DSExp aber etwa, dass (so man ob der `Ganzheit´ von QO der *Teilchen*vorstellung zuneigt) *unbegreifbar* bleibt, soll sich hier durch das *Quantenpotential* erklären...

H: Mit dem Vorteil, dass - anders als in der Kopenhagener Deutung, welche die Vorgänge beim DSExp als *prinzipiell unerklärbar* betrachtet, weil das Teilchen- und Wellenmodell nur *komplementär* anzuwenden seien und es daher *sinnlos* zu fragen sei, welchen Weg ein Teilchen genommen hat - diese

hier „kausal und kontinuierlich durch *ein* umfassendes, präzise definiertes begriffliches Modell beschrieben [werden]"[318]...
M: ...wobei sogar das Verschwinden des Interferenzmusters, wenn man den Ort eines Teilchens zu ermitteln sucht, *im Prinzip* vermieden werden könnte, da es nur um eine *Störung* durch die Messung geht, anders als bei der HU sonst - schon *das* scheint ontologisch aber in die *falsche* Richtung zu weisen... Das Quantenpotential ($-\hbar^2/2m\, \Delta R/R$), das *vor* den beiden Spalten noch Null ist (da einer ebenen Welle korreliert), bewirkt *hinter* diesen (da einem komplizierten Interferenzmuster korreliert), dass "[ein] Teilchen, niemals einen Punkt erreichen kann, wo die Wellenfunktion verschwindet [...],[weil] das Quantenpotential [...] *unendlich* wird, wenn [die Betragsfunktion] *R* verschwindet. [...][Strebt es gegen] *plus* unendlich [...], entsteht dabei eine unendliche Kraft, die das Teilchen von diesem Punkt fernhält. Strebt [...][es] gegen *minus* unendlich, so wird das Teilchen den betreffenden Punkt mit unendlicher Geschwindigkeit durchqueren und daher keine Zeit dort verbringen"[319]...
H: Einfach, aber doch so schlicht... Dasselbe \`Muster´, das etwa beim DSExp durch konstruktive und destruktive Interferenz im Raum hinter den Spalten, vor dem hinteren Schirm als sonst reale oder Wahrscheinlichkeitswelle gegeben ist, ist nun als Quantenpotential gegeben, welches Teilchen durch seine \`Täler´ schnell hindurchtreibt und von seinen \`Bergen´ fernhält - diese sind eben entsprechend verteilt, dort würden mit *vielen* Teilchen die dunklen Streifen entstehen, so dort ein Schirm wäre; dies ist gleichsam eine \`zeitliche Auflösung´ des Problems, weil sich die Teilchen *insgesamt* in den \`Tälern´ und \`Bergen´ *seltener* aufhalten...
M: Es war ja Bohms Ansinnen, etwa auch im Gefolge von Einsteins Kritik, die gleichsam *selbstkonsistente \`Hermetik´* der orthodoxen Theorie zu durchbrechen, die annimmt, dass die ψ-Funktion, obgleich sie nur *Wahrscheinlichkeiten* für Messergebnisse festlegt, den Zustand eines Quantensystems *vollständig* erfasst - das ist *gelungen*, denn „in jedem Falle beweist die bloße *Möglichkeit* [...],[eine deterministische Theorie mit definiten Zuständen wie umrissen auf verborgene Variable zu basieren], dass eine exakte, rationale und objektive Beschreibung individueller Systeme auf dem Quantenniveau [im Umkehrschluss] nicht notwendigerweise *un*möglich ist"[320]...
H: Ja, logisch; die \`Existenz´ der Theorie - die alle Phänomene *ebenso* exakt wie die orthodoxe Theorie beschreibt - straft alle Lügen, die eine objektiv-realistische und kausal-deterministische Theorie für *unmöglich* erklärt haben - *insofern* hat Einstein recht behalten...
M: Erfasst die ψ-Funktion den Zustand eines Quantensystems *vollständig*, stellt sich auch die Herleitung bzw. Begründung der *HU* anders dar, nämlich als *notwendige Folge* dieser Annahme; und da Bohm diese *bestreitet*, ist ihm auch das Komplementaritätsprinzip gleichsam nur eine die Selbstkonsistenz

der Kopenhagener Deutung gewährleistende *Schutzbehauptung*...
H: Mag den *einen* der Ansatz gerade recht kommen, wollen *andere* diesem mit \`Ockhams Messer´ begegnen: Heisenberg *kritisiert* dergleichen Theorien mit \`verborgenen Variablen´ bzw. \`verborgenen Welten´ nachdrücklich, konstatiert jedoch *andererseits*, „von einem strengen positivistischen Standpunkt aus könnte man sagen, dass es sich [...] gar nicht um *Gegenvorschläge* zur Kopenhagener Deutung handelt, sondern um ihre exakte *Wiederholung* in einer verschiedenen [\`]*Sprache*[´]"[321] - die man wiederum *kritisieren* müsse... VonWeizsäcker sagt gar[322] - vom \`Viele-Welten´-Ansatz -, man könne gleichsam ein *Wörterbuch* erstellen, um von der Sprache der gewöhnlichen QT ins *\`Everettische´* zu übersetzen, was mutatis mutandis auch für das *\`Bohmische´* gilt. Umgekehrt können sich *Verfechter* dieser Theorien darauf berufen, *dass* die orthodoxe Theorie eben als konsistent gilt - das zweifelt auch Bohm nicht an -, was sich dann über dieses Übersetzungs-Argument auf ihre *eigenen* Theorien überträgt... Was man wiederum erkenntnistheoretisch-heuristisch kritisieren kann...
M: Das, wie auch Heisenbergs Kritik greift allerdings *zu kurz*, alleine weil die \`Verborgene-Variablen´-Ansätze heuristisch *potentiell fruchtbarer* sind; in der statistischen Mechanik etwa ließen sich die makroskopischen *Systemgesetze* durch das individuelle Verhalten seiner *Teile* erklären - sind nicht Atome und Moleküle gleichsam die \`verborgenen Variablen´ der statistischen Mechanik?
H: Die Parallele ist deutlich: man hat *beobachtbare Makro*-Eigenschaften auch gleichsam eines statistischen Ensembles - etwa Temperatur und Druck eines Gases - auf *verborgene* Eigenschaften der Gesamtheit der *Mikro*prozesse zurückgeführt; indes: Sind nicht der absolute Raum, die absolute Zeit und der Äther die \`verborgenen Variablen´ der vorrelativistischen Physik?
M: In Anbetracht etwa des \`Quantenvakuums´ muss man allemalen sagen, dass dogmatisch-ideologisch vorzugehen immer *hinderlich* ist - wie dem aber auch sei... Das Messproblem wird jedenfalls *umgangen*, weil mit realen *Bahnen* definite Ortskoordinaten klassisch immer schon *gegeben* sind - mit der orthodoxen Theorie *existiert* ja gar keine scharfe Teilchenbahn...
H: Aber kann man sagen, es sei hier *anders*, sind die Bahnen nicht nur rein *virtueller* Natur? Es ist schon - wie gesagt - der Begriff \`*verborgene* Variablen´ schwierig; die einen sagen, die *Wellenfunktion* sei empirisch verborgen, die anderen, die *Teilchenbahnen* - stimmt nicht *beides?*
M: Nun, der Fall ist hier *komplizierter* gelagert - der *Ansatz* der Theorien mit \`verborgenen Variablen´ ist richtig, den möglicherweise \`*Zirkel* von unverifizierbaren Hypothesen´[323] einmal versuchsweise zu *durchbrechen*, ihr *\`Bild´* ist jedoch *zu einfach:* Die Wellenfunktion wird nur *zergliedert*, aber nichts Neues, kein *weiteres* deterministisches Element (einer Dynamik *II*) wird *hinzugefügt:* Teilchenorte gehen mit der HU nur *unscharf* in die Gleichung

ein und mit der Quantengleichgewichtshypothese wird am Ende *dieselbe* statistische Teilchenverteilung gemäß $\rho=|\Psi|^2$ wie mit der Born'schen Wahrscheinlichkeitswelle erzeugt...

H: Das ist der Preis für die *Äquivalenz* mit der orthodoxen Theorie... Es wäre natürlich zu begründen, warum sich bei der Herleitung aus der *deterministischen* Schrödingergleichung eine *in*deterministische Trajektorien*verteilung* ergeben soll, denn einen eigentlichen *Kollaps* gibt es ja nicht, der *sonst* dafür verantwortlich zeichnet - man sollte aus der bekannten *Anfangs*position eines Teilchens alle *Folge*positionen berechnen können...

M: ...erstere *ist* nur nicht bekannt - sie zu kennen würde voraussetzen, die anfängliche Wellenfunktion des gesamten Universums zu kennen; ist auch das Quantenpotential streng deterministisch, kann ähnlich wie beim klassischen \`deterministischen Chaos' ein kleiner Unterschied in den *Anfangs*bedingungen, der Teilchenpositionen, zu einer vollkommen anderen Trajektorie und einem völlig anderen *End*ergebnis führen - schon von daher entsteht der *Eindruck* des Zufälligen...

H: Ja. Anders aber bei der *Quantengleichgewichtshypothese* - mit ihr ist der Determinismus in gewissem Sinne nur ein *scheinbarer*, wenngleich ja der Probabilismus der QT von einem *ontologischen* wieder in einen klassisch *epistemischen* verwandelt werden soll -, denn mit ihr wird die Stromdichte ja als $\rho=|\Psi|^2$ sozusagen wieder *\`aufgefächert'* - diese Verteilung gemäß der Ψ-Funktion scheint aber nur *ad hoc gesetzt...*

M: Dass sich gerade *diese* Verteilung entwickelt, hat man mittlerweile ja in Analogie zu thermodynamisch-entropischen Gleichgewichtsverteilungen herleiten können. Und die Empfindlichkeit gegenüber den Anfangsbedingungen rührt dann von dem komplizierten nicht-lokalen Quantenpotential und dieser Auffächerung her, verbunden gleichsam im Rahmen einer Hydrodynamik der \`in Flüssigkeiten suspendierten Teilchen'... Daher auch lassen sich die komplizierten, ja, bizarren Bahnen schwerlich in Analogie zu den Wirbel- und Strömungsfeldern der *klassischen* Physik denken - nicht zuletzt, weil Interferenz das Ganze überformt... Überhaupt erscheint der jeweils definite Zustand dabei *suspekt*, wenn man die Teilchenbahnen nur betrachtet - so bei diesen errechneten Teilchentrajektorien beim DSExp[324] *(M. deutet auf Abbildung 41);*

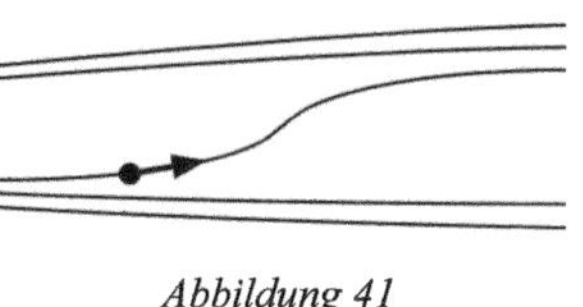

Abbildung 41

wenn überhaupt solch' - selbst: *virtuelles* - \`Strömen' nicht mit ähnlicher Kritik zu konfrontieren ist, wie sie Newton der Descartes'schen Ätherwirbeltheorie gegenüber vorgebracht hat. Die Teilchenbahnen sind auch *insofern* seltsam, als die Symmetrieachse zwischen den beiden Spalten *nie überkreuzt* wird, weil sich diese Trajektorien nie *schneiden;* das Öffnen des zweiten Loches bewirkt hier, dass die Leitwellen gleichsam mittig *undurchdringlich*

voreinanderstoßen... Für die *Leitwellen*, das *Quantenpotential* ist es an der Symmetrieachse des DSExp so, als wäre *ihm* eine \`Undurchdringlichkeit' wie klassischer Materie zu eigen; das ist allerdings nur die *halbe* Wahrheit, denn andererseits überkreuzen die *Teilchen* die Symmetrieachse nur *deshalb* nicht, weil es das Quantenpotential *doch irgendwie* für sie macht - *jenseits* der Symmetrieachse muss sich das Quantenpotential ja *ändern*, wenn man den zweiten Spalt öffnet oder schließt - die gleichsam \`Substruktur' *greift* also doch *aus* auf den anderen Spalt, die Teilchen hingegen nicht...
H: Das ist schon einmal recht merkwürdig...
M: Man fokussiert hier aber auf die Teilchenaspekte, was *ein* Teilchen macht - was aber im Falle, dass *sehr viele* Teilchen beim DSExp ein Interferenzmuster erzeugen? Es entsteht nach *derselben* Gesetzmäßigkeit, wie bei klassischen Wellenphänomenen und doch sagt man hier, die Symmetrieachse würde nie überquert, das augenscheinliche Wellenverhalten sei in dieser Hinsicht ein \`als-ob', es sei *anders* als im klassischen Falle, aber liefere über komplizierte Annahmen *doch dasselbe* Ergebnis... Hier liegt begründet, dass die Trajektorien für das \`klassische' Auge irgendwie *\`willkürlich'* erscheinen, obwohl - oder vielleicht: *weil* - alles so *eingerichtet* ist, dass das Interferenzmuster zustandekommen kann...
H: ...nicht gerade ein *objektives*, *belastbares* Kriterium. Dass Teilchenbahnen irregulär und komplizert werden, ist ja nur die *Kehrseite* davon, dass das Quantenpotential, das an sich schon gewisse raum- und zeitabhängige Fluktuationen ausführt, sich von allen Teilchen nicht-lokal *überlagert* und umgekehrt extrem empfindlich von den *Anfangslagen* der Teilchen abhängt [325]; wie bei Bohr oder dem Dekohärenzansatz wird der Umgebungseinfluss *nicht-vernachlässigbar* und dennoch unterliegen die Wahrscheinlichkeiten der *Ignoranzinterpretation.* Der Welle-Teilchen-Dualismus löst sich dahingehend in *Erscheinung* auf, dass QO stets definite *Teilchen*orte innehaben sollen, diese aber durch eine *Wellen*funktion \`geführt' werden sollen...
M: Natürlich; aber alles, was man an Anschaulichkeit und mithin Erklärung und Verstehen mit den realen, stetigen, individuellen, kausalen Teilchenbahnen zunächst *gewinnt*, wird hernach wieder *verspielt*. Man kommt zwar wieder zu einer klassisch-anschaulichen Vorstellung, man kommt sogar Hertz' Vorstellung irgendwie nahe - ergibt sich aber nicht ein irgendwie suspektes, irreführendes \`Schein-Verstehen' wie beim Planetenmodell, auch etwa, wenn - mit dem *Wissen* um das Wellenmodell - ein Elektron im Atom zwischen den erlaubten Bahnen auch kontinuierliche Übergangsbahnen haben soll? Und findet man nicht sonst immer, dass das *\`Komplizierte'* aus dem systemischen Wechselspiel des *\`Einfachem'* resultiert - was ja hier geradezu auf den *Kopf* gestellt wird?
H: Wiederum nicht gerade ein...
M: ...objektives, *belastbares* Kriterium. *Objektiv* ist allerdings der Energie-

und Impulserhaltungssatz hier *außer Kraft* gesetzt - und überdies ist die Symmetrie zwischen \`Ort´ und \`Impuls´ zerstört, die für die QT ja ein ganz *charakteristischer*, ja, *essentieller* Zug ist[326]: „$|\psi(q)|^2$ bedeutet zwar die Wahrscheinlichkeitsverteilung im Ortsraum, $|\psi(p)|^2$ jedoch nicht die im Impulsraum"[327]...

H: Nun, die *Bohm´*sche Mechanik \`tickt´ ganz anders als die *Newton´*sche und als die *Quanten*mechanik - daher sind auch nur \`Ort´ und \`Geschwindigkeit´ *intrinsische*, *kategoriale* Eigenschaften des *Teilchens*, während \`Impuls´, \`Ladung´, \`Masse´, \`Spin´ u.a. *Dispositionen* sind, nur *relationale* bzw. *kontextuelle* Eigenschaften, die man der *Welle* zuschreiben müsste...

M: ...die allerdings von den *Orts*koordinaten *abhängt!* Überdies sollen die Elektronen diverser Atome im Grundzustand *ruhen* - an Orten, welche der Quantengleichgewichtshypothese, also der Wahrscheinlichkeitsdichte $|\Psi|^2$ gemäß verteilt sind[328]; das Elektron des Wasserstoffatoms etwa hat stets den Impuls *0* statt eines Impuls*spektrums*, *entgegen* der orthodoxen Theorie und den HU, weil das Quantenpotential sich aus (ungemessenen[329]) *stehenden Wellen* errechnet - *in* diesen *ruht* das Elektron...

H: ...nur konsequent für die deBroglie-Bohm´sche Theorie und *innerhalb* der Theorie *konsistent*, ansonsten zugegebenermaßen *etwas merkwürdig*...

M: ...für *Teilchen* jedenfalls. Warum - von aller anderen Erfahrung weit entfernt - dieses \`Ding´ noch *Teilchen* nennen? Hier wird nicht wie bei Born die *Welle* \`entwirklicht´, sondern das *Teilchen* - ehedem körperhaftes \`Ding´, kommen ihm die jetzt relationalen bzw. kontextuellen Eigenschaften *nicht selbst* zu, selbst die Eigenschaft *\`Masse´* kommt ihm nicht zu: Das ergibt sich aus dem Ansatz *selbst* und schon etwa bei den Neutronen-Interferenzexperimenten hatte sich ja gezeigt, dass man ein (einzelnes) Neutron nicht als in zwei *Teilmassen* aufgespalten begreifen darf, die sich auf *zwei* Wegen bewegen - hier aber *soll* das Teilchen nur *einen* Weg gehen; die theoretisch auf *beiden* Wegen präsente *gesamte* Neutronenmasse wird *Trajektorie*eigenschaft, gehört nur *virtuell* dem Teilchen zu, ist Eigenschaft der *Welle* bzw. des *Quantenpotentials*...

H: Ja, das Teilchen wird zu einem recht abstrakten \`Seinspunkt´ - auch Ladung und Spin werden - so betrachtet - zu Eigenschaften der *Welle*...

M: Eben. Welche Teilchencharakteristika *behält* dann überhaupt ein \`Teilchen´ bei deBroglie-Bohm noch, dass es diesen Namen verdient? Es geht dabei nicht nur um den *Begriff*, sondern um den ontologischen *Gegenstand* \`Teilchen´... Überdies ergibt sich nochmals eine recht *aparte Wendung* des Messproblems ist, wie sich etwa bei Spin-Messungen beim Stern-Gerlach-Experiment (*1922*) zeigt - wenn ein QO durch ein inhomogenes Magnetfeld ob seines magnetischen Moments, seines *\`Spins´*, nur entweder *\`parallel´* oder *\`anti-parallel´* zum Magnetfeld abgelenkt wird, so dass (hier) mit zwei Auftreffensorten der Spin nur zwei Werte (± ½) annehmen kann[330] *(M. deutetauf Abbildung 42)*,

Spin `auf', Spin `ab'. Im Teilchenbild wird der `Spin' manchmal anschaulich einer *Kreiselbewegung* analog gesetzt, welche einen mechanischen Impuls und ein magnetisches Moment erzeugt - dieses Bild rührt noch vom Planetenmodell und von Sommerfelds Bemühungen her, mit neuen Quantenzahlen die feinen Aufspaltungen von Spektrallinien zu erklären... Man hat ja - wie man ehedem nur gleichnishaft sagte - in Experimenten die Natur `auf die Folter' gespannt, nämlich die `Grundgestalt' von Atomen elektrischen und magnetischen Feldern ausgesetzt und so gleichsam *`aufschlussgebend verformt'*... Neben den ganzzahligen quantisierten Beträgen für den Drehimpuls der Umlaufbahn, die Elliptizität und Exzentrizität der Bahn und die räumliche Ausrichtung der Bahnebene - und *in diesem Lichte* - haben Pauli und Goudsmit/Uhlenbeck (*1925*) unter anderem zur Erklärung des *anomalen* Zeeman-Effekts eine *vierte* Quantenzahl vorgeschlagen, die zwei Werte hat, eben den *halb*zahligem Spin-Wert für die sogenannte `Raumquantisierung'. Bei Stern und Gerlach war es so, dass die Silber-Atome, die sie verwendeten, elektrisch neutral waren und ergo durch das Magnetfeld keine Lorentzkraft erfahren konnten; es musste also um das eine rotationssymmetrische Valenz-*Elektron* gehen - das Experiment basiert darauf, dass Atome mit ungerader Elektronenzahl sich ob des Gesamt-Spins in inhomogenen Magnetfeldern wie magnetische *Dipole* verhalten...

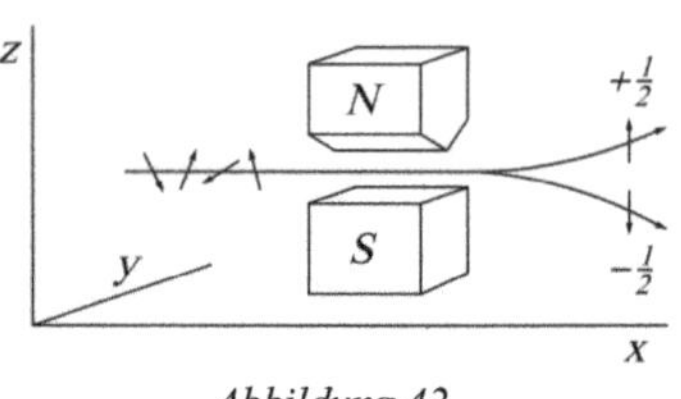

Abbildung 42

H: ...wobei dem Spin insofern ein *realer* Drehimpuls zu entsprechen scheint, als Bahndrehimpuls und Spin *zusammen* einem Erhaltungssatz gehorchen[331] ...
M: Ebensogut ließe sich *das eine wie das andere* als eine *Wellen*eigenschaft abbilden; dem Spin als anschaulicher, aber rätselhafter `Kreiselbewegung' eines *Teilchens* entspricht im Wellenbild `nur' eine Polarisation der Elektronenwelle - das ist viel Lärmen um nichts... Hier aber ist es ganz *anderes:* Mit deBroglie-Bohms Ansatz hängt bei Spin-Messungen vom *Ort* als der Trajektorie-Anfangsbedingung ab, wohin ein Teilchen am Ende *gelenkt* wird; wenn die Versuchsapparatur also um *180°* gedreht wird, ergibt sich der *entgegengesetzte* Spin...
H: ...als *relationale* bzw. *kontextuelle* Eigenschaft *ist* das so...
M: ...womit eben das Teilchen `entwirklicht' wird - auch *diese* Eigenschaft kommt ihm *nicht selbst* zu, sondern dem Quantenpotential, in welches es als eine Art *`Substruktur'* im Raum *eingebettet* ist, die den nurmehr abstrakten `Seinspunkt' charakteristisch beeinflusst... Wenn man auch nicht sagen kann, die relationalen bzw. kontextuellen Eigenschaften würden wie bei der Kopenhagener Deutung mit der Messung erst *erzeugt*, ist fundamental hier nun alles in Struktur und Bewegung aufgelöst...
H: ...nur vollkommen anders, als es sich die *Atomisten* gedacht haben...

M: Ja. Was beide Ansätze aber *unterscheidet*, ist, dass die *`Kontextualität´*, die gleichsam `explizitere´ *nicht-Lokalität* bzw. *nicht-Separabilität*, zum `Schlupfloch´ wird, sich über den *vonNeumann´schen Beweis* (*1932*)[332], die QT sei prinzipiell nicht durch `verborgene Variablen´ zu einer deterministischen Theorie ergänzbar, *hinwegzusetzen.* Erst *spät* hat man sich von diesem `Beweis´ *emanzipiert* - zunächst hatte man diesen jahrzehntelang gutgläubig *hingenommen:* „eine *Vervollständigung* [...][der QT], derart, dass die vollständige Theorie [...] wieder deterministisch wäre [...],[sei] mathematisch unmöglich: [...][Die heutige Theorie] müsste [...] tatsächlich *partiell unrichtig* sein, wenn sie in derartigem Sinn unvollständig wäre“.[333] Sogar in einer *allgemeinen* Form wurde dies hingenommen, es hieß, man müsse „gar nicht näher auf die *Einzelheiten* des Mechanismus der `verborgenen Parameter´ eingehen [...]: Die sichergestellten Resultate der Quantenmechanik können mit ihrer Hilfe *keinesfalls* wiedergewonnen werden, ja es ist sogar ausgeschlossen, [...] wenn neben der Wellenfunktion noch andere Bestimmungsstücke (`verborgene Parameter´) existieren sollten“[334]...

III g_2

H: Man hat sich in der ganzen Beweistradition hernach immer vorgestellt, dass *ergänzend* zur *Ψ*-Funktion verborgene Parameter eingebracht werden - dann *kommt* man gar nicht soweit, eine Erklärung vorzubringen...

M: ...wohingegen Bohm ganz *anders* vorging; auch dieser Beweis kann hier aber nicht im Einzelnen diskutiert werden[335] - man kann diesen eigentlich nur darauf basieren, dass der mathematische Formalismus, da er so erfolgreich ist, in jedem Falle *unverändert beizubehalten* ist; sonst - als Abbildung der dahinterstehenden *ontologisch-realen* `Mechanismen´ - muss es schon im Vorhinein abwegig scheinen (und nicht nur, weil es bisher stets anders war und etwa die statistische Mechanik in der Unterlage deterministisch gedeutet wurde), überhaupt den Beweis *führen* zu wollen, dass man *niemals* etwas finden *könne*, was ein *zufälliges* Verhalten auf bisher unentdeckte *Gründe* zurückführt; der Beweis wurde denn ja auch durch Bohm und Bell ausgehebelt - wenn auch versucht wird, dergleichen Beweise *neu* aufzustellen (etwa mit dem `Kochen-Specker-Theorem´ von *1967*). Bohms Ansatzpunkt ist, dass sich der vonNeumann´sche Beweis - wie Bell (*1966*) zeigte[336] - nur auf *lokal*-realistische Theorien bezieht und nicht berücksichtigt, dass verborgene Variablen nicht alle Eigenschaften *direkt* festlegen müssen, sondern - bei festgelegtem *Ort* - gleichsam den *`Umweg´* über *kontextuelle* Eigenschaften nehmen können, wie hier bei Bohm;[337] - formal müsste zwar die orthodoxe QT die *Ergebnis*-Unabhängigkeit verletzen, Bohms Theorie verletzt aber die *Parameter*-Unabhängigkeit... Im Grunde kann man aber beides gar nicht trennen - nicht nur, weil, um die Bell´sche Ungleichung verletzen zu können, *beides* gegeben sein muss, sondern weil die QT *an sich* schon - darin liegt die nicht-Faktorisierbarkeit korrelierter Zustände - beides umgreift: Die Gesamtwellenfunktion bedingt, dass die Mess-*Ergebnise* korreliert sind *und* die Wahl des Mess-*Parameters* auf der einen Seite beeinflusst etwa beim EPR-Szenario das Ergebnis auf der anderen (eine Ortsmessung auf der einen Seite versetzt auch die andere Seite (zunächst) in einen Orts*eigen*zustand, wo dann etwa eine Impulsmessung vorgenommen wird)...

M: Interessant ist ja, dass vonNeumanns Argumentation (und die ähnlicher Ansätze) implizite Annahmen zugrundelegt, die „vernünftig [...][erscheinen], wenn Messergebnisse im weiteren Sinne mit den Eigenschaften *isolierter* Systeme identifiziert werden, [...] dagegen als völlig *unvernünftig*, wenn man sich mit Bohr an die `Unmöglichkeit einer scharfen Unterscheidung zwischen dem Verhalten atomarer Objekte und der *Wechselwirkung* mit den *Messinstrumenten*´ erinnert“[338]; wenn man eingedenkt, dass Messergebnisse auch von *letzterer* abhängen können und Bells Widerlegung des Beweises entscheidend bei der „willkürliche[n] Annahme einer speziellen (und unmöglichen) Beziehung zwischen Ergebnissen *inkompatibler Messungen*“[339] ansetzt - was ja zwei *Hauptaspekte* der Kopenhagener Deutung sind...

H: Insofern hat Bell *zu recht* angemerkt, dass dergleichen `Unmöglichkeitsbeweise´ wohl nur die mangelnde Phantasie ihrer Urheber beweisen[340]...

M: Ja. Entscheidend ist also die *nicht-Lokalität* bzw. *nicht-Separabilität*, der man allerdings schon in der orthodoxen Theorie begegnet, wenn auch nicht in Gestalt dieser *Kontextualität...*

H: Leitwellen sind *ebenso nicht-lokal* wie Wahrscheinlichkeitswellen: Die Trajektorien verschiedener Teilchen hängen - über die Führungsgleichung und die Quantengleichgewichtshypothese - *instantan* von einander ab; die Bewegung jedes Teilchens hängt von der gleichzeitigen Position *aller anderen* Teilchen ab; und alle Teilchen werden gleichermaßen und gleichzeitig durch das umfassende Quantenpotential geführt - das macht schon einmal klar, dass man strenggenommen immer die *Gesamtwellenfunktion* der Welt betrachten muss; dies ist allerdings natürlich in *allen* Ansätzen so, da *alle* eben auf einer Wellenfunktion basieren, die auf einem *3n*-dimensionalen Konfigurationsraum definiert ist, welcher die Trajektorien *aller* Teilchen oder vielmehr die *Zustände aller QO* miteinander verknüpft. So jedenfalls erklären sich auch die *Korrelationen* beim EPR-Experiment...

M: Bei der *Kontextualität* versuchen nun wieder Kochen-Specker anzusetzen: Verborgene-Variablen-Theorien gingen von der gleichzeitig scharfen Wertedefinitheit aller klassischen Observablen unabhängig von ihrer tatsächlichen Messung aus; da diese aber - vom Orts-Parameter abgesehen - *notwendig kontextuell* seien, etwa der Spin, sei die postulierte Wertedefinitheit - der expliziten Motivation der Theorie entgegen - gar nicht gegeben. Mag das Theorem in sich schlüssig sein, ist immer noch die Frage, was es *bedeutet:* Nicht nur werden naiv-realistisch Operatoren mit Observablen identifiziert, es wird vollkommen ignoriert, dass, wenn nur der *Orts*-Parameter immer *direkt* gegeben ist, alle anderen Parameter einen anderen *ontologischen Status* erhalten, eben einen *abgeleiteten*, und *deren* Wertedefinitheit in einem ebenso direkten Sinne gerade *nicht* postuliert wird; in einem allgemeineren Sinne verstanden ist auch nicht problematisch, dass jede Variation einer Messanordnung oder verschiedene gleichzeitige Messungen auf die Wellenfunktion und mithin auf das Messergebnis *Einfluss* nehmen - nicht nur nimmt das auch die Kopenhagener Deutung an, wie beim Drei-Körper-Problem der klassischen Physik ist das ein *mathematisches* Problem, das die *Natur selbst nicht* hat. (Wohlgemerkt geht es nur um die Konsistenz der Argumentation - die gleichzeitige scharfe Definitheit aller klassischen Observablen ist an sich gar nicht zu fordern (mit den anderen Ansätzen))...

H: Bliebe noch, dass sich mit dem *`gleichzeitig´* der nicht-Lokalität bzw. nicht-Separabilität hier, wie bei den EPR-Experimenten, ein *Konflikt* mit der *SRT* ergibt, weil *ein* Bezugssystem ausgezeichnet wird (wie dort kann man aber keine Signale senden, hier wegen der Quantengleichgewichtshypothese, die alles in ein probabilistisches Licht taucht)...

M: Den Konflikt hat mit den empirischen Befunden der EPR-Experimente die QT *an sich*, in *allen* ihren Schattierungen und Deutungen - die anderen Ansätze halten sich zur `Problemlösung´ nur wie Kinder die Augen zu... Überdies gilt es festzuhalten, dass die *orthodoxe* QT immerzu von *einem* Beobachter spricht, der in *seinem* Bezugssystem für den Kollaps der Wellenfunktion verantwortlich zeichnet, dass aber, was dies *relativistisch bedeutet*, nur durch ihre diversen `Denktabus´ - dass etwa über QO *vor* einer Messung gar nichts *ausgesagt* wird - im schützenden `Dunkel´ bleiben kann... Eine Kritik aber speziell am Bohm´schen Ansatz unmittelbar daran festzumachen, dass das Quantenpotential auch an beliebig weit entfernten Orten *instantan* verändert wird, dass es „nicht den Beschränkungen der Lichtgeschwindigkeit unterworfen [ist, was mithin] eine sehr unplausible Annahme [sei]“[341], ist geradezu *absurd:* Ist nicht mit den EPR-Versuchen - die es auch noch zu diskutieren gilt - die nicht-Lokalität bzw. nicht-Separabilität für *alle* Theorien verbindlich *nachgewiesen?*

H: Nur, dass es hier um eine *Wirkung*, um ein klassisches *Feldpotential* geht...

M: ...während in anderen Ansätzen die Koinzidenzen gleichsam *`deus-ex-machina´* angenommen werden: Da *ist* es einfach so, dass Messergebnisse hier und dort rätselhafterweise koinzidieren - *basta*, ohne jede Erklärung; „ein Großteil der *klassischen* Physik liefert *Erklärungen*“ - hingegen „die konventionelle [...][*QT*] gibt einem lediglich ein *Rechenverfahren* [...] an die Hand [...], mit dessen Hilfe wir statistische Ergebnisse *vorhersagen* können. Aber sie enthält keine *Erklärung* und Bohr hat [ja] immer hervorgehoben, dass es keine wie auch immer geartete Erklärung *gibt*“[342]...

H: ...was vor allem methodisch-heuristisch *suboptimal* ist. Aber das Quantenpotential ist schon seltsam: Als *Feld*potential müsste es zur Gesamtenergie der Teilchen *beitragen*, wenn auch extrem wenig[343], andererseits ist es keine

klassische *`Kraft´*, sondern eher ein *`Informations*potential´[344]... So ist auch die vorgebrachte (einem Argument aus der ART analoge) Kritik einzuordnen, die Wellenfunktion wirke zwar auf die Teilchen, die Teilchen aber nicht zurück auf die Wellenfunktion: Zum einen geht es eben *nicht* um eine klassische Kraft und zum anderen geschieht die Rückwirkung sehr wohl, nur eben in Gestalt der Änderung der Teilchen-*Trajektorien*, wobei außer der Orts-Observable alle anderen *kontextuell* sind; alles ist - wie bei den Atomisten - in räumliche Anordnung aufgelöst, *eine* Anordnung gebiert die *andere*, nur die *Gesetzhaftigkeit* dabei erfasst die Wellenfunktion...
M: Es unterscheidet sich ja auch von einem *klassischen* Feldpotential, „weil es nicht unbedingt mit der Entfernung abnimmt und weil seine Wirkung aktiver Natur ist und nicht von der *Stärke* des Potentials abhängt, sondern nur von seiner *Form* [die etwa beim DSExp bei geöffnetem oder geschlossenem zweiten Spalt vollkommen *unterschiedlich* ist]" - die nicht-Lokalität mag „[gewöhnlich] sehr schwach" sein, ist aber „[beim DSExp] ziemlich stark"[345]...
H: ...und wie Bohm die ψ-Funktion und die *Anfangskonfiguration* braucht, so die Kopenhagener Deutung die ψ-Funktion und den *Messaufbau* - beide brauchen beides, letztere sogar noch eine Dynamik *II*...
M: So muss es auf die eine oder andere Weise bei *allen* Ansätzen sein...
H: Ja. So könnte man sagen, *beide*, der Bohr´sche (`Kopenhagener´) *und* der Bohm´sche Ansatz seien einem gewissen *`Holismus´* verpflichtet, nämlich *das Ganze* in den Blick zu nehmen: bei diesem in Form der *Messapparaturen*, bei jenem in Form der *nicht-Lokalität* bzw. *nicht-Separabilität* des Quantenpotentials, gar einer - so Bohm - hologrammartigen `impliziten Ordnung´, die sich wie ein Samen im Wechselspiel mit der Umwelt `entfalten´ kann, bei der jedenfalls aber ganz ebenso die Messapparaturen, ja, die Anordnung *aller* QO im Kosmos relevant ist...
M: In der nicht-Lokalität bzw. nicht-Separabilität, in der wellenartigen Raumerstreckung liegt im Grunde die Verwandtschaft *aller* halbwegs konsistenten Ansätze - es läuft auf dasselbe hinaus, wenn etwa die *Leitwelle* gleichsam Informationen über distante Gegebenheiten einholt und nicht das Teilchen *selbst;* so man das denn ontologisch überhaupt sagen kann, weil ja beide *untrennbar verbunden* sind - das ist der springende Punkt: Es drängt sich die Frage auf, wie man dergleichen Leitwellen eigentlich *denken* soll - am Teilchen `befestigt´ oder im Raum selbst?
H: Wie jetzt?!
M: Nun, es ist doch evident, dass man Borns Wahrscheinlichkeitswellen, wie auch deBroglie-Bohms Quantenpotential aus irgendetwas *herleiten* muss. Kleinste Ortsverschiedenheiten führen wie beim deterministischen Chaos zu völlig anderen Trajektorien; das gründet dort wie hier darin, dass in einem anderen Raumpunkt Kräfte dergestalt *anders wirken*, dass die Trajektorien sich verändern, einem anderen (räumlichen) Attraktionspunkt zustreben -

das Quantenpotential *an sich* ist insofern für ein Teilchen *zeitunabhängig;* ohnerachtet des erwähnten Konflikes mit der SRT, insofern diese `Substruktur´ im Raum einem `absoluten Raum´ recht nahekommt, muss man die Born´-schen Wahrscheinlichkeitswellen, wie die deBroglie-Bohm´schen Leitwellen *`im Raum fest´* denken und nicht als *`mit dem Teilchen mitbewegt´* - ob nun absolut oder relational, etwa zum Versuchsaufbau -, wie es sich etwa bei den Spin-Messungen gezeigt hat. Die Wellen sind gleichsam *mit* dem bewegten Teilchen in den Raum *`ausgegossen´* - man könnte diese bei *beiden* Ansätzen *insofern* als *`undynamisch´* betrachten, als sich eben nur das *Teilchen* bewegt, während die *Welle* gleichsam *starr-stationär* den Raum mit ihrem Potential erfüllt (solange sie nur *vor* der Bewegung des Teilchens schon *`da´* ist); so braucht es bei deBroglie-Bohm *gar keinen* Wellenkollaps, bei Born keinen *realen*, nur einen *mathematischen* der Wellen*funktion*, also *im Kopf* in betreff des Wissens eines Beobachters. Bohm kommt dazu, dass, wenn das `Quantenpotential-Feld´ etwas wäre, das *emittiert* und *absorbiert* wird, es analog dem elektromagnetischen Feld gewisse *Inhomogenitäten* zeigen sollte, was aber empirisch nicht gegeben zu sein scheint und auch theoretisch nur bei kleinsten Distanzen denkbar wäre.[346] Jedenfalls: *Als* Wahrscheinlichkeits- bzw. Leitwellen kann man sie nicht mit den Teilchen *mitbewegt* denken...

H: So weit, so gut...

M: Nun ist es aber so, dass der *Impuls* der Teilchen die Wahrscheinlichkeits-, mithin die Leitwellen maßgeblich *bestimmt:* Eine andere Art von Teilchen mit anderer *Masse* hat eine *andere* Wahrscheinlichkeits- bzw. Leitwelle und für eine andere *Geschwindigkeit* des Teilchens ist es ebenso - kann man sie dann *im Raum fest* denken, wenn sie wesentlich auch dem *Teilchen* zugehört, dem Wesen nach von diesem abhängt? Was, wenn man zwei verschiedene Teilchenarten gleichzeitig durch das DSExp sendet - *überlagern* sich dann zwei `Substrukturen´?

H: Wenn man nicht wieder sagen will, dies sei nur im *Konfigurationsraum* der Fall, nicht im *Realraum*, müsste man annehmen, dass sich *dieselbe* räumliche `Substruktur´ jeweils anders *auswirkt* - gleichsam als ein *universelles fiktives Potentialgebirge...*

M: ...womit man nicht nur an die *Spezielle*, sondern auch an die *Allgemeine* RT gemahnt ist: Dort wird der *Raum* bzw. die *Raumzeit* als Potential-Landschaft gedeutet, die mit der Materieverteilung in einer wechselseitigen Abhängigkeit verbunden ist - da Materie aber nicht geometrodynamisch rekonstruiert werden kann, erhält die Raumzeit einen *absoluten* Aspekt: es gibt sie *und* die Materie. Ähnlich werden auch *hier* Entitäten *verdoppelt*, denn die Quantenpotential-Landschaft erscheint als etwas von den materiellen Teilchen *Getrenntes* - so fragt sich: Woher *kommt* die Welle, das Quantenpotential? Widerspricht es aber nicht allem bisher zum Welle-Teilchen-Dualismus angeführten, so überhaupt zu *fragen?* Teilchen und Welle sollte man ontologisch überhaupt nicht *trennen* - von *einem* Teilchen kann man zwar sagen, es gäbe eine gewisse geringe Wahrscheinlichkeit, es überall anzutreffen, man kann aber nicht von der Wahrscheinlichkeit *generell* für *irgendwelche* Teilchen sprechen, es geht um die Wahrscheinlichkeit für ein bestimmtes Teilchen in einer bestimmten Situation, welche an das Teilchen gleichsam *gebunden* ist (mögen sich diese auch von verschiedenen Teilchen beeinflussen), beides gehört zusammen, bildet *eine* Entität... Deutlich ist, dass auch hier die Wellencharakteristika nicht \`ernstgenommen´, sondern nur künstlich *reproduziert* werden - sogar mit der Wahrscheinlichkeitsstromdichte *heraus*- und mit der Gleichgewichtshypothese wieder *hinein*gerechnet werden; man verkompliziert auch wieder alle *Erklärungen* des *Wellenmodells*...

H: ...es nimmt ihnen etwas ihre *Prägnanz*...

M: Und auch hier wird wiederum *ein* Phänomen vollkommen unmotiviert in Welle und Teilchen *zergliedert*. Dabei werden die Wellencharakteristika in einer ganz *speziellen* Weise reproduziert - man erhält nämlich mit den deBroglie-Bohm´schen Leitwellen und den bizarren Trajektorien eine Art *\`Negativbild´* von Wellenentitäten, das in ähnlicher Weise *konventionell* ist, wie jenes der ART: Man kann ja (schlicht gesagt) *entweder \`gekrümmte´* Gauss´sche bzw. Riemann´sche Räume mit *geraden* Lichtstrahlen *oder* einen *euklidischen* Raum mit *gekrümmten* Lichtstrahlen annehmen, beide verhalten sich wie *Positiv*- und ein *Negativ*bild zueinander. Was die deBroglie-Bohm´sche Theorie bezüglich der ganzheitlichen Wellenentitäten macht, ist, dass eine Welle so behandelt wird, *\`als ob´* sie ein Teilchen wäre - alles \`Wellenartige´ wird auf das Quantenpotential *verlagert;* das ist zwar schon bei den Born´schen Wahrscheinlichkeitswellen der Fall, hier jedoch entsteht seiner *Gestalt* nach eine Art *\`Negativbild´* der Wahrscheinlichkeitswellen - wo ansonsten das *Hauptmaximum* der Welle ist, erscheint hier ein *Potentialberg*[347]; aber nicht die Stärke, sondern die Form des Quantenpotentials ist entscheidend, auf dieses werden kontextuell ehedem charakteristische Teilcheneigenschaften wie Masse, Ladung, Spin verlagert usw. usf.; das rührt daher, dass ein QO nicht - wie orthodox - die ganze Zeit als *Welle* behandelt wird, die nur am *Ende* zum Teilchen kollabiert, dekohäriert, \`sich-neigt´, sondern die ganze Zeit als *Teilchen*, weshalb das leitende Quantenpotential als Kraftfeld diese komplexe, bizarre Gestalt haben muss...

H: Hm...

M: So bleibt der rote Faden der Argumentation, dass QO eigentlich räumlich ausgedehnte Wellenentitäten *sind;* man muss offenbar die *Teilchen* als *Teil* (\`Schaumkamm´) der *Welle* begreifen; oder ist - umgekehrt gedacht - die Leitwelle am Teilchen \`befestigt´, ist sie *Teil* des Teilchens und das Teilchen *kein* Teilchen, sondern *Welle*... Diesen Punkt gilt es späterhin noch genauer aufzugreifen...

H: Nun, späterhin *begriff* Bohm die Welt holistisch als ein umfassendes Feld

sich überschneidender Wellen, Teilchen hingegen nur als lokale Erscheinung...
M: So sah es auch *Schrödinger!* Alle Ansätze konvergieren eben *deshalb* und *insofern*, als es - wie gesagt - prägnant immer um die Relevanz des räumlich-Distanten, und das heißt offenbar: des *`Wellenartigen´* und des *nicht-Lokalen* geht...
H: Der deBroglie-Bohm´sche Ansatz würde dann vorrangig nicht sagen, dass es so *ist*, wie er sagt - was schwer zu *belegen* wäre, da er als im empirischen Ergebnis *äquivalent* dem orthodoxen Ansatz, für welchen vor der Messung keine definiten Observablenwerte vorliegen, *geschaffen* wurde -, sondern dass es logisch und empirisch umgekehrt *nicht zwingend* ist, den *realistischen* Standpunkt etwa zugunsten des *instrumentalistischen* zu *verlassen.* Für den `Kreis des Naturerkennens´ *(H. deutet auf die Abbildung oben)* ergibt sich mit der QT (und QFT) generell das Paradoxon, dass man strikt bei *beobachtbaren* empirischen Phänomenen startet, am Ende aber eine vollkommen *abstrakte* Theorie hat, bei der man im Zweifel ist, wie die *theoretischen* Entitäten auf die *realen* Entitäten zu beziehen sind. Nimmt man den Raum gewöhnlich als homogen und isotrop, gleichsam kontinuierlich-glatt und von einem Wellenphänomenen strukturell überlagert, könnte man hier beinahe sagen, umgekehrt sei der Raum *selbst* gleichsam wellenartig strukturiert und die Teilchenbahn kontinuierlich-glatt (eine noch andere Variante gibt Feynman, bei dem die *Teilchen selbst* zeitlich oszillieren sollen)...
M: Wenn man ein *relationales* Raum-Zeit-Konzept vorzieht, müsste man dies etwas *differenzierter* ausdrücken und vom *Quantenpotential* `im´ Raum sprechen, nicht vom Raum *selbst* - zumal *kategorial alles*, was *gestaltet* ist, *`im´* Raum ist, ob absolut oder relational; aber das nur am Rande... Interessanterweise wird im Zusammenhang mit dem relationalen Raum (und dem ontischen Strukturenrealismus) argumentiert, dass man „das Quantenpotential [...] *ohne Verlust* aus der Ontologie der Bohm´schen Mechanik *streichen* [könne]“, wenn man im Sinne einer QFT darauf zurückgeht, dass „die Weise, wie sich der Ort eines Teilchens entwickelt [...], letztlich [einfach] vom Ort aller anderen Teilchen im Universum ab[hängt]“[348] - ähnlich könnte man in der Tat beim elektromagnetischen Feld auf *Coulomb* zurückgehen und eine *direkte* Wechselwirkung von Teilchen untereinander annehmen und auf Felder *verzichten* - direkt dazu später... Ontologisch kommt man dann zu einem rein relationalen, holistischen Netzwerk kausal korrelierter Objekte, das von einem *spezifischen Bewegungsgesetz* `regiert´ wird. Was den *`Raum´* (und unter *diesem* Aspekt jedenfalls auch den `Strukturenrealismus´) betrifft, ist das erwägenswert, nur: Woher *rührt* genau *diese* `Spezifik´ - dass sich (scheinbare) Teilchen etwa beim DSExp im Endeffekt verhalten (können), *als ob* sie zusammen ein *Wellen*phänomen bildeten bzw. *als ob* sie selbst Wellenentitäten *wären*. Man kann hier nicht darauf ausweichen, die Wellenfunktion gehöre nicht der konkreten *Welt*, sondern den physikalischen *Gesetzen* an,

sie also *nomologisch* interpretieren - dergleichen `spezifisches Bewegungsgesetz´ käme einer *Verschwörung* gleich: Teilchen, die sich *wie* Wellen nur *verhalten*, aber keine *sind* - ein *`Mummenschanz´...*

H: ...um das zu erklären, müsste man wieder auf das *wellen*artige Quantenpotential zurückgreifen...

M: ...oder darauf, dass QO *Wellen*entitäten *sind* - genauer betrachtet führen ja alle genannten Aspekte im Grunde zu Schrödingers Ansatz *zurück; zwei* Aspekte seien aber noch ergänzt: Zum einen taucht das *Quantenpotential* nämlich auch die *orthodoxe* Theorie in ein neues Licht: Es fragt sich ja, ob man mit dem deBroglie-Bohm´schen Ansatz noch von einer *Komplementarität*, wie sie Bohr im Sinne hatte, reden kann: Das Quantenpotential führt Teilchen wie ein klassisches *Feld* auf eindeutigen Trajektorien - bei einem *elektrischen* oder *magnetischen* Feld, das einen Körper auf eine bestimmte Bahn zwingt, spricht man aber ja *nicht* von `Komplementarität´. Nun könnte man im Lichte der QT auf den Gedanken verfallen, auch hier Felder und Materie in ein `komplementäres´ Verhältnis zu setzen - dabei geraten aber zwei Argumentationslinien in *Widerstreit: Einerseits* scheint man beides phänomenal sauber trennen zu können, zumal sich beim *elektromagnetischen* Feld gezeigt hat, dass es eine *eigenständige* Wesenheit darstellt; *andererseits* scheint es elektrische und magnetische Felder nicht *ohne* die felderzeugende Materie zu geben, diese *evoziert* und *bestimmt* sogar die Felder. Schlichten ließe sich dieser Widerstreit, indem man im Sinne einer *Reduktion* argumentiert: *Weil* dies so ist, kann man Körper und Feld *zusammenfallen* lassen, beides als die nur gleichsam *perspektivische* Sichtweise auf *ein* Phänomen deuten - man kann ontologisch Felder als `Emanationen´ der Materie oder umgekehrt Materie als `Verdichtungen´ von Feldern betrachten...

H: ...angebahnt wurde dieser Gedanke schon durch die Vorstellung des *Äthers*, mit der Materie also *zweier* räumlicher Substanzen, womit man den Äther als besonders feinstoffliche Materie oder die Materie als Verdichtung des Äthers monistisch aufeinander *reduzieren* konnte...

M: ...und mit der deBroglie-Bohm´schen Theorie kommen nun Teilchen und Wellen, nämlich in Gestalt des Quantenpotentials in das *dasselbe* Verhältnis: Auch Teilchen und Quantenpotential scheinen sich - bei aller Sonderbarkeit des `Feldes´ - phänomenal trennen und als eigene Wesenheiten behandeln zu *lassen;* andererseits scheint auch das *Quantenpotential* nicht ohne die materiellen *Teilchen* gegeben zu sein, diese *evozieren* und *bestimmen* es sogar. Auch *diesen* Widerstreit kann man schlichten, indem man Teilchen und Wellen im Sinne einer *Reduktion* monistisch *zusammenfallen* lässt: Auch deBroglie-Bohms Teilchen kann man als Singularitäten individueller QO-Ganzheiten deuten, die Leitwellen als daran gleichsam `befestigten´ feldartigen Teil, der überdies einem Kollaps-, Dekohärenz- oder `sich-Neigens´-Prozess unterworfen ist; anders gesagt: Man kann sich von der Ontologie der klassischen

Felder inspirieren lassen...
H: Neues Stichwort wäre mithin: *`Felder'*...
M: So ist es... Zuvor aber noch der *zweite* Aspekt, welchen die deBroglie-Bohm'sche Theorie vielleicht am deutlichsten *wieder sichtbar* macht und den man im Auge behalten sollte, gerade *wenn* man sich anschickt dergestalt reduktiv QO als feldartige Entitäten zu rekonstruieren: Ginge es nur um den Fluss der Wahrscheinlichkeitsdichte, der gemäß sich Teilchen *`materialisieren'* (können), gingen die seltsamen Trajektorien noch als `virtuell' hin - sie würden gleichsam nur die `Gebirgslinien' und `Wasserscheiden' der Wahrscheinlichkeitsdichteverteilung *visualisieren.* Nun heißt es jedoch, die Massen(strom)dichte in der Hydrodynamik sei für den *realen (klassischen) Ortsraum* definiert, die Wahrscheinlichkeits(strom)dichte bei Bohm aber für den *abstrakten quantenphysikalischen Konfigurationsraum*, überhaupt könne man $|\Psi|^2$ nicht in einem *naiven Sinne* als Materiedichte interpretieren[349]...
H: Vom Argument zum Konfigurationsraum sei einmal abgesehen; es ist - wie bereits diskutiert - nicht stichhaltig: Was in diesem *mehr*dimensional erfasst wird, kann im *drei*dimensionalen *Real*raum statthaben, und sei es, dass es gleichsam in den *drei*dimensionalen Raum *real projiziert*, in diesen *`hinausgehalten'* ist - im erkenntnistheoretischen *und* ontologischen Sinne verstanden... $|\Psi|^2$ aber nicht naiv als *Materiedichte* zu interpretieren, ist doch *plausibel...*
M: Natürlich, in einem *sehr* naiven Sinne genommen, welcher der `Ganzheit' und `Unzerstreulichkeit' von QO *widerspricht.* Worauf die deBroglie-Bohm'-sche Theorie aber aufbaut, ist die *Erhaltung des Wahrscheinlichkeitsflusses*, die in Analogie zur Erhaltung der Masse in der Hydrodynamik gesetzt wird; diese Analogie sollte man sehr *ernstnehmen:* Wenn man Teilchen und Wellen monistisch *zusammenfallen* lässt, kann man nämlich nicht sagen, es würde sich *nur* eine `Wahrscheinlichkeit (Materie anzutreffen)' erhalten, im eigentlichen Sinne von *Wahrscheinlichkeit;* von der hochenergetischen Erzeugung oder Vernichtung von (reelen) Teilchen abgesehen, gibt es eben die *Materieerhaltung* (Masseerhaltung, Baryonenzahl-Erhaltung usw. usf.) - man sieht immer auf den abgeschlossenen Raum bei `Schrödingers Katze' und das, was man dabei *nicht* weiß; würde man diesen aber (nahezu) vollständig von der Wechselwirkung mit der Umgebung *isolieren*, könnte jemand (etwa `Wigners Freund') diverse DSExp darinnen veranstalten, wobei sich die QO in der typischen Weise *delokalisieren* und (scheinbar) zerstreuen würden, so dass man immer wieder *zwischenzeitlich* im Unklaren bliebe, wo Materie scheinbar indeterministisch wieder *`auftaucht'. Von außen* betrachtet und im *Endergebnis* aber bliebe, was im Labor *ist, erhalten...*
H: Natürlich - daher die diversen Erhaltungssätze...
M: Eben. Die `Wahrscheinlichkeit (Materie anzutreffen)' ist insofern nicht nur eine `reine *Möglichkeit*' im Sinne einer *Beliebigkeit* - die aristotelisch-

heisenberg´sche *`potentia´* will ja schon *mehr* sein. Mit den Erhaltungssätzen ist es in gewissem Sinne *schon* Materiedichte, die durch $|\Psi|^2$ abgebildet wird, weil (in diesem Beispiel) *mit Sicherheit* die Materie *`da´* ist und in der *Summe konstant* bleibt. Eben diesen Aspekt umfasst der deBroglie-Bohm´sche Ansatz automatisch, weil Teilchen *real* sein sollen und Bahnen haben, er wäre aber - so man zu Schrödinger zurückgeht - auf die Wellenantitäten zu *übertragen*...
H: ...eben darum geht man beim deBroglie-Bohm´schen Ansatz von realen geführten Teilchen *aus*, weil es an der `Realität´ der *Teilchen* keinen Zweifel gibt...
M: ...was man offensichtlich generalisieren muss: Es gibt keinen Zweifel an der Realität von *Objekten* im Sinne der *Abzählbarkeit: QO*, für welche es gleichsam ein dynamisches `sich-Neigen´ zur Teilchen- *oder* Wellennatur gibt, mithin Materie, die sich dergestalt zeit- oder teilweise zu *`verbergen´* weiß...
H: Das wäre ersteinmal eine etwas *ungewohnte* Sichtweise...
M: ...weshalb es sich verlohnt, einen Schritt zurückzugehen - zum *DSExp* und der Frage nach den *`grundlegenden Realitäten´;* es gilt nämlich auch von den *ante*primären wieder zu den *primären* Eigenschaften *aufzuschließen:* `Weg hinauf-hinab´ müssen diese sich aus jenen *ergeben* - `Anzahl´, `Ausdehnung´, `Festigkeit´, `Gestalt´, `Bewegung´ oder `Ruhe´, `Innehaben eines bestimmtem Ortes oder Zustands zu bestimmten Zeitpunkt´ sind im *Meso-* und *Makro-*kosmos ja *nicht* in Zweifel zu ziehen und selbst im *Mikro*kosmos sind sie *zeit-* oder *teilweise* gegeben: Man kann sich nicht darauf zurückziehen, QO hätten dort *keine* bestimmte (nicht einmal eine *kardinale* und *sich-erhaltende*) Anzahl, seien *beliebig* (nicht nur relativ-relational) durchdringlich, hätten *keine* spezifische (nicht einmal eine jeweilige, von den Randbedingungen und der Wechselwirkungsart abhängige) Ausdehnung und Gestalt, *keine* bestimmten Orts-, Bewegungs- oder generell Zustände inne (nicht einmal in gebundenen Zuständen, *als* Wellenentitäten, in Kollektivzuständen), *keinerlei* (nicht einmal eine primitive) Identität bzw. Individualität usw. usf. ...
H: ...ein weites zu klärendes Feld...

M: Das DSExp entzieht sich Erklärung und Verstehen, weil man es nur im Sinne der dichothomen Begriffs- und Phänomenklassen `Teilchen´ und `Welle´ zu deuten vermag, die einander ontologisch *widersprechen;* der Versuch, sich das empirische Geschehen anschaulich *vorzustellen*, scheitert daran, dass *beide* Klassen nicht `passen´, das Denken wird immer wieder in eine *Aporie* geführt... In den empirischen Phänomenen *selbst* liegt natürlich *kein* Widerspruch vor...
H: ...was immer das überhaupt *bedeuten* könnte; die muss man *hinnehmen*...
M: Die Aporie muss also aus unseren *Begriffen* und *Vorstellungen* herrühren...
H: ...vielleicht hatte Eddington gar nicht so *unrecht*, mit dem ernsten Scherz, man könne - wenn man nur alle Zahlenwerte *beibehielte* - die Begriffe der QT auch in *Kauderwelsch* übersetzen, ohne dass der Sinn des Ganzen *verlorenginge*, weil man sich *ohnehin* keine klare Vorstellung von diesen `Dingen´ machen kann.[350] Manches kann man nur *mathematisch*, nicht *anschaulich* erfassen...
M: ...was *auch* merkwürdig ist: Der Rechtsgrund der synthetischen Apriori der Mathematik liegt ja mit Kant in den reinen Anschauungsformen `Raum´ und `Zeit´, mit denen die geometrischen und arithmetischen Gegebenheiten gleichsam anschaulich vor Augen liegen[351] - Mathematik ist das Operieren in einem virtuellen Raum, das symbolische Hin- und Herwenden der Dinge im Anschauungsraum, der von den *realen* Dingen abstrahierten *symbolischen* Dinge. Müsste dann nicht umgekehrt alles, was sich *mathematisch* erfassen lässt, auch *anschaulich* und *begreifbar* gemacht werden können?
H: So betrachtet: *schon...*
M: Allerdings erfasst der mathematische Formalismus ja etwa *Dynamik II* nicht... Jedenfalls will es nicht gelingen, der nämlichen Aporie zu *entgehen* - *das* aber scheint sicher zu sein: Bei QO handelt es sich *nicht* um Teilchen oder Wellen *in Reinkultur* (im Sinne der klassisch-mesokosmischen Physik) - QO weisen eben die erwähnte eigentümliche *`Janusköpfigkeit´* auf. Daher liegt die Annahme nahe, dass man etwas erkenntnistheoretisch `Darüber´- bzw. ontologisch `Darunter-Liegendes´ denken muss, weil man gleichsam nur die *`Oberfläche´* des *eigentlichen* Naturgeschehens zu Gesicht bekommt - eben das will ja auch das Bild Schrödingers von `Schaumkämmen auf einer den Weltgrund bildenden Wellenstrahlung´ besagen. Nun sagte Einstein (*1905*), „es [...][sei] denkbar, dass die mit [rein] *kontinuierlichen* Raumfunktionen operierende Theorie des Lichtes zu Widersprüchen mit der Erfahrung führt“[352] - das hat sich *bestätigt.* Allerdings nur als die *eine* Seite der Medaille; man muss wohl *mehr noch* - schon ob der Symmetrie des komplementären Dualismus - sagen: `es ist denkbar, dass die mit rein *diskontinuierlichen* Vorstellungen operierende Theorie der *Körper* zu Widersprüchen mit der Erfahrung führt´... *Zusammengenommen* würden die Vorstellungen *beider* Phänomenbereiche *`aufgehoben´...*

H: Doch nicht etwa im Sinne der Hegel'schen *Dialektik?!*
M: Jein, so *kritisch* diese zu sehen ist - hier müssten *tatsächlich* These und Antithese zu einer *Synthese*, die gleichzeitig bewahrt *und* negiert, verknüpft und 'aufgehoben' werden... Um einmal ganz *grundsätzlich* an die Sache heranzugehen, sei zunächst gesetzt, dass die fundamentalen Erkenntnis- und Seinskategorien 'Raum' und 'Zeit' in einem relationalen Raum-Zeit-Konzept gegeben seien, als *Rahmentheorie* im Sinne einer 'Protophysik'...
H: D.h., es seien handwerklich-operationell allgemeine Verfahren an die Hand gegeben, mit denen man räumliche und zeitliche Ausdehnungen *bestimmen* kann - etwa ein aus starren Körpern konkret realisiertes Koordinatensystem und Uhren, jeweils mit Einheitsmaßen...
M: Ja. Dabei muss man eingedenk bleiben, dass Raum und Zeit *an sich selbst* nicht gegeben sind, sondern nur *'Dinge'*, materielle Körper und ihr Verhalten... Wie nun schon vorwissenschaftlich gewisse *Komplexe* von Sinneseindrücken zu 'Dingen' gebündelt werden[353], kann man ähnlich gewissen Erfahrungskomplexen erlauben, gleichsam zu einem *Begriffssystem* zu 'gerinnen'...
H: Soll *heißen?*
M: ...etwa zur klassischen (Newton'schen) Mechanik, die neben gewissen *Entitäten* wie 'Massenpunkten' ein System von *Bewegungsaxiomen* definiert. Man definiert etwa zunächst ein Bezugssystem, in dem sich freie Objekte geradlinig gleichförmig bewegen als *'Inertialsystem'* - dahinter steht die *Erfahrung*, dass, wenn man (idealisiert) alle einwirkenden Kräfte *eliminiert*, sich Körper in diesem geradlinig-gleichförmig bewegen oder ruhen (darin liegt ein Zirkel). So kommt man (mit einigen weiteren Definitionen) zu drei Axiomen: zum *Trägheits*-Axiom, - definiert man noch den Begriff 'Masse' - zum *Proportionalitäts*-Axiom und - da selbst mit einem *absoluten* Raum-Zeit-Konzept Bewegung nur *relativ* erfassbar und definierbar ist - zum *actio-reactio*-Axiom;[354] überdies kann man eine *'Inertialzeit'* definieren; „[diese Prinzipien] sind genügend, um ohne Hinzuziehung eines neuen Prinzips jeden praktisch vorkommenden mechanischen Fall [...] zu durchschauen."[355] Weiter lässt sich das Ganze zu einem *System* ausbauen, in welches die Gesetze der Statik und Dynamik, die Erhaltungsgesetze, Wirkungs- und Minimalprinzipien usw. verwoben sind, bis hin zu übergordneten Systemgesetzen wie dem Hamilton'schen Prinzip usw. usf.; die 'Gesetze' des *Raumes* (auch des relationalen) werden dabei *mit* abgebildet - was hier allerdings zu weit führt[356]...
H: Hm...
M: Die Dinge haben in diesem System stets einen spezifischen *'Ist-Zustand'* bezüglich Ort und Impuls inne, der in dem bereits erwähnten Zustandsraum über die *im Prinzip* beliebig genau bestimmbaren *drei Orts*- und *drei Impuls*-angaben vollständig erfasst wird - rein deskriptiv und kinematisch... Abgebildet wird so natürlich nur das Naturgeschehen *in betreff* der klassischen

Mechanik, wobei deren Begriffe *Ideal*begriffe sind: „Die reinste Form des Korpuskelbegriffs [etwa] ist der geometrische Punkt, dem man eine gewisse Masse zuteilt [- der Massenpunkt]. Dabei handelt es sich um einen Grenzbegriff, eine Art letzter Idealisierung."[357] Während nun in der *QT* nicht alle *mathematischen* Gegenstände des Hilbertraums eine *reale* Entsprechung und nicht alle *realen* Gegenstande - möglicherweise etwa ein Wellenkollaps - eine *mathematische* Entsprechung haben, kann man *hier* den abstrakten Gegenständen des Zustandsraumes eindeutig reale Gegenstände zuordnen und den reelen Funktionswerten reale Messwerte. Gegeben sind dabei allerdings dem `Naturerkennen´ als Ausgangspunkt neben (`in´) unserem Bewusstsein (der `Innenwelt´) als phänomenal-empirische Wirklichkeit (der `Außenwelt´) prinzipiell *nur Körper* in Raum und Zeit: Alle *Messungen* - auch jene der *QT* - reduzieren sich darauf, *Orte von Körpern im Laufe der Zeit* (Trajektorien) empirisch zu bestimmen, selbst der abstrakte quantenphysikalische Spin oder elektromagnetische Ladungen werden dergestalt ermittelt; schon von daher ist man geradezu gezwungen, die Welt als *`Körperwelt´* zu begreifen *(M. deutet auf die Abbildung unten)...*
H: ...und phänomenal *bleibt* die `Außenwelt´ immer eine reine `Körperwelt´... Allerdings ist die Situation nicht so eindeutig, wie sie zunächst *scheint:* Genaugenommen müsste man einschränkend sagen: `gegeben ist *vordergründig* eine reine Körperwelt´, da man einwenden kann, dies sei zu wenig gesagt, insofern man etwa mit dem Sinn `Sehen´ auch *Licht* involviert, das *direkt* der Wahrnehmung gegeben sei... Dann fragt sich allerdings, was *`gegeben sein´* genau bedeutet, man involviert das *Leib-Seele-Problem* darin, wo man den Beobachter eigentlich *`beginnen´* lässt, wo und wie mit dem `gegeben sein´ der Übergang ins Bewusstsein statthat - damit wird es nochmals komplizierter, weil man weiter mit Maxwell sagen muss: „Alles was wir über die Materie wissen, bezieht sich auf die Reihe von Phänomenen, in denen *Energie* von *einem* Teil der Materie auf einen *anderen* übertragen wird, bis in irgendeinem Glied der Reihe unsere *eigenen Körper* affiziert werden [...][;] demnach haben wir keine *andere* Kenntnis von [ihr]"[358] - somit könnte man selbst *materielle Körper* ontologisch dem Zweifel anheimstellen; jedenfalls aber verunklart sich damit, was nun wie *`gegeben´* ist. Aber man braucht sich an dieser unpräzisen Formulierung nicht `festzubeißen´, weil die Argumentation ja - von der `Innenwelt´ ohnehin schon abgesehen - offensichtlich gerade darauf *hinauslaufen* soll, dass es *zu wenig* ist zu sagen, die `Welt´ sein *nur* die `Körperwelt´...
M: Ja. Überdies ist es schon *klassisch* so, dass neben den drei Orts- auch drei *Impuls*angaben zur vollständigen Beschreibung des Zustand eines Systems aufgeboten werden - genaugenommen geht man schon *damit* über eine *3+1*-dimensionale Ontologie rein diskreter Massenpunkte *hinaus*, denn jedem Massen- bzw. Raumpunkt wird im Impuls eine gleichsam eingefaltete

Relation zu *anderen* Raumpunkten beigegeben, jeder Raumpunkt verweist auf *anderes, außerhalb* seiner selbst, beschränkt sich nicht auf sich selbst - eben damit wird sich eine Verbindung zu den Zenon´schen Paradoxien auf der *einen*, zum deBroglie-Schrödinger´schen Ansatz auf der *anderen* Seite herstellen. Schon hier taucht - erst genauer betrachtet - die Notwendigkeit auf, erstere Ontologie der Massenpunkte schon *dimensional* zu überschreiten, weil es *Veränderung* in Gestalt von *`Bewegung´* gibt: Wenn man bei einem Pendel nur dessen *Orts*koordinaten angibt, ist dessen Zustand *nicht* eindeutig bzw. vollständig erfasst - zeigt es etwa senkrecht nach unten, bleibt unklar, ob es *a)* in Gleichgewichtslage *ruht* oder *b)* gerade durch diese *hindurchschwingt*, ob es also *Impuls* hat; daher eben benötigt man nicht *3n*, sondern *6n* Angaben, die man in einem *6*-dimensionalen Zustandsraum überlagern kann...
H: ...was bei den *ausgedehnten korrelierten* Wellenentitäten der QT nicht geht...
M: Ja. Über die Veränderungen in Form von *Trägheits*bewegungen (Axiom *1*) herbeiführenden gleichsam `eingeschriebenen´ Impulse *hinaus* muss man - um zu einer *dynamischen* Beschreibung des Naturgeschehens fortzuschreiten - den mutmaßlich kausal-deterministischen Einfluss von *Kräften* hinzunehmen, welche die Bewegung der Körper - offensichtlich gesetzhaft - *verändern*, sei es bei *direkter* Wechselwirkung der Körper etwa bei Zusammenstößen oder - das ist mehr noch schon *Deutung* - durch *indirekte* Wechselwirkung über feldvermittelte *Kräfte* (Axiom *2* und *3*)... Rein *deskriptiv* kann man in der klassischen Physik ebenso wie in der QT die räumlichen Veränderungen von Objekten (dann muss man sagen: der erscheinenden Teilchen) im Laufe der Zeit mit insgesamt *3+1* Dimensionen *erfassen (M. deutet auf Abbildung 43a)*. Will man *verstehen*, was geschieht, welche *Gesetzmäßigkeiten* dem zugrundeliegen (empirisch *gibt* es die offenbar), mithin was geschehen *wird*, braucht man bei idealisiert punktförmigen Objekten neben dem Anfangszustand mit drei *Orts*koordinaten für die *Trägheits*bewegungen die drei *Impuls*koordinaten und überdies für alle angreifenden *Kräfte*, die *Abweichungen* von diesen hervorrufen, abermals (wenn man diese nicht vereinigen kann: jeweils) drei *`Impuls-Veränderungs*-koordinaten´, der in einem Raumpunkt resultierenden (gravitativen, elektrischen, magnetischen) Potentiale aller *anderen* Objekte - das *sind* klassische Felder; diese mindestens *9* Parameter müssen jedem elementaren Massenpunkt beigegeben sein - wenn man im Sinne der antiken Atomistik in Massenpunkte und den leeren Raum auflöst *(M. deutet auf Abbildung 43b)...*
H: Heute bemüht man stattdessen den klassischen Massenpunkt mit *6* Orts- und Impulskoordinaten und (jeweils) ein im Raum ausgebreitetes *`Feld´* *(H. deutet auf Abbildung 43c)...*
M: Ja; darum geht es nun *speziell;* aber nicht nur die durch *Kräfte* evozierten Bewegungen sind der Aufmerksamkeit wert: Wie sich eine Bewegung als

wellenartige Erregung in einem Medium oder Feld *zwangsläufig* fortpflanzen muss, kann man sich *ohngefähr* vorstellen, aber wie ist es mit den *Trägheitsbewegungen* von Teilchen? Wie *können* überhaupt *diskreten, idealisiert punktförmigen* Körpern die mit Trägheitsbewegungen verbundenen Impulse (absolut) als Relationen zu *anderen* Raumpunkten oder (relational) anderen Körpern *`eingeschriebenen´* sein?

H: Nun gut, zunächst scheint hier also gleichsam ein Widerstreit zwischen der *Kontinuums*- und der *Diskontinuums*vorstellung vorzuliegen...

M: ...der genaugenommen sogar bis zum *Zeit*-Konzept ausgreift: Descartes´ Ätherwirbel, die Bewegungen *hervorbringen* sollen, sind kein konsistentes Konzept, aber jedenfalls braucht dabei ein `Weiterbewegen´ *als Veränderung* eine *fort*wirkende *Kraft* (einmal davon abgesehen, dass sich eine Ebene *`tiefer´* für den Äther *dasselbe* Problem ergibt)...

H: Klassisch *`hat´* ein Körper einfach mit Galilei und Newton Trägheit *inne*, das `Fortwirken´ von `eingepflanzten´ Kräften, welches man ehedem einem `Impetus´ zuschrieb, ist darin *aufgelöst...*

M: Nur ist unklar, was das *bedeutet* (und es ist *konventionell* in bezug auf das Impetus-Konzept); mit den Trägheitsbewegungen haben merkwürdigerweise *Veränderungen* statt, *ohne* dass actual wirkende Kräfte gegeben sind; ist dem so, kann man - was ansonsten naheliegt - *Kraft*, *Veränderung* und *Zeit* nicht ausnahmslos aufeinander *reduzieren...* Auf die letzten Grundkräfte bezogen ist das Problem unlösbar, mit dem Wellenbild ergibt sich aber eine einheitlichere Sichtweise - dazu später...

H: Gut. Und wie ist es nun in der QT?

M: Für den Anfangszustand von - nimmt man QO als solche - ausgedehnten *Wellenentitäten*, die mit der Ψ-Funktion erfasst werden, braucht man *ebenso* drei *Orts*koordinaten; dann kann man die *Impuls*koordinaten (neben anderen klassischen Größen) als in der Ψ-Funktion gemäß $p=h/\lambda$ bereits *`eingeschrieben´* begreifen *(M. deutet auf Abbildung 43d)* und man kann - auch dazu später - die *`Impuls-Veränderungs*koordinaten´ der Kräfte (die in einem Raumpunkt resultierenden Potentiale aller *anderen* Objekte) als direkte Wechselwirkungen der Wellenentitäten zu konzipieren versuchen. Es ergibt sich allerdings das Problem, dass QO zerstreulich schon in dem Sinne sind, dass ihnen selbst als Wellenpakete mit `eingeschriebenem´ Impuls der *Richtungssinn* der Bewegungen fehlt, insofern diese sich - wohlgemerkt: *im Endeffekt* - *nicht* wie klassische Wellen in alle Raumrichtungen kugelförmig ausgebreitet haben, sondern - das macht ihre `Ganzheit´ aus - sich im Raum von *A* nach *B* bewegt haben, was eine *Dynamik II* - Wellenkollaps, Dekohärenz, `sich-Neigen´ - erforderlich macht und eine gleichsam *`aufwendigere´* Dimensionalität, um `Wellenartigkeit´ und `Ganzheit´ `unter einen Hut´ zu bekommen (zumal nicht-lokale bzw. nicht-separable Relationen noch hinzukommen). Aufgrund der `Natur´ von QO sind diese `Mechanismen´ *in jedem*

Falle notwendig - dem Weltbild, das sich damit ergibt, kann man sich nun über die klassischen Felder zu *nähern* versuchen...

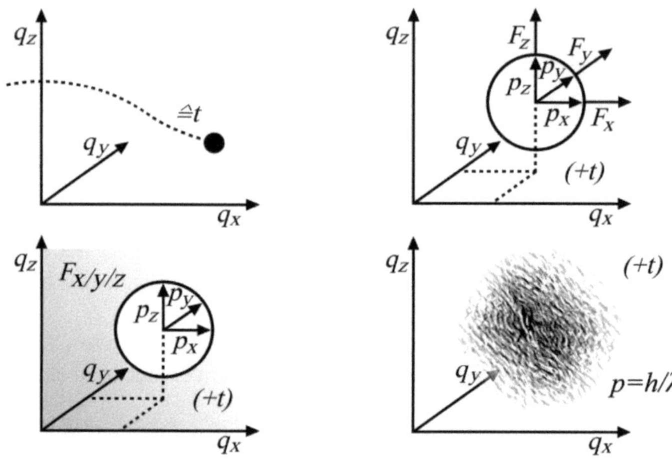

Abbildung 43a-d

H: ...wenn man nicht ohnedies ein *anderes* Erklärungsmodell als \`Kräfte´ in Gestalt von Feldern zugrundelegt...

M: Man kann in der Tat alternativ Kräfte \`geometrisieren´ und eine *Potentiallandschaft* annehmen, \`reifizieren´ und virtuelle *Wechselwirkungsteilchen* annehmen, diese auf direkte *Fern*wirkungen oder eben als *Nahe*wirkungen auf *\`Felder´* zurückzuführen usw. usf., vieles davon wird noch zur Sprache kommen... Auch *Felder* sind dabei nur *Konstrukt:* Man sieht etwa nur *Eisenfeilspäne*, die sich in einem elektromagnetischen Feld *ausrichten*, man sieht aber nicht das Feld *selbst* - nur, weil sich solche Erfahrungen *systematisieren* lassen, kommt man zum Begriff \`Feld´. Man beobachtet *nur* Körper, die sich auf geheimnisvolle Weise ein-ander nähern oder sich voneinander entfernen - man sieht nicht die Kräfte *selbst*, die dies augenscheinlich *bewirken...*

H: Darauf zielte ja schon *Humes Kausalitätskritik*, dass man dergleichen als *hinzugedacht* begreifen muss - mit Kant könnte man es als *transzendental* betrachten...

M: ...und diese Zweifel mögen auch aus der Redlichkeit geboren sein, nichts anzunehmen, dessen man nicht einigermaßen *gewiss* ist - ob diese Kritik aber *fruchtbar* ist, wird sich noch zeigen; mit dem Wellenbild der QT läuft diese in eine fundamentale *Setzung* zurück... Zu bedenken ist allerdings, dass, wenn der Begriff \`Kraft´ auch den Beiklang des *Anthropomorphen* hat, er eben *deshalb* nicht die vollkommene *Unkenntnis* dessen, was \`eigentlich´ geschieht, *verschleiert* und dass alle anderen Modelle nur *begreifbar* sind, wenn sie auf *Dinghaftes* und zirkulär wieder auf *Kräfte* zurückgeführt werden (wobei

man nur ihr Wirkungs*feld*, ihren Angriffspunkt, ihre Wirkungsrichtung und -größe unmittelbar erfassen kann)...
H: Felder sind so betrachtet eher eine *Systematisierung* des `Kraft´-Modells, welches selbst wiederum eher eine Systematisierung von *Erfahrungen* ist, um diese in *Naturgesetze* fassen zu können...
M: Das skizzierte Weltbild ist *nur* mit Massenpunkten bzw. Körpern offensichtlich *rein physikalisch unvollständig* - Kräfte in Gestalt gravitativer, elektrischer, magnetischer u.a. *Felder* müssen zu diesen noch hinzukommen... Dass erst mit der *QT* die klassische Mechanik in Frage gestellt wurde, wird zwar oft *behauptet*, ist mithin jedoch eine *Halb*wahrheit: Von der bekannten Gravitation abgesehen, hatte sich schon lange gezeigt, dass die klassische Mechanik nicht *alle* Naturphänomene zu erklären vermag. Irgendwann war man in der Neuzeit ja mit den Phänomenen `Elektrizität´ und `Magnetismus´ genauer bekannt geworden - systematisch ging hier Coulomb vor, Galvani entdeckte die tierische Elektrizität, Volta die Spannungsreihe der Metalle, Ritter die Elektrolyse usw. usf. Eine *Verwandtschaft* beider Phänomene ließ sich schon deshalb vermuten, weil es in beiden Fällen zwei Pole gab, die sich (dem $1/r^2$-Gesetz gemäß) als gleichnamige anzogen, als ungleichnamige abstießen - hier tauchen wieder die beiden *Klassen* von Dingen auf, die `positiv´ und `negativ´ geladenen bzw. `Nord-´ und `Südpol´. Örsted hatte *(1820)* gefunden, dass eine Magnetnadel (doppelt) senkrecht zur Richtung eines elektrischen Stromes abgelenkt wird *(M. deutet auf Abbildung 44a)* - mithin *nicht* rein anziehend oder abstoßend wie ruhende elektrische und magnetische Ladungen *untereinander* wirken, wie bei einem *Quellen*feld, sondern vermittels eines *Wirbel*feldes und überdies als *dynamischer* Effekt, der sich nur bei *bewegten* Ladungen ergab. So der *eine* Teil des Zusammenhangs - zeitlich veränderliche elektrische Felder rufen magnetische Wirbelfelder hervor -, den *anderen* Teil - zeitlich veränderliche magnetische Felder rufen elektrische Wirbelfelder hervor - fand Faraday (*1831*) mit der elektromagnetischen *Induktion...*
H: Man war auf die eigentümliche *Symmetrie* zwischen beiden Phänomenen gestoßen, dass beide Felder einander *wechselseitig* hervorbringen...
M: Richtig; wollte man keine unvermittelten *Fern*wirkungen annehmen, war man genötigt, etwa für die elektrischen Kräfte, die zwei geladene Körper aufeinander ausüben, eine Art *`Erregungszustand´* im materiefreien Raum *zwischen* diesen anzunehmen, der Kräfte auf (andere) geladene Körper ausübt - analog ist es bei magnetischen Feldern. Faraday deutete die beiden korrespondierenden Phänomene anschaulich mit Hilfe seiner die Kräfte visualisierenden *Kraftlinien* und des neu eingeführten Konzepts eines *`Feldes´* im Sinne von *Nahe*wirkungen - zwischen den diskreten Körpern wird wieder ein kontinuierlicher *Mittler* angenommen; Fernkräfte ohne vermittelndes Medium (den `Äther´) sollte es nicht geben - Kräfte wurden fürderhin über

das *Feld* als eine *Kette* von Nahewirkungen übertragen, indem jedem Raum- und Zeitpunkt (mithin einem *Kontinuum*) eine skalare, vektorielle oder tensorielle Größe zugeordnet wurde. Maxwell hat dann das Ganze (*1873*) schließlich mit seinen hoch-symmetrischen Gleichungen auch *quantitativ* gefasst:

$$rot\,H=\dot{D}+j \qquad rot\,E=-\dot{B} \qquad div\,D=\rho \qquad div\,B=0 \qquad \text{(IV.1a-d)}$$

Da Felder *nicht direkt* empirisch-phänomenal gegeben sind, kann man sie nur über ihre Wirkung *auf* Materie, etwa auf Probekörper sichtbar *machen* - wenn sich *diese* \`anders´ verhalten, sagt man, dass auch das *Feld* ein anderes sein müsse *(M. deutet auf Abbildung 44b).*

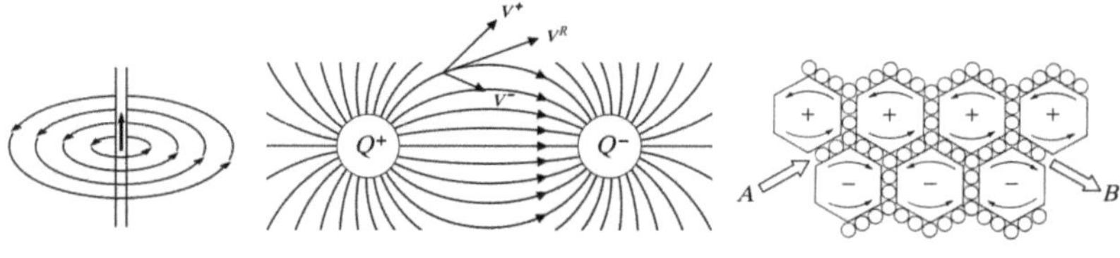

Abbildung 44a-c

Man kann etwa ein elektrisches Feld in Analogie erfassen, indem man sich ein *Strömungsfeld* mit einer Wasser*quelle* und einer Wasser*senke* denkt, deren Kapazität Q^+ bzw. Q^- beträgt.[359] Das Feldlinienbild entspricht dann einer Überlagerung der beiden Radialfelder und entsprechend dem Kräfteparallelogramm ergibt sich aus den Geschwindigkeitsvektoren v^+ und v^- die resultierende Geschwindigkeit v^R eines Probekörpers *in* diesem Strömungsfeld. Diese gehorcht einem Proportionalitätsgesetz (IV.2a), zu dem man *streng analog* jenes der Feldstärke des *elektrischen* Radialfeldes (IV.2b) formulieren kann:

$$v \approx \frac{Q^{+/-}}{4\pi r^2} \qquad E \approx k\frac{Q}{4\pi r^2} \qquad \text{(IV.2a/b)}$$

So rätselhaft schon dieses *Quellen*feld ist, das Örsted´sche *Wirbel*feld ist vielleicht noch *rätselhafter;* dennoch hat man sich ob dieser Analogien zunächst sehr *konkrete* mechanische Vorstellungen gemacht - von Strömungen und Wirbeln in einem unbekannten Äther-Fluidum bis hin zum Maxwell´schen Verschiebungsstrom...

H: ...womit man *scheitern* musste...

M: Nun, Maxwell sah *selbst* durchaus „den provisorischen Charakter [...] [seiner] Hypothese[n]“, sagte sich aber, dass „diese Art der Verbindung [...] [der elektromagnetischen Phänomene] mechanisch denkbar, leicht zu untersuchen und geeignet [sei], die *wirklichen mechanischen* Beziehungen zwischen den bekannten elektromagnetischen Erscheinungen darzustellen“[360]...

H: Allzu-konkrete Vorstellungen können im Mikrokosmos - das hat sich ja an diversen Stellen gezeigt - ontologisch nur *unzutreffend* sein...
M: Bei aller Kritik kommt man aber doch nicht *umhin*, den Kraftlinien eine *gewisse Realität* zuschreiben - hier scheint doch *irgendetwas* in Bewegung zu sein, dessen man *direkt* nicht gewahr wird, das die Kraftlinien *erfassen*, etwas, das den Eindruck erweckt, *als ob* hier etwa `strömt´ und `wirbelt´...
H: Zugegebenermaßen, so könnte man denken... Faraday und Maxwell jedenfalls stellten sich *konkrete mechanische Äther-Wirbel* vor, Feldlinien als etwas Reales, das man mit Probekörpern sichtbar machen *kann*...
M: Eben; nicht unwesentlich ist dabei wohl, dass Faraday als Autodidakt die Phänomene nicht *mathematisch*, sondern *bildhaft* zu erfassen versuchte - man darf die Mathematik zwar nicht *unter-* aber auch nicht *über*schätzen: Wenn auch Maxwell (später) das Ganze ins *mathematisch-Abstrakte* gewendet hat, *enthalten* die Faraday´schen Bilder im Grunde schon alles, auch die *Mathematik:* Wenn man annimmt, dass der Raum durch eine *bestimmte Anzahl* an Feldlinien durchwirkt ist, ergibt sich nicht nur das erwähnte $1/r^2$-Gesetz ganz natürlich, weil eine *größere* Kugeloberfläche von entsprechend *weniger* Feldlinien durchsetzt wird, sondern auch etwa, dass die *Veränderung der Anzahl* an Feldlinien, welche dieselbe Fläche durchsetzen, streng proportional eine *Wirkung* zeitigen muss... Diese konkrete Vorstellung von Feldern, die man sich gemacht hat, war der Descartes´schen Vorstellung von der Himmelsmaterie und ihrer Mechanik[361] gar nicht *unähnlich* (auch wenn diese von Newton zu recht hernach kritisiert wurde): Neben der schon erwähnten Vorstellung, dass in einem unbekannten Äther-Fluidum gewisse Strömungen statthaben (was mathematisch tatsächlich zu den beobachteten Kräfteverhältnissen führte), stellte sich Faraday rotierende Schläuche (Äther-Wirbel) vor, die sich ob der Zentrifugalkraft längs zusammenziehen, quer ausdehnen und dergestalt gewisse *Kräfte* evozieren. Maxwell baute dies dann zu einem mechanischen Äther-Modell ineinandergreifender Wirbel und Ströme, wie auch eines `Verschiebungsstroms´ aus *(M. deutet auf Abbildung 44c)*. Und er konnte gerade *über* diese *konkreten* Vorstellungen seine Gleichungen für das elektrische und magnetische Feld streng symmetrisch gestalten und alle bekannten Phänomene *qualitativ* und *quantitativ* exakt herleiten; erst *nachdem* Maxwell zu seinen abstrakten Feldgleichungen *gelangt* war, nahm er von diesem konkreten Modell *Abstand* - wenn auch nicht vom *Äther*, den er vermittels der Jupitereklipsen *nachweisen* wollte (die Bewegung der Erde *in* diesem), zumal er mutmaßte, dass Licht eine elektromagnetische Welle sei, die sich im leeren Raum als wechselseitig sich hervorbringende elektrische und magnetische Felder fortpflanzt[362] - eben hier setzten später ja Michelson und Morley an...
H: Die keinen `Äther´ *fanden*...
M: ...und ihren Versuch als *Fehlschlag* interpretierten; man sollte nicht von

einem Extrem ins *andere* fallen und nach diesem zu konkreten Äther all′ dies′ als *irreal* einstufen...
H: Vielleicht sollte man es mit *Dirac* halten, der sagte: „die grundlegenden Gesetze der Natur beherrschen nicht *direkt* die Welt, die in unseren geistigen Bildern erscheint, sondern vielmehr ein *Substratum*, dessen geistiges Bild wir uns nicht ohne *irrelevante Zusätze* formen können“[363]...
M: In der Tat meint `Welt′ unser unvollkommenes geistiges *Abbild* dessen, was an dem Zugrundeliegenden (`Substratum′) *tatsächlich* statthat - wobei das `tatsächlich′ als sinnvolles Sigel des hypothetischen Realismus gelten soll; aber warum sollte man die Zusätze als *`irrelevant′* klassifizieren und nicht annehmen, dass auch *sie* etwas abbilden? Insofern sollte man sich von *Hertz* inspirieren lassen: Seine erkenntnistheoretische Analyse wurde schon kurz erwähnt - er hatte richtig festgestellt: „Wir machen uns innere [...][Bilder] der äußeren Gegenstände, und zwar machen wir sie von solcher Art, dass die denknotwendigen Folgen der Bilder stets wieder Bilder seien von den Folgen der abgebildeten Gegenstände.“[364] Die *Mechanik* war ihm zunächst das *einfachste* `innere Bild′ der äußeren Naturphänomene; daher hat er versucht, nur auf die Grundbegriffe `Raum′, `Zeit′ und `Materie′ (bzw. `Masse′; Hertz verwendet den Begriff `Masse′ in einem allgemeinen Sinn wie `Materie′) zurückzugreifen. Sein *Ansatz* könnte nun *Credo* sein - er sagte: „Versuchen wir die Bewegungen der uns umgebenden Körper [- mehr ist uns phänomenal-empirisch `im Außen′ nicht gegeben -] zu *verstehen* [...], indem wir [...] nur dasjenige berücksichtigen, was wir unmittelbar vor *Augen* haben, so schlägt unser Versuch im allgemeinen *fehl*. Wir werden bald gewahr, dass die Gesamtheit dessen, was wir *sehen* und *greifen* können, noch *keine* gesetzmäßige Welt bildet, in welcher gleiche *Zustände* stets gleiche *Folgen* haben. Wir überzeugen uns, dass die Mannigfaltigkeit der wirklichen Welt *größer* sein muss als die Mannigfaltigkeit der Welt, welche sich unseren Sinnen *unmittelbar* offenbart“...
H: Schön - bis hierher könnte ebensogut von *quantenphysikalischen* Phänomenen die Rede sein...
M: Eben! Er fährt fort: „Wollen wir ein *abgerundetes*, *in sich geschlossenes*, *gesetzmäßiges* Weltbild erhalten, so müssen wir *hinter* den Dingen, welche wir sehen, noch andere, *unsichtbare* Dinge vermuten [...].[Dies erfassen wir mit Begriffen wie `Kraft′, `Energie′, `Feld′ usw.] Wir können [nun] zugeben, dass ein verborgenes *etwas* mitwirke, und doch leugnen, dass dieses etwas einer *besonderen* Kategorie [- etwa den gerade genannten -] angehöre. Es steht uns frei, anzunehmen, dass auch das *Verborgene* nichts anderes sei als wiederum *Bewegung* und *Masse*, und zwar solche [...],[die] sich von der sichtbaren nicht *an sich* unterscheidet, sondern nur in Beziehung auf *uns* und auf unsere gewöhnlichen Mittel der *Wahrnehmung*. [...] Wir nehmen also an, dass es möglich sei, den *sichtbaren* Massen des Weltalls *andere [...]*

hinzuzudichten von solcher Art, dass dadurch das Ganze *Gesetzmäßigkeit* und *Verständlichkeit* gewinnt [...]. Was wir gewohnt sind als Kraft und als Energie [und als Feld] zu bezeichnen, ist dann für uns nichts weiter als eine *Wirkung* von Masse und Bewegung [...]. Durch Maxwells Verdienst [- seine mechanischen Strömungen und Wirbel eines unbekannten *Ätherfluidums* -] ist die Vermutung fast zur *Überzeugung* geworden, dass wir in den elektromagnetischen Kräften [...][eben solche Wirkungen] vor uns haben. [...][Dieses Bild besitzt] Einfachheit auch in *dem* Sinne, dass sich seine Vorstellungen der Natur so *anschmiegen*, dass die wesentlichen Beziehungen der Natur durch einfache Beziehungen zwischen den Begriffen wiedergegeben werden. [...][Der] *Verlust* der Einfachheit [liegt dann] nicht in der *Natur*, sondern in unserer mangelhaften *Kenntnis* derselben"[365]...
H: Hertz macht dann gleichsam das Gegenteil wie Faraday, er löst nicht Materie in Kraftfelder, sondern Kraftfelder in Materie auf... Man kann aber doch nicht zu solch' einem *mechni(zi)stischen Weltbild* zurückgehen...
M: Langsam; Hertz sprach abstrakt von einem *`verborgenen etwas'*, er wusste nicht um das Michelson-Morley-Experiment - wie Einstein nicht um die *EPR*-Experimente... Zunächst einmal geht es um die *erkenntnistheoretische Grundhaltung:* Selbst Einstein hielt es - wie erwähnt - für falsch, eine Theorie nur auf *beobachtbare* Größen gründen zu wollen; „in seinen späteren Jahren hat er den Positivismus ausdrücklich *abgelehnt.*"[366] Er sagte: „Der Glaube an eine vom wahrnehmenden Subjekt unabhängige Außenwelt liegt aller Naturwissenschaft zugrunde. Da die Sinneswahrnehmungen jedoch nur *indirekt* Kunde von dieser Außenwelt bzw. vom *`Physikalisch-Realen'* geben, so kann dieses nur auf *spekulativem* Weg von uns erfasst werden. [...] Vor Maxwell dachte man sich das Physikalisch-Reale [...] als *materielle Punkte*, deren Veränderungen nur in *Bewegungen* bestehen [...]. Nach Maxwell dachte man [...][es sich] durch nicht mechanisch deutbare, *kontinuierliche Felder* dargestellt [...]. Die erfolgreichen physikalischen Systeme, welche seither aufgestellt worden sind, stellen [...][noch vorläufige, logisch unvollkommene] *Kompromisse* zwischen diesen beiden Programmen dar." Dass die QT „in ihrer Grundlage prinzipiell von den beiden Programmen *ab*[*weicht*][...], [und dass] die in ihren Gesetzen auftretenden Größen [...] nicht den Anspruch darauf [erheben], das Physikalisch-Reale *selbst* zu beschreiben, sondern nur die *Wahrscheinlichkeiten* für [...][dessen] Auftreten,"[367] führte er (noch *1949*) darauf zurück, „dass diese mit einer *unvollständigen* Beschreibung der physikalischen Systeme operiert."[368] Ganz ähnlich äußerte sich auch *Schrödinger* gleichnishaft zum Positivismus: Ein Archäologe könne sinnvoll nur die *nicht-mehr-gegebene* Welt *`zwischen'* den gefundenen Artefakten *rekonstruieren*, sich aber *nicht* auf diese positivistisch *beschränken*[369]... In bezug auf Hertz' Ansatz kommt einem die QT ja beinahe auf halbem Wege entgegen, wenn man etwa an die Erhaltung des Wahrscheinlichkeitsflusses bei deBroglie-

Bohm denkt und sich grob gesagt das konkret gegebene Materielle dem Potentiellen, Feldartigen *annähert*...

H: ...und das soll nun - gleichsam vom Bann der Kopenhagener Deutung *befreit* - darauf hinauslaufen, die mit der Ψ-Funktion erfassten *Wellenphänomene* als dieses \`Physikalisch-Reale´ in Analogie zu *Feldern* zu nehmen...

M: Langsam; *hier* läuft es zunächst darauf hinaus, dass Kraftlinien überhaupt *etwas Reales* erfassen... Die scheinbar eindeutige Bestätigung des Wellenmodells durch das DSExp war ja mit dem vorgenannten Erkenntnisstrang *zusammengelaufen:* Schon Faraday und Maxwell begriffen diese Felder als etwas *Reales*, als einen \`Erregungszustand´ im Raum - dieser war also nicht mehr *\`leer´*, wo er *\`materiefrei´* war. Maxwell führte das Ganze dann dahingehend fort, dass er sich sagte: Ein *elektrisches* Feld im leeren Raum, das etwa von einem bewegten Magneten erzeugt wird, müsste *real* und einer wirklich bewegten Ladung *gleichwertig* sein, dergestalt, dass es um sich ein reales *magnetisches* Feld erzeugen müsste, dass *wiederum* so *real* sein müsste, dass es einem wirklich bewegten Magneten *gleichwertig* ist - ergo müssten sich im leeren Raum elektrische und magnetische Felder *wechselseitig hervorbringen* und *fortpflanzen*, es müsste eine transversale elektromagnetische *Welle* entstehen, die sich mit der bekannten Geschwindigkeit des Lichtes *ausbreiten* musste *(M. deutet auf Abbildung 45a)...*

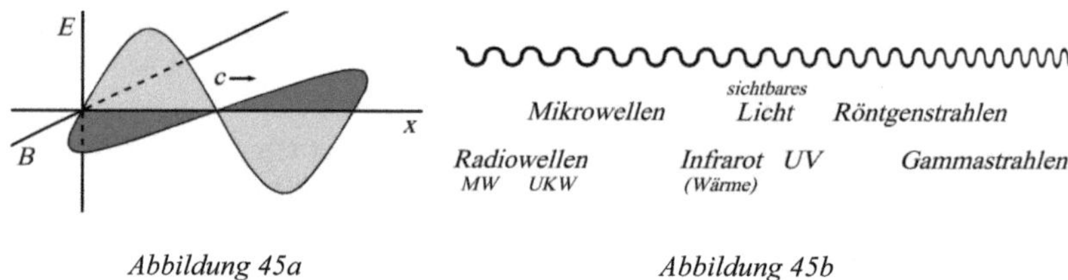

Abbildung 45a

Abbildung 45b

Aus der elektrischen Feldkonstante ε_0 und der magnetischen Feldkonstante μ_0 ließ sich diese auch - in perfekter empirischer Passung - exakt errechnen: $c=1/\sqrt{\varepsilon_0\mu_0}\approx 300.000 km/s$. Hertz konnte (*1886f*) derartige Wellen schließlich experimentell *nachweisen* bzw. *herstellen*, nachdem er errechnet hatte, dass diese entstehen müssten, wenn elektrische Ladungen schnell abgebremst werden und sich eine Welle vom Feld der bewegten Ladung löst, was etwa bei *schwingenden* Ladungen (im Schwingkreis) der Fall ist; elektrische und magnetische Kraft stehen dabei zueinander, wie auch zur Ausbreitungsrichtung des Lichtes senkrecht - bei Radiowellen sind diese *direkt messbar*. Entscheidender ist aber noch, dass Helmholtz so die Vermutung erhärten konnte, dass *dies* hinter dem Phänomen *\`Licht´* steckt und dass - für *alle* Wellenlängen verallgemeinert - *elektromagnetische Wellen* zu neben materiellen Körpern *eigenständigen Entitäten* aufstiegen, die sich selbstständig im

Raum ausbreiten und Energie und Information übertragen konnten *(M. deutet auf Abbildung 45b)...*
H: Nur: wie man später feststellte auch *ohne* Medium, *ohne* `Äther´ - heute denkt man nur ein `nackte´ raum- und zeitabhängige Vektorfunktion...
M: ...jedenfalls kein *materielles* Medium - so hat man den Äther mit `Ockhams Messer´ *gemeuchelt;* aber diese Frage ist gelinde gesagt recht *unerquicklich* - bezüglich des angeblich mit der SRT *abgeschafften `Äthers´*[370], wie auch des *`Vacuums´*, das nun an dessen *statt* begrifflich verwendet wird und das *nicht*, wie ehedem, den leeren Raum meint, der weder von Materie, Feldern oder Kräften erfüllt ist, sondern ein quantenmechanisches Feld *mit Eigenschaften;* gerade mit der QT kann man gar nicht sagen, *wie fatal* das ist; Lorentz hat - wohlgemerkt auch *nach* dem (scheinbaren) Sieg der *Einstein´schen* über *seine* Relativitätstheorie - immer am Äther *festgehalten:* Er sagte, er müsse „den Äther als etwas ansehen, was der *Sitz* des elektromagnetischen Feldes mit seiner Energie und seinen Schwingungen sein kann, ausgestattet mit einem *gewissen Grad* Substantialität, wie *verschieden* das von aller normalen [`ponderablen´] Materie auch *sein* mag."[371] Viele begreifen gar nicht, dass man gerade *mit* einer Relativitstheorie einen Äther annehmen kann; diese *macht* ihn ja unbeobachtbar. Auch Bell mahnt an, dass man Alternativen zur Einstein´schen RT zu schnell positivistisch verworfen habe, insofern „durch die Annahme eines Äthers eine ganze Reihe von Problemen *einfacher* gelöst werden können", wenn es eine verborgene „tiefere Ebene [gibt], die *nicht* Lorentz-invariant ist" und „es eine wirkliche Kausalkette gibt, die durch den Äther *definiert* ist"; ihm geht es natürlich um den „Verdacht, dass sich bei den *EPR*-Experimenten hinter den Kulissen etwas mit *Über*licht-geschwindigkeit bewegt"[372] (statt alternativ die Vorstellung der *`Realität´* aufzugeben) - dazu aber später...
H: Ähnlich wie schon Einstein von einem `neuen Äther´ gesprochen hatte, sah auch Dirac die Notwendigkeit eines `neuen´ Äthers (er versuchte diesen aber über die HU mit der SRT vereinbar zu machen)[373]...
M: Was jedoch aussichtslos ist... Jedenfalls hatte sich `hinter´ dem Bereich der *körperlichen* Dinge ein ganzes Reich ohne Wechselwirkung mit Materie *unbemerkter*, *eigenständiger* Entitäten aufgetan, nämlich: elektrische und magnetische Felder und das Spektrum der elektromagnetischen Wellen, deren man - musikalisch gesprochen - nur *eine Oktave* wahrnehmen kann. Weil Materie Licht emittiert und absorbiert, musste beides irgendwie *wesensverwandt* sein - was ja die Materialisation von Licht und die Annihilation von Materie *untermauert* hat: Energie kann „von der *materiellen* Form in die des *Lichts* oder *umgekehrt* übergehen" - man fand, „dass das Licht sich zu Materie *verdichten* vermag, während sich die Materie zu Licht *verflüchtigen* kann", man könnte beinahe sagen, „dass das Licht die *subtilste* Form der *Materie* ist."[374] Und *jedenfalls:* Wo der Raum *materiefrei* ist, kann man ihn

noch lange nicht im strengen Sinne als *`leer´* bezeichnen - man kommt kaum umhin, Feldern eine eigenständige Realität zuzugestehen, gerade *weil* man sich diese historisch erst mühsam *erarbeitet* hat - sie sind nichts, das nur unser Geist den wahrgenommenen Naturphänomenen *hinzudichtet...* Schon der Begriff *`Feld´* sprengt also die rein mechanistischen Materievorstellungen - und in *dieselbe* Richtung weist *nun* die *QT...*
H: Aber in welches Licht gerät dies mit *Hertz´* Ansichten: Bei Feldern *lassen* sich die empirischen Erfahrungen systematisieren, da man, wenn physikalisch etwas *anderes geschieht*, etwas *findet*, das *anders ist*, eben die geometrische Anordnung der die Felder erzeugenden oder beeinflussenden *Körper* bzw. deren elektrische *Ladung*. Für die Phänomene, mit denen die QT zu tun hat, lässt sich das aber *nicht* behaupten - man *findet* nichts, was etwa beim DSExp voraussagen ließe, *wo* auf dem hinteren Schirm ein QO auftreffen wird...
M: Nun, für das *einzelne* QO mag das sein - das heißt aber noch nicht, dass es nichts *gibt;* und das *Gesamt*muster *verändert* sich jedenfalls, wenn man etwa die geometrische Anordnung der Spalte oder wohlgemerkt auch: den *Impuls* der QO *verändert* - und zwar genau so, *als ob* sich Wellenfelder ausbreiten würden... Man betrachtet Felder ob ihrer *Wirkung* auf Materie (etwa auf Probekörper) als *`Seiendes´*, weil es *`Wirkmächtiges´* ist - wenn man bei Feldern aber sagt, sie seien nicht direkt *zugänglich*, sondern lediglich über ihre *Wirkung*, die sie auf *Körper*, die man in den Raum bringt, ausüben, *sichtbar* zu *machen*, ist das bei Wahrscheinlichkeitswellen (oder mit welchem ontologischen Status man quantenphysikalische Wellenfelder auch belegen mag) ja ganz *ähnlich:* Man kann nicht leichthin sagen, „dass überhaupt keine Experimente angebbar sind, die eine *direkte* Messung der Amplituden Ψ ermöglichen“[375] - denn was bedeutet dabei *`direkt´?* Man muss anstatt etwa Eisenfeilspäne in ein Magnetfeld oder Dipole in ein elektromagnetisches Feld zu bringen, beim DSExp - wie erwähnt - nur ein Ensemble gleichartig präparierter QO durch die beiden Spalte schicken und den Schirm dahinter *verschieben* - dann wird die im Raum stehende wellenförmige Erregung jedenfalls an den Raumstellen, an denen sie *nicht* zeitabhängig ist, in Gestalt der superponierten Amplituden und als Betragsquadrat von Ψ anhand der Linien konstruktiver und destruktiver Interferenz *erkennbar;* in beiden Fällen geht das nur mit einer großen *Anzahl* an QO und nicht mit *einzelnen* Photonen oder `materiellen´ QO; ähnlich macht das Ketterle-Experiment *stehende* Materiewellen sichtbar. Das sind zwar eher *indirekte* Nachweise, aber kann man umgekehrt im elektromagnetischen Feld einer Anzahl verschieden geladener Körper *deren einzelne* sich überlagernde Amplituden nachweisen? Hier gibt es eine Analogie - und das quantenphysikalische Feld ist zudem wesentlich *elementarer...*
H: Damit wäre nur noch nicht gegeben, *wo* das QO am Ende *auftrifft...*
M: In einem *zweiten* Schritt wäre dann zu fragen, was man sich unter einem

einzelnen QO *vorzustellen* hat, was nämlich heißen kann: *ob*, *wie* und *wo* die Welle *zu* einem einzelnen Teilchen kollabiert, dekohäriert, \`sich-neigt´... Im Zweifel über die Realität der quantenphysikalischen Wellenentitäten muss man sich bezüglich der genannten Definition des Begriffes *\`real´* vor Augen führen, dass man mit einer zu *engen* Definition von \`real´ nach *\`res´* auch etwa elektromagnetische Felder überhaupt nicht als *\`real´* bezeichnen könnte - man *kann* den Begriff natürlich so eng definieren, aber ist nicht gerade *dann* der Fall, was *vermieden* werden sollte: dass die Bedeutung von Wörtern willkürlich *geändert* wird? Immerhin ist doch anzunehmen, dass der \`Erregungszustand´, den man mit einem Feld beschreibt, im Raum schon vorliegt, *bevor* man Probekörper bzw. Detektoren in diesen bringt...
H: Man ist erkenntnistheoretisch zu dieser Annahme nicht *genötigt;* man könnte sich - wie erwähnt - auch mit Coulomb auf eine *Fern*wirkungstheorie zurückziehen, bei der *direkt* Materie mit Materie wechselwirkt; genaugenommen ist ja für das Feld noch nichts gesagt: Faraday hat nicht nur mehr angenommen, als *sicht*bar, sondern auch als *erweis*bar ist, ohne Materie zu involvieren - man kann niemals *nachweisen*, dass Faraday Coulomb *vorzuziehen* ist; Gauss hat in ähnlichem Sinne eine mit *endlicher* Geschwindigkeit sich fortpflanzende *Fern*wirkung angedacht, ganz zu schweigen von Cramers Transaktionstheorie usw. usf. ... Könnte man mit Berkeley oder natürlich mit der *QT* nicht beinahe behaupten, Felder existierten *nur*, wenn sie *beobachtet* werden?
M: Hätte der Mensch ein *Sinnesorgan* für Magnetfelder, mit dem er diese direkt *wahrnehmen* könnte, würden sich solche Zweifel wohl nicht *ergeben*. Immerhin wendet man auf Felder *nicht* engstirnig \`Ockhams Messer´ an - es ließen sich ja schon für *\`Licht´ dieselben* radikalen Zweifel formulieren, etwa, dass es nur *mit* Materie nachweisbar ist bzw. umgekehrt, dass - wie erinnerlich - Materie nur über den *Energieübertrag* gegeben ist... Spätestens mit Newtons \`hypothesis non fingo´ (zur Gravitation) wurden Fernwirkungen ja als *\`suspekt´* betrachtet, da sie die Wirkungs*übertragung* unerklärt lassen, und noch Einstein hat sich - ohnerachtet der Frage nach einem \`Äther´ als möglichem *Übertragungsmedium* - um eine reine *Nahe*wirkungstheorie bemüht...
H: Nur ist an dieser Frage beinahe alles *unausgegoren:* Wieso soll eine *Kette* vieler kleiner Nahewirkungen begreifbarer sein, als *eine* raum-überspannende Fernwirkung? Und ist die Nahewirkung nicht zu *mechani(zi)stisch* gedacht, auch wenn man ein *vermittelndes* (immaterielles) *Medium* dazu annimmt? Will man das *nicht* - was, wenn die Fernwirkung nach Gauss´ Idee *zeitverzögert* erfolgte, je nach räumlichem Abstand: Wäre *das* begreifbar und warum dann nicht *instantane* Fernwirkung? Und in der QT nimmt man die instantane nicht-Lokalität ja recht *bedenkenlos* hin...
M: Gut, allemalen sind mit der QT, schon mit dem DSExp *Fern*wirkungen

wieder `im Spiel´ (je nach Definition). Aber zunächst einmal sagt man mit der Argumentation à la Coulomb *für Fern*wirkungen sogleich, worauf die Diskussion immer weiter *zusteuert:* dass Körper neben ihrer gewöhnlichen `körperlichen´ Ausdehnung eine Art `verborgene´ *wirkungsdynamische* Ausdehnung zu besitzen scheinen, irgendwie aneinander `heranreichen´ - wie bei den `Schaumkämmen auf einer den Weltgrund bildenden Wellenstrahlung´...
H: ...was im Endeffekt auf *dasselbe* hinausliefe...
M: Maxwell hat noch ganz schlicht einen das All ausfüllenden *Äther* angenommen als Träger der Energie, die Licht besitzt, als Wellenmedium in dem Interferenz statthat usw. usf. Dessen ohnerachtet berücksichtigt aber diese Argumentation *jedenfalls* noch nicht, dass *Licht* als *eigenständige Entität* zu begreifen ist und *mit* ihr das zugrundeliegende *Feld:* Faraday, Maxwell und Hertz haben nicht nur `Felder´ als reale eigenständige Entitäten aufgefasst, die Wirkungen an Materie zeitigen können, sondern - entscheidender noch - angenommen, dass man elektromagnetische Wellen als eine Fortpflanzung der *Kopplung* dieser beiden Felder - *ohne* dass `ponderable´ Materie *involviert* ist - begreifen muss, die sich *selbstständig* im materiefreien Raum fortpflanzt und dabei Energie (und Information) überträgt; diese gehorcht - in Analogie zu den Newton´schen Bewegungsgleichungen für Körper - den Maxwell´schen Bewegungsgleichungen für Felder. Vor allem aber fand man - anders als *Coulomb* angenommen hatte -, dass sich Felder *nicht-instantan* ausbreiten; mit Hertz´ Versuchen war „der Beweis geliefert worden für die *zeitliche* Ausbreitung einer *vermeintlichen* Fernkraft“, worin Hertz „den philosophischen, in gewissem Sinne zugleich den *wichtigsten* Gewinn der Versuche“[376] sah, weil es eben die eigenständige Existenz der Felder untermauerte...
H: Ja, nach Newtons (scheinbarer) Deutung der Gravitation als *Fern*wirkung konnte man die elektromagnetischen Kräfte als durch *Nahe*wirkung *vermittelt* betrachten und an de alltägliche Erfahrung anknüpfen, dass Wirkungen des direkten *Kontakts* bedürfen - wenn auch um den Preis, dass sich mithin ein vermittelndes *Medium* nahelegte, das rätselhafte widersprüchliche Eigenschaften aufweisen musste...
M: Jedenfalls ist man über ein Weltbild nur mit `Körpern´ *hinausgegangen* - man betrachtet seither `Felder´ als *eigenständige Entitäten*, mit einer konsistenten eigenständigen Theorie; „in der Maxwell´schen Theorie [...] hatten die Kraftfelder denselben Grad von Wirklichkeit wie die Körper in [der] Newtons[chen] Theorie erworben“[377]... *Genereller* gesprochen kommt man nicht umhin, *überhaupt* ein immaterielles *`mehr´* anzunehmen, eigenständige Entitäten *neben* den direkt sichtbaren materiellen Körpern... Und die Entwicklung ging ja sogar noch *weiter:* Man ist im Gefolge der klassischen Feldphysik dahin gekommen, Materie und Felder nicht mehr als vollkommen *verschiedene* Wesenheiten zu betrachten...

H: Man wollte etwa zwischen der `Materie´ als Feld*quelle* und ihrer *Wirkung* nicht mehr *unterscheiden;* sollte man annehmen, ein Materieteilchen habe eine fest umrissen Oberfläche, *jenseits* derer das elektrische oder gravitative Feld anfängt? Materie und Felder haben mit der SRT auch *beide* Masse-Energie: Materie hat einen Energiegehalt und Felder haben eine korrespondierende Masse; Materie und Felder treten immer *zusammen* auf: Trotz der Eigenständigkeit des elektromagnetischen Feldes beim Phänomen `Licht´ muss man feststellen: Keine Materie ohne umgebendes Feld, kein Feld ohne materielle Feldquelle; sie sind zudem ineinander *verwandelbar* usw. usf. ...
M: Eben. Daher tat sich die Möglichkeit auf, nicht nur `Felder´ als `Materie-Emanationen´ zu begreifen, sondern umgekehrt Materie als gleichsam `Feld-Verdichtungen´. Gerade mit der quantenphysikalischen `Wellenartigkeit´ der Dinge und ihrer nicht-Lokalität bzw. nicht-Separabilität *muss* man vielleicht daran anknüpfen und die scheinbar punktförmigen Materieteilchen als selbst immateriell wirkungs-dynamisch, zeit- oder teilweise im Raum *ausgebreitet* betrachten...
H: ...und bezogen auf die *QT* soll das nun nahelegen...
M: ...dass die Vorstellung, die man sich gewöhnlich von *`Körpern´* macht, grundsätzlich zu revidieren ist - so wird übrigens die Frage, ob *Nah-* oder *Fern*wirkung, ja, die ganze Diskussion, *ob* man nun Felder als `Emanationen´ der Materie, Materie als `Verdichtungen´ von Feldern, des Raumes, des Äthers... oder Kräfte umgekehrt als Wechselwirkungen der Materie mit diesen zu deuten hat, für Entitäten wie die Schrödinger´schen `Schaumkämme´ im Grunde *bedeutungslos!*
H: ...was aber wiederum die Frage nach einem absoluten oder relationalen (relativen) Raum-Zeit-Konzept tangiert; die moderne Atomistik und die QFT nehmen ja beinahe selbstverständlich im Hintergrund einen (im Sinne eines *Behältnisses*) absoluten Raum an...
M: Um aber wieder den Bogen zum Ausgangsgedanken zurückzuschlagen: Wie erwähnt ist ein Modell bzw. eine Theorie nicht `die Wirklichkeit´ *selbst*, diese erfassen derer nur bestimmte *Aspekte*, wobei ganz spezifische *Vorstellungen* von physikalischen *`Objekten´* zugrundeliegen. Die *Komplexität* der Wirklichkeit *reduziert* man dadurch, dass nur ein bestimmter Wirklichkeits*ausschnitt* ins Auge gefasst wird (schon der Beobachter wird dabei `außen´ gesetzt), und durch die Bildung verschiedener idealisierender Objekt*begriffe*, welche diesem Ausschnitt *angepasst* sind; die (hypothetische) *Näherung* an die Wirklichkeit hat mithin verschiedene *Grade*. Man kann Objekte *für sich*, unter dem *Einfluss* von Kraftfeldern, in *Wechselwirkung* mit anderen Objekten usw. usf. betrachten; dabei werden auch deren *Eigen-schaften* entsprechend *reduziert*, etwa für den klassischen `Massenpunkt´ auf `Ort´ und `Impuls´, für `Punktladungen´ in Feldern wird die `Ladung´ ergänzt usw. usf. ...
H: Solche `Objekte´ sind *unsere Konstrukte*...

M: Richtig; definiert man nun ein physikalisches \`Objekt´ als \`den *Inbegriff* der Eigenschaftsgrößen, die Aussagen über den *Zustand* und das *Verhalten* des Objekts ermöglichen´, ist in diesem Sinne auch etwa das elektromagnetische *Feld* ein physikalisches *\`Objekt´*, wenn man annimmt, dass dieses sich in den *sich zeitlich ausbreitenden* Kraftwirkungen als *eigenständige Entität* erweist und dass in den Maxwell´schen Gleichungen die Eigenschaftsgrößen den *Zustand* des Feldes und dessen *Verhalten* und *Wirkung* als Funktion des Ortes und der Zeit erfassen. Die Charakteristika klassischer Felder kann man im Gegensatz zu den Charakteristika der klassischen Körper *(M. deutet auf die Abbildung oben)* wie folgt zusammenfassen *(M. deutet auf Abbildung 46):*

Klassische Felder (phänomenale Charakteristika)...	*Geltung für QO?*
...sind kontinuierliche (insofern nicht-lokalisierte), durchdringliche, überlagerungs- und interferenzfähige Entitäten *(a),* die selbst raum-zeitlich (\`trajektoral´) Wirkungen vermitteln *(b)*, nämlich Gravitations-, elektromagnetische und Kernkräfte gemäß dem $1/r^2$-Gesetz *(c)*, und tragen insofern zeitabhängige, dynamische Eigenschaften *(d)*, denen Masse, Ladung, Polarisation u.a. korrespondieren; insofern gehorchen sie Erhaltungssätzen *(e)* und kausal-deterministischen Gesetzen *(f);* ihr Zustand wird gekennzeichnet durch Feldstärke und -impuls an jedem Raumpunkt *(g)*, gleichsam als aus unendlich vielen Teilchen bestehend *(ψ(x,t));* jedes der vier fundamentalen Felder ist gleichsam ein Individuum *(h).*	*(a)* teilw. *(b)* entsp. *(c)* teilw. *(d)* entsp. *(e)* Ja *(f)* ? *(c)* entsp. *(h)* ?

Abbildung 46

Bei *QO* als Wellenentitäten ist es nun *ebenso*, auch, wenn diese *noch* rätselhafter anmuten - auch die *quantenphysikalischen* Eigenschaftsgrößen der *ψ*-Funktion erlauben Aussagen über den *Zustand* und das *Verhalten* von QO und *so* betrachtet muss man diesen wie Feldern als *abstrakten \`Objekten´* eine *Realität* als solche zugestehen und dass diese Realität jener der Felder *nahekommt*. Kategorial zwischen den Charakteristika der klassischen Teilchen *(M. deutet auf die Abbildung oben)* und hier der Felder liegen nicht nur etwa *Licht*quanten (empirisch) und *Feld*quanten (konzeptionell)[378], sondern *QO generell...*
H: Im Grunde nähert man sich diesen damit von der *anderen* Seite her - ganz im Sinne des komplementären Dualismus der Kopenhagener Deutung, die ja QO gleichsam *perspektivisch* von verschiedenen (*klassischen*) *Seiten* her zu beleuchten gedenkt...
M: Jein; ob Teilchen oder Felder - QO sprengen *beide* Rahmen. Wenn man sich QO nicht nur von der \`*Materie*seite´, sondern auch von der \`*Feld*seite´ her nähert, wird man gewahr, dass diese mit *Feldern* mindestens *ebensoviel* gemein haben; hier ergibt sich nun nicht nur die Option des *Dualismus* - man kann nicht nur \`Felder´ als \`Materie-Emanationen´ *oder* Materie als \`Feld-Verdichtungen´ deuten, sondern *beides monistisch* zusammenfallen lassen. Wie erinnerlich hatte Schrödinger Wellenmechanik und klassische Mechanik

als im selben Verhältnis zueinander stehend gedeuet wie Wellenoptik und geometrische Optik; QO *seien* reale Materiewellen, Korpuskeln seien nur `eine Art `Schaumkamm´ auf einer den Weltgrund bildenden Wellenstrahlung´; er ließ *nurmehr* gleichsam `Ätherwellen´ übrig, die zeitweise als Teilchen *erscheinen*, wobei die Teilchenbahn den longitudinalen Zusammenhang, die Wellenflächen den transversalen Zusammenhang offenbare, alles sei `Ausfluss eines Wellenspiels´...
H: Eben *davor* war deBroglie noch *zurückgeschreckt*, die Teilchen und `seine´ Führungswelle ontologisch *zusammenfallen* zu lassen; anzunehmen, es gäbe eine „Welle, die einen bevorzugten Punkt besitzt, welcher [...] die Korpuskel im engeren Sinn des Wortes *wäre*. [...] Wie im Falle des materiellen Punktes der klassischen Mechanik, der von seinem Kraftfeld umgeben ist, entstände die Synthese zwischen Kontinuum und Diskontinuum durch die Vorstellung von Individualitäten, die ausgedehnt, aber um ein Zentrum organisiert sind." Er sagte sich aber, „die Wellen [...] sind *kontinuierlich* und *homogen* [...]. Sie *besitzen* keinen bevorzugten [lokalisierbaren] Punkt, [...] [weshalb sie] nicht gestatten, die individuelle Bewegung zugeordneter Korpuskeln zu bestimmen, [...] sie [geben][...] nur eine statistische Darstellung aller möglichen Bewegungen"[379]...
M: Nun, letzterem Argument widerspricht schon einmal *Bohms* Theorie, welcher ja späterhin - bei aller kritischen Skepsis - im Prinzip *gelungen* ist, in der Welle einen ausgezeichneten `Teilchen-Punkt´ anzunehmen. Generell ist das Argument aber nicht *stichhaltig*, wenn man einfach nur eine *Synthese* für denkbar hält und die `Wellenentitäten´ für *dynamisch-veränderlich* erachtet, dass sie nur *zeitweise* `teilchenartige´`Schaumkämme´ bilden - überhaupt hat sich heute das Wellenbild soweit etabliert, dass man in einem ganz *anderen* Sinne als deBroglie und Bohm eine *nicht-Kollaps*theorie für möglich erachtet, dass nämlich *Dekohärenzeffekte* so *wirkungsvoll* sind, dass - alles als Wellenentitäten gedeutet - `Wellenartigkeit´ und Superpositionen der Dinge nur nicht *erkennbar* sind...
H: Wenn sich denn dieses Konzept konsistent durchführen lässt...
M: Nicht nur bei deBroglie, sondern auch bei Schrödinger wurden durch die Born´sche bzw. die Kopenhagener Deutung zwischenzeitlich *Zweifel* genährt; hernach aber (*1952*) waren Schrödinger Elementarteilchen „mehr oder weniger vorübergehende Gebilde innerhalb des Wellenfeldes [...], deren Gestalt aber, und strukturelle Mannigfaltigkeit im weitesten Sinne des Wortes, so klar und scharf und stets in derselben Weise wiederkehrend durch die Wellengesetze bestimmt ist, dass vieles sich so abspielt, *als ob* es substantielle Dauerwesen wären. [...] Masse und Ladung [...][sind] dabei mit zu den durch die Wellengesetze bestimmten *Gestalt*elementen rechnen."[380] In gewissem Sinne konvergierten hier die Gedanken *vieler* Kritiker der orthodoxen Deutung der QT: Einstein hatte schon *1909* für *Lichtquanten* erwogen, dass „die ganze Energie

des elektromagnetischen Feldes als in diesen *Singularitäten* lokalisiert angesehen werden könnte, ganz wie [Materie] bei der alten Fernwirkungstheorie. [...][Man könne sich] jeden solchen singulären Punkt von einem Kraftfeld umgeben [denken], das im wesentlichen den Charakter einer *ebenen Welle* besitzt, und dessen Amplitude mit der Entfernung [...] abnimmt. Sind solcher Singularitäten viele [...], so werden die Kraftfelder sich übereinanderlagern und in ihrer Gesamtheit ein undulatorisches Kraftfeld ergeben, das sich von einem [...][solchen] im Sinne der [...] elektromagnetischen Lichttheorie vielleicht nur wenig unterscheidet"[381] *(M. deutet auf Abbildung 47a)...*

Abbildung 47a *Abbildung 47b*

Zwar sagte er bezüglich der Lichtquanten auch, „dass die Wellen nur dazu da seien, um den korpuskularen Lichtquanten den *Weg* zu weisen, und [...] sprach in diesem Sinne von einem *`Gespensterfeld,´*"[382] im Grunde ist es aber eben diese Vorstellung von `Singularitäten´ eines zugrundeliegenden Feldes, an die auch Schrödinger anknüpft, wobei er Ansätze zur Wellentheorie in betreff des „Resonanzcharakters der Quantenforderung" schon *vor*, jedenfalls aber *unabhängig* von deBroglie in Händen hielt, als er *(1922)* Überlegungen „über eine Äquivalenz [...] zwischen Elektronen [...] bestimmter Energie und Strahlung bestimmter Frequenz" anstellte[383]... Es geht nicht nur darum, dass QO *real wie* Felder sind, sondern real wie *Felder*, dass es für sie gleichsam ein dynamisches `sich-Neigen´ zur Teilchen- *oder* Wellennatur gibt, als zwei Seins-Modi. Dieser feldartigen Realität als Wellenentitäten kann man sich auch anhand der Frage nach der *Raumgröße* von QO und der *`Leere´* nähern...

IV b *H:* Nun, die Raumgröße von QO kann man nicht nur darauf beziehen, wie diese sich bei gewissen Experimenten auf einen bestimmten Wirkungsradius *zentriert* zeigen - bei Kollisions- bzw. Streuexperimenten etwa hat man es scheinbar mit *Teilchen* zu tun, die auf bestimmte Radien `zentriert´ sind: bis zu Distanzen von $10^{-19}m$ verhalten sich etwa Elektronen wie nahezu punktförmige Objekte ohne jede innere Struktur.[384] Über die Raumgröße von QO eine vernünftige Aussage zu machen, ist ob ihrer `Janusköpfigkeit´ jedoch beinahe unmöglich. *`Atome´* sind als *Systeme* von QO auch in dieser Hinsicht schon speziellere Fälle, sie haben eine bestimmte Raumgröße nur relativ zu ihrem jeweiligen (Energie-)Zustand *als* System, der ja einer speziellen Gleichgewichtsbedingung unterliegt - sie sind *dynamische* Gebilde. Überdies muss

man nach der *Messmethode* fragen, nach welcher man ihre räumliche Größe bestimmt: Man kann nicht nur Kollisions- und Streuexperimente betrachten, sondern auch etwa, wie sich Ionen an durchlässigen Membranen verhalten, in welchen Abständen Atome bzw. Ionen sich bei verschiedenen Bindungsarten, etwa in einem Kristallgitter, anordnen usw. usf. - man kommt für dasselbe Element dann zu recht *unterschiedlichen* Werten für seine Bindungsradien, in denen sich ja die Raumgröße *abbildet:* Kommt man bei Ionenbindung (*+1e*) etwa auf *1Å* Größe, kann man hinsichtlich der van-der-Waals-Kräfte auf fast den *doppelten* Wert kommen - und hochangeregte Rydberg-Atome sind sogar um ein *Vielfaches* größer als Atome im Grundzustand, man kommt mit bis zu *1/100mm* Größe schon in *meso*kosmische Gefilde *(M. deutet auf Abbildung 49 links)...* Letztendlich bewegen sich alle diese Messungen aber ja in einem ähnlichen *Größenbereich...*
M: Selbst *makroskopisch* bildet sich die Raumgröße von Atomen ab - nicht nur *indirekt* in der kinetischen Gastheorie, sondern auch etwa in der Wärmeleitfähigkeit oder Viskosität von Stoffen oder *direkt* in der *freien Weglänge*, die Atome ungehindert (nach Definition) in Medien zurücklegen können, die vom *Wirkungsquerschnitt*, mit dem Atome einander bzw. andere QO stoßen, abhängt[385] - allerdings eben gleichsam im *Teilchen-Modus*. Insofern vonLaue (*1912*) mit seinen Beugungsversuchen zu Röntgenstrahlen umgekehrt auch die Kristallgitterstruktur analysiert hat, also den Atom*abstand* im Kristall, kommt man damit genaugenommen wieder - wie bei den Rastertunnelmikroskop-Aufnahmen - auf die `Antreffwahrscheinlichkeit´ von Elektronen bzw. die gesamte räumlich-ausgedehnte wechselwirkende *Elektronenhülle*. Umgekehrt offenbart sich, insofern sich bei solchen Versuchen die *Anwendbarkeit* des Bragg´schen Reflexionsgesetzes bei *einzelnen* QO als Geschossen *überhaupt* ergibt, schon die größere räumliche Ausgedehntheit von QO bzw. ihrer Wellenkomponenten, weil die dabei mit dem Huygens´schen Prinzip erzeugten Elementarwellen ja irgendwie von einzelnen Komponenten des einzelnen QO *herrühren* müssen...
H: ...bei Elektronen, die ansonsten als *elementare diskrete* Objekte betrachtet werden...
M: Bei den *Atomen* kommt man schon deshalb nicht zu einer *scharfen* Größe, weil der positiv geladene Atomkern die ihn umgebenden negativ geladenen Elektronen (auch) räumlich *dynamisch* `im Zaum hält´ - was die Frage aufwirft, was eigentlich als Atomradius *gelten* kann: Hier ist im Grunde die Rede von dem durchschnittlichen Radius, mit dem ein Atom, genereller ein QO, mit seiner Umgebung *wechselwirkt*, vom *effektiven Wechselwirkungsradius*. Man kann nun speziell fragen, wann ein körperliches `Ding´ einem anderen *Widerstand* leistet, in seinen *Ortsraum* einzudringen. Bei den erwähnten Bindungsradien geht es - mit Kants Begriffen - um ein doppeltes Wechselspiel *`repulsiver´* und *`attraktiver´* Kräfte, nämlich um jene die Atome *selbst*

modulierenden Kräfte und jene *zwischen* den Atomen wirkenden Kräfte, die gleichsam einen `Waffenstillstand´ schließen, vornehmlich die *elektromagnetischen* Kräfte...
H: Kants bereits erwähnte Analyse zu den `metaphysischen Anfangsgründen der Naturwissenschaft´, welche Materie als *`Bewegliches´*, *`Raumfüllendes´*, *`Kraftbegabtes´* bestimmt - ist *beides: hellsichtig*, aber auch rationalistisch, eben *transzendental* motiviert, und insofern heute von der Empirie teilweise eingeholt; manches *bleibt* allerdings...
M: Ja. In einem *ersten* Sinne bleibt, dass *einerseits* Atomhüllen relativ zueinander *Repulsions*kräfte zeigen und sich - als raumnehmende Fermionen und aufgrund ihrer gleichen elektrischen Ladung - wechselseitig hindern, ineinander einzudringen, während es *andererseits* durch konstruktive Interferenz bzw. eine dergestalt bestimmte Modulation der QO zwischen den Atomen zu Erhöhung der negativen Ladung, mithin zu Bindung der positiven Atomrümpfe durch ungleiche elektrische Ladung, ergo einer *Attraktions*kraft kommt...
H: ...so dass sich bestimmte Atomabstände etwa im Kristallgitter einstellen...
M: Richtig; das ist aber nicht alles: Die beiden Kräfte kann man nicht nur bezogen auf *zwei verschiedene* Materieentitäten betrachten - auch etwa auf das Kräftespiel zwischen Kern und Hülle -, sondern schon auf eine Materieentität *alleine*, etwa auf ein Elektron der Atomhülle selbst; auch für *diese* muss man ja ein `sich-Einpendeln´ auf einen Grundradius bzw. auf darüberliegende höherenergetische Radien annehmen, so dass diese nicht in den Kern stürzen...
H: ...was die *HU* verhindert...
M: Jein; bei den HU taucht dieser Aspekt nur *auch* auf - dieser ist aber nicht als der ursächliche Grund, als ursächliche *Gegenkraft* anzusehen, sondern als *resultierendes* Phänomen; die HU beschreibt, wie ein QO zwischen seiner Teilchen- und Wellennatur *moduliert* ist... Kant wählt allemalen einen fruchtbaren *Ansatz:* Er *verquickt* beide Ebenen - eben weil er Materie *transzendental*, also bezüglich dessen, was man an ihr gewahr werden *kann*, durch nämliche beiden Kräfte *konstituieren* will. Wie erwähnt hatte ja Newton über Körper bzw. Materie als bewegliche, ausgedehnte `undurchdringliche Raumbereiche´ à la Descartes spekuliert; Kant interpretiert darin nun gleichsam die Begriffe *`ausgedehnt´* und *`undurchdringlich´* als von *Kräften* herrührend, um Materie *dynamisch* zu erklären: In einem *zweiten* Sinne bleibt daher, dass man schon der Materie *selbst* axiomatisch eine Zurückstoßungs- und eine Anziehungskraft zuschreiben kann - als „das *Bewegliche*, sofern es den *Raum erfüllt*", erfüllt Materie diesen „nicht durch ihre bloße *Existenz*", sondern „durch repulsive Kräfte", „durch eine ihr eigene Ausdehnungskraft". Die Materie widersteht nicht nur *träge*, ihren Raumort zu ändern, sondern das `selbst-Raum-*nehmen*´ bedeutet umgekehrt, anderen Körpern diesen zu *verwehren* - in der QT korrespondiert das dem, was man mit dem `Pauli-Prinzip´ findet;

Kant meint, dies sei nur als eine der in den Raum eines Körpers *eindringende* Kraft entgegengesetzte bewegende, nämlich *zurücktreibenden* Kraft zu denken. „Die Möglichkeit der Materie erfordert [jedoch umgekehrt auch] eine *Anziehungskraft* als die zweite wesentliche Grundkraft derselben", die erstere gewissermaßen `in Schach´ hält[386] - beide Kräfte *konstituieren* nun Materie...

H: Was man `Materie´ nennt, wäre damit *selbst* etwas durch diese beiden Kräfte *Moduliertes*, etwas, das die `Undurchdringlichkeit´ und spezifische `Raumerfüllung´ der Materie emergent *hervorbringt* - man könnte auch sagen, mit den beiden Begriffen würde das antike Begriffspaar `Atom´ und `Leere´, hernach `Materie´ und `Raum´ anders *aufgelöst...*

M: Wenn man so will... Das nämliche Kräftespiel ist also in einem *mehrfachen* Sinne zu denken: `Repulsion´ meint auf die Materieentität *selbst* bezogen die Gegenkraft zur `Attraktion´, dass diese im absoluten Raum *Raum einnimmt* bzw. *`im´* relationalen/relativen Raum *Raum `aufspannt´* und sich nicht zu einem Punkt zusammenzieht; `Attraktion´ meint auf die Materieentität *selbst* bezogen umgekehrt die Gegenkraft zur `Repulsion´, dass sich diese im Raum zu einem konkreten `Ding´ zusammenzieht und sich nicht maßlos ins Unendliche erstreckt - so wäre (heute: fermionische) Materie *an sich* konstituiert... `Repulsion´ meint hingegen zwischen zwei *verschiedenen* Materieentitäten, dass sie *undurchdringlich-körperhaft* sind; `Attraktion´ meint Bindungskräfte zwischen diesen, oder - wenn man so weit gehen will - sogar eine *generelle* Anziehungskraft, wie die Gravitation *(M. deutet auf Abbildung 48)...*

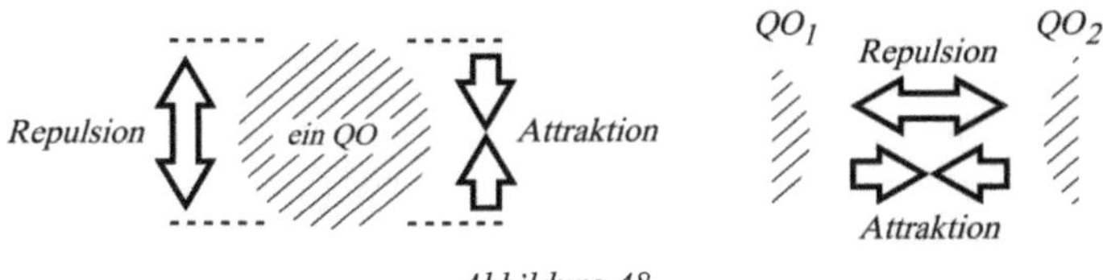

Abbildung 48

Kant hätte vielleicht noch klassisch atomistisch eine *bestimmte*, *fixe* Ausdehnung der elementaren Materie annehmen können; heute findet man diese mit der QT *dynamisch:* Ein Elektron mag gleichsam im *Teilchen-Modus* bis 10^{-19} *m* (also nahezu) strukturlos-punktförmig sein; es hat aber gleichsam im *Wellen-Modus* im Raum ausgebreitet *keine* bestimmte Raumgröße; es *wird* erst zu etwas Spezifischem der Raumgröße nach, wenn es mit anderen gleichsam materiellen `Kristallisationskeimen´ *zusammenkommt*, wenn es etwa im Atom auf sich selbst `zurückgebogen´ wird; durch Attraktion des Kerns krümmt es sich als am Kern gebeugte Materiewelle um den Kern und wird von diesem festgehalten (und *dann* kommt es in der Folge zu Interferenz, zur `Ganzzahligkeit´ usw. usf.)... Das ist eben derselbe Mechanismus, den man als eine Dynamik *II* eines Wellenkollapses, (finaler) Dekohärenz, eines `sich-

Neigens´ zu erfassen versucht, so etwa GRW und Penrose...
H: \`Teilchen-Modus´, \`Wellen-Modus´ - diese Begriffe sind hier nun einfach *\`untergemischt´...*
M: Allerdings kann man dabei die beiden Ebenen phänomenal-empirisch nicht unterscheiden: Offenbar ist es zum einen die Repulsionskraft des *Kerns* (wie umgekehrt des Elektrons), welche das Elektron in den Raum des Kerns einzudringen *hindert*, man sagt dann: Kern wie Hülle bestehen aus raumnehmenden, undurchdringlichen *Fermionen;* zum anderen jedoch kann man nämliche Repulsionskraft bezüglich des Elektrons *selbst* annehmen, dass dieses sich nicht immer weiter verdichtet, dass es *an sich* ausgedehnt ist und Raum nimmt - *mittelbar* erfasst das die HU...
H: Es gibt aber ja auch Phänomene wie die β-Strahlung aus Neutronenzerfall und umgekehrt den Elektroneneinfang - der Atomkern ist also nicht *vollkommen* \`tabu´...
M: Ein Elektron scheint dann so *\`ummoduliert´* zu werden, dass der Atomkern \`tabu´ ist, es *verlässt* den Kern als Strahlung (so sagt auch die HU) bzw. im umgekehrten Fall wird es dann in den Kern *\`integriert´...* Vielleicht ist auch die \`Undurchdringlichkeit´ keine *absolute;* überhaupt gibt es einen Grund, den Bezug der beiden Grundkräfte auf sich *selbst* und auf *je andere* QO zu *trennen:* Ausdehnungskraft (des QO selbst) und Rückstoßungskraft (anderer QO), also Undurchdringlichkeit scheinen nämlich *zweierlei* zu sein - es gibt neben *Fermionen* ja auch *Bosonen*, die sich im Raum *erstrecken*, einander aber durchdringen *können;* wenn man dies nicht nur auf die virtuellen Teilchen bezieht oder auf Felder, muss man es auf *Licht* beziehen und ob dessen Wesensverwandtschaft mit Materie auf *diese...*
H: Gerade *transzendental* darf also beides nicht zusammenfallen - Kant hat bei alledem offenbar *nur* an Körper gedacht... Ein Wermutstropfen ist dabei natürlich, dass sich über *alles* mit Kant setzen ließe: „Dass man die Möglichkeit der *Grundkräfte* [oder gar diese selbst, wie auch die *Grundentitäten*] begreiflich machen sollte, ist eine ganz unmögliche Forderung; denn sie *heißen* eben *darum* Grundkräfte [bzw. Grundentitäten], weil sie von keiner anderen *abgeleitet*, [...][das heißt] gar nicht begriffen werden *können*“[387]...
M: Vieles übersteigt unseren Erkenntniswitz: Bei den Lenard´schen Versuchen etwa konnten Elektronen Atomgitter, bei den Rutherford´schen Versuchen konnten α-Teilchen die Elektronenhülle von Atomen einfach *durchdringen* - mit solchen Befunden wird nun manchmal behauptet, ein Atom bestünde größtenteils aus \`leerem Raum´...
H: So *scheint* es ja auch, was gleichsam die *Vorstufe* der \`Entdinglichung´ wäre, von der die Rede war, die mit der Wahrscheinlichkeitswellendeutung dann nur *fortgesetzt* würde - als wollten die Befunde dahingehend konvergieren, dass der Stoff, aus dem die Welt ist, eher \`Form´ oder \`Information´ oder \`Geist´ gleicht[388]...

M: Es beginnt mit dieser `Ent*ding*lichung´ - und es geht ja tatsächlich nicht mehr um `Dinge´ im mesokosmischen Sinne -, es mündet hernach aber in eine `Ent*wirk*lichung´ der Welt, die auch hier *unsinnig* ist: Für die positiven α-Teilchen etwa ist der ebenso *positive Kern* der Goldatome undurchdringlich (dergestalt wurde ja der Kernradius auf *10^{-15}m eingegrenzt*), die *negativ* geladene *Elektronenhülle* hingegen nicht; das bedeutet aber *nicht*, dass dort nur leerer Raum, also *nichts* wäre, denn negativ geladene Elektronen oder Atome können dies ja *nicht*, sie *werden* abgelenkt bzw. sie leisten einander *Widerstand.* Was man an materiellen Körpern an dinghafter *Undurchdringlichkeit* erlebt (mag die auch relativ sein) *ist* die wechselseitige Abstoßung der Elektronenhüllen ihrer Atome - was unbedacht einfach `Leere des Atoms´ genannt wird, *ist* das, was man als widerständige *Fülle* der Dinge, als Wesen der Materie *erfährt...*

H: Wohl wahr; es ist bizarr zu sagen, ein Atom sei praktisch *leer* - wollte man dann sagen, man stünde mit seinen Füßen auf der Erde wie auf filigranstem *Gitterwerk?*

M: Eben. Diese `Leere´ ist eine *andere* `Leere´ als die uns mesokosmisch vertraute, bei welcher man leeren Raum (relational) geradezu qualitativ und quantitativ so *definieren* muss, dass man *in* ihn einen *beliebigen* Körper *hineinbringen* kann; in den Atomen ist dem *nicht* so, ihre `Leere´ ist *erfüllt* etwa von elektrischer Ladung, andere geladene Materie kann hier *nicht* eindringen; diese `Leere´ *ist* Descartes´ `res extensa´ und mithin die erfahrbare *Fülle*. Das Atom ist ein *Grenzfall* - auch darum ist der Begriff `Atom´ noch treffend, weil man provokativ sagen könnte, es sei *noch* oder *schon* ein kleines *`Ding´* - hier ist die Grenze, diesseits welcher sich das dinghaft-Materielle *konstituiert*, wo die `Leere´ *zum* Undurchdringlichen, Ausgedehnten, *zum* Körperlichen *wird*, wo `elementare Emergenz´ statthat... Noch in *anderer* Hinsicht ist diese Grenze jedoch bedeutsam: Es werden nicht nur unsere Anschauungskategorien und sprachlichen Begriffe vom *Meso-* in den *Mikro*kosmos *übertragen* und sie *`versagen´* dort - der Begriff `Leere´ ist nur *ein* Beispiel dafür -, diese werden dort ob gewisser Phänomene *modifiziert* und dann *zurück*übertragen: so geraten die Dinge scheinbar zu *Schemen*, so fühlt sich die QT bemüßigt, die `Wirklichkeit´ der Welt *selbst* in Frage zu stellen, den materiellen `Weltstoff´ zu *ent*stofflichen...

H: Gleichsam der verwissenschaftliche Fall davon, den Bacon´schen Idolen zu verfallen...

M: Ja; bei alledem fragt sich wiederum - das sei nur kurz angemerkt -, ob man anthropomorphe Formulierungen generell *vermeiden* kann oder sollte; hier gilt es eine *Gradwanderung* zu bestehen - schon insofern unser Denken, Geist, unsere Seele unserem Körper *`eingewohnt´* ist, es kein *`reines* Denken´ gibt. Die Hand auf dem Tisch spürt dessen *`Undruchdringlichkeit´* (nur), weil die Elektronenwolken der Atome, aus denen sich beide zusammensetzen, einander repulsiv daran *hindern*, in den Raum der jeweils anderen *einzudringen*. Man braucht sich nur einmal *wirkliche* Materie *vorzustellen*, etwa, wie ein Hammer auf einen Amboss trifft, das durchdringende Geräusch, die rohe Gewalt, wenn irgendein Ding zwischen beide gerät, gleichsam sinnlich *imaginieren* - man merkt augenblicklich, wie *unsinnig* manche Redensart über die `Leere´ der Atome eigentlich ist: Diese *ist* die erfüllte Undurchdringlichkeit, die man sinnlich erfährt. Man könnte geradezu die These vertreten, dass *nur* anthropomorphe Erkenntnis (hier) *wahre* Erkenntnis liefert, einem *nur* so die Dinge `nahetreten´, während sonst das *Wesentliche, Wirkliche* vollkommen aus dem *Blick* gerät...

H: Dann könnte man ja gleich argumentieren, dass *nichts* von dem, was man im Mesokosmos durch seine anthropomorphe `Brille´ von der Materie *`erfährt´*, durch die QT *falsifiziert* werden kann, wie hier die `Leere´...

M: Manche Erfahrungen *können* durch keinerlei neue Erkenntnis falsifiziert werden, auch keine *zukünftige*... Ja, vielleicht erfasst man dergestalt gerade etwas vom *`Wesen´* der Materie, *weil* man selbst (auch) ein materielles Wesen ist und das `Außen´ auch von `Innen´ erfährt...

H: So mag man vielleicht sagen, wenn man ins Metaphysische abdriftend von dem zu *`stammeln´* versucht, wovon man nicht (mehr) *sprechen* kann...

M: Apropos... Hier nun geht es nicht nur abstrakt um rein *begriffliche* Gegensätze - es brechen sich diverse ungelöste *ontologische* Probleme Bahn, die mit den Stichworten `Seiendes´ und `nicht-Seiendes´, `Fülle´ und `Leere´, `Atom´ und `leerem Raum´, `Kontinuum´ und `Diskontinuum´ usw. usf. verbunden sind, die zudem alle miteinander *verknüpft* sind; eine wesentliche Schwierigkeit liegt darin, dass Begriffe unterschiedlich *definiert* und in das jeweilige Begriffs- und Deutungs*system eingebettet* werden; insbesondere ist fraglich, welcher *ontologische Status* mit den ihnen entsprechenden *Gegenständen* verbunden sein soll. Der Problemkomplex *insgesamt* hängt mit dem Konzept des *Raumes* zusammen, das *wesentlich* problematischer ist als jenes der Zeit. Zunächst ist der ontologische Status des Raumes selbst fraglich, ob man diesen als absolut oder relational begreifen muss, ob als Substanz oder Akzidens usw. usf. Die klassische Mechanik geht - wie der Alltagsverstand - von einem absoluten *`Behälter´*-Raum aus, selbst die *QT* und die *QFT* legt diesen mit einer gewissen Unschuldigkeit zugrunde - das wirft allerdings die von Clarke bzw. Newton und Leibniz diskutierten Probleme auf. Schon Aristoteles hatte eine ganz andere Vorstellung: Er stellte nicht den *Raum*-, sondern den *Orts*begriff in den Mittelpunkt; `Ort´ war ihm das ausdehnungsgleiche, vom jeweiligen Ding „ablösbare" „unmittelbar Umfassende" des Körpers[389] - mithin *gab* es für ihn keine unerfüllte `Leere´, sein Raum hängt in einem relativ-relationalen Sinne an den *Dingen. Einerseits - andererseits* evozieren diese ein *Feld*, das angibt, an welchen `natürlichen Ort´ ein Ding strebt - was beides nicht unähnlich der Feldphysik der ART ist...

H: Hm...
M: Fasst man den `Raum' *pragmatisch*, muss man diesem - auch dem *relationalen* Raum als einem Minimalkonsens, der den Raum *mit* den Dingen erst `aufspannt' - als einem *Konstrukt* die Eigenschaft der *`Rezeptivität'* (Dinge, die (zirkulär) selbst ausgedehnt sind, gleich einem Behältnis aufnehmen zu können), mithin der *`Extensionalität'* und der *`Relationalität'* (dass Dinge `im' Raum eine bestimmte Relation zueinander haben) zuschreiben. Nämlicher Problemkomplex hängt nun damit zusammen, dass der Raum bzw. das Raumkonzept *zweierlei* leisten muss: *Einerseits* wird mit diesen drei Charakteristika erfasst, dass der Raum gleichsam die Dinge *`trennt':* Leukipp und Demokrit etwa nahmen als Gegenbegriff zu den *Atomen* die *`Leere'* an, damit diese sich überhaupt im Raum *bewegen* können und um die unterschiedliche *Dichte* der Körper zu erklären[390]...
H: Die Atome repräsentieren damit: Seiendes, Fülle, Diskontinuierliches, der leere Raum hingegen: nicht-Seiendes, Leere, Kontinuierliches...
M: Andererseits wird erfasst, dass der Raum gleichsam die Dinge *`verbindet':* Diese sind zusammen in *einem* Raum und sie *können* miteinander *wechselwirken*. Gesteht man den Atomisten den leeren Raum zu, wirft man damit das Problem der *Wechselwirkung* der Dinge auf: Descartes etwa hatte Atomistik und Leere abgelehnt, da ihm nur in einer (äther)erfüllten Welt Kräfte durch den Raum *übertragen* werden können...
H: Damit kommt er auf das zurück, was schon die *Stoiker* mit ihrem *`pneuma'* annahmen, das als kontinuierliches Medium alles durchdringen sollte: Dabei ging es nicht nur darum, keinen *leeren Raum* annehmen zu müssen (um - mit Aristoteles - einer Diffusion der Welt *in* den leeren unendlichen Raum Einhalt zu gebieten), sondern da man Schallphänomene schon als Schwingungen der Luft interpretierte, kam man auf den Gedanken, etwas anzunehmen, das die Wirkungen im Sinne von Nahewirkungen zwischen den Körpern *vermittelt*, eine *dynamische, elastische* Substanz - modern gesprochen ein *Feld...*
M: ...oder *etwas* weniger modern gesprochen: der *Äther* - auch dieser Begriff gehört zu nämlichem Prolemkomplex: Der Äther erfasst ja nur in konkretisierter, reifizierter Form, was der Raum - wie gesagt - *auch* leisten muss - er soll die bekannten *Kräfte* übertragen, die Wirkungs*möglichkeit* der Körper aufeinander gewährleisten, eine *Verbindung* der im Raum getrennten diskreten Körper herstellen - dabei darf er allerdings nicht deren Bewegungen *`stören'*, ja, anscheinend nicht einmal gegen deren Bewegung *kontrastieren* (MME). So kritisiert schon Newton[391] Descartes erfüllte Welt der Ätherwirbel[392] zu recht - während ihm selbst aber etwa die *Gravitation* ein Rätsel bleibt und er in seiner Optik einen erfüllenden Äther annimmt, der bei Licht*teilchen* zu *Anwandlungen* führt; der Äther soll überhaupt auch für Licht als einem Wellenphänomen das *Medium* sein - und die Probleme lösen sich *nicht* damit, dass man den `Äther' zunächst als *`Feld'*, dann als `quantenphysikalisches Vakuum'

umbenennt; auch wenn man sie gerne als `überwunden´ und `akademisch´ abtäte - auch *diese* Probleme sind *ungelöst...*
H: Und jede Frage bringt das ganze *System* ins Wanken - man muss immer das *ganze* Deutungssystem ändern...
M: So ist es... Heute wird eben das quantenphysikalische Vakuum als etwas betrachtet, das mit Materieteilchen in *Wechselwirkung* steht - daher taucht bei diesem die Äther-Problematik wieder *auf:* „Alle Theorien [von der QFT, die *andere* Probleme aufwirft, abgesehen] ziehen immer noch eine scharfe [künstliche] *Trennungslinie* zwischen [geladenen] Teilchen und [elektrischen und magnetischen] Feldern [in ihrer Umgebung], und diese Dichotomie ist [dann] letztlich verantwortlich für die paradoxe *Natur* des Vakuums [...], [für seine] merkwürdigen *Eigenschaften* [...] - [scheinbar] unendliche Energiedichte, [Vakuum]Fluktuationen, [Vakuum]Polarisation, Lamb-Verschiebung, Casimir-Effekt, Hemmung spontaner Emission" usw. usf.[393] Daher auch sagte Einstein: „[Es sei] eine Täuschung, [...][ein] Elektron und [...][sein] Feld für zwei physikalisch *unterschiedliche, unabhängige* Gebilde zu halten. Da keines ohne das andere *existieren* kann, gibt es nur *eine* zu beschreibende Realität, die zufälligerweise *zwei* verschiedene *Aspekte* aufweist. Die Theorie müsste dies von Anfang an *berücksichtigen*"[394]...
H: Hm...
M: Allerdings ist es nun so, dass der ganze, hier umrissene Problemkomplex mit dem *Wellenbild* der QT insofern einer Lösung *nähergebracht* wird, als er in ein anderes *Licht* gestellt wird - denn dieser hängt natürlich nachdrücklich damit zusammen, dass man *überhaupt* von diskreten, nahezu *punktförmigen* Entitäten im leeren Raum ausgeht. Man kann eben - wie schon Leibniz[395] - dies *alles*, die Atome und die `Leere´, wie auch den absoluten Raum, als *zu* einfache Lösungen ablehnen, den ganzen *Gegensatz* von Kontinuum und Diskontinuum in Frage stellen, was dann bis zum Zenon´schen Bewegungsproblem, zum Verhältnis von `Ding´ und Eigenschaft, zur Kausalität usw. usf., ja, bis hin zum Zeit-Konzept ausgreift. Mit der Ontologie die *Felder* und dann mit realen kontinuierlichen feldartigen Wellenentitäten stellt sich alles vollkommen *anders* dar...
H: Mit der (hinzukommenden) elektrodynamischen Feldphysik scheint es zunächst ja ähnlich zu sein: Man kann - wie heute - Felder als *immateriell* oder *nicht-materiell* betrachten wie Faraday und Maxwell oder auch wie Hertz als *materiell* - nur unterminiert dann der Begriff `Materie´ als gleichsam `immaterielle Materie´ *sich selbst...*
M: Ja. Allemalen werden auch mit den wirkungsdynamisch bzw. zeit- oder teilweise räumlich ausgedehnten QO die ehedem noch Vorhandenen Unterschiede, der strenge Gegensatz von Körper, Feld, Leere noch *weiter* verwischt - wenngleich man begrifflich weiter `materiell-Körperhaftes´ und `Feldartiges´ trennen muss, genau erklären muss, was `Leere´ bei einem klassischen Feld

oder beim quantenphysikalischen Vakuum *meint;* immer noch bleibt beim relativ-relationalen Raum ein Rest des Absoluten, wie beim absoluten Raum das `anti-empirische´ Element; der Raum der mit der ART (angeblich) eine `Gestalt´ *haben* kann, erhält Aspekte der Materie usw. usf. ... Wie dem auch sei, man hat sich dem Ganzen natürlich auch *empirisch-experimentell* genähert: Was besagen etwa die Experimente von Torricelli, Pascal und Guericke - über die Effekte hinaus, die man mit dem Druck des *`Luftmeeres´* erklärte, für die Frage nach der *`Leere´?*
H: ...dass die Natur *keine* Abscheu vor dem Leeren hat, keinen *`horror vacui´*, und dass etwa der Raum über einer Quecksilbersäule in einer geschlossenen Röhre insofern `leer´ ist und ein *Vacuum* bildet, als man diesen etwa mit Wasser *auffüllen* kann...
M: ...nur dass mit der Entdeckung des elektromagnetischen Feldes, das offenbar auch diesen *materie*freien Raum *erfüllt*, die Frage wieder *offen* ist bzw. *definitionsabhängig* - mit Faraday treten diese Fragen wieder auf den Plan: Ist ein *felderfüllter* Raum wirklich *leer?* Ist die Frage *entschieden*, ob der Energietransport von Licht durch den Raum nicht einer Trägersubstanz, des Äthers bedarf? Zu schweigen vom quantenphysikalischen Vacuum, vom `neuen´ Äther der ART[396], wie davon, dass es in einem relationalen Raum-Zeit-Konzept gar keinen *Raum* gibt, wo kein *Ding* ist, keinen *leeren* Raum... Muss man nicht den *Casimir-Effekt* für etwas `Zugrundeliegendes´ - wenn man es jetzt auch `Quantenäther´ nennen mag - reklamieren? Auch wenn man *trug*schlösse, dass ein Raum *mit* Körpern `leerer´ ist, als *ohne* diese...
H: Ist dem denn so? Bei diesem Effekt geht es ja auch um *stehende Wellen:* Elektrisch leitende Platten reflektieren elektromagnetische Wellen, wobei sie einen minimalen *Rückstoß* erfahren; *zwischen* zwei solche sehr nahe aneinandergebrachte parallele Platten `passen´ nur *bestimmte* stehende Wellen; dadurch drücken von *innen* auf die Platten *weniger* Wellen als von *außen*, wodurch diese zueinander gedrängt werden, als ob sie sich *anzögen*. Diesen Effekt sagte (*1948*) Casimir voraus, später wurde er experimentell *nachgewiesen*. Um die beiden Platten voneinander zu *entfernen*, muss man Energie *aufwenden* - dabei `füllt´ sich gleichsam der Innenraum mit Energie und es scheint so, als ob der Raum zwischen den Platten, der sich mithin immer mehr dem Zustand des `Leeren´ nähert, *mehr* Energie enthält und dass generell die `Leere´ der energie*reichere* Zustand ist...
M: Davon gibt es übrigens wieder die animistisch-anthropomorphe *Variante*, ein *sekundäres* mit einem *fundamentalen* Gesetz zu vertauschen: Das System *`will´* die Zahl der erlaubten Schwingungsmodi im Innenraum verringern, *`um´* in den niedrigeren Energiezustand zu kommen, wozu der Abstand der Platten verringert werden muss[397] - das nur am Rande... Allerdings ist das - so schön es klingt - insofern ein Trugschluss, als über den Grenzfall des *tatsächlich* `Leeren´ - wenn man *überhaupt* einen Raum ohne Dinge annimmt - *nichts*

gesagt wird... Wieder zu schweigen davon, dass dem eine Vorstellung von diskreten Körpern und getrennt davon kontinuierlichen Feldern zugrundeliegt, die eben wohl zu *revidieren* ist... Aber um etwas zu schockieren: Man kann auch sagen, dass der Raum zwischen den beiden Platten hinsichtlich der stehenen Wellen bzw. der Energie *leerer* ist als der Raum außerhalb, dann hätte man einen *`horror-vacui´*-Effekt. Selbst diese alte Frage nach einem *`Abscheu vor dem Vakuum´* ist mit der QT wohl wieder als *unentschieden* oder zumindest als *konventionell* zu betrachten...
H: Wie jetzt?! Die Phänomene der anderen erwähnten Experimente hängen doch mit dem Druck des atmosphärischen *`Luftmeeres´* zusammen...
M: Natürlich; allerdings nehmen Gasatome nur bei *irdischem Luftdruck* ein bestimmtes Volumen ein - gleichsam unter *Zwang; generell* ist dem *nicht* so, im Weltall etwa nehmen sie den gesamten ihnen zur Verfügung stehenden Raum ein - das ist ja das Charakteristische an diesem Aggregatzustand. Es *könnte* quantenphysikalisch dabei um *mehr* gehen, als das kinetische Gasmodell *erfasst* - etwa mit der Kehrseite eines (kausal-)induzierten Wellenkollapses (GRW und Penrose), der Kehrseite der Attraktion, der *Repulsion;* auch die *anderen* Aggregatzustände müsste man im Wellenmodell mit anders `modulierten´, räumlich ausgedehnteren Wellenphänomenen erst *rekonstruieren* - wohlgemerkt: auch wenn es *nur* um die Aufenthaltswahrscheinlichkeit geht, fällt die Frage wieder *offen*... Überdies sind auch die Orbitale der Atome - ebenso: *nur* als Antreffwahrscheinlichkeitsbereiche genommen - nicht fest umrissen, sondern umfassen den ihnen *zur Verfügung* stehenden Raum. Ergo enthielte der Raum - zumal, wenn man die Wellen *nicht* als rätselhafte `Wahrscheinlichkeiten an sich´ nimmt - über der erwähnten Quecksilbersäule *nicht nur* verdampfte Atome und *klassische* Felder, er wäre mit noch *`mehr´* erfüllt...
H: Das würde bedeuten, dass es faktisch keine völlige `Leere´ *gibt*, wie Aristoteles, Descartes u.a. angenommen hatten, wenn auch aus anderen Gründen...
M: So vom *`Raum´* und der `Leere´ her argumentiert; umgekehrt wieder für *`Körper´* ergibt sich die folgende Argumentationskette: Mag es einen noch tieferen `Diskretheits´-Kern der Dinge geben - was gemeinhin als körperliches `Ding´ gedeutet wird, ist der *Inbegriff* von dessen verschiedenen Wechselwirkungen mit den Dingen umher, nicht nur mit den Sinnen eines Beobachters oder mit Messapparaten: Zunächst geht es dabei noch um *klassische* Physik - auch von den Orbitalen als klassische *Ladungs*wolken verstanden, kann man nicht sagen, wo im Raum sie *aufhören;* neben den Wechselwirkungen kurzer Reichweite, wie den Kernkräften, haben die gravitative und die elektromagnetische Kraft eine *unendliche* Reichweite, sie enden also *nirgends* mit *Null* - rechnet man diese Felder ontologisch zum felderzeugenden *Körper*, würde auch *dieser* sich *unendlich* erstrecken...
H: Dann schon - *dann* kann man den Körper aber auch gleich umgekehrt als

Singularität des Feldes betrachten (oder als Extremalpunkt des Feldes, um bei Größen nicht Unendlichkeiten zu involvieren)...
M: Allerdings - allerdings muss man dann die Frage stellen: Sind die Begriffe \`Kontinuum´ und \`Diskontinuum´ überhaupt auf *Singularitäten anwendbar?* Genaugenommen sind beide Begriffe - wie QO nicht Wellen und Teilchen *in Reinkultur* sind - *beide begrenzt* auf eine Singularität *anwendbar*, und doch *ist* eine Singularität *beides nicht;* als hätte man sich in die Untiefen der nicht-euklidischen Geometrien verirrt, sind hier *(M. deutet auf Abbildung 47b)* Kontinuum und Diskontinuum gleichsam zur Singularität *\`gemischt´* - muss es nicht bei dem von Attraktion und Repulsion konstituierten \`etwas´ um solch´ ein Gebilde gehen?
H: Gut, wenn bei den antiken Atomisten hübsch in *diskontinuierliche* Atome und *kontinuierliche* \`Leere´ getrennt wird, sind hier QO beides zugleich, man weiß nicht genau, wei man den Begriff \`Kontinuum´ *anwenden* soll...
M: Mit *Singularitäten von Feldern* begegnen sich wieder Einsteins, deBroglies und Schrödingers Vorstellungen... Körpern müsste man eine noch *andersartige* räumliche Ausdehnung zuschreiben als ihre gewöhnliche *körperliche* Ausdehnung, die sichtbar oder ertastbar ist - das zeigen auch die generelle *\`Wellenartigkeit´* etwa beim DSExp oder die *nicht-Lokalität* bei den EPR-Phänomenen, die nicht einmal mit dem $1/r^2$-Gesetz *abgeschwächt* ist *(M. deutet auf Abbildung 49 rechts)...*

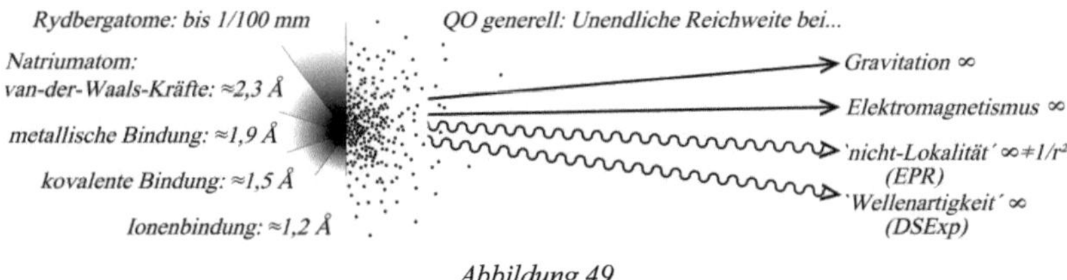

Abbildung 49

H: Aber findet man - wenn man dies bei der Energie auch auf eine sekundäre Quantelung durch stehende Wellen zurückführen muss - QO nicht in ihrer \`Existenz´ mit Ruhemasse, Ruheenergie, Ladung und Spin *diskret*, sind sie nicht mithin *diskontinuierlich?*
M: Nun, *diskontinuierlich* sind diese \`Existenz-Parameter´ *schon*, nur nicht in Hinsicht auf den *Raum* - wie gesagt: *Impuls* und *Energie* muss man als grundsätzlich *kontinuierlich* nehmen; die Masse eines QO ist zwar als Massepunkt klassisch darstellbar, dieses geht aber hinsichtlich seines Trajektorieverhaltens seiner *wirkungs-dynamischen \`Existenz´*, mit *Masse* und *Ladung* etwa beim DSExp *nicht* durch nur *einen* Spalt, und umgekehrt sind dabei in der Wellenfunktion die Massen und Ladungen *aller anderen* Körper *\`präsent´:* Massen und Ladungen erstrecken sich *klassisch* schon gemäß dem $1/r^2$-Gesetz in ihrer Wirkung *unendlich* in den Raum in Gestalt gravitativer und elektro-

magnetischer Kräfte, haben (ebenso) demgemäß jedoch ein *Zentrum* - ein solches kann man allerdings nicht (in gleichem Maße) etwa beim DSExp für den Zeitpunkt zwischen Emission in der Quelle und Absorption auf dem hinteren Schirm annehmen, denn dann ließe sich (theoretisch) anhand dessen der *Weg* des QO ausmachen und es ergäbe sich keine Interferenz... Und *hinzu* kommt noch die generelle `Wellenartigkeit´ (etwa beim DSExp) und nicht-Lokalität bzw. nicht-Separabilität (etwa bei EPR)...
H: Das hieße ja: *Nichts* an QO kann man als *durchgängig räumlich diskret* nehmen. Mit dem Wellenbild muss man nicht einmal den Energie- und Impulsübertrag beim Photo- und Comptoneffekt als *teilchenartig (nahezu) punktförmig* interpretieren... Man kommt auf den erwähnten plakativen Gedanken zurück, die `Quantität´ sei *diskontinuierlich*, die `Räumlichkeit´ hingegen *kontinuierlich...*
M: Man muss sich einmal klarmachen, wie sonderbar schon *Felder* sind - man hat sich an diese nur schon *gewöhnt*, geht mit ihnen *um*, kann sie zu seinem Nutzen und Gewinn *manipulieren* - sieht man aber etwa auf den Oersted´-schen Versuch, muss man vom angenommenen *`als-ob´* zu einem *`mehr´* fortschreiten: Felder sind etwas, das zu dem, was empirisch als Materie gegeben ist, *hinzukommt*, wobei diese *mehr* sein müssen als *rein Gedachtes:* Man stolpert nicht über die *Äquatorlinie*, ein Elementarteilchen jedoch sehr wohl über elektrische oder magnetische *Feldlinien...*
H: Hm...
M: Wie angedeutet könnte man auch schon hier, in der klassischen Physik, eine `Komplementarität´ anmahnen, weil *jeder* Körper ein Feld evoziert, mithin eine klassische Teilchen/Punktbeschreibung genaugenommen *unvollständig* ist. Mit dem *quantenphysikalischen* `mehr´, das sich bei *Wellenphänomenen* zeigt, ist es nun eigentlich nicht *anders - prinzipiell:* Bei Experimenten wie etwa dem DSExp zeigen QO mit ihrer *Wellen*natur, dass man - *zumindest* bis zu den Fullerenen empirisch, wenn nicht darüber hinaus extrapoliert - *mehr* als die sichtbaren Körper annehmen muss, dass man diese wirkungsdynamisch, zeit- oder teilweise oder `verborgen´ als im Prinzip unendlich weit räumlich *ausgedehnt* betrachten muss - alles scheint darauf hinauszulaufen, dass das ganze umgebende *Feld* eines QO von Belang ist; man kann sich das DSExp (das bezeugt dies noch sicherer als die EPR-Experimente) als - wie gesagt - *beliebig weit ausgedehnt* denken: *Alles*, was im Bereich des Wellenfeldes geschieht, ist von *Relevanz!* Es ergibt sich folgende *Schlusskette (M. deutet auf Abbildung 50)...*

Es widerspricht schon *logisch-begrifflich* dem empirischen Befund beim DSExp *a)* ein QO als ein räumlich nahezu *unausgedehntes* `etwas´ zu begreifen (relativ zum Spaltabstand)...

...das *b)* im ansonsten *leeren*, mithin *wirkungslosen* Raum (auf welche Weise auch immer) zwei separate, lokale Spalte passiert.

Zumindest *eine* der beiden Annahmen, *eines* der Begriffskonzepte muss *falsch* sein, schlicht, weil in summa *überhaupt* ein Interferenzmuster entsteht und die Existenz *beider* Spalte *relevant* ist; man muss sich von dem empirischen Befund *belehren* lassen, dass *entweder a)* ein QO wirkungsdynamisch, zeit- oder teilweise oder `verborgen´ räumlich *ausgedehnt* ist, dass es *kein lokales* `etwas´, sondern an *beiden* Spalten `präsent´ ist...

...oder dass *b)* der Raum *nicht leer* und *wirkungslos* ist, sondern dass es eine Art gestaltete *`Substruktur´* des Raumes (oder Äthers, Vakuums...), ein Quantenpotential, eine Wahrscheinlichkeitswelle oder dergleichen gibt - gleichsam in den Raum `ausgegossen´ -, welche durch den Schirm mit den beiden Spalten bestimmt oder evoziert wird, dass also (umgekehrt) der *eine* Spalt gleichsam beim jeweils *anderen* Spalt *`präsent´* ist.

Abbildung 50

Alles andere ist schon logisch-begrifflich widersinnig, da der empirische Befund zeigt, dass die Existenz - also die Offenheit oder Geschlossenheit - *beider* Spalte *relevant* ist; eben das reflektieren ja auch die beiden Haupt-Arten von Deutungsansätzen *(M. deutet auf die Abbildung oben)*. Ergo muss man - wenn nicht ein täuschender Gott (`sive natura´ kann man nicht sagen) die Welt extra so `eingerichtet´ haben soll, dass QO schöne Interferenzmuster erzeugen, man nicht ein ebenso speziell `eingerichtetes´ Blockuniversum annehmen will o.ä. - zu dem Schluss kommen, dass *nicht alle* beteiligten Dinge `wirkungsdynamisch´ *lokal* sein können oder nicht so *sein* können, wie sie phänomenal *erscheinen*, nämlich als *diskrete Körper...*
H: Nun gut, ansonsten könnte man naiv behaupten, QO seien *nachweisbar* nur an einem *Ort* als *Teilchen - das* sei der empirische Befund...
M: ...eben durch die Orts-Messung *so präpariert;* womit man *die* Befunde unterschlägt, die *anderes* zeigen - QO sind beim DSExp *nachweisbar* als *Wellen an beiden Spalten* zugegen...
H: Fragt sich nur, *welche* der beiden Annahmen nun *richtig* ist...
M: Nicht *wirklich... Mit* dieser Alternative stellt sich nämlich wiederum die Frage, in welches *Bezugssystem* man die Wahrscheinlichkeits- oder Leitwellen (was immer) *verorten* muss: Man muss ja bedenken, dass Annahme *b)*, eine Art `Substruktur´ des Raumes o.ä., *für sich* genommen *inkonsistent* ist, da diese - wie gesagt - für verschiedene QO je nach deren Impuls, ja *verschieden* sein müsste, insofern die deBroglie-Wellenlänge $\lambda=h/p$ eben vom *Impuls* abhängt; das kommt ja zur Versuchsgeometrie noch *hinzu...*
H: ...außer diese würde sich - ähnlich wie bei der deBroglie-Bohm´schen Theorie diskutiert - verschieden *auswirken...*
M: Richtig, das wäre möglich; jedenfalls aber ist es *auch* sinnlos, den Raum irgendwie *willkürlich* `gestaltet´ zu denken, statt abhängig von der Anordnung der *Dinge* - dessen eingedenk muss man schließen, dass das *`entweder-oder´* der Schlusskette *ohnehin falsch* sein muss...
H: Es müssten *beide* Annahmen betroffen sein?
M: Natürlich; aus den *60 C*-Atomen eines Fullerens ließe sich ja - etwa als

Graphitgitter - schon ein kleiner Spalt oder ein *Teil* eines Spaltes aufbauen: Soll dieser dann - vor dem Hintergrund der *Relativität aller Bewegung* - als *Geschoss* wie das Fulleren und mithin mit Annahme *a)* als *selbst* irgendwie ausgedehnt gelten oder umgekehrt mit Annahme *b)* als *Spalt* oder Teil eines Spalts, der *im* Raum eine Art \`Substruktur´, ein \`Quantenpotential´, eine Wahrscheinlichkeitswelle oder was immer darstellt?
H: Nun ja... Geschoss und Spalt unterscheiden sich in der Praxis signifikant auch immer in Masse und Geschwindigkeit; *ruhend* ist die Wellenlänge des Spalts *undefiniert* (Teiler *0*); je massiver und schneller, desto kleiner, mithin schwerer zu beobachten ist die Wellenlänge, desto *klassischer* ist das Objekt - aber: ein massives Objekt sehr langsam bewegt? Einen Kaffeebecher könnte man wohl beliebig langsam durch eines von zwei geöffneten Fenstern bewegen - es wird sich empirisch *nie* Interferenz zeigen...
M: Es ist *möglich*, dass - was man relativ oder absolut denken kann - auch bei den *Geschwindigkeiten* ein Unterschied beschlossen liegt; selbst die *Massenabhängigkeit* mag noch bedenkenswert sein... Worum es aber *zunächst* geht, ist, dass (dessen ohnerachtet) ein *Spalt* auch *nur (ebenso)* eine Ansammlung von Atomen ist. Verquickt man das mit dem Gedanken, dass sich überhaupt derlei Versuche *in relativer Bewegung* denken lassen, ergibt sich: Der Versuchsaufbau des DSExp kann auf der *absolut* rotierenden Erde - Rotationen sind ja, wie alle *nicht*-inertialen Bewegungen, als *absolute* Bewegungen erkennbar - *nicht immerzu ruhen;* man darf also *in jedem Falle* nicht nur die *Geschosse* als bewegt denken, sondern muss *umgekehrt* auch den *Spalt* als bewegt denken. Nur: An welchem Bezugssystem soll dann die \`Substruktur´ o.ä. *\`befestigt´* sein? Beide Argumente zusammengenommen (\`alle Dinge sind *QO* in relativer *Bewegung´*) sagen dann, dass man offenbar keine sinnvolle *Einteilung* vornehmen kann, *welche* Objekte man nun als gleichsam sich \`nicht-materiell´ in den Raum erstreckend denken muss; offenbar muss man dies - bis hierher, ohne Kollaps, Dekohärenz, \`sich-Neigen´ - *allen* Dingen zuschreiben. Bei allem, was noch *ungeklärt* bleibt, kann man mit Bedacht sagen: Alle teilchenartig-lokalen \`Dinge´ muss man als wirkungsdynamisch, zeit- oder teilweise oder \`verborgen´ sich (auch) irgendwie in den Raum *erstreckend* denken - natürlich in einem *nicht*-materiellen Sinne. Ist Bewegung *rein relativ*, ist es überdies sinnlos, ein QO (von Licht mit seiner Ruhemasse von (angenommen) *Null* vielleicht abgesehen) erst *dann* als räumlich ausgedehnt zu denken, wenn es *bewegt* ist, weil man gar nicht sagen kann, *was wann* bewegt ist oder in Ruhe verharrt - man muss die *(klassische) Relativität* auf QO anwenden; die klassischen Felder eines Körpers muss man *mit* diesem als im Raum *bewegt* denken, etwa bei Himmelskörpern ihr Gravitationsfeld, *ebenso* ist es beim elektromagnetisches Feld und *nunmehr* beim sozusagen \`Quantenfeld´... Spalt und Geschoss sind - bis hierher - ontologisch *nichts Wesens*verschiedenes; so sollte man auch deshalb nicht Teilchen und Welle

trennen, weil die Welle immer sozusagen *`irgendwoher* kommen muss´ - was bei vielen Deutungsansätzen unbedacht bleibt...
H: Moment! QO `starten´ beim DSExp in *einem* Raumpunkt, der Quelle, und kommen an *einem* Raumpunkt an, auf dem Schirm... Muss man die Aussage also nicht auch *umkehren* und sagen: Alle wellenartig-ausgebreiteten `Dinge´ muss man als - wirkungsdynamisch, zeit- oder teilweise oder `*un*verborgen´ - an einem Ort irgendwie (auch) ganzheitlich *lokal-zusammengezogen* denken? Alle Dinge einfach zu irgendwie ausgedehnten Wellenphänomenen *umzudeuten*, reicht nicht hin - führen dann nicht die Einschränkungen wieder auf das *Ausgangsproblem* zurück?
M: Nein; für Start- und Zielpunkt braucht man (zunächst die EPR-Experimente noch unberücksichtigt) nichts über die wirkliche Raumausdehnung von QO zu sagen - dann spielen Kollaps, Dekohärenz, `sich-Neigen´, also (im Vorgriff) die dynamische *Gestalt* von QO natürlich eine Rolle -; für die *Zwischenzeit* ist das anders; wenn nun auch *beide* Aussagen - zumindest zeitweise - *richtig* sein mögen, widerspricht die *erste* immerhin der Vorstellung, die man sich aufgrund mesokosmischer Erfahrungen macht: dass sich die Welt nur aus stets (durchgängig) *räumlich diskreten Körpern* zusammensetzt...
H: Manchen Autoren ist die Realität von *Teilchen* ja strikt *evident*, während das Wellenphänomen - ob bei Born die Wahrscheinlichkeitswellen oder bei deBroglie-Bohm die Leitwellen - einfach in einem *unklarem* ontologischem Status *belassen* wird...
M: Ja, nur: Was stellt man sich vor, woher das Wellenphänomen *`kommt´?* Wenn es, wie ein Feld von den *`Dingen´ generiert* oder *emaniert* wird, etwa jenen des Versuchsaufbaus beim DSExp - wie soll man dergleichen den Quanten*geschossen nicht* zuschreiben? Wenn man dergleichen Vermögen jedoch *allen* `Dingen´ zuschreibt, wie kann man dann weiter von *`Teilchen´* sprechen, mit dem entsprechendem *klassischen Beiklang?*
H: Ja, das bleibt bei allen Deutungen, die das *Teilchen*modell vorziehen - von Heisenberg bis Zeilinger - *unklar* bzw. dort wird es unter dem Mantel des komplementären Dualismus verborgen gehalten...
M: So ist es. Das Unterscheidungsmerkmal `bewegt´-`unbewegt´ führt nicht weiter - mit der *Möglichkeit* eines Zugrundeliegenden (was *nicht* bedeutet: des absoluten Raumes), dessen alle Dinge *Zustand* sein könnten, kann man es aber nicht notwendigerweise als *sinnlos* bezeichnen. Auch ist die verborgene räumliche Erstreckung der Dinge offensichtlich *nicht immer gleichermaßen* gegeben, ganz im Gegenteil: Nimmt man hinter der Quelle des DSExp eine *Ausbreitung* im Raum an, muss man als dazu *gegenläufigen* Prozess wegen der Ganzheit von QO bei *relativer Annäherung* an den hinteren Schirm einen Wellenkollaps, Dekohärenzprozess, ein `sich-Neigen´ o.ä. annehmen...
H: ...zumal man irgendwie *rekonstruieren* muss, dass - wie erwähnt und *sofern richtig geschlossen* - die elementare Wechselwirkung von Materie und Licht

ein *gerichteter* Vorgang ist, dass Emission und Absorption effektiv jeweils in *eine* Raumrichtung und nicht in Kugelwellen erfolgt...

M: ...was sich mit der `primären individuellen Ganzheit´ von QO ergeben muss. Aufgrund der Ganzheit von QO ist die Annahme von Korrelationen bzw. Einflüssen jedweder Art, die zwischen verschiedenen Raumpunkten - beim DSExp mit *einem* QO also Teilen des Versuchsaufbaus - gegeben sind, *gleichbedeutend* damit, eine verborgene räumliche Erstreckung der Dinge anzunehmen, wenn diese auch - wie gesagt - als *veränderlicher*, *dynamischer* Aspekt zu begreifen ist...

H: Mit jeder *Antwort* tun sich nur noch mehr *Fragen* auf... Zugegebener-
IV c maßen weisen aber auch diverse *andere* Experimente in diese *Richtung:* Licht lässt sich bekanntlich polarisieren...

M: Schon *das* besagt, dass man sich Licht nicht als (nahezu) punktförmige Teilchen vorstellen sollte: Es lässt sich als transversales *Wellen*phänomen (eben) polarisieren, indem man dem im Raum *ausgedehnten*, schwingenden gekoppelten elektrischen und magnetischen *Feld* - das *ist* ja Licht -, das in einer Ebene senkrecht zur Fortpflanzungsrichtung sonst in *verschiedenen* Richtungen schwingt, *eine* spezifische Raumausrichtung aufprägt - bei einem (nahezu) punktförmigen Objekt *ginge* das überhaupt nicht; ähnliches wäre für den *Spin* von Materieteilchen zu sagen...

H: Jedenfalls kann man unpolarisiertes Licht durch ein *Kalzitkristall* senden - das Kristallgitter des Minerals weist verschiedene *Raumsymmetrien* auf, die *erstens* bewirken, dass das einfallende Licht in zwei *Komponenten* oder *Kanäle* aufgespalten wird, die sich in verschiedene *Raumrichtungen* weiterbewegen, und *zweitens*, dass das Licht *polarisiert* wird - und zwar *dergestalt*, dass die Polarisierungen beider Kanäle *stets senkrecht* aufeinander stehen; bei einer Messung mit polarisiertem Licht, bei welcher der Polarisator um einen bestimmten Winkel *verdreht* wird, ergibt sich eine statistische Nachweisrate im jeweiligen Kanal proportional zu den vektoriellen Komponenten des Lichts (der Kalzitkristall lässt alles Licht durch, während ein Polarisationsfilter eine Komponente absorbiert). Bei *0°*-Verdrehung tauchen horizontal polarisierte Photonen (statistisch) *stets* im horizontalen Kanal auf, bei *45° streut* dies (scheinbar) zufällig gleichteilig zwischen horizontalem und vertikalem Kanal, bei *90°* tauchen sie im horizontalen Kanal (statistisch) *nie* auf, sondern stets im *vertikalen* Kanal, der mit dem *ursprünglichen* horizontalen Kanal dann ja *identisch* ist...

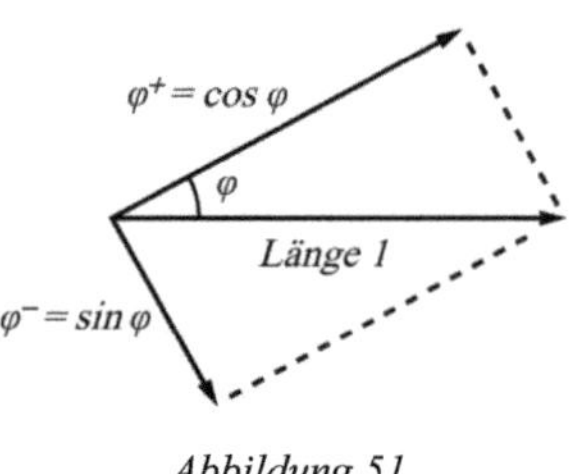

Abbildung 51

M: Natürlich; man kann sich nun veranschaulichend einen Polarisations-Pfeil denken, der etwa für horizontal polarisiertes Licht das elektrische Feld repräsentieren soll, und zwar mit der Länge *1* und als resultierenden Kraftvektor eines Kräfteparallelogramms, deren beide Komponenten φ^+ und φ^- in die horizontale und vertikale Richtung des um den Winkel φ *verdrehten* Kalzitkristalls zeigen: Ein verdrehter Kristall lässt in jedem Kanal nur die entsprechende Komponente durch, wobei die eingezeichneten Vektoren die *Amplituden* des elektromagnetischen Feldes *(E)* darstellen; die Amplituden-Komponenten sind $\varphi^+=\cos\varphi$ und $\varphi^-=\sin\varphi$ *(M. deutet auf Abbildung 51).* Der *Intensität* des Lichtes entspricht dann deren Quadrat $I=E^2$ und dieser entspricht wiederum im *Teilchen*modell des Lichtes die Anzahl n der nachweisbaren Photonen: Für die beiden Kanäle des um einen Winkel φ verdrehten Kristalls lauten die Intensitäts- bzw. Anzahlkomponenten für einfallendes, auf die Intensität *1* genormtes, horizontal polarisiertes Licht:

$$I_{\varphi+}=n_{h,\varphi+}=\cos^2\varphi \qquad I_{\varphi-}=n_{h,\varphi-}=\sin^2\varphi. \qquad \text{(IV.3a/b)}$$

Mit dem *Teilchen*modell wird die *eine reale* Polarisation als *abstrakte* unbegreifliche Zustands-Überlagerung *zweier* Polarisationen umgedeutet, eben der φ^+- und der φ^--Polarisation, was ebenso in die Irre führend ist, wie beim DSExp *zwei Teilchenbahnen* zu überlagern. Das *Teilchen*modell soll dabei natürlich die \`primäre individuelle Ganzheit´ erfassen - man gerät nur wieder in Schwierigkeiten, wenn man fragt, was etwa bei *45°*-Verdrehung einem *einzelnen* Photon widerfährt - der Indeterminismus, dass man nicht weiß, in welchem Kanal dieses auftauchen wird, würde mit dem *Wellen*modell nicht derart von vorneherein *festgeschrieben...*

H: Mit dem Teilchenmodell wäre zunächst zu sagen: „Da [...][man] annehmen [...][muss], dass alle Photonen gleicher Energie *identisch* [...] sind, [...][muss man] schließen, dass der Durchlass ausschließlich dem *Zufall* überlassen ist. [...][Während man klassisch] erwartete [...], dass *identische* Versuche zu *identischen* Ergebnissen führen [...],[können nun] zwei *identische* Experimente durchaus zu *verschiedenen* Ergebnissen führen“[398]...

M: Davon abgesehen, dass das \`identisch´ im strengen Sinne *\`gleichartig´* bedeuten muss, kann man das nur behaupten, wenn man Photonen für (nahezu) punktförmige *Teilchen* hält und nicht für ein *Wellen*feld mit verborgener räumlicher Ausdehnung - wie könnte man ansonsten den Begriff *\`identisch´* so unbedarft verwenden? Dabei kann einem tatsächlich *punktförmigen* \`etwas´ schwerlich eine *Raumrichtung* aufgeprägt werden (was schon für sich spricht); überhaupt zeigt sich deutlich, dass das *Teilchen*modell zum *Wellen*modell *überschritten* werden muss: Den beiden Komponenten *entspricht* auch bei *einzelnen* QO ontologisch-realiter etwas...

H: Zugegebenermaßen; das kann man schwerlich bestreiten, wenn man etwa folgende *Versuchsvariante zum DSExp* betrachtet *(H. deutet auf Abbildung 52):* Bereits polarisiertes Licht *(1)* wird mit einem Kalzitkristall *(2)* in nämliche entgegengesetzt polarisierten Kanäle gespalten, die sich in unterschiedliche Raumrichtungen bewegen - diese werden nun jedoch so umlenkt, dass ein *umgekehrt-orientierter* Kalzitkristall *(3)* sie wieder *vereinigt*. Zunächst um *0°* (horizontal) polarisiertes Licht kann hinter einem *45°* gedrehten Kalzitkristall *(2)* in seinen beiden Komponenten eine *+45°*- und *-45°*-Polarisation aufweisen, *vereinigt (3)* aber wieder die *0°*-Polarisation (horizontal), wie ein weiterer Polarisator *(4)* zeigt - man kann die ursprüngliche Polarisation also *wieder herstellen*, obwohl Polarisationsmessungen sonst *zustandsdestruktiv* sind.[399] Mit dem *Wellen*modell scheint das verständlich - die aufgespaltenen *Wellenkomponenten vereinigen* sich wieder; wenn man die Lichtintensität aber wiederum so gering wählt, dass jeweils nur *ein* Photon die Versuchsapparatur durchläuft, ergibt sich *dasselbe* Ergebnis. Man kann dann zwar stets nur *ein* (ganzes) Photon auf *einem* der beiden Wege durch den Raum nachweisen, *blockiert* man zwischen den beiden Kalzitkristallen *(2)* und *(3)* aber einen der beiden Wege (den *+45°*- oder den *-45°*-Kanal), ist am Ende die *0°*-Polarisation offenbar zerstört worden, denn das Ergebnis *streut* wie bei gewöhnlichem ±*45°*-polarisiertem Licht. Mit dem *Wellen*modell kann man einfach sagen, dass eine blockierte Komponente *fehlt* und *rein +45°*- oder *-45°*-polarisiertes Licht vorliegt. Aber es ist wie beim DSExp: Wie soll man das von *einem einzelnen* Photon sagen?

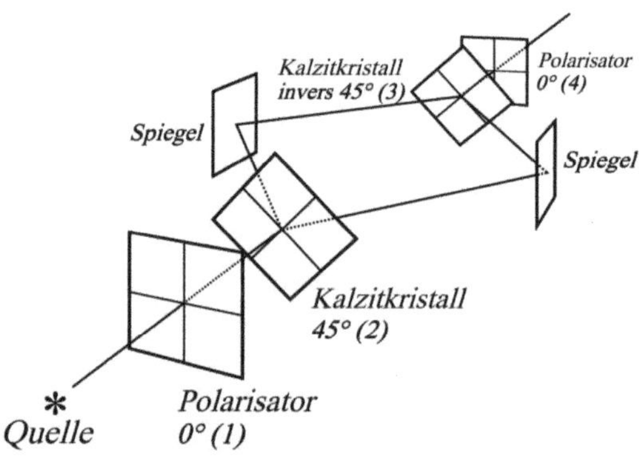

Abbildung 52

M: Nun, da das Photon scheinbar *beide* Wege gegangen ist, was rein logisch-begrifflich *widersprüchlich* ist, kann das, was Photon *genannt* wird, nur die \`Spitze des Eisbergs´, die \`Oberfläche´ eines nicht direkt erkennbaren *\`mehr´* sein, eines zugrundeliegenden feldartigen *Wellen*phänomens. Das \`etwas´, das man als diskretes Photon zu begreifen geneigt ist, \`weiß´ um *beide* Wege, was - da man dies natürlich nicht in einem anthropomorphen Sinne meinen kann - bedeutet, dass es beide Wege in irgendeiner Form *gegangen* sein muss (wie beim DSExp ergibt sich dasselbe gleichsam als *Negativbild*, wenn man dies auf irgendeine Substruktur des Versuchsaufbaus bezieht, etwa in grober

Analogie zum deBroglie-Bohm'schen Quantenpotential). Ein *diskretes Teilchen* vermag das allemalen *nicht...*
H: Das Teilchenbild erfasst hier aber wiederum die *'Ganzheit'* von QO...
M: Ja... Man kann daher auch die HU nicht umgehen, indem man aus dem Quotienten der zwischen zwei Ortsmessungen zurückgelegten *Distanz* und der dafür benötigten *Zeit* die Geschwindigkeit, mithin den Impuls eines QO errechnet und nach der zweiten Messung Ort *und* Impuls kennt; nicht weil mit der Kopenhagener Deutung erst mit der (zweiten) Ortsmessung die Teilchenbahn *'real'* würde, sondern, weil es kein Teilchen *ist*, das nur einen Weg geht. Es ist klar, dass es hier nicht nur um *Licht* geht, sondern *generell* um QO, eben weil nämliches Polarisationsexperiment nur eine *Variante* zum *DSExp* ist - *explizit* zeigt sich dies bei Spin-Polarisationsexperimenten mit gleichsam 'echten' Teilchen, etwa *Elektronen:* Auch beim Stern-Gerlach-Experiment wird - wie bei den Polarisationen - der Spinzustand eines QO durch eine neue (abweichende) Messung zwar eigentlich *zerstört*, es lassen sich aber auch die verschiedene Wege gegangenen *Spin*-Komponenten *eines* Elektrons, das selbst auch nur auf *einem* Weg nachweisbar ist, *'vereinigen'*, mithin sein ursprünglicher Spin-Zustand wiederherstellen - auch dabei ist der Spin *mehr*, als an einem *diskreten* Elektron hängen kann... Die strenge Analogie der Phänomene bei der Polarisation und der Spin-Polarisation von QO weist deutlich auf die allerengste *Verwandschaft* von Licht und Materie hin: Licht als subtilste Form der Materie, Materie als gleichsam 'geronnenes Licht'... Leibniz als 'Lichtmystiker' - 'liest' man seine ungeschriebene Lehre so - hätte das *entzückt*[400], oder Grosseteste... Dass die 'Dinge' als *nur lokal* Existierendes bzw. Wirksames die beobachteten Phänomene nicht erzeugen
können, zeigt auch das folgende Experiment, dass auch als 'Verzögerte-Wahl'- IV d
Experiment, das auf Wheeler (*1978*) zurückgeht, konzipiert werden kann *(M. deutet auf Abbildung 53)...*

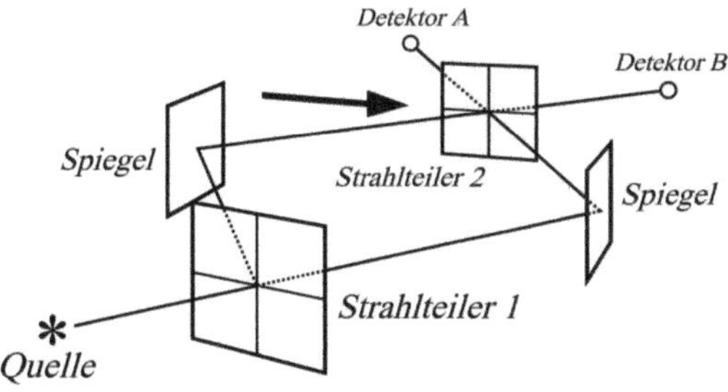

Abbildung 53

Man kann einen in zwei Teilenstrahlen aufgespaltenen Strahl von Elektronen so umlenken, dass diese sich kreuzen und in die Detektoren *A* und *B* gelangen.

Lässt man jeweils nur *ein* Elektron die Versuchsapparatur durchlaufen, wird dieses entweder von Detektor *A* oder *B* registriert - dann scheint eindeutig, *welchen Weg* es jeweils genommen hat. Bringt man in den Kreuzungspunkt aber einen *zweiten* Strahlteiler *(2)*, können beiden Teilstrahlen miteinander *interferieren*. Nun können die beiden Weglängen in ihrer Phasenrelation so gestaltet sein, dass etwa bei Detektor *A* ob destruktiver Interferenz *keine*, bei Detektor *B* hingegen ob konstruktiver Interferenz *alle* Elektronen registriert werden...
H: Ja, beim Mach-Zehnder-Interferometer sind die beiden Wege (zweimal reflektiert versus zweimal durchgehend) gerade so, dass die Teilwellen um π verschoben sind und so der eine Detektor mit Sicherheit *erreicht* wird - jener in der Ursprungsrichtung -, der andere mit Sicherheit *nicht*[401]...
M: Bezeichnend ist schon, dass das Interferenzmuster überhaupt von *beiden* Weglängen abhängt, auch wenn nur ein *einzelnes* Elektron hindurchgeht... Auch hier kann man nun einen Weg *blockieren* - etwa jenen zu Detektor *B* -, dann erreichen (statistisch) die dann noch durchkommenden Elektronen auch Detektor *A*, also jenen, den sonst ob der destruktiven Interferenz *keine* Elektronen erreichen, weil es ob des blockierten Weges zu Detektor *B* nicht zur \`Selbstinterferenz´ *kommen* kann. Manche sagen daher, dass durch ein einzelnes QO, das zu Detektor *A* gelangt ist, da es den Weg zum Hindernis eben *nicht genommen* hat, aber überhaupt bei *A angekommen* ist, *\`wechselwirkungsfrei´* die Existenz des Hindernisses auf Weg *B nachgewiesen* wurde[402]...
H: ...mit dem Vorwissen, dass sich *eigentlich* auf Weg *A* destruktive Interferenz ergeben müsste, kann man schließen, dass etwas Weg *B blockiert...*
M: Richtig; bei einzelnen Elektronen ist dann zu dem Hindernis in Weg *B* aber *kein Elektron* gelaufen; genaugenommen muss man hier den Begriff \`Wechselwirkung´ neu *definieren* - man muss ja dennoch annehmen, dass das Hindernis mit \`etwas´, das *ansonsten* diesen Weg nimmt, *wechselgewirkt* hat, es eben blockiert *hat* - auch wenn dabei kein *Energie*übertrag statthat, ist es ja offenbar zu einer Informations*auswertung* gekommen, wenn auch nicht zwangsläufig zu einer klassischen Informations*übertragung*, die stets an Materie und Energie gebunden scheint. Gerade ob des hier zutage tretenden \`Begriffs-Notstandes´ ist das ein \`gefundenes Fressen´ für Verfechter eines \`Holismus´ - obgleich dieser Begriff eben mit einer konkreten Vorstellung zu untermauern wäre, die hier darin liegt, QO als verborgen räumlich ausgedehnt zu deuten (auch hier kann man allerdings sagen, dass ein Holismus damit *gleichbedeutend* ist)... Beträfe diese holistische Relationalität, wie auch die Verschränkung von QO *mesokosmische Körper* und *ihr* Verhalten hinge über große räumliche Distanzen voneinander ab, würde man das *ohne weiteres* annehmen... Natürlich klingt das recht *phantastisch...*
H: Allerdings...

M: Allerdings muss man sich klarmachen, dass schon *1929* der eher konservative *Planck* um die *holistischen Konsequenzen* der QT wusste, als er sagte: „Bisher gehörte es [bei Massepunkten und Feldern] zu den Voraussetzungen jeden kausalen physikalischen Denkens, dass alle Vorgänge [...] sich darstellen lassen als zusammengesetzt aus *lokalen* Vorgängen in verschiedenen einzelnen unendlich kleinen Raumelementen, und dass jeder einzelne dieser Elementarvorgänge in seinem gesetzmäßigen Ablauf ohne Rücksicht auf alle *übrigen* eindeutig bestimmt ist durch die lokalen Vorgänge in der unmittelbaren räumlichen und zeitlichen *Nachbarschaft*. [...] In der neuen Mechanik ist das ganz *anders*. Nach ihr genügen rein lokale Beziehungen *ebensowenig* zu einer Formulierung der Bewegungsgesetze, wie etwa zum Verständnis der Bedeutung eines *Gemäldes* die mikroskopische Untersuchung aller seiner einzelnen *Teile* genügt. Vielmehr gelangt man nur *dann* zu einer brauchbaren Darstellung der Gesetzmäßigkeit, wenn man das physikalische Gebilde als *Ganzes* betrachtet. Demgemäß befindet sich nach der neuen Mechanik *jeder einzelne* materielle Punkt des Systems zu jeder Zeit in gewissem Sinne an *sämtlichen* Stellen des ganzen dem System zur Verfügung stehenden Raumes *zugleich*, und nicht etwa nur mit dem *Kraftfeld*, das er um sich verbreitet, [...] [sondern] mit seiner eigenen *Masse* und mit seiner eigenen *Ladung*" - wie bereits erwähnt „musste der bisherige *Urbestandteil* des [physikalischen] Weltbildes, der *materielle Punkt*, seines elementaren Charakters *entkleidet* werden; er ist aufgelöst worden in ein System von *Materiewellen*. [...] Der materielle Punkt in seiner alten Bedeutung erscheint jetzt nurmehr als ein besonderer *Grenzfall*, als ein unendlich schmales *Wellenpaket*, dessen Impuls bei bestimmter Lage [...] völlig unbestimmt ist, entsprechend der HU. Lässt man der Lage [...] einen gewissen *Spielraum*, so gewinnt auch der Impuls einen annähernd bestimmbaren Wert; und es gelten dann für Lage und Impuls annähernd die Gesetze der klassischen Mechanik;"[403] damit einher geht, dass in der QT die „*Randbedingungen* [...][ein] unmittelbares Hereinspielen in den Kausalzusammenhang [zeigen]"[404] - dazu später genauer... Diese Konsequenzen der QT für das Weltbild sind also schon länger *bekannt*...
H: Theoretisch... Ähnlich gibt es bei der `Quantenteleportation´ (Zeilinger) (*1997ff*) einen *klassischen* und einen verschränkten *Quanten*kanal. Jedenfalls geschieht hier *mehr*, als man für ein Elektron *anzunehmen* geneigt ist...
M: ...als *Teilchen* begriffen! Zum DSExp hatte Bohr noch festgestellt: „Nur der Umstand, dass wir vor der Wahl stehen, *entweder* den Weg eines Teilchens zu verfolgen *oder* Interferenzwirkungen zu beobachten, gestattet es uns, dem paradoxen Schluss zu entgehen, dass das Verhalten eines [...][QO] von dem Vorhandensein eines Schlitzes im Schirm abhängen sollte, durch den es nachweisbar *nicht* hindurchgegangen ist"[405] - ein Kernpunkt seines Komplementaritäts-Gedankens; mag dieser selbst auf den *ersten Blick* noch greifen, kann man doch dergestalt auf den *zweiten Blick* die nämlichen Schlüsse nicht

abwehren... Das alles zeigt für sich genommen, dass man es mit irgendwie wirkungsdynamisch, zeit- oder teilweise oder `verborgen´ *ausgedehnten* Entitäten zu tun hat wie beim DSExp - das Elektron scheint *beide* Wege genommen zu haben und nur für eine *Welle* ist das nicht widersprüchlich. Dies liegt auf der Argumentationslinie, ein *reales Wellen*phänomen anzunehmen; gerade in Anbetracht *dieses* Versuches bleibt unverständlich, wie man argumentieren kann, man müsse dann ja einen *Wellenkollaps* annehmen, und der sei „nicht nur ein unschönes Bild, sondern auch durch keinerlei Notwendigkeit begründet [...]. [Und ebenso sei es mit der] Annahme, dass sich [...][Wellen] *tatsächlich im Raum* ausbreiten“[406] - wie kann man hier *nicht* annehmen, dass *irgendetwas Reales im Raum* Weg *B* genommen hat? Man kann hier ja nicht nur die Wahl verzögern, ob man den zweiten halbdurchlässigen *Spiegel* einfügt oder nicht, mithin ob sich Interferenz oder ein bestimmter Weg zeigt, sondern auch, *wo* man *wann* das *Hindernis* in Weg *B* einfügt: dabei kommt es auf den *Zeitpunkt* an - *nach* der Emission in der Quelle und *vor* der Absorption in einem Detektor; es *kann* irgendwann *zu spät* sein, dieses nahe der Quelle, am *Anfang* des Strahlenganges einzufügen, *weil* irgendetwas auch *Weg B im Raum* zurückgelegt hat...

H: So sollte man *annehmen*...

M: Mithin dürfte dies auch ein Feld sein, das weiter zu erforschen sich *lohnt:* Die `Wege-Verschränkung´ bei den *EPR*-Experimenten betrifft ja offenbar nicht-lokale Zusammenhänge oder instantane Beeinflussung - dergleichen wäre ja *auch* denkbar: dass, wenn man das `Verzögerte-Wahl´-Experiment im großen, gar kosmischen Maßstab ausführt, tatsächlich bis zum letzten Moment, wenn das QO schon direkt vor dem zweiten halbdurchlässigen Spiegel sein müsste, noch die *gesamten* beiden Wege relevant sind, also auch nahe der Quelle; jedenfalls müsste man über die Einflüsse im *Gesamt*wellenfeld mehr wissen...

H: Nun, die Untersuchung dieser `leeren Wellen´, `Geisterphotonen oder -elektronen´ oder mit Einstein: `Gespensterfelder´ gehört in der Tat auf die Agenda: „Eine energie-[und impuls]lose Welle könnte ihre Anwesenheit [etwa] durch Modifikation der Zerfallswahrscheinlichkeit unstabiler Systeme verraten“[407]...

M: ...was bei der Frage nach der `Kausalität´ von Belang wäre...

H: ...und man könnte den *Nachweis* `leerer Wellen´ - so man diesen noch benötigt - bzw. deren *Natur* auch anhand von *Überlagerungen* verschiedener `leerer Wellen´ und dessen Einfluss auf die Wahrscheinlichkeitsfunktion untersuchen[408]...

M: Richtig - nur führen wohl diese Begriffe in die Irre, weil es sich jeweils um `Komponenten´ oder `Aspekte´ der QO handelt, die ganzheitlich *zu* diesen gehören... Und dass man es mit *Materiewellen* zu tun hat, zeigt schon die destruktive Interferenz *an sich*...

H: ...die es nur bei *Wellen* gibt - sofern man nicht von einer *`Selbstinterferenz´* von *Teilchen* sprechen möchte...
M: Ein Begriff, den man nicht mit *Bedeutung* füllen kann, ohne Teilchen lauter *Wellen*eigenschaften zuzuschreiben - für *Teilchen* müsste man ob der Möglichkeit zur destruktiven Interferenz eben etwa eine `negative Existenz´ oder `negative Anzahl´ vorsehen...
H: Was *noch* phantastischer ist...
M: Richtig ist, mit Bohr anzunehmen, dass komplementäre Eigenschaften, die nur mit einander ausschließenden Versuchen gefunden werden können, *nicht gleichzeitig real* sein müssen - aber man sollte dies nicht `unentwegt´ auf *klassische* Eigenschaften beziehen und sich darauf verlegen, dass QO *überhaupt keine* realen Eigenschaften haben, bis sie *gemessen* werden, dann aber *seien* diese real, und zu sagen: Einmal haben sie anscheinend nur *einen* Weg genommen, sie *sind* dann Teilchen, einmal haben sie ob der Interferenz *beide* Wege genommen, sie *sind* dann Wellen...
H: Nun, der Kopenhagener Deutung sind die Eigenschaften von QO nur *relativ* zu den jeweiligen Versuchen real - so *werden* sie gar nicht widersprüchlich; wie soll man sonst an einem wissenschaftlichen *Objektivitätskriterium* methodisch festhalten?
M: Die *Not* ist klar, aber rechtfertigt diese solch´ Tabuisierung? Es wäre schon viel gewonnen, wenn man diese Wellen überhaupt einmal *ernstnähme* - ist es nicht genauso wie *Hertz* sagt: „Wir überzeugen uns, dass die Mannigfaltigkeit der wirklichen Welt *größer* sein muss als die Mannigfaltigkeit der Welt, welche sich unseren Sinnen *unmittelbar* offenbart“?[409]
H: Ja...
M: Das Experiment zeigt aber leider noch *mehr:* nämlich zu welch´ abstruser, esoterischer Weltdeutung man - wie so oft in der QT - offenbar kommen *will:* Man kann den Versuchsaufbau, mithin die Weglängen im Grunde beliebig *groß* wählen, mit dem Gravitationslinseneffekt auch in *kosmischem* Maßstab: Dann kann man bequem entscheiden, ob man den zweiten Strahlteiler hinzufügt oder nicht, wenn das QO schon mutmaßlich kurz vor dem Kreuzungspunkt ist - es scheint mithin, als könne man *nachträglich* entscheiden, ob es *Welle* oder *Teilchen* ist und ob es *einen* oder *beide* Wege genommen hat. Gestützt auf eine ganz *spezielle* Interpretation der Kopenhagener Deutung unter der Prämisse `„Kein elementares Phänomen ist ein Phänomen, ehe es nicht ein gemessenes (beobachtetes) Phänomen geworden ist“´[410] wird dann argumentiert, man habe es „mit einer seltsamen *Umkehr* der Zeitordnung zu tun“, man könne dergestalt „in die Vergangenheit des [...][QO] *eingreifen*“ und „[man hätte] es mit einem elementaren *Entstehungsakt* zu tun“, wobei es „falsch [sei], die Vergangenheit als das anzusehen, das in jeder Einzelheit schon existiert“, Realität *entstünde* erst im Nachhinein durch unsere Beobachtung: „Die Messgeräte, die heute zum Einsatz kommen, [...][hätten]

einen nicht zu vernachlässigenden Anteil daran, das *hervorzubringen*, was unserem Eindruck nach längst geschehen ist. Die Alltagsauffassung, dass die Welt eine von uns *unabhängige Existenz* besitzt, [...][ließe] sich nicht länger aufrechterhalten,"[411] selbst das Universum erhalte seine Existenz rückwirkend *von uns* - umgekehrt ist es also ein `*partizipatorisches* Universum´...
H: Phantasmen... Dagegen sind ja *Hertz´* Ideen geradezu *bodenständig* zu nennen...
M: Die Deutung, QO müssten ob der nämlichen verzögerten Entscheidungsmöglichkeit „klassisch unvereinbare Teilchen- und Wellen-Charakteristika *zur gleichen Zeit* tragen",[412] ist ebenso *unnötig* - ganz davon abgesehen, dass der Dualismus dann nicht orthodox als `*komplementär*´ genommen wird: Nur durch starrsinniges Festhalten an der *Teilchen*vorstellung gerät man hier in Schwierigkeiten - *nicht* wenn man annimmt, dass das, was gewöhnlich als Elektron bezeichnet wird, eine ausgedehnte *Wellen*entität ist, die sich *immer* auf *beiden* Wegen bewegt, aber in *einem* Punkt *kollabiert*, *dekohäriert...* - man *muss* nicht schließen, dass *ohne* den zweiten Strahlteiler ein Elektron nur *einen* Weg als *Teilchen* gegangen ist, warum *sollte* man? Es gibt dann nur keine *Interferenz* - nur *darüber* entscheidet man! *Hierüber* wäre die Kopenhagener Deutung zu befragen, was man eigentlich *beobachtet:* Jedenfalls *nicht* gleichzeitig Wellen *und* Teilchen, *nicht* QO, die gleichzeitig einen *und* zwei Wege nehmen, *nicht*, dass „eine Wirkung in die Vergangenheit zurück[läuft]"[413]...
H: Man kann aber - da man die Wahl bei entsprechendem Versuchsaufbau *beliebig lange hinauszögern* kann - *schon* schließen, dass QO die beiden Charakteristika insofern *selbst* zukommen, als sie diese nicht erst mit der Wahl der Messapparatur *erhalten* - entgegen der `Kopenhagener Deutung´, deren *eigentliches* Ansinnen hier geradezu `*mißbraucht*´ wird...
M: So ist es! Man stößt hier nämlich auf die Frage nach der `*Lokalität*´ bzw. `*Separabilität*´ von QO und ihren Zuständen; und zwar nicht nur hinsichtlich des Messproblems und des Phänomens, dass man QO scheinbar nur in Wechselwirkung mit *Messapparaten* bestimmte nicht-intrinsische, *relationale* (zudem u.U. untereinander *inkompatible*) Eigenschaften zuschreiben kann, was hier leise anklingt, sondern *generell* bezüglich der *Verschränkung* von Systemen bzw. ihren Zuständen, wenn man jedem System *für sich* gar nicht einen Zustand *zuordnen* kann, der alles erfasst, was zusammengenommen das Gesamtsystem charakterisiert. Ein berühmt-berüchtigter Fall derselben ist das *EPR-Paradoxon* - `Paradoxon´, weil man die mit der Verschränkung verbundenen Korrelationen zwar *vorhersagen*, aber nicht kausal-deterministisch *erklären* kann...
H: ...welches Anstoss für Schrödinger zu einer - wie er es nannte - „*Generalbeichte*"[414] war...
M: ...gewahr, wie *wenig* man erst verstand... Eine `Verschränkung´ entsteht, wenn „zwei Körper früher einmal [...] *ein* System gebildet [haben], das heißt

in Wechselwirkung gestanden und *Spuren* aneinander hinterlassen haben" - von *`hinterlassenen Spuren´* kann dabei nur in bezug auf die *`Verschränkung unseres Wissens´* die Rede sein, denn ansonsten reichen diese eben gerade *nicht* zur Erklärung aus. Hat man über zwei getrennte QO jeweils maximale Zustandskenntnis, ergibt sich nach einer Wechselwirkung und abermaligen Trennung nicht wieder deren logische Summe (als Zustandsprodukt) - „der Erwartungskatalog des [Gesamt-]Objekts hat sich in eine *konditionale Disjunktion* von Erwartungskatalogen aufgespalten"[415]...

H: ...im Grunde *bleibt* diese eine *`Konjunktion´...*

M: Ja, ein Euphemismus... Die Zustandskenntnis kann für die *Einzel*systeme nicht mehr *maximal* sein - „maximale Kenntnis von einem Gesamtsystem schließt nicht notwendig maximale Kenntnis aller seiner Teile ein"[416] - in beiderlei Bezug. Das Messproblem bekommt eine neue *Facette:* Man ist ja zunächst geneigt, zu sagen: „direkt beeinflussen können einander Messungen an getrennten Systemen nicht, das wäre Magie"[417]; die *`Verschränkung unseres Wissens´*, die Verschränkung aller (konjugierten) Variablen - die auch noch zeitlich *veränderlich* sind - wird aber durch *eine einzige* Messung (die dem Belieben des Experimentators anheim steht - (auch) insofern scheinbar durch den mentalen Akt des Beobachtens) *aufgehoben...*

H: Merkwürdig, ja - der Problemkreis harrte denn auch länger der *Klärung*
(nicht *Er*klärung, die steht noch *aus*)... *E*instein hatte *1935* (mit *P*odolsky IV e
und *R*osen (EPR)) - gleichsam als Fortsetzung seiner Debatte mit Bohr, die
immerhin vom *1927*er Solvay-Kongress bis zu seinem Tod (*1955*) währte - ein Gedankenexperiment entworfen, demzufolge die QT sich als *unvollständig* erweisen sollte, insofern man die HU, bezüglich dessen, *was* man *wie scharf* messen kann, möglicherweise *umgehen* könnte. Dieser zufolge können ja Ort und Impuls eines Teilchens nicht beliebig genau gleichzeitig bestimmt werden - so sagt der mathematische Formalismus und auch experimentell schließen die entsprechenden Experimente einander aus bzw. sie sind gegenläufig: am Einfachspalt etwa, der eine *Orts*koordinate festlegt, streut die entsprechende *Impuls*koordinate desto mehr, je kleiner man den Spalt macht...

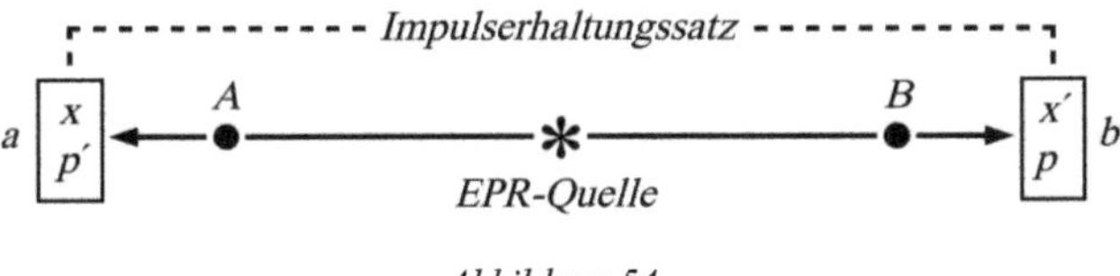

Abbildung 54

Wenn nun allerdings ein physikalisches System in zwei gleiche Elementarteilchen *A* und *B* zerfällt, die sich voneinander fort an die Orte *a* und *b* bewegen *(H. deutet auf Abbildung 54)*, könnte man etwa an Teilchen *A* den

exakten *Ort* x bestimmen und hätte über den Impulserhaltungssatz damit gleichzeitig ermittelt, welchen exakten Ort x' Teilchen B haben muss (wohlgemerkt: ohne es zu *beeinflussen*), und für B selbst könnte man dann noch den exakten *Impuls* p messen (und damit den Impuls p' für A bestimmen) (hier exemplarisch beschränkt auf ein Teilchen mit einem Freiheitsgrad); die beiden Elementarteilchen scheinen insofern (doch) *beides* - einen beliebig genauen Ort *und* Impuls - gleichzeitig *innezuhaben* (der Energie- und Impulssatz wird ja durch die QT nicht in Frage gestellt), diese wären nur *nicht messbar*, weil jede Messung den Systemzustand *beeinflusst*...
M: ...und mit dem *Vollständigkeits*kriterium `„jedes Element der physikalischen Realität muss seine Entsprechung in der physikalischen Theorie haben"´[418] wäre mithin die QT, die dies nicht *erfasst*, also die $\Psi$-Funktion *entweder unvollständig*, es gäbe `verborgene Variablen´...
H: ...*oder* man müsste dahin gelangen, dass den beiden komplementären Größen nicht zugleich *Realität* zukommt,[419] was *Bohr* behaupten wird[420]...
M: ...ansonsten hätte man die HU *umgangen.* Dass im mathematischen Formalismus die Zustandsfunktion nicht gleichzeitig in einer Orts- und Impulseigenbasis vorliegen kann, ein Zustandsvektor im Hilbertraum nicht einen Eigenwert für Ort *und* Impuls haben kann, bedeutet dann, dass dieser nicht die ontologisch-realen Zustände *abbilden* kann, also unzutreffend bzw. unvollständig ist... Die QT erfasst (auch über den Zeitpunkt T der Trennung der QO hinaus) die *Gesamt-*Ψ_{AB}-Funktion. Einstein argumentiert nun jedoch, dass *verschiedene* Messungen an A auch für B etwa für die komplementären Größen `Ort´ und `Impuls´ zu zwei *verschiedenen* reduzierten *Einzel-*Ψ-Funktion führen, die für die gleiche, *eine* Realität gelten sollen - *vorausgesetzt* ist dabei, dass, „da andererseits die beiden Systeme zum Zeitpunkt der Messung nicht mehr miteinander in *Wechselwirkung* stehen, [...] nicht wirklich eine Änderung in dem *zweiten* System *als Folge* von irgendetwas auftreten [kann], das dem *ersten* System zugefügt werden mag"[421]...
H: ...und so schließt er auf *Unvollständigkeit* der QT...
M: Einstein hat genaugenommen *`indirekter´* argumentiert und als eine Art pragmatisch hinreichendes *Realitäts*kriterium festgestellt: „Wenn wir, ohne auf irgendeine Weise ein System zu stören, den Wert einer physikalischen Größe mit Sicherheit (d.h. mit der Wahrscheinlichkeit gleich eins) voraussagen können, dann gibt es ein Element der physikalischen Realität, das dieser physikalischen Größe entspricht;"[422] misst man an Teilchen A also den Ort, ist - da sicher verhersagbar - auch der Ort des ungemessenen Teilchens B ein Element der physikalischen Realität - hier im Widerspruch speziell zur HU, bei Spin- und Polarisationsmessungen im Widerspruch zur QT... Der Bezug, eine Größe `mit Sicherheit´ voraussagen zu können, lässt sich dabei zu `mit der-und-der Wahrscheinlichkeit´ abschwächen, ohne dass dies die Argumentation grundlegend ändern würde.[423] Das *Vollständigkeits-* und

*Realitäts*kriterium zusammengenommen bedeutet das: In der Theorie *fehlt* ein reales Element - aufgrund einer Messung an *A* kann man *sicher* voraussagen, was man an *B* finden wird (und umgekehrt), wobei man sich *aussuchen* kann, ob für Ort oder Impuls - „das [EPR-]Paradoxon [...] zwingt [dazu], eine von den folgenden beiden Aussagen aufzugeben: „*1.* Die Beschreibung durch die *Ψ*-Funktion ist *vollständig. 2.* Die Realzustände von räumlich getrennten Dingen sind voneinander *unabhängig.*"[424] Man kann zwar nicht, um an der zweiten Aussage festzuhalten, wie Einstein auf die Ensemble-Interpretation ausweichen,[425] denn die empirische Statistik, die heute gegeben ist und die zweite Aussage als falsch erweist (wie die QT schon immer erahnen ließ), kann diese hier ebensowenig erklären. *Bohr* argumentiert jedoch nun im Grunde etwas *quacksalberisch* mit dem `Allheilmittel *Komplementarität*´, von dem Einstein sagte, „dessen scharfe Formulierung [...][sei ihm] trotz vieler darauf verwandter Mühe nicht gelungen"[426] - und Bohr rührt dabei in keinster Weise ans Teilchenbild...

H: Nun, er hat am Ende *recht* behalten und die `Bohr-Einstein-Debatte´ für *sich* entschieden...

M: Das wäre genauso falsch zu behaupten, wie das Gegenteil - *Einstein* hat (nur) *deshalb* unrecht, weil es zum einen nicht um klassische *Teilchen* geht, sondern um QO, denen die HU *wesensgemäß* zukommt (diese Argumentation *meidet* er allerdings) und weil zum anderen die weitere Voraussetzung der *Lokalität* (bzw. der *Separabilität*) unzutreffend ist: Einstein setzte voraus, dass „die zwei Systeme [...][bis zum Zeitpunkt] *T* miteinander wechselwirken mögen, *danach* aber *keinerlei* Wechselwirkung mehr zwischen beiden Teilen herrscht"[427]...

H: Das hat sich als *empirisch falsch* erweisen...

M: Nur: *Direkt* hat Bohr keinen dieser Gründe - eigentlich ist es *ein* Grund - angeführt; es scheint, dass er den *eigentlichen* Punkt gar *nicht trifft...*

H: Nicht? Er sagt, es müsse „die Darstellung aller Erfahrung in *klassischen* Begriffen erfolgen [...],[weil wir] mit dem Wort `Experiment´ auf eine Situation hinweisen, in der wir anderen mitteilen können, was wir getan und was wir gelernt haben"[428]...

M: ...alles richtig...

H: ...und damit hängt zusammen „die Unmöglichkeit einer scharfen Trennung zwischen dem Verhalten atomarer Objekte und der Wechselwirkung mit den Messgeräten, die zur Definition der Bedingungen dienen, unter welchen die Phänomene erscheinen" - daher „kann [nicht nur] das unter verschiedenen Versuchsbedingungen gewonnene Material nicht mit einem Bilde *erfasst* werden", man darf es dann auch *nicht gleichzeitig* als zur „physikalischen Realität" gehörend betrachten, zumal die Experimente, um die komplementären Parameter `Ort´ und `Impuls´ zu ermitteln, eben einander prinzipiell *ausschließen*[429]...

M: ...auch *das* ist zunächst richtig, weil sich QO abhängig von der Messapparatur unterschiedlich mehr zur Teilchen- oder Wellengestalt `neigen´ können, ein Wellenkollaps bzw. Dekohärenzeffekte ausgelöst werden... Aber das ist zumindest natürlich rein *zirkulär* argumentiert - man muss Bohr den Komplementaritätsgedanken ja schon *zugestehen*, damit seine ganze Argumentation funktioniert, was Einstein in diesem Bezug eben nicht *tut* - aber davon abgesehen... Worum es *eigentlich* geht, ist etwas anderes, etwas, das Einstein geahnt hat, als er sagte, man käme *nicht* zu seinem Schluss, „bestünde man darauf, zwei [...] physikalische Größen *nur dann* zugleich als Elemente der Realität zu betrachten, *wenn* sie *gleichzeitig gemessen* oder *vorhergesagt* werden können. Aus dieser Sicht sind [...][Ort und Impuls] *nicht* zugleich real [...]"...
H: ...das nahm Bohrs Einwand *vorweg*...
M: „Dadurch [...][würde ihr] Realitätsanspruch vom Vorgang der Messung abhängig, die am ersten System durchgeführt wird und die auf keine Weise [- so die Annahme -] das zweite System beeinflusst. Man [...][dürfe] nicht erwarten, dass dies irgendeine vernünftige Definition der Realität zulässt."[430] *Einstein* war dergleichen Beeinflussung *`spukhafte Fernwirkung´* - mithin *undenkbar;* ihm war ja die ganze QT suspekt, „weil [...][sie] mit dem Grundsatz unvereinbar ist, dass die Physik eine Wirklichkeit in Raum und Zeit darstellen soll, *ohne* spukhafte Fernwirkungen"[431]... *Bohr* hingegen enthielt Einsteins Realitätskriterium „eine wesentliche *Mehrdeutigkeit*" - er argumentierte, dass „die endliche [und unkontrollierbare] Wechselwirkung zwischen Objekt und Messvorrichtungen, die durch die bloße Existenz des Wirkungsquantums bedingt [...][sei], die Notwendigkeit einer letztlichen *Aufgabe* des klassischen *Kausalitätsideals* und eine grundlegende Revision unserer Haltung gegenüber dem Problem der physikalischen *Realität* zur Folge [habe(n)(müsse)]."[432]
H: In der klassischen Physik kann man sagen, die „gewonnene[n] Kenntnisse [über ein Objekt] ergänzen einfach einander und können zu einem zusammenhängenden Bild [...] zusammengefasst werden. In der [...][QT] stehen dagegen [...][diese u.U.] in einer neuartigen *komplementären* Beziehung zueinander," so dass diese „*nicht* zu einem einheitlichen Bilde zusammengefasst werden [können]" und dennoch sollen sie „alle über das Objekt erfassbare Kenntnis *erschöpfen*"[433]...
M: Bohr beharrt auf letzterem - wenn man dies auf die *klassischen* Eigenschaften und Zustände bezieht, hier `Ort´ und `Implus´ - zu *recht* und er *behält* insofern recht, als etwa mit einer Ortsmessung an *A* ein *Orts*eigenzustand präpariert wird und mit einer gleichzeitigen Impulsmessung an *B* ein *Impuls*-eigenzustand; diese jeweils *komplementären* Zustände bei *a* und *b* sind dann *nicht definit*, nicht *beide* können gleichzeitig *Eigen*zustände sein für ein QO; so der mathematische Formalismus und dem entspricht, dass ontologisch-

realiter QO mit der Messung *verändert*, *in* diese Zustände präpariert werden, wohlgemerkt in diese *klassischen* Zustände gleichsam der *Teilchen*- und *Körper*welt - ansonsten sind sie allerdings (mutmaßlich) *ebenso* in *bestimmten* Zuständen, nur eben in nicht-direkt-fassbaren *quantenphysikalischen* Zuständen, solchen gleichsam der *Wellen*welt, darin liegt eben ihr `sich-Neigen´ zur Teilchen- *oder* Wellennatur...

H: Hernach spitze sich das Dilemma darauf zu, dass man weder die vergangene *Interaktion* für die Korrelationen bemühen konnte, noch im *gewöhnlichen* Sinne (auch der QT!) einen *Einfluss* der Messung auf das Messergebnis...

M: So ist es...Und *A* und *B* können im Prinzip eine beliebig große Distanz haben - die *Lokalität* steht in Frage, ob räumlich getrennte Objekte sich *instantan beeinflussen*, bzw. die *Separabilität*, ob man diesen eine unabhängige Existenz zuschreiben kann. Überdies muss dies als Argument dafür herhalten, dass Eigenschaften gemäß der Kopenhagener Deutung erst mit der Messung *`erzeugt´* werden - entgegen der klassischen Annahme, dass die Dinge, auch *kleinste* `Dinge´, alle ihre Eigenschaften immer schon innehaben, unabhängig von Messungen oder bewussten Beobachtern...

H: Bohrs Kopenhagener Deutung ist ein *Affront* gegen diese Vorstellungen - Wheeler hat dafür das Bild gebraucht, dass man das Spiel `Worte-Raten´, bei dem der Ratende eine Anzahl Ja-Nein-Fragen beantwortet bekommt, auch so spielen kann, dass die Antwortenden das zu erratende Wort gar nicht *zuvor festlegen*, sondern konsistent von Antwort zu Antwort *`entstehen´* lassen - zuvor *`existiert´* überhaupt kein zu ratendes Wort; eben *so `entstünden´* auch die Eigenschaften von QO bei der Messung, ja, das QO *selbst*, das zuvor nicht *wirklich `existierte´*[434]...

M: Neben der Lokalität bzw. Separabilität steht also (scheinbar) auch die *Realität* der Dinge in Frage - zusammengenommen: der *`lokale Realismus´*... Ironisch könnte man sagen: `*Merkwürdig*, dass die Welt ein konsistentes Bild darbietet´...

H: Bohm hat dann das ursprüngliche EPR-Szenario auf verschränkte *Spin*-Zustände bezogen (*1951*)(*EPR/B*-Experimente); diesem Singulett-Zustand (IV.4a) verwandt ist die Verschränkung von Polarisationszuständen von Photonen, auf den man sich heute (zumeist) bezieht (IV.4b); generell gesagt: QO *A* ist in Zustand *1*, mithin QO *B* in Zustand *2 oder* QO *A* ist in Zustand *2*, mithin QO *B* in Zustand *1 als Überlagerung:*

$$|\Psi\rangle = 1/\sqrt{2}\,(|\Psi^1_{Sx auf}\rangle|\Psi^2_{Sx ab}\rangle - |\Psi^1_{Sx ab}\rangle|\Psi^2_{Sx auf}\rangle) \qquad \text{(IV.4a/b)}$$
$$|\Psi\rangle = 1/\sqrt{2}\,(|\Psi^1_{Px=}\rangle|\Psi^2_{Px\parallel}\rangle + |\Psi^1_{Px\parallel}\rangle|\Psi^2_{Px=}\rangle)$$

Dabei können den beiden *Teil*systemen *für sich* keine definiten Zustände zugeordnet werden; nur das *Gesamt*system ist in diesem *reinen* Zustand. Die *Einzel*zustände sind nur über den statistischen Operator zu erfassen, als das, was man unabhängig vom anderen System *sagen* kann, als *unvollständig* - diese enthalten jedoch nicht mehr die *Korrelationen,* d.h. der Gesamtzustand enthält als *reiner Superpositions*zustand *mehr* (Informationen) als die beiden Einzelzustände als *gemischte* Zustände *zusammengenommen...*

M: ...was nicht heißen muss, dass `holistisch´ nun `das Ganze mehr ist als die Summe der Teile´, oder dass man es mit einer `Physik der Relationen´ zu tun hat, sondern nur, dass die Teile lokal nicht vollständig *erkennbar* sind...

H: ...wenn man überhaupt schon - vor der Messung - von zwei *Einzel*zuständen zweier *Einzel*objekte sprechen kann und nicht das *Gesamt*system erst mit der Messung in Teile *zerfällt...*

M: Man muss das in den *Gesamtzusammenhang* einbetten, aus dem heraus es Argumente gibt, von *zwei* QO auszugehen, bei denen nur die *Zustände* verschränkt sind, etwa, wenn man den Spin von zwei Protonen misst, die man zuvor mühsam *zusammen-* und *in* Korrelation *gebracht* hat.[435] - auch ist nach der Messung die Verschränkung *aufgelöst*, man findet *keine* Korrelationen mehr und die beiden Teilsysteme sind unterscheidbar und *jeweils* in einem reinen Zustand mit definitem Wert...

H: Richtig; man kann das Ganze aber auch in ein ganz anderes Licht stellen - mit der Dekohärenztheorie wäre schon zu bedenken, dass es in der Natur als Ganzes jede Menge Verschränkungszustände geben könnte, derer man gar nicht *gewahr* wird und dass mithin nur die Natur *als Ganzes* in einem *reinen* Zustand wäre...

M: ... was wiederum bei der Frage der *`Kausalität´* zu berücksichtigen wäre...

H: Problematisch ist nur, dass man sich vom *originalen* EPR-Szenario immer weiter *entfernt:* Dort ging es mit `Ort´ und `Impuls´ um *klassische Teilchen*eigenschaften, bei Bohm ging es dann um den *quantentheoretischen Spin* von Teilchen und experimentell geht es seither (zumeist) um die *Polarisation* von *Photonen...*

M: ...deren ontologischer Status in der Tat ein etwas *anderer* ist, deren `Wesen´ noch *unklarer* ist. Sind QO irgendwie `verborgen´, wirkungsdynamisch oder zeit- oder teilweise ausgedehnte Entitäten, kann man - insofern man bei Licht über den Vorgang *zwischen* Emission hier und Absorption dort nichts weiß (und nichts wissen *kann*) - auch eine *direkte Interaktion* der QO annehmen, die beieinander `zugegen´ sind - und *nichts*, das sich zwischen der Quelle und *A* und *B* bzw. zwischen *A* und *B ausbreitet; für sich* genommen - sonst spräche *dagegen*, dass andere QO etwa beim DSExp *dieselben* Verhaltenscharakteristika aufweisen, die emittierenden bzw. absorbierenden Atome selbst und andere QO... Wiederum andererseits würde es sich etwas anders darstellen, dass Photonen anscheinend Objekte der Masse *0* sind (was ähnlich wie bei den Neutrinos nicht *ganz* sicher ist) und sich stets mit der Geschwindigkeit *c* bewegen, also keinen Zustand der Ruhe kennen und keine innere, sondern nur äußere Bewegungsenergie haben (die auch als Impuls *übertragen* werden

kann) - für das *Teilchen*bild gesprochen, im *Wellen*bild entspricht dem (nur) eine Erregungsausbreitung verschiedener Wellenlänge und *damit* verschiedener Energie, der dann *doch* eine innere-intrinsische Energie entspricht...
H: Das Ganze ist jedenfalls mit *Bells* Überlegungen (*1964f*) - der erkunden wollte, ob ein Weg zurück zu lokal-realistischen, lokal-deterministischen Theorien führt - der experimentellen *Überprüfung* zugänglich geworden...
M: Die Verbindung `lokal-*realistisch*´ oder `lokal-*deterministisch*´ ist zwar *üblich*, aber überhaupt nicht *impliziert:* Die EPR-Experimente zeigen, dass *alle* unsere Theorien *nicht-lokal* sein müssen, *unabhängig* von der Frage des `Realismus´ und `Determinismus´ - letztere stellt sich sogar ganz *neu*...
H: Zugegeben... Bell hat jedenfalls errechnet, dass die QT einen *Grad* der Korrelation zwischen zwei Quantensystemen mit verschränktem Zustand annimmt, der jenen Grad unter den Voraussetzungen des `lokalen Realismus´ *übersteigt;* um diesen zu erklären, reichen lokale Prozesse nicht aus, selbst, wenn man *verborgene* Variablen *hinzunimmt*...
M: Diesen Grad an nicht-Lokalität bzw. nicht-Separabilität muss *jede korrekte* Theorie enthalten... Auch die Kopenhagener Deutung betrifft dies - man kann zeigen, dass auch die makroskopischen Messapparate *selbst* korreliert sind[436]...
H: Es gibt nun etwa Atome, die aus einem angeregten Zustand heraus (nahezu) gleichzeitig zwei Photonen (unterschiedlicher Frequenz) emittieren; diese sind - zusammen erzeugt - immer miteinander korreliert, gleichgerichtet oder entgegengesetzt; im letzteren Fall stehen die Polarisationen bei Messungen gleich ausgerichteter Polarisatoren immer *senkrecht* aufeinander - ist das eine Photon also *vertikal* polarisiert, ist das andere stets *horizontal* polarisiert und umgekehrt. Nun kann man folgenden Versuchaufbau realisieren: Von einer mittig gelegenen Photonenquelle gelangen die beiden Photonen aufgrund zwischengefügter Filter, die nur Photonen bestimmter Frequenz passieren lassen, jeweils nur zu einer Seite des Versuchsaufbaus - und zwar mit der Geschwindigkeit $v=c$, so dass sie gemäß der SRT *nicht miteinander wechselwirken* können sollten (ein gleiches gilt, wenn man den Spin von Protonen oder anderen `echten´ Teilchen misst, wenn deren Geschwindigkeit $v>\frac{1}{2}c$ ist). Beiderseits wird nun die *Polarisationsrichtung* der Photonen gemessen, indem bei einem Kalzitkristall hinter dem Weg der horizontalen und vertikalen Komponente jeweils ein Detektor die ankommenden Photonen nachweist *(H. deutet auf Abbildung 55)*... Wenn bei gleichgerichteten Polarisatoren die Ergebnisse in bekannter Weise korreliert sind, sagt das natürlich *nichts*, weshalb nun die links- und rechtsseitigen Polarisatoren um bestimmte Winkel gegeneinander *verdreht* werden - die Frage ist nun, welche Ergebnisse man *dann* zu erwarten hat, wobei die QT zu einem *anderen* Ergebnis als die klassische Physik kommt, deren Erwartung mit der *`Bell´schen Ungleichung´* formuliert wird. Diese erfasst einen inneren Zusammenhang von

zweiwertigen Wertetripeln, der hier auf korrelierte Photonenpaare und ihre Polarisation bezogen wird...

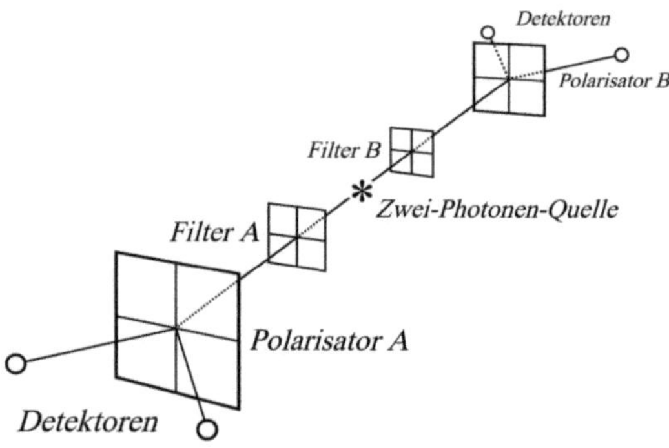

Abbildung 55

Generell bezieht dieser sich auf Korrelationen, die zwischen QO bestehen, die miteinander interagiert, sich dann aber in verschiedene Raumbereiche bewegt haben - diese bleiben der QT zufolge in gewisser Hinsicht miteinander *verbunden*, *verschränkt:* Die aus dem Gesamtsystem entstandenen Teilsysteme sind unter bestimmten Voraussetzungen (etwa der Ungestörtheit) *nicht-separierbar*, es gibt einen *nicht-lokalen Zusammenhang* zwischen ihnen, der nur mit dem verschränkten *Gesamt*zustand $\Psi_{A\text{-}B}$ erfasst wird; dies betrifft - wie gesagt - nicht nur die Polarisation von Photonenpaaren (wie hier), sondern auch etwa den *Spin* von Elementarteilchenpaaren oder die ursprünglichen *EPR*-Parameter `Ort´ und `Impuls´...
M: Der innere Zusammenhang der Wertetripel, welchen sich die Bell´sche Ungleichung zunutze macht, hat zunächst nichts mit der QT zu tun, dieser gilt *generell* für entsprechend korrelierte Zusammenhänge; er lautet für die Verteilungsanzahlen *n* bestimmter Kombinationen dreier Zustands-Parameter *a*,*b*,*c* eines Systems, welche jeweils die einander ausschließenden Werte + und - annehmen können:

$$n(a^+|b^+) + n(b^-|c^+) \geq n(a^+|c^+) \qquad \text{(IV.5)}$$

Mathematisch lässt sich dies herleiten, insofern sich der erste Term als Summe der zwei Unterarten von Wertetripeln $n(a^+|b^+|c^+)$ und $n(a^+|b^+|c^-)$ schreiben lässt; ebenso für den zweiten und dritten Term; bildet man die Summe des ersten und des zweiten Terms, ist in dieser der dritte Term enthalten, so dass man diesen ersetzen kann; da nun auf der einen Gleichungseite noch mögliche Anzahlen *hinzukommen*, muss die genannte *Un*gleichung gelten... Klassisch sollten - dem *widerspricht* die Kopenhagener Deutung der QT - QO zu einer

Messung schon ein spezifisches `Sosein' *mitbringen*, hier die Photonenpaare jeweils eine spezifische Polarisation. Jedes Photon gelangt wegen der Filter auf nur *eine* Seite; seine Polarisation stimmt natürlich nicht völlig mit jener der Messapparatur überein, sondern wird entsprechend derer Komponenten *gedreht*, gleichsam in die Messkomponenten *hinein*gedreht, vornehmlich in die Richtung, wo der Differenzwinkel kleiner als *45°* ist, in die nähergelegene Messkomponente. Der *Witz* ist dabei nun, dass man mit der vorausgesetzten sicheren Korrelation der Ergebnisse für die klassische Rechnung voraussetzt, dass die Polarisierungen auch *ohne* Messung senkrecht aufeinander stehen und bereits einen bestimmten Winkel *innehaben;* damit knüpft man an die *ursprüngliche* EPR-Argumentation an: Man nimmt an, dass das *links*seitige Geschehen *keinen Einfluss* auf das *rechts*seitige Geschehen hat und umgekehrt - wenn man die Messapparaturen gegeneinander verdreht, sollte es also zu gewissen quantitativ exakt fassbaren *Abweichungen* von der strengen vertikal-horizontal-Korrelation kommen. Die QT nimmt an, dass - denkt man sich etwa die linksseitige Messung eine Winzigkeit *früher* - mit der *nur links*seitigen Messung ob der Verschränkung der Teilchen (mithin ihrer nicht-Lokalität) auch das *rechts*seitige Photon *durch* die linksseitige Messung (zunächst) in einen bestimmten Zustand *gebracht* wird, der mit der tatsächlich erfolgenden rechtsseitigen *Messung* in einem bestimmten verdrehten Winkel zu einem *anderen* Resultat führt (links und rechts kann man natürlich auch umkehrt denken); es sollte mithin zu bestimmten winkelabhängigen, charakteristischen Verteilungs*abweichungen* kommen; diese kann man etwa mit den beiden Korrelations*koeffizienten* visualisieren, die für die quantenphysikalische Rechnung und jene mit klassischen, verborgenen Variablen deutlich voneinander *abweichen (M. deutet auf Abbildung 56);* Aspect etwa legte seinen Messungen, neben *45°* als Nullpunkt, die - wie man sieht - *sensiblen* Winkel *22,5°* und *67,5°* zugrunde... Empirisch zeigte sich auch ziemlich eindeutig,[437] dass die Bell'sche Ungleichung *verletzt* wird, dass also die Vorhersagen der QT zutreffen und die Zustände bzw. Messungen *korreliert* sind - nicht nur bei Polarisationen von Photonen (Bosonen), sondern auch bei Spin-Polarisationen von anderen QO (Fermionen) und wohlgemerkt ist die nachgewiesene Korrelation gemäß der QT *stärker*... Die Annahme einer klassischen Lokalität (bzw. Separabilität) erwies sich als *empirisch falsch* - spätestens (*1982*) mit Aspects Versuchen[438]...

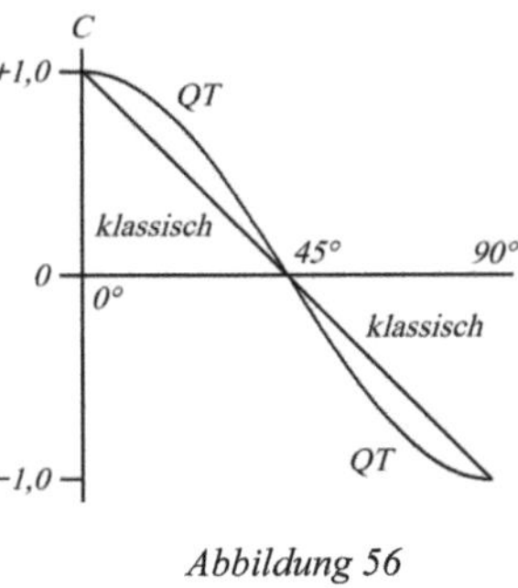

Abbildung 56

H: ...wenn man nicht an den *anderen* Voraussetzungen der lokalen Theorien ansetzen will...

M: Es gibt nun einige potentiell problematische Aspekte; zunächst einmal wären die *Halb*wahrheiten zu entwirren: Bohr hatte *recht* damit, dass die HU *unhintergehbar* ist, diese begrenzt, *was* man *wie scharf* messen kann, und dass manche Phänomenzustände nicht gleichzeitig *`real'* (`actual') sind - er hatte allerdings wohl *unrecht* damit, anzunehmen, dass QO ohne Messung *überhaupt* keine definiten Zustände innehaben. Dass er recht hatte, dass die QT nicht Informationen *unberücksichtigt* lässt, sondern dass diese *prinzipiell* nicht *vorlägen*, lässt sich schon *nicht* mehr sagen... Einstein hatte - dazu noch genauer - *recht* damit, dass die QT *unvollständig* ist, aber in Vorgenanntem *unrecht*, wie auch damit, von einer *lokal-separablen-klassisch-realistischen* Welt auszugehen. Seiner SRT gemäß kann sich ja eine Wechselwirkung mit maximal *c* ausbreiten - alles andere muss mithin als *`spukhafte Fernwirkung'* erscheinen, auch, wenn diese *nicht* mit einem Energie- oder Materietransport verbunden ist - der Halm, an den man sich klammert, damit es keine Zeitschleifen oder (in manchen Bezugssystemen) eine rückwärts-Verursachung gibt...

H: Ist es denn eine *kausale* Verbindung, wenn man empirisch auch mit EPR-Experimenten keine überlichtschnellen *Signale* senden kann? Kann man von *`Einfluss'* sprechen oder sollte man sich mit Bohr (bzw. Aristoteles) darauf zurückziehen, dass die Eigenschaften, ja, sogar die beiden QO noch nicht *actual* existieren, sondern nur *potentiell?*[439]

M: Der Begriff `kausal' *impliziert* das nicht notwendigerweise; es ist keine *gewöhnliche* kausale Verbindung - es ist ähnlich rätselhaft, wie bei den zuvor besprochenen Experimenten, wo `etwas' den anderen Weg bzw. beide Wege geht... Und letzteres löst das *Problem* überhaupt nicht - es bedeutet nur, dass durch die Messauswahl bei *A überlichtschnell* auch bei *B entschieden* wird, welche *potentielle* Eigenschaft *actual* wird... Mit der SRT ist es noch komplizierter: Beobachter sind sich etwa aufgrund der postulierten Relativität der Gleichzeitigkeit nicht einig, ob bei einer Ortsmessung bei *A* und einer Impulsmessung bei *B zuerst* auch in *B* einen Ortseigenzustand hervorgerufen wird und *dann* der Impulseigenzustand oder *umgekehrt;* das Ergebnis müsste - so betrachtet: *entgegen* der QT - natürlich *dasselbe* sein...

H: ...wenn man nicht darauf verfällt in *allen* Gleichzeitigkeitsebenen den Wellenkollaps instantan statthaben zu lassen...

M: ...für *v=c* hat dieser dann gleichzeitig mit der *Emission* statt...

H: Nun gut, „verborgene Parameter [sind] zwar im Prinzip denkbar [...], [sie müssten] jedoch höchst ungewöhnliche Eigenschaften haben [...], die nur sehr schwer zu akzeptieren wären. Kurz gesagt müssten [...][sie] nicht-lokal [bzw. nicht-separabel] sein, das heißt das Verhalten eines Teilchens müsste wie durch Geisterhand davon abhängen, was zum selben Zeitpunkt an einem weit entfernten Ort geschieht."[440] Bezüglich der EPR-Korrelationen „können [...] nur Theorien verborgener Parameter mit *Fernwirkung* noch ernsthaft diskutiert werden. Nach allen Erfolgen der SRT glaubt aber eigentlich niemand im Ernst an `handfeste´ Fernwirkungen“[441] - „es gibt [ja auch][...] keinen konkreten Kandidaten für eine Wechselwirkung mit Überlichtgeschwindigkeit“[442]...

M: Worin soll denn der tiefer Unterschied zwischen *`nicht-Lokalität´* bzw. *`nicht-Separabilität´* und der Annahme von *instantanen Wirkungen* bestehen? Solche *sind* doch nicht-separable Zusammenhänge zwischen Dingen `hier´ und `dort´ - *beides* könnte meinen, man spricht jeweils von *einem* Ding. So man die empirischen Befunde *selbst* nicht *anzweifeln* will, kann man nicht einfach Fernwirkungen bzw. Korrelationen als ungenehm *`ausblenden´* - man *muss* derlei annehmen, gleichgültig, ob man indeterministische oder deterministische Theorien ersinnt; und man muss fragen, was das Ganze *bedeutet - ontologisch;* sagt man nur: „EPR-Experimente werden durch Korrelationen makroskopischer Apparate (Detektoren, Polarisatoren...) erklärt“[443], mag das `erklärt´ zwar im *deduktiv-nomologischen* (oder induktiv-statistischen) Sinne richtig verwendet worden sein - aber was gewinnt man damit, das Ganze dergestalt zu einem *Scheinproblem* abzustempeln, das *noch* rätselhafter, ja, beinahe *doch* ein `hoodoo-artiger´ Zusammenhang ist? Was, wenn man sich einmal bei den EPR-Experimenten die eine Seite *rotierend* denkt - dann dürfte sich die *100%*ige Korrelation nur ergeben, wenn sich die andere Seite *instantan-gleichzeitig mitdreht* - so als ob man bei den Photonen*paaren* nur *ein* Ding vor sich hätte; das kommt der Instantanität des deBroglie-Bohm´-schen Quantenpotentials nahe, gleichsam in immateriell-materialisierter Form in ein anderes Bild gefasst...

H: ...zumal die Korrelationen Bezugsystem-unabhängig sind...

M: `Instantanität´ meint dann *anderes* und man kann nicht von `Wirkung´ *im engeren Sinne* sprechen; man muss aber sagen, dass man *statt* Instantanität immer auch einen *über*lichtschnellen *zeitlichen Prozess* annehmen kann...

H: Sicher ist wohl: *Alle* `Lösungen´ des EPR-Paradoxons hätten Einstein erschüttert: *Beides* - ob *`Korrelation´* nun eine nicht-lokale `von-hier-*nach*-dort´-Wirkung oder ein nicht-separables `hier-*und*-dort´-`Einssein´ meint - wären für die SRT `tödliche´ Argumente...

M: Allerdings... Das Ergebnis der EPR-Experimente ist, dass sich räumlich getrennte Objekte instantan, jedenfalls überlichtschnell *beeinflussen* - das mag etwa wie bei den vorigen Versuchen damit zusammenhängen, dass etwas, eine Wellenkomponente, jeweils auch den *anderen* Weg als `Geisterphoton´ geht, dort `präsent´ ist; die Messpunkte müssen ja durch den Leeren Raum zwischen ihnen *`verbunden´* sein... Jedenfalls zeichnet die `Simultanität´ der nicht-Lokalität bzw. nicht-Separabilität *ein* Bezugssystem aus; man *kann* gar nicht anders, als eine *absolute* Gleichzeitigkeit *vorauszusetzen* - wenn man die denn *überhaupt* anzweifelt: „*Hypothetisch gesetzt*, man hätte mit dem quantenphysikalischen Phänomen der *nicht-Lokalität* [bzw. nicht-Separabilität] die Möglichkeit, *im Nachhinein* - um einen kausalen *Energie-* oder

*Informations*übertrag *geht* es dabei gar nicht - festzustellen, welche Ereignisse als zeitlich instantan verbunden zu klassifizieren *wären* (natürlich eine konsistente Theorie vorausgesetzt), könnte man auch *Uhren-Synchronisationen* darauf gründen, [...][dass] man diese *im Nachhinein* anders stellt; damit würden aber alle divergierenden Beobachter-Sichtweisen der SRT *wegfallen.*"[444] Das ergibt sich, insofern man bei den EPR-Effekten „einräumen [muss], dass man es [...] mit einem eindeutigen [ontologischen] Fall einer *Wirkung* aus der Distanz und nicht nur mit einem [erkenntnistheoretischen] Fall von *Wissenszuwachs* zu tun hat"[445]...
H: Das ist bedenklich...
M: Bell spekuliert - wie erwähnt - auf eine *nicht-Lorentz-invariante* tiefere Ebene, eine durch einen *Äther* definierte absolute Kausalkette; er schreckt jedenfalls nicht vor *Über*lichtgeschwindigkeit *zurück;* ganz ebenso *Bohm*, denn diese dräuenden „kausale[n] Paradoxien entstehen nur, wenn man die Relativitätstheorie zur absoluten Wahrheit erklärt"[446], „das Quantenpotential [...] geht [aber] von einer absoluten Raumzeit [bzw. absoluten Zeit] aus, von einem Quantenäther in der Art, wie ihn *Dirac* vorgeschlagen hat"[447] - Lokalität ist eine willkürliche, ja beinahe `neumodische´ Annahme;[448] mag ein Minkowski-Diagramm das verdeutlichen *(M. deutet auf Abbildung 57)...*

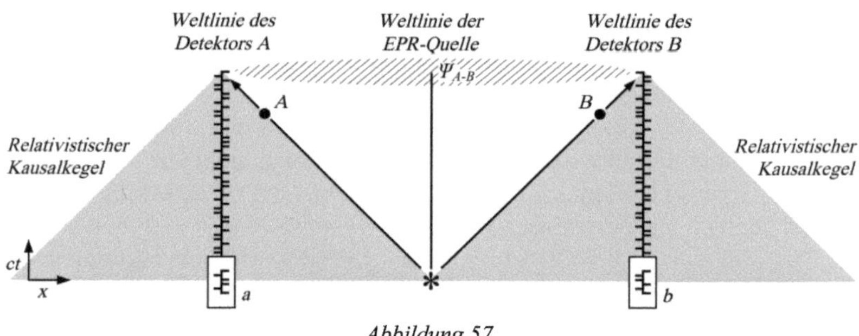

Abbildung 57

Die Ereignisse der Detektion bei *a* und *b* sollen mit der SRT nur durch `zeitartige´ Ereignisse innerhalb des grau gezeichneten Vergangenheits-Lichtkegels oder `lichtartige´ Ereignisse auf diesem kausal beeinflusst werden - hier nennen sie sich *`lokale´* Ereignisse; `raumartige´ Ereignisse der `(relativistischen) Gegenwart´ außerhalb des *45°*-Kausalkegels können dies nicht - hier nennen sie sich *`nicht-lokale´* Ereignisse. Entscheidend ist, dass man heute im experimentellen Arrangement *ausgeschlossen* hat, dass die Detektoren *miteinander* oder mit der *Quelle* in gewöhnlicher Weise `kommunizieren´, indem man während der Bewegung der korrelierten QO - zudem: *zufallsgesteuert* - zwischen verschiedenen Polarisationsrichtungen *umschaltet.* Kann man auch nicht die schwierige Umschaltung *beliebig schnell* machen (mehere Millionen Mal pro Sekunde erreicht man aber mit Ultraschall-

gesteuerten Umschaltern[449]), kann man doch die *Distanzen* - wie es scheint beliebig - *vergrößern...*
H: ...immerhin mittlerweile auf über *100km*, ohne dass die experimentell-bestätigten Korrelationen verschwänden oder sich abschwächten[450]...
M: Ganz recht; so dass man praktisch beliebig `flache´ (unter *45°*) Wechselwirkungslinien annehmen muss, d.h. letztlich *`Instantanität´* dieser rätselhaften Wechselwirkung - „[es scheint] so zu sein, als ob es *doch* Einflüsse zwischen den beiden Messflügeln gibt, [...] die die relativistische Beschränkung auf kleiner/gleich Lichtgeschwindigkeit nicht beachten“[451]...
H: EPR hatten noch vorausgesetzt, dass der Zustand eines QO an einem Ort *a* völlig *unabhängig* von dem Zustand eines QO an einem distanten Ort *b* ist - ergo die *Lokalität* bzw. *Separabilität* von QO bzw. ihrer Zustände,[452] wenngleich die QT um die *Verschränkung* von QO weiß, die miteinander wechselgewirkt haben und für die - wie gesagt - auch nach ihrer Trennung nur der *Gesamt*zustand $\Psi_{A\text{-}B}$ definiert ist, während ihr *Einzel*zustand zunächst *unbestimmt* ist und nur durch eine *Messung* ermittelbar, welche über eine Dynamik *II* zu eindeutigen Zuständen führt...
M: ...allerdings dann: *so präparierten* Zuständen - das `ob´ und `wie´ dieser Dynamik *II* ist ein *Kernpunkt* der QT. Ein Quantensystem kann bezüglich einer Observablen in verschiedenen `Eigenzuständen´ sein, wobei es gewöhnlich in einer *Superposition* dieser Zustände ist, also einer gewichteten Verteilung dieser Zustände (aus der sich deren *Wahrscheinlichkeit* ergibt), so dass der Wert der Observablen *nicht definit* ist; eine Messung versetzt das System in einen bestimmten (definiten), gleichsam `klassischen´ *Eigenzustand*, in dem es theoretisch so lange bleibt, wie keine weitere Wechselwirkung statthat (allerdings `zerfließt´ ein Wellenpaket etwa). Der *Superpositions*zustand (etwa) zweier QO enthält ein *`mehr´* an Information als es ihr *gemischter* Zustand (bzw. das Zustandsgemisch) enthielte: die erwähnten beiden[!] Teilstrahlen, die sich (auch bei *einem* QO) wieder `vereinigen´ lassen bzw. die korrelierten QO beim EPR-Experiment enthalten ein *`mehr´* an Informationen, als nur *ein* Teilstrahl bzw. zwei *nicht*-korrelierte QO enthielten; mit einer einfachen Messung kann man dieses verborgene `mehr´, den Unterschied zwischen reinem Zustand und gemischtem Zustand (und Zustandsgemisch) aber nicht `herauskitzeln´... Was *geschieht* nun bei einer Messung der Observablen, wenn scheinbar instantan der *Superpositions*zustand in einen *Eigen*zustand und die Observable in den entsprechenden *Eigenwert* übergeht? Was `Messung´ genau *meint*, ist (noch) unklar...
H: Mittlerweile sind die erwähnten Korrelationen in modernen *Varianten* des EPR-Versuchs *mehrfach* experimentell bestätigt worden - obwohl man sagen muss, dass das Szenario *klassisch* betrachtet im Grunde alles Erdenkliche tut, um gewöhnliche Wechselwirkungen *auszuschließen; viel* gibt es *nicht* mehr zu deuteln...

M: Richtig - *ziemlich* richtig: Nicht nur werden *ungemessene* Eigenschaften rechnerisch entgegen Bohrs Mahnung als *definit* vorausgesetzt, wie auch Licht- oder Spin-Polarisationen, auf die man sich bezieht, Bohr keine *rein* QO-intrinsischen Eigenschaften sind, wenn überhaupt Ort und Impuls... Und das Argument der zufälligen Umschaltung der Ausrichtung der Detektoren führt erst nach einem doppelten *Zirkel* zum Ziel: Wenn hernach ein Versuch EPR-Korrelationen *nachweisen* soll, bedeutet dies, dass es eine *instantane Beeinflussung* der gemessenen QO geben soll - was bei *a* geschieht entscheidet augenblicklich darüber, was bei *b* geschieht und gemessen werden kann; das aber kann dann im Prinzip auch auf die *Detektoren* zutreffen - das muss man nicht positiv behaupten (weil man die Korrelationen erst mühsam herstellen muss), aber man kann *zunächst* - beim *ersten* Zirkelschlag - nicht behaupten, man hätte damit das letzte `Hintertürchen´ beim Nachweis der nicht-Loklität bzw. nicht-Separabilität geschlossen; so ist es auch mit der *Zufälligkeit* und *Kanaltrennung* der Umschaltung - es kann für alles eine *Gesamt*-Wellenfunktion geben. Erst beim *zweiten* Zirkelschlag ergibt sich, dass dann mit diesem Gegenargument die *Detektoren* bzw. der gesamte *Versuchsaufbau* eben diese erst bestrittenen nicht-lokalen bzw. nicht-separablen Korrelationen aufweisen müssten... Damit wird also das eigentliche Ergebnis nicht in Frage gestellt...
H: Nein, und die Kopenhagener Deutung sollte sich mit ihrer Deutung ohnehin nicht `herauszureden´ versuchen, sie hat ja im Gegenteil *immer schon* diesen Standpunkt vertreten: Man darf die beiden Photonen gar nicht als *Einzel*systeme behandeln, die *vor* der beidseitigen Messung schon definite Polarisationen *hätten*[453]...
M: ...nur war man sich der tieferen *Bedeutung* nicht klar... Auch die folgende Anmerkung soll das Ergebnis nicht in Frage stellen: Man kommt in den neueren Varianten des EPR-Experiments mit der QT zu einer *stärkeren* Korrelation als klassisch[454] - für Ort und Impuls, die *klassisch beide* bei *beiden* QO zu *100%* scharf *wären*, ist das in der ursprünglichen EPR-Variante gar nicht möglich...
H: ...also die *HU* in Frage stellen?
M: Nein, nur ist das eben nicht mehr *Einsteins* Argumentation; nur mit den *modernen* Varianten (mit den Parametern `Polarisation´ und `Spin´) kann man zu einem *höheren* Korrelationsgrad kommen...
H: Nun ja, alles andere wäre hinsichtlich empirischer Messungen auch *wenig aussagekräftig*... Es gibt ja ohnedies noch das `Nachweis-Schlupfloch´, dass nur ein Bruchteil der QO nachgewiesen wird - das dürfen nicht nur die sein, die korreliert *sind*, da man von den *nachgewiesenen* QO ja auf *alle* schließen will...
M: Ja, natürlich. Bei der ursprünglichen EPR-Variante sind alle Parameter *klassisch absolut scharf* und alle Korrelationen lauten: *Immer*, wenn man hier x findet, findet man dort x' - *klassisch* sind Ort und Impuls absolut

scharf und nach der vollständig deterministischen Wechselwirkung beiderorts definit und erschließbar, wenn man im Schwerpunktsystem bei *a* den Ort, bei *b* den Impuls ermittelt. Die Korrelationen sind *absolut:* Ist Teilchen *A* vom Wechselwirkungsort Δx entfernt, dann auch Teilchen *B* und ist bei *A* der Impuls *p*, so *-p* bei *B* - darin liegt gerade die *Genialität* der Argumentation. Einstein hat zwar *dennoch* unrecht, aber nur, weil es nicht um *klassische Teilchen* geht, sondern um ein *quantenphysikalisches Wellenphänomen*, um *Wellenentitäten* - die Korrelationen bei ihm wären aber ansonsten nicht *überbietbar:* mehr als einen *absolut* scharfen Ort und *absolut* determinierten Impuls *gibt* es nicht - auch quantenphysikalisch nicht...
H: Bei den Bell´schen Ungleichungen geht es aber ja um andere Parameter und die Herleitung und Rechnung der *modernen* Varianten sind *konsistent*...
M: Es geht ohnehin nicht darum, in Abrede zu stellen, dass es nicht-lokale Zusammenhänge *gibt*, das zeigt schon das *DSExp*... So kann man sich auch ersparen, auf die `Logik´ mancher *reißerischen* Formulierungen einzugehen, welche versuchen, die *Ungewöhnlichkeit* nicht-lokaler Zusammenhänge zu *illustrieren*[455]... Die empirischen Befunde ergaben, dass eine Verschränkung offenbar *tatsächlich* existiert: QO können miteinander *verschränkt* bleiben, Teilsysteme sind *nicht-separierbar*, es gibt *nicht-lokale Zusammenhänge* zwischen ihnen...
H: Die Annahme einer klassischen Lokalität bzw. Separabilität geht *fehl*...
M: ...unter *diesem Aspekt*, mesokosmische Körper hängen ja nicht `hoodooartig´ zusammen... Man sollte hier `das Kind nicht mit dem Bade ausschütten´ - man kann ja argumentierten: „Da alle [...][Quantensysteme] in einer gewissen *Wechselwirkung* miteinander stehen, ist zu erwarten, dass ausnahmslos *alle* Systeme miteinander EPR-korreliert sind. [...][Die Welt ist (ohnerachtet der Problematik, dass ein Beobachter als Subjekt *nicht*-verschränkt einem Objekt gegenüber stehen muss)] *ein* verschränktes System und damit ein *unteilbares Ganzes* [...], `individuelles Objekt´ und `Teilsystem eines Quantensystems´ [sind] sich gegenseitig ausschließende Begriffe [...]; gleichartige Elementarobjekte [...][sind] prinzipiell nicht unterscheidbar [...], Teilsysteme [haben] keine ontischen [*`an sich´* definiten] Zustände mehr und sind somit nicht mehr als Objekte *aktualisiert* [...],[es] *existieren* die [...][beim EPR-Experiment] supponierten Einzelobjekte überhaupt nicht, bevor sie nicht durch eine tatsächlich ausgeführte Messung *erzeugt* werden [...],[wie auch] in der vollen quantenmechanischen Beschreibung eines molekularen Systems Elektronen und Atomkerne verschränkt sind und daher als individuelle Objekte [und mit ihren Eigenschaften] nicht aktual existieren. [...] Die Welt wird nicht mehr als eine Ansammlung einzelner, miteinander wechselwirkender, aber für sich selbst existierender Dinge gesehen, sondern als eine Einheit, in welcher Objekte nur im Zusammenhang mit ihrer Beziehung zu dem Beobachter und seinen Abstraktionen existieren.“[456] So *kann* man argumentieren...

H: So unscharf dabei nur zwischen `Erkenntnistheoretischem´ und `Ontologischem´ getrennt wird, ist doch der holistische Gedanke *verführerisch...*
M: Aber ist er *zutreffend?* Natürlich: Es gibt umfassende Verschränkungen, `Potentielles´ wird actualisiert, Messungen präparieren, *für uns* mögen sogar *phänomenal* Einzelobjekte gleichsam erst `erzeugt´ werden, *wir* konstituieren `Realität´ - aber apodiktisch festzustellen: *alles* sei ein unteilbares Ganzes, existiere *nur* potentiell? Im Benzolring mögen sich Elektronen *delokalisieren* - aber wieso sollten molekulare und atomare Systeme keine spezifische Gestalt, keine Eigenschaften *ohne uns* haben? Atomare Elektronen unterscheiden sich auch *ordinal, weil* sie unterschiedliches Licht emittieren und absorbieren - ja, eben darum gibt es das `Pauliprinzip´ - dazu später genauer; nicht *alle* Eigenschaftsparameter von QO unterliegen Verschränkungen; und diese können sich offenbar auch wieder *lösen* - so kann man zwar behaupten, `Separierbarkeit´ sei nur „als grobe Näherung" zutreffend, aber nicht, die Eigenschaften zweier Systeme, die miteinander wechselgewirkt haben, seien *„niemals völlig unabhängig"*[457]...
H: ...dem mathematische *Formalismus* zufolge *schon...*
M: ...den empirischen *Befunden* zufolge *nicht* - daher *ergibt* sich ja eben die Notwendigkeit, eine Dynamik *II*, etwa einen Wellenkollaps, zu *ergänzen* - zumindest braucht es einen Mechanismus, der dies *`unsichtbar´* macht, Dekohärenz etwa... Mit den Befunden an sich ist schon *ohne* diese Überspitzungen eines *extremen, subjektivistischen* Holismus *genug* gesagt; sofern die EPR-Argumentation schlüssig ist, muss man das Ergebnis der Befunde ja sogar *losgelöst* von der *QT* sehen: Selbst wenn diese *falsch* wäre, muss die Welt *nicht-lokale Zusammenhänge* aufweisen; *keine* Theorie, die von der Lokalität bzw. Separabilität aller QO ausgeht - auch jede *Nachfolgetheorie* zur QT -, ist mehr mit den empirischen Befunden in Einklang zu bringen; den Bell´-schen `Grad an nicht-Lokalität´ muss *jede* korrekte Theorie enthalten...
H: Bohm wie Bell wollten zunächst wissen, ob *`verborgene Variablen´* die *erwarteten* Korrelationen erklären können...
M: Das kommt auf die `verborgenen Variablen´ an...
H: `Verborgene Variablen´, die in der EPR-*Quelle* angesiedelt und *`lokalwirksam´* sind, also *`zeit-´* oder *`licht*artig´ vermittelt, können die empirischen Korrelationen *nicht* erklären...
M: Nein, wenn die beiden QO der EPR-Quelle die Einstellung der Detektoren in *A* und *B* nicht schon `kennen´ - anthropomorph formuliert - und sie nach der Emission nicht mehr miteinander `kommunizieren´ können - beides müsste nahezu instantan, zumindest *`raum*artig´ ($v>c$) vermittelt geschehen - können sie die empirischen Korrelationen nicht hervorbringen. Beides bedeutet, dass es einen nicht-lokalen Zusammenhang geben muss, namentlich den konkret-räumlich gedachten gemeinsamen reinen Zustand der beiden QO ($\Psi_{A\text{-}B}$)(vor Kollaps, Dekohärenz, `sich-Neigen´...), hier *schraffiert (M. deutet auf die*

Abbildung oben) - gerade *weil* man die Lokalität bzw. Separabilität aufgibt, kann man nicht mehr begründet differenzieren, ob diese nur zwischen den Messapparaten selbst oder auch den QO oder auch diesen und der EPR-Quelle statthaben - im Ergebnis macht das auch wenig *Unterschied*, weil *alle* diese Entitäten *gleichermaßen QO* sind (oder aus diesen bestehen). Nur eine statistische *Ergebnis*-Abhängigkeit reicht nicht aus, *ontologisch* schon gar nicht; sie ist keine Erklärung, es muss um einen Einfluss der *einen* Messapparatur auf das *andere* Messergebnis geben, etwa der Messapparatur bei *a* auf das Messergebnis bei *b* und umgekehrt, das mithin von beiden Messapparaten abhängt[458] - das alles vermittelt über die ontologische Entsprechung des reinen Gesamtzustands Ψ_{A-B}, der *lokal* an beiden Punkten seiner räumlichen Erstreckung mit *globaler* Wirkung beeinflusst werden kann...
H: ...nur ist der ganze feldartige Relationszusammenhang *`terra incognita´*: Könnte man etwa *zwischen* Emission und Messung in den Punkten *a* und *b* das Geschehen *beeinflussen*, könnte man bei den anderen Experimenten die `Geisterphotonen´ des zweiten Kanals irgendwie *abschirmen?* Unbekannt. Jedenfalls ist dies alles erstaunlich, was die *Kausalität* angeht...
M: Erstaunlich, was die *raum-zeitliche Struktur* angeht... Der `raumartige´ nicht-lokale Gesamtzustand ist ein Schnitt durch das Raum-Zeit-Kontinuum, der *das* Bezugssystem auszeichnet, in dem er *gleichzeitig `existent´* ist - so man nicht annimmt, diese Ebene wäre `zufällig´ gewählt oder das *alles* wäre `jenseits´ von `Raum´ und `Zeit´ angesiedelt und man würde - eine Variante - statt gewöhnlicher persistierender Objekte nur gewisser `flashes´ gewahr, die vom Konfigurationsraum in Raum und Zeit *`hineinragen´*[459]... Ohnerachtet der Konsequenzen der nicht-Lokalität bzw. nicht-Separabilität für die SRT *selbst* - die angeblich trotz alledem `friedlich´ mit der QT koexistiert - oder der Frage, ob man dergestalt *Informationen* übertragen kann, kann man übrigens nicht einfach behaupten, es ginge dabei *nicht* um Ereignisse die *kausal miteinander verknüpft* seien, sondern nur um Ereignisse mit *einer gemeinsamen Ursache*[460] - wenn beim EPR-Experiment Polarisator *A* in *geringerer* Distanz steht als Polarisator *B*, also bei *a* zeitlich *eher* gemessen wird und jede Messung eben beeinflusst und präpariert, ist das schlicht nicht *auszuschließen...*
H: Im Gegenteil: Man *weiß* nicht, *welchen* Effekt dies instantan auf das *in b* noch ungemessene QO hat, muss allerdings annehmen, *dass* es einen Effekt hat...
M: Eben; man braucht nicht auf den magnetischen Aharonov-Bohm-Effekt oder dergleichen zurückzugreifen[461] - die Ergebnisse der EPR-Experimente liegen genau auf der bisherigen Argumentationslinie: Im Grunde hat man eine nicht-Lokalität und Verschränkung von Quantensystemen mit der QT *schon immer* angenommen; dem Schluß auf ein *`mehr´* - von den `Feldern´ und ihrer eigenen Realität bis hierher geführt - wird letztlich nichts *hinzu-*

gefügt (nur den Schluss auf *`anderes'* gilt es noch weiter zu verfolgen): Es stand eigentlich nichts anderes zu erwarten, denn die nicht-Lokalität bzw. nicht-Separabilität zeigt sich bereits in der Relevanz des zweiten Spalts beim DSExp oder bei den wiedervereinigten Polarisations- und Spin-Komponenten, wo *beide Wege* relevant sind - das *rechts*seitige Geschehen ist relevant für das räumlich distante *links*seitige Geschehen und umgekehrt. Auch bei den EPR-Experimenten kann man annehmen, dass beide QO nicht jeweils *ein lokales* Ding sind, das jeweils nur mit der *lokalen* Messapparatur interagiert (der linken *oder* der rechten)...
H: Nun, in der Tat kann der Begriff *`Korrelation'* bei den EPR-Experimenten nur *a)* ein `von-hier-*nach*-dort' meinen, zeitversetzt, eine Wirkung oder *b)* ein `hier-*und*-dort', instantan, ein `Einssein'...
M: ...wenn man nicht zu der hilflosen Idee greifen will, statt der `Lokalität' den *`Realismus'* anzuzweifeln, „dass Regelmäßigkeiten in den beobachteten Erscheinungen durch physikalische Realitäten verursacht werden, die unabhängig vom menschlichen Beobachter existieren“[462] - wenn man *das* in Frage stellt, ist man nahe an Brechts Geschichte, in welcher die Frage, ob die Dinge der `Außenwelt' auch *für sich, ohne uns* sind oder nicht, *unbeantwortet* geblieben sein soll, weil ein über die Ufer tretender Fluss den Kongress, der sich dieser Frage widmete, *fortgeschwemmt* hat[463]... Wenn überhaupt damit, den `Realismus' in Frage zu stellen, ein klarer *Sinn* verbunden ist, da ja die Bejahung, wie die Verneinung des `Realismus' zu gleichermaßen sinnlosen Aussagen führt; `Realismus' kann sich nur darauf beziehen, dass Eigenschaften erst *präpariert* werden und nicht schon realisiert *vorliegen...*
H: Außer der `klassischen Logik' kann man neben der `Lokalität' doch in der Tat auch den `Induktionsschluss', das `Realitätskonzept'[464], die `Interventionsmöglichkeit' und `Willensfreiheit'[465], dass es nur `*vorwärts*-Verursachung'[466] gibt oder anderes in Frage stellen - man erspart sich immerhin, eine Signalübertragung mit *Über*lichtgeschwindigkeit annehmen zu müssen oder durch die `Simultanität' der nicht-Lokalität bzw. nicht-Separabilität ein Bezugssystem *auszuzeichnen*, also eine Kollision mit der SRT...
M: Die ist *unvermeidbar* - aber der Reihe nach... Der `Induktionsschluss' mag problematisch, ja, kein `logischer *Schluss'* im engeren Sinne sein, aber: warum ihn gerade bei *diesem* Experiment in Frage stellen - sonst macht man das nur *theoretisierend...* Und mit der `Willensfreiheit' argumentiert man in die diametral entgegengesetzte Richtung wie mit der `Realität' - zusammengenommen recht *beliebig:* Mit ersterer soll man ja, wenn alles in der Welt determinisiert ist, auch als Beobachter *determiniert* sein - mit zweiterer soll umgekehrt die Realität *von uns* als Beobachter *abhängen.* Wenn man nicht *`frei'* über Experimente bestimmen könnte, würde das *alle* moderne Naturwissenschaft zunichte machen und es bliebe *dennoch*, dass man - dann *`unfrei'* - manche Zusammenhänge *klassisch lokal* findet, andere *nicht*-lokal; es sei

denn, man soll gezwungen sein, nur *bestimmte* trügerische Experimente zu machen - eine Verschwörungstheorie... Aber inwiefern *soll* dann die `Interventionsmöglichkeit´, dass ein Experimentator mittelbar oder unmittelbar die Apparateeinstellungen kontrollieren kann, bei den EPR-Experimenten *verletzt* sein? Man *kann* die QO verschieden präparieren, an den Detektoren verschiedene Winkel wählen; man *findet* Korrelationen und muss diese *erklären* - die `Interventionsmöglichkeit´ anzuzweifeln und zu sagen, man könne nur *bestimmte* Einstellungen überhaupt wählen, heißt umgekehrt, dass es `theoretisch´ noch *andere*, aber eben *unwählbare* geben soll - das ist eine vollkommen *anti*-empirische Annahme; und den Zufallsgenerator bei den Kanal-Umschaltungen müsste diese bizarre Verschwörung *auch* involvieren...
H: Nicht ganz unwahr...
M: Eine von uns `*unabhängige* Realität´ in dem Sinne anzuzweifeln, dass die Rolle des *Beobachters* mehr berücksichtigt werden muss,[467] *verschiebt* das Problem der nicht-Lokalität bzw. nicht-Separabilität lediglich von den Versuchsapparaturen auf den *Beobachter:* mag *dieser* hernach `Realität´ verbürgen, bleiben die nicht-lokalen Koinzidenzen doch unerklärt dann bei *ihm* bestehen; eine `*objektive* Realität´ *allgemein* genommen in Frage zu stellen ist absurd, was soll das - außer `Realität´ in einem vollkommen *naiven* Sinne genommen - überhaupt *bedeuten?* In einem *positivistischen* Sinne genommen zu sagen, es gehe in der Naturwissenschaft *nur* darum „Modelle zu bilden, die uns helfen, unsere Beobachtungen miteinander zu verknüpfen [...],[wobei es] gute oder weniger gute Modelle [gäbe][...],[es gäbe jedoch] keine `wirkliche Welt´ in dem Sinne, dass etwas `da draußen´ existiert, an das unsere Modelle sich annähern“[468] ist im Sinne des Wortes *zu abwegig* (das gilt auch für alle anderen Positionen[469]). Nur in dem genannten Sinne mag man an der Realität der *ungemessenen* Größen zweifeln oder an dem *`Überbieten´* des klassischen Korrelationgrades...
H: Verzweifelt scheint auch die Annahme einer `*rückwärts*-Verursachung´, dazu gibt es ja *diverse* Theorieansätze[470]: Im Grunde wird dabei die Gleichzeitigkeit des korrelierten Gesamtzustands, die Instantanität, welche die SRT bedroht - welcherlei kausalen Relations*wege* man auch immer annimmt - gleichsam zu `*rückwärts*-Verursachung´ raum-zeitlich `*umgebogen´*...
M: Nun, Cramers `avancierte´ und `retardierte´ Angebots- und Bestätigungs-Wellen (*1986*) mögen, so man sich `jenseits´ des Zeit-Räumlichen befindet, nicht *vollkommen* abwegig sein: *Reale* Wellen, die sich in die Zukunft *und* in die Vergangenheit ausbreiten, wobei es dann zu einer `Transaktion´ kommt (inspiriert von der Wheeler-Feynman´schen Absorber-Theorie (*1945*) für elektromagnetische Strahlung) - eine `Angebots´-Welle(nfunktion) wird in die Zukunft emittiert, der potentielle Absorber emittiert eine `Bestätigungs´-Welle(nfunktion) in die Vergangenheit und beeinflusst damit erstere; der

Wellenkollaps soll dann allerdings innerhalb einer `*Pseudozeit*´ erfolgen, nicht in der Realzeit und man muss überdies auch eine rückwärts-wirkende Kausalität akzeptieren - bei eigentlich probabilistischen Prozessen. Das ist recht phantastisch - und macht das nicht alles noch schlimmer? Umgekehrt kann man jede angeblich rückwärts-gerichtete Wirkung zu einer instantanen oder kausal-vorwärts-gerichteten *nahezu* instantanen `umbiegen´. Bei alledem sind diese `Lösungen´ *rein ad hoc*, es gibt *keinerlei* empirische Evidenz für sie. Man müsste auch von der Überzeugung abweichen, dass `Zeit´ bedeutet, dass jeder `jetzt´-Zustand der Welt dynamisch den *nächsten*, *späteren* hervorbringt - dass im Sinne eines `Präsentismus´ Vergangenheit und Zukunft `*nicht-existent*´ sind, dass es (*physikalisch*, nicht mental) nur eine immer neue *Gegenwart* gibt - man ist unangenehm an das `*Parmenidische Blockuniversum*´ gemahnt... Und bei alledem: Die verzweifelten Versuche, die SRT über die `Interventionsmöglichkeit´ oder `*rückwärts*-Verursachung `in Schutz zu nehmen´, setzen diese *ebenso* außer Kraft, ja, in gewissem Sinne *alle* Naturwissenschaft...

H: Nun gut, man muss mit den EPR-Versuchen die nicht-Lokalität bzw. nicht-Separabilität wohl als *nachgewiesen* bzw. als *beste Erklärung* anerkennen, zumal diese schon das *DSExp* kennzeichnet...

M: Eben. Die EPR-Experimente fügen nicht nur den bisherigen Befunden *nichts hinzu*, sie rücken sie geradezu in ein *falsches Licht*, weil dabei zumeist auf *Teilchen*zustände und deren rätselhafte Korrelationen abgezielt wird - damit denkt man wiederum *diskrete*, nahezu *punktförmige* Entitäten (in Relation zum Gesamtzusammenhang) und *Korrelationen* zwischen ihnen. Mit den bisherigen Betrachtungen kann man aber QO besser als *räumlich ausgedehnte Wellen*phänomene begreifen - neben der Fähigkeit zu konstruktiver und destruktiver Interferenz und der harmonischen Ganzzahligkeit bei gebundenen Zuständen als zwei wesentlichen Charakteristika von Wellenphänomenen, tritt mehr und mehr dasjenige der *räumlichen Ausgedehntheit* der Phänomen- und Wirkungszusammenhänge in den Vordergrund...

H: Der Born´sche Ansatz sagt: QO sind *Teilchen*, diese folgen aber Wahrscheinlichkeitswellen, der deBroglie-Bohm´sche sagt: QO sind *Teilchen*, diese folgen aber einem feldartigen Quantenpotential - hier nun nähert man sich QO über ihre *feld*artigen Eigenschaften...

M: Ja; die gesamte Entwicklung, dass man schon lange anzunehmen genötigt war, dass es `*mehr*´ gibt als die sichtbare Materie - weshalb der Begriff `Feld´ überhaupt erst *geschaffen* wurde - wird von der QT eigentlich *nur fortgeführt:* es zeigt sich *nur* ein *weiteres* `mehr´...

H: ...wenn man es nicht sogar als *dasselbe* begreifen muss...

M: Richtig. Auch die Evolutionäre Erkenntnistheorie sagt, dass es *mehr* gibt, als unsere fünf Sinne zu erfassen vermögen (auch durch Apparate geschärft); als materiellen Wesen (wenn man einmal nur unseren *Körper* in Betracht

nimmt) ist uns die Welt nur in den Wechselwirkungen mit *Materie* gegeben, nur *vermittelt;* das ist bei elektrischen und magnetischen Felder nicht anderes als bei Materiewellen im Teilchen-Modus - beides ist nur in der *Wirkung auf Materie* oder in der *Erscheinung (schon) als Materie* zugänglich...
H: Gut; betont man nicht zwanghaft das *Trennende* von QT und klassischer Physik, könnte man es beinahe so sehen, dass mit den Wellenphänomenen der QT nur abermals eine *Erweiterung* unserer Vorstellungen, sogar in *derselben Richtung*, statthaben muss...
M: Ja, man wird auch in der QT eines verborgenen immaterielles Geschehens gewahr, dessen gleichsam nur die *`Oberfläche´* wahrnehmbar ist - wie bei den elektromagnetischen Feldern... Schrödinger und deBroglie betrachteten - wenn auch *zwischenzeitlich* zu anderem *überredet* - Materiewellen als im- oder prämaterielle, aber *reale Wellen*, die Teilchen hingegen als nur *Erscheinendes*, als `Schaumkämme´...
H: Hat nicht Schrödinger gegenüber Einstein - als dieser sich gerade mit dem „Zusammenhang von Gravitation und Materiewellen" beschäftigte - sein Interesse an der Idee bekundet, „dass die Ψ-Wellen mit Wellen der Störung des Gravitationspotentials zu identifizieren sind [...][und dass man] in die abstrakte ART [...] die Materie nicht als Massenpunkte oder dergleichen, sondern [...] als *gequantelte Gravitationswellen* einzuführen [hätte]"[471]?
M: So ist es; und späterhin wurde die Idee, `Materie´ auf `Raum´ und `Zeit´ zurückzuführen - als gleichsam dem Gegenentwurf zum relationalen Raum-Zeit-Konzept, welches den umgekehrten Weg geht - von der Wheeler´schen *`Geometrodynamik´* aufgegriffen, die aber im engeren Sinne als gescheitert gilt.[472] In der Tat aber geht es bei den `Schaumkämmen´ nicht um Wellen in einem *materiellen Medium* - es geht um das *Grundkonzept* `Welle´, das auch für ein Schwingen verschiedener miteinander verknüpfter Feld-Parameter, ein wechselseitiges Hervorbringen bzw. Verwandeln einer Energie- oder Zustandsform in eine andere gegeben ist, das am Zugrundeliegenden statthat, es geht um dynamische Symmetrien... Wie man `Felder´ in der Theorie des Elektromagnetismus ob ihrer *Wirkung* auf Materie als *`Seiendes´* und *`Wirkmächtiges´* betrachtet, sollte man sich vom empirischen Befund schon etwa des DSExp *belehren* lassen, dass die Wellenentitäten der QT *mehr* sind als rein Gedachtes, das als solches *wirkungslos* ist. Eine Wirkung zu haben *heißt* `Seiendes´ und *mehr* als `Mathematisches´ zu sein - sonst definiert man umgekehrt den Begriff *`mathematisch´* um. Was *nur* `reine Mathematik´, *nur* eine Wahrscheinlichkeitswelle sein soll, hat eben dennoch die Eigenschaft, dass man daraus ganze *Welten* bauen kann mit Bäumen, Tischen und Kaffeebechern - das `nur´ *besagt* nichts... Heisenbergs `potentia´, als welche man den zugrundeliegenden Wellengrund auch begreifen könnte, ist nicht nur *drängende* Potentialität mit `objektiver Tendenz´, sondern auch *`stabile* Potentialität´ - die QT stellt am atomistischen `Baukastenprinzip´ eigentlich

nichts *in Frage:* Müssen nicht die Wellenentitäten phänomenal in körperliche Dinghaftigkeit und Kausalität *münden - nach oben hin?* Diese müssen dabei insofern *`real´* sein, dass sie in ihrer `Aufgipfelung´ zu einem makroskopischen Körper und dessen mesokosmisch beobachtbarem Verhalten *führen* - auch *das* ließe sich ja mit dem Bohr´schen Korrespondenzprinzip fordern. Bei der Begriffsübertragung zwischen `oben´ und `unten´ sollte ein Analogieschluss verbürgen, dass den Dingen `oben´ - die man ja als aus QO *zusammengesetzt* nimmt - *hernach* eine zumindest *ebenso* unbezweifelbare Realität zukommen muss, wie *zuvor.* Sonst begibt man sich in einen *Zirkel*, der auch die Realität der *Messapparaturen* in Zweifel ziehen müsste - die Kopenhagener Deutung hat diesen Punkt bewusst *ausgeklammert...*
H: Gut, `oben´ hat man eher *keine* Zweifel an der Realität der Dinge...
M: Und *nach unten hin* hätte Newton und Leibniz, selbst Demokrit und Aristoteles der Gedanke nicht überrascht, dass man hinabtauchend ins immer Kleinere nicht *dieselben* mesokosmischen Eigenschaften immer weiter annehmen kann - man denke an Platon... *Enden* nun aber auch irgendwo die vertrauten Eigenschaften, sollte sich ein Kaffeebecher schlußendlich nicht aus *`nichts´* zusammensetzen und wenn man ob der eine Schranke bildenden elementaren Emergenz auch nicht begreift, *womit* man es zu tun hat, sollte der `Realitätsgrad´ der *Elemente*, aus denen dieser sich zusammensetzt, nicht *geringer* als dieser *selbst* werden - auch das *besagt* nichts... Der Begriff `Emergenz´ ist dabei insofern kritisch zu sehen, als eigentlich schon *im Keim* etwas *`da´* sein muss (was auch Definitionssache ist); es ist auch *kategorial* widersinnig, wenn aus *`nichts´ `etwas´* emergieren soll - wenn auch Felder und Materiewellen eine *`andere´* Realität und Natur haben oder zeigen als Materie in alltäglicher Perspektive. Man kann die Elemente der Dinge nicht aller, auch der *abstraktesten* Eigenschaften entkleiden, bis nur reine Mathematik, rein Gedachtes *übrigbleibt* - selbst für Aristoteles *`materia prima´* ist dem nicht so... Überhaupt: Setzt man so nicht *nur*, was man auch in der orthodoxen QT in einem logischen Raum als *theoretische* Gegenstände, Strukturen, Prozesse usw. annimmt, als *ontologisch real?*

IV f_1 *H:* Nun gut, wie wollte man umgekehrt behaupten, dass die Welt sich *nur* aus `ponderabler´ Materie zusammensetze - solch´ grundlegender Perspektivwechsel müsste sich aber bei *diversen* Phänomenen als fruchtbar erweisen, nicht nur bei den stehenden Wellen in den Atomen, beim DSExp... Nur wird damit natürlich eindeutig der Rahmen der klassischen Physik - einschließlich der Feldphysik - *gesprengt:* Es eröffnet sich die Frage, ob man überhaupt noch eine dem Wandel zugrundeliegende *Substanz* wie Schrödingers `Wellengrund´ als klassischen `Träger´ wechselnder Eigenschaften annehmen kann und wie man es dann bei QO mit *Individuen* zu tun haben kann. Das steht nicht nur etwa im Lichte der *QFT* in Frage - auch wenn man den erwähnten extremen subjektivistischen Holismus für *überzogen* hält, wird *schon* fraglich,

inwiefern man mit den nämlichen Verschränkungen *Teil*systemen überhaupt noch *intrinsische* Eigenschaften zuschreiben kann, ob es nicht nurmehr um *rein relationale* Eigenschaften geht...
M: Langsam...
H: Kann man denn einfach annehmen, dass etwa Licht die Eigenschaft einer bestimmten Polarisation oder dass QO einen bestimmten Spin *innehaben?* Dies ist ein - *allgemeinerer* - Aspekt des *Messproblems*, dass man nicht *intrinsische*, sondern *relationale* Eigenschaften misst, die ein QO nur in Relation zu einer bestimmten *Messapparatur* innehat - schon *damit* kann man das klassische Prinzip der *Lokalität* bzw. *Separabilität* als verletzt ansehen: Physikalische Systeme werden *klassisch* ja als voneinander *unabhängig* in ihrer Existenz begriffen, „jedes [...] System hat seine grundlegenden, charakteristischen Eigenschaften unabhängig von allen anderen Systemen."[473] Eine intrinsische Eigenschaft ist etwa \`ein Sandkorn zu sein´; welche Relationen zu anderen Dingen auch immer gegeben sein mögen, es „hindert nicht[s], dass dann, wenn es nur ein einziges Ding in der Welt gäbe, dieses Ding ein Sandkorn sein könnte", „die Beziehungen (Relationen), die zwischen physikalischen Systemen [klassisch] bestehen, sind [eben] durch die intrinsischen Eigenschaften der betreffenden Systeme festgelegt;"[474] quantenphysikalisch scheint das anders zu sein: Bohr hat nicht ohne Grund die Annahme vorgezogen, dass QO ohne Messung *überhaupt* keine spezifischen Zustände innehaben...
M: Nun, manche Eigenschaften lassen sich ja gar nicht unabhängig *denken* - \`kreisförmig sein´ etwa meint eine *Relation* der ein Ding konstituierenden *Teile;* generell kann man *einem* Ding alleine *überhaupt keine* Eigenschaften zuschreiben, ja, denkt man sich (paradoxerweise) auch den *Beobachter* weg, kann man nicht einmal sagen, dass *ein* Ding alleine *existiert*, wenn es *als ein* Ding *keinerlei* Relation zu einem *anderen* Ding hat...
H: ...so betrachtet müsste man, wenn man aus dem offenbar mesokosmisch separablen Seinsbereich ins \`immer-Kleinere´ \`abtaucht´, an irgendeiner Stelle auch *klassisch* bei relational *nicht-Separablem* landen - und doch könnte man sagen: Die klassische Physik *beginnt dort*, wo ein System *schon* intrinsische Eigenschaften hat...
M: Wohl wahr. Generell bringt *jeder*, auch der klassische Messprozess per se *als* Interaktion (die überdies immer auch eine *Beeinflussung* in sich schließt, wie sich etwa bei den HU (wenn auch als Nebenaspekt) zeigt) eine *Relationalität* der gemessenen Eigenschaften ins Spiel - man kann von *rein* intrinsischen Eigenschaften, von den \`Dingen-an-sich´ *ohne jede* Relationalität (per definitionem) nichts *wissen;* wenn man solcherlei Dinge überhaupt *annehmen* will (selbst die sogenannte \`schwarze Materie´, so diese mehr als ein Konstrukt ist, *zeitigt Wirkungen* - darum *postuliert* man sie überhaupt), ja, wenn man dergleichen Eigenschaften dann überhaupt als *\`Eigenschaften´* begreifen kann -

alle Eigenschaften sind so betrachtet *nicht* (rein) intrinsisch...
H: Dann würde mithin *nicht* die Frage aufgeworfen, ob die QT überhaupt noch mit einer *empiristisch-positivistischen* Sichtweise kompatibel ist?
M: Das wäre wohl etwas *zu revolutionär*, es läuft doch der klassischen Physik nicht vollkommen *zuwider:* Jede Temperaturmessung etwa *beeinflusst* den gemessenen Körper; man kann die Temperatur nicht *`an sich´* messen, auch diese bleibt unerreichbar, weil immer Energie vom *ge*messenen System auf das *messende* System übergehen muss, das *bedeutet* Messung und ist nichts Ungewöhnliches - gleichsam dem *Grade* nach ist es in der QT anders, dass Störungen *nicht beliebig minimiert* werden können und dass bei Messungen *in* Zustände präpariert wird und ein Wellenkollaps, Dekohärenz, ein `sich-Neigen´ zur Quer- oder Längsstruktur statthat... Sagt man, `ein Sandkorn zu sein´ sei als intrinsische Eigenschaft *unabhängig* von allen anderen Dingen, ist man doppelt auf dem Holzweg: Ein Sandkorn ist schon *selbst* ein komplexes *System* aus vielen Elementarteilchen, die erst in ihrer wechselseitigen *Relation* zueinander bestimmte Atomarten, Moleküle, dann ein bestimmtes Kristallgitter bilden - und *damit* ein Sandkorn *sind...*
H: Ja, eben, dies ist also schon eine Eigenschaft, die man nur dem ganzen *System* auf der *darüberliegenden* ontologischen Ebene zuschreiben kann. Für den Strukturenrealismus ergibt sich hier ein interessantes Argument: Man kann annehmen, dass die Dinge, wenn sie *keine* intrinsischen, monadischen Eigenschaften haben, über ihre *relationalen* Eigenschaften der Verschränkung die Individualität bzw. Identität von QO gewährleisten. Hier gerät man nur in eine ähnliche Zwickmühle wie bei Machs Kritik an Newtons Eimerexperiment - gibt es `Trägheit´ mit nur *einem* Körper? Gibt es `Felder´ *ohne alle* Materie? Ein QO an sich, *`allein´*, bekommt man nie zu fassen, nur in *Wechselwirkung* mit einem Messapparat oder Beobachter - so sind die gemessenen Eigenschaften des QO nicht *`objektiv´*, sondern nur *`relativ* zu den verwendeten *Versuchapparaten´* gegeben. Es geht dabei auch um die Verschränkung von QO *untereinander*, nicht nur mit einem *Messapparat:* Man spricht zwar immer noch von einzelnen Systemen und führt an diesen auch die Messungen durch, „Quantensysteme [...][können aber ja] durch Beziehungen aneinandergekettet [sein], die sich in keiner Weise auf etwas zurückführen lassen, das den einzelnen Quantensystemen *unabhängig* voneinander zukommt. [...] Man muss [...][also] das, was in der klassischen Physik für intrinsische Eigenschaften gehalten wird, als Korrelationen *zwischen* diesen Systemen konzipieren“[475] - vielleicht ergibt sich sogar damit, dass die Eigenschaften von QO *nicht intrinsische*, sondern nur *relative* sind, *doch* ein Argument, mit dem man die *klassische Logik* in Frage stellen kann[476]...
M: Nein, nur die klassische Logik führt zu der *Erkenntnis* des abhängigen Zusammenhangs... Und *Verschränkungen* bedeuten nicht zwangsläufig, dass QO - von der *prinzipiellen* Relationalität *aller* Eigenschaften abgesehen -, keine

spezifischen Zustände zukommen, dass man es nur mit einem `Gewebe von Relationen´ oder nur *einem* `Ding´ zu tun hat. Es ist zwar bedenkenswert, ob man in der Naturerkenntnis *nur* mit einer Zergliederung in elementare Bausteine weit genug kommt[477], aber ein `rein relationales Gewebe´ wirft das Problem auf, dass man allemalen Relations*glieder* voraussetzen muss, *etwas*, *das* in Relation zueinender steht und *an sich selbst* schon irgendwelche elementaren Eigenschaften haben sollte. Macht es nicht wenig Sinn, zu sagen, alles sei (nur) ein System von Relationen, wenn die Relationsglieder als *im-* oder *prä*materiell angesehen werden und alle begreifbaren Eigenschaften nurmehr - gleichsam in der letzten Konsequenz des Atomismus - in Relationen aufgelöst sind und erst im ontologischen `darüber´ existieren?
H: Wenn die Relations*glieder* nicht mehr greifbar und *be*greifbar sind, könnte man im Grunde doch tatsächlich sagen, insofern sei alles *nur* ein `System von Relationen´...
M: Nein, Bezug ist dann ja nur das *Begreifbare*, das Intelligible, nicht das im- und prämaterielle Zugrundeliegende *selbst*, die Relata...
H: Aber die Dinge sind mithin doch ontologisch keine *`Einzeldinge´* mehr...
M: Langsam... Bei alledem kommt es ja darauf an, wie QO *konzipiert* sind - sie könnten wie Einsteins von einem Kraftfeld umgebene Feldsingularitäten *jedes für sich ausgedehnt* sein und einander *überlagern;* dann könnten sie *sehr wohl* ontologisch `Einzeldinge´ sein und man könnte *weiterhin* annehmen, dass der Zustand eines Gesamtsystems auf den Zuständen der Einzelsysteme *superveniert;* das Prinzip der Separabilität wäre im Hintergrund *wirksam*, aber nur *zugänglich*, wenn QO durch Wellenkollaps, Dekohärenz, dynamisches `sich-Neigen´ zur Teilchennatur entsprechend *`moduliert´* wären. Warum also nicht setzen, dass QO interagierende individuelle Ganzheiten seien, die einander in ihrer im- oder prämateriellen feldartigen Ausgedehntheit *`überlappen´?*
H: Wäre das nicht ähnlich wie ehedem bei Leibniz´ *Monaden?* Diese sollen ja in sich alle anderen Monaden des Kosmos *spiegeln* und dieses `Spiegeln´ ist auch ein *`Hinreichen´* der einen Monade *zur* anderen, das diese miteinander *verknüpft*, wodurch jede Monade „ein lebender, immer-währender Spiegel des [ganzen] Universums ist“[478] (wenn man es nicht nur in die prästabilierte Harmonie und den vollständigen Begriff der Dinge hineinlegen will); erst *mit* diesem `Spiegeln´ *bekommen* diese ihre Individualität, ihre spezifischen Eigenschaften, gleichsam als ihre je spezifische *Sicht* auf das *Ganze;* und dieses `Spiegeln´ ist *auch* eine Art nicht-Lokalität bzw. nicht-Separabilität im `Hinreichen´ der Monaden zueinander, ja, beinahe auch insofern eine Art *Kontinuums*-Physik - aber das sind ja nur Spekulationen des historischen `Rationalismus´...
M: Natürlich; aber wiewohl man es einem gleichsam *`Übermut des Rationalismus´* zuschreiben könnte, wie Leibniz seine Monaden *konzipiert* hat, hat

er sie doch in einem *ontologischen* Sinne *so* konzipiert, wie er (mit vielen Überlegungen im Hintergrund seines philosophischen Systems´[479]) glaubte, dass sie *beschaffen* sein müssten, um die ehedem bekannten Phänomene *hervorrufen* zu können...

H: ...und das ist auch *hier* die Frage: Wie müssen QO *ontologisch beschaffen* sein, um die beobachteten Phänomene *hervorrufen* zu können...

M: Eben. Zunächst einmal können die Monaden dann in ganz eigener Weise beispielgebend dafür sein, wie man zwischen der traditionellen Position, eine Welt voneinander unabhängiger Dinge mit rein *intrinsischen* Eigenschaften zu denken, und der modernen Position, eine Welt der Relationen zwischen Dingen *ohne* intrinsische Eigenschaften zu denken, eine *vermittelnde* Position einnehmen kann...

H: Aber hat nicht in beiden Fällen die *nicht-Lokalität* und *nicht-Separabilität* gleichsam auf einer *anderen Seinsebene* statt, schon *bevor* die Monaden ihr `materielles Kleid´ erhalten[480], in der QT *bevor* QO durch Wellenkollaps, Dekohärenz, dynamisches `sich-Neigen´ zur Teilchennatur zu materiellen Teilchen gleichsam *`gerinnen´?* Das würde eher an Ansätze gemahnen, die *`Information´* als physikalisch fundamental betrachten - bei den erwähnten Strahlteiler-Experimenten scheint ja zumindest auf *einem* Weg `etwas´ zu gehen, das kein *materielles*, sondern ein *informationelles* `etwas´ ist...

M: Jein; man sollte dabei nicht in die *entgegengesetze* Richtung wie Hertz gehen: Wie soll man von dem erwähnten Grundsatz abweichen, dass es keine Prozesse und Strukturen *ohne Substanz*, keine Symmetrien und Relationen *ohne Relata* und keine Information *ohne Träger* gibt?

H: Nun, man muss immer ein Substrat *denken* - und doch muss dieses bei den diskutierten empirischen Befunden *im-* oder *prä*materiell sein, soweit geht man klassisch *nicht...*

M: ...bei den klassischen Feldern *schon;* selbst Leibniz nimmt an, dass „die geschaffenen Substanzen von *Gott* abhängig sind, der sie erhält, ja, sogar durch eine Art *Emanation* unaufhörlich neu *erzeugt*, in derselben Art, wie wir unsere *Gedanken* hervorbringen“[481] - der informationstheoretische Ansatz wäre dazu nur das *`atheistische Pendant´* (auch Leibniz´ Betrachtungen zu `möglichen Welten´ *generell* betreffend), wenn er nicht *zu wenig* annähme... Man könnte setzen, dass in der QT gleichsam die *hernach erst* körperhaften Dinge aus einem feldartigen Zugrundeliegenden ins konkrete Sein *`emporgehoben´* werden (gar nicht unähnlich, wie Aristoteles oder gar Plotin dies gesehen haben), dass man mit den Teilchen nur die *Oberfläche* eines eigentlichen transzendent-unzugänglichen Geschehens sieht, des *noch nicht* konkret-Dinghaften, des *noch* `anderen´... Begründen kann man das bei den diskutierten Experimenten auch mit dem Denkgrundsatz, dass nichts dort *wirken* kann, wo es nicht in irgendeiner Weise *ist* - natürlich hier in einem *nicht*-materiellen Sinne verstanden (oder im Sinne der Hertz´schen *`verborgenen´* Materien)...

H: ...ein alt-ehrwürdiger Denkgrundsatz, der zu Spekulationen geradezu *einlädt...*
M: ...den man aber nicht als `metaphysisch´ *ablehnen* sollte, denn er stellt ja nur klar, wie Begriffe bzw. Vorstellungen *verwendet* werden sollten - und es ist so betrachtet *sinnlos*, sich gegen ihn zu sträuben, auch wenn er heute prima facie nicht mehr ins naturphilosophische *Konzept* zu passen scheint. Auch in der QT kommt es ganz entscheidend darauf an, wie die zugrundeliegenden Objekte *konstituiert* sind - ontologisch von der Natur und erkenntnistheoretisch von uns: Wenn man QO als irgendwie *räumlich-ausgedehnte* Entitäten interpretiert - die diskutierten empirischen Befunde legen das nahe -, können verschiedene Objekte wie *A* und *B* beim EPR-Experiment in irgendeiner Weise, `verborgen´, wirkungsdynamisch oder zeit- oder teilweise beieinander *`zugegen´* sein...
H: Nun gut, für die statistische Theorie der Gase ist *Fermi* (angelehnt an das Pauli-Prinzip) zu einem *ähnlichen* Ergebnis gekommen - dass im Gegensatz zur klassischen Theorie unter gewissen Umständen „zwei der Individuen, welche das Gas bilden, niemals die gleiche Energie, niemals den gleichen Bewegungszustand haben [können]. Das scheint zunächst recht *paradox!* Wie kann ein Atom, das sich an dem einen äußersten Ende der Glasglocke befindet, die das Gas enthält, ein anderes Atom am anderen äußersten Ende [...] *verhindern*, den gleichen Bewegungszustand zu besitzen, den es *selbst* hat? Das scheint nur erklärlich, wenn jedes Individuum des Gases wenigstens in gewissem Sinne die *ganze* Glasglocke *ausfüllt*.“[482] So ist es auch für das Elektronengas in Metallen, wenn die Energiezustände der Reihe nach lückenlos bis zur Fermi-Grenze `aufgefüllt´ werden; daher hängt auch die Fermi-Energie, die Energie des höchsten besetzten Niveaus, von der Teilchen-*Dichte* ab... Dieser Grundgedanke legt sich auch etwa bei den deBroglie-Bohm´schen Leitwellen in *dessen* nicht-Lokalität bzw. nicht-Separabilität nahe: Die Trajektorien der QO etwa beim EPR-Experiment (Spin-Polarisationen sind dabei ja kontextuell mit den Trajektorien verbunden) hängen *instantan* von einander ab; die Bewegung des einen QO hängt von der gleichzeitigen Position des anderen ab, so dass alle Teilchen gleichermaßen und gleichzeitig durch das Quantenpotential geführt werden; beim EPR-Szenario muss man sich also zur Erklärung der Korrelationen vorstellen, dass das Quantenpotential am Ort *a* auch durch das QO *B* (in *b*) und am Ort *b* durch das QO *A* (in *a*) bestimmt wird; das *ist* natürlich - wenn man Teilchen und Welle *zusammenfallen* lässt - ein `Hinreichen´ der QO zum jeweils anderen...
M: Ja; man hätte nicht (nahezu) punktförmige Entitäten, die über *klassisch vermittelte Nahewirkung* oder *quantenphysikalische Fernwirkung* verbunden wären; die geheimnisvolle nicht-Lokalität bzw. nicht-Separabilität würde dann bedeuten, dass ein feldartig ausgedehntes Objekt bei einem anderen *selbst `zugegen´* wäre. Natürlich könnte man umgekehrt nicht von einer

klassischen Lokalität oder Separabilität sprechen - einzelne getrennte Objekte wären in *einem* Sinne nur *Erscheinung*, weil man ihrer \`eigentlichen´ Ausgedehntheit und Interaktion nicht bzw. nur mittelbar *gewahr* würde, in einem *anderen* Sinne jedoch *nicht* ein holistisches Ganzes, sondern *Zusammengesetztes* aus *Ausgedehntem.* Es würde dem atomistischen \`Baukastenprinzip´ *und* der nicht-Lokalität bzw. nicht-Separabilität gerecht werden, wenn diese Entitäten einander gleichsam im feldartigen Teil *\`überlappen´*, aneinander *\`heranreichen´* würden. Auch das EPR-Experiment würde sich anders darstellen *(M. deutet auf Abbildung 58):* Der Superpositionszustand $\Psi_{A\text{-}B}$ wäre nicht *abstrakt* (etwa im Konfigurationsraum) gegeben, sondern sozusagen *\`tatsächlich´* eine wellenartige Überlagerung der feldartigen Erstreckungen von *A* und *B* - eigentlich nur analog dazu, wie es bei der Bindung durch Überlagerung der *Wahrscheinlichkeits*amplituden zuging...

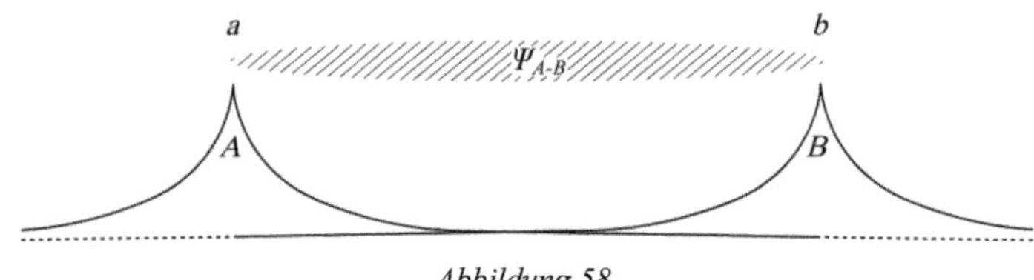

Abbildung 58

H: Überlagern und \`mischen´ sich klassisch nicht Felder?
M: ... \`überlagern´* in ihrer *Wirkung:* ja; *\`mischen´: offensichtlich *nicht;* das elektromagnetische Feld - immerhin die Vereinigung von elektrischem und magnetischem Feld - bzw. dessen Erregungen sind mit der Einstein´schen *Photonentheorie* offenbar *nicht* so beschaffen (wenn man das bei Photonen nicht gerade als *mittelbaren* Effekt aufgrund der \`Ganzheit´ und *unmittelbaren* Interaktion \`materieller´ QO betrachten muss)... Man kann sich dem Problem auch über folgenden Gedankengang nähern, gerade *weil* dieser - ähnlich wie bei Born und deBorglie-Bohm - auf der *Informationsebene* stehenbleibt, bei einem *\`so-ist-es-eben´:* Wirft man an verschiedenen Stellen Steine ins Wasser, entstehen irgendwann einander überlagernde Wellenphänomene, die, wenn man sie betrachtet, so kompliziert sein können, dass man nicht mehr die ursprünglichen Wellenkreise unterscheiden kann - und doch könnte man dies *theoretisch* (oder Gott könnte es): Wenn man genau um die Entstehungszeitpunkte, Ausbreitungsgeschwindigkeiten usw. wüsste, könnte man für jeden Ort vom ruhenden Anbeginn an berechnen, *welche* Huygens´schen Elementarwellen *woher* rühren und wenn man die Wellen verfolgen würde, könnte man sagen: die-und-die Wellenkomponente wird da-und-dahin *weiterlaufen* - die Eindeutigkeit der Wellen-Trajektorien müsste man wegen der Überlagerungen nicht *verloren* geben; hätte man nach der Berechnung - so komplex sie auch sein mag - wirklich Zweifel, *was woher rührt* und *was wohin führt?*
H: Nein, wenn es rein *deterministisch* zuginge...

M: Was ein Wellenphänomen ja beinahe für sich selbst *verbürgt*... Jedenfalls: Zu sagen, dass sich QO nicht \`mischen´ oder zerstreuen, *obwohl* sie im Raum ausgebreitete Wellenentitäten sind, ist im Grunde *gleichbedeutend* damit, sie als einzelne einander \`überlappende´ Entitäten zu denken, damit wird das Phänomen nur ontologisch *gegründet* - man muss sich ja Folgendes vor Augen halten: Selbst wenn QO vollständig zur *Wellen*natur \`geneigt´ sind, nicht kollabiert oder dekohäriert sind, behalten sie *individuelle Züge* und gehen *nicht* \`im großen Ganzen´ auf, sie lösen sich *nicht* wie der sprichwörtliche \`Wassertropfen im Ozean´ im Zugrundeliegenden oder Quantenvakuum auf; sie \`verlaufen´ sich *nicht* wie Wasserwellen; auch bei der Materialisation und Annihilation werden sie nicht gleichsam aus dem \`Nichts´ hervorgerufen oder verschwinden in dieses - auch wenn es vollkommen anders zugeht als im Bereich der *chemischen* Prozesse, geht es *bis* dorthin immer noch um reine Kombinatorik, und selbst *jenseits* dieser Grenze gibt es keine \`creatio ex *nihilo*´ oder An*nihil*ationen - nimmt man QO als Bündel dynamischer Eigenschaften, gehorchen diese schon im \`Verborgenen´ diversen Erhaltungsgesetzen *in Strenge.* QO haben sich generell als *unzerstreuliche Ganzheiten* erwiesen; die Erscheinungen sind gleichsam im \`Untergrund´ gesetzhaft verknüpft - daher kann man realistisch auf ein \`etwas´ schließen, das der Definition von \`Substanz´ genügt, dem \`im Wandel der Erscheinungen Beharrenden´; ergo muss man schließen: *Obwohl* bei QO nicht durchgängig alle klassischen Eigenschaften definit sind, etwa in betreff der Trajektorien, *obwohl* sie keine *klassische* Identität bzw. Individualität aufweisen und was man noch einwenden mag, muss man sie seltsamerweise als zugrundeliegende *substanzielle Ganzheiten*, als irgendwie *autarke*, ihre Selbstidentität wahrende, aber miteinander *wechselwirkungsfähige* Entitäten denken...
H: Nur, wie *genau?*
M: Wenn QO beizeiten, im \`sich-Neigen´ zur Wellen- oder Teilchennatur, gleichsam ins *\`unter-Konkrete´*, ja, \`unter´ Raum und Zeit \`abtauchen´, sind sie nur nicht *erkennbar* persistierende, selbstidentische Objekte; dann scheint nur das *Zugrundeliegende* substanzhaft. Die Teilchen sind *nicht* fundamental, die \`Wahrscheinlichkeit (Materie anzutreffen)´ ist aber - wie beim deBroglie-Bohm´schen Ansatz (wieder) sichtbar geworden ist, was aber für alle Ansätze *analog* gilt - nicht nur eine *\`reine Möglichkeit´* im Sinne einer *Beliebigkeit*, wie sie Gott vor Anbeginn aller Zeiten gegeben sein mochte, denn analog der Erhaltung der Masse bei der hydrodynamischen Teilchenstromdichte, folgt die \`Wahrscheinlichkeit (Materie anzutreffen)´ einer Erhaltung des Wahrscheinlichkeitsflusses, es erhält sich nicht *nur* die Wahrscheinlichkeit im eigentlichen *Wortsinne;* schon auf *dieser* Ebene ist die *Materieerhaltung* als Masse- und Ladungserhaltung, Baryonenzahl-Erhaltung usw. usf. *ontologisch verankert* - natürlich, wie Materialisation und Annihilation zeigen, verquickt mit der *Energie*erhaltung; denkt man sich aber eine Situation, wo dies vernach-

lässigbar ist, bildet $|\Psi|^2$ *schon* Materiedichte ab, insofern diese als diskret ganzzahlig *erhalten* bleibt, auch wenn sich QO wie Wellen zu delokalisieren und zu zerstreuen *scheinen*. Was deBroglie-Bohm in Gestalt der *Teilchen* gleichsam `automatisch´ umfassen, muss in *jedem* Deutungsansatz erfasst werden, so auch *hier*, wenn diese als Feldsingularitäten interpretiert werden sollen (wenn man auch bei `materiellen´ QO die noch im- oder prämateriellen Aspekte, ihre feldartige Ausgedehntheit *dynamisch veränderlich* denken muss, als ein `sich-Neigen´ mehr zur Teilchen- *oder* Wellennatur; dazu aber später, weil dies auch Wellenkollaps und Dekohärenz betrifft)...
H: Genaugenommen ist es gar nicht soviel *anders* als bei deBroglie-Bohm und Born - nur ist der ontologische Status der Wellen (wenn dieser Komparativ gestattet ist) ein gleichsam *`realerer´* und Teilchen und Welle sollen monistisch *zusammenfallen...*
M: Eben *so* ist das Verhältnis der Ansätze untereinander zu verstehen... Man muss es geradezu als Gewinn betrachten, dass die verschiedenen Deutungsansätze (die als Konzepte ja insgesamt eine *Äquivalenz* auszeichnet) *verschiedene* Aspekte deutlicher *herausarbeiten;* man darf bei aller Kritik und Differenz nicht vergessen, dass es am Ende nur um Deutungs*nuancen* geht... Auf der Ebene *`unterhalb´* des `dinglich-Konkreten´ *greift* gleichsam der Begriff `Existenz´ nicht mehr, er meint eigentlich immer das, was *materiell* `da´ ist, wie eben `real´ von `res´ vorgibt; er greift bei Raum und Zeit nicht mehr (daher nimmt man sie auch als dimensionale Kategorien und nicht als Entitäten[483]) und er greift bei QO in manchen *Zuständen* noch nicht. Bei den Feldern kommt man aber in ähnliche Schwierigkeiten - wie sich gezeigt hat; man kann zwar argumentieren, dass diese ihre Existenz wenigstens in ihrer *Wirkung* zeigen - bei Materiewellen ist das aber *genauso:* Man wird eben der wellenartigen Ausgedehntheit von QO gewahr, der Superposition- und Verschränkungsfähigkeit usw. usf.; wenn man hier aber *Teilchen* denkt, werden diese Phänomene zutiefst *rätselhaft;* wenn man erkenntnistheoretisch `lauter´ positivistisch nur annehmen will, was *gegeben* und *direkt* `greifbar´ ist, verstrickt man sich in eine Art *Occasionalismus* - als nähme man einfach Relationen zwischen den Dingen an, die *Gott wirkt.* Wenn gewisse Relationen zwischen QO eben existieren, sollte man geneigt sein, ihnen - wie bei den Feldern - zwar eine andere als *materielle* Existenz zuschreiben, aber eben *Existenz;* wenn sie mathematisch auf dem Papier (in Gestalt von Wahrscheinlichkeitswellen oder des Quantenpotentials) `da´ sind, kann man sie auch als irgendwie ontologisch-realiter `da´, als irgendwie `verborgenen´ immateriellen Wirkzusammenhang betrachten, der ontologisch *`Existentes´* widerspiegelt - dahingehend inspiriert von *Hertz...*
H: ...dem es um die klassischen *Felder* ging...
M: Richtig; bei diesen ist es ja so: Hat man eine Anzahl elektrisch geladener Teilchen, evozieren diese in den Raum ihr elektrisches Feld; zu einem Zeit-

punkt ergibt sich die Potentiallandschaft des *gesamten* elektrischen Feldes im Raum aus der Anordnung *aller* Teilchen; diese beeinflusst - neben anderen Kräften - die Bewegung der Teilchen, mithin wieder die Anordnung; das geschieht *nicht*-instantan, aber man kann natürlich konjunktivisch sagen: *Wäre* die Anordnung eine andere, ergäbe sich ein *anderes* Potential und es ergäben sich *andere* Bewegungen. Die Existenz und Gestalt des Feldes scheint zunächst von den Teilchen nur *herzurühren*...
H: ...man kann stattdessen auch annehmen, dass die Teilchen nur besondere *Singularitäten* in dieser Potentiallandschaft sind...
M: Richtig; damit ergibt sich allerdings ein *Problem:* Eigentlich hätte man schon *klassisch*, als man auf den Gedanken verfiel, die materiellen Feld*quellen* als *Singularitäten* des Feldes zu konzipieren, fragen müssen, wie dabei deren *`Ganzheit´* erhalten bleibt. Wenn man Feld und Teilchen *trennt*, kann man sich vorstellen, dass die Teilchen das Feld in seinem Grundzustand zu einer Potentiallandschaft *verformen;* die Teilchen geben der Potentiallandschaft ihre spezifische Gestalt, umgekehrt beeinflusst diese die Teilchen-Trajektorien. Wenn man nun monistisch-reduzierend die Teilchen selbst als bestimmte Gestalten des Feldes, eben als *Singularitäten* denkt, und diese sich überlagern oder gar zusammenfallen, braucht man zusätzlich - an der Teilchen Statt - eine Art *`informationelles´*, *`gestaltgebendes´ Prinzip*, welches nicht nur das Zusammenfallen `untersagt´, sondern gewährleistet, dass diese sich mit ihrer *ursprünglichen Gestalt* wieder *trennen können*, dass ihre Gestalt *bewahrt* bleibt...
H: Das würde bedeuten, es reicht *ontologisch* nicht aus, den Feldgleichungen für das Gesamtfeld die Bedingung (nur) *mathematisch* aufzuerlegen, dass in einem bestimmten Raumvolumen die zeitunabhängigen Parameter und die Anzahl der existierenden Objekte einen ganzzahligen Betrag aufweisen - wie schon beim Bohr´schen Atommodell die rein mathematisch *gesetzte* Quantisierung *rätselhaft* blieb... Es ist ähnlich wie bei den *Zahlen* (als ontologischen Gegenständen), wo ein ontologischer *Realismus zuviel*, aber ein *Konzeptualismus zuwenig* annimmt, wenn diese nur unserem *Geiste* entspringen sollen...
M: So ließe sich sagen... Überdies kommt man bei den Feldern zunächst nur zu einem klassischen, gleichsam *`glatten´* Potential, das sich mit dem $1/r^2$-Gesetz abschwächt; für QO muss man aber ja eine *wellenartige* Überlagerung denken, mit der Möglichkeit zu komplizierten Interferenzmustern (bzw. dem Negativbild davon wie beim deBroglie-Bohm´schen Quantenpotential)...
H: ...und solch´ ein `quantenphysikalisches´ Potential, das *ein* QO evoziert, müsste in seiner noch komplexeren Gestalt *insgesamt* der Singularität *verbunden* bleiben... Man könnte auch sagen, das nämliche `informationelle´, `gestaltgebende´ Prinzip *ist* hier, dass man von `Quanten-Ganzheiten´ ausgeht...

M: Ja. Bei deBroglie-Bohm etwa hat man diskrete Teilchen, die von einem komplizierten wellenartigen Quantenpotential geführt werden; für ein Teilchen ergibt sich zu einem Zeitpunkt das dieses führende Quantenpotential aus der *Anordnung* auch aller *anderen* Teilchen; diese beeinflusst - andere Kräfte sind dem (teilweise) \`eingeschrieben´ - die Trajektorie der Teilchen, mithin wieder die Anordnung; dies soll *instantan* geschehen: *Ist* die Anordnung eine andere, ergibt sich ein anderes Quantenpotential und es ergeben sich andere Trajektorien; während sich das elektrische Potential rein als Summe ergibt, kommt es hier zu einer komplizierten, komplexen Überlagerung der Wellenkomponenten; weil die Existenz und Gestalt des Quantenpotentials sogar *instantan* mit den Teilchen verbunden ist, sollte man erst recht annehmen, dass die Teilchen nur besondere Singularitäten in dieser Potentiallandschaft sind und man es jeweils mit *einem* ausgedehnten Objekt zu tun hat, das mit anderen *überlagert* ist...
H: Könnte man ein Teilchen mit \`seinem´ Quantenpotential anfassen und hin- und herbewegen, würde sich instantan auch an entferntesten Orten das Quantenpotential ändern, als bewegte man *ein* Objekt...
M: Eben - wie bei *Moiré*-Mustern, die man überlagert, sich das Gesamtmuster an *allen* Stellen verändert, wenn man die überlagerten einzelnen Muster gegeneinander *verschiebt (M. deutet auf Abbildung 59)* - auch diese sind *Ganzheiten...* Ähnlich müsste man sich QO denken, als interagierende individuelle Ganzheiten, die einander in ihrer im- oder prämateriellen feldartigen Ausgedehntheit *\`überlappen´* - von den Wahrscheinlichkeits- und Leitwellen gelangt man dahin, wenn man diese als *reale* Wellenentitäten nimmt, vor dem Hintergrund der Relativität der Bewegung eingedenkt, dass die Wellenfelder irgendwo *herrühren* müssen und Wellenfelder und Teilchen *zusammenfallen* lässt (*diese* als Singularitäten *jener*)... Anders als hier muss man jedoch annehmen, dass in der Analogie die einzelnen Moiré-Muster *veränderlich* sind, dass also bei QO gleichsam die *\`Ausgeprägtheit´* der Singularitäten bzw. umgekehrt jene der feldartigen Anteile *dynamisch veränderlich* ist, dass ein Wellenkollaps, Dekohärenz oder ein dynamisches \`sich-Neigen´ zur Teilchen- *oder* Wellennatur statthatt...

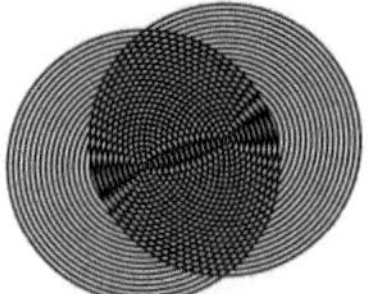 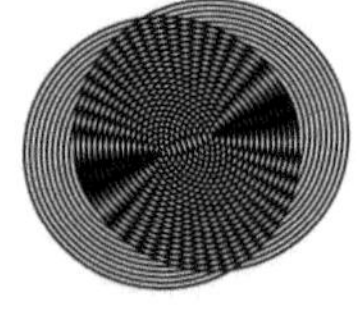 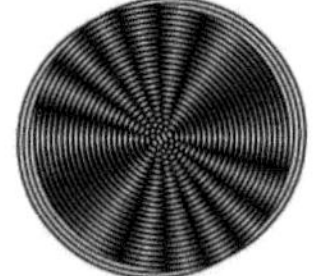

Abbildung 59

H: Es kommen einem *schon* Überlegungen in den Sinn, die an der Wiege der *SRT* Pate gestanden haben, etwa: \`Eine umfassende Verschwörung - hier:

dass sich Teilchen wie Wellen verhalten - kommt wieder einem Naturgesetz gleich, so dass man das `als-ob´ in ein `eigentliches´ umdeuten sollte´... Man ist wieder an *Leibniz* gemahnt, der sagte „das Universum [würde] gewissermaßen so viele Male vervielfältigt, als es Substanzen [Monaden] gibt“[484] - und an den *`Viele-Welten´*-Ansatz: Wie jeder Monade eine besondere `Sichtweise´ auf die Welt gegeben ist, so ist jedem Beobachter eine der `Vielen Welten´ gegeben...

M: Nun, beim `Viele-Welten´-Ansatz muss man versuchen, sich irgendwie lauter `nebeneinander-liegende´, minimal verschiedene, komplexe *Welten* vorzustellen - hier muss man sich nur feldartig `überlappende´ *QO* vorstellen: Dynamisch räumlich ausgedehnt, nur bei der Singularität `materieartig´ und undurchdringlich, nur *wenn* sie kollabiert, dekohäriert, so `geneigt´ sind. Hier kann man auch fragen, ob nicht in einem *relationalen* Raum-Zeit-Konzept schon die *Annahme* von Korrelationen zwischen verschiedenen, hernach als räumlich distant interpretierten Objekten bzw. eines holistischen Zusammenhanges schlicht damit *gleichbedeutend* ist, die Objekte, die sich zumindest zeit- oder teilweise als Individuen gebärden, als räumlich *ausgedehnt* zu begreifen...

H: Im abstrakten *Hilbertraum-Formalismus* plagt man sich *nicht* damit...

M: Doch - dort ist ja zum Messproblem die Frage, was dem Springen des Zustandsvektors in einen Eigenzustand ontologisch-realiter *entspricht* - um die Korrelationen von QO abbilden zu können, bemüht man einen *höher*-dimensionalen Zustandsraum, die *Abbildungsweise* führt insofern schon zu einer *Trennung* der QO, wenngleich sich empirisch in der Korrelation eine *Verbindung* zeigt, die dann *rätselhaft* erscheinen muss; der Verbindung entspricht aber etwas ontologisch-realiter, etwas, das im Falle der schon einseitigen *Messung* beim EPR-Experiment *einem* Zustandvektor, der gleichzeitig in *mehreren* Zustands*unter*räumen bewegt wird, korrespondiert...

H: Nun gut, wenn die Dinge den Raum als Relationssystem erst `hervorbringen´, *bedeuten* hernach *als* räumliche Distanzen interpretierte Relationen in Gestalt von über größere räumliche Distanzen *hinweggehenden* Relationen in gewisser Weise, *dass* ein Ding beim anderen `zugegen´ ist... Auf der Hand liegt auch, dass man mit *Körpern*, die sich säuberlich getrennt voneinander im Raum umherbewegen, in *keinem Fall* zu einer Erklärung kommt - mit *klassischen* Wellen natürlich *auch* nicht, weil es bei einer ontologischen Fragestellung nicht ausreicht, `Ganzheit´ nur zu *postulieren*... Mag das alles auch erklären, wie QO *`Einzeldinge´ sein*, wie sie unvermischliche `individuelle Ganzheiten´ *bleiben können* - sie wären dann nicht Zustände *eines gemeinsamen* Zugrundeliegenden, etwa von Schrödingers `Wellengrund´, obgleich sie mit der QFT in einem *gemeinsamen* (Real-)Raum *erzeugt* und *vernichtet* werden (können), obgleich dieser `Wellengrund´ ihr der Art nach immer gleiches *spezifisches `Sosein´*, wie es im `Periodensystem der Elementarteilchen´ seinen Ausdruck findet, eine beschränkte Anzahl des Möglichen offenbar *bestimmt* - QO sind eben aus *demselben `Stoff´* gemacht bei nur *verschiedener `Form´...*

M: Das hängt davon ab, wie man sich das Zugrundeliegende *vorzustellen* hat; und zum Kern *dieses* Problems wird man geleitet, wenn man fragt, ob man *mit* einem `Wellengrund´ überhaupt bei der Annahme eines *rein relationalen* Raumes *bleiben* könnte...

H: ...insofern mit einem `Wellengrund´, dessen die Dinge Modulationen oder `Schaumkämme´ sein sollen, per se schon eine geordnete `Vielheit´ etwa von gestaltgebenden Oszillatoren, mithin ein absoluten Raum gesetzt würde...

M: ...wie ehedem schon der *`Äther´* den absoluten Raum ausweisen sollte. Wenn man diesen allerdings als irgendwie *konkretes Medium* nähme, wäre er bereits ein `etwas´ *`im´* Raum und zeichnete den absoluten Raum *nicht* aus, denn dergleichen Medium *könnte* - schon die *Möglichkeit* reicht aus - auch *in*homogen, *an*isotrop oder in-sich-*bewegt* sein (man denke an Descartes Ätherwirbel); man *bliebe* insofern beim *relationalen* Raum. Auch *damit* ist man allerdings doppelt auf dem Holzweg - man gibt sich damit nämlich sowohl einer falschen Vorstellung in betreff des *relationalen Raumes*, als auch in betreff der Eigenart des *Zugrundeliegenden* hin. Zunächst ist es so, dass man - gleichgültig *welche Art* Entitäten man ontologisch bemüht - mit einem *rein relationalen* Raum-Zeit-Konzept in *Schwierigkeiten* kommt...

H: Man kann schwerlich *weniger* annehmen - man nimmt wie Leibniz an, dass Raum und Zeit uns nur als reine *`Ordnungen´* der Weltdinge phänomenal-empirisch entgegentreten, derer man zwei unterscheiden kann: Den Raum als jene des *Nebeneinanders* der Weltdinge *(„ordo coexistendi“)*, die Zeit als jene des *Nacheinanders („ordo successionis“)*[485] - innerhalb dieses Raum-Zeit-Konzepts sollen die `Dinge´ Raum und Zeit erst *`hervorbringen´*, wie es Verwandtschaftsverhältnisse nicht *an sich*, sondern nur *mit* den Menschen gibt...

M: So der *Minimalkonsens* - nur: Schon mit einem *klassischen* Objektbegriff nimmt man damit *zu wenig* an, weil sich `Räumlichkeit´ nicht durch irgendetwas anderes *rekonstruieren* lässt: Man muss `unterhalb´ des relationalen Raumes immer schon einen abstrakt-logischen *Möglichkeits-* und *Definitions*raum, einen Raum der *dimensionalen Kategorien* denken, damit für eine *Vielheit* der Dinge die *Größenwerte* der Parameter und Wechselwirkungen *definiert* sind - und dieser hat bereits *Züge* eines absoluten Raumes. Kann man auch das Charakteristikum der *`Rezeptivität´* auf anderes *reduzieren*, bleiben *`Extensionalität´* und *`Relationalität´*: Bezüglich der Extensionalität muss den Objekten eine *spezifische* Ausdehnung und Gestalt *schon verliehen* werden. Dabei geht es nicht nur um die räumliche Ausdehnung der Objekte *selbst* - bei *punktförmigen* Objekten ergäbe sich ein Problem bezüglich ihrer *`Relationalität´* (insofern spielt es keine Rolle, ob nun mit der QT bzw. QFT

Teilchen oder *Wellenentitäten* in den Raum `eingebettet´ werden bzw. erzeugt oder vernichtet werden) - bezüglich dieser muss man überhaupt annehmen, dass nicht nur *eines*, sondern *mehreres*, das eine *Vielheit* der Dinge sein *kann* und dass diese *in Relation* stehen *können;* diese Relationen umfassen vornehmlich die Wechselwirkungen, die in ihrer Stärke *definiert* sein müssen, die vom räumlichen Abstand *abhängt;* will man *umgekehrt* - was naheliegt - den Raum über die *Wechselwirkungen* und deren *Stärke* definieren, muss eben *diese* definiert sein; man gerät dabei leicht ins Zirkuläre und Tautologische; so auch, wenn nur eine `Vielheit´ von Dingen einen relationalen Raum *`aufspannen´* kann, *als* `Vielheit´ aber einen absoluten Raum *voraussetzt*... Mit der relationalen *Zeit* steht es *ähnlich*, was hier jedoch nicht von Belang ist...
H: Der *Raum* und die *Dinge* stehen in einem ähnlichen Verhältnis zueinander wie bei Aristoteles und Kant das `was´ und `wie´ bei *Materie und Form* - das eine gibt es nicht ohne das andere; die Dinge müssen den Raum `aufspannen´, der Raum aber muss den Dingen ihre Gestalt und Relation `geben´ - genaugenommen geht es dabei um *dasselbe*...
M: Ja, weil die fundamentalen *dimensionalen* Kategorien auch *definierende* Kategorien sind[486]... Das hat übrigens nichts mit der Kontinuums-Frage zu tun: Wenn man etwa Elektronenwellen als eigentlich kontinuierliche Wesenheiten nimmt, die vom Kern eingefangen ihre spezifische Raumausdehnung (nur) dadurch bekommen, dass sie im gebundenen Zustand gleichsam auf sich selbst `zurückgebogen´ werden, ergo den *Eindruck* des `Diskontinuierlichen´ erwecken, muss das zugrundeliegende Kontinuum eine Ebene `tiefer´ ebenso einen *absoluten Maßstab* liefern - ob nun im *räumlichen* Sinne oder der *Wechselwirkungsstärke:* auch Elektronenwellen müssen eine *bestimmte Länge* haben, um sich zu *bestimmter Größe* zu formieren (*dis*kontinuierlich ist dabei allerdings die `Existenz´ der QO in ihrer *Ganzzahligkeit*)...
H: Bei Wasserwellen bestimmt das *Medium `Wasser´*, welche Gestalt, Eigenart, Geschwindigkeit diese haben können...
M: Richtig. Bei QO macht man sich aber - weil der Begriff *`Wellengrund´* dies nahelegt - vom Zugrundeliegenden eine falsche Vorstellung, wenn man diesen als *konkretes*, *materielles Medium* interpretiert - die Wellenentitäten werden aus diesem ja *selbst* erst *hervorgebracht*, gleichsam als ihr eigenes immaterielles Medium... Die Frage war ja, wie QO, wenn man sie als interagierende individuelle Ganzheiten nimmt, die einander in ihrer im- oder prämateriellen feldartigen Ausgedehntheit *`überlappen´*, gleichermaßen Zustände *eines gemeinsamen* Zugrundeliegenden sein können...
H: In der QT ist es ja etwas *komplizierter:* Konnte man *klassisch* sagen, dass in einem relationalen Raum-Zeit-Konzept die *`Dinge´* Raum und Zeit hervorbringen, taucht man hier gleichsam *`unter´* die Ebene der schon-körperhaften Dinge *hinab*, man muss ontologisch Gegenstände setzen, die noch gar keine

`Dinge´ *sind...*

M: Daher betrifft dies *zwei Ebenen:* Auf der *ersten* Ebene ist das gemeinsame Zugrundeliegene der nämliche abstrakt-logische Möglichkeits- bzw. dimensionale Definitionsraum - in diesen sind die *QO* `eingebettet´; allerdings noch unabhängig davon, ob QO schon durch Kollaps, Dekohärenz, `sich-Neigen´ zu `körperlich-Dinghaftem´ gleichsam `geronnen´ *sind* oder *nicht.* Erst auf der *zweiten* Ebene kann man *mit* den QO im eigentlichen Sinne von einem *`Wellengrund´* sprechen; erst *dann* bringen die einander in ihrem feldartigen Teil `überlappenden´ QO als erst *hernach* (zeit- oder teilweise) *tatsächlich phänomenal* räumlich-ausgedehnte `individuelle Ganzheiten´, wenn sie schon durch Kollaps, Dekohärenz, `sich-Neigen´ ins materielle Sein `emporgehoben´ sind, den relationalen Raum *hervor.* Allerdings lägen damit QO nicht in einer *weiteren Dimension* parallel - es wäre ähnlich wie bei Platons zweidimensionalen, `noch-nicht-realen´ Dreiecken: *Beidenfalls* geht es um `noch-nicht-Körperliches´, mithin `noch-nicht-Undurchdringliches´ (zumal es bei der `Überlappung´ *nur* um den *feldartigen* Teil geht, die Singularitäten könnten schon undurchdringlich körperhaft sein); ähnlich ist es auch beim *dekohärenz-basierten* `Viele-Welten´-Ansatz, bei dem es auch nicht um *räumlich,* also dimensional getrennte `Weltzweige´ gehen soll, dazu aber später...

H: Und erst beide Ebenen zusammengenommen ließe sich sagen, diese kämen der aristotelischen `materia prima´ gleich, insofern sie die *Funktion* einer gleichsam - phänomenal eine contradictio in adjecto - *immateriellen Substanz,* dessen die `Dinge´ *akzidentienhafte Modulationen* sind, erfüllen. Aber die Begriffe *verfangen* nicht mehr recht - nicht nur der Begriff `Existenz´ bezogen auf Raum und Zeit, wie auf *QO,* sofern diese noch nicht als `körperlich-Dinghaftes´ ins real-räumliche Sein *`hinausgehalten´* sind, auch die Unterscheidung zwischen mehrfach instantiierten Zuständen als *Universalia* und individuellen Einzeldingen als *Partikularia* kommt bei Wellenentitäten an ihre Grenzen, wird *relativ:* QO wären in Bezug auf die erste Ebene, da mehrfach instantiiert, zu den Universalia zu zählen, in Bezug auf die zweite hingegen als Partikularia (und *beidenfalls* wären komplexere Dinge etwa auf baum-, tisch- oder kaffeetassen*artige* Weise *`zusammengesetzt´* bzw. *`moduliert´*)...

M: Insofern kann man sich auch nicht wirklich eine ontologische *Vorstellung* davon machen - orthodox wird dies allerdings *diffus* einfach dem *`quantenphysikalischen Vakuum´* zugeschrieben...

H: Das alles ist *rätselhaft,* wenn auch *ähnlich* rätselhaft wie schon klassische
IV f_2 Felder... Aber fraglich scheint grundsätzlich immer noch, ob QO empirisch tatsächlich *individuelle* Entitäten *sind* - es finden sich ja so einige empirische Beobachtungen, welche die Identität und Individualität von QO *in Zweifel* ziehen, die es fraglich machen, ob man QO eine *synchrone* Identität im Sinne einer *generellen* Unterscheidbarkeit des einen Objekts vom anderen, wie auch eine *diachrone* Identität im Sinne einer Selbstidentität im Laufe der Zeit,

zuschreiben kann...
M: Das sei unbestritten... Beides gehört natürlich *zusammen*, ist voneinander *abhängig* - nur das *diachron Selbstidentische* ist mit anderem *synchron* vergleichbar und nur das von anderem *synchron Unterscheidbare* ist *diachron* verfolgbar...
H: Es gibt zwei Möglichkeiten physikalische Objekte *klassisch* zu *individuieren: Absolut* durch unterschiedliche *Raum-Zeit-Punkte*, die man ihnen zuordnet oder *relational* durch den Kanon ihrer unterschiedlichen *Eigenschaften* - dann muss man *schon* verschiedene Dinge denken, deren keines dem anderen gleicht, die schon individualisiert *sind* - auch *daher* Leibniz' *Monaden* und sein 'principium identitatis indiscernibilium', dass das Ununterscheidbare *identisch* ist - als Umkehrung: 'dass das Ungleiche *verschieden* ist'. Allerdings kommt in der QT ja eben *beides* ins Schwanken - die *absolute* Individuation dadurch schon, dass es bei diesem Zugrundeliegenden um etwas noch nicht 'konkret-Dinghaftes' *'vor'* Raum und Zeit geht, dann aber, wenn es mit der QT keine gesetzhaften, definiten, klassischen Raum-Zeit-Trajektorien mehr *gibt*, die es erlauben, ein QO zu verfolgen, weil Teilchen mit der HU nur unscharf lokalisierbar sind und ihre Aufenthaltsbereiche überlappen können[487] bzw. überhaupt, wenn QO nicht mehr räumlich '*un*druchdringlich' sind - damit ergibt sich für die *diachrone Verfolgbarkeit* ein Problem. Für die *synchrone Unterscheidbarkeit*, mithin für die relationale Individuation ergibt sich ein Problem mit dem Zweifel, ob QO in gebundenen bzw. verschränkten Systemen (*noch* bzw. *schon*) eine Identität bzw. Individualität *zukommt* - diese Frage stellt sich generell auch mit der Kopenhagener Deutung, mit welcher die zeitabhängigen, akzidentiellen *Eigenschaften* - auf die *beide* Individuations-Mechanismen rekurieren - erst mit der Messung *'erzeugt'* werden sollen...
M: Die deBroglie-Bohm'sche Theorie sagt schon einmal, dass dies alles nicht *denknotwendig* so sein *muss*... Überdies geht man so aber wieder einen Schritt *zurück*, weil man von QO als *Teilchen* mit klassischen Eigenschaften ausgeht - damit werden schlicht *inadäquate 'Erwartungen'* an QO gestellt, wie sich noch an diversen Stellen zeigen wird... Allemalen gerät hier einiges *durcheinander:* Nicht nur *klassische* und *quanten*physikalische Argumente, sondern auch die Begriffe *'Identität'* bzw. *'Individualität'* und *'Gleichartigkeit'*...
H: Hm...
M: Gesetzt wurde gerade eine Vielheit sich 'überlappender' Wellenentitäten, die einen relationalen Raum erst 'aufspannen'; gesetzt wurde damit auch - weil in der Tat beide Individuations-Mechanismen in der QT gleichsam an Prägnanz verlieren - eine *'primitive Diesheit'*[488], ein 'Haecceitismus', welcher Objekten vor allem anderen eine primitive irreduzible Identität *zuschreibt* - im gerade diskutierten abstrakt-logischen Möglichkeits- bzw. dimensionalen Definitionsraum, der - wie gesagt - immer schon absolute Züge *aufweist;* dies

ist bei QO gerade aufgrund ihrer `unvermischlichen´ `primären individuellen Ganzheit´ *möglich...*
H: ...bleibt aber eine *Setzung*, nicht anders, als wenn man mit der `Tropen´-Ontologie `Einzel*eigenschaften´*, mit Aristoteles `Einzel*dinge´*, mit Platon *`Universalien´* (nur) als fundamental *definiert...* Die primitive irreduzible Identität wäre damit allerdings keine *dritte* Art der Individuation, sondern eine *Unterart* jener beiden...
M: So ist es. Die Probleme - oder abermals `Sophismen´ - die schon *klassisch* bei der Individuation von Objekten aufgeworfen werden, mögen hier nur jeweils den *Ausgangspunkt* der Betrachtung bilden: `Identität´ ist gewöhnlich eine Kategorie *oberhalb* der elementaren mikrokosmischen Bausteine; sie superveniert auf dem Eigenschaftskanon eines Objekts. Die Argumentationsketten, die man hier bemüht, *können* schon mit der klassischen Physik gebildet werden - gerade, wenn etwa das Black´sche Szenario der beiden gleichartigen massiven Kugeln im relationalen Raum[489] bemüht wird, liegt das auf der Hand: Diese spannen kurz gesagt einen *symmetrisch-entarteten, niedrigerdimensionalen* relationalen Raum auf; ansonsten ist ein Körperding *als* Körperding *immer nur* mit sich *selbst* identisch und *zwei* Körperdinge sind *nie* identisch; das Leibniz´sche `principium´, das mit der QT ambivalent zu werden scheint, ist jedenfalls kein Problem *speziell* für QO... Vollkommen unberücksichtigt bleibt dabei noch, dass QO gleichsam `unter´ die konkretdinghafte, materielle Ebene `abtauchen´, ins Im- oder Prämaterielle. Schon im Rahmen der klassischen Atomistik hatte sich doch gezeigt, dass beim `Hinabtauchen´ in den Mikrokosmos die Dinge zusehends ihre charakteristischen Eigenschaften verlieren, zunächst die *sekundären*, hernach auch die *primären* - davon bleibt die Kategorie `Identität´ nicht *unberührt:* Schon mit *klassischen Körperchen* müsste man irgendwann an einen Punkt kommen, wo mit einem *absoluten* Raum die Dinge noch individuiert werden, sich aber mit einem *relationalen* Raum - wenn alle Eigenschaften eben *schwinden*, die supervenient `Identität´ hervorbringen - Schwierigkeiten wie im Black´schen Szenario ergeben, so dass man, um dieser Herr zu werden, schon hier etwa nämliche `primitive Diesheit´ bemühen muss. Und in der QT *geht* es nicht einmal mehr um klassische Körperchen - man hat es *noch nicht* (durchgängig) mit `körperlich-Dinghaftem´ zu tun...
H: Gut, mag daher schon einmal etwa die Frage der Identität von QO bei der Materialisation und Annihilation als eindeutig *nicht* gegeben ausgeklammert bleiben. Aber die *klassischen* Fragen gehen ja nahtlos in die *quantenphysikalischen* über: Wird das Leibniz´sche Prinzip nicht in der QT verletzt, wenn QO nur *numerisch* zu unterscheiden sind? Diesen eignet zeitweise zumindest keine *klassische* `Identität´ und `Individualität´, wenn man ihnen in manchen Zuständen *`Kardinalität´*, nicht aber *`Ordinalität´* zuschreiben kann, wenn man es bei *`einzelnen´* QO zwar immer mit einer *definiten Anzahl* zu tun hat,

diese aber *keine Individuen* mit je eigener *Identität* sind, da man von ihnen - synchron oder diachron - nicht immer sagen kann, dass sie sich in mindestens *einer* Eigenschaft von anderen QO unterscheiden. Diese Frage hat daher ja auch über die *Quantenstatistiken* Einzug in die QT genommen...
M: Gesetzt wird eine Identität bzw. Individualität in Gestalt einer `primitiven Diesheit´ aus den bis hierher angeführten Gründen; so ließe sich fragen: Wie kann nun ein anderer *Eindruck* entstehen?
H: ...oder sich dies *tatsächlich* als unzutreffend herausstellen...
M: Ja. Schon *klassisch* wird mit dem Gibbs´schen Korrekturfaktor (*1/N!*) statistisch etwa bei der Entropie berücksichtigt, ob Teilchen-Permutationen zu *`tatsächlich´ unterschiedlichen* Zuständen führen - was mit der Frage nach der *Unterscheidbarkeit* von Mikroobjekten bzw. Mikrozuständen zusammenhängt: Wenn Mikro*objekte* ununterscheidbar *gleichartig* sind, etwa gleiche Gasmoleküle, sind auch manche der Mikro*zustände*, welche diese als Gesamtheit einnehmen können, etwa Energiezustände, *ununterscheidbar* und mithin die phänomenal emergenten *Makro*zustände, allgemeiner: die emergenten Eigenschaften auf der darüberliegenden Systemebene. Zu diesen gehört auch die *`Entropie´* - bei dieser leuchtet dies ein, weil sie nach der Ordnung bzw. Unordnung *insgesamt* fragt, die schlicht *unverändert* sein kann, wenn man ununterscheidbar gleichartige Mikroobjekte *vertauscht.* Dies kann konkret etwa Raumorte, aber abstrakt auch Zustände im Phasenraum betreffen. Ein Unterschied auf der Mikroebene kann für die Betrachtung eines bestimmten Aspekts auf der Makroebene schlicht *irrelevant* sein - darin hat gerade etwa der *Substanz*-Begriff seinen *Ursprung:* Man *will* bestimmte objektiv veränderte Zustände unter gewissen *Aspekten* als ununterscheidbar, also *unverändert* betrachten, etwa bei einem Menschen als einem metabolisierenden (und sich auch geistig-seelisch verändernden) Lebewesen, das mit seinen wechselnden Akzidentien im Laufe der Zeit als *selbstidentische Substanz* (bzw. als Subjekt) genommen wird. Und ähnlich, wenn ein physikalischer Energie- oder Entropie-Zustand das *Gesamt* etwa einer Orts- und Geschwindigkeitsverteilung erfasst und es auf die Permutationen einzelner Objekte überhaupt nicht *ankommt*, sondern nur darauf, dass *die-und-die* Anzahl an Objekten in *dem-und-dem* Zustand sind...
H: Dabei *könnte* man aber eine andere, detailiertere Perspektive einnehmen - kann man es auch bei *QO?* Übrigens können *Strukturenrealisten* für *fundamentale* Entitäten wieder argumentieren, dass, wenn sich deren Permutationen überhaupt nicht (beobachtbar) auswirken, man diese *Entitäten* auch nicht als fundamental betrachten sollte, sondern die *Strukturen an sich...*
M: Immer braucht - wie bei Materie und Form - die Struktur als `wie´ ihren Gegenpart als `was´; und damit *vergäbe* man sich ja *erst recht* die detailierte Perspektive...
H: Gut, die Ununterscheidbarkeit hängt in der QT nun aber unterschiedlich mit

zwei *`Seinsmodi´* zusammen, mit den *Fermionen* mit *halb*zahligem und den *Bosonen* mit *ganz*zahligem Spin. Mit diesen ergibt sich nicht die klassische *Maxwell-Boltzmann'sche*, sondern abweichend die *Bose-Einstein-* und die *Fermi-Dirac*-Statistik (*1924/26*)(*H. deutet auf Abbildung 60a-c);* damit hängt zusammen, dass bei *unterscheidbaren* Teilchen die *Betragsquadrate* der Wellenfunktionen addiert werden, also die Wahrscheinlichkeiten, bei *ununterscheidbaren* Teilchen hingegen die *Amplituden* - dann kommt man bei manchen Zählraten (so etwa bei den Kollisionen identischer (*gleichartiger*) Teilchen, die Feynman diskutiert[490]) mit diesen beiden Quantenstatistiken zu verschiedenen Ergebnissen; diese bestätigen sich auch empirisch. Der mathematische Formalismus bildet dies ab, indem bei zwei Zustandsalternativen zwei *Bosonen* die *symmetrischen* Ψ-Funktionen:

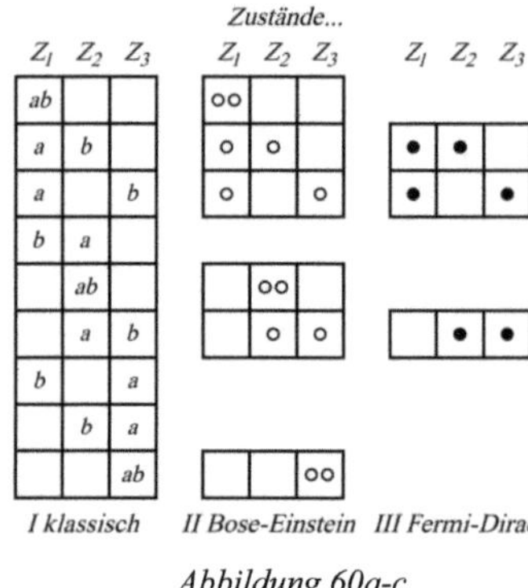

Abbildung 60a-c

$$|\Psi_1\rangle|\Psi_1\rangle, \quad |\Psi_2\rangle|\Psi_2\rangle \quad \text{oder} \quad 1/\sqrt{2}(|\Psi_1\rangle|\Psi_2\rangle + |\Psi_2\rangle|\Psi_1\rangle) \qquad \text{(IV.6)}$$

...bilden können (Triplett), Fermionen jedoch mit dem Pauli-Verbot (Ψ muss dann neben den Raumkoordinaten x,y,z auch den Spinwert umgreifen) nur die *anti*symmetrische Ψ-Funktion (Singulett):

$$1/\sqrt{2}(|\Psi_1\rangle|\Psi_2\rangle - |\Psi_2\rangle|\Psi_1\rangle) \qquad \text{(IV.7)}$$

Dies hängt damit zusammen, dass eine Permutation - weil es hernach um das *Betragsquadrat* $|\Psi|^2$ geht - auch zu einem *Vorzeichenwechsel* führen kann und für Fermionen mit dem Pauli-Verbot nur diese Form möglich sein *soll* - für *denselben* Zustand der QO *verschwindet* die Funktion dann, es können also keine zwei Fermionen in dieser Zustandskombination *existieren*... Die klassische Statistik wird also *überschritten:* Hat man zwei unterscheidbare, klassisch-individuelle, also *wiedererkennbare* Teilchen, die jeweils in drei möglichen Zuständen Z_1, Z_2, Z_3 sein können, kommt man mit der klassischen Statistik auf *neun* Möglichkeiten, diese zu `verteilen´. Die beiden anderen Statistiken weisen eine ganz *andere* Charakteristik auf...

M: Natürlich, zunächst einmal, weil ihr *Bezug* ein ganz anderer ist: Statistik *I* betrifft räumlich *unabhängige* Objekte: Klassische Körper an verschiedenen Raumorten können in *allen möglichen* Zuständen sein (Zustand darf dabei natürlich nicht `Raumort´ meinen)...

H: Natürlich, so können auch *freie*, quantenphysikalisch *nicht*-korrelierte QO an verschiedenen Raumorten *alle möglichen* Zustände einnehmen wie bei Statistik *I*...

M: Auch das legt nahe, dass es bei den *Korrelationen* phänomenal räumlich distanter QO *ebenso* um *direkte* räumliche Zusammenhänge gehen könnte - als Umkehrschluss dazu, was bei *korrelierten* QO eigentlich *statthat*... Bei Statistik *II* und *III* geht es um (scheinbar) ununterscheidbare gleichartige Objekte (man kann schon *klassische* Objekte *analog II* und *III* betrachten (so man will)) und diesen ist die zusätzliche Bedingung auferlegt, Teil eines *gebundenen Systems* bzw. *extrem angehäuft* zu sein (so etwa bei der Elektronengas-Entartung im Inneren von Metallen). In Statistik *I* kann schon der *Raumort* - absolut oder relational - die Dinge individualisieren; das ist in Statistik *II* und *III* dann nicht mehr der Fall. Sind *QO* in einem gebundenen System *gleichartig* und *insofern* keine Individuen, als selbst ihre (gesetzt) primitive Identität für den Zustand auf der darüberliegende Seinsebene *irrelevant* ist, führen Permutationen zu *ununterscheidbaren* Mehrteilchen-Zuständen und man kommt nurmehr auf *sechs* Möglichkeiten, diese zu \`verteilen´ - das ist bei den *Bosonen* der Fall, welche der *Bose-Einstein*-Statistik gehorchen; dabei *können* zwei QO im *selben* Zustand sein, wie sich ja auch Wellenmodulationen am selben Raumort *überlagern* können. Anders bei den *Fermionen*, die einander ob ihrer \`Undurchdringlichkeit´ nicht am selben Raumort *\`dulden´*, bei den gleichsam *\`echten´ Materie*teilchen: Gleichartige Fermionen in gebundenem Zustand, etwa im Atom, können nicht denselben Zustand einnehmen, weil dann Zustand, speziell Energie- und Impulszustand, und Raumort in Gestalt der Wellenmodulationen *zusammenhängen.* Daher kommt das *\`Pauli-Prinzip´* (*1925*) ins Spiel, demzufolge in einem gebundenen System etwa keine zwei Elektronen in *demselben* Zustand sein können, so dass sie sich also in irgendeiner Quantenzahl *unterscheiden* müssen; es gilt nicht für alle Teilchen, nur für *Fermionen*, wenngleich man nur das als *\`Teilchen´* im engeren Sinne *bezeichnen* sollte, was dem Pauli-Verbot *unterliegt*...

H: Mag sein... Mit wachsender Ordnungszahl werden Elektronen in Atomen ja in einem noch nicht besetzen Zustand \`eingebaut´ - so kann man sagen: „Wären die Atome aus Teilchen aufgebaut, für die das [...][Pauli-Verbot] nicht gilt, so gäbe es kein Periodensystem der Elemente; [...][man würde dann erwarten], dass der Atomradius mit wachsender Ordnungszahl ständig sinkt und die Ionisierungenergie monoton steigt, [da die höhere Kernladung die Elektronen immer *stärker* zum Kern zöge]. Da in einem gebundenen System von Teilchen [wie eben einem Atom] nur ganz *bestimmte* Energieniveaus zulässig sind, [...][erwartet man] ferner, dass sich *alle* Hüllenelektronen im Zustand mit dem tiefsten Energieniveau (also in ein und demselben Zustand) befinden, wenn das Atom im [unangeregten] Grundzustand [...] ist."[491] So *ist* es aber nicht - und eben das erfasst das *Pauli-Verbot*, das in der Natur gilt - „die Undurchdringlichkeit der Materie, ihre Ausdehnung und Härte hat [...][mit dem \`Pauli-Prinzip´] eine neue *Erklärung* gefunden"[492]...

M: Das ist *zumindest* mißverständlich ausgedrückt: Es begründet sich darin, dass es (*mit* dem `Pauli-Prinzip´) den Unterschied zwischen Bosonen und Fermionen als zwei `Seins-Modi´ gibt; es ist *umgekehrt:* Nicht das `Pauli-Prinzip´ erklärt die Undurchdringlichkeit, die Undurchdringlichkeit erklärt das `Pauli-Prinzip´ - das Ontische begründet das Epistemische, *was wie* in der Theorie *nachgebildet* wird; ontologisch kann es nicht um ein Gesetz gehen, an das sich die Dinge *magisch `halten´*...

H: ...wohlgemerkt ein Gesetz, das sich *stets bewährt* hat...

M: Natürlich; was es *ontologisch* aber bedeutet, wäre schon mit dem *Bohr-Sommerfeld´schen* Atommodell einsichtig: Elektronen im selben Energiezustand müssten *dieselbe Bahn* einnehmen - Energiezustand *meint* ja die räumliche Bahn, die nicht mehrfach besetzt werden kann. *Analog* ist es dann im *Wellenmodell* - was wäre aber von folgender Analogie zu halten: Bei einer Geigensaite sorgt das *`Schlauli*-Prinzip´ dafür, dass nur jeweils *ein* Oberton die Schwingungsschalen besetzt, so dass es jeweils nur *einen* ersten, zweiten, dritten, usw. Oberton gibt und nicht alle Schwingungen in *derselben* Obertonfrequenz schwingen: und dann sagt man analog: `Nur *deshalb* gibt es die Vielfalt der Obertöne, Klangfarben, Musik...´ Das ist ontologisch doch völlig *verdreht* - im Wellenmodell *ist* ein Elektron ja grob gesprochen eine bestimmte Oberschwingung, es *ist* ein modulierter Zustand und den gibt es in ein-und-demselben Atom nur *einmal* - verschiedene Elektronen können nicht *wegen* des Pauli-Prinzips nicht in denselben Energiezustand gelangen, sondern ein Elektron und sein Energiezustand *ist* (bei einem bestimmten vorgegebenen Atomkern), *dass* eine bestimmte stehende Wellenmodulation des Zugrundeliegenden um den Kern *existiert,* die bei Fermionen keine *andere,* überlagerte neben sich *`duldet´* (wiewohl in der Analogie dieselbe Geigensaite sehr wohl in einem *überlagerten* Schwingungsmodus sein kann)...

H: Das gemahnt an das bereits erwähnte Beispiel Fermis: Dass „ein Atom [...] ein anderes [`distantes´] Atom [...][*hindert*], den gleichen Bewegungszustand zu besitzen, [...] scheint nur erklärlich, wenn jedes Individuum [...] wenigstens in gewissem Sinne [...][den betreffenden Raum] *ausfüllt*“[493]...

M: ...womit man das *Teilchen*bild natürlich schon *überschreitet*... Jedenfalls kann man nicht *abstrakt* von `Zustand´ sprechen, in den QO drängen oder nicht drängen, Bosonen und Fermionen - `Zustand´ meint eine bestimmte Wellen-Modulation *im realen Raum,* nicht nur im Konfigurationsraum - in gebundenen Systemen, wenn es um *denselben* Raumort geht, `duldet´ diese eben bei Fermionen ob ihrer `Materieartigkeit´, ihrer rätselhafterweise auch teilchenartigen *Undurchdringlichkeit* keine andere am *selben* Raumort. Für Fermionen ist bei mehreren QO in gebundenen Systemen daher mit dem `Pauli-Prinzip´ ausgeschlossen, dass diese sich im selben Zustand befinden, während Bosonen und QO, welche diese *`imitieren´*, dies in beliebiger Zahl können; man kann auch nicht sagen, *Bosonen,* für die das `Pauli-Prinzip´ nicht gilt, würden den niedrigsten Energiezustand *`bevorzugen´* - das ist nicht nur als anthropomorphe Formulierung Unsinn, sondern man müsste (sieht man von diesem Einwand ab) sagen, dass *alle* QO diesen `bevorzugen´, nur können *Fermionen* ob ihrer materieartigen Undurchdringlichkeit etwa im Atom nicht alle (gleichzeitig) in diesen *gelangen...* Die Statistiken *unterscheiden* sich dann für Bosonen und Fermionen, weil diese sich auf die emergenten Eigenschaften *vieler* Objekte auf der *darüberliegenden* Ebene beziehen. Dass nur *Fermionen* dergleichen `echte Körperhaftigkeit´ zukommt, *Bosonen* aber am selben Raumort gleichsam beliebig *`aufeinandergehäuft´* und so große *Feldstärken* erzielt werden können, hängt (auch) mit dem *`Spin´*, als gleichsam einer Modulations*klasse* zusammen; letztere `benehmen´ sich eher wie überlagerungsfähige *Wellen*, erstere eher wie undurchdringliche *Körper*. Bei der Supraleitung (Onnes *1911*) können sich aber *zwei* Elektronen (Cooper-Paare) gleichsam im Spin ganzzahlig *`ergänzen´*, so dass ihre Wechselwirkung mit dem sie umgebenden Kristallgitter dazu führt, dass dieses Fermionen*paar* sich wie *ein* Boson verhält, das der Bose-Einstein- Statistik (*1924*) gehorcht und sich nahezu ohne Wiederstand bewegen kann; bei äußerst niedrigen Temperaturen bilden sie ein spezielles Kondensat, eine *Einheit* von QO mit einer *gemeinsamen* Wellenfunktion (Bose-Einsten-Kondensat experimentell *1995*). Ähnlich können andere QO, etwa Heliumatome, sich zu `*Pseudo*-Bosonen´ verbinden und `suprafüssig´ werden, d.h. jede Viskosität verlieren...

H: ...ein Quantenphänomen, das mit *bloßem Auge* sichtbar ist und aus einer großen *Ansammlung* von (relativ) ungestörten QO besteht...

M: Die `Materieartigkeit´ verlieren Fermionen dabei aber nicht *vollkommen*, näher (im Wortsinn) betrachtet *bleiben* sie Fermionen...

H: Was diese beiden Seinsmodi, der `Spin´, ja, was das *alles* ontologisch *bedeutet*, bleibt allerdings *dunkel...*

M: Ja. Man muss aber festhalten, dass sich bis hier kein Argument ergibt, an der Identität bzw. Individualität jedenfalls von *Fermionen* zu *zweifeln;* und *Bosonen* sind ohnedies keine *materiellen `Bausteine´*, daher auch erscheinen *Fermionen* im *Wellen*bild seltsam, *Bosonen* hingegen im *Teilchen*bild; letztere stehen *für* `Kräfte´ - dazu, wie sich *diese* wiederum in diese Deutung einordnen, aber später; angemerkt sei allerdings hier noch: Was immer vom Modell der kräftetragenden virtuellen Teilchen an sich zu halten sein mag - selbst diesen Bosonen müsste man insofern eine `primitive Diesheit´ zuschreiben, als sie zwischen zwei *spezifischen* reelen Teilchen, *diesem* und *jenem*, Kräfte vermitteln sollen. Die `Imitations´-Fähigkeit (zumindest einer Teilcharakteristik) zeigt zwar die *Verwandtschaft* dieser beiden `Seins-Modi´, man könnte aber beinahe von einer *Materie-* und einer *Wirkungs*artigkeit der QO sprechen... Warum es bei QO zwischen *`Kardinalität´* und *`Ordinalität´* nun einen Unterschied gibt, warum Leibniz´ `principium´ (auch die `starke´ Variante, die *nicht* auf die `primitive Diesheit´ rekuriert) beim Pauliverbot *gültig* ist (dabei kann schon der Raum - absolut oder relational - individualisieren), ansonsten aber -

wenn QO durch ihren Eigenschaftskanon *nicht* (mehr) individuiert werden können - als *gebrochen erscheint*, wohlgemerkt: *obwohl* man - aufgrund der Phänomene, die sich zeigen - auf eine `primitive Diesheit´ zurückgreifen und *generell* das `principium´ als *gültig* ansehen muss, wird gerade *verständlich*, wenn man QO als Wellenentitäten nimmt...

H: Zugegeben, Wellenfelder sind schon *klassisch* ununterscheidbar, insofern man zwei einander durchfließende gleiche Wellenzüge genau im Moment der Überlagerung (und nur mit der momentanen Kenntnis) nicht als Individuen *identifizieren* kann...

M: Ja. Ein Körper, ein Elementar*teilchen* trägt seine Identität und Individualität gleichsam mit sich fort, sie *`haftet´* an ihm (wenn auch teilweise *scheinbar* mit diesen Überlegungen), verschiebt man ihn im Raum, bleibt er *derselbe*, er trägt seine Identität mit sich (fort) - das würde man wohl sogar von den Black´schen Kugeln sagen wollen. Bei Wellen aber verschiebt man nur das *`Erregungsmuster´*, wohingegen das zugrundeliegende `Medium´ an seinem Platz bleibt, man hat den Eindruck, als hätte sich hernach gar nichts *verändert*...

H: ...weil nur die immaterielle *Form* `mitgenommen´ wird, nicht die *Materie*, nichts *Substantielles;* tauschen zwei Musikinstrumente im Raum den Platz, scheint sich etwas zu *ändern*, bei den Tönen, die sie erzeugen, hingegen *nicht (H. deutet auf Abbildung 61a)*, an einem Raumort hat man die *gleichen* Körper, aber *dieselben* Schwingungen...

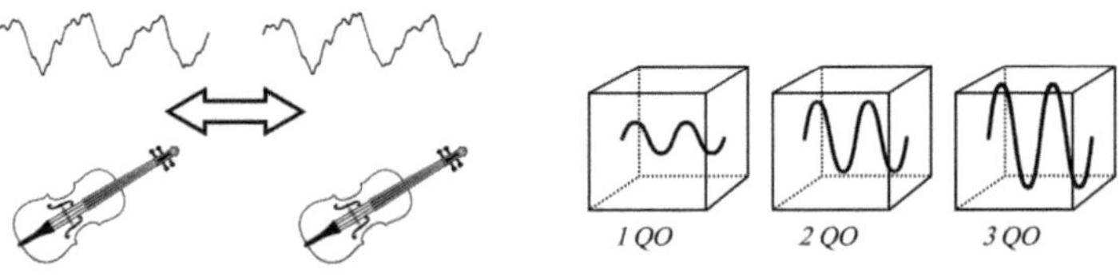

Abbildung 61a *Abbildung 61b*

M: Für klassische (undurchdringliche) *Körper* ergibt sich für die *diachrone Verfolgbarkeit* keine Schwierigkeit, für *Wellenerregungen* hingegen schon, wenn diese zwischenzeitlich *denselben Raum* einnehmen; Fermionen tun dies als *Singularitäten* ohnehin nicht. Mit Bezug auf die Ebene des Möglichkeits- und Definitionsraums wären QO als *Universalia* zu nehmen - `Identität´ kann man ihnen dann nur der *`Form´* nach als *ideellen* Wesenheiten zuschreiben; auf der Ebene darüber aber sind sie *Partikularia* mit *primitiver irreduzibler Diesheit*, die einen relationalen Raum aufspannen - so muss man aus den Befunden schließen und ihnen auch als dynamischen *Wellenentitäten* Identität und Individualität zuschreiben, weil sie eine `primitive irreduzible Ganzheit´ *bewahren...* Überdies kann Wellen auch eine *individuelle Gestalt* aufgeprägt sein, die sie *bewahren* können, wie es etwa bei Radiowellen der Fall ist, denen mit Frequenz- und Amplitudenmodulation Sprache oder Musik aufgeprägt

wurde und die einander durchdringen, ohne einander zu (zer)stören - bei QO im Bild der „*Materiewellenzüge* [...] kommt jedem derselben eine angebbare Struktur zu, *verschieden* von der jedes anderen"[494]...
H: Gut, bei der diachronen Verfolgbarkeit mag es so sein, dass raumzeitliche *Teilchen*-Trajektorien von QO zu `erwarten´ an ihrem `Wesen´ *vorbeigeht* - beharrt man darauf, der klassische Objektbegriff setze die *`Undurchdringlichkeit´* von Körpern voraus, um *`individuelle´* Objekte konstituieren zu können[495], ist eben der *klassische* Objektbegriff *fehl* am Platz...
M: Ja. Die Problematik der `Identität´ und `Individualität´ von QO wird so natürlich nicht vollständig *aufgelöst* - aber formuliert wird immerhin ein erster Teil der *`inadäquaten´ Erwartungen* an QO, hier, dass diese eine `Identität´ und `Individualität´ *nur* im Sinne *klassischer Körper*, überdies mit *klassischen Teilchen-Trajektorien*, haben können...
H: Aber wie ist es bei der *synchronen Unterscheidbarkeit:* Oft sind ja „[Teilchen] gar nicht als Individuen zu *identifizieren*, z.B. dann, wenn sie zu einem Atomverband zusammentreten"[496]; so fragt sich, was das für ein Licht auf die Frage wirft, ob Viel-Teilchen-Zustände tatsächlich *schon* aus vielen Teilchen bestehen: Sind QO dann noch nicht *actual*, sondern nur *potentiell* individuiert in Einzelobjekte, macht das wiederum erst eine *Messung?*
M: Wieso gibt es dann überhaupt die *kardinale Anzahl?* In Atomen, selbst in monomischen Aggregaten sind Teilchenzahl, Ladung, Spin immer ganzzahlig diskret... Von der Warte des *Korrespondenzprinzips* aus muss man sich auf klassische *Wellen* beziehen und nicht auf klassische *Teilchen* - dann ergeben sich gewisse *korrespondierende Aspekte:* Zwar scheint sich einerseits die Notwendigkeit zu ergeben, für QO eine Art *`fundamentale Autopoiesis´* des Materiellen, der fermionenartigen `Undurchdringlichkeit´ konstruieren zu müssen - eine Kategorie, die auf der Seinsebene darüber *mit* den `Dingen´ auftaucht -, andererseits hat man es auf der fundamentalen Ebene (nur) mit einem letztlich *verständlichen, selbst-konsistentem Wellenverhalten* zu tun. So auch bei der Frage nach dem *Zusammengesetztsein*, wenn man bezüglich *`Kardinalität´* und *`Ordinalität´* angeben kann, *wie viele* QO in einem System bzw. Zustand sind, diese aber nicht *identifizieren* kann: Begreift man QO als überlagerte Wellenentitäten, ergäbe sich dies daraus, dass eine Überlagerung nur noch die *Summe* der QO darbietet *(M. deutet auf Abbildung 61b)*; ihre Identität ist *phänomenal* in dieser Hinsicht zwar *verloren*, man kann sie nicht *identifizieren*, nicht aber insofern sie ob ihrer `primären individuellen Ganzheit´ wieder aus dem System *herauslösbar* sind - insofern *bleiben* sie individuelle *Teile* des Ganzen; die Überlagerung *enthält* und *erhält mehr* als die Summe der QO...
H: Daran mag etwas sein... Was aber bei *korrelierten* QO, wenn man ihnen - *synchron* - nur *gemeinsam* Eigenschaften zuschreiben kann, wenn bei Zustandsverschränkungen die errechenbaren Wahrscheinlichkeiten etwa für Ort und

Impuls für die korrelierten QO *dieselben* sind... Dann heißt es doch zu recht, „Quantensysteme [...][seien] keine Individuen in dem Sinn, dass Quantensysteme derselben Art, deren Zustände miteinander verschränkt sind, *ununterscheidbar* [...][seien]“[497]...

M: Verschränkungen können nicht nur mit der Messung *aufgelöst* werden - schon *für* die Messung sorgt man etwa beim EPR-Experiment mit Photonen dafür, dass diese aufgrund zwischen-gefügter Filter (selbst) jeweils nur zu *einer* Seite des Versuchsaufbaus gelangen können - es sind etwa beim EPR-Experiment *zwei* Systeme verschränkt... Und muss man nicht sagen: Auch das *ist* \`Verschränkung´, dass man *kardinal*zahlig von mehreren Objekten spricht, die man *ordinal*zahlig scheinbar nicht über ihre Eigenschaften unterscheiden kann, aber ob ihrer \`Ganzheit´ weiter als Individuen *nimmt*, und wobei ja überdies die *räumliche* Individuation wiederum grundlos *ausgenommen* wird*?* Die Anzahl der QO bleibt nicht nur erkennbar ganzzahlig, sondern diese sind voneinander eindeutig *separierbar*. QO \`oszillieren´ in ihrem Sein nicht nur zwischen \`Teilchen´ und \`Welle´, sondern *damit* auch scheinbar zwischen \`Ordinalität´ und \`Kardinalität´...

H: Dann müsste man ja insofern sagen, dass QO, etwa Elektronen im Atom, nur ihre *Erkennbarkeit* als Individuen einbüßen...

M: Haben manche Zweifel an der Identität und Individualität von QO nicht etwas *Gesuchtes?* Es heißt nicht nur, dass die klassischen Individuations-Mechanismen nicht mehr greifen, wenn es um Elektronen geht, die in *demselben* Atom vorkommen, sondern sogar: „Elektronen mit denselben Quantenzahlen, die in *verschiedenen* Atomen vorkommen, [...][seien] voneinander völlig ununterscheidbar, sie [...][seien] verschiedene Substanzen, [...][wiesen] aber keine eigene Individualität auf“[498] - das könnte zunächst nur *mißverständlich* sein und die räumliche Individuation unterschlagen; aber nämliche *\`Individualität´* wird manchmal als je eigene *\`Identität´* verstanden, etwa wenn es in der QFT heißt, gleiche Teilchen seien Materialisationen desselben Feldes und daher seien nun etwa alle Elektronen ununterscheidbar und „streng gesprochen [...][sei] es [...] nicht gerechtfertigt, von einem *anderen* Elektron zu sprechen, da die Elektronen ja im Prinzip *ununterscheidbar* [...][seien]“[499] - da *verselbständigen* sich die Zweifel, werden vom mathematischen Formalismus erst *generiert...*

H: Nun, dieser legt sogar nahe, dass es gar keine definite Teilchenzahl *gibt* - der Teilchenzahloperator hat zumeist *keinen definiten Wert*[500]...

M: ...obwohl der *Sinn* des Ganzen war, einzelne QO zu *ganzzahlig-diskreten Eigenschaften* von Feldern *umzuinterpretieren?* Das ehedem kontinuierliche elektromagnetische Feld *soll* ja etwa vor dem Hintergrund des Photoeffekts quantisiert werden; damit ginge man ja - ontologisch doch *etwas beliebig* - in die *entgegengesetzte* Richtung wie bei der Quantisierung des elektromagnetischen Feldes *zu* \`Photonen´. Warum hier der QFT *folgen*, einer Theorie,

die ihres eigenen Ursprungs vergißt und der entgegensteht, dass man *empirisch* etwas ganz *anderes* findet - und das nicht nur bei den Bosonen dieser `zweiten Quantisierung´, sondern bei `materiellen´ Fermionen *ohnehin?* Immer lässt sich doch etwa beim DSExp ein QO auf nur *einem* Weg finden, ohne `Zersplitterung´; immer scheint beim Photo- und Comptoneffekt eine Wechselwirkung von *einem* QO mit *einem* anderen stattzuhaben usw. usf. Hier scheint sich die QFT von den empirischen Befunden vollkommen *abzuheben...*
H: Gut, dieser Aspekt, die `primäre individuelle Ganzheit´ von QO, spricht eine ganz andere Sprache...
M: Eben! Und in Atomen ist es so, dass selbst wenn absolut der Raum oder relational der Eigenschaftskanon Elektronen nicht *erkennbar* individualisiert, diese mit dem `Pauli-Prinzip´ eben empirisch *nicht* denselben Energiezustand, schon nicht dieselbe `Schale´ besetzen; sie gebärden sich als *Fermionen*, nicht als *Bosonen*. Man muss also Leibniz´ `principium´ *nicht* als verletzt ansehen, weil jedes Elektron auch im Atom durch die vier Quantenzahlen *individuell charakterisiert* ist - zwei gleichartige Elektronen *gibt* es dort nicht. Die synchrone Identität mag eine *`primitive* Identität´ sein - wieso sollte man aber das `principium´ als *verletzt* ansehen[501], wenn *sogar schon* der Raum individualisiert, und das empirische *Gesamtbild* Elektronen als Individuen *ausweist?* Nämlich nicht nur darin, dass Atome im Periodensystem *überhaupt* räumlich immer größere Schalen aufspannen, sondern darin, dass sie auch etwa mit den äußeren und inneren Elektronen *verschieden-frequentes* Licht emittieren, verschiedene Ionisierungsenergien haben, verschiedene Bindungsgeometrien erzwingen usw. usf.; das *zeigt* doch, dass sie alle verschiedene Eigenschaften haben, verschieden moduliert sind, dass Atome keine *amorphen* `black-boxes´ sind, sondern ein komplexes *System* aus *verschiedenen* Elementen. Mithin wird man selbst im System `Atom´ *nicht* auf reine `Kardinalität´ zurückgeworfen, Elektronen sind auch dort *mehr* als nur kardinal verschieden und die synchrone Identität sollte außer Zweifel genommen werden...
H: Gut, die Materialisation und Annihilation ausgenommen, sind die *Zweifel* an der Identität und Individualität von QO zumindest mit Vorsicht genießen...
Mit dem gerade gezeichneten Bild von QO ergäbe sich auch bezüglich des Verhältnisses von (im weitesten Sinne) Teil und Ganzem eine neue Sichtweise; Einstein - der schon zwischen kausaler wirkungsdynamischer Lokalität und Separabilität der physikalischen Zustände unterschieden hat - hatte befunden: „Wesentlich für [...][die] Einordnung der in die Physik eingeführten Dinge [in ein raum-zeitliches Kontinuum] erscheint [...], dass zu einer bestimmten Zeit diese Dinge eine voneinander unabhängige Existenz beanspruchen, soweit diese Dinge `in verschiedenen Teilen des Raumes liegen´ [...],[eine] Unabhängigkeit der Existenz [des `So-Seins´] der räumlich distanten Dinge voneinander [...]. Die Feldtheorie hat dieses Prinzip zum Extrem durchgeführt, indem sie die ihr zugrundegelegten, voneinander unabhängig existierenden IV f_3

elementaren Dinge, sowie die für sie postulierten Elementargesetze [dem `Prinzip der Nahewirkung´ gemäß] in den unendlich-kleinen Raumelementen (vierdimensional) lokalisiert."[502] In der klassischen Feldtheorie ist etwa das elektromagnetische Feld *insgesamt* dadurch definiert, dass jedem einzelnen Raum-Zeit-Punkt ein definiter Wert zugeordnet wird; alles weitere superveniert darauf... Diese klassischen naturphilosophischen Prinzipien, welche gewöhnlich mit der QT als *gebrochen* angesehen werden[503], wären dann ja - von der Lokalisiertheit abgesehen - nur *zum Teil* zu revidieren, wenn mit der QT räumlich-ausgedehnte Wellen*ganzheiten* einander überlagern...

M: So ist es. Für die Individualität ist das deutlich; man kann natürlich nicht von *klassischer* Lokalität, Separabilität und Nahewirkung sprechen; generell ist aber die nicht-Lokalität und nicht-Separabilität natürlich für *Wellen*phänomene ohnehin weit weniger absonderlich als für *Teilchen:* Man kann aus einem Wellenfeld nicht gleichsam einfach ein Stück *`herausschneiden´*, ohne dass dies für das *ganze* Feld etwas *änderte* (auch nicht einzelne überlagerte Wellen-Komponenten)...

H: ...seltsam bzw. überraschend ist höchstens, dass hier die Zustände *instantan* miteinander verbunden zu sein scheinen...

M: Ja. Aber wenn man mit der `Einstein-Separabilität´ sagt: `Nur, was *hier* der Fall ist, bestimmt, was geschieht´, muss man nun nicht einmal das *`nur´* streichen, man sagt *dasselbe* - es ist nur *`hier´ mehr* der Fall, als es zunächst den *Anschein* hat. In gewissem Sinne kann man dann sogar wieder sagen, dass ein QO Eigenschaften zur Messung *`mitbringt´;* ein bestimmtes `Sosein´ wird weder im Sinne einer *Nahewirkungskette*, noch einer *Fernwirkung* `von-dort-nach-hier´ erzeugt, sondern hat an einem `verborgen´ ausgedehnten Objekt statt, das von anderen Objekten überlagert wird; womit wiederum auch die Frage der Instantanität in etwas anderem Licht erschiene...

H: Und die Frage, die mit dem Wissen um die nicht-lokalen Korrelationen zu verneinen naheliegt, ob eine *durch verborgene Parameter ergänzte klassische Mechanik* den Quantenbereich erschließen kann...

M: ...wäre dann zu beantworten: Es käme darauf an, *wie weit* - im doppelten Wortsinn - die Ergänzung ginge, sie müsste ähnlich wie Hertz *nicht-lokale verborgene `Erstreckungen´* der Dinge setzen. Es läge *auch* eine gewisse Lokalität, Separabilität und Nahewirkung zugrunde, nur eben in betreff der zunächst - ohne Wellenkollaps, Dekohärenz, `sich-Neigen´ - nicht erfassbaren Wellenentitäten bzw. derer feldartiger Teile...

H: Man hätte gleichsam ein verwobenes `Ganzes´, das aber schon aus `Teilen´ besteht...

M: ...und ob bei den EPR-Phänomenen die Lokalität oder Separabilität verletzt wird, ob also *Wirkungen*, *Relationen*, *Zustände* nicht-lokal sind, bräuchte man nicht zu *differenzieren*. Einzelne getrennte Objekte wären - wie gesagt - zwar in *dem* Sinne nur *Erscheinung*, als man ihrer `eigentlichen´ Ausgedehnt-

heit und Interaktion nicht bzw. nur mittelbar *gewahr* würde, in einem *anderen* Sinne bildeten sie jedoch *nicht* ein holistisches Ganzes, sondern *Zusammengesetztes* aus *Ausgedehntem*...
H: Dann wäre es auch unsinnig, zu argumentieren, dass in jeder nicht-lokalen Theorie, die man realistisch zu deuten gedenkt, die Eigenschaften von QO *objektiv unbestimmt* sein müssen[504]...
M: Ja. Interessant ist auch wieder die Frage nach dem *`Kontinuum´:* Bezüglich der Raumausdehnung kann dann ein einzelnes QO kontinuierlich sein, nämlich (zeitweise oder teilweise) *kontinuierlich ausgedehnt* und `überall´ zugegen, als Entität mit seiner Existenz aber (und bezüglich der quantenphysikalischen Parameter) wäre es ein *diskontinuierliches Individuum* und *Teil* eines Ganzen. Der Begriff `Kontinuum´ bezöge sich auf *verschiedene* Kategorien und man müsste wiederum fragen: Was *bedeutet* dann der *Gegensatz* `Kontinuum´-`Diskontinuum´ noch?
H: Die QT will ja eine fundamentale Theorie sein und prinzipiell alle möglichen natürlichen Objekte und ihre Zustände im Laufe der Zeit umgreifen - mag das auch ob ihrer abstrakten Vorgehensweise, diese im abstrakten *Hilbertraum* zu erfassen und auch den Gesamtzustand *zusammengesetzter* Objekte durch einen entsprechenden Vektor darzustellen, weniger deutlich sein: schon *dabei* ist vorausgesetzt (methodisch), dass sich die Welt in ihrer phänomenalen Gesamtheit überhaupt aus einer begrenzten Anzahl spezifischer Einzelobjekte `zusammenfügen´ *lässt.* Eine im Sinne der QT *vollständige* Zustandsbeschreibung muss ja ohnehin immer die nämliche *Gesamtheit* in den Blick nehmen[505]...
M: ...und damit *verschiebt* sich der Sinn *mancher* Frage: Der Verweis ist hier, diese Gesamtheit der Dinge als *Ganzheit* zu begreifen und in den Blick zu nehmen - was prinzipiell richtig ist; wenn aber scheinbar lokale Einzelobjekte (auch) *wie* Wellen wirkungsdynamisch *räumlich ausgebreitet*, bei anderen gleichsam *`zugegen´* und *als* Wellen der *Interferenz* fähig sind, ergibt sich zur nämlichen Frage etwas Ähnliches wie bei Leibniz: Wenn jede Monade in sich alle anderen Monaden *spiegelt*, kann man nicht mehr sagen, es würde Einzelnes zu Komplexem im *gewöhnlichen* Sinne zusammengesetzt, denn schon zuvor *enthält* dieses ja alles andere als gleichsam eingefaltetes Ganzes - selbst der Satz `das Ganze ist *mehr* als die Summe seiner Teile´ funktioniert nicht mehr. Nicht nur in der QT ist dieser Satz sinnlos - er weist Erklärung *zurück*, denn bei normaler Begriffsdefinition (Euklid) ist er *falsch* bzw. er definiert die Teile als *unvollständig erfasst* (es muss verborgene Parameter geben); so auch hier, wenn QO in ihren feldartigen Wellen-Komponenten jeweils beieinander *`zugegen´* wären; man kommt über die nicht-Separabilität von Quantensystemen (bzw. nicht-Partikularität *nur* auf Systeme ohnerachtet ihrer raum-zeitlichen Einbettung bezogen) jedoch zu diesem Satz, zu einem *`Kurz-Schluss´* auf einen *`Holismus´ (M. deutet auf Abbildung 62)...*

Ob des *Lokalitätsprinzips* (keine instantanen Fernwirkungen) und des raum-zeitlichen *Separabilitätsprinzips* (individuelle Systeme) ist der Zustand eines Objekts *A vollständig bestimmt* durch die Eigenschaft *a*, der eines Objekts *B* durch die Eigenschaft *b;* das Gesamtsystem *A-B* hat die Eigenschaften *a* und *b* nach dem Grundsatz `Das Ganze ist die Summe seiner Teile´.

Bei einer Messung an den Teilen des Gesamtsystem *A-B* findet man im Einklang mit der QT *Korrelationen* - das Lokalitätsprinzip und/oder das Separabilitätsprinzip *scheinen nicht* zu gelten...

`Kurz-Schluss´: ...nur dem die Objekte *A* und *B* umfassenden *Gesamt*system kommt im Sinne eines `Holismus´ ein defini(er)ter Zustand zu, nicht den *Teil*systemen: `Das Ganze ist *mehr* als die Summe seiner Teile´.

Alternativer Schluss: ...der `effektive´ Zustand des Objekts *A* ist (theoretisch) *erst* vollständig bestimmt durch die Eigenschaft *a(b)*, der des Objekts *B* durch die Eigenschaft *b(a)*, die auch die `verborgenen´ feldartigen Komponenten des jeweils *anderen* Objekts widerspiegeln, die dort *`wirkend zugegen´* sind; es *bleibt* beim Grundsatz: `Das Ganze ist die Summe seiner Teile´.

Abbildung 62

H: Der *alternative* Schluss macht gleichsam mit diesem Grundsatz *`ernst´*...
M: Ja. Man kann nicht nur das Lokalitätsprinzip und das Separabilitätsprinzip *an sich* anzweifeln, sondern auch die vollständige Erfassung der Eigenschaften, was an der *Oberfläche* sogar damit gleichkommt, diese beiden Prinzipien in *Frage* zu stellen. Genaugenommen ist es aber so, dass die *Lokalität* in Frage zu stellen mit instantanen Fernwirkungen oder die *Separabilität* in Frage zu stellen damit, dass die Systeme geradezu `mystisch´ nicht als getrennt aufzufassen sind, *gleichbedeutend* damit ist, dass sie beieinander `zugegen´ sind; nichts anderes *ist* eine Fernwirkung bzw. ein mystischer `Holismus´ nach dem Grundsatz `nichts kann dort *wirken*, wo es nicht - in irgendeiner Weise - *ist*...
H: ...ein *alter* Grundsatz, eine *neue* Sichtweise...
M: ...eine schon *alte* Sichtweise, die von Leibniz Monaden als Kraftpunkten, über Kants attraktive und repulsive Kräfte bis Faraday reicht; letzterer hat - wenn auch zur Erklärung der Leitfähigkeit von Stoffen, die man heute anders erklärt, und um möglichst wenig *ungesicherte* Annahmen über Atome machen zu müssen - die Vorzüge der *Boskovic´schen* Materie-Vorstellung hervorgehoben: „Seine Atome [...] sind bloße Kraft*zentren* [...], nicht Materiepartikel, in welchen die Kräfte selbst ihren *Sitz* haben. Wenn wir [...] das Materiepartikel ohnerachtet der Kräfte *a* nennen und das System von Kräften in und um es *m*, [...] verschwindet *a* oder ist ein bloßer mathematischer Punkt, während es in der gewöhnlichen Vorstellung ein kleines unveränderliches, undurchdringliches Materiestück ist, und *m* ist eine um es angeordnete Kraftatmosphäre; [...] die Substanz *besteht* aus den Kräften oder *m*. [...][So ist] Materie überall präsent und es gibt keinen dazwischenliegenden Raum, den sie *nicht* einnähme. [...] Zweifellos variieren die Kraftzentren in ihrer Distanz zueinander, aber das, was wahrhaft die Materie eines Atoms ist, *berührt* die Materie seiner Nachbarn. [...] Die Kräfte *um* die Zentren verleihen diesen Zentren die Eigenschaft von Atomen der Materie. [...] So betrachtet ist Materie

nicht nur wechselseitig durchdringlich, sondern jedes Atom erstreckt sich [etwa bezüglich der Gravitation] sozusagen durch das gesamte Sonnensystem, dennoch immer sein eigenes Zentrum der Kraft *beibehaltend;* [...][was mit dem Grundsatz übereinstimmt]: `Materie kann nicht dort wirken, wo sie nicht ist.´" Hier mischt sich zuletzt immer mehr *Faradays* Ansicht unter; man müsse hinsichtlich der Gestalt der Atome und ihres „gemeinhin angenommenen bestimmten und unveränderlichen Charakters" zu einer neuen Sicht kommen, chemische Bindung erkläre sich besser, wenn Atome „sich wechselseitig *durchdringen* bis zu den eigentlichen Zentren, dergestalt ein Atom [...] mit Kräften *formend*" usw. usf. - und dann wird es *visionär*, es heißt: „Die Art, in der sich zwei [...] Kraftzentren verbinden und hernach unter dem Einfluss stärkerer Kräfte wieder trennen, mag [...] veranschaulicht werden durch [...] die Verbindung von *zwei Meereswellen* unterschiedlicher Geschwindigkeit zu *einer*, ihre vollendete *Einheit* für eine Zeit und schließliche *Trennung* in die *ursprünglichen* Wellen."[506] Das fügt sich mit seinem Ansatz zusammen, aus den Kraftlinien die Materie zu konstruieren, dass diese nur besondere Bereiche des Feldes *seien* (Singularitäten) - der Ansatz einer `reinen Feldphysik´, an der Mie, Einstein (auf seine Weise, alles in Geometrie auflösend) und andere weiterarbeiteten...

H: Gut, es ist in gewisser Hinsicht *weniger* mystisch, es so, umgekehrt zu sehen: *Weil* QO `verborgen´ beieinander `zugegen´ sind, kommt man nur zu einer *unvollständigen* Erfassung der Eigenschaften von *A* und *B* - darin gründet sich eine andersartige nicht-Lokalität, nicht-Separabilität, eine andere Art des `Holismus´, bei der das Ganze die Summe seiner Teile *bleibt...*

M: So ist es. Allerdings muss mit der QT nicht zwangsläufig *alles mit allem* zusammenhängen; nur wenn das Superpositionsprinzip *unbeschränkt* gelten würde, wenn eine *fundamentale* nicht-Lokalität bzw. nicht-Separabilität gegeben wäre, wäre ein allumfassender naturphilosophischer *`Holismus´* anzunehmen - beides ist in Anbetracht des Messproblems und des Heisenberg´schen Schnittes vollkommen *ungeklärt*, wie auch insofern man offenbar *erkennbare* Superpositionen mühsam *herstellen* muss...

H: ...was allerdings Anhänger der Dekohärenztheorie bestreiten würden...

M: ...nur, dass Dekohärenz alleine weder die unvermischliche `Ganzheit´ von QO, noch das Erscheinen der klassischen Welt erklärt... Manche `holistische´ Theorie - die Leibniz´sche eingeschlossen - dürfte jedenfalls über das Ziel *hinausschießen...*

H: ...auch die *Bohm*´sche...

M: Ja. Wenn Bohm ein `unteilbares Ganzes´ annimmt und dass wie bei einem Hologramm in einem `Teil´ auch das `Ganze´ enthalten sei - die Information über das ganze Bild, nur detail*ärmer* -, kommt das dem recht nahe; er denkt aber ein `Ganzes´, das in `Teile´ *zerfällt*, die `verhüllte Ordnung´ des `Ganzen´ *enthülle* sich in den uns phänomenal zugänglichen `Teilen´. Das ist ein schöner

Gedanke, aber es ist offenbar ja eher wie in seinem Bild der *nur fraktal* ineinander vermischten Tintentropfen[507], dass die *`Teile´ primär* sind, aber zu einem *`Ganzen´ sekundär verwoben;* so eben die QO als `primäre individuelle Ganzheiten´, die sich zu einem sekundären `Ganzen´ *überlagern...*
H: Was für Bohm das `Verhüllen´ und `Enthüllen´ der Ordnung ist, würde ja dann zumindest teilweise den Effekten des Wellenkollapses, der Dekohärenz oder des *`sich-Neigens´* von QO zur Teilchen- *oder* Wellennatur korrespondieren...
M: Allemalen wird der ganze *Begriff* `Zusammensetzen´ ein anderer... Ein `Holismus´ ist (über den schlichten Gedanken hinaus, dass alles *als in einer Welt* zusammenhängt) *nur* ein Begriff und als Konzept eher *diffus* und wo nicht, wohl gar *irreführend* - mit dem diskutierten Bild stellt sich die Frage nach dem *Ganzen* und seinen *Teilen* ganz neu: Klassisch konnte mit der Atomistik ein *Mosaik* als paradigmatisch für die Weltdinge gelten: Die einzelnen Mosaiksteinchen, räumlich eng umgrenzte, separable Teile, fügen sich zum Mosaik als dem größeren Ganzen zusammen. QO müssen hinsichtlich ihrer individuellen *Kombinierbarkeit* im grundsätzlich atomistischen Sinne (der `Vielfalt aus Kombinatorik´) zwar immer noch wie solcherlei Steinchen gelten, sie sind jedoch offensichtlich *nicht* durchgängig räumlich eng umgrenzt und insofern separabel (wie Mosaiksteinchen mesokosmisch erscheinen), sie sind als einzelne Teile schon *vor* ihrer Zusammensetzung irgendwie *räumlich-Ausgedehntes (zumindest zeit-* oder *teilweise)* und dergestalt mit anderem `verwoben´...
H: Hm...
M: Bei Leibniz´ Monaden sollte die „wechselseitige *Verknüpfung* [...] aller geschaffenen Dinge [...] zur Folge [haben], dass jede einfache Substanz Beziehungen in sich schließt, durch die sie alle anderen zum Ausdruck bringt“[508]; mithin kann man sagen: Monaden tragen sowohl ihre je *eigene* Welt in sich, als sie auch die Welt *als Ganzes* in sich spiegeln...
H: Das klingt wieder eher nach einer Ontologie der *Relationen...*
M: Nein, die Relationen sind hier *`in´* die Dinge *hineingenommen* - das liefert auch ein interessantes Argument zur raum-zeitlichen Einbettung von Objekten: Mit den nicht-lokalen Zusammenhängen könnte man analog den Leibniz´schen Monaden, die sich aller anderen Monaden `gewahr´ sind, QO auch so konzipieren, dass (analog jedem monadischen Raumpunkt) in jedem Raumpunkt, wo Materie zugegen ist, die Konstellation des *Ganzen* erfasst wird, so dass also etwa für die einzelnen Orte des DSExp (zumindest) der ganze Versuchsaufbau erfasst wird. Wenn Bohr betont, dass die Eigenschaften von QO `relativ zu den verwendeten Versuchsapparaten´ seien, von diesen *nicht unabhängig* gedacht werden können und überdies in Frage gestellt wird, ob man *überhaupt* QO sinnvoll in einem Raum-Zeit-Schema erfassen kann, kann man dem auch so gerecht werden, dass man in jeden Punkt des Raumes

`hineinprojiziert´, was an allen anderen Orten der Fall ist; das kann die gesamte Versuchsapparatur, aber auch die ganze Welt umfassen - jedenfalls ist dann eine raum-zeitliche Beschreibung auch von *QO* möglich...
H: ...aber das Bild wird dadurch immer noch nicht *deterministisch...*
M: ...weil es ersichtlich nur *unvollständig zugänglich* wäre... Jedenfalls begegnen sich hier QT generell und Monadenlehre, denn auf ähnliche Weise ist bei sich `überlappenden´ QO bei jedem jedes andere mit einem spezifischen Komponententeil zugegen. Sind bei den Monaden holistisch die Relationen *`in´* die Dinge *hineingenommen*, könnte man die einzelnen Monaden insofern auch `intrinsisch´, `individuell´ und `atomar´ nennen, sie würden aber in einem großen Gesamtgewebe *`ineinandergreifen´* und einander in ihrer ganz *speziellen Weise* überall überlagern, ähnlich QO: Dann ergibt sich *implizit* die Wahrscheinlichkeitsfunktion, wenn in jedem Raumpunkt solch´ Substruktur des *Ganzen* abgebildet wird; das wäre eine `eingefaltete´ Mehrdimensionalität, dem logischen Konfigurationsraum der $\Psi$-Funktion analog; die *`Welt´* bliebe damit aber *drei*dimensional, als *das*, was diese Ebene `durchbricht´ und sich als `Schaumkamm´-Phänomen zeigt...
H: Nun, es hieße wohl, sich Illusionen hinzugeben, wollte man leugnen, dass die Überlegungen zu diesem Themenkomplex hoch-spekulativ, dass sie metaphysische *Vermutungen* sind... Man muss allerdings auch sagen: So weit man sich von der *klassischen Substanz-Ontologie* zu entfernen scheint, ist es doch so, als würde diese mit einem Wellengrund erst *tatsächlich* umgesetzt - in betreff seiner Funktion als beharrender Träger von Eigenschaften, wandelbarer Träger von Ereignissen, mit unwandelbarer, gleichsam wesenloser Selbstidentität - die Eigenschafts-Akzidentien *begreifbar* als dessen Modulationen...

V a *M:* Dem immateriellen *`mehr´* oder *`anderen´* kann man sich auch nähern, indem man - gleichsam *parteiisch* für das *Wellenbild* - Ausschau hält, wo sich *noch* zeigt, dass man es bei QO nicht mit körperhaften *Teilchen* im mesokosmischen Sinne zu tun hat. Fündig wird man schon bei den *HU* - im Rahmen der *klassischen* Physik geht es ja nicht nur um gröbere Koordinaten und Messwerte und die *Mittelwerte* unglaublich vieler Teilchen, sondern um *Grundsätzliches* - darum, dass zwei komplementäre physikalische Größen, deren Produkt eine Wirkung ist, etwa Ort und Impuls eines QO, *gleichzeitig nicht beliebig genau*, sondern nur mit einer bestimmten *Unschärfe* bestimmt werden können, deren Produkt mindestens die Größe $\hbar$ hat - was ein endlicher Wert ungleich Null ist: Strebt die eine Variable gegen *Null*, strebt die andere zwangsläufig gegen *Unendlich* - für eine Dimension formuliert:

$$\Delta x \cdot \Delta p_x \geq \hbar \qquad \Delta E \cdot \Delta t \geq \hbar \qquad \text{(V.1a/b)}$$

H: Um diesen Punkt ging es ja auch in der `Einstein-Bohr-Debatte´...
M: ...in der im Grunde beide, Einstein wie Bohr, *rein zirkulär* argumentiert haben: Einstein musste Bohr die HU schon für seine Argumentation *zugestehen*, etwa bei diesem Gedankenexperiment zur *Orts-Impuls*-Unschärfe: Der Schirm beim DSExp wird *beweglich* aufgehängt; nun kann man (scheinbar) entscheiden, durch *welchen Spalt* ein QO gegangen ist, indem man feststellt, welche *Ablenkung* es dabei erlitten hat, wenn man den auf den Schirm dabei *übertragenen Impuls* aus der *Auslenkung* des Schirms in Relation zu einer Skala ermittelt - natürlich ist das nur ein *Gedankenexperiment.*[509] Das Bohr´-sche Gegenargument war, dass man die Auslenkung nur *unscharf* feststellen könne, da „jede Ablesung auf der Skala [...] eine unkontrollierbare Veränderung des Schirmimpulses mit sich führt“, so dass „ständig eine reziproke Wechselbeziehung zwischen [...][der] Kenntnis der Lage des Schlitzes und der Genauigkeit der Impulskontrolle bestehen [wird].“[510] Der Schirm muss, damit er sich durch ein Photon theoretisch auslenken *lässt*, selbst filigran und empfindlich *wie* ein QO sein; dabei wird mit der HU schon zum Problem, ihn überhaupt in absolute *Ruhelage* zu bringen, weil dann seine *Impuls*komponenten extrem groß werden. Mithin erzeugt man natürlich einen *Zirkel:* Man muss schon *zugestehen*, dass Ort und Impuls eines QO und mithin auch von makroskopischen Körpern nur unscharf zu ermitteln bzw. gegeben sind. Für Einstein zog sich die QT `am eigenen Schopfe aus dem Sumpf´...
H: „Aber gerade so muss es ja sein. Die [...][QT] ist eine umfassende Theorie, deren Gültigkeitsbereich man nicht irgendwo einschränken darf“[511]...
M: Ja, aber das führt eben nur im Falle der *Richtigkeit* einer Theorie zu einem *konsistenten* Bild - bei *Falschheit* hängt diese in der Luft; auf *dieser* Argumentation fußend tat Einstein *recht* daran, weiter zu zweifeln; *dennoch* hatte er bei diesem Punkt im *engeren* Sinne *unrecht*... Man scheint beim Messparameter `Ort´ ja immer *Teilchen* und *Diskontinuität* zu finden; so könnte man

auch zu sagen geneigt sein: „Wenn man [*generell*] zugibt, dass für Vorgänge in sehr kleinen Räumen und Zeiten Diskontinuitäten irgendwie typisch sind, so ist ein Versagen [...] der Begriffe `Ort´ und `Geschwindigkeit´ [...] unmittelbar plausibel: Denkt man z.B. an die eindimensionale Bewegung eines Massenpunktes, so wird man in einer Kontinuumstheorie eine Bahnkurve [...] des Teilchens [...] zeichnen können [*(M. deutet auf Abbildung 63)*], die Tangente gibt jeweils die Geschwindigkeit. In einer Diskontinuumstheorie dagegen wird etwa an Stelle dieser Kurve eine Reihe von Punkten endlichen Abstands treten [womit diese nicht mehr gegeben, ja, der Begriff sinnlos ist]"[512]...
H: So könnte man argumentieren...
M: Ja, wenn dem so *wäre*, *wäre* das richtig geschlossen, aber die HU gründet nicht in *diesem* Phänomen, im Gegenteil weist auch *sie* darauf hin, dass gar nicht von *Teilchen* die Rede ist, sondern - wie sich schon zeigte - anscheinend eine Wellenentität *zu* einem Teilchen *kollabiert*, *dekohäriert*, `sich-neigt´ so kommt man auf die falsche Fährte bzw. der *eigentliche* Zusammenhang ist hierin noch *verborgen*. Was *eigentlich* interessiert, ist folgendes: Wenn verschiedene Observable mit den HU (theoretisch und empirisch) nicht mehr gleichzeitig beliebig scharfe Werte aufweisen, ist zu fragen, ob diese *a)* nur *nicht erkennbar*, *b)* (ontologisch) *nicht gegeben* sind oder ob dies *c)* insgesamt aus gleichsam inadäquaten `Erwartungen´ in bezug auf diese klassischen Parameter herrührt - womit *a)* und *b) beide* zutreffend wären...

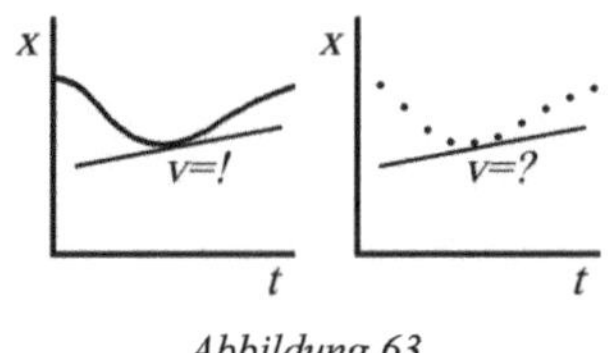

Abbildung 63

H: Nun, aufschlussreich ist auch die *Motivation* Heisenbergs hinter alledem: Er hat sich ja gleichsam *doppelt* von Einstein inspirieren lassen; zum einen von dessen positivistischem Vorgehen in der *SRT*, zum anderen von dessen dem scheinbar[?] *widersprechenden* Diktum, dieser Ansatz „[sei] *trotzdem* Unsinn, [...] denn [...] erst die *Theorie* entscheidet darüber, was man beobachten kann."[513] Die in der QT auftretenden Diskontinuitäten sollten zunächst „Grund [geben], gegen die kritiklose Anwendung [...][der] Begriffe `Ort´ und `Geschwindigkeit´ *Verdacht* zu schöpfen" (etwa, weil es eben bei einer *dis*kontinuierlichen Bahnkurve *x(t)* immer *zwei* Geschwindigkeitstangenten gibt); auch *empirisch* finde man bei der gleichzeitigen Bestimmung solcher kanonisch-konjugierter Größen eine *Unbestimmtheit*. Es gibt nun aber eine Parallele zur SRT, die Heisenberg *kultiviert:* „Weil es [...][instantane] Signale [...] nicht gibt, weil vielmehr in der Definition der Gleichzeitigkeit schon die Lichtgeschwindigkeit vorkommt, ist *Raum* geschaffen für das Postulat der *konstanten* Lichtgeschwindigkeit, deshalb steht dieses Postulat mit dem sinngemäßen Gebrauch der Wörter `Ort, Geschwindigkeit, Zeit´ nicht in Widerspruch." Ähnlich in der *QT:* „Alle Experimente, die wir zur Definition [...][der Begriffe `Ort´ und `Geschwindigkeit´ eines QO] verwenden können,

enthalten notwendig die durch [...][die Unschärferelation $\Delta x \cdot \Delta p_x \geq \hbar$] angegebene Ungenauigkeit, wenn sie auch den einzelnen Begriff *p*, *q* exakt [klassischen Begriffen analog] zu definieren gestatten. [...] Diese *Ungenauigkeit* [...] schafft also erst *Raum* für die Gültigkeit der [...] quantenmechanischen Vertauschungsrelationen [...], ohne dass der physikalische Sinn der Größen *p* und *q geändert* werden müsste"[514]...
M: Das ist *pragmatisch sinnvoll*, wie die SRT - aber *ontologisch blind*, wie die SRT - eine doppelte Parallele... Hätte doch dieser `Befreiungsschlag´ besser davon befreit, QO faktisch durchgängig *weiter* als Teilchen zu behandeln... Man kann die HU auch aus der Matrizenmechanik und dem Bohr-Sommerfeld´schen Atommodell *herleiten* - aus *methodisch-anschaulichen* Gründen hat Heisenberg für sie aber auch folgende Begründung gegeben: Betrachtet man (theoretisch) ein QO durch ein Mikroskop, kann die *Orts*-Auflösung nicht kleiner als die Wellenlänge des Lichtes sein, es ergibt sich $\Delta x \geq \lambda$. Um eine *höhere* Orts-Auflösung zu erreichen, muss man Licht einer *kleineren* Wellenlänge λ verwenden; Licht trägt und überträgt aber auch *Impuls*, so dass sich die *unvermeidbare* `Nebenwirkung´ ergibt, dass sich der auf das beobachtete Objekt übertragene Impuls *p* nach der Formel $p=h/\lambda$ *vergrößert,* je *kleiner* man die Wellenlänge des Lichts wählt. Je *genauer* man den *Ort* ermittelt, desto *ungenauer* wird der zu bestimmende *Impuls*...
H: Dieser wird eben *beeinflusst*...
M: Das ist alles *richtig*, nur dass der hier zugrundeliegende Gedanke einer prinzipiell unüberschreitbaren Messgenauigkeits*grenze* gar nicht der *QT* und der *HU bedarf*, er ist mit *klassischer* Physik ganz *ebenso* einsichtig - er hätte auch von Newton oder Leibniz formuliert werden können: Gesetzt, man könnte die Bewegung eines Körpers nur *dadurch* beobachten, dass man ihn mit kleinen Körperchen *beschießt* und aus deren *Rückprall* auf den jeweiligen Ort des Körpers schließt - dann liegt auf der Hand, dass, wenn der zu beobachtende Körper *dieselbe* Größe und Masse wie diese Körperchen hat (oder sogar kleiner ist), dies zu eben-diesem *Dilemma* führen muss. Das ist *grundsätzlich* so - auch etwa bei Billardkugeln ist das nicht anders: Ermittelt man ihren jeweiligen Ort etwa durch Lichtsignale, müssen sie mit mindestens *einem* Lichtquant wechselwirken, d.h., es kommt die Quanten-Hypothese ins Spiel, dass Photonen *`Ganzheiten´* sind, derer man nicht *Teile* verwenden kann - und genaugenommen ist die Wechselwirkung auch mit *einem* Photon auch für eine Billardkugel letztlich *nicht irrelevant*, da der Einfluss zwar verschwindend gering, aber eben *nicht* von *Nullwert* ist - sie wird in ihrem Impuls *minimal beeinflusst*...
H: Wohlgemerkt ist das *prinzipiell* so - erkenntnistheoretisch ist das...
M: ...für einen *Realisten* schlicht *belanglos:* Natürlich kann man so nicht die Bewegung der *unbeeinflussten* Billardkugel herausbekommen; Messungen an einer Billardkugel, die mit einem anderen Objekt - hier dem *messenden*

Objekt - *wechselgewirkt* hat, sagen nichts über deren Bewegung, wenn sie dies *nicht* getan hätte...
H: Für einen *Positivisten* ist nur die Frage, ob man über Zustände Aussagen machen sollte - die *nicht*-gemessene Kugel -, über die man *prinzipiell* nichts in Erfahrung bringen *kann* - ob man ein jeweils spezifisches `Sosein´ der Dinge annehmen *sollte!*
M: Wenn man derlei *nicht* annimmt, sollte man dies aber - gerade ob dieser mesokosmischen Parallele - *begründen;* zumindest wäre die Frage *offenzuhalten!* Schon Schrödinger kritisiert die Forderung, „dass kein Unterschied zu machen sei zwischen dem *wirklichen* Zustand des Naturobjekts und dem, was [...][man] darüber *weiß* oder [...] wissen *kann.* [...] *Wirklich* [...][sei] eigentlich nur Wahrnehmung, Beobachtung, Messung [...][und] jede darüber [- über die bestmögliche Kenntnis -] hinausgehende Frage nach dem `wirklichen Zustand´ [sei] als *gegenstandslos* ab[zu]weisen."[515] Auch Einstein hat angemahnt, dass die QT nur noch von dem spreche, „was man über die Natur *weiß*, und nicht mehr von dem, was die Natur wirklich *tut.* In der Naturwissenschaft [könne][...] es sich aber nur darum handeln, herauszubringen, was die Natur *wirklich tut*,"[516] was wohlgemerkt *nicht* einem *naiven* Realismus das Wort reden sollte...
H: Nun, zumindest *zwischenzeitlich* (*≈1930*) hatte Einstein anerkannt, dass man „den Gedanken an eine *vollständige* Lokalisierung der Teilchen [...] aufzugeben [...][habe als bleibendes] Ergebnis der [...][HU]" - ihm schwebte vor, etwa die elektrische Ladung im Sinne einer Kontinuumstheorie einem dreidimensionalen Raum*gebiet* zuzuordnen[517] (ähnlich schon Schrödinger). Seine *Zweifel* hat er mit der EPR-Argumentation aber ja hernach (*1935*) *erneuert...*
M: Die QT hat ja *berechtigte* Zweifel, ob man QO immer eindeutig klassische Parameter wie `Ort´ und `Impuls´ zuschreiben kann - allemalen muss man aber *diese* Argumentation, oftmals als Kern der HU betrachtet, als Realist *zurückweisen*, weil es *so* nur um ein *erkenntnistheoretisches* und nicht um ein *ontologisches* Problem geht und man *so* für Zweifel an einem *spezifischen `Sosein´* der Dinge *zirkulär* argumentiert, da gerade *voraussetzt* wird, dass dieses durch die Beobachtung *in* seinem `Sosein´ *verändert* wird! *So* könnte man auch hoffen, irgendwann einmal - etwa mit den erwähnten *wechselwirkungsfreien* Quantenmessungen - die HU *umgehen* zu können. Die *epistemische Variante* der Formulierung der HU, bei der es (nur) um unser *Wissen* geht - womit man auch nicht von einem objektivierenden *Natur*gesetz spricht - ist mithin zu *verwerfen...*
H: Natürlich, das sei nicht bestritten; die HU gründet aber ja auch auf einem *empirischen Befund:* Wenn man QO, etwa Elektronen, durch einen engen *Spalt* sendet, werden diese zu den Rändern hin *gestreut* und zwar je *kleiner* der Spalt ist, desto *stärker...* Die QT deutet den Befund *so:* Klassisch müsste

ein Teilchen, wenn es nicht mit den Rändern wechselwirkt, den Spalt mit unverändertem Impuls, also *geradlinig* durchsetzen; in Übereinstimmung mit der Empirie sagt nun die HU, dass etwa die x-Komponente (in Richtung der Streuung) beim Durchtritt durch einen Spalt der Breite d eine *Orts*unschärfe $\Delta x \leq d$ hat, so dass sich mit $\Delta x \cdot \Delta p_x \geq \hbar$ ergibt, dass die *Impuls*unschärfe in dieser transversalen Raumrichtung $\Delta p_x \geq \hbar / d$ sein muss. Die Impulskomponente p_x ist, wenn sie *vor* dem Spalt *Null* war, *hinter* dem Spalt also *nicht* mehr Null - sie ist desto *größer*, je *kleiner* der Spalt ist; mithin wird also der Ort des Auftreffens auf einem dahinterliegenden Schirm desto *unbestimmter* ($x=?$) *(H. deutet auf Abbildung 64)...*

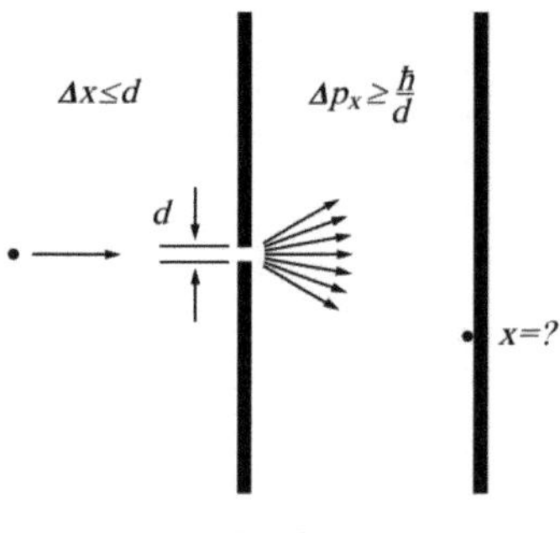

Abbildung 64

Insofern die HU hier lediglich den empirischen Befund abbildet, kann sie gar nicht *in Frage* gestellt werden. Eine noch *grundsätzlichere* Auslegung der HU sagt, dass man einem Teilchen *niemals* einen *bestimmten* Impuls p_x, der ja die Unschärfe $\Delta p_x = 0$ hätte, zuschreiben kann, weil sich damit eine unendliche Ortsunschärfe Δx ergeben würde, also ein *völlig unbestimmter* Ort - dasselbe gilt natürlich für die Orts- und Impulskomponenten in den anderen Raumrichtungen y und z. Daraus folgt, dass der Begriff 'Teilchenbahn' *generell* sinnlos wird. Heisenberg etwa sagt: „Die 'Bahn' *entsteht* erst dadurch, dass wir sie beobachten“[518]...

M: ...was mit dem, was er selbst schreibt,[519] bei Elektronen zu dem eigentümlichen Paradoxon führt, dass zwar die Bahn eines Elektrons erst *bei* der Beobachtung *entstehen* soll, *mit* der Beobachtung (durch die Bestrahlung mit Licht) aber gleichzeitig das Elektron augenblicklich seine Bahn verlässt, wodurch diese *unbeobachtbar* wird... Wenn man den Befund am Einzelspalt betrachtet, wirkt die HU wie bisher formuliert, auch wenn sie *nur* einen empirischen Befund abbildet, etwas *befremdlich...*

H: Inwiefern *das?*

M: ...insofern es klar das Primat des *Teilchen*modells ist, das hier regelrecht *Verwirrung* stiftet: Die HU erscheint als ein fundamentales Naturgesetz, an das sich QO als *Teilchen* begriffen unerklärlicherweise *'halten'...*

H: Man kann viele Phänomene so immerhin *erklären*, so die *Radioaktivität...*
M: Jein, hier gilt es an der *Teilchen*sicht Statt die *Wellen*sicht anzumahnen... Wenn man mit den HU fast *alles* erklären kann, *erklärt* man am Ende *gar nichts*. Alles in allem steht hinter diesen Erklärungsmustern ein irrationaler, geradezu *hahnebüchener* Ansatz, bei dem sich Teilchen `normalerweise´ an ein Gesetz *`halten´*, aber indeterministische *`Schlupflöcher´* auszunutzen wissen - so eben angeblich Kernteilchen, die mit den HU den Kern verlassen können. Muss man nicht sagen: *nur*, zumindest: *besonders* für Teilchen ist das seltsam? Bei einem räumlich ausgedehnten Wellenfeld kann man sich *eher* vorstellen, dass an einem Ort - gerade mit der *individuellen Ganzheit* von QO, die *am Ende* den Energiesatz gewährleistet - nicht *durchgehend* der Energiegehalt eindeutig erscheint; auch die Radioaktivität kann man aber - wie erinnerlich - besser über den erwähnten `Tunneleffekt´ als reales *Wellen*phänomen erklären... Ähnlich *unbefangen* muss man auf den Befund am Einfachspalt sehen: Heute nimmt man an, dass ein Körper gleichsam *rein passiv* dem *Trägheitsgesetz* gehorcht...
H: Natürlich...
M: Man kann die äußere bewegungs-verursachende Kraft, die *`vis impressa´*, die `eingedrückte Kraft´ (Impuls) auch als *stetig weiterwirkend* begreifen; daher hatte Newton die dann innere bewegungs-erhaltende Kraft *`vis insita´*, die `Trägheitskraft´ ausdrücklich dem alten vorgalilei´schen Begriff *`Impetus´* nahegesetzt.[520] Das Verhalten von QO als *Teilchen* wird mithin jedenfalls nur verständlich, wenn man sich anthropomorph-animistische Vorstellungen macht; *muss* man sich nicht geradezu vorstellen: *weil* das Teilchen am Spalt *eingeengt* wird, *`reagiere´* es mit der Streuung?
H: Nun, in diese traulich-anthropomorphen Denkbahnen mag man geraten...
M: Die Erklärung des *Wellen*modells ist nun aber so viel *natürlicher - diese* Betrachtungsweise ist nämlich sozusagen *ontologisch falsch fundiert;* was der Begriff `Teilchen´ aus unserem mesokosmischen Erfahrungsbereich heraus *impliziert*, und was Teilchen hier *tatsächlich tun*, passt nicht (mehr) zusammen. Die *Wellen*artigkeit von QO vermag auch hier Licht ins Dunkel zu bringen - dabei geht es um zweierlei, nämlich um einen Aspekt der *Quer*- und einen Aspekt der *Längs*struktur von QO, beides hängt natürlich zusammen: *Erstens* nämlich, erscheint es bei nämlichem Befund nur *solange seltsam*, dass QO sich an einem Spalt dergestalt `verhalten´, als man sie überhaupt *als Teilchen* begreift; der empirische Befund ist mit dem *Wellen*modell interpretiert ja etwas, das an klassische Phänomene *anknüpft*, nämlich an die klassische *Beugung* von Wellen, *jede Wasserwelle* verhält sich so - *Beugungs*experimente verwendet man in der QT (neben Rückstoßeffekten) zur Messung von *Impuls*komponenten. Vor der Hand ist es generell für Wellen so, dass am Spalt räumlich nebengelagerte Wellenkomponenten als Elementarwellen *abgeschnitten* werden *(M. deutet auf Abbildung 65a)*, so dass sich hinter dem Spalt keine

ebene, sondern eine *Kreis-* bzw. realiter *Kugel*welle ausbreitet...
H: Das Huygens'sche Prinzip: Jeden Punkt einer Wellenfront kann man als Ausgangspunkt einer *Elementarwelle* betrachten; die Einhüllende *aller überlagerten* Elementarwellen bildet die neue Wellenfront; hier überlagern sich diese hinter dem Spalt *kreisförmig* - nur hat man es mit *Materie*wellen zu tun, die etwa beim DSExp am Ende *einzelne diskrete* Punkte hinterlassen...
M: Dafür muss man in der Tat hernach einen Wellenkollaps, Dekohärenzeffekte oder ein *dynamisch* 'sich-neigendes' Wellenphänomen annehmen - dazu später; dessen ohnerachtet erklärt sich der Befund am Einfachspalt genau wie Schrödinger ausführte: Die *Wellen*mechanik verhält sich zur *klassischen* Mechanik, wie in der klassischen Physik die *Wellen*optik sich zur *Strahlen*optik verhält; letztere *vernachlässigt* - weil sie von Licht*strahlen* mit bestimmten Bahnen ausgeht - die *Ausgedehntheit* des mit-sich-selbst-interagierenden Wellenfeldes; streng analog darf man hier offensichtlich nicht von *Teilchen* mit bestimmten Bahnen ausgehen, die einer *Trägheitsbewegung* folgen - sonst *wundert* man sich bei der HU wie der zitierte geometrische Optiker, der den *Beugungs*phänomenen nicht beizukommen weiß, weil die gewöhnlich geradlinigen und voneinander unabhängig erscheinenden Lichtstrahlen 'merkwürdige Krümmungen' aufweisen und sich gegenseitig beeinflussen.[521] Was die HU erfasst, *ist* eben, dass einige Phänomene erst (deutlich) bemerkbar werden, wenn das betrachtete System - hier der Spalt - in seiner räumlichen Ausdehnung in den Größenordnungsbereich der Wellenlänge der Materiewellen kommt[522]...
H: ...für *Teilchen rätselhaft*, für *Wellen begreifbar...*
M: Zweitens geht es darum, dass QO als Wellenentitäten immer *zusammengesetzte, polychrome Wellenpakete* sind: Der mathematische Formalismus (selbst in seiner abstrakteren Variante) weist dabei direkt auf die Lösung hin, nirgends lässt er sich so direkt interpretieren - nur *mittelbar* geht es (mathematisch) darum, dass, wenn ein Quantensystem bezüglich einer Observablen nicht in einem *Eigenzustand* ist, diese keinen scharfen Wert hat und erst eine *Messung* diesen aus der Superposition an *möglichen* Eigenzuständen *'auswählt'*...
H: Was das *bedeutet*, ist ein zentraler, jedoch strittiger Punkt der QT...
M: Die möglichen Eigenzustände verschiedener Observabler sind ja in der Ψ-Funktion 'verschlüsselt', erst die verschiedenen Operatoren lösen diese gleichsam *konkret heraus;* der mathematische Formalismus bildet natürlich die HU *auch* ab: Für die gewöhnlich *komplexzahlig*-modulierte Ψ-Funktion zeigt sich, so man diese im Orts- bzw. Impulsraum einer harmonischen Zerlegung unterzieht, dass wenn die *Orts*funktion eine δ-Funktion ist (also alle Amplituden außer bei einem x-Wert *Null* sind), die (fourier-transformierte) *Impuls*funktion komplexzahlig eine gestreckte Schraubenlinie ist und umgekehrt.[523] Die harmonische Analyse, die auch zeigt, inwiefern die Ψ-Funktion

neben den *Orts*zuständen die *Impuls*zustände schon *enthält*, kann man sich auch an *Sinus*funktionen klarmachen - „in Ortsdarstellung stellen die Eigenvektoren des Impulsoperators [...] *ebene [monochromatische] Wellen* dar, was anschaulich einer räumlich vollständigen Delokalisierung des [...][QO] bei exaktem Impulswert entsprechen könnte;“[524] als *ebene* Wellen - wie gerade ausgeführt - in betreff der *Quer-*, als *monochromatische* Wellen in betreff der *Längs*struktur (bzw. generell): Eine scharfe *Impuls*komponente ergibt sich nur für *monochromatische harmonische Ψ-Wellen*, wie sich umgekehrt mit Fourier eine scharfe Ortskomponente nur durch *polychrome Superposition* vieler *verschiedener* Teilwellen ergibt...
H: ...mithin folgt der Wechsel vom Mathematischen zum Ontologischen...
M: Natürlich... Selbst die Aussage der HU, dass man nicht nur bei *Messungen* eine bestimmte Orts- und Impuls-Schärfe nicht überschreiten kann, sondern dass eine *prinzipielle* Unschärfe vorliegt (analoges gilt für die Observablen \`Energie´ und \`Zeit´), ist so problemlos akzeptierbar, weil dies *nicht* nur der Empirie abgelauschtes reines *Postulat* ist, sondern vielmehr *schlüssig* aus dem (auch) *Wellen*charakter der Dinge *hergeleitet* wird: Selbst Heisenberg, der strikt am Welle-Teilchen-*Dualismus* festhält, begründet die Einschränkung des Anwendungsbereichs des Teilchenbildes rein über das *Wellenbild:* Dieses sei schlicht *auch* zur Beschreibung der empirischen Fakten geeignet und soll ein QO eine *Ortsgenauigkeit* Δq haben, müsse es als Wellen*paket* beschrieben werden; dieses allerdings zerstreue sich im Raum, so dass man dem Wellenpaket insgesamt, das ja mit dem QO gleichgesetzt wird, keine genaue Geschwindigkeit zuordnen könne, was insgesamt eine *Impulsungenauigkeit* Δp nach sich ziehe usw. usf.[525] Das hängt direkt mit der Dispersion der *Gruppen*geschwindigkeit des Wellenpakets bzw. der *Phasen*geschwindigkeiten der Wellenkomponenten zusammen - alles weitere ergibt sich also aus den Gesetzen der Optik bzw. Schwingungslehre generell; so auch in Analogie zur Unschärfe $\Delta t \cdot \Delta \nu = ½$ die quantenphysikalische HU $\Delta x \cdot \Delta p_x \geq \hbar$. Dergestalt soll eigentlich nur die *Grenze* zwischen Teilchen- und Wellenbild gezogen werden - aber das Wellenbild ist so *treffend*, dass man vom \`als-ob´ sich zu einer *ontologisch-realen* Vorstellung ermuntert fühlen sollte: Interpretiert man über den deBroglie-Zusammenhang $\lambda = h/p$ QO bzw. *alle* Dinge als Materiewellen-*Pakete*, ergibt sich alles weitere aus einer *Fourier´schen Wellenanalyse:* Wiederum geht es um das Phänomen der *konstruktiven* und *destruktiven Interferenz* - es ist nach Fourier ja so, dass man jede beliebige Schwingung durch die Überlagerung harmonischer Schwingungen unterschiedlicher Frequenz und Amplitude erzeugen kann. So entstehen in der Natur etwa die für die Musikinstrumente charakteristischen Schwingungsverläufe durch Überlagerung verschiedener harmonischer *Grund*schwingungen; für die Natur ist das Wellenpaket einfach eine bestimmte Modulation, diese kann nur *analytisch* so zerlegt werden... Nun ist es so, dass ein homogenes Wellenfeld

mit *einer* spezifischen Wellenlänge, die vollkommen scharf ist, zwar einen (mit $p=h/\lambda$) entsprechenden vollkommen scharfen *Impuls* hat, es muss aber zwangsläufig *ausgedehnt* sein (für eine *absolut* scharfe Wellenlänge (einer monochromen Welle) sogar *unendlich*) - es kann mithin also keinen scharfen *Ort* haben. Soll ein Wellenfeld umgekehrt auf einen kleineren Ortsraum *beschränkt* sein, muss es ein Wellen*paket*, eine Überlagerung von Partialwellen *verschiedener* Wellenlänge sein, wobei die Fourier-Analyse dann sagt, dass je *kleiner* das Wellenpaket sein soll, je schärfer also der *Ort* festgelegt sein soll, desto *mehr verschiedene* Wellenlängen überlagert werden müssen *(M. deutet auf Abbildung 65b)...*

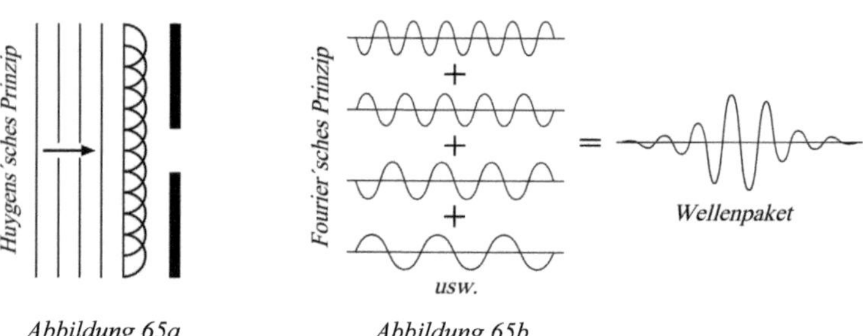

Abbildung 65a *Abbildung 65b*

Schon bei diesen vier überlagerten Wellenlängen sieht man, dass an beiden Rändern je zwei positive und negative Amplituden *destruktiv* nivelliert werden, während sich in der Mitte die Amplituden *konstruktiv* verstärken - das Wellenpaket wird so zwar *räumlich scharf*, gleichzeitig wird aber der dem Wellenpaket entsprechende *Impuls unscharf*, weil mit $p=h/\lambda$ gleichsam auch die verschiedenen *Impulse* überlagert werden - man oder besser: die Natur \`erkauft´ sich die größere räumliche Zentriertheit durch den weniger eindeutigen Impuls, der eben an die Wellenlänge *gekoppelt* ist. Analog gibt es bei harmonischen Schwingungen der Akustik die *\`akustische Unschärfe´* *($\Delta t \Delta v = \frac{1}{2}$)* - ein *kurzer* Knall (dabei geht es *mit* der räumlichen um die *zeitliche* Ausdehnung) enthält ein *breites* Spektrum von Tonfrequenzen - und auch der genaue *Zeitpunkt* des Erklingens eines Tones und seine *Tonhöhe* stehen in einem Unschärfeverhältnis: Um die Tonhöhe ermitteln zu können, muss der Ton eine gewisse Zeit*dauer* haben, damit aber muss der Zeit*punkt* des Erklingens gleichsam \`verschwimmen´...

H: ...man kann nicht *beides* genau (scharf) bestimmen...

M: ...und das *verwundert* nicht... Wie erwähnt hat Bohm eine \`spezielle´ Sicht auf die HU; unabhängig davon, was man von seinem Ansatz halten mag, kommt er hier im Detail zu *demselben* Ergebnis: Erfasst die ψ-Funktion den Zustand eines Quantensystems *vollständig*, und verquickt man diese mit der deBroglie-Beziehung $\lambda=h/p$ $(p=\hbar k)$, muss „die Unschärferelation als eine inhärente und unvermeidliche Begrenzung der Messgenauigkeit erscheinen,

die sogar dann zutrifft, wenn [...][man] Impuls und Ort als *gleichzeitig definierte* Größen [ansieht]", wenn - kurz gesagt - die Wellenamplituden den Ort modulieren, die Fourierkomponenten aber den Impuls; „in diesem Fall ist es ein *innerer Widerspruch*, wenn man einen Zustand [überhaupt] *sucht*, in dem Impuls und Ort gleichzeitg und exakt definiert sind."[526]
H: Dem ist zuzustimmen - besonders, wenn man Bohm *nicht* folgt und alle `Dinge´ als *reine Wellen*entitäten zu deuten gedenkt...
M: Eben. Dann sind Ort und Impuls für die *erscheinenden Teilchen* realiter *nicht* gleichzeitig scharf definiert. Vor diesem Hintergrund muss man bezüglich der erwähnten Herleitung der HU über eine *Störung* des QO im Messprozess, so man diese als *prinzipiell einkalkulierbar* betrachtet, wie Bohm die *ad-hoc*-Annahme *kritisch* sehen, dass die quantenphysikalischen Elementarprozesse bei Messungen einer Beschreibung *prinzipiell nicht zugänglich* sind, und als gleichsam nur dadurch motiviert, „komplementäre Paare von inhärent unexakt definierten Begriffen"[527] zu legitimieren... Wie dem auch sei - man kann von daher jedenfalls sagen, dass man die HU nur *dann* braucht, *wenn* man ein QO unbedingt als *Teilchen* behandeln will - *dann* machen in der Tat die Begriffe `Ort´ und `Impuls´ nur in dem abgezirkelten Rahmen $\Delta x \cdot \Delta p_x \geq \hbar$ Sinn; für den Ort einer klassischen *Welle* hingegen, QO einmal schlicht als solche begriffen, ist es *selbstverständlich, nicht* vollkommen scharf lokalisiert zu sein und für ein Wellen*paket* sind eben Ort und Impuls *gegenläufige* Parameter, für welche dies *ebenso* selbstverständlich ist...
H: QO *sind* nur keine *klassischen* Wellen...
M: Ja, das *stimmt;* aber selbst, wenn man gar nicht weiß, was man sich unter einer *Materie*welle vorstellen soll, etwa eben weil dieser eine rätselhafte `Ganzheit´ eignet und diese Verstellung gleichsam *zu monistisch* ist, *bleibt* dies der bessere, da vollkommen einleuchtende Erklärungs*ansatz:* Neben der *räumlichen* Zerlegung von (komplexen) Wellen, welche die Wahrscheinlichkeit angibt, ein QO an einem Ort anzutreffen, gibt es eine *spektrale* Zerlegung, die für Wellenlänge bzw. Impuls gleichsam verschiedene Möglichkeiten angibt - die harmonische Analyse vermittelt so zwischen dem Orts- und Impulsraum von QO; nur dadurch, dass an verschiedenen Orten verschiedene *Amplituden* vorliegen, ist (mit dem Impuls) die Bewegung eindeutig (von der Natur) definiert, der Welle *`einbeschrieben´;* die punktförmig erfasste Entität wies ja mit ihrem Impuls - wie erwähnt - schon klassisch über sich *hinaus*...
H: Wie man den Energiezustand eines Atoms in den Bewegungszustand des Elektrons, später in die umlaufende stehende Elektronenwelle *`verschlüsselt´* hat, ist auch bei freien QO der dynamische Zustand - Energie und Impuls - in eine Welle `verschlüsselt´ - nur ist es so, dass „die mit einer materiellen Einheit verbundene Welle [...] niemals streng *monochromatisch* [ist], sie wird stets durch eine *Überlagerung* monochromatischer Wellen gebildet"[528]...
M: ...mit allen Folgen - dies ist ein ganz wesentlicher Punkt in der QT: So

erklärt sich, dass Ort und Impuls mit der HU *gegenläufig* sind; Materiewellen können *eher* monochromatisch oder *eher* Superpositionen sein - das ist gleichbedeutend damit, dass es für ein QO ein dynamisches \`sich-Neigen´ zur Teilchen- *oder* Wellennatur gibt, es ist einmal als Teilchen räumlich *\`zusammengezurrt´*, einmal als Welle *\`ausgebreitet´;* eben *dieses* dynamische Spannungsverhältnis erfasst die HU, soweit dies mit den klassischen Parametern *möglich* ist - offenbar ist das nur die *Oberfläche* des Phänomens...
H: ...nicht nur *erkenntnistheoretisch*, sondern *ontologisch* verstanden...
M: Richtig. Man kann sich dem auch von der anderen Seite her nähern: Das $\Delta x \cdot \Delta p_x \geq \hbar$ besagt mathematisch \`absolut genaue Lage impliziert absolut ungenauen Impuls (und umgekehrt)´. Das *muss* nun *kategorial* falsch sein, oder: es *wird* kategorial falsch, wenn man es auf ein gewöhnliches Objekt, gar auf einen *Massenpunkt* bezieht - darum konnte sich vielleicht auch Einstein mit den HU nur schwer anfreunden: Jedes irgendwie nur \`denkbare´ Objekt startet \`hier-jetzt´ und kommt \`dann-dort´ an - nicht nur *mesokosmisch* - wie sollte man sonst zu *empirischen Befunden* kommen?
H: ...auch ein Atom emittiert \`hier-jetzt´ ein Photon, das bei einem anderen Atom \`dann-dort´ ankommt...
M: Mit dem, was man nun empirisch insgesamt gefunden hat, macht es *nur Sinn*, anzunehmen, dass QO ontologisch *nicht* nahezu unausgedehnte, starre Massenpunkte sind, sondern \`anderes´, zumindest zeit- oder teilweise räumlich ausgedehnte Entitäten, die sich überdies je anders gebärden, je nachdem, wie man sich ihnen (experimentell) nähert; noch *weitere* Phänomene weisen in diese Richtung, die es einzuordnen gilt...
H: Moment, die HU sind dann ja mit Hinsicht auf die Gerichtetheit der Zeit \`tückisch´ - es heißt ja: „Das Prinzip der Unbestimmtheit [- nicht nur eng auf die HU bezogen, sondern gleichsam im allgemeinen Sinne der \`Kopenhagener Deutung´ -][...] gilt *nicht* im gleichen Sinne, wenn wir in der Zeit vorwärts oder rückwärts gehen. [...][Die HU sagt], dass wir Ort und Impuls nicht gleichzeitig [beliebig genau] kennen können und daher die Zukunft nicht vorhersagen können. [...] Nach den Regeln der [...][QT] ist es aber durchaus möglich, [...] rückwärts exakt [zu] berechnen [...], welches der Ort und der Impuls etwa eines Elektrons zu einem früheren Zeitpunkt gewesen ist. Die *Zukunft* ist ihrer Natur nach *unbestimmt* - [...] aber die *Vergangenheit* ist *eindeutig definiert*“[529]...
M: Nun, das ist im Grunde *beides falsch:* Dass die *Zukunft unbestimmt* ist, ist - ohnerachtet der Frage der Willensfreiheit - eine reine *Behauptung*, die sich vornehmlich mit dem *Teilchen*bild ergibt, wie sich noch zeigen wird. Und dass die *Vergangenheit bestimmt* ist, „dass die [...][HU] sich offenbar nicht auf die Vergangenheit beziehen [...][und für diese] $\Delta q \Delta p$ dann kleiner als der übliche Grenzwert [$\hbar$ sein kann],[...][auch wenn] diese Kenntnis der Vergangenheit [...] rein spekulativen Charakter [hat][...][und ihr] physikalische

Realität zu[zu]ordnen [...] eine reine Geschmacksfrage [ist]“[530], ist - was wieder mit dem *Teilchen*bild zusammenhängt - in *dem* Sinne falsch, dass man - wenn man wie bei den klassischen Bewegungsgleichungen rückwärts rechnet - etwa beim *DSExp* in Schwierigkeiten kommt; man kann selbst für den *Einfach*spalt nicht einfach behaupten, dass im Nachhinein mit dem exakten Auftreffensort *x (M. deutet auf die Abbildung oben)* die Bahn eines QO *feststünde*, weil man beim *DSExp* sieht, dass es nicht um ein Teilchen *gehen* kann, das nur *einen* Weg nimmt; hier stößt man (wiederum) eindeutig an eine Grenze, das Teilchenbild als *gleich gut* geeignet zu betrachten - QO *sind* nicht gleichsam *nur unscharfe Teilchen...*
H: ...man müsste sich beim Ergebnis am Einfachspalt blind für das Ergebnis beim Doppelspalt stellen...
M: Wohlgemerkt: Die Vergangenheit eines QO muss damit natürlich *nicht unbestimmt* sein - gerade, wenn es um ein *reales Wellen*phänomen geht...
H: So die These...
M: Ganz recht. Diverse Phänomene weisen in eben diese Richtung, so etwa V b
die *Nullpunktsenergie:* Wie erklärt sich, dass der absolute Nullpunkt *0*K *nicht erreichbar* ist, Atomschwingungen bei Abkühlung nicht der *absoluten Ruhe* zustreben oder dass Helium *nicht erstarrt? Merkwürdig:* Die Temperatur erfasst das Gesamt der kinetische Energie der sich ungeordnet bewegenden Teilchen eines Stoffes. Kühlt man diesen also immer weiter ab, sollte man erwarten, dass beim *absoluten Nullpunkt* von *-273,16°C*, alle Teilchen vollständig zur Ruhe kommen und ein Stoff schließlich zum Kristall *erstarrt*, wobei (theoretisch) auch alle Atomschwingungen aufhören müssten - die *absolute* Temperaturskala legt diesen Punkt daher ja auch als *0K* fest. Man hat sich aber zwar schon bis auf Tausendstelbruchteile diesen *0K* genähert, empirisch streben aber etwa die Atomschwingungen eines Kristalls *nicht* einem *Null*wert zu, wie etwa Lichtstreuungseffekte zeigen, wie auch Helium *nicht erstarrt*, sondern bei etwa *2K `supraflüssig´* wird und recht seltsame Eigenschaften zeigt...
H: Nun, schränkt man ein Teilchen auf einen kleinen Raumbereich ein, ist sein *Ort* mit einer kleinen Unschärfe gegeben, so dass sein *Impuls* nicht *ebenso* eine kleine Unschärfe aufweisen kann; in einem *Kristall* etwa wären bei absoluter Ruhe der Teilchen die *Orts*koordinaten so genau festgelegt, dass gemäß $\Delta x \cdot \Delta p_x \geq \hbar$ die *Impuls*koordinaten nicht auch Null sein könnten - *daher* findet man auch im Kern von Atomen keine (separaten) Elektronen: Sie hätten dort einen zu genau definierten Ort inne und ihr Impuls wäre so groß, dass sie den Kern augenblicklich wieder *verlassen* würden;[531] die Bewegungsenergie von gebundenen Teilchen kann nicht *Null* sein - bei den Elektronen wird der Eindruck der *`Raumerfüllung´* so überhaupt *erzeugt*, wie bei dem Eindruck, den die Speichen eines sich schnell drehenden Rades erwecken...

M: Auch *hier* scheint doch die ontologisch viel *natürlichere* Erklärung, dass der Impuls und die Energie eines Teilchens *deshalb* einen von Null verschiedenen *Mindestwert* haben müssen, nämlich mit dem Schwingungsmodus $n=1$, weil bei $n=0$ das Teilchen oder eben besser: die *Materiewelle* gar nicht *existiert!* Hinter der *geheimnisvollen* Nullpunktsenergie im *Teilchen*modell steht im *Wellen*modell schlicht und ergreifend, dass eine Welle *schon* ein angeregter Zustand des `Zugrundeliegenden´ ist, welcher - wie jede Wellenerregung - *schon* Energie `enthält´; in ontologischer Hinsicht könnte man dann erwägen, die Dalton-Temperatur $-\infty$ zu setzen. Eine Verbindung zur Temperatur liegt hier übrigens auch darin, dass man - wie man bei dieser dahin kam, ihre willkürlich gesetzten Nullpunkte (etwa Gefrier- und Siedepunkt des Wassers) durch einen *absoluten* Nullpunkt (der theoretisch gesetzten absoluten Ruhe der Teilchen) zu ersetzen - hier nun auch zu einem *absoluten Bezugs*punkt kommt, der aber eben *nicht* ein *Null*punkt der Energie ist (was sich auch im $E=mc^2$ abbildet)...

H: Moment; wenn die HU auch die Vorstellung von konkreten Elektronenbahnen im Bohr-Sommerfeld´schen Atommodell als *zu konkret* in Frage stellt, ist es im Grunde *sie*, welche die erwähnte Gleichgewichtsrelation im Atom *moduliert*, was das Ganze in einem *abstrakteren* Licht erscheinen lässt: Gemäß dieser halten sich die Coulombkraft und die Zentrifugalkraft für die Elektronen eines Atoms ja die Waage - aber *warum* eigentlich?

M: Geben die *HU* eine *grundlegende Antwort?*

H: Ja; wenn man nicht nur nach den obwaltenden *Kräften*, sondern nach den *Energien* fragt - *klassisch* betrachtet ist es so: Mit der *Coulomb*kraft hängt die *potentielle* Energie des Elektrons zusammen, denn je näher es an den Kern gezogen wird, je kleiner also der Atomradius r wird, desto niedriger wird seine *negative* potentielle Energie im elektrischen Feld des Kerns; die Energie ist dabei ja negativ, weil es Arbeit *erfordert*, das Elektron auf eine höhere Bahn zu heben bzw. vom Kern zu trennen...

M: ..wie es auch etwa für einen Körper im Gravitationsfeld der Erde ist...

H: Ja; und mit der *Zentrifugal*kraft hängt die *kinetische* Energie des Elektrons zusammen, nämlich über dessen Geschwindigkeit - je größer diese ist, desto größer ist auch die kinetische Energie des Elektrons, mithin sein *Impuls p*. Das System `Atom´ ist nun bestrebt, den Zustand niedrigster Gesamtenergie einzunehmen, wobei es zwei gegenläufige Tendenzen gibt: Einerseits ist es bestrebt, seinen Radius r bezüglich der *potentiellen* Energie zu *verkleinern*, andererseits müsste dann - damit ein stabiler Gleichgewichtszustand erhalten bleibt - die *kinetische* Energie des Elektrons *größer* werden. Es pendelt sich auf ein bestimmtes Verhältnis von kinetischer und potentieller Energie ein, dessen Summe *möglichst klein* ist, also auf einen bestimmten Grund*energie*zustand und *mit* diesem auf einen bestimmten Grund*radius (H. deutet auf Abbildung 66)...*

M: So im (halb)klassischen Teilchenbild... Das Bestreben physikalischer Systeme nach dem niedrigsten Energiezustand - Atome `halten´ sich ja rätselhafterweise an dieses Gesetz - wird dann allerdings ontologisch noch nicht wirklich als ein *abgeleitetes* Gesetz gefasst...

H: In der zugrundeliegenden Energiegleichung beziehen sich die beiden gegenläufigen Tendenzen (mit $E_{kin}=\frac{1}{2}mv^2=\frac{1}{2}p^2/m$) auf den Impuls p und den Radius r des Elektrons. Man kann nun die kinetische Energie, mithin den Impuls *umdeuten*, so dass er nicht mehr direkt bezug auf die *Bewegung* des Elektrons *um* den Kern nimmt: Ein Elektron ist ja etwas, das vom Atomkern gewissermaßen `*eingefangen*´ ist. Dabei gibt es verschiedene Zustände, die Elektronen innehaben können: Sie können energetisch *angeregt* sein, *hoch*angeregt wie Rydberg-Atome, die einen größeren Raum einnehmen, bis hin zur *höchst*möglichen Anregung, bei der sie sich vom Kern trennen und ein *Ion* entsteht. Umgekehrt gibt es einen *Grund*zustand und mit der *HU* kann man nun sagen, dass ein Elektron zwar bestrebt ist, sich auf einen kleinen Radius *zusammenzuziehen*, da es eben vom Kern angezogen wird, dass aber mit $\Delta x \cdot \Delta p_x \geq \hbar$ immer eine bestimmte *Ortsunschärfe* erhalten bleiben muss; der Radius darf *klein*, aber nicht *zu* klein werden. Mithin stellt sich (nun umgekehrt) ein gewisser Grund*radius* ein und *mit* diesem ein bestimmter Grund*impuls* und mithin der niedrigst-mögliche Grund*energie*zustand. Wenn man die Ortsunschärfe Δx als den Radius r begreift und den Impulswert Δp_x einfach als p (zumal dies ja für alle *drei* Freiheitsgrade zusammen gilt), kommt man zu einem `*Einpendeln*´ des Systems `Atom´ gemäß der HU im Grundzustand auf $rp=\hbar$...

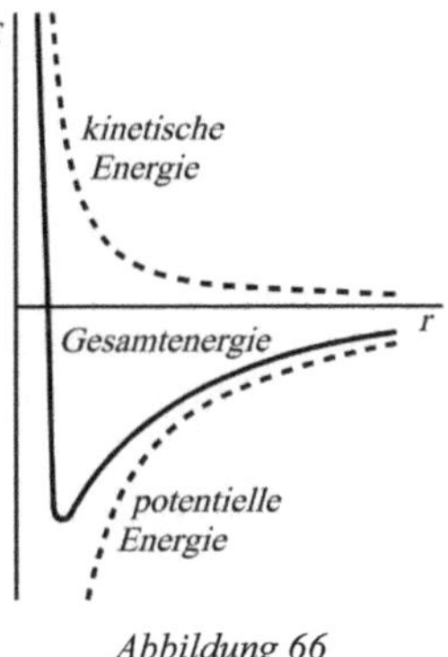

Abbildung 66

M: Eine Gleichung, die einem schon beinahe bekannt vorkommt: Mit $p=mv$ hieße das $rmv=\hbar$ und das ist nichts anderes als die Bohr´sche Quantenbedingung $L=rmv=n\hbar$, wenn man für den Grundzustand $n=1$ setzt!

H: Richtig - das *letzte* `warum´ bleibt zwar immer ohne Antwort, die HU erfassen hier aber doch etwas vom `*Wesen*´ der QO, wenn sie dieses elementare Gleichgewicht im Atom *modulieren*...

M: Zweifelsohne, wer wollte das bestreiten - auch wenn man fragen kann, ob nun in den HU die Bohr´sche Quantenbedingung steckt oder umgekehrt, es lässt sich ja in *beide* Richtungen argumentieren und rechnen: Man kann auch in die Energiegleichung des Atoms die HU als $rp=h/2\pi$ einsetzen; über die Impulsvariante $E_{kin}=p^2/2m$ kommt man zu $E_{kin}=h^2/8\pi^2mr^2$, errechnet man dann über die Ableitung den Radius und setzt diesen in die Energiegleichung ein, erhält man auch den Grundzustand für $n=1$, nämlich das bekannte Bohr´-

sche: $E_{n=1}=-m_e e^4/8\varepsilon_0^2 h^2$... So eine *Variante* der Herleitung;[532] umgekehrt kam Heisenberg von der Bohr´schen Quantenbedingung auf die HU...
H: Oder man bezieht sich auf die HU und den Bahnumfang und kommt so in die Gefilde des deBroglie-Schrödinger´schen *Wellenmodells* - bei alledem muss man ja überdies beachten, ob man sich bei der *Form* der Wahrscheinlichkeitsdichte auf gleiche Volumendifferentiale relativ zum *Kernabstand* bezieht oder zu gleich dicken *Kugelschichten;* im ersten Fall *scheint* sich das Elektron sonst *doch* wieder in Kernnähe aufzuhalten, im zweiten hingegen nicht... Wie dem auch sei, jedenfalls würde die kinetische Energie nicht von irgendeiner *Bewegung* des Elektrons um den Atomkern herrühren, sondern würde von der *HU* gleichsam *`erzwungen´*...
M: Damit kommt man der Wahrheit wohl nahe...
H: Aber?
M: Aber die *eigentliche* Frage ist, was *ontologisch* hinter dem Ganzen stehen könnte und gerade das alles beschreibt doch nicht das Verhalten eines *Teilchens* - eine *klassische Bahn* des Elektrons hat man ja ohnehin verworfen; aber spricht man *generell* von einem *`Zusammenziehen´* auf einen *Grundradius*, spricht man ja von einem *dynamischen `etwas´*, bei dem einem wohl wiederum *eher* das Bild einer *Wellenentität* in den Sinn kommt, als das eines *Teilchens* - die HU erfasst hier wesentliches, man muss ihr aber den mystischen *Beigeschmack* nehmen: Sie erfasst nicht die gleichsam animistische *`Scheu´* (nahezu) punktförmiger *Teilchen*, sich örtlich *festzulegen*, sondern das Verhalten eines feld- bzw. *wellenartigen* `mehr´ oder `anderen´, oder gleich im zurückgreifenden Vorgriff aristotelisch: einer geformten `materia prima´. Was die HU beim Elektron im Atom erfassen, ist seine *Mindest*ausdehnung unter diesen Randbedingungen und diese sollte mit den Attraktions- und Repulsionskräften erklärt werden, die vorhin schon Erwähnung fanden bzw. mit dem gegenläufigen Verhältnis der Wellenmodulation von Ort und Impuls, welches die HU beschreibt - sie beschreibt genaugenommen das Gleichgewicht bzw. Ausmaß des phänomenal Greifbaren des dynamischen `sich-Neigens´ zur Teilchen- *oder* Wellennatur, das sich wesentlich auch in der *räumlichen Gestalt* niederschlägt; diese Mechanismen bestimmen in ihrem Wechselspiel nämliche Mindestausdehnung... Und *über* dem Grundzustand muss sich die *`Ganzzahligkeit´* natürlich *auch* irgendwie ergeben - so man ein `abgerundetes, in sich geschlossenes, gesetzmäßiges Weltbild´ anstrebt; dabei scheitert das Teilchenbild dann ja schon, wenn man von $n=1$ zu $n=2$ übergeht...
H: Das mag schon sein, aber gerade insofern wäre wohl auch das Ansinnen legitim, „besondere[n] Wert auf die *Gleichberechtigung* der Korpuskular- und Wellenvorstellung [zu legen][...]", und damit darzutun, „dass man etwa in der Frage nach der Gültigkeit des Kausalgesetzes oder in anderen prinzipiellen Fragen *nichts gewinnt*, wenn man von der *einen* Vorstellungsweise

zur *anderen* übergeht“[533]...
M: Nun, das stimmt sicherlich *nicht* - beide Modelle sind *in Reinkultur* nicht zutreffend, betrachtet man sie beide aber *generell jeweils* als *gleichwertig*, sucht man doch das *`Geheimnis´* unter Umständen an der völlig falschen Stelle - es scheint eher so zu sein, dass ein *`unpassendes´* ontologisches Modell die Dinge ganz *unnötig rätselhafter* macht, als sie eigentlich sind, während umgekehrt ein *`passendes´* Modell die Dinge *verständlicher* macht. Bei der HU ist es doch offenbar so: Wenn man sagt, dass sich ein *Teilchen* an einem Beugungspalt wie beschrieben verhält, ist das einigermaßen *seltsam*, wenn man jedoch sagt, dass eine *Materiewelle* sich so verhält, ist das - jedenfalls was die Beugung *an sich selbst* betrifft - nachvollziehbar, auch weil man so ja an die klassische Physik *anknüpft*...
H: Das `Geheimnis´ liegt dann nur umgekehrt im Begriff *`Materiewelle´*...
M: Wiederum umgekehrt ist seltsam, dass man, wenn man die HU gleichsam als `Freifahrtschein´ für das *Teilchen*modell akzeptiert, für klassische Phänomene wie die Beugung von Licht auf das *Wellen*modell noch *verzichten* könnte - die HU kann dabei das Teilchenmodell gleichsam *`funktionsfähig´* halten; man kann am *Einfach*spalt insofern auch keine *Wellen* nachweisen, man beobachtet nur - dann: rätselhafterweise - ein Verhalten *wie* Wellen es zeigen; das Phänomen der *destruktiven Interferenz* macht aber auch hier das Wellenmodell *unumgänglich:* Man kann zwar auch die Unschärfen der HU von zwei Spalten *überlagern*, beim *DSExp* dürften dann allerdings zwei *nur* `aufgespaltene´ Unschärfen mit QO als *Teilchen* begriffen kein *Interferenzmuster* erzeugen, da man normalerweise ja - wie bereits erwähnt - für Teilchen nicht die Möglichkeit einer *`negativen Existenz´* bzw. *`negativen Anzahl´* vorsieht; die helleren Streifen mag man noch als *Häufung* von Teilchen *analog* zur konstruktiven Interferenz von Wellen interpretieren - was sollte aber bei den *dunklen* Streifen analog zur destruktiven Interferenz von Wellen eine Auslöschung durch eine Art *`negative Existenz´* bzw. *`negative Anzahl´* von Teilchen *bedeuten*? Umgekehrt ist `Interferenzfähigkeit´ *das* Charakteristikum von Wellen...
H: Nun, negative Anzahlen gibt es *am Ende* beim DSExp nicht - zu schweigen davon, dass für Wellen hinter dem Einfachspalt an allen Orten im Laufe der Zeit *alle* charakteristischen Oszillator-Zustände auftreten müssten...
M: ...womit wieder *`Teilchenartigkeit´* und *`primäre individuelle Ganzheit´* durcheinander geworfen werden! Wenn man *ohnehin* auf das *Wellen*modell zurückgreifen muss, bekommt man dann nicht *mit* diesem die Erklärung der HU sozusagen *`geschenkt´?*
H: So betrachtet... Umgekehrt bekommt man mit dem *Teilchen*modell die `individuelle Ganzheit´ von QO `geschenkt´...
M: Mehr aber auch *nicht* - ansonsten wird der Begriff *`Teilchen´* schlicht V c
vollkommen *gesprengt;* hier muss man vielleicht den Blick von der HU zur

`Lokalisiert*heit*´ und anderen klassischen primären Eigenschaften der Dinge, von denen man selbstverständlich ausgeht, erweitern: Man nimmt an, für Teilchen gäbe es bestimmte *Zustände* und *diese* wären *überlagert*... Aber der Perspektivwechsel lässt sich für diese Phänomene *fortsetzen* - auch *`Verschränkungen´* von Systemen bzw. *Superpositionen* von Zuständen sind - wie sich schon gezeigt hat - gerade mit dem *Teilchen*modell rätselhaft: Beim DSExp *muss* sich so ein Dilemma ergeben, wenn man *abstrakt* (so abstrakt wie die repräsentierenden Vektoren im Hilbertraum) auf die Superposition zweier *Teilchen-Zustände* ausweicht, auf die Vorstellung etwa, der Welt-Zustand, ein QO sei durch Spalt *A* gegangen, wäre mit jenem, dass es durch Spalt *B* gegangen sei, *überlagert* - insofern legt sich die *Everett-Wheeler´sche* Sichtweise der `Vielen Welten´ schon mit diesen Zustandsüberlagerungen von *Teilchen* nahe. Für Wellenphänomene sind Verschränkungen und Superpositionen hingegen bekannt und begreiflich, sie gehören wesenhaft *zu* ihnen - man muss dann *nur* einen `Wellenkollaps´, Dekohärenzeffekte oder ein `sich-Neigen´ annehmen...

H: `Nur´...

M: Polarisations- oder Spin-Zustände etwa als *Teilchen*-Zustände begreifen zu wollen, kann einen nur in tiefe Verwirrung stürzen - etwa bei dem diskutierten Polarisationsexperiment oder beim analogen Spin-Polarisations-Experiment...

H: „*Historisch* wurde das Superpositionsprinzip [...] in die [...] QT eingeführt, um den Wellencharakter der Teilchen zu beschreiben. Hier aber [bei Spin-Zustandsmessungen] fungiert es als ein sehr *abstraktes* Prinzip: Spin-Zustände sind ja keine Wellen“[534]...

M: Ein doch recht *dogmatischer* Standpunkt - zudem auf verlorenem Posten: Analysiert man die Befunde für *einzelne* QO, kann man vom Teilchenbild nur *Abstand* nehmen - aber gerade so kommt man dahin zu behaupten, es gäbe eine spezielle *`welcher-Weg-Information´* und diese könne für die Teilchen *`ausgelöscht´* werden und ähnliches... Wenn sich hier diverse *`Rätsel´*[535] ergeben, dann werden diese ersichtlich durch starrsinniges Festhalten am Teilchenmodell *künstlich erzeugt*...

H: Tatsächlich?! Das Stern-Gerlach-Experiment[536] wurde ja schon erwähnt: Sendet man (Spin ½-) Teilchen mit *beliebigem* (ungemessenem) Spin durch eine Messapparatur, die etwa die *z*-Komponente des Spins misst, streut das Ergebnis willkürlich zwischen Spin +½ und -½, zwischen *`auf´* und *`ab´;* so bereits spin-polarisierte Teilchen weisen hernach bei einer unmittelbar folgenden Messung mit derselben Raumausrichtung mit *Sicherheit* den zuvor gemessenen Spin auf *(H. deutet auf Abbildung 67 a und b...)*...

M: ...der ihnen zuvor aufgeprägt wurde...

H: Nun fragt sich ja schon Folgendes: Ein QO mit *Spin-z-`auf´* kann in einem Magnetfeld zu einem QO mit *Spin-z-`ab´ verwandelt* werden - ist nicht damit,

dass es hier nur ein `entweder-oder´ der Eigenschaften gibt, das *Kontinuitätsprinzip* verletzt; wird hier vielleicht nicht gar *eine* Eigenschaftstrope in eine *andere* verwandelt?
M: Nein, nein, wie bei Licht misst man ja die Spin-*Projektionen* gemäß der vektoriellen Komponente; der Spin an sich ist also (den Möglichkeiten nach) bezüglich des Raumes eine *kontinuierliche* Eigenschaft, nur in Wechselwirkung mit dem *Messapparat* ergibt sich das *dis*kontinuierliche `entweder-oder´ - durch ein Sieb gehen auch nur entweder Dinge *hindurch* oder eben *nicht...*

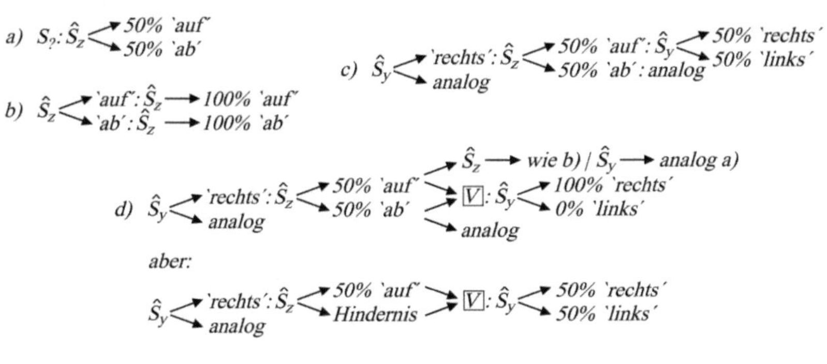

Abbildung 67 a-d

H: Sendet man Teilchen hindurch, die etwa bereits bezüglich der *y*-Komponente als +½-Spin-Teilchen, als *`rechts´* spin-polarisiert sind, streut die senkrechte *z*-Komponente ebenso. Ermittelt man *danach* nun *wieder* den Spin der *y*-Komponente im *`auf´*- und *`ab´*-Strahl, streut diese *wieder willkürlich* zwischen *`rechts´* und *`links´* - die Spin-Messung *einer* Komponente *zerstört* also die einer *anderen* (*nur* bei senkrechten *y-/z*-Messungen aber *vollständig*); eine Messung *präpariert* ihre Spin-Polarisation *(...und auf Abbildung 67c...)...*
M: ...natürlich, weil bei Messungen in senkrechten Raumrichtungen die vektoriell sich-erhaltende Komponente schlicht *0* ist und keine Raumrichtungsinformation enthält (für ein QO das eine `primäre individuelle Ganzheit´ ist) - man müsste sich veranschaulichend beim Spin statt eines Polarisations*doppel*pfeils wie bei Licht gleichsam einen Polarisations*einfach*pfeil denken; wie Licht bei *45*°-Polarisationen projektiv `auf des Messers Schneide´ trifft, so der Spin von QO gleichsam bei *90*°-Spin-Polarisationen, weil der Spin einer anderen Symmetrie gehorcht - darum ist es auch *umgekehrt* so, dass bei Messungen in *nicht*-senkrechten Raumrichtungen sich die Spin-Polarisation statistisch *teilweise* - nämlich winkelabhängig wie bei Photonenpolarisationen - *erhält;* da eine Messung dem QO eine bestimmte Raumrichtung *aufprägt*, ist die Kenntnis der Spin-Polarisation in *einer* Raumrichtung *maximal* - daran

ist mit dem *Wellen*modell *nichts rätselhaft...*
H: Hm...
M: Dass die eine Messung die andere zerstört, ist selbst *ohne* das Wellenmodell nicht ungewöhnlich: Denkt man - wider alle Mahnungen - einmal rein mechanisch einen Körper mit Spin, der in ein Strömungsfeld gerät, dessen Drehachse sich dann senkrecht zu diesem ausrichten und der in diesem dann entweder aufwärts oder abwärts `abdriften´ würde. Zum einen ist es so, dass wenn dieser sich *nahezu augenblicklich* ausrichtet, man *auch* zu dem scheinbar *un*klassischen Ergebnis kommt, dass sich eine reine *Aufspaltung* eines Strahls solcher (gleichartigen) Körper ergäbe (das dazu, dass das Ergebnis beim Stern-Gerlach-Experiment klassisch verständlich wäre, wenn ein genau senkrechter Spin schon *mit*gebracht würde - es reicht, wenn er sich nahezu augenblicklich so *ausrichtet*). Zum anderen braucht man gar nicht positiv zu behaupten, dass es beim quantenphysikalischen Spin so *ist* - nur wäre nichts daran verwunderlich, dass der Körper nicht verschiedene Spinwerte *gleichzeitig* haben kann und die `Messung´ *einer* Komponente *andere zerstört;* von *neuen*, für die QT typischen *`unverträglichen´* Größen zu sprechen, sollte man also vorsichtig sein... Man kann ja auch gar nicht ein Stern-Gerlach-Experiment *herrichten*, bei dem das inhomogene Magnetfeld *gleichzeitig* in zwei *verschiedene* Raumrichtungen weist...
H: Man kann aber bei dem zuvor *Spin-y- `rechts´* polarisierten Teilchen den *`auf´*- und *`ab´*-Strahl der *z*-Komponente *umlenken* und die beiden (möglichen) Teilchenstrahlen *wieder vereinigen* - dann tauchen bei einer erneuten *Spin-y*-Messung *nur* `rechts´-Spin Teilchen auf *(...auf Abbildung 67d_1...)...*
M: ...weil sich - wie bei den Photonenpolarisationen - *`auf´* und *`ab´*- Spin-Komponenten wieder *`vereinigen´* lassen, so dass die *y*-Komponente *nicht* zerstört wird; man mischt dabei nicht *Teilchen*, denn dem ist ja auch bei *einzelnen* QO so, man mischt die *Wellenkomponenten* eines QO wieder - blockiert man dabei nämlich einen der Wege, *streut* das Ergebnis wiederum *(Abbildung 67d_2)*[537], es muss also `etwas´ *beide* Wege gegangen sein - auch wenn man immer nur in *einem* Kanal ein `Teilchen´ findet; diese `Selbstinterferenz´ hatte sich ja schon bei den Photonen-Experimenten gezeigt... Hier wie dort sollte man nicht Zustandsuperpositionen von Teilchen oder parallele Welten annehmen oder dass die *`welcher-Weg-Informationen´* der Teilchen bei der Wiedervereinigung *`aus*gelöscht´ oder `Quanteninformationen *ge*löscht´ wurden[538]; während das völlig unbegreifliche Gedanken sind, kann man bei dergleichen Experimenten mit dem *Wellen*modell einfach annehmen, eine Wellen*komponente* sei blockiert worden, *diese* sei beeinflusst worden, *diese* sei auf dem alternativen Weg *`zugegen´* gewesen (und ähnlich ist es bei den EPR-Experimenten) - man hätte also schlicht *Wellenkomponenten* von QO wiedervereinigt und den ursprünglichen Spin-Zustand wiederhergestellt...

H: Dann kann man einmal von `Wiederholung´ der Messung *sprechen* ($\hat{S}_z|\hat{S}_z$), einmal *nicht* ($\hat{S}_z|\hat{S}_y|\hat{S}_z$), das ist doch seltsam...
M: Nein, damit problematisiert man nur *künstlich*, was `Wiederholung´ einer Messung bedeutet[539]...
H: Aber was, wenn man einmal in die einzelnen Kanäle vor der Wiedervereinigung sieht: In jedem einzelnen Kanal ist es wie zuvor, man findet bei $\hat{S}_y|\hat{S}_z|\hat{S}_z$ im oberen Kanal mit *100%* Sicherheit (wieder) *Spin-z-`auf´* (unten ist es analog) und bei $\hat{S}_y|\hat{S}_z|\hat{S}_y$ in beiden Kanälen Streuung mit je *50% Spin-y-`links´* und *Spin-y-`rechts´;* im oberen Kanal scheint also *Spin-z-`auf´* die *eindeutige* Polarisation zu sein, während die *Spin-y*-Polarisation *zerstört* zu sein scheint (unten ist es analog)...
M: Jein; Sinn macht das doch nur, wenn man dahinter *Wellenkomponenten* annimmt: Es laufen in der Tat zwei Kanäle zusammen mit eindeutig *Spin-z-`auf´* im oberen Kanal und *Spin-z-`ab´* im unteren Kanal - es laufen aber im Grunde *nicht* zwei Kanäle zusammen mit vollkommen zerstörten *Spin-y*-Polarisationen; es laufen nicht *50%* `auf´- und *50%* `ab´-Teilchen zusammen, sondern immer läuft im *Gegenkanal* `etwas´ mit - darum *kann* man auch in einem Kanal eine Wiederholungsmessung machen und diese zerstört *nicht* die Möglichkeit, beide Kanäle hier zu *Spin-y-`rechts´* wiederzuvereinigen. Es zerstören sich genaugenommen Spin-Messungen in senkrecht zueinander stehenden Raumrichtungen gleichsam nur bezüglich *einer* Komponente, *eines* Kanals - es geht aber `etwas´ den je *anderen* Kanal, darum macht es einen *Unterschied*, einen Kanal zu *blockieren*... Aussagen über diesen einen Kanal können daher auch *scheinbar* mit der klassischen Logik (etwa dem *Distributivgesetz*) kollidieren, wenn für *eine* Aussage der andere Kanal berücksichtigt wird, für eine *andere* Aussage aber *nicht*...
H: Hm...
M: Mit dem *Wellen*modell wird man *weder* fragen, ob das vielleicht nur ein *erkenntnistheoretisches* Problem ist, ob es nur um unser *Wissen-Können* geht, *noch* ein Geheimnis dahinter sehen, dass QO *nicht gleichzeitig* etwa *Spin-z-`ab´* und *Spin-y-`links´* haben können oder dass ein Spin-Wert *`erzeugt´* wird, *noch* problematisieren, ob im Falle, dass die Wellenkomponenten `wieder vereinigt´ werden, `Messung´ rückgängig gemacht wird, obgleich `Messung´ per definitionem *`Irreversibilität´* umgreifen müsste, die „dem Beobachtungsbegriff [ja] selber inhärent[...][ist]“[540]... *Wenn* es um Superpositionen geht, dann um die von Wellen. Es verbietet sich, von einem `Durchmischen der Teilchen´[541] zu sprechen - mit dem *Teilchen*modell ergeben sich ganz unnötig die bizarrsten Überlegungen; *dinghafte Zustände* zu *`überlagern´* ist schon an sich unverständlich, un*denk*bar - etwa die Superposition von Eigenschaften wie `rund sein´ und `eckig sein´ oder verschiedenes `so-und-so-groß-sein´; für die erwähnten Polarisations- und Spinkomponenten, die sich `wiedervereinigen´ können, ist der Gedanke, dass sich diese als Eigenschaften von

Teilchen wiedervereinigen, ein völlig befremdlicher Gedanke...
H: Zugegeben; und mit der `exotischen´ Tropen-Ontologie könnte man etwa die `Geisterphotonen´ bzw. den je anderen Kanal gar nicht *erfassen* - und könnte man das auch, müssten sich widersprechende Tropen *`auslöschen´*...
M: ...wie anders, wenn man vom *Wellen*bild ausgeht! Die Komplementarität, die man empirisch bei den Spin-Werten findet, weist auch auf *real-räumliche* Zusammenhänge; warum bei räumlich zueinander senkrechten Messungen von Spin-Werten maximale Schärfe der einen Größe in der Senkrechten zu maximaler Unschärfe führen muss, ist anschaulich begreifbar, wenn der Spin *realiter* eine bestimmte `Modulation´ in einer Raumrichtung ist, dessen Mess-Projektion in der Senkrechten den Wert *0* hat...
H: Hm...
M: Ähnlich bei den *Nukleonen:* Man ist ja zu der Ansicht gelangt, dass - trotz der aus radioaktiven Kernen *austretenden* Elektronen, der β^--Strahlung, die annehmen ließ, Kerne bestünden aus Protonen und Elektronen - Neutronen *eigene* Kernbausteine sind, etwa da sich Elektronen energetisch, ob der HU und des Gesamtspins gar nicht im Kern aufhalten können; Proton-Elektron-Kombinationen sind eben *Atome*. Das letzte Wort ist hierüber ohnehin nicht gesprochen, da *Neutronen* als freie Teilchen *nicht stabil* sind und man mit *Prä*quarkmodellen zu einer anderen Sicht kommen kann oder insofern auch Neutronen trotz fehlender elektrischer Ladung ein magnetisches Moment (von *-1,91* Kernmagnetonen) besitzen, insofern sich bei der starken Wechselwirkung Neutronen und Protonen nicht unterscheiden (diese ist bei *pp-*, *pn-*, *nn-*Wechselwirkung *gleich*) usw. usf. Jedenfalls aber nimmt man an, dass sich *auch im Kern* ein Neutron in ein Proton und ein Proton in ein Neutron *verwandeln* kann ($n \rightarrow p + e^- + \bar{\nu}_e$ bzw. $p \rightarrow n + e^+ + \nu_e$)...
H: Daher erwägt man auch, ob man Nukleonen nicht sinnvoller als *verschiedene Zustände* nur *eines* QO begreifen kann, die sich innerhalb $\approx 10^{-23} s$ ineinander *verwandeln* (bei Konstanz der Gesamtzahl)...
M: Ja; auch solcherlei Prozesse sind im *Teilchen*bild vollkommen rätselhaft, während man im *Wellen*bild sozusagen eine *`Seins-Interferenz´* annehmen könnte, ein *Oszillieren* zwischen beiden Zuständen, und dass die Wellen*komponenten*, die wesentlich ein Elektron *ausmachen*, in Neutronen mit Fourier (noch) *enthalten* sind. Für Wellenphänomene sind Überlagerungen *bekannt* - warum also nicht auch *diese* scheinbaren *Zustände* von *Teilchen* als *Modulationen* von *Wellenphänomenen* begreifen?
H: Nun, manche sagen ja ob der *generellen* Problematik des `Zusammengesetztseins´ bei Elementarteilchen diese seien *wechselseitig auseinander zusammengesetzt*[542]...
M: Muss man so nicht in der *Esoterik* landen? Niemand kann dies bei *Teilchen* begreifen; im Prinzip *derselbe* Gedanke mutet weit weniger exotisch an, wenn man diese mit dem *Wellen*modell als aus verschiedenen *Wellenkompo-*

nenten zusammengesetzt begreift bzw. bestimmte Modulationscharakteristika übereinstimmen, die für *mehrerlei* Teilchen charakteristisch sind. Diese verschiedenen Wellenkomponenten bzw. -modulationen könnte man beinahe mit den Tropen gleichsetzen, nur eben *nicht* als partikulare Eigenschaften ohne Trägerentität, sondern als Überlagerungen der `Form´ als hylemorphistischem Gegenpart zu einer zugrundeliegenden `materia prima´, mithin mit einem ähnlichen *Abstraktheitsgrad* wie bei den Tropen, aber ohne deren *Widersprüchlichkeit*...

H: Wenn mit Kant `Veränderung´ Beharrendes verlangt[543], nähme man hier als Beharrendes *Wellenkomponenten* bzw. *Modulationsgestalten* an, so dass der *Bündel*ontologie eine *Komponenten*ontologie entspräche...

M: Ja; *`Form´* macht das Wesen der Dinge aus und `zuunterst´ wird nun *alles* `Form´, Identität liegt nurmehr im *Substrat*, das aber *im-* oder *prä*materiell ist. Mit Fourier enthält nicht nur der Klang eines Orchesters alle Instrumente, selbst *ein* Instrument kann man als Differenzklang in *anderen* Instrumenten `enthalten´ begreifen - die einzelne spezielle Wellenkomponente *verschwindet* in der Superposition und ist *doch* immer noch in ihr *enthalten*. Für *Wellen* ist die Frage des `Enthaltenseins´, des `Auseinanderbestehens´ jedenfalls ganz anders zu beantworten...

H: Nun gut, bezüglich der mit dem *Teilchen*modell unbegreiflichen Gedanken, die sich angehäuft haben, ist ein neuer ontologischer Blickwinkel sicherlich angemahnt...

M: ...weshalb es dringend gilt, die vorgenannten Deutungsaspekte *zusammenfließen* zu lassen; zuvor mag aber ein weiterer dargelegt werden, nämlich die
Materialisation und Annihilation von QO betreffend... Alle Dinge lassen sich V d
ja dem Standardmodell zufolge aus drei Generationen von vier elementaren Teilchen und ihren Anti-Teilchen zusammengesetzt begreifen; neben der Symmetrie der Teilchen-*Generationen* stößt man dabei auf die grundlegende Symmetrie, die in der Polarität der zwei elektromagnetischen *Ladungen* liegt, konventionell *positiv* und *negativ* genannt; zu jedem Teilchen gibt es ein *Anti*-Teilchen, das - in Masse, Spin, Lebensdauer, Affinität für die vier fundamentalen Kräfte identisch - die *entgegengesetzte* elektromagnetische Ladung aufweist; zum *up*-Quark u gibt es etwa das *Anti-up*-Quark $\overline{u}$ ...

H: Aber dabei ist doch alles von *`Diskretheit´* `durchtränkt´, was entspräche hier *Wellen?* Vorbehaltlich einer weiteren Vereinheitlichung ergibt sich für den Parameter `(elektromagnetische) Ladung´ zuunterst neben Neutralität ein symmetrisches *6er*-Spektrum von Drittelladungen bzw. eine nicht weiter zerlegbare symmetrische *2er*-Polarität in Gestalt von Teilchen und Antiteilchen; man gelangt also doch wieder an den Punkt, an dem - wie erinnerlich Planck war -, dass es „nur zwei Urstoffe" gebe, *cum grano salis* genommen... Vielfältiger ist der Parameter `Masse´ gequantelt: in drei Generationen von vier Teilchen, gleichsam als *3x4* Modi, die aus dem Zugrundeliegenden

`herausmoduliert´ werden können. Damit verknüpft gilt ähnliches für weitere Parameter (`Spin´, ` Farbe´, `Hyperfarbe´ usw.), die ebenso gequantelt sind und alle *ganzzahlige* Werte aufweisen. Alle Parameter hängen aber mutmaßlich `im Hintergrund´ *zusammen...*
M: Nun, alle Parameter sind verknüpft mit der `primären individuellen *Ganzheit´* der Dinge, denn hinsichtlich ihrer *Raumgröße* kann man nur bedingt von einer Quantelung *an sich* sprechen; auch ob mithin Raum, Zeit, Felder und Kräfte gequantelt sind, muss *offenbleiben* und das letzte `warum´ *dieser* Quantelungen bleibt verschlossen - bei den *Energie-* und *Raum*-Quantelungen ist das anders, sie gründen in den stehenden Wellen des *Systems* `Atom´...
H: ...zugänglich ist gleichsam nur die *Oberflächenstruktur* der Dinge...
M: QO gebärden sich dabei schon an sich ganz verschieden: Nukleonen und Elektronen oszillieren zwar beide gleichsam zwischen dem Teilchen- und Wellenmodus, ansonsten aber bilden - auf dem derzeitigen Energieniveau der `kosmischen Abkühlung´ - Nukleonen *räumlich stark gebundene* Seinsmodi, wie Kerne oder Neutronensterne, während Elektronen trotz elementarer `Ganzheit´ *räumlich lockerer gebundene* Seinsmodi bilden - vom Grundzustand aufwärts bei Rydberg-Atomen, Ionen, Fermi-Gasen usw. usf. Etwas anderes ist entscheidender: Wenn sich Materie- und Antimaterie-Teilchen begegnen, *vernichten* sie einander oder genauer: ihre Energie geht in γ-Strahlung über; die Teilchen-Antiteilchen-Symmetrie durchzieht aber in fundamentaler Weise *alles* Seiende, denn auch zu *neutralen* Teilchen gibt es insofern Antiteilchen, als sie einander *ebenso* vernichten (bei Photonen im Teilchenbild gibt es diese polare Symmetrie dann natürlich nicht); daher könnte die paarweise Materialisation und Annihilation zeigen, dass - wenn man nicht annehmen will, dass diese *nicht nur* die elektromagnetische *Ladung*, sondern noch seltsam parallel *andere* Eigenschaftsparameter unterscheidet - neutrale Teilchen aus geladenen *zusammengesetzt* sein könnten, das nur als Nachtrag zu den Nukleonen... Es zeigt sich überdies wiederum, dass Strahlung und Teilchen, da ineinander *verwandelbar*, irgendwie *wesensverwandt* sind, so als wären sie nur verschiedene Seiten ein-und-derselben Medaille... Offenbar liegt *generell* eine symmetrische, inverse, komplementäre Ausprägung des Zugrundeliegenden vor, wobei - neben den diskreten Eigenschaftsparametern - alles auf eine *grundlegende Polarität* reduziert ist; diese wird *`positiv-negativ´* genannt - man hätte sie aber auch *`schwarz-weiß´* nennen können; angenommen, man hätte dies alles in *China* mit *seiner* geistesgeschichtlichen Tradition *zuerst* entdeckt, kann man beinahe keinen Zweifel daran hegen, dass die Polarität (von einem `Dirac-Dse´) dann mit *`Yin und Yang´* bezeichnet worden wäre...
H: Sollte man nicht alles Esoterische zu *meiden* trachten?
M: Das sollte man - aber man muss hier in die Dinge gar nichts Geheimnisvolles *hineinlegen* - es ist schon *darinnen...* Dies gemahnt ja wiederum an Leibniz, der sagte, dass „die Erschaffung aller Dinge aus nichts durch die

Allmacht Gottes [...] nichts in der Welt [...] besser vorstelle [...], als der Ursprung der Zahlen, wie er [...][im dyadischen (binären) System] durch deren Ausdrückung bloß und allein mit Eins und Null oder Nichts [erfolgt]"[544] - vielleicht zielte auch *Demokrit* hierauf mit seinem Gedanken, Atome und Raum als *`ichts´* und *`nichts´* einander entgegenzusetzen.[545] Hier ginge es nun nicht um *1* und *0*, sondern um die Uralternativen *-1*, *0* und *+1*, anhand derer man die fundamentalen Teilchen *ordnen* kann...
H: Nun, man kann letztlich *alles irgendwie* ordnen...
M: ...wobei den *erkenntnistheoretischen* Ordnungskategorien tatsächlich ja zumeist *ontologische* Kategorien entsprechen - so auch hier: Das Periodensystem der Elementarteilchen weist eine *objektive innere Ordnung* auf; eine Ladungssymmetrie, die von *-1* in (vielleicht sogar nur *theoretischen*) Drittelschritten bis *+1* reicht (was noch in der *dreifachen Ausfertigung* der Materie-Generationen zu denken ist) *(M. deutet auf Abbildung 68)...*

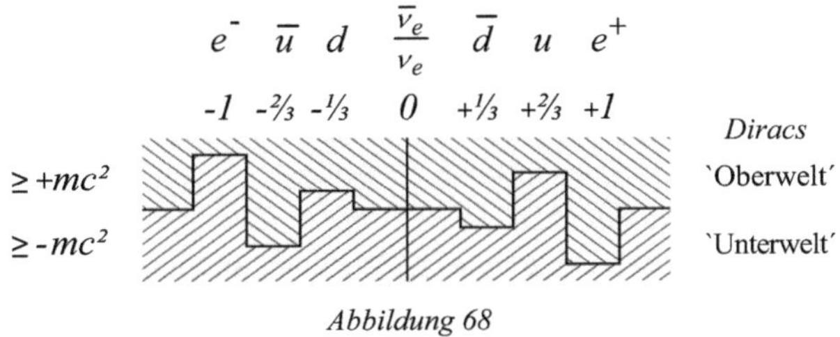

Abbildung 68

Man ist ja zu formulieren geneigt, mit Materie und Antimaterie würde einmal in den `positiven´, einmal in den `negativen´ Bereich *moduliert* - das wäre nun aber nicht nur im Sinne eines `plastischen Gestaltens´ zu verstehen - es legt sich eine viel *direktere* Deutung der Polarität nahe, eben mit dem *Wellen*bild: Bei klassischen Wellen gibt es ja genau neben dem unangeregten Zustand *(0)* Auslenkungen in zwei Richtungen *(-1* und *+1)* - das ist nicht nur bei Oberflächenwellen so, sondern generell, ob Longitudinal- oder Transversalwellen, ob Dichtewellen in Medien oder elektromagnetische Wellen - es gibt einen Gleichgewichtszustand und Abweichungen in zwei Richtungen, das ist das *Grundprinzip* von Wellen...
H: Und diese Parallele könnte nicht *zufällig*, sondern *wesentlich* sein...
M: Ja, alleine ob der paarweisen Materialisation und Annihilation nur aus bzw. in γ-Strahlung - auch wenn die Parallele zu Wellen in Medien nicht eben *einfach* zu ziehen ist: Berg und Tal löschen sich aus; nur, dass den Wellen - sie *durchdringen* bei fermionischer Materie einander nicht (anders als bei bosonischen Photonen) - eine geheimnisvolle dinghaft-materielle Undurchdringlichkeit zukommt, und die Bewegungs-

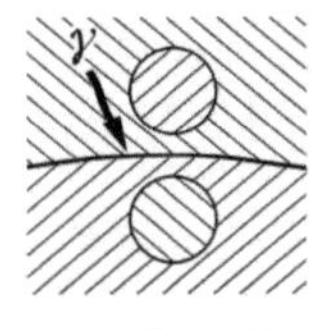

Abbildung 69

und Masse-Energie beider Teilchen aus der γ-Strahlung herrührt bzw. als solche übrigbleibt *(M. deutet auf Abbildung 69)*... Was man mesokosmisch als ein *eindeutig existierendes* \`Ding´ zu begreifen geneigt ist, vermag sich mikrokosmisch über eine Art negative Existenz *auszulöschen* - auch *diese* ontologische Eigenart gilt es ja zu *erklären*...
H: Der \`Stoff´ der Welt ist insofern überhaupt kein *Stoff* mehr, weil er sich als gleichsam positive und negative Modulation in der Summe zu *0*, zu *\`nichts als Potenz´* addiert, mithin zu Unstofflichem... Es erinnert aber auch an die Situation in Halbleitern, wo nicht nur die negativen Elektronen des Leitungsbandes wandern können, sondern auch die positiven \`Löcher´ des Valenzbandes, indem gleichsam die Elektronen der Reihe nach in diese \`Löcher´ fallen, wobei sich auch ein Elektron und ein \`Loch´ hinsichtlich der Ladung neutralisierend vernichten...
M: Ja, es hat auch diesen Teilchenanklang; aber nimmt man die diskutierten Wellen-Charakteristika hinzu, stellt sich bezüglich der Kategorie der *\`Existenz´* der zugrundeliegenden Entitäten die Frage: Wieso QO nicht auch *hier* als Wellen deuten, da man derlei sonst *nur* von Wellen *kennt?*
H: Das wäre *generell* auf Diracs \`Ober- und Unterwelt´ zu beziehen - auch wenn umgekehrt bei Überwindung der Energie-Barriere $\pm mc^2$ ein Teilchen-Antiteilchenpaar sich etwa aus γ-Strahlung *materialisiert*...
M: Richtig. ...oder aus *Bewegungsenergie* und so *scheinbar* aus dem *Nichts;* diese ist jedoch ebenfalls nur eine *Modulationsart* des QO, dazu sogleich... Dirac hatte ja (*1928*) eine *relativistische Variante* der Schrödinger´schen Gleichung aufgestellt, aus welcher die Existenz von *\`Antimaterie´* und mithin gleichsam einer \`Ober´- und \`Unterwelt´ zu erschließen war, in der etwa ein negatives Elektron aus dem zugrundeliegenden \`Energie-Meer´ emportaucht und dort ein positives \`Loch´, ein Anti-Elektron hinterlässt; nämliches Positron fand man (*1937*)(neben Mesonen) in der kosmischen Strahlung... Dass die Teilchen positiver Energie (der \`normalen´ Materie) allerdings nicht unter Abgabe der Energie $2mc^2$ in den Zustand *niedrigerer* Energie (der Anti-Materie) herabfallen, damit zu begründen, dass dort alle Plätze des \`Energie-Meeres´ *belegt* seien, beruht auf einer *Fehldeutung* des Begriffes \`Energie´ als eines gleichsam *\`Auffüllbaren´*... Mit dieser Polarität wird man jedenfalls geradezu auf die Fährte *angesetzt*, dass es um Wellenentitäten geht - natürlich nicht im Sinne dreidimensionaler *Auslenkungen* eines Mediums, sondern *abstrakter*. Man stößt beim \`Zerlegungsspiel´ - wie gesagt - irgendwann an dessen ganz *eigene* Grenzen: Wendet man bei Kollisionsexperimenten immer größere *kinetische Energien* auf, um zu prüfen, ob Teilchen *elementar* oder *zusammengesetzt* sind, *materialisiert* sich auch *diese* gemäß der Formel $E=mc^2$ - was aber *nicht relativistisch* zu deuten ist...
H: Hier gerät man irgendwann in eine *Sackgasse*... Man kann ausrechnen, wie *unrealistisch groß* die aufzuwendenden Energien irgendwann sein müssen, um

über die Kollisionsexperimente immer weiter ins Allerkleinste vorzudringen, da die zu überwindende Bindungsenergie der mutmaßlichen Bausteine zumindest in der Größenordnung der *Nullpunktsenergie* liegen sollte: Um immer kleinere Elementarteilchen nachzuweisen, muss man diese aus ihrer Bindung *lösen;* damit diese allerdings überhaupt *Bestand* haben kann, muss die Bindungs*energie* zumindest die *Größenordnung* der Nullpunkts*energie* $E= 3h^2/8ma^2$ eines Teilchens haben. Aus dieser Formel ersieht man, dass, wenn die Masse m und die Raumgröße a (die sogar quadratisch einfließt), mithin die Größe der Bausteine, die es zu finden gilt, immer kleiner werden, die Nullpunkts-, mithin auch die mutmaßliche Bindungsenergie E immer größer wird - wie ja umgekehrt massivere und freie Teilchen eine verschwindend *kleine* Nullpunktsenergie haben...
M: Richtig; während Moleküle eine Bindungsenergie von $\approx 10^{-3} eV$ haben, die schon von der Energie der normalen Wärmebewegung erreicht werden kann, liegt diese für Elektronen bei $\approx 10 eV$ und für Kernteilchen schon bei $10^7 eV$; irgendwann werden mit den aufzuwendenden Energien die Teilchenbeschleuniger *selbst* schon *räumlich* zu groß[546]...
H: Ja. Aber inwiefern ist das mit $E=mc^2$ *nicht relativistisch* zu deuten...?
M: Das liegt etwas *abseits* des Themas: Heute geht man allgemein von einer \`Äquivalenz von Materie und Energie´ gemäß $E=mc^2$ aus und leitet dies aus der SRT, nämlich aus der angenommenen \`Relativität der Gleichzeitigkeit´ her, die nicht nur eine Zeitdilatation und Längenkontraktion nach sich ziehen soll, sondern - soll das System konsistent bleiben - zudem eine *relativistische Massezunahme:* Als vergößerte dynamische Masse m_{dyn} ergibt sich für einen mit v bewegten Körper in Relation zu seiner Ruhemasse m_0:

$$m_{dyn} = \frac{m_0}{\sqrt{1 - v^2/c^2}} \qquad \text{(V.2)}$$

Damit werden - was hier nicht explizit hergeleitet sei[547] - Gesamtenergie und dynamische Masse eines Körpers *äquivalent* - sie hängen über den Faktor c^2 zusammen; die Trägheit, mithin die Masse eines Körpers ist von seinem Energiegehalt abhängig;[548] der *Massen*zunahme entspricht eine *Energie*zunahme und *umgekehrt*, prägnant gefasst im berühmt-berüchtigten:

$$E=mc^2 \qquad \text{(V.3)}$$

H: ...was man ja auch *empirisch* findet. *Aber?*
M: Aber die Kaskaden von Teilchenverwandlungen, die Materialisationen, die man beobachtet, können mit der SRT eigentlich *nichts zu tun* haben: Diese behandelt nämlich sonst *wechselseitige* Effekte zwischen relativ zueinander bewegten Bezugsystemen, die dadurch zustande kommen sollen, dass das vierdimensionale Raum-Zeit-Kontinuum in verschiedenen Bezugssystemen verschieden in Raum und Zeit \`*zerlegt´* wird; es werden gleichsam andere \`Schnitte´ gezogen, weshalb man diese Effekte auch *nicht* - wohlgemerkt:

innerhalb des Systems Relativitätstheorie[!] - als *irreal* bezeichnen kann; dieser Mechanismus liegt allerdings bei der Materialisation von kinetischer Energie *nicht* zugrunde - der Effekt müsste dann *paritätisch-wechselseitig* sein, es müsste von derselben Masse die Rede sein, die etwa in dem einen Bezugssystem mit relativ zu den Teilchen *bewegten*, im anderen aber mit *ruhenden* Feldern ermittelt wird, oder aufgrund der unterschiedlichen Raum-Zeit-Verhältnisse müssten sich diese anders *auswirken... - dergestalt*, dass man in *beiden* Bezugssystemen zu *denselben* Ergebnissen kommt. Es geht aber *hier* gerade darum, dass nachweisbare Teilchen *neu entstehen* - und die sind entweder *`da´* oder eben *nicht*, nichts daran ist *relativ* und keinesfalls entstehen sie in einem *anderen* Bezugssystem, wenn man sein *eigenes* Bezugssystem beschleunigt (wie es analog bei *allen anderen* relativistischen Effekten ob der je anderen `Zerlegung´ des Raum-Zeit-Kontinuums sein soll (relativ)). Mit der Materialisation geht eine Erhöhung der Leptonen- bzw. Baryonenzahl einher, die einem *Erhaltungsatz* gehorcht. Was man empirisch als wechselseitige Verwandlung von Masse und Energie ineinander gemäß $E=mc^2$ beobachtet, muss ein Bezugssystem-*unabhängiger*, also ein *absoluter* Effekt sein - man könnte umgekehrt geneigt sein, zu versuchen, hieraus eine *Inkonsistenz* der SRT herzuleiten...
H: Querulantisch...
M: So auch beim sogenannten *`Unruh-Effekt´:* Mit der SRT soll sich in der QFT ergeben, dass im Vakuum des *einen* Beobachters für einen *anderen*, *beschleunigten* Beobachter spontan Teilchen *entstehen*, so dass die Teilchen-*anzahlen* generell *bezugssystem-abhängig* werden; des *einen* `Vacuum´ kann des *anderen* `thermisches Bad´ sein - auch das zeigt die *Virtualität* des Ganzen, wie auch, dass man dergestalt allemalen *ontologisch* ins falsche Fahrwasser gerät; es geht nicht um *ontologisch-Reales*, auch wenn sich etwa der Spin von Teilchen für einen Beobachter *umdreht*, wenn er die Bewegungsrichtung relativ zum Teilchen durch Beschleunigung *ändert* und die `Rechte-Hand-Regel´ anders angewendet werden muss, wenn er auf das Teilchen *zukommt*, als wenn er sich von diesem *entfernt...* Aber das alles nur am Rande... Bei Kollisionsexperimenten materialisiert sich jedenfalls die immer größere aufgewandte *kinetische Energie*, so dass man nach der Kollision *mehr* Teilchen und Antiteilchen vorfinden kann, als *vor* ihr, so dass von *`Bruchstücken´* und einem *`Zusammengesetztsein´* im gewöhnlichen Sinne des Teilchenbildes nicht mehr die *Rede* sein kann (etwa: $p+p \rightarrow p+p+\pi^{+}+\pi^{-}$)...
H: ...womit sich die Frage `Ende des Teilens´ oder `Teilen ohne Ende´ nicht wirklich *lösen* lässt - man stelle sich das bei makroskopischen Körpern vor: Man bringt *zwei* Fußbälle zum Zusammenstoß und erhält *drei* Fußbälle, *einen* Basketball und *sieben* Tennisbälle *(H. deutet auf Abbildung 70)...* In irgendeiner Weise wird die *Ruhe*energie, die als *Masse* in Erscheinung tritt, und die *Bewegungs*energie neu auf die entstehenden Teilchenpartner *verteilt*. Teil-

chen könnte man so auch gleichsam als `geronnene Energie´ begreifen; es muss allerdings stets *schon* Materie *zugegen* sein, damit eine Materialisation *statthaben* kann - es kann *nicht* kinetische Energie gleichsam `einfach so´ zu Materie `gerinnen´, da der *Impulserhaltungssatz* eingehalten werden muss; das Ganze folgt einem diskreten Schema und es gibt *weitere* Erhaltungssätze, etwa jenen der Ladung, die in der Summe erhalten bleibt; es zerstrahlen auch nicht *verschiedene* Teilchen*arten* gleicher Ladung, dagegen steht etwa der Erhaltungssatz der Baryonen- und Leptonenzahl - erlaubt ist und beobachtet wird derlei nur bei Teilchen-Antiteilchen-Paaren ($e^-+e^+=2\gamma$). Analog wären wohl auch die Fälle zu deuten, wenn ein Proton ein Lichtquant absorbiert und ein *neutrales* Meson entsteht ($\gamma+p \rightarrow \pi^0+p$), wenn also nur *ein* Teilchen entsteht oder sich im Kern die Nukleonen ineinander verwandeln ($n \rightarrow p+e^-+\bar{\nu}_e$ bzw. $p \rightarrow n+e^++\nu_e$), beim Protonenzerfall ($p \rightarrow e^++\pi^0$) usw. usf. Wegen der Erhaltungsätze gibt es keine *ständige* Umwandlung von Materie in Energie und umgekehrt...

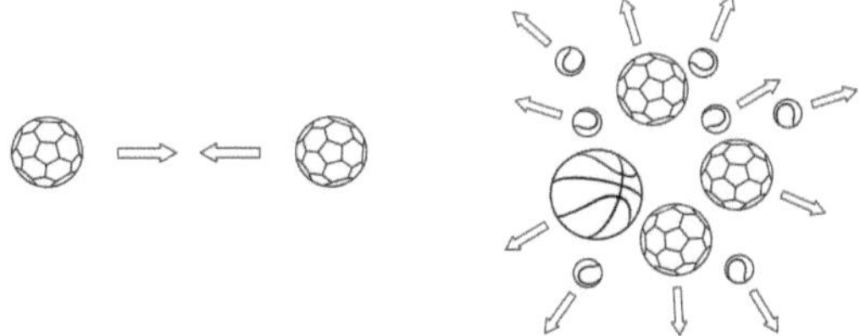

Abbildung 70

M: ...und mithin ist die Welt so stabil, dass sie *evolvieren* kann - wobei dies natürlich wiederum keine *ontologischen* Begründungen sind, solche gleichsam in Stein gemeißelten Gesetze, nach denen sich Teilchen *`richten´* - es muss im `Sosein´ der Dinge und in diesen Seins-Symmetrien *gründen*... Ähnlich ist es beim *Massendefekt:* Zwar sind *Ladungen* immer streng als Vielfache der Einheitsladung *e* gegeben, bei der *Massen*bestimmung hat sich aber gezeigt, dass man „eine uralte Frage [heute] mit Sicherheit verneinen [...][kann]: [die Massen der Atome] sind *nicht* ganzzahlige Vielfache einer kleinsten Einheit." „Trotzdem dürfen wir uns [...][Atome jedoch] vorstellen als *aufgebaut* aus [Nukleonen]"[549]; der scheinbare Verlust an Masse rührt von der *Bindung* der Bausteine her: Das System verliert potentielle Energie, weil die Bausteine näher aneinanderrücken und der *Energie*verlust sich (wieder gemäß $E=mc^2$) als *Massen*verlust niederschlägt. Alle diese Phänomene könnte man nun *ontologisch* mit dem Wellenmodell als *`Um-Modulationen´* des Zugrundeliegenden deuten...

H: Das stimmt damit zusammen, dass man heute Elementarteilchen *erzeugen* und *vernichten* kann, und diese daher im Grunde nicht mehr als *`Substanzen´* im *hergebrachten* Sinne gelten können: Seit Aristoteles hat man `Substanz´ ja

als das im Wechsel der Erscheinungen *beharrende `Wesen´* der Dinge definiert, im Gegensatz zu deren wechselnden, zufälligen `Akzidenzien´ - materielle Substanz ist nun aber (wenn damit der Begriff auch nicht völlig sinnlos wird[550]) nicht mehr etwas *absolut* Beharrendes; man muss also differenzieren und das *absolut* `Unwandelbare´ als nur *relativ*, aber extrem *lange* `Beständiges´ begreifen - dann bleibt das Grundprinzip des *Wandels an* dann: *relativ-Unwandelbarem* davon unbehelligt; zumal es umgekehrt nicht sinnvoll scheint, für die Materialisation von Elementarteilchen eine *`creatio ex nihilo´* anzunehmen bzw. bei der Zerstrahlung An*nihil*ationen. Im Gegenteil kommt man hier mit der wechselseitigen Verwandlung von Masse und Energie in gewissem Sinne auf die Idee zurück, Energie als ein Fluidum *latent stofflichen* Charakters zu begreifen. Eine `creatio ex nihilo´ ergäbe sich also nur, *wenn* man sich der Begrifflichkeiten so bedient, dass man Strahlung oder Energie *nicht auch* als eine - nur *andere* - Form der Materie oder Materie als eine - nur *andere* - Form der Energie deuten würde... In gewissem Sinne kämpft man hier wieder mit den *Begriffen* - man muss sich ihrer bedienen, aber ein sozusagen *Relikt* ist dabei die klassische strikte *Trennung* von Materie auf der *einen* und Energie, Strahlung, Feld, ja, sogar Kraft auf der *anderen* Seite; diese kann man allerdings nicht streng *durchführen* und auch *ontologisch-realiter* ist diese offenbar gar nicht strikt *gegeben* - besser konstatiert man: „Der Satz von der Erhaltung der [materiellen] Substanz erweitert sich zum Satz von der Erhaltung der Energie, und die Energie kann in den verschiedensten Formen auftreten: als Strahlung, als Bewegung, als Gewicht“[551] - man könnte auch sagen, „Energie ist [...] der Stoff, aus dem [...] alle Dinge gemacht sind“[552]...
M: Richtig; aber wenn man sogar ein *empirisches Erhaltungsgesetz* findet - jene beiden getrennten klassischen Erhaltungssätze von Materie und Energie (bzw. Impuls) werden ja *vereint* - müsste man allemalen mit Kant als „erste Analogie der Erfahrung“ und „[Denk- und Seins-]Kategorie der Relation“ wiederum eine *Substanz* als *Beharrendes* denken - so funktioniert unser *Denken:* „Bei allem Wechsel der Erscheinungen beharret die Substanz, und das Quantum derselben wird in der Natur weder vermehrt noch vermindert“[553] - man denkt dabei schlicht *`etwas´*, *das* sich erhält, ein *Substrat*, das man dann allerdings gleichsam *im-* oder *prä*materiell denken müsste; aber wie man die Frage nach der `Substanz´ auf die *fundamentalste* Ebene verlegen kann, wurde ja bereits diskutiert - dass man zwei Ebenen annehmen muss: `Unterhalb´ des relationalen Raumes einen abstrakt-logischen Möglichkeits- und dimensionalen Definitionsraum. *Diesem* muss man bereits zuschreiben, *wie ein* eigentlich fundamentales Zugrundeliegendes - an eines gemeinsamen Wellengrundes Statt - wirken zu können, `aus´ dem Elementarteilchen hervorgerufen werden können...
H: Interessant ist ja, dass - wenn man heute Materie und Energie in gewisser Hinsicht miteinander identifiziert - schon klassisch die Energie keine Eigen-

schaft hat, an der man sie, bei allen Umwandlungen, die sie erleidet, *wieder-erkennen* könnte, weil diese *Zustands*änderungen, Umwandlungen der *Form* sind *an* dem Zugrundeliegenden. In diesem Bild müsste man dann annehmen, wenn sich kinetische Energie materialisiert, dass ob der Ganzheit von QO kollidierende Substanzen so *ummoduliert* würden, dass sich Teilkomponenten zu einem neuen Substanzpaar im relationalen Raum *abspalten...*

M: Nun, *erstens* ergeben sich *dieselben* Schwierigkeiten für alle Arten von Entitäten, auch mit dem *Teilchen*bild: Auch mit diesem muss man nämliche beiden Ebenen unterlegen - und: Wie denkt man Erzeugung und Vernichtung für *Teilchen* - \`plopp´ sind ein Teilchen und ein Antiteilchen \`da´ aus dem nichts? Das ist beinahe noch *weniger* begreiflich und überdies ist dabei das Wellenfeld, das mit den Teilchen immer verbunden ist, die feldartigen Anteile von QO noch *unberücksichtigt...*

H: Bei der raum-zeitlichen Einbettung der QO und der Frage, ob und wie Raum (und Zeit) und Materie aufeinander reduziert werden können, macht uns die QT an unserer Fähigkeit zur Erkenntnis der Natur allemalen zweifeln...

M: Zweitens aber wird im *Teilchen*bild *überhaupt* zwischen dem *Teilchen* und der *Bewegungsenergie*, die es \`hat´ *unterschieden*, mithin muss unbegreiflich bleiben, wie diese *zu* einem neuen Teilchenpaar werden kann - schon kategorial, wie Akzidens *zu* Substanz werden kann; im Wellenbild sieht das ganz anders aus, weil beides *zusammenfällt...* Man darf die Welt nicht starrsinnig durch die *Teilchen*brille sehen wollen; es geht ja immer auch darum, Phänomene *einzuordnen* und mit dem *Wellen*bild ergibt sich nun eine wesentlich umfassendere *Einheit der Naturphänomene* und *Einheit der Erklärungen:* V e_1
Die \`primäre individuelle Ganzheit´ von QO bleibt *rätselhaft* - man ist aber nicht mehr zu sagen genötigt, an QO sei der komplementäre Dualismus unbegreiflich, ihre Interferenzfähigkeit, ihre nicht-Lokalisiertheit *und* dass sie einer Wellenfunktion, dem Pauliprinzip, den HU gehorchen *und* die nicht-Lokalität bzw. nicht-Separabilität, dass es raumübergreifende Zustandskorrelationen gibt *und* die nicht-Objektivierbarkeit gewisser Eigenschaften, die Überlagerung von klassischen Zuständen (wie auch des Spin), die nicht-klassische Identität bzw. Individualität *und* die Ganzzahligkeit der Energiezustände im Atom, die Diskretheit der Spektren, die Nullpunktsenergie, die paarweise Materialisation und Annihilation usw. usf. Dergleichen Phänomene sind *charakteristisch* für Wellenphänomene *generell;* die *\`Wellenartigkeit´* ist das *eigentlich* Rätselhafte und alles andere *folgt* nur daraus...

H: Dem Erkenntnisbemühen läge klassisch ein *\`falsches Bild´* zugrunde...

M: Ja; und es wird damit *unterminiert:* Wenn man partout das *Teilchen*bild verwenden will, kommt man zwangsläufig zu einem merkwürdigen *Verhalten* der Teilchen, zu für Teilchen merkwürdigen *Gesetzen*, denen sie gehorchen, zu merkwürdigen *Korrelationen*, zu merkwürdigen *Eigenschaften*, bis hin zu deren \`nicht-Objektivierbarkeit´, ja, sogar zu Zweifeln an der Realität selbst,

der Erfassbarkeit in Raum und Zeit, der Logik usw. usf. ...
H: ...und am Ende dazu, bestimme *Redeweisen einführen* bzw. *verbieten* zu müssen - so etwa mit der Kopenhagener Deutung...
M: Dabei *umgreift* \`Verstehen´ ja gerade (auch), *verschiedene* Phänomene auf *einen* Sachverhalt zurückzuführen...
H: ... wie die *irdische* und die *Himmels*mechanik in der *klassischen* Mechanik zusammengeführt wurden...
M: Die Erklärungskraft des Atomismus, die Motivation für das \`Zerlegungsspiel´ auf der ehedem untersten ontologischen Ebene liegt nicht nur in der Zerlegung in Kleineres, Elementares *an sich;* durch das Prinzip des Atomismus und die weitere Zergliederung kommt man zu einer *Erklärung* und zu einem *Verständnis* der *Eigenschaften* der Dinge: Den Dingen als *\`was´*, als Substanzen, wird ihr *\`wie´*, ihre Akzidentien, nicht mehr einfach nur *\`angeheftet´* - so müsste man ja sagen, wenn man von verschiedenen Stoffen bei aller Systematisierung *nur* sagt, sie *hätten* die Eigenschaft, \`schwer´, \`leicht´, \`hart´, \`weich´ oder was immer zu sein. Mit der atomistischen Zergliederung wird das *\`warum´* (besser) erkennbar, dass nämlich ihre *Bestandteile*, die Elementarteilchen, etwa mehr oder weniger *dicht* gepackt sind, mehr oder weniger stark aneinander *gebunden* sind usw. usf. - *darin* liegt die Erklärungskraft... Die \`Merkwürdigkeit´ etwa der HU als Gesetz, an das sich Teilchen \`halten´, hat sich dahingehend enträtselt, dass für ein QO als Wellenpaket *wesensmäßig* und *zwangsläufig* Ort und Impuls gegenläufige Parameter sind. Man kann dieses Gesetz so betrachten, dass es eine *Eigenschaft* (oder Disposition) der QO abbildet, sich dergestalt zu verhalten; mit QO als *Teilchen* nimmt man dabei das Teilchen als *\`was´*, als *Substanz* und die Eigenschaft als *\`wie´*, als *Akzidens...*
H: ...und letzteres ist ersterem dann nur unerklärt *\`angeheftet´...*
M: Ja; kann man hier nicht alle diese Rätselhaftigkeiten auf eine *verborgene \`Wellenartigkeit´* der Dinge zurückführen - ins Unreine gesprochen? Mit den genannten Phänomenen sind ja Aspekte angesprochen, die *alle* weit weniger wunder nehmen, wenn man annimmt, dass dabei gleichsam zu unrecht von Parametern der *klassischen Körper*physik die Rede geht, mithin von *Teilchen*eigenschaften, die natürlich eine Wellenfunktion, die ein *Wellen*phänomen beschreibt, nicht *direkt* beschreibt, weil ihr diese nur *mittelbar* \`eingeschrieben´ sind. Alle aufgeführten Phänomene erklären sich (besser) daraus, dass QO dynamische Wellenentitäten *sind*, *alle* werden sie (im Ansatz) *verständlich...*
H: Hm...
M: In ontologischer Hinsicht ergibt sich nun auf der nunmehr untersten Ebene eine *weitere* interessante Wendung, so man - die Phänomene *insgesamt* ins Auge fassend - QO als *Wellenentitäten* nimmt: Nicht nur, dass den Dingen als substantiellem \`was´ ihr akzidentielles \`wie´ nicht mehr einfach *angeheftet* wird, sondern \`was´ und \`wie´ *fallen zusammen...*

H: Wie jetzt?!
M: Man *trennt* nicht mehr zwischen einem Teilchen und seinen Eigenschaften, die es *`hat´*, beides fällt *ineins* zusammen: Was `Teilchen´ *genannt* wird, ist das *`dass´*, was seine `Eigenschaft´ genannt wird, das *`wie´* der Modulation einer Wellenentität. Natürlich hat eine Wellenentität wesensgemäß die Eigenschaft der Ausgedehntheit, der Interferenzfähigkeit, ein Wellenpaket muss der HU georchen usw. usf. - es geht aber um mehr: Ein QO *hat* nicht mehr als Teilchen einen Energiezustand - im Wellenbild *ist* ein Elektron eine Erregung des Zugrundeliegenden, eine bestimmte Oberschwingung - so als das *`was´*: die Welle *ist* das Elektron; sie ist aber gleichzeitig das *`wie´:* die spezifische *Art* der Modulation *ist* der Energiezustand, die Nullpunktsenergie *ist* der nicht unterschreitbare Grundzustand. Es *hat* nicht mit der HU den-und-den Orts- und Impulszustand in seltsamer Abhängigkeit voneinander, die spezifische Art der Modulation *ist* diese Zustandskombination, eine Zustandsüberlagerung *ist* (nur) eine bestimmte Modulation usw. usf. ...
H: Damit ist das `was´ und `wie´ aber nicht *verschwunden*, sondern *nur* (wenn auch: *immerhin*) auf die fundamentalste Ebene *verschoben*, auf das zugrundeliegende Wellenphänomen - Substanz und Akzidens sind in der Relation von (im aristotelischen und kant´schen Sinne) Materie und Form aufgehoben...
M: Auch bei der Materialisation von Energie ist es in ontologischer Hinsicht doch so, dass man sonst *kategorial* `im Trüben fischt´: Energie ist *klassisch* definiert als `die Fähigkeit, Arbeit zu verrichten´; in einem *weiteren* Sinne könnte man auch sagen, sie sei `die Fähigkeit, spezifische *Veränderungen* zu bewirken´ - etwa in Form eines Photons in der Atomstruktur; phänomenal läge Energie mithin also im *Zustand* der Dinge beschlossen, im Bewegungs- oder Lagezustand eines Dinges, im Zustand eines Systems, etwa des `Atoms´, in der Frequenzmodulation des Lichts usw. usf. ... Insofern könnte man nun *alle* Phänomene - Materie, Felder, Licht, Energie, Bewegung, Kräfte - als *Zustandsformen* des Zugrundeliegenden begreifen...
H: Also in einem *weitergehenden* Sinne als wenn man Licht - wie erwähnt - als „die subtilste Form der Materie“[554] begreift...
M: Richtig. Kategorial entsteht dann nicht aus der `Fähigkeit, Veränderungen zu bewirken´ *Materie* (ähnliche Merkwürdigkeiten - kinetische Energie ohne Trägersubstanz - hatte schon Boltzmann an der `Energetik´ gerügt), sondern *Zustände* beeinflussen und verändern nur *Zustände*. So ist es auch bei der Materialisation von *kinetischer* Energie: Wenn man sich Elementarteilchen wie mesokosmische *Körper* vorstellt, sind der (Elementarteilchen-)*Körper* und seine *Bewegung*, mithin seine kinetische Energie *zwei verschiedene* Dinge; `was´ und `wie´, `Ding´ und `Zustand´ sind *zweierlei* - der Körper bleibt *substanz*haft `was´ er ist und er kann *akzidentien*haft ruhen oder sich bewegen, also kinetische Energie `besitzen´ oder nicht, sie gewinnen oder verlieren, ein `wie´ *`haben´*. Nicht erst die empirisch beobachtete Materialisation von

Energie (wie umgekehrt die Annihilation von Materie) - ganz im Sinne von Zenons Paradoxien ist schon *`Bewegung´* damit etwas Unbegreifliches. Dass Materie und Energie überhaupt verwandt und ineinander verwandelbar sind, dass Massen- und Energieerhaltung zusammenfallen, dass Materie, Bewegung und Veränderung, ja, auch Kraft sich mithin im Begriff `Energie´ annähern, ist *mehr als* bezeichnend...

H: ...der Begriff `Energie´ ist ja ohnedies gleichsam aus dem Kraftbegriff langsam *`herausgewachsen´:* Von der `Kraft´ als *`Fähigkeit*, Veränderungen zu bewirken´, kam man zur `Arbeit´ als `Kraft entlang eines Weges´ ($W=F \cdot s$) und im Grunde bei der `Energie´ zurück zur *`Fähigkeit*, Arbeit zu verrichten´ - so hat auch Mayer in seinem Energieerhaltungsgesetz noch den Kraftbegriff verwendet (wie Helmholtz) - in allen Vorgängen bleibe die gegebene *Kraft konstant*, es gebe nur *eine Kraft* im ewigen Wandel usw. usf.; `Kraft´ steht dabei immer für `Energie´ (heute als Masse-Energie-Erhaltung)...

M: Ja, und nunmehr sieht man überdies: Sind die Dinge *Wellen*entitäten, Modulationen eines Zugrundeliegenden, stellt sich das Ganze vollkommen *anders* dar: Ein (relativ) *`bewegter´* Körper ist im Gegensatz zu einem (relativ) *`ruhenden´* nur *anders moduliert...*

H: Orthodox, etwa bei Feynman findet man zunächst, dass - allerdings eben für *Teilchen* - die Wahrscheinlichkeitsamplitude von *bewegten* Teilchen (zunächst wie bei deBroglie relativistisch hergeleitet) dadurch rekonstruiert wird, dass zwei (oder mehr) Amplituden für annähernd denselben Energiezustand des Teilchens - mithin verschiedene Wellenlängen - *überlagert* gedacht werden, so dass sich *Schwebungen* ergeben, gleichsam `Wahrscheinlichkeitsklümpchen´, die sich mit der *Gruppengeschindigkeit* der Wellen bewegen, die wiederum der *klassischen* Bewegungsgeschwindigkeit des *Teilchens* entspricht[555]...

M: Ja, und diese Wahrscheinlichkeitswellen (es könnten auch deBroglie´-sche Führungswellen sein) muss man nun als *reale* Wellenentitäten deuten: Zunächst mag es befremdlich sein, etwa den Energiegehalt eines Körpers nicht mehr im Bewegungszustand, im Impuls, sondern in Wellenmodulationen zu sehen - man *empfindet unmittelbar körperlich* Kräfte, Trägheit, Impuls bei Körpern, was an *Anschaulichkeit* nicht zu *überbieten* ist; aber diese Empfindungen tauchen die Eigenschaften nur in ein *vertrautes Licht:* Würde man abstrakt-theoretisch auf sie stoßen, wie man auf Materiewellen stößt, müsste man ebenso unverständig fragen: Was *ist* Masse, *wieso* strebt die eine zur anderen? Was *ist* Trägheit, *wieso* setzt ein Körper seinem `in-Bewegung-setzen´ Widerstand entgegen? *Letztlich* ist dem so: Die *`Washeit´* der Dinge, ihre `Quidditas´ ist und bleibt *verhüllt.* Mit dem Wellenmodell legt sich nun allerdings eine einheitliche Sicht aller Phänomene, eine *harmonische Einheit der Natur* nahe: Wenn ein `ruhender´ Körper ein spezifisches Schwingungsmuster *ist*, *ist* ein `bewegter´ Körper mit seinem anderen Energiegehalt nur ein *anderes* Muster, ein anders *moduliertes* Wellenphänomen; das muss erst *erzeugt* werden, was als *Trägheit* empfunden wird, ein *anderes* Wellenpaket *anderer* Wellenkomponenten, das erst bei Beschleunigung *erzeugt* bzw. *ummoduliert* wird; auch die Materialisation von Bewegungsenergie erhellt sich dadurch, wenn diese nicht etwas ist, was ein Körper *`hat´* - dann müsste aus dieser *Eigenschaft* eines Körpers ein anderer Körper werden, *aus* Akzidens würde Substanz; im Wellenbild wäre alles Eigenschaft des Zugrundeliegenden. Das, was man `Körper´ nennt, das `Ding´ und seine jeweils verschiedene `Bewegung´, die er ansonsten *`hat´*, fallen ineins als *identisch* zusammen, insofern das Wellenphänomen `was´ und `wie´ *ineins* ist, es *`hat´* nicht eine spezifische Bewegung, es *`ist´* diese spezifische Bewegung - Körpern würden Akzidentien nicht *`angeheftet´...*

H: ...vom `Haben´ zum `Sein´... Man würde nurmehr *phänomenal* zwischen inneren-intrinsischen Energieformen (von der chemischen Energie bis zu jener einer gespannten Feder) und äußerer-extrinsischer *Bewegungs*energie unterscheiden, *beide* sind veränderlich, hängen aber an der inneren Struktur, der Modulation, beide Begriffe würden *zusammenfallen...*

M: Überdies nähern sich hier Trägheitsgesetz und Impetustheorie einander an: Es ist konventionell, ob ein Körper sich *träge* weiterbewegt oder ihm ein *Impetus* `eingepflanzt´ wurde; wenn nun alles Zustand eines Zugrundeliegenden ist, ist es ähnlich wie bei Wasserwellen, die sich fortbewegen: Trägheit und Impetus passen nicht recht ins Bild - dem Medium ist vielmehr eine bestimmte *Wellengestalt* eingeprägt, die sich ob der Kopplung der Oszillatoren ausbreitet, Trägheit wäre dabei ein *unverständliches* Bild, ein zutiefst *rätselhaftes* sich-Weiterbewegen... Bei alledem entsteht Veränderung, mithin `Zeit´ nur durch aktives *Weiterwirken* von Kräften, die dem Zugrundeliegenden `eingepflanzt´ sind...

H: Das knüpft dann an Newtons Überlegungen an, *Raumgebieten* bestimmte Eigenschaften wie `Undurchdringlichkeit´, `Masse(trägheit)´ usw. usf. zuzuschreiben, die im Raum beweglich sind...

M: ...eben *nicht* - die Eigenschaften würden zwar „von hier nach dort *übertragen*“[556]; aber `Bewegung´ *wäre*, dass sich eine Erregung des Wellengrundes auf andere Raumpunkte *überträgt* - `Körper´ *wären* Raumgebiete in denen eine bestimmte Erregung *gegeben* ist; `Bewegung´ *wäre* - *global* betrachtet - ein *qualitatives* Phänomen, insofern es in der *Gestalt* der Welle läge...

H: Die Vorzüge des Wellenmodells leuchten ein - aber der dahinterstehende *monistische Anspruch* geht ja doch *recht weit*. DeBroglie nahm zunächst - worin ihm Bohm folgte - eine *Kopplung* von Korpuskel und Welle im Sinne einer Art *Leitwelle* an, die bestimmt, was für eine *Bahn* eine Korpuskel verfolgt - daran waren einige Aspekte bei der Diskussion der Wahrscheinlichkeitswellen *kritisiert* worden; hernach hat er es aber so gesehen: „Die Korpuskel ist gewissermaßen ein *Ideal*begriff, den unser Verstand geschaffen hat, um die Lokalisierung eines Etwas [...][in Raum und Zeit] darzustellen. [...] Die Kospuskel *symbolisiert* [...] die[se] genaue Lokalisierung. [...] Die Welle in Reinkultur [...][hingegen] ist *homogen* im *ganzen* Raum und im *gesamten* zeitlichen Verlauf und erteilt folglich weder einem besonderen Raumpunkt noch einem besonderen Augenblick [...] eine Vorzugsrolle; außerdem pflanzt sie sich als Ganzes in einer bestimmten Richtung fort. Man kann also sagen, sie *symbolisiere* eine Bewegung unter *Abstrahierung* von jeder raumzeitlichen Lokalisierung; sie stellt einen *dynamischen* Zustand in reinster Form dar. Korpuskel und Welle sind also *`Idealisierungen´*; die eine ist das Symbol genauer Lokalisierung in Raum und Zeit, während die andere, in ihrer ganzen Reinheit ohne jeden Lokalisierungsgedanken verstanden, das Symbol der gelenkten Bewegung ist"[557]...

M: Wie sich mithin `Bewegung´ im Wellenmodell darstellt, ist man an die berühmten *Zenon´schen Paradoxien* gemahnt: „Das Bewegte bewegt sich weder in dem Raum, wo es sich befindet, noch in dem Raum, wo es sich nicht befindet"[558]...

H: Ja, auch deBroglie hat diesen Bezug hergestellt, bei ihm heißt es: „Was an einem Punkt ist, kann weder in Bewegung sein noch sich entwickeln, was sich bewegt und sich entwickelt, kann an keinem Punkt sein" - ihm drückte sich hier „eine schwer zu ergründende, lange verkannte Verknüpfung zwischen der geometrischen [Teilchen-] und der dynamischen [Wellen-]Seite der Dinge aus"[559]...

M: Nun, wirklich `festen Boden´ hat die *orthodoxe* QT hier nicht unter die Füße bekommen - das wird grob verkannt, wenn umgekehrt versucht wird, die Zenon´schen Paradoxien der Bewegung[560] mit den Ergebnissen der QT zu lösen bzw. *auszuschalten* - so heißt es: Man müsse nicht von der *mathematischen* Definition des physikalischen Raum- und Zeitpunktes ausgehen, sondern rein positivistisch von dessen *empirischer* Definition - und da die QT (angeblich) gezeigt habe, dass es nur atomare, also *endlich* kleine Raum- und Zeiteinheiten gebe (jedenfalls von *Null* verschiedene), und dass Raum und Zeit empirisch von *diskontinuierlicher* Struktur seien, sei der Zenon´schen Argumentation der Boden entzogen, kurz gesagt: das Problem *existiere* gar nicht so, wie dieser es formuliert hat[561]...

H: Das klingt zunächst doch nicht *völlig* unplausibel...

M: ...ist aber letztlich nur trügerischer *Schein*. Es verkennt vollkommen die *Ungeklärtheit* der Lage in der QT - das fundamentale Paradoxon wird nur *verschoben*, die `Lösung´ führt zirkulär zum Problem zurück, zum schillernden Spiel einerseits *diskontinuierlicher*, teilchenartiger ganzheitlicher Entitäten, die andererseits wirkungsdynamisch *kontinuierlich* wellenartig im Raum ausgedehnt sind... Die QT *sagt* auch gar nicht, dass es *atomare* Raum- und Zeiteinheiten wie die schon erwähnte Plancklänge und -zeit gibt, das ist *reine Spekulation;* empirisch ist diese Frage nicht zu entscheiden: Würden zwei

Teilchen - kontinuierlich einander angenähert - bei der Kräftewechselwirkung ein diskontinuierliches Element zeigen - soll man dann das *Zugrundeliegende* oder den *Raum* als diskontinuierlich gequantelt begreifen? `Rutschen´ die Dinge in das Raumraster? Das alte Problem: Nie ist `*der* Raum´ (oder `*die* Zeit´) gegeben, nur `Dinge´ `im´ Raum; auch Raum*krümmungen* sind daher *konventionell* und ähnlich mit Vorsicht zu genießen sind Überlegungen in betreff der HU und des Welle-Teilchen-Dualismus, ob diese tatsächlich „als Aufforderung zu einer kritischen Revision der übernommenen Raum- und Zeitbegriffe [zu] deuten [sind]"[562]...

H: Diese Problem-Aspekte strahlen in alle Richtungen aus...

M: Allemalen ist man mit Zenons Paradoxien auf der richtigen *Spur*, auch *Kant* plagte sich mit diesen - bei seiner ersten *Antinomie*, bei der These und Antithese, unsere Welt sei in Raum und Zeit *endlich* bzw. *unendlich*, gleich plausibel nebeneinanderstehen[563], schon bei der transzendentalen Erörterung der Begriffe `Raum´ und `Zeit´.[564] Seit langem sinnt man über das `Ausgedehntheits´-Paradoxon nach, dass `Unausgedehntes´ sich nicht zu `Ausgedehntem´ *zusammenfügen* lässt, sich aber umgekehrt `Ausgedehntes´, da man bei immer fortschreitender Zerteilung stets `Ausgedehntes´ vor sich behalten sollte, *unendlich weiter* teilen lassen müsste - man dürfte dabei *nicht* zu einem `a-tomos´ kommen...

H: ...weshalb es seit jeher Atomisten - wie etwa Demokrit und Newton - *und* Anhänger des Kontinuums - wie etwa Aristoteles und Leibniz - *gab*, wie es sie heute *gibt* und fürderhin *geben wird...*

M: In welcher Richtung die *Lösung* dieses Paradoxons zu suchen ist, sollte aber schon deutlich geworden sein: Man kommt vielleicht - wie erwähnt - zu etwas von `Attraktion´ und `Repulsion´, wie auch einem mit der HU erfassten `sich-Neigen´ zur Wellen- oder Teilchennatur *Moduliertem.* Überdies entraten unterhalb des Atoms, so man ins immer-Kleinere vordringt, die Dinge auch ihrer *Körperlichkeit.* Ähnlich ist es beim `Bewegungs´-Paradoxon: Einerseits sollte jedes Ding zu jedem Zeitpunkt an einem Ort sein, so Zenons abgeschossener Pfeil - wie aber kommt dieser dann andererseits von *einem* Ort zum *anderen*, wenn er sich *fortbewegt?* Auch dies rückt mit der QT in ein anderes Licht: Nicht nur kann man in der einen Richtung diskontinuierliche Zeitpunkte ablehnen, in der anderen zeigt sich am Grunde der Dinge, dass es überhaupt nicht um Körper in mesokosmischer Reinkultur *geht; die* müssen immer an einem bestimmten Ort sein - hier aber stößt man auf ein rätselhaftes `etwas´, das scheinbar *zwischen* Teilchen und Welle, mithin zwischen `Lokalisiertheit´ und `Ausgedehntheit´ `*oszilliert*´. Damit ergibt sich ein ganz anderes Erklärungsmuster für das (Zenon´sche) Bewegungs-Paradoxon: Wenn man denkt, ein bewegter Körper müsse sukzessive alle Punkte auf seinem Weg passieren und an diesen sukzessive lokalisiert sein, ist man schon `auf dem Holzweg´; was `Körper´ genannt wird - das hat sich schon

bei den HU gezeigt - ist als *Wellenentität* gleichsam ausgespannt zwischen einem monochromen und einem superponierten, polychronen `Seinsmodus´, zwischen verschiedenem `sich-Neigen´, einmal ist diese idealisiert punktförmig im Raum lokalisiert und *Korpuskel*, einmal ohne räumlich lokalisiert zu sein gleichsam `reine Bewegung´, `reiner Impuls´ als *Welle*[565] - beides geht in Reinkultur nicht zusammen...
H: ...einmal geht es - eben *das* bildet die HU ab - um die *kinematischen*, einmal um die *dynamischen* Variablen; dass sich dabei die *Messapparaturen* wechselseitig *ausschließen*, ist gleichsam nur `Beiwerk´... Insofern sagt deBroglie *zu recht*, Welle und Teilchen seien *idealisierende Symbole*, das eine der genauen Lokalisierung in Raum und Zeit, das andere der gelenkten Bewegung...
M: ...idealisierende Symbole für das anders nicht greifbare *`andere´*, das QO eigentlich sind - bei alledem muss man sich aber auf das *Wellen*modell wesentlich *weiter einlassen.* „Die Wirklichkeit lässt sich mit Hilfe der reinen Kontinuität nicht interpretieren. Man muss in ihr Individualitäten unterscheiden. Aber diese [...] stimmen nicht mit dem Bilde überein, das die reine Diskontinuität uns geben würde. Sie sind ausgebreitet, wirken beständig aufeinander ein und [...] es scheint nicht möglich, sie mit vollkommener Genauigkeit in jedem Augenblick zu lokalisieren und dynamisch zu bestimmen."[566] Man muss mit der QT seine Vorstellung von einer reinen *`Körperwelt´* (ergänzt
V e_2 vielleicht noch durch Felder und Kräfte) *revidieren:* Es fallen nicht nur *`Ding´* und *`Zustand´* ineins zusammen - `Teilchen´ als das *`dass´*, `Eigenschaft´ bzw. `Zustand´ als das *`wie´* der Modulation einer Welle -, sondern auch *`Ding´* und *`Kraft´* bzw. *`Kausalität´*...
H: Inwiefern das?
M: Die Begriffe `Kraft´, `Disposition´, `Kausalität´, `Naturgesetz´, sogar `Zeit´ und `Feld´ (in seiner *Wirkung*, nicht als eigenständige Entität) umkreisen alle *ein* Phänomen: *`Veränderung´*. Man beobachtet eine Vielzahl von *Dingen* in bestimmten Relationen - daraus konstruiert man den Begriff `Raum´ -, die sich *verändern* - daraus (aus dem Gesamt der relativen Prozessgeschwindigkeiten) `destilliert´ man im *quantitativen* Sinne den Begriff `Zeit´[567], der im *qualitativen* Sinne das *`dass´* der Veränderung bezeichnet. Dessen *`wie´* bzw. *`warum´* betrifft nun alle anderen Begriffe: Die Dinge verändern sich etwa, *weil* `Kräfte´ wirken, was konventionell ist und auch über *alternative* Modelle erfasst werden kann - als Wirkung eines Feldes, einer (verborgenen) Geometrie, virtueller Teilchen, einer Disposition usw. usf.; diese sind erkenntnistheoretisch *gleichwertig;* die offenbare *Gesetzhaftigkeit* dabei erfassen die Begriffe `Naturgesetz´, `Kausalität´ und `Determinismus´...
H: ...Begriffe, die durch Hume und Kant fundamentale *Kritik* erfahren haben...
M: ...und diese betrifft den *gesamten* Phänomen- bzw. Begriffskreis, insofern *alle* diese Dinge dem Erkennen gleichsam nicht offenliegen, zuvorderst Kräfte

und die *Notwendigkeit* in kausalen Verbindungen. Allerdings hat die *klassische* mit der *quantenphysikalischen* Kritik - obgleich gerne vermengt - *wenig zu tun* und beide sind in ontologischer Hinsicht *zurückzuweisen*. Kant behält *recht*, weil er *erkenntnistheoretisch* argumentiert und sich dagegen verwahrt, etwas über die `Dinge-an-sich´ auszusagen; Hume hingegen *nicht*, wenn und weil er *ontologisch* argumentiert... Kant begreift die *`Dinge an sich´* bzw. Phänomene *an* diesen generell als *jenseits* unseres Erkenntniswitzes gelegen: Kausalität ist ihm transzendentale Bedingung der Möglichkeit von Erfahrung überhaupt, insofern *nur durch* diese „zweite Analogie der Erfahrung" „die Vorstellung einer notwendigen Verknüpfung der Wahrnehmungen möglich [ist]"[568] - sie ist eine Kategorie (der Dependenz) und ein apriorisches Denkgesetz (der Zeitfolge).[569] Gesteht man dies *zu*, kann man sich in gewisser Hinsicht noch mit der Evolutionären Erkenntnistheorie darüber hinwegsetzen und die *ontogenetischen apriori* als *phylogenetische aposteriori*[570] nehmen und die Frage erneuern, ob es hypothetisch realiter in der *Natur* Kausalität gibt; die Frage *bleibt* mit Kant rein spekulativ (man mag über den *`erkenntnistheoretischen Abgrund´* ohne nach unten zu sehen schnell hinweghuschen), man kann aber über die *evolutionäre Herkunft* dieser Kategorie *spekulieren*, ob sie nämlich *deshalb* sich als nutzbringend durchgesetzt hat, weil sie etwas in der Natur *`tatsächlich´* Gegebenes *widerspiegelt...*

H: Humes Zweifel sind allerdings *grundsätzlicher...*

M: Ja. Hume unterscheidet immanente und transzendente Tatsachen - erstere sind *unmittelbar* wahrnehmbar, letztere müssen erst *erschlossen* werden: Von einem Fußabdruck im Sand etwa schließt man auf dessen *Ursache*. Diesem Schluss liegt aber ein *Kausalurteil* zugrunde, dessen man sich *versichern* muss - man kommt zwar zur „*Vorstellung der Kraft* oder der *notwendigen Verknüpfung*", diese ist aber nicht irgendeinem *empirischen Datum* nachgebildet. Offenbar wird man nur von der regelmäßig beobachteten *Koinzidenz* von Ereignissen dazu geführt, wenn „[man findet], dass gewisse Gegenstände *beständig* in Zusammenhang stehen." Kausale Urteile projizieren diesen Zusammenhang nun aber auch in die *Zukunft*, womit die Frage involviert wird, wie sich *induktive Schlüsse* rechtfertigen lassen - *zirkulär* auch jener, ob die Vergangenheit der Zukunft ähnelt. Am Ende muss man erkennen: nur *Gewohnheit* ist die „große Führerin im menschlichen Leben"[571], `Kausalität´ aber ist nur die rein *subjektive* Verknüpfung von Ereignissen, der „gewohnheitsmäßige Übergang der Einbildung von einem Gegenstand zu seinem üblichen *Begleiter* [...]. Weiter steckt [- so Hume -] nichts dahinter"[572]...

H: Nun, beobachtet man zwei Billardkugeln, die aufeinander zurollen, liegt im *beobachteten* Geschehen an sich selbst das *zukünftige* Geschehen *nicht* als logisch *zwingend notwendig* bereits beschlossen. In der Tat könnten diese *gedacht* auch etwa zur *Ruhe* kommen und voreinander *liegenbleiben* oder einander wie Wellenphänomene *durchdringen* - diese Vorstellungen bergen keinen *Widerspruch* in sich, man kann sie also *apriori* nicht verwerfen. Und *aposteriori*, also empirisch-phänomenal, ist ein Kausal*mechanismus* einfach *nicht direkt erkennbar* - auch bei zwei zusammenprallenden Billardkugeln sieht man nur ein *`post hoc´* und nicht ein *`propter hoc´*, man sieht das *`dass´* des Geschehens, nicht das *`warum´*. In der Lebenspraxis überschreitet man allerdings *pragmatisch*, aus Naturinstinkt, diese Erkenntnisschranke - einen totalen, phyrrhonischen Skeptizismus lehnt Hume ja ab. Kausalität und Kräfte *könnten* also nur primitive Anthropomorphismen sein - ist das nicht *schlüssig* argumentiert?

M: Das braucht man gar nicht zu *bestreiten* - es betrifft allemalen ja nur die *erkenntnistheoretische* Frage, wie man zur Denkkategorie `Kausalität´ *kommt* - mag das *tatsächlich* mit Hume nur *Gewohnheit* sein (mit einem gehörigen *phylogenetischen* Anteil); man sollte bei alledem das *eigentliche* Problem nicht aus den Augen verlieren: Kräfte, Felder, Dispositionen, Kausalität, Naturgesetze *sind* `hinzugedacht´, daran besteht überhaupt kein Zweifel, *weil* man phänomenal-empirisch nichts anderes als `sich-verändernde Dinge´ findet (im `Außen´, `Innen´ *erlebt* man auch `Kräfte´), darin mag man Hume *recht* geben; wie animistisch und anthropomorph etwa `Kausalität´ und `Kraft´ aber auch anmuten mögen - auch *das* braucht man nicht zu bestreiten -, die *eigentliche* Frage ist, ob man diese als *nur* hinzugedacht zu begreifen hat oder innerhalb eines hypothetischen Realismus, der auch *unbeobachtbare, theoretische* Gegenstände anerkennt, als ontologisch in der Natur *Gegebenes*... Man kann sich dem über die Frage nähern, was eigentlich ein *Naturgesetz* ist - man hat darunter im *erkenntnistheoretischen* Sinne die Gesetze zu verstehen, denen - mit Hertz zu sprechen - die inneren Bilder der äußeren Naturphänomene gehorchen (so dass sich dieselben denknotwendigen Folgen bilden, wie sie sich bei den abgebildeten Dingen selbst zeigen), im *ontologischen* Sinne aber die Gesetze, die realiter in der Natur *selbst* gelten...

H: ...die Frage ist nur, was das *heißt*...

M: Es kann nicht darum gehen, Gesetze zu postulieren, an die sich die Dinge (nur) rätselhafterweise *`halten´* - wie in der QT sich (scheinbare) Teilchen an die Schrödinger´sche Gleichung oder das `Pauli-Prinzip´ halten... Naturgesetzliche Kausalität, als *`notwendiger* Zusammenhang von Ereignissen´ begriffen, kann sich in *logischer Strenge* apriori-deduktiv eigentlich nur in einem rein *logischen Kontext* ergeben, wenn man Begriffe und Kontext schon *dergestalt konzipiert*, dass sich über *deduktive*, eben: *wahrheitsentfaltende* Schlüsse, Notwendigkeit *ergibt*. Dann ist aber natürlich von Ereignissen an Dingen gleichsam in einem *gedachten logischen Raum*, von rein *idealiten* Zusammenhängen die Rede (mögen die sich auch, wie in jeder Theorie, über bestimmte Korrespondenzregeln auf die Wirklichkeit beziehen lassen). Man kann sich auch etwa wie Kant in den sicheren Hafen der reinen *Phänomene* zurückziehen, auf einer rein *deskriptiven* Ebene bleiben, dergleichen als

apriorische *Denkform* begreifen, *ohne* über die dahinterliegenden `Dingen-an-sich´ zu spekulieren; naturwissenschaftlich bzw. ontologisch interessieren aber gerade *diese* und nicht *nur gedachte* Ereignisse an *nur gedachten* Dingen - ob auch *realiter* in der Natur selbst `Kausalität´, ein *ontologisch notwendiger* Zusammenhang von Ereignissen existiert...
H: ...dessen man mit Hume nur nicht *gewahr* werden kann...
M: Ja. Die erkenntnistheoretischen und die ontologischen Aspekte hängen natürlich *zusammen:* Mit Leibniz geht es hier auch um den *`vollständigen Begriff´* eines Gegenstands - in *allen* `möglichen Welten´ sollen die *logischen* Gesetze gelten (einen eckigen Kreis gibt es nicht), die *physikalischen* Gesetze hingegen nimmt man gewöhnlich als *variabel*. Betrachtet man das bekannte Beispiel, dass es *a)* keine Kugel aus *Gold* mit *1km* Durchmesser gibt und *b)* keine solche Kugel aus *Uran-235*, wobei *a)* kein Naturgesetz abbildet, *b)* hingegen schon, kann man bezüglich *b)* insofern nicht einfach sagen, es gäbe eine mögliche Welt mit *anderen Naturgesetzen*, in der dies *doch* ginge, als dass der *Begriff* `Uran-235´ dann seinen *Sinn* verändern würde - jedenfalls *dann*, wenn man nicht mit einem Naturgesetzes-*Realismus* (platonisch) die Existenz von Dingen *und* von Naturgesetzen annimmt, sondern mit einem Naturgesetzes-*Reduktionismus* (aristotelisch) die Naturgesetze als *`in´* und *mit* den Dingen gegeben sieht...
H: ...womit man mitten in den alten *Universalien*-Streit steuert mit der Frage, welchen ontologischen Status man gewissen Gegenständen zuschreibt...
M: Hier geht es direkter darum, sich der ontologischen Realität, die *hinter* den Begriffsbildungen steht, zu vergewissern - allemalen, wenn naturgesetzliche Kausalität *nicht* universalien-realistisch, sondern reduktionistisch auf ein `Sosein´ der Dinge zurückgeführt und darauf *supervenient* betrachtet werden soll[573]: Ein *anderes* Geschehen als das *bisher* beobachtete ist immer *denkbar* - so bei den Billardkugeln; insofern kann man Kausalität mit Kant als zwar *transzendentales*, aber auch *`regulatives Prinzip´* unserer Erkenntnis begreifen, das mutmaßlich unfruchtbare Überlegungen *ausschließt*. Das greift nur nicht *tief* genug, wenn die kritische Argumentation bei Hume darauf fußt, dass man - sophistisch sich selbst betrügend - zwischen *logischer* und *ontologischer* Ebene wechselt und im vorhinein *`Notwendigkeit´* nur als rein logische *Verstandes*kategorie begreift, statt auch als mögliche *Seins*kategorie (anders als Hume und Kant ist *Hartmann* `Kausalität´ eine Seinskategorie). `Denken´ meint *per se*, ein bestimmtes wahrgenommenes `Sosein´ der Dinge *abwandeln* zu können - es *ist* Denken, die verschiedenen Parameter einer Situation zu *variieren* und die Folgen durchzuspielen...
H: Darin liegt wohl auch die evolutionäre *Wurzel* des Denkens, dergestalt nur `seine Hypothesen für sich sterben zu lassen´[574]...
M: So ist es; man macht Begriffe dabei für gewöhnlich so *`reich´* wie *nötig*, aber so *`arm´* wie *möglich* - man *idealisiert* die Wirklichkeit, indem man die

Dinge *isoliert* und ihnen als physikalischen Objekten einen *spezifischen Eigenschaftskanon* zuschreibt - in der Physik etwa als `Massenpunkt´, `starrer Körper´, `Feld´ usw. usf. Bei einer Billardkugel, die auf eine andere zurollt, und bei der man erwartet, dass sie diese in *Bewegung* bringen wird, ist das ebenso - aber *so* ergibt sich natürlich *keine* logische Notwendigkeit für das tatsächlich beobachtete Geschehen; das liegt daran, dass die *Begriffe* die ontologische Realität in dieser Hinsicht nicht *angemessen* abbilden...
H: Wie jetzt?!
M: Angenommen, ein Becher aus Ton fällt aus dem siebten Stock eines Hauses auf die Straße - aller Erfahrung nach *muss* dieser zerbersten; Hume aber mahnt an, das `muss´ sei *mit Vorsicht* zu genießen; man muss auch zugestehen, dass eine *apriorische Notwendigkeit* weder *ersichtlich*, noch *einsehbar* ist... Aber *könnte* es auch *`anders´* kommen, könnte er wie ein Gummiball mehrmals auf- und abspringen? Gedanklich kann man eine Situation bewusst *abwandeln* - das meint aber, dass man die gewöhnlichen *Eigenschaften* dieses Dinges *auch* abwandelt - statt *`starr-tönern-zerbrechlich´* denkt man es dann *`gummiartig-elastisch´*. Alle empirische Erfahrung sagt aber, dass dann *realiter* stets auch *andere* elementare Bausteine in *anderer* struktureller Anordnung gegeben sind, dass sie etwa elastisch gegeneinander verschiebbar sind: Die Dinge an sich selbst haben ein *spezifisches `Sosein´* - *unabhängig* von der menschlichen Erkenntnis. Offenbar wird der Grundsatz `unter denselben Umständen hat dasselbe statt´ vom kausalen Denken *bewahrt* und *angewendet* - man denkt die Eigenschaften des Dinges sonst *anders;* denkt man sich gleichsam tief in die *wirklichen* Eigenschaften des Bechers hinein, dass er aus *Ton* ist, nimmt man die Eigenschaften also wirklich *ernst*, ist es *undenkbar*, dass er sich `anders´ verhält - das *gedanklich* abgewandelte `Sosein´ ist *realiter* immer ein *anderes* `Sosein´; umgekehrt: *Denkt* man `anderes´, denkt man einen Becher, der *nicht* zerbirst, *ist* es schlicht kein *tönerner* Becher mehr...
H: ...frei nach Schillern: `*Springt* der tönerne Becher, so springt, aha! schon der *tönerne* Becher nicht mehr!´[575]
M: Ganz recht; das meint `spezifisches Sosein´ - und *dieses* umfasst auch die *naturgesetzliche Kausalität*, wenn diese reduktionistisch auf ein `Sosein´ der Dinge zurückgeführt wird, auf deren realen *kausalen*, *dispositionalen* Eigenschaften superveniert. Es geht nicht um das modellhafte *Abbild* der Dinge, um die in ein begriffliches System gebrachten *Repräsentationen* der Dinge... Naturwissenschaft bemüht sich, das ehedem (teilweise) anthropozentrische und anthropomorphe Weltbild zu *objektivieren*[576] - dabei gibt es jedoch so etwas, wie eine *`Dialektik der Entanthropomorphisierung´*, wenn Begriffe gleichsam *so sehr* `entanthropomorphisiert´ werden, dass sie zwar erkenntnistheoretisch `korrekt´ sind, aber schlicht unverständlich und nichtssagend; ein Beispiel dafür ist der Begriff `Kraft´ - eine *Abschaffung* des Begriffes durch die genannten alternativen Modelle ist *nicht möglich*, man wird immer

wieder auf diesen *zurückgeführt* - und das nicht nur, weil anthropomorphe Formulierungen unverzichtbar sind, wenn man die *Phänomenalität*, die hinter Kräften steht, *beschreiben* will; spart man das *letzte* \`warum´ nicht aus, kann man nur davon *\`stammeln´*, *warum* sich die Dinge auf diese-und-jene Weise \`verhalten´; da *alle* Modelle - im Sinne Humes - nur *blind umhertasten*, sind sie *alle* unbegreiflich; das *Kraft*modell verschleiert das noch am *wenigsten*, alle Dinge als ein mit sich selbst wechselwirkende Wellenphänomen zu deuten, reicht am *tiefsten*. Aber vielleicht hat man gerade *so* einen *anderen* Zipfel der Wahrheit in der Hand: Wir *wissen*, wie sich ein Ding *\`von innen´* anfühlt - erfasst diese *Innen*perspektive *dasselbe*, was mit dem Begriff \`Kraft´ in der *Außen*perspektive der *mehr* als *passiven* Dinge erfasst werden soll?
H: Zum Glück geht es hier nicht um diese Untiefen des Leib-Seele-Problems...
M: Ja... Hier nun besteht die Gefahr nicht darin, dass man unberechtigterweise die *Denk*struktur einer kausalen Notwendigkeit auf die *Natur* überträgt, sondern dass man unberechtigterweise ob der Fähigkeit, Situationen gedanklich *abwandeln* zu können, das jeweils spezifische \`Sosein´ der wirklichen Dinge *\`wegdenkt´*, in welchem offenbar auch die *Notwendigkeit* einer kausalen Reaktion liegt... Tragisch wäre, wenn Humes Kritik zu einem *\`Wegdenken´* des *tatsächlich gegebenen* ontologischen Zusammenhangs anstiften würde, mithin das lautere Bemühen, Anthropomorphismen zu *vermeiden*, eben diese gerade *hervorriefe...*
H: VonNeumanns Einschätzung zur Kausalität etwa ist allerdings auch kritisch: „Im Makroskopischen gibt es keine Erfahrung, die sie stützt, [...] denn die scheinbare kausale Ordnung der Welt *im Großen* [...] hat gewiss keine andere Ursache als das \`Gesetz der großen Zahlen´ [mithin die statistische *Mittelung*] - ganz unabhängig davon, ob die die Elementarprozesse regelnden (d.h. die wirklichen) Naturgesetze *kausal* sind oder *nicht*. [...] Erst im Atomaren, bei den Elementarprozessen selbst, könnte die Frage der Kausalität wirklich *nachgeprüft* werden [...][- die QT] steht mit ihr [aber] in zwingendem logischen *Widerspruch*“[577]...
M: ...ein voreiliger Schluss, den er geblendet von der Kopenhagener Deutung und seinem eigenen \`Beweis´ zog - was evident ist, wenn man QO als *reine* Wellenphänomene deutet und bedenkt, dass die Schrödinger´sche Gleichung *rein deterministisch* ist... Humes skeptizistische Kritik *generell* (auch an der Induktion) untergräbt jedenfalls *dogmatisch* genommen alle Naturwissenschaft; sie liefert kein Argument, dass es Kausalität in der Natur an sich selbst nicht *geben* kann, weil es nicht darum geht, wie man *denkt*, sondern was *im Sein selbst implementiert* ist... Eine *Hume´sche Metaphysik* kann einem Naturwissenschaftler nur als *Mystik* gelten; man kann *erkenntnistheoretisch vieles* in Frage stellen und mit Descartes, Berkeley, Mach... prinzipielle Erkenntnisschranken von der Realität der Außenwelt und dem Solipsismus-Problem bis zu den induktiven Schlüssen prinzipiell als *unüberschreitbar* anerkennen -

dabei kann man nur zu einem tapferen *`trotzdem´* kommen oder wie duBois-Reymond in Hinsicht auf die (zwei) transzendenten `Welträtsel´ bei einem *`ignorabimus´* haltmachen. Humes Position ist, als erkenntnistheoretische fruchtbar, als ontologische überhaupt nur schwer nachvollziehbar (dasselbe wäre auch über Humes Position bezüglich der *`Substanz´* zu sagen)...
H: Immerhin hat sie nicht nur Kant aus seinem `dogmatischen Schlummer´ aufgeschreckt, sie wurde von Comte und Mach bis Carnap und Stegmüller aufgegriffen; von *diesen* wurde `Kausalität´ auf eine erkenntnistheoretische *Metaebene* verschoben, von *jenen* gleich ganz positivistisch *eliminiert...* Wissenschaftstheoretisch wird Humes Argumentation bis *heute* aufgegriffen, etwa von Lewis in seiner These der `Hume´schen Supervenienz´: Vorausgesetzt werden als `Rahmen´ die `externen´ Relationen einer raum-zeitlichen Geometrie; an den Punkten der Raumzeit sollen dann fundamentale, lokale, *intrinsische, kategoriale* physikalische Eigenschaften auftreten; die Welt ist ein Mosaik dieser einzelnen Fakten, alles weitere *superveniert* darauf; nicht nur als Ganzes genommen, sondern jede *einzelne* Eigenschaft ist *kontingent*, es gibt *keine notwendigen Verknüpfungen*[578]...
M: Man muss die *Konsequenzen* hier nur einmal *aussprechen* - „innerhalb der Hume´schen Metaphysik kann man keine Antwort auf die Frage geben, *wieso* die Verteilung der fundamentalen physikalischen Eigenschaften in der Welt sich so entwickelt hat, wie sie sich tatsächlich entwickelt hat. [...] *Keine* fundamentale physikalische Eigenschaft, die an einem Raumzeitpunkt auftritt, legt irgendetwas in Bezug darauf fest, welche weiteren Eigenschaften [...] an anderen, inbesondere benachbarten Raumzeitpunkten *auftreten* können."[579] Das Natur*geschehen* folgt keinem Natur*gesetz*. Jede dieser Eigenschaften kann man gleichsam gedanklich festhalten und alle anderen ändern und es ergibt sich doch immer eine `mögliche Welt´, es gibt - mit Leibniz gesprochen - keinerlei *`Kompossibilitäts-Probleme´*, wie bei den `Vielen-Welten´ der QT sind *alle* Welten *denkbar*, selbst chaotisch-regellose (das Attribut `mögliche´ (Welten) *besagt* nichts mehr), selbst fundamentale Eigenschaften wie `Masse´ und `Ladung´ könnten ihre Rollen tauschen, sie werden (auch als `primitive Washeiten´ rekonstruiert) zu `nichts´, die ganze Ordnung, die man vorfindet, wird zu einem *zusammenhanglosen*, mit Mackie gleichsam *`zementlosen´* Weltbau - wie das `Parmenidische Blockuniversum´ *„a tale told by an idiot, [...] signifying nothing"*[580] ...
H: Nun, bei alledem wird von fundamentalen *kategorialen*, nicht von *kausalen, dispositionalen* Eigenschaften ausgegangen - erstere sollen nicht die Kraft bzw. Disposition besitzen, weitere Eigenschaften *hervorzubringen...*
M: Bevor man dies alles weitschweifig diskutiert und zu legitimieren versucht (etwa indem man die strukturelle Verteilung der kategorialen Eigenschaften die Dispositionen der `Dinge´ in kontrafaktischen Konditionalaussagen *wahr machen* lässt - nur: Wie *`macht´* die Struktur das? und: Warum ihr nicht die

entsprechende Disposition oder Kraft *zuschreiben?*), wäre ja zu fragen, ob man so zu einem *konsistenten* Weltbild gelangt und ob es überhaupt einen rationalen Grund gibt, dergleichen *anzunehmen*. Wenn man die fundamentalen Eigenschaften der Dinge als rein *kategoriale* interpretiert, wohnt diesen nicht die Kraft bzw. Disposition inne, weitere Eigenschaften *hervorzubringen* - physikalisch-empirisch sind Eigenschaften aber gerade (nur) kausal bzw. dispositional *gegeben*. Eine *realistische* Interpretation von Phänomenen als Erscheinungen von *`etwas´* erfordert, dass diese *hervorgebracht* sind, dass es *gesetzhafte Relationen* etwa zwischen den physikalischen Strukturen `an sich´ und den Phänomenen, zwischen Beobachtungsgegenstand und Messapparat bzw. Beobachter gibt...
H: Ja, gerade, wenn man erwägt, ob Eigenschaften durchweg als *relationale* zu nehmen sind...
M: Bezüglich des ganzen Weltbildes ergibt sich folgendes Problem: Man kann annehmen (wohlgemerkt: ohnerachtet der Frage, ob diese Voraussetzung *zutreffend* ist), dass mikrophysikalische Prozesse irreduzibel probabilistisch sind und die makroskopische Kausalität nur statistisch im `Gesetz der großen Zahl´ gründet - dann kann man makroskopische Phänomene in gewisser Hinsicht noch als *kausal-deterministisch* hervorgebracht betrachten, nämlich *durch* die große Zahl - ein Fußball `tunnelt´ *nie* eine Fensterscheibe...
H: Wenn man dann auch prinzipiell die Welt *insgesamt* als *irreduzibel indeterministisch* bezeichnen muss, *`durchtränkt´* der Indeterminismus gleichsam *nicht* alles...
M: Richtig. Wenn hier aber alle Eigenschaften als rein kategorial genommen werden, man einen zusammenhanglosen, `zementlosen´ Weltbau annimmt, in welchem *nicht* das eine das andere *hervorzubringen* vermag, ist es *anders:* „Wenn die fundamentalen Eigenschaften rein kategorial sind, dann kann auch das, was auf der Verteilung der fundamentalen Eigenschaften *superveniert*, nur eine Ansammlung rein kategorialer Eigenschaften sein. [...] Wenn es [...] keine notwendigen Verbindungen in der Superveninez*basis* gibt, kann es auch keine notwendigen Verbindungen in dem geben, das auf der betreffenden Basis *superveniert*.“[581] Das passt nicht nur mit der *erlebten* Welt nicht zusammen, sondern auch nicht mit der von den *Naturwissenschaften* beschriebenen Welt - das muss man schon von der *QT* sagen, allemalen aber von den Einzelwissenschaften ontologisch *`oberhalb´* der QT, wo es um *Evolution* (im weitesten Sinne) und um *funktionale*, mithin um *dispositionale* Eigenschaften geht, um *Wirkungen* (es ist insofern kein Zufall, dass sich das Parmenidische Blockuniversum mit einer *ähnlichen* Kritik konfrontiert sieht[582])... Betroffen ist hier auch der Naturgesetz-Begriff: Mit Hume ginge es um *reine Regularitäten*, mithin um *reine Rätsel*, um ein *`immer-wenn-dann´*, das aber *nicht gesetzhaft herbeigeführt* sein soll; ja, die Naturgesetze - diese dann nur im *erkenntnistheoretischen* Sinne verstanden - hingen vom zukünftigen Geschehen ab (da

man den ganzen raum-zeitlichen `Block´ betrachten muss, weil sich *nicht* mit einem Anfangszustand alles Folgende *ergäbe*), nicht das zukünftige Geschehen von den Naturgesetzen - diese dann (auch) im ontologischen Sinne als *Naturgesetze* verstanden, die auf den realen Eigenschaften der Dinge, auf ihrem `So-Sein´ *supervenieren*, nur *mit* den Dingen gegeben sind (ohnerachtet der Frage, ob sie gleichsam *mittelbar* Universalien sind, *sofern* die Eigenschaften (als mehrfach instantiierte Wellengestalten) solche sind - je nachdem auf welche unterliegende *Ebene* man sich bezieht)...
H: Hm...
M: Es gilt daher - vor dem Hintergrund der empirisch beobachteten *gesetzhaften Veränderungen* in der Natur - das abzubilden, was mit den Begriffen `Kraft´, `Disposition´, `Kausalität´, `Naturgesetz´ *eingefangen* werden soll - es sei an Leibniz´`*agere* [Tätigkeit] est character substantiarum´ erinnert; die fundamentalen Eigenschaften der Dinge kann man dann nicht auf *kategoriale* Eigenschaften reduzieren, man muss von *kausalen*, *dispositionalen* Eigenschaften ausgehen, in dessen Wesen es liegt, andere Eigenschaften *hervorzubringen;* die Zahl der `möglichen Welten´ wird eingeschränkt, das Attribut `mögliche´ (Welten), die`*Kompossibilitäts*-Frage´ und die `*wieso*-Frage´ werden wieder ins Recht gesetzt, denn die Eigenschaften stehen *in Zusammenhang*, sind nicht rein kontingent, sondern manche sind *notwendig* miteinander verknüpft, *weil* kausal-dispositional von anderen *hervorgebracht*, das `Sosein´ der Welt *evolviert* (man könnte aber den Determinismus mit gewichtbaren `Propensitäten´ abschwächen); *wenn* man `Dinge´ denkt, können diese nicht einfach nur `*da*´ sein, *etwas* zeichnet für die gesetzhaften Veränderungen verantwortlich - wie ergäbe sich die *evolvierende komplexe Ordnung*, die man als `Welt´ vorfindet (den Menschen eingeschlossen) *sonst?* Wenn auch die Naturgesetze zeit-reversibel *gefasst* werden, gibt es eine *irreduzible zeitliche Richtung* des Naturgeschehens - dabei ein Argument für den *Präsentismus*...
H: Nun gut, daher versucht man ja auch die Kausalrelation etwa an der Übertragung einer raum-zeitlich sich-erhaltenden `*Markierung*´ (Salmon) oder am Übertrag einer *Erhaltungsgroße*, etwa der Energie, festzumachen, raumzeitliche Weltlinien als *Prozesse* zu deuten...
M: Ja. Das ist ein wichtiger Ansatzpunkt, weil *jede* - klassische - Wirkung mit einem Energieübertrag verbunden ist, das gilt es schon hinsichtlich der von der Hume´schen Kritik irritierten *klassischen* Physik nachzuarbeiten: „Ohne Energieübertrag kein Signal, keine Nachricht, keine kausale Verknüpfung, keine Wirkung, keine Ursache! [...] Der ontologische *Unterschied* zwischen (regelmäßigem) post hoc und (kausalem) propter hoc ist der *Energieübertrag*. [...] Wann immer [...] sinnvoll von Kausalität, von Ursache und Wirkung, von kausaler Beziehung [...][die Rede ist, wird man] auch den zugehörigen Energieübertrag nachweisen können“[583]; so wird übrigens auch das Problem der Präemption und der Epiphänomene gleich *mitgelöst*. Im Rahmen der QT wäre

dabei anzumerken, dass *theoretisch* der Übertrag der Erhaltungsgröße - so ein Einwand - nicht zwangsläufig *lokaler* Natur sein muss, um Kausalität begründen zu können; *praktisch* ist es jedoch mit der `Ganzheit´ von QO ohnedies so, dass dieser empirisch stets zumindest *diskreter* Natur ist. Dennoch aber muss man *das, dem* dabei die Kraft bzw. Disposition innewohnt, insgesamt als *ausgedehnt* betrachten, die *Wirkungsdynamik* ist mit der QT *nicht-diskret*, eben eine von *Wellenentitäten;* so stehen dahinter auch nicht - wenn man so sagen kann - *diskret-intrinsische* Eigenschaften; die kausalen Wechselwirkungen sind in Anbetracht der phänomenalen Wirkungsdynamik keine *lokalen* Prozesse, wenn auch `an sich´ schon, sofern sie ausgedehnte, sich `überlappende´ Wellenentitäten betreffen (mtihin phänomenal nicht-lokale Prozesse); insofern spricht man mit den räumlich ausgedehnten Quantenentitäten in einem direkten Sinne von *Strukturen* und ihren Relationen und kausalen Wechselwirkungen...
H: Man könnte beinahe sagen, intrinsische Eigenschaften `mischen´ sich begrifflich mit relationalen Eigenschaften...
M: Die QT muss über diesen Ansatz allerdings noch weiter *hinausgehen* - der Energieübertrag ist ein *hinreichendes* Kriterium, etwas als kausal verbunden zu nehmen, allerdings nicht ein *notwendiges*, nicht das *einzige* Kriterium: Einzubeziehen wären zunächst auch Impuls und Drehimpuls, die eben auch *Erhaltungsgrößen* sind. Dann aber sollte das Kausalkonzept Relationen, wie sie bei der `wechselwirkungsfreien´ Messung oder beim EPR-Experiment zutagetreten, *mit*umfassen und - entscheidender noch - das `sich-Neigen´ von QO und den *Messprozess:* Wenn man QO als *Wellenentitäten* nimmt, ist die Schrödinger´sche Gleichung an sich nicht erklärungsbedürftig, schon aber, was sie *implizit umklammert*, nämlich das `sich-Neigen´ von QO mehr zur Teilchen- oder Wellennatur, ihre Modulation gemäß den HU, und was sie gerade *nicht* umfasst, nämlich eine Dynamik *II* des Messprozesses - kurz: die (kausalen) Veränderungen von QO an sich selbst; wenn es beim *klassischen* Messprozess nur um nämlichen *Energieübertrag* geht, geht es beim *quantenphysikalischen, präparierenden* Messprozess um *`mehr´* und *`anderes´*, aber insofern um *kausale* Prozesse, als diese *Veränderungen zeitigen...*
H: Nun gut, die Konzepte eines (kausal) induzierten Wellenkollapses etwa nach GRW oder Penrose erfassen gerade Veränderungen, bei denen es *nicht* um den Übertrag einer Erhaltungsgröße *an sich*, um sein *`dass´* geht, sondern um das *`wie´* (welches etwa die wirkungsdynamische Ausgedehntheit *und* die Ganzheit von QO erklärbar macht) - man könnte sagen: die reine *Gegenwart* von anderen QO führt in diesen Konzepten zu *Veränderungen* in Gestalt eines Wellenkollaps; vielleicht geht es dabei *auch* um - weitere, gleichsam *informationelle* - Erhaltungsgrößen, welche die Ereignisse verbinden... Diese Relationen fallen - insofern sie *Veränderungen zeitigen* - in der Tat unter die Kategorie `Kausalität´...

M: ...und damit kommt man wieder zum Kern der QT, zum *Messproblem*, das vielleicht auch deshalb ein *Problem* ist, weil ansonsten in physikalischen Theorien gerade *nicht* von Ursachen und Wirkungen die Rede ist (und weil diese zeitsymmetrisch sind) - dem gilt es sich aber *detailierter* zu widmen...
H: Hm...
M: Zunächst aber zum ursprünglichen Gedanken: Mit der QT ergibt sich ein weiteres alternatives Kraft-Modell: dass \`Ding´ und \`Kraft´ *zusammenfallen*, was man sogar (großherzig) als eine besondere *Spielart* der \`Hume´schen Supervenienz´ begreifen könnte... Man sollte sich mit Schrödinger nicht wundern, dass die „erschöpfende und abschließende Kritik [...] Humes [...] die Kausalität nicht endgültig [hat] *beseitigen* können," weil sie offenbar „zu tief verwurzelt im Denken des Alltags und in der Sprache [ist]"[584] - man sollte sich wundern, dass gerade *Schrödinger* - mit seiner Vorstellung, die Dinge seien \`Wellenkämme´ eines zugrundeliegenden Wellenphänomens, das seiner rein deterministischen Gleichung folgt - dies (auch nur zwischenzeitlich[?]) so gesehen hat, denn ein Wellenphänomen *ist* ja das sich-Beeinflussen von Oszillatoren, die *gesetzhaft* aneinander gekoppelt sein müssen, da sonst gar keine Welle *entsteht*, da akausales, zufälliges Oszillieren *keine* Welle, sondern höchstens *Fluktuationen* oder ein *Grundrauschen* erzeugt...
H: Mit Humes Kritik landet man dann aber *immer noch* im dogmatischen Halt, im Zirkel oder im infiniten Regress...
M: Richtig. Als Humeianer kann man auch *\`zuunterst´* noch fragen, ob die Oszillatoren über eine *Notwendigkeits-Relation* miteinander gekoppelt sind - von den gedachten Oszillatoren kann man *wiederum* denken, dass sie sich \`anders´ verhalten; dann opponiert man wiederum: Ein *wirklicher* Oszillator bringt ein spezifisches *\`Sosein´* mit, das auch eine kausale Kopplung umgreift usw. usf. Da man aber nicht \`tiefer´ *hinabgehen* kann und da die Frage zu nichts *führt*, ja, beinahe eine Zumutung ist, kann man das Spiel hier *beenden* - im dogmatischen Halt, der aber eine *vernünftige Setzung* ist: Ein Wellenphänomen *ist* das kausal-gesetzliche sich-Beeinflussen von Oszillatoren (welcher Art auch immer)...
H: Nun gut, *wenn* man einen Wellengrund denkt, scheint das sinnvoll - die Hume´sche Metaphysik ist also nicht nur *an sich* zu verwerfen, sondern sie geht mit der *\`Wellenartigkeit´* von QO, die per se auf einer *gesetzartigen Beeinflussungsrelation* beruht, schwerlich *zusammen*...
M: Richtig. Mit dem Wellenbild ergibt sich im Gegenteil für die naturgesetzliche Kausalität im Sinne eines Gesetzes-Reduktionismus eine neue *Sicht* - Kant stellte fest: „Es ist [...] gar nicht abzusehen, wie darum, weil Etwas ist, etwas Anderes *notwendigerweise auch* sein müsse"[585] - auf einen *Wellengrund* bezogen ist das *anders*, es liegt offen vor Augen, wie *eine* Wellenmodulation eine *andere* beeinflusst - das *ist* die Kraftwirkung des *einen* Dinges auf das *andere* (bzw. eigentlich *wechselseitig* gedacht)...

H: Hm...
M: Nimmt man als grundlegende Entitäten *Wellen* an, kann man deren Überlagerung und Interferenz schon *als* Wirkung betrachten, insofern diese das `Sosein´ der betreffenden Wellenentitäten - die zu `Dingen´ erst emergieren mögen - *beeinflussen;* so hat man Seiendes, das mit sich selbst wechselwirkend *als solches* schon - ungetrennt in `Ding´ und `Kraft´ - Kraftwirkungen *umfasst* - das Geheimnis liegt dann *ganz* im Zugrundeliegenden, sofern man selbiges *abstrakt, im-* oder *prä*materiell denkt. Kräfte sind dann nur `Anregungen zu *anderen* Schwingungsgestalten´; nicht nur `Ding´ und *`Eigenschaft´* bzw. *`Zustand´*, `Ding´ und *`Bewegung´* fallen ineins zusammen, auch ein `Ding´ und seine *`Kraftwirkung´* bzw. *`Krafterfahrung´* - wenn man ausgedehnte Wellenentitäten annimmt, können diese sich im feldartigen `überlappenden´ Teil über Interferenzen, Resonanzen usw. *unmittelbar beeinflussen*, zu einer *Neumodulation* anregen, *eine* Wellenerregung beeinflusst die *andere*, etwa dergestalt, dass zwei QO sich einander annähern, was als anziehende *Kraftwirkung* erscheint; insofern ergibt sich mit *Wellen*entitäten das einheitliche Bild, dass dies die Kraftwechselwirkung der Dinge *ist*...
H: Dass `Ding´ und `Kraft´ zusammengehören, hat schon Leibniz angemahnt, `Kraft´ und `Stoff´ hat auch Büchner als essentiell gemeinsam der Materie angehörig definiert; heute korrespondiert der Masse der Materie eine Energie und umgekehrt der Energie der Felder eine Masse. Teilchen konnte man schon bevor man ihre (auch) Wellennatur entdeckte als eine Art `Knotenpunkt´ des elektromagnetischen Feldes selbst deuten - eben das hatte sich ja Einstein gesagt, dass man „Materie als den Bereich des Raumes betrachten [könne], in dem das Feld *extrem dicht* ist [...]. In [...][der] neuen Physik [...][sei] kein Platz für beides, Feld und Materie, denn das Feld ist die *einzige* Realität.“[586] Es wäre mithin nicht so, dass Teilchen Felder *evozieren* und gleichsam darin *`schwimmen´*, sondern dass beides *zusammenfällt* und die Wechselwirkung eines Teilchens *mit* einem Feld zu einer unmittelbaren Wechselwirkung des Feldes mit *sich selbst* wird - dieser Punkt war ja schon bei der Frage nach der *Raumgröße* von QO im Lichte ihres Trajektorieverhaltens hervorgetreten... Auf einen Wellengrund bezogen *sind* dann dessen kategoriale Eigenschaften immer kausale, dispositionale Eigenschaften; es liegt mit diesem *nahe*, nicht ein rätselhaftes reines `Aufeinanderfolgen´ anzunehmen, gerade *weil* die - wohlgemerkt: nicht potentiellen, sondern actualen - Eigenschaften, die Wellenentitäten repräsentieren, *Hervorbringens*-Qualitäten im Sinne eines reinen *`Wechselspiels´* der Entitäten sind; man kann sogar, da auf den Wellengrund *an sich* bezogen *nichts Zusätzliches*, gleichsam *`von-außen-Kommendes´* auftritt (auf *dieser* Ebene, die `Innenwelten´ ausgenommen), fragen, ob eine Differenzierung zwischen kategorialen und kausalen, dispositionellen Eigenschaften überhaupt *Sinn* macht, wenn sich erst auf der Ebene *darüber* sagen lässt, dass irgendwie *neue*, *andere* Eigenschaften hervorgebracht werden...

V e_3 *M:* So ist es. Dieser Überlegungen eingedenk gilt es, einen kritischen Blick auf das Standardmodell bzw. die QFT zu werfen, auf die virtuellen, kräftetragenden Wechselwirkungsteilchen: Die QFT greift nicht nur alle gerade genannten *quantenphysikalischen* Wechselwirkungen, die als Veränderungen hervorbringend unter die Kategorie 'Kausalität' fallen, nicht auf und behandelt nur die *klassischen* Wechselwirkungen, sondern geht bei diesen noch hinter die Hume'sche Kritik *zurück*, insofern sie gerade den *wundesten* Punkt - das, was etwa bei den Billardkugeln bezüglich der *Notwendigkeit*, die in kausalen Relationen liegt, unverständlich bleibt - zu ihrem *archimedischen* Punkt macht...

H: Nun, auch das Standardmodell bzw. die QFT bringt 'Ding' und 'Kraft' in ein neues Verhältnis zueinander, stellt diese - wie auch 'Materie' und 'Feld', wie ehedem 'Kraft' und 'Stoff' - nicht mehr einander *gegenüber*. Sie geht allerdings *umgekehrt* vor: Als Erweiterung der QT behandelt die QFT ja auch *Felder;* gleichsam als aus unendlich vielen Teilchen bestehend werden diese mit Materieteilchen nun *einheitlich* behandelt: Neben den *reelen, ruhemassebehafteten*, sozusagen *'echt'-materiellen* Teilchen nimmt man noch vier Arten von *virtuellen, kräftevermittelnden* Teilchen an *(H. deutet auf die Abbildung oben);* alles Geschehen und Wirken wird in die Erzeugung, Vernichtung und Bewegung von *Teilchen* aufgelöst; die *Wechselwirkungsteilchen* stehen dann *für* das, was man klassisch *'Kräfte'* nannte und derer man heute vier unterscheidet...

M: Die reelen Teilchen sind *Spin-½*-Teilchen oder Fermionen, die virtuellen Teilchen solche mit ganzzahligem Spin *0,1,2...* oder Bosonen, die man den vier Kräften entsprechend in vier *Gruppen* einteilen kann: Für die Gravitationskraft nimmt man - gleichsam in Vergessenheit der ART - *Gravitonen* an, diese wirkt zwischen allen reelen Teilchen; ebenso wie die 'schwache Kraft', die durch drei Arten von *Vektorbosonen* abgebildet wird, nämlich das W^+-, das W^-- und das Z^0-Teilchen. Zwischen allen elektrisch geladenen Teilchen wirkt die elektromagnetische Kraft, die durch *virtuelle Photonen* (γ) abgebildet wird und zwischen den Quarks mit ihren Farbladungen wirkt die 'starke Kraft', abgebildet durch acht Arten sogenannter *Gluonen* (*g*) - diese 'Leim-Teilchen' tragen selbst bestimmte Farbladungen und können daher die Farbladungen von Quarks *verändern*. Ähnlich sollen auch die Vektorbosonen der 'schwachen Kraft' bestimmte Elementarteilchen in andere *verwandeln*, womit sie als *Auslöser* für den radioaktiven Kernzerfall und umgekehrt für Kernfusionen gelten (was beides eigentlich von der 'starken Kraft' moduliert wird). Anders als bei den drei anderen Kräften nimmt man für die 'starke Kraft' an, dass sie zwar - wie die 'schwache Kraft' - nur eine endliche Reichweite hat und nur bei Distanzen im Größenbereich des Kerns wirkt, dort aber mit dem Abstand *stärker* wird (daher finde man keine einzelnen Quarks). Die Gravitationskraft wirkt zwischen unterschiedlichen

Massen, die anderen drei Kräfte wirken zwischen gequantelten *Ladungen*. Im Vergleich zur elektromagnetischen Kraft ist die `starke Kraft´ *im Mikrokosmos 100*-mal stärker, die `schwache Kraft´ hingegen *1000*-mal schwächer; die Gravitationskraft sogar *(hier)* um den Faktor 10^{-36}, sie ist im Mikrokosmos also zu vernachlässigen (ohnerachtet *Penroses* Ansatz, dazu später)...
H: ...wobei „diese Unterteilung in vier Klassen [wohl] künstlich [...][ist und] möglicherweise am Kern der Dinge vorbei[geht]“[587]...
M: Ja. Jedenfalls fühlte man sich im Fahrwasser des komplementären Welle-Teilchen-Dualismus - wollte man doch auch Felder *quantisieren* - ermutigt, Felder und Kräfte zu *Teilchen* umzudeuten und *alles* Naturgeschehen als Wechselwirkung unablässig erzeugter und vernichteter virtueller und reeler *Teilchen* darzustellen - nun halten Gluonen Quarks beieinander, die Nukleonen bilden, Pionen halten Nukleonen beieinander, die Kerne bilden usw. usf. ... Alle gleichartigen reelen Teilchen sollen gleichsam Materialisierungen eines entsprechenden zugrundeliegenden Feldes sein und umgekehrt sollen Felder in Gestalt von virtuellen Teilchen als Feldquanten materialisiert sein...
H: Ja; darin schien auch ein Schlüssel zu liegen, die empirisch beobachteten *Kaskaden* von Erzeugungen, Verwandlungen und Vernichtungen von QO einem einheitlichen *Erklärungsmuster* zu unterwerfen: Ingesamt nimmt man nur einige wenige *Elementar*prozesse an: Neben der räumlich-zeitlichen Positionsveränderung die paarweise Erzeugung reeler Teilchen *aus* oder die Vernichtung *in* virtuelle Wechselwirkungsteilchen, wie umgekehrt die Emission und Absorption virtueller Wechselwirkungsteilchen durch reele Teilchen, die sich dabei verändern; in *Feynman-Diagrammen* erscheinen die Teilchen als Weltlinien, ähnlich wie in relativistischen Raum-Zeit-Diagrammen (daher rühren sie), während die nämlichen Elementarprozesse an deren Berührungspunkten (den Vertices) statthaben *(H. deutet auf Abbildung 71);* die Abszisse und Ordinate der räumlichen und zeitlichen Lokalisierung sind mit *Fragezeichen* versehen, weil strittig ist, ob und inwieweit man dieses mathematische Hilfsmittel *`real´* interpretieren kann bzw. muss[588] oder nur als *symbolische Versinnbildlichung...*

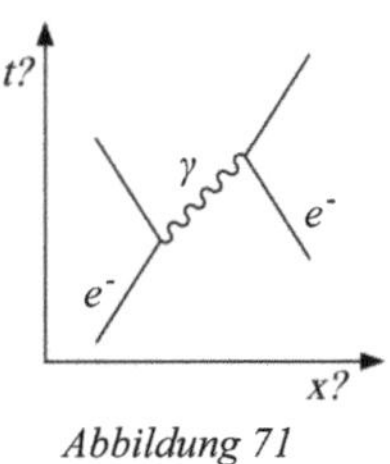

Abbildung 71

M: Natürlich dient es in *erster* Linie dazu, etwa in einer störungstheoretischen Streumatrix *Überblick* über die ein- und auslaufenden Teilchen bzw. über die diesen korrerspondierenden mathematischen Ausdrücke zu verschaffen, um dann aus diesen nach bestimmten Regeln eine gewichtete Summe zu bilden und Übergangsamplituden bzw. -wahrscheinlichkeiten zu errechnen; setzt man bei der Mathematik an, werden einfach nur Viel-Teilchen-Zustände der QT als Anregungszustände eines Quantenfeldes dargestellt...
H: Richtig; so könnte etwa dargestellt werden, wie zwei Elektronen einander

begegnen und miteinander wechselwirken, indem ein virtuelles Photon vom einen Elektron emittiert und vom anderen absorbiert wird; für *Komplexe* solcherlei Prozesse die Wahrscheinlichkeiten auszurechnen, ist zwar recht aufwendig, weil in Wahrheit bei allen gewöhnlichen Prozessen natürlich *Unmengen* an Teilchen beteiligt sind, es liefert aber sehr präzise Ergebnisse...
M: Allemalen reicht es nicht, die QFT nur *mathematisch* zu entfalten, man muss sich auch den *Interpretationsfragen* widmen: Es ist nicht nur fraglich, ob man *Feynman-Diagramme* `real´ interpretieren kann, der ontologische Status der Gegenstände der QFT ist *allgemein* (wie in der QT) *unklar*, dieser ist in der Diskussion geradezu *ambivalent* - einerseits heißt es: „Es gibt [...] keinen eigenen Typ von `virtuellen´ Teilchen, über deren besondere Existenzweise man sich Gedanken machen müsste“[589], andererseits aber werden diese `Hilfsteilchen´, die nur während der Wechselwirkung überhaupt *existieren* sollen, sehr *ernst*genommen, ja, im Standardmodell geradezu in der `Teilchenvitrine´ *ausgestellt*. Auch heißt es, reele und virtuelle Teilchen würden nur *mathematisch* gleich dargestellt, für *Wechselwirkungen* stünden jedoch besondere Terme[590] - obgleich etwa Photonen ja eigentlich schon als quantisiertes Feld *reifizierte Kräfte* sind... Es fragt sich, als wie *`real´* man diese Teilchen und Prozesse überhaupt *betrachten* kann - zumal die Liste der *Charakteristika* von Teilchen *(M. deutet auf die Abbildung oben)* in der QFT stärker noch als ohnedies schon *bröckelt*, im Grunde gar nicht (mehr) *gegeben* ist...
H: Nun, während die *äußeren* Linien von Feynman-Diagrammen *empirisch beobachtbare* Teilchen repräsentieren (man beobachtet immer nur *diese* Prozesse), stehen die *inneren* Linien zwischen den Vertices für per definitionem und realiter *nicht empirisch beobachtbare*, *virtuelle* Teilchen, mithin für (innerhalb bestimmter Regeln) viele beliebige, komplexe *Prozesse* mit erzeugten, vernichteten, sich ineinander verwandelnden virtuellen Teilchen - die *mit* dem Bild zugegebenermaßen als `real-existent´ zumindest *nahegelegt* werden...
M: Zweifelsohne soll mit der QFT und den Feynman-Diagrammen doch ein *reales* Naturgeschehen *im Raum* beschrieben werden: Zwei QO sollen miteinander wechselwirken, wenn sie sich *begegnen;* und dabei gibt es auch eine bestimmte *zeitliche* Folge, nicht nur wie man *rechnen* muss, sondern was *`geschieht´* - zumindest, was die *äußeren* Linien betrifft...
H: Natürlich, Feynman-Diagrammen *grundsätzlich* eine Abbildfunktion abzusprechen, würde ihre *Bewährung* als mathematisches Hilfsmittel vollkommen *rätselhaft* machen - daraus, dass man etwa quantenelektrodynamische Streuprozesse mit dem Modell der virtuellen Teilchen *erfolgreich* behandeln *kann*, kann man im Sinne eines Realismus auf eine partiell isomorphe *Abbildung* schließen - das gleichsam `Urbild´ des `an sich´ ist natürlich wie generell *unzugänglich...*
M: ...und doch muss man sagen, dass man - wenn auch gleichzeitig das Ganze in reine Mathematik bzw. in abstrakte Symbole *`entwirklicht´* wird (ins-

besondere die `materiellen´ QO) - ein *zu* anschauliches Modell geschaffen hat: Dass die `Individuierbarkeit´ der QO verschwunden ist, ist der Eigenart der mathematischen *Abbildung* zuzuschreiben, welche die Besetzungszahldarstellung von *vorneherein* die Teilchen *nicht indiziert* (womit sie von selbst *permutations-symmetrisch* ist) und insofern die *n*-fach besetzten Zustände *als* Teilchenanzahlen *konstruiert* werden, bleibt die QFT ontologisch gleichsam *neutral* - es *könnte* auch um Anregungs- und Modulations*zustände* gehen... Aber gegen die Interpretation, dass hier ein *reales physikalisches* Teilchen-Geschehen abgebildet wird, spricht schon, dass im Widerspruch zur HU scheinbar Teilchen*bahnen* gegeben sind - bei den inneren, wie äußeren Linien. Alle bis hierher diskutierten Probleme des Teilchenbildes halst sich die QFT *zusätzlich* für *Felder* bzw. *Kräfte* auf, die sie *reifiziert* - vornehmlich die raumzeitliche Einbettung ist hier natürlich ebenso schwierig wie in der QT, auch die Objekte der QFT sind keine *Teilchen*, ja, kräftetragende Bosonen wie Photonen sind nicht-*lokalisiert* und nicht-(unmittelbar)-lokalisier*bar* - dabei ist es ja so, dass sich die `materiellen´ QO zusehends umgekehrt als räumlich wirkungs-dynamisch, zeit- oder teilweise *ausgedehnt* offenbart, sich beinahe *feldartig `aufgelöst´* haben, wie soll man dann bei Feldern zum *Teilchen*bild gelangen, und *wozu* überhaupt? Umgekehrt ist es gerade so, dass in der QFT Teilchen aus den Eigenzuständen von *Impuls*operatoren erzeugt werden - dann sind es eigentlich *ebene Wellen*, die erzeugt werden; *bestenfalls* würde über die raum-zeitliche Natur bzw. Einbettung der QO hier nichts Konkretes ausgesagt[591]... Von positivistischer *Zurückhaltung* ist aber nichts zu spüren, ja, es scheint eher ein Fall von empirisch ungedeckter wundersamer Ockham´-scher ontologischer *`Entitäten-Vermehrung´* vorzuliegen - immerhin es ist ja ein Unterschied, wenn man nunmehr etwa von einem Atom sagt, es setze sich aus dem Kern und Elektronen *und* Wechselwirkungsteilchen zusammen, wenn *virtuelle Photonen* das elektromagnetische Feld zwischen Kern und Elektronen bilden sollen...

H: Nun, die Entität `Feld´ wird nur *umgedeutet...*

M: Zumindest ist dies der Fall beim `Unruheffekt´ oder wenn nahegelegt wird, mit den virtuellen Teilchenreigen das schlichte `Sosein´ eines QO in komplizierte, verborgene, *mögliche* Verwandlungskaskaden umzudeuten, die es implizit *`enthalten´* soll, was empirisch *ebenso* ungedeckt ist (und *wenn* dergleichen für möglich gelten soll, kann man es besser als Fluktuationen eines Wellen-`Soseins´ begreifen, das dann ein spezifisches `Sosein´ *bleibt*)... In diesem Zusammenhang braucht man nur einmal die sogenannten `quasi-Teilchen´ der Festkörperphysik in Betracht zu nehmen, bei denen eine sehr *eigentümliche* Denkweise Pate steht, etwa bei den sogenannten *`Phononen´:* Mit dem quantenphysikalischen Welle-Teilchen-Dualismus fühlte man sich auch bei Gitterschwingungen in Kristallen dazu geneigt, diese als *teilchenartige Quanten*, eben als `Phononen´ darzustellen (der Ausdruck rührt von

*Schall*quanten her); mathematisch fruchtbar liegt ihre *`Realität´* nur darin, dass man dergestalt Gitterschwingungen etwa bei der Wärmeleitung oder bei der quantenhaft-diskreten Wechselwirkung zwischen Kristallgitter und eingestreuten Teilchen *mathematisch modulieren* kann (so, wenn ob der Energie- und Impulserhaltung bei Streuung etwa eines Neutrons an einem Gitter ein entsprechendes `Phonon´ *erzeugt* werden soll). Wie die anderen virtuellen Wechselwirkungsteilchen folgen sie als Bosonen nicht der Fermi-Dirac-, sondern der Bose-Einstein-Statistik, d.h. sie können beliebig erzeugt und vernichtet werden; dabei kann man sie als entartetes `Phononengas´ denken - ihre *`Realität´ als Teilchen* kann man aber doch nicht annehmen...
H: In der Festkörperphysik erweisen sie sich als sehr *nützlich...* Außerdem gehorchen sie wie Photonen dem Gesetz $E=h\nu$...
M: Nun gut, was Photonen für das klassische elektromagnetische Feld sind, sind Phononen für Festkörper und reduziert man Materie zu Feldsingularitäten, mögen sie Photonen nicht *unähnlich* sein, insofern sie dann *beide* nur *für* Feldzustände stünden. Ansonsten bzw. eben sogar: *damit* liegt aber doch auf der Hand, dass man von letztlich *irrealen* Objekten spricht - es ist wie beim `caloricum´, das gerade *kein Objekt*, sondern ein *Zustand* ist - das sollte daran gemahnen, in analogen Fällen gleichsam ontologisch `auf der Hut´ zu sein; hier *weiß* man ja, dass nur Materie*schwingungen* ontologisch unmotiviert *reifiziert* werden - Begriffe wie `Emission´ oder `Absorption´ verleiten aber dazu, wenngleich man virtuelle Teilchen empirisch schlicht und ergreifend prinzipiell nicht *nachweisen* kann, auch `Phononen´ am Ende unbedacht für *reale dinghafte Entitäten* zu nehmen...
H: Man könnte analog immerhin schlüssig die *Beschreibung* von Phänomenen der QFT überlassen, selbst wenn *ontologisch* ein ganz *anderes* Bild für mutmaßlich `passend´ zu erachten sein mag...
M: Dann bildet für die QFT generell die *`Renormierungs´*-Problematik ein kritisches Element, das nicht eben *für* eine ausgegorene Konsistenz spricht, eben *weil* umfangreiche (mathematische) *ad-hoc*-Anpassungen vorgenommen werden müssen: Es treten gewisse *Singularitäten* auf, unendliche Werte für gewöhnliche Messwerte wie Massen oder Kopplungskonstanten der Wechselwirkungen, derer man nur durch `Renormierungsverfahren´, letztlich also *`Rechentricks´* Herr werden konnte... Überdies muss man - wenn auch mit den HU scheinbar legitimiert - annehmen, dass bei den Prozessen der inneren Linien der Energieerhaltungssatz *außer Kraft* ist; dieser gilt nur bezüglich der *äußeren* Linien; die Zwischenzustände sind nur dadurch überhaupt *möglich* - mithin erscheinen diese aber als *nur virtuell....*
H: Nun, die inneren Prozesse verletzten insofern ja *nicht* den Energiesatz, als sie nach den HU sozusagen `erlaubt´ sind, als für die virtuellen Teilchen kein Erhaltungssatz *gilt* - virtuelle Photonen etwa können in beliebiger Zahl erzeugt und vernichtet werden...

M: Auch diese Anomalie ist *vermeidbar*, wenn man sagt: Sie verletzen *deshalb* nicht den Energiesatz, weil sich das emittierende und absorbierende QO dabei *verändern*, weil es um zwei interagierende *offene* Systeme geht...
H: Welche Art Teilchen soll das *können*, Energie-, Impuls- und Erhaltungssätze verletzen und neue Teilchen emittieren oder absorbieren? Man nimmt doch nicht an, dass diese gleichsam in ihren Eigenschaften *`changieren´*?
M: Eben. `Teilchen´ schreibt man ein bestimmtes *diskretes* `Sosein´ zu - bei Wellenentitäten, wenn `Ding´ und `Zustand´ zusammenfallen, ist das *anders:* Diese *können* als superponiert in ihrem `Sosein´ gleichsam `changieren´ - ein bestimmtes *`Sosein´* ist eine bestimmte *Modulation* und die kann in gewissen *Graden* von einer anderen *überlagert* sein; es würde nur in der *Analyse* der Denkschublade `Teilchen mit den-und-den Charakteristika´ zugeordnet, was aber dennoch keine *Beliebigkeit* impliziert - mit der `Superpositionsfähigkeit´ ist dies Wellen *zu eigen...*
H: Hm...
M: Musste man in der QT schon fragen, ob man Wellenfeldern nicht das *eine* Charakteristikum der `diskreten Ganzheit´ *leichter* zugesellen kann, als umgekehrt Teilchen eine *Unzahl* an Wellencharakteristika, wird eben *diese* am *schwierigsten* mit dem Wellenbild zu reproduzierbare Eigenschaft von Teilchen, jene, die eine monistische Wellenbild-Interpretation überhaupt *in Zweifel* zog, hier nun *in Zweifel* gezogen: Es ist nämlich so, dass sich - bei allem was mathematisch Erzeugungs-, Vernichtungs- und Teilchenzahloperatoren *nahelegen* - die teilchenartige `Diskretheit´ bzw. `Kardinalität´ durch Superpositionen *veruneindeutigt:* Tauchen nicht die *Besetzungs*zahlen der Zustände des Feldes eine reale Teilcheninterpretation gleich wieder ins *Zwielicht?* Die *n*-Teilchen-Zuständsräume der QFT werden ja analog zur QT (III.9c) für das Gesamtsystem des quantisierten Feldes *superponiert* und bilden am Ende einen (bosonischen) *Gesamt*-Hilbertraum bzw. *Fockraum.* Da dieser Fockraum nun speziell *n*-Teilchen-Zuständsräume mit *veränderlicher*, also *verschiedener* Teilchenzahl umfasst, liefert er nur *theoretisch* diskrete, ganzzahlige Besetzungszahlen, denn deren Superposition hat eben auch zur Folge, dass die Besetzungszahlen gleichsam *`mitsuperponiert´* werden, so dass sich *superponierte*, mithin *nicht-definite Teilchenanzahlen* ergeben - die nicht als *Fluktuationen* zu verstehen sind, sondern als *statisch-stationäre* Zustände... Fraglich wird mithin - selbst wenn dies nur von der *Rechenmethode* generiert wird -, ob die einzelnen superponierten Prozesse der inneren Linien `realiter´ statthaben, es werden eben einander in der Teilchen*art*- und *-anzahl widersprechende* Prozesse in der Störungsrechnung superponiert[592]...
H: Feldtheoretisch - wobei es kein klassisches Feld ist - ergibt sich dann wieder wie in der QT das *Messproblem*, am Ende der Wahrscheinlichkeitsrechnung vom Möglichen zum Faktischen zu kommen, die Frage nach einem *`Kollaps´* zu *definiten* Teilchenzahlen; das (Wellen-)Feld muss zu einer punktförmigen

(Teilchen-)Lokalisierung `kollabieren' - was aber *kein zusätzliches* Problem wäre...

M: Jein. Für das Teilchenbild ist das problematisch, weil die ganzzahligen Besetzungszahlen, die etwa verschiedene Photonenzustände kennzeichnen, ja auf die empirisch gefundene *Ganzzahliggkeit* bei der Wechselwirkung von Materie und Licht *referieren* sollen, etwa beim Photo- oder Comptoneffekt - es ist *der* Punkt, der zum Teilchenbild *drängte; nur:* Warum dieses überhaupt *bemühen*, wenn genauso wie im Wellenbild ein *`Kollaps'* notwendig ist, der die Superpositionen letztendlich wieder ganzzahlig *auflösen* muss? Ob der superponierten Prozesse ist es ähnlich wie beim DSExp sinnlos, hier *Teilchen* zu denken, man braucht auch nicht wiederum ihre Anzahl bzw. Art als *`unbestimmt'* zu nehmen - näher liegt es, wie beim DSExp *Wellenentitäten* zu denken: In einem ontologischen Sinne interpretiert kann man *statt* der superponierten vielgestaltigen Teilchenprozesse, annehmen, *Wellen*entitäten seien im gewöhnlichen *Wellen*sinne überlagert und die virtuellen Teilchen wären Wellen*aspekte* oder Wellen*komponenten*... Umgekehrt ist es wiederum gerade so, dass man etwa Photonen im Wellenbild *denkt:* Das zu quantisierende Feld wird als zusammengesetzt bzw. superponiert aus unendlich vielen virtuellen harmonischen Oszillatoren begriffen. Lösungen der Klein-Gordon-Gleichung sind überhaupt schon einmal ontologisch-physikalisch in Impulsrichtung laufende *ebene Wellen* und den Erzeugungs- und Vernichtungsoperatoren $a^{\dagger}(p)$ und $a(p)$ korrespondieren Zustände des Impulsoperators, namentlich deren *Amplituden.*[593] Dann wird eine elektromagnetische Welle so normiert, dass die Energiedichte proportional der Wahrscheinlichkeit ist, das Photon in einem bestimmten *Volumen* anzutreffen - die Anzahl der in diesem Volumen hinwiederum *möglichen* Photonenzustände spezifischer Wellenlänge und Polarisation (Photonen als *Bosonen* können ja beliebig häufig *denselben* Zustand realisieren), ist gleich der Anzahl der in diesem Volumen möglichen *stehenden elektromagnetischen Wellen* dieser Wellenlänge[594] - darüber hinaus, dass man es so *mathematisch* behandeln *kann*, spricht wenig dafür, dass Felder in irgendeinem *realen* Sinne diskret teilchenartig *`sind'*, dies scheint ihnen eher künstlich durch das Modell *aufgestülpt* - *trotz* der empirischen `Ganzzahligkeit'. Der eigenständigen `Realität' der *Felder* kann man sich mit guten Argumenten vergewissern, in der QFT wird in der Quantenfeld-Funktion $\Phi(x,t)$ Raum-Zeit-Punkten eine Größe zugeordnet, wie es für *Felder* charakteristisch ist (auch wenn dieser eigentliche Feld*operator* erst noch auf eine Zustandsfunktion $|\psi\rangle$ bezogen werden muss, um zu Erwartungswerten von Feldzuständen zu kommen)... Insgesamt fragt sich, ob man nicht aus der quantisierenden Theorie nur *herausbekommt*, was man *mathematisch hinein*gelegt hat: Die QFT ist von der Quantisierung her *motiviert* - sollte man als Antwort auf eine ontologische Frage vom mathematischen Formalismus hernach wieder *die* Teilchenartigkeit *`abnehmen'*, die man zuvor *`hineingelegt'* hat?

Das wäre ein Zirkel... Feynman-Diagramme sind nur *prägnante Teilchenerklärungen*, die *für* gewisse Phänomene stehen, man hat ein in diese Form gegossenes *Begriffssystem;* aber auch hier bringt einen das Teilchenmodell in *vermeidbare* Schwierigkeiten...

H: Das mag sein - wenn man auch sagen kann: Pragmatisch, als mathematisches Hilfsmittel verstanden, ist das Teilchenmodell vielleicht *unersetzlich*, denn so diskret *Teilchen* sind, so diskret muss eine mathematische Gleichung sich aus gewissen *Termen* aufbauen...

M: Die entscheidende Kritik an der QFT liegt aber darin, dass - wie gesagt - der *wundeste* Punkt zum *archimedischen* Punkt gemacht werden soll: Wenn Wechselwirkungs*teilchen* abbilden sollen, was man sonst *Kräften* zuschreibt, kann das nicht mehr als eine Beschreibungs*konvention* sein, es ist nichts, das auf *empirische Beobachtungen* zurückgeht, und so kommt man nur zu einer *Schein*erklärung: `Kräfte´ mit *`Teilchen´* zu identifizieren ist in einer ontologischen Betrachtung eigentlich an sich schon *befremdlich...*

H: Gut, das konstruktivistische Element ist hier unverkennbar, das gleichsam `Teilchen-Felder-Wechselbad´ rührt aber wohl daher, dass man sich mit den fundamentalsten Gegenständen der Welt beschäftigt und dabei nicht einmal die *grundsätzlichsten Kategorien* von Entitäten zu `passen´ scheinen... Ein Wechselwirkungsteilchen ist als gleichsam `Quanten-Körnchen´ des entsprechenden Feldes eigentlich nur eine quantenhaft gedachte *Wirkung*, während die Vertices abstrakte Symbole sind, die für *Zustandsänderungen* und anzuwendende *Rechenregeln* stehen. Das System mag unausgereift sein, die diversen Parameter muss man vielleicht auf *einen* elementaren Zusammenhang zurückführen, gar die vier Kräfte auf *eine* Urkraft, die diversen Teilchen auf *einige wenige* Urteilchen, die virtuellen und reelen Teilchen parallelisieren, eine *Symmetrie* finden - das Modell *erklärt* aber alle empirisch beobachteten Prozesse...

*M: `Erklärt´?!* Davon ganz abgesehen, dass *reele* und *virtuelle* Teilchen `in einen Topf´ geworfen werden, ist doch mit der Hume´schen Kritik (auch wenn man diese am Ende zurückweisen muss) fraglich, inwieweit es überhaupt *sinnvoll* ist, *Kräfte* mit *Teilchen* zu *identifizieren* - und das nicht nur, weil sich über all´ diese Bahnen und Begegnungen gleichsam noch die HU legen; wie könnte man dieses Bild ontologisch als `passend´ nur *erwägen*, da es *weder* anschaulich *begreifbar* ist, *noch* etwas *erklärt: Begreifbar* ist es nicht, da man *dieses* Bild wiederum durch ein *anderes* Bild veranschaulichen muss - man kann nicht sagen: *nur populärwissenschaftlich* veranschaulicht man etwa eine abstoßende Kraftwirkung durch das Bild zweier menschlicher Ballspieler, die mit einem Austauschteilchen in einem Boot fangen spielen und dabei jeweils einen Rückstoß erleiden[595], es bleibt auch sonst, *generell* unbegreiflich; und es *erklärt* nichts, weil *rein zirkulär* argumentiert wird, insofern das erklärende Bild *wiederum Kräfte* voraussetzt - das *explanans*

enthält das *explanandum*... Wie soll man virtuellen Teilchen *als* Teilchen eine Realität zuschreiben?
H: Nun, man hat sie ja schon empirisch *nachgeweisen*, im Jahre *1983* etwa die drei Vektorbosonen[596], als einzige übrigens *massebehaftet*...
M: Es ist die Frage, *was* man nachgewiesen hat... Zunächst ist es wohl kein *Zufall*, dass man gerade *massebehaftete* Teilchen, die man insofern gar nicht als \`virtuell´ *bezeichnen* sollte, nachgewiesen hat. Der *Nachweis* eines *Wechselwirkungsteilchens* ist jedenfalls schlicht Unsinn - man kann nur ein *\`Ding´* als Teilchen nachweisen, keine *Kraft;* eine Kraft ist ja gemeinhin etwas, das sozusagen ein Ding *zu* einem bestimmten Verhalten *\`bringt´;* auch ein Wechselwirkungs-*Ding* muss ein reales *Ding*, nämlich die Messapparatur, wiederum durch eine *Kraft zu* etwas *\`bringen´*, etwa zu einem Zeigerausschlag - *dazu* dient ja der Kraftbegriff, zu erfassen, wie *Veränderung* zustande kommt...
H: So müsste man es dann auch beim sogenannten *Higgs*-Teilchen sehen, das man nachzuweisen versucht, und das ja gleichsam das Quantum eines hypothetischen Feldes sein soll, das von allen massebehafteten Teilchen emittiert und absorbiert wird, was diesen ihre *Masse \`verleihen´* soll, womit das ehedem *leere* Vakuum nicht nur *Energie* enthält, die etwa in Form von Quantenfluktuationen und Paarerzeugungen Gestalt annehmen kann - \`ponderable Materie´ *kommuniziert* mit diesem Feld über diese Teilchen...
M: Nicht nur, dass man schon längst wieder bei einem *\`Äther´* angelangt ist - wenn man Higgs-Teilchen *nachzuweisen* versucht: In welcher *Weise* sollen diese dann als \`real´ gelten - wie bei den Kräften kann man die *Eigenschaft* \`Masse zu verleihen´ doch gar nicht als in *Gestalt* von Teilchen nachweisen, weil sich diese *Eigenschaft* nur im *Verhalten* eines Dinges abbildet...
H: Gut, in *ontologischer* Hinsicht ist das kategorial etwas *unbefriedigend*...
M: Systematisch betrachtet verquicken sich ja *insgesamt* die verschiedenen Reduktionsansätze miteinander - man kann Raum, Zeit, Materie, Felder und Kräfte *wechselseitig* aufeinander zurückführen[597], nämlich *a)* dualistisch Materie und Felder als je eigene Entitäten interpretieren, monistisch-reduziert Materie als \`Verdichtungen´ eines dynamischen Feldes oder der \`Raumzeit´ oder umgekehrt Felder bzw. Kräfte als Materie-\`Emanationen´ begreifen; dann kann man *b)* die Fundamentalkategorien \`Raum´ und \`Zeit´ als absolut oder relational interpretieren und schließlich *c)* Kräfte als je eigene Entitäten interpretieren (als Fern- oder Nahewirkungen) oder als Felder bzw. mit Hertz als \`verborgene Massen´ im Sinne eines mechanischen Ätherfluidums, sie durch \`Geometrisierung der Kraft´ (und Materie) oder durch eine \`Reifizierung der Kraft´ zu reduzieren versuchen oder alle Dinge als ein mit sich selbst wechselwirkendes *Wellenphänomen* deuten... Vieles ist bezüglich der alternativen Kraftmodelle ja schon zur Sprache gekommen; die Geometrisierung mag hier nur am *Rande* zur Sprache kommen, aber wie man \`Wirkungen´

nicht die *Gestalt* von `Teilchen´ geben kann, ist es ähnlich sinnlos, *Gravitonen* (sogar *Teilchen* als Gravitations*wellen*) nachzuweisen - man wird ebenso nur eine *Wirkung* auf den entsprechenden Detektor konstatieren können, mehr nicht... Die *Abschaffung* des Begriffes `Kraft´ muss auf dieser Ebene letztlich eine *Illusion* bleiben: Die *`Geometrisierung* der Kraft´ in der ART rekuriert *versteckt* auf Kräfte: das ganze *Spektrum* der nicht-euklidischen Geometrien gebiert etwa die Frage, was - da ein weiterer Freiheitsgrad *gesetzt* wird - ein Teilchen *auf* diese *zwingt;* wie Körper (*nicht* geometrodynamisch gedeutet) die Geometrie *hervorrufen;* wie Veränderung (*präsentistisch* gedeutet) entsteht, wenn die Zeit *statisch* ist usw. usf. (davon abgesehen, dass nochmals ein *neutraler* Definitionsraum dem Ganzen *unterliegen* muss)...
H: „Man kann [...] die ART [auch mit der QFT] aus der Annahme herleiten, dass die Gravitationskräfte durch den Austausch messeloser Spin-*2*-Teilchen zustande kommen [...]. So gesehen werden Teilchen durch die anziehende Wirkung der virtuellen Gravitonen auf die Bahnen gelenkt, die Einsteins Gleichungen für die Gravitation voraussagen.“[598] So ergäbe sich das kritisierte Bild eines aberwitzig komplexen Musters reeler und virtueller Teilchen - statt extremerer Geometrie oder dichterer Feldlinien läge eine größere *Anzahl* an Wechselwirkungsteilchen vor...
M: Dann wäre die *ART* mit ihren `Krümmungen´ der Raumzeit-Geometrie überflüssig; und wären die Wechselwirkungsteilchen etwa bei Magnet und Spule und der Induktion - damit hebt ja Einsteins Arbeit zur *SRT* an - *`sichtbar´*, bräuchte man auch diese nicht, weil die Maxwellschen Gleichungen dann unter *Galilei*-Transformationen gültig wären - aber das nur am Rande... Die *Abschaffung* der Kraft in Gestalt von kräftetragenden Teilchen, bei der `*Reifizierung* der Kraft´, ist jedenfalls eine *Illusion* - sind nicht eher Teilchen mit Kräften zu *begaben*, als umgekehrt Kräfte zu Teilchen zu *reifizieren?* Der Begriff `Kraft´ ist in letzter Instanz *irreduzibel* (insofern ist es übrigens illusionär, zu glauben, man könne das mechanistische Denken (im weiteren Sinne) jemals *überwinden*); die *Trennung selbst* in Materie und Kraft mag *grundsätzlich* zum Vorteil gereichen, ermöglicht sie doch eine tiefere Klarheit im Denken. Wie in der QFT alles Naturgeschehen in die Erzeugung, Vernichtung und Bewegung von reelen und virtuellen Teilchen aufgelöst wird, so werden in Hertz´ Ansatz Kräfte zu Feldern und diese zu Bewegungen von sichtbarer und unsichtbarer Materie (Körper und Äther) konkretisiert - beides sind *mechanistische* Modelle, beide operieren mit konkreten, anschaulichen Bildern - wohlgemerkt: nicht, dass die Welt ein rein mechanistisches Gebilde *wäre.* Sie sind aber *nicht* beide *verständlich:* Die `Reifizierung der Kraft´ bleibt als *Wirkmechanismus* unklar, es *gibt* einen solchen eigentlich gar nicht, denn dem Modell liegen *nicht denknotwendige* Folgen im Sinne Hertz´ zugrunde; so bleibt es *unverständlich*, *warum* Teilchenbegegnungen etwa zu Abstoßung führen können bzw. es bleibt *beliebig*, warum sie umgekehrt

auch zu Anziehung führen können sollen - ergo hat man es mit abstrakten Symbolen zu tun, die irreführenderweise Anschaulichkeit *vortäuschen*, mit Verständnis*attrappen*...

H: Beide Modelle sind doch wohl *zu* konkret - und in gewissem Sinne hat man es doch bei diesen verschiedenen Bildern, welche man seiner Naturerkenntnis zugrundelegt, mit einer Reihe völlig *gleichwertiger* Modelle zu tun, die alle ihre je *eigenen* Probleme aufwerfen... Muss man es dann nicht so begreifen, dass mit diesen Bildern das Phänomen `Veränderung´ nur von verschiedenen Seiten her gleichsam *eingekreist* wird? `Geometrisierung´ und `Reifizierung´ sind als *offen mechanistisch* auch sehr *anschaulich* und nicht `mystisch´ wie die `Kraft´...

M: Letztlich kann man das auch beim *Wellen*modell so sehen, auch da lief es darauf hinaus, `Ding´ und `Kraft´ zuunterst *zusammenfallen* zu lassen - nur in ganz anderer Weise... Liegt nicht auf der Hand, dass man mit den virtuellen Teilchen nichts *`erklärt´*, dass man die eigentliche Frage nur dahin *verschiebt*, wie die virtuellen Teilchen wieder die reelen Teilchen dazu *`bringen´*, etwas zu `tun´; dass es ein *kategorialer* Fehler ist, bei Dingen ihr *`Verhalten´* dergestalt zu *reifizieren?*

H: Ja, aber muss man in der QFT nicht nur die *abstrakte Kehrseite desselben* Versuchs sehen, das *`Wesen´* der Dinge zu ergründen? Man könnte auch sagen, dass auch hier - wenn auch in etwas *eigentümlicher* Weise - die Forderung, über rein passive Bausteine hinauszugehen, *umgesetzt* ist: Wie man klassisch `Materie´ und `Kräfte´ des phänomenalen Eindrucks oder der Klarheit halber gedanklich *trennt*, ontologisch aber eigentlich *`zusammengefaltet´* denken muss, so muss man hier ebenso die beiden gedanklich *`auseinander*gefalteten´ Teilchenarten als *ein* Modell des `an sich´ unzugänglichen ontologisch einheitlichen, *`zusammen*gefalteten´ Naturgeschehens ansehen; *einbegriffen* ist in diesem einheitlichen Bild schon, *dass* alle diese Entitäten miteinander zusammenhängen, dass sie irgendwie wesensverwandt sind...

M: So kann man es sehen - das bedeutet aber, die *virtuellen* Teilchen nicht als *wirkliche* Teilchen zu nehmen, sondern das Ganze als ein abstraktes *Symbolsystem* zu begreifen; umso mehr, als man nicht einmal die *`wirklichen´ reelen* Teilchen in einem klassischen Sinne als *Teilchen* nehmen darf. An allen Ansätzen ist richtig, dass sie ein *`mehr´* annehmen - Hertz´ Analyse, dass die Welt ansonsten *unverständlich* bleibt, ist nicht nur für Felder, sondern auch für die Phänomene der *QT* schlicht *richtig*. Man kann nun aber dies alles besser überhaupt vom *Teilchen-* ins *Wellen*bild umdeuten - nicht nur, dass QO als Entitäten *selbst* dies nahelegen, sondern weil sich eben damit auch nämliches gleichsam `zusammengefaltete´ Naturgeschehen, welches `Ding´ und `Kraft´ organisch verbindet, zwanglos *ergibt* (wie zuvor schon bei `Ding´ und `Zustand´)... Bei *Wellenentitäten* kann man deren Überlagerung und Interferenz schon *als* Wirkung betrachten, insofern diese das `Sosein´ der

betreffenden Wellenphänomene (die zu `Dingen´ erst emergieren) *beeinflussen;* so hat man Seiendes, das mit sich selbst wechselwirkend *als solches* schon - ungetrennt in `Ding´ und `Kraft´ - Kraftwirkungen *umfasst* - das Geheimnis liegt so *ganz* im Zugrundeliegenden, sofern man selbiges *abstrakt, im-* oder *prä*materiell denkt. Kräfte sind dann nur `Anregungen zu *anderen* Schwingungsgestalten´; sich feldartig `überlappende´ Wellenentitäten würden sich über Interferenzen, Resonanzen usw. *unmittelbar beeinflussen*, sich nur *ummodulieren* - dies *ist* die Kraftwirkung...
H: Nun gut, man hätte in der Tat ein Bild von großer Einheitlichkeit - eine Einheit der *Naturphänomene* und eine Einheit der *Erklärungen...*
M: So ist es. Was nun aber ergibt sich bei den *reelen, `materiellen´* Teilchen? Ehedem hatte Aristoteles unterschieden zwischen `Entstehen´, `Vergehen´, `Wachstum´, `Veränderung´, (`Bewegung´) u.a.[599] - davon abgesehen, dass ein Begriff wie `Wachstum´ heute nurmehr dem komplexeren Sein zugehört, wurde in der Atomistik alles Naturgeschehen in *`Bewegung´* der Atome aufgelöst; auch in der *QFT* ist dem so, bezogen auf Elementarteilchen, nur wird die Möglichkeit ihres `Entstehens´ und `Vergehens´ *hinzugenommen*. Mit dem Wellenbild muss man wegen der Materialisation und Annihilation von QO bezüglich der untersten Ebene des abstrakt-logischen Möglichkeits- bzw. dimensionalen Definitionsraumes ebenso `echtes´ `Entstehen´ und `Vergehen´ annehmen, wenn man diesem allerdings schon - ob der Erhaltungssätze - eine Art Substanzcharakter zuschreibt, könnte man dies bereits mit dem Begriff `Veränderung´ belegen. Allemalen bezogen auf die darüberliegende Ebene des relationalen Raumes der `Quanten-Ganzheiten´ ist alles Naturgeschehen *nurmehr* `Veränderung´, abstrakt ist alles in *Modulationszustände* des *im-* oder *prä*materiellen, feld- und wellenartigen Zugrundeliegenden aufgelöst; `speziellere´ Fälle von Veränderung sind dann Wellenkollaps, Dekohärenz, `sich-Neigen´, wobei Materie als `konkret-dinghafte Singularität´ hervortritt... `Substanz´ wäre mithin so zu verstehen, dass - wenn man als Analogie die Wellenerregungen auf einer Wasseroberfläche heranzieht, wo nur das Wasser selbst *`Substanz´* ist, die Wellenerregung aber *`Zustand´* und *`Prozess´*[600] - Wirklichkeit und `Existenz´ im eigentlichen Sinne *nur* den Kräuselungen und Wellen zukommt, wenn auch die zugrundeliegende Substanz nicht nur *Potenz* zum Seienden wäre...
H: Aber mit dem orthodoxen Bild der QT müsste man eigentlich alle Teilchen-Prozesse der QFT doch ins Wellenbild *`übersetzen´* können - was wäre dann mit den Prozessen, die als ständige Erzeugungen, Verwandlungen und Vernichtungen der virtuellen und reelen Teilchen dargestellt werden, mit den `Mesonenpelzen´, Vakuumfluktuationen, Zerfallskaskaden usw. usf.? Wenn man auch die virtuellen Teilchen selbst *nicht* als `real´ nehmen kann, zeigt sich doch immerhin, dass man sie *so* `real´ genommen *hat*, alle diese Dinge überhaupt zu *ersinnen...*

M: Was in der QFT dergestalt angedacht wird, ist in seiner überbordenden Konkretheit nun *in* die Wellenentitäten *hinein*genommen; den Prozessen des Wechselspiels der reelen und virtuellen *Teilchen* - natürlich sofern sie nicht reine Spekulationen sind, die nur vom mathematischen Formalismus *generiert* werden - entsprechen Wechselwirkungen der Wellenentitäten in Gestalt von Interferenzen, Resonanzen, Nebenerregungen usw. usf. ... Mehr aber noch: Man kann sich von diesem Bild inspirieren lassen, dass es durchaus - auf *beide* Ebenen bezogen - neben den Teilchen-`Schaumkämmen´ `tatsächlich´ dergleichen *Fluktuationen* des Zugrundeliegenden, ein *`Grundrauschen´* geben kann. Wollte jemand etwa zu den drei Teilchen-Generationen fragen: `Wieso ist nur eine Generation *stabil*, die anderen beiden *instabil?* und - in *teleologisches* Fahrwasser abdriftend - weiterfragen: `Wieso *gibt* es diese überhaupt, da doch nur aus der *ersten* Generation alle uns umgebenden Dinge gemacht sind?´, ließe sich die Teleologie der zweiten Frage *gegenstandslos* machen, wenn man die erste folgendermaßen ins rechte *Licht* rückte: Wenn man Teilchen mit Schrödinger ontologisch als `Schaumkamm´-Phänomene begreift, kann man sich vorstellen, dass es generell alle möglichen *anderen* Erregungen und Fluktuationen des Zugrundeliegenden gibt - nicht nur empirisch sichtbar bei den Teilchenschauern oder Verwandlungskaskaden, welche bei Kollisionen erzeugt werden, sondern gleichsam immerzu `im Verborgenen´ und bei allem was ist und geschieht...

H: Hm...

M: Das hätte auf einer Ebene statt, wo die Dinge gleichsam noch nicht in konkret-dinghafter Weise in *Erscheinung* treten, wo nur ein `Wellenkräuselspiel´ des erst Erscheinenden (Möglichen) statthat... Man kann - scheinbar tautologisch - dann sagen, dass, wenn es *Bleibendes* und *nicht*-Bleibendes gibt, das zurücksinkt ins `nicht-Sein´, natürlich nur aus dem *Bleibenden* alles weitere aufgebaut wird, *das Bleibende bleibt* (tautologisch), während das nicht-Bleibende zurücksinkt ins `nicht-Sein´...

H: Eine ähnliche Tautologie machen manche in der *Evolutionstheorie* aus...

M: Ja; diesen Gedanken entfaltet Jonas für den Beginn des Kosmos: „Zuerst [gab es][...] das planlos Unordentliche im Werdegang der Naturordnungen: Grundlage aller Ordnung in der Natur, also einer Natur überhaupt, sind die Erhaltungsgesetze. Diese aber sind zur Herrschaft gekommen, weil eben nur das Sich-Erhaltende sich erhält. Diese Tautologie erklärt die *Gesetzmäßigkeit* der uns gegebenen Natur: Sie ist selber schon ein *Ausleseergebnis*, ein universales, dass dann die *Regeln* für weitere, speziellere und lokale Auslesen setzt. D.h. schon die Naturgesetze sind *entstanden*, indem im Regellosen *auch* die stabilen, relativ dauerhaften Entitäten entstanden, die sich immer (oder sehr lange) *gleich* benehmen und damit *`durchsetzten´*. Es ist der ursprünglichste, stiftende Fall von `survival of the fittest´. Die Ordnung ist *erfolgreicher* als die Unordnung. Das Gesetz- und Regellose, keinen Erhaltungsgesetzen Gehorchende kann es sehr wohl in beliebiger Vielheit *gegeben* haben, aber *als* jeweils Flüchtiges *verschwindet* es früher oder später und wird vom Regelmäßigen *überdauert*, das schließlich fast *allein* übrigbleibt. Das Kurzlebige weicht dem Langlebigen eben *wegen* seiner Kurzlebigkeit (wieder die `Tautologie´) und findet später in der Ausbreitung und Solidifizierung des Langlebigen fast keinen Platz mehr."[601] Im Grunde muss man es nun wohl *generell* so sehen, nicht nur für den *Beginn* des Kosmos: Es *wird* nur mit dem (relativ langfristig) `Beständigen´ weitergebaut - nur *eine* Teilchen-Generation ist stabil, liegt auf einer *`Stabilitätsinsel´*, die anderen sinken gleichsam zurück ins `nicht-Sein´. Selbst wenn man die drei Teilchen-Generationen noch vereinheitlicht und als verschiedene Anregungszustände des Zugrundeliegenden deutet, hat man es mit gleichsam `geronnenen´ Formen von Energie zu tun, mit stabilen Zentren im `Möglichkeitsraum´ bei ganz bestimmten Massen (der Massendefekt bedeutet ja nur, dass Teilchen *einzeln* anders `moduliert´ sind, denn als *System*); und dieses Prinzip setzt sich auf allen Seinsebenen darüber fort: Nur stabile Kerne bzw. Elemente sind Bausteine des Darüberliegenden, nur stabile Atomverbindungen sind Bausteine des Darüberliegenden (etwa die *20* Aminosäuren des Lebens) - *das Bleibende bleibt* und ist Baustein des Darüberliegenden; zuunterst hebt sich das `überhaupt-Bleibende´ heraus als `Schaumkamm´, als modulierte prozessuale Zustände eines Zugrundeliegenden, als eine Art `Emergenz des *potentiell*-Dinghaften zum *konkret*-Dinghaften´...

H: ...eine recht potente `Gischt´, wenn auch *alles* Seiende - auf sehr großer Zeitskala - entstanden und vergänglich wäre...

M: Dies ist auch einer der interessantesten Aspekte, die sich neuerdings mit dem *Dekohärenz*ansatz verbinden: nämlich dessen Weiterspinnung zu einer `Quanten*evolution´:* Dekohärenzeffekte, also umgebungs-induzierte Effekte - zu diesen später - *dämpfen*, ja *zerstören* vereinfacht gesagt bestimmte *instabile* Quantenzustände, so dass nur *stabile* Zustände *erhalten* bleiben (sollen) - wie bei Jonas auch hier die tautologische Formulierung. Es findet also eine *Selektion* statt, als gleichsam noch *passives* Element, während das *aktive, evolutionäre* Element ins Spiel kommt, wenn bestimmte Zustände *aus* diesen *verstärkt* hervorgebracht werden (sollen), wenn also eine *Reproduktion* bestimmter Zustände statthaben soll (Pointer-Zustände), eben am Ende jener zu `konkret-Dinghaftem´ emergierenden...

H: Nun, selbstverstärkende Prozesse tauchen natürlich überall in der Physik auf, so auch beim *probabilistisch-induzierten* Kollaps des GRW-Ansatzes oder bei Penroses *gravitations*-induziertem Kollaps, bei dem man übrigens ja in einem direkten Sinne tatsächlich davon sprechen könnte, dass *Quantität* in Gestalt der Teilchenzahl in neue *Qualität* in Gestalt des `körperlich-Dinghaften´ umschlägt... Eben diese Prozesse spielen ja beim *Messproblem* eine Rolle - uns es bleibt ja, wenn auch der Perspektivwechsel zum Wellen-

bild zweifelsohne einiges für sich hat, immer noch das Problem, dass Bäume, Tische und Kaffeebecher überhaupt nichts `Wellenartiges´ an sich haben; die noch halbwegs begreifbaren Atome der antiken Atomisten, der *`Stoff´* hat sich scheinbar vollkommen *`verflüchtigt´*...
M: Diese Phase gilt es mutig zu *durchschreiten*, denn der Perspektivwechsel stellt auch das *Messproblem* in ein anderes Licht - es muss einen fundamentalen Mechanismus des dynamischen *`sich-Neigens´* zur Teilchen- *oder* Wellennatur geben, denn die naturgesetzliche Kausalität sollte - wie gesagt - *alle* Relationen umfassen, die *`Veränderungen´* hervorbringen, also auch eine Dynamik *II* eines Wellenkollaps und das `sich-Neigen´ von QO mehr zur Teilchen- oder Wellennatur, ihre Modulation gemäß den HU...

M: Worum *geht* es beim Messproblem? Es weist zwar verschiedene Aspekte auf, im weiteren Sinne verstanden hängen diese aber *alle* daran, *dass* und *wie* QO ihre \`Welle-Teilchen-Janusköpfigkeit´ verlieren oder prägnanter: wie man von der theoretisch erschlossenen *\`Wellenwelt´* (zurück) zur praktisch erfahrbaren *\`Körperwelt´* kommt; dabei geht es um *mehrerlei:* Man könnte sagen, ein *Grundaspekt* des Messproblems liegt darin, dass - wie sich ja schon angedeutet hat - an QO gleichsam \`inadäquate Erwartungen´ gestellt werden, ja, dass ihr *eigentliches* spezifisches \`Sosein´ *verborgen* bleibt und - so in der Kopenhagener Deutung - *angezweifelt* wird, was bis hin zur Frage nach Kausalität und Determinismus durchschlägt. Im *engeren* Sinne geht es dann darum, dass eine Wellenfunktion an sich kein *definites Messergebnis* voraussagt, etwa einen bestimmten Auftreffensort beim DSExp, sondern nur die *Wahrscheinlichkeit* für gemessene Zustände; so fragt sich, wie man von den Möglichkeiten in Wellengestalt zum Faktischen in Teilchengestalt kommt - für den Parameter \`Ort´ ist es so, *als ob* eine Welle *zu* einem (scheinbaren oder realen) Teilchen *kollabieren, dekohärieren* oder zur Teilchennatur *\`sichneigen´* würde. Überdies geht es darum, dass verschiedene Zustände eines Quantensystem, etwa der Spin, *superponiert* sind, was mehrere *korrelierte* Quantensysteme als \`Verschränkung´ betreffen kann; dann fragt sich, wie und wann diese Superpositionen bzw. Verschränkungen *aufgelöst* werden, denn jede Messung liefert ja eben *ein* definites Messergebnis, *einen* konkreten Wert... VI a
H: Nun, *vonNeumann*, der (*1932*) entscheidend den mathematischen Standard-Formalismus geprägt hat,[602] hat für manche einen auch *heute* noch gültigen *Schlusspunkt* hinter der QT und auch *diese* Frage gesetzt...
M: Wohl wahr. Mit vonNeumann haben stets zwei Prozesse statt: Eine Wellenfunktion entwickelt sich klassisch *kausal-deterministisch* der Schrödinger´schen Differentialgleichung gemäß - innerhalb dieser *Dynamik I* besteht keine Möglichkeit, zu definiten Messergebnissen zu gelangen - besonders evident ist das beim Parameter \`Ort´, denn diese erfasst ja offenbar eine (abstrakte oder konkrete) *Welle*. Daher wird eine *Dynamik II* postuliert, der gemäß die Zustandsentwicklung nach Dynamik *I unterbrochen* wird: Durch den Messprozess bzw. den Beobachter findet *indeterministisch* (akausal) eine theoretisch zudem *instantane Zustandsreduktion* zu klassisch eindeutigen Zuständen statt, Dynamik *II* führt zu klassischen, observablen *Teilchen*eigenschaften - realiter aber wohl als zeitlicher Prozess wie Dynamik *I* (wobei nicht klar ist, mit welchen Zeitindizes Dynamik *I* und *II* einander *genau* ablösen). Beim DSExp etwa weiß man gemäß Dynamik *I* nur um die Ergebnis*möglichkeiten* in summa, sie bilden das Interferenzmuster - findet man nun am Ende einen eindeutigen Auftreffensort auf dem hinteren Schirm, muss eine Dynamik *II* in Kraft gewesen sein, ein \`Kollaps der Wellenfunktion´ muss stattgehabt haben - mit vonNeumann die Welle *abstrakt* gedacht...

H: So ist auch der ansonsten verwirrende Satz zu verstehen: „Die Bewegung der Partikeln folgt Wahrscheinlichkeitsgesetzen [Dynamik *II*], die Wahrscheinlichkeit selbst aber breitet sich im Einklang mit dem Kausalgesetz aus [Dynamik *I*]“[603]...

M: ...wobei nur eben die *abstrakte Wahrscheinlichkeits*welle mit keiner sinnvollen ontologischen *Vorstellung* verbunden ist. Wie der Messprozess das Axiomsystem der QT *(M. deutet auf die Abbildung oben)* zu *ergänzen* hat, bleibt *unklar*, sogar was *überhaupt* eine `Messung´ *ist*...

H: Dynamik *II* wird - von dem immer noch zarten Pflänzchen `Dekohärenztheorie´ abgesehen - nicht auf physikalische Prozesse *zurückgeführt;* an dieser Stelle *ist* die QT unvollständig, ja, immer noch Forschungs*programm*...

M: Dynamik *II* gilt in der - alles überragenden - Kopenhagener Deutung als nicht weiter analysierbare Teildynamik und das Messergebnis soll *irreduzibel probabilistisch* sein - wie kurzerhand apodiktisch festgestellt wird. Die QT erfasst insofern nicht mehr Eigenschaften, die räumliche Lage oder zeitliche Veränderung von Objekten *selbst*, dass diese `so-und-so´ beschaffen *sind*, sondern nur die *Wahrscheinlichkeit*, diese dergestalt zu finden... Dynamik *II* ist zentraler Streitpunkt der QT - die empirischen Phänomene beschreiben nämlich nur beide Dynamiken *zusammen* korrekt. Bei alledem ist Dynamik *I* unitär und *(zeit)reversibel*, Dynamik *II* nicht-unitär und *(zeit)irreversibel;* noch entscheidender ist: Dynamik *I* betrifft (komplexzahlig) superponierte *Wellen*, die mathematisch *beschrieben* werden, aber empirisch direkt *nicht beobachtbar* sind, Dynamik *II* betrifft den Kollaps zu phänomenal diskreten *Teilchen*, der mathematisch *nicht beschrieben* wird, aber empirisch *beobachtbar* ist - jedenfalls *hypothetisch im Resultat* der empirisch gegebenen `Körperwelt´ *(M. deutet auf Abbildung 72)...*

Dynamik I	*Dynamik II*
charakteristisch:	*charakteristisch:*
deterministisch, kontinuierlich, linear, (zeit)reversibel, (mathematisch) unitär	*in*deterministisch, *dis*kontinuierlich, *nicht*-linear, (zeit)*ir*reversibel, (mathematisch) *nicht*-unitär
betrifft:	*betrifft:*
(komplexzahlig) superponierte *Wellen...* mathematisch *beschrieben* empirisch direkt *nicht beobachtbar*	Kollaps zu diskreten *Teilchen...* mathematisch *nicht beschrieben* empirisch (im Resultat) *beobachbar*

Abbildung 72

M: Bei alledem werden *Superpositionen* von Zuständen bzw. *Verschränkungen* verschiedener Systeme bei einer Messung *aufgelöst*[604] - die *Linearität* der Schrödinger´schen Gleichung bedeutet, dass diese *selbst* dies *nicht* vermag; alle Kombinationen von Lösungen sind wiederum Lösungen und Superpositionen bleiben unbegrenzt *erhalten*. Mit dem *Teilchen*bild ist es so, dass

man ein QO als ein Ding betrachtet, das *bis* zur Messung in einer Superposition einer Vielzahl *verschiedener* Zustände ist, was man aber nur in einem *metaphorischen* Sinne verstehen kann - das kann verschiedene Spinwerte betreffen oder beim DSExp bedeuten, dass eine Superposition verschiedener *Orts*zustände, mithin verschiedener Bahnen vorliegen soll (genaugenommen wie bei Feynman *aller* Bahnen); mit der Messung wird dessen *einer* gleichsam *`ausgewählt´*, der sich *`realisiert´* - eine Weise, dies abzubilden, ist der Möglichkeitskatalog in Gestalt der Heisenberg´schen Matrizen. Mit dem *Wellen*bild hingegen sieht man in einem *mehr* als metaphorischen Sinne in einer bestimmten Wellenmodulation mit Fourier bestimmte superponierte Komponenten etwa des Impulses *enthalten*, die sich durch eine gleichsam monochromere Um-Modulation *vereindeutigen*, sozusagen einen `Impuls-Kollaps´ erleiden, bzw. für den Ort zieht sich das reale Wellenpaket durch eine gleichsam polychromere Um-Modulation realiter auf nahezu einen Ortspunkt *zusammen;* dazu später...
H: Gut; während nun bei einer *idealen*, näherungsweise bei einer *klassischen* Messung der Messapparat selbst und auch das gemessene Objekt *unverändert* bleiben, der Zustand des gemessenen Systems nur *angezeigt* wird, ist eine *quantenphysikalische* Messung dieser im Grunde diametral entgegengesetzt, weil sie Zustände *aktiv präpariert* - ein Grundaspekt des Messproblems, die Beeinflussung und Präparation von QO; der mathematische Formalismus wurde diesbezüglich ja schon dargelegt...
M: Ja. So kann man sich durchaus fragen, ob in einer Wilson´schen Kammer die ionisierten Wasserteilchen zum beobach*tenden Mess*system oder noch zum beobach*teten Objekt*system zu rechnen sind - mathematisch geht beides[605]...
H: Eine Messung bzw. Messapparatur hebt - bei gleichartigen, gleich präparierten QO - etwa mehr den *Wellen-*, eine *andere* mehr den *Teilchen*aspekt hervor - damit hängt bei den HU zusammen, *welche* Observable `scharf´ ist -, während der Zustand *vor* einer Messung prinzipiell *unbekannt* bleibt...
M: ...wobei mit diesem *ontologischen* Vorgang der *erkenntnistheoretische* einhergeht, dass jede Messung die Ψ-Funktion *ändert*, insofern diese Wahrscheinlichkeiten abbildet und jede Messung *neue* Kenntnisse einbringt...
H: Natürlich. Aber mit jeder Messung *gewinnt* man nicht nur Informationen, man *verliert* zugleich auch (andere) Informationen. Da jede Messung ein QO *beeinflusst*, misst man *relationale*, nicht *intrinsische* Eigenschaften von QO - fraglich wird mithin wiederum, ob und inwieweit man einem QO einen bestimmten Zustand, ein je spezifisches `Sosein´ *mit* und *ohne* Messung überhaupt *zuschreiben* kann; schon die nicht-lokalen Relationen bei Verschränkungen scheinen gegen intrinsische Eigenschaften zu sprechen...
M: ...wenn man QO nicht als `individuelle Ganzheiten´ konzipiert...
H: Nur geht es auch um die Messung des Zustands *eines* QO - von der Verschränkung mit der *Messapparatur* abgesehen...

M: Man muss sich aber bewusst machen, dass hier die Grenze der objektiven *Beschreibung* überschritten und zur *Deutung* übergegangen wird. Bei der Frage `Wie sieht es in einer geschlossenen Haselnuss aus?´ mag man sagen, diese sei *insofern* sinnlos, als sie *nicht beantwortbar* ist, aber doch nicht insofern, als mutmaßlich in der Nuss stets bestimmte Eigenschaften *vorliegen* - natürlich ist der Fall in der QT etwas *komplizierter*, aber *hier* ist der Grund zu suchen, warum nun der naturphilosophische *`Absturz´* folgt...

H: Nein, die hier zutagetretenden erkenntnistheoretischen Probleme können nun mit der Kopenhagener Deutung der QT *gelöst* oder besser: *umgangen* werden: Die Eigenschaften von QO werden als *`relativ* zu den verwendeten *Versuchapparaten´* betrachtet - ein Punkt, auf den (wie bereits erwähnt) Bohr stets insistiert hat: Man kann QO nicht mehr *an sich* ihre Eigenschaften zuschreiben, sondern nur, wenn man sie - *beides* ist entscheidend - mit einer erstens *bestimmten* Versuchsapparatur zweitens *tatsächlich* gemessen hat. „Kein Ergebnis eines Experiments [...][mit QO kann] dahin gedeutet werden [...], dass es Aufschluss über *unabhängige* Eigenschaften der Objekte gibt;“[606] vielmehr bildet „die *Wechselwirkung* zwischen den Messgeräten und den untersuchten physikalischen Systemen einen integralen Bestandteil der Quantenphänomene“[607] - die Eigenschaften von QO werden *mit* der Messung erst *hervorgebracht*. Überdies muss man generell von gleichsam *objektiv nicht-objektivierbaren Eigenschaften* von QO sprechen - „man kann [...] [etwa beim DSExp] von der Bahneigenschaft [*entweder* Spalt *A oder* Spalt *B* zu passieren] nicht sagen, dass sie dem [...][QO] objektiv zukommt und nur subjektiv unbekannt sei.“ „[Die Bahn ist] *objektiv unbestimmt* - nicht nur *subjektiv unbekannt.* Man bezeichnet die Bahneigenschaft daher [am besten] als *nicht-objektivierbar“*[608] - ähnlich ist es bei der Polarisation von Licht, bei Spinpolarisationen usw. usf. ...

M: ...und eben *so* gerät man nun in den gleichsam *`realitätsverschlingenden Malstrom´* der QT: Was ein QO *ist*, soll *bis* zur Messung *unbestimmt* bleiben, man postuliert: „sein Zustand ist unbestimmt, *bis* eine Messung gemacht wird“[609]...

H: Das ist mehr als in einer für die QT typischen Weise *mißverstehbar...*

M: Das `Mögliche´ muss erst durch *Messgeräte* oder sogar den *Beobachter* ins `Faktische´, `Reale´ *überführt* werden, wenn auch in einem *inter*subjektiven Sinne;[610] mithin untersucht man - angeblich - nicht eine schon vorhandene *objektive* Quantenwelt; richtig ist allerdings zu sagen, dass man nur beobachtet, wie sich die Natur in *Wechselwirkung* mit den jeweiligen *Messapparaturen* gebärdet...

H: Eben, die unbeobachtete Natur bleibt natürlich auch *klassisch* verborgen - aber quantenphysikalisch *gibt* es sie sozusagen gar nicht - „der Gedanke einer exakten Beschreibung der Welt als ganzer setzt voraus, dass es eine solche `Welt als ganze´ *gibt*, als gigantische `an sich´ ablaufende Maschine - eine Vor-

aussetzung, die [...] der Quantenmechanik widerspricht"[611]...
M: Das ist *Unsinn* - wenn auch die Kopenhagener Deutung unter ihren *eigenen* Prämissen unwiderlegbar ist. Es gilt aber generell zu hinterfragen, worin sich klassische physikalische Zustände und quantenphysikalische *unterscheiden*, was dieses 'Mögliche' auf der einen Seite und das 'Faktische' und 'Reale' auf der anderen *meint*, ob ersterem *als* Möglichem in diesem Falle Unbestimmtheit anhaftet und ob man überhaupt diese *Auftrennung* vornehmen sollte...
H: ...die im Prinzip wieder jene in 'Teilchen' und 'Welle' ist...
M: Zunächst ergibt sich hier jedoch eine Tendenz, die absurderweise in die *entgegengesetzte* Richtung geht wie die Haupttendenz der *'Infragestellung* der Realität': Die Kopenhagener Deutung behauptet, dass die QT *vollständig* sei und dass man mit den HU, dem Komplementaritäts-Gedanken und anderen Denkfiguren die Inkonsistenzen des Welle-Teilchen-Dualismus *vermeiden* könne;[612] *beide* Begriffs- und Phänomenklassen könnten nebeneinander als ontologisch *'gültig'* verwendet werden. Man nimmt dabei an, dass man von zwei klassischen komplementären Eigenschaften eines QO zwar nur jeweils *eine* gleichzeitig genau messen kann, *diese* eine Eigenschaft, etwa den 'Ort', *könne* man aber *objektiv* bestimmen; *misst* man den Ort eines Elektrons, dann *sei* der ermittelte Ort eine objektive Eigenschaft des Elektrons - das *stimmt* natürlich schon insofern, als dass *Messung* eines bestimmten physikalischen Parameters bedeuten muss, dass man bei der unmittelbaren *Wiederholung* der Messung zu *demselben* Resultat kommt - der Begriff 'Messen' hätte sonst auch überhaupt keinen *Sinn!* „Die planmäßig herbeigeführte Wechselwirkung zweier Systeme (Messobjekt und Messinstrument) heißt eine Messung an dem ersten System, wenn sich ein direkt sinnenfälliges variables Merkmal des zweiten (Zeigerstellung) bei sofortiger Wiederholung des Vorganges (an demselben Messobjekt, das inzwischen keinen anderweitigen Einflüssen ausgesetzt worden sein darf) stets innerhalb gewisser Fehlergrenzen reproduziert"[613]...
H: Theoretisch, richtig! Aber mit der HU führt jede genaue Bestimmung des Ortswertes zu stark streuenden Impulswerten, so dass die Wiederholung der Messung nur einen *anderen* Ortswert liefern kann. *Gelten* damit nun Ortsmessungen als *wiederholbar?*
M: Theoretisch! Die 'Fehlergrenzen' sind *weit* gesteckt, weil mit den HU die Beeinflussung bei Mikroobjekten sehr *groß* ist - man müsste praktisch *augenblicklich* neu messen; letztendlich geht es jedoch darum, dass jede Messung gemäß Dynamik *II* einen Zustand *präpariert...*
H: ...womit auch der 'Erwartungskatalog' bzw. die ψ-Funktion *geändert* wird, d.h. es gibt nicht nur den *Erwerb*, sondern auch den *Verlust* von Kenntnissen[614]...
M: ...weil das Messobjekt (bzw. Messkollektiv) sich *verändert...*
H: ...kann man die ψ-Funktion dann aber mit *'der'* Realität korrelieren?

M: Natürlich *nicht ohne* Dynamik *II*...
H: Der eigentliche *Witz* der Kopenhagener Deutung der QT ist nun jedenfalls, zu sagen: „Was *beobachtet* worden ist, existiert *gewiß;* bezüglich dessen, was *nicht* beobachtet worden ist, haben wir [aber] noch die Freiheit, Annahmen über seine *Existenz* oder *Nichtexistenz* einzuführen“[615]...
M: ...und eben damit wird die fatale Entwicklung angestoßen, die nun in die *entgegengesetzte* Richtung führt und (scheinbar) akzentuierte Axtschläge an die Wurzeln von `Realität´ und `Kausalität´ vollführt. Während etwa *Einstein* nämlich die Hoffnung hegte, das ontologische Dualismus-Dilemma würde sich späterhin einmal *auflösen* und „an die Möglichkeit eines Modells der Wirklichkeit [...][glaubte, das] die Dinge selbst und nicht nur die Wahrscheinlichkeit ihres Auftretens darstellt [- zumal in einem scheinbar *mehr als vier*dimensionalen Kontinuum]“[616], wird hier nun der grundsätzlich *realistische* Ausgangspunkt mit dem *positivistischen* Grundsatz, nur das empirisch Gegebene zugrundezulegen, verquickt. *Zu recht* wird darauf hingewiesen, dass man sich zur Beschreibung von Experimenten immer *klassischer Begriffe* bedienen muss, da man sich ansonsten gar nicht *verständigen* kann - das hat *Bohr* stets hervorgehoben: Man müsse sich „klarmachen, dass das Ziel jedes physikalischen Experiments - nämlich Erfahrungen unter *reproduzierbaren* und *mitteilbaren* Versuchsbedingungen zu gewinnen - [...] keine andere Wahl lässt, als Begriffe des *täglichen Lebens* anzuwenden, die mit Hilfe der Terminologie der klassischen Physik *verfeinert* sind [...][- wohlgemerkt] auch für die Beschreibung der experimentellen *Resultate*“, wir müssen „anderen berichten können, was wir getan und beobachtet haben“[617] - und gleichsam uns selbst *auch*, daher war Kant der Objektbegriff transzendental, er *ermöglicht* erst Erfahrung...
H: ...was weiter das Problem involviert, dass die *Deutung* der empirischen Befunde von der *Definition der Begriffe* abhängt und *umgekehrt* - in beiden Fällen dreht man sich im Kreise...
M: Beobachtung und Beschreibung basieren nach wie vor auf der klassischen Physik - und auf einer Art `Subjekt-Objekt´-Schema, das zwischen einem beobach*tenden* Teil und einem beobach*teten* unterscheidet; in der QT wird das *problematisch*, weil die Beeinflussung des Objekts *unvermeidbar*, aber *nur begrenzt minimierbar* ist - mithin wird problematisch, dass die `Kopenhagener Deutung´ diese Trennung selbst insofern *`scharf´* voraussetzt, als der beobach*tende* Teil mit klassischen Begriffen beschrieben werden muss, die für den beobach*teten* Teil *unpassend* werden. Diese Begriffe entwachsen überdies unserer *Alltagserfahrung* und die damit verknüpften ontologischen Vorstellungen werden stets *mit*transportiert - zudem ist man begrifflich auf den `komplementären Dualismus´ eingeengt, der mit *sich-widersprechenden* Begriffen operiert...
H: ...aber das *meint* ja gerade *`komplementär´*, dass es *beider* Bilder bedarf,

des Teilchen- *und* des Wellenbildes - „wenn man mit beiden Bildern spielt, [...] erhält man schließlich den richtigen Eindruck von der merkwürdigen Art der Realität, die hinter unseren [...][E]xperimenten steckt;“[618] wo jeweils der *eine* Begriff versagt, trifft der jeweils *andere* zu und man postuliert, dass dies überschneidungslos *möglich* ist - und das ist ja grundsätzlich auch der Fall: Beim DSExp etwa muss sich der Beobachter *entscheiden,* ob er ermittelt, welche Bahn die (dann) *Teilchen* nehmen oder ob er dies nicht ermittelt, und sich auf dem hinteren Schirm ein Interferenzmuster von (dann) *Wellen* zeigen kann. Das Spannungsverhältnis, das sich zwischen dem Wellen- und dem Teilchenmodell ergeben hat, wird also *aufgelöst...*

M: In einem ontologischen Sinne *nicht* - aber „die Heisenberg-Bohr'sche *Beruhigungs*philosophie - oder Religion? - ist so fein ausgeheckt, dass sie dem *Gläubigen* einstweilen ein sanftes Ruhekissen liefert, von dem er nicht so leicht sich *aufscheuchen* lässt.“[619] Man beharrt darauf, dass komplementäre Phänomene, „obgleich ihre Beschreibung [...] nicht zu einem einheitlichen Bilde zusammengefasst werden kann, doch jedes für sich gleich wesentliche Seiten der Gesamtheit aller Erfahrungen über das Objekt ausdrücken, die überhaupt in jenem Gebiet *möglich* sind“[620] - das meint, die beiden komplementären Phänomenklassen sind *hinreichend,* insofern „sie zusammen alle *definierbare* Kenntnis von den betreffenden Objekten *erschöpfen.* “[621] Auch mit Betonung auf *`definierbar'* ist das ein recht hybrisches Urteil, das nahelegt, es *gäbe* nicht mehr über sie zu wissen...

H: Das könnte erkenntnistheoretisch richtig sein, weil nicht mehr wiss*bar* ist, aber ontologisch falsch sein, weil es theoretisch mehr zu wissen *gibt...*

M: Ja. Aus der Verquickung von *Positivismus* und *Realismus* ergibt sich nun jedoch, dass *beide* Phänomenklassen positivistisch als Ausgangsphänomene genommen und sodann realistisch gedeutet wurden; prägnanter heißt das (wenn auch bei starker Tendenz, das Teilchenmodell zu *bevorzugen):* Es gibt Wellen *und* Teilchen als zwei Phänomenklassen der Natur, was vom Erkenntnistheoretischen zum ontologisch-Realistischen gewendet bedeutet, dass beides *zutreffende* ontologische Modelle der Realität sind - spezieller für *Teilchen:* dass sich deren Zustände *sinnvoll* (auch) mit klassischen Parametern *erfassen lassen.* Hier wird zu fragen versäumt, ob und inwiefern das *tatsächlich* so ist - an dieser Stelle schließt sich nämlich gleichsam der axiomatische `Konsistenz-Kreis', dass die klassischen Begriffe *unabdingbar* sind, nach einer Messung aber auch *zutreffend* scheinen bzw. tatsächlich *sind,* so dass mithin der Schluss, dass es sich *weder* um Teilchen, *noch* um Wellen handelt, insofern vermieden wird, als es *praktikabel gemacht* wird, *weiterhin* von Teilchen und Wellen zu sprechen...

H: Das ist der *Sinn* der Kopenhagener Deutung...

M: ...und es ist - wie gesagt - ein Grundaspekt des *Messproblems;* zunächst also dazu, wo *erkennbar* ist, dass und warum ein je spezifisches `Sosein' der Dinge dem Erkenntnisgriff entgleitet; hernach, wo dies begründet zu *vermuten* ist; die bisherigen Überlegungen zu einem Perspektivwechsel setzen sich hier fort:

VI b_1 Muss man nicht *generell* konstatieren, dass mit der orthodoxen QT an QO gleichsam *inadäquate `Erwartungen´* gestellt werden, dass es unsinnig ist, von in *ontologischem* Sinne *objektiv nicht-objektivierbaren* Eigenschaften zu sprechen, wenn etwa ein *QO* nicht wie ein *Teilchen* durch *einen* Spalt geht? Das zeigt sich schon darin, dass die Aussage `was beobachtet worden ist, existiert gewiß´ ontologisch ja höchstens *zeitweise* zutreffend sein kann, eben gerade *weil* der spezifische Zustand eines QO mit einer Messung *aktiv präpariert* wird - man `zwingt´ es etwa gleichsam, einen bestimmten Ort *wie* ein makroskopisches Teilchen einzunehmen - QO sind in diesem Sinne lokalisier*bar*, aber nicht immer *lokalisiert*. Wenn man sich im Dunklen fragt, wieviele Motten wohl umherschwirren und man - um sie sehen zu können - das Licht anmacht, *präpariert* man die Situation *aktiv;* unbenommen bleibt dabei die Frage, ob es auch (im analogen Bild) *vor* dieser `Messung´ so viele bzw. eine bestimmte Anzahl und Verteilung der Motten *gegeben* hat bzw. ob es *dieselbe* gewesen ist; mutmaßlich *nicht*, aber es wird dennoch eine *spezifische andere* gegeben haben. Allemalen kann man bei *QO* das quantenphysikalische Messergebnis, in Sonderheit den spezifischen *Ort* auch *dann* - *bei* einer Messung - natürlich nur *bedingt*, nämlich nur *mit* der Messung als *`an sich´* objektiv gegeben betrachten...

H: ...weil eine Messung das `Mögliche´ ins `Faktische´, `Reale´ *überführt* - nur `was *beobachtet* worden ist, existiert *gewiss´...*

M: Nein, weil es *nur dann* ein Ding *ist*, dem man das Attribut, einen spezifischen Ort innezuhaben, *zuschreiben* kann. Es ist geradezu ein *Leitmotiv* der bisherigen Überlegungen, dass sich immer wieder Probleme ergeben, wenn und weil das Verhalten *klassischer Körper* bzw. *deren* klassische Zustände zugrundegelegt werden - selbst bei dem Versuch, eine *abstraktere* Vorstellung zugrundezulegen, wenn etwa Heisenberg auf den aristotelischen Begriff `potentia´ zurückgreift, geschieht dies - wie erinnerlich - im Sinne einer sehr *engen* Definition von `real´ nach `res´, Ding, als einer Potenz *nur* zu klassischen *Körpern*, obgleich der Begriff *das* erfassen soll, was auch in Gestalt von klassischen Feldern, Wahrscheinlichkeits- oder Leitwellen, kollabierenden oder dekohärierenden realen Wellen in Erscheinung tritt, die als `im- oder prämateriell, aber real´ zu nehmen sind und die sich kausal-deterministisch ausbreiten, interferenzfähig und wirkmächtig sind und soweit Reales, dass man eine ganze Welt aus ihnen bauen kann...

H: Wahrlich...

M: QO sind ontologisch auch nicht *sowohl* Wellen *als auch* Teilchen, denn schon in den Begriffen liegt ein unversöhnbarer *logischer*, *apriorischer* Widerspruch, der des Blickes auf die Empirie gar nicht bedarf, nämlich in der Kombination zweier *einander ausschließender* Begriffsbilder, die *beide* auf *ein-und-dasselbe* QO zutreffen müssten - es gibt dabei *kein Geheimnis*, die Begriffe *müssen* sich widersprechen, sonst hat man *im Denken* etwas falsch gemacht. QO sind ontologisch *weder* Wellen *noch* Teilchen (in Reinkultur), sie sind *`anderes´* - daher sollte auf der Hand liegen, dass manche Begriffe und Vorstellungen *ontologisch unzutreffend* sein dürften. Man kann natürlich sagen, dass „die [HU][...] der Anwendbarkeit klassischer physikalischer Begriffe prinzipielle Grenzen [setzt]"[622] - aber in dem Sinne, wie man sagt, dass auch der Anwendbarkeit etwa klassischer *biologischer* Begriffe Grenzen gesetzt sind, da man den Begriff *`Leben´* nicht auf *Steine* anwendet; Begriffsdefinitionen bzw. -anwendungen *enden* irgendwo - so gehören die Begriffe `Welle´ und `Teilchen´ der *übergeordneten* physikalischen Ebene der *Körper* und *Felder* an, während es *darunter* eine quantenphysikalische Ebene eines im- oder prämateriellen Zugrundeliegenden gibt...

H: Hm...

M: Mithin fragt sich, ob man nicht an QO - wie gesagt - völlig *inadäquate `Erwartungen´* stellt, welche Attribute man ihnen ontologisch zuschreiben *kann*, ohne dass sie in einer *un*passenden `Schublade´ landen, in die sie gar nicht hineinpassen *müssen!* Ist es nicht sinnlos, mit den *HU* zu konstatieren, dass „die gegenüber der klassischen Physik neue Situation, die man im Bereich der Quantenphysik vorfindet, [darin] besteht [...], dass man an einem quantenphysikalischen Objekt nicht alle Eigenschaften gleichzeitig durch Messung feststellen kann"?[623] Das ist schlicht *unpassend* formuliert - es wird suggeriert, dass gewisse Eigenschaften eigentlich objektivierbar sein *sollten*, wenngleich dies nur für *klassische Teilchen* richtig wäre... „Man hat von der früheren Theorie die Vorstellung des Teilchens und das ganze darauf bezügliche wissenschaftliche Vokabular *übernommen*. Diese Vorstellung ist *inadäquat*. Sie treibt unser Denken beständig dazu an, nach Auskünften zu verlangen, die offenbar keinen *Sinn* haben. Ihre gedankliche Struktur weist Züge auf, die an dem wirklichen Teilchen *nicht vorkommen*. Ein *adäquates* Bild [...][sollte] nicht durch diesen beunruhigenden Drang belästigen, muss unfähig sein, mehr in sich aufzunehmen, als es *gibt*, muss jede weitere Zutat *ausschließen*"[624]...

H: ...wenn es denn ein solches Bild gibt...

M: So wird beim DSExp mit der Aussage `die Bahn ist objektiv unbestimmt´ suggeriert, dass der Begriff `Bahn´ irgendwie sinnvoll *wäre;* für die Interferenz muss ein QO aber *alle* Wege gehen, was man ansonsten einer *Welle* zuschreibt und die *hat* keine Bahn; man muss weder erkenntnistheoretisch noch ontologisch in einem auf *Teilchen* bezogenen Sinne behaupten, ein QO sei ohne Messung in einer Superposition verschiedener *Zustände*, möglicher Aufenthaltsorte etwa - dergleichen ist *Wellen* zu *eigen*. Um diese inadäquaten Erwartungen *aufzuzeigen*, gilt es *nochmals* bei der Frage nach `Kausalität´ und `Determinismus´ ansetzen - in der *klassischen*, wie in der *Quanten-*

Physik: Manchmal will es scheinen, als gäbe es geradezu einen *Zwang*, mit der QT zu *A*kausalität und *In*determinismus zu kommen...
H: Mag sein - dass die gesellschaftlich-kulturellen Rahmenbedingungen der Weimarer Republik die Entstehung der QT als physikalischer Theorie auch in dieser Hinsicht nicht unerheblich *beeinflusst* haben könnten, hat ja schon Forman aufgezeigt[625]...
M: Ja; aber noch jüngst wurden die *abenteuerlichsten* Konstruktionen angeführt, dass sich das Kausalgesetz ja als *unzutreffend* erweisen möge - nur *ein* Beispiel: Es wird etwa die These aufgestellt, man müsse klassisch annehmen, dass „ähnliche physikalische Anfangsbedingungen [...] ähnliche Effekte nach sich [ziehen]."[626] Das ist (im negativen Sinne) typisch rationalistisch argumentiert und schlicht *falsch;* mit einem kausalen Determinismus sagt man zwar, dass *gleiche* physikalische Anfangsbedingungen *gleiche* Effekte nach sich ziehen, ein Blick auf die Empirie erweist die erste Formulierung aber als *unzutreffend.* Mit der Theorie des *deterministischen Chaos* nimmt man (heute) an, dass *geringfügig andere* Anfangsbedingungen zu *sehr verschiedenen* Endzuständen eines Systems führen können...
H: ...etwa beim sogenannten `Schmetterlingseffekt´...
M: Ja. Hier nun wird *umgekehrt argumentiert:* Eben *weil* dies - dass *ähnliche* Anfangsbedingungen zu *ähnlichen* Effekten führen - unzutreffend ist, wird geschlossen, dass das Kausalgesetz in manchen Fällen *ungültig* sein muss[627]; interessanterweise wird dafür ein Beispiel angeführt, das angeblich von Born herrührt; bei diesem ist das Argument allerdings - es geht dabei um eine Analogie zu der Frage, ob ein QO im Laufe der Zeit *`quasi-lokalisiert´* bleibt - mit der *HU* verknüpft bzw. es betrifft nur die *erkenntnistheoretische* Seite, nicht die *ontologische.*[628] Wie dem auch sei - hier wird nun jedenfalls ein Fall angeführt, der eine der HU $\Delta E \cdot \Delta t \geq h$ (also nicht auf Ort und Impuls, sondern auf Energie und Zeit bezogen) ähnliche Relation enthält und wohl so *höchst willkommen* erschien: Man soll sich ein um seine Achse idealisiert reibungslos rotierendes Rad denken, das sich, einmal in Bewegung gesetzt, endlos mit der Winkelgeschwindigkeit ω weiterdreht. Der Winkel φ als die Raumlage dieses Rades gehorcht dabei dem Gesetz $\varphi = \omega \cdot t$. Werden die Anfangsbedingungen, nämlich die Winkelgeschwindigkeit ω um den Wert $\Delta\omega$ verändert, ergibt sich im Laufe der Zeit natürlich eine geringfügig *andere* Raumlage des Rades φ und wie klein $\Delta\omega$ auch sein mag, man kann t immer so wählen (also: so lange warten), dass diese am Ende *völlig unbestimmt* ist...
H: $\Delta\omega$ als `Ungenauigkeit´ verstanden, die sich sukzessive *aufsummiert...*
M: Dann wird geschlossen: „So scheint also sogar in diesem einfachen Beispiel die strenge Kausalität [...] nicht anwendbar zu sein."[629] Es ergibt sich sogar umgekehrt, wenn angenommen eine Lageunsicherheit des Rades etwa von 2π als gerade noch *messbar* gelten soll, dass man eine Unsicherheit der Winkelgeschwindigkeit $\Delta\omega$ nur *bemerken* kann, wenn sich das Rad mindestens für

eine bestimmte Zeitspanne Δt dreht, wobei sich eine Art `Unsicherheitsrelation der Raumlage des Rades´ $\Delta t \cdot \Delta\omega \geq 2\pi$ ergibt.[630] Mithin ist natürlich die Winkelgeschwindigkeit *unendlich genau* nur bestimmbar, wenn man eine *unendlich lange* Messdauer ansetzt, was realiter unmöglich ist. Und damit wiederum sei „jede Diskussion, die sich auf die Hypothese der Existenz solcher Daten stützt, in Wirklichkeit nur *leeres Gerede.*" Der „*Glaube*"[!][631] an Kausalität und Determinismus sei als irrational zu *verwerfen*...

H: Das ist *etwas* überspannt - schon das Experiment als naturwissenschaftliche Methode setzt Kausalität voraus...

M: Das ist *so* überspannt, dass sich fragt, welch´ *Zwang* heimlich geherrscht haben muss, um dafür *blind* zu bleiben, dass Kausalität und Determinismus mit alledem gerade *nicht* angegriffen, sondern *untermauert* werden: Es wird schon eingangs für die ganze Argumentation *vorausgesetzt*, dass es einen kleinen Unterschied der Winkelgeschwindigkeit $\Delta\omega$ *gibt*, der sich im Laufe der Zeit aufsummieren *kann*, weil er eben *nicht* von *Nullwert* und *nicht* wirkungslos ist - sonst funktioniert das ganze Argument überhaupt nicht, dass nur nach theoretisch *unendlicher* Messdauer auch noch der *kleinste* Unterschied $\Delta\omega$ bemerkbar *werden* muss...

H: Schwer erträglich auch, dass mit dem Begriff `Glaube´ *suggeriert* wird, hier sei nur die Rede von irrationalen Vorstellungen. Ein Grund ist wohl, dass ein vollständiger Determinismus als eine ziemlich „düstere, mechanistische Behauptung [...][und] Ausdruck von Hybris"[632] empfunden wird...

M: Davon ganz abgesehen, dass der Begriff *`mechanistisch´* heute offenbar nurmehr *negativ* konnotiert ist, wird mit diesem ein Weltbild stilisiert, dem ehedem die *wenigsten* angehangen haben dürften - ein vollständiger Determinismus wurde sowohl von der Freiheit des menschlichen, als auch des göttlichen Willens durchbrochen; der Begriff `Hybris´ verkennt, dass nur von einem *methodischen Ideal* die Rede war und auch das *`düster´* ist fehl am Platze - es scheint eher für den *irreduziblen Zufall* mit der *QT* zuzutreffen, insofern ein *freier Wille* - so man diesen denn annimmt - *ohne* Kausalität ja *undenkbar* ist, da man eine Kausalkette *beeinflussen* oder *in Gang* setzen *können* muss... Aber die geradezu *`Verachtung´*, die man beizeiten für die Kausalität übrighatte - es hieß, „dass das klassische Konzept der Kausalität [...] ein großes *Vorurteil* ist"[633], gar: „Der Glaube an den Kausalnexus ist der *Aberglaube*"[634] -, kann hier nicht aufgearbeitet werden... Ein ideales Billardspiel mag geradezu paradigmatisch für die *klassische Mechanik* sein; dieser zufolge ist es zumindest *theoretisch* möglich, die weiße Kugel *so* anzuspielen, dass sie nacheinander alle anderen Kugeln trifft; der *QT* zufolge ist das jedoch *nicht* möglich - schon nach der siebten oder achten Kugel *trifft* die weiße Kugel nicht mehr.[635] Hier nun muss man Obacht haben, was die QT damit eigentlich *genau* in Frage stellt: Es kann ja offensichtlich *nicht* gemeint sein, dass es unmöglich ist, die weiße Kugel anzuspielen und es *geschieht* so, dass

alle Kugeln getroffen werden - das ist natürlich *möglich - zufällig...*
H: Ja, es geht dabei um das Ideal der klassischen deterministischen Physik, das im Sinnbild des `Laplace´schen Geistes´ zum Ausdruck kommt; Laplace sagte: „Ein Geist, der für einen gegebenen Augenblick alle Kräfte *kennte*, welche die Natur beleben, und die gegenseitige *Lage* der Wesen, aus denen sie besteht, wenn sonst er umfassend genug wäre, um diese Angaben der Analyse zu unterwerfen, würde in derselben Formel die Bewegungen der größten Weltkörper und des leichtesten Atoms begreifen: *nichts* wäre *ungewiss* für ihn, und Zukunft wie Vergangenheit wäre seinem Blick *gegenwärtig*"[636]...
M: Nun, eigentlich müsste es heißen: `*Leibniz*´schen Geistes´ - der hatte diesen Gedanken lange *vor* Laplace und hat ihn sogar konsequent in seinem ganzen philosophischen System verfolgt; er sagte sich, „dass alles durch ein festgestelltes *Verhängnis* hervorgebracht werde, [...][das darin] besteht [...], dass alles aneinanderhängt wie eine *Kette* [...][und], dass alles mathematisch, das ist *unfehlbar* zugehe, in der ganzen weiten Welt, *so* gar, dass wenn einer eine genugsame *Einsicht* in die inneren Teile der Dinge haben könnte, und dabei Gedächtnis und Verstand genug hätte, um alle Umstände vorzunehmen und in Rechnung zu bringen, würde er [...] in dem *Gegenwärtigen* das *Zukünftige* sehen, [...] so kann man sagen, dass die ganze künftige Welt in der gegenwärtigen stecke und vollkommen vorgebildet sei, weil kein Zufall von außen weiter dazukommen kann, [...][da] nichts außer ihr [*ist*]. Aber einem beschränkten Verstand ist [es natürlich] unmöglich, künftige Dinge mit Umständen vorherzusehen, weil die Welt aus unendlich[viel]en Dingen besteht, die zusammenwirken, also dass nichts so *klein*, noch so weit *entfernt* [wäre], welches nicht etwas *beitrage* nach seinem Maß. Und solche *kleinen* Dinge machen oft *große* mächtige Veränderungen. [...] Eine *Fliege* könn[t]e den ganzen *Staat* verändern, wenn sie einem großen König vor der Nase herumsaust, so [dieser] eben in wichtigen Ratschlägen begriffen [ist]" - einbegriffen also den `Schmetterlingseffekt´ der Chaostheorie[637]...
H: Das Ideal der klassischen deterministischen Physik liegt ja darin, dass man aus dem `Ist-Zustand´ eines Systems dessen vergangene und zukünftige Zustände im Prinzip *errechnen* kann, weil diese eben deterministisch *festliegen*. Von der göttlichen und menschlichen Willensfreiheit ganz abgesehen, ist dabei in der Tat von einem praktisch unerreichbaren *Ideal* die Rede - etwa wegen der Komplexität des Geschehens oder weil Messungen nie *absolut präzise* sein können. Schon hier könnte man aber zu fragen ansetzen, ob nicht auch eine *klassische* Bahnkurve als *Voraussage* der zukünftigen Bahnpunkte zu deuten ist, womit sich die Parallelität zur QT ergäbe, dass *generell* Naturwissenschaft (nur) empirisch überprüfbare *Voraussagen* über die Welt liefert...
M: Der *Unterschied* ist nur der, dass man klassisch unter denselben Randbedingungen stets *dasselbe* beobachtet bzw. *für* diese vorhersagt - selbst beim

DSExp erwartete man ehedem *mit Bestimmtheit* ein spezifisches Interferenzmuster; heute - da Versuche mit *einzelnen* QO möglich sind - muss man auch bei diesem mit *Voraussagen* für *wahrscheinliche* Messergebnisse vorlieb nehmen (mögen die auch für das Gesamt sehr genau sein). Ehedem wurde angenommen, dass physikalische Größen *an sich*, auch *ohne* Messung, stets *spezifische Werte innehaben* - eben das stellt die QT nun *prinzipiell in Frage:* Nicht nur, ob man einen spezifischen Ist-Zustand - etwa den Ort und Impuls einer Billardkugel (mag es zunächst speziell um diese beiden Parameter gehen) - beliebig genau *feststellen* kann, sondern, ob man überhaupt sagen kann, dass die Dinge *an sich*, *ohne* eine Messung, stets einen spezifischen Ist-Zustand bezüglich dieser Parameter *innehaben.* Mit Leibniz könnte man sagen, dass \`mögliche Welten´ mit denselben Naturgesetzen - gedanklich sozusagen nebeneinandergelegt - kausal-deterministisch sind, wenn gilt, dass wenn sie zu *einem* Zeitpunkt übereinstimmen, sie zu *allen* Zeiten übereinstimmen; umgekehrt: Stimmen sie *nicht* überein, muss in den möglichen Welten irgendwann *irgendetwas \`anders´* gewesen sein...

H: Gut; man kann beim Billardspiel die weiße Kugel natürlich so anspielen, dass sie *\`zufällig´* nacheinander alle anderen Kugeln trifft; mit der QT ist es jedoch so, dass sich der wahrscheinliche Aufenthaltsbereich der Kugeln als makroskopische Körper soweit *aufsummiert*, dass man dies nicht mehr mit Sicherheit *im Voraus* behaupten kann - dabei geht es jedoch nicht um die *subjektive Unkenntnis* des Beobachters - weshalb es hier nicht um *\`subjektiven´*, sondern um *\`objektiven´* Zufall geht...

M: ...angeblich - im Lichte des *Teilchen*bildes und einer \`*Körper*welt´...

H: Wenn die weiße Kugel in zwei gedachten möglichen Welten einmal *trifft*, einmal jedoch *nicht*, muss in der *klassischen* Physik *irgendetwas \`anders´* (gewesen) sein - mit der QT ist dem *nicht* so: sie können *dennoch*, nämlich in ihrem gleichsam *unspezifischen*, *unscharfen \`Sosein´* übereingestimmt haben... In der QT tauchen ja an zwei Stellen *A*kausalität und *In*determinismus auf: Zunächst muss man den jeweiligen Zustand eines physikalischen Systems *feststellen*, was - sogar Masse, Ladung und quantenphysikalischen Spin einbegriffen - sich auf die einzig beobachtbaren *klassischen* (Teilchen-)Parameter \`Ort´ und \`Impuls´ (dann \`Energie´ und \`Zeit´) bezieht, welche gleichzeitig *\`scharf´* nur im Rahmen der *HU* zu ermitteln sind. In den HU liegt - wie erinnerlich - auch begründet, dass Bohr die *kausale* Beschreibung und die *raum-zeitliche* Beschreibung der Welt als *komplementär* ansah, da erstere auf die Parameter Energie E und Impuls p zurückgeht, für die es *Erhaltungssätze* gibt (Kausalität), zweitere auf Ort q und Zeit t (raum-zeitliche Beschreibung); beides setzen die HU in eine gegenläufige Relation ($\Delta x \cdot \Delta p_x \geq \hbar$ und $\Delta E \cdot \Delta t \geq \hbar$) - das ist die *eine* Seite, wo *A*kausalität und *In*determinismus Einzug halten. Der so erfasste physikalische Zustand entwickelt sich dann zwar gemäß der Schrödinger´schen Gleichung - Dynamik *I* - *deterministisch*, die *andere* Seite markiert jedoch das `*Messproblem*´: dass sich aus dieser die klassischen Parameter wiederum - mit Dynamik *II* - nur *a*kausal bzw. *in*deterministisch ergeben - dem entspricht der `Dreischritt´, welcher bei der Kopenhagener Deutung diskutiert wurde... Hinzu kommt, dass *genereller* noch - von der Kopenhagener Deutung ausstrahlend - *überhaupt* das spezifische `Sosein´ der (ungemessenen) Dinge in Frage gestellt wird...

M: ...was allerdings *an sich* schon der kausal-deterministischen Entwicklung von *Dynamik I* widerspricht... Jedenfalls könnte man sagen, dass die deterministische Schrödinger´sche Gleichung mit den klassischen Begriffen und den *HU* bei dem, was man in diese *hineinlegt*, und mit dem *Messproblem* und Dynamik *II* mit dem, was sich aus ihr *ergibt* gleichsam indeterministisch `in die Zange genommen´ wird; an beiden Schnittstellen werden Kausalität und Determinismus scheinbar in Frage gestellt *(M. deutet auf Abbildung 73)...*

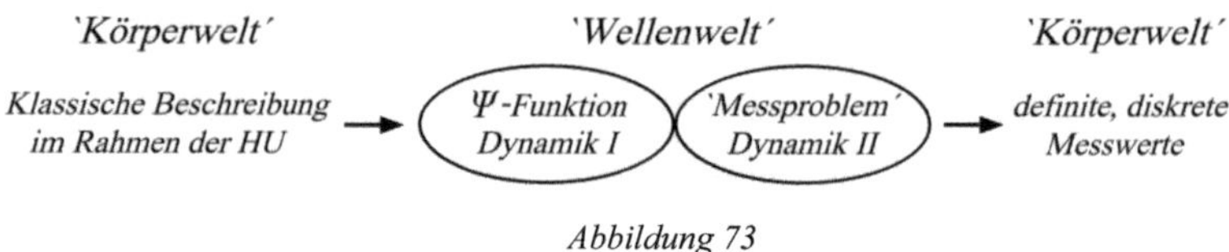

Abbildung 73

H: Prägnanter: `Ohne klassische Trajektorien und mit der orthodox angenommenen Dynamik *II* keine Kausalität, kein Determinismus´, man hat sich mit *irreduziblem Probabilismus* zu bescheiden: Es gibt etwa beim DSExp auch diverse Bereiche mit *gleicher* Aufenthalts- bzw. Antreffwahrscheinlichkeit - ohne *weitere* Bestimmungsstücke wird ein etwa gemessener Ort also offenbar rein *zufällig* `gewählt´...

M: ...ohne weitere Bestimmungsstücke als die Ψ-Funktion (und *mit* einer Dynamik *II*) - was auf die Frage führt, die Einstein immer wieder gestellt hat: Ist die QT - speziell auf der einen Seite mit der phänomenal nur zugänglichen gleichsam `*Teilchen-Oberfläche*´ von Wellenphänomenen und auf der anderen Seite *ohne* gesetzhafte Dynamik *II* - überhaupt *vollständig?* Beides sind allerdings nur die zwei Seiten *ein-und-derselben* Medaille - worum es nämlich geht, ist in beiden Fällen, zwischen der `*Körperwelt*´ und der `*Wellenwelt*´ zu vermitteln, nur erstere ist empirisch *zugänglich*, zweitere *erschlossen*, erstere als *Erscheinung*, zweitere als das mutmaßlich *Eigentliche...*

H: So die *These...* Aber zunächst weiter zur *linken* Schemaseite: *Aus* mit den HU *unbestimmten* Zuständen *folgen* natürlich keine *bestimmten* Zustände - wie Heisenberg sagt: „An der scharfen Formulierung des Kausalgesetzes: `Wenn wir die Gegenwart genau kennen, können wir die Zukunft berechnen´, ist nicht der *Nachsatz*, sondern die *Voraussetzung* falsch. Wir *können* die Gegenwart in allen Bestimmungsstücken prinzipiell *nicht* kennenlernen. Deshalb ist alles Wahrnehmen eine Auswahl aus einer Fülle von Möglichkeiten und

eine Beschränkung des zukünftig Möglichen. [...] Weil alle Experimente den Gesetzen der Quantenmechanik und damit der [...] [HU] unterworfen sind, so wird durch [...][sie] die *Ungültigkeit* des Kausalgesetzes *definitiv festgestellt*"[638]...
M: Ein *vorschneller* Schluss, was diese Seite der `Zange´, die Trajektorien und was in die *Ψ*-Funktion hineingelegt wird, betrifft: Für eine derart *gewagte* These sollte es *gute*, auch *empirische* Gründe geben, sie betrifft immerhin *Grundannahmen* der klassischen Physik[639] - neben der theoretischen Herleitung sollen diese in den *HU* liegen, mit denen die klassischen räumlich-zeitlichen Bahnen von Teilchen, ohne dass man dies bisher bemerkt hätte, gleichsam immer etwas *unscharf* sein sollen; *deshalb* kann man bei einem Billardspiel die weiße Kugel nicht `absichtlich´ etwa so anspielen, dass sie nacheinander alle anderen Kugeln trifft, weil für *alle* Kugeln gilt, dass ihr spezifischer Ort und Impuls *gleichzeitig* nur *unscharf*, nur in den Grenzen der HU *bestimmt* ist - wohlgemerkt mit der *ontologischen* Formulierung *`bestimmt´*, nicht `bestimmt*bar´* als *erkenntnistheoretischer* Formulierung...
H: Eben, „sowohl das Komplementaritäts-Prinzip als auch die [...][HU] haben zur Folge, dass für den Beobachter die Kausalität verloren geht. Da Ort und Impuls gemeinsam nur unscharf bestimmt werden können, so gibt es keine strenge Kausalität und keine genauen Trajektorien mehr."[640] Wenn im Phasenraum die Trajektorie eines idealisierten Systems zeitlich in sich selbst *zurückläuft*, muss sich klassisch-deterministisch von dort an die Entwicklung völlig *gleichartig wiederholen* - bei *unscharfen* räumlich-zeitlichen Bahnen (analog soll es bezüglich der unscharfen Parameter `Energie´ und `Zeit´ sein) - kann man geschlossene zeitliche Trajektorien aber nicht mehr *voraussetzen...*
M: So betrachtet sollte mit den Überlegungen der Chaostheorie desöfteren ein System der `gewöhnlichen´ Entwicklung *`entgleiten´* können - aber *ist* dem so?
H: Jedenfalls ist für den `Laplace- bzw. Leibniz´schen Geist´ hier bereits der erwähnte *Vordersatz* des Schlusses `den Ist-Zustand eines Systems beliebig genau kennen´ *prinzipiell* in Frage gestellt... Man sollte die HU vielleicht besser *`Unbestimmtheits*-Relationen´ nennen, da der Begriff `Unschärfe´ schlicht falsche Assoziationen weckt...
M: Dem ist zuzustimmen - in einem ganz *anderen* Sinne. Die zunächst rein *erkenntnistheoretische* Formulierung hat unversehens einen *ontologischen* Beiklang erhalten. *Bemerkenswert*, dass die QT sich hier *nicht* positivistisch beschränkt und dergestalt - zudem noch mechani(zi)stisch - *ontologisiert:* `Ohne klassische Trajektorien keine Kausalität, kein Determinismus´. Muss man nicht gewahren, dass hier im Grunde über Kausalität und Determinismus gar nichts *ausgesagt* wird? Die HU muss man doch darauf reduzieren, dass sie sagt: `*Wenn* man ein Ding unbedingt als ein Teilchen begreifen will (mit allen Eigenschaften, die ein Teilchen eben definitionsgemäß *hat), dann*

muss man - im Gegensatz zu klassischen mesokosmischen Objekten - bei einem *QO* eingedenk bleiben, dass die komplementären Größen `Ort´ und `Impuls´ *unscharf sind* (nicht nur so *gemessen* werden)...

H: ...nur waren die Begriffe `Ort´ und `Impuls´ bisher *un*eingeschränkt auf *alle* physikalischen Objekte anwendbar, heute aber ergeben sich mit ihnen Widersprüche[641] - die Begriffe der klassischen Physik sind aber eben, wie jene der gewöhnlichen Sprache an sich, der sie entwachsen sind, unverzichtbar, um Erfahrungen und Beobachtungen überhaupt *erfassbar* und *mitteilbar* zu machen...

M: ...pragmatisch!

H: ...wenn sich auch etwa Heisenberg bewusst war, dass sich die Begriffssprache der Physik dahingehend entwickelt, „nicht eine *präzise* Sprache [zu sein], in der man die normalen logischen *Schlussverfahren* benutzen könnte; es ist eine Sprache, die *Bilder* in unserem Denken hervorruft, aber zugleich [...] auch das Gefühl, dass [...][diese] nur eine *unklare Verbindung* mit der Wirklichkeit besitzen“[642] - um dem zu begegnen, blieb nur der Rückzug in die mathematische Abstraktion, ja, selbst eine Abänderung der klassischen Logik verwarf Heisenberg nicht sogleich. Das ist...

M: ...allemalen der *falsche* Weg. Ansonsten ist daran *viel Wahres* - die Physik ist unvermeidlich durchtränkt von dem anschaulichen Mesokosmos entlehnten Begriffen, von der elektrischen `Spannung´ bis zu den `Schwingungen´ im Wellenmodell. Man muss sich am Ende aber doch bewusst machen, dass man *mit* diesen Begriffen Vorstellungen der Alltagswelt, was etwa den Wellen- und Teilchenaspekt der Dinge betrifft, übernimmt, und dass diese Begriffe eigentlich wie eine *Wittgenstein´sche Leiter* sind (oder sein sollten), die der Verwender „am Ende als unsinnig erkennt, wenn er durch sie - auf ihnen - über sie hinausgestiegen ist. (Er muss sozusagen die Leiter wegwerfen, nachdem er auf ihr hinaufgestiegen ist.)“[643] Diese Begriffe sind ja offenbar *außerhalb* der mesokosmischen Erfahrungswelt *unangemessen:* Man hat es mit *`mehr´* und *`anderem´* zu tun (um es prägnant verkürzt auszudrücken, ohne es zu resümieren) - ansonsten hat man das Ergebnis etwa des DSExp ja gar nicht *verstanden;* die dichothome Begriffsbildung `Welle-Teilchen´ bzw. beide Begriffs*felder insgesamt* widersprechen nicht nur *einander*, sondern auch dem empirischen *Befund*... Die ontologische Formulierung etwa (über die erkenntnistheoretische geht die QT längst hinaus) `QO *haben* gleichzeitig keinen schärferen Ort und Impuls inne als die HU zulässt´ ist natürlich zwar *richtig,* aber nur so, wie man sagen könnte `ein Mückenschwarm ist nicht so `scharf´ lokalisiert wie ein Baum´... Heißt es etwa: „Teilchen wie Elektronen *haben* [...] buchstäblich keine exakt definierbaren Positionen und Geschwindigkeiten,“[644] impliziert der ontologisch schlicht *unzutreffende* Begriff *`Teilchen´* deutlich die inadäquate `Erwartung´, das QO `Elektron´ *müsse* derlei aufweisen...

H: ...und dem *ist* nicht so?!
M: Dem ist *nicht* so; das ist ebenso \`inadäquat´, als wollte man - Heisenbergs Beispiel - den Begriff \`Temperatur´ auf ein *einzelnes Atom* anwenden; der Begriff ist dann schlicht *undefiniert...* Das *eigentliche* Problem liegt darin, dass die beobachtbaren Eigenschaften von QO - die Observablen - von der QT apriori einfach *festgelegt* werden...
H: Wieso?! „Man kann [doch] grundlegende, charakteristische Eigenschaften von Quantensystemen *definieren*. Zu den grundlegenden, zeitabhängigen Eigenschaften von Quantensystemen gehören der Ort und der Impuls ebenso wie der Spin in jeder Raumrichtung.“ Es ist nur so, dass „kein Zustand eines Quantensystems möglich [ist], in dem sowohl der Ort als auch der Impuls einen definiten numerischen Wert haben [...]. Es *gibt* keinen [solchen] Zustand“[645]...
M: Nur, dass diese Definition *völlig unabhängig* von auf empirischen Befunden fußenden ontologischen *Vor*überlegungen erfolgt - ist es nicht seltsam, ja widersinnig, diese \`grundlegenden Eigenschaften´ *einfach festzulegen?* Wie ist es bei diesem Objekt *(M. deutet auf Abbildung 74)*, wenn man einmal diese Aussagen über *QO* auf *dieses* Objekt überträgt? Dann müsste es heißen \`Man kann grundlegende, charakteristische Eigenschaften von solchen Objekten definieren. Zu diesen gehören die Anzahl der Zylinder und die Anzahl der Quader - diese sind voneinander *unabhängig´*. Weiter müsste es heißen: \`Es ist keine Interpretation möglich, in der sowohl die Anzahl der *Zylinder* als auch der *Quader* einen definiten numerischen Wert haben. Es *gibt* keinen solchen Zustand´ - der letztere Teil ist wohlgemerkt ebenso *ontologisierend.* Beide Aussagen sind natürlich *richtig* - und doch ist evident, dass sie letztlich *nichts besagen*. Ähnlich starrsinnig wie die QT könnte man darauf beharren, es mit einem *\`entweder-oder´*-Objekt zu tun zu haben - dann würde man natürlich *auch* gleichsam *\`empirisch´* feststellen, dass beide Eigenschaften (die Zylinderanzahl und die Quaderanzahl) *nicht-objektivierbar* sind...

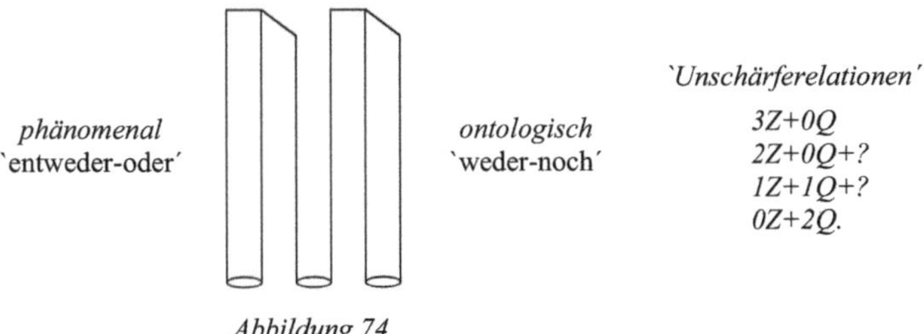

Abbildung 74

Ja, man könnte sogar eine Art *\`Unschärferelation´* formulieren, nach der es *unmöglich* ist, drei Zylinder und zwei Quader zu finden *(M. deutet auf die Abbildung oben)*. Eine eindeutige Gestalt hat das Objekt nur, wenn man es oben *oder* unten betrachtet; dann sieht man *entweder* zwei Quader *oder* drei

Zylinder - ansonsten ergibt sich gleichsam eine *`ontologische Differenz´* zu den objektiv vorhandenen sechs Strichen, die in Zylinder oder Quader *aufgelöst* werden - man kann sie (sozusagen mit einer `Messung´) nicht in *beides* auflösen. Das rührt daher, dass dies in Wahrheit ein *`weder-noch´*-Objekt aus *Strichen* ist, die unser Gehirn `aktiv-gestaltgebend´ als räumliche Körper interpretiert - aufgrund der zusätzlichen Bildinformationen oben und unten; das soll für die QT nicht bedeuten, dass es irgendwie nur um *Illusionen* ginge, die unser *Geist* erzeugt, sondern: zu den erscheinenden Dingen der räumlich-zeitlich-realen Ebene gibt es ein *Zugrundeliegendes* - in diesem Beispiel ist das etwas *`anderes´* als Zylinder oder Quader und analog ist es bei *QO...*
H: Da solcherlei objektivierende Sicht bei QO allerdings nicht *gegeben* ist, ist dies wiederum *reine Spekulation...*
M: Nein, *umgekehrt* ist es *nicht* nur reine Spekulation, sondern *nachweislich* eine *inadäquate `Erwartung´* an QO, dass sie gleichzeitig einen scharfen Ort und Impuls haben *müssten...*
H: Hm...
M: Nun gilt es natürlich den gedanklichen Rahmen wieder *weiter* zu stecken - hier geht es um die erwähnten *Bezüge* der Komplementarität, die untereinander *zusammenhängen:* Der Begriff bezog sich *(M. deutet auf die Abbildung oben)* auf mehrerlei: *a)* komplementäre Größen - hier zunächst `Ort´ und `Impuls´ - *ergänzen* einander klassisch, während sie einander in der QT *ausschließen*, *b)* klassisch einander *ausschließende* Bilder - `Teilchen´ und `Welle´ - sollen sich in der QT *ergänzen* und *c)* `*raum-zeitliche* Beschreibung´ und `*kausale* Beschreibung´ geraten in ein komplementäres Verhältnis zueinander, wie auch Messapparate usw. usf. Alle diese Dinge gehören *zusammen*, ihr Zusammenhang liegt in der Wesensart von QO beschlossen - daher ist nun umgekehrt zu konstatieren, dass die `Inadäquatheit´ der Bilder sich auf alle diese Dinge *zusammen* auswirkt: *a)* Die observablen Eigenschaften von QO - hier speziell Ort und Impuls - werden von der QT apriori einfach *festgelegt*, sind aber für QO *inadäquat;* das hatte sich schon insofern angedeutet, als die HU aus der Wellenartigkeit von QO *natürlicher* zu erklären waren. Klassische Begriffe sind unabdingbar, um Befunde zu erfassen, „ohne sie ließe sich [auch für die Wellenmechanik] der Konfigurationsraum und seine Maßbestimmung überhaupt nicht definieren“ usw. usf. - dennoch „muss es befremden, dass man in der Wellenmechanik, welche sich doch in einen ausgesprochenen *Gegensatz* zur klassischen Mechanik stellt, [...] Begriffe benutzt, die aus [...][dieser] *übernommen* sind, so den Begriff der Koordinaten und der Impulse eines materiellen Punktes [...], während es sich hinterher herausstellt, das es gar nicht *möglich* ist [...][diese] gleichzeitig genau zu bestimmen;“[646] die Not ist klar, aber es *bleibt* ein - wenn auch *unvermeidbarer* - *Zirkel*. Das müsste einem sagen, dass das, was in die *Ψ*-Funktion *hineinlegt* wird, offenbar gar

nicht mit ontologisch *sinnvollen Kategorien* erfasst wird - es wird so erfasst, wie es eben nur *möglich* ist - aber: *ontologisch inadäquat;* für die anderen Parameter ist das analog zu konstatieren, da diese der Wellenentität *`eingeschrieben´* sind...

H: Bezüglich dessen, was in die *Ψ*-Funktion *hineingelegt* wird, hat man jedenfalls einen triftigen Grund, ein je spezifischen `Sosein´ von QO *nicht auszuschließen* und sich des Urteils über Kausalität und Determinismus *zumindest* zu *enthalten...*

M: ...zurückhaltend formuliert; dieses Urteil wird sich erhärten, da das Ganze natürlich *b)* daher rührt, dass in ontologischer Hinsicht *überhaupt* die Bilder `Teilchen´ und `Welle´ inadäquat sind, woran *c)* eben *diese* Fragen hängen - ergo: die *andere* Seite der `Zange´ in welche die deterministische Schrödinger´-sche Gleichung genommen wird - das, was sich mit dem Messproblem und Dynamik *II* aus der *Ψ*-Funktion *ergibt.* Die Unbegreiflichkeit der QT (auch) in *dieser* Hinsicht rührt vorrangig daher, dass man QO in Prokrustes´scher Manier in die Schubladen `Teilchen´ oder `Welle´ *zwängt...*

H: Nun gut, „es bleibt [- so muss man nicht nur in Anbetracht der Frage der Kausalität sagen -] stets die Möglichkeit offen, die Ursache für die Unmöglichkeit, eine bestimmte *Antwort* zu geben, [...] in der Beschaffenheit der gestellten *Frage* zu sehen. Auf eine physikalisch unzureichend formulierte Frage kann auch die vollkommenste physikalische Theorie keine bestimmte Antwort erteilen“[647] - hier speziell bleibt möglich, „dass die *Frage* nach den gleichzeitigen Werten der Koordinaten und der Impulse eines materiellen Punktes gar keinen physikalischen *Sinn* hat“[648]...

M: Auch *das* versinnbildlicht das `weder-noch´-Objekt, dass es eine inadäquate `Erwartung´ an QO ist, dass sie sich wie klassische Wellen oder Teilchen verhalten *müssten* - mit diesen `Schubladen´ werden erkenntnistheoretisch nur bestimmte Objekte *definiert*: wie der `Massenpunkt´ oder der `starre Körper´ - keine klassische Definition `passt´ aber mehr auf *QO;* und doch steuert die QT mit ihrem komplementären Dualismus immer wieder auf solch´ widersprüchliche Vexierbilder wie `Welle-oder-Teilchen´ zu; das *kann* nur in die Irre führen, weil einander widersprechende Bilder *ernstgenommen* werden, wenngleich sie ontologisch *(zuunterst: noch) unzutreffend* sind... Wie hier offensichtlich die Frage sinnlos ist, ob man es *`wirklich´* mit Zylindern oder Quadern zu tun hat, so in der QT, ob QO denn nun *`wirklich´* Wellen oder Teilchen sind. Im Grunde müsste man sich analog zur QT vorstellen, dass bei diesem `weder-noch´-Objekt die *Striche* überhaupt nicht *wahrnehmbar* sind, sondern erst die Quader und Zylinder - analog liegt ja das Zugrundeliegende jenseits des *konkret-Dinghaften*, mithin des *Wahrnehmbaren...*

H: Nun gut - so *könnte* man immer nur auf das widersprüchliche Vexierbild `Welle-Teilchen´ zurückgeworfen werden, ein QO *erschiene* als zwittriges `etwas´; beidenfalls muss man einen Schritt zurücktreten und eine *darunter-*

liegende ontologische Ebene denken...
M: So ist es... Heißt es, „QO sind [...] objektiv unvollständig bestimmte Entitäten,"[649] dann stimmt das zwar für die *klassischen Observablen* und es *gibt* (heute) offenbar keine anderen *beobachtbaren* Eigenschaften von QO - man sagt aber auch nicht von *`Wasser´*, es sei eine objektiv unvollständig bestimmte Entität, weil es als `flüssig´ und `fest´ vorliegend nicht durchgängig die Eigenschaften `Festigkeit´ und Fließfähigkeit´ innehabe - die kann man *auch* als `komplementär´ betrachten: Obgleich einander ausschließend, bilden sie nur zusammen (mit weiteren Attributen) die Eigenschaften von `Wasser´ *vollständig* ab. Alles was die QT über die Komplementarität von QO sagt, hat hier seine beispielhafte *Entsprechung*: So auch etwa, dass schon die entsprechenden *Apparate*, um diese Eigenschaften zu *ermitteln*, in gewisser Hinsicht einander *ausschließen*, oder dass ein mathematischer Formalismus, der dies *erfassen* würde, so *beschaffen* wäre, dass beide Eigenschaften nicht gleichzeitig zutreffen könnten - `prinzipiell komplementär´ und `einander ausschließend´ sind auch `Festigkeit´ und `Fließfähigkeit´ von Wassser. Die Komplementarität gilt es nicht *anzuzweifeln*, sie betrifft aber die *Erscheinung* und legitimiert nicht, ein je spezifisches `Sosein´ der Dinge abzustreiten (daher beschränkt sich Komplementarität auch nicht auf die *QT*, wie ja Bohr selbst immer betont hat; das Grundprinzip findet sich auch in anderen Zusammenhängen - in der Biologie kann man nur *entweder* das *Lebe*wesen untersuchen *oder* es *sezieren*[650])... Sei hier zunächst nur gesetzt (das gilt es noch genauer zu begründen), *dass* es - wie es für `Wasser´ verschiedene *Aggregatzustände* gibt - für QO ein dynamisches *`sich-Neigen´* zur Teilchen- *oder* Wellennatur gibt, eine gesetzhafte Dynamik *II*, die ein je spezifisches `Sosein´ von QO auf der zugrundeliegenden Seinsebene *jenseits* der Kategorien `Teilchen´ und `Welle´ verbürgt, indem sie dynamisch zwischen beidem vermittelt...
H: Nun gut, derlei deutet sich ja schon bei *deBroglie* an, der es wiederum auf Bohrs und Heisenbergs Überlegungen zurückführt, dass es gilt, beide Bilder gegeneinander *abzugrenzen:* „Wenn die durch den Idealbegriff der Korpuskel symbolisierte Lokalisierung in Raum und Zeit *einerseits* und die durch den Idealbegriff der monochromatischen ebenen Welle symbolisierte dynamische Entwicklung [`Bewegung´] *andererseits* wirklich antinome Dinge sind [wie sich mit dem Wirkungsquantum und den HU nahelegt], dann muss die von der Wellenmechanik festgestellte Korrespondenz zwischen den beiden Bildern zwangsläufig *unvollkommen* und *begrenzt* sein. Je *stärker* der *Korpuskel*charakter hervortritt, desto mehr muss der *Wellen*charakter *verblassen* und umgekehrt, denn sobald sich der *eine* scharf *präzisiert*, muss der *andere* völlig *verschwinden*"[651]...
M: ...und nun sollte man diese Überlegungen nicht auf die erkenntnistheoretische Ebene *beschränken* und darauf zurückführen, dass mit den HU gewisse Messungen nicht möglich sind, der Beobachter immer das Beobachtete stört

usw. usf., sondern annehmen, dass dem Ganzen auch *ontologisch* etwas entspricht, eine gesetzhafte Dynamik *II*... So auch bei deBroglies Gedankenexperiment `Elektron im Kasten´: Teilt man ein Raumvolumen, in dem sich *ein* Elektron befindet, in zwei *Teil*volumina, ergeben sich für diese *zwei korrelierte* Wahrscheinlichkeiten das Elektron anzutreffen - sieht man aber nach, trifft man das Elektron stets nur *ungeteilt entweder* im einen *oder* im anderen an[652]; hier mischt sich das *begriffliche* `Teilchen-Welle-Problem´ unter, dass Dynamik *II* unbekannt ist - auch schon etwa bezüglich eines Einflusses beim Trennen; genaugenommen ist dies nur eine weitere *Variante* zu den besprochenen Versuchen. Mit der Kopenhagener Deutung erhält man hier nur instantan die *Gewissheit* über die Verhältnisse beider Behältnisse, die Wahrscheinlichkeits*funktion kollabiert* - Bezug ist also der *Beobachter*, was ontologisch-realiter, *physikalisch* geschieht, bleibt unbetrachtet, die QT wird als *vollständig* betrachtet und man muss sich verbieten über das *unbeobachtete* Elektron und die etwaigen zwischenzeitlichen *Prozesse* zu sprechen...
H: „DeBroglies Paradoxon existiert nur für diejenigen, die auf einer *realistischen* (Teilchen existieren objektiv) und *rationalen* Philosophie bestehen [(Raum, Zeit und Ort des Elektrons sind objektiv)]“ - „die Annahme einer tatsächlichen Existenz des Elektrons in Raum und Zeit [...][führt] auf ein Paradoxon.“[653] Kann man diesen Schluss *vermeiden?*
M: Jein, das hängt von den *Begriffsbedeutungen* ab: Will man sich von der Situation eine *realistische, rationale Vorstellung* machen, darf man nicht starrsinnig den ontologischen Kategorien `Teilchen´ und `Welle´ *verhaftet* bleiben - als *Teilchen* begriffen kommt man beinahe *zwangsläufig* dazu, die *Realität* oder die *Existenz* des Elektrons *in Raum und Zeit* in Frage zu stellen; die *Problemstellung* ist nur gar nicht eindeutig: Als *Teilchen* geht es nur um das *Wissen* des Beobachters, denn es ist *nicht* in beiden Volumina; *ist* es das, ist es *kein* Teilchen, dann weiß man nicht, was es *ist;* ist es aber (zunächst) eine *Welle*, muss eine Beeinflussung gemäß einer *Dynamik II* statthaben... Im Sinne eines *Realismus* sinnvoll an die Sache heranzugehen, bedeutet hier *nicht*, zu argumentieren, *wenn* es nur um unser Wissen geht, müsse es *deshalb verborgene Parameter* geben, die festlegen, wo sich das Elektron *als Teilchen* jeweils befindet - die Wellenfunktion beschreibt ein *`mehr´* und *`anderes´*, eine bisher nicht (be)greifbare Art von Entität...
H: Und die *Logik?* Ist nicht das `tertium non datur´ unzutreffend, weil QO nicht nur in *diesem* oder *jenem* Zustand sein können, sondern auch in einer *Überlagerung* von Zuständen? Das Elektron, das `hier´ und `nicht hier´ ist...
M: Das ist immer noch keine Option, höchstens wenn man die QT raunend mit einer geheimnisvollen Aura zu umgeben gedenkt - das DSExp zeigt, dass ein Elektron *weder* Welle *noch* Teilchen *ist*, jedenfalls kein Teilchen in *klassischer Reinkultur* - und nur *dem* muss man zuschreiben, stets an *einem* und *nur* einem Ort zu sein, einer Welle eben *nicht;* zumal bei einer *Materie-*

welle, die *für* ein nur *erscheinendes* Teilchen steht, liegt auf der Hand, das die Begriffe `hier´ und `nicht hier´ als räumliche Ausgebreitetheit *sinnlos* sind. In der Aussage „Ein Elektron kann nicht nur zugleich `hier´ und `nicht hier´ sein, sondern sich auch in jedem beliebigen [...][*Überlagerungs*-]Zustand [...] von `hier´ und `nicht hier´ [befinden]“[654] dürfte man statt `Elektron´ zwar den Begriff *`QO´* setzen, nicht aber den Begriff *`Teilchen´*, wie es manchmal geschieht, denn diesen darf man nur verwenden, *wenn* ein Ding sich wie ein gewöhnlicher mesokosmischer Körper verhält...
H: ...was sich nur *mit* der klassischen zweiwertigen Logik ergibt...
M: Eben; auch das logische Prinzip des `tertium non datur´ muss man - das sei hier eingeflochten - im besonderen Licht der QT sehen: Natürlich sind Zustandsüberlagerungen wie bei `Schrödingers Katze´ für *klassische* Objekte vollkommen undenkbar und empirisch ja auch nicht - die `Viele-Welten`-Theorie würde einfügen: *sichtbar - gegeben;* aber nicht nur, dass diese *als* solche schon in den Bereich des körperlich-dinghaft-Eindeutigen gehoben *sind*, man geht auch *fehl*, einen unüberbrückbaren *Gegensatz* zur klassischen Physik hieraus herzuleiten, denn nämliches Prinzip gilt eben *nicht* für *Wellenphänomene* - in *die* hinein sind ja quantenphysikalische Zustände gleichsam `verschlüsselt´...
H: ...bei den Wellenentitäten laufen alle Erklärungsstränge zusammen...
M: ...wie umgekehrt die Argumentation gezeigt hat, dass QO keine klassischen Körper *sind*, die klassische Zustände innehaben *müssten* - „alle Voraussagen beziehen sich nach wie vor auf Bestimmungsstücke eines *klassischen* Modells, auf Orte und Geschwindigkeiten von Massenpunkten, auf Energien, Impulsmomente [usw. usf.][...]. Unklassisch ist bloß, dass nur Wahrscheinlichkeiten vorausgesagt werden. [...] Hat man nicht [zu recht] den Eindruck, dass hier von grundlegenden Eigenschaften *neuer* Merkmalsgruppen die Rede ist, die mit den klassischen nur noch den *Namen* gemein haben?“[655]
H: Offensichtlich...
M: Offensichtlich, ja - und doch wird in der orthodoxen QT am klassischen Zustands- bzw. Objektbegriff geradezu `unbelehrbar´ *festgehalten;* so *muss* etwa fraglich werden, ob „es auch in der [...][QT] sinnvoll ist, von *Objekten* und deren *Eigenschaften* zu sprechen. [...][Die Kopenhagener Deutung will] die Aussagen der [...][QT] auf die Formulierung von Messresultaten und deren gesetzmäßige Verbindungen beschränken [...]. Auf die Formulierung von Eigenschaften, die einem *Objekt* zukommen, wird ganz verzichtet. Der Grund für diese restriktive Interpretation [...] sind [- das ist unbestreitbar -] sachliche Schwierigkeiten [...]. Die in der [...][QT] jeweils verfügbaren Observablen sind nämlich [- es können nur die klassischen sein - *tatsächlich*] niemals in dem Sinne *vollständig*, wie das *klassisch* der Fall ist“ - „Systeme sind nicht *durchgängig*, sondern [...] nur *unvollständig* bestimmt.“ Das ist allerdings, *nur* so, wenn man QO partout den klassischen Bildern unterwerfen will - als

verlangte man, dass sich `Festigkeit´ und `Fließfähigkeit´ von Wasser durchgängig gleichzeitig zeigen. Die Kopenhagener Deutung ist dann natürlich ein *konsistenter* Ansatz, „[aber auch nur] ein Mittel der *Schadensbegrenzung* [...], [das] ein sehr restriktives, aber konsistentes Sprechen über die [Phänomene erlaubt]“[656]... So wird auch etwa bei der Polarisation von Licht angesetzt, um das Kausalgesetz als *unzutreffend* zu erweisen und QO `Seltsamkeiten´ *anzudichten:* Hinter zwei horizontal ausgerichteten Polarisatoren tauchen hinter dem zweiten - wie erinnerlich - Photonen *nurmehr* im horizontalen Kanal auf; setzt man einen *45°*-verdrehten Polarisator *dazwischen*, tauchen sie wieder (scheinbar) zufällig in *beiden* Kanälen auf; umgekehrt: ein horizontal und ein vertikal ausgerichteter Polarisator *sperren* Photonen *vollständig* - fügt man einen *45°*-verdrehten Polarisator *dazwischen*, können sie den zweiten vertikalen wieder *passieren (M. deutet auf Abbildung 75)*. Die *ursprüngliche* Polarisation wird zerstört, eine *neue* wird aufgeprägt; so kann man Photonen nicht gleichzeitig verschiedene Polarisationen zuschreiben; vektorielle Komponenten erhalten sich (die bei *0°* oder *90°* verdrehten Polarisatoren aber *0* sind) - mit dem Wellenmodell ist daran *nichts rätselhaft* und es besteht kein Anlass hier irgendeine *besondere Unbestimmtheit* hineinzuinterpretieren.[657]

Rätselhaft wird es dann jedoch mit dem Teilchenmodell *gemacht* - indem man sich einfach darauf versteift, Photonen seien - nämlich *als* Teilchen begriffen - mit den Polarisationen dichothom, d.h. als mit diesen *Ja-/Nein*-Eigenschaften entweder *ausgestattet* oder eben *nicht* - eine *ontologische Verkürzung*, die man ob der *Messresultate* vornimmt: Dann offenbart der *45°*-Polarisator scheinbar die `Seltsamkeiten´ von QO und erweist das Kausalgesetz als *unzutreffend*...

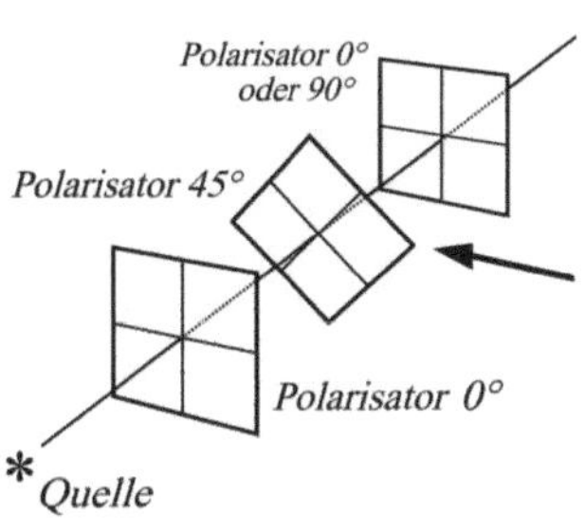

Abbildung 75

H: Kann man nicht zu recht behaupten, „dass die *Wellen*theorie [...] unmöglich voraussagen kann, was mit einem *einzigen* Photon geschieht, wenn es zwei gekreuzte Polarisationsplatten durchquert“, und dass es zum „Zusammenbruch d[ies]er Theorie“ kommt?[658]

M: Schon - aber man lässt sich dann gleichsam nur *oberflächlich* von den Befunden belehren, angefangen beim DSExp, dass QO *weder* Teilchen, *noch* Wellen, sondern *`anderes´* sind, weil man dem Komplementaritätsgedanken der Kopenhagener Deutung verpflichtet bleibt, dass *beide* Modelle richtig sind, nur eben unter verschiedenen Umständen; man versteift sich darauf, dass Teilchen bestimmte Eigenschaften innehaben, die *unverändert* bleiben und die Wechselwirkung mit den Polarisatoren *bestimmen* - *dann* wird nämlich gefragt, ob „*es* [- *das* Photon -] durch beide Platten hindurchgehen oder *es* in der zweiten Platte absorbiert werden [wird]".[659] Das ist nur schon vollkommen *falsch gefragt*, weil man es speziell auch nach dem *45*°-Polarisator gar nicht mehr mit dem *ursprünglichen*, `*so*-polarisierten´ Photon zu tun hat. So *muss* es auch zum Dilemma kommen, wenn gesagt wird: „Entweder *durchdringt* das Photon die beiden Polarisator[en] oder es durchdringt sie *nicht*. Eine dritte Alternative [...] ist wohl nicht möglich."[660] Wenn man mittig einen weiteren Polarisator einfügt oder herausnimmt, kann man in der Tat keinem Polarisator zuordnen, *das* Photon *gesperrt* zu haben, weil jeder der Polarisatoren mit einem `*anderen*´ Photon wechselgewirkt hat; umgekehrt ausgedrückt: *wenn* man *unbedingt* von *einem* Photon sprechen will, sagen will: `*das* Photon, *es*´, muss das bedeuten: unter *Abstraktion* von der Polarisation - und dann sperren nur die zwei bzw. drei Polarisatoren *zusammen* `das´ Photon; es ist sinnlos etwa zu sagen: `siehe´, es *ist* nicht `der-und-der´ Polarisator. Aber auf diese *Fehlschlüsse* aufgebaut - dass man einem Photon nicht einmal *irgendeine denkbare* Eigenschaft ein-für-allemal zuschreiben kann, welche die Befunde erklärt - soll dann das Kausalgesetz *unzutreffend* sein. *Vermeidet* man diese und interpretiert QO als (zeit- oder teilweise) räumlich ausgedehnte `*Wellen*-Ganzheiten´ - wohin wohlgemerkt *andere*, *empirische Befunde* leiten -, kommt man zu vollkommen *anderen* Schlüssen...

H: Hm...

M: „Die [...] Alternative bestand [mit der Kopenhagener Deutung eben] darin, dass man bloß den jeweils *scharfen* Bestimmungsstücken Realität zugestehe - oder allgemeiner gesprochen einer jeden Variable eine solche Art der Verwirklichung, die genau der quantenmechanischen Statistik [...] entspricht,"[661] „wenn wir nun [allerdings] ein *Meßgerät* besäßen, das auf eine [...] *Materie*welle *ebenso* reagiert wie etwa ein akustischer Resonator auf eine *Schall*welle, dann könnten wir die Materiewellen einzeln *messen* und dadurch den ganzen Wellenvorgang *analysieren*. [...][Jedenfalls] dürfen wir doch nicht behaupten, dass die Gesetze der Materiewellen *in*determiniert seien. [...] Eine nähere Betrachtung lehrt, dass hier der Indeterminismus nur durch die Art der *Fragestellung* herbeigeführt wird. Diese ist der *Korpuskular*mechanik entnommen [...], sie passt aber nicht in die *Wellen*mechanik"[662] - so bei der `Zange´ (bei dem, was in die $\psi$-Funktion hineingelegt wird und was sich aus ihr ergibt); hier wäre etwa auszuweichen auf ein anderes deterministisches Prinzip, wie das der `kleinsten Wirkung´, auf das sich ja deBroglie ohnedies bezieht; die Schrödinger´sche Wellengleichung ist schlicht *deterministisch* (und (theoretisch) ebenso *zeitreversibel* wie die klassischen Bewegungsgesetze, so dass selbst ein `Zerfließen´ der Wellenpakete unproblematisch wäre - dieses würde als gleichsam Gegenstück zum Wellenkollaps unter eine Dynamik *II* fallen...

H: Zugegebenermaßen ist das bis hier an sich schlüssig argumentiert - ein je spezifischen `Sosein´ von QO ist *nicht auszuschließen* und des Urteils über

Kausalität und Determinismus sollte man sich *zumindest enthalten;* aber gerade *wenn* von `grundlegenden Eigenschaften *neuer* Merkmalsgruppen´ die Rede ist und QO gleichsam unbekannte Wesenheiten sind, ließe sich beides ja ganz *allgemein* in Frage stellen: Neben den HU und der Dynamik *II* ist bei diesen Fragen *das Paradigma* die `Radioaktivität´, dem später der `Quantensprung´ VI b_2
parallelisiert wurde... Beruht nicht der radioaktive Zerfall eines Elements auf *objektivem Zufall*, auf *irreduziblen* statistischen Gesetzen, die nicht nur aus *Unkenntnis* herrühren? Es gehört ja zur naturwissenschaftlichen Methode selbst, *ceteris-paribus-Arrangements* zu treffen, Versuche etwa in ihren Randbedingungen zu variieren, um zu sehen, was sich *ändert*, mithin umgekehrt von einer anderen *Wirkung* auf eine andere *Ursache* zu schließen. Man *behauptet* nicht nur den irreduziblen, objektiven Indeterminismus - es ist *empirisch* so, dass sich bei der Radioaktivität keine Ursachen *finden:* Setzt man ein radioaktives Präparat anderer Temperatur, anderem Druck, einer mechanischen Einwirkung, einer Strahlung oder was auch immer aus, ändert sich an dessen Zerfallsrate *nichts* - „der radioaktive Zerfall ist ein spontaner stochastischer Prozess, der sich durch keine Einwirkungen von außen beeinflussen lässt"[663] - hat dabei nicht ein *objektiver Zufall* nach *irreduziblen statistischen* Gesetzen statt?
M: Mit Leibniz müsste man wieder sagen, dass - gedanklich sozusagen nebeneinandergelegt - eine `mögliche Welt´, in der ein Zerfall *stattfindet*, und eine andere, in der *kein* Zerfall stattfindet, unmittelbar davor *übereingestimmt* haben können sollen, es muss *nicht irgendetwas `anders´* gewesen sein...
H: Ja, die `möglichen Welten´ können in einem gleichsam *un*spezifischen `Sosein´ übereingestimmt haben...
M: Beizugesellen wäre dem zunächst die Überlegung, was dabei eigentlich die *Frage* ist: Man könnte dies ja auch als prinzipielle Frage eines erkenntnistheoretischen *Konventionalismus* auffassen, nämlich danach, wie man die Dinge betrachten *will*, und argumentieren, dass ein anderes Verhalten, das man beobachtet, einfach *zeigt*, *dass* etwas anders ist - so schließt man etwa auf *Felder;* da setzt gerade *Hertz* an, dass „[das `Sicht- und Greifbare´] noch keine gesetzmäßige Welt bildet, in welcher gleiche *Zustände* stets gleiche *Folgen* haben"[664] - und dass man daher ein *`mehr´* annehmen muss. Angemerkt sei als Nachtrag, dass vonNeumann mit seinem scheinbaren `Beweis´, eine Ergänzung der QT durch verborgene Variable sei nicht möglich, im Grunde sagt: Wenn zwei mögliche Welten zu t_1 gedanklich nebeneinandergelegt übereinstimmen, zu t_2 sich aber unterscheiden, dass man dann *nichts finden könne* - auch *fürderhin* nicht - was diesen Unterschied *erklärt*, nichts Neues, wie man ehedem etwa die elektromagnetischen Phänomene gefunden hat; dass unser Weltbild mit der QT eben *jetzt* unergänzbar vollständig sei; *ohne* Mathematik entlarvt sich das sogleich als *anthropozentrische Verblendung...*

H: So muss man wohl sagen...
M: Überdies ist die Annahme eines irreduziblen, objektiven Zufalls bei der Radioaktivität schon einmal vom rein empirischen Befund *unklar*, um nicht zu sagen *falsch:* Anscheinend kann man in bestimmten Fällen einen radioaktiven Kern gleichsam durch *`Beobachtung´* am Zerfall hindern - man bringt diesen empirisch beobachtbaren `Quanten-Zenon-Effekt´ (*1977* postuliert) mit *Dekohärenz*-Effekten in Verbindung, die den Kern gleichsam in seinen Ausgangszustand *zurückzwingen* - genaugenommen deuten sich aber darin Prozesse der *Dynamik II* an. Da dieses Phänomen keine Denk-*Einbahnstraße* sein sollte, muss man also mutmaßen, dass der Zerfall kausal *beeinflussbar* ist... Außerdem erklärt sich die Radioaktivität doch - zumindest teilweise - aus dem `Tunneleffekt´, im realen räumlichen Sinne genommen...
H: Nun, „die heutige Physik [...] *akzeptiert* eine akausale Naturbeschreibung, wonach jeder Zerfall ein spontaner Vorgang ist, der keine kausale Erklärung *zulässt.* Die Frage nach [...][dessen *Ursachen*] sollte [...][sogar] als *unwissenschaftliche* Frage betrachtet werden“[665]...
M: Unwissenschaftlich ist, diese Frage als *unwissenschaftlich* zu betrachten - Wissenschaft *ist* die Suche nach Gründen, wie sollte da diese *Frage* schon verwerflich sein? Und hier geht es um eine ganz andere *Art* der Erkenntnis - sagt man etwa: „[Rutherford] erkannte [...], dass das individuelle Ereignis einer radioaktiven Umwandlung eines Atoms vom *Zufall* beherrscht ist,“[666] ist das gleichsam keine positive oder negative Erkenntnis im *gewöhnlichen* Sinne, die einem vor das geistige Auge tritt: `*So* ist es, weil...´, sondern *resignative* Erkenntnis: Es ließ sich (bisher) nichts *finden*, was dies erklärte - und mit dem Quanten-Zenon-Effekt, dem Tunneleffekt, der Deköhärenz usw. usf. kann man das *nicht* mehr so eindeutig behaupten. Überhaupt wird hier *umgekehrt* argumentiert: *Verschiedene* Randbedingungen zeigen *dasselbe* Ergebnis - dass man das Ergebnis nicht *beeinflussen* kann, heißt noch nicht, dass es *ursachenlos* ist - man verändert vielleicht nur die *Ursache* nicht, d.h. *wenn* es eine Ursache *gibt*, hat man sie bisher nicht *gefunden*... Was heißt überhaupt `irreduzibler Zufall´, wenn bei den Interferenz*minima* des DSExp *mit Sicherheit keine* Photonen ankommen? Ist das nicht etwas anderes, als wenn man nicht sagen kann, wo bei den Interferenz*maxima* doch Photonen *ankommen*? Das Kausalgesetz kann man ja auch darauf beziehen, was *mit Sicherheit nicht* geschieht...
H: Hm...
M: Hier geht es wieder um `verborgene Parameter´ - und damit um die Frage: Warum nicht - allein heuristisch - intrinsisch-interne oder extrinsisch-externe Parameter für *möglich* halten, lokale, wie nicht-lokale? Ließe sich das überhaupt klar *trennen*, ob Kerne oder Neutronen durch nicht-lokale Zusammenhänge *intern* instabil werden oder *extern* etwa durch Vakuumfluktuationen? Die Zweifel an diesen Möglichkeiten sind recht *dogmatisch.* Wie ist es bei der

Statik? Angenommen, man würde in der *Schwerelosigkeit* Bauklotz-Turme \`bauen´, also \`anordnen´ - dann *gäbe* es so etwas wie *\`Stabilität´* überhaupt nicht; unter diesem Aspekt würde sich *ein* Turm von einem *anderen* überhaupt nicht *unterscheiden*...

H: Natürlich, der Begriff \`Stabilität´ wäre *sinnlos* - nur *mit* der Gravitation, die sich jeweils unterschiedlich *auswirkt*, gibt es *unterschiedliche* Stabilitäten oder \`Lebensdauern´ der Türme, wenn bestimmte wirkende Kräfte auf die Unterlage *abgeleitet* werden oder eben *nicht*...

M: Richtig; wenn man nun die Zerfallsreihen verschiedener Elemente und eine Nuklidkarte ansieht, ist doch offenbar in dem einen Kern etwas *anders*, als in dem anderen, bei der natürlichen Zerfallsreihe mit dem radioaktiven Mutternuklid Uran-*238* und dem stabilen Endnuklid Blei-*206* etwa ist der Kern von Uran-*238* relativ *\`weniger stabil´*. Wenn das nicht eine reine Tautologie bleiben soll - \`weniger stabil´ *nennt* man, was schneller wieder zerfällt - und wenn man dahinter nicht nur eine fundamentale *Disposition* annimmt (oder mit Popper eine \`Propensität´ als gleichsam gewichtbare \`Neigung´) oder gar *reine Zahlenmystik,* muss man doch gewahren, dass es dabei um das *Bauprinzip* geht; es gibt ein *Stabilitätsband*, *Ordnungsinseln* usw. usf. ...

H: Natürlich... Während die Elektronen*hülle* das chemische Verhalten der Atome bestimmt, bestimmt der Atom*kern* als chemisch konstantes Zentrum, wieviele Elektronen dieser an sich binden kann; auch Atom*kerne* haben einen spezifischen Aufbau und *verändern* sich mit einer Dynamik, die offenbar davon abhängt, wie sie *aufgebaut* sind; die meisten Nuklidvarianten eines Elements sind *instabil*, sie zerfallen unter Aussendung bestimmter Teilchen nach gewisser Zeit in *andere*, *stabile* Nuklide; dabei gibt es ein *Stabilitätsband*, oberhalb dessen offensichtlich *zu wenig* Neutronen, unterhalb *zu viele* \`eingebaut´ sind; überdies gibt es *Ordnungsinseln*, wo es besonders *viele* stabile Isotope gibt, nämlich wenn die Kernladungszahl oder die Neutronenzahl einer der \`magischen Zahlen´ *Z* bzw. *N=2*, *8*, *20*, *28*, *50*, *82*, *126* entspricht...

M: Die Neutronen bringen dabei offenbar irgendwie die Anziehung der starken Kernkraft und die elektromagnetische Abstoßung der Protonen ins *Gleichgewicht*. Es geht bei alledem streng *gesetzhaft* zu: So gibt es nur bestimmte Zerfalls*arten*, α-Zerfall, $\beta^{-/+}$-Zerfall und γ-Zerfall, wobei es *nur vier* natürliche Zerfalls*reihen* gibt; der Zerfall genügt dem Exponentialgesetz $N(t)=N_0e^{-\lambda t}$, womit sich eine bestimmte *Halbwertszeit* ergibt usw. usf. Wie auf der Ebene darüber - der Elektronenhülle -, geht es um *Symmetrien*, *Gleichgewichte* und *Interferenzen* - denn auch hier wäre einem *Teilchen*modell ein *Wellen*modell gegenüberzustellen. Jedenfalls ist doch anzunehmen, dass hinter der unterschiedlichen Stabilität - abstrakter gefasst - irgendwelche unterschiedlichen *\`ineinandergreifenden dynamischen Prozess-Gleichgewichte´* stehen, wobei diese Begriffe *cum grano salis* zu nehmen wären, da auf der fundamentalen Seinsebene Begriffe wie \`Gleichgewicht´, \`Dynamik´ oder \`Prozess´ nicht denselben Sinn wie im `Darüberliegenden´ haben mögen...

H: Muss man sich deshalb nicht gerade *zurückhalten*, etwas hinzuzuerfinden, was einem gerade ins kausal-deterministische Weltbild passt?

M: Muss es umgekehrt mit dem Bauprinzip nicht mutmaßlich um *Gesetzmäßigkeiten* und mit diesen um *Gründe* gehen? Denkt man sonst nicht - wie bei der Kritik der Hume´schen Kausalitätskritik gerade diskutiert - einen ontologischen Zusammenhänge einfach *`weg´?* Man *findet* immerhin einen systematischen Zusammenhang zwischen Bauprinzip und Stabilität - wie in *allem* Darüberliegenden. Könnte man etwa bei einem stabilen Kern einige Kernbausteine hinzutun und so einen *instabilen* Kern erzeugen, ändern sich ja nicht nur *Zahlen*, *ontologisch-realiter* ändert sich etwas - warum soll nicht *das*, *was* sich ändert, der Angriffspunkt für irgendeinen *Grund* sein, mag der intrinsisch oder extrinsisch sein - ist es nicht irrational, das kategorisch *abzulehnen?* So auch ist ja das *freie* Neutron instabil - es geht dabei nicht (nur) darum, dass dann seine Gesamtenergie größer ist als jene der Summe seiner Teile, gebunden aber nicht (*durch* die Bindung); es ist dann anders *moduliert*, es ist eben nicht per se das *elementare freie* Neutron stabiler als das mit einem Proton *verbundene* (etwa im Deuterium)... Warum sollte in einem - wie auch immer gearteten - `Gleichgewicht´ nicht auch der *Grund* für die jeweilige Halbwertzeit und für das *`wann´* des Zerfall beschlossen liegen? Denkt man sich dynamische Überlagerungen realer *Wellen*phänomene, wieso soll sich nicht irgendein kleiner Effekt *aufschaukeln* können zu einem *Zerfallsgrund*, der gleichermaßen das *`wann´* enthält?

H: ...und dabei soll sich ein *Exponentialgesetz* ergeben? Es besteht ja immer *dieselbe* Zerfalls-Wahrscheinlichkeit - `Atome altern nicht´; es wird *nicht,* wie bei anderen (klassisch-deterministischen) Naturgesetzen, in irgendeiner Weise *in derselben Zeit dieselbe Wirkung* hervorgebracht. Das Zerfallsgesetz besagt, dass die Anzahl der noch nicht zerfallenden Kerne *exponentiell* mit der Zeit abhängig von der Zerfallskonstante des jeweiligen Nuklids abnimmt ($N=N_0e^{-\lambda t}$) - hinter dem Ganzen steht mithin *kein* kausal-deterministisches Naturgesetz, sondern `nur´ eine dispositionelle Wahrscheinlichkeit. „Das Merkwürdige ist [...], dass [...][die Halbwerts]zeit unabhängig von der Menge des Stoffes ist. Es zerfällt in gleicher *Zeit* nicht die gleiche *Menge*, sondern die *Hälfte* der jeweiligen Menge. [...] Es besteht immer die gleiche [exponentielle] Wahrscheinlichkeit, dass ein Atom zerfällt, woraus sich [...] ergibt, dass in gleichen Zeitabständen jeweils der gleiche *Anteil* am Ganzen, nicht die gleiche *Anzahl* zerfällt. [...] Wäre eine Ursache vorhanden, so *müsste* [...] die gleiche Anzahl [...] zerfallen [...]. Daraus muss man schließen, dass der radioaktive Zerfall ohne Ursache vor sich geht“[667]...

M: Selbst wenn ein Kind zwischen *100* Bauklotz-Türmen umhergeht, ergibt sich ein abklingendes *Exponentialgesetz* für die umgefallenen Türme - und *deshalb* soll dies ein *akausales* Geschehen sein? Die gleichen Zeitabstände

beziehen sich in der Formulierung auch auf das ganze *Präparat*, nicht auf die *Kerne* - würde ein Maxwell'scher Dämon alle zerfallenen Atome durch unzerfallene ersetzen, würde auch *dieselbe* Anzahl zerfallen; es ist ja überhaupt nicht gesagt, dass etwaige destabilisierende Einflüsse immer gleichsam denselben *`Angriffspunkt'* haben. Überdies ist exponentielles Wachstum oder Abklingen nur eine *Art* der Proportionalität, kausale Gesetzhaftigkeit liegt in der Proportionalität *selbst* beschlossen. Wie kann man darauf *bestehen* - das *tut* die QT explizit -, dass hier nur das *`dass'* der Instabilität beschlossen liegt, und nicht auch das *`warum'* und das *`wann'* des Zerfalls in einem Relationsgefüge der Dinge - auch des Naturgeschehens *umher* - festgeschrieben ist? Nimmt man nicht umgekehrt, wenn ein radioaktives Element nur eine gesetzthafte Zerfalls-*Neigung* haben soll, der es irgendwie `folgt', damit eine Art *innere absolute Zeit* an - ist das nicht viel *absonderlicher?*
H: Zugegeben - so absonderlich, wie mit Pauli anzunehmen dass „das Resultat [...][einer] Einzelbeobachtung [im Gegensatz zur statistischen Voraussage] nicht durch Gesetze bestimmt, also *letzte Tatsache ohne Ursache* ist“[668]...
M: Einstein argumentiert[669] auch am Beispiel der Radioaktivität für die *Unvollständigkeit* der QT - wenn bei `Schrödingers Katze' die *Unbestimmtheit* in den *Makrokosmos* reichen soll, kann man auch `den Spieß umdrehen' und die *Bestimmheit* in den *Mikrokosmos* reichen lassen: Ein radioaktiver Kern ließe sich schematisiert über eine Wellenfunktion im dreidimensionalen Raum erfassen; diese soll keinen Zeitpunkt des Zerfalls vorgeben; geneigt einen solchen bestimmten Zeitpunkt als realiter gegeben anzunehmen, kommt man zur *Ensemble*-Interpretation im Sinne einer *Ignoranz*-Interpretation, derzufolge nur eine ideale Gesamtheit, *nicht* aber das Einzelsystem vollständig beschrieben wird - mit Einstein muss, um nicht in die positivistischen Gefilde Berkeleys abzudriften, das Augenmerk aber darauf liegen, ob es „im Rahmen unserer theoretischen Gesamtkonstruktion *vernünftig* [ist], die Existenz eines bestimmten Zeitpunkts [...][hier] zu *setzen*.“ [670] Die QT wendet ein, dass ein bestimmter Zeitpunkt nicht empirisch feststellbar sei, da dies eine Störung des Systems involviere, es sei sinnlos, das nicht-Konstatierbare als `real' zu setzen usw. usf. Nun kann man allerdings auch die Messapparatur mit in die Quantenbeschreibung einbeziehen, so komplex diese dann auch sein mag: Ein Geigerzähler soll eine Zeitmarke auf einem Registrierstreifen setzen; die angebliche Unbestimmtheit des Zeitpunktes umgreift dann auch die Koordinaten der verschiedenen *Zeitmarken*...
H: Muss man nicht wie bei den Beispielen der Bohr-Einstein-Debatte einwenden, dass auch die *Zeitmarkierung* eine Unbestimmtheit aufweise?
M: Nun, *erstens* geht es nicht um die dort diskutierten *feinsten* Unbestimmtheiten - bei einer Halbwertszeit des Atoms von einer Stunde erstreckt sich die angeblich irreduzible Unbestimmtheit viel weiter: „Die Lage der Marke auf dem Registrierstreifen ist ein Tatbestand, der *ganz* der makroskopischen

Begriffsphäre angehört, im Gegensatz zu dem Zeitpunkt des Zerfalls eines Einzelatoms"[671] - darin liegt die Parallele zu `Schrödingers Katze´: Soll diese Unbestimmtheit nun dem ganzen *System* zukommen (gar vom Beobachter abhängen), soll man auch im *Makro*kosmos nicht am „Programm einer Realbeschreibung in Raum und Zeit"[672] festhalten?

H: Ein *phantastischer* - für Einstein wohl: *fanatischer* - Ausweg wäre hier nur in Everett-Wheelers `Vielen-Welten´ zu finden, also darin, zu *leugnen*, dass nur *eine* Zeitmarke vorliegt...

M: Das alles ergibt sich *nicht* mit der *Ensemble*-Interpretation im Sinne einer *Ignoranz*-Interpretation, wenn man die QT als *unvollständig* ansieht. *Zweitens* jedoch kommt man in *ähnliche* Schwierigkeiten, wenn man die QT *doch* als vollständig aufzufassen versucht - dann ergibt sich die Unvollständigkeit nur an *anderer* Stelle, bei einer Dynamik *II:* Das *ganze* Szenario soll ja mit der Schrödinger´schen Gleichung erfasst werden - die aber ist eine *deterministische* Differentialgleichung; man muss dann den Übergang in die *klassische* Welt erklären, in welcher die *eine* Zeitmarke vorliegt...

H: Aber man muss doch sagen, „die Beweislast obliegt den *Verfechtern*, nicht den *Zweiflern* an der absoluten Kausalität"[673]...

M: Streng methodisch-heuristisch mag das sein - es geht im Rahmen dieser Überlegungen zur QT aber nicht darum, `Kausalität´ wissenschaftstheoretisch *einwandfrei* zu *erweisen*, mögen dem - wie erinnerlich - Hume und Kant einen *Riegel* vorgeschoben haben; es geht nur darum, dass die QT hier der klassischen Diskussion keine Argumente *gegen* die Annahme von Kausalität *hinzugefügt* hat... Die Kausalität *`im Großen´*, wie auch das spezifische `Sosein´, auch über die HU hinaus gedacht, wird ja (von den Anhänger der Hume´schen Metaphysik abgesehen) *nicht angezweifelt* und so müssten die *Zweifler* beim Abtauchen in den Mikrokosmos an irgendeiner Stelle *ihre* Argumente vorbringen...

H: Nun, bei Schrödinger etwa hieß es, die Kausalität `im Großen´ könne auch statistisch nur im *`Gesetz der großen Zahl´* gründen - bei allen Prozessen des Meso- und Makrokosmos sind ja *Unmengen* an QO beteiligt, so kann mit vonMises aus `Unordnung´ im einzelnen Kleinen `Ordnung´ im kollektiven Großen *entstehen* und Akausales kausal-determiniert *erscheinen.* Entgegen unserer Denkgewohnheit (so wird Hume fortgesponnen) könne es `zuunterst´ auch *a*kausal zugehen - so ja auch vonNeumann; erstaunlich, dass sich selbst *dann* in den darüberliegenden Seinsschichten dieselbe Ordnung ergeben kann... Kausalität wäre allerdings mithin, wenn man sie *zusätzlich* noch *`zuunterst´* annimmt, gleichsam *doppelt* ontologisch gegründet, was doch *unwahrscheinlich* ist[674]...

M: Bei allem, was tatsächlich *denkbar* ist, ist das doch nur *so `hingedreht´*, es geht nicht um `Verdopplung´ - das `Unterliegende´ *umfasst* schlicht das `Darüberliegende´; die Frage entscheidet sich daran, wie es `zuunterst´ steht;

der bisherigen Argumentation zufolge muss man auch `zuunterst´ eine naturgesetzliche Kausalität annehmen. Nun soll mit den quantenphysikalischen Phänomenen so etwas wie ein unvermeidbarer *`Schnitt´* in der Physik Einzug erhalten haben - aber rühren die angeblich *irreduziblen* statistischen Gesetzmäßigkeiten aus der Natur der *Dinge* her? Der Beobachters ist *objektiviert* zu denken (wie bei einer Apparatur, deren automatisierte Beobachtungen *aufgezeichnet* und *irgendwann* zur Kenntnis genommen werden); dass für *diesen* die Kausalität verloren geht, kann nicht Maßstab sein, ebensowenig welche - stellenweise inadäquaten - *Begriffe* und *Kategorien* dieser zu verwenden genötigt ist (nicht einmal in betreff der Kant´schen a priori, denn die Dinge sind ja nur dergestalt phänomenal-empirisch *gegeben;* oder dessen, was - wie erinnerlich - *Hume* vorbringt, denn der Grundsatzdiskussion fügt die QT nichts *Neues* hinzu), oder welchen abstrakten mathematischen Formalismus dieser ersinnt usw. usf. - zudem ginge es *beiderseits* des `Schnittes´, in Richtung auf die Messapparate und den Beobachter und in Richtung auf die QO, *deterministisch* zu - hier mit den Gesetzen der klassischen Physik, wie dort mit der deterministischen Schrödinger´schen Differentialgleichung[675], ohnerachtet Dynamik *II*...

H: Ist das jeweilige *spezifische `Sosein´* von QO nicht schon dadurch in Frage gestellt, dass dieses in einem Superpositions- bzw. Verschränkungszustand vorliegen kann, etwa von möglichen Aufenthalts*orten* bzw. *Bahnkurven...*

M: Jein - das wird *so* argumentiert nur mit einem *Begriff* des *Wellen*bildes im *Lichte* des *Teilchen*bildes *unterstellt*, wenn beide Bilder miteinander *vermischt* werden; so werden etwa Orts- oder Energiezustände als *superponierte diskrete* Zustände betrachtet, wenn sich etwa beim DSExp auf dem hinteren Schirm *in summa* ein Interferenzmuster ergibt und scheinbar auch ein *einzelnes* QO gleichsam nicht nur durch *einen* der beiden Spalte gegangen sein kann, weil es unsinnig ist, anzunehmen, ein QO sei *als Teilchen* durch *beide* Spalte gegangen. Damit nimmt man aber *entgegen* dem Wellenbild superponierte *diskrete* Zustände an, also solche des *Teilchen*bildes; nur *weil* man dies so denkt, kann man sich dann nicht anders behelfen, als dass man sagt, die beiden *Zustände* des *Teilchens*, es sei durch Spalt *A* und durch Spalt *B* gegangen, seien *überlagert*, es läge eine *Superposition* dieser beiden diskreten Zustände vor - das wurde ja bereits beleuchtet; wenn man QO im *Wellen*bild *als* Wellenentitäten betrachtet, ist dergleichen schlicht *unnötig* - daher überhaupt die Unterscheidung zwischen Superposition und Verschränkung bzw. Wechselwirkung mehrerer QO; erstere kann - wie erinnerlich - in einem klassischen Sinne für *Möglichkeiten* stehen, tatsächlich für *eine* Wellenmodulation oder für die *Eigenart* einer Welle... Es legt sich insofern (trotz der mathematischen Äquivalenz der beiden Bilder) gerade mit der *Matrizen*mechanik ontologisch *nahe*, dass es ein jeweiliges `spezifisches Sosein´ *nicht gibt*, man argumentiert etwa: „Eine Matrix ist [...] die Zusammenfassung *aller möglichen* Übergänge [zwischen empirisch beobachbaren stationären Zuständen eines QO] und man kann sie gar nicht in Stücke *zerlegen*. Dagegen spielen [...][*wellenmechanisch*] die den verschiedenen Eigenwerten [...] entsprechenden Zustände jeder seine *eigene* Rolle"[676] - sie *können* ontologisch mit diesen Zuständen identifiziert werden. Dann geht es nicht um seltsame diskrete Zustandssuperpositionen, sondern um *eine* spezifische Modulation, die nur mit Fourier in Komponenten aufgelöst werden *kann*, aber auch *ohne* dies ontologisch-realiter ein *spezifisches* \`Sosein´ darstellt, nämlich ein für *Wellen*entitäten charakteristisches. Erstere Sicht basiert auf Heisenbergs Vorstellung, \`wirklich´ seien *Matrizen* als gleichsam *\`Seins-Katalog´*, aus dem Messung bzw. Wahrnehmung etwas *auswählt* - nur, dass dieser *als* Wellenphänomen gegeben ist und durch Wellenkollaps, Dekohärenz oder \`sich-Neigen´ - mithin Dynamik *II* - sich auf einen Zustand *reduziert* und *dieser* sich weiterentwickelt. Manche Ansätze gehen ja sogar davon aus, dass es *nur* Dynamik *I* gibt, dass sich alles *nur* der Schrödinger´schen Gleichung gemäß - ergo: deterministisch - fortentwickelt, aber dazu später...

H: Hm...

M: Es ist *nicht abwegig*, zu behaupten: „Auf der subatomaren Ebene existiert Materie nicht mit Sicherheit an bestimmten Orten, sondern zeigt eher eine \`*Tendenz* zu existieren´..." - es ist nur wie diskutiert genauer zu *fassen*; fraglich ist nur, ob man *zu recht* anfügen darf: „und [...] Vorgänge laufen nicht mit Sicherheit zu definierten Zeiten und auf bestimmte Weise ab, sondern zeigen eher \`*Tendenzen* zu erscheinen´;"[677] es spricht aber eben schon, *dass* sich das Zugrundeliegende mit einem *Wellen*modell überhaupt beschreiben lässt, per se dafür, dass es bis \`zuunterst´ kausal-deterministisch zugeht, man kann es nur wiederholen: Ein Wellenphänomen *ist* das kausal-gesetzliche sich-Beeinflussen von Oszillatoren (welcher Art auch immer), anderes ist nur Fluktuation oder \`Grundrauschen´...

H: Selbst dann kann man immer noch argumentieren, „die Natur [...][sei] nicht mehr *kontinuierlich*, da das Wirkungsquantum *unteilbar* ist [...],[und es stelle] eine unüberwindliche *Grenze* für unsere kausale Weltbeschreibung dar"[678]...

M: Nur: *für sich* genommen sagt das noch *nichts;* die Welt kann auch kausal-deterministisch sein, wenn es nur Energiepakete bestimmter absoluter Größe gibt (was ja nicht einmal so *ist*, sie haben je *spezifische* Größe) und man eine kausale Wirkung gleichsam mit ganzer \`Energiemünze´ nur bezahlen *kann* oder eben *nicht* kann, wenn diese Schwelle überschritten *wird* oder eben *nicht*. Überdies muss man damit die Wechselwirkung *an sich* noch nicht als *rein dis*kontinuierlich nehmen...

H: Wie jetzt?! Wirkungen kommen doch in der mesokosmischen Sphäre vornehmlich nur durch - in Atomen, Kristallen u.a. - *gebundene* QO in die Welt, man muss also *freie* QO in Betracht nehmen, die etwa kontinuierlich in allen

Energiezuständen sein können; damit kommt man wieder zur QFT und dass auch die Wechselwirkung *quantisiert* ist - ob nun im Sinne der QFT und der virtuellen Teilchen oder mit der `Ganzheit´ von wellenartigen QO: Ist nicht mit *beidem* die Wechselwirkung von QO *generell* diskontinuierlich?
M: Nein; schon bei den *reelen* Teilchen hat sich ja gezeigt, dass QO *nicht* hinsichtlich ihrer *`Raumgröße´* gequantelt sind, für `Felder´ gilt das *ebenso* - auch *daran* aber entscheidet sich die Frage von `Kontinuität´-`Diskontinuität´; das macht folgender Versuch zum deterministischen Chaos deutlich: Man hängt ein Magnetpendel über einer Anordnung von Magneten auf, dergestalt, dass es an verschiedenen Raumpunkten losgelassen nach scheinbar chaotischer Bewegung schließlich über einem dieser Magnete zum *Stillstand* kommt. Wenn man nun - in einer Rechnersimulation - jedem festen Magneten etwa eine Farbe zuordnet und diese Farbe wiederum den *Startpunkten* zuordnet, wenn das Pendel bei diesem Magneten zum Stillstand gekommen *ist*, erhält man ein *fraktales*, zumeist unendlich fein strukturiertes *Muster* der Attraktionsbereiche[679] (ein im Grunde klassisch *raum-zeitliches* Muster der Pendelbewegung, von dem man nur *Anfangs*- und *End*punkt erfasst) - visualisiert wird: `wo wird das Pendel bei diesem-oder-jenem Startpunkt am Ende zum Stillstand kommen´, mithin findet man visualisiert, wie der Raum *durchwirkt* ist von Kräften...
H: Dann wäre die Frage: Ist das Muster *unendlich fein* strukturiert?
M: ...und die Antwort: Die meisten Kraftwirkungen reichen - sich mit dem $1/r^2$-Gesetz abschwächend - unendlich weit und sind selbst im Mikrokosmos noch streng gesetzhaft; man gewahrt überdies in der QT mit den Wellencharakteristika, dass noch entfernteste Dinge von Einfluss sind, wobei man aber keine *räumliche Diskontinuität* feststellt - wenn man diese Frage also nicht *offenlassen* möchte, muss man sagen: Mutmaßlich *ja...*
H: Mutmaßlich ist es unendlich fein strukturiert und in diesem Sinne ist die Wechselwirkung immer noch *kontinuierlicher* Natur, wenn man die virtuellen Teilchen der QFT für ein ontologisch unpassendes Bild erachtet...
M: Wo steht also ein je spezifisches `Sosein´ der Dinge *in Frage?* Überhaupt muss man wieder fragen: Wie soll sonst *aus* dem Indeterminismus des Mikrokosmos der Determinismus des Mesokosmos, den man schwerlich *bestreiten* kann, *erwachsen*, wie Ordnung aus Unordnung entstehen?
H: Aus dem `Gesetz der großen Zahl´ - und „es gibt kaum eine Möglichkeit, diese Frage *experimentell* zu entscheiden. Denn die reine Vernunft erlaubt es uns, entweder den Zufall aus Gesetzen oder Gesetze aus dem Zufall herzuleiten“[680]...
M: „Gerade die Existenz einer derartigen *objektiven* Schranke, wie sie durch das elementare Wirkungsquantum [zusammen mit der HU] dargestellt wird, muss [doch] als ein Zeichen für das Walten einer gewissen neuartigen *Gesetzlichkeit* bewertet werden, die doch ihrerseits sicherlich nicht auf *Statistik*

zurückgeführt werden kann. Und ebenso wie [...][dieses] stellt auch jede andere elementare Konstante [...] eine absolut gegebene reale Größe vor; und es erscheint [...] abwegig, wenn man diesen [...] eine gewisse prinzipielle *Ungenauigkeit* beilegen wollte"[681] - nicht anders ist es bei den *Erhaltungsgesetzen*... *Ist* denn der `Mikrokosmos´ akausal-indeterministisch? Nach unten hin mag die QT in der *Genetik* oder im *Gehirn* relevant werden - ein bestimmtes *Maß* an `Verwaschenheit´ wird dabei aber nicht *überschritten*, dergestalt, dass es zu massiven *Fehlleistungen* kommen würde... *Zumindest* muss man bei allem einen *gezähmten* Zufall annehmen, gleichsam `gezinkte Würfel´. Ist wohl der Begriff `indeterministisch´ in der klassischen Physik gar nur rein durch *Negation* gebildet, im Sinne der Ignoranzinterpretation? Zeigt nicht jede Meßkurve darin, dass sie eine *spezifische Gestalt* hat, den *deterministischen Unterbau?*
H: Statistische Kurven haben *auch* eine `spezifische Gestalt´...
M: Man kann auch ins Feld führen, dass sich beim Comptoneffekt zeigt, dass das Energie- und Impulserhaltungsgesetz offenbar *in Strenge* bis in diesen mikrokosmischen Bereich hinein *gültig* bleiben; man *findet* kausale Determiniertheit des *Einzelprozesses* usw. usf. - darum hatte man ja die Bohr-Kramers-Slater-Theorie *verworfen*. Auch das Coulombpotential erwies sich angefangen bei den Lenard- und Rutherford´schen Versuchen als offenbar bis in den allerkleinsten $10^{-15} m$-Bereich als *klassisch*, und auch dann ist das Coulombgesetz nicht einfach `außer Kraft´, sondern wird von den Kernkräften nur *überlagert* (die man ja nicht ad hoc deshalb annimmt, sondern *ohnehin* annehmen muss, etwa da sich Protonen eigentlich abstoßen müssten). Das Phänomen der Radioaktivität, die `Quantensprünge´ usw. hängen auch mit der unbekannten Dynamik *II* zusammen: Dynamik *I* ist ohnedies deterministisch - gilt *nur diese*, wären diese Phänomene also *ohnehin* als kausaldeterministisch zu nehmen; mit einer ebensolchen Dynamik *II ebenso* und mit einer *nicht*-gesetzhaften Dynamik *II* sollte man eher annehmen, dass diese Gesetze auf der subatomaren Ebene *nicht* gelten, dass etwa - wie manchmal mit den HU argumentiert wird - *kurzfirstig* Energie `ausgeliehen´ werden kann, dass die klassischen Stoßgesetze hier *nicht mehr* gelten usw. usf. - beides ist aber offenbar *nicht* der Fall - jedenfalls im *End*effekt, wenn die `Ganzheit´ von QO zum Tragen kommt -, es geht streng *gesetzhaft* zu. So auch bei der Normierung, welcher gemäß die Antreffwahrscheinlichkeit eines QO auf *1* angesetzt wird: *dass* das `funktioniert´ bedeutet *auch*, dass der Zusammenhang zwischen sich ausbreitender Welle und erscheinendem Teilchen *gesetzhaft* ist, auch dabei - sozusagen in der `Ganzheits-*End*abrechnung´ - wird *nichts* mit den HU `ausgeliehen´ oder dergleichen...
H: Nun, manche nehmen ja den ganzen *Kosmos* als *`Vakuumfluktuation´*, die mit $\Delta E \cdot \Delta t_x \geq \hbar$ schlicht *möglich* war...
M: Was man von diesem kosmogonischen Konzept halten soll, bleibe einmal

dahingestellt; es *entbindet* allemalen nicht von dieser Überlegung - wieso hat man, was man bei der `Radioaktivität´ vorfand, obgleich *ungeklärt*, als paradigmatisch genommen und pragmatisch-*`heuristisch´* (man erwartete zunächst, späterhin die Gesetzmäßigkeiten noch zu finden) etwa auf die Emission und Absorption von Licht durch Atome *übertragen?* Die Methoden der statistischen Mechanik und die `Sterbetafeln´ wandte man bei der Halbwertszeit von Atom*kernen* an (nicht von ohngefähr von Rutherford *`half-life´* genannt), dann bei den Quantensprüngen der Atom*hülle...*
H: ...erfolgreich: Nicht nur konnte man die Spektren noch genauer erklären, Einstein konnte (*1916*) mit diesen statistischen Methoden das Planck´sche Strahlungsgesetz *rekonstruieren:* über die Wahrscheinlichkeiten nämlicher Quantensprünge...
M: Natürlich. Und dann metamorphosierte die *heuristische* langsam zu einer *ontologschen* Annahme; nur: dass es dabei eine seltsame *Asymmetrie* gibt: Man kann doch eigentlich nur für die Licht-*Emission*, für den *`abwärts´*-Sprung den (angeblich) *reinen Zufall* annehmen; die Licht-*Absorption*, der *`aufwärts´*-Sprung erfolgt doch - wie man annehmen sollte - *kausal evoziert* durch das vorgängige Licht-*`Angebot´* eines anderen Atoms; und doch ist das *eine* nur die Kehrseite des *anderen*, nämlich: *ein-und-desselben* Prozesses in verschiedenen (Zeit-)Richtungen; und im Laser wird der `abwärts´-Sprung sogar *stimuliert...* (Dabei von `avancierten´ und `retardierten´ Angebots- und Bestätigungs-Wellen[682] ganz zu schweigen, die man allerdings - weniger spektakulär - im Sinne des diskutierten synchronen *`Zugegenseins´* von QO beieinander deuten müsste, so man sie denn *überhaupt* annimmt)...
H: Hm...
M: Wie angedeutet braucht man nur einmal zu bedenken, dass der Dekohärenzansatz - auch, wenn dieser am Ende keine Lösung des Messproblems *erbringen* kann - annimmt, dass es überhaupt keinen `Wellenkollaps´ *gibt*, dass *nur* die Schrödinger´sche Gleichung für das physikalische Geschehen relevant ist - die Welt ist dann *deterministisch;* in einem zweiten Denkschritt könnte man dann ein `tatsächliches´, kausales Verschwinden bestimmter Wellenkomponenten - *analog* zur Dekohärenz - annehmen, eben mit einer kausal-deterministischen Dynamik *II...* Damit ist evident, dass man durchaus bestreiten *kann*, dass die QT eine *indeterministische* Theorie ist. Zwar hat sich der *Begriff* des physikalischen Zustand geändert, die *Änderungen* der Zustände vollziehen sich allerdings *deterministisch:* Die Schrödinger´sche Gleichung ist als *Differentialgleichung* ein Beschreibungsmittel, um *deterministische Sukzessionsgesetze* zu formulieren[683]; der jeweilige Funktionswert dieser Gleichung lässt sich für zukünftige Zustände aus gegenwärtigen Zuständen *berechnen...*
H: Allerdings kann man bei *klassischen* deterministischen Gesetzen auch *vergangene* Zustände aus gegenwärtigen Zuständen berechnen, die Zeit also

gleichsam in Gedanken *rückwärtslaufen* lassen...
M: Richtig, daher muss man eine *gesetzhafte* Dynamik *II*, ein *gesetzhaftes* `sich-Neigen´ von der Quer- zur Längsstruktur und umgekehrt annehmen, die etwa beim DSExp *Ausbreitung* nach der Emission und *Kollaps* vor der Absorption als zwei - hierher gehört der Begriff - *komplementäre* Prozesse nimmt... Gerade, wenn man die QT *ernstnimmt* - das Argument bemüht auch der Dekohärenzansatz - und die Entwicklung der Schrödinger´schen Gleichung als deterministisch *anerkennt*, muss man doch sagen, dass, wenn zwei mögliche Welten zu *einem* Zeitpunkt übereinstimmen, sie dann zu *allen* Zeitpunkten übereinstimmen müssen - ebenso natürlich in der Heisenberg´-schen Darstellung bzw. beim Zustandsvektor eines quantenphysikalischen Systems im Hilbertraum: Stimmt er zu *einem* Zeitpunkt überein, stimmt er zu *allen* Zeitpunkten überein - etwas anderes lässt ja der mathematische Formalismus der QT gar nicht zu (obgleich letzteres nicht als *ontologische* Vorstellung herhalten kann)...
H: ...wenn man nicht eine *in*deterministische Dynamik *II* in Gestalt des nämlichen Wellenkollapses annimmt...
M: Aber: Warum sollte man diesen *nicht* (auch) als *deterministisch* annehmen? GRW und Penrose haben dafür *Vorschläge* unterbreitet; man käme wieder zu einer klassischen *Ignoranz*interpretation. So argumentiert für *beide* Seiten der `Zange´ - was in die $\psi$-Funktion *hineingelegt* wird und was sich aus ihr *ergibt;* in jedem Falle gilt es, das Messproblem bezüglich Dynamik *II* genauer ins Auge zu fassen... Als Ausgangspunkt die Annahme zu nehmen `Ohne klassische Trajektorien und mit der orthodox angenommenen Dynamik *II* keine Kausalität, kein Determinismus´, ist allemalen völlig an den Haaren herbeigezogen, denn natürlich können auch *Wellenphänomene* miteinander *kausal* zusammenhängen...
H: Das *schon...*
M: `Kausalität´ und `Determinismus´ als Denk- und Realkategorien sind nicht einmal zwangsläufig an einen *materiellen Träger* (Teilchen oder Wellen) gebunden - man nimmt sie auch für *Felder* an; selbst für unsere *Gedanken* - im immateriellen Sinne - können wir widerspruchsfrei annehmen, dass sie einander *kausal* hervorbringen und bedingen; dabei geht es nicht um das *Leib-Seele-Problem* - nur darum, dass die Einschränkung der Kausalität auf Teilchen mit klassischen Trajektorien *zu restriktiv* ist. Die *eine* Seite der `Zange´ betreffend hat sich gezeigt, dass QO *`anderes´* sind als *Teilchen* oder *Wellen in Reinkultur* - es ist eine *inadäquate `Erwartung´*, zumal als *Wellen* begriffen, dass sie stets einen beliebig scharfen Ort und Impuls innehaben müssten; es ist ein schon *kategorialer* Fehler, bezüglich dieser Begriffe von `nicht-Objektivierbarkeit´ zu sprechen - man bezeichnet auch die `Grünheit der Freude´ nicht als *`nicht-objektivierbar´*... Die *andere* Seite der `Zange´ betreffend muss man sich nun hinsichtlich eines spezifischen `Soseins´ der

Dinge und Kausalität und Determinismus klarmachen, dass es bei QO - nicht nur hypothetisch, sondern definitiv - um ein *`mehr´* geht, das *(prima facie)* phänomenal nicht gegeben ist: Das zeigt sich vom Oersted´schen Versuch über das DSExp bis zu den EPR-Experimenten, deren *Ergebnis* war, dass QO, die miteinander *interagiert* haben - mit den heutigen kosmologischen Annahmen könnte das (selbst kritisch betrachtet) auf *alle* zutreffen -, in gewisser Hinsicht miteinander *verbunden* bleiben und zumindest ungestört ein *nicht-separierbares* Gesamtsystem mit *nicht-lokalen Zusammenhängen* bilden, oder anders gesagt: dass die Annahme der klassischen *Lokalität* bzw. *Separabilität* offensichtlich im klassischen Sinne der räumlich-diskreten Objekte und in einem *generellen* Sinne genommen *falsch* ist - selbst wenn die QT *falsch* wäre, muss die Welt *nicht-lokale Zusammenhänge* aufweisen. Dessen eingedenk muss man doch sagen: *Überhaupt* ein *`mehr´*, das nicht direkt *zugänglich* ist, anzunehmen - etwa solche nicht-lokalen Zusammenhänge -, muss bedeuten, dass man etwa ein je spezifisches `Sosein´ der Dinge für *möglich* hält und dass man beim DSExp *nicht* zu dem Schluss kommen *sollte*, eine Materiewelle kollabiere *objektiv zufällig* an einem diskreten Punkt des hinteren Schirmes...
H: Wieso?
M: Man weiß nicht, ob bei scheinbar *exakt gleich präparierten* QO in reinen Zuständen tatsächlich die Zustände *exakt gleich sind*, ob der Erwartungswert $<\Psi|O|\Psi>$, der dem Mittelwert bei Messreihen entspricht, alles *enthält*... Von *Akausalität* kann man doch nur *dann* sprechen, *wenn* man tatsächlich *alle* Bestimmungsstücke in Betracht genommen hat, was ja - aufgrund des verborgenen oder verschränkten `mehr´ - definitiv *nicht* der Fall ist. Um auf einen *In*determinismus schließen zu können, müsste Folgendes gegeben sein: Man sieht sich *alle* vorhandenen Dinge, Randbedingungen... *alle* Fakten an, und wenn man dann - redlichst bemüht - bemerkt, dass man aus einem Sosein der Dinge zu einem Zeitpunkt t_1 *nicht* eindeutig vorhersagen kann, wie das Sosein der Dinge zu einem Zeitpunkt t_2 sein wird, dann *könnte* man auf *A*kausalität und *In*determinismus schließen. Man könnte auch sagen `wenn gedachte mögliche Welten zu einem Zeitpunkt *übereinstimmen*, hernach aber *`spontan´ verschieden* sind´ - nur inwieweit ist dergleichen *Übereinstimmung* überhaupt *feststellbar?* Den Schluss eines prähistorischen Menschen, dem magnetische Felder völlig unbekannt sind und dem man einen Kompass zeigt, auf ein *a*kausales Naturgeschehen und *In*determinismus würde man doch wohl zu recht *ablehnen* - als verblendete anthropozentrische Hybris...
H: Natürlich - und die Frage, ob „es Dinge, Eigenschaften oder Vorgänge der realen Außenwelt [gibt], deren Beschreibung in der modernen Physik nicht enthalten ist,“[684] kann man wohl nur mit: *`mutmaßlich: ja´* beantworten; natürlich müsste man eigentlich die Welt in allen ihren *Details* ins Auge fassen...

M: ...und das *tut* man nicht - ohnerachtet der Frage, ob man es jemals *könnte*. Die EPR-Experimente wurden bisher unter dem Aspekt betrachtet, dass QO keine Teilchen, sondern eher räumlich *ausgedehnte* Wellenentitäten sind. Einstein ging es ja um etwas *anderes*, nämlich darum, die *Unvollständigkeit* der QT nachzuweisen; meistens wird in der Diskussion der EPR-Experimente geschlossen, dass er mit seiner Annahme in diesem Punkt *unrecht* behalten hat, dass es keine verborgenen lokalen Parameter *gibt*. *Richtig* ist, dass es keine lokalen Parameter gibt, welche die *EPR-Experimente* erklären, was nicht heißt, dass es *keine* gibt; überdies aber ist es anzunehmen verfehlt, mit den Experimenten zur Korrelation von QO, zur *nicht-Lokalität* bzw. *nicht-Separabilität*, wäre nun die Kopenhagener Deutung *untermauert* und Einsteins Kritik, dass die QT *unvollständig* sei, *erledigt* - ganz im Gegenteil: Ob nun kausale *über*lichtschnelle Wirkungsausbreitung oder Korrelation oder was immer ist hier gleichgültig - *Ergebnis* war, dass nicht nur aufgezeigt ist, dass *keine* Theorie, die von einer Lokalität und Separabilität von (zumindest bestimmten) QO ausgeht, mehr mit den empirischen Befunden in *Einklang* zu bringen ist und die Verletzung der Bell´schen Ungleichung *erklären* kann; den Bell´schen Grad an `nicht-Lokalität´ muss *jede* korrekte Theorie enthalten. Entscheidend ist nun, dass mit den EPR-Experimenten auch die *Unvollständigkeit* der QT *erwiesen* wurde; darauf hatte Einstein immer wieder *vergeblich abgezielt;* mit Bezug auf die Unvollständigkeit schrieb er (*1950*) Schrödinger: „Es ist einigermaßen hart, zu sehen, dass wir uns immer noch im Stadium der *Wickelkinder* befinden, und es ist nicht verwunderlich, dass sich die Kerle dagegen sträuben, es *zuzugeben* (auch sich selber)“[685] - von der Dynamik *II*, die im mathematischen Formalismus gar nicht *auftaucht*, was die QT *auch* schon *unvollständig* macht, ganz abgesehen, ist es offenbar doch so, dass man die Befunde nur erklären kann, wenn man annimmt, dass irgendeine *Korrelation* zwischen den zueinander *distanten* QO und Messapparaten herrscht; was bei *A* geschieht, hängt von dem ab, was bei *B* der Fall ist, d.h. was an einem Ort geschieht, an dem man ein Quantenphänomen *in Betracht* nimmt, kann von dem abhängen, was an einem völlig *anderen* (vielleicht sogar beliebig weit entfernten) Ort der Fall ist...

H: Damit ist aber nicht positiv erwiesen, dass etwa scheinbar *akausale* Vorgänge durch derlei nicht-lokale Zusammenhänge *erklärbar* sind...

M: Das nicht; aber es ist doch in den Bereich des *Möglichen* gerückt - es ist empirisch erwiesen, dass *mehr* Faktoren relevant sein könnten, als in der Schrödinger´schen Wellengleichung lokal *erfasst werden* (nicht: die generell, also: gobal erfasst werden *könnten*). Da es spezifischer Präparationen bedarf, um dies nachzuweisen, muss man nicht annehmen, dass nun *`alles* mit *allem´* zusammenhängt...

H: Wiewohl sogar *das* sein könnte - dabei braucht man nicht einmal den `Urknall´ zu bemühen; auch bei der Enstehung der Elemente und des Sonnen-

systems haben alle möglichen Teilchen miteinander *interagiert*...
M: Eben... Zumindest muss man `nicht-Lokalität´ und `nicht-Separabilität´ doch als die *nachhaltigsten verborgenen Parameter* betrachten, die sich überhaupt nur *denken* lassen - wie könnten sie *besser* verborgen sein, als dergestalt, dass etwas, das *`dort´* geschieht, *`hier´* relevant ist, dass etwas *`dort´* sein Zentrum hat, *`hier´* aber wirkungsdynamisch `zugegen´ ist?
H: ...und das hat schon das *DSExp* gezeigt...
M: Eben. Auch ist mit den Experimenten logisch betrachtet nicht erwiesen, dass es *keine* verborgenen *lokalen* Parameter gibt, die für das (dann nur scheinbar akausale) Verhalten *verantwortlich* sein könnten - zumal wenn QO eine `verborgene´ räumliche Ausdehnung haben und aneinander heranreichen, sich in ihrem feldartigen Teil `überlappen´. Lokale Parameter kann es also in diesem Sinne der *Verschränkung*, wie auch im *gewöhnlichen* Sinne dennoch geben - beim DSExp etwa ein spezifisches `Sosein´ des hinteren Schirms, das kausal den `Wellenkollaps´, die Dekohärenz, das `sich-Neigen´ *beeinflusst* oder evoziert - die *nicht*-Existenz von etwas nachzuweisen, ist schon rein *logisch* unmöglich...
H: Dann kann man ja *alles Mögliche* annehmen...
M: Zugegeben, darin liegt eine *Gefahr* - aber gerade die *QT* führt uns ja *selbst* dahin: Es geht nicht nur um die *EPR*-Korrelationen, anfangen muss man in der Tat schon beim *DSExp*, bei den `leeren Wellen´ oder `Geisterphotonen´ und `Gespensterfeldern´ ja, selbst was im Teilchenbild der QFT mit dem heute bekannten Teilchenzoo beschrieben wird als Kaskaden von *ineinander-Verwandlungen*, dass man Teilchen als einen „Reigen von Erzeugung und Vernichtung [reeller und virtueller Teilchen]“[686] denken *kann*...
H: ...was als reine Spekulation *kritisiert* wurde...
M: Ja. ...was aber als immerhin *möglich* eingeräumt wurde und daher *in* die Wellenentitäten `hineingenommen´ werden mag als *mögliche* Fluktuationen des Zugrundeliegenden, als `Grundrauschen´... Nun muss man argumentieren, dass, wer derlei überhaupt *erwägt*, auch die *mögliche Unvollständigkeit* des Kenntnisstandes, wie auch der QT erwägen muss. Sieht man alleine auf die Teilchen-Verwandlungen, die man empirisch beobachtet *(M. deutet auf Abbildung 76):* Die Komplexität, die man in der QFT - (nur) *als* Bild - entwickelt hat, muss man ja noch insofern auf das *Wellenmodell* übertragen, als dass die Prozesse überhaupt nicht, wie das Teilchenmodell hier oder in graphischen Visualisierungen wie den Feynman-Diagrammen nahelegt, als (wirkungsdynamisch) *lokal* zu denken ist; man sieht hier nicht die Spuren *klassischer Teilchen*, man *nennt* QO nur weiter `Teilchen´, insofern alle *Messtheorien* klassisch fundiert sind usw. usf.. Eigentlich zu denken wäre das Ganze ob der wellenartigen *räumlichen Ausgedehntheit* von QO *nochmals* komplizierter *interagierend*, *interferierend*, *resonierend* - versucht man, die Prozesse im *Wellenmodell* mit seinen Interdependenzen, Interferenzen, Resonanzen zu

denken, drängen sich doch nachhaltige *Zweifel* auf, ob man das alles auch nur *ansatzweise* überblickt - *muss* man hier nicht zu einer Ignoranz-Interpretation kommen?
H: ...mit dem Wellenmodell wären komplexe Dinge auch keine klassischen *Aggregate*, keine reinen Ansammlungen unveränderlicher Entitäten, sondern *Überlagerungen*...

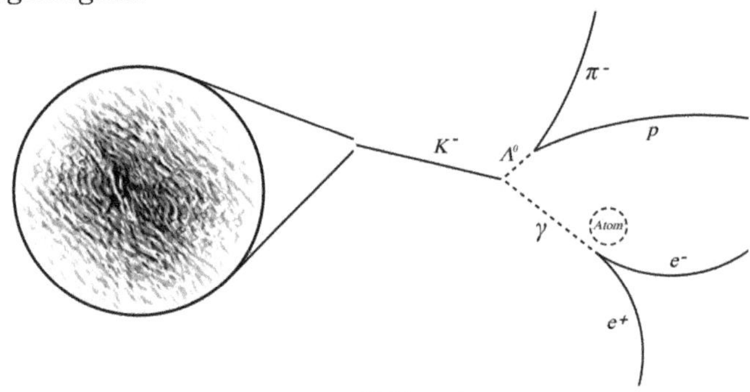

Abbildung 76

M: ...und *dazu* kommen noch die nicht-lokalen Korrelationen, die prinzipiell unendlich weit reichenden Wechselwirkungen usw. usf. *(M. deutet auf die Abbildung oben)*. Ähnlich kann man das Quantenvakuum mit Fourier (oder selbst mit der QFT) *abstrakt* als Ansammlung aller möglichen (virtuellen) Oszillatoren denken, die (im Teilchenbild wegen der HU) nicht in absoluter Ruhe sein dürfen, d.h. konkreter *`Vakuumfluktuationen´* - im Teilchenbild `gerinnt´ dann gemäß $\Delta E \cdot \Delta t_x \geq \hbar$ Energie zu reelen oder virtuellen Teilchen, was im Wellenbild fluktuierende *`Gischtgekrausel´* des Zugrundeliegenden wären...
H: Das gibt zugegebenermaßen eine nicht-überschaubare Komplexität...
M: Eben, und für diese Komplexität kann man *Akausalität*, einen *irreduziblen Indeterminismus* des Geschehens doch allerhöchstens im klassischen Sinne als auf *Unwissenheit* beruhend behaupten und nicht *an sich*...
H: Das Ganze ist in der Tat nicht einmal *ansatzweise* zu überblicken - so betrachtet kann man nicht einmal behaupten, QO bei einer Messreihe im *selben* Zustand *präpariert* zu haben...
M: Eben. Oder man geht noch weiter (auch wenn die angehäuften Argumente längst *ausreichen):* Nukleonen sind zwar *andere* QO als Elektronen (bzw. aus anderen zusammengesetzt), beide tragen aber *als* QO auch *wesensgleiche Züge;* was man `Radioaktivität´ nennt, dass instabile Kerne geneigt sind, sich zu einem stabilen System *umzustrukturieren*, hat seine Parallele bei den Elektronen der Atomhülle in den Umstrukturierungsprozessen, die man *`Chemie´* nennt (nur sind Elektronen ob ihrer Bindungsenergien, die um Größenordnungen geringer sind als die von Kernen, agiler). Von Elektronen

weiß man, dass bei diesen gewisse Ummodulationen statthaben, die von dem Phänomen *`Licht´* begleitet sind, das dabei emittiert oder absorbiert wird - was, wenn es bei den Nukleonen *auch* derartige Prozesse gäbe, namentlich in Gestalt der *`Neutrinos´?* Pauli hatte (*1930*) spekuliert, dass es diese sehr leichten, neutralen Teilchen geben könnte; damit wollte er erklären, warum das Energiespektrum von Elektronen beim β-Zerfall *kontinuierlich* ist, statt *diskret;* Sekundärprozesse als Ursache musste man verwerfen und um nicht - das war *Bohrs* Alternative - einen Verstoß gegen das *Energieerhaltungsgesetz* annehmen zu müssen, sollte ein Neutrino jeweils die entsprechende Differenz-Energie *forttragen* (analoges gilt für den Impuls und die `Spin´-Erhaltung beim Zerfall); seit *1956* gilt es als `direkt nachgewiesen´, jedenfalls ein *`etwas´*, dessen Realität durch eine entsprechende *kausale Relation*, `etwas´, das sich von *einem* Ort zu einem *anderen* bewegt haben muss, verbürgt ist[687] - dem im Wellenbild natürlich eine Wellenentität bzw. -komponente entspricht... Dieses `etwas´ ist doch nun in gewissem Sinne ein *Analogon* zu `Licht´ bzw. in der QFT zu `Photonen´: Diese verändern den *Zustand* von Elektronen, als `Energiepakete´, die ein Elektron - als gleichsam `geronnenes Licht´ - *`in´* sich aufnimmt oder abgibt...
H: ...das zeigt sich bei allen Wechselwirkungen von Materie und Strahlung, dem Photo- und Comptoneffekt, der Materialisation und Annihilation, bei den Atomen , bei der Synchrotron- und Bremsstrahlung usw. usf. ...
M: ...Prozesse, die mit der *QFT* und dem *Teilchen*modell unbegreiflich sind, mit dem *Wellen*modell als *`Ummodulation´* hingegen nicht - so hatte sich ja nahegelegt, `Ding´ und `Zustand´, `Ding´ und `Kraft´ als Modulationszustände *zusammenfallen* zu lassen. Nun geht es um etwas anderes: Ist der Unterschied zu den Kernprozessen so *groß*, die ja auch in diesem Bild *`ummoduliert´* werden, sogar noch deutlicher, eben *`materiell´?* Neutrinos sind viel schwerer zu detektieren als Licht - könnten sie aber nicht ähnliche *`Mittler´*, gleichsam *`Katalysatoren´* für *Kern*prozesse sein, wie die Photonen für die Prozesse in der *Elektronen*hülle?
H: Nur, dass das alles *reine* Spekulation ist...
M: Reine Spekulation, ja - wohlgemerkt aber, um einer *anderen* Spekulation *Einhalt* zu gebieten: Insgesamt hat sich doch gezeigt, dass unser *Wissen* um die Vorgänge im Mikrokosmos *verschwindend* ist - außer, dass deutlich wird, dass es mehr zu wissen *gibt...* Am besten führt man sich hier einmal das Bild einer *Marionettenbühne* vor Augen, auf der man nicht nur irgendein Puppenspiel betrachten kann, sondern auch den *Puppenspieler*, wie er die Fäden zieht. Dem klassischen Determinismus entspricht dabei, dass man den Puppenspieler die Bewegungen der Puppe vollführen sieht, streng gesetzhaft hebt *sie* die Arme, wenn *er* den Faden zieht *(M. deutet auf Abbildung 77a)*. Nach einiger Zeit, wenn man etwas *genauer* hinsieht, glaubt man festzustellen, dass manche Puppen und Requisiten sich *zufällig*, *ohne* erkennbares Agieren des Puppen-

spielers bewegen...
H: ...was man dann - wie bei den quantenphysikalischen Phänomenen - für das Produkt eines objekiven *Zufalls* hält...
M: Richtig, *zunächst* jedenfalls - nun macht man sich eine hübsche Theorie eines fundamentalen, irreduziblen Indeterminismus dazu zurecht. *Dann* aber - wenn man *noch genauer* hinsieht - gewahrt man deutlich, dass die Puppen nicht nur von dem *Puppenspieler* an den Fäden geführt werden, sondern dass diese auch *untereinander* mit Fäden verbunden sind, und dass noch *andere* Puppenspieler an *weiteren* Fäden ziehen...
H: Soll heißen: Es gibt definitiv *mehr* Fäden, als man zunächst angenommen hat. Mit den Fäden schaut man im eigentlichen Sinn des Wortes *`hinter die Kulissen´* - aber um Kausalität *anzunehmen*, müsste man die zugrundeliegenden Wirkzusammenhänge *offenlegen* - und das *kann* man nicht...
M: Um Kausalität *anzuzweifeln*, wenn in allem Darüberliegenden die Welt von ihr *durchdrungen* ist, braucht man *stichhaltige* Argumente - sie anzunehmen ist *vernünftiger*, auch *heuristisch,* weil es zum *weiterforschen* anhält! Planck formuliert folgendes `Programm´ eines *Deterministen:* Dieser „erkennt [...] die Wellenfunktion nur *so* lange als Wahrscheinlichkeitsgröße an, als von dem Messgerät *abgesehen* wird, durch welches die Welle analysiert wird [und von der ganzen Versuchsanordnung], und er sucht nach *strengen gesetzlichen* Beziehungen zwischen den Eigenschaften der Wellenfunktion und den Vorgängen im Meßgerät [wie auch der ganzen Versuchsanordnung].[...][Er muss all´ dies] in sein physikalisches Weltbild *übertragen* und muss alle diese Objekte zusammen als ein *einziges* Gebilde, als eine *abgeschlossene* Ganzheit behandeln. [Aber] nicht als ob damit nun das Problem *erledigt* wäre. Es ist im Gegenteil zunächst noch *komplizierter* geworden. Denn da das Gesamtgebilde weder *zerschnitten* noch *äußeren Einwirkungen* ausgesetzt werden darf, wenn seine Eigenart nicht *verlorengehen* soll, so ist eine direkte Prüfung [der Frage nach Kausalität und Determinismus] überhaupt nicht *möglich.*“[688]
Sieht man konkret auf das DSExp oder die Radioaktivität, befinden sich in jedem Falle gleichsam zwei Argumentationen auf *Kollisionskurs (M. deutet auf Abbildung 77b):*

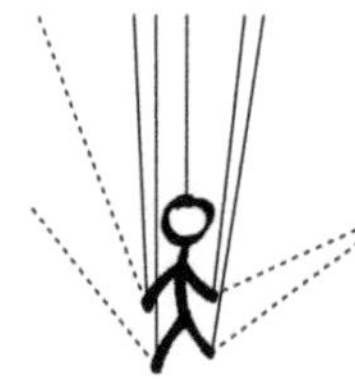

Einerseits wird argumentiert, dass man etwa beim DSExp oder bei der Radioaktivität *alles* in den Blick genommen habe, was von Einfluss sein *könnte*, dass man jedoch nichts dergleichen *gefunden* habe - so konstatiert man, dass der *`objektive Zufall´* am Werke sein müsse...

Andererseits hat man mit der generellen `Wellenartigkeit´ von QO und den Experimenten zur nicht-Lokalität bzw. nicht-Separabilität empirisch *nachgewiesen*, dass man bisher *nicht* alles in den Blick genommen hat, man hat im Gegenteil nachhaltigste *verborgene* Parameter *gefunden...*

Abbildung 77a/b

H: Bedenklich - daran gibt es wenig zu rütteln; man muss so wohl tatsächlich des Urteils über Kausalität und Determinismus *zumindest entraten...* Die Argumentationen *beiderseits* der `Zange´ sind ontologisch *verfehlt*, wenn QO *`anderes´* sind und wenn es ein *`mehr´* gibt, man *nicht* alles in den Blick genommen hat...
M: Ohnerachtet der Frage nach dem Vorliegen von Uralternativen (`Ure´) auf der *untersten* ontologischen Ebene ist gleichsam der Blick noch vollkommen *verschleiert*, wenn man etwa zur `Information´[689] folgende Schlussfolge bemüht: Je *kleiner* das Objekt, desto *weniger* Information trägt es - ein Photon kann daher etwa beim DSExp nur wenig Information tragen und jedenfalls nicht jene über Weg *und* Interferenz und schon gar nicht, wo es am Ende *auftrifft*, sondern nur *entweder-oder* - daher muss es reiner objektiver Zufall sein, wo es etwa beim DSExp auf dem hinteren Schirm auftrifft. Das ist mit dem Teilchenbild vollkommen `aus der Luft gegriffen´, insbesondere, dass Photonen *klein* und *informationsarm* sind...
H: ...zumal das Ganze auch für *andere* QO gelten müsste - die Argumentation, gleichsam mit `Informationsarmut´ Eigenarten der QT zu erklären,[690] müsste auch etwa für Fullerene, die dasselbe Verhalten zeigen, anwendbar sein...
M: Ja. Davon abgesehen, dass man Elektronen geradezu als `Kompaktifizierungen´ von Photonen oder Photonen als losgelöste Komponenten von Elektronen begreifen könnte, *können* Photonen *als* informationsarme `quasi-Punkte´ gar nicht zu den Befunden des DSExp führen, ganz im Gegenteil muss man sie offenbar als `Schaumkämme´ komplexerer, räumlich ausgedehnter Wellenphänomene begreifen; QO können *zu* Teilchen kollabieren, dekohärieren, `sich-neigen´... *Jedenfalls* verkennt diese Argumentation alles, was sich für QO bisher an Seltsamkeiten *gezeigt* hat - man braucht sich nur vor Augen zu halten, was sich bei der scheinbar *wechselwirkungsfreien Detektion* gezeigt hat (ein bekanntes, markiges `Anwendungs´-Beispiel ist ja, dass sich dergestalt etwa der Quanten-Zündmechanismus einer Bombe statistisch in jedem zweiten Fall gefahrlos *detektieren* ließe[691]): Schon der Begriff - als *contradictio in adjecto* - ist aufschlussreich: Es gibt eine Art *Informationswechselwirkung ohne Energieübertrag*, die nahelegt, dass es um *`anderes´* und *`mehr´* geht...
H: Immerhin gäbe es damit keine Information *ohne Träger...*
M: Man muss mit *allen* Deutungsansätzen ein *informationelles* `Zugegensein´ von QO beieinander annehmen; da dies in einem *materiellen* Sinne natürlich nicht in Frage kommt, man aber in der Tat nicht trägerlose Informationen annehmen kann - Kants Argumentation zur `Substanz´ reicht bis hierher, dass man stets *`etwas´* denkt, *das* die Information *trägt* -, bietet es sich geradezu an, wie dargelegt feldartig `sich-überlappende´ Wellenentitäten anzunehmen; und diese als *dynamisch-veränderlich* zu denken, führt auf eine im Wortsinne weniger `abgründige´ Variante einer `Prozess-Semantik´ und `Quanten-

sprache´[692], die ein ontologisch-reales `sich-Neigen´ von QO, mithin *doch* in gewisser Weise eine `verschleierte Realität´ annimmt...
H: ...und die hängt mit der Dynamik *II* und dem Messproblem im *engeren* Sinne zusammen - dieser Problemkreis wurde hier ja nur *eröffnet*...

M: Wie kommt man von den *Möglichkeiten* in *Wellengestalt* zum *Faktischen* in *Teilchengestalt*, wie von Zustands-Superpositionen zu einem definiten Messergebnis? Wird eine *Superposition* von Zuständen einer Messung unterworfen, müsste diese sich durch Verschränkung der Zustände auch auf den *Messapparat erstrecken*, so dass sich *kein* definites Messergebnis ergäbe, sondern eine *Superposition* gleichsam der verschiedenen *Zeigerstände* des Messapparats - *theoretisch* jedenfalls. Die eigentlliche Frage ist dabei, ob das zugrundeliegende Axiomsystem schon *vollständig* ist - es fehlt ein Axiom, das definiert, was Messung *bedeutet;* im Hintergrund steht hier das Dogma, dass *einerseits* die Wellenfunktion eine *vollständige* Beschreibung des Zustands eines Quantensystems sein soll, das sich deterministisch gemäß der linearen Schrödingergleichung entwickelt, aber eine nicht greifbare *Welle* beschreibt, *andererseits* aber Messungen zu einem *definiten Ergebnis* führen - für die nur beobachtbaren *Teilchen*... Die makroskopischen Zustände |*tot*> und |*lebendig*> für ein Lebewesen zu überlagern, wirft natürlich Probleme auf (von Interferenztermen dabei noch zu schweigen) - dergestalt hatte ja Schrödinger (*1935*) das Problem verschärft (*`Schrödingers Katze´*): Was, wenn eine Superposition im quantenphysikalischen Mikrokosmos über eine kausale[!] Messkette, etwa die Detektion eines einfachen Geigerzählers ($|\Psi_{zerfallen?}>$), in den *Makro*kosmos reichen sollte und das Ergebnis über *Leben* und *Tod* ($|\Phi_{tot?}>$) entscheidet - kann oder muss man *dafür* eine Superposition annehmen?

$$a|\Phi_{Katze\ lebendig}>|\Psi_{nicht\ zerfallen}>+b|\Phi_{Katze\ tot}>|\Psi_{zerfallen}>) \qquad \text{(VII.1)}$$

H: Um das zu erläutern, hat Schrödinger sein Katzenparadoxon *ersonnen* und die Argumentationskette erscheint zunächst *zwingend* - das Originalszenario lautet ja folgendermaßen: „Eine Katze wird in eine Stahlkammer gesperrt, zusammen mit folgender Höllenmaschine (die man gegen den direkten Zugriff der Katze sichern muss): in einem Geiger´schen Zählrohr befindet sich eine winzige Menge radioaktiver Substanz, *so* wenig, dass im Lauf einer Stunde *vielleicht* eines von den Atomen zerfällt, ebenso wahrscheinlich aber auch keines; *geschieht* es, so spricht das Zählrohr an und betätigt über ein Relais ein Hämmerchen, das ein Kölbchen mit *Blausäure* zertrümmert. Hat man dieses ganze System eine Stunde lang sich selbst überlassen, so wird man sich sagen, dass die Katze noch lebt, *wenn* inzwischen kein Atom zerfallen ist. Der erste Atomzerfall würde sie vergiftet haben. Die Ψ-Funktion des ganzen Systems würde das so zum Ausdruck bringen, dass in ihr die lebende und die tote Katze (s.v.v.) zu gleichen Teilen *gemischt* oder verschmiert sind. Das Typische an diesen Fällen ist, dass eine ursprünglich auf den *Atombereich beschränkte* Unbestimmtheit sich in *grobsinnliche* Unbestimmtheit umsetzt, die sich dann durch direkte Beobachtung *entscheiden* lässt. Das hindert uns, in so naiver Weise ein `verwaschenes Modell´ als Abbild der Wirklichkeit

gelten zu lassen. An sich enthielte es nichts Unklares oder Widerspruchsvolles. Es ist ein Unterschied zwischen einer *verwackelten* oder unscharf *eingestellten* Photographie und einer Aufnahme von *Wolken* und *Nebelschwaden*"[693]...
M: Das ist des Pudels Kern...
H: Manche kommen dann zu dem Schluss: „Da der Zeitpunkt, zu dem [etwa] ein Radium-Kern zerfällt, *objektiv unbestimmt* ist, so ist es - zu einem bestimmten Zeitpunkt [...] - *objektiv unbestimmt*, ob die Katze *tot* oder *lebendig* ist", denn „an der mikroskopischen [*objektiven*] Nichtobjektivierbarkeit [bestehe ja] *kein Zweifel*"[694]...
M: Mit den bisherigen Betrachtungen hat sich etwas *anderes* nahegelegt - dass beides, Prämisse *und* Konklusion, *reine Behauptungen* sein könnten... Will man die Naturgesetze auf die Natur *selbst* und nicht nur auf unser *Wissens* beziehen und nicht - wie schon `Identität´ und `Gleichartigkeit´ durcheinander geworfen wurde - hier `objektive Unbestimmtheit´ und `objektives Unwissen´ vermengen, muss man sich vor Augen führen, dass „[die] ganze merkwürdige Situation [...][daher rühren könnte], dass [...] noch nicht die *vollständige* Beschreibung des Sachverhaltes erreicht [wurde]"[695] - Einsteins Standpunkt. Auch Schrödinger wollte dergleichen *abgelehnt* wissen und *nicht* in „naiver Weise ein `verwaschenes Modell´ als Abbild der Wirklichkeit *gelten* [...] lassen" - „[die *Ψ*-Funktion ist] ein Gedankending, das die Verwaschenheit aller Variablen in jedem Augenblick [zwar] *ebenso* klar und exakt konterfeit, wie das klassische Modell deren *scharfe* Zahlenwerte. [...] Ernste *Bedenken* erheben sich aber, wenn man bemerkt, dass die Unbestimmtheit grob tastbare und sichtbare *Dinge* ergreift"[696]...
H: Ein außenstehender Beobachter *kann* in diesem Szenario mit der QT nur einen Superpositionszustand annehmen (wenn keine Dynamik *II* diesen aufgelöst hat)...
M: ...und doch *weiß* er: wenn er *hineinsieht*, wird er *niemals* einen solchen vorfinden: Gibt man der Katze ausreichend Nahrung und einen Kater als Gesellen mit in die Kammer - dürfte, wenn einem beim Öffnen Katzen*junge* entgegenkommen, klar sein, was von dieser Interpretation der gleichsam in der Schwebe gehaltenen Superposition von `Leben´ und `Tod´ zu *halten* ist. Soll man sich, *hätte* man die Kammer schon vorher geöffnet, dafür keinen eindeutigen, *`prägnanten´* Zustand denken - soll blitzartig *dasselbe* Sosein *`erscheinen´*, das man sonst *ganz ebenso* auch im Laufe der Zeit *entstehend beobachten* kann? Soll man einem etwaigen Beobachter *im* Kasten keinen *Glauben* schenken, dass schon bevor man *selbst* zusah, ein eindeutiger Zustand herrschte, ohne wohl gar komplexzahlige Alternativen wie |tot> - *i*|lebendig>?
H: Das wären ziemlich *bizarre* Annahmen - zumal die Katze ja auch eine Art *`Messinstrument´* ist (makaber gesagt): allemalen für die irreversible Alternative des `lebendig- oder tot-Seins´...
M: Für den *nicht-Mysiker* gibt es hier keine Zweifel - es gibt allerdings auch

„den *Mystiker*, der ein Fragen nach etwas unabhängig vom Beobachteten Existierenden, d.h. die Frage, ob die Katze zur betrachteten Zeit *vor* einer Beobachtung lebendig ist oder nicht, überhaupt als *unwissenschaftlich verbietet* ([- so etwa] *Bohr*)“[697] und ein je spezifisches \`Sosein´ der Dinge radikal *anzweifelt*. Mit Berkeley kann man eine von uns unabhängige Realität nicht *erweisen*, daran lässt sich nicht rütteln (einschließlich des Solipsismus-Problems) - dieser nahm mit seinem \`esse est percipi´ (\`Sein ist Vorgestelltwerden´) radikal-idealistisch an, dass alle Dinge *nur existieren*, wenn sie von uns *wahrgenommen* werden. Seine Sichtweise scheint auf den ersten Blick leicht zu *widerlegen* zu sein, ist aber *prinzipiell un*widerlegbar, da uns die Dinge nicht *anders* denn als Bündel von *wahrgenommenen* Eigenschaften *gegeben* sind...

H: ...und die QT *nähert* sich dieser Ansicht nun, insofern sie - in manchen Deutungen - einen *Beobachter* als *realitäts-konstitutiv* ansieht oder insofern mit einer Messung ein bestimmtes \`Sosein´ eines QO erst *präpariert* wird. Berkeley würde wohl auch bestreiten, dass die \`Wirklichkeit´ der Welt anzunehmen die *einfachere* Hypothese ist[698] (und manche Quantentheoretiker möchten ihm darin *folgen*) ...

M: Nun, die Kontinuität unserer Wahrnehmungen und dass die Dinge nicht zu existieren *aufhören*, wenn wir etwa wegsehen, ist bei *ihm* dadurch gewährleistet, dass *Gott* sie wahrnimmt.[699] Wenn die QT also seinem \`esse est percipi´ *zustimmen würde*, bleibt für *ihn* doch immerhin alles *\`wirklich in Gott´* - wie aber ist das ohne dies in der *QT?* Man kann wohl diese letztlich *unwiderlegbaren*, wenn auch im positiven Sinne vielleicht *irritierenden* Positionen nur als letztlich *fruchtlos* beseitelegen...

H: ...selbst *Bohr* war kein Positivist im überkommenen Sinne und hat darüber gespöttelt, man könne wohl kaum annehmen, dass man *nicht* beisammensäße und miteinander rede, sondern alles nur *träume*[700] - auch die \`Kopenhagener Deutung´ ist *insofern nicht positivistisch*, als sie nicht „von den *Sinneseindrücken* des Beobachters als den Elementen des Geschehens ausgeht, [...] [sondern] die in klassischen Begriffen beschreibbaren Dinge und Vorgänge, d.h. das *Faktische*, als [...] Grundlage [betrachtet].“[701] Überhaupt kann man ja Bohr als *Entitätenrealist* (wenn er auch über diese im Mikrokosmos nichts *aussagen* wollte) einordnen, der jedoch kein *Theorienrealist* war (gleichsam als *zwischen* Instrumentalismus und internem Realismus beheimatet)...

M: Je nach *Begriffsdefinition*... Aber hat Bohr eher *instrumentalistisch* gedacht, so hat Heisenberg beim Messproblem zwischen einem subjektiven und objektiven Element *unterschieden*[702]*: Subjektiv* sei unsere unvollständige *Kenntnis*, die sich *im* Beobachtungsakt natürlich auch *unstetig*, als „Quantensprung“ ändern könne (was im Einklang mit Leibniz´ \`natura non facit saltus´ bleibe), *objektiv* erfolge aber der Übergang vom Möglichen zum Faktischen gleichsam gelenkt von einer *Tendenz*, einer *\`potentia´*, wobei, was *zwischen*

zwei Beobachungen geschieht, ein `blinder Fleck´ bleibe und was *beim* Beobachtungsakt geschieht, „den *physikalischen*, nicht den *psychischen* Akt der Beobachtung [bezeichne],[...][der auch] nicht verknüpft mit der Registrierung [...] im *Geiste* des Beobachters [sei]“[703] - die *Ψ*-Funktion bildet das *Gesamt* der *möglichen* Messergebnisse ab, die Messung wählt unstetig das *tatsächliche* Messergebnis aus, als unstetige Änderung unseres *Wissen...*
H: Einig darin, dass die Begriffe der klassischen Physik unabdingbar sind, liegen zwischen *Bohrs* und *Heisenbergs* `Kopenhagener Interpretation´ wohl noch *Welten...*
M: Ja. Bei `Schrödingers Katze´ wird die Zeitentwicklung beim Schließen der Kammer gleichsam als beim letzten *Wissensstand* `eingefroren´ genommen - *realiter* geht das Naturgeschehen in der Kammer aber *weiter*. Umgekehrt kollabiert beim Öffnen der Kammer (von den *objektiven* Prozessen abgesehen, die das *Öffnen* auslösen mag) nur die Wellenfunktion was das *Beobachterwissen* betrifft - so, wie wenn zwei Personen ohne Hinzusehen von einem Paar Handschuhe jeder einen in die Tasche stecken, dann an verschiedene Orte gehen und wenn sie diesen hervorholen, nicht nur wissen, welchen *sie selbst* haben, sondern gleichsam *instantan* auch, welchen der *andere* hat, den rechten oder linken (so kann sich auch ein distanter Zustand *instantan ändern*, etwa wenn eine Frau Witwe oder ein Mann Vater wird, wenn eine instantane gleichsam `Umdefinition´ statthat); bei jeder Detektion weiß man damit, wo sich ein QO *befindet* (mit Wahrscheinlichkeit *1* und als *Teilchen*), auch unmittelbar, wo es sich *nicht* befindet - eben an allen *anderen* Orten nicht, d.h. mithin: eine *Wahrscheinlichkeits*welle verschwindet instantan... Dabei geht es ausschließlich um das *Beobachterwissen* - es *geschieht* nichts in der Natur selbst (von den Prozessen im Gehirn natürlich abgesehen); das wussten natürlich schon die Quantenpioniere und insofern ist der *`Quanten-Bayesianismus´* (*2000ff*) ein `alter Hut´...
H: Überhaupt könnte man auch sagen, dass die QT - *subjektivistisch* - „nicht mehr das *Verhalten* [...][von QO *selbst*, etwa eines] Elementarteilchens, sondern [nur] unsere *Kenntnis* dieses Verhaltens darstellt“...
M: ...was allerdings nach sich zieht, dass sich auch „die Vorstellung [...][ihrer] objektiven Realität [...] in einer merkwürdigen Weise *verflüchtigt*“[704] - wenngleich man annehmen muss, dass sich darin - *realistisch* - auch das ontologische `dahinter´ *spiegelt...*
H: Jedenfalls ist der Aspekt der `Kenntnis´ *immer involviert:* Im Prinzip kann nur ein *vollkommen abgeschlossenes* System in einem reinen Zustand mit spezifischem Zustandsvektor sein - „die Darstellung ist [...][dann zwar] völlig `objektiv´, d.h. sie enthält gar keine Züge mehr, die sich auf die *Kenntnis des Beobachters* beziehen; aber sie ist auch völlig abstrakt und unanschaulich“, hat „den Charakter des *Potentiellen,* [...] nicht des *Faktischen*“, ja, sie ist sogar *komplementär* zur Beschreibung „objektiv-realer Dinge“ in klassischen

Begriffen und „enthält [...] sozusagen noch gar keine *Physik.*" Das ist erst der Fall, wenn man fragt, was bei einem wirklichen *Experiment* herauskommt; dabei mag man den `Heisenberg´schen Schnitt´ zwischen beobachtendem Subjekt und beobachtetem Objekt *verschieben*, man braucht aber klassische Messapparate und einen Beobachter - das System muss in *Wechselwirkung* mit der *Außenwelt* stehen; betrachtet man dann aber (notwendigerweise) das *Gesamtsystem*, hat man es mit einem statistischen *Gemenge* zu tun, womit es neben dem *Objektiven* dann doch um die *Kenntnis des Beobachters*, um *Subjektives* geht. „Die Kenntnis des *`Faktischen´* ist [...][für die QT] ihrem Wesen nach stets eine *unvollständige* Kenntnis. Eben deshalb wird sich an dem statistischen Charakter der mikrophysikalischen Gesetze auch in Zukunft nichts ändern können"[705]... Aber immerhin *bleibt* man mit der Kopenhagener Deutung - wie in der klassischen Physik - beim Faktischen, bei der `objektiv-realen Wirklichkeit des anschaulich in Raum und Zeit Beschreibbaren´. „Je tiefer [man ins Allerkleinste vordringt] um so ruheloser wird [...][das `Sein´] und um so unbestimmter und nebliger"[706] - doch „wenn man versucht *hinter* dieser Wirklichkeit in die Einzelheiten [etwa] des atomaren Geschehens vorzudringen, so lösen sich die Konturen dieser `objektiv-realen´ Welt auf - nicht in dem Nebel einer neuen und noch unklaren Wirklichkeitsvorstellung, sondern in der durchsichtigen Klarheit einer Mathematik, die das *Mögliche*, nicht das *Faktische*, gesetzmäßig verknüpft"[707]...
M: Langsam. So behandelt man ja gleichsam nur die *`Oberfläche´* des Naturgeschehens, nur das, was man so zu *fassen* bekommt. Und in diesem Bilde gesprochen *lichtet* sich der Nebel stellenweise ja und gibt die Sicht darauf frei, aus *welcher Art* Zugrundeliegendem die Welt *beschaffen* sein könnte, das zum `Faktischen actualisierte Mögliche´ *resultieren* könnte. Überhaupt muss man mit solchen in den *Makro*kosmos reichenden Fällen `hart *ins Gericht* gehen´: Man könnte ja beinahe sagen, bei `Schrödingers Katze´ diskutiere man *mit* der QT Probleme, die man *ohne* sie gar nicht hätte. Es geht ja selbst der *Kopenhagener Deutung* um `in klassischen Begriffen beschreibbare Dinge und Vorgänge´, `Faktisches´, `Experimente´... Aber bei `Schrödingers Katze´ geht es überhaupt nicht um *empirische Befunde:* Es *gibt* keine solchen Überlagerungen makroskopischer Zustände, jedenfalls hat niemand dergleichen *beobachtet;* überhaupt ist die Katze eben *kein* Mikroobjekt - sie gelangt in einem *eindeutigen*, *unüberlagerten* Zustand in den Kasten hinein und der müsste sich erst in eine Überlagerung *ändern* - und sie sieht schon *selbst* zu, ob sie `lebendig´ oder `tot´ ist... Diese *hyper*positivistische Sicht ist doch schon wieder *anti-empiristisch* und *anti-positivistisch* - man hat gar keinen *Anlass* anzunehmen, dass im Kasten ein irgendwie *un*eindeutiger Zustand herrscht - eine superponierte Katze *ist* nicht und *war* nie *empirischer Befund...*
H: ...man weiß um Superpositionen im *Mikro*kosmos und *überträgt* es auf diesen Fall...

M: ...wobei die Superposition der lebendigen und toten Katze *prinzipiell unbeobachtbar* ist - immer wenn man *hinguckt*, findet man einen *eindeutigen* Zustand; bedenkenswerterweise ist ja die Superposition immer *der* Zustand oder der *angebliche* Zustand, wenn man *nicht* hinguckt; selbst empirisch ist es so, dass in Messungen nur *Eigen*zustände gegeben sind, der *Superpositions*-zustand ist *Theorie* (außer bei Verschränkungen). Schrödinger hat dieses Szenario überhaupt *ersonnen*, weil es eben *keine* Superpositionen im Makrokosmos gibt - was anzumerken heute nicht unnötig ist, weil dieses Szenario oft für die *gegenteilige* Behauptung instrumentalisiert wird...
H: Der mikroskopische Fall reicht doch *immer weiter* nach oben...
M: Es bedarf aber der *sorgfältigsten Präparation*, um Wellenkollaps oder Dekohärenz zu *vermeiden* - an *dieser* Stelle liegt das Geheimnis. Auch diese Schlussfolge ist abstrus: `Nur *Messungen* liefern definite Werte, man kann Messungen aber nicht *physikalisch* von anderen Wechselwirkungen *unterscheiden*, also braucht es den bewussten Beobachter, der einen *Unterschied* liefert´; man redet von Dingen - allumfassende Superpositionen -, die ein offenbar *unvollständiger* mathematische Formalismus *nahelegt*, die man aber empirisch gar nicht *beobachtet...*
H: Ja, man beobachtet (würde man eine solche makabre Messreihe machen) in *50%* der Fälle ein bereits *verwesendes* Katzenpaar und in *50%* der Fälle eine muntere *Katzenfamilie...*
M: ...und *keine* Superpositionen; darum abermals: Man diskutiert *mit* der QT Probleme, die man *ohne* sie gar nicht *hätte*, wenn diese Denkfiguren bis zur `Viele-Welten-Theorie´ weiterreichen...
H: Man kann natürlich auch etwas *fein*sinniger ansetzen: Bei dem genannten Polarisationsexperiment, bei dem die beiden verschiedene Wege gehenden Komponenten *wiedervereinigt* werden, könnte man argumentieren, dass ein Kalzitkristall *an sich* noch gar keine *`Messung´* vornimmt, gerade *weil* man die Messwirkung dergestalt gleichsam wieder *`auslöschen´* kann[708]...
M: Das scheint nicht *fein*-, sondern wiederum *starr*sinnig - man muss dann ja annehmen, dass ein einzelnes Photon ein *Teilchen* ist, das nur einen Weg gehen *kann*[709] - ansonsten ist eine `Messung´ natürlich nur vorgenommen worden, wenn das `Geisterphoton´ auf dem zweiten Weg *nicht* erhalten bleibt, *`aufgelöst´* wird, also die *Welle* kollabiert, dekohäriert, `sich-neigt´... Überhaupt könnte man bis zu `Schrödingers Katze´ hinauf *jegliches* Geschehen als *prinzipiell* reversibel betrachten; wäre die QT mit Dynamik *I* universell, wären *prinzipiell* auch *makro*skopische Vorgänge, auch jene im *Beobachter* (im *physikalischen* Sinne) reversibel, dann hätte *nie* eine `Messung´ statt... Mit Dynamik *II* kommt nun möglicherweise eine *A*symmetrie der Zeit ins Spiel... Überdies *erweitert* Schrödingers Szenario den Anwendungsbereich der QT, die zuvor typischerweise etwa das Wasserstoffatom behandelt hatte, auf ein *offenes* (eben *lebendes*) System, das *irreversible* Prozesse involviert,

etwa eben den *Tod* der Katze. Letzterem Punkt widmet sich auch - von der *Beobachtungs*seite her - die Kopenhagener Deutung, wenn sie annimmt, dass alleine die `irreversible Wechselwirkung mit einem makroskopischen Messapparat´ zum *Kollaps* der Wellenfunktion und zu einem *definiten* Messergebnis führt - es ergibt sich eine *Hierarchie* der `Wirklichkeit´: Zwischen das QO und den Menschen setzt Bohr gleichsam die *Messapparatur*, die stets in einem definiten Zustand ist, stets einer eindeutigen Wirklichkeit angehört, wobei offenbleibt, ob diese zur *Objekt*welt der QO oder zur *Subjekt*welt des Beobachters gehört - das *Demarkationsproblem*, die Frage, wo der *`Heisenberg´sche Schnitt´* anzusetzen ist in der „untrennbaren Kette zwischen Objekt und Subjekt", *bis wo* Dynamik *I* `gilt´ und *ab wo* Dynamik *II* relevant wird, die in die klassische Physik überführt. Von der Dekohärenztheorie abgesehen, welche diesen Schnitt insofern ablehnt, als an *allen* Stellen dieser `Messkette´ der Einfluss der Umgebung relevant ist und die daher gegen die Kopenhagener Deutung maximal kontrastiert, kann man allerdings *physikalisch* nicht begründen, wo dieser Schnitt *liegt;* daher wird dieser auch an so vielen *verschiedenen* Stellen angesetzt *(M. deutet auf Abbildung 78)...*

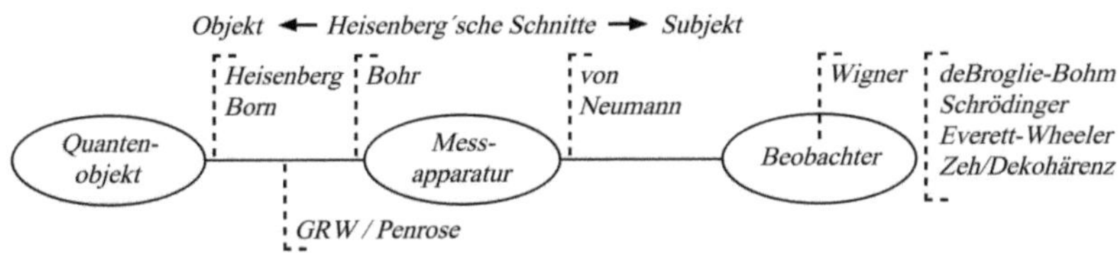

Abbildung 78

H: Heisenberg, Born, GRW, Penrose gehen nahe ans QO *heran*, Bohr ist erst die *Messapparatur* klassisch, vonNeumann rechnet noch mit Superpositionen von *Zeigerstellungen* - eben darum bemüht schon er das *Bewusstsein*, um den infiniten Regress, wann eine Messung *statthatte*, und die Frage, was Mess*objekt* und was Mess*apparat* ist, zu *vermeiden*; so kommt man nur gleichsam von der *Ultraviolett-* zur `vonNeumann´schen *Regresskatastrophe´...*

M: Richtig; der Kollaps der Wellenfunktion wird dann durch die Apperzeption des menschlichen *Beobachters* ausgelöst: „Einerlei, wie weit wir rechnen [...], einmal müssen wir sagen: und *dies* wird vom Beobachter wahrgenommen. D.h. wir müssen die Welt immer in zwei Teile teilen, der eine ist das *beobachtete* System, der andere der *Beobachter*"[710] - mit dem *Beobachter* entsteht `klassische Realität´. Schrödingers teilt die Ansicht *nicht*, dass ein Beobachter irgendeinen physikalischen Einfluss auf das `Messinstrument Katze´ hat, nicht einmal Heisenberg. Wigner fügt dem späterhin das *`Wigners Freund´*-Argument (*1961*) hinzu, das diese `Lösung´ in gewisser Weise wieder *aufhebt*, den Heisenberg´schen Schnitt wieder `verunklart´, ja, in Richtung des `Vielen Welten´- und Dekohärenz-Ansatzes weist, welche den Schnitt über

den Beobachter *hinaus* verschieben... Überhaupt *widersetzen* sich andere der \`Demarkationsfrage´, in je *eigener* Weise...
H: Ja; es gibt mit der QT *theoretisch* auch für *makro*skopische Objekte die mannigfaltigsten Zustands*überlagerungen* oder *nicht-lokalisierte* Zustände - *existieren* diese nun *praktisch* nicht oder sind sie nur *nicht beobachtbar?* So muss man fragen, gerade, *weil* man alle Ergebnisse der klassischen Physik mit der QT extrem exakt *reproduzieren* kann, die QT also *universell* zu gelten scheint - der Mittelwert des Ortsvektors eines Planeten beschreibt etwa mit der QT für 10^{36} Jahre exakt eine klassische Keplerbahn bei einer Orts- und Geschwindigkeitsunschärfe von $\approx 10^{-26} m$ und $\approx 10^{-33} m/s$.[711] Offenbar gelangt *zumindest* jedes beobachtete System in einen klassisch-eindeutigen Zustand und der Messapparat zeigt dies eindeutig an - das ist, was man empirisch beobachtet: eben *keine* Superpositionen von Zeigerstellungen; Dynamik *I wird* faktisch irgendwie zu Dynamik *II* überschritten...
M: Nur, dass *dieser* Prozess nicht mit *abgebildet* wird: Einerseits soll nicht *jede* Wechselwirkung eines Systems mit einem anderen als *\`Messung´* gelten (das wäre auch möglich); andererseits bleibt unklar, wie die Wechselwirkung \`Messung´ sich von anderen *unterscheiden* soll, so man nicht den *Beobachter* als relevant involvieren will; Dynamik *II* aber dogmatisch als \`nicht weiter analysierbar´ zu begreifen, führt zwangsläufig zu der Frage, was eine *\`Messapparatur´* eigentlich *ausmacht.* A fortiori ergibt sich das Problem, dass die QT die fundamentale Theorie für *alles* ist und also auch die *Messapparatur selbst* umfassen sollte, die ja letztlich *auch nur* ein Quantensystem ist, wie Messapparatur und untersuchtes Objekt *auch nur* ein *kombiniertes* Quantensystem sind...
H: Messapparatur kann sein, was zumindest hinsichtlich des zu messenden *Aspekts* klassisch beschreibbar ist...
M: Nun, auch so betrachtet *fehlt* jedenfalls ein Glied in der Kette, welches die Verbindung herstellt zwischen dem *größten* Objekt der QT und dem *kleinsten* Objekt der klassischen Physik. Gerade wenn die QT für *alles* gilt, droht, dass nicht nur der eigentliche zu messende Quantenzustand superponiert und klassisch uneindeutig ist, sondern dass dieser sich mit den verschiedenen möglichen Zuständen des Messapparates *verschränkt* - es kommt zu Superpositionen *zwischen mehreren* QO, wobei die zeitliche Entwicklung gemäß Dynamik *I* zu einer *Ausbreitung* dieser Zustands-Verschränkungen führt; für die Messung ergibt sich mithin ein *infiniter Regress...*
H: ...dann muss wohl doch der *Beobachter* ins Spiel gebracht werden; irgendwie muss man - so auch das Korrespondenzprinzip - in der klassischen Welt der mesokosmischen Erfahrungen ja *ankommen*, um der *Meßapparaturen* willen schon, die in klassisch eindeutigen Zuständen sein müssen, um ihren *Zweck* zu erfüllen. Folgt man *Wigner*, löst nur ein *bewusster* Beobachter die Superpositionen bzw. Verschränkungen auf, weil dieser die Linearität der

Ψ-Funktion außer Kraft setzen würde, er nimmt eine Art `Bewusstseins-induzierten Wellenkollaps´ an und geht mithin - wie deBroglie-Bohm, GRW und Penrose - mit seinen nicht-linearen `Evolutionsgleichungen´, die speziell bei Wechselwirkungen mit dem menschlichen Bewusstsein zu bemühen seien, über vonNeumann *hinaus*[712]; Schrödinger - und so mutmaßt dieser - auch deBroglie waren enttäuscht, ja, *geschockt* von diesem Trend der Deutung `ihrer´ realen Wellen bzw. des `Wellenkollapses´, der auch in der orthodoxen Deutung Fuß fasste[713]...
M: ...mithin wäre die von uns erlebte Eindeutigkeit des *Mesokosmos* mit der Ungewissheit des *Mikrokosmos* (scheinbar) nur noch so zu versöhnen, dass dem Beobachter die Rolle zugewiesen wird, die klassische Realität zu *erzeugen*, gleichsam durch einen finalen Wellenkollaps, was das Ganze in ein *subjektivistisches* Licht rückt; was man eben der Kopenhagener Deutung, die sich *immerhin* auf Messapparate bezieht, *nicht* zuschreiben kann, sie ist immer noch *`objektiv-realistisch´*. Hier soll das menschliche Bewusstsein *`realitäts-konstitutiv´* im *direkten, ontologischen* Sinne sein - was *mystifiziert*, was `Messung´ bedeutet. Da nur ein *bewusster menschlicher* Beobachter - auch `Schrödingers Katze´ vermag das nicht - den Wellenkollaps auszulösen vermag, muss man mehr oder weniger ernsthaft fragen, ob denn der Mond nicht auch existiert, wenn *niemand* ihn *ansieht;*[714] es heißt sogar - trotz allem, was über die jahrmilliarden-währende Evolution der Welt *ohne uns* bekannt ist - erst *wir Menschen* würden die Wahrscheinlichkeitsfunktion des ganzen Universums kollabieren lassen, erst *damit* würde alles Geschehene *rückwirkend* ins reale objektive Sein gerufen - „solange sie nicht [durch uns] in der Gegenwart registriert ist, hat die Vergangenheit keine Bedeutung oder keine Existenz“[715]...
H: ...was auch nur die Weiterspinnung ist von Bohrs Diktum: `nur ein makroskopisch *registriertes* Quantenphänomen ist ein *wirkliches* Phänomen´...
M: ...und so spinnt man das erwähnte `Experiment der verzögerten Wahl´ weiter zum `partizipatorischen Universum´ - mißglückter Konter der `anthropischen Kränkung´; auch ein Streich von *Wheeler*, wie die `Vielen Welten´...
H: Nun, Wheeler hatte „vor dem großen intuitiven Sprung keine Angst“[716]...
M: Ha! Ein Philosoph würde dafür in der Luft zerrissen (*groß* ist Feynmans `Balken im Auge´)... Da wird herbeigeholt, dass (angeblich) für ein Photon mit der SRT in seinem Bezugssystem keine Zeit vergehe, dass dies nur die *Wahrnehmung* in *anderen* (nicht mit *c* bewegten) Bezugssystemen sei, und von daher weitergesponnen, man könne sich auch vorstellen, die Elektronen des Kosmos (auch wenn sie sich gar nicht mit *c* bewegen können) seien am Ende nur - als `bewegtes Abbild des Ewigen´ - Abbild der Weltlinie von „*einem einzelnen* Elektron, das auf dem Webstuhl der Zeit immer wieder hin- und herfährt und einen prächtigen Teppich webt, der vielleicht *sämtliche* Elektronen und [rückwärts betrachtet] Positronen der Welt enthält“[717]...

H: Das ist doch sehr *poetisch...*
M: Ist es! Nur auch vollkommen *phantastisch...* wie: `Zeitreisen´ dadurch, „die Struktur der Raum-Zeit so zu verzerren, dass die Zeitachse in einem lokalen Gebiet [...][des vierdimensionalen Parmenidischen Blocks] in eine Richtung weist, die [`sonst´] einer der drei räumlichen Richtungen [...] entspricht."[718]
Aber zurück zum *Irrsinn* des `partizipatorischen Universums´: Der Gedanke ist nicht sinnlos, dass es eine Welt *ohne uns* und *ohne* jedes menschliche (oder tierische) Bewusstsein gab und gibt, und dass Evolution nur denkbar ist *mit* einem je *spezifischen `Sosein´* der Dinge, *das* in Wechselwirkung evolviert - schon das macht die QT zu einer Farce, wenn behauptet wird - wohlgemerkt geht es nicht darum, dass Beobachtung die Dinge *zwangsläufig beeinflusst* - , dass „man [mit der klassischen Physik] zu der stillschweigenden Annahme geführt [wurde], dass es einen objektiven, von jeder Beobachtung unabhängigen Ablauf von Ereignissen in Raum und Zeit gebe [...]"[719] und diese Annahme nun als *falsch* nahegelegt wird. Was soll das von der QT abgesehen für die *anderen* Naturwissenschaften *bedeuten?* Es gibt keinen vernünftigen Grund daran zu zweifeln, dass die Naturgesetze, auch die quantenphysikalischen, in allen Teilen des Kosmos und (im Prinzip) zu allen Zeiten gegolten haben - daher fragen auch Bell und andere zu recht spöttisch, was denn ein physikalisches System zu einem *`messenden´* System mache, ob „die Wellenfunktion [...][der Welt] darauf gewartet [habe] zu kollabieren, bis der erste lebende *Einzeller* erschien [...][oder] etwas länger warten [musste], auf ein höherqualifiziertes System [...] mit einem *Doktortitel*"[720] - `mess-ähnliche´ Prozesse dürften *immerzu* und *überall* statthaben[721]... Aber mit dem *`Wigners Freund´*-Argument kann man sogar noch *weiter* gehen (bzw. *wiederum* den infiniten regress starten) und sagen, auch ein *Beobachter* würde wieder von einem Freund gleichsam `wie ein Messapparat abgelesen´, wenn dieser danach fragt, was er beobachtet habe - dann wird *nirgends endgültig* Realität konstituiert, dann droht die Zustands-Superposition *erhalten* zu bleiben - es *muss* also der *erste* menschliche Beobachter sein, der den Wellenkollaps auslöst...
H: So abwegig das alles zugegebenermaßen ist, und wenn man auch nicht leichtfertig eine Verbindung zum Leib-Seele-Problem herstellen sollte, etwa insofern immaterielle Wellen körperhafte Teilchen irgendwie *lenken* wie der Geist den Körper - aber das Problem ist *ungelöst* und *nicht* abwegig ist, dass wir immerzu an uns selbst den wechselseitigen Einfluss von Körper und Geist erfahren...
M: Ja, aber jeder Messapparat, der *automatisch* ein Messergebnis *registriert* und irgendwie materiell *fixiert*, muss *auch* einen Wellenkollaps auslösen können... Überhaupt wird gar nicht erklärt, *wie* die Wechselwirkung mit dem Bewusstsein einen bestimmten Messwert aus einer Superposition auswählt - und im Zuge der `Viele-Welten´ hat man doch auch superponerte *`Viele-Bewusstseine´* angekommen...

H: Was Wigner und andere dabei treiben, ist ein Spiel, zwischen der begrifflichen und ontologischen Ebene zu *wechseln* bzw. eine *Indifferenz* zu erzeugen, es heißt: „Der Eindruck, der sich aus einer [Beobachtungs-]Wechselwirkung ergibt [...] modifiziert die Wellenfunktion des jeweiligen Systems. Ferner ist die modifizierte Wellenfunktion im allgemeinen unverhersagbar, bevor der mit der Wechselwirkung gewonnene Eindruck in unser Bewusstsein eingetreten ist: Es ist das Bewusst*werden* eines Eindrucks, das die Wellenfunktion *ändert*, da es unsere Einschätzung der Wahrscheinlichkeiten für verschiedene Sinneseindrücke modifiziert, die wir in Zukunft zu erwarten haben." [722] Die Formulierung ist auch[?] nur *epistemisch-instrumentalistisch* zu verstehen, nur auf die Wellen*funktion*, nicht auf eine reale Wellen*entität* bezogen; diese ist also ähnlich wie bei der reinen Wahrscheinlichkeitswelle der Kopenhagener Deutung in einem ontologischen *Utopia* angesiedelt... *Einerseits* definiert man die ψ-Funktion als *`in mente´*, als das, was unseren Voraussagen zugrundeliegt - das *ändert* sich natürlich bei einer Beobachtung, wenn etwas in unser Bewusstsein tritt. *Andererseits* soll sonst die $\psi$-Funktion aber ja *`in rebus´* den Zustand eines Quantensystem erfassen, *außerhalb* unseres Bewusstseins - außer für Solipsisten sind das zwei vollkommen verschiedene Dinge, auch der Wellenkollaps meint dann etwas vollkommen anderes...
H: Natürlich, wenn man einen Würfelbecher aufhebt, `kollabiert´ immer die Wahrscheinlichkeitsfunktion *`in mente´*...
M: Es gibt allerdings auch die Variante - so bei Chalmers - dem Bewusstsein tatsächlich eine *kausale Wirkmächtigkeit* in der `Außenwelt´ zuzuschreiben... Wenn man aber den `Heisenberg´schen Schnitt´ zwischen beobachtendem Subjekt und beobachtetem Objekt immer weiter nicht nur in den Mesokosmos, sondern zudem noch *über* den ersten Beobachter *hinaus* verschiebt, *muss* das Ganze auch *anti-empiristisch* und *anti-positivistisch* werden: Schon der erste Beobachter *beobachtet* doch überhaupt nicht eine Katze in einem überlagerten Zustand und der zweite noch viel weniger einen überlagerten Beobachter-Freund - das sind ja keine empirischen *Befunde*...
H: Nur haben all´ diese *Seltsamkeiten* ihren *sinnvollen Kern!*
M: Natürlich, es ist nur ein bischen so, dass man sich durch das Dilemma der Dynamiken *I* und *II* dazu *verleiten* lässt, sich in diese irrealen Welten *hineinzusteigern* - so heißt es etwa: „[Wigners] Freund wird [- an Stelle der Katze -] vermutlich antworten, dass er die ganze Zeit über zu *100%* lebendig war" - zwei Sätze später jedoch: „Das Paradox mit der Katze macht jede [...] Hoffnung *zunichte*, dass die Geisterhaftigkeit der Quanten auf die zwielichtige Mikrowelt [...] *begrenzt* sei."[723] Man kann demgegenüber nur festhalten: *Makroskopische* Überlagerungszustände *waren* und *sind* bis heute kein empirisches Datum. Man ersinnt allerdings sogar eigens Theorien, wie es diese *doch* geben kann, nur so, dass man sie nicht *beobachten* kann - anstatt Dynamik *II* endlich *`ins Visier´* zu nehmen...

H: Dynamik *I* ist, was man *erschließt*, das Ergebnis von Dynamik *II* aber, was man *findet*...

M: Ja, *eben!* Wenn am Ende aber die *Realität der Welt* angezweifelt wird, verkommt Physik und Naturphilosophie zu konfusem *Esoterik-Geraune!* Mit der Kopenhagener Deutung bzw. ihren *Folgerungen* erlebt man ohne Zweifel ja gleichsam einen naturphilosophischen *`Absturz´;* diese Deutung stellt - so sagen manche - nur „eine wortreiche *Ablehnung* einer wirklichen Erklärung dar“, sie stehe damit „im Gegensatz zu den Prinzipien korrekter wissenschaftlicher Methoden“[724]; die einander widersprechenden Begriffe `Welle´ und `Teilchen´ würden nur voneinander „*abgeschirmt* durch Unbegriffe wie `Dualität´ oder `Komplementarität´“ und ontologische Rückfragen pariere man, dass „mikrophysikalischen Objekten an sich *gar keine* realen Eigenschaften zukämen. Offenbar ist mit dieser Ablehnung einer mikroskopischen `Realität´ also der *Verzicht* auf eine konsistente Beschreibung der Mikrowelt gemeint.“[725] In der Tat muss man konstatieren, dass im Gefolge des komplementären Dualismus oftmals bewusst das *`Bizarre´* und *`Paradoxe´* in der QT hervorgehoben wurde, als würde sie nur ein offener Widerspruch zur klassischen Physik, eine besondere Art des *esoterischen Kitzels* interessant und wertvoll machen; am Ende heißt es gar: „Die Experimente [von A.Aspect] beweisen, dass es eine der Welt zugrundeliegende Realität an sich *nicht gibt*“[726]...

H: Selbst Heisenberg betont aber, die Kopenhagener Deutung sei *nicht positivistisch* - er weist nicht *gänzlich* die Sicht zurück, dass „der Physiker [...] in seiner Wissenschaft voraussetzen [muss], dass er eine Welt studiert, die er nicht selbst gemacht hat und die ohne ihn auch, im wesentlichen genauso, vorhanden wäre“ - nur: „Die Forderung, dass man beschreiben solle, was in einem quantentheoretischen Prozess *zwischen* zwei aufeinanderfolgenden Beobachtungen geschehe, [...] [sei] eine *contradictio in adjecto*, da das Wort `beschreiben´ sich eben auf die Verwendung der *klassischen Begriffe* bezieht, während diese [...][*dann*] *nicht verwendet* werden können“[727]...

M: Es spricht schon Bände, dass man das alles *herausstellen* muss... Zugegeben, wenn er konstatiert, man könne nicht „zu der Realitätsvorstellung [...] einer objektiven, realen Welt [zurück], deren kleinste Teile *in der gleichen Weise* [*- mit dieser Betonung* -] objektiv existieren wie Steine und Bäume, gleichgültig, ob wir sie beobachten oder nicht“,[728] versteht man, woher dies motiviert ist... Allemalen kann man dergleichen hyperpositivistische *typische* Formulierungen immer auch - insbesondere, wenn man *weiß*, was sich mit der QT dahinter *verbirgt* - wohlwollend nur als prägnante *Übertreibungen* einordnen; bis zu einem gewissen Grade werden sie jedoch nicht nur gerne *wortwörtlich* und *ernst genommen*, sie sind durchaus *so gemeint.* Dies sind beeindruckende Gipfel `anthropozentrischen Wahns´ und es ist nachgerade *tragisch*, dass am Ende, *um* eines Realismus *willen* die Realität selbst *ange-*

zweifelt wird...
H: ...und selbst manche *`Auswege´* sind sonderbar - etwa die `Vielen Welten´...
M: Ja; mit der Everett-Wheeler´schen Theorie (*1957*)[729] - Wheeler betreute die betreffende Doktorarbeit Everetts (manchmal wird noch Graham genannt (EWG), welcher die Theorie weiter ausarbeiten half) - versucht man dahin zu kommen, gar keinen Kollaps der Wellenfunktion oder des realen Wellenphänomens und keine Auflösung der Superpositionen bzw. Verschränkungen *anzunehmen* - die Welt soll sich stattdessen permanent in viele `parallele Welten´ *aufspalten*, in denen jeweils andere mögliche Quantenentscheidungen realisiert sind. „So *`verzweigt sich´* mit jeder erfolgten Beobachtung (oder Wechselwirkung) der Beobachterzustand in eine Anzahl unterschiedlicher Zustände. Jeder Zweig repräsentiert ein unterschiedliches Ergebnis der Messung und den korrespondierenden Eigenzustand für den Objektsystemzustand. Alle Zweige existieren *gleichzeitig* in der *Superposition*."[730] Streng-genommen geht es dabei vornehmlich um den Aspekt des Messproblems in betreff der *Superpositionen* diskreter Zustände, insofern als mit dem Teilchenbild *generell* superponierte *diskrete* Zustände der Dinge angenommen werden - das wird beim *Dekohärenzansatz* deutlich werden, wie auch, warum man sich *überhaupt* mit solch´ *bizarrem* Ansatz beschäftigt. Mag es zunächst heißen: Die Zustände der Weltzweige unterscheiden sich dergestalt, dass etwa in der *einen* Welt ein Atomkern *zerfallen* ist, in der *anderen* Welt hingegen *nicht* oder dass etwa beim DSExp ein Photon in der *einen* Welt durch Spalt *A* geht, in der *anderen* Welt durch Spalt *B* - nur in Fällen wie bei den diskutierten wiedervereinigten Komponenten ließe sich vielleicht die *`Vereinigung´* zweier Zweige annehmen... VII b_1
H: Jedenfalls *unterscheidet* man überhaupt nicht zwischen im mathematischen Formalismus sich ankündigenden `potentiellen´ und `actualisierten´ Zuständen - ein *Hyper-Realismus;* so kann man scheinbar *„Realist* bleiben und dennoch an der [...][QT] als vollständigem Formalismus *festhalten*"[731]...
M: ...*wenn* man dies so sieht, kann man sagen: Es gibt keinen `Kollaps´ und kein Messproblem, denn man muss gar nicht mehr zwischen `Möglichkeit´ und `Wirklichkeit´ *unterscheiden.* `Wirklichkeit´ *nennt* man dann nur die *je eigene* Welt - die ist ja deutlich von den unzugänglichen möglichen Welten *unterschieden;* die Leibniz´schen kompossiblen möglichen Welten entwickeln sich in einem *Möglichkeitsraum*, eben *den* beschreibt die Schrödinger´sche Gleichung... Man kann - wie gesagt - von der Sprache der gewöhnlichen QT ins `Everettische´ übersetzen. Unterscheidet man *nicht* zwischen den verschiedenen Aspekten des Messproblems, soll Dynamik *II überflüssig* sein, Dynamik *I* soll *durchgängig* gelten - dies vor allem in der dann doch mehr dem *Wellen*bild zugeneigten Spielart des *dekohärenz-basierten* `Viele-Welten´-Ansatzes...
H: ...`Messung´ ist nur eine arrangierte, ansonsten aber gewöhnliche Inter-

aktion zweier QO...
M: Ja. Dabei soll das *Gegenteil* wie bei den `Verborgene-Variablen´-Theorien statthaben - man interpretiert Dynamik *I* als korrekt und *vollständig*, so dass in der Konsequenz die Eindeutigkeit der klassischen Welt *Schein* und *Realität* die Superposition bzw. Aufspaltung sein muss...
H: Hier muss also gleichsam immer *eine ganze Welt* kollabieren - das ließe sich für ein superponiertes System Ψ_n und eine Messapparatur bzw. einen Beobachter Φ_n so visualisieren *(H. deutet auf Abbildung 79)...*

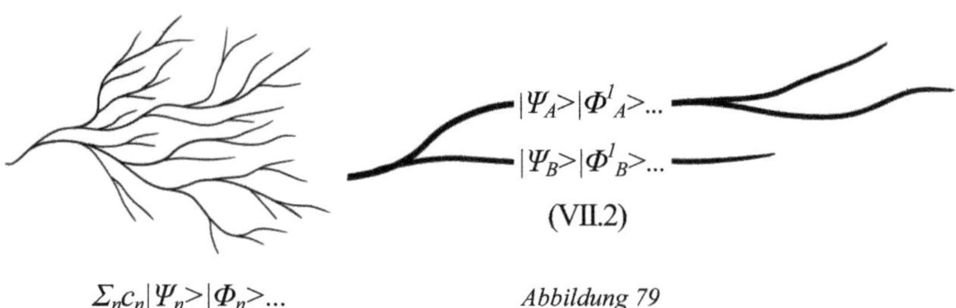

Abbildung 79

M: Ist man sonst *überskeptisch*, auch nur das Wellenphänomen an sich selbst, weil es in einem mehrdimensionalen Konfigurationsraum *erfasst* wird, als *`real´* anzusehen, werden hier - mag dies auch weiter *ein* Zustandsvektor erfassen (obgleich die Teilwelten nicht in einem *reinen* Zustand vorliegen) - die ganzen Teil-Hilberträume dennoch als `entflochten´ und reale Welten repräsentierend angenommen. Der *Phantasie* werden also keine Grenzen gesetzt - man kommt nicht umhin, herauszudestillieren, was dabei der sinnvolle *Kern* sein könnte, wenn man nicht sogleich darin nur die `graue Theorie´ sehen will - Einstein konstatiert: „in Wahrheit zweifelt [...][etwa] niemand daran, dass das Vorhandensein oder Nichtvorhandensein der [Schrödinger´-schen] Katze etwas vom Akt des Beobachtens *Unabhängiges* ist. Dann ist aber die Beschreibung durch die Ψ-Funktion eben *unvollständig.*“[732] Allemalen gibt es für die `Viele-Welten´-Szenarien keinen empirischen Anlass, sie sind rein ad hoc *gesetzt*, was natürlich der *Haupt*kritikpunkt ist (Anhänger der *dekohärenz-basierten* Spielart sehen das allerdings *anders*)...
H: Mit der Kopenhagener Deutung ist vor der Messung *kein* Zustand `real´, hernach *einer* - hier sind *alle* `real´... Später (*1970/73*) ist dieser Ansatz ja von deWitt und Graham - die auch den prägnanten Namen `Viele-Welten´-Interpretation ersannen - weitergesponnen worden, dass „jeder Quantenübergang, der [...][*irgendwo*] in jedem fernen Winkel des Universums stattfindet, [auch] unsere *lokale* Welt auf der Erde in Myriaden von Kopien ihrer selbst *auf*-[*spaltet*]“[733], so dass es ganze `Hyperräume´ paralleler Welten gibt - ein kosmologisches Szenario, über das man *weitergrübeln* kann, *was* möglich ist, *ob alles* möglich ist, was man *vorfindet*, welchen *`Weg´* ein Beobachter darin nimmt - man weiß beinahe nicht wo *anfangen*... Und *diese* Instantanität ist

nicht mehr in einen zeitlichen Prozess auflösbar...
M: Man muss das alles ja *nur* diskutieren, wenn man es für *vernünftig* erachtet; zwei Kritikpunkte springen - sozusagen vom Hauptkritikpunkt abgesehen, dass die `Vielen Welten´ reine *Phantasmagorien* sind - ins Auge und seien sogleich dargelegt: Zunächst einmal dürften die verschiedenen Weltzweige statistisch *nicht gleichwertig* sein, sondern müssten gemäß ihrer Amplitude *gewichtet* sein, wenngleich sie ja alle *gleichermaßen `real´* sein sollen. Ein Amplitudenquadrat wie $|a|^2$ steht gewöhnlich für die Wahrscheinlichkeit für die entsprechende Observable einen bestimmten Zustand zu finden - selbst bei deBroglie-Bohm, GRW und Penrose ist das *ähnlich* und auch in der `Viele-Welten´-Theorie entspricht es dem, was ein Beobachter bei einer Versuchsreihe *findet* - der Theorie zufolge ist $a$ zwar einerseits sozusagen die gewichtete `Verzweigungsamplitude´, andererseits aber müssten *alle* Zweige mit den nämlichen Observablenzuständen *mit Sicherheit*, also $|a|^2=1$ auftreten und *alle* müssten *gleichermaßen `real´* sein...
H: Ja, dieser Widerspruch scheint schlicht nicht zu heilen - alle Zuordnungsversuche, die dem zu trotzen versuchen, über das *subjektive Unwissen* des Beobachters in seinem Weltzweig oder die *Anzahl identischer Weltzweige* (der Beobachter findet dann etwas wahrscheinlicher, weil es *häufiger* ist) o.ä. dies zu erklären,[734] *überzeugen* nicht, sind *umstritten*, vor allem, weil der Ansatz ja Zusatzannahmen *vermeiden* wollte... Man würde zwar etwa für eine Messreihe mit *45°*-ausgerichteten Kalzitkristallen für *90°*-vorpolarisierte Photonen zum *50%/50%*-Ergebnis der *Anzahl der Welten* kommen, was richtig ist, für alle *anderen* Ausrichtungen aber *auch*, weil alle Welten *gleich real* sind, für alle *irgendwie*-verdrehten Kalzitkristalle fände man *dasselbe* `Welten-Verhältnis´ *(H. deutet auf Abbildung 80)*, einen ungewichteten `Katalog´ der überhaupt möglichen Welten:

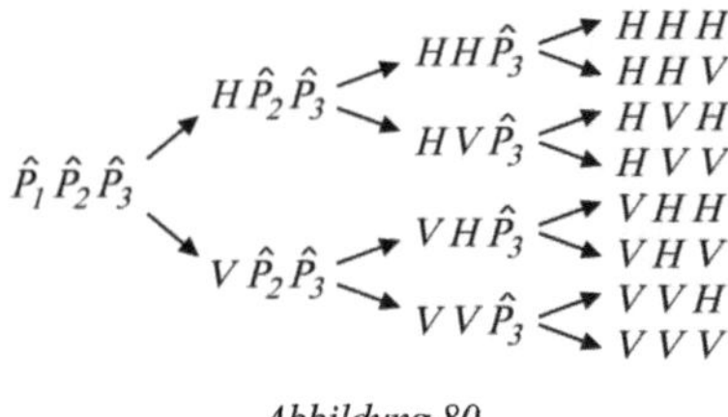

Abbildung 80

M: Es bedürfte also einer *Zusatz*annahme, die *ad hoc* gesetzt wäre... Ähnlich ist es auch bei anderen Fragen - ob der EPR-Befund in den `Vielen Welten´ als *lokal* gelten kann etwa; eigentlich muss es ob der Korrelationen Wechselwirkungen *zwischen* den Welten geben - das zunächst am Rande... Man kommt in gewisser Hinsicht in die konzeptionelle Nähe der *Ensemble*-Interpretation, nur dass es nicht um gleichartig präparierte QO geht, die im *`nacheinander´* einer Messreihe gegeben sind - schon bei *einem* QO sollen die `Vielen Welten´

alle *gleichzeitig* `existent´ sein, gleichsam als `*virtuelles* Ensemble´...
H: ...und eine Verwandschaft zur *deBroglie-Bohm'schen* Theorie liegt in den `leeren´ Wellenfunktionen bei Superpositionen, die den `Weltzweigen´ nicht unähnlich sind...
M: ...die aber dort nicht *beschritten* werden, weil der Zustand nicht durch die superponierte Wellenfunktion *allein* vollständig gegeben ist, sondern erst, wenn man die Anfangsbedingungen, die Teilchenorte *hinzunimmt* (die aber nicht genau zugänglich sich) - dann wird deterministisch nur *ein* `Weltzweig´ beschritten (und schon gar nicht der `Interferenzzweig´) - andere Weltzweige existieren nur rein theoretisch, sie kollabieren nur als nebenliegende *mögliche* Welten... Die `Vielen Welten´ hingegen sollen *`real´* sein - sie entbehren nur *jeglicher empirischen Evidenz*, ja, man kann die Theorie weder durch Messungen untermauern, noch widerlegen, sie ist immer noch (nur auf andere Weise) *anti-empiristisch* und *anti-positivistisch...*
H: ...noch ungestützt durch den *Dekohärenz*-Ansatz...
M: Es ergibt sich aber auch folgendes Problem: Hier ist visualisiert *(M. deutet auf die Abbildung oben)*, wie sich die vielen parallelen Welten verzweigen sollen; ein Beobachter bewegt sich nun gleichsam durch diese Verzweigungen hindurch, man kommt - mag auch Dekohärenz die Interferenzterme `eliminieren´ und *klassische* Alternativen liefern - zu ähnlich bizarren Szenarien wie beim Einstein´schen `Parmenidischen Blockuniversum´... Für *jeden beliebigen* Weg durch die `Verzweigungslandschaft´ (in möglichen Welten mit menschlichem Bewusstsein) müsste man einen Beobachter annehmen können, der ebendiesen Weg *nimmt;* das bedeutet, dass einige Beobachter die Thermodynamik außer Kraft fänden, ja, dass sie, wenn sie sich mit dem genannten Spin-Experiment beschäftigen, für dieses auch (aus übergeordneter Sicht) vollkommen *absurde* Ergebnisse finden können müssten - etwa Zweige, in denen QO montags immer nur horizontalen Spin haben oder wenn der Experimentator Sandalen trägt; „*alle* Welten gibt es, sogar diejenigen, in denen alles falsch läuft und alle statistischen Gesetze zusammenbrechen“[735] - hat man so nicht eine Theorie, die alle Erklärungen *zunichte* macht?
H: Statistisch dürfte das allerdings *insgesamt* nur in wenigen Zweigen der Fall sein... Man kann auch zu zeigen versuchen, dass klassische Zustände (Basen) *bevorzugt* werden, dass sich eine ähnliche Auswahl stabiler Zustände ergibt wie im Umkreis der *GRW*-Theorie oder nur dekohärierte *`Geschichten´* des Universums bis zu menschlichen Beobachtern evolvieren. Überdies greift hier das schwache `anthropische Prinzip´: Die Welt braucht nicht speziell `eingerichtet´ zu sein, damit Leben und Bewusstsein *möglich* sind...
M: ...das Gesamt ist aber nur *Konstrukt* und diesem speziellen Beobachter *nicht zugänglich;* Probabilismus bedeutet eben, dass auch das *Unwahrscheinliche* geschehen kann - *irgendein* Beobachter *würde* dergleichen finden. Sonst findet man derlei empirisch nicht einmal *in Ansätzen* - man findet *immer* bei

hinreichender Anzahl an Messungen für *90°*-vorpolarisierte Photonen den *50%/50%-* Grenzwert; wenn man *nun* sagt: Man ist dann eben in einem \`Weltzweig´, wo das nicht der *Fall* ist, kommt man erst zum *eigentlichen* Problem: Warum *bleibt* man anscheinend in diesem Zweig, kann man auch \`abbiegen´ und *dann* derlei finden? Wieso spalten sich (für uns) nur die Welten mit *anderen* Gesetzen ab?
H: Für die Beobachter ist \`ihre´ Welt daher auch keine *kausal-deterministische - an sich* könnte man das ja sagen, für das *Gesamt* der Welten, insofern *immer* jeder gegenwärtige Zustand des Universums *alle* folgenden \`gebiert´ - was sich nur nicht *nachweisen* ließe...
M: Richtig... Und wenn man nun etwas annimmt, das einen Beobachter in einem spezifischen Weltzweig mit den bisher *vertrauten* Naturgesetzen *hält* (wo sich *immer* nämlicher Grenzwert ergibt - wie erklärt sich das sonst, außer *doch* durch Wechselwirkung zwischen den Weltzweigen, die man aber als zu *einer* Welt gehörig betrachten würde), konstruiert man eine *\`Auswahlregel´*, gleichsam einen \`*nomologischen* Kollaps´ zu *spezifischen* Welten, der nicht weit entfernt von einem *kausal-deterministischen* Kollaps ist - das wäre die *zweite* Zusatzannahme; wenn man sich *darauf* aber einlässt, könnte man diesen auch *sogleich* annehmen und auf die ganzen \`Vielen-Welten´ *verzichten* und eine klassische Welt mit verborgenen Parametern annehmen... Ergänzt sei noch, dass, wenn man mit den \`Vielen Welten´ kosmogonisch die Ordnung des Universums erklärt, man verschleiert, dass Evolution *umgekehrt* kurz gesagt \`mit dem arbeitet, was sie *vorfindet´*, ja, man hebelt geradezu das \`anthropische Prinzip´, wie auch eine \`evolutionäre Kosmogonie´ aus: Selbst wenn man einwendet, in den bizarrsten \`Weltzweigen´ würde sich kein Leben und kein bewusster Beobachter (der sich ergo nicht verwundern könnte) entwickeln - die Sonderbarkeiten können auch erst in den *späteren Zweigen* auftreten, nicht schon im *Stamm...* Wenn man *alles* findet, *erklärt* das nichts mehr - wenn es ausnahmlos *alle* möglichen Welten *geben* soll, sagt man sogar implizit: Es *gibt* nichts zu erklären...
H: Selbst Wheeler wurde daher irgendwann *skeptisch:* „Immer, wenn man sieht, dass dieses oder jenes geschieht, muss man auch *andere* Universen in Betracht ziehen, in denen etwas *anderes* geschieht. Dadurch verwandelt sich die Wissenschaft in eine Art *Mystizismus*“[736]...
M: \`Realität´ und \`Wahrheit´ lösen sich gleichsam auf... Im Grunde nehmen *alle* Theorien, auch die nicht-Kollaps-Theorien, eine ähnliche Aufspaltung zwischen dem *\`Möglichkeits*-Katalog´ des Wellenphänomens und der beobachteten *\`Faktizität´* der Teilchen vor - selbst der *dekohärenz-basierte* \`Viele-Welten´-Ansatz, obgleich dieser sich schon darum *bemüht*, zu einer *monistischen* Sichtweise zu kommen; dann kann man diesen sogar - wie schon den deBroglie-Bohm´schen - als in den anderen Ansätzen gleichsam *\`aufgehoben´* begreifen. Letztlich muss man das Ganze in den größeren *Zusammenhang*

einordnen: Man kann nicht Dynamik *II* auf die *klassischen* Entitätenklassen \`Teilchen´ oder \`Welle´ anwenden, sondern Dynamik *II vermittelt* zwischen diesen beiden, wenn man QO als dynamisch *veränderlich* betrachtet...
H: ...womit man dann doch zu \`*Kollaps*theorien´ seine Zuflucht nimmt...
M: Um dahin zu gelangen, ist eine noch *differenziertere*, schließlich *dynamische* Sicht auf QO von Nöten, bei der - statt den komplementären Dualismus vom *Teilchen*modell her gleichsam *statisch* aufzulösen - vom *Wellen*modell her das \`teilchenhaft-Diskrete´- und das \`im-Raum-ausgebreitete´-Seiende als *zeitweise Seinsmodi* gedeutet und der gesetzhafte Wechsel zwischen beiden dynamisch zu erfassen versucht wird; dabei wird eine Wellenentität durch Wellenkollaps, Dekohärenz oder \`sich-Neigen´ *räumlich eingeschränkt* und *vereindeutigt* gedacht - das \`mehr´ und das \`andere´ wird von *dieser* Seiter her erfasst (und mithin Dynamik *II* und das Messproblem)... Ein *erster Schritt* in diese Richtung ist der dekohärenz-basierte \`Viele-Welten´-Ansatz, wenn dieser auch noch zu sehr gleichsam von *Motiven* des Teilchenbildes durchzogen ist...
H: Und wie jetzt: *\`aufgehoben´?* Everett-Wheeler *bestreiten* doch schlicht, dass *überhaupt* ein Wellenkollaps, eine Unterbrechung der vonNeumann´schen Dynamik *I* durch Dynamik *II stattfindet...* Wenn man die Aufspaltung des Universums in verschiedene parallele Zweige nicht *auch* als einem Kollaps *analog* zu interpretieren hat...
VII b_2 *M:* Eben. Die *Dekohärenz*theorie ist für *alle* Deutungsansätze von Interesse, schon alleine, weil Dekohärenz ein *empirischer Effekt* ist, den es zu berücksichtigen gilt. Beim *dekohärenz-basierten* \`Viele-Welten´-Ansatz fällt man gleichsam nicht \`mit der Tür ins Haus´: Der Dekohärenz-Ansatz leistet dem \`Viele-Welten\`-Ansatz *\`Schützenhilfe´*, indem er kurz gesagt (und zunächst weiter die verschiedenen Aspekte des Messproblems vermischend) Superpositionszustände gleichsam zu klassisch-eindeutigen Alternativen *\`zähmt´*, die in den parallelen Welten realisiert sein sollen...
H: Die Dekohärenztheorie setzt - mit der gebotenen \`Fühlung zur Empirie´ - insgesamt recht *vielversprechend* beim Messproblem an...
M: Ja, wenn sich auch die Hoffnung, so eine Erklärung für den Übergang vom Quantenbereich in den klassischen Bereich mit dem *vorhandenen* mathematischen Formalismus zu erreichen und die empirisch-phänomenale Lücke zwischen Mikro- und Makro- oder Mesokosmos zu schließen, nicht *wirklich* erfüllt. Man kann die Dekohärenztheorie eher als ein weiteres Beispiel dafür nehmen, dass man *nur* mit Mathematik, *ohne* Zusatzaxiome, das Messproblem der QT *nicht* löst; eine Dynamik *II* wird auch hier nicht *ergänzt* - sie soll *überflüssig* gemacht werden, wenn es zu erklären gilt, warum man makroskopisch *keine* \`Wellenwelt´ vorfindet. \`Kohärenz´ meint bei Wellen ja, dass diese konstante, mithin interferenzfähige Phasenbeziehungen zueinander haben - in der QT bezieht sich \`*De*kohärenz´ umgekehrt nun darauf, ob sich

im Wellenbild verschiedene Quantenzustände so überlagern, dass sie *erkennbare* Superpositionen bilden. Der *Dekohärenztheorie* zufolge - maßgeblich von Zeh (*1970*) und Zurek (*1981*) ins Spiel gebracht, aber erst später (*1990ff*) aufgegriffen - soll das Erscheinen der `klassischen Welt´ *ohne erkennbare* Zustands-Superpositionen einfach durch die unvermeidbare irreversible Wechselwirkung mit der *Umgebung*, etwa durch Licht oder Gasteilchen der umgebenden Luft, zustandekommen...

H: Heisenberg hatte ja (schon *1955f*) in diese *Richtung* argumentiert: „Man muss berücksichtigen, dass [...][ein] System, das nach den Methoden der [...] [QT] behandelt werden soll, in Wirklichkeit ein Teil eines sehr viel *größeren* Systems [das zumindest den Messapparat und den Beobachter umgreift], evtl. der ganzen *Welt* ist. [...] Die *Wechselwirkung* mit diesem größeren System mit seinen weitgehend unbekannten mikroskopischen Eigenschaften führt dann ein [zu berücksichtigendes] *neues statistisches Element* [...] ein. [...] Im Grenzfall großer Dimensionen *zerstört* dieses [...] die Wirkung der Interferenz der Wahrscheinlichkeit[en] in einem solchen Maße, dass [...] das quantenmechanische Schema sich [...] dem der klassischen Physik *annähert*“[737]...

M: Dem entspricht nämlicher `Dekohärenzprozess´, der sich auch weitgehend *experimentell bestätigen*[738] lässt...

H: Richtig. Ausgangspunkt ist die Beobachtung, dass Superpositionszustände extrem empfindlich auf Einflüsse der *Umgebung* reagieren und etwa beim DSExp schon ein höherer Gasdruck oder der Einfluss von Röntgenlicht die Entstehung eines Interferenzmusters *stört* bzw. *unterbindet*, was man so interpretiert, dass die Störeinflüsse die *Kohärenzeigenschaften* der QO (in Gestalt fester Phasenbeziehungen) zerstören. *(H. deutet auf Abbildung 81)*[739] Dekohärenzprozesse sind dabei *äußerst effektiv:* Die möglichen Superpositionszustände etwa eines *Fulleren-Moleküls* dekohärieren unter gewöhnlichen atmosphärischen Verhältnissen in Zeitdauern, welche die schnellsten *chemischen* Reaktionszeiten ($10^{-13}s$) in den *Schatten* stellen

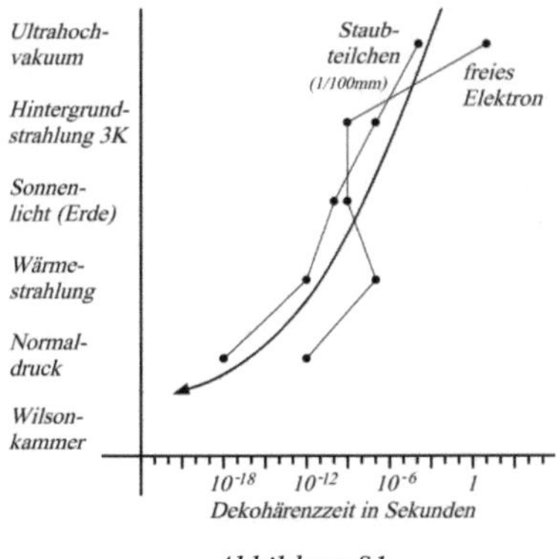

Abbildung 81

- dennoch ist Dekohärenz aber ein *zeitlicher Prozess.* Die Dekohärenzzeit t_D ist umgekehrt proportional zum räumlichen Interaktionsabstand Δx der Objekte, deren Masse m und der Temperatur T:

$$t_D \sim 1 / \Delta x m T \qquad \text{(VII.3)}$$

Auch makroskopische Quantensysteme können also bei niedriger Temperatur Quanteneffekte zeigen (Supraleitung, Superfluidität usw.), wenngleich diese

ansonsten eben nur *kleine isolierte* QO zeigen - so zeigt es sich empirisch...
M: Ja. Und nun gibt es zwei Spielarten weiterzuargumentieren, deren erste gleichsam auf halbem Wege *Halt* macht: Dabei wird gesagt, dass QO durch die fortschreitende Verschränkung mit der Umgebung einfach ihre 'Interferenzfähigkeit' *verlieren*, dass sich der Zustand von 'Schrödingers Katze' dann überhaupt nicht überlagern *lasse* - der Überlagerungszustand sei innerhalb der extrem kurzen Dekohärenzzeiten in ein *klassisches Ensemble* nichtkorrelierter Einzelzustände zerfallen. Allerdings ist das eben gerade mit der *Dekohärenz*-Argumentation *Schein*, der *Anschein*, der sich nur im *Subsystem* ergibt - was damit zusammenhängt, dass man den Übergung zur mesokosmischen klassischen Welt *nur* aus dem mathematischen Formalismus der QT ableiten will...
H: Es wird also *nicht* - wie es manchmal heißt - eine *'Messung* durch die Umgebung' durchgeführt? Und Dekohärenz soll doch auch eine umgebungsinduzierte Auswahl 'robuster', gleichsam 'dekohärenz-resistenter' klassischer Zustände nach sich ziehen - bei Kopplung über die Ortskoordinate dekohärieren Superpositionen unterschiedlicher Ortserwartungen schnell, wie umgekehrt Ortsdefinitheit robust gegen ortsabhängige Umgebungseinflüsse machen soll...
M: Letzteres mag man zugestehen, Dekohärenz *'glättet'* gleichsam den Übergang zur klassischen Welt, ersteres aber nicht, daher führt eben die *andere* Spielart - notwendig - den Gedanken weiter und ist etwas *diffiziler;* dabei soll so etwas wie ein eigentlicher 'Kollaps' zu diskreten Zuständen (zunächst) überhaupt nicht statthaben, sondern nur gleichsam eine *Dislokalisation* der Zustands-Superpositionen[740]...
H: Hm...
M: Das bedeutet, es kann - so der Erklärungsmechanismus vereinfacht - eine *lokale* Superposition der Zustände eines QO durch Wechselwirkung mit der *Umgebung*, die dabei gleichsam als *Messapparat* fungiert, dazu führen, dass sich diese Superposition zwar *global* auf die Umgebung *ausweitet*, dass dabei aber die *lokale* Superposition ($|\Psi>$) ihre *Faktorisierbarkeit* verliert und sich gleichsam lokal betrachtet *vereindeutigt* - wenn man nämlich danach fragt, wie die Welt gleichsam für die *lokalen Beobachter*, von einem *Unter*system aus betrachtet erscheint, in (VII.2) etwa vom 'Weltzweig' $|\Phi^1{}_A>$ aus. Bilden QO und Messapparatur kein *abgeschlossenes* System, sondern rechnet man die Umgebung $|\Theta>$ hinzu, ergibt sich ein *umfassenderer* Zustand, konkret etwa für (VII.1):

$$a|\,\Theta_1>|\Phi_{Katze\ lebendig}>|\Psi_{nicht\ zerfallen}>+b|\,\Theta_2>|\Phi_{Katze\ tot}>|\Psi_{zerfallen}> \qquad \text{(VII.4)}$$

H: Die *umfassendere* Superposition sollte in einem Untersystem zunächst *erst recht undefini(er)t* sein, *wegen* der Superpositionen; nur das *verschränkte Gesamt*system ist nämlich in einem *reinen Zustand*, welcher *alle* relevanten

Informationen umfasst, d.h. nur in Relation zu *diesem* sind die Zustände der *Unter*systeme eindeutig festgelegt. Ein Untersystem kann *für sich* betrachtet nur als *gemischter Zustand* erfasst werden, welcher nur *die* Informationen umfasst, die *unabhängig* von den *anderen* Systemen *zugänglich* sind[741]...
M: Richtig, in dieser \`griechischen Buchstabensuppe´ von Psi *(Ψ)*, Phi *(Φ)* und Theta *(Θ)* lässt sich dieser Zustand allerdings mathematisch *berechnen* und sieht dann für das *offene* System *so* aus:

$$\rho=|a|^2|\Psi_{n.\,zerf.}\Phi_{K.\,leb.}><\Phi_{K.\,leb.}\Psi_{n.\,zerf.}|+|b|^2|\Psi_{zerf.}\Phi_{K.\,tot}><\Phi_{K.\,tot}\Psi_{zerf.}| \quad \text{(VII.5)}$$

Die *Ignoranzinterpretation* ist für dieses \`entweder-oder´ aber nur ein schöner *Schein:* Man kann aus den *Dichtematrizen* eines Gesamtsystems zu den Zeitpunkten t_1 und t_2 - vor und nach der Wechselwirkung - durch sogenanntes *Spur*bilden die *reduzierten Dichtematrizen* des *Unter*systems errechnen: Gesetzt, ein QO *Q* befinde sich vor einer Wechselwirkung (zu t_1) mit dem im Zustand E_x befindlichen QO *E* aus der Umgebung (bzw. stellvertretend *für* diese) in einer *faktorisierbaren* Superposition der Zustände Q_A und Q_B, wobei deren Wahrscheinlichkeit mit $|a|^2+|b|^2=1$ moduliert sei. Es liegen zwei *separable* QO vor und nur *Q* ist in einem Superpositionszustand; die Superposition von *Q* könnte etwa bei einem Atomkern darin bestehen, dass dieser Q_A : \`zerfallen´ bzw. $Q_B$ : \`nicht-zerfallen´ ist, während *E* für irgendein Elementarteilchen steht, das sich im Zustand E_x: \`bewegt in Raumrichtung *x*´ befindet; dieses fungiert nun gleichsam als *\`Messapparatur´*, wie sich zeigen wird. Beide Zustände von *Q* sollen als Superposition *gleichermaßen \`wirklich´* sein *(M. deutet auf Abbildung 82a)*... Hier zeigt sich wiederum, dass dergleichen - verschiedene *dinghafte* Zustände zu überlagern - im *Teilchen*bild *unbegreiflich* bleibt: denselben Atomkern als intakt *und* zerfallen, was beinahe wie \`rund´ *und* \`eckig´ überlagert zu denken ist; generell ist auch dabei - wie erwähnt - das *Wellen*bild vorzuziehen, das *einen* (anderen) Zustand darbietet...

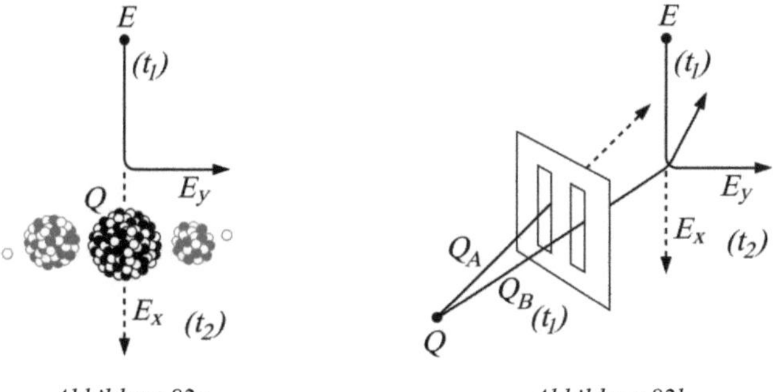

Abbildung 82a *Abbildung 82b*

Ohne dies im Einzelnen mathematisch herzuleiten, lautet die Dichtematrix für den reinen Überlagerungszustand (zu t_1):

$$|\Psi_{t_1}\rangle = (a|Q_A\rangle + b|Q_B\rangle)|E_x\rangle \qquad \rho = |\Psi_{t_1}\rangle\langle\Psi_{t_1}| = \begin{pmatrix} |a|^2 & ab^* \\ a^*b & |b|^2 \end{pmatrix} \qquad \text{(VII.6a/b)}$$

Wenn nun E durch die Wechselwirkung (zu t_2) mit Q im Falle, dass Q im Zustand Q_A ist, im Zustand E_x bleibt, im Falle jedoch, dass Q im Zustand Q_B ist, *irreversibel* in den Zustand E_y (nämlich \`abgelenkt nach y´) *verändert* wird, ergibt sich eine *nicht faktorisierbare* Superposition bzw. Verschränkung von $Q$ und $E$ durch eine irreversible Wechselwirkung: *Entweder Q* ist nun im Zustand $Q_A$ : \`zerfallen´, dann ist E weiterhin im Zustand E_x: \`bewegt in Raumrichtung *x´ oder* es ist im Zustand $Q_B$ : \`nicht-zerfallen´, dann ist E in den Zustand E_y: \`bewegt in Raumrichtung *y´* übergegangen - *vorausgesetzt* ist wohlgemerkt die *Orthogonalität* der Zustände der Umgebung, dass diese *eindeutig unterscheidbar* sind. Die *lokale* Superposition nur bezüglich *Q dislokalisiert* sich und umfasst *Q und E* - betrachtet man das Elementarteilchen E als \`Messapparat´, sind gleichsam zwei Zeigerstellungen überlagert. Manchmal hört die Argumentation hier schon auf - die Faktorisierbarkeit sei *verschwunden;* das Quantensystem Q verliere seine Kohärenz durch Wechselwirkung mit der *Umgebung*, die spezifisch beeinflusst würde und hier gleichsam eine *Messung* vorgenommen habe...

H: ...das Elementarteilchen E trägt nun Informationen über den Zustand von Q in die Umgebung, die man *abfragen könnte...*

M: Bemerkenswert ist ja überhaupt schon, dass *derselbe* Mechanismus, der hier angeführt wird, weshalb im Mesokosmos Quantenphänomene *nicht* mehr sichtbar in Erscheinung treten sollen, eben *jener* ist, der Schrödinger *umgekehrt* eine immer weitergehende *\`Verwaschenheit´* der Dinge befürchten, ihn sein \`Katzenparadoxon´ als *Gegenargument* ersinnen ließ. In bezug auf das Messproblem liegt schon ein Zirkel darin, dass die Information, welche das Elementarteilchen E fortträgt, erst *abgefragt* werden *müsste* - eben wieder mit einer *Messung...*

H: Methodisch sollte übrigens ein Messapparat in einem *neutralen Ausgangs*zustand $|E_0\rangle$ vorliegen, weil die *nicht-Veränderung* des Zustands $|E_x\rangle$ im übertragenen Falle auch bei *defektem* Messapparat gegeben wäre...

M: Strenggenommen. So ist jedenfalls noch nicht viel gewonnen - man hat gleichsam nur den Messapparat der Kopenhagener Deutung bis ins Äußerste *verkleinert;* es gilt die Argumentation *weiterzuführen:* Traten gerade sogenannte *nicht-Diagonalelemente*, namentlich die (Adjunktions-)Interferenzterme ab^* und a^*b auf, ergibt sich *nunmehr* durch das *Spur*bilden über das System E für den Zustand *nach* der Wechselwirkung von Q und E folgende *reduzierte* Dichtematrix:

$$|\Psi_{t_2}\rangle = (a|Q_A\rangle|E_x\rangle + b|Q_B\rangle|E_y\rangle) \quad \rho_{red} = Spur_E|\Psi_{t_2}\rangle\langle\Psi_{t_2}| = \begin{pmatrix} |a|^2 & 0 \\ 0 & |b|^2 \end{pmatrix} \quad \text{(VII.7a/b)}$$

Die *nicht-Diagonalelemente* sind hier also *verschwunden* - bzw. sie sind im Untersystem nicht mehr *zugänglich*; die reduzierte Dichtematrix beschreibt jetzt vielmehr ein Zustands*gemisch* mit *klassischer* Wahrscheinlichkeit, d.h. ein klassisches `entweder-oder´...

H: Konkret hätte man es mit der *klassischen Alternative* zu tun, dass *Q entweder* `zerfallen´ *oder* `nicht-zerfallen´, dass `Schrödingers Katze´ `lebendig´ *oder* `tot´ ist. En passant wird die Auszeichnung der *bevorzugten Eigenvektor-Basis* zu messender Größen legitimiert; das geschieht vor der Hand durch die Wahl des Messapparats bzw. das triorthogonale Zerlegungstheorem bei drei verschränkten Systemen *(Ψ, Φ, Θ);* kurz: es findet eine `umgebungs-induzierte Superauswahl´ statt...

M: Ob nun aber der mathematische Formalismus eine Lösung *hergibt?* Ganz im Gegenteil muss man wohl am Dekohärenzkonzept *selbst* schon Kritik anmelden: Mathematisch ist es zunächst so, dass sich die Interferenzterme nur *dann* herausrechnen lassen, wenn man die *Orthogonalität* von $|E_x>$ und $|E_y>$ voraussetzt (mit $<E_x|E_y>=0$); *E* muss also - schon oder noch - in einem klassisch eindeutigen Zustand sein, d.h. man *setzt* mithin ein spezifisches `Sosein´ der Dinge zirkulär *voraus*; die Orthogonalitätforderung ist dann *nichts anderes*, als die Forderung der Kopenhagener Deutung nach einem klassischen Messapparat, der in einem eindeutigen Zustand sein soll. Wenn man aber *E*, also die Umgebung *schon* als Messapparat behandelt, setzt man *voraus*, dass nur die Zustände Q_A/E_x und Q_B/E_y gegeben sein werden - man schließt im Prinzip die *Interferenzterme* in Gestalt der Zustände Q_A/E_y und Q_B/E_x aus; natürlich scheinen die ontologisch *unlogisch* zu sein: *E* wird etwa nur abgelenkt, *wenn Q* im Zustand Q_B ist - das ist aber das gestellte *Problem selbst* und nicht die *Lösung*, dass die Objekte eindeutig in *einem klassisch-eindeutigen* Zustand sind; auch für *Q* wird *implizit* vorausgesetzt, dass nicht dessen *Überlagerungs*modulation *als solche* mit *E* wechselwirkt, sondern Q_A *oder* Q_B, *damit E* eindeutig in Zustand E_x *bleiben* bzw. in E_y *gelangen* kann; *E* zwingt mit seinem orthogonalen `entweder-oder´ *Q* dieselbe Eindeutigkeit auf, aber *Q* steckt *E nicht* mit *Un*eindeutigkeit an - das System kann nur in *diese* Zustände *`einrasten´*. Eigentlich fordert hier nur der vielgeschmähte gesunde Menschenverstand ein, dass es (*trotz* - angeblich - fortschreitender Verschränkung) *schon* oder *noch* `klassisch-Eindeutiges´ geben muss, damit im Laufe der Zeit eindeutig etwas *Bestimmtes geschehen* kann... Kurz: Was in die Rechnung *`hineingelegt´* wurde, erscheint als gewünschtes *Resultat* - *erklärt* wird dadurch nichts...

H: Das ist beinahe so, wie es ehedem beim `Bewegten´ den *`ersten Beweger´* geben musste...

M: Richtig; müssten nicht alle Dinge *schon* miteinander verschränkt *sein*, da sie im Zuge ihrer Entstehung miteinander *interagiert* haben - wenn nicht beim `Urknall´, dann bei der Entstehung des Sonnensystems? Man *setzt* ja

geradezu direkt oder *in Gestalt* der als Messapparat fungierenden Umgebung einen *`lokalen Beobachter´*, welchen man *vor* der dekohärierenden Wechselwirkung aber ja gar nicht *als* lokalisiert, mit definitem Ort *betrachten* kann, und hernach schon gar nicht, er *bliebe* kein solcher, weil es zu einer *Verschränkung* käme, auch seiner Bewusstseinszustände. Man kann auch nicht sagen, dass die Interaktion von QO immer *lokal* sei und deshalb die *Orts*zustände ausgezeichnet würden, das verkennt die Wellenartigkeit von QO; wie man auch nicht die *Irreversibilität* der Interaktionen hervorkehren kann - beides gerade wegen der betonten *Universalität* der Schrödinger´schen Gleichung, weil es *mit* dieser per se (weiter, trotz des phänomenalen Eindrucks in einem Subsystem) um *nicht-lokale*, *reversible* Zustände gehen muss; hier werden die Interferenzterme ja *nur* unterdrückt - ohne `Kollaps´ sind sie noch `da´, nur durch die Wechselwirkung mit der Umgebung gleichsam *zerstreut* und dergestalt *`unsichtbar´* gemacht worden; und *nur* die Interferenzterme verschwinden dann, die Alternativen aber *nicht*, es liegt noch *kein defini(er)ter klassischer* Zustand vor...
H: Ja, wenn man nun nicht in Anlehnung an die Ensemble- und die Ignoranz-Interpretation annimmt, es ginge nur noch um das *Unwissen* des Beobachters...
M: Das hätte man auch von vorneherein machen können... Ansonsten fragt sich, warum die Alternativen dem lokalen Beobachter nicht *zugänglich* sind - hier führt der Gedankenbogen zum *`Viele-Welten´*-Ansatz zurück...
H: Das erklärt sich dann natürlich durch die verschiedenen *`Weltzweige´* der `Vielen-Welten´: Wie will man *physikalistisch* gedeutet, wenn unsere *mentalen* Zustände (supervenient oder identistisch) auch (nur) *physikalische* Zustände sind - der Superposition bzw. Aufspaltung bewusst werden, wenn man *selbst* als Beobachter einschließlich seines Bewusstseins davon betroffen ist? Selbst der mathematische Formalismus sieht keine Wechselwirkung zwischen orthogonalen Zuständen vor. Man darf dies aber nicht gleichsam in einen `schizophrenen´ Sinne begreifen: „Insofern wir einfach als Automaten betrachtet werden können und damit gewöhnlichen Messapparaten gleichgestellt werden dürfen, erlauben es uns die Regeln der [...][QT] nicht, die [Superpositionen bzw.] Aufspaltung[en] zu *fühlen*“; ihrer *bewusst* zu werden...
M: Descartes waren - was schon absonderlich genug ist - nur *Tiere* `Automaten´; aber es soll hier ja nur um die rein physikalische *`Außenseite´* der Dinge gehen...
H: In der *`Viele-Bewusstseine´*-Variante gibt man - da Beobachter derlei nicht *erfahren* - dem die Wendung, dass es *eine* superponierte Welt mit *einem* Beobachter, aber mit *diversen nicht-physikalischen Bewusstseinen* gibt; nur die Körper der Beobachter wechselwirken mit der Welt (und miteinander) und werden superponiert, die Bewusstseine kommen *nicht* in einen Superpositionszustand, jedes wählt vielmehr probabilistisch aus der Überlagerung des Gehirns einen Zustand aus; definite Messwerte wie auch Korrelationen

gibt es dann *nur* im Bewusstsein...

M: Dabei wird das Leib-Seele-Problem in seiner Ungeklärtheit geradezu für einen Erklärungsversuch *missbraucht* - vielleicht hilft beidenfalls *Ockham* mit seinem Werkzeug aus?! Die bereits angeführten Kritikpunkte bleiben ja voll in Kraft: Die postulierten `Weltzweige´ sind empirisch unzugänglich, also *reine* Postulate, wenn auch das Problem ihrer *statistischen Gewichtung* und der `Seltsamkeit´ mit den Dekohärenzeffekten etwas *abgemildert* sein mag, weil dies *nur* die Sicht vom *Sub*system aus ist...

H: Zugegebenermaßen sind die mittlerweile aufgetürmten kritischen Argumente beinahe nicht mehr zu überwinden - man muss *subtiler* argumentieren, etwa wie *Zeh*, noch nachdrücklicher gleichsam nach Art einer *Wellen*bild-Variante der `Vielen-Welten´, von denen man vielleicht gar nicht mehr sagen sollte, sie seien verschiedene *Welten*, sondern *relative Zustände* (wie Everett ursprünglich formulierte[742]), durch Dekohärenzeffekte aus dem Gesamt-Wellenphänomen herausgehobene, autonome Komponenten - es zeigt sich dabei nur eine gewisse, gleichsam *natürliche Nähe* zur `Viele-Welten´-Theorie: Anhänger der dekohärenz-basierten `Vielen-Welten´-Theorie argumentieren eben *umgekehrt:* Die Kopenhagener Deutung der QT mische `Physik´ und `Metaphysik´ untereinander, lege nahe, dass es nur um *erkenntnistheoretische*, nicht *ontologische* Probleme geht; so müsse man - wie Heisenberg bei den HU gefragt hatte, ob es überhaupt Experimente *gibt*, welche die QT *nicht* beschreibt (und zu dem Schluss kam, dass dem *nicht* so ist, weil diese sich komplementär *ausschließen*) - hier versuchen, *strikt* beim mathematischen Formalismus zu *bleiben* und insbesondere keinen `klassischen Bereich´ zu bemühen; interessant ist dabei das Argument, dass gerade, wenn es in der QT um einen *irreduziblen* Indeterminismus gehen soll, sich bei neuen Kenntnissen der Zustandsvektor eines Quantensystems *nicht* ändern *sollte*[743]... Problematisch ist schon, dass man sich gewöhnlich auf isolierte, gleichsam *`abgezirkelte´* Quantensysteme beziehen muss - für das Universum *als Ganzes* kann man ja im Sinne der Kopenhagener Deutung keinen *externen* Beobachter annehmen, welcher der Welt zur `Realität´ verhilft...

M: Ein geradezu *absurdes* Argument, wenn man dann stattdessen zu diesen *`verborgenen Welten´* kommt. Und wer würde nicht gerne *`Gott´* dafür setzen, angefangen bei Berkeley...

H: Es bleibt, dass man mit der Kopenhagener Deutung dem *Messprozess* eine besondere *Bedeutung* verliehen hat; aber nicht nur, dass dieser seiner Natur nach *ungeklärt* bleibt - für das Universum als Ganzes fällt dieser natürlich ganz *weg* - das muss den *orthodoxen* Ansatz augenblicklich in Schwierigkeiten bringen...

M: Muss man in der `Viele-Welten´-Theorie nicht auch für die Aufspaltung in Zweige „*messungsartige[...]* Wechselwirkungen zwischen seinen Myriaden von Komponenten" annehmen?[744] Oder: Als Lösung *mit* den Welten auch die

internen *Beobachter* `vervielfältigen'?
H: Man muss sich natürlich *ganz* von der Kopenhagener Deutung lösen... Man nimmt an, dass seit Anbeginn unbemerkt eine immer *weitergehende* Verschränkung statthat, die ein immer größeres System erfasst und ergo immer weitere `Weltzweige' hervorbringt; dahin leitet - wie erinnerlich - das Superpositionsprinzip, die ganze Hilbertraumstruktur:

$$\underbrace{(\Sigma_n c_n|\Psi_n>)}_{\text{superponiertes Quantensystem}}\underbrace{|\Phi_0>}_{\text{Beobachter}} \rightarrow \underbrace{\Sigma_n c_n|\Psi_n>|\Phi_n>}_{\text{superponiertes Gesamtsystem}} \rightarrow usw. \qquad \text{(VII.8)}$$

Das beobachtete System wird zusammen mit dem Beobachtersystem als Teil eines größeren *Gesamt*systems betrachtet, das in dieser ganz speziellen Superposition begriffen ist - es gibt keine Beobachtung von *`außen'* wie etwa in der Kopenhagener Deutung, bei der ja schon der *Messapparat* `außen' ist und die Demarkationslinie darstellt. Sonst ist quantenphysikalisch nur das verschränkte *Gesamt*system in einem definiten (reinen) Zustand, hier aber auch die *Einzel*systeme *als* (allerdings *nicht insgesamt* zugängliche) Gesamtheit koexistenter Systeme... Und wenn man danach fragt, welche Art von Wechselwirkung, welcher `Mechanismus' *wann wie* zu einer `Aufspaltung' führen soll - zirkulär *Mess*-Wechselwirkungen oder *alle* Wechselwirkungen -, erhält man nicht die eher diffuse Antwort: *Jede* Quantenalternative erzeugt diese *instantan* (alles andere löst ja das `Messproblem' dann *doch* nicht); vielmehr zeichnet *Dekohärenz* als *zeitlicher Prozess* dafür verantwortlich - Mess-Wechselwirkungen *sind* Dekohärenzwirkungen zwischen Wellen- bzw. Weltkomponenten...
M: Ohnerachtet der Frage nach der Kompatibilität mit der SRT widerspricht das wohl der nicht-Lokalität bzw. nicht-Separabilität der Quantenwelt... Und problematisch werden hier die *Interferenzterme*, denn selbst die Dekohärenztheorie hilft nicht aus der Verlegenheit, weil sie diese genaugenommen nur *`unerkennbar'* macht; überdies, dass die parallelen `Weltzweige' *nicht vollkommen* voneinander *getrennt* sein dürfen. Findet man nicht *empirisch*, dass sich Verschränkungen nicht nur *bilden*, sondern auch *auflösen* (können) - *definitiv*, nicht nur in der Erscheinung des einen Weltzweiges?! *Ontologisch* geht es um einen reinen, eindeutigen Zustand, denn auch einen *`entweder-oder'-Misch*-Zustand, dass eine Katze lebendig *und* tot ist, *gibt* es klassisch nicht - muss nicht auch nämliches uneigentliche Gemisch zu *einem* Zustand $|Q_k>|E_k>$ *kollabieren - das* ist doch, was man *beobachtet: nur eine* Welt, in welcher die Zustände Q_A/E_x oder Q_B/E_y gegeben sind?
H: Nein, in *dieser* Variante *nicht* - Metatheorem ist dabei: „Der mathematische Formalismus der QT ist in der Lage, [aus *sich* heraus] seine *eigene* Interpretation zu geben“[745] - man kommt zu folgender Argumentationskette[746] *(H. deutet auf Abbildung 83)...*

Die hervorragend bestätigte Schrödinger'sche Wellengleichung gilt *universell* - sie vermag aus *sich* heraus bzw. auf sich selbst *angewandt* ihre eigene Interpretation zu geben, wenn sie konsequent *extrapoliert* wird. Dazu ist der 'Heisenberg'sche' Schnitt nicht in Richtung *Objekt*, sondern in die *andere* Richtung noch über den Beobachter *hinaus* zu verschieben *(M. deutet auf die Abbildung oben)*, so dass es keinen klassischen Bereich *gibt* - *alles* ist 'Quantenwelt'; es *gibt* keinen durch Messungen oder Beobachter ausgelösten Kollaps, sondern eine immer weitergehende *Verschränkung* hat statt.

Die Welt liegt gleichzeitig in verschiedenen superponierten *Zuständen*, als ein *'Multiversum'* vor; was 'Viele-Welten' genannt wird, ist der *eine* Zustand eines Gesamt-Wellenphänomens - es geht nicht um *räumlich* getrennte 'Weltzweige', sondern *näherungsweise unabhängige, praktisch irreversibel getrennte, dynamisch autonome Wellenkomponenten* in einem fundamentalen hoch-dimensionalen Raum (der als Konfigurationsraum erscheint).

Diese entstehen deterministisch durch die in der unitären Dynamik *I* enthaltenen *Dekohärenzeffekte*, die - in der Sicht eines Beobachters - alternative klassische Zustände erzeugen, gleichsam aus dem (weiterhin gegebenen) Gesamt-Wellenphänomen 'herausheben' (es werden keine Wellenkomponenten zum *Verschwinden* gebracht); es entstehen *nicht* alle *möglichen* Zweige, die der Konfigurationsraum umfasst, da die kausale 'Verzweigung' aber auch die *Beobachter* umfasst ('multiple Beobachter'), schließen diese auf einen (mithin *scheinbaren*) Kollaps und *Indeterminismus* des Geschehens, dessen sie aber nur die *'Oberfläche'* wahrnehmen.

Abbildung 83

M: Das ist zweifelsohne *geschickter* argumentierst...
H: Ja, „die dekohärenzbasierte Viele-Welten-Interpretation ist ontologisch [...] weniger extravagant als die [anderen] Versionen“[747] - die Annahme vieler paralleler 'Weltzweige' wird *legitimiert.* „[Will man nur beschreiben, was man *beobachtet*, gilt es nur zu] akzeptieren, dass [...]['man'] nur *eine* der *n*-Komponenten [...][wahrnimmt], aber ob und wann die *übrigen* durch einen Kollaps aus der Realität verschwinden, bleibt [...] *verborgen.* Das Postulat irgendeines (späteren) Kollaps-Prozesses dient somit nur der Vermeidung der ansonsten *unvermeidbaren*, aber *ungeliebten* Everett'schen Konsequenz 'Vieler Welten'“[748]...
M: Hier mag ein Fortschritt in die richtige *Richtung* vorliegen - nämlich den komplementären Dualismus *monistisch* tendenziell *aufzulösen;* auch wird im *Ansatz* ernstgenommen, dass man am Ende in der mesokosmischen Realität *ankommen* muss - trotz des Korrespondenzprinzips hat die Kopenhagener Deutung ja eben den Punkt ganz *ausgeklammert, wie* es zur Eindeutigkeit der klassisch-mesokosmischen Welt kommt, dies blieb *unbeantwortet - irgendwie* durch die Wechselwirkung von QO mit Messapparaten oder Beobachtern, hinter der eine nicht-erfasste Dynamik *II* steht. Aber auch hier gelangt man an denselben Punkt wie zuvor: *Nur* zum Postulat der 'Vielen-Welten' - denn *nur* die alternativen klassischen Zustände sind lokalen Beobachtern zugänglich und auch das nur in *einer* Alternative, als *eine* der *n*-Komponenten...
H: ...weshalb in der Konsequenz die Eindeutigkeit der klassischen Welt *Schein* sein muss; *eigentliche Realität* ist das Gesamt-Wellenphänomen...

M: Die `Vielen-Komponenten´ bleiben *ebenso phantastisch* wie die `Vielen-Welten´ - im *speziellen* ist überdies zu kritisieren, dass gleichsam alles am `seidenen Faden´ der *Universalität* der Wellenfunktion hängt und man das Messproblem so *nicht* als *gelöst* betrachten kann. In fast Bohr´scher Manier wird geradezu *beschworen*, dass die Wellenfunktion universell und dergestalt zu extrapolieren und die `Vielen Welten´ deren *reine Konsequenz* sei, dass (eher) ein *`Wellenkollaps´* Fiktion sei[749]; die unzweifelhafte experimentelle Bestätigung der *Dekohärenz* wird als *indirekte* Bestätigung der *`Vielen Welten´* genommen[750], selbst Poppers Falsifikationismus ficht nicht an, da sich die Schrödinger´sche Gleichung falsifizieren lasse und sich mithin bei der Extrapolation auf die `Vielen Welten´ *deren Grenzen* zeigen könnten, die Anwendung der Gleichung sei mit diesen *universeller* usw. usf. ...
H: Se non è vero, è ben trovato...
M: Und doch bleibt man - nach Überwindung des *Kopenhagener* Dogmas - nur einem *neuen* Dogma verpflichtet, mit dem man nüchtern betrachtet `frech´ dem elementarsten Welterleben *wiederspricht*, empirischen Befunden, die zeigen, dass Superpositionen *aufgelöst* werden und sich *ein* definiter Zustand einstellt; es wird einfach *behauptet*, dass Interferenzterme (*trotz* der Dekohärenz) zwar noch existieren, dass es durchaus noch Superpositionen *gibt*, dass man diese nur *leider* nicht wahrnehmen könne (*wegen* der Dekohärenz): „nach der Messung existiert die ursprüngliche Superposition zwar noch, aber sie ist nicht mehr *`da´*", „lokalen Wesen [sind] keine Superpositionen unterschiedlicher Zeiger- oder Katzenzustände *zugänglich*"[751]...
H: Eigentlich wiederum einer der erkenntnistheoretisch bedenklichen Fälle, wo der mathematische Formalismus sagen soll, was es ontologisch-realiter *`gibt´* - so dargestellt, als sei es *Wunschdenken*, dass es nur *eine* Realität gibt und nicht die *schlichte empirische Evidenz...*
M: ...und mithin ein Fall für *`Ockhams Messer´* - dessen „entia non sunt multiplicanda praeter necessitatem" - also: „Das Seiende ist nicht über das Notwendige hinaus zu vermehren" - passt ja geradezu *wörtlich;* man kann nicht einmal mehr sagen, man käme zu einer *Antinomie (M deutet auf Abbildung 84)*:

These	*Antithese*
Die Wellengleichung gilt universell, *sie sagt umfassende* Superpositionen *voraus, diese sind nur* nicht erkennbar, *weil sie in `Vielen Weltzweigen´* verborgen *sind...*	*Die Wellengleichung gilt* nicht *universell, sie sagt umfassende* Superpositionen *voraus, diese sind aber in der mesokosmischen Welt offensichtlich* nicht gegeben...

Abbildung 84

Zwar schließt die Wellengleichung das Superpositionsprinzip *ein*, aber die Argumentation wird auf dieses *verengt*, womit außer Sicht gerät, wofür die Wellengleichung *noch* oder *eigentlich* steht; hier muss man sich klarmachen, dass das Messproblem eben verschiedene Aspekte aufweist und der Aspekt `Wie kommt man von den *Möglichkeiten* in *Wellen*gestalt zum *Faktischen*

in *Teilchen*gestalt?´ gar nicht als *gelöst* betrachtet werden kann, nämlich im Falle, dass es gar nicht um Superpositionen *geht* (im *gewöhnlichen* Verständnis, nicht im *Selbst*verständnis des Ansatzes), wenn man QO nämlich von *vorneherein* als *Wellen*entitäten betrachtet - dann ist der Zustand im Beispiel des Atomkerns keine Überlagerung *zweier diskreter* Zustände im Teilchenbild, sondern nur *eine* bestimmte Modulation der Wellenentität `Atomkern´; deutlicher noch ist das beim Beispiel des DSExp: Nur mit dem *Teilchen*bild denkt man *zwei diskrete Wege* des Objekts *Q*, als Wellenentität geht *Q* ganz selbstverständlich *alle* Wege und durch *beide* Spalte und kollabiert, dekohäriert oder `neigt-sich´ dann am hinteren Schirm zur Teilchengestalt und es *scheint* nur einen Weg gegangen zu sein; bei einer *realen Welle* würde man bei *einem* QO gar nicht von einer *Superposition* sprechen...
H: ...wie man es auch nicht - vom Huygens´schen Prinzip abgesehen - etwa bei klassischen *Wasserwellen* täte...
M: ...und man *käme* ergo auch nicht zu `Vielen Welten´; Superpositionen sind nur *andere* Wellengestalten. Erst, wenn *mehrere* QO superponiert, also *verschränkt* sind, kann man tatsächlich von Superpositionen verschiedener Zustände sprechen, nämlich des einen und des anderen ausgedehnten QO; diese Aspekte werden *vermischt* - dabei würde eine Dynamik *II* das Messproblem hinsichtlich *beider* Aspekte lösen...
H: Auch hier sollte ja eine Art *`Universallösung´* gegeben werden...
M: ...nur ergeben sich so *neue* `Seltsamkeiten´, weil man nämlich gerade *nicht* - so wurde ja argumentiert - die Wellengleichung und die `Wellenartigkeit´ von QO *`ernstnimmt´:* Soll der Ansatz das Messproblem *lösen*, *bedarf* es schon der Sicht auf QO, dass diese in verschiedenen *diskreten Zustands-Superpositionen* befindlich sind, sei es auch als dynamisch autonome Wellenkomponenten. Sei dies einmal an der Frage beleuchtet, wie dies beim *DSExp* zu denken ist *(M. deutet auf Abbildung 82b):* Analog zu dem vorigen Dekohärenz-Szenario müsste man sich denken, dass die Superposition eines Quantenobjekts *Q* etwa darin besteht, ob es durch Spalt *A* oder *B* geht, dass *diese* beiden Zustände *gleichermaßen `wirklich´* sind. Nach der irreversiblen Wechselwirkung (zu $t_2$) mit *E* ergibt sich, dass *Q entweder* im Zustand $Q_A$: `durch Spalt *A* gegangen´ *oder* im Zustand Q_B: `durch Spalt *B* gegangen´ ist als klassische Alternative. Das Betragsquadrat der Ψ-Funktion gibt ja die Antreffwahrscheinlichkeit für Teilchen an. Führt man das DSExp mit geeigneten, also *kohärenten* QO durch, *entsteht* ein Interferenzmuster - mathematisch wird dann das *Betragsquadrat der Summe* der Funktionen für Spalt *A* und *B* als $|a+b|^2$ zugrundegelegt, wobei sich die *Interferenzterme* $|ab|$ und $|ba|$ (bzw. $|a^*b|$ und $|ab^*|$) ergeben *(M. deutet auf Abbildung 85)...* Wenn man den Versuch hingegen mit *makroskopischen Körpern* durchführt, etwa mit Bällen, oder eben mit *dekohärierten QO*, fände man (wenn *Q* nicht abgelenkt, sondern nur *registriert* würde und mit vielen QO) auf dem hinteren Schirm

ein Auftreffensmuster vor, welches der Überlagerung für beide Einzelspalte entspricht - mathematisch wird dann die *Summe der Betragsquadrate* der Funktionen für Spalt *A* und *B* als $|a|^2+|b|^2$ zugrundegelegt, was der nämlichen klassischen Alternative entspricht, die sich durch Dekohärenz ergeben soll, dass die Objekte *entweder* durch den einen *oder* den anderen Spalt gegangen sind... Orthodox bzw. mit der Dekohärenztheorie *allein*, würde man nun annehmen, dass sich *wegen* der Dekohärenz das QO *nicht* wie eine Wellenentität verhalten hat, *das* zeigt auch der empirische Befund - man würde die Dekohärenz als eine Art `Kollaps´ *zu Teilchen* nehmen. Soll man nun aber annehmen, dass *Q dennoch* in zwei `Weltzweigen´ vorliegt, weil es gemäß dem dekohärenz-basierten `Viele-Welten´-Ansatz bzw. der reduzierten Dichtematrix einmal *diesen*, einmal *jenen* Weg genommen hat? Und selbst, wenn man das *wollte*, wie kann man sich *dann noch* in der Argumentationskette auf die Universalität der Wellengleichung und die `Wellenartigkeit´ von QO berufen, wenn gar keine Interferenz *auftritt*, *Q* eine eindeutige Bahn hat und sich wie ein klassisches *Teilchen* verhält - soll man es als *Irrtum* betrachten, dass Dekohärenz hier effektiv einen *`Kollaps´* beschreibt?

$$\begin{pmatrix} |a|^2 & ab^* \\ a^*b & |b|^2 \end{pmatrix}$$

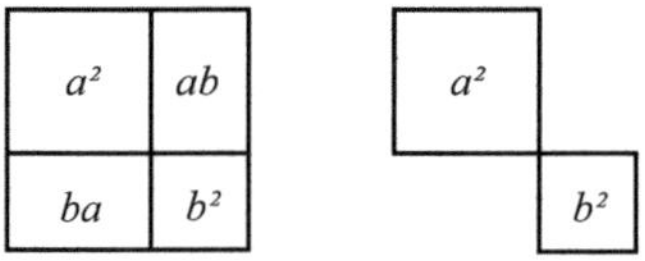

a^2	ab
ba	b^2

a^2	
	b^2

$$\begin{pmatrix} |a|^2 & 0 \\ 0 & |b|^2 \end{pmatrix}$$

Abbildung 85

H: Aber der Zirkel ergibt sich ja *innerhalb* des Ansatzes *nicht*...
M: Es geht auch nicht nur um den Zirkel, sondern um die *Eingangsthese* der `universellen Extrapolierbarkeit´, an der alles weitere wie an einem Lufthaken hängt; der eigentliche Punkt ist *dieser:* Man kann sich den hinteren Schirm - um den *Doppel*spalt geht es gar nicht mehr - flächendeckend mit Detektoren versehen denken...
H: ...dann sollen sich mit diesem Ansatz alle dynamisch autonomen Wellenkomponenten überlagern, welche diese verschiedenen Detektoren erreichen können, für jeden Auftreffensort ein `Weltzweig´...
M: Nur: Warum *überhaupt* eine Superposition der möglichen Partialwellen annehmen? Selbst eine Zustandsüberlagerung wie `zerfallen - nicht zerfallen´ ist nur im *Teilchen*bild eine Superposition, im *Wellen*bild ist sie einfach *eine* bestimmte Modulation, die nur mit einer Fourieranalyse *theoretisch* in diese Zustands-Komponenten zerspalten wird, weil diese *hernach* als Eigenzustände so *gemessen* werden, dann sind diese aber *unmoduliert* (ob mit oder ohne Dekohärenz); in diesem Falle existieren die `Vielen Welten´ nur so, wie mit Fourier in einer Wellengestalt *theoretisch* die überlagerten Komponenten enthalten sind und das zudem in verschiedenen gleichwertigen (additiven und subtraktiven) Auflösungen. Und hier *braucht* man noch nicht einmal eine

Fourier-Analyse - das Szenario kann man auf eine *monochromatische* ebene Welle beziehen: Eigentlich würde man mit dem *Wellen*bild sagen, dass dann überhaupt keine Zustandsüberlagerung *vorliegt*, sondern dass dies nur mit dem *Teilchen*modell so *interpretiert* wird - *als* monochromatische Welle *gibt* es gar keine Superposition, wenn man dies nicht *künstlich* mit Fourier hineinlegen *will* (und wieder vom Huygens'schen Prinzip abgesehen) - es ist eben jeder Welle an sich *zu eigen*, alle Wege zu nehmen...

H: Das passt schlecht damit zusammen, die Universalität der Wellengleichung und die `Wellenartigkeit' von QO *`ernstzunehmen' als* Wellenentitäten, da diesen an sich selbst *Kontinuierlichkeit* eignet...

M: Die Wellengleichung soll konsequent angewendet werden, repräsentiert aber überhaupt nicht diese vielen *diskreten* Zustandsalternativen und Welten - nur, wenn man schon über die Schrödinger'sche Gleichung *hinausgeht*, ist dem (zeitweise oder teilweise) so. Selbst fiktional gesetzt, die `Wellenartigkeit' von QO wäre *unbekannt* und man würde nur die mathematische Schar der `Weltzeige' entdecken, würde man *umgekehrt* schließen: Aha, diese Schar repräsentiert *eigentlich kontinuierliche* Wellenentitäten... Dass eine andere Sichtweise *ontologisch unsinnig* ist, zeigt sich auch bei *Feynmans `Vielen* VII c
Pfaden', der Pfad-Integral-Methode - man tut damit zwar noch einen Schritt *zurück*, da man *`tatsächlich'* QO als *Teilchen* denkt...

H: ...was der dekohärenz-basierte `Vielen-Welten'-Ansatz *ablehnt...*

M: ...obwohl dieser das Teilchenbild gleichsam *`untermischt'*... Aber in *beiden* Fällen wird - ob mit `Vielen-Wellen-Komponenten' oder `Vielen-Teilchen-Pfaden' - Wellenverhalten nur gleichsam *imitiert*, man hat `Teilchen im Wellenpelz'. Mag also noch *diese* nicht-Kollaps-Theorie zur Sprache kommen, die *noch deutlicher* als hier bei der Vermischung der verschiedenen Aspekte des Messproblems das *Teilchen*bild hervorkehrt. Feynmans Ansatz (von *1948*) betrachtet man am besten zunächst (wiederum) im Lichte einer *`negativen Ontologie':* Man könnte beinahe sagen, hier würde die Ontologie bewusst versuchsweise `gegen den Strich gebürstet'...

H: Inwiefern? Wird dabei nicht nur *heuristisch-methodisch* von `Teilchen' und deren Bahnen ausgegangen, umgekehrt aber an *klassische* Physik und Mathematik - mit Integralen (über alle möglichen Bahnen) statt Operatoren - angeknüpft?

M: Jein; es wird eben auch darauf beharrt, dass Licht *„in Wirklichkeit"*[752] das Verhalten von *Teilchen* zeige; hier wird eindeutig von einer *Superposition* - wenn auch *spezieller* Art - von *diskreten Teilchen*zuständen ausgegangen: beim DSExp soll ein QO *`tatsächlich'* durch Spalt *A und B* gehen...

H: Nun, der *Grundgedanke* knüpft dabei *schon* an dem Dilemma an, das sich beim DSExp zeigt - wenn man die Intensität des Lichtes soweit verringert, dass nur *ein* Photon zur Zeit durch die Apparatur geht: Welchen *Weg* nimmt es dann? Es wird nun postuliert, dass *alle überhaupt möglichen* Wege auch

tatsächlich beschritten werden. Der Gedanke nimmt seinen Ursprung eben bei der Überlegung, dass beim DSExp *beide* Spalte *relevant* sind, dass man beide Wege (beide Pfade) bei Berechnungen *berücksichtigen* muss, und wird mit dem doch bestechenden Gedanken weitergeführt, dass man statt nur *zweier* Spalte sich auch *immer mehr* Spalte denken kann, bis schließlich gar kein Schirm mit Spalten mehr *vorhanden* ist - dann muss man alle überhaupt möglichen Wege *zugrundelegen...*
M: Ja, ein \`etwas´, das durch zwei Spalte geht, *ist* nur kein *Teilchen* und ein \`etwas´, das nicht nur *einen* Weg, sondern *alle* Wege nimmt, *ist* eine *Welle* - man hat dann in Gedanken ein Teilchen *in* eine Welle mit der besagten \`individuellen Ganzheit´ *verwandelt...*
H: Ein Ding, das alle Wege geht, ist logisch betrachtet nicht *ein* Ding oder nicht ein *\`Ding´...*
M: So kann man es auch sagen...
H: So wird man nur dem Ansatz nicht *gerecht;* er stellt eine Verbindung her zu den diversen mathematischen Prinzipien, die sowohl in der *Mechanik*, als auch in der *Optik* aufgestellt wurden, die einen *variierenden Integral*-ausdruck *Null* setzen, um zu den konventionellen optischen und mechanischen Gleichungen (zurück-) zu kommen: Vom Fermat´schen \`Prinzip *der kürzesten Lichtzeit´* in der *Optik* war schon die Rede, wo auch Schrödinger in seinem Nobelvortrag angesetzt hatte. In der Mechanik kann man den verschiedensten Ansätzen nachspüren - von d´Alembert über Euler und Gauss bis zum *Hamilton´schen Prinzip*[753], bei dem die QT *explizit* ansetzt -, die sich auf die Variation von \`Arbeit´ und \`Energie´ beziehen; so auch beim Maupertius´-schen \`Prinzip *der kleinsten Wirkung´*. Bei diesem *ergibt* sich der tatsächlich genommene Weg eines Körpers zwischen zwei Punkten *A* und *B* als jener, für welchen die \`Wirkung´ den kleinsten Wert annimmt, gewöhnlich der kürzeste, was verwandt ist mit nämlichem \`Prinzip *der kürzesten Lichtzeit´*, demzufolge Lichtstrahlen *den* Weg zwischen zwei Punkten *A* und *B* nehmen, den sie am *schnellsten* zurücklegen - daraus *ergeben* sich sowohl die gradlinige Bewegung, wie in verschieden dichten Medien die Brechungsgesetze. Diesen Zusammenhang hatte ja schon *deBroglie* bemüht, um zu zeigen, dass seine Führungswelle das Teilchen stets \`einhüllt´, und dann Schrödinger aufgegriffen und beide miteinander *identifiziert*, insofern Teilchen \`Wellenkämme´ *seien...* Ebenso ist es nun in Feynmans Ansatz des Integrals über alle Pfade...
M: Ja, das stimmt... Aber ohnerachtet der Nützlichkeit dieser Methode für *Berechnungen* ist das \`es ergibt sich...´ mit Vorsicht zu genießen, denn es rührt nicht von *grundlegenden*, sondern von *sekundären* Naturgesetzen her - man stellt den Sachverhalt wiederum beinahe auf den Kopf, wenn man sagt, mit Feynmans Ansatz wüsste man nun, *warum* sich klassische Bahnen ergeben, als würden sich Teilchen bewusst an ein Gesetz \`halten´ und artig dem Weg der geringsten Wirkung folgen - ganz im Gegenteil hatte sich ja

schon beim `Prinzip der kürzesten Lichtzeit´ gezeigt, *warum* sich die kürzeste Bahn ergibt, eben mit der Schwenkung der Wellenfronten; *das* ist eine Erklärung; das tiefere `warum´ liegt in der *`Wellenartigkeit´* der elemenaren Entitäten begründet, aus welcher das Verhalten auf der *darüberliegenden* Ebene *resultiert...*
H: ...das sekundäre aus dem primären Gesetz...
M: Das *bestärkt* das eben gefällte ontologisches Urteil: Ein `etwas´ das alle Wege nimmt oder gleichsam `auskundschaftet´ *ist* eine Welle - der Sinn eines Integrals *ist* ja, dass als *Grenzwert* immer kleinere Flächenstücke unter der betreffenden Funktion sich dieser immer mehr *anschmiegen;* hier springt doch ins Auge, dass für den Grenzwert eines immer dichteren, schließlich unendlich dichten Bahnenbündels das gleichsam *`Grenzobjekt´* eine *`tatsächliche´* Welle ist *(M. deutet auf Abbildung 86a/c)* - warum nicht im Sinne des Strukturenrealismus - als *Werkzeug* - sagen: Die Struktur *ist so*, dass es sich um *Wellen* handeln muss?
H: Der Grenzwert eines `Bahnenbündels´ ist noch keine *`Welle´...*
M: In diesem Falle *schon* - ein weiterer Kritikpunkt *untermauert* das: Man ordnet nämlich bei diesem Ansatz den verschiedenen Wegen Vektoren zu, deren *Richung* von der *Weglänge* bzw. der *Laufzeit* abhängt und deren resultierender Vektor die Wahrscheinlichkeits*amplitude* und dessen Quadrat die *Wahrscheinlichkeit* angibt, mit der dieser resultierende Vektor als kürzester, (in homogenen `Medien´) geradliniger Lichtweg realisiert wird *(M. deutet auf Abbildung 86b)...*
H: ...erstaunlich, dass das *funktioniert!*
M: Nur, bis man sich vergegenwärtigt, dass das ja nichts anderes als die *Zeigerdarstellung* der komplexen Wellenfunktion $\Psi(x)$ ist, die man in der QT statt Sinus- bzw. Cosinus-Schwingungen verwendet; was macht man mit den Cornu-Spiralen genau? Wenn die *Richtung* der Vektoren über das *Zeitelement* bestimmt wird, ist das eben *das* charakteristische Element von Wellenentitäten - sich nämlich im Raum auszubreiten, wobei verschiedene Wellenkomponenten miteinander *interferieren*, je nachdem, wie sie *zeitlich* zusammentreffen - *das* steckt hinter dem zeitlichen Element, welches die Richtung der Vektorpfeile bestimmt; mit gewöhnlichen *Teilchen*charakteristika hat das nichts zu tun - wo schriebe man *Teilchen* ansonsten *zeitlich periodisch wechselnde* Eigenschaften zu?
H: Gut, was hier konstruiert wird, ist gleichsam eine *Teilcheninterferenz*, die *künstlich* die typische doppelte, räumlich-zeitliche Periodizität von Wellen *reproduziert...*
M: Ganz recht; zweifelhaft ist allerdings, ob dadurch auch Interferenzterme und Zustände wie $\Psi_1+i\Psi_2$ abgebildet werden... Ansonsten wird allerdings *beides* nur *imitiert:* das `Alle-Wege-nehmen´ und die Interferenz - dann ist das *`Grenzobjekt´* eben *doch* zusammengenommen eine *`tatsächliche´* Welle

(mit `primärer individueller Ganzheit´)...

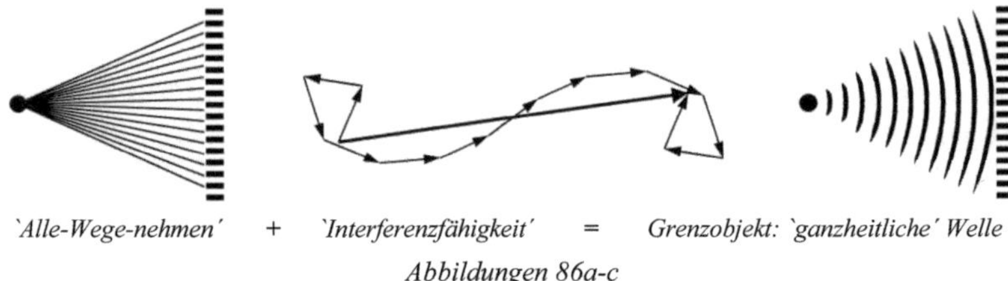

`Alle-Wege-nehmen´* + *`Interferenzfähigkeit´ = *Grenzobjekt: `ganzheitliche´ Welle*

Abbildungen 86a-c

Über das Feynman´sche Pfadintegral kann man natürlich alternativ die Schrödinger´sche Gleichung *herleiten* - die quantenmechanische Amplitude *ist* die Summe über alle möglichen Pfade; das Ganze geht (wie schon bei deBroglie) auf das Fermat´sche bzw. Maupertius´sche Wirkungsprinzip zurück. Selbst didaktisch-methodisch ist aber fraglich, ob man mit derartiger *Vermeidung* des Dualismus zu einem *Verständnis* kommt; wiederum werden ja Teilchen ihnen wesensfremde Prädikate *`angedichtet´*, wiederum hat man eine *`Welle im Teilchenpelz´*. Mit einer solch´ (wie Feynman sie selbst nennt) *`seltsamen´* Theorie *gewinnt* man nichts, *im Gegenteil:* Das Bild der Welle ist bekannt und *enthält* dies alles schon, während dieses Bild völlig *abstrakt* bleibt, ja, ontologisch geradezu *abstrus* wird: Wozu *nochmals* das Rad erfinden, noch dazu ein *eckiges*?

H: Andernfalls muss man die *`Ganzheit´* von Materiewellen erklären... Die Pfadintegralmethode ist im Grunde das *Gegenbild* dazu, ganzheitliche Wellen-Individuen anzunehmen, die sich im relationalen Raum `überlappen´; man betrachtet es dann von der *anderen* Seite her: Was bisher `Ganzheit´ der Welle genannt wurde, ist ja nicht recht zu *fassen* gewesen; die `Ganzheit´ *ist* - auch mathematisch - das `Alle-Wege-nehmen´ gepaart mit `Interferenzfähigkeit´ eines *diskreten* Objekts...

M: Wenn man es *partout* so sehen will... Andernfalls könnte man sagen, die Pfadintegralmethode untermauere ganz excellent, dass es *nicht* um *Teilchen*, sondern um *Wellen* geht - man braucht nur die bemühten Eigenschaften der Reihe nach durchzugehen: ein `etwas´, das *a)* alle möglichen Wege nimmt, wobei *b)* das Zeitelement (bei den Vektoren) über Existenz bzw. Intensität entscheidet, mit der Möglichkeit zur destruktiven Interferenz *ist* eine Welle...

H: Nun, allemalen ist, zu behaupten, ein physikalisches System habe „nicht nur eine einzige Geschichte in der Raumzeit [...], sondern jede Geschichte, die möglich ist" und dafür eine „imaginäre Zeit"[754] zu bemühen (auch dabei soll dem *mathematischen* Begriff *realiter* etwas entsprechen), wieder reine Esoterik, denn durch nichts gedeckt...

M: Im Lichte einer `negativen Ontologie´ betrachtet werden mit den *nicht*-Kollapstheorien - deBroglie-Bohm, Everett-Wheeler (in der *Teilchen*bild-Spielart) und Feynman - die *Wellen*charakteristika nicht oder zu wenig *ernst*-

genommen, vielmehr nur *künstlich reproduziert* (von aller anderen Kritik ganz abgesehen). All´ diesen Ansätzen ist gemein, dass man mit ihnen scheinbar *weiter* reale Teilchen denken kann - QO als Wellen-Ganzheiten zu betrachten ist weit weniger absonderlich, wenn man bedenkt, dass ansonsten Teilchen - um das zu *ermöglichen* - einem sonderbaren Feld verbunden sein müssen, dem sie `gehorchen´ (vor dem Hintergrund, dass man schon klassisch Felder auf Materie oder Materie auf Feldern zu reduzieren versucht hat), dabei muss dieses etwa Leitwellen-Feld mehr als *Gedachtes* sein, irgendwoher *kommen* und mit den Teilchen insgesamt *zusammenhängen*, ihnen selbst *angehören* (deBroglie-Bohm); oder ihre Charakteristika entfernen sich *absurd weit* von denen gewöhnlicher Teilchen (Feynman) oder sie verursachen allerlei `ontologischen Ballast´, insofern man un*begreifbare*, un*bewiesene* und prinzipiell un*beweisbare* Annahmen machen muss (Everett-Wheeler)...
H: ...die man eigentlich gleich mit `Ockhams Messer´ konfrontieren müsste; wenn man sie nicht mit *Humor* nehmen und - ohne eigentlichen Wahrheitsgehalt für die `Realität´ - *bejahen* will: In einem logischen Raum kann man sich natürlich alle potentiellen Möglichkeiten realisiert *vorstellen*, Leibniz´ `mögliche Welten´ - dabei existiert neben der Gesamtheit der absoluten, *reinen* Möglichkeiten jene der *konkreten* Möglichkeiten, wie teilchenartig gedachte elementare Entitäten zustandsweise koexistierend oder sukzessive zueinander in Relation stehen können - dem korrespondiert der Hilbertraum der QT; dieser abstrakte Raum enthält das potentiell-Mögliche als *Superposition*, es actualisiert bzw. *`realisiert´* sich allerdings nur die *eine* Welt-Möglichkeit, in der die Elemente in *kompossibler* Weise miteinander verknüpft sind, weil einfach nicht alles *Mögliche* miteinander auch *verträglich* ist[755] - so würde es sich vielleicht *Leibniz* zusammenreimen...
M: Die Realität dieser Welten ist dann so wahr, wie es wahr ist, dass in einem Steinblock für den Bildhauer potentiell schon alle Bildnisse *enthalten* sind... Und die Frage ist, mit welchen Naturgesetzen die kompossiblen Welten dann *`ausgesiebt´* werden...
H: Einen ähnlichen `Trick´ versucht die Modal-Interpretation (vanFraassen *1972ff*) anzuwenden, nämlich zwischen einem `dynamischem Zustand´ und einem `Werte-Zustand´ zu unterscheiden; ersterer soll dabei beschreiben, was *möglicherweise* der Fall sein *könnte* - ihm entspricht also der gewöhnliche quantenphysikalische Zustand gemäß Dynamik *I* -, zweiterer, was *tatsächlich* der Fall *ist* - jedoch *ohne* dass eine Dynamik *II* vonnöten wäre... Die Frage stellt sich dann *ähnlich:* Warum zeigen die elementaren Entitäten *Wellen*-verhalten?
M: Man kommt mit dem dekohärenz-basierten `Viele-Welten´-Ansatz dann *nahe* an die *bisherige* Argumentation heran: Man würde auch hier fragen, was es *ontologisch* bedeutet, dass die verschiedenen `Weltzweige´ bzw. vielmehr: die dekohärierten Komponenten des Wellenphänomens ihre Heimat *nur* im

Konfigurationsraum haben sollen, wenn sie *mehr-als-Gedachtes* sind usw. usf. Dekohärenzeffekte können als empirische Effekte - wie gesagt - *alle* Deutungsansätze für sich reklamieren; für sich *alleine* können sie hier aber, gerade wenn man alles als *ein Gesamt*-Wellenphänomen zu deuten gedenkt, nicht der empirischen individuellen *Ganzheit* von QO gerecht werden - mit den Dekohärenzeffekten *an sich* müsste man *erst recht* eine `Zerstreuung´ von QO annehmen...

H: ...daher müssen die *`Vielen Welten´* zuhilfe genommen werden, um Ganzheit und `Wellenartigkeit´ - also Teilchen- und Wellennatur - dadurch zu vereinen, dass die Ganzheit *in Gestalt* der `Weltzweige´ gedacht und gewährleistet wird...

M: Richtig. Vielleicht lässt es sich aber besser *umgekehrt* denken: Wenn man QO *zunächst* eine `individuelle Ganzheit´ zuschreibt, würden Dekohärenzeffekte manche feldartigen Anteile gleichsam zur *Wirkungslosigkeit* zerstreuen - man könnte dann tatsächlich sagen, diese seien noch `da´, aber es hätte insofern eine *im Effekt definitive* Dekohärenz statt...

H: ...zumal es wohl ohnehin so ist, dass etwa im Falle einer gleichsam *finalen* Dekohärenz am hinteren Schirm des DSExp oder bei dem, was in einer Wilson´schen Nebelkammer geschieht, dergleichen `definitive´ Dekohärenz praktisch gar nicht von einem Wellenkollaps oder einem `sich-Neigen´ zu *unterscheiden* ist...

M: Und *wenn* man es unterscheidet, würde es *`Hand-in-Hand´* gehen; es würde auch ein Kollaps- oder `sich-Neigens´-Prozess von `definitiver´ Dekohärenz *begleitet* sein, bei allen (messungs-artigen) Wechselwirkungen arbeiten diese Effekte in dieselbe *Richtung*... Aber für den Dekohärenzansatz *an sich* (in der ersten Spielart) muss man eben sagen, dass wenn man *nicht* zum `Viele-Welten´-Ansatz weiterschreitet, der Dekohärenz-Mechanismus um einen Kollaps oder ein `sich-Neigen´ *ergänzt* werden muss, weil Dekohärenz nicht alles *erfasst*, was *statthat*, ja, es sogar *falsch* ist, die Eindeutigkeit der klassisch-mesokosmischen Welt über die Dekohärenz zu erklären - diese beschreibt eben dem mathematischen Formalismus gemäß mit der reduzierten Dichtematrix nicht, wie etwa beim DSExp ein einzelnes QO durch den einen *oder* den anderen Spalt geht, sondern wie es (theoretisch jedenfalls) durch den einen *und* den anderen Spalt geht und das auch nur in der Erscheinung...

H: Ja, Dekohärenz wählt zwar *klassische* Zustände aus den Quantenmöglichkeiten aus, aber eben hier *zwei*, das QO geht immer noch durch Spalt *A und B;* Dekohärenz ist damit zwar ein Weg, kohärentes Quantenverhalten zu *unterdrücken*, aber *kein* Weg zu klassischen Zuständen - der mathematische Formalismus führt nicht über die reduzierte Dichtematrix *hinaus*...

M: Der Kollaps fehlt - der Superpositionszustand *eines* QO wird kein *Gemisch*, sondern ein *virtueller gemischter* Zustand - und dabei kann man nicht auf eine *Ignoranzinterpretation* ausweichen, weil diese auch im Fälle der Kohärenz, wenn *doch* das Interferenzmuster entsteht, gelten müsste, womit sich bei vielen einzelnen QO im DSExp dann keine *Erklärung* des Interferenzmusters ergibt, man nimmt das QO wieder nicht als *Wellen*entität. Die (eigentlich fehlerhafte) `Kurzfassungs-Variante´ des Dekohärenzansatzes, die `einfach so´ klassische Eindeutigkeit hergestellt sieht, ist mit den `Vielen Welten´ nicht *kompatibel:* Denkt man den hinteren Schirm flächendeckend mit Detektoren versehen (gleichgültig, ob Einfach- oder Doppelspalt), die alle in einem `Weltzweig´ erreicht werden, wird man gerade mit Dekohärenzeffekten *nicht* zu `Vielen Welten´ kommen; ein QO dekohäriert dann nicht *jeweils* an einem Detektor - warum sollte man das annehmen? -, es dekohäriert *nur* an *einem* Detektor in *einem* `Weltzweig´ und diese `definitive´ Dekohärenz ist *nichts anderes* als ein Wellenkollaps oder ein `sich-Neigen´ zur Teilchennatur. Auch über dieses `Nebengleis´ schließt man zur *vorangegangenen* Argumentation *auf* und kommt zu nämlichen interagierenden individuellen Ganzheiten, die einander in ihrer im- oder prämateriellen feldartigen Ausgedehntheit *`überlappen´*. Dann kann man es - wie gesagt - so sehen, dass Dynamik *II* - zu der auch Dekohärenzeffekte zählen (wenn sie auch hier noch eigentlich *mathematisch* zur Dynamik *I* gehören) - zwischen den phänomenalen *klassischen* Entitäten-klassen `Teilchen´ oder `Welle´ *vermittelt*, wenn man QO ihrer Natur nach als dynamisch *veränderlich* betrachtet...

H: Nun gut, von der Dekohärenz, die zumindest *phänomenal* die Interferenzterme unterdrückt, ist es ein *kleinerer* Schritt dahin, dass diese und alle Alternativen bis auf eine *ganz* verschwinden, wie es beim Wellenkollaps oder `sich-Neigen´ der Fall ist. Wenn man aber nun doch einen `Kollaps´ erwägt, soll dieser dann *instantan* erfolgen, wie gewöhnlich angenommen wird? Das wäre ein reines *ad hoc*-Postulat - empirisch findet man *zeitliche Prozesse* für Dekohärenzeffekte, bestimmte Dekohärenz*zeiten*...

M: Ein *realer* Kollaps einer *realen* Welle muss nicht *instantan* statthaben - es ist kein Vorrecht der *Dekohärenz*theorie hierfür einen *zeitlichen Prozess* anzunehmen; alle Argumente und empirischen Befunde für Dekohärenzzeiten die für *Dekohärenz*phänomene angeführt werden, lassen sich auch für einen zeitlichen *Kollaps*prozess oder ein *`sich-Neigen´* anführen. Auch so betrachtet muss man natürlich darauf beharren, die QT sei *unvollständig*...

H: Der Viele-Welten- und der Dekohärenz-Ansatz nehmen *allumfassende* Superpositionen an, deBroglie-Bohm nur solche des Quantenfeldpotentials, nicht der *Teilchenzustände* - bliebe der Mittelweg: Man *findet* empirisch im *Meso*kosmos *keine* Superpositionen und im *Mikro*kosmos findet man *entstehende* und *vergehende* Superpositionen - Dynamik *I erfasst* dies allerdings nicht; ergo muss man sie durch eine Dynamik *II ergänzen*. Und irgendwie hängt diese doch mit der *Irreversibilität* zusammen - ließe sich *da* nicht ansetzen?

M: Nun, das simple *Beharren* auf der *Irreversibilität*[756] ist eine *ebensolche*

Forderung nach klassisch-eindeutigen Zuständen, die Frage `Was *bedeutet* `irreversibel´?´ *ist* das zu-Erklärende - dabei lässt sich die Unterscheidung `reversibel-irreversibel´ nicht einmal konsequent *durchführen*...

VII d_1 *H:* Das wäre Prigogines Ansatz: das Messproblem über *Irreversibilität* und *Entropie* zu lösen - er fragt ähnlich wie gerade Zeh für die Dekohärenztheorie: „Können wir die mikroskopische Welt *`isoliert´* verstehen?"[757] In der Tat ist ja auch die Schrödinger´sche Wellengleichung *zeitlich umkehrbar* - „[sie] allein kann daher nicht die Irreversibilität der Messung beschreiben."[758] Mit den Zeitumkehr-invarianten klassischen Gesetzen betrachtet er zunächst die Welt als gleichsam `undynamisch´ gedeutet...

M: Nun, die *`Umkehr´* ist eine *rein theoretische* Annahme, die ihr *Unwesen* etwa bis hin zur Deutung der *Anti*teilchen in Feynman-Diagrammen als rückwärts in der Zeit sich-bewegende *Teilchen* treibt (und die Poincare´sche *`Wiederkehr´* hat damit eigentlich *gar nichts* zu tun)...

H: ...jedenfalls ist es umgekehrt - kurz gefasst - so, dass man manche physikalischen Zustände in ihrem Zustandraum als *Attraktoren* begreifen muss, auf die sich die im Laufe der Zeit wechselnden Zustände *zubewegen*, auf die hin sich ein System *entwickelt* - etwa eine gleichförmige Konzentrations- oder Temperaturverteilung, wie für geschlossene Systeme etwa der thermodynamische Gleichgewichtszustand und der Zustand maximaler Entropie solche Attraktoren sind - was man an zwei alternativen Formulierungen des *II.* Hauptsatzes der Thermodynamik festmachen kann: `Wärme fließt nur vom wärmeren zum kälteren Körper´ und `Die Entropie - kurz: der Grad an Unordnung - nimmt stets zu´. Eine Lösung des Messproblems könnte darin liegen, dass es im Wesentlichen die *Irreversibilität* ist, die eine *Messung ausmacht;* man kann argumentieren, dass gerade die klassischen Parameter `Ort´ und `Impuls´ sich etwa in der Theorie des deterministischen Chaos als *unvorhersehbar* erweisen, während thermodynamische Parameter wie `Temperatur´, `Druck´ und `Entropie´ *eindeutig* (messbar) bleiben. In Anbetracht des deterministischen Chaos, des `starken Mischens´ könnte man letztere Größen also als die *wesentlicheren* betrachten - man käme dazu, dass „das *sekundäre* Gesetz [- Entropiezunahme und Irreversibilität -] zur Grundlage würde und das *primäre* Gesetz [- elementare Reversibilität -] aufgegeben [würde]"[759]; während jetzt die *mikro*kosmische *Reversibilität* fundamental ist, wäre es dann die *makro*kosmische *Irreversibilität.* Dergestalt könnte man das Messproblem als *gelöst* betrachten: Eine Messung ist gegeben *als* irreversibler Prozess; das Kennzeichen *`reiner´* Quantenprozesse wäre dann gerade ihre *Reversibilität; Erfahrungen* kann man aber immer nur von *irreversiblen* Prozessen machen und ganz im Sinne der Kopenhagener Deutung der QT wäre nur *`real´*, mithin `bleibend´, was *gemessen* wird...

M: Alle Ansätze enthalten - wie es scheint - richtige und wichtige *Aspekte;* man muss hier nur wieder beachten, was mit dem Begriff `Realität´ (nach `res´) gemeint sein soll... *Sonst* wird hier nämlich die Welt *auf den Kopf* gestellt: Das *sekundäre* Gesetz der Entropiezunahme (der *II.* Hauptsatz der Thermodynamik) findet ja eine völlig plausible klassische Erklärung in den *primären* Gesetzen des Verhaltens der elementaren Bausteine bzw. in der Struktur des Raumes, es *ergibt* sich als dessen systemische Eigenschaft - alle genannten Attraktoren sind *systemische* Eigenschaften und natürlich nicht gleichsam *`magische´* Anziehungspunkte... Was bezüglich des zweiten Hauptsatzes vornehmlich hinter all´ dem steckt, wusste schon *Leibniz:* Die beiden Hauptsätze der Thermodynamik sagen: `In einem abgeschlossenen System bleibt die Energiesumme *konstant* (*I.* HS), während die Entropie *zunimmt* (*II.* HS)´)´. Diese kann man auf Leibniz´ Überlegungen nicht nur zur Erhaltung des Impulses in Opposition zu Descartes Vorstellungen zurückführen, sondern auch auf seinen Grundsatz von der `Gleichheit von Ursache und Wirkung´ (bei ausdrücklicher Ausschließung eines perpetuum mobile) - sein *`causa aequat effectum´* meinte (mitunter mißverstanden), dass die Natur *insofern* keine Sprünge macht, als dass insbesondere bezüglich der Energie ein *zeitgleiches vollständiges* `Verschwinden´ der Ursache in der Wirkung statthat.[760] Er führte er aus: „Ich hatte behauptet, die tätigen Kräfte *erhielten* sich in der Welt [*I.* HS]. Man wendet mir ein, dass zwei Körper [...][etwa beim unelastischen Stoß] einen Kräfteverlust erleiden. Daraufhin erwidere ich, dass dies *nicht* der Fall ist. Betrachtet man nur die *Gesamt*massen und ihre *Gesamt*bewegung, so geht hier freilich Kraft *verloren*; sie wird jedoch auf die *Teile* übertragen, indem diese *innerlich* durch die Kraft des Zusammentreffens oder des Stoßes *erregt* werden. Ein Verlust tritt also nur *scheinbar* ein: die Kräfte sind nicht zunichte geworden, sondern nur in den winzig kleinen Teilen *zerstreut* [*II.*HS].“[761] Kurz: Die *Zerstreuung* von Energie *im Körper* oder *Raum* auf kleinste Freiheitsgrade ist für die Entropie und Irreversibilität verantwortlich - eine *systemische* (emergente) Gesetzmäßigkeit, die auf der Ebene der Einzelelemente keine Bedeutung mehr hat, wie etwa beim Begriff `Wärme´... Ansonsten müssten sich ja die Elemente geradezu *`verschworen´* haben, sich so zu verhalten, dass auf der systemischen Ebene darüber die beobachtbare Entropiezunahme und Irreversibilität *statthat.* Insofern ist es auch falsch, mit Prigogine und Planck[762] zu sagen, die Irreversibilität sei *Ausdruck* (im Sinne von: Ergebnis) dieser Attraktion zur maximalen Entropie; ganz abgesehen davon, dass nur von der *Gesamt*tendenz die Rede ist und es in offenen Fließgleichgewichten ganz *anders* zugeht...

H: Zugegeben, die Lösung des Messproblems über die *klassische systemische* Irreversibilität scheint etwas `herbei*eskamotiert´*. Und ähnlich wie es keine Relationen ohne Relata gibt, ergibt sich hier der widersprüchliche Zirkel, dass es die irreversible Welt des `Werdens´ ohne das zugrundeliegende Sein des Mikrokosmos, also ohne substanziellen Träger *nicht gibt* - diese Lösung des Messproblems ist ein *Zirkel...* Überhaupt kann man vielleicht das Messproblem schon *deshalb* nicht über die Thermodynamik *lösen*, weil die Frage der Irreversibilität und Entropie umgekehrt daran hängt, wie die elementaren Bausteine *konstituiert* sind: als `passiv´ oder `aktiv´ (bezüglich der Kräfte), als Teilchen oder Wellen mit nicht-lokalen Zusammenhängen, die einem Wellenkollaps, Dekohärenzprozess, `sich-Neigen´ unterliegen usw. usf. - was vollkommen ungeklärte Fragen sind...

M: Ganz recht; umgekehrt könnten letztere Mechanismen der Dynamik *II* die Irreversibilität aber *im Gefolge* haben - man muss wohl eher *umgekehrt* einen originären *Quanten*prozess - wie die angeführten - annehmen, der im Mikrokosmos tatsächlich ein *neuartiges* irreversibles Element einführt; andernfalls ist die Unterscheidung `reversibel-irreversibel´ grundsätzlich *irreführend*, wenn nicht *sinnlos...* Die Lösung der Frage, wie ein *Wellenkollaps* bzw. ein `sich-Neigen´ zur Teilchennatur zustandekommt, ist nicht die *Irreversibilität*, sondern eher umgekehrt ist die Lösung der Frage, wie *Irreversibilität* zustandekommt ein *Wellenkollaps* bzw. *`sich-Neigen´* - genau besehen gibt es für beide Begriffe das *Gegenstück* der Reversibilität, nämlich zum Wellenkollaps etwa beim DSExp das *`sich-Ausbreiten´* eines QO nach der Quelle bzw. dem Doppelspalt und das `sich-Neigen´ geht eben in *beide* Richtungen, zur Wellen- *und* zur Teilchennatur; bei den Kräften und Naturgesetzen war es aber ja so, dass im Sinne eines Naturgesetzes-Reduktionismus (aristotelisch) die Kräfte und Naturgesetze *`in´* und *mit* den Dingen gegeben sind, und wenn letztere auch zeit-reversibel *gefasst* werden, ergibt sich (einmal `angestoßen´) mit dem *`Wirken´* der Dinge wechselseitig aufeinander eine irreversible zeitliche *Richtung* des Naturgeschehens im Sinne eines Präsentismus...

H: Hm...

VII d_2 *M:* In die Richtung, Dynamik *II* im Sinne eines Realismus genauer `ins Visier´ zu nehmen und Mikro- und Makrokosmos einheitlich zu behandeln, weisen die Deutungsansätze bzw. Theoriemodifikationen von Janossy (*1952*) und GRW (*1986*).[763] Janossy versuchte den in der orthodoxen Theorie durch den Beobachter induzierten Wellenkollaps *überflüssig* zu machen, indem er `Dämpfungsglieder´ schon in *Dynamik I* einführte, welche die Interferenzterme, die aus der Wechselwirkung des Quantensystems resultieren, im Laufe der Zeit *von selbst* zum *Verschwinden* bringen - das konnte man als *empirisch ungedeckt* abtun... Etwas anders bei GRW: Die lineare, deterministische, reversible Schrödinger´sche Gleichung wird in eine *nicht-lineare* Gleichung mit neuen, ebenfalls rein ad hoc gesetzten Naturkonstanten verwandelt - die Zustandsentwicklung soll dann an gewissen Punkten *diskontinuierlich, indeterministisch* und *irreversibel* sein. Bevorzugt wird - wie auch bei der deBroglie-Bohm´schen Mechanik - die *Orts*raumdarstellung und die *Zeit*entwicklung; obgleich Grundlage wieder der *3n*-dimensionale Konfigurations-

raum ist, gehören - wie gesagt - „Verhältnisse im Raum und Entwicklungen in der Zeit zu den grundlegenden Phänomenen der uns umgebenden Welt“[764], kommen hier also besser als in der orthodoxen QT zur *Geltung...*
H: Ein Aspekt, den zu berücksichtigen Naturphilosophie sich *bemühen* sollte...
M: Die Schrödinger´sche Gleichung wird um einen Term ergänzt, der für einen *spontanen*, nicht kausal evozierten, räumlich und zeitlich *probabilistischen* Kollaps abhängig von der Teilchenzahl verantwortlich zeichnet: An einem gleichsam `zufällig gewählten´ Ort (um nicht tautologisch-vorausgreifend zu sagen: *`bei´* einem Teilchen) findet zu einem `zufällig gewählten´ Zeitpunkt eine Teilchen-Lokalisierung statt - das bewirkt ein spezieller *Lokalisations-operator* der auf die Orts-Wellenfunktion angewandt wird. Eine *erste* neue Naturkonstante, die Längeneinheit $\alpha=10^{-7}m$, moduliert beim Lokalisations-operator die Steilheit der Gauss´schen Kurve, gleichsam die Orts*schärfe;* eine *zweite* neue Naturkonstante, der Bruch N/τ mit der Teilchenzahl N und der Zeiteinheit $\tau=10^{15}s$, moduliert die *Wahrscheinlichkeit* des Kollapses pro Zeiteinheit; für kleine Teilchenzahlen ist der Bruch sehr *klein*, für solche von makroskopischen Körpern ($>10^{23}$) aber sehr *groß*. Die Zahlenwerte lassen sich aber durchaus noch weiter an die Empirie *anpassen...*
H: Eben *darum* erscheint das Ganze *etwas willkürlich...*
M: Nun, der Kritik, dass dies reine *ad hoc*-Annahmen sind, was methodisch-erkenntnistheoretisch etwas bedenklich ist[765], muss man entgegnen, dass in der unergänzten *orthodoxen* QT dem empirischen Befund *gar nicht* Rechnung getragen wird, dass es keine makroskopischen Superpositionen gibt - warum sollte man das `ad hoc´ also hier *negativ* bewerten? Auch bei der Planck´schen Strahlungsformel wurde im *ersten* Schritt eine Übereinstimmung mit den empirischen Befunden hergestellt - erst im *zweiten* Schritt kam die Erklärung, ja, an dieser arbeitet man *noch;* man hat nicht gesagt, es würde nur *ad hoc* das Wien´sche bzw. Rayleigh-Jeans´sche Gesetz modifiziert, sondern zunächst einmal wurde mit dem Planck´schen Gesetz *Übereinstimmung* mit der *Empirie* hergestellt - analog nähme man zur Kenntnis, dass QO sich in der Ausbreitung wie Wellen gebärden (können) wie es *Dynamik I* beschreibt, dass diese aber *modifiziert* werden muss, weil sie (kurz gesagt) die Befunde, nämlich die klassischen Zustände des Mesokosmos, nicht korrekt beschreibt; Dynamik *II* wird nur *vage* als *irgendwie* durch den Messapparat oder Beobachter hervorgerufen *postuliert* und mathematisch nur im vonNeumann´schen Projektions-postulat *umrissen* - hier geht man auf Fühlung mit der Empirie, wenn wenige isolierte QO sehr lange Dynamik *I* gehorchen, größere Anhäufungen von QO sich aber mit einer *Dynamik II* wie klassische *Teilchen* gebärden. Es wird gleichsam eine Lokalisierungs-*`Kettenreaktion´* zwischen den verschränkten QO (späterhin: Teilchen) ausgelöst, da die *Wahrscheinlichkeit* des Kollapses ja an die Teilchen*zahl* gebunden wird. Bei großer Teilchenzahl, also praktisch immer, wenn eine *Messapparatur* involviert ist und im Mesokosmos, *hat*

dann augenblicklich ein Kollaps statt. Auch bei `Schrödingers Katze´ ist eine aberwitzige Zahl von QO beteiligt, deren eines - etwa $|\Psi_{x2(')}>$ am Ort $x_{2(')}$ - zufällig, aber praktisch augenblicklich den Kollaps des *Gesamtzustands:*

$$|\Psi_{Katze}> = c_1(|\Psi_{tot\,x1}>|\Psi_{tot\,x2}>\ldots|\Psi_{tot\,x10^{25}}>\ldots) + c_2(|\Psi_{lebt\,x1'}>|\Psi_{lebt\,x2'}>\ldots|\Psi_{lebt\,x10^{25}'}\ldots) \quad \text{(VII.9)}$$

...auslöst, der jedes beteiligte QO in einen (korrelierten) reinen Zustand mit definitem Wert versetzt bzw. `Schrödingers Katze´ *verlässt* diesen Zustand im Prinzip gar nicht wieder; „mit einer einzigen spontanen Lokalisation ist die *gesamte Kette* von Zustandsverschränkungen reduziert“[766], gerade *aufgrund* der Zustandsverschränkungen haben dann *alle* ein makroskopisches System zusammensetzenden QO einen definiten Ortswert und mithin definite Werte der anderen makroskopischen Observablen[767]...

H: Das Paradoxon wäre damit *aufgelöst...* Nur: dass man den Kollaps nicht *beobachtet*, man beobachtet das *Endergebnis...*

M: Daher *ergänzt* man das `dazwischen´ mit einer einfachen Hypothese - anders als bei der Standard-Deutung braucht man *keine* Messung und *keinen* Beobachter (umgekehrt erklärt sich, was `Messung´ *bedeutet*) und anders als beim Dekohärenz-Ansatz bleibt man nicht bei einem `entweder-oder´ stehen, sondern es stellt sich *ein definiter* Zustand ein. Dynamik *I* und *II* zusammengenommen liefert die Theorie eine einheitliche Dynamik, die Zustands*verschränkungen* und Zustand*reduktionen gleichermaßen* umfasst, wie man ja auch *beides* empirisch beobachtet...

H: Moment - lässt man den Konflikt mit der SRT außer Acht...

M: Ein Konflikt mit der SRT liegt *ohnedies* bei *allen* Ansätzen aufgrund der nicht-lokalen bzw. nicht-separablen Relationen vor...

H: ...ist nur nicht ganz klar, inwieweit man QO einen im Raum *`unscharfen´* Ortswert zuschreiben muss - daran hängt, ob dies auf Messapparate und deren Messergebnisse für andere Observable *ausgreift*[768]...

M: Bezüglich der ontologischen Deutung ist man nicht völlig *unfrei*, es ist die Frage, wie man QO als elementare Entitäten *konzipiert* - eine im Raum zerstreute *Massen*dichte kann man ohnedies nicht annehmen, wie sich ja etwa bei den Neutronen-Interferenzexperimenten gezeigt hatte; und bei der auf Bell zurückgehenden `GRW-flash-Variante´ der Theorie, die keine persistierenden Entitäten annimmt, sondern meso- und makroskopische Dinge als gleichsam *`Bündel von Blitzen´* der spontanen bzw. induzierten Lokalisationen deutet (womit man `unscharfe´ Ortswerte vermeidet), *sind* die `Dinge´ eben - auch Messapparate - solcherlei `Bündel´ und *als* solche in Wechselwirkung, mit Bell sind makroskopische Dinge dann „Galaxien von Blitzen“[769]; man kann diese Lokalisationen mit definitem Ortswert zeitlich jedoch *beliebig dicht* annehmen und so einer persistierenden Entität *annähern...*

H: ...womit man wiederum *ad-hoc*-Annahmen machen müsste...

M: Jein. Das rührt daher, dass man hier schon der Gefahr *erlegen* ist, zum

Teilchenbild *`abzudriften´*, selbst wenn es um dergleichen *`Blitze´* geht - und zwar in zweifacher Hinsicht: Zum einen darf man nicht nur die `Blitze´ *allein* als existent nehmen und *ihnen* die objektive, nicht-lokale bzw. nicht-separable Wahrscheinlichkeit zuschreiben, *weitere* korrelierte Blitze hervorzurufen; im ursprünglichen GRW-Ansatz geht es bei den Lokalisationen ohnedies um den Kollaps *von* Wellen *zu* Teilchen; aber auch in dieser Variante muss man die `Blitze´ als gleichsam `Emanationen´ eines *Zugrundeliegenden* betrachten - sonst vernachlässigt man die *Interaktion* des Zugrundeliegenden bzw. der noch im- oder prämateriellen, feld- und wellenartigen QO, die sich in deren *`Wellenartigkeit´* zeigt: Auch wenn QO vollständig zur Wellennatur `geneigt´ sind, kommt ihnen - wie erinnerlich (von der Substanz*funktion* des abstrakt-logischen Möglichkeits- bzw. dimensionalen Definitionsraumes abgesehen) - *Substanz*charakter zu, denn sie gehorchen schon im `Verborgenen´ in Strenge *Erhaltungsgesetzen*, die Erscheinungen sind schon im `Untergrund´ *gesetzhaft verknüpft;* QO sind *unzerstreuliche Ganzheiten* mit *primitiver Diesheit.* So muss man, *obwohl* QO oder in dieser Variante die `Blitze´ nicht *erkennbar* persistierende, selbstidentische Objekte zu sein *scheinen*, realistisch auf ein substanzielles *`etwas´* schließen, *das* persistiert und immer wieder lokalisiert wird und dann als Teilchen *erscheint*, wenn es auch keines *ist* - wie *lückenhaft* dabei die *Teilchen*-Bahnspur ist oder in dieser Variante die Folge der `Blitze´, welche die Weltlinie des erscheinenden Teilchen ausmacht, ist daher im Grunde ohne Belang...

H: Hm...

M: Zum anderen kommt man ontologisch leicht (wieder) auf die `falsche Fährte´, wenn hier nur davon die Rede ist, dass eine einheitliche Dynamik nun Zustandsverschränkungen und Zustandreduktionen gleichermaßen umfasst: Man muss - wie erinnerlich - `echte´ Superpositionen, die *nicht* nur in der Darstellungs- bzw. Betrachtungsweise liegen, von *`unechten´* Superpositionen unterscheiden, welche (vom Huygens´schen Prinzip abgesehen) nur mit dem *Teilchenbild künstlich erzeugt* werden, den beim DSExp diskret gedachten verschiedenen möglichen Wegen eines QO als *diskreten Teilchen*zuständen etwa, die *ontologisch* schlicht die *Eigenart* einer *Wellenentität* abbilden; so ist auch hier das Beispiel `Schrödingers Katze´ *gefasst* - es muss aber (kurz gesagt) um *den* Mechanismus gehen, der etwa beim DSExp ein *einzelnes* QO, das am Doppelspalt einer interferenzfähigen *Welle* gleicht, dazu bringt, am Ende einen diskreten Auftreffensort wie ein *Teilchen* zu haben; gerade beim GRW-Kollaps geht es um *reale Wellenentitäten*, bei denen es *mit* einem *realen Wellenkollaps* auch zur Zustandsreduktion der *in* diese als *einem* Modulations-zustand `eingeschriebenen´ Zustände führt...

H: So geht es - die räumliche Ausgedehntheit *dynamisch* und *veränderlich* genommen - vorrangig um den zur *Dislokalisation* eines QO (bzw. seiner feld- bzw. wellenartigen Anteile im Raum) *gegenläufigen* Prozess der *Lokalisation.*

Der zugrundeliegende Prozess wäre dabei auch hier - `wenn´ und `wo´ er einmal im Keim ausgelöst *ist* - in gewissem Sinne *doch kausal* direkt durch die Teilchen(anzahl) *bedingt* und so *beinahe deterministisch*, nur in seinem ursächlichen *`Keim´*, im `wann´ und `wo´ *nicht*, der ist gleichsam *probabilistisch-induziert;* aber selbst *dabei* könnte man fragen, ob man nicht von einer *`objektiven Disposition´* im Sinne von kausal-deterministischen Eigenschaften von QO sprechen muss, bei wechselseitiger Annäherung *zu* Teilchen zu kollabieren, sich zur Teilchennatur `zu-neigen´, die im Grunde wie ein klassischer labiler Gleichgewichtszustand *kausal-deterministisch* ist... Dies ist eine Art *Grenzfall*, bei dem man nicht sagen mag, es ginge rein *in*deterministisch zu, weil man diese *Tendenz*, die Teilchen*anzahl*, wie auch die *`Kettenreaktion´ hernach* vollkommen *objektiv* nehmen kann. Es wird nur wiederum nicht - etwa beim DSExp - kausal-deterministisch bestimmt, *wo* genau jeweils eine Teilchenlokalisation *statthat*. Man könnte allerdings sagen: Wozu unbedingt die *klassische* Physik nachbilden?
M: ...oder im *Gegenteil:* Wozu unbedingt die *orthodoxe QT* nachbilden? Die deterministische Dynamik *I* wird - um dieses Bild wieder aufzugreifen - von zwei Seiten her `in die Zange genommen´; auch *diese* Seite der `Zange´, Dynamik *II* ist - wie sich gezeigt hat - *vollkommen ungeklärt:* Die `nicht-Linearität´ hängt ohnehin nur an den betrachteten Parametern - wieso muss es aber unbedingt *diskontinuierlich, indeterministisch* und *irreversibel* zugehen? Es spricht ja gar nichts gegen eine *gesetzhafte klassische* Dynamik *II* - die erwähnten *`Kristallisationskeime´* könnten in ihrem `wann´ und `wo´ *ausgezeichnet* sein; man *weiß:* Man hat *nicht* alles in den Blick genommen - so muss man diese Frage eben *offenlassen*... Es geht jedoch nicht nur um den Indeterminismus, sondern auch um Diskontinuität und Irreversibilität, dass sich mit dem GRW-Ansatz ein fundamentaler *`Zeitpfeil´* ergeben soll, während die klassischen fundamentalen Gesetze *reversibel* und zeit*symmetrisch* sind - immerhin stehen den Prozessen der *Lokalisation* und Zustands*reduktion* ja Prozesse der *Dis*lokalisation und Zustands*verschränkung* gegenüber: Nach der Quelle *dislokalisiert* sich ein QO und es *entstehen* Zustandsverschränkungen. Eigentlich sind die Prozesse also gegenläufig und symmetrisch, wenn ein QO zu einem freien QO wird und es hernach wieder gebunden wird, sich gleichsam *`befreit´* und wieder *`eingefangen´* wird - dem entspricht eine umfassende einheitliche Dynamik, die kontinuierlich, reversibel und zeitsymmetrisch ist, auch wenn das *`Wirken´* der Dinge dann präsentistisch einen *Zeitpfeil* prägt...
H: Das heißt: QO *sind* `frei´ Wellenentitäten - als solchen gehört es zu ihrer `Wesensart´ oder *Disposition*, (in großer Anzahl) Interferenzmuster hervorzurufen, auch wenn diese sich *dadurch* aufbauen, dass es jeweils nur *zufällig* (was nicht einmal sicher ist) an einem bestimmten Ort zu einer Lokalisation kommt...

M: Ja. Die Wellenentität stellt keine `Materiedichte´ dar, sondern bildet die objektive `Zusammensturz-´, mithin *`Materialisations-Tendenz´* der zugrundeliegenden im- oder prämateriellen, feld- bzw. wellenartigen QO ab (`Materialisation´ dabei nicht als Gegenbegriff zur Annihilation verstanden, sondern als Tendenz zum teilchenartigen `dinghaft-Konkreten´); gewöhnliche Materie wäre gleichsam `selbst-stabilisierte Anhäufung actualisierter Materiepotenz´, eine interferierende Materiewelle wäre sich im Raum ausbreitende `nicht-actualisierte Materiepotenz´...
H: Nun, *überhaupt* die Schrödinger´sche Gleichung um diese *erschlossenen* Aspekte zu ergänzen, *zögert* man natürlich - gerade *weil* der mathematische Formalismus so erfolgreich ist - „es ist niemals die geringste Abweichung zwischen [...][QT] und Experiment entdeckt worden..."
M: „...natürlich nur, wenn man das offensichtliche Fehlen [etwa] von linear superponierten Billardkugeln nicht als *Gegenindiz* betrachtet. Nach [...] [Penroses] Meinung *ist* [...][dies] ein Gegenindiz"[770] - was die QT beschreibt, hat mit unserer *Lebenswelt* fast nichts zu tun; und doch muss „der *Zweck* [...][der QT sein], unsere diesbezüglichen Erfahrungen unserem übrigen Denken *einzufügen.* [...] Gelingt [...][insbesondere] die Einfügung in *Raum* und *Zeit* nicht [in denen sich all´ unser *übriges* Denken in betreff der `Außenwelt´ bewegt], so ist der *ganze* Zweck verfehlt"[771]...
H: Ein *hartes* Urteil, aber ein Urteil, das man am Ende fällen *muss* - man kommt ja - wie sich gezeigt hat - in `des Teufels Küche´, wenn man keinen *objektiven* Wirkmechanismus für Wellenkollaps, Dekohärenz, `sich-Neigen´ annimmt, der in die `klassische Welt´ *überführt...* GRW liefern einen konkreten Ansatz, was dabei *physikalisch, ontologisch-realiter* geschehen *könnte;* der Ansatzpunkt ist richtig gewählt in dem empirischen Faktum, dass wenige isolierte Mikroobjekte gleichsam der eindeutigen klassischen Existenz *`entgleiten´*, während das Makroskopische, als größere Anhäufung von QO, klassisch-eindeutig ist. Was *`tatsächlich´* dahintersteckt, bleibt allerdings auch *insofern* verborgen, als sich der Ansatz von *GRW* wohl überhaupt nicht etwa von jenem
von *Penrose* empirisch eindeutig *unterscheiden* lässt - dieser setzt insofern VII d_3
ähnlich an, als ebenso die *Natur selbst* den Wellenkollaps auslösen soll, nämlich durch einen Effekt der *Gravitation;* (nur) in einem metaphorischen Sinne könnte man sagen, dass die `Wellenartigkeit´ von QO unter ihrem eigenen *Gewicht* zusammenstürzt...
M: In einem direkten Sinne liegt ja auch *nahe*, hier anzuknüpfen, insofern bei makroskopischen Objekten stets auch mehr *Masse* zugegen ist, dies eben einen signifikanten *Unterschied* zu QO ausmacht - so könnte man den *Anstoß* zum Kollaps alternativ auch *darin* vermuten, statt wie GRW einen *spontanen probabilistischen* Kollaps anzunehmen...
H: Ja. Penrose meint es allerdings in einem *indirekten* Sinne: dass nämlich „sobald eine `signifikante´ *Raum-Zeit-Krümmung* eingeführt wird, die

quantenmechanischen Regeln der linearen Superposition [von Dynamik *I*] *versagen* müssen [...][und] Superpositionen [...][mit] komplexen Amplituden, die mögliche Alternativzustände bedeuten, durch tatsächliche Alternativen mit Wahrscheinlichkeitsgewichten *ersetzt* [werden] - und eine der Alternativen [...] *tatsächlich* statt[findet].“[772] Die `Signifikanzgrenze´ wird dabei zwischen Quanten- und klassischer Ebene *recht hoch* angesetzt, weil es dabei um Folgendes geht: Für QO gibt es bezüglich des Ortes (hier wiederum *diskret* gedacht) diverse alternative Bewegungs-Richtungen mit je eigener Amplitude, die alle simultan als Superposition gegeben sind und das Wellenphänomen bilden.[773] Angenommen nun *(H. deutet auf Abbildung 87)*, es seien die Alternativen superponiert, dass ein QO einen Weg *A* oder einen Weg *B* nimmt; dabei verändert es über `Kettenreaktionen´ die Raumlage *diverser* Teilchen; zunächst kleinste Lageunterschiede *summieren* sich - wie im deterministischen Chaos - schnell insgesamt auch bezüglich des *Gravitationsfeldes* zu signifikanten *Unterschieden* auf, zumal es hier um die *Differenz* der beiden superponierten Raumlage-Alternativen geht. Eben das soll nun die unitäre Entwicklung gemäß Dynamik *I unterbrechen*,

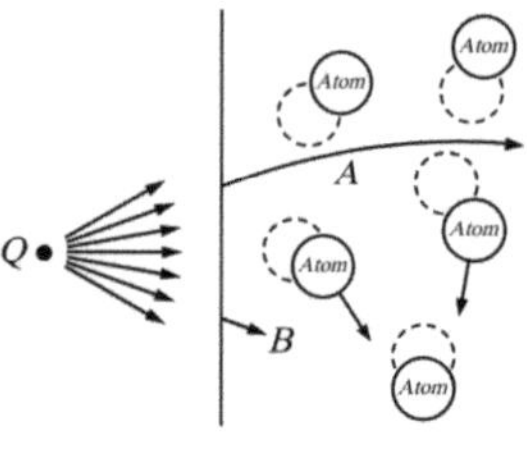

Abbildung 87

welche die Wahrscheinlichkeitsamplituden `bewahrt´ hat, und Dynamik *II*, die Reduktion des Zustandsvektors bzw. den Wellenkollaps auslösen, womit sich *eine* Alternative *realisiert*...

M: Wohlgemerkt geht man auch damit wieder zu einer *Teilchen*sicht zurück...

H: Ja. Dabei geht es ergo nicht nur um die *Masse* der involvierten Teilchen - einen entscheidenden Einfluss hätte auch, wenn sich eine große *Anzahl* von Teilchen *gleichzeitig ähnlich* ändert, so wie es beim Zeigerausschlag eines makroskopischen Messapparates ist... Würde der Dekohärenzansatz zu einer wirklichen *Lösung* des Messproblems führen, könnte man ähnliche minimalste Wechselwirkungen dafür verantwortlich machen, dass sie die kohärenten, festen *Phasenbeziehungen* der Objekte stören (verschieben) - denn der Penrose-Mechanismus *erinnert* ja an diesen Ansatz, insofern es darum geht, dass Wirkungen in die *Umgebung* getragen werden...

M: Wenn der Kollaps *kausal evoziert* sein soll (ob nun durch Gravitations- oder Coulombkräfte oder was immer), kann man zum *einen* auch *direkt* den Kollaps ohne Umweg über solch´ ein *Differenzfeld* denken, zum *anderen* aber muss man auch hier das Argument anbringen, dass man mit der QT ja nachhaltigste verborgene Parameter *nachgewiesen* hat: Superpositionen, nicht-lokalen Relationen, das *`andere´* und das *`mehr´* - die Frage, ob dahinter ein deterministischer oder probabilistischer `Mechanismus´ steckt, muss dann auch *hier* zumindest offenbleiben; auch hier muss im Sinne der nicht-Lokalität bzw. nicht-Separabilität und Verschränkung das Gesamtmuster insgesamt *instantan relevant* sein; aber mehr noch: Es fragt sich, ob mit dem Zurückgehen zur *Teilchen*sicht, zu Superpositionen diskreter *Teilchen*zustände, hier verschiedener diskreter Bahnalternativen, das Modell nicht gelinde gesagt *überfordert* wird, weil man das Ganze für eine *Kontinuität* von Bahnen, genaugenommen - allemalen in einer ontologischen Betrachtung - eben für eine *kontinuierliche Welle* denken müsste... Dessen ohnerachtet gibt es auch hier, wie es bei GRW gleichsam eine *`Zusammensturz-Tendenz´* gibt, eine immer dräuende Labilität, die einen selbstverstärkenden Prozess der (im Wortsinn) *`Realisierung´* auslöst, eine andere Art Labilität des Superpositionszustands, wenn die Differenz der Raumlage-Muster zu *groß* wird - oder umgekehrt formuliert eine *`Prägnanz-Tendenz´*, die gut zu dem Gedanken der `potentia´ bei Aristoteles und Heisenberg passen würde...

H: Apropos Aristoteles könnte man fast von einer `Abscheu vor dem Unklaren´ sprechen - woran *umgekehrt* allerdings deutlich wird, dass auch *dies* alles *nur postuliert* ist, auch hier wird eigentlich nur Eindeutigkeit *gefordert...*

M: Daher sollte man auch seinen Erkenntnisdrang hier *beruhigen;* `definitive` Dekohärenz, GRW-Kollaps und Penrose-Kollaps (*sofern* dieser sich vom diskreten Teilchenbild ins kontinuierliche Wellenbild übertragen lässt, was *zweifelhaft* ist) sind in der Tat ja überhaupt nicht eindeutig *empirisch unterscheidbar:* Nähert sich ein QO als Wellenentität dem hinteren Schirm des DSExp - hat dann an dieser Materie-Ansammlung `definitive´ Dekohärenz statt ob der *Verschränkungen* oder ein GRW-Kollaps ob der Teilchen*anzahl* oder ein Penrose-Kollaps ob der *gravitativen Differenzmuster?*

H: Ja, das ist schon *deshalb* gar nicht unterscheidbar, weil diese Effekte immer *zusammen* auftreten - was sie *eint*, ist, dass es um sehr *viele* beteiligte QO geht, womit es *gleichermaßen* um eine große Anzahl an *Teilchen* (GRW), an *Verschränkungen* (Dekohärenz) und an *Gravitationsfeld-Differenzen* (Penrose) geht - gleichsam um *`systemische Emanationen´...*

M: ...oder es geht im *direkten* Sinne um Massen und Ladungen *oder* um `schon-dinghaft-Konkretes´ (das man beim Penrose-Kollaps im Grunde schon immer voraussetzen muss), das sozusagen als `Kristallisationskeim´ zu weiteren
dinghaft-konkreten Singularitäten `ermutigt´... An diesem Punkt kann man VII e
sich wohl nur endgültig begrifflich-konzeptionell darauf *zurückziehen*, dass QO als Wellenentitäten die Fähigkeit eines dynamischen *`sich-Neigens´* zur Teilchen- *oder* Wellennatur eignet, als zwei *`Seins-Modi´*. Das ist natürlich - wie bisher, so auch im Folgenden - (auch) auf Wellen*pakete* zu beziehen, eine *Schar* überlagerter Wellenfunktionen (wie in III.12), welche über konstuktive und destruktive Interferenz die *resultierende* Wellenentität mehr dem Wesen einer ausgedehnten Welle oder dem Wesen eines diskreten Teilchens annähern kann - wie es sich bei den HU gezeigt hat...

H: Nun gut, betrachtet man die verschiedenen Deutungsansätze, zeigt sich, dass man offenbar mit den jeweiligen `Mechanismen´ QO als Entitäten *selbst* eine Dynamik zuschreiben muss - wie etwa den Elektronen, die mit der HU im Atom in bestimmten Zuständen *moduliert* werden, wobei *jener* Mechanismus von diesem *primären* Mechanismus *umfasst* würde...

M: Ja. Gleichgültig, *welches* der Bilder man vorziehen mag, muss man sagen, dass die ψ-Wellenfunktion hinsichtlich der raum-zeitlichen Einbettung von QO offenbar generell als *dynamisch* zu betrachten ist; auch eine (angeblich) `irreale´ *Wahrscheinlichkeits*welle ist nicht immer *schon* (bzw. *noch*), also immer *gleichartig* im Raum ausgebreitet - welchen ontologischen Status man den Wellen auch *zuschreiben* mag, sie müssen über ihre *ideele* Existenz im Konfigurationsraum hinaus irgendwie auch im *realen* Raum ausgedehnt, dann wieder `zusammengezurrt´ sein, d.h., sie müssen in ihrer real-räumlichen Ausbreitung *dynamisch veränderlich* sein im Laufe der Zeit. Ein Photon oder Elektron im DSExp muss *vor* der Emission in der Quelle räumlich *konzentriert* sein, es ist dann in einer spezifischen Bindung, sendet spezifisches Licht aus usw. usf.; die (relativ) stabile `Gestaltetheit´ der Welt, dass es Chemie und Biologie als Disziplinen überhaupt *gibt*, verlangt das schon. *Nach* der Emission muss es räumlich *ausgebreitet* sein, um Interferenzphänomene *hervorbringen* zu können; *hernach* aber, nach der Absorption auf dem hinteren Schirm, muss es *wiederum* räumlich *konzentriert* sein, etwa wenn es dort bei einem Atom eine *Reaktion* auslöst und die Kausalkette *weiterführt*... Es gibt auch keinen vernünftigen Grund, von dieser Sicht *abzugehen*, wenn man alles in einen *`schwarzen Kasten´* wie bei `Schrödingers Katzc´ verlegt - warum dann das Gesamtsystem als nur *Dynamik I* unterworfen annehmen?

H: Das Messproblem hinge dann direkt daran, dass die QT (in diesem Sinne) *unvollständig* ist, weil sie die nämlichen zwei Seins-Modi von QO nicht bzw. nur in Gestalt der *HU* abbildet: Was mit diesen als *Anwendungsgrenzen* des Teilchen- und Wellenbildes *erfasst* wird, wenn die kanonisch-konjugierten Variablen `Ort´ und `Impuls´ *gleichzeitig* nur *`unscharf´* gemäß $\Delta x \cdot \Delta p_x \geq \hbar$ gegeben sind, *ist* eben diese Modulation zwischen den Extremen `Welle´ und `Teilchen´...

M: Richtig. Mathematisch müsste der *Sinngehalt* der HU nicht als gleichsam *passives* Prinzip fungieren, das vom mathematischen Formalismus *abnimmt*, was *sein kann*, sondern als *aktives* Prinzip, das - gebunden an Mechanismen, wie sie mit einer `definitiven´ Dekohärenz, dem GRW- oder Penrose-Kollaps gefasst werden - *bestimmt*, was *ist*... DeBroglie waren `Welle´ und `Teilchen´ Idealisierungen und Symbole - Schrödinger hat *ähnlich* argumentiert, nur statt mit *erkenntnistheoretischem* mit *ontologischem* Blickwinkel - er sagte: „An jeder Stelle in einem regelmäßig fortschreitenden Wellenzug findet sich ein zweifacher struktureller Zusammenhang der Wirkungen, die man als *`längs´* und *`quer´* unterscheiden mag. Die *Quer*struktur ist die der *Wellenflächen* und tritt bei *Beugungs-* und *Interferenz*versuchen zu Tage, die *Längs*struktur [hingegen] ist die der *Wellennormalen* und manifestiert sich bei der Beobachtung einzelner *Teilchen*."[774] Mit den Observablen `Ort´ und `Impuls´ etwa kann die Quer- *oder* die Längsstruktur mehr hervortreten: QO sind insofern *nicht* durchgängig *lokalisiert*, sondern nur durch eine Messung lokalisier*bar*. Beim DSExp etwa kann man daher einem QO, bei welchem die *Quer*struktur (noch) mehr hervortritt, wenn es zur *Wellen*natur geneigt ist, ohne konkrete Orts-*Messung*, bei welcher dessen *Längs*struktur mehr hervortritt, wenn es zur *Teilchen*natur `geneigt´ ist, innerhalb der Apparatur keinen definiten Ort zuschreiben - die Messung wäre dann allerdings damit zu vergleichen, dass man einen Mückenschwarm mit einer *Lampe* in einen diskreteren `Ortszustand´ *präpariert*...

H: ......oder damit, wie man bei einer Plasmalampe, indem man seine Hand auf die Glaskugel legt, stärkere Entladungsfilamente *hervorruft*, scheinbar *`anzieht´*...

M: Ja; ähnlich können sich QO offenbar in (potentieller) Gegenwart anderer QO (also bei Materie*anhäufungen*) zur Teilchenartigkeit `zusammenziehen´, `sich-neigen´, eben das scheint man bei einer Orts-*Messung* mit klassischen Messapparaten zu *erzwingen* (womit - wie gesagt - eine quantenphysikalische Messung einer (idealisierten) klassischen Messung diametral entgegensteht); es geht mithin nicht um die Lokalisiert*heit* (oder Lokalität), sondern um die Lokalisier*bar*keit von QO. Dabei hängen andere Parameter, wie die HU zeigen: insbesondere der Impuls, *an* dieser Modulation, da sie ja der Wellenentität *`eingeschrieben´* sind; so kann man überhaupt nicht von *`den´* - klassischen - Eigenschaften eines QO sprechen, diese werden *mit* der Messung ja erst *hervorgerufen* und sie sind wechselseitig voneinander *abhängig* (aufgrund der eher monochromen *oder* polychromen Modulation) - dies beleuchtet nochmals die inadäquaten `Erwartungen´ an QO: QO sind *`anderes´* als Wellen oder Teilchen in Reinkultur und sie sind *jeweils* `anderes´...

H: ...mithin ist auch das menschliche Bewusstsein natürlich nicht *`realitäts-konstitutiv´*, *weder* im *direkten* Sinne, noch in einem *abstrakteren* Sinne, ob man etwa Informationen über den Weg eines QO durchs DSExp erhalten *kann* - das `sich-Neigen´ zur Quer- oder Längsstruktur ist ein *objektiver* Prozess...

M: Richtig. Das bedeutet im Umkehrschluss aber nicht, dass QO nicht *vor* einer Messung *andere*, auf ihre Weise *spezifische* Zustände innehätten - dem Zugrundeliegenden kommt nicht nur *Substanz*charakter zu, es hat damit auch *Eigenschaften:* Neben den gemessenen - in diesem Sinne: relationalen - muss es noch *andere intrinsische* Eigenschaften geben, gerade *weil* Messungen präparieren, gerade *wenn* man annimmt, dass eine Messung wesentlich durch dergleichen Prozess des `sich-Neigens zur Quer- oder Längsstruktur´ charakterisisert wird: Offensichtlich bekommt man ja nur gleichsam die *Oberfläche* des *`eigentlichen´* Geschehens zu Gesicht: QO, die *schon* zur `Längsstruktur´ `geneigt´ *sind*, die *schon* teilchenartig *sind*. Insofern die Zustandsentwicklung gemäß Dynamik *I* streng deterministisch verläuft und im Gegenteil gerade bei der *Messung* die - scheinbar - *in*deterministische Dynamik *II* ins Spiel kommen soll, sollten *zuvor* gerade *spezifische* Zustände gegeben sein (mögen die auch unzugänglich sein); und *ob* Dynamik *II* (bzw. eine umgreifende Gesamtdynamik) *in*deterministisch ist, muss ja *offenbleiben*... Was *`Materie´* genannt wird, sind *dauerhaft* zur Teilchennatur `geneigte´ QO. *Gebundenen* QO wird man ihre Lokalisiertheit nur bis zu einem gewissen *Grade* absprechen können, bei *freien* QO, etwa beim DSExp, ist das anders: Man weiß ob der HU und empirischer Befunde, dass nach einer *Orts*messung eine hohe Wahrscheinlichkeit *W(x)* vorliegt, ein QO am Ort *x* anzutreffen, während dessen Impulswert *p* stark streut - bei einer *Impuls*messung ist es genau *umgekehrt;* das kann man so zu visualisieren versuchen *(M. deutet auf Abbildung 88a)...*

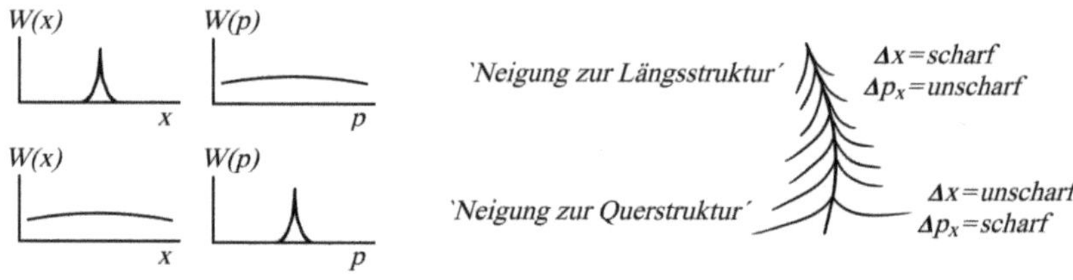

Abbildung 88a/b

Auch der mathematische Formalismus bildet - wie erinnerlich - diese gegensätzlichen Zustände im Orts- und Impulsraum jeweils als unendlich steile δ-Funktion bzw. polychromere Welle oder als monochromere ebene Welle (bzw. komplexzahlig als fourier-transformierte Schraubenlinie) ab; dies sind allerdings nur *Grenz*beschreibungen - ein QO ist nie *ganz* monochrom oder *unendlich* steil bzw. polychrom moduliert, was eben die HU *erfassen (M. deutet auf Abbildung 88b)...* Nimmt man QO ob ihrer `individuellen Ganzheit´ als individuelle Träger von Eigenschaften, ist es so, dass, was klassisch selbstverständlich scheint, dass einem Objekt *essentiell* und *denknotwendig* zukommt, eine Welle *oder* ein Teilchen zu sein, in der QT *nicht* gilt: Für ein QO ist beides ein *akzidentielles* Prädikat, das diesen zukommen *kann*, nur nicht in vollkommen `freier´ Kontingenz, insofern ihr `Sosein´ offenbar notwendig *zwischen* diesen beiden Seins-Modi `ausgespannt´ ist...

H: Eine wirklich *anschauliche* Vorstellung kann man davon aber wohl nicht entwickeln - das hieße es wirklich *`verstehen´*...

M: Nun, man müsste abstrakt ein `etwas´ denken, das sich dynamisch mehr zu seiner Quer- oder Längsstruktur *`hinneigen´* kann, aber weder Welle noch Teilchen in Reinkultur *ist*, sondern *`anderes´*... Leibniz stellt im Rahmen seiner Definitionen von Raum und Zeit fest: „Existiert eine Mehrheit dinglicher Zustände, die einander nicht ausschließen, so werden sie als *zugleich* existierend bezeichnet. Daher gelten uns [...] Ereignisse [...] *nicht* als zugleich, [...][wenn] sie [...] *entgegengesetzte* Zustände eines und desselben Dinges bedingen. [...] Die Zeit ist die Ordnung des *nicht* zugleich Existierenden."[775] Offensichtlich ist doch beim komplementären Dualismus ontologisch das *`zugleich´* unzutreffend, dass etwas Welle *und* Teilchen ist - mithin ist überhaupt nicht die Rede von Wellen und Teilchen in der Art klassischer Reinkultur, wie die Begriffe das *implizieren;* zum einen `treffen´ die *Begriffe* und *Modelle* generell nicht genau, die Dinge sind gleichsam `mehr´ und `anderes´ bzw. diese treffen nur deren *Erscheinung*, nicht was sie `tatsächlich´ (mutmaßlich) sind; zum anderen aber: *Sofern* die Begriffe und Modelle zutreffen, tun sie dies *nicht zugleich...*

H: Das hat sich schon beim `weder-noch´-Objekt angedeutet *(H. deutet auf die Abbildung oben)*, dass es - wie es für Wasser die verschiedenen Aggregatzustände gibt - für QO ein dynamisches `sich-Neigen´ zur Teilchen- *oder* Wellennatur geben könnte; sagt Bohr, „die Bezeichnung Komplementarität [sei] eingeführt worden, [...][weil unter (gewissen) verschiedenen Versuchsbedingungen beobachtete] Phänomene erst zusammen alle definierbaren Aufschlüsse über die behandelten [...] Objekte erschöpfend ausdrücken"[776], ist das richtig, insofern die betreffenden Eigenschaften sich als *mögliche* Zustände zum `Wesen´ der Objekte ergänzen (neben weiteren) und diese eben nicht *gleichzeitig* `real´ sein *können*, nicht aber insofern sie *gleichzeitig* zutreffen können *müssten:* Für Wasser etwa sind die Eigenschaften `flüssig´ und `fest´ *mögliche* Zustände, die nur zu *verschiedenen* Zeiten `real´ sein können, weil sie sich ansonsten *widersprechen...*

M: Dabei muss man wohl annehmen, dass die komplementären Eigenschaften von QO, was etwa Orts- und Impulsunschärfe betrifft, die in nämlichem `sich-Neigen´ Ausdruck finden, voneinander *funktional abhängig* sind - der *orthodoxen* QT zufolge sollen sie voneinander *funktional unabhängig* sein, was für zwei Eigenschaften *A* und *B* bedeutet, dass sie nicht als Funktion einer *dritten* Eigenschaft *C darstellbar* sind als $A=\alpha(C)$ und $B=\beta(C)$...

H: In der klassischen Physik sind alle Werte von funktional unabhängigen Eigenschaften eines physikalischen Systems ja miteinander *kombinierbar* - jeder Wert für die Eigenschaft `Ort´ kann (prinzipiell) mit jedem Wert für die Eigenschaft `Impuls´ kombiniert werden.[777] In der QT ist es jedoch so, „dass auch grundlegende, funktional unabhängige Eigenschaften in *der* Weise voneinander abhängig sind, dass nicht beliebige Werte dieser Eigenschaften miteinander *vereinbar* sind. [...] Das bekannteste Beispiel sind der Ort und der Impuls. [Wie gesagt:] Es ist kein Zustand eines Quantensystems *möglich*, in dem sowohl der Ort als auch der Impuls einen definiten numerischen Wert haben [...]. Es *gibt* keinen [solchen] Zustand"[778]...

M: Richtig; Man setzt aber das möglicherweise nur *Unvermögen*, *A* und *B* als Funktionen von *C* darzustellen, als *gegeben* und *definiert* so beide als `funktional unabhängig´ - dann behauptet man, auch funktional *un*abhängige Eigenschaften seien in der QT *insofern* voneinander *abhängig*, als dass sie *inkompatibel* sein können. Muss man nicht *umgekehrt* schließen: Da man inkompatible Eigenschaften *findet*, sind *A* und *B* offenbar *nicht* funktional voneinander unabhängig - wenn ein \`sich-Neigen´ zu bestimmten komplementären Eigenschaften statthat und etwa die \`Schärfe´ von Ort und Impuls mit der HU *streng gegenläufig korreliert* ist?!

H: Wenn *doch* gelten soll: $A=\alpha(C)$ und $B=\beta(C)$, müsste man das zugrundeliegende *C* und die Funktionen α und β explizit *angeben*...

M: Aber *das* bezeichnet doch gerade die *HU:* Sie ist kein mystisches Gesetz, sie erfasst die *funktionale Abhängigkeit* zweier komplementärer Eigenschaften *A* und *B*, etwa von \`Ort´ und \`Impuls´ *(M. deutet auf Abbildung 89)* - daher müssen Dynamik *I* und *II* zu einer *neuen* Dynamik verschmelzen, welche diese Zusammenhänge *erfasst* und die HU als *\`aktives´* Prinzip einbindet... Überdies ist das Stichwort \`Negative Ontologie´ - im *negativen* Sinne ist klar, was QO *nicht* sind, im *positiven* immerhin, dass es um ein *\`mehr´* und *\`anderes´* geht; man muss nicht positiv *wissen* und (mathematisch) *erfassen* können, wofür das zugrundeliegende unbekannte *C* und die Funktionen α und β stehen, um zu sehen, dass mit den Begriffsbildern *A* und *B* - wie erinnerlich - vollkommen *inadäquate \`Erwartungen´* an QO gestellt werden, *weil* diese funktional abhängig sind, und dass man \`Realismus´ in der QT nicht mit \`Wert-Definitheit´ der *klassischen* Parameter gleichsetzen kann...

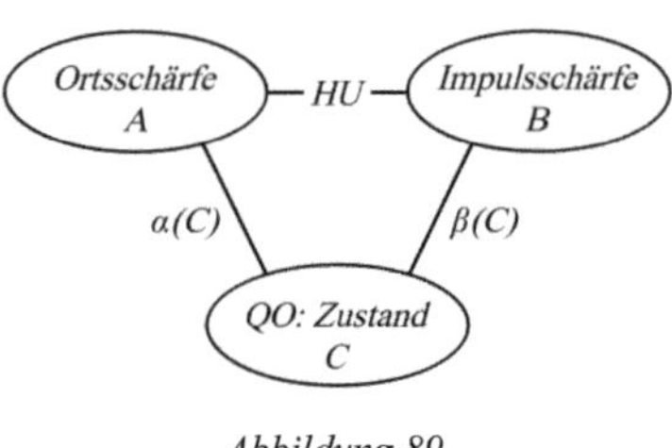

Abbildung 89

H: Auch der „Formalismus [...][der QT ist aber ja] so beschaffen, dass es nicht einmal *mathematisch* möglich ist, einen quantenmechanischen Zustand eines Elektrons anzugeben, bei dem Ort und Impuls *gleichzeitig wohldefiniert* sind“[779]...

M: Eben. Die Abbildung ist *korrekt* - aber man gesteht damit nicht *mehr* zu, als wenn man sagt, dass Wasser nicht ein bestimmtes Maß an \`Festigkeit´ (gefroren) *und* \`Fließfähigkeit´ (flüssig) *gleichzeitig* haben kann, was ein entsprechender mathematischer Formalismus natürlich *auch* abbilden würde... Bezüglich des \`sich-Neigens´-Mechanismus seien einmal einige empirische Phänomene *aufgelistet: Erstens* anzuführen wäre die Situation beim DSExp unter gewöhnlichen Kohärenzbedingungen - wie dort der dynamische Prozess des \`sich-Neigens zur Quer- oder Längsstruktur´ zu verstehen ist, ist evident. Im Dekohärenzbild wäre das QO bei den Spalten eine *kohärente Welle*, bei der Quelle, wie hernach am hinteren Schirm aber *final \`definitiv´ dekohäriert*, die feld- bzw. wellenartigen Anteile der Wellen-Ganzheit wären zu einem räumlich *diskreten* QO \`zusammengezogen´ - Dekohärenz bleibt dann *nicht* bei klassischen *Alternativen* stehen, dies geschieht nämlich selbst unter

optimalen Kohärenzbedingungen...
*H: Finale `definitive'* Dekohärenz meint *dasselbe* wie der reale Wellenkollaps, den etwa GRW und Penrose beschreiben, mit Schrödinger das vollständige `sich-Neigen' zur *Längs*struktur, zur Teilchennatur als das Entstehen eines *`Schaumkammes'* des Zugrundeliegenden...
M: So ist es. *Zweitens* findet man dergleichen `Schaumkamm-Phänomene' *generell* unter bestimmten Rand- bzw. Umgebungsbedingungen, nämlich als *definitives* Verschwinden der *Interferenzfähigkeit* - dazu gehört etwa, das DSExp unter immer *höherem Gasdruck* auszuführen, so dass die Wahrscheinlichkeit der *Interaktion* der QO mit (anderer) Materie *erhöht* wird, Elektronen beim DSExp *Röntgenlicht* auszusetzen, um zu ermitteln, durch welchen Spalt sie gehen usw. usf.; denn wenn die *Bahnen* der QO dergestalt sichtbar werden, *verblasst* das Interferenzmuster auf dem Schirm *zusehends* bzw. es *verschwindet ganz* - QO verhalten sich dann *zunehmend wie* klassische Teilchen (die nur durch *einen* Spalt gehen), weil sie dann *ganz* zur `Längsstruktur' geneigt sind - das geht streng mit den *Dekohärenzzeiten* einher, die man gefunden bzw. errechnet hat *(M. deutet auf die Abbildung oben).* Dazu gehört auch der Fall, dass QO durch eine *Wilson'sche Kammer* gesandt werden - empirisch beobachtet man geradlinige Bahnen wie von klassischen Teilchen. Würde man nun *in* dieser das *DSExp* durchführen, in der QO fast *permanent* mit (anderer) Materie (nämlich dem übersättigten Wasserdampf) in *Interaktion* treten, wären *nur* klassische Teilchenbahnen zu beobachten und *gar kein* Interferenzmuster auf dem hinteren Schirm - QO würden sich also *vollkommen wie* klassische Teilchen verhalten, es ergäbe sich dann etwa eine Gauss'sche Verteilungskurve auf dem hinteren Schirm - hinter jedem Spalt ein Maximum, zu einem Gesamtmaximum überlagert *(M. deutet auf Abbildung 90)...*

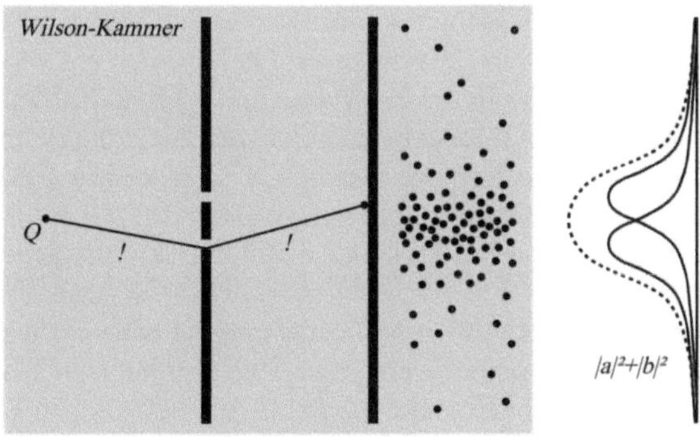

Abbildung 90

Solcherlei permanente `definitive' Dekohärenz, permanenter Wellenkollaps,

permanentes `sich-Neigen´ zur Teilchennatur würde eine Dispersion der Wellenentität in Zaum halten, die $\Psi$-Funktion *`zerfließt´* nicht...
H: Hier verschwinden für die Dekohärenztheorie die Interferenzterme - ein QO ist bei Interferenz durch Spalt *1 und 2* ($|a+b|^2$) gegangen, ohne Interferenz aber durch Spalt *1 oder 2* ($|a|^2+|b|^2$)...
M: Nun, für den diskutierten *orthodoxen* Dekohärenzansatz wäre das QO genaugenommen *immer noch* durch *beide* Spalte gegangen - dieser scheinbare Extremfall der *permanenten `definitiven´* Dekohärenz kann eben *kein reiner* orthodoxer Dekohärenzeffekt sein, so man dem empirischen Befund folgend annehmen will, dass offenbar auch dieses *`(und-)oder´* noch *aufgelöst* wird, was über das *hinausgeht*, was Dekohärenz gemäß Dynamik *II vermag* (und das ja auch nur in der *Erscheinung*) - genaugenommen müsste man *hier* ja, wie man zuvor mit der reduzierten Dichtematrix dabei stehengeblieben ist, dass *beide* klassischen Alternativen als `existent´ überlagert *bleiben*, dazu kommen, eine Überlagerung aller möglichen Wechselwirkungen mit den Wasserdampfmolekülen, mithin Weg-Verzweigungen anzunehmen - was *noch weiter* vom empirischen Befund entfernt ist, eben der *einen, sichtbaren* Bahn durch *nur einen* Spalt; orthodoxe Dekohärenz reicht nicht aus, *weil* diese nur mit Dynamik *I* bei Wellenphänomenen *stehenbleibt* - hier wird dem Befund zufolge aber *tatsächlich* durch die gleichsam `permanente Messung´, welche der Wasserdampf vornimmt, ein vollkommenes `sich-Neigen´ zur Teilchennatur bewirkt...
H: Nun gut, es wird ja als *Erfahrungstatsache* gehandelt, dass, wenn Elementarteilchen wie etwa Elektronen Spuren in einer Wilson´schen Kammer hinterlassen, dies „den diskreten Charakter [...][dieser] Materiestrahlen [beweist][...] und zeigt, dass es zweckmäßig ist, sich diese [...] als aus kleinen [...] *Teilchen* bestehend vorzustellen. Eine [...][solche Spur] stellt *direkt* die Bahn einer einzelnen Partikel dar. [...][Darunter] versteht man dabei stets ein Gebilde, welches sich wie ein Massenpunkt der klassischen Mechanik bewegt“[780]... Die Betonung würde dann - wenn man auch durch Ablenkungsversuche in Feldern *klassisch* Geschwindigkeit, Masse und Ladung bestimmen könnte - auf `*wie* ein Massenpunkt´ liegen, denn hier wäre nicht die Bahn eines reinen *Teilchens* zu sehen, sondern nur nämlicher `*Schaumkamm* des zugrundeliegenden *Wellen*phänomens´, wohl gar - wie bei den `GRW-Blitzen´ - statt einer kontinuierlich scharfen Trajektorie nur eine `klümpchenartige´ *`Spur´* von Lokalisierungen...
M: Nun, insofern nämliche Prozesse hier *ständig* statthaben, könnte man sagen, dass nicht nur der *Eindruck* entsteht, man hätte es mit einem Teilchen zu tun, sondern in gewisser Weise *ist* ein QO dann - als *`ständig* zur Längsstruktur geneigt´ - *`tatsächlich´* eine Art klassisches Körperchen (bzw. umgekehrt: klassische Körper sind so `geneigte´ Ansammlungen von QO)... Jedenfalls ginge es um vollkommen *andere* bzw. *anders-modulierte* Entitäten, denn die

QO sind hier ja offenbar in einem anderen physikalischen *Zustand*, bei dem sich *keine* (Selbst-)Interferenz mehr ergibt, es geschieht etwas *anderes* als sonst, wenn man das DSExp *nicht* in einer Wilson'schen Kammer ausführt - ergo *sind* die QO in ihrem 'Sosein' hier anderes: Im DSExp ist unter den gewöhnlichen Kohärenz-Umständen mit Schrödinger gesprochen die '*Quer*struktur der Wellenflächen' ausgeprägter, so dass Beugungs- und Interferenzphänomene zutage treten (können), während in einer Wilson'schen Kammer oder bei der Ankunft auf dem hinteren Schirm die '*Längs*struktur der Wellennormalen' ausgeprägter ist, so dass Teilchenphänomene zutage treten (können); bei aller wirkungsdynamischen Erstreckung sind QO so *zeitweise* räumlich *zentriert* (Ganzheiten sind sie ja immer) - und dies muss man offenbar (hier schon) als einen Effekt der *rein relativen räumlichen Relationen* der Dinge denken, der Annäherung bzw. Anhäufung...
H: Das Messproblem würde sich mithin darauf reduzieren, dass man QO bei Messungen mehr in dem einen *oder* anderen 'Sosein' präpariert; wenn man ein QO durch einen spezifischen Versuchsaufbau gewissermaßen 'zwingt', seine *Teilchen*eigenschaften zu zeigen, *verliert* es seine *Wellen*eigenschaften. Der Begriff 'Welle-Teilchen-Dualismus' würde *fälschlich* nahelegen, dass es *gleichzeitig* ausgeprägte Charakteristika beider Seinsweisen aufwiese...
M: Ja. Bezüglich des 'sich-Neigens'-Mechanismus lässt sich die Reihe der Phänomene aber *fortführen*, ja, sie *muss* sogar fortgeführt werden, da man nicht wie bis hierher *vereinfachend* sagen kann, jede Wechselwirkung mit '*anderer*' Materie oder die *Nähe* von Materie führe zu einem 'sich-Neigen' zur Längsstruktur, bzw. dann bräuchte man - wiederum analog zum 'ersten Beweger' - etwas, das *schon* teilchenartige Materie ist... Abermals muss man seinen Blick *weiten:* Es ist doch recht seltsam, etwa mit der Dekohärenztheorie nur auf die Wechselwirkung mit Licht, einzelnen Gasteilchen oder dergleichen abzuzielen - bei einem $C_{60}F_{48}$-Fulleren sollte man nicht erst solcherlei Wechselwirkung mit der *Umgebung* bemühen müssen (wenn die bei einem größeren Gebilde wie diesem natürlich auch *intensiver* sein mag); *einzelne Gas*teilchen unterscheiden sich prinzipiell in nichts von den *sowieso* vorhandenen *108* Atomen des Moleküls *selbst.* Zwar ist es so, dass ein Staubkorn rechnerisch schon durch den minimalen Einfluss der *3K*-Strahlung 'definitiv' dekohäriert bzw. kollabiert *(M. deutet auf Abbildung oben)* und Moleküle schon dergestalt klassisch lokalisierbar werden - bleibt so aber nicht der unvermeidbare und irreversible Einfluss der Umgebung noch ein 'zweischneidiges Schwert'? Selbst mit der kosmischen Strahlung, dem Sonnenwind, müsste man etwa den Mond als für experimentelle quantenphysikalische Verhältnisse vom Rest des Kosmos nahezu *perfekt isoliert* ansehen, jedenfalls in der Sicht eines irdischen Experimentators, der Dekohärenzeffekte etwa durch *Gasmoleküle* der Luft befürchtet...
H: Die Frage, warum der Mond auch *unbeobachtet* existiert, wäre also *doch*

nicht so einfältig...
M: Warum *gibt* es den Mond als *klassisches Objekt?* Für ein Elektron in einem Atom konnte man die HU ja so interpretieren, dass der Ortsunschärfe ein bestimmter sich einpendelnder *Grund*radius entspricht und der Impulsunschärfe ein dem korrespondierender *Mindest*impuls im Grundzustand: $pr=\hbar$; genauer im Ort festgelegt würde es diesen durch den größeren Impuls bzw. (da die Masse im wesentlichen *gleichbleibt*) die größere Geschindigkeit sofort wieder verlassen; wenn man allerdings in der HU $\Delta x \cdot \Delta(m_x v_x)=\hbar$ gleichsam v_x *`festhält´*, könnte bei gleicher *Geschwindigkeit*, ein *massiveres* Teilchen die Relation mit *kleinerer* Ortsunschärfe erfüllen. Interessanter noch ist aber der Mechanismus, dass *größere, massivere* Körper gemäß der deBroglie-Formel eine *kleinere Wellenlänge* haben, die *an sich* schwerer zu detektieren ist, was gleichsam *in Richtung* des Teilchenmodus arbeitet. Gedanklich in diese Bahnen gelenkt, ergibt sich nun *drittens* die Frage: Wann und warum wird eigentlich aus einer *Ansammlung* von QO ein Objekt mit entsprechender *eigener* deBroglie-Wellenlänge?
H: Wie jetzt?!
M: Bei dieser ist es gemäß $\lambda=h/p$ mit $p=mv$ ja so, dass je *größer* der *Impuls* des QO ist, die Wellenlänge der Materiewelle zusehends *kleiner* wird, bis sie schon bei kleinsten mesoskopischen Objekten *unbeobachtbar* ist *(M. deutet auf Abbildung 91)...* In betreff des Impulses wurde *Beziehung 1* ja schon erwähnt: dasselbe QO hat bei größerer *Geschwindigkeit* eine kleinere Wellenlänge - so war deBroglie ja auf die Spur der Materiewellen *gekommen:* Energie könnte mit einem Schwingungsvorgang zu tun haben, der dann in einem `bewegten´ Bezugssystem als Wellenbewegung erschiene; hier könnte man mit der *`Relativität* von Bewegung´ in Schwierigkeiten kommen, mögen die aber lösbar sein - diese Beziehung scheint zunächst *verständlich. Beziehung 2* besagt, dass ein QO mit größerer *Masse* bei derselben Geschwindigkeit eine kleinere Wellenlänge hat - das erscheint (ersteinmal) als fundamentale Gesetzmäßigkeit, die man *hinzunehmen* hat...

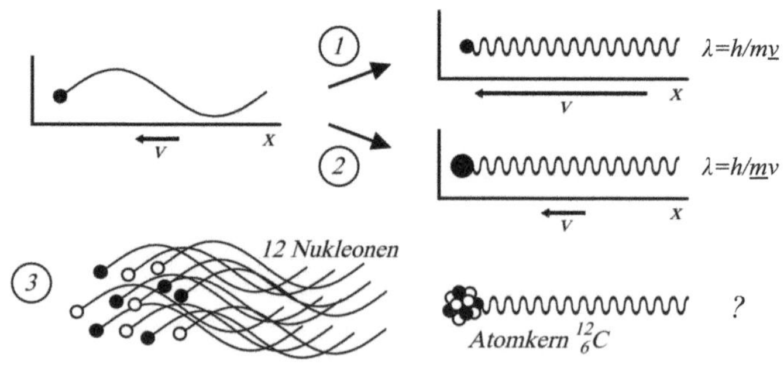

Abbildung 91

H: Mit der HU ergibt sich schon beim Einfachspalt (von den Nebenmaxima abgesehen) für den Beugungswinkelbereich, dass dieser umso kleiner wird, je größer die Masse *m* und die Geschwindigkeitt *v* ist (und je größer der Spalt *d*) ($\tan\alpha \sim 2h/mvd$), mithin ergibt sich schon für ein *Staubkörnchen* ein um mehrere Größenordnungen unmeßbar kleiner Winkel - die klassische Mechanik auf mesokosmische Körper bezogen kann man nur *sehr* prinzipiell betrachtet als falsch bezeichnen und mit Beziehung *1* und *2* nähert man sich dieser also *an*... Und *Beziehung 3?*
M: ... ist das *eigentlich* Interessante, weil sich darin offenbar auch das `sich-Neigen´ zur Teilchennatur *abbildet:* Vielleicht muss man schon für Protonen und Neutronen ein `Zusammengesetztsein´ annehmen und bei ihnen anfangen (oder sogar noch eher) - so schwierig dieser Begriff in der QT am Ende aber auch sein mag, *jedenfalls* muss man bei größeren und massiveren *Molekülen* von einem *`Zusammengesetztsein´* sprechen: Ein Fulleren $C_{60}F_{48}$-Molekül mit *1632u* (atomaren Masseneinheiten) ist (mit $\approx 2{,}7 \cdot 10^{-24}\,kg$) eben rund *1600*-mal so *massiv* wie ein Wasserstoffatom; dessen Wellenlänge ist bei gleicher Geschwindigkeit der Teilchen also mit der bewährten deBroglie´-schen Formel ungefähr um den Faktor *1/1600 kleiner* als etwa bei Wasserstoffatomen oder man könnte auch sagen: bei Protonen...
H: Nun, das entspräche *auch* Beziehung *2*...
M: Aber *warum* eigentlich? Wieso kommt es empirisch nicht (nur) zu einer Überlagerung der Tausenden langwelligeren Materiewellen der Protonen, Neutronen, Elektronen, aus denen dieses (Quanten-)Objekt *zusammengesetzt* ist - wieso ergibt sich nicht ein völliger *`Materiewellensalat´?* Schon ein *C*-Atom setzt sich aus *18* Ementarteilchen zusammen; auf der Ebene darüber setzt sich etwa ein $C_{60}F_{48}$-Fulleren aus *108* einzelnen Atomen zusammen, die sich wiederum aus *Hunderten* von Protonen, Neutronen und Elektronen zusammensetzen - was nun, wenn man es fertigbrächte, diese nahezu *gleichzeitig*, aber *einzeln* durch einen Doppelspalt zu schießen - dann müsste dem so *sein*, es müsste sich ein *`Materiewellensalat´* ergeben - wenngleich fraglich ist, ob mit der `individuellen Ganzheit´ Interferenz zwischen diesen Hunderten Objekten zu gewahren wäre. Aber: Was macht den *Unterschied*, wenn man einmal (nahezu) gleichzeitig, aber *einzeln 12* Nukleonen (von den Elektronen abgesehen), das andere Mal aber einen *`ganzen´ C*-Atomkern durch einen Doppelspalt schießt *(M. deutet auf die Abbildung oben)* oder einmal *108* Atome bzw. *Hunderte* Elementarteilchen *einzeln*, das andere Mal aber ein *`ganzes´* $C_{60}F_{48}$-Molekül - bezüglich der *deBroglie-Wellenlänge?* Grundsätzlich ist es ja so, dass eine höhere Energie bei Photonen etwa bedeutet, dass in *derselben Raumeinheit mehr Schwingungen* liegen...
H: Natürlich, das *meint* kleinere Wellenlänge...
M: Mit Beziehung *2* ist dem zwar zunächst nicht so - größere Masse meint *nicht* proportional größere Dichte in der Teilchensicht, nur die Kerne mit dem

Tröpfchenmodell Singularitäten analog genommen; mit Beziehung *3* dann aber *doch:* Es scheint nicht nur um die *Masse* zu gehen, sondern um die Energie*dichte* - in *dieselbe Raumeinheit* werden *mehr Schwingungen* \`gepackt´. Es wird ein *\`Gesamtobjekt´* moduliert - man kommt also wiederum auf den Begriff *\`Ganzheit´* bzw. einen *weiteren Aspekt* derselben, welcher mit dem \`sich-Neigen´ zur Teilchennatur zusammenhängt - hier lugt das Geheimnis *hervor...*
H: Es ist ja wohl so, dass die Elementarteilchen im *C*-Atom bzw. im Fulleren den Doppelspalt natürlich *koordiniert* in *räumlicher* und *zeitlicher* Hinsicht passieren, weil sie eben ein *Gesamtgebilde* darstellen - somit sind ihre Materiewellen *kohärent* und *interferenzfähig...* Und umgekehrt ist *fraglich*, ob die Elementarteilchen bzw. die Atome, *wenn* sie denn nahezu gleichzeitig durch den Doppelspalt gehen, dann auch *\`einzeln´* hindurchgehen - wohl *nicht,* weil sie eben miteinander *wechselwirken...*
M: Die Materiewellen der Fulleren- oder Atom*bestandteile* bleiben kohärent und interferenzfähig und umgekehrt wechselwirken wohl die Elementarteilchen bzw. die Atome - ersteres würde aber ja eher in die *andere* Richtung weisen und die Frage aufwerfen, warum sich die Wellenlänge zu einer *Gesamtwellenlänge* des Objekts ändert, *verkleinert,* da eine kohärente Überlagerung gleicher Wellen ansonsten ja von Schwebungen abgesehen nicht die *Wellenlänge* ändert, sondern nur die *Amplitude;* und zweiteres wirft von der anderen Seite her *dieselbe* Frage auf: Was *meint* \`wechselwirken´, dass man nicht mehr von *einzelnen* QO bzw. Atomen sprechen kann? Wie auch immer dieses *Gedanken*experiment ausgehen würde, jedenfalls ist es doch so, dass sich die *empirisch vorgefundene* Wellenlänge etwa aus dem $C_{60}F_{48}$-Fulleren als *Gesamt*gebilde ergibt, $\lambda=h/p$ ergibt sich aus der *Gesamt*masse (bzw. dem *Gesamt*impuls) des Fullerens...
H: Richtig...
M: Die *Schar* von *108* Atomen (ob sie nun wechselwirken oder nicht) und das $C_{60}F_{48}$-*Molekül* haben *insgesamt* rechnerisch *dieselbe* Masse; wenn aus der *Schar* nun ein *Molekül* mit charakteristisch *anderer* Wellenlänge wird, geht es offensichtlich nicht nur um die *chemisch-physikalische Bindung* und die räumliche und zeitliche Koordination (mag die auch für die Kohärenz und Interferenzfähigkeit wichtig sein) - man scheint kein reines *Aggregat* von Atomen, keine reine *Ansammlung* von QO vor sich zu haben, sondern eine *ganzheitliche Gesamtgestalt* mit *veränderter* deBroglie-Wellenlänge...
H: Nun, (auch) *diesem* Mechanismus, ist geschuldet, dass selbst kleinste mesoskopische Körper eindeutige Bahnen haben, weil die Wellenlänge von der *Gesamtgestalt* abhängt und *wesentlich kleiner* ist. Die einzelnen Atome \`heben´ sich (auch) *dergestalt* - über die Wellenlänge $\lambda$ - gleichsam wechselseitig ins *klassische Sein*, QO werden (auch) so als Materiewellen immer weiter von der *Quer-* zur *Längs*struktur gedrängt und \`offenbaren´ sich dergestalt als

Teilchen, jedenfalls `benehmen´ sie sich zunehmend so...
M: Jein; hier geht es mit einem *Sonderfall* von Beziehung *2 nicht* nur darum, dass nur *massivere* Objekte sich klassischem Teilchenverhalten anzunähern scheinen - `scheinen´, weil immer eine gleichsam *`Rest´*-Interferenzfähigkeit bleibt; QO verlieren generell nie *gänzlich* ihre Wellencharakteristika, wie sich ja schon an den recht komplexen Fullerenen zeigt; wenn man weiß, wo man *suchen* muss, findet man diese Charakteristika sogar bei noch größeren, komplexeren Objekten, etwa bei der Supraleitung, Superfluidität, beim Laser, wenn ein Kollektivzustand, eine kohärente Gesamt-Wellenfunktion vorliegt usw. usf.. Hier geht es *darum*, dass mit Beziehung *3 überhaupt* das Gesamtgebilde vollkommen anders *moduliert* ist, als `uneigentliches Aggregat´. Man *scheint* zwar *kein* reines Aggregat von Atomen, *keine* reine Ansammlung von QO vor sich zu haben, man muss aber doch sagen, dass *`innerhalb´* der Gesamt-Wellengestalt QO ihre `primitive Diesheit´, als individuelle Ganzheiten ihre *Identität* behalten, schon weil das Gesamtgebilde ja eine *bestimmte Struktur* hat - die *C*-Atome bilden etwa ein $C_{60}$-Fulleren und kein *Diamantgitter*. D.h. sie werden nicht zu *einem* Objekt gleichsam *`verbacken´*, sie scheinen *jeweils* zu einem *neuen* Objekt `ummoduliert´ zu werden...
H: QO würden sich mit dieser *`Neumodulation´* innerhalb der Gesamtgestalt wechselseitig ins klassische Sein `heben´, was augenscheinlich mit nämlicher `sich-Neigens´-Dynamik *zusammenhängt* bzw. diese muss dies *umfassen...*
M: Ja. In dieser Phänomen-Reihe hat auch seinen Platz, dass - wie erinnerlich - Elektronen, als gleichsam vom elektrischen Feld des Atomkerns eingefangene Elektronenwellen, die konstruktiv-interferierend in sich selbst zurücklaufen, sich, wenn sie in einem gewissen *Grade* vom Kern *in Richtung* des Teilchenmodus moduliert werden, dabei *soweit* dem Verhalten *klassischer Teilchen* nähern, *dass* schon das Planetenmodell `funktioniert´, und *dass* sich dergestalt schon der *`Keim´* der `Teilchenartigkeit´ zeigt, der sich gegebenenfalls in der teilchenartigen Spur in einer Wilson´schen Kammer fortsetzt...
H: Dann zieht es natürlich weite Kreise, wenn man Materie dergestalt anders *`konzipiert´:* Die Boltzmann-Statistik etwa gilt dann nicht nur eingeschränkt, weil QO sich als Fermionen und Bosonen unklassisch verhalten, als Wellen miteinander interagieren und sich `überlappen´ (wie etwa bei den Fermi-Gasen), sondern weil sie sich auch *insofern* nicht rein *passiv* verhalten, als sie nämlichem `sich-Neigens´-Mechanismus unterliegen...
M: Ja. Materie wäre *`schon*-zur-*Längs*struktur-Geneigtes´, das dann als eine Art *`Kristallisationskeim´* bei dieser `sich-Neigens´-Tendenz zu betrachten wäre: Atomkerne wären `Attraktionspunkte´, um die sich Elektronenwellen *verdichten;* auf der Ebene darüber wären Elektronen für *Photonen* (als eigenständige Entitäten genommen) derartige `Attraktionspunkte´, in die hinein sich Licht als (mit deBroglie) `subtilste Form der Materie´ verdichtet; und auf der Ebene darunter müsste man *ähnliches* für die *Kerne* annehmen (einem

infiniter regress zu einer `ersten Materie´ wird ein Halt geboten, wenn schon das *Zugrundeliegende* gesetzhaft verknüpft ist und es kleinste Fluktuationen gibt (oder durch einen Schöpfer)). Möglicherweise ist diese Reihe der Phänomene sogar dahingehend zu ergänzen, dass die *Gravitation*, dass *alles* (alle Materie) *zueinander*strebt, mit dieser Tendenz *verwandt* ist (was wiederum mit der Trägheit der Körper, die gemäß dem Mach´schen Prinzip durch die anderen Körper im Kosmos evoziert sein könnte, als *nicht-lokaler Eigenschaft* zusammenhängt; dabei könnte sogar der *relationale Raum*, welchen die überlappenden QO `aufspannen´, nicht-euklidisch sein, liegt darunter doch der *neutrale* abstrakt-logische Möglichkeits- bzw. dimensionale Definitionsraum) - das hier aber nur am Rande...

H: Im `Kielwasser´ dieser Frage, wie aus einer *Ansammlung* von QO eine charakteristische *Gesamtgestalt* mit *kleinerer* deBroglie-Wellenlänge wird, mit QO, die jeweils *mehr* zur *Längs*struktur `geneigt´ sind, nähert man sich vielleicht einer Deutung des `Welle-Teilchen-Dilemmas´: Das `sich-Neigen´ umgreift dann, dass und wie das feld- bzw. wellenartige Zugrundeliegende, wie die im- oder prämateriellen `Potentialitäten´ zu spezifischen dinghaft-konkreten Entitäten *actualisiert* werden; man könnte beinahe sagen, QO würden *sich selbst* oder sich *wechselseitig* zu *konkret-dinghaftem* Sein *`emanzipieren´*, dazu *`ermutigen´* - wie das `Leben´ im `Meer der Entropie´ als gleichsam `negentropische Insel´ entsteht, so hier die actualisierte `Dinghaftigkeit´ von QO im `Meer des Potentiellen´...

M: ...man könnte auch - wäre der Begriff nicht schon *vergeben* - von (in einem elementareren Sinne) *`kondensierter Materie´* sprechen... *Leibniz* hat im Sinne geradezu einer *Punktmystik*[781] aus dem Punkt heraus Materie als gleichsam `Kleid´ der Monaden konstituieren wollen, da er im Gegensatz zu Descartes in der Materie nicht nur *`mehr´*, sondern auch *`anderes´* als `Ausdehnung´ sah: „Die Erstmaterie oder das passive dynamische Prinzip [im Gegensatz zum aktiven Prinzip, der (aristotelischen) `Form´][...] besteht nicht in der Ausdehnung, sondern im *Verlangen* nach Ausdehnung"[782]; nimmt man die Monaden selbst als *immaterielle* Wesenheiten, gehört die Raumausdehnung nicht im direkten Sinne zu ihrer Wesensart - sie ist Resultat ihrer *Tätigkeit* (`agere est character substantiarum´). Hier nun scheint es *umgekehrt* so, dass sich das feld- bzw. wellenartig Ausgedehnte zu (nahezu) punktartigen Teilchen *zusammenzieht*. Man ist daran gemahnt, wie der *Raum* sich denken lässt: Zunächst denkt man, dieser bestünde im *`auseinander´* der Körper, das diese *trennt*, bis man gewahrt, dass er (ebenso) das *`zusammen´* der Körper kennzeichnet, dass sie in *einem* Raum sind. Ähnlich kann man Materie wie Leibniz´ `Punktmonaden´ als *`sich-Ausdehnen´* vom Punkt her denken, ebenso aber - das legt sich mit *Wellenentitäten* nahe, die man immer schon ausgedehnt nehmen muss - als *`sich-Verdichten´* des Zugrundeliegenden *zum* Materiellen. Für QO als *Singularitäten* allerdings lässt sich zwischen beidem gar nicht eindeutig *unterscheiden* - nicht nur, weil als Extreme der dimensionslose Punkt und das unendlich Ausgedehnte *gleich unbegreiflich* sind, sondern weil sich in diesen gleichsam beide Begrifflichkeiten *mischen* (wie erinnerlich von dem Begriffspaar `Kontinuum´-`Diskontinuum´); mit dem `sich-Neigens´-Mechanismus wird etwas *zwischen* diesen Extremen moduliert (wie schon bei Kants Wechselspiel von `Repulsion´ und `Attraktion´, welches Materie konstituiert oder der Modulation der Elektronen im Atom gemäß der HU) - als wäre bei Aristoteles schon dunkel von QO die Rede: Etwas zwischen `*μόνας*´ und `*στιγμή*´, dem „was [...] unteilbar ist [...] und zugleich ohne Lage [...][und dem], was [...] unteilbar ist und eine Lage hat“[783]...

H: Ja... Allerdings ist damit der Standpunkt eines Vaters der QT, „die Physik soll[e] nur den Zusammenhang der Wahrnehmungen formal beschreiben,“[784] ist *weit* verlassen - man ist tief im Bereich der *Meta*physik gelandet...

M: Ja, aber wenn man an *Hertz* oder an *Platons Höhlengleichnis* denkt - muss nicht *denkbar* sein, dass jemand (nicht nur, wenn er - wie bei Platon - aus dem `wahren Licht´ zurückkehrt) die auf der Höhlenwand beobachteten Phänomene wesentlich *konsistenter* erklärt, indem er *`mehr´* oder *`anderes´* annimmt, als direkt *sichtbar* ist? Man könnte in der Himmelsmechanik mit ausdehnungslosen Massen*punkten* und *Schwerpunkt*abständen rechnen - das funktioniert, ohnerachtet der *tatsächlichen Beschaffenheit* der Himmelskörper; was wenn diese überhaupt nicht direkt *zugänglich* wäre? Ist es nicht so beim Wellenbild, dass es zwar *spekulativ*, aber *überzeugend* ist, dass es - daher die Analogie - *plausibel* ist, *`mehr´* oder auch *`anderes´* anzunehmen?

H: Ja, nur kommt man im Mikrokosmos so zum *Unfassbaren*, *Unbeschreiblichen*, *Unverständlichen* und definitiv an die *Grenze* seines Erkenntniswitzes...
Was sich mit dem `sich-Neigens´-Mechanismus (zur *einen* Seite hin) *heraus-* VII f
kristallisiert hat, könnte man fast als *Emergenz* des `körperlich-Dinghaften´ bezeichnen...

M: Nein, die ganzen Erwägungen zu einem `Zugrundeliegenden´ sind gerade dadurch motiviert, *nicht* auf diesen Begriff zurückgreifen zu müssen: `Emergenz´ ist grundsätzlich - wie gesagt - ein eher *obskures* Denkkonzept, das sich hervorragend dazu missbrauchen lässt, gewisse Phänomene ohne viel Aufhebens und Nachdenkens *`herbeizueskamotieren´*. Mit dem Programm der *Reduktion*, das schon die antiken Atomisten begonnen haben, hat sich gezeigt, dass und wie man die Welt in *elementare Entitäten* zergliedern kann; aus diesen baut sich die ganze Welt, von den Molekülen und Kristallen bis zu den komplexen belebten und bewussten Gebilden in einer Art `Stufenpyramide des Seins´ auf; zwischen den Pascal´schen beiden `Abgründen´ des `unendlich-Kleinen´ und `unendlich-Großen´ erstreckt sich dabei ein dritter `Abgrund´, jener der *`Komplexität´*.[785] Dabei stellt sich die Frage, wie man die Fülle der Erscheinungen *`oben´* - bis hin zu `Leben´, `Sinnesempfindung´ und `Bewusstsein´ - *`unten´* im `Keim´ *gründen* kann. Hierfür gibt es zwei

gegenläufige Konzepte, die *Emergenz* weiterer Seins-Kategorien (von `oben´ aus betrachtet) und die *Disposition* zu *`mehr´*, mit welcher die Systemelemente gleichsam `begabt´ sind (von `unten´ aus betrachtet). `Emergenz´ ist ontologisch der Gegenbegriff zur *`Disposition´*, erkenntnistheoretisch zur *`Reduktion´*. Emergenz meint nun grob gesagt, dass Systeme gleichsam spontan (supervenierende) Eigenschaften aufweisen können, die ihre Teile *nicht* besitzen, so dass umgekehrt diese emergenten Eigenschaften (prinzipiell) nicht von den Teilen her *vorhergesagt* und *erklärt* werden können (theorierelativ soll sich dies nicht auf den historisch zufälligen *Wissensstand* beziehen), eine Reduktion soll explizit *ausgeschlossen* sein. Dabei geht es nicht nur um die Beziehung *an sich* zwischen Teil und Ganzem, was prägnant manchmal in den Satz gefasst wird: `Das Ganze ist *mehr* als die Summe seiner Teile´ (was wörtlich genommen natürlich *widersinnig* ist, weshalb es bei Euklid schlicht heißt: `Das Ganze ist die Summe der Teile´; allerdings sagt schon Aristoteles: „Dasjenige, was so zusammengesetzt ist, dass das Ganze *eines* ist [...], ist nicht nur seine Elemente“[786]), sondern - prägnant gefasst - um die Frage: `Tritt ontologisch-phänomenal etwas *Neues* zutage?´
H: In einem *trivialen* Sinne kann man die Emergenz völlig neuer Eigenschaften auf einer höheren Seinsebene natürlich nicht *abstreiten;* dahinter steht ein *grundsätzliches* kategoriales Problem, das zwischen verschiedenen Seins- bzw. Denkebenen auftaucht: Temperatur und Druck sind für einzelne Moleküle etwa schlicht (noch) *undefiniert*, manche Eigenschaften *gibt* es *subatomar* nicht - die Begriffe beschreiben das Verhalten eines Kollektivs von Dingen, die einzeln zu beschreiben *möglich*, wenn auch *unbequemer* und *weniger prägnant* wäre... Atome und Moleküle etwa `leben´ noch nicht, eine Zelle schon - die Anwendung des Begriffes auf erstere ist *sinnlos* - selbst, wenn man einen Apfel als `schmackhaft´ bezeichnen kann, dessen molekülare Bestandteile aber (noch) nicht, *ließe* sich dies (wohlgemerkt nicht die *Sinnesempfindung*) mit physikalischen Kategorien fassen (wenngleich fraglich ist, ob das erkenntnistheoretisch-methodisch *sinnvoll* ist). Aber dies alles betrifft eher die *begrifflich-kategoriale* Seite - in einem *ontologischen* Sinne kann man aber *darin* etwas Neues sehen, dass sich etwa in einem oszillierenden elektrischen Schwingkreis die Dinge *im* System vollkommen *anders* `verhalten´ als *einzeln...*
M: Scheinbar - aber die Teile des Schwingkreises `machen´ nichts anders, als sonst *auch* - das Geheimnis liegt nur in der *Kombination* der Teile mit ihren spezifischen Eigenschaften, zu denen es aber eben *auch* gehört, *dass* sie dergestalt kombiniert und rückgekoppelt werden *können.* Im Grunde könnte man dergleichen als einen *Teil*aspekt schon der Leibniz´schen Überlegungen zu möglichen Welten und insbesondere zum `vollständigen Begriff´ einer Sache ansehen - dabei geht es nicht nur um logisch-Begriffliches, sondern auch um *Ontologisches:* Der `vollständige Begriff´ einer Substanz „schließt

alle ihre vergangenen, gegenwärtigen und zukünftigen Prädikate ein", ja „jede einzelne Substanz schließt in ihrem vollständigen Begriff das ganze Universum ein"[787] (auch *deshalb* sind die Leibniz'schen Monaden 'lebendige Spiegel des Universums') - alles, was der Substanz widerfährt, ist gleichsam dessen *Folge*, weil ihr vollständiger Begriff „schon alle Prädikate oder Ereignisse *in sich* schließt."[788] Jedenfalls ist es mit dem 'vollständigen Begriff' eines Dinges so, dass es beim Schwingkreis *schon* dem Kondensator an sich (oder der Spule) als Eigenschaftsprädikat *angehört*, kombiniert mit anderem sich *so-und-so* zu verhalten, dass es *schon* im *'Keim'* des Dinges angelegt ist...
H: So wie im 'Baum' schon *angelegt* ist, was ein 'Wald' ist; im Goldatom, dass das Kristallgitter *gülden glänzt* - dies ließe sich *extrapolieren;* aber: Was bezeichnet 'Emergenz' dann *überhaupt* noch? In der QT könnte man diesen Begriff ja bemühen wollen, insofern das Zugrundeliegende (nur) phänomenal als Teilchen oder Welle *erscheint*, je nach dem 'sich-Neigen zur Quer- oder Längsstruktur', insofern das phänomenale Erscheinen von QO als materiellen Teilchen in einem *systemischen* Sinne an deren *Wechselwirkung* miteinander hängt...
M: Verfolgt man den Gedanken des 'vollständigen Begriffes' konsequent, *verschwindet* alle Emergenz in dessen Grenzwert, es tritt nichts Neues zutage, es wird nur schon-Vorhandenes *sichtbar*. Natürlich muss man dann den Begriff des Zugrundeliegenden - die Kehrseite des Ganzen, die *'Disposition'*, die Superveninez*basis* - *so* 'reich' machen, dass er alles weitere zumindest *der Möglichkeit* nach enthält. In allen *systemischen* Fällen, auch bei 'Leben' und 'Geist' (im Sinne von 'Intelligenz'[!]), scheint dies möglich, und auch in der QT enthielte der *'vollständige Begriff'* des Zugrundeliegenden alles weitere, ja, alle bisherigen Erwägungen sind gerade dadurch *motiviert*, *nicht* auf den Begriff 'Emergenz' zurückzugreifen, sondern mit dem 'mehr' und 'anderen' zu einer *dispositionellen* Erklärung zu kommen, dahin, dass sich im Sinne von Hertz die Phänomene daraus *ergeben*...
H: Wohl wahr - genaugenommen könnte man dann aber die Frage nach der *Berechtigung* des Begriffes 'Emergenz' nur beantworten, wenn man das Zugrundeliegende hinreichend *kennte*. Bei allem 'Wanken' der Begrifflichkeiten im Mikrokosmos hat man eigentlich nur mit dem *'Atom'* gleichsam ein *'Erkenntnis-Plateau'* erreicht, auf das man sich gleichsam von 'oben' herab 'abgeseilt' hat...
M: Jein. Man darf nicht verkennen, dass den Überlegungen hier (nur) zur Emergenz der *'klassischen Welt'* eine gewisse *Einseitigkeit* anhaftet: Während man gewöhnlich ein fundamentales 'unten' und ein supervenierendes 'oben' hinsichtlich der phänomenalen Charakteristika gut unterscheiden kann, ist es in der QT etwas *anders:* Mit dem Dekohärenzansatz, den Theorien eines realen Kollaps oder 'sich-Neigens', in denen die Ψ-Funktion als gleichsam *absolut fundamental* genommen wird - muss man es auch *umgekehrt* so sehen,

dass `unten´ Eigenschaften der Welt auftreten, die `oben´ nicht mehr gegeben bzw. *nicht erkennbar* sind - tritt `oben´ emergent `körperliche Dinghaftigkeit´ auf, so tritt `unten´ eben die *`Wellenartigkeit´*, Interferenzfähigkeit und eine verborgene Ausgedehntheit der Dinge *neu hinzu*. Auch das spricht *dagegen*, das Emergenzkonzept zu bemühen und es beim `sich-Neigen´ *bewenden* zu lassen - und das Zugrundeliegende in *beiden* Betrachtungsrichtungen, als zu *beidem* dispositionell `begabt´ zu betrachten...

H: Gut, was nur in für den Emergenz-Begriff *typischer* Weise hier immer mitschwingt, ist, dass das Zugrundeliegende in dem Sinne nicht fassbar ist, dass gewisse Seins- bzw. Denkkategorien wie `Ort´ und `Impuls´ erst *`oben´* gegeben bzw. defini(er)t sind, da beim `Hinabtauchen´ ins immer-Kleinere, schon jenseits der Atome, die Begriffe des Mesokosmos nicht nur *unbequemer* und *weniger prägnant*, sondern zusehends *sinnlos* werden...

M: Ja. In diesem *speziellen*, begrifflich-erkenntnistheoretischen Sinne ließe sich von Emergenz sprechen - überhaupt muss man *`echte´* (starke, absolute) Emergenz wohlgemerkt an zwei Stellen als *möglich* einräumen; zwei Phänomene hat schon duBois-Reymond als *transzendent* bezeichnet: „Die erste Schwierigkeit [unter den `Welträtseln´] ist das Wesen von *Materie und Kraft.* Als [...] eine Grenze des Naturerkennens ist sie an sich transzendent [d.h. auch fürderhin unüberwindlich. Die zweite ist das Entstehen der einfachen *bewussten Sinnesempfindung*.]“[789] Diese beiden Phänomene könnten *`echte´* Emergenz markieren - *zwischen* ihnen spannt sich die Welt in einer *andersartigen* Rätselhaftigkeit aus, einer *nicht prinzipiellen* Rätselhaftigkeit, eher in einer *`Erhabenheit´*, die *verständlich* bleibt... Bei der `bewussten Sinnesempfindung´ scheint beinahe evident, dass selbst, wenn die QT deutlich zeigt, dass unsere Vorstellung von Materie ontologisch *`zu arm´* ist (was schon Leibniz zu seinen Monaden als *immateriellen Kraftpunkten* inspiriert hatte), nicht zu sehen ist, welcherlei Phänomene auch nur *irgendwie* dazu beitragen könnten, diese zu *erklären* - man denke nur an Leibniz´ Mühlenargument, dem auch heute nichts hinzuzufügen ist (monistisch-identistisch betrachtet, so nicht dualistisch auf anderes Sein *`zugegriffen´* wird); paradoxerweise ist so betrachtet übrigens vielleicht das physikalisch-*erklärte* beseelte `Sein´ rätselhafter als das *unerklärte*[790] - aber dieser Gedankenfaden muss hier lose hängen bleiben...

H: Und an der *anderen* ontologischen (phänomenalen) Schnittstelle, jener zur *QT*, kommt man ebenso zum Transzendenten, nur dass man in der *anderen* Richtung fortschreitet, von der Physik zum `*Darunter*liegenden´, zur Metaphysik als *metà tà physiká...*

M: Das *`Wesen´* von Materie und Kraft (ohne dies sprachkritisch völlig zu zerfasern) bleibt auch dem erhabensten Geist *verschlossen;* sein `ignorabimus´ - `wir werden es nicht wissen´ begründete duBois-Reymond diesbezüglich damit, dass man im Zuge der immer weitergehenden Zergliederung der Dinge beim Versuch die `Körperwelt´ zu *verstehen*, sich sehenden Auges in *Widersprüche* verwickeln muss, wenn man verlangt, „dass eine Materie, die wir uns unter dem Bilde der Materie denken, wie wir sie *handhaben*, neue, ursprüngliche, ihr eigenes Wesen aufklärende Eigenschaften entfalte, und dies ohne dass wir irgendein neues Prinzip einführten. [...] Niemand, der etwas tiefer nachgedacht hat, verkennt die transzendente Natur des Hindernisses, das hier sich uns entgegenstellt. [...] *Nie* werden wir besser als heute wissen, was [...] `hier´, wo Materie ist, `im Raume spukt´.",„[Die Widersprüche] wurzeln in unserem Unvermögen, etwas anderes, als mit den äußeren Sinnen entweder, oder mit dem inneren Sinn Erfahrenes uns vorzustellen."[791] Die Grenzen des Naturerkennens, wie sie duBois-Reymond gezogen hat, sind *unüberschreitbar* - wohlgemerkt auch, wenn man das mechani(zi)stische Weltbild überschritte: Physik - wie sie (jetzt) verfasst ist - wird beim Mühlenargument *niemals* die einfache bewusste Sinnesempfindung erklären können - und *hier* ist gelinde gesagt nicht eben einfach zu sehen, wie *`noch-nicht*-körperlich-Dinghaftes´ *zu* einem körperlichen `Ding´ *werden* kann... Und doch muss man sagen, dass man seither (*1872!*) gleichsam *näher* an die `Dinge´ *herangekommen* ist; nicht nur, dass der Begriff `Kraft´ auf eine wechselseitige `Ummodulation´ der QO *reduzierbar* ist - es hat sich gezeigt, dass man sich offensichtlich nicht nur von den Objekten des *Mikrokosmos*, sondern auch von den meso- und makrokosmischen Dingen, von der *`Körperwelt´* eine vollkommen *falsche Vorstellung* macht - die Dinge im subatomaren Bereich offenbaren eine Seite von sich, die sonst zwar *vorhanden*, aber fast vollständig *verborgen* ist; ergo wurde das Bild der Dinge sukzessive *erweitert;* in Anbetracht des eingangs dargestellten `Kreises des Naturerkennens´ ließe sich der Fortschritt des Naturerkennens - ohne dies *im Detail* zu rekapitulieren - folgendermaßen darstellen *(M. deutet auf Abbildung 92)...*

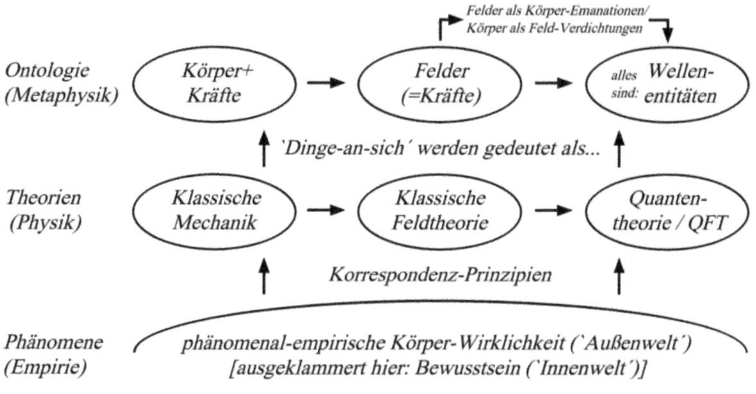

Abbildung 92

Wie man in der Physik von der Klassischen Mechanik und Feldtheorie zur QT fortgeschritten ist, so in der Ontologie von einer Welt der *Körper* und Kräfte, dann Felder, zu einer Welt der interagierenden, ganzheitlichen *Wellenentitäten*, denen die Fähigkeit eines dynamischen \`sich-Neigens´ zur Teilchen- oder Wellennatur eignet...

H: Mit Planck steht das physikalische Weltbild zwischen der realen Welt \`an sich´ und der Sinnenwelt der empirischen Phänomene - zur einen Seite hin geht es um möglichst vollständige (indirekte) *Erkenntnis*, zur anderen um möglichst einfache *Beschreibung*, die eine Seite beflügelt die *Ideen*, die andere gibt empirische *\`Bodenhaftung´*. Bemerkenswert ist, dass *je mehr* von der Sinnenwelt ins physikalische Weltbild einfließt, dieses desto *abstrakter* wird und sich von jener *entfernt* - gerade *damit* könnte es sich aber der realen Welt \`an sich´ *annähern*[792]...

M: ...auch darum sollte man sich klarmachen, dass viele Deutungsansätze zwar *kritisch* zu beleuchten sind, aber dennoch nicht in *ausschließender Opposition* zueinander stehen, ja, vielleicht käme man zu der *überzeugendsten* Lösung, wenn man diese in einer *Zusammenschau* im Geiste alle *\`überlagern´* könnte. In einer \`Synopse´, die gleichsam den \`Rahm´ aller Ansätze abschöpft, zeigt sich, dass man durch - vor dem Hintergrund unseres Unwissen - eher *marginale* Umdeutungen zwischen den Ansätzen *vermitteln* kann: Wiederum ohne dies *im Detail* zu rekapitulieren, kann man, von Teilchen ausgehend, gleichsam die Realität der Wellen *steigern:* diese als abstrakt-mathematisch, dann als Feldpotential, schließlich (etwa mit der Erhaltung der Wahrscheinlichkeit) als *reale* Wellen interpretieren und die Teilchen als deren Singularitäten oder \`Schaumkämme´; man kann sich mit einer *\`definitiven´* Dekohärenz dem Wellenkollaps annähern, wenn die Interferenzanteile und Alternativen *tatsächlich* \`verschwinden´, etwa zu wirkungslosen *Nebenkomponenten* oder *Fluktuationen* \`zerstückelt´ werden; in diesen wiederum kann man nicht-realisierte \`Weltzweige´ nur *möglicher* \`Vieler Welten´ sehen oder in *Geister*-photonen nur die *abgeschwächte Variante* eines zweiten *\`echten´* Photons in einem parallelen \`Weltzweig´; die Teilchen der \`Vielen-Pfade´ *sind* Wellen... Andererseits dürfte deutlich geworden sein, inwiefern bei den diskutierten Ansätzen entweder die *Wellen*- oder die *Teilchen*charakteristika zu kurz kommen - ein realer, dynamischer Wellenkollaps, ein \`sich-Neigen´ vermeidet das *per se*...

H: Nur: Was *umkreist* man nun mit dieser Vielgestaltigkeit an Bildern eigentlich - und *was* umkreist man? Noch tiefer dringend als mit der Frage nach \`Teilchen´ oder \`Welle´ kommt man hier ja zu der metaphysischen Frage nach dem *\`Seienden´* - aber dieses entzieht sich aller *Bestimmung*, ja, es legt sich immer wieder - obgleich eigentlich evident ist, dass es keine Information *ohne Träger* geben kann - zu sagen nahe, zuunterst fände man nur \`Mathematik´, \`Form´, \`Geist´ oder \`Information´... Heißt es, „das Baumaterial der

Welt [...][sei] geistiges Material [...], Allgemeineres als unser individuelles Bewusstsein, aber [...] seine[r] Natur [nach nicht unähnlich],"[793] mag man dies - allemalen als unspezifisch - als Esoterik abtun; anders aber schon, wenn Heisenberg mit Bezug auf Pythagoras und Platon sagt, „Elementarteilchen [seien] letzten Endes auch [nur] mathematische *Formen* [...], aber solche einer sehr viel komplizierteren und abstrakteren Art"[794]...

M: Ja, damit kommt man immerhin schon in die *Nähe* einer *Handhabung* dieser `was´-Frage: Man kann bei Platon zwar nicht mathematische, mithin *rein gedachte* Dreiecke zu *realen Dingen* zusammensetzen, man kann aber seinen Ansatz - wie angedeutet - in einem *indirekteren* Sinne interpretieren, dass „Platon [nämlich] Stoff und Raum *dasselbe* sein [lässt][...], [dass ihm] das `Teilhabefähige´ und der Raum ein und dasselbe [ist]"[795]: Das Werden besteht in einem Kreislauf der vier Elemente - diese sind allerdings *schon-Gestaltetes*, *so-Beschaffenes*, *Zusammengesetztes;* es gibt die ideelen *Urbilder (Ideen)* und die reale `teilhabende´ *Nachbildung* der Urbilder - der *Raum* ist nun die Wesenheit, die „alles Werden in sich aufnimmt wie eine Amme", „von Natur aus frei [...] von allen Formen"[796], selbst gestaltlos, vermag sie mannigfache Gestalten hervorbringen - mithin gibt es (nur) „Sein, Raum und Werden"[797]...

H: So kann man sagen, dass Materie geradezu *aus* dem leeren Raum gestaltet ist, aus dem bildsamen Raum *`herausmoduliert´* wird - `zuunterst´ wäre „ein physikalischer Körper [...] nur ein von geometrischen Oberflächen begrenzter Raumteil, der nichts als leeren Raum enthält"[798]...

M: Ja, bzw. mit Aristoteles *Ort* ginge es um den *erfüllten* Zwischenraum, um den *Stoff.* Platons Raum scheint insofern absoluten Charakter zu haben, als er die Dinge *aufnimmt*, insofern aber relativ-relationalen, als *aus* ihm die Dinge gestaltet sind, also gleichsam eine Art `Geometrodynamik´ vorweggenommen wird - Wheeler etwa wird später fragen: „Ist das metrische Kontinuum ein magisches Medium, das, in einer bestimmten Art gebogen, ein Gravitationsfeld darstellt, aber auf andere Art gewellt, ein elektromagnetisches Feld beschreibt, oder schließlich, wieder anders verknüpft, eine langlebige Konzentration von Energie und Masse wird? Ist Physik vielleicht im Grunde nur eine Frage der *Geometrie?* Ist Geometrie der *Schauplatz* oder ist sie *alles?*"[799] Dieses Reduktions-Konzept konnte bisher noch nicht befriedigend durchgeführt werden; und beidenfalls involviert es das Problem, dass der Raum *Aspekte* der Materie *übernehmen* muss, insofern er Gestalt*bares* wird, wenngleich er wiederum eher *Gedachtem* gleichkommt, als `Realem´...

H: Ergeben sich auch Verbindungen zu Newtons Vorstellung über Materie als `besondere´ Raumbereiche oder zu Descartes `res extensa´ - die Existenz des `dinghaft-Konkreten´ als Ausdruck einer mathematischen Struktur ist nur *mit* einem irgendwie *realen* Zugrundeliegenden denkbar...

M: Ja. Allerdings stehen nun der *Raum* und die *Dinge* - wie erwähnt - in einem

ähnlichen Verhältnis zueinander wie bei Aristoteles und Kant das `was´ und `wie´ bei *Materie und Form* - das eine gibt es nicht ohne das andere; die Dinge müssen den Raum `aufspannen´, der Raum aber muss den Dingen ihre Gestalt und Relation `geben´ - genaugenommen geht es dabei um *dasselbe*, es gibt (in einem abstrakteren Sinne) nicht `Zugrundeliegendes *ohne* Form´ oder `Form *ohne* Zugrundeliegendes´. Passender nun als Platons ist Aristoteles´ *`hylemorphistischer´* Ansatz, bei dem Form*loses*, aber Form*bares* - statt des Raumes eine *abstrakte, unbestimmte `materia prima´* - Formen *annehmen* kann...
H: Gut, mit Entitäten, denen die Fähigkeit eines dynamischen `sich-Neigens´ zur Teilchen- oder Wellennatur eignet, hat man es `zuunterst´ mit `etwas´ zu tun, dem man in der Tat nur völlig abstrakte, großteils nur *ante*primäre Eigenschaften zuschreiben kann - konkrete, begreifbare Eigenschaften tauchen emergent erst auf der darüberliegenden (klassischen) ontologischen Ebene auf (*insofern* könnte man der Kopenhagener Deutung zustimmen); und das Zugrundeliegende hat bereits den Charakter einer (kausal-deterministischen Gesetzen und Erhaltungssätzen gehorchenden) *`Substanz´* - andererseits aber ist mit dem `sich-Neigen´ das `dinghaft-Konkrete´ nicht *beharrend*, sondern *nur* `Mögliches´; nicht verwunderlich, dass die Frage nach der *`Washeit´* zu scheitern droht, dass Schrödinger sagt: „Manche ältere Philosophen würden, wenn ihnen der Fall vorgelegt werden könnte, sagen: eure neumodischen Atome bestehen überhaupt aus keinem *Stoff*, sie sind reine *Form*“[800]...
M: ...wenngleich sie wüssten, dass dies strenggenommen natürlich *Unsinn* ist. In *erkenntnistheoretischem* Sinne liegt hier mit *Kant* eine notwendige Unterscheidung in unserem *Denken* vor: „*Materie und Form.* Dieses sind zwei Begriffe, welche aller andern Reflexion zum Grunde gelegt werden, so sehr sind sie mit jedem Gebrauch des Verstandes unzertrennlich verbunden. Der erstere bedeutet das Bestimm*bare* überhaupt, der zweite dessen *Bestimmung* (beides in transzendentalem Verstande[)][...] Der Verstand nämlich verlangt zuerst, dass *etwas* gegeben sei (wenigstens im Begriffe), um es auf gewisse Art bestimmen zu *können.* Daher geht im Begriffe des reinen Verstandes die Materie der Form vor.“[801] In *ontologischem* Sinne und mit bezug auf die *QT* legt sich hier mit *Aristoteles* nahe, noch weiter begrifflich-konzeptionell zu *abstrahieren:* Wollte man deutlich machen, wie bei dessen *`Hylemorphismus´* das Verhältnis von Materie und Form konkret zu *verstehen* sei, könnte man sich beinahe kein besseres Beispiel als jenes der *QO* erwählen - was man sich hier natürlich auch *umgekehrt* zunutze machen kann...
H: Hm...
M: Aristoteles hat - seinen Überlegungen zu den *Entelechien* noch vorausgehend - mit seinem Hylemorphismus ein recht *abstraktes* Bild der materiellen Substanz gezeichnet[802], bei der Materie (gr. *hyle*) und Form (gr. *morphe*) dergestalt untrennbar miteinander verbunden sind, dass es Materie nicht als

eine solche `an sich´ gibt, sondern immer nur als *schon geformte*, wie es auch Form nicht als solche `an sich´ gibt, sondern nur die der Materie *schon eingeprägte*, so dass sich Materie und Form zueinander verhalten wie Möglichkeit und Wirklichkeit - Materie ist die *Möglichkeit* (gr. *dynamis*/lat. *potentia*) und das aus ihr *Werdende*, welches durch die *Form realisiert*, *zur* Wirklichkeit (gr. *energeia* / lat. *actus*) *erhoben* wird - Form prägt sich dem amorphen, unbewegten, aber nicht passiv-eigenschaftslosen Stoff auf. Indem Aristoteles logisch und ontologisch die Begriffe *`ousia´* (Wesen) und *`hypokeimenon´* (das allem Zugrundeliegende) auslotet, gelangt er dahin, eine *erste* und *zweite* Materie anzunehmen, die nur in der *Analogie* unterscheidbar ist: Wie Holz oder Metall zu einem konkreten Ding, etwa einem hölzernen oder metallenen Becher (weiter)geformt werden können, ist Materie als *spezifischer* Stoff *schon* Geformtes - die noch formlose *`materia prima´* (gr. *prote hyle*) als reine Potenz ist *schon* actualisiert zur *`materia secunda´*. Alle Veränderung (auch Bewegung) wird ja als Überführung der Möglichkeit in Wirklichkeit, scholastisch als `Actualisierung der Potenz´ gefasst; dabei ist Natur ihren `Seinsstufen´ gemäß immer weiter (durch die vier Ursachen) *durchgeformter* Stoff; jede Stufe stellt die `Materie´ der *folgenden* Stufe dar, welche dieser ihre `Form´ aufprägt.[803] Wohlgemerkt: Es geht in diesem Zusammenhang *nicht* darum, *wie* die komplexen Formen des Seinsgebäudes entstehen (das ergibt sich aus den dispositionellen Eigenschaften des Zugrundeliegenden, den Naturgesetzen), das hätte man *nur* in Begriffe *gefasst* und nicht erklärt, sondern dass sich, wenn man das `sich-Neigen´ in diese Begriffe fasst, mit Materie und Form die *Unbestimmtheit* des Zugrundeliegenden `zuunterst´ notwendig ergeben muss und so erklärt. Materie und Form bilden nämlich so eine *Kette* von Relationen *(M. deutet auf Abbildung 93)*, die immer weiter *hinab*- bzw. *hinauf*reicht...

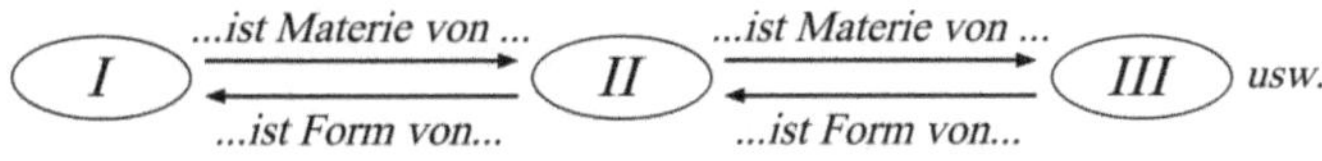

Abbildung 93

Zur abstrakteren *`materia prima´* gelangt man nun in umgekehrter Richtung (nur) durch die Überlegung, dass ein Tisch (als Form) aus Holz (als Materie) besteht, Holz (als Form) aus bestimmten Atomen (als Materie)(bzw. für Aristoteles: aus Elementen), und dass dieser Abstraktionsprozess - bei dem alle akzidentiellen individuellen Gestaltmerkmale sukzessive fortfallen, bei dem man die stoffliche Materie in Gedanken sukzessive aller ihrer sinnlichen Eigenschaften gleichsam *entkleidet* - bei einer an sich selbst eigenschaftslosen, unbestimmten `materia prima´ *enden* müsste...

H: ...und damit ergeben sich gleich *zwei* Parallelen zur QT, nämlich *a)* in der `Actualisierung der Potenz´ und *b)* in der unbestimmten `materia prima´...

M: So ist es... Man kann die `Actualisierung der Potenz´ zum *einen* auf den

abstrakt-logischen Möglichkeits- bzw. dimensionalen Definitionsraum und die Materialisation und Annihilation von materiellen Teilchen beziehen (wobei es um *mehr* als reine Möglichkeiten geht, weil schon das Zugrundeliegnde *Substanz*charakter hat); zum *anderen* jedoch - wenn auch wiederum mit der nämlichen *Einseitigkeit*, die in dem Blickwinkel nur auf die Emergenz der *`klassischen Welt´* liegt - auf den `sich-Neigens´-Prozess, der an den im- oder prämateriellen, feld- bzw. wellenartigen QO statthat: Ist es nicht eben das, was tatsächlich mit der QT beim `sich-Neigens´-Prozess *statthat*, dass - hier passen sogar die griechischen bzw. lateinischen Begriffe `dynamis/energeia´ bzw. `potentia/actus´ - aus einem *dynamischen* Zugrundeliegenden, der *`potentia´* in Gestalt der QO, wenn sie zur *Wellen*natur `geneigt´ sind, das `dinghaft-Konkrete´ ins Sein gehoben wird als *actualisierte* Potenz, nämlich (bei allem Vorbehalt den Begriff dergestalt zu verwenden) als einer Erscheinungsform der *Energie*, in Gestalt der QO, wenn sie zur *Teilchen*natur `geneigt´ sind?
H: Daher hieß es eben: *`Materie´* - als *dauerhaft* zur Teilchennatur `geneigte´ QO - sei gleichsam `selbst-stabilisierte Anhäufung actualisierter Materiepotenz´, während eine interferierende Materiewelle sich im Raum ausbreitende `nicht-actualisierte Materiepotenz´ sei... Daher hat auch etwa *Heisenberg* auf den Begriff `potentia´ zurückgegriffen: Bei Aristoteles - und in der QT ist es analog - ist „der Stoff [...] nicht *selbst* eine *Realität*, sondern nur eine *Möglichkeit*, eine `potentia´, er *existiert* nur durch die *Form;* [...] das `Sein´ [...] [geht] von der Möglichkeit *durch* die Form zum Faktischen, zur Aktualität über. Die Materie [...] ist [...] nicht ein bestimmter [Ur-]Stoff [...], und sie ist auch nicht einfach der Raum [wie bei Platon]; sie ist gewissermaßen ein *unbestimmtes* körperliches *Substrat*, das die Möglichkeit in sich enthält, *durch* die Form in die *Aktualität*, in das *Faktische* überzugehen“[804]...
M: Ja. Aristoteles Analogie, um sich von der empirisch gegebenen `materia secunda´ zur `materia prima´ vorzudenken, war ja, dass ebenso, wie etwa ein konkret-dinghafter, hölzerner Gegenstand *aus* Holz (weiter)geformt ist, auch die `materia secunda´ als spezifischer Stoff *schon* Geformtes ist und dass umgekehrt analog die noch formlose *`materia prima´* als reine Potenz nur *schon* actualisiert *zu* konkreten Stoffen empirisch-phänomenal mit Eigenschaften ausgestattet *gegeben* ist. So würden auch die zugrundeliegenden Wellenentitäten als abstrakte `materia prima´, als aktiv-drängende *Potenzen* sich *zu* dinghaft-Realem, *zu* Körpern erst *actualisieren* im *`sich-Neigens´*-Prozess - *`aktiv-drängend´*, weil dies ein objektiver und gesetzhafter Prozess ist und weil (das sich darüber erhebende komplexere, evolvierende Sein betreffend) Kräfte `in´ die Wellenentitäten `hineingenommen´ sind; allerdings geht es mit den Erhaltungsgesetzen um gleichsam *`stabile* Potentialität´, aus der man ganze *Welten* bauen kann, um *mehr* als Mögliches...
H: Und die zweite Parallele liegt in der *Unbestimmtheit* der `materia prima´ - der Abstraktionsprozess, den Aristoteles *in Gedanken* vollzogen hat, ist der

Physik, zuletzt der QT, durch die *Empirie* nachdrücklichst *aufgedrungen* worden...
M: Richtig. Die zur *Teilchen*natur \`geneigten´ QO wären - phänomenal - zur \`materia secunda´ zu rechnen, zur *Wellen*natur \`geneigt´ jedoch zur \`materia prima´; dann sind QO ebenso wie die \`materia prima´ gleichsam - was nur vordergründig widersprüchlich klingt - bis ins *Immaterielle* entkleidet und die konkret-erscheinende \`materia secunda´ würde gleichsam erst durch die abstraktere \`materia prima´ *hervorgebracht*, *\`in* die Existenz *emporgehoben´;* das Zugrundeliegende hat dann den Charakter einer actualisier*baren \`Potenz´* - wohlgemerkt wiederum mit dem einseitigen Blickwinkel, der hier \`Existenz´ auf das \`ins-konkret-dinghafte-Sein-Hinausgehaltene´ verengt, obgleich das *\`eigentlich´* fundamentale Sein der *\`materia prima´* zukommt...
H: ...dem - mit Schrödinger - *\`Wellengrund´*, nicht dem *\`Schaumkamm´*...
M: Ja. Dies kann man nur *in Analogie* denken: *Aufsteigend* weisen die Dinge immer komplexere Formen und Strukturen auf - und jede vorangegangene Stufe kann man - mit der nämlichen *Kette von Relationen*, die gewöhnlich in zwei Richtungen läuft - als Materie für die Form(gebung) der nachfolgenden Stufe betrachten. *Absteigend* allerdings ergibts sich *\`zuunterst´* das Gegenteil: Das Zugrundeliegende, die im- oder prämateriellen, feld- bzw. wellenartigen QO bilden erkenntnistheoretisch die tiefste *Reduktions*-Ebene, ontologisch die fundamentalste *Seins*-Ebene, die daher im *Unbestimmten* enden muss...
H: Selbst, wenn alle \`Blütenträume der Erkenntnis´ reiften: Was *könnte* man \`zuunterst´ *anderes* finden, als \`etwas´, das eine bestimmte \`Form´ *darbietet?* So man nicht den nächsten Schritt abwärts tun kann (wo sich aber *dasselbe* ergeben würde), muss dieses \`etwas´ vollkommen unbestimmt und abstrakt bleiben...
M: Das begrifflich nicht oder nur über die emergierenden klassischen Eigenschaften fassbare, geheimnisvolle Zugrundeliegende ist ebenso *Grenzbegriff* wie die \`materia prima´; so nahe man mit deren *Unbestimmtheit* auch an eine \`Ontologie der Relationen´ herankommt, insofern akzidentielle Eigenschaften erst auf der ontologischen Ebene \`darüber´ mit der *\`Form´* ins Spiel kommen, die auch *relationaler Natur* ist, insofern die \`Relata´ selbst aller (be)greifbaren Eigenschaften *ledig* scheinen (vielleicht nur von Leibniz´ Uralternativen *-1, 0* und *+1* abgesehen (oder \`Uren´[805])), *bleibt* man beim Grundsatz \`keine Relationen ohne Relata´ und anerkennt mithin, *dass* etwas Zugrundeliegendes gesetzt werden muss, *das* geformt wird und als Superveninezbasis mit der Disposition ausgestattet ist, alles Darüberliegende hervorbringen zu *können* - Eigenschaften werden *realisiert* (auch im Sinne einer \`Realisation´ als Ergänzung zur Supervenienz[806]); insofern mit einem Zugrundeliegenden mit spezifischem \`Sosein´ zuunterst essentialistisch auch bestimmte Modalitäten (Kontingenzen, Notwendigkeiten) gegeben sind, ließe sich auch hier sagen: Selbst gestaltlos, vermag es mannigfache Gestalten hervorzubringen und zu

einem immer komplexeren Seinsgebäude (gesetzhaft) emporzuwachsen ...
H: Man kommt hier nicht wie die Atomisten zu einem Un*teilbaren*, bei dem es um die *Raumausdehnung* ginge, sondern zu einem Un*bestimmten*, bei dem es mit der `Form´ um *akzidentielle Eigenschaften* geht...
M: Darauf läuft allerdings auch der (antike) Atomismus hinaus, weil schon die Atome aller sinnlichen Eigenschaften ledig sein müssen, diese nicht mehr *selbst* besitzen können, um diese Eigenschaften auf der darüberliegenden Ebene *erklären* zu können[807] - sie dürfen keine `minima naturalia´ *schon mit* den zu erklärenden Eigenschaften sein. Auch Demokrit nahm an, „dass die Atome, wenn sie [...] die [sekundären] Eigenschaften der Materie [...] *erklären* sollten, nicht auch *selbst* diese Eigenschaften *besitzen* können. Daher *nahm* er den Atomen diese Eigenschaften. [...][Sie sind mithin] ein ziemlich *abstraktes* Stück Materie. [...]Aber [er hat ihnen] die Eigenschaft[en] des `Seins´ und der räumlichen Ausdehnung, der Gestalt und der Bewegung *gelassen*. [...] Daraus *folgt* aber [natürlich], dass der Atombegriff [diese] nicht [...] *erklären* kann, denn diese [...] werden einfach *vorausgesetzt* und nicht auf etwas Fundamentaleres *zurückgeführt*. In bezug auf diese Fragen scheint die moderne Auffassung [...] *konsequenter* und *radikaler* [...][- heute werden] selbst [...][diese *primären*] Eigenschaften [...][den QO] in gewissem Sinne genommen“[808] - auch *diese* noch auf etwas Fundamentaleres *zurückzuführen*, war hier das Bemühen, nur sind eben `zuunterst´ nur *Zustände* des Zugrundeliegenden gegeben, die von der Ebene des konkret-dinghaften Seienden aus in ihrer *`Washeit´* nicht mehr aufgelöst werden können, an dieser Schwelle *schwindet* diese ins *Unbestimmte*. Insofern Materie und Form einander im Hylemorphismus *notwendig ergänzen*, kann man sagen, dass `Form´ ein *tatsächlich*, in einem tieferen Sinne als in der QT: *komplementärer* Gegenpart zur `Materie´ ist - diese `Komplementarität´ reicht gleichsam aus ontologisch `Tieferem´ herauf...
H: So ergäbe sich ein hübsches *Schlusswort:* „Die erste Materie kann durch nichts anderes charakterisiert werden, als durch die *Form*, die an ihr gefunden werden kann. Das *`kann´* [...] charakterisiert sie *als* Materie; Materie ist [...] [nur] Möglichkeit *von* Form.“[809] Sieht man dann nicht vielleicht besser oder *überhaupt*, was `Materie´ *ist*, wenn man sich nicht dem `immer-*Kleineren*´ zuwendet, das einem zusehends *entgleitet*, sondern dem `immer-*Größeren*´ und `immer-*Komplexeren*´*?!* Wer wollte die Materie - nach `Baum´ und `Kaffeetasse´ etwa mit `Ton´, `Samen´ und `Mensch´ - nur danach bestimmen wollen, was diese `zuunterst´ (noch) abstrakt *ist*, nicht danach, was aus ihr *werden* kann, was sie *vermag?!* Allemalen ist der Reduktionismus (mit dem überdies hier ja schon nur die *`Außenwelt´* in Betracht genommen wird) *fatal*, wenn man sich nicht zur *anderen* Seite hin dem ganzen Reichtum des `darüber´ sich erhebenden, *komplexeren* Seins, der *Welt* und der *`Innenwelt´* öffnet...
M: `Weg hinab-*hinauf*´...

H: Mit alledem wurde auch ein schöner Bogen zurück zur antiken Naturphilosophie geschlagen; wie weit driftet man doch ins Spekulative ab, obgleich hier vielleicht erst die *eigentlichen* Fragen beginnen...
M: Ja, zunächst einmal hat sich wohl nur das ganze Ausmaß unseres *Unwissens* offenbart - die Alten wussten: *„Sichere Wahrheit erkannte kein Mensch und wird keiner erkennen [...]: Es ist alles durchwebt von Vermutung"*[810]...

ENDE

ANHANG I: Abkürzungen

DSExp = Doppelspalt-Experiment
EPR = Einstein, Podolsky, Rosen
GRW = Ghirardi, Rimini, Weber
HU = Heisenberg´sche Unschärferelation(en)
QFT = Quantenfeldtheorie
QO = Quantenobjekt
QT = Quantentheorie
(S/A)RT = (Spezielle/Allgemeine) Relativitätstheorie

Die Abkürzungen gelten für *alle* Deklinationsformen, `HU´ also etwa auch für `der Heisenberg´schen Unschärferelation´.

ANHANG II: Literaturverzeichnis

Aristoteles: *Physik. Vorlesung über die Natur. (Philosophische Schriften, Band 6)* Darmstadt (WBG) 1995[I]
Aristoteles: *Metaphysik. (Philosophische Schriften, Band 5)* Darmstadt (WBG) 1995[II]
Aristoteles: *Über Werden und Vergehen. De generatione et corruptione.* Hamburg (Meiner) 2011
Aspect, A./Grangier, P./Roger, G.: *Experimental realisation of EPR-Bohm-Gedankenexperiment: A new violation of Bell's Inequalities.* Phys. Rev. Lett. 49; 91-94 (1982)
Audretsch, Jürgen: *Die sonderbare Welt der Quanten. Eine Einführung.* München (Beck) 2008
Audretsch, Jürgen / Mainzer, Klaus [Hg.]: *Wieviele Leben hat Schrödingers Katze?* Mannheim (BI-Wissenschaftsverlag) 1990
Bartels, Andreas / Stöckler, Manfred [Hg.]: *Wissenschaftstheorie. Ein Studienbuch.* Paderborn (mentis) 2009
Baumann, Kurt / Sexl, Roman U.: *Die Deutungen der Quantentheorie.* Braunschweig (Vieweg) 1987
Bartels, Andreas: *Grundprobleme der modernen Naturwissenschaft.* Paderborn (Schöningh/UTB) 1996
Bell, J.S.: *On the Einstein-Podolsky-Rosen-Paradox.* Physics 1 (1964)
Bell, John S.: *Über das Problem verborgener Variabler in der Quantentheorie.* Rev. Mod. Phys. 38; 447 (1966); in: Baumann/Sexl 1987
Bell, John S.: *Everetts Theorie des Messprozesses und deBroglies Führungswellen.* Th. 1599-Cern (1972); in: Baumann/Sexl 1987
Berkeley, George: *Eine Abhandlung über die Prinzipien der menschlichen Erkenntnis.* Stuttgart (reclam) 2005

Bloch, Ernst: *Die Lehren von der Materie.* Frankfurt a.M. (Suhrkamp) 1978
Bohr, Niels: *Atomphysik und menschliche Erkenntnis. Aufsätze und Vorträge aus den Jahren 1930 bis 1961.* Braunschweig (Vieweg) 1985
Bohr, Niels: *Constitution of atoms and molecules.* Philosophical Magazine 26; S.1-15 (1913)
Bohr, Niels: *Über Erkenntnisfragen der Quantenphysik.* Max-Planck-Festschrift 1958; in: Baumann/Sexl 1987
Bohr, Niels: *Kann man die quantenmechanische Beschreibung der physikalischen Wirklichkeit als vollständig betrachten?* Phys. Rev. 48; 696 (1935); in: Baumann/Sexl 1987
Bohm, David: *Vorschlag einer Deutung der Quantentheorie durch `verborgene´ Variable.* Phys. Rev. 85, 166 (1952); in: Baumann/Sexl 1987
Boltzmann, Ludwig: *Ein Wort der Mathematik an die Energetik.* Wien 1895
Born, Max: *Die Relativitätstheorie Einsteins.* Berlin (Springer) 1969
Born, Max / Jordan, Pascual: *Zur Quantenmechanik.* Zeitschrift für Physik 34; 858 (1925); in: Ludwig 1969
Born, Max: *Zur Quantenmechanik der Stoßvorgänge. Vorläufige Mitteilung.* Zeitschrift für Physik 37; 1926[I]; in: Baumann/Sexl 1987
Born, Max: *Quantenmechanik der Stoßvorgänge.* Zeitschrift für Physik 38; 803 (1926[II]); in: Ludwig 1969
Börner/Ehlers/Meier [Hg.]: *Vom Urknall zum komplexen Universum.* München (Piper)1993
Brecht, Bertold: *Turandot.* in: Spectaculum 10; Frankfurt (Suhrkamp) 1967
Bröcker, Bernhard: *dtv-Atlas zur Atomphysik. Tafeln und Texte.* München (dtv) 1985
Busche, Hubertus [Hg.]: *Monadologie. [Reihe] Klassiker auslegen.* Berlin (Akademie-Verlag) 2009
Capelle, Wilhelm [Hg.]: *Die Vorsokratiker.* Stuttgart (Kröner) 1968.
Capra, Fritjof: *Das Tao der Physik.* Bern (Scherz-Verlag) 1992
Davis, P.C.W. / Brown, J.R. [Hg.]: *Der Geist im Atom. Eine Diskussion der Geheimnisse der Quantenphysik.* Frankfurt (Insel-Verlag) 1993
deBroglie, Louis: *La structure atomique de la matière et du rayonnement et la méchanique ondulatoire.* Journal de Physique VI; 8 (1927)
deBroglie, Louis: *Les ondes et les quanta.* Academie des Sciences Paris; Comptes Rend. 177; S. 507-510 (1923)
deBroglie, Louis: *Licht und Materie.* Frankfurt (Fischer) 1958
deBroglie, Louis: *Untersuchungen zur Quantentheorie.* [Dissertation] Annales de Physique 3; 22 (1925) in: Ludwig 1969
deChardin, Pierre Teilhard: *Die Entstehung des Menschen.* München (C.H.Beck) 1981
d´Espagnat, Bernard: *Auf der Suche nach dem Wirklichen.* Berlin (Springer) 1983

Descartes, Rene: *Die Prinzipien der Philosophie.* Hamburg (Meiner) 1992
Detel, Wolfgang: *Grundkurs Philosophie. Band 2: Metaphysik und Naturphilosophie.* Stuttgart (reclam) 2007
DeWitt, Bryce S.: *Quantenmechanik und Realität.* Phys. Today; 09.1970; 30; in: Baumann/Sexl 1987
Dosch, Hans Günter: *Teilchen, Felder und Symmetrien.* Heidelberg (Spektrum-AV) 1986
Drewermann, Eugen: *Im Anfang... Die moderne Kosmologie und die Frage nach Gott. (Glauben in Freiheit Band 3/III).* Düsseldorf (Walter) 2002
Drieschner, Michael: *Moderne Naturphilosophie. Eine Einführung.* Paderborn (mentis) 2002
duBois-Reymond, Emil: *Über die Grenzen des Naturerkennens.* Berlin (deGruyter) 1967
Einstein, Albert / Born, Max und Hedwig: *Briefwechsel 1916-1955.* Frankfurt (Ullstein) 1986
Einstein, Albert / Infeld, Leopold: *Die Evolution der Physik.* Köln (Anaconda) 2007
Einstein, Albert: *Mein Weltbild.* Frankfurt a.M. (Ullstein) 1983
Einstein, Albert: *Quanten-Mechanik und Wirklichkeit.* Dialectica 2 (1948)
Einstein, Albert: *Strahlungsemission und -absorption nach der Quantentheorie.* Verhandlungen der Deutschen Physikalischen Gesellschaft 18; S. 318-323 (1916)
Einstein, Albert: *Über die Entwicklung unserer Anschauungen über das Wesen und die Konstitution der Strahlung.* Physikalische Zeitschrift 10; 817 (1909)
Einstein, Albert: *Über die von der molekular-theoretischen Theorie der Wärme geforderte Bewegung von in ruhenden Flüssigkeiten suspendierten Teilchen.* Annalen der Physik; Leipzig 1905[II]; Band 17; 549–560
Einstein, Albert: *Über einen die Erzeugung und Verwandlung des Lichtes betreffenden heuristischen Gesichtspunkt.* Annalen der Physik; Leipzig 1905[I]; Band 17; 132-148
Einstein, Albert: *Zur Quantentheorie der Strahlung.* Physikalische Zeitschrift 18; 121 (1917)
Einstein, Albert / Podolsky, Boris / Rosen, Nathan: *Kann man die quantenmechanische Beschreibung der physikalischen Wirklichkeit als vollständig betrachten?* Phys. Rev. 47; 777 (1935); in: Baumann/Sexl 1987
Engelhard, Kristina / Heidemann, Dietmar [Hg.]: *Warum Kant heute? Systematische Bedeutung und Rezeption seiner Philosophie in der Gegenwart.* Berlin (deGruyter) 2004
Epikur: *Philosophie der Freude.* Stuttgart (Kröner) 1973
Esfeld, Michael: *Einführung in die Naturphilosophie.* Darmstadt (Wissenschaftliche Buchgesellschaft) 2002

Esfeld, Michael: *Naturphilosophie als Metaphysik der Natur.* Frankfurt a.M. (suhrkamp) 2008
Esfeld, Michael [Hg.]: *Philosophie der Physik.* Berlin (suhrkamp) 2012
Everett, Hugh: *`Relative State´ Formulation of Quantum Mechanics.* Rev. Mod. Physics 29; 454 / Wheeler, J.A.: *Assessment of...* ebenda; 463 (1957)
Faraday, Michael: *Experimental Researches in Electricity.* Band II. London (University of London)1844 Eigene Übersetzung
Ferber, Rafael: *Zenons Paradoxien der Bewegung und die Struktur von Raum und Zeit.* Stuttgart (Steiner-Verkag) 1995
Feynman, Richard P.: *Physikalische Fingerübungen für Fortgeschrittene.* München (Piper) 2004
Feynman, Richard P.: *QED. Die seltsame Theorie des Lichts und der Materie.* München (Piper) 1988
Feynman, Richard P.: *Vorlesungen über Physik. Band III: Quantenmechanik.* München (Oldenbourg) 1999
Finster, R. / van den Heuvel, G.: *Leibniz.* rororo Monographie. Hamburg (Rowohlt) 1990
Fischer, Ernst Peter: *Die andere Bildung. Was man von den Naturwissenschaften wissen sollte.* Berlin (Ullstein) 2003
Fock, Wladimir: *Kritik der Anschauungen Bohrs über die Quantenmechanik.* Naturwiss. Abt. 5; 123 (1952); in: Baumann/Sexl 1987
Frank, Philipp: *Das Kausalgesetz und seine Grenzen.* Frankfurt a.M. (Suhrkamp) 1988
Freudenthal, Gideon: *Atom und Individuum im Zeitalter Newtons.* Frankfurt a.M. (Suhrkamp) 1982
Friebe, Cord / Kuhlmann, Meinard / et al. : *Philosophie der Quantenphysik. Einführung und Diskussion...* Berlin (Springer) 2015
Fritsch, Harald: *Quarks. Urstoff unserer Welt.* München (Piper) 1992
Fritzsch, Harald: *Sie irren, Einstein! Newton, Einstein, Heisenberg und Feynman diskutieren die Quantenphysik.* München (Piper) 2008
Genz, Henning: *Die Entdeckung des Nichts. Leere und Fülle im Universum.* Reinbek (Rowohlt) 1999
Ghirardi, G./ Rimini, A. / Weber, T. (GRW): *Unified dynamics for microscopic and macroscopic systems.* Physical review D34; 1986
Grehn, J. / Krause, J. [Hg.]: *Metzler Physik.* Hannover (Schroedel) 1998
Greiner, Walter / Wolschin, Georg [Hg.]: *Elementare Materie, Vakuum und Felder.* Heidelberg (Spektrum-AV) 1994
Gribbin, John: *Auf der Suche nach Schrödingers Katze. Quantenphysik und Wirklichkeit.* München (Piper) 1988
Gribbin, John: *Schrödingers Kätzchen und die Suche nach der Wirklichkeit.* Frankfurt a.M. (Fischer) 1998
Gribbin, John: *Wissenschaft für die Westentasche.* München (Piper) 2000

Giulini/Joos/Kiefer/Kupsch/Stamatescu/Zeh: *Decoherence and the Appearance of a classical world in Quantum Theory.* Berlin (Springer) 1996
Haken, Hermann/Wolf, Hans Chr.: *Atom- und Quantenphysik. Einführung in die experimentellen und theoretischen Grundlagen.* Berlin (Springer) 1987
Hartmann, Nicolai: *Philosophie der Natur. Abriss der speziellen Kategorienlehre.* Berlin (deGruyter) 1950
Hawking, Stephen: *Eine kurze Geschichte der Zeit.* Reinbek (Rowohlt) 1991
Hawking, Stephen: *Einsteins Traum.* Reinbek (Rowohlt) 1993
Heidemann, Dietmar/Engelhard, Kristina [Hg.]: *Warum Kant heute?* Berlin (deGruyter) 2004
Heisenberg, Werner: *Die Entwicklung der Deutung der Quantentheorie.* Physikalische Blätter 12; 289 (1956); in: Baumann/Sexl 1987
Heisenberg, Werner: *Über quantentheoretische Umdeutung kinematischer und mechanischer Beziehungen.* Zeitschrift für Physik 33; 879 (1925); in: Ludwig 1969 [ÜquU]
Heisenberg, Werner: *Über den anschaulichen Inhalt der quantentheoretischen Kinematik und Mechanik.* Zeitschrift für Physik 43; S. 172 (1927); in: Baumann/Sexl 1987
Heisenberg, Werner: *Der Teil und das Ganze. Gespräche im Umkreis der Atomphysik.* München (dtv) 1991
Heisenberg, Werner: *Physikalische Prinzipien der Quantentheorie.* Mannheim (BI-Wissenschaftsverlag) 1976
Heisenberg, Werner: *Physik und Philosophie.* Stuttgart (Hirzel) 1984
Heisenberg, Werner: *Schritte über Grenzen. Gesammelte Reden und Aufsätze.* München (Piper) 1984[II]
Heisenberg, Werner: *Wandlungen in den Grundlagen der Naturwissenschaft.* Stuttgart (Hirzel) 1948
Hey, Tony / Walters, Patrick: *Das Quantenuniversum. Die Welt der Wellen und Teilchen.* Heidelberg (SpektrumAV) 1998
Hoffmann, Banesh: *Einsteins Ideen. Das Relativitätsprinzip und seine historischen Wurzeln.* Heidelberg (Spektrum Akademischer Verlag) 1997
Holzner, Steven: *Quantenphysik für Dummies.* Weinheim (Wiley-VCH) 2010
Hume, David: *Eine Untersuchung über den menschlichen Verstand.* Stuttgart (reclam) 1982 und Hamburg (Meiner) 1964
Ingold, Gert-Ludwig: *Quantentheorie. Grundlagen der modernen Physik.* München (Beck) 2002
Jammer, Max: *Das Problem des Raumes.* Darmstadt (WBG) 1960
Jauch, Josef M.: *Die Wirklichkeit der Quanten. Ein zeitgenössischer galileischer Dialog.* München (Hanser-Verlag) 1973
Jonas, Hans: *Das Prinzip Leben.* Frankfurt a.M. (Suhrkamp) 1997
Jonas, Hans: *Macht oder Ohnmacht der Subjektivität? Das Leib-Seele-Problem...* Frankfurt a.M. (Suhrkamp) 1987

Jonas, Hans: *Philosophische Untersuchungen und metaphysische Vermutungen.* Frankfurt a.M. (Suhrkamp) 1994
Joos, Erich / Zeh, Dieter / et al.: *Decoherence and the appearance of a classical world in quantum theory.* Berlin (Springer) 2003
Joos, Erich: *Die Begründung klassischer Eigenschaften aus der Quantentheorie.* philosophia naturalis 27 (1990)
Jürgens, Hartmut / Peitgen, Heinz-Otto / Saupe, Dietmar [Hg.]: *Chaos und Fraktale.* Heidelberg (Spektrum) 1989
Kanitscheider, Bernulf [Hg.]: *Moderne Naturphilosophie.* Würzburg (Königshausen und Neumann) 1984
Kant, Immanuel: *Kritik der reinen Vernunft.* Hamburg (Meiner) 1998 (PhB 505)
Kant, Immanuel: *Metaphysische Anfangsgründe der Naturwissenschaft.* Hamburg (Meiner) 1997 (PhB 508)
Kant, Immanuel: *Prolegomena zu einer jeden künftigen Metaphysik, die...* Hamburg (Meiner) 1993 (PhB 40)
Ketterle, Wolfgang: *Bose-Einstein-Kondensate - eine neue Form von Quantenmaterie.* Physikalische Blätter 53 (1997) 7/8; S. 677ff
Kumar, Manjit: *Quanten. Einstein, Bohr und die große Debatte über das Wesen der Wirklichkeit.* Berlin (Bloomsbury) 2009
Leibniz, Gottfried Wilhelm: *Monadologie.* Stuttgart (reclam) 1979
Leibniz, Gottfried Wilhelm [Ü.: A. Buchenau / Hg.: E. Cassirer]: *Hauptschriften zur Grundlegung der Philosophie. Band I und II* Hamburg (Meiner) 1966 (PhB 107 und 108)
Leibniz, Gottfried Wilhelm: *Neue Abhandlungen über den menschlichen Verstand.* Hamburg (Meiner) 1996
Lenin, Wladimir Iljitsch: *Materialismus und Empiriokritizismus.* Leipzig (reclam) 1980
Lévy-Leblond, Jean-Marc: *Von der Materie.* Berlin (Merve Verlag) 2011
Locke, John: *Ein Versuch über den menschlichen Verstand.* Hamburg (Meiner) 1980/2006
Lorenz, Konrad: *Kants Lehre vom Apriorischen im Lichte gegenwärtiger Biologie* (1941) in: Lorenz, Konrad: *Das Wirkungsgefüge der Natur und das Schicksal des Menschen.* München (Piper) 1983
Ludwig, Günther: *Wellenmechanik. Einführung und Originaltexte.* Berlin / Braunschweig (WTB) 1969
Lukrez: *De rerum natura. Welt aus Atomen.* Stuttgart (reclam) 1973
Mach, Ernst: *Analyse der Empfindungen.* Darmstadt 1985
Mach, Ernst: *Die Mechanik in ihrer Entwicklung. Historisch-kritisch dargestellt.* Berlin (Akademie-Verlag) 1988
Mainzer, Klaus: *Materie. Von der Urmaterie zum Leben.* München (Beck) 1996
Maxwell, James Clerk: *Substanz und Bewegung.* Braunschweig (Vieweg) 1879
Meschede, Dieter [Hg.]: *Gerthsen Physik.* Berlin (Springer) 2001

Michels, Ulrich: *dtv-Atlas zur Musik.* München (dtv) 1987
Mohrmann, Holger: *Gleichzeitigkeit. Ein fiktiver Dialog zur Deutung und Kritik der Speziellen Relativitätstheorie Einsteins.* Norderstedt (bod) 2011
Neuser, Wolfgang / Neuser-vonOettingen, Katharina [Hg.]: *Quantenphilosophie.* Heidelberg (Spektrum-AV) 1996
Newton, Isaac: *Mathematische Grundlagen der Naturphilosophie.* [Hg.: Ed Dellian] Hamburg (Meiner) 1988[I]
Newton, Isaac: *Optik oder Abhandlung über Spiegelungen, Brechungen, Beugungen und Farben des Lichts.* Frankfurt a.M. (Harri Deutsch) 1996
Newton, Isaac: *Über die Gravitation.* Frankfurt a.M. (Klostermann) 1988[II]
Nortmann, Ulrich: *Unscharfe Welt?* Darmstadt (WBG) 2009
Ostwald Wilhelm: *Die Überwindung des wissenschaftlichen Materialismus.* Leipzig (Veit) 1895
Pauli, Wolfgang: *Wissenschaftlicher Briefwechsel.* New York (Springer) 1979
Penrose, Roger: *Computerdenken. Die Debatte um künstliche Intelligenz, Bewusstsein und die Gesetzte der Physik.* Heidelberg (SpektrumAV) 2002
Planck, Max: *Zur Theorie des Gesetzes der Energieverteilung im Normalspektrum.* Verhandlungen der Deutschen Physikalischen Gesellschaft 2; S. 237-245 (1900)
Planck, Max: *Das Weltbild der Neuen Physik.* (1952); *Der Kausalbegriff in der Physik.* (1952[II]); *Determinismus oder Indeterminismus.* (1952[III]); *Die Physik im Kampf um die Weltanschauung.* (1952[IV]); *Vom Wesen der Willensfreiheit.* (1952[V]); *Religion und Naturwissenschaft.* (1955[I]); *Scheinprobleme der Wissenschaft.* (1955[II]); *Sinn und Grenzen der exakten Wissenschaft.* (1958); alle: Leipzig (Barth-Verlag)
Planck, Max: *Wissenschaftliche Selbstbiographie.* Leipzig (Barth-V.) 1948
Platon: *Werke I-III.* Darmstadt (WBG) 2004
Platon: *Timaios.* Stuttgart (reclam) 2003
Polkinghorne, John: *Quantentheorie. Eine Einführung.* Stuttgart (reclam) 2006
Popper, Karl: *Auf der Suche nach einer besseren Welt. Vorträge und Aufsätze aus dreißig Jahren.* München 1984
Posch, Günter [Hg.]: *Kausalität. Neue Texte.* Stuttgart (reclam) 1981
Poser, Hans: *G.W.Leibniz zur Einführung.* Hamburg (Junius) 2005
Prigogine, Ilya: *Vom Sein zum Werden. Zeit und Komplexität in den Naturwissenschaften.* München (Piper) 1979
Rae, Alastair: *Quantenphysik: Illusion oder Realität?* Stuttgart (reclam) 1996
Sambursky, Shmuel: *Der Weg der Physik. 2500 Jahre physikalischen Denkens. Texte von Anaximander bis Pauli.* München (dtv) 1978
Schilpp, Paul Arthur (Hg.): *Albert Einstein als Philosoph und Naturforscher.* Braunschweig (Vieweg) 1979
Schmidt, Heinrich / Schischkoff, Georgi [Hg.]: *Philosophisches Wörterbuch.* Stuttgart (Kröner) 1982

Schreiner, Josef: *Anschauliche Quantenmechanik.* Frankfurt a.M. (Diesterweg) 1978
Schröder, Heinz: *Felder.* Frankfurt a.M. (Diesterweg) 1978
Schrödinger, Erwin (Planck, Einstein, Lorentz): *Briefe zur Wellenmechanik.* (Hg. von K.Przibram) Wien (Springer) 1963
Schrödinger, Erwin: *Der Grundgedanke der Wellenmechanik.* in: Mosbach (PhysikVerlag) 1966 (Physikal. Blätter 1966;1) [auch in: Schrödinger 2012]
Schrödinger, Erwin: *Die gegenwärtige Situation in der Quantenmechanik.* Die Naturwissenschaften 23; 807,823,844 (1935); in: Baumann/Sexl 1987 und: Neuser 1996; S. 24f
Schrödinger, Erwin: *Was ist Materie?* [=Scientific American 09/1953] in: Greiner / Wolschin 1994 | als Vortrag von 1952 als Hör-CD bei supposé
Schrödinger, Erwin: *Quantisierung als Eigenwertproblem.* (vier Teile) Annalen der Physik; Leipzig 1926; Band 79; 361, 489 [Band 80; 437] Band 81; 109; in: Ludwig 1969 [QuaE]
Schrödinger, Erwin: *Über das Verhältnis der Heisenberg-Jordan'schen Quantenmechanik zu der meinen.* Annalen der Physik; Leipzig 1926; Band 79; 734; in: Ludwig 1969 [ÜdV]
Schrödinger, Erwin: *Was ist ein Naturgesetz?* München (Oldenbourg) 2012
Selleri, Franco: *Die Debatte um die Quantentheorie.* Braunschweig (Vieweg) 1984/1990
Selleri, Franco / Brandes, Jürgen / et al.: *Die Einsteinsche und Lorentzianische Interpretation der Speziellen und Allgemeinen Relativitätstheorie.* Karlsbad (VRI) 1998
Sexl, Roman U.: *Was die Welt zusammenhält. Physik auf der Suche nach dem Bauplan der Natur.* Frankfurt a.M. (Ullstein) 1984
Sommerfeld, Arnold: *Atombau und Spektrallinien.* Braunschweig (Vieweg) 1921
Stegmüller, Wolfgang: *Das Universalienproblem einst und jetzt.* Darmstadt (WBG) 1965
Stegmüller, Wolfgang: *Hauptströmungen der Gegenwartsphilosophie. Eine kritische Einführung. Band III.* Stuttgart (Kröner) 1987 (Bd. 409)
Stegmüller, Wolfgang: *Probleme und Resultate der Wissenschaftstheorie und Analytischen Philosophie. Band I: Erklärung - Begründung - Kausalität.* Heidelberg (Springer) 1983
Stöcker, Horst: *Taschenbuch der Physik. Formeln, Tabellen, Übersichten.* Frankfurt a.M. (Harri Deutsch) 2005
Teichmann, Horst: *Einführung in die Quantenphysik.* Leipzig (Teubner) 1935
terHaar, Dirk: *Quantentheorie. Einführung und Originaltexte.* Berlin/Braunschweig (WTB) 1969
Theimer, Walter: *Handbuch naturwissenschaftlicher Grundbegriffe.* München (dtv) 1978

Trigg, George L.: *Experimente der modernen Physik. Schritte zur Quantenphysik.* Braunschweig (Vieweg) 1984
Vollmer, Gerhard: *Was können wir wissen? Band 1+2.* Stuttgart (Hirzel) 2003
Vollmer, Gerhard: *Evolutionäre Erkenntnistheorie.* Stuttgart (Hirzel) 2002
vonBaeyer, Hans Christian: *Das Atom in der Falle. Forscher erschließen die Welt der kleinsten Teilchen.* Reinbek (Rowohlt) 1996
vonFoerster, Heinz / vonGlasersfeld, Ernst / et al.: *Einführung in den Konstruktivismus.* München (Piper) 1995
vonMeyenn, Karl: *Gespensterfelder und Materiewellen. Schrödingers Hang zur Anschaulichkeit.* Physikalische Blätter 40 (1984); 4
vonMeyenn, Karl [Hg.]: *Quantenmechanik und Weimarer Republik.* Braunschweig (Vieweg) 1994
vonNeumann, Johann: *Die mathematischen Grundlagen der Quantenmechanik.* (1932) Berlin (Springer) 1980
vonWeizsäcker, Carl Friedrich: *Die Einheit der Natur.* München (dtv) 1974
Wheeler, John / Zurek, W.: *Quantum theory and Measurement.* Princeton (pup) 1983
Wigner, Eugene: *Two Kinds of Reality.* The Monist 48; 248ff (1964)
Wittgenstein, Ludwig: *Logisch-philosophische Abhandlung.* [Tractatus] Frankfurt a.M. (Suhrkamp) 2003
Wittgenstein, Ludwig: *Über Gewissheit.* Frankfurt a.M. (Suhrkamp) 1970
Zeh, H.Dieter: *Physik ohne Realität: Tiefsinn oder Wahnsinn?* Heidelberg (Springer-Verlag) 2012
Zeilinger, Anton: *Einsteins Schleier. Die neue Welt der Quantenphysik.* München (Goldmann) 2005

ANHANG III: Anmerkungen (Endnoten)

Die allermeisten Kursivierungen im Text - die, wie man bemerken will, innerhalb der Dialogform *Betonungen* kennzeichnen - sind *hinzugefügt;* nur einige wenige entstammen dem Original; originale S p e r r u n g e n sind *ebenfalls* kursiv gesetzt. Auslassungen und Zusätze stehen in eckigen Klammern [...]. Die Schreibweise wurde teilweise (undogmatisch) der neuen Rechtschreibung angepasst.

---

[1] Wittgenstein 1970, S. 62
[2] vgl. Kumar 2009; S. 334 und S. 383 | vgl. auch: Einstein in: Schrödinger 1963; S. 33
[3] vgl. Leibniz 1979; S. 26 [=Monadologie §57]
[4] Xenophanes in der Übersetzung Poppers, zit. nach: Popper 1984
[5] Feynman 2004; S. 177 [=Auszüge aus den Feynman-Lectures]
[6] vgl. Aristoteles 1995[I] und 2011
[7] Capelle 1968; S. 293 [=Aristoteles: Metaphysik I 4; 985b]
[8] Leukipp nach Aristoteles in: Capelle 1968; S. 293f [=Vom Werden und Vergehen I 1; 314a]
[9] Leukipp nach Aristoteles in: Capelle 1968; S. 293 [=Aristoteles: Metaphysik I 4; 985b]
[10] Aristoteles / Demokrit nach: Capelle 1968; S. 294 [=Vom Werden und Vergehen I, 1; 315b]
[11] vgl. Epikur 1973 | Lukrez 1973
[12] vgl. Heraklit nach: Capelle 1968; S. 144
[13] vgl. Leibniz 1979; S. 16 [=Monadologie §17]
[14] vgl. duBois-Reymond 1967
[15] Kant 1997; S. 3 [=IIIf]
[16] vgl. Jonas 1987
[17] vgl. etwa: Freudenthal 1982
[18] Planck 1952[IV]; S. 22 und 25
[19] Lukrez nach: Sambursky 1978; S. 123 | vgl. Anaxagoras (Capelle 1968; S. 261/262 [=fr. 5+10])
[20] Leukipp nach: Capelle 1968; S. 303 [=Aetius I 25]
[21] Demokrit nach: Bloch 1978; S. 8f | vgl. Capelle 1968; S. 438 [=Sextus Empiricus VII 135f]
[22] Locke 1980/2006; S. 147f | vgl. Galilei: *Die Goldwaage.*
[23] Kant 1998; S. 769f [=A720 / B748]
[24] vgl. Kant 1997; S. 8, 17, 39, 91, 113
[25] Kant 1998; S. 383 [=A266 / B322]
[26] Pauli zit. nach: Esfeld 2012; S. 117 [=Brief an Born, 31.03.1954]
[27] vgl. Leibniz 1966, Band II; S. 288 [=Brief vom 24.03.1699] oder S. 474 [=Brief vom 11.02.1715]
[28] Stegmüller 1987; S. 91
[29] vgl. deBroglie 1958; S. 103f
[30] vgl. Empedokles nach: Capelle, S. 227 [=Aristoteles: Von der Atmung 7; 473b]
[31] Dalton in: Sambursky 1978; S. 482
[32] vgl. Demokrit in: Capelle 1968; S. 396f [=Simplicius zu Aristoteles über Demokrit]
[33] vgl. Descartes 1992
[34] vgl. Newton 1988[I]
[35] vgl. Sambursky 1978; S. 163ff
[36] Lukrez zit. nach Sambursky 1978; S. 124f
[37] vgl. Leukipp: DK 67 A 29-32 | Demokrit: DK 68 B11/A37,59,125,135 | Epikur: Brief an Herodotos
[38] vgl. Einstein 1905[I] | vgl. Trigg 1984; S. 33ff
[39] Perrin zit. nach: Trigg 1984; S. 49
[40] vgl. duBois-Reymond 1967
[41] vgl. etwa: Ostwald 1895
[42] vgl. Boltzmann 1895
[43] Ostwald zit. nach: Boltzmann 1895; S. 46
[44] Leibniz 1966, Band II; S. 466 [=Brief an Remond vom Juli 1714]

[45] Leibniz 1966, Band I; S. 153 [=BW LC]
[46] vgl. auch: Grehn/Krause 1998; S. 413 | vonBaeyer 1996, Bildteil in der Buchmitte
[47] vgl. etwa: Grehn/Krause 1998; S. 413
[48] vgl. Grehn/Krause 1998; S. 413
[49] Kant 1998; S. 321 [=B275]
[50] Davis und Brown in: Davis/Brown 1993; S. 149
[51] Mach zit. nach: vonBaeyer 1996; S. 42
[52] Schrödinger 1926 in: Ludwig 1969; S. 167 [=ÜdV; §5]
[53] Schrödinger 1926 in: Ludwig 1969; S. 170 [=ÜdV; §5]
[54] vgl. etwa: Detel 2007
[55] Schrödinger zit. nach: Bloch 1978; S. 209
[56] Kant 1998; S. 129f [=A50ff/B74ff]
[57] vgl. Bartels in: Bartels/Stöckler 2009; S. 212
[58] Schlick, Moritz: *Allgemeine Erkenntnislehre.* Berlin 1925; S. 182
[59] Wittgenstein 2003; S. 9 [=Tractatus 1 und 1.1]
[60] vgl. vonFoerster/von Glasersfeld/et al. 1995
[61] Gribbin 1988; S. 188 und S. 190
[62] vgl. Hertz 1894 zit. nach: Sambursky 1978
[63] Kant 1998; S. 280f [=A182/B225]
[64] Heisenberg 1984; S. 41
[65] vgl. etwa: Ludwig in: Audretsch/Mainzer 1990; S. 183ff
[66] Planck zit. nach: Selleri 1990; S. 7
[67] Einstein in: Schilpp 1979; S. 494
[68] vgl. Gribbin 1988; S. 179 (als Lennon-Zitat)
[69] vgl. Leibniz 1996 | Kant 1998/1993 | Lorenz 1983; S. 82ff | generell: Vollmer 2002
[70] beide Zitatteile: Einstein zit. nach: Heisenberg 1991; S. 80
[71] Heisenberg 1991; S. 78
[72] Heisenberg 1984; S. XXXI
[73] Bartels in: Bartels/Stöckler 2009; S. 217
[74] vgl. Esfeld in: Esfeld 2012; S. 94f
[75] vgl. Esfeld 2008; S. 122f
[76] Mittelstaedt in: Engelhard/Heidemann 2004; S. 229
[77] Stöckler in: Bartels/Stöckler 2009; S. 258
[78] vgl. Falkenburg in: Esfeld 2012; S. 184
[79] vgl. vonBaeyer 1996
[80] vgl. etwa: Grehn/Krause 1998; S. 538
[81] Planck 1952; S. 16; vgl. auch Planck 1958; S. 17
[82] vgl. Havari zit. nach: Dosch 1986; S. 168 | vgl. auch: Dosch 1986; S. 154ff
[83] Demokrit nach Aetius in: Capelle 1968; S. 432 [=68 A 125] | vgl. dort auch Demokrits *Farbenlehre*
[84] vgl. etwa: Bartels 1996 | Vollmer 2003
[85] vgl. Einstein 1948
[86] vgl. Platon 2004 (Der Staat)
[87] vgl. Platon 2004 (Phaidon [100c] und Parmenides [131b])
[88] vgl. Platon 2004 (Timaios, S. 138ff [53b])[=Reclam S. 99ff]
[89] vgl. Kant 1998
[90] vgl. Esfeld 2002; S. 18ff
[91] Newton 1988^{II}; S. 53ff
[92] Newton 1988^{II}; S. 57
[93] vgl. Newton 1988^{II}; S. 57
[94] vgl. Mach 1988 | Mach 1985
[95] vgl. Mohrmann 2011

[96] Maxwell (sinngemäß) zitiert in: Polkinghorne 2006; S. 16
[97] Kant 1998; S. 538f [=A434ff / B462ff]
[98] vgl. Leibniz 1966, Band II; S. 451 [=Monadologie §67]
[99] vgl. Stegmüller1987; S. 92
[100] vgl. Kant 1997; S. 47ff [=Lehrsatz 4 mit Beweis]
[101] Fischer 2003; S. 211
[102] Newton 1996; S. 5 [=1.1; Def.1]
[103] vgl. Newton 1996; speziell: Band 97, S. 63 (Zitat) und 107ff [=Fragen 18ff]
[104] Einstein 1905[I]; S. 132ff
[105] beide Zitatteile: Millikan zit. nach: Kumar 2009; S. 75f mit Fußnote
[106] vgl. Planck 1900 und Einstein 1909
[107] vgl. Einstein 1905[I]; S. 132ff
[108] vgl. Heisenberg 1976; S. 71
[109] vgl. Einstein 1909
[110] Einstein 1905[I]; S. 132
[111] vgl. Zeilinger in: Audretsch / Mainzer 1990; S. 88ff
[112] vgl. deBroglie 1923
[113] vgl. deBroglie 1924/25 in: Ludwig 1969; S. 85ff
[114] deBroglie in: Schilpp 1979; S. 56
[115] deBroglie 1925 zit. nach: Ludwig 1969; S. 86 [=I;§1]
[116] vgl. deBroglie zit. nach: Sellerie 1990; S. 74 [=deBroglie: Anm. de Physique 3; 22 (1925)]
[117] deBroglie 1925 zit. nach: Ludwig 1969; S. 87 [=I;§1]
[118] vgl. Ludwig 1969; S. 35
[119] deBroglie 1925 zit. nach: Ludwig 1969; S. 90 [=I;§2]
[120] vgl. deBroglie 1925 zit. nach: Ludwig 1969; S. 92 [=I;§2]
[121] deBroglie 1925 zit. nach: Ludwig 1969; S. 106 [=II;§5]
[122] deBroglie zit. nach: Selleri 1990; S. 75 [=deBroglie: Nobel Lecture (1929)]
[123] vgl. Davisson/Germer: Phys. Rev. 30; 705 (1927) | Thomson: Proc. Roy. Soc. A 117; 600 (1928)
[124] vgl. Selleri 1990; S. 104f
[125] vgl. deBroglie 1927
[126] vgl. deBroglie in: Ludwig 1969; S. 93ff [=II; §2]
[127] Schrödinger zit. nach: Selleri 1990; S. 76 [=Phys.ZS 27/1926; S. 95][Drewermann 2002; S. 915]
[128] vgl. Schrödinger 1926 in: Ludwig 1969
[129] vgl. vonMeyenn 1984
[130] vgl. Kant 1998
[131] vgl. Einstein 1905[I]
[132] vgl. Lévy-Leblond 2011; S. 28f
[133] Heisenberg 1976; S. 6f
[134] Capra 1992; S. 44
[135] vgl. Heisenberg 1984; S. 160ff
[136] vgl. Heisenberg 1976; S. 1ff
[137] vgl. Mainzer in: Audretsch/Mainzer 1990; S. 292 (S. 245ff) | Hughes in: Neuser 1996; S.96ff
[138] Polkinghorne 2006; S. 62
[139] vgl. Mittelstaedt in: Kanitscheider 1984; S. 261ff
[140] Mittelstaedt in: Kanitscheider 1984; S. 277
[141] Heisenberg 1984; S. 22
[142] Heisenberg 1984; S. 28f
[143] Heisenberg 1984; S. 29f
[144] vgl. Bohr 1985 und Heisenberg 1984
[145] deBroglie 1958; S. 58
[146] deBroglie 1958; S. 58f

[147] Born zit. nach: Einstein/Born 1986; S. 79
[148] vgl. Heisenberg 1976; S. 47ff
[149] vgl. Heisenberg 1976; S. 48
[150] Bohr 1985; S. 22
[151] vgl. Fock nach: Selleri 1990; S. 87ff
[152] vgl. Compton: Phys. Rev. 21; S. 483 (1923) | zur relativ. R. vgl. Grehn/Krause 1998, S. 380f
[153] vgl. Mohrmann 2011
[154] Heisenberg 1976; S. 5f; vgl. dort auch Figur 4
[155] vgl. Stöckler in: Kanitscheider 1984; S. 224
[156] vgl. Grehn/Krause 1998
[157] Schrödinger 2012; S. 117
[158] Heisenberg 1976; S. 29
[159] beide Zitatteile: Einstein 1917; S. 48f
[160] Einstein zit. nach: Selleri 1990; S. 72f
[161] Compton zit. nach: Selleri 1990; S. 73 [=Phys. Rev. 21; 483ff (1923)]
[162] Zeh 2012; S. 189
[163] Bohr 1985; S. 144
[164] vgl. Nortmann 2009; S. 136ff
[165] Zeh 2012; S. 13
[166] vgl. etwa: Schreiner 1978; S. 16
[167] vgl. Friebe/Kuhlmann 2015; S. 262
[168] Einstein zit. nach: Zeilinger 2005; S. 96
[169] Schreiner 1978; S. 19; Frequenz f hier als ν
[170] Heisenberg 1976; S. 7
[171] Heisenberg 1976; S. 9
[172] Planck 1952; S. 20
[173] vgl. Heisenberg 1976; S. 27f
[174] deBroglie 1958; S. 91
[175] alle drei Zitatteile: Planck 1952; S. 21, 26 und 23
[176] vgl. Grehn/Krause 1998; S. 404
[177] vgl. etwa: Grehn/Krause 1998; S. 376
[178] Schrödinger 1963; S. 55f
[179] Lenard zit. nach: Grehn/Krause 1998; S. 405
[180] vgl. Grehn/Krause 1998; S. 406
[181] vgl. Franck/Hertz in: terHaar 1969; S. 201ff
[182] Bohr 1985; S. 118f
[183] vgl. Bohr 1985; S. 118ff
[184] vgl. Bohr 1913 und Sommerfeld 1921
[185] vgl. etwa: Grehn/Krause 1998; S. 408f
[186] vgl. Sexl 1984; S. 125f
[187] deBroglie 1958; S. 26
[188] Schrödinger zit. nach: Heisenberg 1991; S. 94
[189] Schrödinger 1963; S. 58 [Brief vom 06.06.1926]
[190] beide Zitatteile: Schrödinger 1963; S. 9 [Brief vom 31.05.1926]; vgl. auch die anderen Briefe
[191] deBroglie 1958; S. 82
[192] vgl. Schreiner 1978; S. 128ff
[193] vgl. Schrödinger 1963; S. 44ff
[194] vgl. Heisenberg 1991; S. 92f
[195] vgl. Selleri 1990; S. 84
[196] vgl. von Meyenn 1984; S. 89ff
[197] Schrödinger 1926 zit. nach: Ludwig 1969; S. 108 [=QuaE I; §1]

[198] vgl. etwa: Schrödinger 1963
[199] vgl. etwa: Pauli 1979
[200] vgl. Ludwig 1969; S. 57
[201] Bohr zit. nach: vonWeizsäcker 1974; S. 226
[202] vgl. Michels 1987; S. 302f (=Band 2)
[203] Aristoteles 1995^II; S. 14ff [=Buch 1, Kap. 5 =985b ff]
[204] Sommerfeld 1921; S. III
[205] vgl. Fischer 2003; S. 170f
[206] Schrödinger 2012; S. 115
[207] vgl. Heisenberg 1925 in: Ludwig 1969 [=Zeitschrift für Physik 33; 879ff]
[208] vgl. deBroglie 1924 in: Ludwig 1969 [=Annales de Physique 3; 22f (deBroglies Dissertation)]
[209] vgl. Schrödinger 1926 in: Ludwig1969 [=Annalen der Physik 79; 361, 489, 734 und 81; 109]
[210] vgl. Heisenberg 1976; S. 109ff | Schrödinger 1926 in: Ludwig 1969; S. 146ff [=ÜdV]
[211] vgl. Schrödinger 1926 in: Ludwig 1969; S. 147 [=ÜdV; §1]
[212] beide Zitatteile: Schrödinger 1926 in: Ludwig 1969; S. 146f und S. 149 [=ÜdV; §1]
[213] vgl. Ludwig 1969; S. 40ff
[214] beide Zitatteile: Heisenberg 1925 in: Ludwig 1969; S. 193ff [=ÜquU; Einleitung]
[215] Heisenberg 1991; S. 79
[216] vgl. Heisenberg 1976; S. 82
[217] Audretsch bzw. Mittelstaedt in: Audretsch/Mainzer 1990; S. 38 bzw. 134f
[218] Selleri 1990; S. 94
[219] Heisenberg 1927 in: Baumann/Sexl 1987; S. 73
[220] beide Zitatteile: Heisenberg 1927 in: Baumann/Sexl 1987; S. 77
[221] Heisenb. 1927 in: Baumann/Sexl 1987; S. 77|vgl. Schröd. 1926 in: Ludwig 1969; S. 147 FN [=ÜdV]
[222] beide Zitatteile: Heisenberg 1927 in: Baumann/Sexl 1987; S. 77
[223] Ludwig in: Audretsch/Mainzer 1990; S. 189f(f)
[224] Heisenberg 1925 in: Ludwig 1969; S. 195 [=ÜquU; Einleitung]
[225] Born/Jordan 1925 in: Ludwig 1969; S. 237 [=ZQu; §5]
[226] Heisenberg 1991; S. 76
[227] vgl. Baumann/Sexl 1987; S. 8
[228] Planck in: Schrödinger 1963; S. 3
[229] Gribbin 1988; S. 128
[230] beide Zitatteile: Einstein zit. nach: Heisenberg 1991; S. 80
[231] Heisenberg 1927 in: Baumann/Sexl 1987; S. 78
[232] Fock 1952 ref. und zit. nach: Baumann/Sexl 1987; S. 134f | Bezug: Bohr: `Über die Begriffe Kausalität und Komplementarität.´ Dialectica 1948
[233] vgl. Stöcker 2005; S. 750
[234] vgl. Nortmann 2009; S. 44ff
[235] Ludwig 1969; S. 68 | vgl. Born 1926^II in: Ludwig 1969; S. 241 [=§1]
[236] Feynman 1988; S. 26
[237] Falkenburg in: Esfeld 2012; S. 169
[238] Mainzer 1996; S. 45
[239] vgl. Maudlin nach: Friebe in: Friebe/Kuhlmann 2015; S. 62 bzw. Esfeld in: Esfeld 2012; S. 88
[240] Bohr 1985; S. 142
[241] vgl. Kant 1998
[242] Bohr 1985; S. 142
[243] vgl. Planck 1952; S. 12
[244] Kant 1997; S. 6 [=Vorrede VIII]
[245] vonWeizsäcker 1974; S. 161
[246] vgl. Mainzer in: Audretsch/Mainzer 1990; S. 286ff
[247] vgl. Drieschner 2002 | Esfeld 2002 | Baumann/Sexl 1987 | Selleri 1990 | Friebe/Kuhlmann 2015

[248] Schrödinger 1966; S. 11
[249] vgl. Zeilinger in: Audretsch/Mainzer 1990; S. 69ff
[250] vgl. Schrödinger 1966
[251] Schrödinger 1966; S. 6
[252] Schrödinger 1966; S. 7
[253] Selleri 1990; S. 184
[254] Schrödinger 1926 zit. nach: Ludwig 1969; S. 138 [=QuaE II; §2]
[255] beide Zitatteile: Schrödinger 1926 zit. nach: Ludwig 1969; S. 131; 135f [=QuaE II; §1 u. 2]
[256] beide Zitatteile: Schrödinger 1926 zit. nach: Ludwig 1969; S. 136f [=QuaE II; §2]
[257] vgl. Schrödinger 1926 zit. nach: Ludwig 1969; S. 143 [=QuaE II; §3]
[258] Schrödinger 1926 zit. nach: Ludwig 1969; S. 141 [=QuaE II; §2]
[259] Schrödinger 1966; S. 9f
[260] Schrödinger 1926 zit. nach: Ludwig 1969; S. 138 [=QuaE II; §2]
[261] vgl. Schrödinger 1926; III. und IV. Mitteilung
[262] Schrödinger 1926 zit. nach: Ludwig 1969; S. 184f [=QuaE IV; §2]
[263] Schrödinger 1926 zit. nach: Ludwig 1969; S. 188 [=QuaE IV; §7]
[264] Schrödinger 1926 zit. nach: Ludwig 1969; S. 185 [=QuaE IV; §2]
[265] alle drei Zitatteile: Schrödinger 1926 zit. nach: Ludwig 1969; S. 188 [=QuaE IV; §7]
[266] Schrödinger 1926 zit. nach: Ludwig 1969; S. 191 [=QuaE IV; §7]
[267] Schrödinger 1926 zit. nach: Ludwig 1969; S. 188 [=QuaE IV; §7]
[268] Heisenberg 1984; S. 23
[269] vgl. Born 1926^{I} in: Baumann/Sexl 1987; S. 48ff (FN!) und Born 1926^{II} in: Ludwig 1969; S. 237ff
[270] Born 1926^{II} in: Ludwig 1969; S. 238 [=Einl.]
[271] Einstein bzw. Born in: Baumann/Sexl 1987; S. 11 [=Born 1926^{II} in: Ludwig 1969; S. 238f]
[272] alle drei Zitatteile: Born 1926^{II} in: Ludwig 1969; S. 239 mit FN [=Einl.]
[273] Bohm 1952 in: Baumann/Sexl 1987; S. 172
[274] vgl. Born 1926^{I} in: Baumann/Sexl 1987; S. 48ff | Born 1926^{II}
[275] beide Zitatteile: Born 1926^{I} in: Baumann/Sexl 1987; S. 48ff
[276] beide Zitatteile: Born 1926^{II} in: Ludwig 1969; S. 259
[277] vgl. Einstein/Born 1986
[278] Bohm zit. nach: Davis/Brown 1993; S. 153
[279] Forman zit. nach: von Meyenn 1994; S.190f
[280] Lorentz in: Schrödinger 1963; S. 42
[281] Schrödinger 2012; S. 131
[282] Friebe/Kuhlmann 2015, S. 74
[283] vgl. etwa: Bartels 1996; S. 76
[284] Penrose 2002; S. 281f
[285] Heisenberg 1976; S. 29
[286] Schrödinger zit. nach: vonMeyenn 1984; S. 93 [Brief an Sommerfeld; 20.02.1926]
[287] Schrödinger zit. nach: von Meyenn 1984; S. 93 [Brief an Wien]
[288] Schrödinger 1963; S. 18 [=Brief an Planck; 04.07.1926]
[289] vgl. Heisenberg 1991; S. 94
[290] vgl. Ketterle 1997
[291] vgl. Grehn/Krause 1998; S. 416
[292] vgl. Schreiner 1978; S. 99ff. / 111ff
[293] vgl. Newton 1996; speziell: S. 107ff [=Fragen 18ff]
[294] vgl. Schreiner 1978; S. 157
[295] Heisenberg 1976; S. 30
[296] vgl. Baumann/Sexl 1987; S. 30
[297] Schrödinger 1963; S. 34f
[298] vgl. Zeilinger in: Audretsch/Mainzer 1990; S. 74

[299] Born 1926 in: Ludwig 1969; S. 239 [=Zur QM der Stoßvorgänge (1926^II)]
[300] Heisenberg zit. nach: Selleri 1990; S. 31 [=Heisenberg 1948]
[301] Aristoteles 2011; S. 11/13 [=315b30 ff]
[302] vgl. Davies/Brown 1993
[303] deBroglie zit. nach: Selleri 1990; S. 28
[304] Heisenberg 1984; S. 23; ins Präsens gesetzt
[305] vgl. Selleri 1990; S. 81ff
[306] vgl. Einstein/Born 1986; S. 118 [Einstein an Born, 29.04.1924]
[307] Heisenberg 1984; S. 121
[308] Schrödinger 2012; S. 125ff
[309] vgl. Stegmüller 1987 | Stegmüller 1983
[310] vgl. Grehn/Krause 1998; S. 332ff | Jürgens/Peitgen/Saupe 1989
[311] vgl. etwa: Stegmüller 1965
[312] Heisenberg 1984; S. 124
[313] vgl. deBroglie 1927
[314] vgl. Bohm 1952 in: Baumann/Sexl 1987 | deBroglie: *Non-linear wave mechanics, a causal interpretation.* Amsterdam (Elsevier) 1960 | Selleri 1990; S. 64ff
[315] vgl. Bohm 1952 in: Baumann/Sexl 1987 | Friebe/Kuhlmann 2015; S. 180
[316] vgl. Friebe/Kuhlmann 2014; S. 180f
[317] Bohm 1952 in: Baumann/Sexl 1987; S. 174 [=§4]
[318] Bohm 1952 in: Baumann/Sexl 1987; S. 179 [=§5]
[319] Bohm 1952 in: Baumann/Sexl 1987; S. 179 [=§5]
[320] Bohm 1952 in: Baumann/Sexl 1987; S. 163f
[321] Heisenberg 1984; S. 120
[322] vgl. vonWeizsäcker: *Aufbau der Physik* (1985) zit. nach: Drieschner 2002; S. 109f
[323] vgl. Bohm 1952 in: Baumann/Sexl 1987; S. 169 [=§3]
[324] vgl. Sellerie 1990; S. 67
[325] vgl. Bohm 1952 in: Baumann/Sexl 1987; S. 184ff [=§7]
[326] vgl. Heisenberg 1984; S. 124
[327] Heisenberg 1955 in: Baumann/Sexl 1987; S. 146
[328] vgl. Friebe/Kuhlmann 2015; S. 190 | Heisenberg 1984; S. 122
[329] vgl. Scheibe in: Audretsch/Mainzer 1990; S. 175f
[330] vgl. Teichmann 1935; S. 74ff | Friebe/Kuhlmann 2015; S. 5
[331] vgl. Friebe/Kuhlmann 2015; S. 6; Fußnote
[332] vgl. vonNeumann 1980
[333] Jordan zit nach: Selleri1990; S. 33
[334] vonNeumann 1980 zit. nach: Baumann/Sexl 1987; S. 22f
[335] vgl. Baumann/Sexl 1987; S. 22f; S. 34ff | Selleri 1990; S. 54ff, S. 163ff [=Bohm], S. 193ff [=Bell]
[336] vgl. Bell 1966 in: Baumann/Sexl 1987
[337] vgl. Friebe/Kuhlmann 2015; S. 194
[338] Bell 1966 in: Baumann/Sexl 1987; S. 194 [=§I]
[339] Bell 1966 in: Baumann/Sexl 1987; S. 197 [=§III]
[340] vgl. Bell nach Scheibe in: Audretsch/ Mainzer 1990; S. 159
[341] Zeilinger 2005; S. 153
[342] beide Zitatteile: Bohm zit. nach: Davis/Brown 1993; S. 157
[343] vgl. Selleri 1990; S. 68
[344] vgl. Hiley zit. nach: Davis/Brown 1993; S. 166
[345] alle drei Zitatteile: Bohm zit. nach: Davis/Brown 1993; S. 154
[346] vgl. Bohm 1952 in: Baumann/Sexl 1987; S. 173 [=§4]
[347] vgl. Selleri 1990; S. 65 (Bild 9)
[348] Esfeld in: Esfeld 2012; S. 101

[349] vgl. Friebe/Kuhlmann 2015; S. 181; Fußnote
[350] vgl. Eddington zit. nach: Gribbin 1988; S. 106f
[351] vgl. Kant 1993 und 1998
[352] Einstein 1905[I]; S. 132f
[353] vgl. etwa: Mach 1985
[354] vgl. Newton 1988[I]; S. 53f
[355] Mach 1988; S. 302
[356] vgl. Mach 1988
[357] deBroglie 1958; S. 151
[358] Maxwell 1879; S. 101ff
[359] vgl. Schröder 1978, S. 2ff und S. 60ff
[360] Maxwell zit. nach: Hoffmann 1997; S. 89
[361] vgl. Descartes 1992
[362] vgl. etwa: Hoffmann 1997
[363] P.A.M. Dirac zit. nach: Selleri 1990; S. 34
[364] Hertz zit. nach: Grehn/Krause 1998; S. 567
[365] beide Zitatteile: Hertz 1894 zit. nach: Sambursky 1978; S. 604ff
[366] Born 1969; S. 3 | vgl. auch Heisenberg 1991 | Schilpp 1979; S. 10
[367] Einstein 1983; S. 159ff
[368] Einstein in: Schilpp 1979; S. 494
[369] vgl. Schrödinger 2012; S. 44
[370] vgl. Mohrmann 2011; S. 69ff
[371] Lorentz zit. nach: Selleri/Brandes /... 1998; S. 51f
[372] alle vier Zitatteile: Bell zit. nach: Davis/Brown 1993; S. 65f
[373] vgl. Dirac in: Greiner/Wolschin 1994; S. 24
[374] alle drei Zitatteile: deBroglie 1958; S. 23ff
[375] Heisenberg 1976; S. 39
[376] beide Zitatteile: Hertz zit. nach: Sexl 1984; S. 77
[377] Heisenberg 1984; S. 83
[378] vgl. etwa: Falkenburg in: Esfeld 2012; S. 158ff
[379] deBroglie 1958; S. 111f
[380] Schrödinger 2012; S. 120
[381] Einstein 1909; S. 824f
[382] Einstein nach: Born in: Baumann/Sexl 1987; S. 11 [=Born 1926; ZfPh 37/38; 803]
[383] vonMeyenn 1984; S. 91
[384] vgl. Fritsch 1992; S. 302
[385] vgl. Haken/Wolf 1987; S. 11ff
[386] alle Zitatteile: Kant 1997; S. 39ff [=II.HS; Erklärung 1; LS 1; LS 2; LS 5 mit Beweis]
[387] Kant 1997; S. 60 [=II.HS; Lehrsatz 7, Anmerkung]
[388] vgl. etwa: d´Espagnat 1983 und Capra 1992
[389] Aristoteles 1995[I]; S. 81 [=IV,4; 210b f]
[390] vgl. Capelle 1968; S. 296f [=Aristoteles Physik IV,6; 213a f]
[391] vgl. Newton 1988[I]
[392] vgl. Descartes 1992
[393] vonBaeyer 1996; S. 162
[394] vonBaeyer 1996; S. 162f
[395] vgl. Leibniz 1966
[396] vgl. Einstein in: Sambursky 1978; S. 647ff
[397] vgl. Ingold 2002; S. 81f
[398] Davis und Brown in: Davis/Brown 1993; S. 16f
[399] vgl. etwa: Rae 1996; S. 43ff

400 vgl. Busche 2009 (Einführung)
401 vgl. etwa: Zeilinger 2005; S. 182ff
402 vgl. Neuser 1996; S.75 | Drewermann 2002; S. 919f
403 Planck 1952^{II}; S. 13
404 Planck 1952; S. 22f und Planck 1952^{IV}; S. 22
405 Bohr in: Schilpp 1979; S. 129f
406 Zeilinger 2005; S. 194
407 Selleri 1990; S. 181
408 vgl. Selleri 1990; S. 181ff
409 Hertz 1894 zit. nach: Sambursky 1978; S. 604ff
410 Bohr nach Wheeler zit. nach: Kanitscheider 1984; S. 205
411 alle fünf Zitatteile: Wheeler zit. nach: Kanitscheider 1984; S. 209ff
412 Bartels 1996; S. 78
413 Wheeler zit. nach: Kanitscheider 1984; S. 214
414 Schrödinger 1935, Fußnote zu §12
415 beide Zitatteile: Schrödinger 1935 in: Baumann/Sexl 1987; S. 114ff [=§10ff]
416 Schrödinger 1935 in: Baumann/Sexl 1987; S. 114 [=§10]
417 Schrödinger 1935 in: Baumann/Sexl 1987; S. 121 [=§12]
418 EPR 1935 in: Baumann/Sexl 1987; S. 81
419 vgl. EPR 1935 in: Baumann/Sexl 1987; S. 83
420 vgl. Bohr 1935 in: Baumann/Sexl 1987; S. 87ff
421 EPR 1935 in: Baumann/Sexl 1987; S. 84
422 EPR 1935 in: Baumann/Sexl 1987; S. 81
423 vgl. Selleri 1990; S. 150
424 Einstein in: Schilpp 1979; S. 506
425 vgl. Einstein in: Schilpp 1979; S. 506
426 Einstein in: Schilpp 1979; S. 500
427 EPR 1935 in: Baumann/Sexl 1987; S. 83
428 Bohr in: Baumann/Sexl, S. 18 [=Diskussion mit Einstein; auch in: Schilpp 1979]
429 alle drei Zitatteile: Bohr 1985; S. 31ff [=Diskussion mit Einstein; auch in: Schilpp 1979]
430 beide Zitatteile: EPR in: Baumann/Sexl 1987; S. 86
431 Einstein zit. nach: Selleri 1990; S. 17
432 Bohr 1935 in: Baumann/Sexl 1987; S. 88
433 Bohr 1985; S. 107f; S. 99; S. 108
434 vgl. Wheeler zit. nach: Davis/Brown 1993; S. 36f
435 vgl. d´Espagnat in: Neuser: 1996; S. 64
436 vgl. Baumann/Sexl 1987; S. 39
437 vgl. d´Espagnat in: Neuser: 1996; S. 64 | vgl. Selleri 1990; S. 167ff
438 vgl. Aspect 1982
439 vgl. Drieschner 2002; S. 111
440 Zeilinger 2005; S. 44
441 Drieschner 2002; S. 109
442 Esfeld 2002; S. 66
443 Mainzer (referiert Ludwigs Position) in: Audretsch/Mainzer 1990; S. 277
444 Mohrmann 2011; S. 66
445 Polkinghorne 2006; S. 118
446 Bohm zit. nach: Davis/Brown 1993; S. 152
447 Hiley zit. nach: Davis/Brown 1993; S. 170f
448 vgl. Bohm zit. nach: Davis/Brown 1993; S. 150f
449 vgl. Rae 1996; S. 74
450 vgl. Ursin zit. nach: Friebe/Kuhlmann 2015; S. 131

[451] Friebe/Kuhlmann 2015; S. 130
[452] vgl. EPR 1935 in: Baumann/Sexl 1987; S. 80ff | Rae 1996; S. 50ff | Polkinghorne 2006; S. 114ff
[453] vgl. Rae 1996; S. 88
[454] vgl. Audretsch/Mainzer 1990; S. 58 | Rae 1996; S. 60 und 70 | Friebe/Kuhlmann 2015; S. 139ff
[455] Gribbin 1998; S. 49
[456] Primas in: Kanitscheider 1984; S. 253ff
[457] beide Zitatteile: Bartels 1996; S. 82
[458] vgl. Friebe/Kuhlmann 2015; S. 151
[459] vgl. Friebe/Kuhlmann 2015; S. 162f
[460] vgl. Gribbin 1988; S. 244
[461] vgl. Zeilinger in: Audretsch/Mainzer 1990; S. 82ff
[462] d`Espagnat in: Neuser 1996; S. 57
[463] vgl. Brecht 1967
[464] vgl. etwa: d´Espagnat in: Neuser 1996; S. 57ff | Selleri 1984 (1990); S. 103ff
[465] vgl. Bell zit. nach: Davis/Brown 1993; S. 63 | Friebe/Kuhlmann 2015; S.166ff
[466] vgl. Gribbin 1998 | Friebe/Kuhlmann 2015; S. 168ff
[467] vgl. Davis und Brown in: Davis/Brown 1993; S. 125f
[468] Davis und Brown in: Davis/Brown 1993; S. 149
[469] vgl. Friebe/Kuhlmann 2015; S. 163ff
[470] vgl. Selleri 1990; S. 130f
[471] Schrödinger 1963; S. 30
[472] vgl. Esfeld 2002; S. 42f.
[473] Esfeld 2002; S. 48
[474] beide Zitatteile: Esfeld 2002; S. 48
[475] Esfeld 2002; S. 57f
[476] vgl. Neuser 1996; S. 96f
[477] vgl. Esfeld 2002; 73ff | Freudenthal 1982
[478] Leibniz 1966, Band II; S. 448 [=Monadologie §56]
[479] vgl. Busche 2009; S. 1ff
[480] vgl. Busche 2009; S.13ff
[481] Leibniz 1966, Band II, S.153 [=Metaphysische Abhandlung §14]
[482] deBroglie 1958; S. 115f | vgl. Meschede 2001; S. 771f
[483] vgl. Hartmann 1950
[484] Leibniz 1966, Band II, S.145 [=Metaphysische Abhandlung §9]
[485] vgl. etwa: Leibniz 1966, Band I; S. 120ff [=Briefwechsel mit Clarke]
[486] vgl. Hartmann 1950
[487] vgl. deBroglie 1958; S. 63
[488] vgl. Esfeld 2002; S. 59
[489] vgl. Friebe/Kuhlmann 2015; S. 94f (=Black 1952; S. 156]
[490] vgl. Feynman 1999; S. 60ff und 65ff
[491] Schreiner 1978; S. 90ff | vgl. Feynman 1999; Bd. III S. 83ff
[492] Sexl 1984; S. 186
[493] deBroglie 1958; S. 115f | vgl. Meschede 2001; S. 771f
[494] Schrödinger in: Greiner/Wolschin 1994; S. 35 [=Was ist Materie?]
[495] vgl. Mittelstaedt in: Heidemann/Engelhard 2004; S. 207ff
[496] Born zit. nach: Friebe/Kuhlmann 2015; S. 100
[497] Esfeld 2002; S. 60
[498] Detel 2007; S. 89
[499] Sexl 1984; S. 191ff
[500] vgl. Esfeld 2008; S. 91
[501] vgl. etwa: Friebe/Kuhlmann 2015; S. 105

[502] Einstein 1948 zit. nach: Esfeld 2002; S. 46f
[503] vgl. etwa: Esfeld 2002; S. 46f
[504] vgl. Mainzer in: Audretsch/Mainzer 1990; S. 272
[505] vgl. vonWeizsäcker 1974; S. 466ff
[506] alle Zitatteile: Faraday 1844; S. 284ff
[507] vgl. Bohm nach: Selleri 1990; S. 128
[508] Leibniz 1966, Band II, S. 448 [=Monadologie §56]
[509] vgl. Bohr in: Schilpp 1979; S. 130ff
[510] Bohr in: Schilpp 1979; S. 131
[511] Zeilinger 2005; S. 180
[512] Heisenberg (1927) in: Baumann/Sexl 1987; S. 54
[513] Einstein zit. nach: Heisenberg 1991; S. 80
[514] alle drei Zitatteile: Heisenberg 1927 in: Baumann/Sexl 1987; S. 60f
[515] Schrödinger 1935 in: Baumann/Sexl 1987; S. 108 [=§6]
[516] Einstein zit. nach: Heisenberg 1991; S. 85
[517] Einstein 1983; S. 118
[518] Heisenberg 1927 in: Baumann/Sexl 1987; S. 66
[519] vgl. Heisenberg 1927 in: Baumann/Sexl 1987; S. 55f
[520] vgl. Ed Dellians Einleitung zu: Newton 1988[I]; S. XXXI
[521] vgl. Schrödinger 1926
[522] vgl. Schrödinger 1966
[523] vgl. Penrose 2002; S. 239
[524] Friebe/Kuhlmann 2015; S. 40; FN
[525] vgl. Heisenberg 1976; S. 9ff | vgl. Grehn/Krause 1998; S. 129f
[526] beide Zitatteile: Bohm 1952 in: Baumann/Sexl 1987; S. 165
[527] Bohm 1952 in: Baumann/Sexl 1987; S. 166
[528] deBroglie 1958; S.151f
[529] Gribbin 1988; S. 175
[530] Heisenberg 1976; S. 15
[531] vgl. etwa: Schreiner 1978; S. 78
[532] vgl. Schreiner 1978; S. 80f
[533] beide Zitatteile: Heisenberg 1976; Vorwort [S. V]
[534] Friebe/Kuhlmann 2015; S. 15
[535] vgl. Friebe/Kuhlmann 2015; S. 4ff
[536] vgl. Neuser 1996; S. 151ff
[537] vgl. Neuser 1996; S. 153
[538] vgl. Friebe/Kuhlmann 2015; S. 12
[539] vgl. Friebe/Kuhlmann 2015; S. 11ff
[540] Bohr 1958 in: Baumann/Sexl 1987; S. 158
[541] vgl. Friebe/Kuhlmann 2015; S. 15
[542] vgl. Capra 1992
[543] vgl. Kant 1998; A187f / B230f
[544] Leibniz zit. nach: Finster / van den Heuvel 1990; S. 107; Orthographie behutsam modernisiert
[545] vgl. Demokrit zit. nach: Capelle 1968; S. 397 und S. 402
[546] vgl. Schreiner 1978; S. 160f
[547] vgl. etwa: Feynman 2004; S. 129
[548] vgl. Einstein: *'Ist die Trägheit eines Körpers...* (Nachtrag); Annalen der Physik; Leipzig 1905; 17
[549] Schrödinger in: Greiner/Wolschin 1994; S. 30 [=Was ist Materie?]
[550] vgl. Hartmann 1950; S. 274ff
[551] Heisenberg zit. nach: Lévy-Leblond 2011; S. 132 [=Ordnung der Wirklichkeit (1942)]
[552] Mainzer 1996; S. 12

[553] alle Zitatteile: Kant 1998; S. 280 [=A182 / B224]
[554] deBroglie 1958; S. 23
[555] vgl. Feynman 1999; S. 136ff
[556] Newton 1988^{II}; S. 53ff
[557] deBroglie 1958; S. 54f
[558] Zenon zit. nach: Capelle 1968; S. 177 [=Fragment 4]
[559] beide Zitatteile: deBroglie 1958; S. 54f
[560] vgl. Capelle 1968
[561] vgl. Ferber 1995
[562] Jammer 1960; S. 211; vgl. S. 208ff
[563] vgl. Kant 1998; S. 530ff [=A426 / B454ff]
[564] vgl. Kant 1998; S. 97ff [=A22 / B37ff]
[565] vgl. deBroglie 1958; S. 172ff
[566] deBroglie 1958; S. 116
[567] vgl. Mohrmann 2011
[568] Kant 1998; S. 274ff [=A176ff/B218ff]
[569] Kant 1998; S. 286ff [=A189ff/B232ff]
[570] vgl. etwa: Lorenz 1983 und Vollmer 2003
[571] Hume 1964; S. 76ff und S. 57
[572] Hume 1964; S. 91
[573] vgl. Esfeld 2002; S. 83ff
[574] vgl. etwa: Vollmer 2002 und Lorenz 1983
[575] vgl. Schiller, Friedrich: *Gedichte und Prosa.* Zürich (Manesse) 1984; S. 195 (=Votivtafel 41)
[576] vgl. Vollmer 2002; S. 166
[577] vonNeumann 1980 zit. nach: deBroglie 1958; S. 187f
[578] vgl. Esfeld 2008; S. 137ff
[579] Esfeld 2008; S. 139f
[580] Shakespeare: *Sämtliche Werke Band III: Macbeth.* Darmstadt (WBG) 2005; S. 469
[581] Esfeld 2008; S. 175 und S. 190
[582] vgl. Mohrmann 2011
[583] Vollmer 2003, S. 44ff; vgl. Lorentz 1941/1983
[584] Schrödinger 2012; S. 38f
[585] Kant 1993; S. 4 [=AA257]); vgl. auch: Kant 1998
[586] Einstein zit. nach: Capra 1992; S. 209
[587] Hawking 1991; S. 95
[588] vgl. Wüthrich in: Esfeld 2012; 227ff | Friebe/Kuhlmann 2015; S. 247f
[589] Friebe/Kuhlmann 2015; S. 248
[590] vgl. Friebe/Kuhlmann 2015; S. 248
[591] vgl. Stöckler in: Kanitscheider 1984; S. 230f
[592] vgl. Wüthrich in: Esfeld 2012; S. 230
[593] vgl. Friebe/Kuhlmann 2015; S. 236f
[594] vgl. Bröcker 1985; S. 29
[595] vgl. etwa: Börner/Ehlers/Meier 1993; S.71 | Hawking 1991; S. 94
[596] vgl. Hawking 1991; S. 98
[597] vgl. Esfeld 2002
[598] Dosch 1986; S. 175
[599] vgl. Aristoteles 2011
[600] vgl. Hartmann 1950
[601] Jonas 1994; S. 212
[602] vgl. vonNeumann 1980
[603] Born 1926 in: Ludwig 1969; S. 239 [=Zur QM der Stoßvorgänge (1926^{II})]

[604] vgl. Audretsch in: Audretsch/Mainzer 1990; S. 36ff | Esfeld 2002; S. 66ff
[605] vgl. Heisenberg 1976; S. 50ff
[606] Bohr 1985; S. 24
[607] Bohr 1985; S. 83; vgl. auch etwa: S. 108
[608] Mittelstaedt in: Audretsch/Mainzer 1990; S. 134f
[609] Mainzer 1996; S. 40f
[610] vgl. Bohr 1985; S. 110
[611] Drieschner 2002; S. 87
[612] vgl. vonWeizsäcker 1974; S. 226
[613] Schrödinger 1935 in: Baumann/Sexl 1987; S. 110 [=§8]
[614] vgl. Schrödinger 1935 in: Baumann/Sexl 1987; S. 112f [=§9]
[615] vonWeizsäcker 1974; S. 226
[616] Einstein 1983; S. 118
[617] beide Zitatteile: Bohr 1985; S. 24 und 81
[618] Heisenberg 1984; S. 32
[619] Einstein zit. nach: Schrödinger 1963; S. 29
[620] Bohr 1985; S. 25
[621] Bohr 1985; S. 99
[622] Vollmer 2002; S. 14
[623] Mittelstaedt in: Audretsch/Mainzer 1990; S. 133ff
[624] Schrödinger 2012; S. 129f [=Was ist ein Elementarteilchen? §6]
[625] vgl. Forman in: vonMeyenn 1994
[626] Jauch 1973; S. 64
[627] vgl. Jauch 1973; S. 65
[628] vgl. Einstein/Born 1986; S. 278ff
[629] Jauch 1973; S. 69
[630] vgl. Jauch 1973; S. 71
[631] beide Zitatteile: Jauch 1973; S. 69 und S. 72
[632] Polkinghorne 2006; S. 3
[633] Jauch 1973; S. 13
[634] Wittgenstein 2003; S. 60 [=§5.1361]
[635] vgl. Schreiner 1978; S. 27ff
[636] Laplace zit. nach: duBois-Reymond 1967; S. 17f
[637] Leibniz 1966, Band II; S. 129ff [=Von dem Verhängnisse]; Orthographie behutsam modernisiert; vgl. auch das Schreiben an Bayle, vgl. dazu: duBois-Reymond 1967; S. 19f
[638] Heisenberg 1927; in: Baumann/Sexl 1987; S. 78
[639] vgl. Schreiner 1978; S. 27
[640] Mittelstaedt in: Audretsch/Mainzer 1990; S. 134
[641] vgl. Vollmer 2002; S. 156
[642] Heisenberg zit. nach: Selleri 1990; S. 93
[643] Wittgenstein 2003; S. 111 [=§6.54]
[644] Gribbin 2000; S. 90
[645] Esfeld 2002; S. 51
[646] Planck 1952; S. 36
[647] Planck 1952; S. 40
[648] Planck 1952[II]; S. 12
[649] Mittelstaedt in: Heidemann/Engelhard 2004; S. 228
[650] vgl. Bohr 1985; S. 19f
[651] deBroglie 1958; S. 55 (ff)
[652] vgl. Selleri 1990; S. 46ff | deBroglie: Journ. Phys. Rad. 20; 963 (1959)
[653] beide Zitatteile: Selleri 1990; S. 48

[654] Polkinghorne 2006; S. 62
[655] Schrödinger zit. nach: Neuser 1996; S. 23f
[656] vgl. Mittelstaedt in: Heidemann/Engelhard 2004; S. 223ff
[657] vgl. Friebe/Kuhlmann 2015; S. 9
[658] beide Zitatteile: Jauch 1973; S. 24f
[659] Jauch 1973; S. 24
[660] Jauch 1973; S. 27
[661] Schrödinger zit. nach: Neuser 1996; S. 24
[662] Planck 1952; S. 42f
[663] Grehn/Krause1998; S. 501
[664] Hertz 1894 zit. nach: Sambursky 1978; S. 604ff
[665] Selleri 1990; S. 43 (Selleri stellt diese Ansicht nur vor)
[666] Wheeler in: Kanitscheider S. 203
[667] Titze in: Posch 1981; S. 42
[668] Pauli zit. nach: Selleri 1990; S. 30
[669] vgl. Einstein in: Schilpp 1979; S. 493ff
[670] Einstein in: Schilpp 1979; S. 496
[671] Einstein in: Schilpp 1979; S. 497
[672] Einstein in: Schilpp 1979; S. 498
[673] Schrödinger 2012; S. 17
[674] vgl. Schrödinger 2012; S. 9ff
[675] vgl. Heisenberg 1948; S. 11
[676] Lorentz zit. nach: Schrödinger 1963; S. 42
[677] beide Zitatteile: Capra 1992; S. 67
[678] Zeilinger 2005; S. 19
[679] vgl. Grehn / Krause 1998; S. 332ff
[680] Schrödinger zit. nach: Selleri 1990; S. 21
[681] Planck 1952[IV]; S. 17f
[682] vgl. Cramer zit. nach: Gribbin 1998; S. 328ff
[683] vgl. Stegmüller 1983; S. 567ff
[684] Selleri 1990; S. 42
[685] Einstein zit. nach: Schrödinger 1963; S. 37
[686] Capra 1992; S. 240f [zitiert wird dort: K.Ford: *The World of Elementary Particles*]
[687] vgl. Egg in: Esfeld 2012; S. 190ff
[688] Planck 1952[II]; S. 18
[689] vgl. Zeilinger 2005; S. 44ff
[690] vgl. Zeilinger 2005; S. 207ff
[691] vgl. Zeilinger 2005; S. 196ff
[692] vgl. Mittelstaedt in: Audretsch/Mainzer 1990; S. 143ff
[693] Schrödinger in: Neuser 1996; S. 24f
[694] beide Zitatteile: Mittelstaedt in: Audretsch/Mainzer 1990; S. 137f
[695] Einstein zit. nach: Schrödinger 1963; S. 32f
[696] Schrödinger in: Neuser 1996; S. 24f
[697] Einstein zit. nach: Schrödinger 1963; S. 33
[698] vgl. Vollmer 2002; S. 34ff
[699] vgl. Berkeley 2005
[700] vgl. Bohr zit. nach: von Weizsäcker 1974; S. 227
[701] Heisenberg 1955 in: Baumann/Sexl 1987; S. 149
[702] vgl. Heisenberg 1984; S. 37ff
[703] Heisenberg 1984; S. 38
[704] beide Zitatteile: Heisenberg zit. nach: Nortmann 2009; S. 7

[705] alle fünf Zitatteile: Heisenberg 1955 in: Baumann/Sexl 1987; S. 153f
[706] Born zit. nach: Selleri 1990; S. 180
[707] Heisenberg 1955 in: Baumann/Sexl 1987; S. 154
[708] vgl. Rae 1996; 90ff
[709] vgl. Rae 1996; 91f
[710] vonNeumann 1980; S. 223
[711] vgl. Primas in: Audretsch/Mainzer 1990; S. 225; Fußnote
[712] vgl. Mainzer in: Audretsch/Mainzer 1990; S. 274
[713] vgl. Schrödinger nach: Selleri 1990; S. 166
[714] vgl. (Einstein zit. nach) Zeilinger 2005; S. 9
[715] Wheeler zit. nach: Davis/Brown 1993; S. 85
[716] Gribbin 1988; S. 228
[717] Wheeler zit. nach: Gribbin 1988; S. 209
[718] Gribbin 1988; S. 210
[719] Heisenberg 1948; S. 7
[720] Bell zit. nach: Esfeld 2012; S. 118
[721] vgl. Bell zit. nach: Esfeld 2012; S. 118
[722] Wigner zit. nach: Nortmann 2009; S. 198
[723] Davis und Brown in: Davis/Brown 1993; S. 42f
[724] deBroglie zit. nach: Selleri 1990; S. 28
[725] Zeh 2012; S. 13
[726] Gribbin 1988; S. 18
[727] beide Zitatteile: Heisenberg 1984; S. 134f
[728] Heisenberg 1984; S. 120
[729] vgl. Everett 1957
[730] Wheeler / Zurek 1983; S. 320; eigene Übersetzung
[731] Audretsch/Mainzer 1990; S. 249
[732] Einstein zit. nach: Schrödinger 1963; S. 36
[733] deWitt zit. nach: Gribbin 1988; S. 259
[734] vgl. Friebe/Kuhlmann 2015; S. 209ff
[735] deWitt 1970 in: Baumann/Sexl 1987; S. 218
[736] Wheeler zit. nach: Davis/Brown 1993; S. 77
[737] Heisenberg 1984; S. 171f
[738] vgl. Joos/Zeh et al. 2003 | Joos 1990 | Giulini/Joos/et al. 1996
[739] vgl. Joos et al.: Decoherence and the Appearance of a classical world... Berlin (Springer) 2003
[740] vgl. Zeh 2012; S. 81
[741] vgl. Esfeld 2002; S. 56ff
[742] vgl. Zeh 2012; S. 32
[743] vgl. deWitt 1970 in: Baumann/Sexl 1987; S. 213ff
[744] deWitt 1970 in: Baumann/Sexl 1987; S. 215
[745] deWitt 1970 in: Baumann/Sexl 1987; S. 214
[746] vgl. Zeh 2012; S. 27ff
[747] Friebe/Kuhlmann 2015, S. 209
[748] Zeh 2012; S. 83
[749] vgl. Zeh 2012; S. 31
[750] vgl. Zeh 2012; S. 45
[751] Zeh 2012; S. 110 und 81f
[752] Feynman 1988; S. 26
[753] vgl. Mach 1988; S. 362ff
[754] beide Zitatteile: Hawking 1993; S. 74ff und 61
[755] vgl. Leibniz 1966

[756] vgl. Zeh 2012; S. 83
[757] Prigogine 1979; S. 64
[758] Prigogine 1979; S. 65
[759] Eddington zit. nach: Prigogine 1979; S. 212 [=Eddington: *Die Natur der physikalischen Welt.*]
[760] vgl. Leibniz 1966, Band I; S. 275ff;
[761] Leibniz 1966, Band I; S. 203
[762] vgl. Prigogine 1979; S. 30 [Bezug: Planck: *Vorlesungen über Thermodynamik.* (1930)]
[763] vgl. Janossy nach: Heisenberg 1955 zit. nach: Baumann/Sexl 1987; S. 150 | GRW 1986
[764] Friebe/Kuhlmann 2015, S. 74
[765] vgl. Friebe/Kuhlmann 2015; S. 74f und: Esfeld 2008; S. 102
[766] Esfeld 2008; S. 99
[767] vgl. Esfeld in: Esfeld 2012; S. 103 und: Esfeld 2008; S. 100
[768] vgl. Esfeld in: Esfeld 2012; S. 103ff
[769] Bell zit. nach: Esfeld in: Esfeld 2012; S. 106
[770] Penrose 2002; S. 291
[771] Schrödinger zit. nach: Esfeld 2012; S. 134
[772] Penrose 2002; S. 358f | vgl. auch S. 218ff)
[773] vgl. Penrose 2002; S. 360
[774] Schrödinger zit. nach: Greiner/Wolschin 1994; S. 33 [=Was ist Materie?]
[775] Leibniz 1966, Band I; S. 53
[776] Bohr 1985; S. 72
[777] vgl. Esfeld, S. 51
[778] Esfeld 2002; S. 51
[779] Zeilinger 2005; S. 170f
[780] Heisenberg 1976; S. 3f
[781] vgl. Busche 2009; S.13ff
[782] Leibniz zit. nach: Busche 2009; S. 27 [Brief an desBosses 11.03.1706]
[783] Aristoteles 1995^{II}, S. 100 [=Buch V; 6 =1016b]
[784] Heisenberg 1927 in: Baumann/Sexl 1987; S. 53ff
[785] vgl. deChardin 1981; S. 21ff [Bezug: Pascal: *Gedanken.*]
[786] Aristoteles 1995^{II}; S. 168 [=Buch VII; 17 =1041b]
[787] Leibniz zit. nach: Poser 2005; S. 125f [=AA VI.4.1646]
[788] Leibniz 1966, Band II; S. 154 [=Metaphysische Abhandlung §14]
[789] duBois-Reymond 1967; S. 83ff
[790] vgl. Jonas 1997
[791] beide Zitatteile: duBois-Reymond 1967; S. 26f
[792] vgl. Planck 1952; S. 10ff
[793] Eddington nach: Selleri 1990; S. 153
[794] Heisenberg nach: Selleri 1990; S. 152
[795] Aristoteles 1995^{I}; S. 77 [=209b]
[796] Platon 2003; S. 87 und S. 93 [=49a und 51a]
[797] Platon 2003; S. 99 [=52d]
[798] Jammer 1960; S. 13
[799] Wheeler zit. nach: Jauch 1973; S. 97
[800] Schrödinger 2012; S. 136
[801] Kant 1998; S. 383 [=A 266 / B 322]
[802] vgl. Aristoteles 1995^{I}; S. 22ff [191 b ff] | Aristoteles 1995^{II}; S. 131ff [1028a ff]
[803] vgl. Aristoteles 1995^{II} [=Metaphysik 1013a f]
[804] vgl. Heisenberg 1984; S. 137f
[805] vgl. vonWeizsäcker 1974; S. 360f
[806] vgl. Esfeld 2002; S. 104f

[807] vgl. Heisenberg 1948; S. 66f
[808] Heisenberg 1984; S. 54f
[809] vonWeizsäcker 1974; S. 362
[810] Xenophanes in der Übersetzung Poppers, zit. nach: Popper 1984